빛 물리학

Optical Physics

제 4 판

A. LIPSON · S. G. LIPSON · H. LIPSON, FRS 저

김기식 · 김명훈 · 김진승 · 박병천 · 차명식 역

JINSAEM 진샘미디어

Optical Physics

Fourth Edition

4판 머리말

광학은 예술과 과학, 현대의 통신 및 의학 기술 등 모든 곳에서 쓰이는데, 그 까닭은 우리가 받는 정보의 90% 이상이 눈을 통해 오기 때문이다. 이 책의 주된 목적은 실용적이고 또 심미적인 주제로서 그리고 탄탄한 이론적 바탕 위에 선 주제로서 광학에 대한 우리의 열정을 여러분에게 전하는 것이다.

출판사에서 Optical Physics의 개정판을 내자고 요청을 해와 매우 기뻤다. 첫판은 1969년에 나왔는데, 광학을 부활시켜 지금도 불을 지피고 있는 레이저가 처음 나온 지 10년 뒤이다. 첫판은 헨리 립슨(Henry Lipson, 1910-1991)이 한 연구의 영향을 많이 받았다. 그는 1930년 내에 라우에(Max von Laue)가 깨날은 바, 엑스선 결정학과 프라운호퍼 회절이 푸리에 변환 관계에서 비슷하다는 것에 바탕을 두어 내용을 구성했다. 그 책에는 그가 결정학의 문제를 풀고자 동료들과 함께 꾸민 '아날로그 컴퓨터'인 '광학 회절계'로 얻은 여러 장의 사진이 실려 있다. 그는 첫판 및 둘째 판의 많은 부분을 썼고, 셋째 판을 쓰는 계획도 짰지만, 책이 나오는 것을 보지는 못했다. 그 뒤로 우리 스스로 그리고 학생들이 실험하면서 얻은 사진을 써서 물리광학의 원리를 보여주는 전통을 지켜왔다. 여러분도 그러한 실험을 스스로 하면서 더 발전시켜 보기 바란다.

새 판에는 과학적 내용과 배치 모두 최신의 것을 담고자 모든 노력을 쏟았다. 몇 가지 새로운 내용을 소개했다. 첫째, 2장부터 모든 장에서 다룰 내용을 간단히 소개했고 중요한 쓰임새를 잘 보여주는 예를 들었으며, 맨 뒤에는 핵심 내용을 요약했다. 또한 교재의 내용과 관련된 주제와 예를 설명하는 상자를 두었다. 그리고 여백에는 교재와 관련된 주를 달고, 관련된 주제를 소개하는 짧은 설명을 달았다.

수십년 동안 이 책을 두 강좌의 교재로 써 왔다. 첫째는 기초 전자기학 이론, 미적분학 및 선형 대수를 1학년 때 배우고 올라 온 2학년생을 대상으로 하는 기하광학 및 물리광학 강좌이다. 이 강좌에서는 3장(기하광학), 4장(푸리에 이론), 7장(스칼라 파동 및 프레넬 회절), 8장(프라운호퍼 회절), 11장(결맞음), 12장(결상)의 대부분, 그리고 9장(간섭계측법)과 14장(양자광학 및 레이저)의 일부를 다루었다. 둘째 강좌는 6장(결정 광학), 9장(간섭계측법), 10장(광섬유와 다층박막), 13장(분산) 및 14장(양자광학 및 레이저), 그리고 8장, 11장, 12장의 고급 내용과 연구논문을 다루었다. 모든 장에 각 분야에서 최근에 발전된 주제를 너무 기술적이지 않게 짧게 설명하여 상자에 넣거나 '고급 주제'의 절에 넣었다. 강의할 때는 이것을 써서 광학이 아주 폭넓고, 여전히 생동하는 주제임을 보여줄 수 있을 것이다. 남아 있는 1장(역사), 2장(파동의 전파), 4장(푸리에 이론), 5장(전자기파)에는 학생들이 앞서 배웠을 수도 있고, 그렇지 않을 수도 있는 기본적인 내용과 함께 중력 렌즈 효과, 나선꼴 파동, 음성 굴절률 물질 등과 같은 최신의 쓰임새의 예도 들어있다. 강의 준비에 쓸 수 있게 웹에 책의 그림을 올려 두었다: www.cambridge.org/Lipson.

우리는 수학자가 아니므로 물리적인 이해에 꼭 필요한 것이 아니면 멋지거나 엄밀한 수학을 쓰지 않았다. 한편, 너무 정성적인 설명만 하는 것도 피했다. 여기에서 쓰는 주요 수학적 도구는 푸리에 분석과 선형 대수이다. 흔히들 주장하기를 프라운호퍼 회절과 파동의 전파가 푸리에 방법을 배우는데 가장 좋은 방법이라는데, 그래서 4장을 온전히 푸리에 방법과 중요한 개념인 콘볼루션과 상관을 설명하는데 바쳤다.

이 책에 최신의 내용을 담고자 했기 때문에 쪽수를 맞추려면 옛판에 있던 묵은 주제를 몇 가지 빼야 했다. 그 가운데 몇 가지는 웹으로 옮겼다. 그 웹에는 각 장의 뒤에 있는 190 문제의 해 그리고 회절, 파동의 진행, 위상 복원과 같은 주제에 쓴 컴퓨터 프로그램도 올려 두었다.

이 책을 내는데 동료, 학생 그리고 가족의 많은 도움을 받았다. 특히 3판의 공저자였던 데이빗 탄하우저는 이 책에 뚜렷한 흔적을 남겼다. 옛판과 새판을 준비하는 동안 여러 주제에 관해 논의할 때 다음 여러 분의 도움을 받았다: 존 볼드윈, 에버하트 보덴샤츠, 샘 브라운슈타인, 네타 코엔, 아논 달, 개리 이든, 마이클 엘바움, 요엘 핑크, 오퍼 필스텐버그, 바루크 피셔, 스티픈 해리스, 라이너 하인츠만, 샤하 히르쉬펠트, 앙트완 라베이리, 피터 니센슨, 메이오렌슈타인, 코펠 라비노비츠, 에레츠 리박, 아미람 론, 바씰리오스 사라피스, 데이빗 사이어, 몰데샤 세게브, 이스라엘 세니츠키, 존 샤켄샤프트, 조슈아 스미스, 마이클 울프슨, 에릭 에잇트먼. 모든 분께 깊은 고마움을 전한다. 또한 카니 립슨은 많은 그림을 준비해주어 고맙고, 여러 주제를 보여주는 실험을 해준 학생들은 그림 설명에 이름을 적어 두었다.

고급 주제를 보여주는 최신의 연구결과를 쓸 수 있게 허락해준 여러 연구자들에게도 고마움을 전하며, 그분들의 이름은 교재에 명기했다. 또한 자료의 판권을 쓸 수 있게 해준 다음 출판사와 기구에게도 고마움을 전한다:

미국과학진흥협회: 그림 13.16, 13.17;
미국화학회: 그림 12.39;
미국세포생물학회: 그림 7.17;
엘세비어: 그림 10.1;
나사: 그림 2.1, 8.35, 8.38;
네이쳐 출판부: 그림 10.22, 12.1;
미국학술원: 그림 8.39, 12.44

이 책의 짜임새와 집필 계획을 도와주고 조언을 해준 캐임브리지 대학 출판부의 존 파울러와 소피 벌브룩에게도 고마움을 전한다.

저자 중 스티븐 립슨은 2008-9년에 엠아이티의 재료 과학 및 공학과에 머물면서 개정판을 쓰는 일을 주로 했는데, 그 동안 잘 지낼 수 있게 해준 것에 고마움을 전한다.

우리가 이 책을 즐겁게 썼듯이 여러분은 이 책을 즐겁게 읽기 바란다!

아리엘 립슨, 텔아비브
스티븐 지 립슨, 하이파

옮긴이 머리말

이 책은 빛에 대한 물리학 교재이다. 저자 머리말에 있듯이 우리의 감각 가운데 가장 중요한 것이 시각으로, 주위 물체에서 오는 빛을 눈으로 받아 머리로 분석하여 환경을 인식하고 상황을 이해한다. 빛은 시각 신호의 전달매체일 뿐 아니라 지구 생태계의 근원적 에너지이기도 하다. 햇빛이 없다면 우리가 살아갈 수 있겠는가?

이 책은 광학을 조금 다른 관점에서 보고 쓴 책이다. 광학을 수식 위주의 이론체계를 써서 설명하기 보다는 현상의 근원에 깔린 기본 개념과 법칙을 살폈고, 수식은 필요할 때 도구로서 썼다. 처음에는 어색할지 모르나, 익숙해지면 먼저 물리학의 핵심 개념을 바탕으로 추론하고, 그것이 진전되어 중요한 물리량의 값을 정확하게 셈할 때나 미묘하고 복잡한 관계를 체계적으로 파악해야 할 때 비로소 정교한 수학적 이론을 쓰는 것이 더 효율적임을 알게 되고, 또 배울 것이다. 내용은 '광학 4판 (E. Hecht, 2001)' 보다는 조금 더 어렵고, 'Principles of Optics 7판 (M. Born과 E. Wolf, 1999)'이나 'Fundamentals of Photonics 2판 (A. E. Saleh, A. M. Teich, 2007)' 보다는 쉽고 다루는 주제도 적다. 따라서 학부 4학년 정도에서 배우기에 적당하다고 본다.

이 책을 우리말로 옮기는 목적은 간단하고 분명하다. 빛에 관한 물리학 이론을 높은 수준으로 빠르고 정확하게 이해할 수 있게 길잡이를 제공하는 것이다. 무엇인가를 배우려면 좋은 책을 골라 진지하게 익혀야 한다. 처음 배우는 사람이 마주치는 어려움의 첫째는 좋은 책을 골라내는 것이고, 둘째는 그 책을 실제로 손에 넣는 것이며, 셋째는 외국 서적이라면 읽어내기가 어려운 것이다. 원서를 해독해가면서 공부하면 저자의 목소리를 직접 들을 수 있으나, 아무래도 한글 책은 더 빨리 읽어낼 수 있고 (잘 쓰고 못 쓴 것과 함께) 알고 모르는 것이 더 잘 보이니, 학생들은 귀중한 시간을 아낄 수 있다. 읽어야 할 책은 많고, 인생은 그리 길지 않다!

용어는 기본적으로 한국물리학회의 용어집을 따랐는데, 회절(에돌이)는 습관의 벽을 아직 깨지 못하여 옛날 용어를 그대로 썼다.

이 책은 2012년도 전북대학교 저술장려 연구비를 지원받아 번역을 진행하였다. 김기식(인하대학교), 김명훈(전북대학교), 김진승(전북대학교), 박병천(표준과학연구원), 차명식(부산대학교)이 나누어 우리말로 옮겼고, 전체적인 흐름이 매끄럽게 이어지도록 김진승이

글을 다듬었다. 따라서 심각한 오류와 고약한 오타에 대해서는 모두가 연대책임이 있으나 바로잡는 것은 결국 글을 다듬은 이가 떠맡을 일이다. 잘못된 곳을 찾아내면 빨리 고칠 것을 약속하니, 전자우편으로 알려주면 고맙겠다: jin@jbnu.ac.kr.

드러내지 않고 옆에서 치밀하게 도와주는 김현희 선생의 손길이 없이는 이 책도 펴내기 어려웠을 것이다. 많은 도움과 노고에 깊이 고마움을 전한다.

2014. 1.

옮긴이

차례

CHAPTER 3 기하광학 57

CHAPTER 4 푸리에 이론 107

CHAPTER 5 전자기파 149

CHAPTER 6 편광과 비등방성 매질 187

CHAPTER 7 스칼라 회절 이론 229

CHAPTER 8 프라운호퍼 회절과 간섭 265

CHAPTER 9 간섭계측법 323

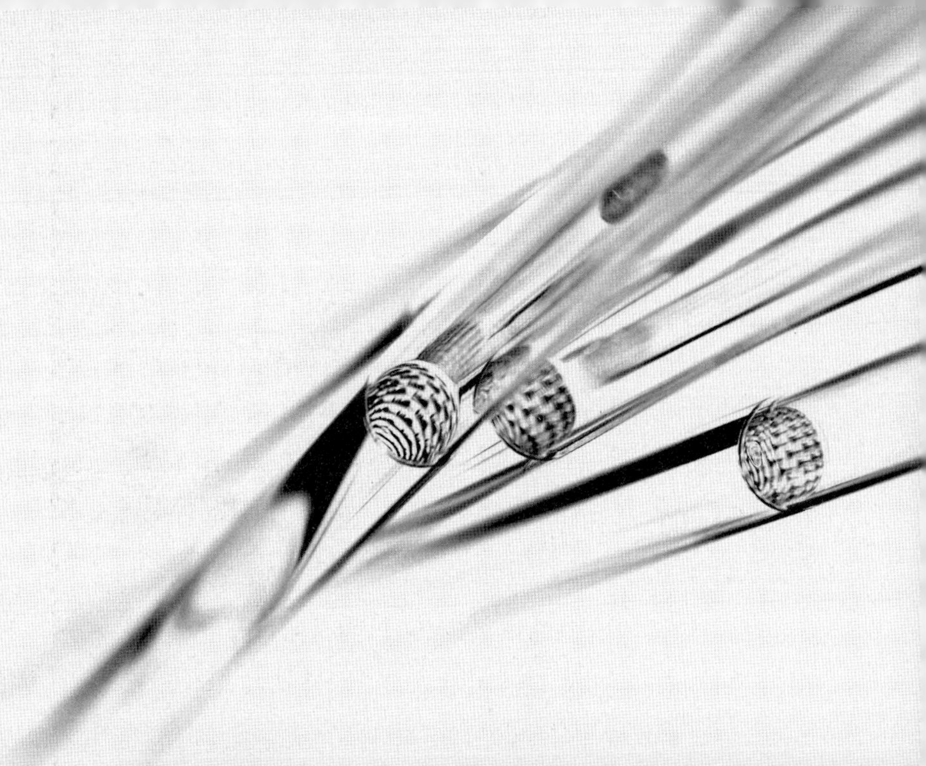

1 착상의 역사

1.1 빛의 본성

1.2 빛의 속력

1.3 빛 파동의 본성: 수직파냐, 평행파냐?

1.4 양자 이론

1.5 광학 기기

1.6 결맞음, 홀로그래피, 구경 합성

1.7 레이저

왜 물리교재의 첫머리에서 역사를 말하는가? 지금까지 알려진 것에서 시작하되, 구닥다리 주제는 빼는 것이 좋지 않을까? 물리학이 완전하고 완성된 주제라면 그래도 될 것이다; 그렇다면 마지막 상태만 중요할 뿐 중간 과정은 중요하지 않다. 그러나 물리학은 그렇지 않고, 광학은 특히나 연구가 아주 활발하고 계속 바뀌고 있으므로 과거를 길잡이로 삼아 미래를 보아야 한다. 마기(Magie, 1935)와 세그레(Segre, 1984)의 책을 읽어보면 고전 물리학의 대가들의 지성을 통찰할 수 있다.

과거를 연구하면 때때로 대가의 지성과 방법론에 대한 통찰을 — 그것이 아무리 사소해도 — 얻을 수 있다. 물론 어떤 교재도 이들 대가의 작업을 완전히 재구성해낼 수는 없지만, 그들이 극복해낸 어려움을 잠깐이나마 엿보는 것도 가치가 있다. 그들이 중요하다고 생각했던 문제가 지금은 시시해 보이는 것도 여러 세대에 걸친 경험이 우리를 이끌어주었기 때문이거나, 그 문제가 말 속에 숨겨져 우리는 느끼지도 못하기 때문이다. 예를 들어, 뉴턴은 '원격작용'의 개념을 아주 잘 썼지만 죽을 때까지도 싫어했다; 지금 우리는 그것을 자연스럽게 받아들이지만, 그렇다고 뉴턴보다 더 잘 안다고 할 수는 없을 것이다. '원격작용'의 문제가 1935년에 '얽힌 광자'의 개념과 관련하여 다시 나온 것도 흥미 있는데, 이것은 §1.7.2에서 설명하고, §14.3.3에서 다시 논의한다.

그림 1.1은 광학의 역사를 요약한 것으로, 여러 중요한 발견과 상호 관계를 보여주며, 이 책에서 대부분을 설명한다. 첫째는 빛의 본성에 관한 다음의 물음이다: 빛은 질량이 있는 입자로 뉴턴 역학을 따르는가 아니면 파동인가? 파동이라면 진동 매질은 무엇인가? 빛의 파동성이 뚜렷해지자, 매질이 무엇인가가 중요해졌고, 마침내 맥스웰의 전자기 이론과 아인슈타인의 상대성 이론으로 그 문제는 풀렸다. 그러나 물리학의 양자 특성 때문에 파동-입자 논쟁이 다시 살아났고, 오늘날에도 빛의 입자 표현과 파동 표현의 관계에 관해 근원적인 물음이 많이 나오고 있다.

보조 설명에서는 광학의 쓰임새를 다룬다. 간단한 굴절 소자는 입자이론으로도 잘 설명할 수 있었지만, 기기가 더 좋아지면서 파동이론이 점점 더 타당함이 드러났고, 성능의 한계가 있음도 명확해졌다. 그러나 파동이론도 광학 기기의 감도를 다루는 데는 아주 잘 맞지는 않으며, 궁극적으로는 양자이론이 제한한다. 오늘날에는 이것을 더 온전히 알게 되어 감도가 더 좋고, 더 정확한 측정 및 결상 기법이 나오고 있다.

14장에서 이러한 물음 가운데, 생각할 거리가 많은 실험결과를 다룬다.

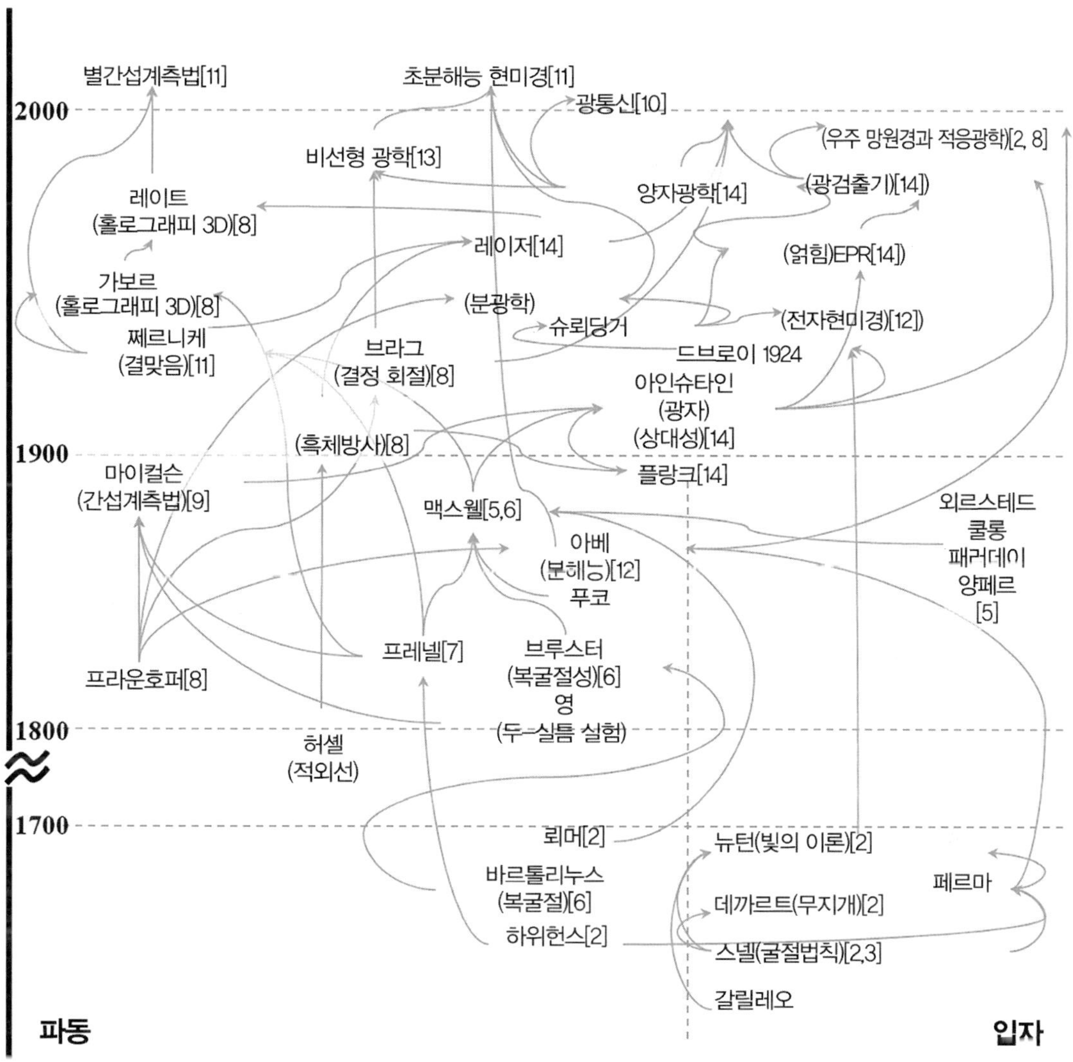

그림 1.1 광학의 발전과 상호관계. 18세기에는 거의 발전이 없었는데, 그 까닭은 주로 뉴턴이 빛은 입자라고 주장했기 때문이다. 꺾쇠괄호 속의 숫자는 그 주제를 다루는 장의 번호이다.

1.1 빛의 본성

1.1.1 기본적 사실

갈릴레오(Galileo, 1564~1642) 시대로 돌아가 보자. 17세기 사람들은 빛에 대해 무엇을 알고 있었을까? 먼저, 빛은 곧바로 나아감을 알고 있었다. 갈릴레오는 이론의 옳고 그름을 실험으로 검증해야한다는 생각을 처음으로 해냈는데, 빛의 속력을 재는 실험을 했으나 실패했다. 둘째, 빛은 매끈한 면에서 반사되며, 반사법칙을 따름을 알고 있었다. 셋째, 빛살이 한 매질에서 다른 매질로 들어갈 때 꺾인다는 것을 알고 있었다 (굴절, §2.6.2); 이 현상에 관한 법칙은 그 때는 명확하지 않았지만, 스넬(Snell, 1591~1626)이 확립했고, 뒤에 데까르트(Descartes, 1596~1650)가 확인했다. 넷째, 지금은 프레넬 회절(§7.2)이라고 하는 현상을 그리말디(Grimaldi, 1618~1683)와 훅(Hooke, 1635~1703)이 발견했다. 끝으로 복굴절을 바르톨리누스(Bartholinus, 1625~1698)가 발견했다. 빛에 관한 이론은 이들 현상을 바탕으로 구성되었다.

마지막 두 사실이 특히 이상했다. 왜 광원을 작게 해도 그림자 테두리의 선명함이 어떤 한계에 이르고, 밝은 쪽에 줄무늬가 생기는가? 왜 투명한 물질을 통해 보면 상이 하나만 보이는데, 방해석 결정을 통해 보면 상이 두 개 보이는가 (그림 1.4)?

1.1.2 파동-입자 논쟁

입자와 파동 두 가지 설명이 나와 맹렬한 논쟁이 벌어졌다. 뉴턴이 주장한 빛의 입자설은 그의 권위가 받쳐줬는데, 그렇게 믿은 주된 까닭은 그의 운동 제 1 법칙에 따르면 아무런 힘을 받지 않은 입자는 곧바로 나아가기 때문이었다. 그는 빛 입자의 속력이 아주 빨라서 중력을 받아 굽는 것은 무시할 수 있다고 가정했다. 그는 복굴절을 입자의 비대칭성으로 설명했는데, 빛입자가 꺾이는 방향은 결정을 지나가는 방향이 앞쪽인가 옆쪽인가에 따라 달라진다고 설명했다. 그는 빛 입자가 자석을 닮은 것으로 보았고, 그래서 그의 이론

뉴턴은 빛이 중력을 받아 굽는 것을 생각했다. 그가 얻은 값은 뒤에 1919년에 상대성 이론으로 예측하는 값의 반이었다 (§2.8).

은 진즉 버려졌어도 **편광**(polarization)이라는 말은 여전히 쓰인다.

그렇지만, 회절은 어려웠다. 뉴턴은 그 중요성을 잘 알았고 뉴턴 고리(§9.1.2)를 알았으며, 빨간빛이 만든 줄무늬는 파란빛이 만든 줄무늬보다 성김을 알았다. 그는 또한 빛이 유리면에서 일부는 투과되고 일부는 반사되는 사실도 이상하게 생각했다. 빛 입자가 어떻게 해서 때로는 지나가고 때로는 반사될까? 이 물음에 대한 그의 생각은 빛 입자의 내부 진동 때문에 '반사 맞춤' 또는 '투과 맞춤'이 있고, 그 결과 잇달아 오는 빛입자의 일부는 투과되고 나머지는 반사된다는 것이었다. 그는 심지어 이러한 '맞춤'의 길이를 셈하기도 했다 (오늘날 파장의 반에 가깝다). 그러나 이 생각은 아주 복잡하고 실제로 맞지도 않다.

그와 같은 시대에 살던 하위헌스(Huygens, 1629~95)는 파동이론의 지지자였다. 그는 파동이론을 써서 회절을 설명할 수 있었고, 복굴절도 두 가지 파동으로 설명할 수 있었는데, 어떻게 두 가지 파동이 생기는가는 설명하지 못했다. 두 사람 모두 빛 파동은, 실재한다면, 소리와 비슷하게 평행파동일 것이라고 생각했다. 과학계의 두 위인에게 똑같이 이러한 맹점이 있었다는 것은 놀랍다. 그들이 수직파동을 생각해냈더라면, 복굴절을 쉽게 설명할 수 있었을 것이다.

1.1.3 파동이론의 개가

입자이론은 뉴턴의 권위 덕분에 18세기 말까지 살아남았지만, 더 이상 억누를 수 없는 실험적 증거가 나왔다. 1801년 영(Young, 1773~1829)은 두 광원에서 나온 빛이 간섭하여 만든 줄무늬를 보였다 (그림 1.2). 이 실험은 너무 간단하고 해석도 쉬워서 이론의 여지가 없었다. 1815년 프레넬(Fresnel, 1788~1827)은 그리말디-훅 줄무늬에 대한 이론을 완성했고 (§7.1), 1821년 프라운호퍼(Fraunhofer, 1787~1826)는 회절격자를 발명하고, 그것을 써서 가지런한 빔의 회절무늬를 만들었는데, 이에 대한 이론 분석이 훨씬 단순해졌다 (§9.2). 이 세 사람은 파동이론의 바탕을 마련했고, 그것은 오늘날에도 물리광학의 바탕이 되고 있다.

1818년 입자이론은 패배하여, 적어도 양자의 개념이 나올 때까지는 침묵했다. 그 해에 프레넬은 프랑스 학술원이 내건 상을 받고자 빛의 회절에 관한 논문을 냈다. 심사를 맡은 푸아송(Poisson, 1781~1840)은 그 논문을 읽고 파동이론의 불합리성을 확실히 드러낼 반증 실험을 제시했다. 점광원에서 나오는 빛으로 완전히 둥근 물체를 비추어 그 그림자를 본다면, 물

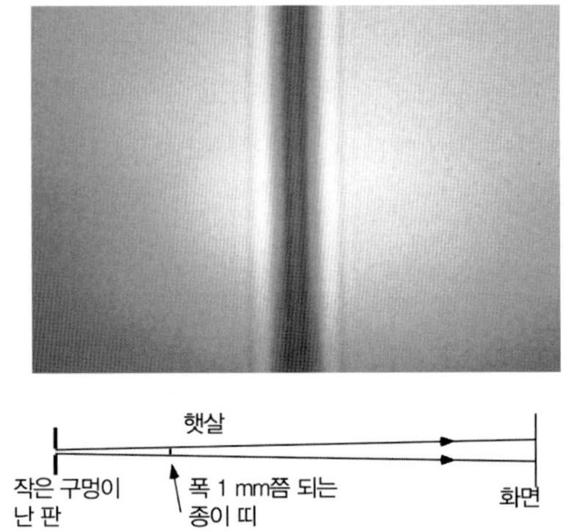

그림 1.2 영의 간섭 실험. 가느다란 햇살에 폭이 약 1 mm인 띠를 두어 두 가닥으로 갈라, 그것이 겹치는 곳에 화면을 두어 줄무늬가 생기는 것을 보았다.

체의 테두리에서는 모든 파동의 위상이 같으므로, 그림자의 중심에 오는 파동도 위상이 같아야 하고, 따라서 중심에 밝은 점이 나타나야 한다. 그게 말이 되나! 그에 따라 프레넬과 아라고(Arago, 1786~1853)가 실험하여 그림자 한가운데에 밝은 점이 실제로 생기는 것을 확인했다 (그림 1.3). 이로서 파동이론의 승리가 완벽해진 것처럼 보였다.

> 프레넬-아라고 실험은 §7.2.4에서 자세히 설명한다.

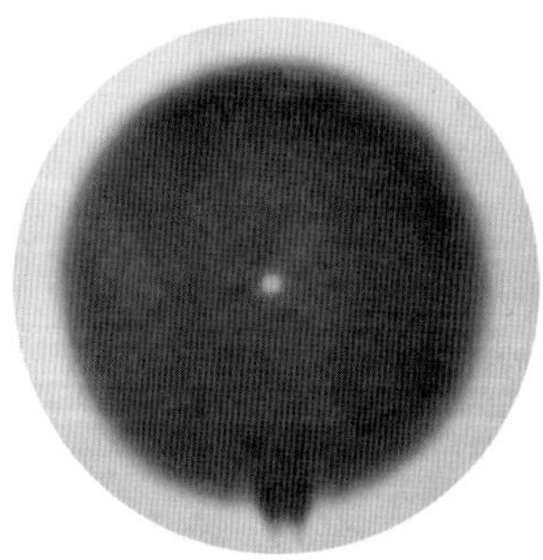

그림 1.3 프레넬과 아라고의 실험. 원반의 그림자의 중심에 밝은 점이 생긴다. 실험 장치는 그림 1.2와 비슷하다.

1.2 빛의 속력

갈릴레오가 빛의 속력을 재고자 했던 실험은 방법이 너무 조잡해서 성공하지 못했다. 1678년 뢰머(Roemer, 1644~1710)는 목성의 달의 식 주기가 불규칙하게 나타나는데, 그 까닭은 빛의 속력이 유한하기 때문임을 깨달았고, 이로부터 얻은빛의 속력은 약 2.26×10^8m/s이다. 1726년 브래들리(Bradley, 1693~1762)는 별자리가 천구에 그리는 작은 타원을 관찰하여 같은 결론을 끌어냈다. 이 타원은 주기가 1년으로 지구의 운동과 관련된다.

그렇지만 빛의 속력을 직접 잰 것은 1859년 피조(Fizeau, 1819~96)와 푸코(Foucault, 1819~68)로서 뢰머와 브래들리가 얻은 어림값이 맞음을 확인했다. 맥스웰(Maxwell, 1831~79)이 전자기파 이론으로 정확한 식을 알아냄으로써, 실험실에서 정전기와 전류를 재어 얻은 값을 써서 셈할 수 있게 되었다. 마이컬슨(Michelson, 1852~1931)의 손재주로 그 방법의 정확도가 0.03%로 높아졌다. 그 뒤로는 측정이 훨씬 더 정확해졌고, 이제는 진공에서의 빛의 속력은 물리학의 기본 상수의 하나가 되어 길이 표준 대신 쓰인다.

1.2.1 굴절률

빛이 다른 매질로 들어갈 때 꺾이는 까닭은 빛의 속력이 매질마다 다르기 때문이라는 생각은 하위헌스와 뉴턴으로 거슬러 올라간다. 빛의 굴절을 입자이론으로 설명하려면 밀도가 공기보다 높은 매질에서는 빛의 속력이 더 빨라야 하고, 파동이론으로 설명하려면 더 느려야 한다 (그림 2.9). 푸코의 측정법에서는 경로가 비교적 짧아도 되고, 공기가 아닌 매질 — 예를 들어 물 — 에서의 빛의 속력을 직접 잴 수 있었다. 그 때는 이미 파동이론을 온전히 받아들였지만, 푸코는 물속에서는 빛이 참으로 느려진다는 것을 확인했다. 피조는 이 실험을 바꾸어 물이 장치 속에서 흐르게 하여 매질의 운동이 빛의 속력에 미치는 효과를 살펴보았다 (§9.4.1). 그 결과는 물론 19세기 물리학을 바탕으로는 설명할 수 없었지만, 상대성 이론을 미리 시사했다.

1.3 빛 파동의 본성: 수직파냐, 평행파냐?

물리학의 역사에서 수직파와 평행파는 일찍이 구별되었다. 소리는 평행파, 물결은 수직파라는 것은 뻔했다. 빛이 수직파임은 방해석에서 복굴절되는 것에서 드러났다. 앞에서 말했듯이, 하위헌스는 그림 1.4 의 현상은 결정의 방향과 빛의 진행방향이 어떤 관계가 있기 때문이라고 지적했지만, 수직파의 특성으로 해석하지는 못했다.

> 오늘날 물리학의 모든 분야에서 쓰는 장의 개념은 패러데이가 연구하면서 창안한 것이다.

파동의 이해에 대한 큰 진전은 전혀 다른 쪽 — 전기와 자기에 관한 이론적 연구에서 왔다.

19세기 초반에 외르스테드(Oersted, 1777~1851), 앙페르(Ampere, 1775~1836), 패러데이(Faraday, 1791~1867) 등이 전기와 자기의 관계를 매우 철저히 연구했다. 패러데이는 1851년 무렵에 스스로 한 실험결과를 그림으로 설명하고자 '역선'의 개념을 고안했는데, 그것은 그 보다 앞서 자기, 전기, 그리고 중력을 연구하던 물리학자들이 그토록 골치 아파 하던 '원격작용'을 설명해주었다. 1865년 맥스웰은 앞선 연구자들의 관찰 결과를 묶어 전하와 자석 주위에 영향을 받는 영역을 '전자기장'으로 기술하고 관찰 결과를 미분방정식으로 기술하여 수학적 형식을 완성했다. 그는 이 미분방정식을 다루면서 수직파의 파동 방정식이 나옴을 발견했는데 (§2.1.1), 그것은 패러데이가 이미 1846년에 짐작했던 결과였다. 그 파동의 속력은 이미 알고 있던 자기 및 전기 상수를 써서 구할 수 있었는데, 그 값은 빛의 속력을 잰 값과 같았다. 그래서 빛은 전

그림 1.4 방해석 결정에서의 복굴절

자기파로 인정되었다. 맥스웰의 성공의 열쇠는 **장(field)**의 개념을 발명한 것인데, 장은 물체가 주고받는 힘을 나타내는 것으로서 시공간의 연속함수이다. 이것이 물리학에서 가장 휘황한 일화의 출발점으로서, 여러 분야와 착상이 한데 모이고 연결되어 이루어진 것이다.

1.4 양자 이론

> 플랑크는 양자 개념을 제안한 것 때문에 박사 학위 논문 심사에서 애를 먹었다!

기하광학과 파동이론 (물리광학)의 결합으로, 19세기 말에는 빛에 관한 법칙이 더 이상 없는 것 같았다. 그렇지만, 뜨거운 물체가 내는 빛의 특성과 같은 근본 문제가 몇 가지 남아있었다. 왜 물체를 약 600°C로 달구면 빨갛게 보이고 온도를 더 올리면 흰색으로 보이는가? 켈빈(Kelvin, 1824~1907)과 같은 대가도 이 문제를 잘 알고 있었지만, 1900년 플랑크(Planck, 1858~1947)가 오늘날 양자이론으로 알려진 땜질식 해답을 내면서야 비로소 풀렸다.

플랑크의 생각은 빛 에너지는 오늘날 **광자(photon)**라고 부르는 **양자(quantum)**의 정수배이고, 양자의 값은 진동수에 비례한다는 것이었다. 따라서 빨간 빛처럼 진동수가 낮은 빛은 진동수가 높은 빛 보다 더 쉽게 만들 수 있다. 사람들은 그 생각을 싫어했지만 — 심지어 플랑크 스스로도 그것을 제안하는 것을 망설였다 — 그것을 뒷받침하는 실험적 증거가 점점 더 많이 나오자 비판이 사라졌다. 1920년에 이르러서는 일반적으로 받아들였는데, 그것은 주로 아인슈타인(Einstein, 1879~1955)의 광선효과에 관한 연구와 콤프턴(Compton, 1892~1962)의 전자에 의한 엑스선 산란에서의 에너지와 운동량 보존에 관한 이해 (1923) 덕분이었다. 돌이켜보면, 이 실험 어느 것도 전자기파가 양자화되어 있음을 결정적으로 보여주지는 않았고, 다만 빛이 물질과 상호작용할 때 양자화된 방식을 따른다는 것을 보여주었는데, 그것은 물질 자체의 성질로 설명할 수도 있었다. 참된 증명은 비선형 광학의 등장을 기다려야 했다 (§1.7.2).

1.4.1 파동-입자 양면성

빛은 입자성과 파동성을 모두 지닌 것처럼 보인다. 이러한 양면성은 직관적 모형을 좋아하는 사람들에게는 여전히 어려운 개념이다. 파동의 에너지는 공간에 퍼져있다; 입자의 에너지는 한 곳에 모여 있다. 선형광학에서 양면성의 물음을 이해하는 한 가지 방법은 어느 곳의 파동의 세기는 그곳에서 광자를 하나 발견할 확률로 보는 것이다. 입자성은 파동이 검지기와 같은 매질과 상호작용하여 에너지를 줄 때만 드러난다. 따라서 모든 문제는 맨 끝에서 결과를 검지하기 전까지는 파동이론을 써서 풀어야 한다. 그렇지만, 비선형 현상에서는 이러한 해석으로는 충분하지 않다; 그 때는 광자끼리의 괴상한 상관관계가 생겨나 간단한 해석을 무력하게 만든다 (§14.3).

1.4.2 입자성 파동

물리학에서는 흔히 착상 하나에서 다른 착상이 끌려 나오는데, 1924년 드 브로이(de Broglie, 1892~1987)는 대칭성 원리에 따라 새로운 생각을 해냈다. 일찍이 패러데이는 이 원리를 써서 전자기유도 현상을 발견했다: '전기가 자기를 만든다면, 자기도 전기를 만들지 않을까?' 드 브로이는 다음과 같이 물었다: '파동이 입자성을 띤다면, 입자도 파동성을 띠지 않을까?' 그의 물음에 대한 답이 3년 안에 나왔다. 데이비슨(Davisson, 1881~1958)과 줘머(Germer, 1896~1971)는 이온화 방법을 써서, 그리고 톰슨(G. P. Thomson, 1892~1975)은 사진법을 써서 빨리 움직이는 전자도 엑스선처럼 회절됨을 보였다. 그 뒤로는 중성자, 양성자, 그리고 원자도 회절되는 것이 확인되었다. 이러한 실험을 바탕으로 슈뢰딩거(Schrodinger, 1887~1961)는 1928년에 물질에 관한 일반 파동이론을 세웠는데, 적어도 원자 수준에서는 시간의 시련을 거치고 살아남았다.

1.5 광학 기기

1.5.1 망원경

* 뉴턴은 유리 마다 분산이 다른 것을 몰랐던 것 같다. 그래서 무색 겹붙이를 만들 수 없다고 생각했다.

렌즈는 아득히 오래 전부터 써왔지만, 광학기기로 쓰기 시작한 것은 17세기 초이다. 리퍼쉐이(Lippershey, d. 1619)는 1608년에 아마도 우연히 렌즈 두 장을 적당히 벌려두면, 대물렌즈와 접안렌즈가 되어 멀리 있는 물체의 확대상이 생기는 것을 발견했다 (§3.3.2). 갈릴레오는 그 것을 전해 듣고 스스로 망원경을 만들어 목성의 달과 토성의 고리 등 일련의 발견을 시작했고, 그로써 천문학을 완전히 바꾸어 놓았다. 뉴턴은 영상의 색이 번지는 것이 불만스러워 반사 망원경을 발명했다 (그림 1.5).

그림 1.5 뉴턴이 만든 반사 망원경

현대의 망원경의 모양은 옛날과 비슷하지만, 여러 가지 특성이 더해져 성능이 더 좋고 더 정확하다. 1900년 쯤에 레일리경(Lord Rayleigh, 1842~1919)은 망원경의 각분해능은 구경의 회절이 제한함을 보였다 (§12.2.1). 그에 따라 더 밝은 상과, 더 좋은 분해능을 얻고자 점점 더 큰 망원경을 만들었다. 그러나 구경이 약 15 cm를 넘으면 대기 흔들림이 분해능을 제한하는 것으로 드러났다. 레일리의 분해능 한계와 대기의 제한을 처음으로 비껴간 것은 마이컬슨으로, 그는 1921년에 구경이 작은 (지름 15 cm) 망원경 두 대를 수 m 벌려 놓고 간섭상을 만들어 분해능을 결정하는 것이 망원경의 구경이 아니라 두 망원경의 간격이 되게 하였다 (§11.8.1). 그 뒤 1972년에 라베이리(Labeyrie)는 **반점 간섭계측법**(speckle interferometry)이라는 영상합성법을 써서 구경이 큰 망원경 한 대로도 대기의 제한을 극복할 수 있음을 보여, 팔로마 산에 있는 구경 2.5 m인 망원경을 써서 처음으로 회절한계 분해능을 얻었다 (§12.7).

> 애초에 쏘아 올린 허블 우주 망원경의 주거울에는 심각한 수차가 있었는데, 그것을 진단하고 수차를 지운 과정에 관한 이야기가 §8.9에 있다.

1994년부터는 허블 우주 망원경(Hubble Space Telescope)을 써서 천체 영상을 거의 회절 한계 분해능으로 늘상 얻고 있다. 그 망원경의 구경은 2.4 m로, 물론 대기의 흔들림이나 투과도의 영향을 받지 않는다. 그러나 더 최근에는 구경이 10 m에 이르는 지상 망원경에서 대기 흔들림을 실시간으로 지우는 **적응 광학**(adaptive optics) 기법을 써서 적외선과 가시광 영역의 천체 영상을 얻는데, 그 밝기와 분해능이 우주 망원경으로 얻은 것에 견줄 수 있다.

1.5.2 현미경

현미경의 이야기는 전혀 다르다. 누가 발명했는지 모르고, 많은 사람이 초기의 발전에 기여했다. 현미경의 뿌리는 확대경이다. 16세기와 17세기에 굴절능이 큰 렌즈를 만드는데 상당한 재능이 발휘되었다; 호사가들은 물방울이나 꿀방울로 멋진 결과를 얻었다. 망원경처럼 대물렌즈와 접안렌즈로 이루어진 복합 현미경 개발에는 아마도 훅(Hooke, 1635~1703)이 가장 큰 구실을 했을 것이다 (§3.4). 그가 쓴 몇몇 기기는 이미 미래의 현미경의 구조를 보여준다 (그림 1.6). 그가 쓴 책 Micrographia(1665)에 실린 그림을 보면 뛰어난 실험가가 새로운 기기를 개발하고 그것을 써서 아주 작은 세계를 처음으로 살펴보는 특권을 누리는 기쁨을 상상할 수 있다. 현미경 기술은 해가 갈수록 계속 발전하여 빛을 흡수하는 물체의 상도 점점 더 밝아졌다. 그러나 쩨르니케(Zernike, 1888~1966)의 발명은 발전의 방향을 바꾸었다. 그는 **위상대비 현미경**(phase-contrast microscope)을 발명한 공으로, 1953년 노벨상을 받았다 (§12.4.2). 그것은 굴절률 변화를 밝기변화로 바꾸어주므로 생물

> 여러분 스스로 꿀 한 방울 또는 옥수수 시럽을 써서 '훅 현미경'을 만들어 그가 발견한 것을 재현해보라.

세포를 물들이지 않고 산 채로 볼 수 있다. 그의 발명을 출발점으로 지금은 **공간 여과**(spatial filtering)라는 갖가지 방법이 개발되어 현대의 광학 현미경은 다재다능한 기기가 되었다 (§12.4).

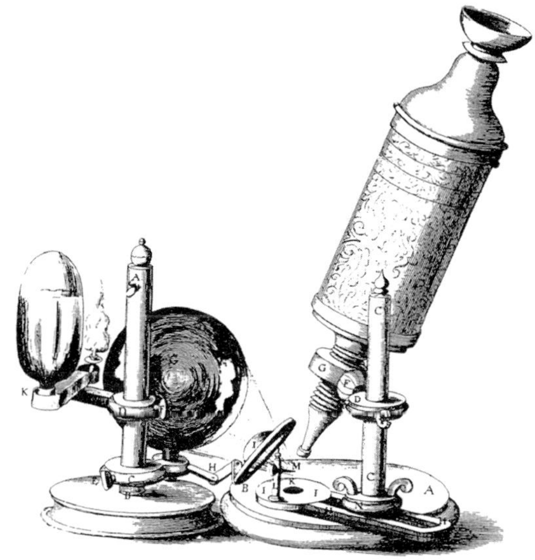

그림 1.6 훅의 현미경. 그가 쓴 책 Micrographia에서 따옴

1.5.3 분해능 한계

기하광학은 광학기기의 설계를 탄탄한 바탕 위에 올리고자 개발한 이론체계로 빛살의 개념에 바탕을 둔다. 빛살은 고른 매질에서는 곧바로 나아가고, 매질의 경계면을 지나갈 때는 스넬 법칙에 따라 꺾인다. 이러한 개념을 써서 렌즈와 거울의 성능을 높이는 규칙이 정립되었는데, 특히 곡면의 모양을 잘 만들고, 어쩔 수 없이 생기는 수차를 지울 수 있는 방법을 찾아냈다.

그러나, 1873년 아베(Abbe, 1840~1905)는 광학 기기의 발전이 오직 장인의 솜씨에만 의존하던 상황을 바꾸었다. 그는 기하 광학 이론이 — 광학 기기의 발전에 도움이 되기는 했지만 — 빛의 파동성을 고려하지 않았기 때문에 불완전함을 보였다. 기하학적으로 완벽한 상을 만드는 주요 조건은 물점에서 나온 빛살이 상점에 모이는 것이다. 아베는 이 조건은 어림식일 뿐임을 보였다. 파동은 회절되어 퍼지므로 한 점에 모을 수 없다.

그는 결상을 달리 해석했다 — 상은 두 가지 회절과정을 거쳐 생긴다 (§12.2). 그래서, 수차를 모두 지운 완벽한 광학기기를 써도 파장의 반 보다 더 작은 세밀한 모양은 볼 수 없다.

최근에는 아베 한계를 훨씬 넘어섰으며, 분해능을 제한하는 것은 오직 빛의 양 뿐인 것 같다 (§12.6).

현미경학자들은 이 간단한 결과를 믿지 않았다. 많은 사람이 이미 잘 설치된 기기를 써서 그 보다 더 작은 모양을 관찰했었다. 그렇지만, 아베 이론은 그러한 세밀한 모양이 허깨비임을 증명했다; 그것은 물체의 모양이 아니라 기기의 특성이었다. 렌즈만 더 좋게 만든다고 현미경이 더 좋아지는 것은 아니었다.

1.5.4 분해능 도전: 자외선, 연 엑스선, 전자 현미경

이러한 근원적 한계는 도전적인 문제로 보아야 한다. 어려움이 명확히 드러나야 참된 발전이 이루어진다. 지금은 광학 기기의 한계가 무엇인가가 알려져 있어, 렌즈 설계 보다는 그 본질에 집중할 수 있다. 한 가지 분명한 해결책은 파장이 더 짧은 빛을 쓰는 것이다. 자외선은 당연한 대안이고, 광리소그라피에서는 널리 쓰인다. 효과가 좋은 다른 빛은 전자 파동과 엑스선이다. 이들의 파장은 가시광의 10^{-4} 정도로 혁명적 결과를 가져왔다.

움직이는 입자에 파동성이 있다는 것(§1.4.2)은 새로운 결상의 가능성을 예고했다. 그러한 입자가 전하를 띠고 있으면, 전기장이나 자기장을 써서 구부려 굴절을 시늉낼 수 있다. 전자기장의 모양을 잘 잡으면 렌즈 구실을 하여 상을 만들 수 있다. 전자를 써서 이 일을 하여 대단한 성공을 거두었고, 엄청난 배율로 작은 부분을 자세히 볼 수 있는 자기(또는 아주 드물게 정전기) '렌즈'를 쓰는 전자 현미경이 나와 있다. 전자의 가속전압을 10^6 V 정도로 올리면 전자 파동의 파장은 0.1 Å 보다 짧아져, 분해능이 그와 비슷해진다. 그렇지만, 실제로는 광학적 표준에서 보면 전자 렌즈는 다소 조잡하여 구경이 아주 작고, 그래서 분해능이 낮다. 그러나 오늘날은 전자 렌즈가 좋아져서 영상에서 원자와 분자를 구별할 수 있을 정도로 분해능이 좋아졌고, 이것은 고체 물리학과 생물학 분야를 혁신했다 (그림 1.7).

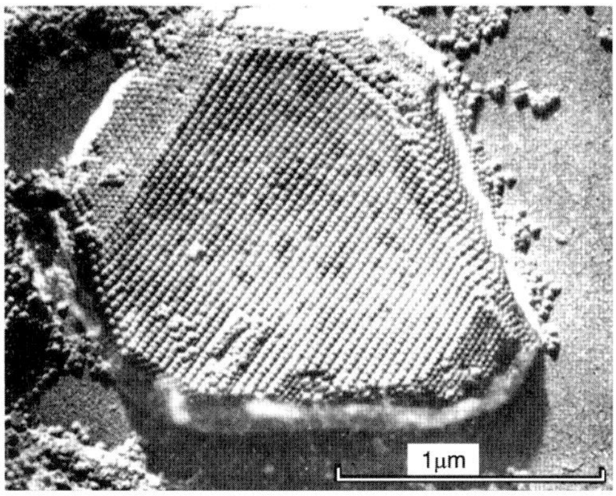

그림 1.7 바이러스 결정의 전자 현미경 상. 배율 3×10^4으로 낱낱의 분자를 구별할 수 있다.

1.5.5 엑스선 현미경과 회절

엑스선은 1895년에 발견되었지만, 그 뒤 17년 동안 그것이 입자인지 파동인지 아무도 알지 못했다. 그러다 1912년 폰 라우에(von Laue, 1879~1960)가 그 문제를 멋지게 풀었다. 그는 결정을 (3차원) 회절격자로 쓸 생각을 하여, 가느다란 엑스선 다발을 황화구리 결정에 비추어 회절무늬가 생기는 것을 확인하여 파동성이 있음을 증명했다 (그림 1.8).

엑스선 현미경을 만들 때의 문제는 쓸만한 렌즈가 없는 것이다. 엑스선 영역에서는 모든 물질의 굴절률이 1 보다 10^{-5} 정도 작다. 그렇지만, 파동성을 써서 프레넬 고리판으로 회절시키면 영상을 얻을 수 있고, 이러한 현미경이 최근에 나왔다 (§7.5). 그러나 그러한 고리판 '렌즈'가 나오기 오래 전에 새로운 분야 — 엑스선 결정학(crystallography) — 가 생겼다

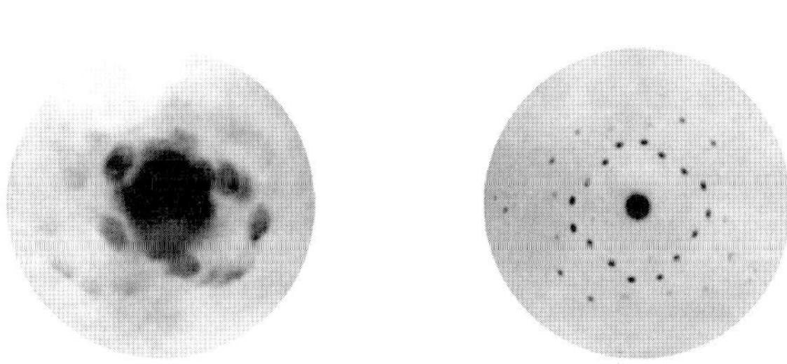

그림 1.8 결정이 만드는 엑스선 회절무늬. (a) 프리드리히(Friedrich)와 크닢핑 (Knipping)이 얻은 애초의 결과; (b) 현대적 장비로 얻은 더 명확한 그림으로 회절무늬의 대칭성이 드러난다.

(§8.6). 이것은 결상은 본질적으로 두 차례의 회절 과정이라는 아베의 관찰에 바탕을 둔 것이다. 결정을 가지고 실험해보면 첫 회절과정을 사진필름에 기록할 수 있다. 문제는 다음과 같다: 둘째 회절과정을 수학적으로 하여 상을 만들 수 있는가? 드러난 문제점은 사진필름에 기록된 회절무늬에는 회절된 빛에 관한 정보의 일부 — 밝기 — 만 실려 있을 뿐 위상에 관한 정보는 없다는 것이다. 하지만 물리학자와 화학자들은 포기하지 않고 이 문제의 풀이법을 궁리하였다. 하웁트만(Hauptman)과 카를(Karle)은 **위상 복원(phase retrieval)** 방법을 찾아낸 공로로 1985년 노벨상을 받았는데, 오늘날에는 그 방법을 써서 적어도 결정에 대해서는 비교적 간단한 과정을 통해 엑스선 결상을 하고 있다.

1.5.6 초분해

분해능 문제를 푸는 또 다른 방법은 아베 한계를 넘는 방법을 찾는 것이다. 이에 대한 밝은 전망은 1952년 토랄도 디 프란치아(G. Toraldo di Francia)가 제시한 다음의 이론이다: 현미경 렌즈의 구멍을 특별한 모양으로 만들면 분해능을 얼마든지 올릴 수 있는데, 그 대신에 상은 어두워진다 (§12.6). 그가 제시한 방법은 별로 쓰이지 않지만, 아베 한계를 넘는 방법을 찾으려는 시도를 촉발시켰다. 오늘날 반파장 보다 좋은 분해능을 얻는 온갖 기법이 나와 있다: 예를 들어, 근접장 광학 현미경(near-field optical microscope: NSOM)(§12.6.3)과 통계적 광학 재생 현미경(stochastic optical reconstruction microscope: STORM)(§12.6.5)은 파장의 1/10 보다 작은 모양을 구별할 수 있다.

1.6 결맞음, 홀로그래피, 구멍 합성

결맞음은 실제의 광원과 이상적인 광원에서 나오는 빛을 비교하는 중요한 개념으로 1938년 쩨르니케가 발전시키고 정량화했다 (§11.3). 이 개념에는 많은 내용이 담겨 있다. 그것은 빛뿐만이 아니라 초전도체 속의 전자 파동에 대해서도 쓸 수 있다. 한 가지 결과로 1948년 가보르(Gabor, 1900~1979)가 전자 현미경의 분해능을 높이고자 발명한 **홀로그래피(holography)**

오늘날 전자 홀로그래피는 빛으로는 볼 수 없는 자기 구조를 살펴보는데 쓴다.

라는 간섭 기법은 빛의 결맞음을 써서 렌즈를 쓰지 않고 상을 기록한다 (§12.5.1). 이 기법은 그 때는 기술적인 이유로 전자 현미경에 쓰이지 못했지만, 1960년대에 레이저가 나오자 꽃을 피웠다. 가보르는 1971년 홀로그래피를 발명한 공로로 노벨상을 받았다. 홀로그래피가 결국 전자 현미경에 쓰인 것은 결맞음이 좋은 전자총이 나온 1980년에 토노무라(Akira Tonomura, 1942~2012)의 연구에서인데, 그 동안 전자 렌즈가 많이 발전하여 분해능을 개선할 필요가 없어졌기 때문에 가보르가 발명한 애초의 목적에 따라 쓰지는 않았다.

결맞음의 개념에서 또 다른 발전이 이루어지는 사례는 멋진 이론적 개념의 영향력을 보여준다. 그것은 주제를 아주 명확하게 만들어 거의 자명한 수준까지 만든다. 마이컬슨이 간섭 현상을 써서 1921년에 별의 지름을 재고자 했던 실험은 쩨르니케의 결맞음 함수를 써서 다시 해석되었고, 1958년에 라일(Ryle, 1918~1984)과 휴이쉬(Hewish, 1924~)는 전파 천문학에서 **구멍 합성**(aperture synthesis)을 개발했는데, 이것은 여러 대의 전파 망원경을 결맞게 연결하여 상의 밝기와 분해능이 마치 가장 멀리 떨어진 망원경만한 크기의 구멍을 가진 망원경을 쓴 것과 같게 만드는 것이다 (§11.8). 최근에는 구멍 합성이 적외선과 가시광 영역으로 확장되어 몇몇 천문대에서는 각분해능이 아주 좋은 상을 만들고자 수백 m 떨어져 있는 광학 천체 망원경 여러 대를 묶어서 쓴다 (§11.8.4).

1.7 레이저

1960년에 발명된 레이저는, 사반세기 동안 잊혀져있던 광학을 다시 각광 받는 주제로 되돌려 놓았다. 레이저 작동에서 가장 중요한 물리적 개념인 유도방출은 일찍이 1917년에 아인슈타인이 처음 설명했지만, 1950년에 퍼셀(E. Purcell)과 파운드(Pound)가 원자계에서 **점유도 반전**(population inversion)을 만들어낼 때까지는 잠자고 있었다. 미국의 타운즈(C. Townes)와 소련의 바소프(Basov)와 프로코로프(Prokhorov)가 유도 방출을 쓰는 극초단파 증폭기를 제시했고, 그 공로로 이들 세 사람은 1964년 노벨상을 받았다. 타운즈는 1954년 이를 바탕으로 암모니아(NH_3) 기체를 쓰는 메이저(maser)를 처음 작동시켰다. 빛에 대해서도 비슷한 장치를 만드는 데는 몇 년이 더 걸려, 1960년에 메이먼(T. Maiman)이 루비 레이저를 처음 작동시켰다. 레이저는 비평형 상태에 있는 광원으로서, 결맞음이 좋은 빛을 내며, 그 빛의 일률 밀도는 광원의 밝기에 대한 플랑크의 양자 열역학적 한계를 넘는다 (§14.5). 새 광원이 나오자 이전에는 상상만 했던 온갖 실험을 할 수 있게 되어 아주 짧은 기간에 수많은 멋진 실험이 진행되었다. 이 가운데 눈에 띄는 것은 블룀버겐(N. Bloembergen)이 개척한 비선형 광학이다 (§13.6). 이것은 일률이 큰 빛을 부피가 아주 작은 곳에 모아 물질에 비추어, 그곳에서 빛의 전기장이 원자 속의 전기장과 비슷한 정도가 되도록 세게 만들어준 결과이다. 비선형 영역에서는 물질의 굴절률이 빛의 밝기의 함수가 되어 빛의 진행이 달라진다: 빛이 뒤섞여 새 진동수의 빛이 생기고, 한 진동수의 빛이 다른 진동수의 빛을 제어하게 된다.

오늘날 비선형 2차 조화파 발생은 녹색 빛 레이저 포인터(laser pointer)처럼 주위에서 흔히 볼 수 있다.

1.7.1 광통신

레이저 발명의 기술적 파급 효과는 엄청나다. 이 가운데 많은 것이 일상생활에 영향을 주고 있고, 아마도 그래서 여러분이 이 책을 읽고 있을 것이다. 레이저가 광섬유와 만나자 광통신 분야가 열렸는데, 오늘날 빛에 실린 온갖 자료가 높은 신뢰도와 Gb/s가 넘는 속력으로 전세계를 누비고 다닌다. 또 아주 작은 반도체 레이저가 자기원반이나 씨디와 같은 임시 또는 영구 자료저장 장치에서 비슷한 속력으로 자료를 쓰고 읽어낸다.

장거리 자료 전송에 광섬유를 쓸 수 있음을 깨닫게 한 공로로 카오(C. Kao)는 2009년 노벨상을 받았다.

1.7.2 비선형 광학과 광자

비선형 과정을 쓰면 거의 낱낱의 광자를 다룰 수 있다. 이 분야는 많은 물음에 대해 답이 아직 나오지 않아서, 연구가 여전히 활발하다 (§14.3). 눈여겨 볼만한 것은 '얽힌(entangled)' 광자의 개념인데, 애초에 아인슈타인, 포돌스키(Podolsky), 로젠(Rosen)이 1935년에 쓴 논문에서 비롯되었다. 홑 광자 과정에서는, 광자의 특성(예: 에너지나 편광상태)을 재면 광자는 반드시 사라진다. 그러나 비선형 과정을 통해 두 광자가 한꺼번에 나올 때는, 그 두 광자의 성질은 관계가 있다; 예를 들어, 두 광자의 에너지의 합을 알고 있지만 낱낱의 에너지는 모르고, 두 광자의 편광상태는 같지만 어떤 상태인지는 모른다고 하자. 그렇다면 광자 하나의 특성을 재면, 다른 광자의 특성은 재지 않아도 알 수 있다. 이 과정에서 특성을 재는 광자는 사라지지만, 나머지 광자는 남아있다. 이 때는 다음과 같은 매우 괴상한 '비국소적(nonlocal)' 상황이 생긴다: 두 광자가 하나의 파동함수로 기술되고, 그 가운데 하나를 재는 순간에 다른 광자는 멀리 떨어져 있다. 이 상황에서는 '원격 작용'에 대한 뉴턴의 걱정이 되살아나는 것일까? 오늘날 이에 관한 온갖 연구가 진행되고 있는데, 이는 광학의 앞날이 밝음을 시사한다.

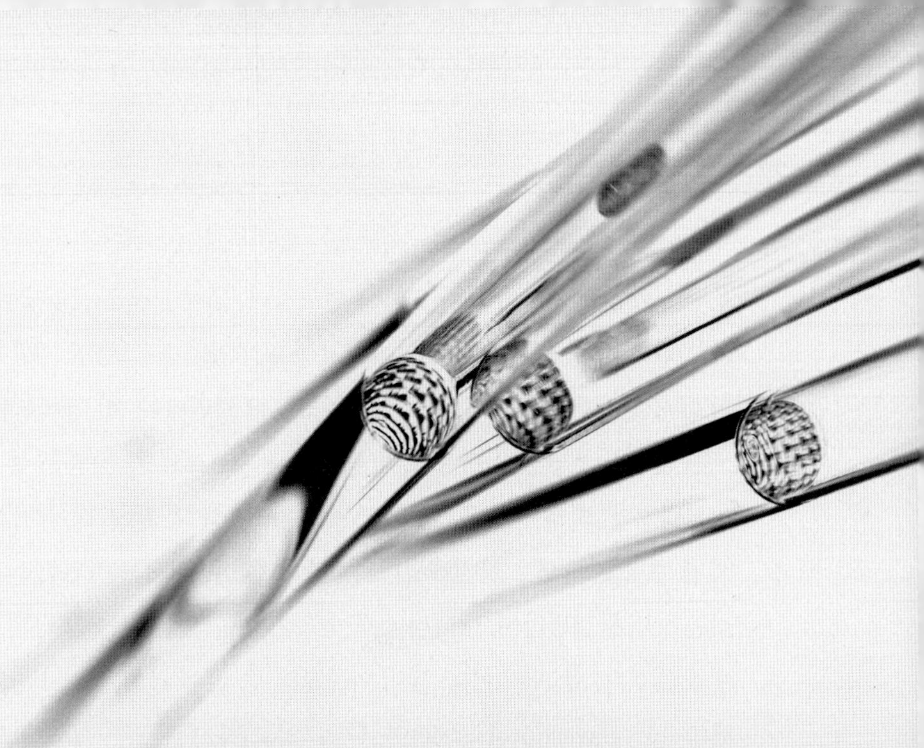

2 파동

광학은 빛의 진행과 양자 효과를 연구하며, 둘째 부분을 오늘날에는 **광자학**(photonics)이라고 한다. 전통적으로 광학은 가시광을 다루었지만, 그동안 개발된 여러 개념은 파장대역이 다른 전자기파에 대해서도 쓸모가 있음이 드러났다. 이 장에서는 먼저 빛의 진행에 관한 고전적 일반 개념을 소개하고, 빛을 수학적으로 다루는 방법을 설명한다.

그렇지만, 빛의 진행을 정확하게 분석하기 어려운 것도 많아서, 그 문제를 직관적 수준에서 풀 수 있는 개념도 발전해왔다. 이 장의 후반부에서는 하위헌스와 페르마가 고안해 낸 그러한 방법을 설명하며, 해석적 해를 얻기가 아주 힘들 때는 그 방법으로 빛의 진행을 다루는 예를 들겠다. 한 가지 예는, 빛이 아주 무거운 물체 근처를 지나갈 때 진행경로가 굽는 **중력 렌즈 효과**(gravitational lensing)이다. 그림 2.1은 허블 우주 망원경으로 잡은 별의 상과 컴퓨터로 시늉낸 중력 렌즈 효과를 비교한 것이다. 이러한 상황을 푸는 해석적인 방법도 있지만, 하위헌스 구성법을 쓰면 해를 훨씬 쉽게 구할 수 있다 (§2.8).

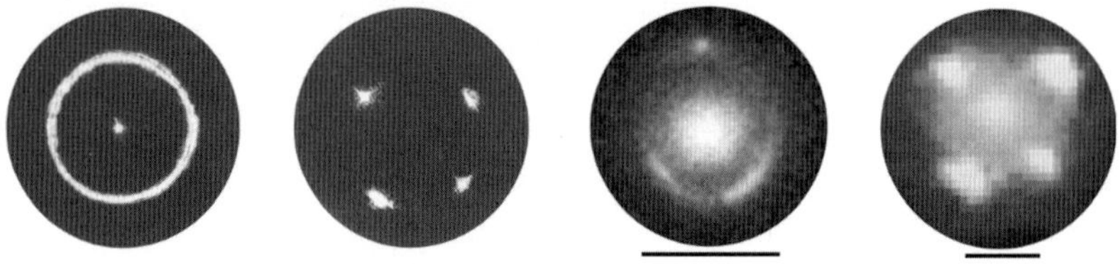

(a) (b) (c) (d)

그림 2.1 별빛이 중력 렌즈를 지난 뒤에 만드는 상: (a) 그림 2.14(d)의 렌즈가 광축 위에 있을 때의 실험실에서 얻은 '아인슈타인 고리'; (b) (a)와 같은데, 렌즈가 축에서 비껴 있을 때의 상 (중심 근처에 있는 5번째 상은 너무 희미해서 사진에는 찍히지 않았다); (c) 허블 우주 망원경의 NICMOS 적외선 사진기로 잡은 B1938+666의 상으로 지름 0.95 초인 아인슈타인 고리 [King 등 (1988)]; (d) '제트추진 연구소(Jet Propultion Laboratories: JPL)'의 광시야 망원경으로 잡은 Q2237+0305의 적외선 상으로, 적색이동이 똑같이 1.695인 5개의 다른 상 [Huchra 등 (1985); Paczynski, Wambsqanss (1993);. (c)와 (d) 아래의 가로 막대는 1 초를 나타냄. (망원경 사진: NASA 제공)

흔들림의 에너지가 늘 '파동처럼' 흩어지지는 않지만, 그 때에도 파동방정식의 해로 기술할 수 있다.

파동은 본질적으로 매질이 흔들리는 것이다. 흔들림이 지나가면 매질은 다시 평형상태로 돌아가며, 흔들림의 에너지는 시간이 지나면서 사방으로 퍼져간다. **파동방정식**(wave equation)은 그것을 수학적으로 기술하는 미분방정식으로서, 매질의 작은 변위의 동역학과 정역학을 연결해주며, 그 해는 흔들림이 퍼져가는 것을 기술한다. 이 책의 전반부에서는 이 미분방정식과 그 해를 다룬다. 물론 '매질의 흔들림'은 역학적 흔들림만이 아니고, 평형상태에서 벗어난 양(r과 t의 연속함수)이면 어떤 것이든 될 수 있고, 이 때 평형 상태 자체는, 예를 들어 전자기파에 대해서는, 단순한 진공일 수 있다.

이 장에서는 다음을 배운다.

- 파동방정식이 무엇인가? 파동방정식의 해를 구하는 방법
- 진공 속의 전자기파와 같은 비분산 파동
- 분산 파동 해가 나오는 파동방정식
- 파수, 진동수, 속도가 복소수일 때 그 물리적인 내용
- 위상속도와 군속도의 차이
- 2차원 및 3차원에서의 빛의 진행
- 고르지 않은 매질에서의 빛의 진행을 다루는 방법 — 하위헌스와 페르마가 생각해낸 방법
- 빛이 분산 매질에서 진행하면서 왜곡되고 새울음이 생기는 것
- 하위헌스 원리를 보여주는 우주의 중력 렌즈

2.1 비분산 1차원 파동방정식

편미분방정식인 파동방정식의 일반해는 진행파이다. 파동은 처음에 어느 곳에 생긴 흔들림이 퍼져가서 나중에 다른 곳에 나타나는 것인데, 그 모양이 꼭 처음과 똑같아야 하는 것은 아니다. 먼저 흔들림이 퍼져가면서도 모양이 바뀌지 않는 간단한 경우를 살펴보자.

2.1.1 비분산 파동에 대한 미분방정식

'비분산'은 또한 파동의 진행속도가 어느 진동수에서나 같음을 뜻함을 뒤에서 볼 것이다.

가장 중요한 1차원 기본 파동방정식은 다음과 같은 일반해를 가질 조건에서 끌어낼 수 있다.

① 어느 쪽(±)으로든 일정한 속도 v로 나아간다.

② 파동의 모양은 시간이 지나도 바뀌지 않는다. 해의 모양이 시간에 대해 불변이면 **비분산**(non-dispersive)이라고 한다.

이 조건은 제한적이지만, 아주 많은 물리현상에 적용되며, 이 파동방정식을 **비분산 파동방정식**이라고 한다.

파동방정식의 해 $f(x, t)$는 그림 2.2와 같이 시간 t가 흐른 뒤에는 흔들림이 거리 $x = \pm vt$ 만큼 이동하는 조건에 맞추어, 다음 두 식으로 나타낸다:

$$f(x, t) = f(x - vt, 0) \tag{2.1}$$

$$f(x, t) = f(x + vt, 0) \tag{2.2}$$

여기에서 f는 두 번 미분할 수 있는 연속함수이다. 이 함수의 변수를 파동의 **위상**(phase)이라고 한다:

$$x \pm vt \equiv \phi_{\pm} \quad \text{(위상)} \tag{2.3}$$

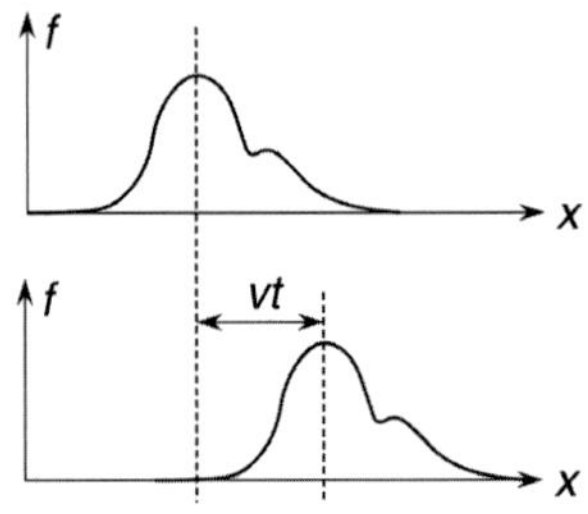

그림 2.2 흔들림이 일정한 속도로 나아간다.

(2.1)과 (2.2)를 x와 t에 대해 미분하면 각각 다음과 같다:

$$\frac{\partial f}{\partial x} = \frac{\mathrm{d}f}{\mathrm{d}\phi_-}, \qquad \frac{\partial f}{\partial t} = -v\frac{\mathrm{d}f}{\mathrm{d}\phi_-} \tag{2.4}$$

$$\frac{\partial f}{\partial x} = \frac{\mathrm{d}f}{\mathrm{d}\phi_+}, \qquad \frac{\partial f}{\partial t} = +v\frac{\mathrm{d}f}{\mathrm{d}\phi_+} \tag{2.5}$$

(2.4)와 (2.5)를 한번 더 미분하여 $\mathrm{d}^2f/\mathrm{d}\phi^2$을 지우면 다음 식을 얻는다:

$$\frac{\partial^2 f}{\partial x^2} = \frac{1}{v^2}\frac{\partial^2 f}{\partial t^2} \tag{2.6}$$

(2.1)과 (2.2)는 이 방정식의 일반해이다. (2.6)이 **비분산 파동방정식**이다.

흔들림 또는 파동장 f는 스칼라 함수로 가정했지만, 3차원 세계에서는 어떤 벡터의 성분으로 방향성을 띨 수도 있다. 그 방향을 파동의 **편극/광**(polarization)이라고 한다. f가 파동의 진행방향 x와 나란한 것은 **평행파(동)**(longitudinal wave), 수직인 **수직파(동)**(transverse wave)라고 한다. 평행파의 예로는 소리를, 수직파의 예로는 전자기파를 들 수 있다. 파동의 흔들림은 물결이나 지진파처럼 성분이 여럿일 수 있다 (**상자 2.2**를 보라).

(2.6)의 일반해는 (2.1)과 (2.2)이지만, 특수해도 있고, 그 가운데 가장 중요한 것이 **단순 조화 파동**(simple-harmonic wave)으로 다음과 같은 복소 지수 함수로 나타낼 수 있다:

$$f(x,\, t) \;=\; a \exp\left[2\pi \mathrm{i}\left(\frac{x}{\lambda} - \nu t\right)\right]$$

여기에서 a는 **진폭**(amplitude), ν는 **진동수**(frequency), λ는 **파장**(wavelength)이다. 다음과 같이 정의한 양과 기호를 쓰면 식이 더 깔끔해진다:

- 공간 진동수 또는 파수 $\qquad k \;=\; 2\pi/\lambda$
- 각진동수 $\qquad \omega \;=\; 2\pi\nu$

각진동수는 진동수를 rad/s의 단위로 나타낸 양이고, 앞으로는 그것도 '진동수'라고 부르겠다.

$$f(x,\, t) \;=\; a \exp[\mathrm{i}\,(kx - \omega t)] \tag{2.7}$$

이 함수가 (2.6)의 해임은 간단히 보일 수 있고, 파동의 진행속도는 다음과 같다:

$$v \;=\; \omega/k \tag{2.8}$$

이것을 **위상 속도**(phase velocity) 또는 **파동속도**(wave velocity)라고 한다.

2.1.2 조화파와 겹치기

단순 조화파가 특별히 중요한 까닭은 조화파를 겹쳐서 어떤 파동꼴도 만들 수 있기 때문인데, 앞으로 4장에서 배운다. 파동방정식이 f에 대해 선형이면, 어떤 모양의 파동이 나아가는 낱낱의 진동수 성분의 진폭 a_j를 셈하는 방법은 4장에서 푸리에 분석법을 다룰 때 배운다.

것을 살펴보려면 그것을 이루는 낱낱의 조화파 성분이 나아가는 것을 따로 살펴본 다음, 그 성분을 다시 묶으면 된다. 비분산 파동방정식에서는 그 일이 쉽다.

기본파(elementary wave)의 파수가 k이면, $\omega = kv$이고, 파동함수는 다음과 같다:

$$f(x, t) = a\exp[\mathrm{i}(kx - \omega t)] = a\exp(\mathrm{i}\phi) \tag{2.9}$$

애초($t=0$)에 그러한 파가 겹쳐져 만든 흔들림의 모양이 다음과 같다고 하자:

$$g(x, 0) = \sum_j f_j(x, 0) = \sum_j a_j \exp(\mathrm{i}k_j x) \tag{2.10}$$

낱낱의 기본파는 (2.9)에 따라 변화하므로, 시각 t에는 흔들림의 모양이 다음과 같다:

$$\begin{aligned} \boldsymbol{g(x, t)} &= \sum_j a_j \exp[\mathrm{i}(k_j x - \omega_j t)] = \sum_j a_j \exp[\mathrm{i}k_j(x - vt)] \\ &= \boldsymbol{g(x - vt, 0)} \end{aligned} \tag{2.11}$$

애초의 함수 $g(x, 0)$는 모양은 그대로 유지한 채 속도 v로 나아간다; (2.11)은 (2.1)과 등가이다. 이 결과가 나온 까닭은 (2.11)에서 ω를 kv로 바꾸어 넣었기 때문인데, 진동수 성분마다 속도가 다르다면 [**분산**(dispersive) 파동], 결론이 달라진다 (§2.7).

2.1.3 비분산 파동의 예

소리는 공기의 압력파동이며, K 값은 공기 압력에 비례한다.

1차원 비분산 파동방정식의 예로서 유체 속의 압력파를 생각하자. 유체의 압축률이 K, 밀도가 ρ라면 평형상태 방정식은 다음과 같은 훅 법칙이다:

$$P = K\frac{\partial \eta}{\partial x} \tag{2.12}$$

여기에서 P는 국소 압력, 곧 변형력이고, η는 국소 변위이다. 따라서 도함수 $\partial\eta/\partial x$는 변형률이다. 유체의 운동 방정식은 다음과 같다:

$$\rho\frac{\partial^2\eta}{\partial t^2} = \frac{\partial P}{\partial x} \tag{2.13}$$

(2.12)와 (2.13)을 묶으면 파동방정식이 된다:

$$\frac{\partial^2\eta}{\partial x^2} = \frac{\rho}{K}\frac{\partial^2\eta}{\partial t^2} \tag{2.14}$$

따라서 이 파동은 진행 속도가 다음과 같은 비분산 파이다:

$$v = \sqrt{\frac{K}{\rho}} \tag{2.15}$$

파동방정식 (2.14)가 맞는 때는 변형력이 작아서 (2.12)와 같이 변형률이 변형력에 비례할 때이다. 충격파와 같이 변형력이 항복점을 넘을 때는 맞지 않다. 또 다른 비분산 파동방정식은 맥스웰이 이끌어낸 전자기파동방정식인데, 5장에서 자세히 설명한다.

2.1.4 파동의 에너지 밀도

파동은 매질이 평형상태를 벗어날 때 생기므로, 파동을 만들려면 매질에 에너지를 더해주어야 한다. 이 에너지를 나타내는 것은 에너지 밀도로서 단위 영역 속에 든 파동의 에너지로 정의되며, 단위 영역은 물체의 차원에 따라 길이, 면적, 부피가 된다. 위에서 설명한 압력파에서는 에너지 밀도는 운동에너지 밀도와 위치에너지 밀도의 합이다. 운동에너지 밀도는 $\frac{1}{2}\rho(\partial\eta/\partial t)^2$이고 위치에너지 밀도는 변형력에 변형률을 곱한 값 $\frac{1}{2}K(\partial\eta/\partial x)^2$이다. 주화 파동 $\eta = a\exp[\mathrm{i}\omega(t - x/v)]$ 에서는 운동에너지와 위치에너지의 평균값이 같고, 합은 $a^2\omega^2\rho$이다. 이것은 다음 일반원리를 보여준다: **에너지 밀도는 진폭과 진동수의 제곱에 비례한다.** 에너지 밀도에 파동 속도를 곱하면 에너지가 파동에 실려 전달되는 비율, 또는 대충 말해 **세기(밝기: intencity)**가 된다.

2.2 선형 매질 속의 분산파동: 분산식

일반적인 파동방정식에는 x와 t에 대한 2계 도함수뿐 아니라, 계수가 다른 도함수도 1차 항으로 들어갈 수 있고, 해의 일반적인 꼴은 다음과 같다: $f = a\exp[\mathrm{i}(kx - \omega t)]$.

상자 2.1 기타줄 파동: 비분산 파동의 예

§2.1.3의 압력파처럼, 기타줄을 타고 가는 수직파도 비분산 파동방정식을 따른다. 기타줄의 수직변위 $f(x, t)$는 줄이 매여 있는 양쪽 끝 $x=0$과 $x=L$에서 다음 경계 조건에 맞아야 한다: $f(0, t)=f(L, 0)=0$. 이 조건에 맞는 파동은 다음과 같은 꼴의 **조화파(harmonics)**이다: $f_m(x, t) = a_m \sin(m\pi x/L)\exp(\mathrm{i}m\omega_1 t)$. 이들은 모두 비분산 파동방정식 (2.6)의 해이다. 이 파동은 **정상파(standing wave)**라고 하며, 진동수가 같고 반대쪽으로 가는 파동이 겹친 것이다. 그런데, 예를 들어 기타줄 한 가운데를 튕길 때 생기는 파동의 모양은 사인함수꼴이 아니라 세모꼴에 가깝다 (그림 2.3). 이것은 §4.1.2에서와 같이, 조화파의 합으로 나타낼 수 있다; 여러 조화파 성분의 진폭의 비는 기타줄이 울리는 모양에 따라 결정되고, 그것이 기타 소리의 맵시(음색)를 결정한다.

자칫, 세모꼴 파동은 그 모양을 그대로 유지한 채 위아래로 흔들릴 것이라고 예상하기 쉬운데, 그렇지 않다; 매 순간 기타줄의 모양은 그림처럼 일련의 사다리꼴을 거쳐가는데, 그것은 섬광 사진으로도 확인된다. 이렇게 되는 까닭은, 기타줄에 대한 파동방정식이 비분산이므로, 조화파동뿐만 아니라 어떤 모양 — 특히 세모꼴 — 의 파동도 그 모양을 유지한 채 나아간다. 그러면 $t=0$의 처음 세모꼴 파동은 똑같은 세모꼴이지만 진폭이 반이고 서로 반대쪽($+x$ 쪽과 $-x$쪽)으로 가는 두 파동이 겹친 것이다. 이 파동은 $x=0$과 $x=L$에서는 합이 늘 0이고, 다른 시각에는 전체적인 모양이 사다리꼴이 되는 것을 쉽게 확인할 수 있고, 실험에서도 그렇게 관찰된다 (그림 2.3). 물론 조화파 분석을 해도 똑같은 결과가 나오는데, 이것은 연습문제 2.9로 남겨둔다.

그러한 파동에서는 $\partial f/\partial t$를 $-\mathrm{i}\omega f$로, $\partial f/\partial x$를 $\mathrm{i}kf$로 바꿀 수 있으므로, 파동방정식을 다음과 같은 다항식 p의 꼴로 쓸 수 있다면,

$$p\left(\frac{\partial}{\partial x}, \frac{\partial}{\partial t}\right)f = 0 \tag{2.16}$$

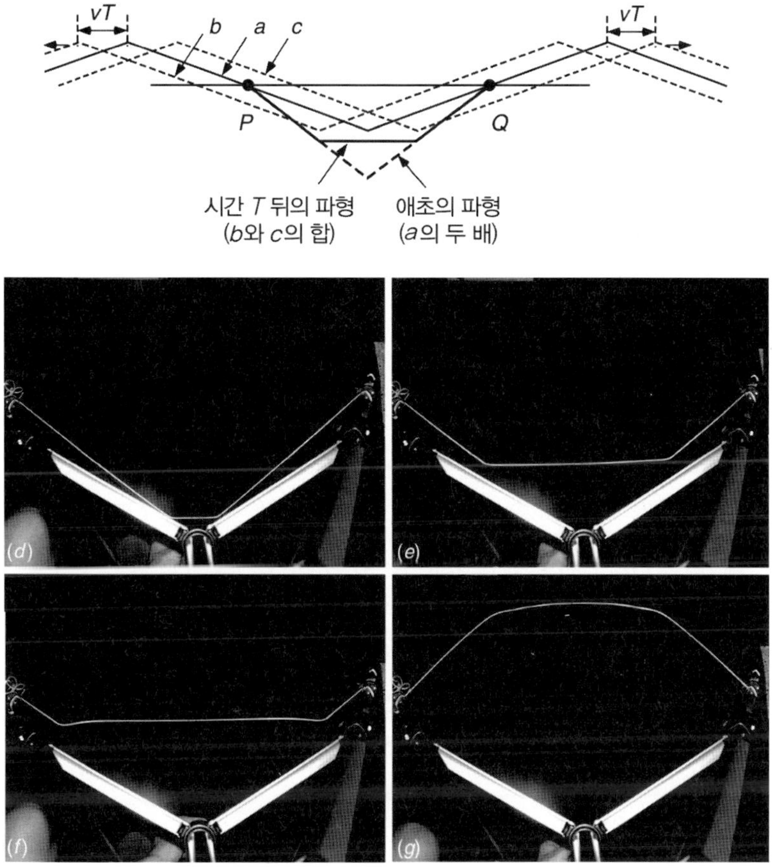

그림 2.3 기타줄 한 가운데를 튕겨 진동시킬 때의 순간 모양. 위 그림: 처음 파형은 세모꼴 파동 a가 두개 겹친 것인데, 하나는 왼쪽(b)으로, 다른 하나는 오른쪽(c)으로 간다. 시간 T가 지나면, 두 파동의 합은 굵은 실선과 같은 꼴이 된다. P와 Q에서는 두 파동의 합이 늘 0이다. $(d-g)$ 순간 파형의 섬광 사진으로 사다리꼴임을 잘 보여준다. (E. Raz, Israel Physics Olympiad)

다음과 같은 식이 되는데, 이것이 **분산식**(dispersion equation)이다:

$$p(\mathrm{i}k, -\mathrm{i}\omega) = 0 \tag{2.17}$$

예를 들어, 비분산 파동방정식 (2.6)의 분산식을 살펴보자. 파동방정식은 다음과 같다:

$$\frac{\partial^2 f}{\partial x^2} = \frac{1}{v^2}\frac{\partial^2 f}{\partial t^2} \tag{2.18}$$

이것은 다음 꼴로 쓸 수 있다:

$$\left[\left(\frac{\partial}{\partial x}\right)^2 - \frac{1}{v^2}\left(\frac{\partial}{\partial t}\right)^2\right] f = 0 \tag{2.19}$$

따라서, (2.16)과 (2.17)에서 분산식은 다음과 같다:

$$k^2 - \frac{\omega^2}{v^2} = 0 \tag{2.20}$$

따라서 다음과 같다:

$$\omega / k = \pm v \tag{2.21}$$

상자 2.2 수직파 및 평행파의 예: 지진파

지진파는 한 매질에서 여러 파동이 저마다 다른 위상 속도와 군속도로 가는 것을 잘 보여준다. 땅 속을 가는 파동에는 진동 방향이 진행 방향과 나란한 평행파(P)와 직교하는 수직파(S)의 두 가지가 있다. 평행파의 속력은 지각의 조성에 따라 다르지만 얼추 5 km/s이고, 수직파의 속력은 그 반쯤 된다.

지면을 따라 가는 파동도 있는데, 이들은 수직파이자 분산파이다: 레일리 파(Rayleigh wave)는 표면과 직교하고, 러브 파(Love wave)는 나란하다. 이들의 진동수는 땅 속을 가는 파동의 진동수 보다 훨씬 낮고, 감쇠가 덜 되며, 레일리 파는 특히 진폭이 커서 지진파로서 피해를 많이 준다.

현대의 지진파 기록 장치는 파동의 속력이 다르다는 사실을 써서 지진과 지각의 특성을 분석한다. P파는 파괴적인 레일리 파가 오고 있음을 알려주는 경고로 쓸 수 있고, 두 파동이 오는 시간차에서 진앙[땅 속의 지진이 일어난 곳(진원) 바로 위의 지표면의 점: 옮긴이]을 결정할 수 있다. 지구의 조성은 고르지 않으므로, P파와 S파의 진행은 하위헌스 원리를 써서 풀어야 한다. 이로부터 지구의 내핵은 고체, 외핵은 액체로 되어 있다는 것 등 지구 내부 구조에 관해 많은 정보를 얻었다. 폭약을 터뜨릴 때 생기는 지진파를 써서 지구 구조에 대한 정확한 지도를 만들어 땅 속의 광물 및 석유를 찾아내기도 한다.

2.2.1 분산 파동방정식의 예: 슈뢰딩거 방정식

슈뢰딩거가 애초에 이 방정식이 입자의 운동을 나타낼 것이라고 시사한 까닭은 실험적으로 입증된 파동-입자 등가성을 가정할 때 이것의 분산식이 뉴턴 역학의 방정식에 대응되기 때문이었다.

맥스웰 전자기 파동방정식에 맞먹는 중요한 분산 파동방정식은 슈뢰딩거 방정식이다. 1차원 위치에너지 장 V 속에서 움직이는 질량 m인 입자의 비상대론적 슈뢰딩거 방정식은 다음과 같다:

$$i\hbar\frac{\partial\psi}{\partial t} = -\frac{\hbar^2}{2m}\frac{\partial^2\psi}{\partial x^2} + V(x)\psi \tag{2.22}$$

여기에서 ψ를 **확률 진폭**(probability amplitude) 또는 간단히 **파동함수**(wave function)라고 하며, $|\psi|^2\delta x$ 는 구간 $(x, x+\delta x)$ 속에 입자가 있을 확률이다.

(2.16)과 (2.17)을 쓰면 분산식은 다음과 같다:

$$\hbar\omega = \frac{(\hbar k)^2}{2m} + V(x) \tag{2.23}$$

$\hbar\omega$는 입자의 총 에너지 E(플랑크: $\hbar\omega = h\nu$), $\hbar k$는 운동량 $p = mv$(드 브로이: $\hbar k = h/\lambda$)이다. 따라서 (2.23)은 다음과 같이 쓸 수 있다:

$$E = \frac{p^2}{2m} + V(x) = \frac{1}{2}mv^2 + V(x) \tag{2.24}$$

또는 **총에너지=운동에너지 + 위치에너지**이다. 여기에서 분산식은 뉴턴 역학을 나타내며, 파동방정식은 그에 대한 양자역학적 등가식이다.

2.3 복소 파수, 진동수, 속도

분산식 (2.23)에서 k 또는 ω가 복소수이면 물리적 해석을 잘해야 한다. 그 때는 속도 ω/k도 복소수가 될 수 있다.

2.3.1 복소 파수: 감쇠 파동

복소 파수는 빛이 금속과 같이 잘 흡수되는 매질 속에서 나아가는 것을 기술할 때 중요하다.

진동수 ω는 실수인데, 분산식을 풀어 얻는 파수 k가 다음과 같이 복소수가 된다고 하자: $k \equiv k_1 + \mathrm{i}k_2$. 그러면 조화 파동 함수는 다음과 같다:

$$f = a\exp\left[\mathrm{i}(k_1 + \mathrm{i}k_2)x - \mathrm{i}\omega t\right]$$
$$= a\exp(-k_2 x)\exp\left[\mathrm{i}(k_1 x - \mathrm{i}\omega t)\right] \quad (2.25)$$

이것은 진행파로서, 속도는 $v = \omega/k_1$이고 진폭은 인자 $\exp(-k_2 x)$로 감쇠되어 점점 줄어든다. 따라서 파동이 **고유감쇠거리**(길이 k_2^{-1})를 나아갈 때마다 진폭은 e^{-1}을 곱한 만큼 줄어든다 (그림 2.4).

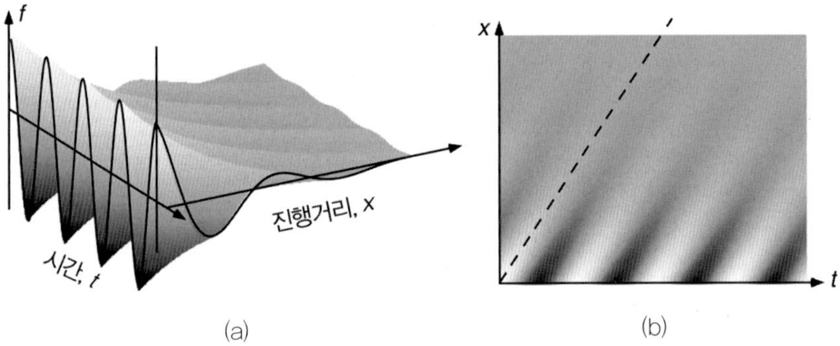

그림 2.4 (a) 감쇠 조화파동을 x와 t의 함수로 보인 것. (b)는 x, t 평면에 투영한 것. 점선은 파동의 마루로서 위상속도로 나아가며, 그 값은 이 선의 기울기인 x/t이다.

2.3.2 순허수 속도: 소멸파

파수가 순허수이면($k_1 = 0$), (2.25)에서 파동은 위치에 대해서는 조화함수가 아니고 지수함수이지만, 시간에 대해서는 진동수 ω로 진동하는 조화함수이다 (그림 2.5). 그러한 파동을 **소멸파**(evanescent wave)라고 하며, 이에 관해서는 §5.5에서 설명한다.

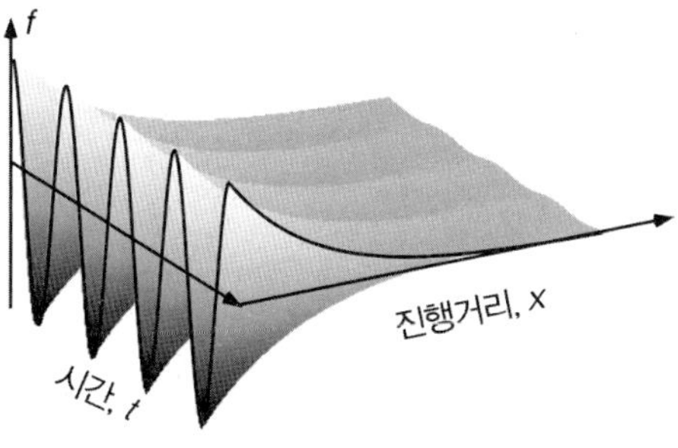

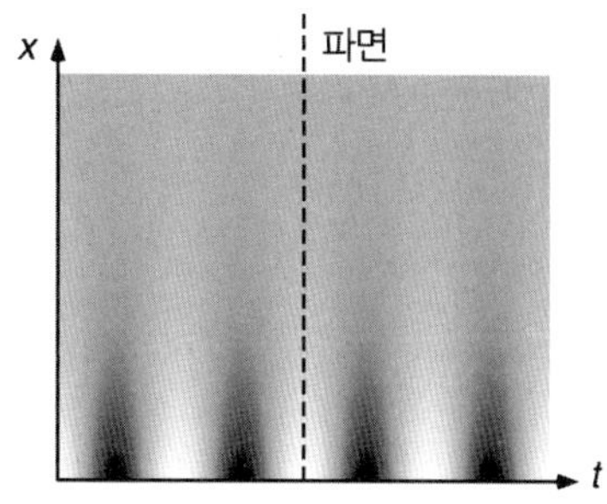

그림 2.5 (a) 소멸파를 x와 t의 함수로 보인 것. (b) x, t 평면에 투영한 것. 그림 2.4와 비교하면 위상속도는 무한대이다! 이주제는 § 13.5.2에서 설명한다.

2.3.3 예: 확산 방정식의 해인 소멸파

푸리에(Fourier)는 확산 방정식의 해를 일반 경계조건에서 구하다가 **푸리에 급수**를 발명했다 (4장). 푸리에 분석법은 통신과 광학 이론의 바탕이며, 이 책에서도 여러 곳에서 쓰인다.

확산 방정식의 해는 흔히 보는 파동이 아니지만, 방정식 자체는 파동 방정식과 닮았다. 예를 들어, 막대를 따라 전달되는 열에너지의 전달 방정식은 표면의 열손실을 무시할 때 다음과 같다:

$$q = -\kappa \frac{\partial \theta}{\partial x} \tag{2.26}$$

이것은 매질의 열전도도가 κ이고 온도분포가 θ일 때, 단위면적의 열 흐름률 q을 나타낸다. 매질의 비열을 s라 하면 열 에너지 보존을 기술하는 식은 다음과 같다:

$$s\frac{\partial \theta}{\partial t} = -\frac{\partial \theta}{\partial x} \tag{2.27}$$

이로부터 다음 **확산 방정식**(diffusion equation)이 나온다.

$$\frac{\partial \theta}{\partial t} = D\frac{\partial^2 \theta}{\partial x^2} \tag{2.28}$$

여기에서 확산계수 $D=\kappa/s$이다. 따라서, (2.17)의 분산식은 다음과 같다:

$$\mathrm{i}\omega = Dk^2 \tag{2.29}$$

따라서 ω가 실수이면, 전파상수는 다음과 같다:

$$k = \sqrt{\frac{\omega}{2D}}\,(1+\mathrm{i}) \tag{2.30}$$

막대의 한쪽 끝을 데웠다 식혔다 하여 주위의 온도 θ가 다음과 같아지면,

$$\theta(0,\,t) = \theta_0 \exp(-\mathrm{i}\omega t) \tag{2.31}$$

다음과 같은 온도 파동이 막대를 따라 퍼져간다:

$$\theta(x,\,t) = \theta_0 \exp\!\left(-\sqrt{\frac{\omega}{2D}}\,x\right)\exp\left[\mathrm{i}\left(\sqrt{\frac{\omega}{2D}}\,x - \omega t\right)\right] \tag{2.32}$$

이 파동은 막대를 따라 거리 $\sqrt{2D/\omega}$ 를 갈 때마다 진폭이 1/e의 비율로 줄어든다. 그렇지만 이 온도 흔들림은 틀림없는 파동으로서 진동의 위상은 거리에 따라 주기적으로 변한다.

이제 막대의 온도분포가 애초(t=0)에 다음과 같다고 하자:

$$\theta = \theta_0 \exp(\mathrm{i}kx) \quad (k\text{는 실수}) \tag{2.33}$$

이 막대를 그대로 버려두면, 그 뒤의 온도분포는 (2.32)에서 다음과 같다:

$$\theta(x,\,t) = \theta_0 \exp\left[-\left(Dk^2 t\right)\right]\exp(\mathrm{i}\,kx) \tag{2.34}$$

이것은 시간에 대해 진동하지 않는다; 공간변화 $\exp(\mathrm{i}kx)$는 같지만 진폭은 시간이 가면서 지수 함수꼴로 감쇠되며, 시간상수는 $\left(Dk^2\right)^{-1}$이다. 이것은 시간에 대한 소멸파이다. 따라서 열-확산 방정식은 두 가지 거동을 모두 보여 준다; 그것은 진동수가 실수인 파동으로서 공간으로 나아가면서 감쇠되거나 파수가 실수인 파동으로서 시간이 가면서 감쇠된다.

2.4 군속도

비분산 파동방정식 (2.6)의 해는 모든 진동수의 흔들림이 똑같은 속도로 나아가는 특성이 있다. 그 결과 §2.1.2에 따르면 어떤 모양의 파동도 모양을 그대로 유지한 채 퍼져간다. 하지만

* 파동뭉치를 조화함수 성분으로 분해하는 방법은 §4.7에서 설명하지만, 여기에서는 몰라도 된다.

수많은 **분산**(dispersive) 매질에서는 다음과 같은 일이 벌어진다:

- 파동의 진동수가 다르면 진행 속도도 다르다.
- 나아가면서 파동의 모양이 바뀐다.

순간 $t=0$에 진동수 ω_0, 파수 k_0인 파동의 진폭이 변조되어 어떤 한정된 곳에 **파동뭉치**(wave-group)가 있다고 하자 [그림 2.6(a)].

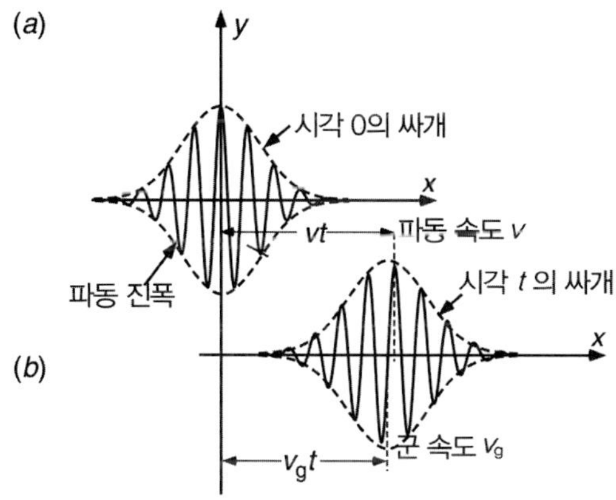

그림 2.6 파동뭉치의 진폭은 싸개함수로 변조된 조화파동으로 나타낼 수 있다. (a)와 (b)는 각각 시각 $t=0$과 그 뒤의 다른 시각 t에서의 파동뭉치의 모양이다. 그동안 조화파동의 봉우리가 간 거리는 파동속도 v에 시간 t를 곱한 vt, 싸개의 봉우리가 간 거리는 군속도 v_g에 시간 t를 곱한 $v_g t$이다.

파동의 모든 에너지는 진폭이 0이 아닌 곳에 모여 있음은 뻔하다. 그러한 파동은 진동수는 ω_0에, 파수는 k_0에 가까운 여러 조화파동 성분을 겹쳐서 만들 수 있다. 낱낱이 성분의 진폭을 셈하는 방법은 4장에서 설명하며, 아직은 몰라도 된다. 어느 순간, 파동뭉치의 **싸개**(envelope)의 봉우리는 모든 성분의 위상이 거의 같아 서로 보강간섭하는 곳에 생긴다. 이제 그 점이 **군속도**(group velocity)로 가는 것을 보이는데, 이 속도는 낱낱의 성분이 나아가는 속도와는 다르고, 파동에 실린 에너지가 전달되는 속도이다.

싸개의 봉우리는 진폭이 가장 큰 성분들의 위상이 같은 곳이고, 그 조건은 다음과 같다:

$$\frac{\mathrm{d}\phi}{\mathrm{d}k} = \frac{\mathrm{d}}{\mathrm{d}k}(kx - \omega t) = kx - t\frac{\mathrm{d}\omega}{\mathrm{d}k} = 0 \tag{2.35}$$

그러면 싸개의 봉우리가 나아가는 속도는 다음과 같다:

$$v_g = \frac{x}{t} = \frac{\mathrm{d}\omega}{\mathrm{d}k} \tag{2.36}$$

이 식이 군속도의 정의식이다. 이 식을 파수 $k=2\pi/\lambda$, 파동속도 $v=\omega/k$, 그리고 각진동수 $\omega=2\pi\nu$를 써서 다음과 같이 고쳐 쓸 수 있다:

$$v_g = v - \lambda\frac{\mathrm{d}v}{\mathrm{d}\lambda} \tag{2.37}$$

> 최근에 **느린 빛(slow light)**에 대한 관심이 많아졌는데 (§13.5), 이것은 파동속도와 군속도의 크기 정도가 몇 단계 다른 예이다.

일반적으로 $\mathrm{d}\omega/\mathrm{d}k$는 상수가 아니다. 파동뭉치는 파수가 k_0에 가까운 여러 조화파동 성분이 모인 것이므로, $\mathrm{d}\omega/\mathrm{d}k$나 $\lambda \mathrm{d}v/\mathrm{d}\lambda$의 값은 k_0에서의 값이다. 첫째 어림에서는 파동뭉치의 싸개가 이 속도로 나아가며, 싸개가 너무 짧지 않다면 그 모양도 그대로 유지된다. 그러나 위상속도 v가 군속도 v_g와 다르면, 낱낱의 파동은 싸개에 대해 앞이나 뒤로 가게 된다 [그림 2.6(b)]. 물결은 분산이 아주 크므로 그러한 거동은 쉽게 볼 수 있다 (문제 2.4).

파동은 대개 가면서 모양이 바뀌는데, §2.7에서는 이것을 살펴본다. 분산이 아주 크면 이 주제는 아주 복잡해져서 v_g가 빛의 속도보다 더 빨라지는, 겉보기에 말이 안되는 일도 생긴다 [§13.5; Brillouin (1960)].

2.5 3차원 파동

§2.1.1에서 1차원 비분산 파동방정식을 풀었으니, 그것을 3차원으로 확장하는 것을 시시하다고 생각할지 모르지만, 그렇지 않다! 그 까닭은 비분산 매질에서 조차도 3차원 파동은 대개 가면서 모양이 바뀌기 때문이다. 예를 들어, 종소리가 퍼져갈 때 (공기는 가청음파에 대해 좋은 비분산 매질이다) 멀어질수록 소리의 크기가 거리의 제곱에 반비례하여 작아진다 (r^{-2}). 따라서 공기의 흔들림의 진폭은 거리에 따라 달라진다.

그렇지만, **평면파(plane wave)**는 3차원 공간에서 퍼져가면서도 변하지 않는 중요한 파동이다.

2.5.1 평면파

> 평면파는 회절 등 거의 모든 파동의 진행을 분석할 때 쓰는 기본 구성요소이다 (8장).

속도 v로 단위벡터 $\hat{n}$ 쪽으로 나아가는 평면파의 식을 (2.1)에 대응하여 쓰면 다음과 같다:

$$f(\mathbf{r}, t) = f(\mathbf{r} \cdot \hat{\mathbf{n}} - vt, 0) \tag{2.38}$$

(2.3)과 마찬가지로, 위상 ϕ는 다음과 같다:

$$\phi(\mathbf{r}, t) = \mathbf{r} \cdot \hat{\mathbf{n}} - vt = xn_x + yn_y + zn_z - vt \tag{2.39}$$

이것은 다음 조건에 맞는 평면 위 어디에서나 값이 같다: $\mathbf{r} \cdot \hat{\mathbf{n}} - vt =$상수. 이 위상이 일정한 평면이 **파면**(wave front)이며, 진행방향 $\hat{\mathbf{n}}$과 직교한다 (그림 2.7).

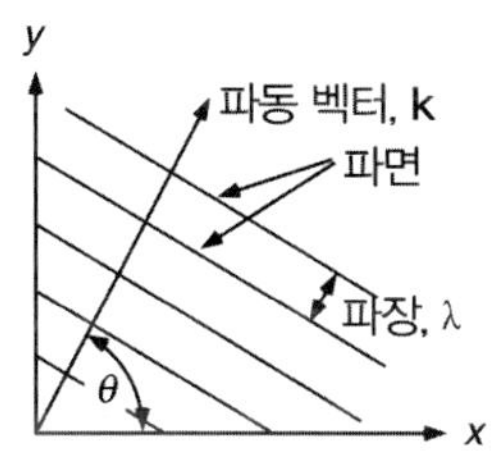

그림 2.7 평면파의 파면과 파동벡터 $\mathbf{k}$: $\mathbf{k}$는 파면과 직교한다.

2.5.2 3차원 파동방정식

평면파를 바탕으로 파동방정식을 끌어낼 수 있다. (2.12)에서 다음과 같다:

$$f(\mathbf{r}, t) = f(\mathbf{r} \cdot \hat{\mathbf{n}} - vt, 0) = f(\phi) \tag{2.40}$$

이 함수의 시간 및 공간 편도함수는 다음과 같다:

$$\partial/\partial t = -v\mathrm{d}/\mathrm{d}\phi \tag{2.41}$$

$$\nabla \equiv \left(\frac{\partial}{\partial x}, \frac{\partial}{\partial y}, \frac{\partial}{\partial z}\right) = \left(\frac{\partial\phi}{\partial x}, \frac{\partial\phi}{\partial y}, \frac{\partial\phi}{\partial z}\right)\frac{\mathrm{d}}{\mathrm{d}\phi} = \hat{\mathbf{n}}\frac{\mathrm{d}}{\mathrm{d}\phi} \tag{2.42}$$

여기에서 $\partial\phi/\partial x$ 등을 셈하는 데는 (2.39)를 썼다. 따라서, (2.41)과 (2.42)에서 다음과 같다:

$$\frac{\partial^2 f}{\partial t^2} = v^2 \frac{\mathrm{d}^2 f}{\mathrm{d}\phi^2} \tag{2.43}$$

$$\nabla \cdot (\nabla f) = (\hat{\mathrm{n}} \cdot \hat{\mathrm{n}}) \frac{\mathrm{d}^2 f}{\mathrm{d}\phi^2} = \frac{\mathrm{d}^2 f}{\mathrm{d}\phi^2} \tag{2.44}$$

따라서 다음 식이 성립한다:

$$\nabla \cdot (\nabla f) \equiv \nabla^2 f = \frac{\partial^2 f}{\partial x^2} + \frac{\partial^2 f}{\partial y^2} + \frac{\partial^2 f}{\partial z^2} = \frac{1}{v^2} \frac{\partial^2 f}{\partial t^2} \tag{2.45}$$

지금까지는 f를 스칼라 함수로 생각했지만, 벡터장의 낱낱의 성분에 대해서도 똑같은 분석을 할 수 있으므로 다음 **3차원 비분산 파동방정식**이 된다:

$$\nabla^2 \mathrm{f} = \frac{1}{v^2} \frac{\partial^2 \mathrm{f}}{\partial t^2} \tag{2.46}$$

(2.7)에서, f를 $\mathrm{a}\exp[\mathrm{i}(\mathbf{k} \cdot \mathbf{r} - \omega t)]$로 바꾸면 평면 조화파가 된다. 위상은 다음과 같다:

$$\phi = \mathbf{k} \cdot \mathbf{r} - \omega t = k\left(\frac{\mathbf{k}}{k} \cdot \mathbf{r} - \frac{\omega}{k} t\right) = k\left(\frac{\mathbf{k}}{k} \cdot \mathbf{r} - vt\right) \tag{2.47}$$

(2.39)를 쓰면, 이로부터 $\hat{\mathrm{n}} = \mathbf{k}/k$가 되어 단위벡터는 $\mathbf{k}$ 쪽이다. 그러므로, **파면은 파동벡터 k와 직교한다.** $\mathbf{k}$의 크기는 (2.7)에 따라 $k = 2\pi/\lambda$이다. λ는 방향도 있고, 성분도 있지만 이 관계식 때문에 벡터대수의 규칙을 따르지 않으므로 벡터가 아니다.

3차원 분산식도 1차원과 비슷하게 끌어낼 수 있다: $\nabla = \mathrm{i}\mathbf{k}$, $\partial/\partial t = -\mathrm{i}\omega$로 바꾼다. 그러면, 일반적으로 다음과 같은 꼴의 벡터 방정식이 나온다: $p(\mathrm{i}\mathbf{k}, -\mathrm{i}\omega) = 0$ [(2.17)과 비교해 보라].

2.5.3 구면파 및 원통파

3차원 파동에는 파면이 구면인 **구면파**(spherical wave)와 원통면인 **원통파**(cylindrical wave)도 있다. 이들은 잔잔한 수면에서 동심원 꼴로 퍼지는 물결에서 쉽게 볼 수 있다. 중심에 모이는 구면파는 한 점에 모이는 파동을 나타낼 수 있다. 불행히도 순수한 구면파나 원통파는 $r \to \infty$의 극한에서만 파동방정식의 정확한 해이다.

$r = 0$에 있는 광원이 내는 구면파의 진폭이 다음과 같다고 가정하자:

$$f(\mathbf{r}, t) = A(r)\exp[\mathrm{i}(kr - \omega t)] \tag{2.48}$$

여기에서 $A(r)$은 반지름 r 만의 함수라고 가정한다; A가 각도의 함수가 되는 문제는 빛의 방사를 다루는 §5.3과 가우스 빔을 다루는 §7.3에서 설명한다. 파동에 실려 전달되는 총 일률은 에너지 밀도에 속도를 곱한 값을 파면 전체에 대해 적분한 값인데, 파면이 반지름 r이면 넓이는 $4\pi r^2$이므로, §2.1.4에서, 총 일률은 $4\pi r^2 A^2(r)\omega^2\rho v$이다. 에너지가 보존되려면 이 값이 일정해야 하므로 다음 조건이 맞아야 한다:

$$A(r) = a_0/r \tag{2.49}$$

$A(r)=a_0/r$이면, 파동의 위상은 원점(초점)을 지나면서 π만큼 뛴다. 이것이 '구이 효과(Gouy effect)'이다. §7.3을 보라.

여기에서 a_0는 광원에서의 진폭이다. 밝기가 반지름의 제곱에 반비례하는 것($A^2 \sim r^{-2}$)이 **역제곱법칙**(inverse square law)이다. $r=0$은 진폭이 한없이 커지는 특이점이므로, 역제곱법칙은 $r \gg \lambda$로 광원에서 먼 곳에서만 맞다. §7.1에서 회절을 설명할 때는 빛을 스칼라 구면파로 나타낸다.

선광원에서 사방으로 고르게 나가는 원통파를 다루는 방법도 비슷하여 파동함수는 아래와 같다:

$$f(\mathbf{r}, t) = A(r)\exp\left[\mathrm{i}\left(k\sqrt{x^2 + y^2} - \omega t\right)\right] \tag{2.50}$$

에너지가 보존되려면 $A^2 \sim r^{-1}$이어야 하므로 $A(r)=a_0/\sqrt{r}$이다.

2.6 고르지 않은 매질에서의 파동

단순 조화 파동의 진행은 고른 매질에서는 비교적 간단하지만, 매질이 고르지 않으면 복잡하여 해석적으로 다루기 어렵다. 그 때는 하위헌스와 페르마가 개발한 두 가지 중요한 원리를 쓰면 좋다. 여기에서는 광학적 예를 들어 그 원리를 설명하겠지만, 다른 파동에 대해서도 똑같이 적용된다.

2.6.1 하위헌스 구성법

비등방성 매질에서는 잔파동이 구면파가 아니라 타원체파(ellipsoid)가 된다 (§6.3.1).

앞에서 말했듯이 하위헌스는 파동이론을 강력히 지지했고, 지금도 쓰는 몇 가지 개념을 도입했는데, 이 가운데 하나는 앞에서 정의한 파면이다 (§2.5.1). 그는 파동을 **한 때의 현상**(transient phenomena)으로 보아 점에서 한 동안 나온다고 생각했다. 그 다음 순간의 파면은 파동의 흔들림이 도착하여 만든 면으로 정의한다. 원리적으로는 파면은 어떤 모양도 될 수 있지만, 이론적으로 중요한 것은 평면, 원통면, 구면 또는 타원체면이다.

하위헌스는 파면 위의 점마다 구면파를 새로 만들고, 이것이 나아가 겹치면서 만든 싸개가 새 파면이 됨을 지적했다. 따라서 어느 순간의 파면을 알면, 그로부터 다음 순간의 파면을 구할 수 있다 [그림 2.8(a)].

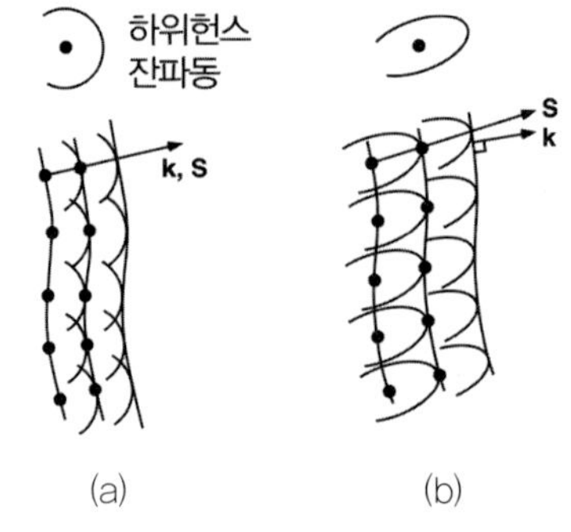

그림 2.8 하위헌스 구성법: (a) 등방성 매질 (b) 비등방성 매질. 맨 위 그림은 파면의 점마다 잔파동이 생겨나 퍼져가는 것을 보여준다. 아래 그림은 파면이 생기는 과정을 보여준다. 파동벡터 **k**는 그 곳의 파면과 직교하고, 빛살벡터 S는 에너지가 흐르는 쪽을 향한다 (§ 5.1). (b)에서는 이 두 벡터의 방향이 다를 수 있다.

키르히호프(Kirchhoff)는 그 착상을 수학적으로 증명했는데, 이에 관해서는 7장의 부록에서 자세히 설명한다. 새로운 흔들림을 **하위헌스 잔파동**(Huygens' wavelets)이라고 한다. 이 원리를 쓰면 파면이 구면, 평면, 원통일 때는 그 모양을 유지하지만, 그렇지 않으면 파동이 나아가면서 파면이 변형됨을 쉽게 알 수 있다. 파동의 진행을 정확한 식으로 셈할 수 없을 때는 하위헌스 구성법을 쓰면 물리적인 상황을 잘 알 수 있는데, §2.8에서 예를 들어 설명한다.

하위헌스 구성법은 파동의 진행속도가 방향에 따라 다른 비등방성 매질에서도 쓸 수 있는데, 그 때는 잔파동의 파면이 구면이 아니라 타원체면이다. 한정된 범위에만 있는 파면의 진행을 생각하면 중요한 따름 정리가 나온다. 에너지 흐름의 방향[S, **빛살 방향**(ray direction)]은 낱낱의 잔파동의 중심에서 그 파동이 싸개와 만나는 점을 향하고, 이 방향은 파동벡터 k와 늘 나란한 것은 아니다 [그림 2.8(b)].

2.6.2 하위헌스 원리를 써서 스넬 법칙 끌어내기

두 파면의 시간 간격이 같다는 사실을 쓰면, 파동이 한 매질에서 다른 매질로 들어갈 때 진행 방향이 달라지는 **스넬 법칙**(Snell's law of refraction)을 끌어낼 수 있다. 이것이 스넬 법칙을 증명하는 여러 방법의 하나이다 (§5.4를 보라). 평면파가 두 매질의 경계면에 입사각 $\hat{i}$로 들어와 각도 $\hat{r}$로 꺾이는 것을 생각하자 (그림 2.9). 파동의 진행 속도와 전형적인 파면이 첫째 매질에서는 각각 v_1과 AC, 둘째 매질에서는 각각 v_2와 DB라고 하자. 파면은 파동의 진행 방향과 직교한다.

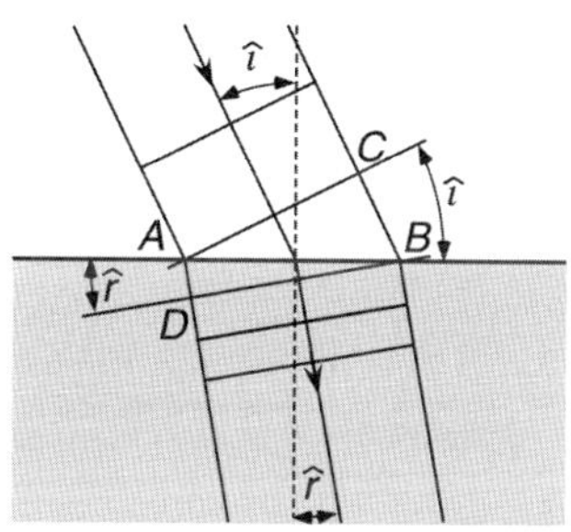

그림 2.9 하위헌스 원리에서 스넬 법칙을 끌어낼 수 있다.

A와 C 그리고 B와 D는 각각 같은 파면 위에 있으므로, 파동이 A에서 D까지 가는데 걸리는 시간은 C에서 B까지 가는데 걸리는 시간과 같다:

$$CB/v_1 = AD/v_2 \quad \Rightarrow \quad (c/v_1)\sin\hat{i} = (c/v_2)\sin\hat{r} \tag{2.51}$$

> 하위헌스 원리에서 스넬 법칙을 끌어내는 다른 방법은, 경계면 반대쪽에 있는 두 점까지의 거리를 최소로 줄이는 것이다 (문제 2.5).

이것은 모든 파동에 대해 참이고, c는 상수이다. 빛에서는 c는 진공에서의 속력이고 $n = c/v$는 **굴절률**(refractive index)이고, (2.51)이 아래와 같은 **스넬 법칙**이다:

$$n_1 \sin\hat{i} = n_2 \sin\hat{r} \tag{2.52}$$

상자 2.3 하위헌스 원리로 설명한 신기루

빛이 속도는 매질의 굴절률에 따라 다르다: $v = c/n$ (§5.1.2). 공기에서는, 여느 매질과 마찬가지로 온도가 올라가면 굴절률이 작아진다: $n(T) = 1.000291 - 1.0 \times 10^{-6}T$. 여기에서 T는 섭씨 온도이다. 여름 낮에 포장도로를 따라 차를 달리다 보면, 멀리 70℃ 이상으로 달구어진 길바닥 위의 대기에서 하늘빛이 반사된 신기루를 볼 수 있다. 겉보기에는 길바닥이 마치 젖은 것처럼 보인다. 사막을 가로지르는 목 타는 여행자들이 눈앞에 옹달샘의 신기루에 홀린 이야기가 아주 많다.

요점은 길바닥과 거의 나란히 가는 빛살을 생각하는 것이다 (그림 2.10). 위쪽 공기는 아래쪽 공기보다 차가우므로 굴절률 n이 더 크고, 따라서 파장이 더 짧다. 하위헌스 구성법을 쓰면, 파면 간격은 한 파장이므로, 파면이 굽는다; 그 결과 파면과 직교하는 파동벡터는 위쪽을 향하게 된다. 그 효과는 길바닥에 가깝고 나란하게 가는 파동에서 가장 크게 나타나, 멀리서 보면 신기루가 보인다. 이것은 반사가 거울면과는 달리 연속적으로 일어나는 셈이므로, 기하학적 특성이 어떤가 살펴보는 것도 흥미가 있다. 예를 들어, 신기루의 상은 바로 서는가 뒤집히는가? 길바닥에 닿은 곳과 멀리 떨어진 곳의 온도차를 알 때, 얼마나 먼 곳에서 신기루를 볼 수 있는가 어림할 수 있겠는가?

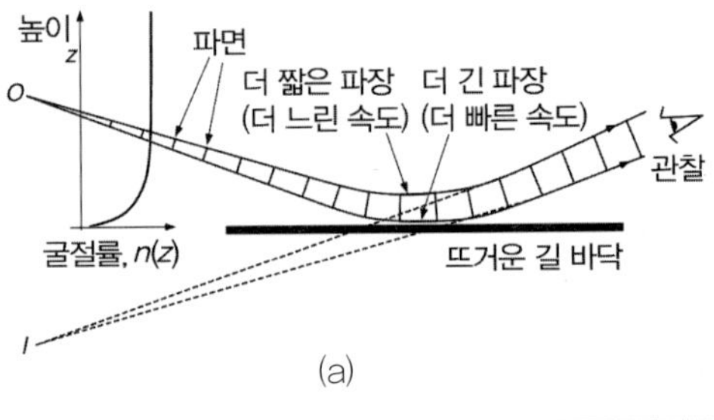

(a)

(b)

그림 2.10 신기루: (a) 하위헌스 원리를 써서 설명한 것. 하늘에 있는 물점 O에서 오는 빛이 길바닥에서 반사되어 I에서 오는 것처럼 보인다. (b) 사막에 난 길을 달릴 때 보이는 전형적인 신기루.

2.6.3 페르마 원리

고르지 않은 매질 속에 있는 점광원에서 빛이 나와, 우리 눈에 들어올 때 그 길을 '고를' 수 있다면 어떤 길을 고를까? 페르마는 애초에 자연은 구두쇠여서 가장 빠른 길을 고른다고 말했다. 고른 매질에서는 곧바로 갈 것이 뻔하고, 반사 및 굴절 법칙도 이것에서 나온다. A에서 B로 가는데 걸리는 시간은 다음과 같다:

$$t = \int_A^B \mathrm{d}s \frac{1}{v(s)} \tag{2.53}$$

여기에서 $v(s)$는 길을 따라 간 거리가 s인 곳에서의 속도이다. 광학에서는 굴절률이 $n = c/v$이므로, ct는 '**광로**(optical path)' $\overline{AB}$가 된다:

$$\overline{AB} = \int_A^B \mathrm{d}s\, n(s) \tag{2.54}$$

페르마 원리를 제대로 이해하려면 초보적인 간섭 개념을 써야 한다. 빛이 A에서 B로 온갖 길 AB_j을 따라 간다고 하자. 이 길은 기하광학이나 물리광학의 규칙을 따르지 않는다 (나중에 저절로 나온다). 여러 광로 $\overline{AB_j}$는 파장 이상의 차이가 있으며, 따라서 여러 광로를 거쳐 B에 오는 빛은 저마다 위상이 다르다. 그러나 가장 짧은 길 $\overline{AB_0}$이 있고, 그 주변의 여러 광로가 조금씩 연속적으로 변한다면, $\overline{AB_0}$에 가까운 많은 길은 $\overline{AB_0}$에 대한 광로차가 매개변수의 2차항에 비례하고 파장보다 작으므로($< \lambda$) 겹치면 보강간섭을 한다. 따라서 이 길과 그 주변의 길을 따라가서 B에 오는 빛이 지배적이 되어 (그림 2.11), 빛은 곧은 선 AB_0를 따라 가는 것처럼 보인다. 같은 논리로 빛은 광로 $\overline{AB_j}$가 최대인 길을 따라 간다. 자연도 때로는 난봉을 부려 빛이 가장 긴 길을 따라가기도 한다! 이러한 거동을 볼 수 있는 좋은 예가 **점진 굴절 광섬유**(graded-index optical fiber)로서 빛은 굴절률이 가장 큰 광축 및 그 주변을 따라 가는데, 이 길은 광로가 가장 길다.

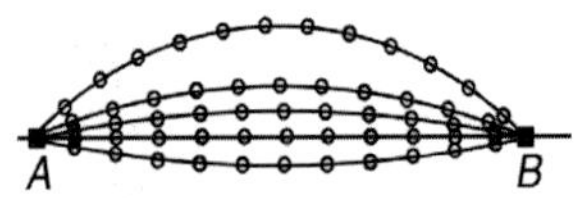

그림 2.11 페르마 원리. 빛살에 그린 동그라미의 간격은 한 파장을 나타낸다. 빛살은 가장 짧은 길인 A에서 B로 가는 직선에 가까운 것만 위상이 맞다.

2.6.4 렌즈 결상에 적용한 페르마 원리

정상 위상 적분(stationary phase integration)을 쓰면 페르마 원리가 수학적으로는 하위헌스 원리와 같음을 보일 수 있다.

렌즈면이 왜 구면 또는 포물면인가도 페르마 원리를 쓰면 간단히 설명할 수 있다. A에서 B로 가는 모든 길의 광로가 같다면, 그것을 따라 가는 빛은 B에서 보강간섭을 한다. 그러면 빛은 어떤 길을 따라가도 되고, A와 B는 **켤레 점**(conjugate point)이라고 하는데, 이것은 **물점**(object)과 **상점**(image)이라는 뜻이다. 이제 페르마 원리를 써서 이 조건에서 렌즈면이 구면 또는 포물면이 됨을 확인하자.

렌즈의 결상 작용은 물점 O에서 여러 방향으로 나가는 빛살의 광로차를 렌즈의 두께 변화가 보상해주어 상점 I에 모일 때까지의 광로 길이가 똑같게 만드는 것이라고 할 수 있다. 따라서 O에서 나와 P를 거쳐 I에 가는 전체 광로 길이 $\overline{OI}$가 똑같아야 한다 [그림 2.12(a)]:

$$\begin{aligned}\overline{OI} = \text{상수} &= \sqrt{u^2 + r^2} + \sqrt{v^2 + r^2} + (n-1)t(r) + t(0) \\ &\approx u + v + \frac{1}{2}r^2\left(\frac{1}{u} + \frac{1}{v}\right) + (n-1)t(r) + t(0)\end{aligned} \tag{2.55}$$

이것이 참이 되려면 $t(r)$은 포물면이 되어야 한다.

$$t(r) = t(0) - \frac{1}{(n-1)}\frac{1}{2}r^2\left(\frac{1}{u} + \frac{1}{v}\right) \tag{2.56}$$

그래서 렌즈 면은 포물면 또는 구면이 되고, 굴절률 n이 클수록 더 얇고, 더 가벼운 렌즈가 된다. 렌즈와 렌즈계에 관해서는 3장에서 더 자세히 설명한다. **상자 2.4**는 위의 논리를 바탕으로 결상 분해능과 초점 심도를 설명한다. 다음 장에서는 같은 개념을 써서 **점진굴절률**(gradient index: GRIN) 렌즈를 설명한다.

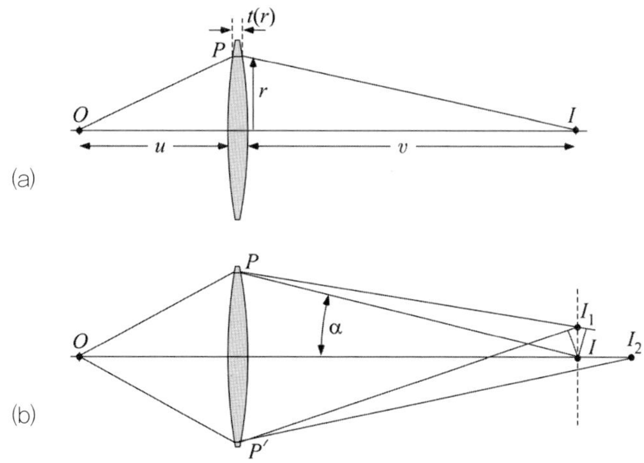

그림 2.12 페르마 원리로 설명한 렌즈의 결상.
(a) 결레 점; (b) 빛살이 상점에서 광축에 대해 수직 및 평행 방향으로 벗어난 무양.

상자 2.4 페르마 원리로 따져본 분해능과 초점심도

§2.6.4에서 페르마 원리를 써서 단순한 렌즈의 결상을 살펴보았다. 이제 그 다음 물음을 살펴보자: 빛살이 상점을 벗어나 다른 점에 모이면, 광로차는 얼마나 되는가? 총 광로차가 반파장이 안 되면, 여러 빛살이 여전히 보강간섭을 한다; 상점의 크기는 광축과 나란한 쪽과 직교하는 쪽 모두 이 방식으로 결정한다. 전반적으로 이해할 수 있게, 극단적인 빛살을 살펴보자 [그림 2.12(b)].

공간 분해능을 어림하려면 상점 I와 같은 평면에 있는 비축(off-axis) 상점 I_1을 살펴보자. P가 렌즈의 테두리에 있으면, 상점에서 본 렌즈의 각구경이 α일 때 P를 지나는 주변 빛살의 길이는 $\Pi_1 \sin\alpha$만큼 짧아지고, P의 대척점 P'을 지나는 주변 빛살의 길이는 그 만큼 길어진다. 이에 따르는 광로차의 변화가 $\lambda/2$ 보다 작으면, 두 빛살은 여전히 보강간섭을 하므로 물점 O의 상이 그곳까지 퍼진다. 그 상의 반지름 Π_1은 $\lambda/2\sin\alpha$이다. 이것은 또한 분해능의 한계이기도 한데, 그 까닭은 두 상점이 이 보다 가까이 있으면 구별되지 않기 때문이다. 12장에서도 같은 결과를 얻는다.

초점심도는 물점의 상의 광축방향의 크기이다. 주변 빛살이 광축에 있는 점 I_2에 온다면 길이가 $\Pi_2 \cos\alpha$ 만큼 길어지고, 광축 빛살은 Π_2 만큼 길어진다. 따라서 두 빛살의 광로차는 $\Pi_2(\cos\alpha - 1) \approx \Pi_2(\alpha^2/2)$이고, 이 값이 $\lambda/2$ 보다 작을 조건에서 상의 광축방향 크기는 $\Pi_2 = \lambda/\alpha^2$이다. 이것은 사진기의 초점심도를 렌즈 구경의 함수로 어림할 때 쓸모가 있다 (이 결과도 더 정확한 방법으로 얻은 것과 같다).

이 결과를 물공간으로 옮기려면, 상점을 고정시키고 물점을 바꾸어가며 같은 셈을 한다; 그러면 (이제는 작은) 각도 α는 렌즈의 반지름을 물점까지의 거리로 나눈 값이다. 따라서 반지름이 20 mm인 렌즈에 대해, 물거리가 10 m이고 파장이 0.5 μm라면 시야심도(depth of field) 다음과 같다: $0.5/(2\times10^{-3})^2=10^5\ \mu\text{m}=0.1$ m.

[시야심도는 물공간에서 정의되는 크기로, 상공간의 초점심도에 대응된다:옮긴이]

2.7 고급 주제: 분산 매질 속의 파동뭉치의 진행과 변형

§2.1.2에서 다음과 같은 파동뭉치의 진행을 살펴보았다:

$$F(x,t) \equiv \sum_j f_{kj}(x,t) = \sum_j a_{kj}(x,t)\exp\left[\mathrm{i}\left(k_j x - \omega_j t\right)\right] \tag{2.57}$$

덧셈을 적분으로 바꾸자:

$$F(x,t) \equiv \int_{-\infty}^{\infty} \mathrm{d}k\, f(k,x,t) = \int_{-\infty}^{\infty} \mathrm{d}k\, a(k)\exp\left[\mathrm{i}(kx - \omega t)\right] \tag{2.58}$$

여기에서 $\omega(k)$는 정의된 것으로 본다. 이제 $a(k)$가 아래와 같이 가우스 함수인 **가우스 파동뭉치**(Gaussian wave group)를 살펴보자 (§4.4.3과 **상자 4.3**):

$$a(k) = \sqrt{\frac{\sigma}{2\pi}}\exp\left[-\frac{1}{2}(k-k_0)^2\sigma^2\right] \tag{2.59}$$

이것은 $k=k_0$에 중심이 있고, 분산값은 σ^{-1}이다.

$t=0$에서 (2.58)을 적분한 결과는 아래와 같다 [그림 2.13(a)]:

$$F(x,0) = \exp\left(-x^2/2\sigma^2\right)\exp\left(\mathrm{i}k_0 x\right) \tag{2.60}$$

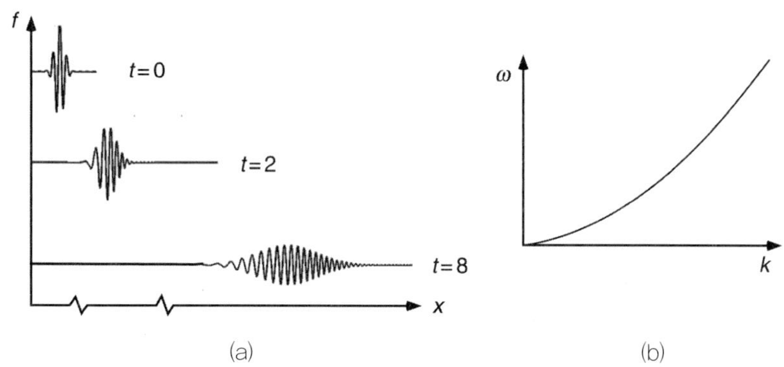

그림 2.13 (a) t=0, 2, 8의 가우스 파동뭉치의 모양을 분산특성이 (b)와 같이 2차 함수꼴인 매질에 대해 셈한 결과.

이 파동뭉치의 싸개 $\exp(-x^2/2\sigma^2)$의 봉우리는 $x=0$에 있고, 봉우리의 반값폭(half-peak-width)은 $w=2.36\sigma$ 이다 (§4.4.6).

이제 이 파동뭉치가 분산식이 아래와 같은 세 매질 속에서 가는 것을 살펴보자:

- 비분산 매질: $\omega=vk$;
- 선형 분산 매질: $\omega=v_g k+\alpha$ (위상속도가 일정하지 않다);
- 이차 분산 매질: $\omega=v_g k+\alpha+\beta(k-k_0)^2$.

첫째 매질에서는 §2.1.2에서 본 것처럼 $x'=x-vt$로 쓸 수 있고, 따라서 $F(x,t)=F(x',0)=F(x-vt,0)$ 이다. 파동뭉치는 속도 v로 나아가며, 모양은 그대로 유지한다.

둘째 매질에서는, ω를 (2.58)에 넣으면 다음 결과가 된다:

$$F(x,t)=\int_{-\infty}^{\infty}\mathrm{d}k\,a(k)\exp\{\mathrm{i}[kx-(v_g k+\alpha)t]\} \tag{2.61}$$

앞서와 같이 x'에 $x-v_g t$를 넣으면, 다음 결과를 얻는다:

$$F(x,t)=e^{-\mathrm{i}\alpha t}F(x',0)=e^{-\mathrm{i}\alpha t}F(x-v_g t,0) \tag{2.62}$$

따라서 파동뭉치는 속도 $v_g(=\mathrm{d}\omega/\mathrm{d}k$, 군속도)로 나아가며, 싸개의 모양은 그대로 유지하지만, 파동의 위상은 변화한다; 이것이 §2.4에서 설명한 '낱낱의 파동이 싸개 속에서 움직인다'를 말의 뜻이다.

위의 어떤 예에서도 $a(k)$의 꼴을 정하지 않았으므로, 그 결과는 모든 파동뭉치에 대해 참이다. 그 까닭은 $\mathrm{d}\omega/\mathrm{d}k$가 k의 함수가 아니기 때문이다. 그러나 셋째 예에서는, 파동의 싸개의 거동은 애초의 모양에 따라 달라진다. (2.61)은 다음과 같아진다:

$$F(x, t) = \sqrt{\frac{\sigma}{2\pi}} \int_{-\infty}^{\infty} \mathrm{d}k \exp\left[-\frac{1}{2}(k-k_0)^2\sigma^2\right] \exp\left\{\mathrm{i}\left[kx - \left(v_g k + \alpha + \beta(k+k_0)^2\right)t\right]\right\} = \sqrt{\frac{\sigma}{2\pi}}\, e^{-\mathrm{i}\alpha t} \int_{-\infty}^{\infty} \mathrm{d}k \exp\left[-\frac{1}{2}(k-k_0)^2\left(\frac{\sigma^2}{2} + \mathrm{i}\beta t\right)\right] \exp(\mathrm{i}kx') \tag{2.63}$$

끔찍해 보이지만, 여느 가우스 적분처럼 셈할 수 있고(§4.4.3), 그 결과는 다음과 같다:

$$F(x', t) = \left(1 + 4\beta^2\sigma^{-4}t^2\right)^{-\frac{1}{4}} \exp\left[-\frac{x'^2}{2\left(\sigma^2 + 4\beta^2t^2\sigma^{-2}\right)}\right] e^{\mathrm{i}\psi(t)} \tag{2.64}$$

이 꼴은 복잡하지 않다. 싸개의 중심은 $x' = (x - v_g t) = 0$에 있으므로, 여기에서도 봉우리는 군속도로 나아감을 알 수 있다. 그러나 싸개의 반값폭은 이제 $2.36\sqrt{\sigma^2 + 4\beta^2t^2\sigma^{-2}}$ 로 싸개가 나아가면서 처음값 $w = 2.36\sigma$ 보다 점점 더 넓어진다. 이와 함께 진폭은 작아져서 총 에너지는 보존된다. 애초의 펄스가 좁을수록(σ가 작을수록), 더 빨리 퍼진다; 똑같은 진행시간에 퍼지는 정도가 가장 작은 초기 펄스 폭이 있다. 위상인자 $\psi(t)$는 함수 꼴이 복잡하여 수치셈을 하는 것이 상책이다. 여기에는 선형 분산 매질에서 들어온 αt를 비롯한 여러 다른 인자가 있다; 이것은 펄스가 나아가면서 국소적으로 k가 변화하는 **새울음(chirping)**을 보여준다. 그림 2.13은 수치셈을 한 예이다. 분산 매질 속에서 펄스가 나아가는 것에 대한 연구는 광통신 체계를 설계할 때 매우 중요하며, 여기에서 보여준 셈은 첫 단계의 일일 뿐이다.

> 새울음 현상은 다소 직관적이다. 분산 매질에서는 파동 속도가 진동수에 따라 달라지므로, 분산의 부호에 따라서 진동수가 낮은 것이 높은 것보다 더 빨리 오거나 또는 그 반대가 된다.

2.8 고급 주제: 중력 렌즈

최근의 천체 관측에서 여러 개의 상이 분광분포가 똑같고 밝기의 시간변화도 시차가 있을 뿐 똑같은 것으로 나타났다. 그러므로 이들은 같은 천체에서 나온 빛이어야 한다. 이들 상은 중력 렌즈의 결과 생긴 것으로 보이는데, 이것은 어떤 별에서 나온 빛이 시선 위에 있는 어떤 질량이 크고 어두운 물체의 중력장을 지나면서 꺾여 망원경에 들어왔음을 뜻한다. 그러한 여러 개의 상이 생기는 과정을 이해하는 것은 페르마와 하위헌스 원리를 쓰는 연습문제로 아주 좋은데, 밀도가 큰 물체 주위의 중력장은 특이하게 볼록렌즈와 같은 작용을 한다.

질량이 큰 물체가 빛을 휘게 만든다는 생각은 새로운 것이 아니다; 뉴턴은 빛이 입자로 되어 있다고 생각했으므로, 당연히 입자의 질량 때문에 빛이 휜다고 생각했지만 (문제 2.10), 오늘날 일반 상대론에서는 질량이 큰 물체는 주위의 시공간을 변형시키기 때문에 빛이 휜다고 생각한다. 아이슈타인이 예측한 이 효과의 크기는 고전 이론의 결과의 두배인데, 1919년의 개기일식 때 에딩턴(Eddington)이 해 근처에 있는 별의 겉보기 위치의 변화를 잰 결과에서 확인되었다. 그것은 일반 상대론에 대한 중요한 증명이었고, 관측방법과 결과에 대해서는 싱(Singh)이 2004년에 쓴 책 "The Big Bang"에 나와 있다.

중력장이 빛살을 구부리는 것은 다음과 같이 이해할 수 있다. 관찰자가 승강기 속에 있는데, 레이저를 왼쪽 벽에 두어 빛살을 수평하게 오른쪽으로 보낸다고 하자. 관찰자는 오른쪽 벽에 빛살이 닿는 곳을 표시해둔다. 승강기가 일정한 속도로 올라가거나 내려가도, 그 곳은 바뀌지 않는다. 그러나 승강기가 가속도 g로 떨어지면, 빛살이 오른쪽 벽까지 가는 동안 승강기의 속도는 gt만큼 빨라지므로, 빛살이 오른쪽 벽에 닿는 곳은 그 동안 승강기가 더 떨어진 거리 $\frac{1}{2}gt^2$만큼 위로 올라간다. 관성틀에서 빛살의 경로를 $x=ct$, $y=0$이라고 하면, 자유낙하하는 기준틀에서는 빛살의 경로가 다음과 같다: $x'=ct'$, $y'=\frac{1}{2}gt'^2$.

이제 이 개념을 천체물리학에 써보자. 상대성의 등가원리에 따르면, 중력장의 효과와 등가 가속도장의 효과를 구별할 수 없다. **준성체**(quasi-stellar object: QUASAR) Q에서 나온 빛이 관찰자 O에 오는 광로는 거의 직선으로 어림할 수 있는데, 이 직선에서 렌즈 구실을 하는 질량 M까지의 거리가 b이다. 이 거리는 핵물리학에서 보통 **충격변수**(impact parameter)라고 한다 [그림 2.14(a)].

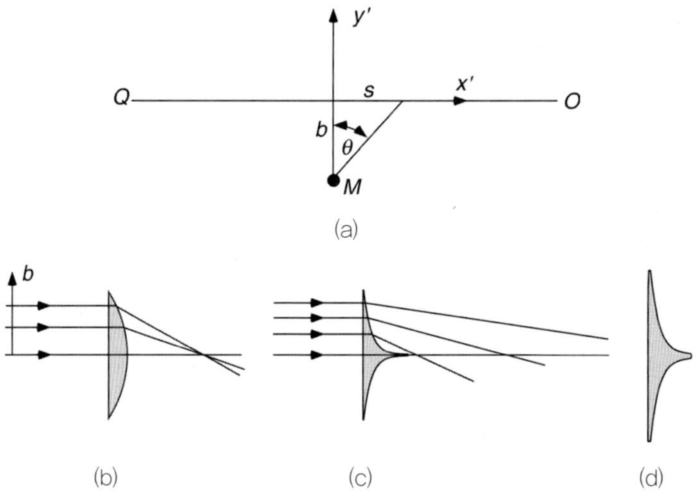

그림 2.14 중력 렌즈 효과. (a) 별 Q에서 나온 빛이 렌즈 효과를 주는 물체 M 근처를 지나 관찰자 O에게 온다. 빛살의 경로에서 M까지의 거리, 또는 충격변수는 b이다. (b) 정상적인 렌즈에 들어오는 빛살이 꺾이는 각도는 b에 비례한다. (c) 질점이 내는 중력 렌즈 효과에 맞는 등가 굴절률 분포는 $\sim \log b$이고, 들어오는 빛살이 꺾이는 각도는 $1/b$에 비례한다. (d) 중력 렌즈 효과를 시늉내고자 실험실에서 만든 플라스틱 렌즈의 두께 분포 [그림 2.1(a,b)]. 별이 크기가 있으므로 $b=0$에 있는 특이점이 사라진다.

광로 근처에 M이 만드는 중력장 g가 고르고 광로와 직교한다면, 관성틀에서의 직선이 조금 굽는 각도는 다음과 같다:

$$\alpha = \frac{\mathrm{d}y'}{\mathrm{d}x'} = \mathrm{g}x'/c^2 \tag{2.65}$$

이제 렌즈 구실을 하는 천체 주변의 고르지 않은 중력장을 살펴보자. x'축 상의 거리 $\mathrm{d}s$에서 빛이 겪는 진행방향의 변화 $\mathrm{d}\alpha$는 다음과 같다:

$$\mathrm{d}\alpha = \mathrm{g}(s)\mathrm{d}s/c^2 \tag{2.66}$$

그림 2.14에서 $x'=s$이면, 중력 가속도는 y'-쪽으로 각도 θ 방향이며, 값은 $GM/(s^2+b^2) = GM\cos^2\theta/b^2$이다. 따라서 y'-성분 $\mathrm{g}_{y'}(s) = GM\cos^3\theta/b^2$이다. 그러므로,

$$\mathrm{d}\alpha = \left[GM/b^2c^2\right]\cos^3\theta\,\mathrm{d}s \tag{2.67}$$

$s=b\tan\theta$, $\mathrm{d}s = b\sec^2\theta\,\mathrm{d}\theta$이므로 다음 결과를 얻는다:

$$\mathrm{d}\alpha = \frac{GM}{bc^2}\cos\theta\,\mathrm{d}\theta \tag{2.68}$$

$$\alpha \;=\; \frac{GM}{bc^2}\int_{-\pi/2}^{\pi/2} \mathrm{d}\theta \cos\theta \;=\; 2\frac{GM}{bc^2} \tag{2.69}$$

이것이 고전물리학의 뉴턴역학을 써서 얻는 결과이다. 일반 상대론을 쓰면 그 결과가 위의 값의 두배이다. 그 까닭은 공간 x, y와 시간 ct가 똑같은 구실을 하므로, 위의 식에서는 t와 t'가 같다고 가정했는데, 일반상대론에서는 다르기 때문이다.

$$\alpha \;=\; 4\frac{GM}{bc^2} \tag{2.70}$$

이 중력 렌즈의 특이한 사실은 **편향각 α가 b에 비례하는 정상렌즈와는 달리 $1/b$에 비례한다**는 것이다 [그림 2.14(b)]. 정상렌즈는 굴절면이 구면인데, 중력장의 렌즈효과는 굴절률 분포가 로그함수꼴로 유효 두께는 다음과 같다: $d = -(n-1)\log b$. (b의 값이 작으면 $\log b$는 음수이다) [그림 2.14(c)]. 이 렌즈의 굴절률 분포는 $b=0$에서 발산하지만, 점으로 가정하면 문제가 없고, 크기가 있는 물체로 바꾸면 그림 2.14(d)와 같이 렌즈에서 특이점이 사라진다.

이제 아주 먼 준성체를 지구에서 보는데, 시선의 중간에 어두운 은하가 있어 렌즈 효과를 낸다고 하면 b는 아주 작다. 천체물리학자들은 그러한 일이 벌어질 확률이 제법 있다고 주장한다. Q에서 나온 평면파가 중력렌즈 효과를 내는 별에 다가오는 것을 생각하여, 하위헌스 구성법을 써서 파면 W의 진행을 살펴보자 (그림 2.15).

별 근처에서는 렌즈 효과 때문에 광로가 길어지므로, 별을 지나오는 빛의 파면 W_1은 가운데가 움푹 들어가 보조개가 생긴다. 파면이 계속 나아가면 파면 W_2는 모양이 아주 복잡해진다. 이 그림은 렌즈 효과를 주는 별 근처에서의 파면의 진행은 하위헌스 구성법을 써서 보여준다. 별에서 충분히 멀어지면 파면이 겹친다 (다가 함수가 된다). 이 영역의 가장자리에서 파면이 접혀 뾰족해져 **초선**(caustic)이 생긴다. 초선 영역에 있는 사람은 모양이 다른 세 파면을 한꺼번에 보게 되므로, 세 개의 상을 본다. A를 지나는 세 파면은 광원까지의 거리가 다를 수 있고, 그래서 시간이 지연될 수 있다. 위의 설명은 2차원에서 했지만, 3차원에서는 가운데 상을 중심으로 둥근 고리가 나타날 수 있는데, 그것을 **아인슈타인 고리**라고 한다. 렌즈가 광축에 대해 회전대칭이 아니거나, 별이 정확히 시선위에 있지 않다면, 상이 5 개 나타날 수 있다. 허블 우주 망원경을 써서 중력 렌즈 효과를 보여주는 상을 여러 개 얻었다. 그림 2.1은 시선 근처에 있는 은하계의 중력이 변형시킨 상 두 가지를, 실험실에서 두께분포가 그림

2.14(c)와 같은 플라스틱 렌즈를 통해 점광원을 본 상과 비교했다.

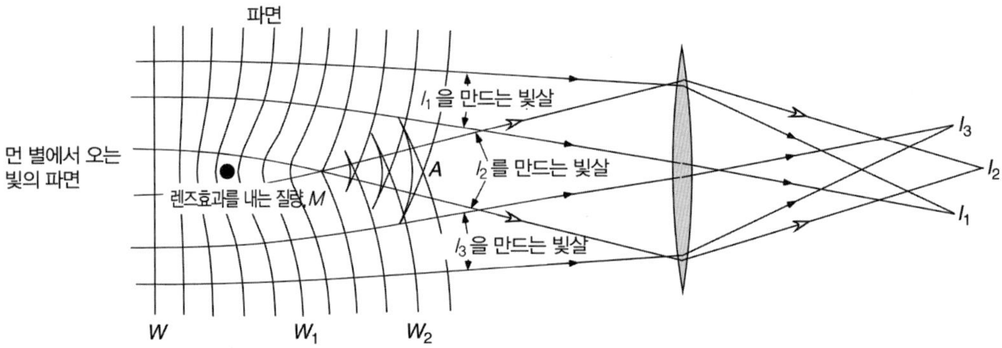

그림 2.15 중력이 변형시킨 파면의 진행을 하위헌스 구성법으로 보여준 것. 들어오는 평면파의 파면 W이 질량 M인 별의 중력 렌즈 효과 때문에 가운데에 보조개가 생긴다. 파면과 직교하는 빛살도 함께 그렸다. W가 나아가면서 모양이 W_1, W_2 등과 같이 변하여 세 개의 상 I_1, I_2, I_3를 만든다.

2.8.1 중력 미세 렌즈 효과

질량이 렌즈 효과를 낼만한 천체는 천문학적인 거리로 따지면 우리와 매우 가깝기 때문에, 때로는 광원에 대한 상대적 겉보기 운동을 관찰할 수 있다; 이것을 **시차(parallex)**라고 한다. 그 상황에서는 초선이 시선을 지날 때는 상이 밝아졌다가 어두워지는데, 이것은 두 개의 작은 상이 겹쳐 하나가 되는 것으로 나타난다. 또는 빛살의 진행이 비정상적이 되는 것으로 이해할 수도 있다 (문제 2.8). 이러한 밝기 흔들림은 분해능이 너무 낮아 상의 구조를 살펴볼 수 없는 작은 망원경으로 볼 때도 나타날 수 있으며, **중력 미세 렌즈 효과(gravitational micro-lensing)**라고 한다. 오늘날에는 많은 사람들이 작은 천체망원경으로 별을 오래 관측하여 그러한 현상을 보고자 한다. 특히 행성계를 거느린 별이 그러한 렌즈 효과를 낼 때는, 행성운동 때문에 작은 봉우리가 여러 개 나타날 수 있다. 그림 2.16은 그러한 자료의 예이다.

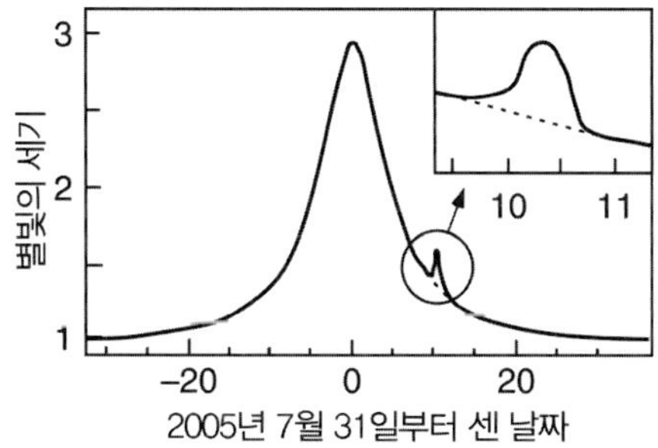

그림 2.16 중력 미세 렌즈 효과를 보여주는 전형적인 자료의 모양. 이 그림표는 먼 별의 밝기를 전세계에 퍼져 있는 6대의 망원경으로 잰 값이 시간에 따라 변하는 것을 보여준다. 두 봉우리는 망원경으로는 구별되지 않는 행성계를 거느린 별이 시선 가까운 곳에서 움직여서 생기는 것으로 해석할 수 있다.

요약

이 장에서는 (빛을 포함한) 파동이 선형 매질 속을 진행하는 것을 다루어 다음을 배웠다:

- 파동방정식의 개념 및 조화파동을 써서 푸는 방법
- 모든 진동수 성분의 속력이 똑같은 비분산 파동의 예 몇 가지. 5장에서 전자기파에 관해 설명할 때 더 자세히 다룬다.
- 진동수 성분마다 속력이 다른 분산 파동과 매질의 분산식을 끌어내는 방법
- 제차 파동방정식의 해인 평면파, 구면파, 원통파
- 고르지 않은 매질 속에서의 파동의 진행 문제를 푸는 방법: 하위헌스 잔파동 구성법과 페르마의 최소 시간 원리
- 분산 매질 속에서의 파동뭉치의 진행
- 하위헌스 잔파동을 쓰는 방법의 예로서 중력 렌즈 효과와 우주 시나리오.

문제

2.1 질량 m인 추가 x-축을 따라 간격 a로 늘어서 있고, 용수철 상수 K인 용수철로 이어져 있어 그 쪽으로 진동할 수 있다. 이 사슬을 따라 평행파가 진행할 수 있음을 보이고, 분산식은 다음과 같음을 보여라.

$$\omega = 2\sqrt{\frac{K}{m}}\left|\sin\frac{1}{2}ka\right| \tag{2.71}$$

이 분산식이 주기적인 까닭을 물리적으로 설명하라. $\omega \to 0$일 때와 $\omega = 2\sqrt{K/m}$ 일 때의 위상속도와 군속도를 셈하라.

2.2 막대의 변형 파동의 방정식이 다음과 같다:

$$\frac{\partial^2 y}{\partial^2 t} = -B^2\frac{\partial^4 y}{\partial^4 x} \tag{2.72}$$

여기에서 B는 상수이다. 분산식을 구하라. 어떤 조건에서 이 파동이 소멸파가 되는가?

2.3 어떤 매질의 엑스선에 대한 굴절률이 다음과 같다: $n = \sqrt{1 - \Omega^2/\omega^2}$ (§13.3.4). 군속도와 위상속도의 곱이 c^2임을 보여라.

2.4 깊이가 h, 표면장력이 σ인 호수의 물결파의 분산식은 다음과 같다:

$$\omega^2 = (gk + \sigma k^3/\rho)\tanh(kh) \tag{2.73}$$

여기에서 g는 중력가속도, ρ는 물의 밀도이다. 군속도를 k의 함수로 구하고, 깊이 h가 어떤 값이 되면 싸개가 반사되어 되돌아감을 보여라. 이 군속도의 전형적인 값은 얼마인가?

2.5 파동의 속도가 v_1과 v_2인 두 매질이 평면을 경계로 닿아있고, 한쪽 매질에는 점광원 A가, 반대쪽 매질에는 관찰자 B가 있는데, 둘을 잇는 직선은 경계면과 직교하지 않는다. A에서 B로 가는 파동에 대해 페르마의 최소 시간 원리를 써서 스넬 법칙을 끌어내라.

2.6 페르마 원리와 원뿔단면의 성질을 써서 회전 타원면 또는 회전 쌍곡면의 어느 한 초점에 있는 점광원의 상은 다른 초점에 생김을 보여라. (가장 흔한 예는 회전 포물면으로 초점 하나는 아주 먼 곳에 있다). 카세그레인 및 그레고리안 반사 망원경은 큰 배율을 얻고자 오목 거울과 볼록 거울을 모두 쓴다. 이상적인 거울면은 어떤 모양일까?

2.7 크기 a인 물체의 중력 렌즈 효과로 생기는 여러 개의 상은 광로가 최소인 것과 최대인 것 모두에 해당한다. 그것에 대한 모형으로 시선방향과 직교하는, 두께 a인 영역의 굴절률이 시선까지의 수직거리 r에 대해 다음과 같다고 하자: $n(r) = 1 + 2MG/c\sqrt{a^2 + r^2}$. 광원에서 관찰자에게 오는 광로가 최대인 것과 최소인 것이 있음을 보여라. 이것이 관찰되는 상에 해당한다 (광로가 다르면 빛이 오는 시각이 다르고, 이것은 실제로 관찰된다).

2.8 곡면 파면이 하위헌스 원리를 따라 z-쪽으로 나아간다. 파면의 곡률 반지름은 (x, z) 평면에서는 R_x, (y, z) 평면에서는 R_y이다. (x, y) 평면에서의 밝기분포는 $I_z(x, y)$이다. 파면의 네모꼴 영역에 대해 에너지 보존 법칙을 써서 파면이 짧은 거리 $\delta z \ll |R_x|$, $|R_y|$ 를 간 뒤의 밝기변화를 구하라. 이것은 다음 **방사 수송 방정식** (radiative transport equation)으로 나타낼 수 있음을 보여라:

$$\frac{\mathrm{d}I_z}{\mathrm{d}z} = I\kappa = I\nabla^2 w \tag{2.74}$$

여기에서 $w(x, y)$는 파면의 모양을 나타내는 식, $\kappa \equiv R_x^{-1} + R_y^{-1}$은 파면의 가우스 곡률이다.

2.9 **상자 2.1**의 내용을 4장의 푸리에 분석을 해보아 확인하라. 세모꼴 파동의 푸리에 성분을 직접 셈하여 구하고, 낱낱의 성분을 §2.1.2에서 설명한 것처럼 진행하게 하라. 상자에 보인 것과 같은 결과를 얻을 것이다!

2.10 뉴턴에 따르면 질량 m인 빛입자가 질량 M이 아주 큰 물체 근처를 지나면 중력 GMm/r^2을 받아 경로가 굽는다. (굽는 각도가 작을 때) (2.73)이 되는 것을 확인하라. 이 값은 m과 무관하므로 광자에 대해서 0으로 잡아도 된다!

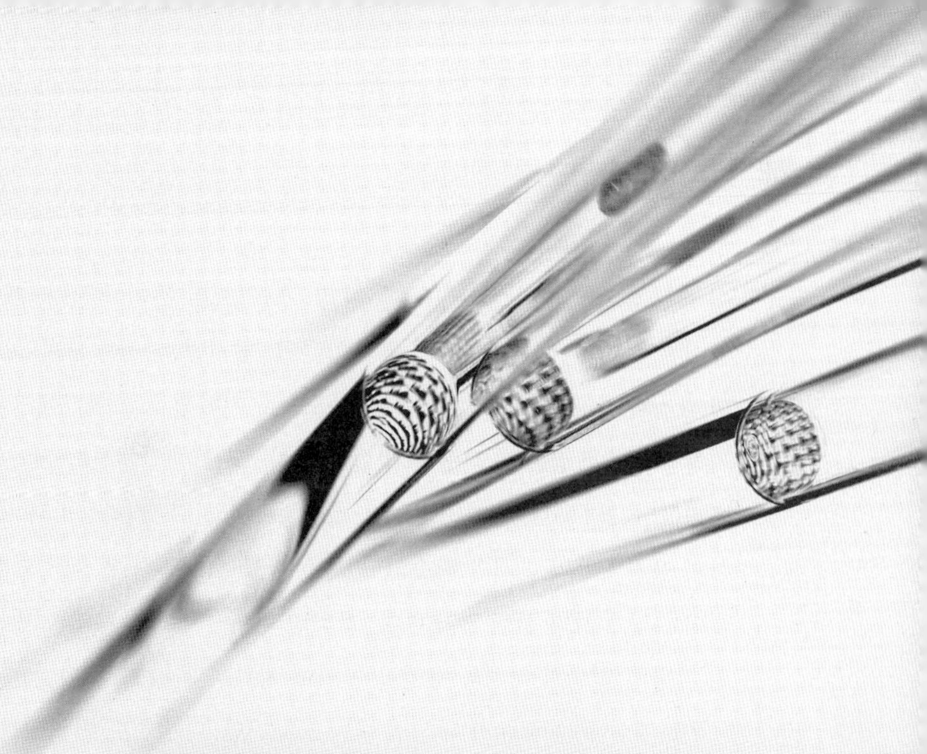

3 기하광학

이 책이 역사적 순서를 따른다면, 이 장을 2 장으로 두어야 한다. 왜냐하면 렌즈와 거울은 파동이론보다 훨씬 전에 나왔기 때문이다. 그렇지만, 파동이론의 요소를 알고 나면 기하광학의 강점과 한계를 훨씬 쉽게 알 수 있으므로, 기하광학을 여기에서 다루는 것이 논리적이다. 기하광학의 핵심은 빛 파동을 빛살로 보아, 고른 매질에서는 직진하고, 경계면에서는 스넬 법칙(§2.6.2와 §5.4)에 따라 꺾이는 것으로 기술한다. 기하광학과 파동광학의 관계는 고전역학과 양자역학의 관계와 비슷하다. 기하광학이 엄밀하게 참이 되려면, 광학 소자의 크기가 빛의 파장 λ 보다 훨씬 커야 한다. 그러면 회절을 무시할 수 있지만, 그렇지 않으면 기하광학의 바탕인 빛살의 위치와 방향을 동시에 정확하게 알 수 없다.

기하광학 문제에 대한 해석적 해는 드물지만, 다행히도 어림해가 있다. 특히 이 장의 주제인 가우스 (또는 근축) 어림법은 대부분의 조건에서 아주 잘 맞는다. 특별히 짠 컴퓨터 프로그램을 쓰면 정확한 해를 찾을 수 있지만, 여기에서는 다루지 않는다. 그렇지만, 실용적으로 보면 광학 기기에 관한 대부분의 문제에 대해 파동이론 보다는 기하광학을 쓰면 훨씬 더 간단히 아주 좋은 답을 찾을 수 있다. 예를 들어, 그림 3.1은 오늘날 거의 모든 사진기에 들어있는 줌 렌즈(§3.6.4)의 기본 구조인데, §3.5에서 설명하는 방법을 쓰면 명확하게 풀 수 있다. 기하광학의 한계는 분해능과 같은 성능의 한계를 정의하지 못하는 것, 광섬유와 같이 아주 작은 소자에는 맞지 않는 것이다. 이것은 10장과 12장에서 파동이론을 써서 다룬다.

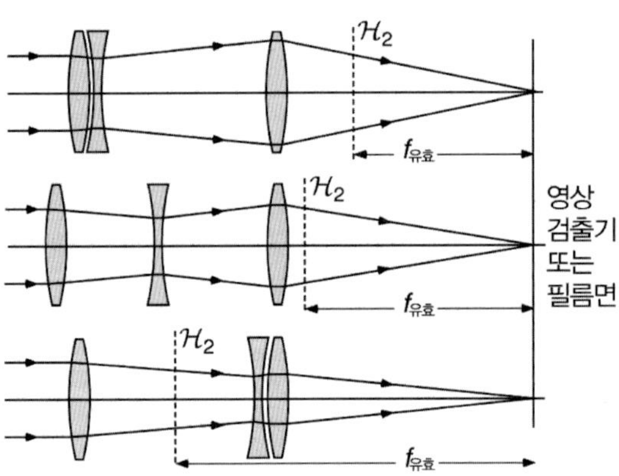

그림 3.1 볼록 렌즈 2장과 오목렌즈 1장으로 꾸민 간단한 줌 렌즈. 이것의 결상 특성은 초점거리 $f_{유효}$인 홑렌즈를 주요면 $\mathcal{H}_2$에 둔 것과 같다. 왼쪽의 두 렌즈를 옮겨 상평면은 그대로 두고 초점거리만 바꾸면 상의 배율이 달라진다.

이 장에서는 다음을 배운다:

- 얇은 렌즈에 대한 고전적인 근축 광학 이론
- 근축 광학계에서 빛살을 기하광학적으로 추적하는 방법
- 간단한 광학 기기: 망원경과 현미경
- 근축 광학 이론을 산뜻하게 표현하는 행렬 이론
- 광학계는 초점, 주요점, 절점의 세 가지 기본점으로 나타낼 수 있다는 것
- 주요점의 중요성을 보여주는 예: 망원렌즈와 줌렌즈
- 렌즈 수차
- 각도가 큰 빛살에 대해서도 수차가 없는 아플라낫 현미경 대물렌즈
- 레이저와 고급 간섭계에 쓰는 광학 공진기의 안정성

이 장에서는 기하광학을 맛보기만 하고, 결상 렌즈와 렌즈 조합만 다룬다. 이 밖에도 **비결상 광학**(non-imaging optics)이라는 중요한 분야가 있는데, 이것은 주된 관심이 질 좋은 상을 만드는 것 보다는 일률의 효율이 높은 광학계를 찾아내는데 있다. 예를 들면 조명 설계나 태양 에너지 수집기 설계 등이다. **상자 3.5**를 보라 [Welford & Winston, (1989)]. 기하광학과 광학계 설계에 관해 더 잘 알고 싶으면 다음 교재를 보라: Kingslake (1983), Smith (2008).

3.1 결상 광학계의 기본 구조

광학계를 이루는 주요 요소는 다음과 같다:

- **얇은 렌즈**. 빔을 모으거나 퍼뜨린다. 예: 안경 렌즈나 돋보기의 렌즈.
- **복합 렌즈**. 여러 가지 수차를 시우고자 만든 것이다. 예: 무색 겹렌즈와 현미경 대물렌즈.
- **평거울** 또는 **프리즘**. 광로의 방향을 바꾸거나 상을 뒤집는데 씀.
- **구면** 또는 **포물면 거울**. 기기에서 보통의 광학 재료가 빛을 흡수할 때나 큰 망원경에서 렌즈 대신 씀.

앞으로 **광축**(optical axis) z에 대해 축대칭인 광학계만 살펴볼 것이고, 이 장에서는 렌즈계만 다룬다. 하지만 색수차가 문제가 되거나 광학 매질이 빛을 흡수할 때는 렌즈 보다 거울을 쓰는 것이 더 좋을 수 있다. 곡면 거울의 광학적 특성은 렌즈와 비슷하지만 수식에서는 (−) 부호가 나타나 얻는 것 없이 헷갈리기 쉽다. 거울은 등가 렌즈로 바꾸어 분석할 수 있는데, §3.9에서 설명한다.

렌즈 표면은 대개 구면인데, 그 까닭은 만들기 쉬워서이다. 구면이 포물면, 타원면, 쌍곡선면 보다 광학적으로 나은 점은 없다. 이들은 모두 수차를 만드는데, 아주 드물게 특별한 조건에서는 완벽한 결상조건이 되지만 아주 드물어서 여기에서 설명할 만한 가치는 없다. 예외는 **아플라낫 광학계**(aplanatic system)(§3.8)인데, 이것은 구면렌즈로도 완벽한 결상조건을 맞출 수 있어 현미경 대물렌즈 설계와 같은 중요한 문제를 다룰 때 쓴다.

3.1.1 광학 설계의 철학

자세한 설명과 셈에 들어가기 전에, 렌즈 결상계를 설계하는 순서를 간단히 설명하겠다. 사실 기하광학을 쓸 때는 거의 모두 이 단계를 따른다:

1. 문제 풀이 방법을 먼저 결정한다. 광학계의 크기, 시야, 배율, 분해능 등을 따지는데, 분해능은 흔히 파장에 따라 달라지며, 이 장에서는 설명하지 않는다.
2. 근축 빛살 추적법을 써서 광축 물점에서 나와 상점으로 가는 빛살을 그린다 (§3.1.2).
3. 비축 물점에 대해 같은 그림을 그린다. 그러면 광학계의 배율이 정해지고, 빛살이 광학소자의 구경에 들어오지 못하여 생기는 **가림**(vignetting) 문제가 드러난다 (§3.3.2).

2, 3단계는 아주 중요한 일이며, 그 정도를 하면 광학 설계 전문가가 된 것이나 마찬가지다.

4. 문제를 풀어 렌즈를 두기에 가장 좋은 곳을 찾는다. 이 때 행렬 광학(§3.4)을 쓰거나 광학설계 프로그램을 돌린다.
5. 기울기가 큰 빛살의 효과와 수차를 살펴본다.
6. 비구면 렌즈를 쓰는 게 좋을까를 판단한다.

5, 6단계는 기술적인 면이 많아서 이 책의 범위를 벗어난다.

3.1.2 가우스 어림법에서의 고전 광학

근축 어림법을 흔히 **가우스 광학**(Gaussian optics)이라고 한다. 실제로는 렌즈를 지나는 빛살이 광축과 이루는 각은 작지 않다; 그림 3.2는 두 가지 전형적인 상황을 보여주는데, 빛살의 궤적은 스넬 법칙을 써서 구했다. z축과 나란히 들어온 빔이 광축의 한 점에 모이지 않는다. 이것이 **구면 수차**(spherical aberration)로서, §3.7.3에서 설명한다. 그렇지만, 이 장의 대부분에서는 **z축에 대한 빛살의 각도가 충분히 작아서 $\theta \approx \sin\theta \approx \tan\theta$라고 가정**하여 기울기가 커서 생기는 문제는 피한다. 이것이 가우스 광학의 조건이다. 조건이 맞지 않을 때도 실제로는 가우스 광학이 잘 맞는다! 스넬 법칙 $n_1 \sin\hat{i} = n_2 \sin\hat{r}$도 다음 1차 식으로 어림한다: $n_1\hat{i} = n_2\hat{r}$. 이 어림식이 맞으려면 $\hat{i}$와 $\hat{r}$이 작아야 하며, 따라서 굴절면이 거의 z축과 직교해야 한다. 따라서 굴절면의 곡률 반지름은 빛살에서 광축까지의 거리보다 훨씬 길어야 한다.

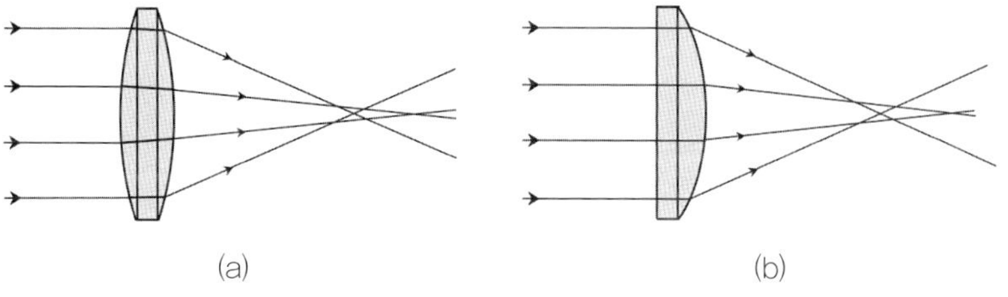

그림 3.2 단순한 렌즈의 구면수차: (a) 양볼록 렌즈; (b) 평볼록 렌즈. 두 렌즈의 근축 초점 거리는 같지만, 근축 초점과 한계 초점의 간격은 (b)가 더 크다.

3.1.3 부호 규약

> 부호규약은, 꼭지점에 대해 왼쪽 거리는 음수, 오른쪽 거리는 양수로 정한다. 이 규약을 꼭 지켜야한다.

광학에서는 값의 부호에 대해 일관된 규칙을 정하고 지켜야 한다. 이 책에서는 그림 3.3에 보인 간단한 직각좌표계의 부호 체계를 따른다: 오른쪽에서 보아 오목한 면의 곡률 반지름은 양수, 오른쪽으로 올라가는 빛살의 기울기각은 양수이다. 또한 렌즈계에 관한 한 빛살이 왼쪽에서 오른쪽으로 간다고 가정한다. 다른 규약 — 물체와 상이 참인가 거짓인가에 따라 부호를 정하는 것 — 은 헷갈리는 단점이 있다.

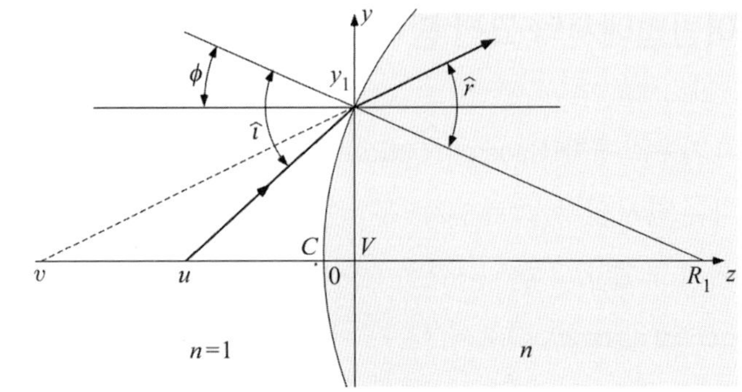

그림 3.3 굴절면에서 빛살이 꺾이는 모양. 가우스 어림법에서는 $y_1 \ll R_1$ 이므로 $VC \ll R_1$이고 0으로 잡는다. 부호 규약에 따라, 이 그림에서 u와 v는 음수, R_1과 각도 $\hat{\imath}$와 $\hat{r}$은 양수이다.

빛살 그림을 그릴 때는 y-쪽은 부풀려야 작은 기울기 각을 볼 수 있다. 그래서, 구면은 곡률 반지름이 얼마이든 평면으로 보인다.

3.2 공기 속에서 있는 얇은 홑 렌즈의 결상

얇은 렌즈(thin lens)는 상상할 수 있는 가장 간단한 렌즈로서 양쪽 면이 구면이고, 굴절률 n인 유리 조각이다[1]; 두 구면의 곡률 중심을 있는 선이 렌즈의 광축이다. 광축을 따라 잰 렌즈의 두께는 두 곡률 반지름 보다 훨씬 작다. 이 렌즈가 근축 기하광학의 기본 소자이다. 먼저 빛살 광학을 살펴본 다음, 행렬을 쓰면 똑같은 셈을 훨씬 더 쉽게 할 수 있음을 보이겠다 (§3.5.1).

먼저 그림 3.3처럼 $z=0$에 있는, 반지름 R_1인 굴절 구면을 다루자. 왼쪽은 $n=1$이고, $z=u$에 있는 물점 O에서 나온 빛살 한 가닥을 살펴보자. 부호 규약에 따라 정점 V에서 왼쪽으로 잡는 거리는 음수이다. O에서 나온 빛살은 구면과 $y=y_1$에서 만나, 각도가 $\hat{\imath}$에서 $\hat{r}$로 꺾여 그 빛살은 마치 $z=v$에 있는 허상 I에서 나오는 것처럼 보인다. 따라서 다음 식이 성립한다:

$$\hat{\imath}-\phi = -y_1/u \ , \quad \hat{r}-\phi = -y_1/v \ , \quad \phi = y_1/R_1 \tag{3.1}$$

이로부터 다음 식을 얻는다:

1) 물론 유리대신 다른 고르고 투명한 물질을 써도 된다.

$$\frac{\hat{i}}{\hat{r}} = n = \frac{y_1\left(\dfrac{1}{R_1} - \dfrac{1}{u}\right)}{y_1\left(\dfrac{1}{R_1} - \dfrac{1}{v}\right)} \Rightarrow -\frac{n}{v} + \frac{1}{u} = \frac{1}{R_1}(1-n) \tag{3.2}$$

(3.3)의 첫 항의 n은 각도 v는 굴절률이 n인 영역임의 값을 나타낸나.

곡률 반지름이 R_2인 둘째 곡면에 대해 (3.3)을 쓰고, 물체의 위치로는 위에서 셈한 v로 잡으면 공기 속에 있는 얇은 렌즈가 만드는 상의 위치 $z=v'$를 얻는다 (그림 3.4).

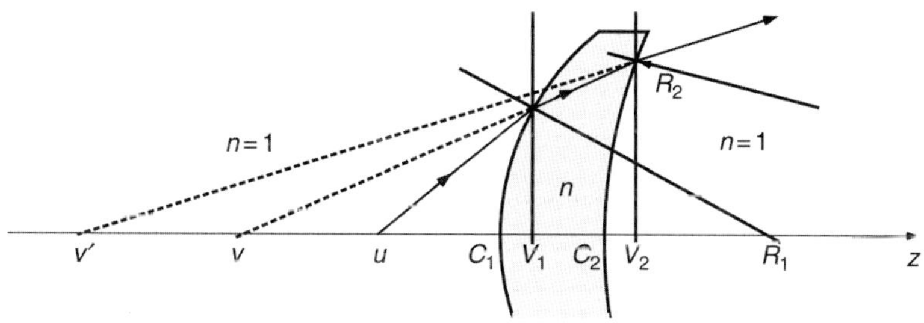

그림 3.4 공기 속의 얇은 렌즈의 결상. 물체가 $u<0$에 있으면 $v'<0$에 허상이 생긴다.

이렇게 바꾸는 것은 두 굴절면의 정점이 겹친다고 가정하는 셈이며, 따라서 u와 v에 비해 렌즈가 얇음을 뜻한다. 그러면 n과 1의 구실이 바뀌므로 다음 식을 얻는다:

$$-\frac{1}{v'} + \frac{n}{u} = \frac{1}{R_2}(n-1) \tag{3.3}$$

이 식에 바꿔 넣을 때 부호 규약을 지켜야한다.

n/v에 (3.2)의 결과를 넣으면 다음 식을 얻는다:

$$-\frac{1}{v'} + \frac{1}{u} + \frac{1}{R_1}(n-1) = \frac{1}{R_2}(n-1) \tag{3.4}$$

따라서 아래의 잘 알려진 공식을 얻는다:

$$\frac{1}{v'} - \frac{1}{u} = \frac{1}{f} \tag{3.5}$$

여기에서 $1/f$는 아래와 같다:

$$\frac{1}{f} = (n-1)\left(\frac{1}{R_1} - \frac{1}{R_2}\right) \tag{3.6}$$

이 식이 **렌즈공의 공식**(lens maker's formual)이다.

물거리 u와 상거리 v는 **켤레**(conjugate)라고 한다. $u \to \infty$이면 $v' \to f$이다. 이것은 광축과 나란히 들어오는 빛살은 초점 F에서 광축과 만남을 뜻한다(그림 3.5). f와 그 역수 $1/f$를 각각 렌즈의 **초점거리**(focal length)와 **굴절능**(power)이라고 한다. f를 미터 단위로 재면, 굴절능의 단위는 **디옵터**(deopter)이다. $f>0$인 렌즈를 **볼록[수렴]**(converging) 렌즈, $f<0$인 렌즈를 **오목[발산]**(diverging) 렌즈라고 한다. 볼록렌즈만 실제의 물체의 실상을 만들 수 있다.

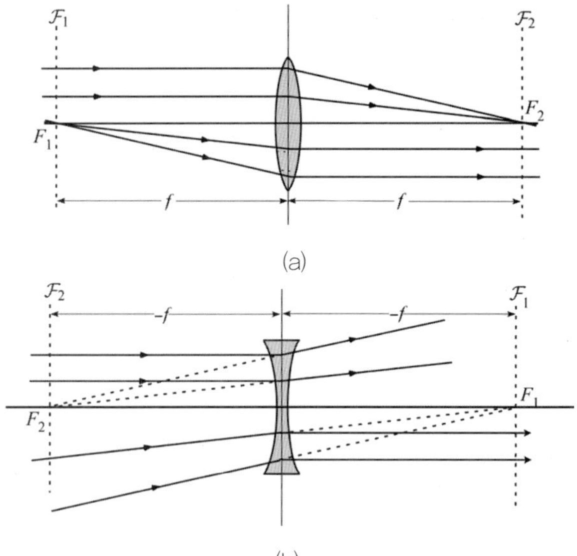

그림 3.5 공기 속의 얇은 렌즈의 초평면과 초점거리: (a) 볼록렌즈; (b) 오목렌즈. 여러 빛살의 경로를 보였다.

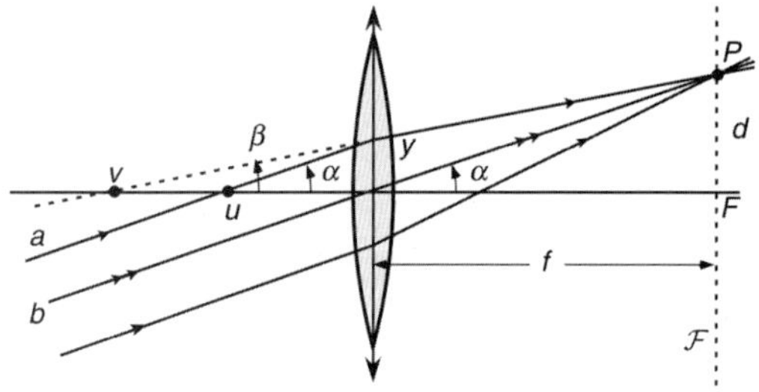

그림 3.6 광축에 대한 기울기가 같은 빛살은 초평면에서 한 점에 모인다.

초평면(focal plane) $\mathcal{F}$는 F를 지나고 광축과 직교하는 평면이다. 광축에 대한 기울기 각 α가 똑같은 빛살은 $\mathcal{F}$에서 모두 한 점에 모인다. 그림 3.6에서 빛살 a는 각도 α로 들어와 x-축의 한 점 u를 지나와 렌즈에서 꺾인 다음 $\mathcal{F}$에서 높이 d인 점 P를 지나며, v가 u의 켤레이다. 이 그림에서 다음 식이 맞다:

$$y = -u\alpha\ , \quad d = \beta(f - v) = \frac{y}{v}(v - f) \tag{3.7}$$

그리고 (3.5)를 쓰면 u와 무관하게 $d = f\alpha$이다. P를 가장 쉽게 찾으려면 렌즈의 중심을 지나는, 꺾이지 않는 빛살 b를 따라가면 된다.

상자 3.1 프레넬 렌즈

회절에 관한 뛰어난 업적을 남긴 프레넬(Augustin Fresnel)은 1800년 무렵 프랑스 정부의 등대 검사관으로 일했다 (7장에서 설명한다). 해안의 등대에서는 밝은 백열등과 커다란 집광렌즈를 써서 나란한 빔을 내보내며, 해안에서 30 km 떨어진 바다에서도 그 빛을 볼 수 있다. 빔을 사방으로 보내고자 장치 전체를 한 바퀴씩 돌리므로, 해안에 다가오는 배는 등대 불빛을 주기적으로 보게 된다. 빛의 밝기가 변조되는 주기와 모양에서 배의 위치를 알 수 있다. 등대를 지을 때의 주된 문제는 밤새도록 돌아가는 장치에 함께 올려야 하는 커다란 렌즈의 무게였다. (등불 빛을 충분히 많이 모으는데 필요한) 렌즈의 초점거리가 1.5 m, 지름이 1 m라면, 질량은 약 200 kg이 되어, 그것을 돌리려면 대단한 기구가 필요하다. 광원이 제법 커서 렌즈의 질은 아주 좋을 필요가 없었으므로, 프레넬은 렌즈에서 평행 유리판에 해당하는 부분을 깎아내어도 광학적 특성이 거의 같음을 깨달았다. 수학적으로는, 그림 3.7과 같이 한쪽 면은 평면, 다른쪽 면은 부분적으로 구면이면 된다. 이러한 렌즈는 1823년 처음 만들었고, 지금은 플라스틱으로 만들어 결상성능이 높지 않아도 되는 자동차 앞등과 햇빛 모으개에 쓰인다. 이 렌즈는 구경이 커도 부피는 크지 않아서 좋지만, 불연속 선에서 빛이 산란되므로 높은 분해능은 얻기 어렵다. 프레넬 렌즈를 쓰는 예를 들면, 투영기에서 조명등에서 나오는 빛을 투명그림 전체에 고르게 비출 때, 투명그림을 지나온 빛을 모아 결상렌즈에 보낼 때이며, 산란된 빛은 결상렌즈의 유한한 구경에서 걸러진다 [그림 3.7(c)].

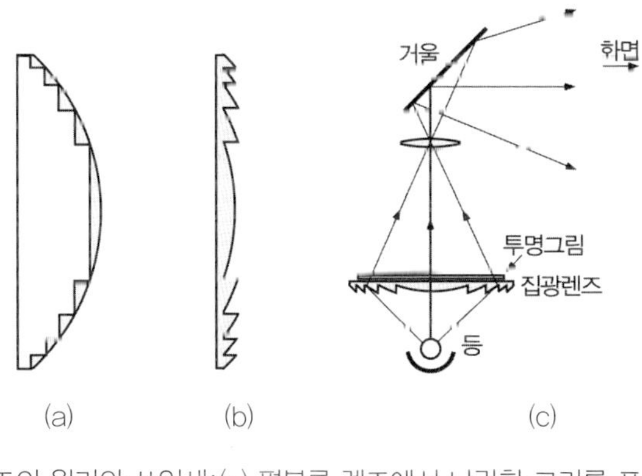

그림 3.7 프레넬 렌즈의 원리와 쓰임새: (a) 평볼록 렌즈에서 나란한 고리를 표시한 모양; (b) 고리를 깎아내고 다시 배열한 렌즈의 단면; (c) 프레넬 렌즈를 집광 렌즈로 쓴 투영기.

3.3 간단한 광학계에서의 빛살 추적

근축 빛살 추적은 광학 설계에서 중요한 도구로서, 물점에서 나가는 근축 빛살 몇 가닥이 광학계를 지나가는 길을 추적하는 것이다. 얇은 렌즈에서 간단히 추적할 수 있는 빛살은 세 가닥이다 (그림 3.5와 3.6):

1. 한쪽에서 초점을 지나는 빛살은 모두 다른 쪽에서는 광축과 나란히 나아간다.
2. 렌즈의 중심을 지나는 빛살은 모두 꺾이지 않고 곧바로 나아간다.
3. 한쪽에서 나란한 빔은 다른 쪽에서 초평면 위의 한 점을 지나간다; 그 점을 찾으려면 빔에서 렌즈의 중심을 지나는 빛살 한 가닥을 잡으면 된다.

이 빛살을 쓰면, 일반적으로 광학계 전체의 특성을 잘 알 수 있다. 이제 다음 세 가지 예를 살펴보자: 돋보기, 망원경, 복합 현미경. 복합 현미경은 본질적으로 앞의 두 광학계를 묶은 것이다. 둘째 예에서는 **가림**과 **스톱**의 개념을 소개한다.

상자 3.2 빛살 추적 연습

이 예는 렌즈가 여러 장 있을 때 빛살 추적하는 방법을 보여준다. 볼록렌즈 2장이 두 렌즈의 초점거리를 더한 값 보다 더 멀리 떨어져 있고, 물체는 첫째 렌즈의 왼쪽에 아주 멀리 있다 (그림 3.8). 물체 O에서 빛살 두 가닥을 따라 가는데, a는 첫째 렌즈의 F_1을 지나고, b는 광축과 나란하다. 첫째 렌즈를 지나면 a는 광축과 나란히 가고 b는 F_2를 지나간다. b가 둘째 렌즈를 지난 뒤의 경로는 어떻게 구할까? 둘째 렌즈 앞에서 b와 나란하고 렌즈의 중심을 지나는 보조빛살 h를 그린다. 이 빛살은 둘째 렌즈에서 꺾이지 않고 곧바로 나아가, $\mathcal{F}_3$에서 b와 만난다. 이로써 둘째 렌즈를 지난 뒤의 b의 경로를 구한다. 끝으로, a와 b가 만나는 곳이 상 I의 위치와 크기를 결정한다. 이제 물체에서 나와 첫째 렌즈의 중심을 지나는 빛살 c를 그리고, 둘째 렌즈에서 보조 빛살을 그려, 같은 상점에서 모이는 것을 확인해 보라.

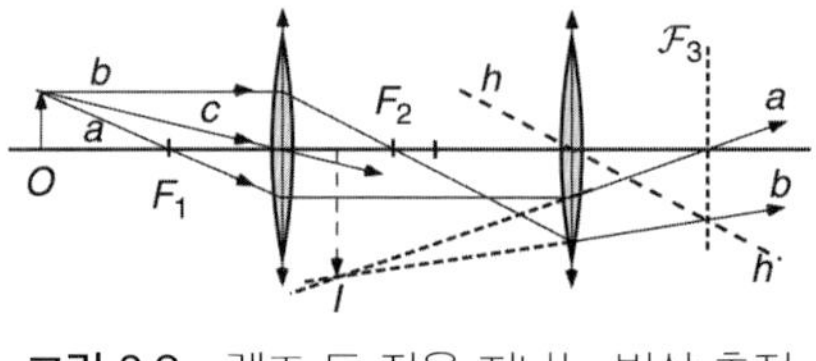

그림 3.8 렌즈 두 장을 지나는 빛살 추적

3.3.1 돋보기

돋보기는 눈에 가까이 대고 볼수록 배율이 더 커진다.

돋보기는 가장 간단한 광학 기기로서, 우리 눈의 망막에 생기는 물체의 상을 키워준다. 그것은 물체를 **근점**(near point) (물체를 맨 눈으로 가장 잘 볼 수 있는 거리로서 시력이 정상인 젊은이는 약 25 cm이다) 보다 더 가까이 놓고 보아 아주 먼 곳에 허상을 만든다 (그림 3.9).

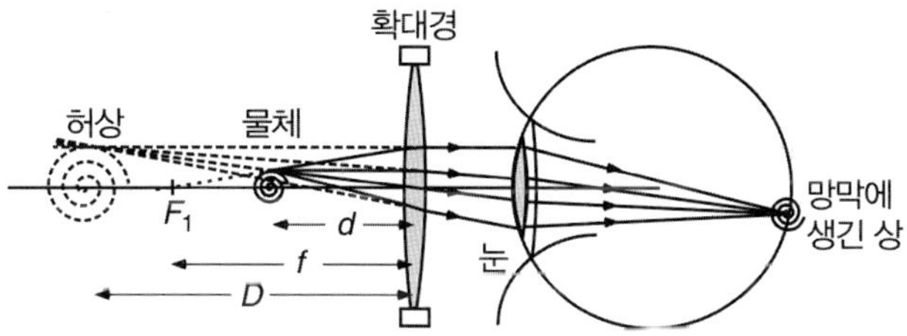

그림 3.9 돋보기의 빛살 그림. 물체의 높이는 y, 상의 높이는 y' 이다. 실제로는 $D \gg f$ 이고, 물거리는 거의 f와 같다.

돋보기 또는 허상을 만드는 모든 광학기기에서는 선형 배율(물체에 대한 상의 크기의 비) 보다는 **확대능**(magnifying power)을 더 많이 쓰는데, 다음과 같이 정의한다:

1. 눈으로 본 상의 각크기를 물체를 근점에 두고 볼 때의 각크기로 나눈 값;
2. 물체를 광학 기기를 써서 볼 때 망막에 생기는 상의 크기를 물체를 근점에 놓고 맨눈으로 볼 때 망막에 생기는 상의 크기의 비

보통 돋보기는 눈에 가까이 두며, 그러면 확대능은 다음과 같다 (그림 3.9):

$$M = \frac{y'}{y} = \frac{D}{d} \tag{3.8}$$

그런데 $1/d - 1/D = 1/f$ 이므로 다음과 같다:

$$M = 1 + \frac{D}{f} \tag{3.9}$$

보통 $D \gg f$ 이므로 $M = D/f$ 로 어림해도 된다.

돋보기는 그냥 쓸 때만 홑 렌즈를 쓴다. 현미경이나 망원경과 같은 광학기기에 들어가는 돋보기는 복합렌즈를 쓰며, §3.3.2에서 설명한다.

3.3.2 천체 망원경

망원경은 나란히 들어오는 빔의 기울기각을 α에서 β로 바꾸어 준다. 비율 β/α가 **각배율**(angular magnification)로, 망원경을 통해서 볼 때와 그냥 볼 때 망막에 생기는 상의 크기의 비와 같다. 그림 3.10(a)는 두 장의 렌즈 L_1(대물렌즈, 초점거리 f_1)와 L_2(접안렌즈, 초점거리 f_2)로 만든 간단한 망원경이다. 두 렌즈 사이의 거리는 f_1+f_2로서, 아주 멀리 있는 물체의 실상이 공통 초평면에 생긴다.

굴절 망원경은 천문학에서 거의 쓰지 않는데, 그 까닭은 너무 무겁기 때문이다. 지상 물체를 볼 때는 '상세움 렌즈'를 덧붙여 상을 바로 세워야 한다.

언뜻 생각하기에 눈을 L_2 바로 뒤에 대고 싶겠지만, 그러면 시야가 좁아진다. 먼저 근축 빛살 그림을 써서 빛살의 양을 살펴보자.

먼 축상 물점에서 나온, 광축과 나란한 빔 (aaa)가 대물렌즈 L_1에 들어와, 접안렌즈 L_2를 지나 관찰자의 동공으로 들어간다. 이제 먼 비축 물점에서 나온 나란한 빔 (bbb)를 살펴보자. 잠시 L_2의 구경이 아주 크다고 하자. 이 빔이 광축에 대해 큰 각도로 L_1에 들어오면, 동공 E_0를 벗어날 수 있다. 이것이 **가림**(§3.1.1)이다. 그렇지만, 눈을 L_2에서 멀리하여 E에 두면 비스듬히 들어온 빔 (bbb)도 동공으로 들어오게 된다. 그림에서, E는 L_2가 만드는 L_1의 상임을 알 수 있는데, 이 상이 **출사동**(exit pupil)이며, 아래에서 따로 정의한다. 눈을 출사동 평면에 두면 비축 물점에서 나오는 빛을 받을 수 있어 시야가 최대가 된다.

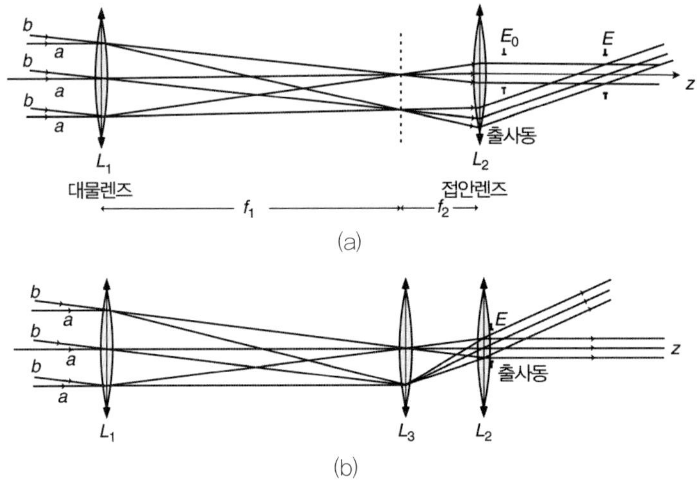

그림 3.10 각배율이 3인 망원경의 빛살 추적. (a) 단순한 천체 망원경; (b) 시야 렌즈를 붙인 것. 두 그림 모두 출사동은 E에 있다.

이제까지는 L_2의 구경이 아주 크다고 가정했는데, 그렇지 않고 유한하면, 비스듬히 들어오는 빔이 그곳에서 막힐 수 있다. 이 문제를 피하려면 **시야 렌즈**(field lens)인 또 다른 렌즈 L_3를 끼워야 한다 [그림 3.10(b)]. 시야렌즈는 공통 초평면에 두어 중간상이 영향을 받지 않게 하며, 초점거리는 L_1의 상이 L_2가 되도록 잡는다. 그러면 L_1에 비스듬히 들어오는 빔은 L_2의 중심으로 빠져나감을 쉽게 확인할 수 있다. 이제는 출사동이 L_2로 옮겨지므로 눈을 대기에 가장 좋은 곳은 L_2 바로 뒤이다. 시야 렌즈에서도 **가림**이 생길 수 있지만, 그곳이 중간상 평면이므로, 시야 렌즈의 구경은 상에 대해 선명한 가장자리로 나타나 시야각을 제한할 뿐이다. 이것이 **시야 스톱**(field stop)이며, 보기에 좋게 둥근 구멍을 둔다.

결국은 실제적인 면을 따르는데, 출사동을 L_2 조금 뒤에 두어 보기에 편하게 하고, 시야 렌즈를 중간상 평면에서 조금 벗어난 곳에 두어 시야 렌즈에 묻은 먼지 등이 상에 겹쳐 보이지 않게 하고 필요할 때는 십자선을 시야 스톱에 둘 수 있게 한다. 이러한 타협을 하려면 실제의 렌즈 크기는 이론적인 최소값 보다 조금 더 크게 만든다.

3.3.3 스톱과 동

> 구멍 스톱, 입사동, 출사동은 서로 켤레이다.

축상 물점에서 나와 광학기기를 지나가는 빛의 양을 제한하는 구멍이 **구멍 스톱**(aperture stop)이다; 위의 보기에서는 L_1(L_2가 필요한 것 보다 조금 더 크다면)이지만, 기기 속의 어느 구멍 또는 렌즈도 될 수 있다. 복잡한 광학계에서는 가장 비싼 것 또는 설계가 가장 어려운 것을 구멍 스톱으로 잡아, 그것 전체를 온전히 쓴다. 구멍 스톱 뒤에 있는 광학 소자들이 만드는 구멍 스톱의 상이 출사동이다. 눈이나 사진기 렌즈는 그곳에 두어야 한다. 구멍 스톱이 광학기기의 첫 요소가 아니라면, 구멍 스톱 앞에 있는 광학 소자들이 만드는 구멍 스톱의 상이 **입사동**(entrance pupil)이다. 구멍 스톱 이론은 쓰임새가 많다;[2] 예를 들어 사진기에는 꼭 조리개가 들어있는데, 이것은 필름이 받는 빛의 양을 조절하며, 그 위치는 비축 상점의 밝기가 고르게 나올 수 있는 곳으로 결정한다. 구경은 흔히 **f-수**(f-number) 또는 'f/#'라는 무차원 수로 나타내는데, 이것은 초점거리

---

2) 두 예: 구경이 큰 망원경 거울 또는 렌즈는 늘 구멍 스톱이 되는데, 그 까닭은 값 때문이다. 역학적 훑치(scanner)가 들어있는 광학계에서는 훑치를 흔히 구멍 스톱으로 써서 크기와 회전관성을 줄인다.

f를 구멍 스톱의 지름 D로 나눈 값이다. 또한 사진을 찍는데 필요한 시간을 결정하는 상의 밝기는 렌즈 구멍의 넓이를 감지기까지의 거리의 제곱으로 나눈 값, $(\mathrm{f}/\#)^{-2}$에 비례한다.

빛살추적을 하면 광학 소자의 최적 크기를 알 수 있다. 예를 들어, 망원경에서는 관찰자의 눈의 동공의 크기는 해부학적으로 정해지고, 이것은 다시 L_1과 L_2의 크기를 결정한다.

시야렌즈와 접안렌즈는 흔히 하나로 묶어 **복합 접안렌즈**(compound eyepiece) 또는 간단히 접안렌즈라고 한다. 이것은 렌즈 두 장을 쓰면 수차를 지울 수 있고, 시야 스톱을 넣으면 광학계의 여러 소자에서 반사 또는 산란되어 흩어진 빛을 막을 수 있다.

3.3.4 초점 심도

사진 작가들은 흔히 f/#와 초점심도의 관계를 써서 예술적 효과를 낸다.

렌즈가 이상적이면 기하광학에서 초평면과 상평면이 정확한 평면이 되지만, 실제의 렌즈에서는 그렇지 않다. 이 평면의 실제적인 정확도는 렌즈의 구경 D가 결정한다. 그 다음, 초점에 모이는 빛살 원뿔의 꼭지각은 렌즈 구경이 결정하며, 그 각도가 작을 때는 $D/f=(\mathrm{f}/\#)^{-1}$이다. 초점에서 δz 떨어진 곳에서는 상점의 기하학적 지름은 $\delta z\, D/f$가 된다. 이 지름이 회절한계 지름 $1.22\, f\lambda/D$보다 작으면(§12.2), 초평면에 비해 상이 크게 나쁘지 않다. 기하학적 지름과 회절한계 지름이 같아지는 거리의 두배(δz는 양수또는 음수가 될 수 있으므로)가 **초점 심도**(depth of focus)이다. 위에서 그 값은 다음과 같다:

$$\text{초점심도} \approx 2.4\lambda \cdot \frac{f^2}{D^2} = 2.4\lambda \cdot (\mathrm{f}/\#)^2 \tag{3.10}$$

2장에서는 페르마 원리를 써서 비슷한 결과를 얻었다. 물론 초평면의 상의 크기는 남은 수차의 영향도 받을 수 있고, 그 때는 초점심도도 더 깊어진다.

3.3.5 현미경

현미경의 핵심 원리는 초점거리가 매우 짧은 (흔히 수 mm) 대물렌즈를 써서 물체의 고배율 실상을 만드는 것이다. 여기에서 중요한 양은 **선형 배율**(linear maginfication)로서 그 값은 보통 대물렌즈에 새겨져 있다. 오늘날은 대개 렌즈 두 장을 써서 확대상을 만든다: 대물렌즈로 아주 먼 곳에 상을 만들고, 굴절능이 작은 **관 렌즈(tube lens)**로 그것의 실상을 초평면에 만들기 때문에 두 렌즈의 간격은 중요하지 않다. 총배율은 두 렌즈의 배율을 곱한 값으로 두 렌즈의 초점거리의 비임을 쉽게 알 수 있다. 물체는 정확히 대물렌즈의 초평면에 둔다. 더 초보적인 현미경에서는 렌즈 짝 대신 홑 렌즈를 쓴다. 두-렌즈계는 대물렌즈와 관렌즈 사이에 빔 가르개, 편광판 등의 다른 부품을 끼워 넣을 수 있는 장점이 있다; 이들은 물체에 빛을 비추고 12장에서 설명할 여러 가지 공간여과 작업을 하는데 쓴다. 그러한 부품은 현미경의 기하광학적 원리에 영향을 주지 않지만, 나란한 빔에서 쓰이게 하면 설계가 간단해진다. 관렌즈의 초평면에는 사진필름 또는 전자 영상 감지기를 둘 수 있다. 눈으로 보려면 접안렌즈를 써서 상을 더 키우는데, 이에 대한 빛살 그림이 그림 3.11이다. 분명히, 관렌즈와 접안렌즈는 망원경 구조로서, 대물렌즈가 아주 먼 곳에 만든 시료의 상을 관찰한다.

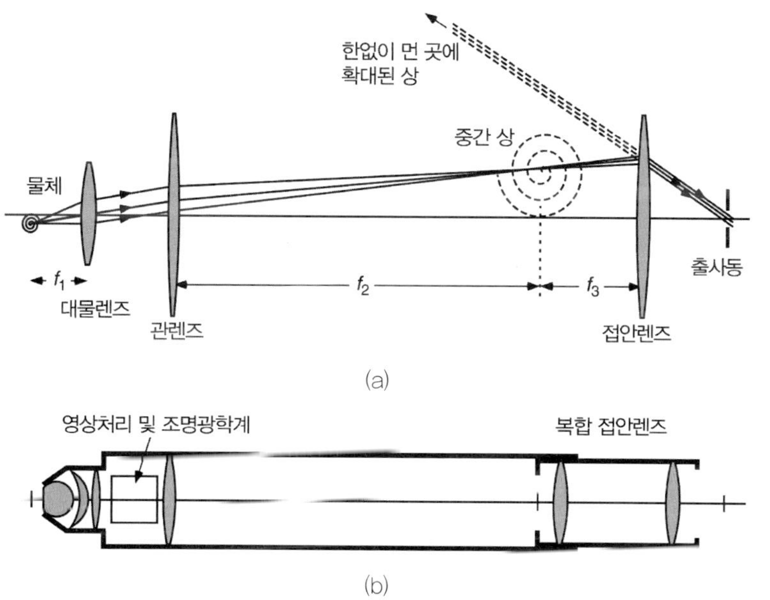

그림 3.11 (a) 현미경의 출사동을 보여주는 빛살 그림. (b) 눈으로 보는 현미경의 기본 구조, 영상 처리 광학계와 복합 접안렌즈를 함께 보였다. 사진기를 쓸 때는 감지기 표면(사진필름 또는 전자소자)를 흔히 시야 스톱에 둔다.

현미경 대물렌즈에 새긴 배율은 보통 초점거리 160 또는 200 mm인 표준 관 렌즈를 써서 얻는 값이다; 그 값은 보통 100까지 이르는데, 여기에 접안렌즈의 배율을 곱하면 전체 배율이 된다. 관 렌즈 뒤에서의 빛살 그림은 망원경과 같으며, 시야 렌즈와 출사동도 똑같이 분석한다. 현미경 대물렌즈는 복잡하고, 굴절각이 크며, 구멍 스톱도 그 속에 있어서 광학 설계의 중심 소자가 된다. 마지막 상은 뒤집힌 허상이다.

상자 3.3 계측용 원심 현미경

계측용 광학계는 3차원 물체의 길이를 재는데 맞추어져, 시야에 왜곡이 없고 배율이 깊이에 따라 변하지 않아야 한다. 그러려면 낱낱의 물점에서 나와 상을 만드는 빛살을 제한하여 똑같은 빛살 원뿔이 되게 하는데, 그것은 대물렌즈의 뒤 초평면에 작은 구경을 두면 된다. 그림 3.12(a)는 그러한 원심 광학계의 빛살 그림이다. P와 P_1과 같은 모든 물점에서 나오는 빛살 원뿔의 축 즉, 주광선이 광축에 나란하여 배율은 물체의 깊이에 따라 달라지지 않으므로, 계측할 때는 좋지 않은 시차효과가 사라진다. 그렇지만 초점심도는 여전히 (3.11)과 같은데, 구멍 스톱의 지름은 초평면에 있는 것의 값이다. 그래서 물체는 초점에서 벗어날 수 있지만 모양은 정확하게 유지 된다. 그리고 초점 벗어남으로 생기는 상번짐 [(a)의 오른쪽에 끼운 그림]은 대칭적이고, 시야에 무관하며, 이것은 상처리로 쉽게 보정할 수 있다.

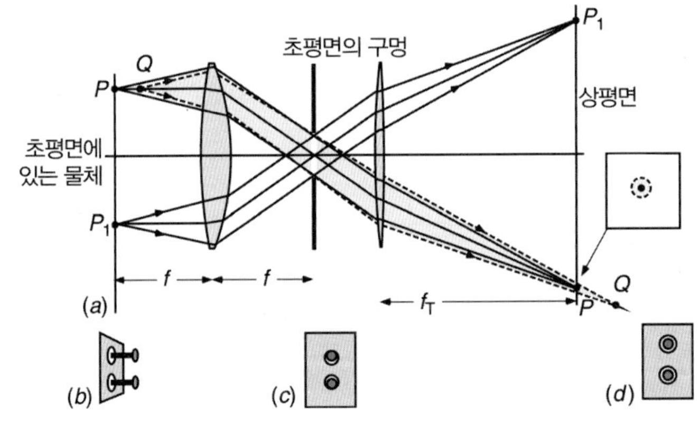

그림 3.12 원심 계측용 결상계의 원리. (a) 결상을 보여주는 빛살 그림. 점 P와 P_1의 상은 초평면에 생기지만, Q의 상은 초평면을 벗어난다; (b) 한 쌍의 못을 보면 보통의 결상계에서는 (c)와 같이 보이고, 원심 결상계에서는 (d)와 같이 보인다.

그 광학계에서는 무엇을 댓가로 치르는가? 대물렌즈는 시야만큼 크지만, 스톱의 구경이 작아서 쓰이는 빛의 양이 적고 분해능이 나쁘다. 더구나, 상 왜곡 문제는 여기에서 다루지 않았는데, 실제로는 상 왜곡 및 다른 수차가 없는 좋은 원심 렌즈계를 설계하는 일은 아주 복잡하다.

현미경으로 보는 물체에는 빛의 파장 또는 그 보다 작은 미세한 모양이 있는데, 기하광학은 결상 과정에 대해 아주 일반적인 기술만을 할 뿐이다. 현미경 결상의 능력 및 한계는 파동광학을 써야만 대한 온전히 드러나며, 이것은 12 장에서 다룬다.

3.4 축대칭 굴절계의 가우스 광학의 행렬 형식

§3.2에서 배운 대수적 분석법을 복잡한 광학계에 쓰면 아주 지루하다. (3.1)의 어림법 때문에 (3.2)-(3.9)가 1차식이므로 행렬을 쓰면 아주 복잡한 광학계의 광학적 특성을 셈하는 일이 훨씬 쉬워지고, 특히 수치셈을 할 때도 편리하다 (문제 3.14).

광축에 대해 축대칭인 광학계에서의 빛살의 진행은 굴절과 이동이 거듭된다. 앞에서 이미 말했듯이, 빛살은 광학계의 왼쪽에서 오른쪽으로 가도록 잡는다. z축을 품는 평면에 들어있는 빛살만 다루고, 그렇지 않은 평면에 들어있는 **비낌 빛살**(skew rays)은 다루지 않는다. 비낌 빛살은 근축 어림법에 새로운 정보를 주지 않는다.[3] 광학계가 z축에 대해 대칭이므로, $z=z_0$에 있는 빛살은 광축까지의 거리 y와 기울기 $\mathrm{d}y/\mathrm{d}z=\theta$만 알면 정해진다. 그러므로 $(y,\ z)$평면 위의 빛살만 추적하면 된다.

3.4.1 이동 및 굴절행렬

먼저 굴절률 n이 고른 매질 속에서 곧게 나아가는 빛살을 생각하자 [그림 3.13(a)]. $z=z_1$에서는 높이 y_1이고 기울기 θ_1, $z=z_2-z_1+t$에서는 높이 y_2이고 기울기는 θ_2이다. 둘의 관계는 다음과 같다:

$$y_2 = y_1 + t \cdot \theta_1 \tag{3.11}$$

$$\theta_2 = \theta_1 \tag{3.12}$$

이 식은 벡터 $(y,\ n\theta)$에 대한 행렬식으로 나타낼 수 있다:[4]

3) 비낌 빛살을 광축을 품는 평면에 투영하면 근축 어림법이 맞지만, 각도가 커지면 맞지 않다.
4) θ 대신 $n\theta$를 쓰면 모든 행렬의 판별값이 1이 된다. 교재에 따라서 벡터 성분을 달리 잡을 수 있다.

$$\begin{pmatrix} y_2 \\ n\theta_2 \end{pmatrix} = \begin{pmatrix} 1 & t/n \\ 0 & 1 \end{pmatrix} \begin{pmatrix} y_1 \\ n\theta_1 \end{pmatrix} = \mathrm{T} \begin{pmatrix} y_1 \\ n\theta_1 \end{pmatrix} \tag{3.13}$$

이 식이 z_1에서 z_2까지 가는 **이동행렬**(translation matrix) T를 정의한다.

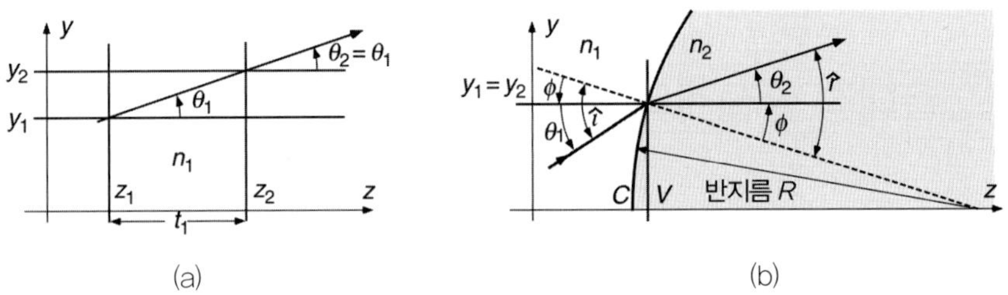

그림 3.13 (a) 이동 행렬의 근축빛살 그림. (b) 굴절행렬의 근축 빛살 그림. 가우스 광학의 조건에 따라 $R \gg h$이고, V와 C는 겹친다.

굴절률 n_1과 n_2인 매질의 경계면으로서 곡률 반지름이 R인 구면에서 빛살이 꺾이는 것을 기술하는 행렬은 스넬 법칙 $n_1 \sin\hat{i} = n_2 \sin\hat{r}$에서 다음과 같다 [그림 3.13(b)를 보라]:

$$n_1 \sin(\phi + \theta_1) = n_2 \sin(\phi + \theta_2) \tag{3.14}$$

이것은, 각도가 작을 때는 다음과 같이 어림할 수 있다:

$$n_1(\phi + \theta_1) = n_2(\phi + \theta_2) \tag{3.15}$$

$\phi = y_1/R$로 어림하면 위 식은 다음과 같다:

$$n_2\theta_2 = n_1\theta_1 - (n_2 - n_1)y_1/R \tag{3.16}$$

여기에서 $\phi > 0$임에 유의하자. z_1과 z_2가 일치하므로 $y_1 = y_2$이고, 따라서 **굴절행렬**(refraction matrix) R은 다음과 같이 정의된다:

$$\begin{pmatrix} y_2 \\ n\theta_2 \end{pmatrix} = \begin{pmatrix} 1 & 0 \\ \dfrac{n_1 - n_2}{R} & 1 \end{pmatrix} \begin{pmatrix} y_1 \\ n\theta_1 \end{pmatrix} = \mathrm{R} \begin{pmatrix} y_1 \\ n\theta_1 \end{pmatrix} \tag{3.17}$$

z_1과 z_2에 있는 빛살을 이어주는 일반 행렬 M_{21}은 다음과 같이 정의된다:

$$\begin{pmatrix} y_2 \\ n\theta_2 \end{pmatrix} = \mathrm{M}_{21} \begin{pmatrix} y_1 \\ n\theta_1 \end{pmatrix} \tag{3.18}$$

여기에서 M_{21}은 T와 R의 곱이다. det{R}=del{T}=1이므로 det{M_{21}}=1이다. **빛살을 나타내는 벡터 요소로 θ가 아니라 $n\theta$를 쓴 까닭은 빛살 전달 행렬의 판별값이 1이 되게 하려는 것이었다.**

3.4.2 단순한 렌즈의 행렬 표현

§3.2에서 보았듯이, 단순한 렌즈는 굴절률 n인 투명 매질로 된, 양쪽 면이 구면인 소자이다(그림 3.14). 두 구면의 중심을 잇는 선이 광축 z이고, 렌즈는 그 축에 대해 축대칭이다. 렌즈 바깥 매질의 굴절률은 1로 잡는다. 렌즈의 정점(구면과 광축이 만나는 점)은 z_1과 z_2이고 $t = z_2 - z_1$ 이다. $z=z_1$과 $z=z_2$ 사이의 행렬 M_{21}은 다음과 같다:

$$\begin{pmatrix} y_2 \\ n\theta_2 \end{pmatrix} = \begin{pmatrix} 1 & 0 \\ \dfrac{n-1}{R_2} & 1 \end{pmatrix} \begin{pmatrix} 1 & t/n \\ 0 & 1 \end{pmatrix} \begin{pmatrix} 1 & 0 \\ \dfrac{1-n}{R_1} & 1 \end{pmatrix} \begin{pmatrix} y_1 \\ n\theta_1 \end{pmatrix} = \mathrm{M}_{21} \begin{pmatrix} y_1 \\ n\theta_1 \end{pmatrix} \tag{3.19}$$

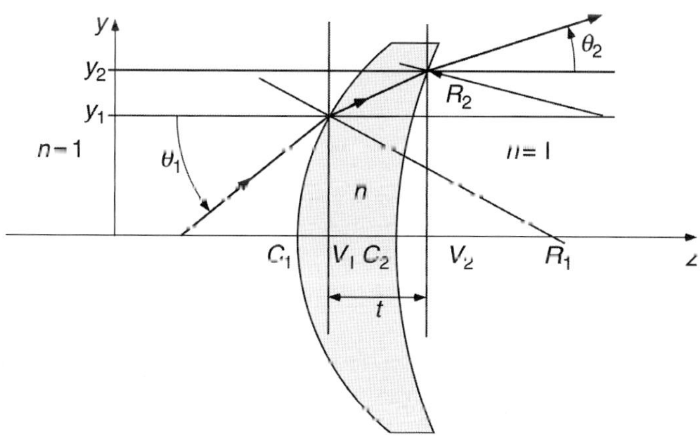

그림 3.14 공기 속의 얇은 렌즈의 결상에 대한 빛살 그림. 모든 값은 양수이다. 가우스 광학의 조건에 따라 V_1과 C_1, V_2와 C_2는 겹친다.

여기에서 M_{21}의 요소를 구체적으로 셈하면 다음과 같다:

$$M_{21} = \begin{pmatrix} 1+\dfrac{t(1-n)}{nR_1} & \dfrac{t}{n} \\ (n-1)\left(\dfrac{1}{R_2}-\dfrac{1}{R_1}\right)-\dfrac{t(1-n)^2}{nR_1R_2} & 1-\dfrac{t(1-n)}{nR_2} \end{pmatrix} \tag{3.20}$$

얇은 렌즈에서는 t가 작아서 둘째 줄 첫째 요소의 둘째 항은 무시할 수 있다고 가정한다; $n-1$은 크기가 1 정도이므로, 이 가정은 다음의 조건을 뜻한다: $t \ll |R_1 - R_2|$. $t=0$으로 두면 다음 어림행렬을 얻는다:

$$M_{21} \approx \begin{pmatrix} 1 & 0 \\ (n-1)\left(\dfrac{1}{R_2}-\dfrac{1}{R_1}\right) & 1 \end{pmatrix} = \begin{pmatrix} 1 & 0 \\ -\dfrac{1}{f} & 1 \end{pmatrix} \tag{3.21}$$

여기에서 초점거리는 (3.6)에서 정의한 값과 같다. 행렬 M_{21}은 이미 앞에서 공기 속에 있는 얇은 렌즈에 대해 얻은 결과를 요약할 뿐임을 강조한다.

1. 광축과 나란히, 높이 y_1으로 들어오는 빛살, 곧 $(y_1,\ 0)$은 렌즈에서 같은 높이로 나오지만, f가 양수이면 아래쪽으로 기울어 광축과 거리 f에서 만나므로 $(y_1,\ -y_1/f)$이다.
2. $R_1 = R_2$이면, 구면이 된다. 그러면 초점거리가 무한대가 될 것으로 생각하기 쉽지만, 이 때는 t를 무시할 수 없고 $(R_1 - R_2 = 0)$ 따라서 f에 대해 (3.20)의 온전한 식을 써야 한다 (문제 3.12).
3. 그림 3.14와 같이 $R_1^{-1} > R_2^{-1}$이고, $n > 1$이면, 렌즈는 볼록렌즈가 된다. 이 조건은 렌즈 가운데가 가장 두꺼움을 뜻한다.

렌즈를 둘러싼 매질의 굴절률이 왼쪽은 n_1, 오른쪽은 n_2일 때는, 위의 셈을 되풀이하되 t를 무시할 수 있으면 다음 결과를 얻는다:

$$\begin{pmatrix} y_2 \\ n\theta_2 \end{pmatrix} = M_{21} \begin{pmatrix} y_1 \\ n\theta_1 \end{pmatrix} \tag{3.22}$$

$$\mathrm{M}_{21} \approx \begin{pmatrix} 1 & 0 \\ \dfrac{n-n_2}{R_2}+\dfrac{n_1-n}{R_1} & 1 \end{pmatrix} \tag{3.23}$$

이 상황은 §3.6.2에서 다시 다룬다.

3.4.3 물공간 및 상공간

렌즈계의 범위는 왼쪽 정점 V_1에서 오른쪽 정점 V_2까지이다. **물공간**(object space)은 원점이 V_1에 있는 공간, **상공간**(image space)은 원점이 V_2에 있는 공간이다. V_1의 왼쪽에는 **실물체**를 둘 수 있고, 그 상이 V_2의 오른쪽에 생기면 화면에 실상을 비출 수 있다. 두 공간 모두 **허공간**이 있을 수 있다. 예를 들어, 돋보기를 써서 V_2의 왼쪽에 허상을 만들 수 있는데, 그 상이 있는 곳에 화면을 두어도 상이 비치지 않는다; V_1의 왼쪽에 다른 광학계를 두어 V_1의 오른쪽에 허물체를 만들 수 있다.

3.5 결상

여기에서 정의한 행렬 $[A\,B, C\,D]$는 켤레 평면을 연결한다.

결상은 광학계의 가장 흔한 기능인데, 행렬로 기술할 수 있음을 보이겠다. z_O에서 z_I까지 벌려진 어떤 광학계를 행렬 $\mathrm{M}_{21}=\begin{pmatrix} A & B \\ C & D \end{pmatrix}$로 나타내면, 이 광학계의 기능은 다음 식으로 기술된다:

$$\begin{pmatrix} y_2 \\ n\theta_2 \end{pmatrix} = \begin{pmatrix} A & B \\ C & D \end{pmatrix}\begin{pmatrix} y_1 \\ n\theta_1 \end{pmatrix} \tag{3.24}$$

이 광학계가 z_O에 있는 물체의 상을 z_I에 만든다면 z_O와 z_I에 있는 (x, y) 평면은 **켤레 면**이다. 결상은 y_2가 $n_1\theta_1$과 무관함을 뜻한다; 곧, (y_1, z_O)**에서 나오는 모든 빛살은 방향** θ**에 무관하게 같은 점** (y_1, z_I)**에 모여야 한다** (그림 3.15).

빛살이 모이는 점이 각도 θ_1과 무관하므로, $B=0$**이어야 한다**. 따라서, 행렬 M_{21}의 판별값이 1이므로 $AD=1$이다. 이 광학계의 **선형 배율**은 다음과 같다:

$$m = \frac{y_2}{y_1} = A \tag{3.25}$$

$(0,\ z_O)$에서 각도 θ_1으로 나가는 빛살은 각도 θ_2로 $(0,\ z_I)$를 지난다. 두 빛살의 각도의 비가 **각배율**이다:

$$\frac{\theta_2}{\theta_1} = D \cdot \frac{n_1}{n_2} = \frac{1}{m} \cdot \frac{n_1}{n_2} \tag{3.26}$$

$n_1 = n_2$이면, **각배율은 선형배율의 역수이다**.

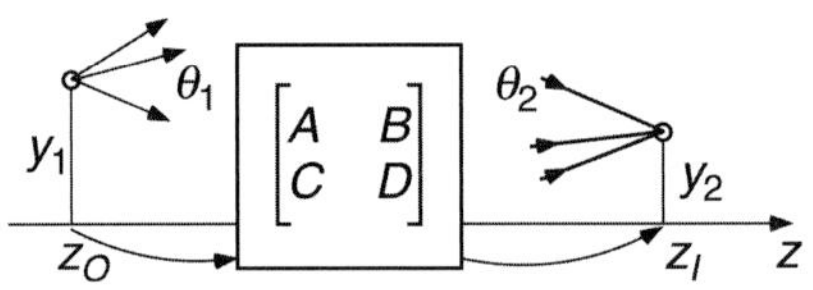

그림 3.15 켤레 면 z_O와 z_I의 결상 행렬. 물점에서 나가는 모든 빛살은 각도 θ_1이 얼마이든 똑같은 상점에 모인다.

3.5.1 공기 속의 얇은 렌즈에 의한 결상

이제 얇은 렌즈(§3.4.2)로 돌아가자. 물체를 $z_O=u$에 (u는 음수), 얇은 렌즈는 $z=0$에 놓고, 상이 생기는 곳 $z_I=v$를 찾는다. (3.21)을 쓰면, 그림 3.14의 완전한 광학계에 대한 행렬은 다음과 같다:

$$\begin{pmatrix} A & B \\ C & D \end{pmatrix} = \begin{pmatrix} 1 & v \\ 0 & 1 \end{pmatrix}\begin{pmatrix} 1 & 0 \\ -1/f & 1 \end{pmatrix}\begin{pmatrix} 1 & -u \\ 0 & 1 \end{pmatrix} = \begin{pmatrix} 1-v/f & -u+v+uv/f \\ -1/f & 1+u/f \end{pmatrix} \tag{3.27}$$

이것은 결상 광학계이므로

$$B = -u + v + uv/f = 0 \quad \Rightarrow -\frac{1}{u} + \frac{1}{v} = \frac{1}{f} \tag{3.28}$$

그러므로 (3.5)를 다시 얻었다. 선형 배율은 $m=1-v/f=v/u$이고, $y_1=0$인 빛살에 대한 각배율은 $1+u/f=u/v=1/m$이다.

$B=0$이면 $AD=1$의 조건에서 결상조건에 대한 다른 식을 얻는다:

$$(1-v/f)(1+u/f)=1 \tag{3.29}$$

또는

$$(u+f)(v-f)=-f^2 \tag{3.30}$$

이것이 **뉴턴 결상 공식**(Neton's formula)이다. u가 음수임을 기억하자. 이 식은 아주 쓸모가 있다; 이것은 기준점이 렌즈의 정점이 아니라 초점이므로 렌즈의 두께에 상관없이 쓸 수 있다. (3.28)과 (3.30)은 독립적이 아니고 내용이 같다.

3.5.2 망원 또는 무초점계

> 거울로 된 망원 광학계(카세그레인, 그레고리안)를 쓰는 까닭은 색수차가 없기 때문인데, 적외선과 자외선은 유리가 잘 흡수하므로 거울을 쓴다.

$C=0$이면, θ_2는 y_1과 무관하므로, 나란한 빔이 광학계에 들어오면 빠져나갈 때도 나란한 빔인데, 방향이 바뀐다. 이러한 특성이 **망원**(telescopic) 또는 **무초점**(afocal)이다. 이 광학계는 먼 물체의 상을 먼 곳에 만든다. 망원 광학계의 두 가지 예는 간단한 천체 망원경(§3.3.2)과 갈릴레이 망원경(문제 3.4)이다.

3.6 기본점 및 기본면

공기 속에 있는 결상계를 생각하자. z_1과 z_2에 있는 정점 V_1과 V_2 사이의 특성을 나타내는 행렬이 $M_{21}=\begin{pmatrix} a & b \\ c & d \end{pmatrix}$라면, 물점에서 상점까지의 전체 행렬은 다음과 같다[그림 3.16(a)]:

$$\begin{pmatrix} A & B \\ C & D \end{pmatrix}=\begin{pmatrix} 1 & v \\ 0 & 1 \end{pmatrix}\begin{pmatrix} a & b \\ c & d \end{pmatrix}\begin{pmatrix} 1 & -u \\ 0 & 1 \end{pmatrix}=\begin{pmatrix} a+vc & b-au+v(d-cu) \\ c & d-cu \end{pmatrix} \tag{3.31}$$

여기에서 u와 v는 각각 V_1과 V_2에서 $+z$-쪽으로 잰 거리이다.

결상 조건 $B=0$은 다음과 같다:

$$b - au + v(d - cu) = 0 \tag{3.32}$$

$B=0$이면 $AD=1$이므로 다음 식을 얻는다:

$$(a + vc)(d - cu) = 1 \tag{3.33}$$

(3.33)은 얇은 렌즈에 대한 뉴턴 공식 (3.30)과 비슷하다. 이것을 실마리로 삼아 식을 간단히 만들 수 있다. (3.33)을 다음과 같이 고친다:

$$(fa - v)(fd + u) = f^2 \tag{3.34}$$

여기에서 얇은 렌즈에서 했듯이 $-1/c$를 초점거리[또는 **유효 초점거리**(effective focal length) f로 정의했다. **초점**(focal point) F_1과 F_2의 위치는 각각 $v=\infty$과 $u=-\infty$로 두면 $z_1 + d/c$와 $z_2 - a/c$로 나온다. 그 다음에는 (3.34)를 다음과 같은 꼴로 쓴다:

$$\{f - [v - (a-1)f]\}\{f + [u - (1-d)f]\} = f^2 \tag{3.35}$$

다음과 같이 정의하면

$$u_{\mathrm{p}} \equiv (d-1)/c \tag{3.36}$$

$$v_{\mathrm{p}} \equiv (1-a)/c \tag{3.37}$$

$$f = -1/c \tag{3.38}$$

(3.35)는 다음과 같이 쓸 수 있다:

$$[f - (v - v_{\mathrm{p}})][f + (u - u_{\mathrm{p}})] = f^2 \tag{3.39}$$

이것은 $z = z_1 + u_{\mathrm{p}}$와 $z = z_2 + v_{\mathrm{p}}$에 있는 두 **주요점**(principal point) H_1과 H_2를 기준으로 물거리와 상거리를 잴 때의 뉴턴 공식이다. (3.35)는 다음과 같이 쓸 수 있다 [(3.28)을 보라]:

$$-\frac{1}{u - u_{\mathrm{p}}} + \frac{1}{v - v_{\mathrm{p}}} = \frac{1}{f} \tag{3.40}$$

위의 식에서 선형배율은 $m = A = (u - u_p)/(v - v_p)$ 이고, 각배율은 $1/m$임을 보일 수 있다.

주요면(principal plane) $\mathcal{H}_1$과 $\mathcal{H}_2$는 H_1과 H_2를 지나고, z축과 직교하는 평면으로서, 많은 책에서는 배율이 1인 켤레 평면으로 정의한다. (3.31)에 $u = u_p$와 $v = v_p$를 넣으면 다음 식을 얻는다:

$$\begin{pmatrix} A & B \\ C & D \end{pmatrix} = \begin{pmatrix} 1 & 0 \\ C & 1 \end{pmatrix} \quad (3.41)$$

따라서 두 주요면이 참으로 짝을 이루며 ($B=0$), 선형 배율과 각배율이 모두 1이다 ($A=1$). 배율이 1이고 양수이면 상은 크기가 물체와 똑같고, 바로 선 모양임을 상기하자. $u - u_p = -2f$, $v - v_p = 2f$일 때 배율이 −1인 것과 헷갈리지 말아라.

> 기본점은 렌즈계의 근축 광학적 특성만 결정할 뿐, 수차 특성은 기술하지 못한다.

네 점 H_1, H_2, F_1, F_2는 광학계의 특성을 결정하는 여섯 개의 **기본점**(cardinal point) 가운데 네 개이다 [그림 3.16(b)]. 나머지 둘은 **절점**(nodal point) N_1과 N_2인데, §3.6.2에서 설명한다 (물공간과 상공간의 굴절률이 같으면 절점과 주요점이 같다). 주요점과 초점의 위치를 공기 속에 들어있는 광학계의 행렬 요소로 나타내면 아래와 같다:

- 주요점 : H_1: $z = (d-1)/c + z_1$, H_2: $z = (1-a)/c + z_2$
- 초점 : F_1: $z = d/c + z_1$, F_2: $z = -a/c + z_2$

분명히, $F_1H_1 = H_2F_2 = -1/c = f$로서 초점은 주요점에서 거리 f인 곳에 있다.

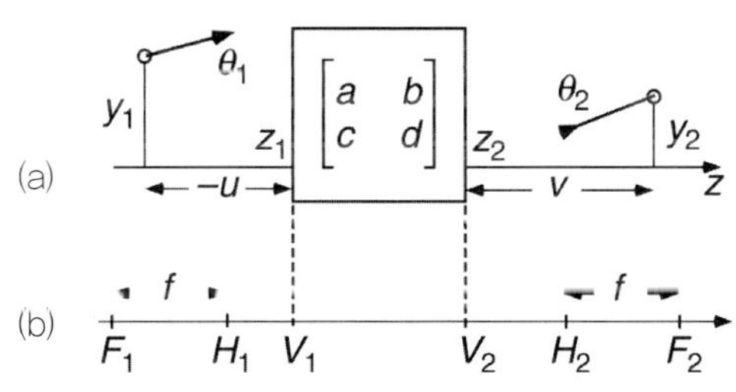

그림 3.16 (a) 정점 V_1과 V_2 사이에 있는 광학계를 나타내는 행렬. (b) 초점(F_1과 F_2) 및 주요점(H_1과 H_2)

3.6.1 초점 및 주요점의 기하학적 뜻

z-축과 나란한 빔이 렌즈계에 들어가면 $u = -\infty$ 이므로 $v - v_{\rm p} = f$ 이고 빔은 F_2에 모인다. 기울기각 α로 들어가는 빔은 F_2를 지나고 z-축과 직교하는 **초평면** $\mathcal{F}_2$ 위의 점 $y = \alpha f$ 에 모인다. 마찬가지로 F_1을 지나는 빔이 렌즈계를 지나면 광축과 나란히 나아간다. F_1을 지나고 z-축과 직교하는 평면 $\mathcal{F}_1$은 앞초평면이다. 이들은 얇은 렌즈와 비슷하다.

얇은 렌즈에서는 $\mathcal{H}_1$과 $\mathcal{H}_2$가 모두 렌즈면과 겹치지만, 일반 렌즈계에서는 다른 곳에 있고 (§3.6.4의 예를 보라), 일반적으로 겹치지 않는다. F_1은 $\mathcal{H}_1$의 왼쪽으로 거리 f인 곳이므로, **$\mathcal{H}_1$은 초점거리가 f인 얇은 렌즈가 있는 곳으로 볼 수 있다. 이 때 F_1에 있는 점광원에서 나오는 빛은 렌즈계를 지나면 광축과 나란히 나아간다**; 마찬가지로 $\mathcal{H}_2$**는 광축과 나란히 들어온 빔을 F_2에 모으려 할 때 그 얇은 렌즈를 두는 곳이다.**

공기 속의 렌즈계를 지나는 빛살을 추적할 때는 기본점을 다음과 같이 쓴다 [그림 3.17(a)].

1. F_1을 지나온 빛살은 렌즈계를 지나 광축과 나란히 나아가는데, 그 높이는 빛살이 $\mathcal{H}_1$에 올 때의 높이이다.
2. 광축과 나란히 들어온 빛살은 렌즈계를 지나 F_2를 지나는데, 마치 $\mathcal{H}_2$에서 꺾인 것과 같다.
3. $\mathcal{H}_1$과 $\mathcal{H}_2$가 짝을 이루므로, H_1에 들어온 빛살은 꼭 H_2를 지난다; 또한 공기 속에서는 광학계의 주요면에서의 각배율이 1이므로, 이 두 빛살은 나란하다. 따라서 광학계를 지나는 어떤 빛살을 추적하는 방법은 그 빛살이 $\mathcal{H}_1$과 만나는 점을 찾고, $\mathcal{H}_2$에서 똑같은 높이에서 계속 나아가게 하는데, 그 방향은 들어오는 빛살과 나란한 빛살로 F_1을 지나는 것을 보조빛살로 삼아 구한다.

그림 3.17(b)는 공기 속에 있는 완전한 광학계에 대해 빛살 추적을 하는 방법의 얼개를 보여준다. 광학계에 관한 자료가 있으면, 다음 순서를 따른다:

종이에 z-축을 그리고 기본점 F_1, F_2, H_1, H_2 및 V_1과 V_2의 자리를 표시한다.

종이를 접어 $\mathcal{H}_1$과 $\mathcal{H}_2$가 겹치고, z-축은 직선이 유지되게 한다 (이것은 $\mathcal{H}_1$과 $\mathcal{H}_2$의 중간선에

대해 한번 접은 다음, $\mathcal{H}_1$에 대해 한번 더 접으면 된다).

(겹친) 두 주요면이 얇은 렌즈인 것처럼 빛살을 추적한다 (§3.3).

종이를 펼친다. 종이에 그린 빛살은 $V_1 V_2$ 바깥의 경로를 나타낸다. $V_1 V_2$ 속의 경로를 알려면 더 많은 정보가 필요하다 (예를 들어 §3.6.4를 보라).

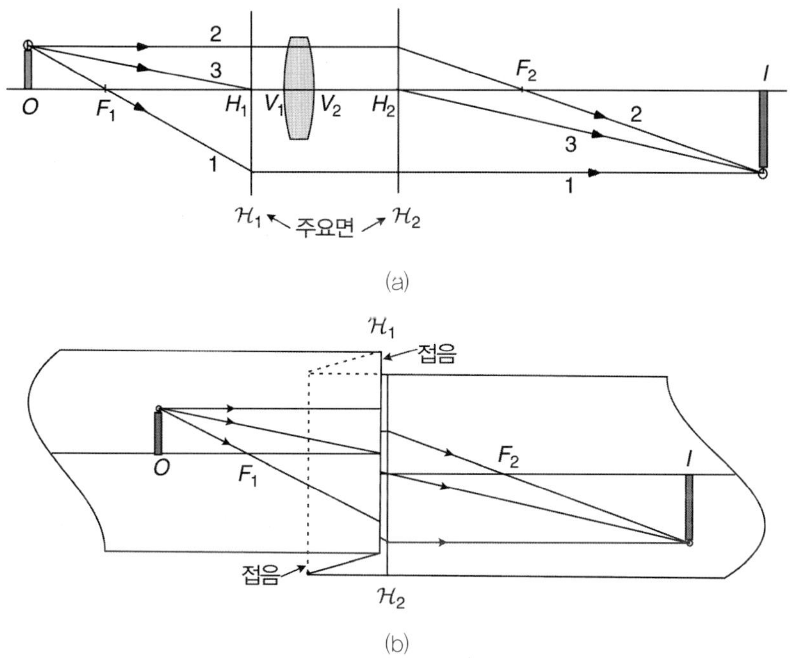

그림 3.17 (a) 공기 속의 일반 광학계에서 주요점과 초점을 쓴 빛살 추적. (b) 종이를 접어 빛살을 추적하는 방법.

3.6.2 매질 속에 잠긴 렌즈계: 절점

광학계의 물공간과 상공간은 대개 $n=1$이지만, 늘 그렇지는 않다. 예를 들어, 눈은 상공간에 유리체($n=1.336$)가 차 있다. 가장 일반적으로 물공간과 상공간의 굴절률을 각각 n_1과 n_2로 잡을 수 있고, 그러면 §3.4.2의 얇은 렌즈 행렬 (3.23)은 다음과 같다:

$$M_{21} = \begin{pmatrix} 1 & 0 \\ \dfrac{n-n_2}{R_2} + \dfrac{n_1-n}{R_1} & 1 \end{pmatrix} \tag{3.42}$$

여기에서 n은 렌즈 재료의 굴절률이다. 이것의 초점거리 f는 다음과 같다:

$$-\frac{1}{f} = \frac{n - n_2}{R_2} + \frac{n_1 - n}{R_1} \tag{3.43}$$

(3.27)의 행렬 요소에서 u를 u/n_1, v를 v/n_2로 바꾸면 (3.28)은 다음식이 된다:

$$-\frac{n_1}{u} + \frac{n_2}{v} = \frac{1}{f} \tag{3.44}$$

그러면 왼쪽과 오른쪽 초점거리는 각각 $n_1 f$와 $n_2 f$가 된다. 빛살 전달 행렬이 (3.31)인 광학계에서도 똑같이 바꾸면, 뉴턴 결상 공식 (3.30)에 해당하는 다음 결과가 된다:

$$\left(-\frac{an_2}{c} - v\right)\left(-\frac{dn_1}{c} + u\right) = \frac{n_1 n_2}{c^2} = n_1 n_2 f^2 \tag{3.45}$$

여기에서도 §3.6.1에서와 같이 광학계와 등가인 얇은 렌즈의 위치에 주요면 $\mathcal{H}_1$과 $\mathcal{H}_2$가 있다. 이제 $\mathcal{H}_1$은 $z = z_1 + n_1(d - 1)/c$ 에, $\mathcal{H}_2$는 $z = z_2 + n_2(1 - a)/c$ 에 있다. 앞서와 같이 주요면 $\mathcal{H}_1$과 $\mathcal{H}_2$는 선형배율이 1인 켤레이다. 그러나 주요면 사이의 각배율은 (3.26)에서 다음과 같이 1이 아니다:

$$Dn_1/n_2 = n_1/n_2 \tag{3.46}$$

§3.6.1에서 설명한 방식의 빛살 추적을 마무리하려면, 각배율이 1로 짝을 이루는 두 점인 **절점** N_1과 N_2의 위치 $z_1 + u_N$와 $z_2 + v_N$를 광축 위에서 찾아야 한다. 이것은 $D = 1/A = n_2/n_1$가 되어야 하므로, 다음과 같다:

$$A = \frac{n_1}{n_2} = a + \frac{v_N c}{n_2} \quad \Rightarrow \quad v_N = \frac{n_1 - n_2 a}{c} \tag{3.47}$$

$$D = \frac{n_2}{n_1} = d - \frac{u_N c}{n_1} \quad \Rightarrow \quad u_N = \frac{n_1 d - n_2}{c} \tag{3.48}$$

셈을 해보면 $H_1N_1 = H_2N_2 = (n_1 - n_2)/c$ 이다. $n_1 \neq n_2$ 일 때 §3.6.1에서 한 것처럼 종이를 접어 빛살을 추적하는 방법을 고안해보라. 이 상황에서는 종이접기를 두 가지로 해야 한다.

3.6.3 예: 초생달 렌즈

초생달 렌즈는 두 면의 곡률중심이 렌즈에 대해 같은 쪽에 있어서, 주요면이 굴절면과 겹치지 않는다. 굴절능이 크고, 두꺼운 안경 볼록렌즈를 써서 먼 밝은 점의 상을 만들어보면 렌즈 앞쪽과 뒤쪽의 상거리가 다른 것을 쉽게 알 수 있는데, 물공간과 상공간 모두 공기이므로, 이것은 주요면이 대칭이 아님을 뜻한다.

셈을 해 보면 초생달 렌즈에서는 주요면이 한쪽에 몰려 있음을 확인할 수 있다. 굴절률 $n=1.5$인 유리로 두 곡면의 곡률 반지름이 50 mm와 100 mm, 두께 7.5 mm인 볼록렌즈를 만들면, 빛살 전달 행렬은 다음과 같다:

$$\begin{pmatrix} a & b \\ c & d \end{pmatrix} - \begin{pmatrix} 1 & 0 \\ \frac{0.5}{100} & 1 \end{pmatrix} \begin{pmatrix} 1 & \frac{7.5}{1.5} \\ 0 & 1 \end{pmatrix} \begin{pmatrix} 1 & 0 \\ \frac{-0.5}{50} & 1 \end{pmatrix} = \begin{pmatrix} 0.95 & 5 \\ -0.00525 & 1.025 \end{pmatrix} \tag{3.49}$$

a, b, c, d의 값에서 주요면의 위치를 구하면, $z_1 - 5$ mm와 $z_2 - 10$ mm이고, 둘 다 렌즈의 왼쪽에 있으며, 간격은 2.5 mm이다 (그림 3.18). 이 거리는 충분히 멀어서 정성적으로 살펴보아도 알 수 있다.

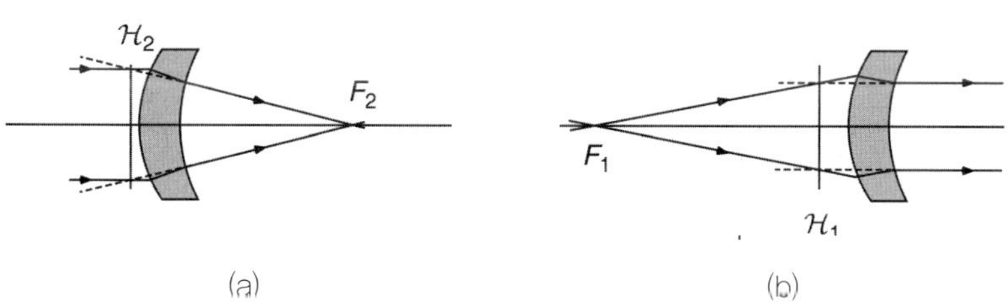

그림 3.18 볼록 초생달 렌즈.
(a) 왼쪽에서 나란한 빔이 들어올 때, 주요면 $\mathcal{H}_2$를 보여준다. (b) 오른쪽에서 나란한 빔이 나올 때, 주요면 $\mathcal{H}_1$을 보여준다.

3.6.4 예: 망원 및 줌 렌즈계, 카세그레인 망원경

기본면의 기능이 더 극적으로 드러나는 것은 망원 렌즈계로, 유효 초점 거리 $-1/c$가 앞 정점과 뒤 초평면 사이의 거리 V_1F_2 보다 훨씬 길다. 그래서 사진기에서 렌즈의 길이는 짧지만 초점거리는 길게 만들어 상의 배율을 크게 높일 때 널리 쓰인다. 초점거리를 바꿀 수 있는 렌즈를 **줌 렌즈**(zoom lens)라고 하는데, 부품 렌즈의 위치를 기계적으로 조절하여 초점거리를 바꾸되, 상평면은 감지기에 고정시킨다 (그림 3.1). 그림 3.19는 기본 망원계의 예이다. 렌즈를 곡면거울로 바꾼 망원계를 **카세그레인 망원경**(casegrain telescope)이라고 한다 (그림 3.20). 천체 망원경에서 구경이 약 20 cm를 넘는 것은 거의 모두 이 것이다. 이 망원경에서 주거울을 포물면, 부거울을 쌍곡면으로 하되, 쌍곡면의 두 초점을 하나는 포물면의 초점과 겹치게 하고, 다른 하나는 상면에 있게 하면 광축 위의 물체에 대해서는 수차가 없다.[5]

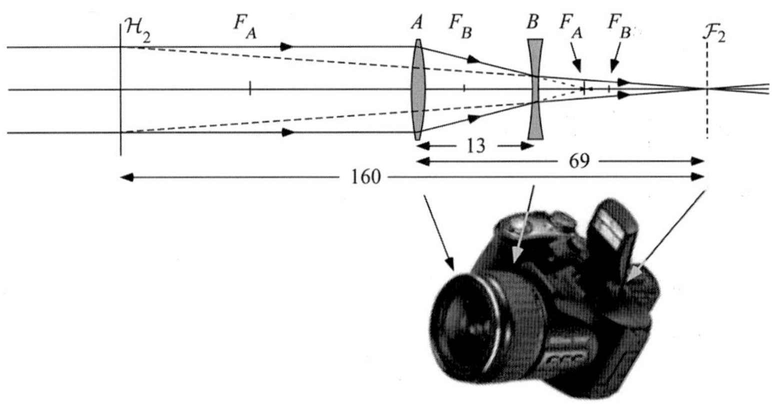

그림 3.19 초점거리 160 mm인 망원계. 렌즈 A와 B의 초점거리는 각각 20 mm와 −8 mm이고, 간격은 13 mm이다. 기본점 $\mathcal{H}_2$와 $\mathcal{F}_2$, 그리고 $u = -\infty$에 있는 축상 물점에 대한 빛살 추적을 보여준다. $\mathcal{H}_2$에 있는 얇은 등가렌즈를 두면 빛살은 $\mathcal{H}_2$와 B사이에서 점선을 따라갈 것이다. 길이는 아래의 사진기에 얼추 맞추었다.

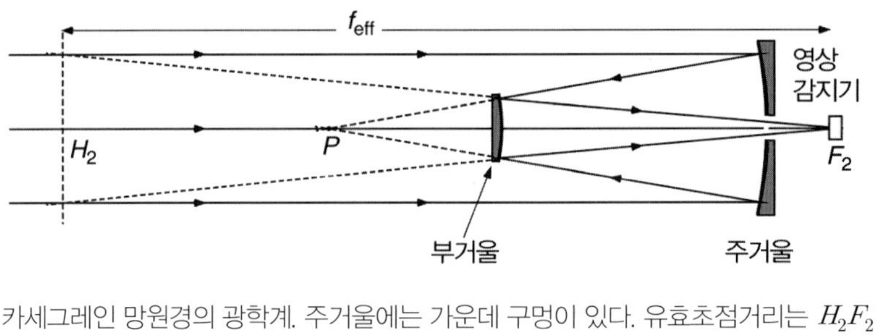

그림 3.20 카세그레인 망원경의 광학계. 주거울에는 가운데 구멍이 있다. 유효초점거리는 H_2F_2이다. H_2의 위치를 기하학적으로 찾으려면, 광축을 끊어야 한다. 주거울은 포물면으로 초점은 P에 있고, 부거울은 초점이 P와 F_2에 있는 두 쌍곡면 가운데 하나이다.

---

5) 두 거울 모두 쌍곡면인 리체이-크레티엥(Ritchey-Chretien) 망원경은 수차 없는 시야가 더 넓지만, 그것을 직관적으로 알 수는 없다. 허블 우주 망원경이 이것이다.

망원계는 얇은 렌즈 A와 B, 두 장으로 되어 있고, 굴절능이 작은 것은 볼록렌즈($f_A>0$), 큰 것은 오목렌즈($f_B<0$)이다. 두 렌즈의 간격 ℓ은 f_A+f_B 보다 크고, 두 렌즈 묶음은 약한 볼록렌즈 구실을 한다. H_1과 H_2의 위치를 셈해보면 둘 다 렌즈에 대해 같은 쪽에, 제법 멀리 있다. 이 광학계의 빛살 전달 행렬은 다음과 같다:

$$\begin{pmatrix} a & b \\ c & d \end{pmatrix} = \begin{pmatrix} 1 & 0 \\ -f_B^{-1} & 1 \end{pmatrix} \begin{pmatrix} 1 & \ell \\ 0 & 1 \end{pmatrix} \begin{pmatrix} 1 & 0 \\ -f_A^{-1} & 1 \end{pmatrix}$$

$$= \begin{pmatrix} 1-\ell f_A^{-1} & \ell \\ -f_A^{-1}-f_B^{-1}+\ell f_A^{-1} f_B^{-1} & 1-\ell f_B^{-1} \end{pmatrix} \tag{3.50}$$

이로부터 이 렌즈묶음의 유효 초점거리 $f_{유효}$는 다음과 같음을 알 수 있다:

$$\frac{1}{f_{유효}} = \frac{1}{f_A} + \frac{1}{f_B} - \frac{\ell}{f_A f_B} = \frac{f_A + f_B - \ell}{f_A f_B} \tag{3.51}$$

$\ell > f_A + f_B$ 인 조건을 넣으면 f_A와 f_B의 부호가 반대이면 유효 초점거리가 양수임을 알 수 있다. 그림 3.19는 $f_A=20$ mm, $f_B=-8$ mm, 렌즈 간격이 13 mm일 때의 주요면의 위치를 보여준다. 멀리 있는 물점의 상은 $\mathcal{F}_2$에 생기고, 광학계는 얇은 렌즈가 $\mathcal{H}_2$에 있는 것과 같고 그 렌즈의 초점거리는 $H_2F_2=160$ mm이지만, 실제 줌렌즈의 길이는 $V_1F_2=69$ mm로 훨씬 짧다.

실질적으로 같은 망원계로서 거리 $AB=12.1$ cm인 것은 부록 B에 설명한 프라운호퍼 회절무늬를 보여주는 회절실험 장치로 쓸 수 있다. 낱낱의 나란한 빔은 마스크에서 같은 차수로 회절된 빔에 해당한다. 망원계를 쓰면 거리 $V_2F_2=6.4$ m에 있는 화면에 회절무늬를 비출 수 있고, 그 크기는 $f_{유효}$가 결정하므로 같은 조건에서 단순한 렌즈를 쓸 때 보다 2.5배 더 크다.

3.6.5 공기 중 광학계의 기본점을 실험적으로 결정하는 방법

공기 중의 볼록렌즈 광학계의 기본점을 구하는 것은 두 초점 F_1과 F_2 그리고 유효 초점 거리 $f_{유효}$를 구하는 것이다. 그러면 주요면이 정의된다. 초점은 먼 광원에서 오는 빛을 렌즈로 모아 광축과 직교하는 평거울에 비춘다; 반사된 빛이 나란한 빔이 되어 광원쪽으로 되돌아가면, 거울은 초평면에 있는 셈이다. 같은 방법을 써서 하나 이상의 물체-상 켤레의 위치를 찾는다. 그 다음에는 뉴턴 공식 (3.30)을 써서 유효 초점 거리를 구하고, 주요면을 찾는다. 또는 파장을 아는 레이저를 쓸 수 있으면, 초평면에 격자 주기를 아는 회절격자의 프라운호퍼 회절무늬를 만들고, 그 간격을 재면 $f_{유효}$를 구할 수 있다.

오목렌즈 광학계의 주요면을 구하는 것은 더 어려운 문제인데, 여러분이 궁리해보라. 이것은 보조렌즈를 써야 한다. 복잡한 렌즈계의 특성을 결정할 때 보통 쓰는 **자체정렬기**(coutocollimator)는 실질적으로 광원을 광축의 $z=-\infty$에 투영시켜 광학계에서 되돌아온 빛이 광축과 나란한 빔이 되는 조건을 찾아낸다.

3.7 수차

가우스 어림법은 물론 실제의 렌즈와 거울에는 맞지 않다. 불행히도, 어림법 $\sin\hat{i} \cong \tan\hat{i} \cong \hat{i}$를 버리는 순간, 기하광학은 멋진 단순함을 잃고 아주 기술적이 된다. 그렇지만, 이러한 기술적인 면이 실제로 아주 중요하므로, 수차와 그것을 지우는 방법을 몇 가지 예를 들어 수박 겉핥기 식으로라도 살펴보겠다. 더 온전한 설명은 다음 책을 보라: Kingslake (1983), Welford (1986).

3.7.1 단색 수차

어떤 결상 기기도 큰 물체에 대해 완벽한 상을 만들지 못하며, 잘 해봐야 그 상황에서 가장 골치 아픈 수차를 최소로 줄일 수 있는데, 때로는 그 대신 다른 수차가 더 커진다. 단색수차는 기하광학을 써서 빛살로도 설명할 수 있지만, 여기에서는 훨씬 알기 쉽게 광학계에서 나오는 파면의 변형으로 설명한다.

지금 쓰는 수차의 분류 체계는 회절 결상 이론(12장)이 나오기 전인 약 1860년에 자이델(von Seidel)이 처음 도입했다. 이상적으로 완벽한 렌즈가 점광원의 상을 만든다면, 정확한 구면파를 만들어 상평면의 한 점에 모이게 할 것이다. 상평면에서 상점의 위치는 물평면에 자이델 수차는 파면오차를 제르니케 다항식으로 펼친 것에 해당하는데, 여기에서는 설명하지 않는다.

서 물점의 위치에 배율 M을 곱한 곳이 된다. 몇몇 수차 — **구면수차**(spherical aberration), **코마**(coma), **비점수차**(astigmatism) — 는 상점이 번지는 것을 나타낸다. 다른 것은 상점이 최적 위치에서 벗어난 것을 나타낸다; **상면만곡**(curvature of field)은 상평면의 앞뒤로 얼마나 벗어나 있는가, **왜곡**(distortion)은 상평면에서 배율이 고르지 않아, 얼마나 벗어났는가를 말해준다. 이 모든 수차는 물점 (x, y, z)의 함수이고 렌즈 매개변수에 따라 달라진다. 일반적으로, 모든 수차의 크기는 렌즈계의 구경이 클수록 더 커진다.

파동이론의 관점에서 보면, 광학계에서 나오는 파면은 가우스 광학이 정의한 '상점'에 모이는 구면파와 딱 맞지 않다. 출사동에서 나오는 실제의 파면이 이상적인 구면에서 벗어난 정도 Δ가 파면 수차이다. 자이델 분류법을 쓰면 이 함수는 반지름 및 방위각의 다항식이 되는데, 낱낱의 항이 앞에 나온 수차에 해당한다 (그리고 아직 나오지 않은 고차 항도 물론 있다). 렌즈 구멍의 테두리에서 파면 수차가 $\lambda/2$ 보다 작은 것은 무시할 수 있고, 결상에 심각한 영향을 주지 않는다. 심각한 수차가 없는 광학계를 **회절한계**(diffraction limited)라고 하는데, 그 까닭은 광학계의 유한한 구경 때문에 빛이 회절되어 상점이 퍼져 이상적인 점이 되지 않기 때문이다 (§12.2).

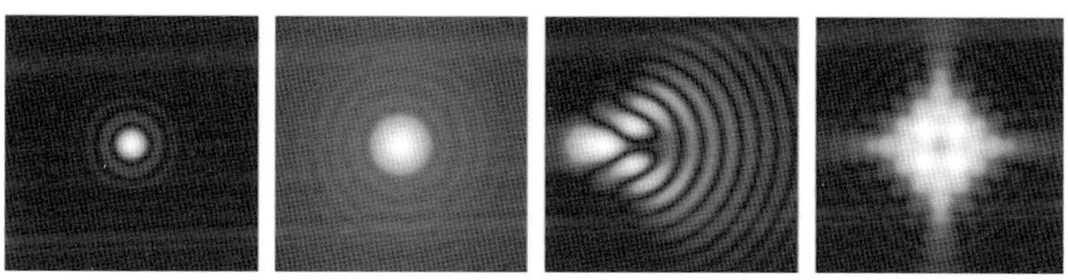

(a) (b) (c) (d)

그림 3.21 근축 초평면에 생기는 점광원의 상의 밝기분포:
(a) 회절-한계, (b) 구면수차가 있을 때, (c) 코마가 있을 때, (d) 왜곡이 있을 때.

축대칭 렌즈에서 출사동의 좌표를 (ρ, θ)로 나타내면, 다음과 같다.

1. **축상 초점 벗어남**(Axial defocus)은 파면 오차가 다음과 같다: $\Delta(\rho, \theta) = A\rho^2$.
2. 물체가 광축 위에 있으면, 근축 상평면에서의 **구면수차**는 파면 오차가 다음과 같다: $\Delta(\rho, \theta) = B\rho^4$.
3. 상이 광축에서 벗어나 수직 거리 x인 곳에 생기면, x의 함수인 수차가 더 생긴다: **코마** $\Delta(\rho, \theta) = Cx\,\rho^3\cos\theta$, **비점수차** $\Delta(\rho, \theta) = Ex^2\rho^2\cos 2\theta$.

파면 수차 Δ에 각파수 $k_0=2\pi/\lambda$를 곱한 위상 수차 $k_0\Delta$를 써서 이론을 더 발전시켜 (8장), **위상 물체** $f(\rho, \theta)=\exp\left[-\mathrm{i}k_0\Delta(\rho, \theta)\right]$의 프라운호퍼 회절무늬(§8.2)로 왜곡된 상점을 셈할 수도 있다. 그림 3.21 (b), (c), (d)는 멀리 있는 점광원의 상에 위의 수차가 있는 것을 (a)의 회절한계 상과 비교했다.

상자 3.4 그린(Gradient index: GRIN) 렌즈

오늘날 광섬유 기기에 쓰는 작은 렌즈는 면이 평평하고 굴절률이 반지름의 함수 $n(r)$인 물질을 써서 만드는데, 이들을 **점진굴절률**(gradient index) 또는 **그린**(GRIN) 렌즈라고 한다. 재래식 구면렌즈에서는 n은 상수이고 두께 d가 r의 제곱에 비례한다. 그린 렌즈에서는 d가 일정한 값 d_0이고, 광학 두께 $n(r)d_0$이 포물선꼴이 되도록 $n(r)$을 맞춘다. 물질의 매개변수와 초점거리의 관계를 가장 쉽게 알려면 §2.6.3의 페르마 원리를 쓰면 된다. 부호 규약에 따라 그림 3.22의 실물체 O가 있는 곳의 거리는 $-u$(원점의 왼쪽)이므로, 상 I까지의 광로 $\overline{OI}$는 다음과 같다:

$$\begin{aligned}\overline{OI} &= \sqrt{u^2+r^2}+\sqrt{v^2+r^2}+d_0n(r)\\ &\approx -u-\frac{r^2}{2u}+v+\frac{r^2}{2v}+d_0n(r)\end{aligned} \tag{3.52}$$

결상을 하려면 이 값이 r에 관계 없이 같아야 한다:

$$\frac{r^2}{2}\left(\frac{1}{v}-\frac{1}{u}\right)+d_0n(r) = \frac{r^2}{2f}+d_0n(r) = \text{상수} \tag{3.53}$$

그러므로 (3.53)이 r과 무관하게 맞으려면 굴절률 분포 $n(r)$은 r의 2차함수가 되어야 하므로 다음과 같은 꼴이 된다:

$$n(r) = n_0-\frac{r^2}{2fd_0} \tag{3.54}$$

이 굴절률 분포는 원통모재에 밀도가 다른 유리를 차례대로 중착시킨 다음, 오랫동안 풀림을 하여 여러 층의 성분을 확산시켜 굴절률 분포를 매끄럽게 만든다. 그 다음에는 이것을 당겨 지름을 맞추고, 얇게 잘라낸 뒤 단면을 갈아내어 평평하고 매끄러운 원판으로 만든다.

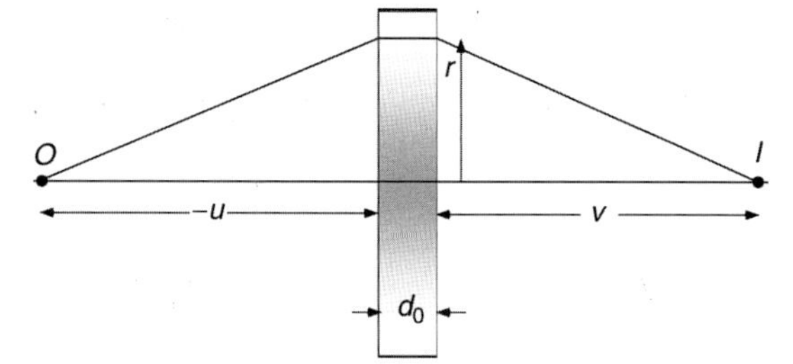

그림 3.22 그린 렌즈의 굴절률 분포 $n(r)$은 페르마 원리를 써서 구할 수 있다.

3.7.2 색수차와 지우기

단순한 렌즈계는 단색 수차에 더하여 기본점이 굴절률에 따라 달라지고, 굴절률은 λ의 함수이다. 투명 매질의 굴절률 $n(\lambda)$은 늘 λ에 대한 감소함수이지만, 그 변화는 물질마다 다르다 (§13.4). 물론 거울계는 그러한 결합이 없다.

세 가지 유리로 무색 세겹렌즈를 만들면 겹렌즈 보다 색지움을 더 잘 할 수 있다.

단순한 얇은 렌즈의 굴절능은 (3.6)과 같다: $f^{-1} = (n-1)\left(R_1^{-1} - R_2^{-1}\right)$. 다른 유리로 만든 렌즈를 두 장 이상 묶고, 렌즈마다 곡률 반지름 R을 잘 잡으면 두 파장 이상의 빛에 대해 초점거리를 같게 맞출 수 있다. 가장 흔한 것은 렌즈 두 장(곡률 반지름이 R_1, R_2 및 S_1, S_2)을 묶은 **무색 겹렌즈**(achromatic doublet)이다 (그림 3.23).

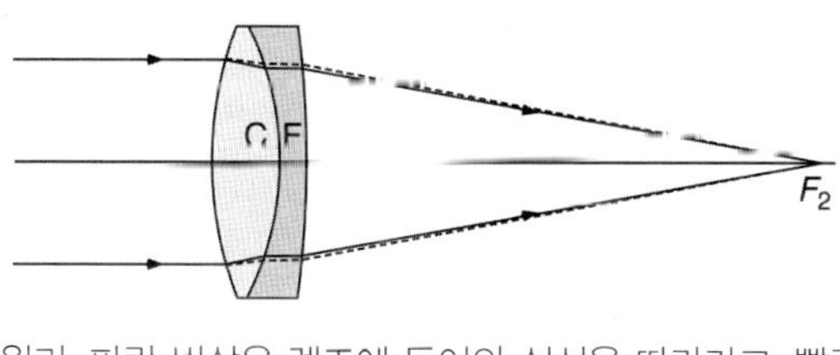

그림 3.23 무색 겹렌즈의 원리. 파란 빛살은 렌즈에 들어와 실선을 따라가고, 빨간 빛살은 점선을 따라간다.

유리의 굴절률 변화 $n(\lambda)$를 명시하는 분산능(dispersive power)은 가시광학계에서는 **아베 수**(Abbe number)로 정의된다:

$$V = \frac{n_y - 1}{n_b - n_r} \tag{3.55}$$

여기에서 n_b, n_y, n_r 은 각각 파란빛, 노란 빛, 빨간 빛에 대한 굴절률이다 (보통 $\lambda = 486.1$ nm, 587.6 nm, 656.3 nm를 잡는다; 다른 파장대역에 대해서는 다른 파장을 잡는다). 여러 가지 유리의 굴절률과 아베수는 유리표에 정리되어 있다. 파란빛과 빨간 빛에 대한 초점거리가 같으려면 다음 조건이 맞아야 함을 쉽게 보일 수 있다:[6]

$$(n_{bF} - n_{rF})(R_1^{-1} - R_2^{-1}) + (n_{bC} - n_{rC})(S_1^{-1} - S_2^{-1}) = 0 \tag{3.56}$$

여기에서 두 가지 유리를 둘째 아랫글자 F와 C로 나타냈다. 노란 빛에 대한 두 렌즈의 초점거리 f_F 와 f_C 를 쓰면 이 식은 다음과 같다:

$$V_F f_F + V_C f_C = 0 \tag{3.57}$$

그리고 렌즈 묶음의 굴절능은 다음과 같다:

$$f^{-1} = f_F^{-1} + f_C^{-1} \tag{3.58}$$

겹붙이는 맞닿은 두 곡면이 똑같아서 $R_2 = S_1$ 이므로 (3.57)과 (3.58)은 세 개의 곡률 반지름을 결정하고, 따라서 자유도 하나가 남는다. 이것을 써서 다른 수차를 지울 수 있음을 §3.7.3에서 볼 것이다. 붙이지 않은 겹렌즈에서는 $R_2 \neq S_1$ 이므로 자유도가 두 개 남는다.

3.7.3 구면수차 지우기

그림 3.2의 빛살 그림은 구면수차를 보여준다. (a)와 (b)를 비교하면 렌즈를 구부리면, 곧 R_1^{-1}과 R_2^{-1} 각각에 상수를 더해주면 결함을 지울 수 있음을 시사한다; 그렇게 해도 두 값의 차이는 바뀌지 않으므로 초점거리도 바뀌지 않는다. 그렇지만, 물체가 아주 멀리 있으면, 구부림만으로는 홑 렌즈의 구면수차를 완전히 지울 수 없다. §3.8에서 배울 아플라낫 광학계(이것은 특별한 모양의 초생달 렌즈이다)와 같이 물체가 초점거리 보다 가까이 있을 때는 구면수차를 지울 수 있다. 물체가 아주 멀리 있으면, 예를 들어 $n = 1.6$이면, 구면수차를 최소로 줄이는 방법은 $R_2/R_1 = -12$로 맞추는 것이다. 그 결과는 평–볼록 렌즈에 가까운데, 평평

---

6) 글자 F와 C는 색수차를 지우는데 가장 많이 쓰는 플린트와 크라운 유리를 나타내지만, 다른 유리도 물론 쓸 수 있다.

한 쪽이 상을 보게 한다 [그림 3.2(b)와는 다르다!]. 그러면 굴절이 두 면에서 다소 고르게 일어나며, 이것은 아플라낫 조건이 맞지 않을 때 쓰는 좋은 **실용 규칙**이다.

색지움 겹렌즈에서 남은 자유도(§3.7.2)를 써서 구면수차를 지울 수 있다. 그 때는, 물체가 아주 멀리 있을 때도 렌즈를 구부려 수차를 잘 지울 수 있고, 대부분의 굴절 망원경의 대물렌즈는 이렇게 만든다. 실험실에서 단색 빛에도 색지움 겹붙이를 흔히 쓰는 까닭은 구면수차가 지워졌기 때문이다.

상자 3.5 햇빛 모으개(Solar concentrators)

비결상 광학은 기하광학의 한 분야로서 주된 문제가 결상의 품질이 아니라 빛에너지의 효율적 전송이다. 이 분야의 주요 쓰임새는 햇빛을 모으는 것인데, 중요한 까닭이 두 가지다: 첫째, 이론적으로는 대기가 끼어들지 않는다면 온도를 해의 표면 온도까지 높일 수 있다. 둘째, 햇빛을 더 작은 태양전지에 모아주면 전력을 더 효율적으로 만들 수 있다.

그렇지만, 햇빛을 모으는 가장 좋은 방법이 해의 상을 잘 만드는 것인가는 확실하지 않다. 중요한 것은 모으개에 들어가는 낱낱의 빛살이 모두 검지기 표면으로 확실히 들어가야 하며, 그 표면의 넓이는 이론이 허용하는 최소값이 되어야 한다는 것이다. 최소면적이 있다는 사실은 열역학 제 2 법칙에서 나온다. 모은 빛이 모두 이 작은 면에 들어가면, 광원과 같은 온도에서 방사 평형을 이루어야 한다; 넓이가 최소값 보다 더 작으면, 광원보다 더 뜨거워지므로 영구기관을 만들 수 있을 것이다.

광학적으로는, 이 최소면적은 아베 싸인 규칙(§3.7.4)에서 나온다. 모은 에너지를 잃지 않으려면 다음 조건을 지켜야 한다:

해의 상의 테두리가 검지기 또는 태양전지의 테두리와 완벽하게 겹치게 한다. 해에서 나와 광학계의 구멍 스톱을 지난 빛살은 반드시 검지기의 어느 곳으로 들어간다.

해의 각반지름이 $\alpha_s(=r_s/D_s=0.25^\circ)$, 모으개의 구경 반지름이 r_c, 검지기의 반지름이 r_d이라 하자. 완벽한 결상에 필요한 아베 싸인 규칙은 다음과 같다: $r_d\sin\theta_d=r_s\sin\theta_s$. 여기에서 θ_s는 광축에 대한 빛살의 각도이다 [그림 3.24(a)]. 각도 θ_s가 가장 큰 값 r_c/D_s인 빛살은 θ_d이 가장 큰 빛살에 대응되고, 그것의 싸인값은 1을 넘을 수 없다. 그러므로, 이 빛살에 대해서는 다음 식이 성립한다:

$$r_d\sin\theta_d = r_d = r_s\sin\theta_s = r_s r_c/D_s = r_c\alpha_s \tag{3.61}$$

따라서 선형 집광비의 최대값은 다음과 같다: $r_c/r_d=1/\alpha_s=230$. 장치가 광축에 대해 축대칭이고 구경과 검지기가 모두 둥글면, 일률의 집중비는 $\alpha_s^{-2}=230^2=53\,000$이다. 문제는 이 값을 실제의 광학계에서 얻는 것인데, 그러려면 조건 2도 맞추어야 한다.

이 조건을 거의 이상적으로 맞추는 멋진 방법은, **복합 포물면 집광기**(compound parabolic concentrator: CPC)로서, 이것을 설계할 때는 해의 테두리의 상을 수차가 없이 검지기에 만들되, 광축 근처의 상의 품질은 무시한다. 이것은 포물면 거울이 광축에 나란히 들어오는 빛살을 모두 모아 수차없이 초점에 모으는 것을 이용한다 [그림 3.24(b)]; (c)는 광축에 대해 축대칭이고, 단면의 윤곽선이 포물선의 일부로, 축이 광축에 대해 각도 α만큼 기울어진 오목거울이 해의 테두리의 상을 검지기의 테두리에 만드는 것을 보여준다. 그림에서 주요 단면에 있는 햇살은 모두 거울에서 몇 차례 (보통 0번 또는 1번) 반사된 뒤에 검지기에 들어감을 쉽게 확인할 수 있다. 3차원에서도 (d) 검지기를 벗어나는 햇살은 각도의 한계에 가까운 비낌 빛살뿐이다. 요점은 검지기에 들어오는 빛살의 입사각 θ_d는 최대 $\pi/2$까지로서, 집광비는 이론적 한계에 가깝다.

같은 목표를 이루는 방법으로 덜 이상적이지만, 만들기는 더 쉬운 것은 단면의 모양을 특별히 만든 프레넬 렌즈와 원뿔 거울이다. 원뿔 거울의 집광비는 이론적 최대값의 1/4임을 쉽게 보일 수 있다. 네모꼴 검지기에 햇빛을 거의 이상적으로 모아줄 수 있는 거울도 있을까?

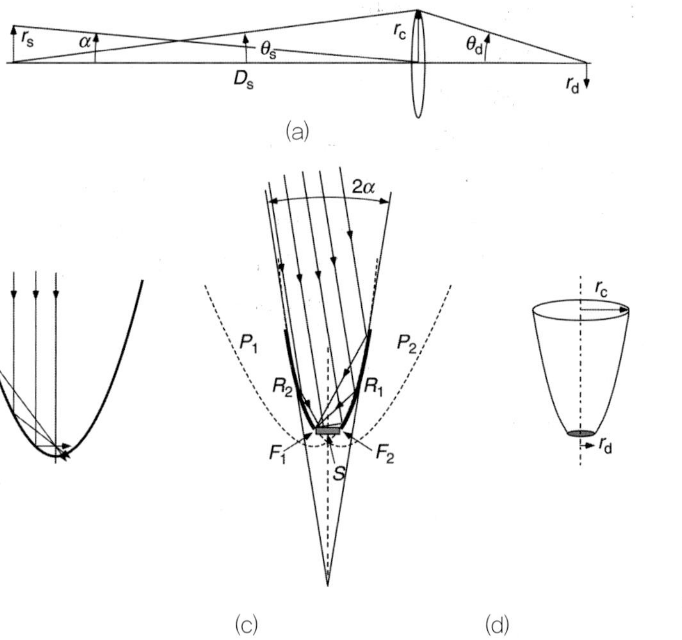

그림 3.24 비결상 거울 광학계의 예: 복합 포물면 집광기(CPC)는 햇빛을 모아 태양전지에 비추고자 설계한 것이다. 원리는 햇살이 거울에서 반사된 뒤, 전지 면으로 들어가게 하는데, 해의 상을 만들지는 않는다. 한계 빛살이 전지에 들어가는 각도는 90° 이므로 전지는 모든 각도로 빛살을 받아 이상적인 효율을 낸다. (a) 결상 빛살에 대한 아베 싸인 규칙, (b) 포물거울이 나란한 빔을 모아 이상적인 상을 만든다. (c) CPC는 해의 테두리의 상을 검지기에 테두리에 만들고, 광축에 가까운 빛살은 검지기의 중심 근처로 들어온다. (d) 3차원 CPC의 얼개 그림.

3.7.4 코마 및 다른 수차

§12.1.2에서 회절이론을 써서 증명할 **아베 싸인 규칙**(Abbe sine rule)에 따르면[7] 어떤 빛살이 물점에서 각도 θ_1으로 나가 상점에 각도 θ_2로 들어갈 때 다음 조건에 맞으면 구면수차와 코마가 없다:

$$\frac{\sin\theta_1}{\sin\theta_2} = \text{상수} \tag{3.60}$$

이 상수는 물론 각배율이며, 그것은 θ를 아주 작게하면 근축 어림식을 써서 알 수 있다. 아플라낫 광학계(§3.8)는 이 조건에 맞지만, 얇은 렌즈에서는 각도의 탄젠트 값의 비가 일정하므로 이 조건에 맞지 않다.

그렇지만 중심 평면에 대해 대칭인 렌즈계에서는 왜곡이 가장 작다. 배율이 -1이면, 빛살의 역진성을 써서 그것을 알 수 있지만 (문제 3.15), 다른 배율에서도 거의 참이다. 이제 예를 들어 왜곡을 지우고(대칭 광학계를 시사한다), 아울러 구면수차 및 코마도 함께 지우는 것을 생각하면 (비대칭적으로 구부린 렌즈를 써야 한다) 렌즈 설계자가 마주치는 문제가 명확해진다: 렌즈를 여러 장 써야 한다.

3.8 고급 주제: 아플라낫 대물렌즈

아플라낫 구면 렌즈에서는 빛살의 기울기가 커도 구면수차가 없다. 이것은 스넬 법칙을 쓰는 특별한 사례로, 근본적 중요성은 없지만 광학설계에서 많이 쓰며, 특히 분해능이 이론적 최대값에 이르는 현미경 대물렌즈를 설계할 때 쓴다.

반지름 R인 유리공을 생각하자 (그림 3.25). 물체는 중심 C에서 거리 R/n인 A에 있다. 이 때 상은 C에서 거리 Rn인 A'에 생기며, 이 관계는 모든 각도에 대해 맞음을 보이겠다.

7) 기하광학으로도 증명할 수 있지만, 한 가지 증명으로 충분하다.

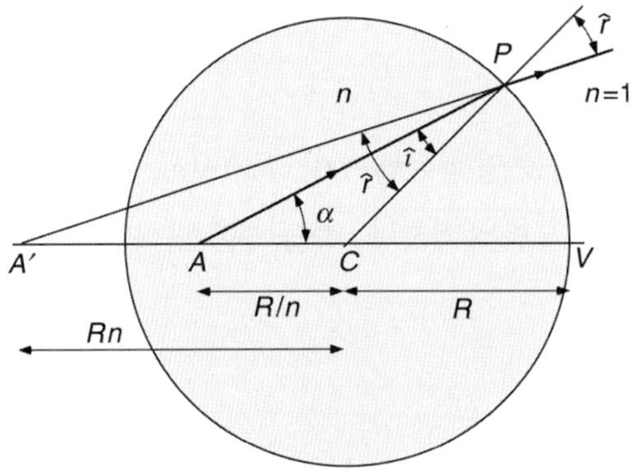

그림 3.25 반지름 R, 굴절률 $n=1.5$인 공의 아플라낫 점. 삼각형 ACP와 PCA'는 닮았다.

삼각형 ACP에 싸인법칙을 쓰면, 다음 식을 확인할 수 있다: $\sin\hat{\imath}/\sin\alpha = 1/n$. 스넬 법칙에 따라 $\sin\hat{\imath}/\sin\hat{r} = 1/n$이므로 $\hat{r}=\alpha$이다. 그러므로 삼각형 ACP와 PCA'는 닮았고, 따라서 다음 식이 맞다:

$$A'C/R = R/(R/n) = n\ ; \qquad A'C = nR \tag{3.61}$$

그러므로 반지름 R인 공의 중심에서 거리 R/n인 곳에서 퍼져나가는 빛살은 공에서 굴절된 뒤 중심에서 거리 Rn인 곳에서 퍼져온 것처럼 보인다. 이 식을 얻을 때 어림법을 쓰지 않았으므로, 이 결과는 모든 각도에 대해 맞다. 예를 들어, $n=1.50$이면 반각 64° (sin 64°= 0.90)인 빔은 반각 37° (sin 37°=0.60)인 빔으로 나타난다.

아플라낫 공은 모든 각도의 빛살을 완벽하게 모아 결상하므로, 그 광학적 특성은 행렬 광학을 써서 다룰 수 있다. 굴절면 하나로 된 광학계를 나타내는 행렬은 다음과 같다 (표면의 반지름이 $-R$임을 눈여겨 보라!):

$$\begin{pmatrix} 1 & 0 \\ \dfrac{1-n}{R} & 1 \end{pmatrix} \tag{3.62}$$

주요면은 정점을 지난다. 초점거리는 $f_1 = Rn/(n-1)$과 $f_2 = R/(n-1)$이다. V에 대한 물거리는 $u=-(R+R/n)$이므로 상거리는 (3.44)에서 $v=-(R+Rn)$이다. 생겨난 허상은 물체의 n^2 배이다.

언뜻 보기에 물체가 공 속에 잠겨 있으므로 아플라낫 특성은 쓸모가 없는 것처럼 보이겠지만,[8] 실제로는 두 가지에서 많이 쓰인다.

첫째, 공을 내부의 아플라낫 점을 지나는 면으로 자를 수 있다. 시료를 그 점 근처에 두고 굴절률이 유리와 같은 [굴절률 맞춤(index-matching)] 액체를 채운다. 그러면 빛의 파장이 공기 속 보다 매질 속에서 더 짧아지므로, 분해능이 더 좋아진다 (§12.2.5). 이것이 **유침 (Oil-immersion)** 렌즈로 분해능이 가장 좋은 현미경은 거의 모두가 이것을 쓴다.

둘째, 물체를 렌즈의 첫째 오목면의 곡률 중심에 두고, 그 점을 아플라낫 점이 되도록 둘째 면을 만든다. 그러면 모든 굴절은 둘째 면에서 일어나고 상은 바깥 아플라낫 점에 생긴다 [그림 3.26(b)]. 이러한 렌즈의 배율은 n임을 쉽게 보일 수 있다. 이 때 구면수차는 렌즈를 구부려 지운다 (§3.7.3).

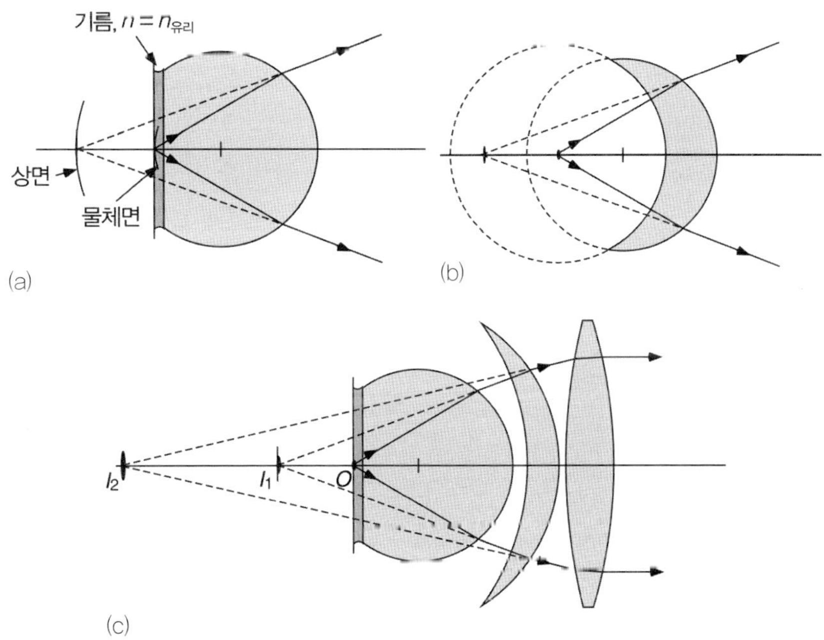

그림 3.26 아플라낫 점의 쓰임새: (a) 기름에 잠긴 점의 결상; (b) 바깥에 있는 점의 결상; (c) 앞의 두 가지 쓰임새를 모두 쓰는 현미경 대물렌즈. O는 물체, I_1과 I_2는 상이다.

그림 3.26(c)의 완전한 현미경 대물렌즈는 위에서 든 아플라낫 원리의 두 가지 쓰임새를 차례대로 모두 쓴 것이다. 물점에서 나와 렌즈에 들어가는 빔의 반각은 64°인데, 나올 때는

8) 둥근 어항에 든 작은 금붕어의 확대된 허상은 완벽한 상이다.

24°이다. 그 허상을 다시 굴절능이 작은 볼록렌즈로 아주 먼 곳으로 보낸다.

아플라낫 공에 코마가 없는 것은 공의 중심에서 거리 R/n인 모든 점은 아플라낫 점이라는 사실에서 알 수 있다. 따라서 아플라낫 곡면의 곡률을 무시하면, 그 물평면의 상평면은 구면수차와 코마가 없음을 알 수 있다. 아플라낫 광학계에 생기는 상면만곡을 지우는 일은 더 복잡하다.

3.9 고급 주제: 광학 공진기

기체 레이저 공진기는 대개 오목 거울 두 장을 서로 마주 보게 꾸며, 빛을 두 거울 사이에 '가둔다'. 기본 착상은 광축에 대한 기울기각이 작은 빛살은 두 거울에서 반사될 때 기울기가 점점 더 커지지 않아 레이저 매질의 유한한 부피 속에 머문다는 것이다 [그림 3.27(a)]. 이 공진기는 평거울 두 장을 나란히 둔 패브리-피로 간섭계를 조금 바꾼 것 이다. 패브리-피로 간섭계는 §9.5.1에서 물리 광학적으로 자세히 설명한다.

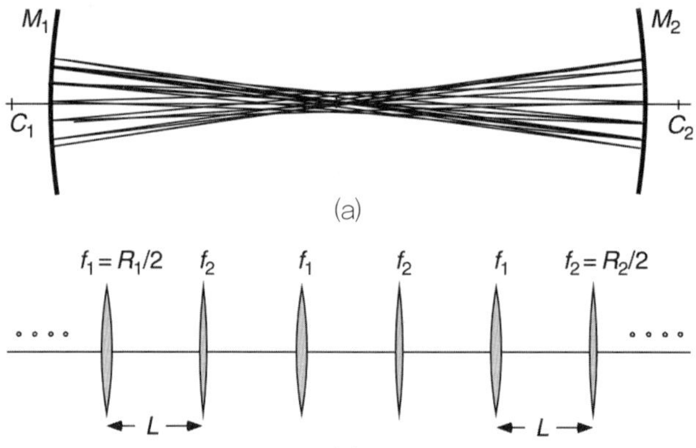

그림 3.27 (a) 안정된 구면 패브리-페로 공진기 속의 빛살 추적; (b) 공진기와 등가인 주기적인 얇은 렌즈 광학계가 한없이 벌려진 모습.

이 장에서는 구면거울에 관한 설명을 일부러 피했지만, 패브리-피로 광학 공진기는 레이저(§14.6.1)에서 중요하므로 여기에서 설명한다. 이 공진기는 등가인 렌즈 광학계로 바꾸어

행렬을 써서 살펴볼 수 있다 (사실, 대부분의 거울 광학계는 이렇게 살펴보는 것이 가장 좋다). 곡률 반지름이 R인 구면거울의 초점거리는 $f = R/2$이다.[9] 따라서 곡률 반지름이 R_1과 R_2인 구면거울 두 장을 간격 L로 둔 공진기 (R이 양수이면 오목 면이 서로 마주보고 있음을 뜻한다) 속을 오가는 빛살은, 그림 3.27(b)와 같이 초점거리가 $R_1/2$과 $R_2/2$인 렌즈 쌍이 거듭 배열된 광학계를 지나는 것과 같다. 이것은 주기적 광학계로서 한 주기를 나타내는 행렬 $\mathrm{M_P}$는 다음과 같다:

$$\mathrm{M_P} = \begin{pmatrix} 1 & L \\ 0 & 1 \end{pmatrix} \begin{pmatrix} 1 & 0 \\ -\dfrac{2}{R_2} & 1 \end{pmatrix} \begin{pmatrix} 1 & L \\ 0 & 1 \end{pmatrix} \begin{pmatrix} 1 & 0 \\ -\dfrac{2}{R_1} & 1 \end{pmatrix}$$
$$= \begin{pmatrix} 1 - \dfrac{2L}{R_2} - \dfrac{4L}{R_1} + \dfrac{4L^2}{R_1 R_2} & 2L - \dfrac{2L^2}{R_2} \\ -2\left(\dfrac{1}{R_1} - \dfrac{1}{R_2}\right) + \dfrac{4L}{R_1 R_2} & 1 - \dfrac{2L}{R_2} \end{pmatrix} \tag{3.63}$$

빛이 거울 광학계에서 반사되어 N번 오가는 것은 이 광학계의 N주기를 지나는 것과 같고, 이에 대한 행렬은 $\mathrm{M_P^N}$이다.

수렴 특성을 확인하는 가장 쉬운 방법은 행렬을 대각화하는 것이다. 이것은 본질적으로 벡터 (h, θ)를 돌려 새 벡터 $(ah + b\theta, -bh + a\theta)$ 로 만드는 것인데, $a^2 + b^2 = 1$이다. 이 새 벡터에 대해서는 행렬이 대각행렬이 되어야 한다. 행렬을 대각행렬로 바꾸는 기법에 관해서는 어느 선형대수 교재에나 설명하고 있고, 그 내용은 다음 영년 방정식을 풀어 두 해 λ_1과 λ_2를 구하는 것이다:

$$\det\{\mathrm{M_P} - \lambda \mathrm{I}\} = 0 \tag{3.64}$$

대각행렬은 다음과 같은 꼴이다: $\mathrm{M_D} = \begin{pmatrix} \lambda_1 & 0 \\ 0 & \lambda_2 \end{pmatrix}$. $\det\{\mathrm{M_P}\} = 1$이므로 (3.64)는 다음과 같다:

$$\lambda^2 - \left[4\left(1 - \frac{L}{R_1}\right)\left(1 - \frac{L}{R_2}\right) - 2\right]\lambda + 1 = 0 \tag{3.65}$$

---

9) 이로부터, 예를 들어, $u = -R = -2f$에 있는 물체의 상은 $v = 2f = R$에 생긴다는 결론이 나온다. 빛이 반사되면 반대쪽으로 가는 것을 고려하면, 물체와 상이 겹치며, 선형배율은 $v/u = -1$이다.

이 2차 방정식을 풀면 λ_1과 λ_2를 얻는다. 해를 구하기에 앞서, 일반적 성질을 살펴보자. M_D의 판별식은 1이므로 $\lambda_1\lambda_2=1$이다. 2차 방정식 (3.68)의 해는 두 무리로 나눌 수 있다:

1. 실수해, λ_1과 λ_1^{-1}: 이 때는 빛살이 점점 더 퍼져서 공진기를 벗어난다. 값이 더 큰 것을 λ_1으로 잡고, $\lambda_1=\lambda_2=1$인 것을 뺀다.
2. 복소수해, $\lambda_1=e^{i\alpha}$와 $\lambda_2=e^{-i\alpha}$ 및 $\alpha=0$일 때의 해 ($\lambda_1=\lambda_2=1$): 이 때는 빛살 퍼짐이 제한된다.

(1)을 살펴보자. 그 때는 행렬 M_D^N은 다음과 같은 꼴이 된다:

$$M_D^N = \begin{pmatrix} \lambda_1^N & 0 \\ 0 & \lambda_1^{-N} \end{pmatrix} \tag{3.66}$$

공진기를 여러 바퀴 돌아 N이 아주 커지면, λ_1^{-N}은 아주 작아져서 무시할 수 있고, 그러면 다음과 같이 쓸 수 있다:

$$\begin{pmatrix} ah_N + b\theta_N \\ -bh_N + a\theta_N \end{pmatrix} \cong \begin{pmatrix} \lambda_1^N & 0 \\ 0 & 0 \end{pmatrix} \begin{pmatrix} ah_1 + b\theta_1 \\ -bh_1 + a\theta_1 \end{pmatrix} \tag{3.67}$$

여기에서 h_N과 θ_N은 빛살이 공진기를 N 바퀴 돈 뒤의 높이와 각도이다. 이 식의 해는 h_N과 θ_N 모두 λ_1^N에 비례하는 것이고, 따라서 N이 커지면 발산한다. 그러므로 빛살은 점점 더 광축에서 멀어진다. 그러한 상황을 **불안정**(unstable)하다고 한다.

(2)에서는 (3.66)이 다음과 같은 꼴이 된다:

$$M_D^N = \begin{pmatrix} e^{Ni\alpha} & 0 \\ 0 & e^{-Ni\alpha} \end{pmatrix} \tag{3.68}$$

그리고 (3.67)에 대한 해는 주기 $2\pi/\alpha$인 주기함수이다. 이것은 h와 θ가 광축에 대해 주기적으로 진동하여 진폭이 유한하며, 해가 **안정적**(stable)이라고 한다.

그러므로 안정성의 조건은 (3.65)의 해가 1 또는 복소수가 되는 조건으로서 다음과 같다:

$$-1 \leqq 2\left(1-\frac{L}{R_1}\right)\left(1-\frac{L}{R_2}\right)-1 \leqq 1 \tag{3.69}$$

또는

$$0 \leqq \left(1-\frac{L}{R_1}\right)\left(1-\frac{L}{R_2}\right) \leqq 1 \tag{3.70}$$

그림 3.28은 이 식이 정의하는 안정성 영역 및 안정된 공진기와 불안정 공진기를 보여준다. 기체 레이저에서 가장 많이 쓰는 안정된 공진기는 **공초점 공진기**(confocal resonator)로 두 거울의 곡률 반지름과 초점이 같다. 그것은 $R_1 = R_2 = L$로 안정 영역과 불안정 영역의 경계에 있어 **간신히 안정적**이다 ($|\lambda| = 1$). 평거울 두 장($R_1 = R_2 = \infty$)을 나란히 둔 평거울 패브리-피로 간섭계(§9.5.1)도 간신히 안정적이며 고체 레이저에 쓴다.

안정적인 공진기의 두 거울의 지름을 크게 잡아 기하광학적으로는 빛살이 전혀 새나가지 않게 할 수 있지만, 회절 효과를 따지면 늘 손실이 조금 생기며, 레이저를 설계할 때는 활성 매질의 이득이, 회절 및 거울의 불완전 반사에 의한 손실을 보상하고도 남게 해야 레이저가 발진한다 (§14.5). 한편, 매질이 빛을 강하게 증폭하면, 조금 불안정한 공진기에서도 발진할 수 있다.

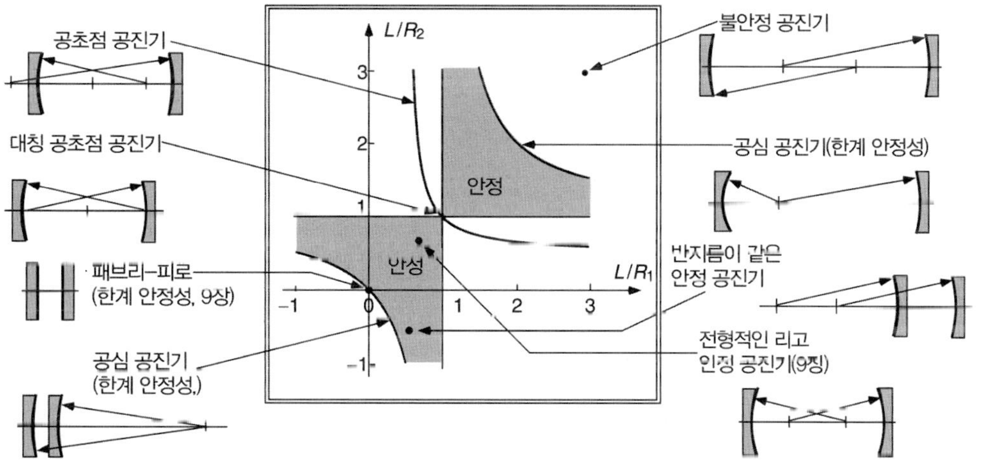

그림 3.28 공진기 안정성 조건과 전형적인 공진기의 모양. $(L/R_1, L/R_2)$ 평면 중심의 회색 영역이 안정적인 공진기의 조건이다 (§ 3.73). 가장 많이 쓰는 대칭 공초점 및 패브리-페로는 간신히 안정적이다. 패브리-페로 및 리고 공진기들은 9장에서 다룬다

요약

이 장에서는 기하광학의 기초를 배웠다:

- 기본 광학 소자가 무엇이고, 그것을 써서 복잡한 광학계를 꾸미는 방법;
- 가우스 광학 또는 근축 광학은 빛살이 늘 광축 가까이 있어 광축까지의 거리가 소자 간격보다 훨씬 작고, 광축에 대한 기울기가 작다고 가정한다.
- 빛살을 추적하여 광학계의 특성을 알아내는 방법
- 천체 망원경과 현미경의 광학적 원리
- 근축 광학에 대한 행렬 형식: 축대칭 광학계는 2×2 행렬로 기술할 수 있으며, 이 행렬은 빛살의 직진을 기술하는 이동 행렬과 경계면에서의 굴절을 기술하는 굴절행렬의 곱이다.
- 광축에 대한 축대칭 광학계를 6개의 기본점 — 두 초점, 두 주요점, 두 절점 — 으로 기술하는 방법. 그리고 광학계의 빛살 전달 행렬에서 기본점의 위치를 구하는 방법
- 광학 원리를 써서 꾸미는 망원경과 줌 렌즈 묶음의 특성
- 렌즈 수차의 기본 원리와 수차가 있는 상의 모양
- 현미경 대물렌즈로 쓰는 아플라낫 렌즈의 수차특성
- 광학 공진기의 안정성을 나타내는 값 및 그것을 써서 레이저와 고급 간섭계를 꾸미는 방법

문제

3.1 회전 타원체 거울의 두 초점은 켤레이다 (문제 2.6). 배율을 타원체의 이심률로 나타내라.

3.2 가까이 할 수 없는 시료를 현미경으로 보려면 시료와 대물렌즈 사이에 중계 렌즈를 끼워 시료의 실상을 대물렌즈로 본다. 이 광학계 및 빛살 궤적을 그리고, 중계 렌즈가 출사동과 시야에 미치는 영향을 분석하라.

3.3 길이 2 m, 관의 지름 0.1 m인 잠망경을 설계하라. 시야 원뿔의 꼭지각의 반이 30°가 되어야 한다. 이 잠망경은 중계 렌즈와 시야 렌즈를 여러 장 써야 한다. 근축 광학만을 써라.

3.4 갈릴레이 망원경은 대물렌즈로는 초점거리가 긴 볼록렌즈를, 접안렌즈로는 초점거리가 짧은 오목렌즈를 쓴다.

(a) 망원경의 물점과 상점 모두 아주 먼 곳에 생기게 할 때 두 렌즈의 거리는 얼마인가?

(b) 그 상은 바로 서는가, 뒤집히는가?

(c) 출사동은 어디에 있는가?

(d) 이 망원경의 시야는 무엇이 결정하는가?

(e) 왜 갈릴레이 망원경은 주로 장난감으로만 쓰는가?

3.5 볼록렌즈 두 장이 초점거리를 더한 값 보다 조금 더 떨어져 있다. 이 묶음은 멀리 있는 광원의 실상을 만들지만, 초점거리는 음수임을 보여라. 이 놀라운 사실을 물리적으로 설명하라.

3.6 두 장의 얇은 볼록렌즈 L_1과 L_2의 초점거리가 각각 90 mm와 30 mm, 구경은 각각 60 mm와 20 mm이다. $L_1L_2 = 50$ mm이다. 두 렌즈 사이에, L_1에서 30 mm인 곳에 지름 10 mm인 구멍이 난 판이 있다. 물체가 L_1 앞 120 mm인 광축 위에 있을 때, 구멍 스톱은 어디에 있는가? 입사동과 출사동의 위치도 구하라.

3.7 두께 d인 평행 유리판의 굴절률을 재는 쓸모있는 방법은 다음과 같다. 현미경을 물체에 맞춘다. 유리판을 물체와 현미경 대물렌즈 사이에 끼우고 현미경을 다시 맞추며, 그 동안 현미경이 움직인 거리를 잰다. 이 거리와 굴절률 그리고 d의 관계를 구하라. 이 방법의 정확도를 어림하라 (문제 2.6이 도움이 될 것이다).

3.8 얇은 렌즈로 평면 물체의 상을 만든다. 물체는 렌즈의 광축에 비스듬히 서 있다. 상도 광축에 비스듬히 서고, 물평면과 상평면이 렌즈면에서 만남을 보여라. 이것이 **샤임플룩 구성법**(Scheimpflug construction)으로, 건물사진이나 항공사진을 찍는 사진기를 설계할 때 중요하다. 네모꼴 물체의 상은 사다리꼴이 됨을 보여라.

3.9 가우스 광학의 한계 안에서는 유리 공을, 유리의 굴절률이 얼마이든, 얇은 홑렌즈로 바꿀 수 있음을 보여라. 얇은 렌즈가 좌우대칭이고 굴절률이 공과 같으면 표면의 곡률 반지름은 얼마인가?

3.10 왜 눈은 들어오는 빛을 왔던 쪽으로 되반사시켜 보낼까 [섬광 사진에서 빨간 눈(red eye) 현상]? 도로의 반사판과 길표지판에 쓰는 '고양이 눈(cats eye)'은 어떻게 만들까?

3.11 줌 렌즈가 얇은 렌즈 두 장으로 되어있는데, 하나는 초점거리 100 mm, 구경 50 mm 이고 다른 것은 초점거리 −20 mm, 구경 지름 10 mm이다. 이 묶음의 유효 초점거리와 f-수를 두 렌즈의 거리의 함수로 보여주는 곡선을 그려라.

3.12 굴절률 1.5, 두께 1.5 mm인 유리 껍질 양쪽의 곡률 반지름이 똑같이 100 mm이다 (한쪽은 볼록, 다른 쪽은 오목이다).

(a) 셈을 하지 말고, 이것의 굴절능이 양수인지 음수인지 판단하라.

(b) 초점거리와 주요면을 찾아라.

3.13 앞 문제의 유리 껍질이 이제는 공심 구면이고, 바깥쪽 면의 곡률 반지름이 100 mm 이다. 같은 문제에 대해 답하라.

3.14 가우스 행렬에 바탕을 둔 컴퓨터 프로그램을 짜서 광축에 대한 축대칭 굴절구면 또는 얇은 렌즈로 이루어진 근축 광학계의 기본점을 구하라. 문제 3.11–3.13에 대해 프로그램을 써서 답을 구하여 타당성을 확인하라.

3.15 근축 배율이 1인 대칭 결상계에서는 상왜곡이 없음을 보여라.

3.16 그림 3.26(b)와 같은 렌즈를 $n=2$, $f=\infty$의 조건에서 설계하라. O가 아플라낫 점에 있으면 m은 얼마인가? 이 렌즈의 유효 초점거리가 무한대인데도 확대상을 만드는 까닭을 물리적으로 설명하라.

3.17 두꺼운 창유리를 통해 물체를 본다. 물체가 마치 유리창이 없는 것처럼 제 자리에서

그대로 보이게 하려면 창 앞에 어떤 광학계를 두어야 하는가? (이 문제는 수십년 전에 학술지 *Applied Optics*에서 광학 설계자들에게 내건 문제인데, 주요점에 대한 조건을 정확히 정하면 행렬광학을 써서 아주 쉽게 풀 수 있다.)

3.18 얇은 렌즈를 묶어 유효 초점거리가 양수이면서 주요점 H_1이 H_2의 오른쪽에 오게 할 수 있는가?

3.19 슬라이드 투영기에는 밝은 등과 집광렌즈, 슬라이드 집개, 결상 렌즈가 있다. 빛살 그림으로 슬라이드 위의 물점의 상이 멀리 있는 화면에 생기는 것을 보이고, 이 광학계의 입사동과 출사동의 위치를 결정하라.

3.20 햇빛이 둥근 물방울에서 굴절 및 반사되어 (1차 및 2차) 무지개가 생기는 것을 빛살 광학으로 설명하라. 물방울의 크기가 고르다면 무지개의 파란 활꼴 안쪽에 덧무지개도 나타난다. 이것은 간섭현상으로 설명할 수 있다. 물방울을 황화아연(ZnS) 공($n=2.32$) 뭉치로 바꾸면, 무지개가 보이는 각도는 어떻게 달라지며, 몇 개나 보일까? (주의: 이 문제는 해석적으로는 풀 수 없고, 수치셈을 해야 한다). 5장의 내용을 써서 무지개에서 오는 빛이 편광인 까닭을 설명하라.

3.21 공의 아플라낫 면은 구면이므로, 둥근 광원의 가장자리는 구면 유침렌즈를 써서 수차없는 상을 만들 수 있다. 이 말을 바탕으로 (§3.8의 현미경 대물렌즈 처럼) 홑 렌즈 한 장을 덧붙여 이상적인 햇빛 모으개를 설계하는 방법을 설명하라. 이 광학계에서 색수차는 어떻게 지워야할까?

문제

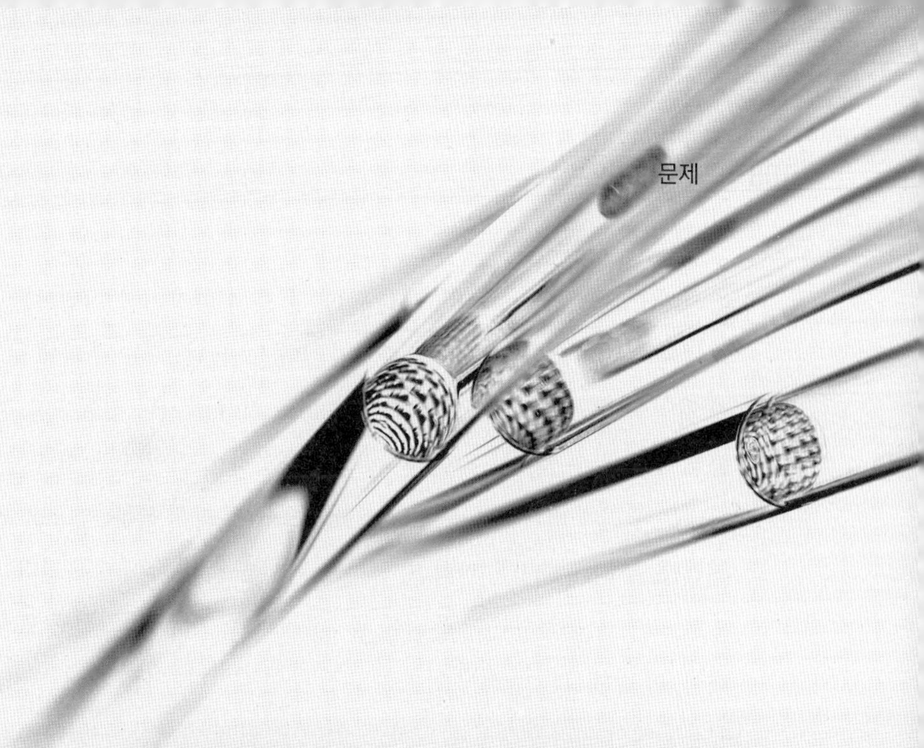

4 푸리에 이론

푸리에(J. B. J. Fourier, 1768~1830)는 응용 수학자이자 이집트학 전문가로서 나폴레옹 시대에 활약했던 위대한 프랑스 과학자이다. 오늘날, 그는 **푸리에 급수**(Fourier series)로 가장 잘 기억되는데, 이것은 모든 주기함수는 주기가 같거나 진동수가 정수배인 조화함수를 더한 꼴로 나타낼 수 있다는 것이다. 이것을 확장하여 거의 모든 함수를 조화함수의 적분으로 나타내는 **푸리에 변환**(Fourier transform) 또는 **푸리에 적분**(Fourier integral)에도 그의 이름이 붙었다. 푸리에 방법은 과학 및 공학의 거의 모든 분야에서 쓰인다. 광학은 파동 현상을 다루므로, 그것을 분석하는데 푸리에 급수와 푸리에 변환이 특히 쓸모가 있는 것은 당연하다. 그래서, 이 장에서는 푸리에 이론의 요점을 설명한다: 기본 개념을 명쾌하게 알게 되면 이 책의 뒷부분에서 여러 현상을 설명하는 '언어'를 쉽게 이해할 수 있다. 더 온전한 설명과 수학적인 엄밀함을 원하면 다음 책을 보라: Brigham (1988), Walker (1988), Prestini (2004).

이 장에서는 다음을 배운다:

- 푸리에 급수란 무엇인가?
- 푸리에 계수의 실수 표현 및 복소수 표현, 그리고 그것을 셈하는 방법
- 푸리에 계수와 함수의 대칭성의 관계
- 푸리에 계수를 파동벡터 공간의 흩어진 스펙트럼으로 나타내는 방법
- 비주기 함수를 역공간에서 연속 연속 푸리에 변환으로 나타내는 방법
- 푸리에 급수는 푸리에 변환의 특별한 꼴이라는 것
- 디락 델타 함수
- 간단한 실수함수 및 복소함수의 푸리에 변환
- 2차원 및 3차원 푸리에 변환
- 푸리에 역변환 정리, 함수와 푸리에 변환의 관계
- 두 함수의 콘볼루션의 정의와 콘볼루션 정리
- 실공간의 주기적인 격자의 푸리에 변환인 역공간의 역격자
- 상관 및 자체상관 함수의 정의 및 상관정리

4.1 주기함수의 분석

푸리에는 열확산 문제 (§2.31)를 정해진 경계조건에서 풀다가 푸리에 급수법을 발명했다. 이 문제는 온도분포함수를 공간과 시간의 주기함수의 합으로 나타내는 것이었다. 이 장에서는, 공간함수 $f(x)$를 주로 쓰는데, 그 까닭은 이것을 2차원 및 3차원 함수로 확장할 것이기 때문이다. 물론 변수가 x이든 t이든 수학적으로는 다르지 않다. 파장의 역수를 **공간 진동수**(spatial frequency)로 해석한다.

4.1.1 푸리에 정리

푸리에 정리는 다음과 같다: 어떤 주기함수 $f(x)$도 그 함수의 파장 λ를 정수로 나눈 값을 파장으로 하는 사인함수의 합으로 나타낼 수 있다. 이 명제를 온전하게 만들려면 그 정수에 0도 넣어 급수에 상수항이 들어가게 해야 한다:

$$\begin{aligned} f(x) &= \frac{1}{2}C_0 + C_1\cos\left(\frac{2\pi}{\lambda}x + \alpha_1\right) + C_2\cos\left(\frac{2\pi}{\lambda/2}x + \alpha_2\right) \\ &\quad + \cdots + C_n\cos\left(\frac{2\pi}{\lambda/n}x + \alpha_n\right) + \cdots \\ &= \frac{1}{2}C_0 + \sum_{n=1}^{\infty} C_n\cos(nk_0x + \alpha_n) \end{aligned} \tag{4.1}$$

여기에서 $k_0 \equiv \pi/\lambda$는 **기본 공간 진동수**(fundamental spatial frequency)이다. n은 고차 조화파 항의 **차수**(order)이다. 다음 논리는 푸리에 정리의 타당성을 보여준다. 급수를 첫 항만 남기고 버리면, C_0의 값에 따라 위의 식이 몇 곳에서 맞다 — 한 파장 구간에 적어도 두 곳은 있다. 둘째 항을 덧붙이면 맞는 곳이 더 많아진다; 항을 계속 덧붙이면 애초의 함수와 만나는 곳이 점점 더 많아진다 (그림 4.1). 이것으로 항을 계속 늘려도 두 함수가 같아진다는 것이 증명되지는 않는다; 애초의 함수에 수렴하지 않는 예가 있다. 하지만, 오차 영역은 아주 작다.

이 추론은 물론 싸인 함수가 아닌 다른 기본함수에 대해서도 적용된다. 하지만 싸인 함수는 모든 파동방정식의 해이므로 물리학에서는 특히 중요하며, 따라서 푸리에 정리가 근본적으로 중요하다.

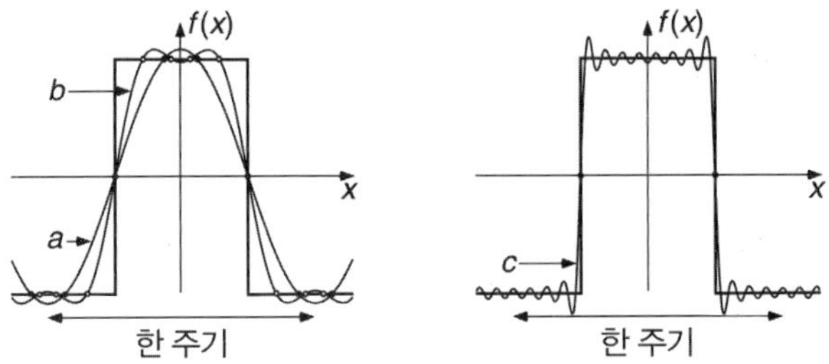

그림 4.1 네모꼴 파동과 그것의 푸리에 급수:
(a) 1차 항만 남긴 것, (b) 3차 항까지 남긴 것, (c) 15차 항까지 남긴 것.

4.1.2 푸리에 계수

급수 (4.1)의 낱낱의 항에는 **푸리에 계수**(Fourier coefficient)가 두 개 — **진폭**(amplitude) C_n과 **위상각**(phase angle) α_n — 들어있다. 위상각은 급수의 항을 x-축을 따라 옮길 때 필요한 자유도이다. 낱낱의 항에서 이 두 계수를 구하는 것이 **푸리에 해석**(Fourier analysis)이다.

푸리에 계수를 나타내는 또 다른 방법은 (4.1)을 싸인 및 코싸인 항의 합으로 나타내는 것이다:

$$f(x) = \frac{1}{2}A_0 + \sum_1^{\infty} A_n \cos nk_0 x + \sum_1^{\infty} B_n \sin nk_0 x \tag{4.2}$$

여기에서 $A_n = C_n \cos \alpha_n$, $B_n = -C_n \sin \alpha_n$이다.

4.1.3 복소 푸리에 계수

실수함수 $\cos\theta$와 $\sin\theta$는 복소 지수함수 $\exp(i\theta)$의 실수부와 허수부로 볼 수 있다. 복소 지수함수를 쓰면 여러모로 편리하다. (4.2)는 다음과 같이 쓸 수 있다:

$$f(x) = \frac{1}{2}A_0 + \sum F_n \exp(ink_0 x) \tag{4.3}$$

여기에서 덧셈 구간은 정하지 않았다. 이제 실수함수 $f(x)$에 대해 (4.3)과 (4.2)를 비교하면 다음과 같다:

$$\sum F_n [\cos nk_0x + \mathrm{i}\sin nk_0x]$$

$$= \sum_1^{\infty} [A_n \cos nk_0x + B_n \sin nk_0x] \tag{4.4}$$

덧셈의 범위가 같다면, 양쪽의 코싸인 항과 싸인 항이 똑같아야 하므로 다음 식을 얻는다:

$$F_n = A_n,\ \mathrm{i}F_n = B_n \tag{4.5}$$

따라서 다음 관계가 있다: $\mathrm{i}A_n = B_n$. 그런데 A_n과 B_n 모두 실수이므로 이 식은 맞지 않다! (4.3)의 복소수 덧셈을 $n = -\infty$ 에서 $+\infty$까지 해야 이 문제를 풀 수 있다. 그러면 복소 계수 F_n과 F_{-n} 두 개가 A_n과 B_n에 대응되어, (4.4)의 항을 비교하면 다음 식을 얻는다:

$$F_n + F_{-n} = A_n,\ \mathrm{i}(F_n - F_{-n}) = B_n \tag{4.6}$$

따라서 다음 관계가 있다:

$$F_n = \frac{1}{2}(A_n - \mathrm{i}B_n) = \frac{1}{2}C_n \exp(\mathrm{i}\alpha) \tag{4.7}$$

$$F_{-n} = \frac{1}{2}(A_n + \mathrm{i}B_n) = \frac{1}{2}C_n \exp(-\mathrm{i}\alpha) \tag{4.8}$$

그러므로 푸리에 급수는 복소수를 쓰면 다음과 같은 꼴이 된다:

$$f(x) = \sum_{-\infty}^{\infty} F_n \exp(\mathrm{i}nk_0x) \tag{4.9}$$

여기에서 $F_0 = \frac{1}{2}A_0$이다. 지금까지 함수 $f(x)$, 따라서 A_n과 B_n은 실수라고 가정했다. 그러면 (4.7)과 (4.8)에서 F_n과 F_{-n}은 복소수 짝이다.

$$F_n = F^*_{-n} \tag{4.10}$$

그렇지만, $f(x)$가 **복소함수(complex function)**이면, A_n과 B_n도 복소수가 되고, 그 때는 위의 복소수 짝 관계가 없다.

4.2 푸리에 해석

푸리에 해석은 계수 F_n을 구하는 것이며, 그 과정에서 사인함수의 특성 — 한 파장구간에 대해 적분한 값은 0이다 — 을 쓴다. 따라서, 파장이 정수배인 두 사인함수의 곱을 두 파장의 최소공배수의 구간에 대해 적분하면 두 사인함수가 똑같을 때를 빼고는 값이 0이다. 그러므로 (파장이 λ인) $f(x)$와 파장이 λ/m인 사인함수의 곱을 적분하면, $f(x)$의 푸리에 성분 가운데 파장이 λ/m인 성분을 뺀 나머지 모두에 대해서는 그 값이 0이다. 따라서 그 적분값에서 계수 F_m의 값을 구할 수 있다.

이것을 수학적으로 나타내려면 $f(x)$에 $\exp(-imk_0x)$를 곱하여 파장 λ인 구간에 대해 적분한다. x를 각변수 $\theta=k_0x$로 바꾸면 적분구간은 다음과 같이 바뀐다: $-\pi \leqq \theta \leqq \pi$. 적분은 다음과 같다:

$$\begin{aligned} I_m &= \int_{-\pi}^{\pi} \mathrm{d}\theta\, f(\theta)\exp(-im\theta) \\ &= \int_{-\pi}^{\pi} \mathrm{d}\theta \sum_{-\infty}^{\infty} F_n \exp(in\theta)\exp(-im\theta) \end{aligned} \tag{4.11}$$

여기에서 쓴 방법은 모든 직교 함수 집합에 쓸 수 있다. 직교 함수 집합이란 서로 다른 두 함수의 곱의 적분 값이 0인 함수의 모임인 집합이다.

덧셈의 항은 $n=m$인 것만 빼고는 모두 사인함수로서 파장은 $\lambda/|m-n|$이다. 사인함수 항은 파장의 $|m-n|$배의 구간에 대해 적분하면 0이 되므로 위 식은 다음과 같다:

$$I_m = \int_{-\pi}^{\pi} \mathrm{d}\theta\, F_m = 2\pi F_m \tag{4.12}$$

따라서 m번째 푸리에 계수에 대한 일반식은 다음과 같다:

$$F_m = \frac{1}{2\pi}\int_{-\pi}^{\pi} \mathrm{d}\theta\, f(\theta)\exp(-im\theta) \tag{4.13}$$

이 식에는 0차 항도 들어있고, 그것은 $f(\theta)$의 평균값이다:

$$F_0 = \frac{1}{2\pi}\int_{-\pi}^{\pi} \mathrm{d}\theta\, f(\theta) \tag{4.14}$$

4.2.1 대칭성: 대칭 및 반대칭 함수

대칭(even 또는 symmetric) 함수는 다음 대칭성이 있다: $f(\theta)=f(-\theta)$; 마찬가지로 **반대칭**(odd 또는 antisymmetric) 함수는 다음 대칭성이 있다: $f(\theta)=-f(-\theta)$ (그림 4.2). 사인함수와 코사인함수로 전개한 푸리에 급수 (4.2)를 살펴보자. 주기적이고 대칭인 함수는 대칭인 코사인함수 만으로 전개해야 할 것이다. 따라서 $B_n=0$이고, (4.7)과 (4.8)에서 다음 식이 나온다:

$$\text{대칭함수:}\quad F_n = F_{-n} \tag{4.17}$$

게다가 그 함수 값이 실수이며, (4.10)이 맞으므로 다음과 같다:

$$\text{실수 대칭함수:}\quad F_n = F^*_{-n} = F_{-n} \tag{4.18}$$

이것은 F_n이 실수임을 뜻한다.

마찬가지로, 반대칭인 함수에서는 $A_n=0$이고,

$$\text{반대칭함수:}\quad F_n = -F_{-n} \tag{4.19}$$

$$\text{실수 반대칭함수:}\quad F_n = F^*_{-n} = -F_{-n} \tag{4.20}$$

이것은 F_n이 순허수임을 뜻한다. 이 두 경우에서 $f(x)$의 대칭성이 F_n에도 보존됨을 알 수 있다.

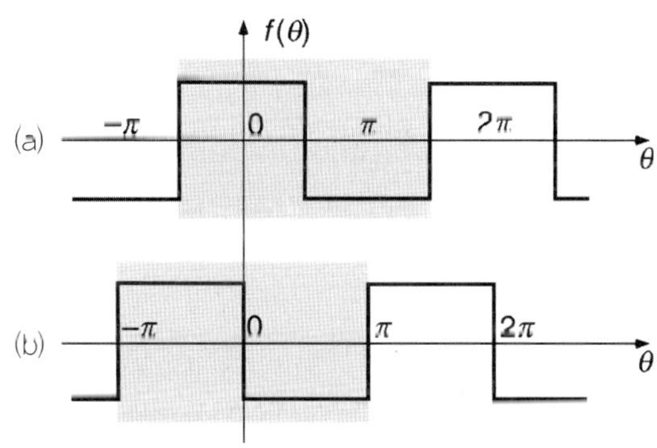

그림 4.2 (a) 대칭인 네모꼴 파동. (b) 반대칭인 네모꼴 파동. 함수는 회색 영역에서 정의된다.

상자 4.1 예: 네모꼴 파동의 푸리에 해석

네모꼴 파동(square wave)을 분석하여 푸리에 해석하는 방법을 살펴보자. 이 파동의 값은 첫 반주기($-\pi/2$에서 $\pi/2$까지)에서는 1, 나머지 반주기($\pi/2$에서 $3\pi/2$까지)에서는 -1이다 [그림 4.2(a)]. 이 함수는 대칭 실수함수이므로 F_n은 실수이다. 원점을 함수가 대칭이 되도록 잡으며, 푸리에 변환의 실수부만 셈하면 된다; 또는 함수의 값이 $-\pi$에서 0까지는 1, 0에서 π까지는 -1이면 반대칭 함수가 되고, 이 때는 전개계수는 순허수가 된다 [그림 4.2(b)]. 이 효과 — 원점을 옮기면 모든 전개계수의 위상이 바뀌는 것 — 이 흔히 중요하다 (4.3.4). 함수의 꼴은 전개계수의 상대적 위상만을 바꾼다. 대칭함수라면, 그림 4.2(a)에서 다음과 같다:

$$f(\theta) = \begin{cases} 1 & -\pi/2 \leqq \theta \leqq \pi/2 \\ -1 & \pi/2 \leqq \theta \leqq 3\pi/2 \end{cases} \tag{4.15}$$

$$\begin{aligned} F_n &= \frac{1}{2\pi}\int_{-\pi}^{\pi} \mathrm{d}\theta\, f(\theta)\exp(-in\theta) \qquad (4.16) \\ &= \frac{1}{2\pi}\int_{-\pi/2}^{\pi/2} \mathrm{d}\theta \exp(-in\theta) - \frac{1}{2\pi}\int_{-3\pi/2}^{3\pi/2} \mathrm{d}\theta \exp(-in\theta) \\ &= \frac{1}{n\pi}\sin\frac{n\pi}{2}\left[1-\exp(-in\pi)\right] \end{aligned}$$

(4.14)를 써서 F_0을 셈하면 다음과 같다;

$$F_0 = 0,\ F_{\pm1} = \frac{2}{\pi},\ F_{\pm2} = 0,\ F_{\pm3} = -\frac{2}{3\pi},\ F_{\pm4} = 0,\ F_{\pm5} = \frac{2}{5\pi}$$

4.2.2 1차원 역공간

어떤 함수를 파수 또는 역공간에서 기술하면 그 진동 특성이 강조된다. 그것은 음악 소리를 시간의 함수가 아니라 진동수 성분으로 나타내는 악보와 비슷하다.

푸리에 계수 F_n을 n의 함수인 $F(n)$으로 볼 수 있다. $F(n)$은 n이 정수일 때만 값이 0이 아니므로, 이 함수는 변수가 실수인데, 정수가 아니면 값이 0이다. 그림 4.3은 네모꼴 파동을 나타내는 푸리에 급수의 함수 $F(n)$을 양수 축에 그린 것이다. 이 그림이 있으면, 이에 따라 급수를 더하면 애초의 네모꼴 파동을 간단히 되살릴 수 있는데, 다만 파장 λ에 대한 정보는 없다. 이 문제는 간단히 고칠 수 있다. x에 대해 쓰면 F_n에 관한 식은 다음과 같다:

$$F_n = \frac{1}{\lambda}\int_0^{\lambda} \mathrm{d}x\, f(x)\exp(-\mathrm{i}nk_0 x) \tag{4.21}$$

(4.21)에는 파장 λ에 관한 정보가 들어있다: $k_0 \equiv 2\pi/\lambda$이고 n 대신 변수 $k=nk_0$를 썼다(그림 4.3). 이것은 파장 λ인 파동의 고차 조화파의 파장 λ/n에 해당한다. 변수 k를 **파수**(wavenumber) 또는 **공간 진동수**라고 한다. (4.21)은 다음과 같이 바뀐다:

$$F(k) = \frac{1}{\lambda}\int_0^{\lambda} \mathrm{d}x\, f(x)\exp(-\mathrm{i}kx) \tag{4.22}$$

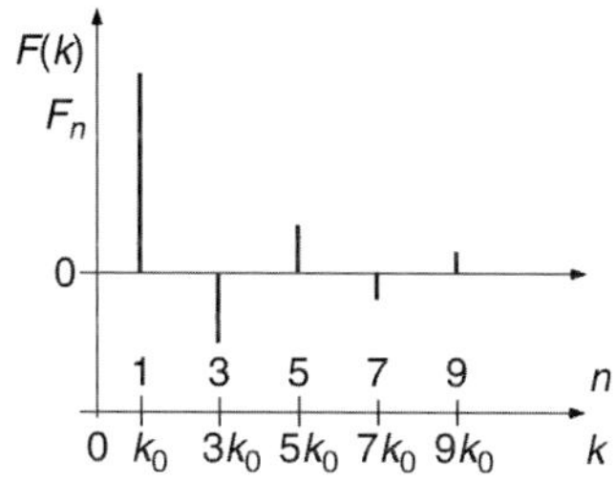

그림 4.3 네모꼴 파동의 함수 $F(n)$과 $F(k)$

$F(k)$가 λ에 따라 어떻게 바뀌는지 살펴보자. 그림 4.4의 (a), (b), (c)에서 k와 x의 눈금은 같다. $F(k)$의 수평축 눈금은 $f(x)$의 수평축 눈금의 역수에 비례하는 것이 명확하다. 그래서 k를 좌표로 하는 공간을(k가 $1/\lambda$에 비례하므로) **역공간**(reciprocal space)이라고 한다; 실공간의 좌표값은 x이고 역공간의 좌표값은 x^{-1}이다. 지금까지는 물론 1차원 공간만을 다루었지만, 2차원 및 3차원 공간으로 확장하는 것은 간단하고, 나중에 하겠다.

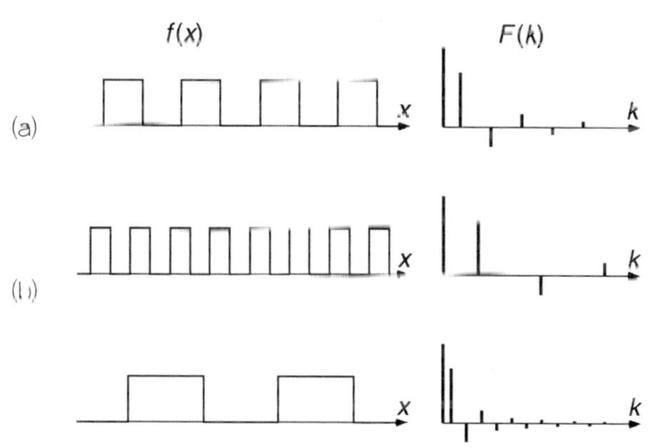

그림 4.4 폭과 주기가 다른 네모꼴 파동과 그것의 푸리에 계수 $F(k)$.

4.3 비주기 함수

결정에서는 원자무리가 3차원 공간에서 거의 이상적으로 정확한 주기로 배열되어 있지만, 거시적 규모의 물질은 보통 그렇지 않다. 천연 물체는 때로 주기적으로 성장하지만, 그것도 결코 정확하지는 않다. 광학적으로 다루는 물체(곧, 빛의 파장보다 큰 물체)는 대부분 완전히 비주기적이다. 이 책은 빛과 실제의 물체를 다루는데 왜 주기 함수를 다룰 때 쓰는 푸리에 방법이 중요하다고 하는지 궁금할 것이다. 그 까닭은 이 이론을 확장하면 푸리에 자신도 생각하지 못했던 비주기 함수를 다룰 수 있기 때문이다. 이 확장은 **푸리에 변환**의 개념에 바탕을 둔다.

4.3.1 푸리에 변환

§4.1.1에서 주기함수는 파장이 ∞, λ, $\lambda/2$, $\lambda/3$, $\cdots$ 인 조화파동으로 분해할 수 있음을 배웠고, 그림 4.4에서는 함수 $F(k)$의 꼴이 λ의 크기에 따라 어떻게 달라지는가를 보았다. 비주기 함수는 다음과 같이 다룬다. 파장이 λ이고, 낱낱의 단위는 비주기 함수인 파동을 꾸민다(그림 4.5). λ는 언제라도 충분히 늘려 함수에서 중요하지 않은 부분은 한-파장 단위 밖으로 밀어낸다. 이제 λ를 한없이 늘려 비주기 함수의 간격을 점점 더 벌린다. 그러면 함수 $F(k)$는 어떻게 되나? λ가 점점 길어지면, 봉우리가 점점 더 가까워지지만 뾰족끝의 싸개는 변하지 않는다; 그것은 애초의 비주기 함수에 의해서만 결정된다. $\lambda \to \infty$인 극한에서는 뾰족끝은 한없이 가까워지고 함수 $F(k)$는 싸개가 된다. 이 싸개가 비주기 함수의 **푸리에 변환**이다. 그림 4.5는 이 극한 과정을 보여준다.

물론, 이것은 비주기 함수의 푸리에 급수는 연속함수라기보다는 간격이 한없이 촘촘한 봉우리의 무리임을 시사한다. 이 논리는 $\lambda \to \infty$인 극한에서 함수가 연속이 된다는 것을 보여주지 못한다. 하지만 물리적으로는 그 차이가 중요하지 않고, 수학적으로는 거꾸로 하는 것이 더 낫다. 함수 $f(x)$의 푸리에 변환을 다음과 같이 정의한다:

$$F(k) = \int_{-\infty}^{\infty} \mathrm{d}x\, f(x) \exp(-\mathrm{i}kx) \tag{4.23}$$

이것은 공간 진동수 k의 연속함수이다. 이것을 (4.13)과 비교하면, $1/2\pi$가 떨어져 나갔는데, 그것은 물리적으로 중요하지 않다. 뒤에(§4.7.5) 콘볼루션의 개념을 쓸 때, $f(x)$가 주기적이면 변환 $F(k)$는 어떤 주기적인 k 값에서만 함수 값이 0이 아님을 보일 것이다.

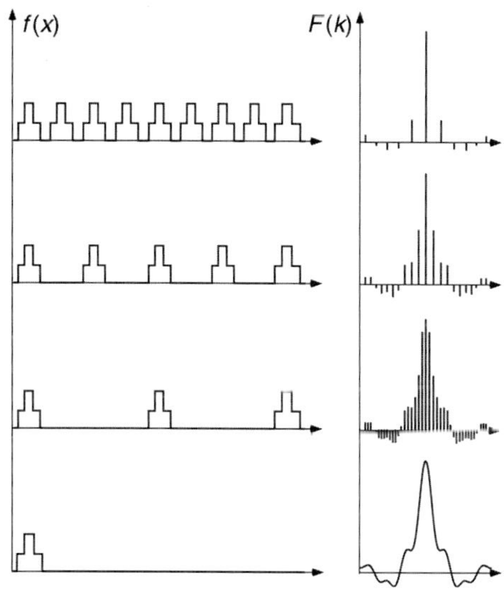

그림 4.5 푸리에 급수가 푸리에 변환으로 바뀌는 것을 보여준다. 줄이 바뀌면 주기는 길어지지만 파형의 요소는 같다. 그러므로 스펙트럼 $F(k)$에서는 표본 뽑기를 더 자주 한다.

그림 4.5는 중요한 개념인 **표본 뽑기**(sampling)를 보여준다. 어떤 모양을 주기적으로 배열한 것은, 푸리에 변환에서는 그 모양의 푸리에 변환의 값을 일정 간격으로 뽑아 배열한 것과 같다. 모양이 되풀이 되는 주기 λ를 점점 늘리면 푸리에 변환에서는 값을 뽑는 간격이 점점 좁아진다. 이 개념은 디지털 연산에 특히 잘 맞는다. 수치셈에서는 함수(단위)는 유한한 영역에서만 정의된다. 수학에서는 이 단위가 주기적으로 되풀이된다고 '가정하고', (4.13)을 써서 푸리에 급수를 셈한다. 그러므로 이 단위의 변환은 간격이 조밀하지만 떨어져 있는 점에서 뽑은 값이며, 그 간격은 주기에 따라 결정된다.

4.3.2 네모꼴 펄스의 푸리에 변환: '싱크' 함수

푸리에 변환을 셈하는 첫 사례는 **상자 4.1**과 같은, 네모꼴 펄스 하나이다. 높이는 H, 폭은 h이고 그 밖에서는 0이다 [그림 4.6(a)].[10] 적분 (4.23)은 다음과 같다:

네모꼴 펄스는 실틈이나 구멍을 지나온 빛을 나타낼 때 흔히 쓴다. 또한 그것을 한없이 퍼진 함수에 곱하면 공간적으로 제한된 함수가 된다.

$$F(k) = \int_{-h/2}^{h/2} dx\, H\exp(-ikx) = Hh\frac{\sin(kh/2)}{kh/2} \qquad (4.24)$$

함수 $\sin(\theta)/\theta$는 **싱크(sinc)** 함수로 푸리에 변환 이론에서 자주 나오므로 다음과 같이 나타낸다: $\mathrm{sinc}(\theta)$. 따라서 (4.24)는 다음과 같이 쓴다:

$$F(k) = Hh\,\mathrm{sinc}(kh/2) \qquad (4.25)$$

이 변환은 그림 4.6(b)에 보였다. $k=0$에서의 값은 Hh(펄스의 넓이)이고 k가 커지면서 값이 줄어들어 $kh=2\pi$ 때 0이 된다. 그 다음에는 값이 양수와 음수로 진동하면서 $kh=2\pi \cdot n$마다 0이 된다 ($n \neq 0$). 이 변환은 실수함수이다; 그 까닭은 이것이 대칭함수이기 때문이다. (§4.2.1과 §4.5를 보라).

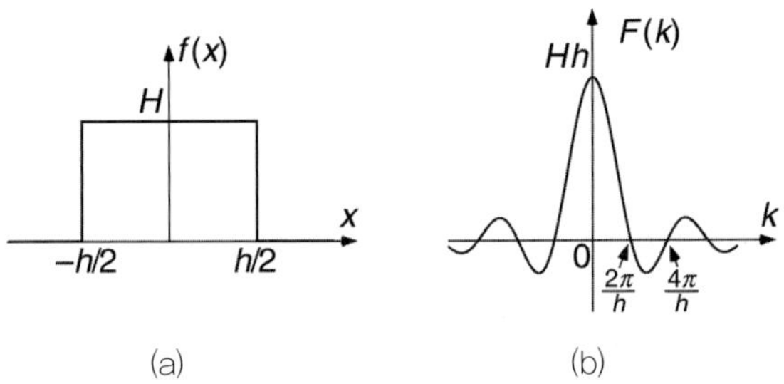

그림 4.6 (a) 네모꼴 펄스, (b) 그것의 푸리에 변환, 싱크 함수

§4.2.2에서 설명한 변환의 역진성을 그림 4.7에서 볼 수 있다. h가 커지면, 변환의 값이 0이 되는 k값은 작아지며, 근의 간격도 좁아진다; 함수가 엉성할수록 그것의 변환은 더 조밀하다. 거꾸로 h가 작아지면, 변환은 더 넓게 퍼지며 h가 0이 되면 변환에 꼬리가 사라져서 상수 Hh가 된다.

10) 높이와 폭이 1인 네모꼴 펄스를 흔히 'rect(x)'로 나타낸다: 이 함수의 값은 $-1/2 < x < +1/2$에서는 1, 그 밖에서는 0이다.

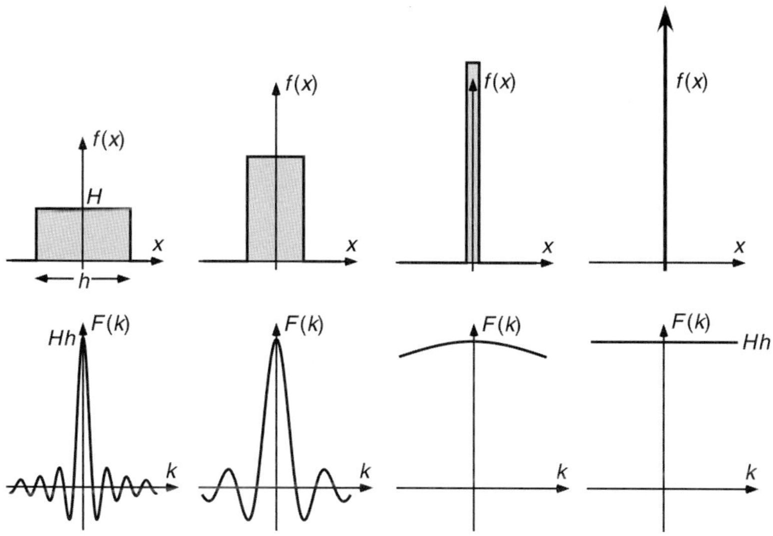

그림 4.7 네모꼴 펄스에서 δ로 진화하는 모양과, 그것의 푸리에 변환의 변화. 넓이 Hh는 일정하게 유지된다.

4.3.3 크기의 변화

위의 설명은 함수의 눈금이 푸리에 변환에 미치는 효과를 정식으로 보여준다. x-눈금을 인자 b만큼 바꾸는 효과를 살펴보자. 함수의 눈금과 그것의 변환은 반비례함을 보았으므로, 변환이 $1/b$만큼 바뀔 것을 예상한다. 실제로 그렇게 되는 것을 보이려면, $f(x/b)$의 변환 $F_b(k)$를 셈해야 한다.

$$
\begin{aligned}
F_b(k) &= \int_{-\infty}^{\infty} \mathrm{d}x \; f(x/b) \exp(-\mathrm{i}kx) \\
&= b\int_{-\infty}^{\infty} \mathrm{d}(x/b) \; f(x/b) \exp(-\mathrm{i}kbx/b) \\
&= bF(kb) \quad (4.26)
\end{aligned}
$$

진폭도 눈금에 맞추어 늘어나거나 줄어드는 것을 눈여겨보라.

4.3.4 원점 이동

함수를 x축을 따라 오른쪽이나 왼쪽으로 옮기면 진폭은 그대로이지만 위상이 바뀐다.

함수 모양은 그대로 두고 x-축을 따라 이동하면, 푸리에 변환은 위상만 달라진다. 이것을 보이려면 함수 $f_1(x)=f(x-x_0)$의 푸리에 변환을 셈하면 된다. $x-x_0$를 x'으로 두면,

$$\begin{aligned} F_1(k) &= \int_{-\infty}^{\infty} \mathrm{d}x\, f(x-x_0)\exp(-\mathrm{i}kx) \\ &= \exp(-\mathrm{i}kx_0)\int_{-\infty}^{\infty} \mathrm{d}x'\, f(x')\exp(-\mathrm{i}kx') \\ &= \exp(-\mathrm{i}kx_0)F(k) \end{aligned} \tag{4.27}$$

이것은 $F(k)$에 위상인자 $\exp(-\mathrm{i}kx_0)$를 곱한 것이다. 특히 두 진폭 $|F_1(k)|$과 $|F(k)|$는 같다.

4.3.5 함수의 도함수의 푸리에 변환

함수 $f(x)$의 푸리에 변환을 알 때, 도함수 $\mathrm{d}f/\mathrm{d}x$의 푸리에 변환은 아주 쉽게 구할 수 있다:

$$F^{(1)}(k) = \int_{-\infty}^{\infty} \mathrm{d}x\, \frac{\mathrm{d}f}{\mathrm{d}x}\exp(-\mathrm{i}kx) = \int_{-\infty}^{\infty} \mathrm{d}f\exp(-\mathrm{i}kx) \tag{4.28}$$

이것을 부분적분하면 다음과 같다:

$$\begin{aligned} F^{(1)}(k) &= [f\exp(-\mathrm{i}kx)]_{-\infty}^{\infty} + \mathrm{i}k\int_{-\infty}^{\infty} \mathrm{d}x\, f(x)\exp(-\mathrm{i}kx) \\ &= \mathrm{i}kF(k) \end{aligned} \tag{4.29}$$

(4.31)의 가운데 식의 첫 항이 0인 까닭은 $f(x)$의 푸리에 변환이 있으려면 $\pm\infty$에서 함수값이 0이 되어야 하기 때문이다. 그러므로 다음과 같다:

$$\frac{\mathrm{d}f}{\mathrm{d}x} \to \mathrm{i}kF(k) \tag{4.30}$$

4.4 디락 델타 함수

> 델타 함수는 광학에서 이상적인 점광원이나 실틈을 나타내는데 쓴다.

§4.3.2에서 설명한 극한 과정에서 **디락 델타 함수**(Dirac δ-function)가 나오는데, 이것은 쓸모가 아주 많다. 이것은 네모꼴 펄스를 넓이 Hh는 1로 유지한 채 폭 h를 한없이 좁혀 얻는 극한 함수이다. 그러므로 이 함수의 값은 $x \neq 0$에서는 모두 0이고, $x=0$에서는 다음 조건에 따라 한없이 크다: $\lim_{h\to 0} 1/h$. 델타 함수의 푸리에 변환은 위의 극한 과정을 써서 구한다; 먼저 폭 h, 높이 h^{-1}인 네모꼴 펄스에서 시작하면, 그것의 푸리에 변환은 다음과 같다:

$$F(k) = \mathrm{sinc}(kh/2) \tag{4.31}$$

$h\to\infty$이면, 이 변환은 모든 k값에 대해 1이 된다: **델타 함수의 푸리에 변환은 1이다.**

델타 함수의 중요한 수학적 성질은 다음과 같다:

$$\int_{-\infty}^{\infty} \mathrm{d}x\, f(x)\delta(x-a) = f(a) \tag{4.32}$$

이 적분은 $f(x)$의 값을 $x=a$에서 **뽑아낸다.**

4.4.1 한 짝의 델타 함수

델타 함수 여러 개를 벌려 놓은 아래의 함수를 앞으로 자주 쓸 것이다:

$$f(x) = \sum \delta(x - x_n) \tag{4.33}$$

이것의 변환은 다음과 같다 [(4.27)]:

$$F(k) = \sum_n \exp(-\mathrm{i}kx_n) \tag{4.34}$$

예를 들어, 두 델타 함수가 $x_n = \pm b/2$에 있으면, 이것의 푸리에 변환은 다음과 같다:

$$F(k) = \exp(\mathrm{i}kb/2) + \exp(-\mathrm{i}kb/2) = 2\cos(kb/2) \tag{4.35}$$

이것은 실수함수(대칭함수)이고 진동한다 (그림 4.8). 이것은 §8.5.1에서 **영의 줄무늬**(Young's fringes) 실험을 설명할 때 쓴다.

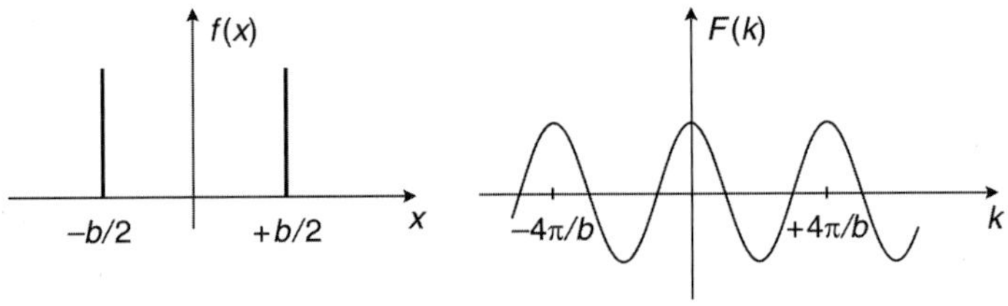

그림 4.8 (a) $\pm b/2$에 있는 두 델타 함수. (b) 이것의 푸리에 변환은 코사인 함수이다.

4.4.2 델타 함수의 규칙적 배열

델타 함수 배열은 광학에서 회절격자나 3차원 결정격자를 나타내는데 쓴다.

$x=b\cdot n$에 규칙적으로 늘어선 델타함수의 푸리에 변환은 특히 중요하다 (그림 4.9):

$$f(x) = \sum_{n=-\infty}^{\infty} \delta(x - b\cdot n) \tag{4.36}$$

이 함수는 흔히 **빗 함수**(comb function)라고 한다: $f(x)=\mathrm{comb}(x/b)$. 이 함수의 푸리에 변환은 다음과 같다 [(4.37)]:

$$F(k) = \sum_{-\infty}^{\infty} \exp(-\mathrm{i}knb) \tag{4.37}$$

함수 $f(x)$은 양쪽으로 한없이 펼쳐지므로 적분값은 무한이다. 그 결과 수학적으로 보면 이 함수는 푸리에 변환이 없다. 그렇지만, 수학이 나타내는 실제의 물리량은 퍼져 있는 범위가 유한하다.

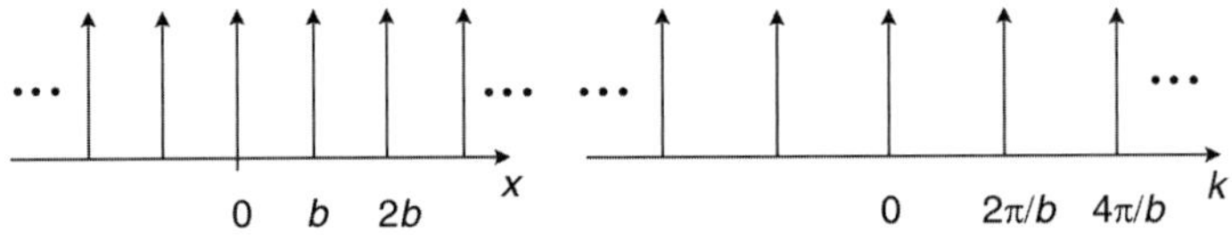

그림 4.9 주기적으로 배열한 델타 함수의 푸리에 변환도 주기적 배열이다.

따라서 (4.37)은 수학적으로 문제없이 다룰 수 있는 유한 급수의 극한으로 생각한다. 푸리에 변환을 구하려면 $x=0$을 중심으로 $-N$에서 $+N$까지 퍼져 있는 것을 더한다:

$$F_N(k) = \sum_{n=-N}^{N} \exp(-\mathrm{i}knb) \tag{4.38}$$

이것은 쉽게 셈할 수 있고, 그 결과는 다음과 같다:

$$F_N(k) = \frac{\sin\left[\left(N+\frac{1}{2}\right)bk\right]}{\sin\left(\frac{1}{2}bk\right)} \tag{4.39}$$

이 함수는 분모가 0인 곳, 곧 $bk=2\pi \cdot m$인 곳 마다 높이 $2N+1$인 봉우리가 주기적으로 배열되어 있다. N이 아주 크면 낱낱의 봉우리는 sinc 함수처럼 보인다: $\sin(Nbk)/\frac{1}{2}bk \approx 2N\,\mathrm{sinc}(Nbk)$. $N\rightarrow\infty$인 극한에서는, 낱낱의 봉우리가 델타 함수가 되고, 그 세기는 $2N\times\pi/Nb=2\pi/b$이다. 따라서 한 없이 많은 델타 함수가 간격 b로 늘어선 함수 (4.36)의 푸리에 변환은 간격 $2\pi/b$로 늘어선 델타 함수이다:

$$f(x)=\sum_{n=-\infty}^{\infty}\delta(x-b\cdot n) \Rightarrow F(k)=\frac{2\pi}{b}\sum_{m=-\infty}^{\infty}\delta(k-2\pi/b\cdot m) \tag{4.40}$$

또는

$$\mathrm{comb}(x/b) \quad \Rightarrow \quad \frac{2\pi}{b}\mathrm{comb}(kb/2\pi) \tag{4.41}$$

4.4.3 가우스 함수

원점에 봉우리를 두고 매끄럽게 피져 있는 함수의 푸리에 변환은 가우스 함수와 비슷한 꼴이다.

광학에서 푸리에 변환이 특히 쓸모가 있는 또 다른 함수는 **가우스 함수**(Gaussian function)이다 (그림 4.10):

$$f(x) = \exp(-x^2/2\sigma^2) \tag{4.42}$$

변환의 정의 (4.40)에서 다음 결과를 얻는다:

$$F(k) = \int_{-\infty}^{\infty} dx \exp(-x^2/2\sigma^2)\exp(-ikx) \tag{4.43}$$

$$= \exp\left[-k^2\left(\frac{\sigma^2}{2}\right)\right]\int_{-\infty}^{\infty} dx \exp\left[-\frac{1}{2}\left(\frac{x}{\sigma}+ik\sigma\right)^2\right]$$

이 적분은 통계이론에서 자주 나타나는 표준적인 것이며, 그 값은 k와는 무관한 상수이다:

$$\int_{-\infty}^{\infty} d\xi \exp\left(-\frac{\xi^2}{2\sigma^2}\right) = \sqrt{2\pi}\,\sigma \tag{4.44}$$

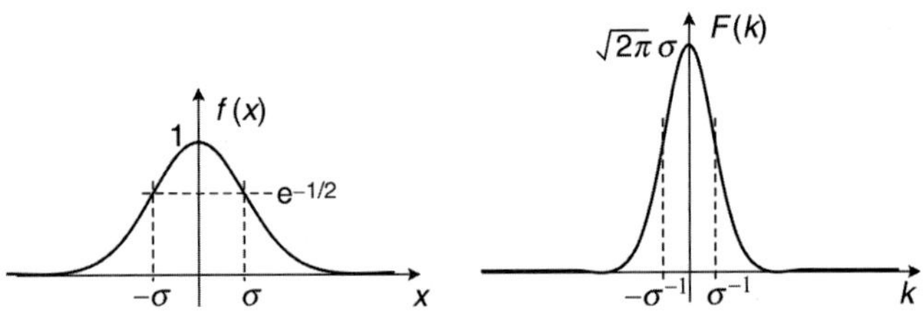

그림 4.10 가우스 함수의 푸리에 변환도 가우스 함수이다. 그림에서 폭은 봉우리 높이의 $e^{-1/2}$=0.60인 부분이다.

따라서 다음과 같다:

$$F(k) = \sqrt{2\pi}\,\sigma\exp\left[-k^2\left(\frac{\sigma^2}{2}\right)\right] \tag{4.45}$$

§7.3에서 가우스 빔의 진행을 배울 때는, σ의 값이 복소수이지만, 여기에서 얻은 수학적 결론이 그대로 적용된다.

애초의 함수 (4.42)는 이산값이 σ^2인 가우스 함수이고, 이것의 푸리에 변환도 가우스 함수인데, 이산값은 σ^{-2}이다. 가우스 함수의 **반값폭** (half-peak-width)은 2.36σ이다. 가우스 함수의 푸리에 변환이 가우스 함수이므로, 이 특별한 예는 어떤 함수와 그것의 푸리에 변환의 눈금이 반비례하는 것을 명확히 잘 보여준다.

4.5 복소 함수의 변환

§4.2.1에서 여러가지 대칭성을 띤 주기함수의 F_n과 F_{-n}의 관계를 설명했다. 이 때 $f(x)$에 복소함수도 넣었는데, 그 까닭은 복소함수가 파동광학 이론의 뼈대를 이루기 때문이다. $f(x)$가 복소함수일 때도 푸리에 변환 $F(k)$는 똑같이 정의되며, 켤레 복소 함수 $f^*(x)$에 대한 푸리에 변환은 다음과 같다:

$$\int_{-\infty}^{\infty} \mathrm{d}x\, f^*(x)\exp(-\mathrm{i}kx) = \left[\int_{-\infty}^{\infty} \mathrm{d}x\, f(x)\exp(\mathrm{i}kx)\right]^* = F^*(-k) \tag{4.46}$$

따라서 $f^*(x)$의 변환은 $F^*(-k)$이다. 따라서 $f(x)$가 실수함수이면, $f(x)=f^*(x)$이므로, (4.10)처럼

$$\text{실수함수:} \quad F^*(-k) = F(k) \tag{4.47}$$

비슷한 방법으로 다음 관계식을 얻을 수 있다:

$$\text{대칭함수:} \quad F(k) = F(-k) \tag{4.48}$$

$$\text{반대칭함수:} \quad F(k) = -F(-k) \tag{4.49}$$

실수함수에 대해 (4.47)과 결합하면 대칭인 실수함수의 변환도 실수함수이며, 반대칭인 실수함수의 변환은 순허수함수이다. 이 모든 경우에서 절대값 $|F(k)|^2$은 대칭이다:

$$|F(-k)|^2 = |F(k)|^2 \tag{4.50}$$

4.5.1 힐버트 변환

뒤에 우리는 편의상 실수값의 물리량을 복소함수를 써서 나타낼 것이다. **힐버트 변환** (Hilbert transform)은 실수함수와 관련된 복소함수를 정의하는 형식으로, 실수함수의 푸리에 변환을 써서 나타낼 수 있다. 실수함수가 $f^{\mathrm{R}}(x)$이고, 그것의 푸리에 변환이 $F(k)$이면, 다음과 같다:

힐버트 변환은 망원경으로 받은 천체 영상의 상관관계를 셈하는 구경합성(§11.8)에서 중요하다.

$$f^{\mathrm{R}}(x) = \int_{-\infty}^{\infty} \mathrm{d}k\, F(k) \exp(-\mathrm{i}kx) \tag{4.51}$$

이것과 **연관된 복소함수**(associated complex function) $f(x) = \mathrm{Re}\, f(x) + \mathrm{i}\mathrm{Im} f(x)$는 다음과 같다:

$$f(x) = 2\int_{0}^{\infty} \mathrm{d}k\, F(k) \exp(-\mathrm{i}kx) \tag{4.52}$$

힐버트 변환은 애초의 함수가 실수함수이므로 $F^{*}(-k) = F(k)$이어서 애매함이 없다. 따라서 k가 음수인 부분에 대한 변환을 없애도 함수에 대한 정보가 사라지지 않는다.

4.5.2 2차원 푸리에 변환과 축대칭 특성

좌표 성분 (x, y)가 실공간의 벡터 $\mathbf{r}$을 나타내듯이, 성분 (k_x, k_y)은 역공간의 벡터 $\mathbf{k}$를 나타낸다.

1차원 푸리에 변환과 급수에 관한 지금까지의 설명은 고차원에도 그대로 쓸 수 있다. 특히 2차원 (화면) 함수는 광학에서 아주 중요하다. 그 변환은 두 개의 공간 진동수 성분 k_x와 k_y에 대한 중적분으로 정의한다:

$$F(k_x, k_y) = \iint_{-\infty}^{\infty} \mathrm{d}x\mathrm{d}y\, f(x, y) \exp[-\mathrm{i}(xk_x + yk_y)] \tag{4.53}$$

함수 $f(x, y)$를 두 함수의 곱 $f_1(x)f_2(y)$의 꼴로 쓸 수 있으면, (4.53)의 적분은 두 개의 1차원 변환의 곱으로 인수분해할 수 있다:

$$\begin{aligned} F(k_x, k_y) &= \int_{-\infty}^{\infty} \mathrm{d}x\, f_1(x) \exp(-\mathrm{i}xk_x) \int_{-\infty}^{\infty} \mathrm{d}y\, f_2(y) \exp(-\mathrm{i}yk_y) \\ &= F_1(k_x)F_2(k_y) \end{aligned} \tag{4.54}$$

(4.53)과 (4.54)에 대한 3차원 대응식도 쓸 수 있다.

$f(x, y)$를 위와 같이 인수분해할 수 없으면, (4.53)을 해석적으로 셈하기가 어렵다. 인수분해가 되는 광학 문제 가운데 중요한 것은 f가 광축 회전대칭일 때로서 극좌표 (r, θ)를 써서 다음과 같이 나타낼 수 있다.

$$f(r,\,\theta) \;=\; f_1(r) f_2(\theta) \tag{4.55}$$

이 문제의 예는 부록 A에서 설명했다.

2차원에서, 광축 회전대칭이 있으면 두드러진 특성이 있다. $f(x,\,y)$가 중심대칭이면, 곧

$$f(x,\,y) \;=\; f(-x,\,-y) \tag{4.56}$$

이면, 푸리에 변환은 다음 특성이 있다:

$$F(k_x,\,k_y) \;=\; F(-k_x,\,-k_y) \tag{4.57}$$

마찬가지로,

$$f(x,\,y) \;=\; \quad f(-x,\,-y) \tag{4.58}$$

이면, 푸리에 변환은 다음 특성이 있다:

$$F(k_x,\,k_y) \;=\; -F(-k_x,\,-k_y) \tag{4.59}$$

$f(x,\,y)$가 실수함수이면

$$F(k_x,\,k_y) \;=\; F^*(-k_x,\,-k_y) \tag{4.60}$$

이다. 따라서 $|F(k_x,\,k_y)|^2$은 중심 대칭성이 있다. (4.56)와 (4.57)은 함수와 푸리에 변환 모두 원점에 대해 180° 돌려도 같다. 더 일반적으로, 함수가 $360°/n$ 회전에 대해 불변이면(n-겹 회전 대칭), 그 변환도 마찬가지다. 끝으로, n이 홀수인 실수함수를 생각하자. $|F(k_x,\,k_y)|^2$도 n-겹 회진 대칭이고 또한 중심 대칭이므로 $2n$-겹 회진 대칭이 된다. 예를 들어 성삼각형을 생각하면, 이것은 6겹 회전대칭이다. 거울면에 대한 대칭 또는 반대칭도 마찬가지다; $f(x,\,y) = \pm f(-x,\,y)$이면, $F(-k_x,\,k_y) = \pm F(k_x,\,k_y)$이고, 두 경우 모두 $|F(k_x,\,k_y)|^2$은 거울면 대칭이다.

상자 4.2 푸리에 알고리즘: 빠르고 이산적인 푸리에 변환

일반적으로 $f(x)$가 간단한 해석함수가 아니면, 푸리에 변환을 구할 때 수치셈을 해야 한다. 그 때는 함수 $f(x)$를 길이 Na인 유한한 영역에서 정의하고, 그 안에서 N개의 점 $x_n = a \cdot n$에서 값을 뽑아, 그것으로 푸리에 변환을 셈하여 역공간에서 M개의 점에 대한 값을 구한다. 따라서 함수를 실질적인 주기함수로 보아 (4.13)을 써서 푸리에 계수를 구한다:

$$F(m) = \frac{1}{2\pi}\sum_{n=1}^{N} f(na)\exp\left(-\mathrm{i}2\pi\frac{nm}{NM}\right) \tag{4.61}$$

N과 M이 크면, 이 셈을 곧바로 하는데 시간이 오래 걸린다. 1965년에 쿨리(Cooley)와 투키(Tukey)가 아주 효율적인 알고리즘인 **빠른 푸리에 변환**(fast Fourier transform: FFT)을 제시했는데, 이것은 $M = N = 2^n$일 때 쓸 수 있는 것으로 행렬 인수분해를 쓰며, 지금은 아주 널리 쓰인다. N과 M이 2의 멱수가 아니면, 행렬의 빈 곳에 0을 붙여 2의 멱수꼴로 만든다. 그렇지만, 빠른 푸리에 변환이 늘 가장 이상적인 도구는 아니다. 예를 들어, $M \neq N$인 곳이나, 제한된 영역에서만 푸리에 변환을 해야 하거나 함수값을 뽑는 구간이 고르지 않을 때도 있다. 그 때는 (4.64)를 곧바로 써서 구하는 것이 더 효율적이다. 이것이 **이산 푸리에 변환**(discrete Fourier transform; DFT)이다.

4.6 푸리에 역변환 정리

푸리에 역변환 정리는 결상의 수학적 바탕이어서 (§12.1), 상은 물체를 뒤집은 꼴이 된다.

푸리에 변환의 아주 좋은 특성은 변환 및 역변환의 꼴이 같은 것이다. 이 특성은 시시한 것이 아니며, 아래에 증명할 것이다. 또 달리 설명하면, 푸리에 변환의 푸리에 변환은 애초의 함수가 되는 것인데, 이것이 **푸리에 역변환 정리**(Fourier inversion theorem)이다.

애초의 함수가 $f(x)$라면, 그것의 푸리에 변환의 푸리에 변환 $f_1(x')$은 다음과 같은 중적분으로 쓸 수 있다:

$$f_1(x') = \int_{-\infty}^{\infty} \mathrm{d}k \exp(-\mathrm{i}kx')\left\{\int_{-\infty}^{\infty} \mathrm{d}x\, f(x)\exp(-\mathrm{i}kx)\right\} \tag{4.62}$$

이것을 다음과 같이 구할 수 있다:

$$f_1(x') = \int_{-\infty}^{\infty} \mathrm{d}x\, f(x) \left\{ \int_{-\infty}^{\infty} \mathrm{d}k \exp[-\mathrm{i}k(x + x)] \right\} \tag{4.63}$$

$$= \int_{-\infty}^{\infty} \mathrm{d}x\, f(x) \left[\frac{\exp[-\mathrm{i}k(x + x)]}{-\mathrm{i}(x + x')} \right]_{k=-\infty}^{k=\infty}$$

$(x + x')$를 y로 바꾸면, 네모꼴 괄호 속의 함수는 다음과 같은 꼴로 쓸 수 있다:

$$\lim_{k\to\infty} \frac{2\sin ky}{y} = 2k \lim_{k\to\infty} \mathrm{sinc}(ky) \tag{4.64}$$

이 극한은 델타함수처럼 보이고, $k \to \infty$이면 봉우리가 더 좁아지고, 더 높아진다. 이 함수를 적분하면 적절한 델타함수를 구할 수 있다. 다음과 같은 정적분을 쓰면,

$$\int_{-\infty}^{\infty} \mathrm{d}y\, \frac{\sin ky}{ky} = \pi \tag{4.65}$$

푸리에 변환 $f_1(x')$은 다음과 같다:

$$f_1(x') = \int_{-\infty}^{\infty} \mathrm{d}x\, f(x)\, 2\pi\delta(x + x') = 2\pi f(-x') \tag{4.66}$$

푸리에 변환을 다시 푸리에 변환하면, 애초의 함수가 되는데, 다만 원점을 중심으로 뒤집히고 (x가 $-x$로 바뀐다) 2π를 곱한 꼴이 된다.[11] 2차원 함수 $f(x, y)$의 푸리에 변환의 푸리에 변환은 원점에 대해 180° 돌린 꼴이 된다.[12]

---

11) 이 인자는 4.3.1에서 푸리에 변환을 정의할 때 무시했던 $1/2\pi$를 보상하는 것이다.

12) **푸리에 역변환**(inverse Fourier transform)을 정의할 때 대개 위의 두 가지 문제점을 '지워', 푸리에 변환의 푸리에 변환은 애초의 함수가 되게 한다. $f(x)$의 푸리에 변환 $F(k)$은 (4.23)과 같이 정의하고, $F(k)$의 푸리에 역변환 $f_1(x')$는 다음과 같이 정의한다:

$$f_1(x') = \frac{1}{2\pi} \int_{-\infty}^{\infty} \mathrm{d}k\, F(k) \exp(+\mathrm{i}kx')$$

이렇게 하면, $f_1(x')$는 애초의 함수 $f(x)$와 똑같아진다. 물론, 물리학은 그러한 규약과는 무관하다. 푸리에 변환과 역변환을 광학계를 써서 구현하면(12.1.3), 상은 실제로 뒤집힌다!

4.6.1 푸리에 역변환의 예

§4.3.5에서 도함수 $\mathrm{d}f(x)/\mathrm{d}x$의 푸리에 변환은 $\mathrm{i}kF(k)$임을 보았다. 이제 푸리에 역변환을 써서 적분 $\int^x f(x)$의 변환이 $(\mathrm{i}k)^{-1}F(k)$임을 알 수 있다.

푸리에 역변환 정리는 푸리에 변환을 해석적으로 할 수 있고, 그것을 다시 해석적으로 푸리에 변환할 수 있는 모든 함수에 대해 보일 수 있다. 뻔한 예는 가우스 함수로서, 이것의 푸리에 변환은 다른 가우스 함수로 두 가우스 함수의 폭의 곱은 1이다 (§4.4.3). 또 다른 예는 §4.4.1의 델타 함수이다. 함수 $\delta(x+\delta/2)+\delta(x-\delta/2)$의 푸리에 변환은 $2\cos(kb/2)$이다. 코싸인 함수의 역변환을 구하면 다음과 같다:

$$2\int_{-\infty}^{\infty}\mathrm{d}k\cos\left(\frac{kb}{2}\right)\exp(\mathrm{i}kx)=2\pi\left[\delta\left(x+\frac{b}{2}\right)+\delta\left(x-\frac{b}{2}\right)\right] \tag{4.67}$$

이것은 애초의 함수에 2π를 곱한 것이다. 위에서 지수함수를 적분할 때, 앞에서 §4.6에서 했던 극한과정을 썼다. 푸리에 역변환 정리는 물론 푸리에 변환을 한쪽으로만 해석적으로 할 수 있을 때 특히 쓸모가 있다.

4.7 콘볼루션

> 콘볼루션은 낱낱의 점이 번진 것을 일반화하여 수학적으로 정의한 것이다.

광학에서 — 물리학 일반에서 — 자주 나타나는 연산은 **콘볼루션**(convolution) 또는 **접힘**(folding)이다. 두 실수함수 f와 g의 콘볼루션은 다음과 같이 정의한다:

$$h(x)=\int_{-\infty}^{\infty}\mathrm{d}x'\,f(x')g(x-x') \tag{4.68}$$

이 책에서는 콘볼루션 연산을 기호 $\otimes$으로 나타내며, 따라서 (4.68)은 다음과 같이 쓸 수 있다:

$$h(x)=f(x)\otimes g(x) \tag{4.69}$$

이 연산은 특히 푸리에 이론에서 중요하다: 두 함수의 콘볼루션의 푸리에 변환은 이들의 변환의 곱과 같기 때문이다 (§4.7.4).

4.7.1 델타 함수 배열과의 콘볼루션

델타 함수와의 콘볼루션을 구하는 것은 아주 쉽다. 함수 $g(x)$가 $x=b$에 있는 델타 함수라고 하자: $g(x)=\delta(x-b)$. 그러면, 콘볼루션 적분 (4.68)은 다음과 같다:

$$h(x) = \int_{-\infty}^{\infty} \mathrm{d}x'\, f(x')\delta(x-b-x') \tag{4.70}$$

(4.32)의 표본 뽑기식은 다음과 같이 쓸 수 있다:

$$\int_{-\infty}^{\infty} \mathrm{d}x'\, f(x')\delta(x-x') = f(a) \tag{4.71}$$

따라서 다음과 같다:

$$h(x) = f(x-b) \tag{4.72}$$

함수의 원점은 $x=b$로 옮겨졌다. $g(x)$가 델타함수의 배열이라면, $f(x)$와의 콘볼루션을 하면 이 함수를 낱낱의 델타함수로 옮겨다 놓는다. 이것이 결정구조학에서 콘볼루션이 중요한 까닭이다: 이것은 원자 배열이 주기적으로 되풀이되는 것을 자연스럽게 기술한다.

주기적인 배열 $g(x)=\sum_n \delta(x-nb)$과 콘볼루션을 하면 주기함수의 푸리에 변환 및 푸리에 계수와 연결된다. 낱낱의 주기를 $f(x)$로 기술하면, 간격 b 마다 콘볼루션이 되풀이되어, 주기적으로 되풀이되는 함수가 된다. §4.7.5에서 푸리에 변환은 애초의 푸리에 계수를 회복시킴을 알게 된다.

4.7.2 '바늘구멍' 사진기로 콘볼루션 보기

콘볼루션 함수는 가장 간단한 광학기기인 바늘구멍 사진기를 써서 잘 보여줄 수 있다. 큰 구멍이 난 바늘구멍 사진기를 써서 평면 물체의 사진을 찍는 것을 생각하자. 바늘구멍이 크면,

밝은 물점에 대해 상평면에는 상점 x' 주변에 번진 상이 생긴다. 1차원에서는 이 번진 점을 x'에 중심을 둔 함수로 다음과 같이 기술한다: $g(x-x')$. 번진 상의 밝기분포는 x'에 생겼을 선명한 상의 밝기에 비례하므로, 다음과 같다:

$$f(x')g(x-x') \tag{4.73}$$

그리고 상 전체의 밝기분포는 다음과 같다:

$$h(x) = \int_{-\infty}^{\infty} \mathrm{d}x' f(x')g(x-x') \tag{4.74}$$

그림 4.11은 콘볼루션의 여러 특징을 드러내는 2차원 상이다. 2차원에서는 콘볼루션 함수가 다음과 같은 꼴이다:

$$h(x,y) = \int_{-\infty}^{\infty} \mathrm{d}x'\mathrm{d}y' f(x',y')g(x-x',y-y') \tag{4.75}$$

그림 4.11 4.7.2에서 설명한 바늘구멍 사진기로 보여주는 2차원 함수의 콘볼루션. 물체는 (a), (b), (c)이다; '바늘구멍'은 (b), (c)의 모양을 그린 투명판이다. (d)는 자체 콘볼루션 c⊗c, (e)는 a⊗b, (f)는 자체 콘볼루션 b⊗b, (g)는 b⊗c이다. (b)와 (c)는 중심 대칭꼴이므로 **자체 콘볼루션(self-convolution)**과 **자체 상관(auto-correlation)**이 같다.

4.7.3 광학에서 콘볼루션의 중요성

콘볼루션 연산에 대한 설명을 많이 한 까닭은 광학에서 많이 쓰기 때문이다. 콘볼루션을 쓰면 연산이 아주 쉬워지는 세 가지 예를 간단히 설명하겠다:

1. 회절격자는 실틈과 한 줄로 늘어놓은 델타함수의 콘볼루션으로 나타낼 수 있다 [(9.2)].
2. 결정의 전자밀도는 분자 하나의 전자밀도와 3차원 결정격자에 배열된 델타함수의 콘볼루션으로 나타낼 수 있다 (§8.6.1).
3. 프라운호퍼 회절 실험에서 보는 밝기분포는 물체의 자체상관의 푸리에 변환인데, 이것은 자체 콘볼루션이다 (§4.9.1)

4.7.4 콘볼루션의 푸리에 변환

콘볼루션 연산과 곱셈 연산은 서로 푸리에 변환 관계이다.

콘볼루션은 물리학에서 자주 나오고 푸리에 변환이 특히 간단하여 매력적이다. 이제 다음 **콘볼루션 정리**(convolution theorem)를 증명한다: **두 함수의 콘볼루션의 푸리에 변환은 애초의 함수의 푸리에 변환의 곱이다.** 함수 $f(x)$와 $g(x)$의 콘볼루션 $h(x)$의 푸리에 변환은 다음과 같다:

$$
\begin{aligned}
H(k) &= \int_{-\infty}^{\infty} \mathrm{d}x \left[\int_{-\infty}^{\infty} \mathrm{d}x' f(x') g(x-x') \right] \exp(-\mathrm{i}kx) \\
&= \iint_{-\infty}^{\infty} \mathrm{d}x' \, \mathrm{d}x \; f(x') g(x-x') \exp(-\mathrm{i}kx) \qquad (4.76)
\end{aligned}
$$

$y=x-x'$ 으로 잡으면, 윗식은 다음과 같이 쓸 수 있다:

$$
\begin{aligned}
H(k) &= \iint_{-\infty}^{\infty} \mathrm{d}x' \, \mathrm{d}y \; f(x') g(y) \exp\{-\mathrm{i}k(x'+y)\} \qquad (4.77) \\
&= \int_{-\infty}^{\infty} \mathrm{d}x' \; f(x') \exp(-\mathrm{i}kx') \int_{-\infty}^{\infty} \mathrm{d}y \; g(y) \exp(-\mathrm{i}ky) \\
&= F(k) \, G(k)
\end{aligned}
$$

이것이 원하던 결과이다.

이제 푸리에 역변환 정리(§4.6)을 쓰면 '두 함수의 곱의 푸리에 변환은 낱낱의 변환의 콘볼루션과 같다'는 것을 바로 끌어낼 수 있고, 이것은 콘볼루션 정리를 달리 표현한 것이다.

상자 4.3 파동뭉치를 콘볼루션으로 나타내기

어떤 함수는 푸리에 변환을 구할 때, 먼저 콘볼루션 또는 곱으로 나타낸 다음 변환하면 훨씬 쉽다. 여기에서는 간단한 예를 드는데, 이것을 모형으로 삼아 더 복잡한 상황을 나타낼 수 있다 (§2.4와 §11.1.2).

가우스 파동 뭉치를 나타내는 식은 다음과 같이 이산값이 σ^2인 가우스 함수를 곱한 꼴이다 [그림 4.12(a)]:

$$f(x) = A\exp(\mathrm{i}k_0x)\exp(-x^2/2\sigma^2) \tag{4.78}$$

이 함수는 복소 지수함수 $\exp(\mathrm{i}k_0x)$와 (4.45)의 가우스 함수를 곱한 것이다. 그러므로, 이것의 푸리에 변환은 두 함수의 푸리에 변환 $2\pi A\delta(k-k_0)$와 $\sqrt{2\pi}\,\sigma\exp(-k^2\sigma^2/2)$의 콘볼루션이다. 첫째 함수의 푸리에 변환은 $k=k_0$에 있는 델타함수이므로, 이것을 가우스 함수와 콘볼루션하면 그 원점을 옮기는 셈이 되어 다음과 같다:

$$F(k) = (2\pi)^{3/2}\sigma A\exp\left[-(k-k_0)^2\sigma^2/2\right] \tag{4.79}$$

이것은 그림 4.12(b)와 같고, 이 결과는 §2.7에서 썼다.

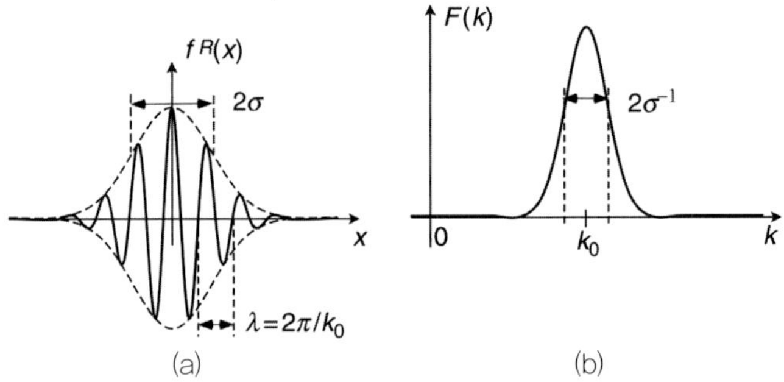

그림 4.12 (a) (4.78) 파동뭉치의 실수부; (b) 푸리에 변환.

4.7.5 주기함수의 푸리에 변환: 푸리에 급수

콘볼루션 연산을 쓰면 푸리에 급수와 푸리에 변환을 다시 연결할 수 있다. §4.7.1에서 보았듯이 주기함수는 한 주기 $g(x)$와 한 줄로 늘어놓은 델타함수의 콘볼루션으로 나타낼 수 있다 (그림 4.13):

$$f(x) = g(x) \otimes \sum_m \delta(x - mb) \tag{4.80}$$

이것의 푸리에 변환은 다음과 같다:

$$F(k) = G(k) \sum_n \delta(k - 2\pi n/b) \tag{4.81}$$

이것은 변환 $G(k)$를 $2\pi/b$의 간격으로 뽑는다. 이 값은 푸리에 계수 F_n, 곧, $k = (2\pi/b) \cdot n$에서의 델타함수의 세기로 볼 수 있다.[13)]

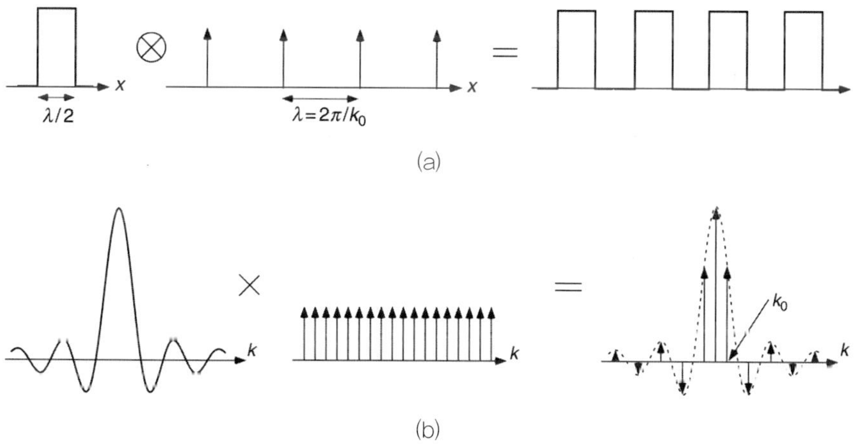

그림 4.13 (a) 주기적 네모꼴 파동을 네모꼴 파동과 델타함수 배열의 콘볼루션으로 나타낸 것. (b) 그것의 푸리에 변환으로 싱크 함수와 델타함수 배열의 푸리에 변환인 델타함수 배열의 곱이다.

---

13) $g(x)$의 범위를 길이 b인 구간으로 제한할 필요가 없음을 눈여겨 보자. 그렇게 하지 않아도 푸리에 계수는 바로 나온다. 파형(wave-form)이 똑같은 함수 $g(x)$가 여럿이 될 수 있는데; 이 함수의 푸리에 변환 $G(k)$의 차이는 $k \neq (2\pi/b) \cdot n$에서 나타나므로, 그 값은 뽑히지 않는다! 문제 2.1을 보라.

4.8 2차원 및 3차원 격자의 푸리에 변환

2차원에 주기적으로 배열한 점의 푸리에 변환을 끌어내는 이 방법은 강의시간에 주기적인 격자 두 장을 겹친(곱한) 것의 회절무늬를 보여주다가 떠올랐다. 부록 B를 보라.

위에서 격자를 델타함수의 주기적 배열로 보았는데, 이 개념은 결정을 비롯한 여러 가지 물체를 기술할 때 중요하게 쓰인다. §4.4.2에서는 1차원 격자, 곧 델타함수를 간격 b로 배열한 것의 푸리에 변환을 셈했는데, 그 결과는 델타함수를 간격 $2\pi/b$로 배열한 것이었다. 이것을 나타내는 수식은 다음과 같다:

$$\sum_{n=-\infty}^{\infty}\delta(x-nb) \quad\Leftrightarrow\quad \sum_{n=-\infty}^{\infty}\delta(k_x-2\pi m/b) \tag{4.82}$$

또는

$$\mathrm{comb}(x/b) \quad\Leftrightarrow\quad \mathrm{comb}(k_x b/2\pi) \tag{4.83}$$

이 결과를 써서 고차원 격자의 푸리에 변환을 구할 수 있다. 3차원 격자에 대한 수식은 이 장의 부록에 있다. 여기에서는 콘볼루션의 개념에서 곧바로 기하학적인 2차원 문제의 결과를 끌어내겠다.

먼저 y-쪽으로는 델타함수 하나를 잡아, x-쪽으로 고른 간격으로 늘어선 점을 그린다:

$$f_1(x, y) = \mathrm{comb}(x/a)\cdot\delta(y) \tag{4.84}$$

이제 이와 비슷하고 좌표축이 x', y'인 둘째 함수를 그리고

$$f_2(x', y') = \mathrm{comb}(x'/b)\cdot\delta(y') \tag{4.85}$$

두 함수의 콘볼루션을 구한다:

$$f_{12} = f_1(x, y)\otimes f_2(x', y') \tag{4.86}$$

이것은 f_1의 낱낱의 델타함수를 원점으로 삼아 배열 f_2를 되풀이하여 늘어놓는 것이고, 그 결과는 델타함수의 2차원 배열로 격자 간격은 각각 a와 b이다. 되풀이되는 똑같은 꼴 가운데 가장 작은 것이 **기본 단위 낱칸**(primitive unit cell)이며, 여기에서는 각변이 a와 b인 평행사변형이고 꼭지각 γ는 x-와 x'-축의 사이각이다 [그림 4.14(a)].

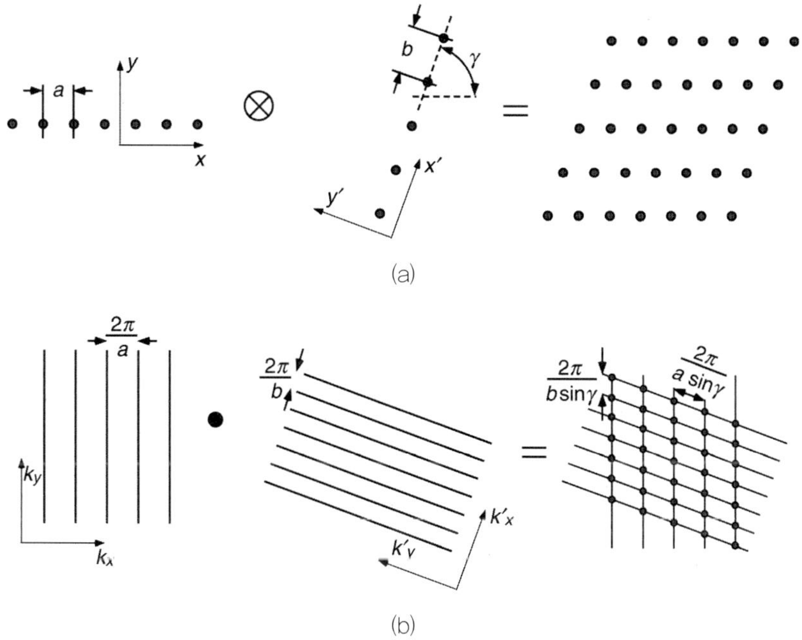

그림 4.14 델타함수의 2차원 격자의 푸리에 변환. 윗줄은 (x, y) 공간에 격자를 만드는 연산을, 아랫줄은 그 윗줄의 함수와 연산의 푸리에 변환의 결과로 '역격자'가 생기는 것을 보여준다.

(4.84)의 푸리에 변환 F_1은 콘볼루션 $\mathrm{comb}(k_x a/2\pi)\otimes 1(k_y)$으로 k_y-쪽 직선을 한 없이 배열한 것이며, x-축과 나란한 k_x-축에서의 간격은 $2\pi/a$이다. 마찬가지로 (4.85)의 푸리에 변환 F_2는 x'와 나란한 직선을 $k_y{}'$-축을 따라 간격 $2\pi/b$로 한 없이 배열한 것이다. 끝으로, 이 두 변환을 곱하면 f_{12}의 변환 F_{12}를 얻는다 (4.86). 두 직선의 곱은 둘이 만나는 곳을 빼고는 0이므로 F_{12}는 델타함수의 2차원 배열이다 [그림 4.14(b)]. 이것이 **역격자(reciprocal lattice)**이다. 기하학에서, 새 단위세포는 애초의 함수와 비슷한 평행사변형이지만, 놀이가 있다. 이것의 변의 길이는 $a^* = 2\pi/(a\sin\gamma)$와 $b^* = 2\pi/(b\sin\gamma)$로 이들은 각각 x'과 x와 직교한다 (그림 4.15). 형식적으로는, 기본 단위세포를 벡터 a와 b로 나타내고, **역격자 벡터(reciprocal lattice vector)**를 다음과 같이 정의한다:

$$\mathrm{a}^* = 2\pi\frac{\hat{\mathrm{z}}\times\mathrm{b}}{|\mathrm{a}\times\mathrm{b}|},\qquad \mathrm{b}^* = 2\pi\frac{\hat{\mathrm{z}}\times\mathrm{a}}{|\mathrm{a}\times\mathrm{b}|} \tag{4.87}$$

$$\mathrm{b}\cdot\mathrm{a}^* = 0,\qquad \mathrm{a}\cdot\mathrm{b}^* = 0 \tag{4.88}$$

여기에서 $\hat{z}$는 평면에 대한 법선벡터이다. 분모 $|\mathrm{a}\times\mathrm{b}|$의 값은 기본 단위세포의 넓이이다.

3차원에서는, (4.107)에 보인 것처럼 다음과 같다:

$$\mathrm{a}^* = 2\pi \frac{\mathrm{b}\times\mathrm{c}}{|\mathrm{a}\times\mathrm{b}\cdot\mathrm{c}|}, \text{등} \tag{4.89}$$

여기에서 세겹곱 $|\mathrm{a}\times\mathrm{b}\cdot\mathrm{c}|$는 단위세포의 부피이다.

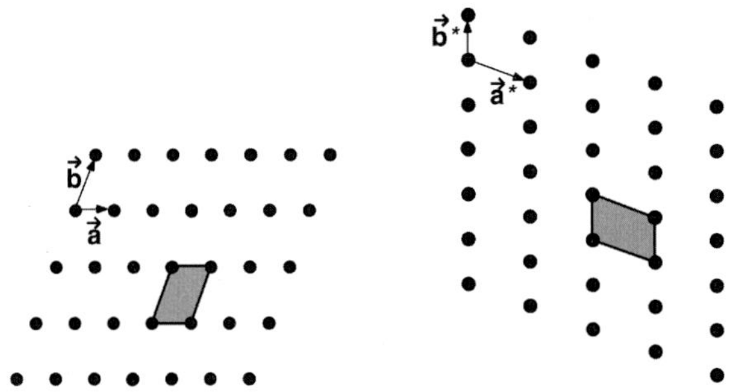

그림 4.15 직접 격자 벡터 (a, b)와 역격자 벡터 (a^*, b^*)의 관계. $\mathrm{a}\cdot\mathrm{b}^*=0$이고 $\mathrm{b}\cdot\mathrm{a}^*=0$임을 눈여겨 보라. 빗금친 영역은 각각의 격자의 단위세포이다.

4.9 상관함수

통계학과 물리학에서 많이 쓰는 아주 중요한 콘볼루션 함수는 다음의 **상관함수**(correlation function)이다:

$$h_C(x) = \int_{-\infty}^{\infty} \mathrm{d}x'\, f(x')\, g^*(x'-x) \tag{4.90}$$

이것은 $f(x)$와 $g^*(-x)$의 콘볼루션이다. 이름이 시사하듯이, 이 함수는 두 함수 f와 g가 비슷한 정도를 잰다. 두 함수의 크기와 위상이 각각의 원점을 0와 x_0에 잡을 때 비슷하다고 하자. $x=x_0$로 두면, $f(x')$과 $g(x'-x_0)$는 복소수 값이 비슷해지므로 $f(x')\,g^*(x'-x)$의 값은 실수이고 양수가 된다. 따라서 적분 $h_C(x_0)$는 값이 크고, 양수가 된다. 앞으로 11장에서 결맞음을 배울 때 이 함수를 많이 쓸 것이다. 이것의 푸리에 변환은 다음과 같다:

$$H_C(k) = F(k)\, G^*(k) \tag{4.91}$$

4.9.1 자체상관함수와 비이너-킨친 정리

자체상관함수(auto-correlation function), h_{AC}는 특별한 상관함수로 (4.95)에서 $f \equiv g$일 때이다:

$$h_{AC}(x) = \int_{-\infty}^{\infty} \mathrm{d}x' \, f(x') \, f^*(x' - x) \tag{4.92}$$

곧, $f(x) \otimes f^*(-x)$이다. 두 함수의 원점이 같으므로, 자체상관함수는 $x=0$에 뾰족한 봉우리가 있다. h_{AC}의 푸리에 변환은 다음과 같다:

$$H_{AC}(k) = F(k)\, F^*(k) = |F(k)|^2 \tag{4.93}$$

다시 말해 자체상관 함수의 푸리에 변환은 함수의 푸리에 변환의 크기의 제곱이며, 이것이 **일률 스펙트럼**(power spectrum)이다. 푸리에 역변환 정리에서, 이 명제의 역도 참이다. 그것이 **비너-킨친 정리**(Wiener-Khinchin theorem)이며, 1차원 이상에서도 적용된다.

자체상관 함수에 관한 정보는 $x=0$에 있는 봉우리에만 들어있는 것은 아니다. 예를 들어, 어떤 함수가 파수 K_0와 주기 $\Lambda = 2\pi/K_0$로 강한 주기성이 있다고 하자. 그 함수 $f(x')$와 $f^*(x' + n\Lambda)$는 비슷할 것이고, 따라서 그 곱은 양수가 될 것이다; 따라서 h_{AC}에 봉우리가 주기적으로 생길 것이다. 그것의 푸리에 변환인 일률 스펙트럼 H_{AC}도 $k = K_0$에 대응되는 봉우리가 생긴다. 따라서 $f(x)$에 주기성이 있음을 알아내는데 쓸모가 있다.

2차원 및 3차원에서는 상관 함수가 **모양인식**(pattern recognition)에 많이 쓰이며, 자체상관 함수는 엑스선 회절 무늬를 해석할 때 널리 쓰이는데, 그것을 **패터슨 함수**(Patterson function)라고 한다. 간단한 2차원 문제에서 그것이 어떻게 되는지 살펴보자. 값이 실수인 똑같은 델타함수 3개로 된 함수 $f(x, y)$를 생각하자 (그림 4.16). $f(x, y)$의 낱낱의 델타함수가 있는 점에 $f(x, y)$를 180° 돌린 함수 $f^*(-x, -y)$의 원점을 둔다. 그러면 원점에 높은 봉우리가 생김을 바로 알 수 있다. 이 높은 봉우리는 실수함수의 자체상관 함수의 고유한 특성이다. 공간 자체상관 함수를 실험에 쓰는 것을 §12.7에서 간단히 설명한다.

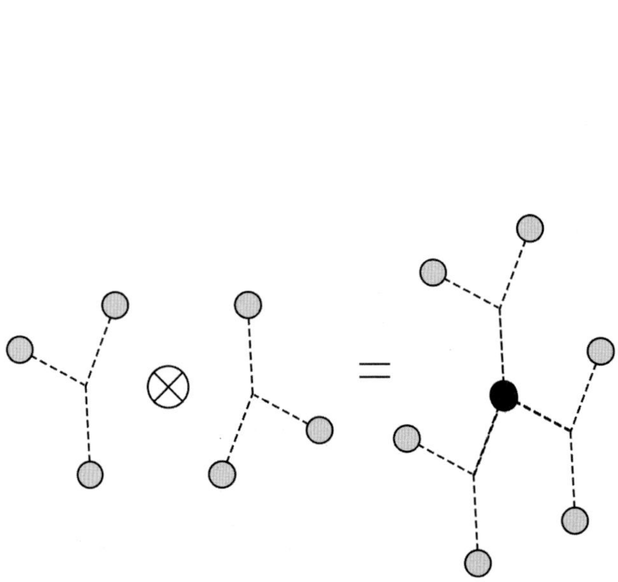

그림 4.16 2차원 함수의 자체상관. (왼쪽 회색) 세 원반은 델타함수를 나타낸다. 점선은 모양을 알아보기 쉽게 그은 것이다. 이것을 원점에 대해 뒤집어 자체 콘볼루션하면 자체상관이 된다. 원점에는 늘 높은 봉우리가 생긴다.

4.9.2 에너지 보존: 팔스발 정리

어떤 함수 $f(x)$를 푸리에 변환하는 과정은 본질적으로 그것을 여러 싸인파동이 겹친 꼴로 나타내는 것이다. 뒤에 8장에서 보겠지만, 프라운호퍼 회절은 푸리에 변환으로 기술되며, 이때 $f(x)$는 물체에서 나오는 빛의 진폭분포이고 $F(k)$는 회절무늬의 진폭분포이다. 이 과정에서 빛에너지를 잃지 않으므로, 물체에서 나오는 빛과 회절무늬에 들어오는 빛 둘 다 총 일률이 같아야 하고, 이것을 수식으로 나타내면 다음과 같다:

$$\int_{-\infty}^{\infty} \mathrm{d}x\, |f(x)|^2 = C\int_{-\infty}^{\infty} \mathrm{d}k\, |F(k)|^2 \tag{4.94}$$

여기에서 상수 C는 푸리에 변환을 정의한 방식에 따라 값이 달라질 뿐 물리적은 내용은 없다. 이것이 **팔스발 정리(Parseval's theorem)**이다. 이것은 §4.9.1에서 설명한 자체상관 함수를 써서 쉽게 증명할 수 있다. (4.93)에 푸리에 역변환 정리를 쓰면, $|F(k)|^2$의 역변환은 $h_{AC}(x)$이다. 이것을 명확히 쓰면, (4.68)에서 다음과 같다:

$$\frac{1}{2\pi}\int_{-\infty}^{\infty} \mathrm{d}k\, |F(k)|^2 \exp(\mathrm{i}kx) = \int_{-\infty}^{\infty} \mathrm{d}x'\, f(x')\, f^*(x'-x) \tag{4.95}$$

이제 이 식에 $x=0$을 넣으면 다음 식을 얻는다:

$$\frac{1}{2\pi}\int_{-\infty}^{\infty} dk\,|F(k)|^2 = \int_{-\infty}^{\infty} dx'\,|f(x')|^2 \qquad (4.96)$$

이것이 팔스발 정리이고, $C=1/2\pi$이다.

4.10 고급 주제: 자체 푸리에 함수

푸리에 변환을 함수에 작용하는 연산자로 보면, 다음 물음이 나온다: 이 연산자의 고유값과 고유함수는 무엇인가?:

$$\mathcal{F}[f(x)] - EF(x) \qquad (4.97)$$

이것은 수학적 문제처럼 보이겠지만, §14.6.1에서 이 고유함수 또는 '자체 푸리에 함수'는 레이저의 공초점 공진기에서 수직 모드를 정의하는 등 실제적 중요성이 있다. 이미 그러한 함수 두 가지를 보았다: 하나는 델타함수를 한없이 늘어놓은 것으로(§4.4.2) 고유값은 $E=2\pi/b$이고, 다른 하나는 가우스 함수로 고유값은 $E=\sqrt{2\pi}\,\sigma$이다. 사실 이러한 함수는 한 없이 많으며, 다음의 논리에서 명확하다. 간단히 대칭 실수함수만 생각하자. 이 논리를 조금 더 꾸미면 모든 경우를 다룰 수 있다 [Caila (1991)]. $f(x)$의 푸리에 변환은 $F(k)$이고 $F(k)$의 푸리에 변환은 $f(-x)$이므로, $f(x)+F(x)$의 푸리에 변환은 $F(k)+f(-k)=f(k)+F(k)$이다. 그렇지만, 이렇게 될 수 있는 여러 함수 가운데, 파수와 공간이 모두 제한된 함수가 있고, 실제로는 이들이 중요하다. 이들은 함수와 그것의 도함수의 푸리에 변환의 관계를 써서 끌어낼 수 있다 (문제 4.1):

$$F^{(n)}(k) = \int dx\,\frac{\partial^n}{\partial x^n}f(x)\exp(-ikx) = (-ik)^n F(k) \qquad (4.98)$$

이제 위에서 설명한 일반적인 방식을 써서 자체 푸리에 함수를 다음과 같이 만든다. 다음 미분방정식을 살펴보자:

$$\left[\frac{\partial^n}{\partial x^n} + (-ik)^n\right] f(x) = \alpha f(x) \qquad (4.99)$$

이 식의 푸리에 변환을 구하고, 푸리에 역변환 정리를 쓰면 k-공간에서도 똑같은 미분방정식을 얻는다:

$$\left[(-\mathrm{i}k)^n + \frac{\partial^n}{\partial k^n}\right]F(k) = \alpha F(k) \tag{4.100}$$

이 미분방정식의 해는 상수를 빼고는 앞의 미분방정식과 똑같다. 특히 $n=2$일 때의 해를 구하면 다음과 같은 레이저 모드에 관한 미분방정식이 된다:

$$\frac{\partial^2 f}{\partial x^2} - x^2 f = \alpha f \tag{4.101}$$

이것은 단순 조화 진동자에 관한 슈뢰딩거 방정식과 똑같고, 그 해는 잘 알려진 에르미트-가우스 함수이다. 첫째 해는 가우스 함수로 $f(x)=(\sqrt{2\pi}\,\sigma)^{-1}\exp(-x^2/2\sigma^2)$이며, 넣어보면 고유값은 $\alpha=1$이다. 이것은, 뒤에 홀 모드 레이저의 진폭 단면에 해당한다. 그렇지만, 이 미분방정식에는 고차 모드 해가 여러개 있다. 얇은 **수직 공진기 표면 방사 레이저(vertical cavity surface emitting laser: VCSEL)**는 (4.101)과 등가인 2차원 미분방정식의 해인 고차 모드에서 발진할 수 있다:

$$\nabla^2 f - r^2 f = \alpha f \tag{4.102}$$

그림 4.17은 이 해 가운데 몇 몇과 관찰결과를 비교한 것이다.

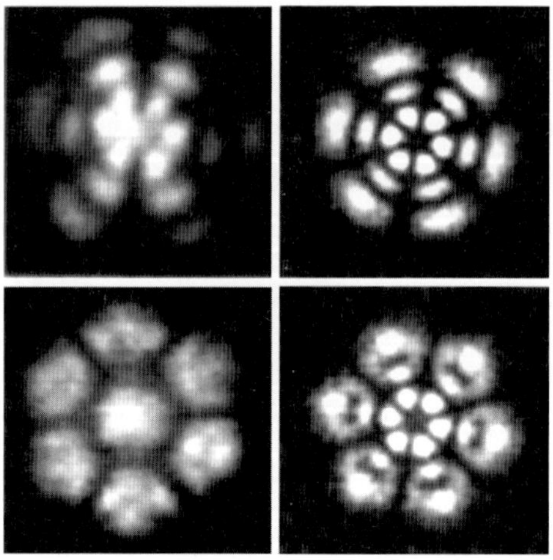

실험 **전산시늉**

그림 4.17 2차원 자체 푸리에 함수: VCSEL의 모드를 전산시늉한 결과와 관찰한 결과 비교.

요약

이 장에서는 푸리에 이론을 전체적으로 훑어 보았는데, 수학 보다는 물리학의 측면을 강조했다. 광학에서 푸리에 이론을 많이 쓰는 까닭은 결국 빛이 파동이기 때문이다. 여기에서는 다음을 배웠다:

- **푸리에 급수**는 애초에 사인함수꼴이 아닌 주기적 파형을 분석하려 한 것이지만, 나중에는 비주기 함수로 확장되어 **푸리에 변환**이 되었다.
- 공간 함수의 푸리에 변환이 정의되는 공간은 역공간이고, 그곳의 변수는 공간 진동수이다.
- 1차원 푸리에 변환의 정의와 몇 가지 보기: 네모꼴 펄스, 가우스 함수, 싸인 함수, 델타 함수, 주기적으로 배열된 델타함수 (그림 4.18).
- 단순한 함수를 콘볼루션과 곱셈으로 묶어 만든 함수의 푸리에 변환과 구성 함수의 푸리에 변환의 관계.
- **푸리에 반전**(Fourier inversion): 푸리에 변환의 푸리에 변환은 애초의 함수가 되며, 이것은 뒤에 결상 이론의 바탕이 된다.
- **역격자**는 실공간의 주기적 격자의 푸리에 변환이다. 이것을 3차원으로 확장하면 결정 구조학에서 중요한 개념이 된다.
- 비너-킨친 정리: 자체상관함수의 푸리에 변환은 애초의 함수의 일률 스펙트럼이다.
- 팔스발 정리: 일률 스펙트럼의 적분값과 애초의 함수의 세기의 적분값은 같다.
- 자체 푸리에 함수: 함수 스스로가 푸리에 변환인 함수.

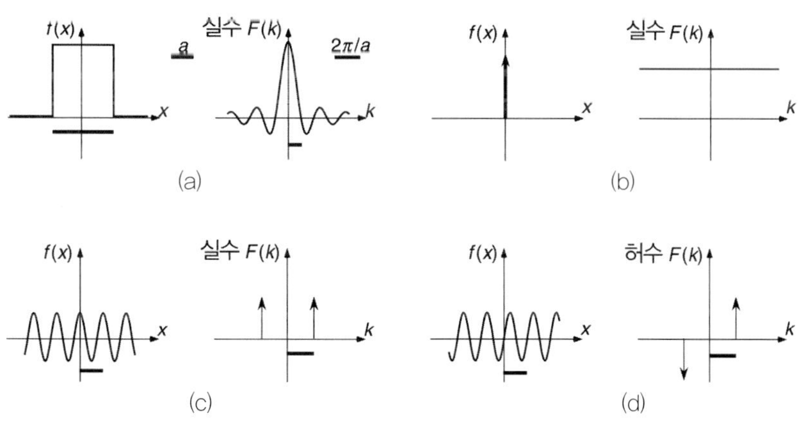

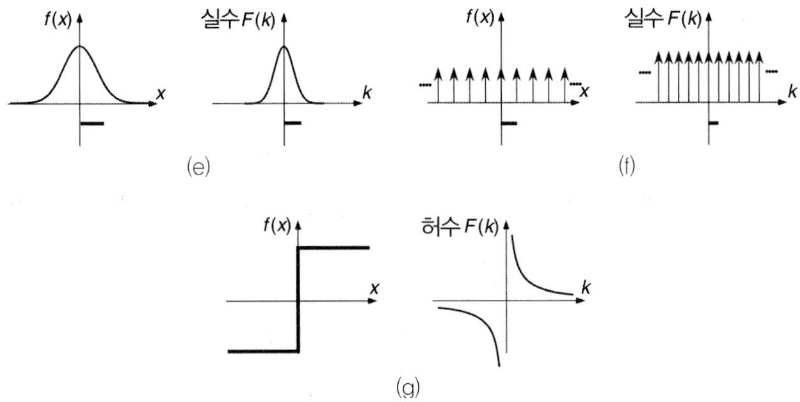

그림 4.18 앞에서 설명한 7가지 1차원 함수의 푸리에 변환으로 뒤에 많이 쓰인다. $\sin(2\pi x/a)$와 계단 함수는 반대칭 함수이고 푸리에 변환의 허수부가 반대칭이다. 실공간의 눈금 막대의 길이는 a, 역공간의 눈금 막대의 길이는 $2\pi/a$이다. 함수와 푸리에 변환은 각각 다음과 같다:
(a) $\mathrm{rect}(x/a) \Leftrightarrow a\,\mathrm{sinc}(ka/2)$, (b) $\delta(x) \Leftrightarrow 1$,
(c) $\cos(2\pi x/a) \Leftrightarrow \frac{1}{2}[\delta(x-a)+\delta(x+a)]$, (d) $\sin(2\pi x/a) \Leftrightarrow \frac{1}{2i}[\delta(x-a)-\delta(x+a)]$,
(e) $\exp(-x^2/2\sigma^2) \Leftrightarrow \sigma\sqrt{\pi}\exp(-k^2\sigma^2/2)$,
(f) $\sum_{n=-\infty}^{\infty}\delta(x-na) \Leftrightarrow (2\pi/a)\sum_{m=-\infty}^{\infty}\delta(k-2\pi m/a)$, (g) $\mathrm{sign(x)} \Leftrightarrow \mathrm{i}/k$.

부록: 3차원 공간의 역격자

3차원 공간의 역격자의 개념을 §4.8에서 쓴 기하학적 방법 대신 대수적 방법을 써서 끌어낸다.

한없는 주기적 격자 속에 있는 델타함수의 위치를 **직접 격자 벡터**(direct lattice vector) a, b, c를 써서 다음과 같이 정의한다.

$$f(x,\,y,\,z) \equiv f(\mathrm{r}) = \sum_{\tilde{h},\tilde{k},\tilde{m}=-\infty}^{\infty} \delta(\mathrm{r}-\tilde{h}\mathrm{a}-\tilde{k}\mathrm{b}-\tilde{m}\mathrm{c}) \tag{4.103}$$

이것은 세 변이 a, b, c인 평행육면체가 기본 단위세포인 주기적 격자점 마다 델타함수가 있는 것이다 [그림 4.19(a)].[14)]

14)어떤 격자에 대해 a, b, c를 잡는 방법은 아주 많지만, 가장 간단한 것이 한 두 개 있다.

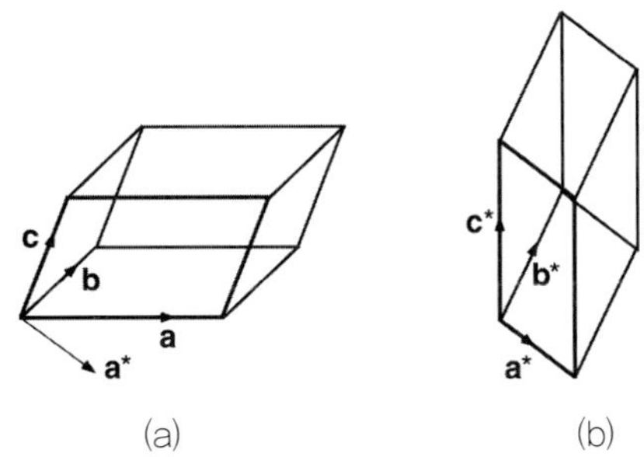

그림 4.19 3차원 공간의 직접 격자와 역격자 벡터의 관계

(4.108)의 푸리에 변환은, 벡터 $\mathrm{k}=(k_x, k_y, k_z)$로 나타내면 다음과 같다:

$$F(\mathrm{k}) = \sum_{\tilde{h},\tilde{k},\tilde{m}=-\infty}^{\infty} \exp[-i\mathrm{k}\cdot(\tilde{h}\mathrm{a}+\tilde{k}\mathrm{b}+\tilde{m}\mathrm{c})] \tag{4.104}$$

새 벡터 $\mathrm{a}^\star$, $\mathrm{b}^\star$, $\mathrm{c}^\star$를 다음과 같이 정의하여 쓰면 윗 식이 간단해진다:

$$\mathrm{a}^\star\cdot\mathrm{a}=\mathrm{b}^\star\cdot\mathrm{b}=\mathrm{c}^\star\cdot\mathrm{c}=2\pi \tag{4.105}$$

$$\mathrm{a}^\star\cdot\mathrm{b}=\mathrm{a}^\star\cdot\mathrm{c}=\mathrm{b}^\star\cdot\mathrm{a}=\mathrm{b}^\star\cdot\mathrm{c}=\mathrm{c}^\star\cdot\mathrm{a}=\mathrm{c}^\star\cdot\mathrm{b}=0 \tag{4.106}$$

다시 말해, $\mathrm{a}^\star$는 b, c와 직교하고, $\mathrm{b}^\star$는 a, c와 직교하고, $\mathrm{c}^\star$는 a, b와 직교한다. $\mathrm{a}^\star$를 다음과 같이 정의하면 이 조건이 맞는다:

$$\mathrm{a}^\star \equiv 2\pi\frac{\mathrm{b}\times\mathrm{c}}{\mathrm{a}\cdot\mathrm{b}\times\mathrm{c}} = 2\pi\frac{\mathrm{b}\times\mathrm{c}}{V} \tag{4.107}$$

여기에서 V는 단위세포의 부피이다. $\mathrm{b}^\star$ 및 $\mathrm{c}^\star$도 같은 식으로 정의한다.

벡터 $\mathrm{a}^\star$, $\mathrm{b}^\star$, $\mathrm{c}^\star$는 나란하지 않으므로 k는 이들의 선형결합으로 나타낼 수 있다:

$$\mathrm{k} = \tilde{h}^\star\mathrm{a}^\star + \tilde{k}^\star\mathrm{b}^\star + \tilde{m}^\star\mathrm{c}^\star \tag{4.108}$$

여기에서 $\tilde{h}^\star$, $\tilde{k}^\star$, $\tilde{m}^\star$은 우선은 어떤 값도 된다. 그러면 (4.109)는 다음과 같이 쓸 수 있다:

$$\begin{aligned} F(\mathrm{k}) &= \sum_{\tilde{h},\tilde{k},\tilde{m}=-\infty}^{\infty} \exp\left[-i\left(\tilde{h}\tilde{h}^\star\mathrm{a}^\star\cdot\mathrm{a}+\tilde{k}\tilde{k}^\star\mathrm{b}^\star\cdot\mathrm{b}+\tilde{m}\tilde{m}^\star\mathrm{c}^\star\cdot\mathrm{c}\right)\right] \\ &= \sum_{\tilde{h},\tilde{k},\tilde{m}=-\infty}^{\infty} \exp\left[-2\pi i\left(\tilde{h}\widetilde{h^\star}+\tilde{k}\widetilde{k^\star}+\tilde{m}\widetilde{m^\star}\right)\right] \end{aligned} \tag{4.109}$$

이 합은 일반적인 $\tilde{h}^\star$, $\tilde{k}^\star$, $\tilde{m}^\star$ 에 대해서는 보통 0이다. 왜냐하면 단위원의 둘레를 따라 퍼져있는 수 많은 복소수를 더하면 서로 지워지기 때문이다. 그렇지만, $\tilde{h}^\star$, $\tilde{k}^\star$, $\tilde{m}^\star$ 이 정수이면, 낱낱의 항이 1이므로 $F(\mathbf{k})$의 값은 한없이 커진다. 따라서 $F(\mathbf{k})$는 벡터 $\mathbf{a}^\star$, $\mathbf{b}^\star$, $\mathbf{c}^\star$로 정의된 격자에 **델타함수가 3차원 배열된 것**이며, 이것이 **역격자**이다. 2차원에서는 그림 4.15와 같고, 3차원 구조는 그림 4.19(b)와 같다.

문제

4.1 $f(x)$의 푸리에 변환이 $F(k)$일 때, 다음 함수의 푸리에 변환을 구하라:

$$\int_0^x \mathrm{d}x'\, f(x').$$

4.2 실수함수 $\nu(x)$의 **하틀리 변환**(Hartley transform)은 다음과 같다:

$$H(k) = \int_{-\infty}^{\infty} \mathrm{d}x\, \nu(x)\,[\cos kx + \sin kx] \tag{4.110}$$

이것이 푸리에 변환과 다음 관계가 있음을 보여라:

$$H(k) = \mathrm{Re}[V(k)] - \mathrm{Im}[V(k)] \tag{4.111}$$

푸리에 광학의 방법을 써서 하틀리 변환을 광학적으로 기록하는 방법을 고안하라. 이것은 하나의 실수함수에 푸리에 변환의 모든 정보를 담고 있지만, 실수함수에 대해서만 쓸 수 있다. 자세한 설명은 Bracewell (1986)을 보라; 실험 방법은 Villasenor 와 Bracewell(1987)의 논문을 보라.

4.3 다음과 같이 감쇠되는 델타함수의 푸리에 변환을 구하라:

$$f(t) = \sum_{n=0}^{\infty} \delta(t - nt_0)\, e^{-\alpha n} \tag{4.112}$$

이것을 패브리-피로 간섭계를 이해하는데 쓸 수 있는가?

4.4 다음 세모꼴 파동이 주기적으로 배열된 것의 푸리에 변환을 구하라: $y=|x|$ $(-\pi < x \leq \pi)$. 이것은 네모꼴 펄스의 자체상관과 어떤 관계가 있는가?

4.5 앞 문제의 결과를 써서 상자 2.1에서 설명한 기타줄의 실험결과를 시늉내라.

4.6 네모꼴 파동의 주기가 b이고, 한 주기 속에서 기간 c 동안은 값이 1, $b-c$ 동안은 값이 0이다 [이것을 "동작비율(duty cycle)"$=c/b$라고 한다]. 콘볼루션 정리를 써서 이것의 푸리에 변환을 c/b의 함수로 구하라. $c/b \to 1$이면 어떻게 되는가?

4.7 $\text{sinc}(ax/2)$의 자체-콘볼루션은 같은 함수에 상수를 곱한 것임을 보여라.

4.8 함수 $(f_1 \otimes f_2) \times f_3$와 $f_1 \otimes (f_2 \times f_3)$를 비교하고, 또 이들의 푸리에 변환을 비교하라. $f_1 = \sum_{n=-\infty}^{\infty} \delta(x-nb)$, $f_2 = \text{rect}(x/b)$, $f_3 = \exp(\text{i}\alpha x)$이다.

4.9 콘볼루션은 특이한 성질이 있다. 예를 들어, 델타함수 세 개가 간격 b로 늘어서 있으면, 한없이 긴 주기적 배열 $\sum \delta(x-nb)$ 에 $\text{rect}(x/c)$를 곱한 것으로 나타낼 수 있다. 여기에서 $2b+\epsilon < c < 4b-\epsilon$ 이다 (ϵ은 아주 작은 값). 이 변환은 콘볼루션으로 나타낼 수 있고, c가 그 범위 안에 있는 한 rect 함수의 변수와 무관함을 보여라 (이 문제는 쉽지 않다!) 이 해는 Collin (1991)이 자세히 설명했다.

4.10 델타함수가 주기적으로 배열되어 있는데, 다섯 번 째 마다 빠져 있다. 이것의 푸리에 변환은 무엇인가?

4.11 흰 배경 속에서 x- 및 y-축에 대해 기울어진 두꺼운 검은 선의 상을 $N \times N$ 네모꼴 그물 위에 이진값으로 나타내어, 검은 선으로 덮인 비율이 반을 넘으면 검은색, 그렇지 않으면 흰색이다 (그림 4.20). 이 영상을 디지털 푸리에 변환한다. N이 작으면, 변환은 주로 k_x와 k_y축을 따라 배열된다 (기본 네모꼴의 푸리에 변환). N이 커지면서, 변환은 주로 검은 선과 직교하는 축을 따라 간다. 어떻게 해서 그러한 변화가 생기는가?

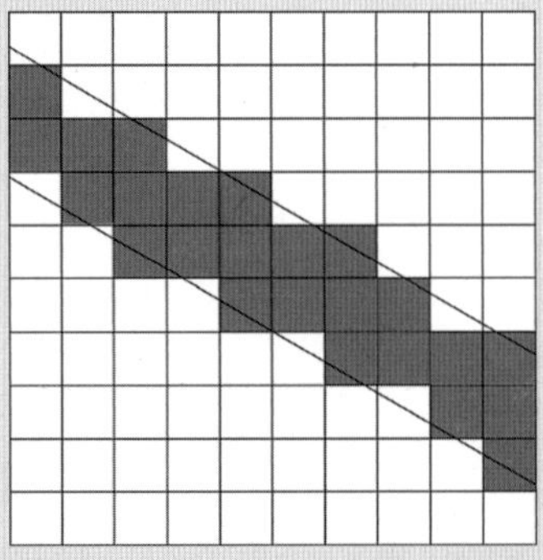

그림 4.20 비스듬한 직선의 디지털 표현

4.12 **잔파동 변환**(wavelet transform)은 스펙트럼이 시간에 따라 변하는 함수의 푸리에 변환으로, 시간 δt 동안 잰 푸리에 변환을 시간의 함수로 나타낸 것이다 [예: Combes 등 (1990)]. 이것은 흔히 소리와 음악 분석에 쓴다. 콘볼루션 정리를 써서 δt와 잔파동 변환의 진동수 분해능 $\delta\omega$는 다음 관계가 있음을 보여라: $\delta t \cdot \delta\omega \approx 2\pi$.

4.13 다음 방법으로 델타함수를 거의 주기적으로 한 줄로 길게 배열한다. 기본 주기는 b이고, 낱낱의 세포 속에서 $x=0$ 또는 $x=h$에 델타함수가 있다. 여기에서 $h<b/2$이다. 낱낱의 확률은 50%이다. 자체상관 함수의 개념을 써서 이 배열의 일률 스펙트럼을 셈하라.

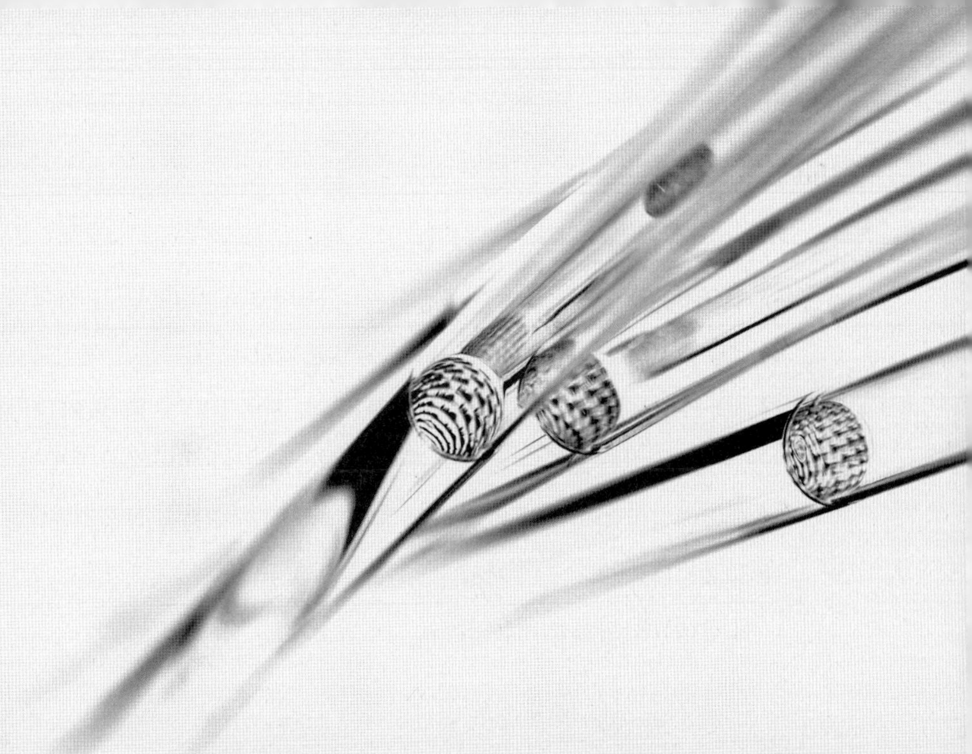

5 전자기파

이 장에서는 2장에서 설명한 파동의 중요한 예로서 전자기파를 설명한다. 고전 전자기장의 특성을 맥스웰 방정식으로 요약한 것에서 출발하며, 여러분은 이것을 잘 알고 있다고 가정한다. 맥스웰은 밖에서 걸어준 전기장 E와 편극밀도 P를 묶어 가상적인 대체 장 $\mathrm{D} = \epsilon_0 \mathrm{E} + \mathrm{P}$의 시간 도함수 $\partial \mathrm{D}/\partial t$를 대체 전류로 전자기 방정식에 넣었다. 6장에서 비등방성 매질 속에서의 빛의 진행을 다룰 때 여기에서 배운 내용을 확장하는데, 그 때 이 대체 장이 아주 중요하다.

이 장에서는 다음을 배운다:

- 등방성, 선형 매질 속의 전자기파의 특성
- 파면이 평면인 단순 조화 파동(단순 조화 평면파)
- 전자기파의 방사
- 경계면에서의 전자기파의 진행: 프레넬 반사 및 투과 계수
- 도체 속의 전자기파의 특성
- 맥스웰 방정식의 시간 반전 대칭성의 결과
- 전자기파 운동량, 광압력 및 빛 집게
- 파면이 평면이 아니라 나선꼴인 전자기파의 각운동량
- 전기 및 자기 감수율이 음수인 매질 속에서 전자기파가 어떻게 되는가

이 책의 나머지 부분은 이 개념을 더 자세히 다루며, 마지막 장에서는 전자기장의 양자화를 다루는데, 그것은 맥스웰도 예측하지 못했지만 지금은 연구가 가장 활발하다.

5.1 맥스웰 방정식

맥스웰은 색감각, 열역학, 그리고 통계역학에서도 중요한 업적을 남겼다.

맥스웰이 활동할 때는 벡터 미분 연산자(∇, $\nabla \cdot$, $\nabla \times$)의 현대적 개념이 없었다. 그의 주요 업적은 전기장 $\boldsymbol{E}$와 $\boldsymbol{D}$, 자기장 $\boldsymbol{B}$와 $\boldsymbol{H}$, 전하밀도 ρ와 전류밀도 $\boldsymbol{j}$의 특성을 이들의 성분의 관계를 나타내는 20개의 미분방정식 묶음으로 요약한 것이다. 그가 이 식에서 파동의 진

행을 볼 수 있었다는 것은 거의 믿을 수 없는 성취이다. 벡터 연산자를 쓰면 그가 얻은 결과를 네 개의 멋지고 단순한 식으로 요약할 수 있고, 파동 방정식을 끌어내는 과정도 훨씬 더 투명해진다. 그 방정식은 다음과 같다:

$$\text{전기장에 관한 가우스 법칙} \quad : \nabla \cdot \boldsymbol{D} = \rho \tag{5.1}$$

$$\text{자기장에 관한 가우스 법칙} \quad : \nabla \cdot \boldsymbol{B} = 0 \tag{5.2}$$

$$\text{앙페르-맥스웰 법칙} \quad : \nabla \times \boldsymbol{H} = \frac{\partial \boldsymbol{D}}{\partial t} + j \tag{5.3}$$

$$\text{패러데이 법칙} \quad : \nabla \times \boldsymbol{E} = -\frac{\partial \boldsymbol{B}}{\partial t} \tag{5.4}$$

진공에서는 $\boldsymbol{E}$와 $\boldsymbol{D}$는 다음 관계가 있다 (국제단위계): $\boldsymbol{D}=\epsilon_0\boldsymbol{E}$. 여기에서 ϵ_0는 상수로서 단위가 다른 $\boldsymbol{E}$와 $\boldsymbol{D}$를 맞춰준다. 자기유도 $\boldsymbol{B}$와 자기장 $\boldsymbol{H}$도 비슷한 관계가 있다: $\boldsymbol{B}=\mu_0\boldsymbol{H}$. 매질 속에서는 일반적으로 $\boldsymbol{E}$와 $\boldsymbol{D}$가 다르고, $\boldsymbol{B}$와 $\boldsymbol{H}$도 다르다. 등방성, 선형 매질에서는 매질의 특성을 나타내는 유전상수 상수 ϵ과 자기 감수율 μ를 통해 다음 관계가 있다.

$$\boldsymbol{D} = \epsilon\epsilon_0\boldsymbol{E} \tag{5.5}$$

$$\boldsymbol{B} = \mu\mu_0\boldsymbol{H} \tag{5.6}$$

ϵ과 μ의 값은 보통 진동수의 함수이며, 10장에서 설명한다.

5.1.1 등방성, 선형, 유전체 속의 전자기파

맥스웰 방정식에서 비분산 파동 방정식 (2.6)이 나오는 가장 간단한 상황은 매질이 **등방성**(isotropic), **선형**(linear), **유전체**(non-conducting)일 때로, 전하밀도 ρ와 전류밀도 j가 모두 0이다. **등방성** 매질은 공간의 모든 쪽이 똑같고 회전할 때 오른손 쪽이나 왼손 쪽이 똑같다. **선형** 매질은 걸어준 전기장이나 자기장 때문에 생기는 쌍극자밀도가 전자기장에 비례하는 것이다. 실험실에서 만드는 거시적 전기장(보통 $< 10^8$ V/m 정도)은 원자간 전기장 10^{11} V/m 보다 훨씬 약하므로 그 효과는 선형적이다. 아주 센 레이저 빛살의 전기장은 가끔 그 보다 훨씬 세서 **비선형**(non-linear) 반응이 생기는데, 13장 뒤에서 간단히 설명한다.

그러한 매질의 예는 기체, 단원자 액체 및 유리 등이다. 물과 인듐-주석-산화물(indium-tin-oxide: ITO)은 도체인데, 진동수가 낮은 대역에서는 불투명하지만, 가시광 영역에서는 투명하다.

그러면 (5.1)-(5.4)는 다음과 같다:

$$\nabla \cdot \boldsymbol{D} = \epsilon \epsilon_0 \nabla \cdot \boldsymbol{E} = 0 \tag{5.7}$$

$$\nabla \cdot \boldsymbol{B} = \mu \mu_0 \nabla \cdot \boldsymbol{H} = 0 \tag{5.8}$$

$$\nabla \times \boldsymbol{H} = \frac{\partial \boldsymbol{D}}{\partial t} = \epsilon \epsilon_0 \frac{\partial \boldsymbol{E}}{\partial t} \tag{5.9}$$

$$\nabla \times \boldsymbol{E} = -\frac{\partial \boldsymbol{B}}{\partial t} = -\mu \mu_0 \frac{\partial \boldsymbol{H}}{\partial t} \tag{5.10}$$

(5.10)의 양쪽에 $(\nabla \times)$연산을 하고, (5.9)를 넣으면 다음 결과를 얻는다:

$$\nabla \times (\nabla \times \boldsymbol{E}) = -\mu \mu_0 \frac{\partial}{\partial t}(\nabla \times \boldsymbol{H}) = -\mu \mu_0 \epsilon \epsilon_0 \frac{\partial^2 \boldsymbol{E}}{\partial t^2} \tag{5.11}$$

$\nabla \times (\nabla \times \boldsymbol{E}) = \nabla \times (\nabla \cdot \boldsymbol{E}) - \nabla^2 \boldsymbol{E}$를 쓰면 (5.11)은 다음과 같이 바뀐다:

$$\nabla^2 \boldsymbol{E} = \mu \mu_0 \epsilon \epsilon_0 \frac{\partial^2 \boldsymbol{E}}{\partial t^2} \tag{5.12}$$

직각좌표계에서는 $\nabla^2 \boldsymbol{E}$는 다음과 같은 벡터이다:

$$\nabla \cdot (\nabla \boldsymbol{E}) = \left(\nabla^2 E_x, \nabla^2 E_y, \nabla^2 E_z\right).$$

5.1.2 파동 속도와 굴절률

§2.2에 따르면 (5.12)에 대한 해는 속력이 다음과 같은 벡터 파동임을 알 수 있다:

$$v = 1/\sqrt{\epsilon \mu \epsilon_0 \mu_0} \tag{5.13}$$

1983년에 c를 기본상수로 정의했다.

진공에서는 이 속력이 $c = 1/\sqrt{\epsilon_0 \mu_0}$ 으로 299,792,458 m/s로 정의된 중요한 기본상수이다. 이 정의에 따라, 국제단위계에서 $\mu_0 \equiv 4\pi \times 10^{-7}$ H/m로 정의했고, 따라서 $\epsilon_0 = 8.854 \times 10^{-12}$ F/m이다.

광학 매질의 투자율 μ는 대개 1로 잡는다. 최근에는 **음성 굴절률(negative refractive index)**인 물질이 있고, 그 물질에서는 $\mu \neq 1$이지만, 이에 관한 설명은 §5.10으로 미룬다. $\mu = 1$로 잡으면, 등방성 매질과 진공에서의 전자기파의 속력의 비로 정의되는 **굴절률**(refractive index) n은 다음과 같다:

$$n \equiv \frac{c}{v} = \sqrt{\epsilon} \tag{5.14}$$

여기에서도 ϵ의 값은 진동수마다 다르다.

5.2 파동 방정식의 평면파 해

(5.12)의 중요한 해는 다음과 같은 **평면파**(plane wave)이다:

$$\boldsymbol{E} = \boldsymbol{E}_0 \exp[\mathrm{i}(\mathbf{k}\cdot\mathbf{r} - \omega \mathrm{t})] \tag{5.15}$$

여기에서 $\omega/k = v$이다. 이 모양의 파동에서는 $\nabla \equiv -\mathrm{i}\boldsymbol{k}$, $\partial/\partial t \equiv \mathrm{i}\omega$이고, (2.5.2)에서 (5.7)-(5.10)을 다음과 같은 꼴로 고쳐 쓸 수 있다:

$$\boldsymbol{k}\cdot\boldsymbol{D} = \epsilon\epsilon_0 \boldsymbol{k}\cdot\boldsymbol{E} = 0 \tag{5.16}$$

$$\boldsymbol{k}\cdot\boldsymbol{B} = \mu_0 \boldsymbol{k}\cdot\boldsymbol{H} = 0 \tag{5.17}$$

$$\boldsymbol{k}\times\boldsymbol{H} = -\omega\boldsymbol{D} = -\omega\epsilon\epsilon_0\boldsymbol{E} \tag{5.18}$$

$$\boldsymbol{k}\times\boldsymbol{E} = \omega\boldsymbol{B} = \omega\mu_0\boldsymbol{H} \tag{5.19}$$

이 식에서 전자기장 벡터의 배치와 크기를 바로 알 수 있다 (그림 5.1). $\boldsymbol{D}$, $\boldsymbol{H}$, $\boldsymbol{k}$는 서로 직교하는 오른손 집합을 이룬다. $\boldsymbol{E}$, $\boldsymbol{B}$, $\boldsymbol{k}$도 마찬가지이며, 매질이 등방성이므로 $\boldsymbol{E}$, $\boldsymbol{H}$, $\boldsymbol{k}$도 마찬가지다. 그러므로 전자기파는 **수직파**(transverse wave)이다. 또한, $\boldsymbol{E}$와 $\boldsymbol{H}$의 크기는 다음 관계가 있다:

$$Z \equiv \frac{E}{H} = \frac{k}{\omega\epsilon\epsilon_0} = \sqrt{\frac{\mu_0}{\epsilon_0}}\frac{1}{\sqrt{\epsilon}} \tag{5.20}$$

이 상수 Z가 전자기파에 대한 매질의 **임피던스**(impedance)이다. 진공에서는 $\epsilon = 1$이고, $Z_0 = \sqrt{\mu_0/\epsilon_0} = c\mu_0 = 377$ 옴이다. 따라서 매질의 임피던스와 굴절률은 (5.14)에서 다음 관계가 있다.

임피던스는 H에 대한 E의 비이다; 국제단위계에서 E의 단위는 V/m, H는 A/m이므로 Z의 차원은 V/A ≡ 옴(ohm)이다.

$$Z = Z_0/n \tag{5.21}$$

$\boldsymbol{D}$와 $\boldsymbol{k}$를 품는 평면이 **편광면**(plane of polarization)이며, 6장에서 아주 중요하다.

(5.16)-(5.19)에 든 매개변수가 모두 실수이므로 진동하는 전기장과 자기장은 위상이 같다. 따라서 $\boldsymbol{H}$는 다음과 같이 쓸 수 있다:

$$\boldsymbol{H} = \boldsymbol{H}_0 \exp[i(\mathbf{k}\cdot\mathbf{r} - \omega t)] \tag{5.22}$$

여기에서 $\boldsymbol{H}_0$는 $\boldsymbol{k}$ 및 $\boldsymbol{E}_0$와 직교하고 크기는 E_0/Z이다.

5.2.1 전자기파 에너지 흐름

포인팅 벡터의 평균값 $S=\langle EH \rangle$는 $\boldsymbol{E}$와 $\boldsymbol{H}$의 위상차에 따라 달라진다. 특히 소멸파처럼 위상차가 90°이면 (§5.5.1), $S=0$이다.

전자기파의 중요한 특징은 에너지를 실어 나르는 것이다. 에너지 흐름을 기술하는 벡터는 **포인팅 벡터**(Poynting vector)로서 일반적으로 다음과 같다:

$$\boldsymbol{S} = \boldsymbol{E}\times\boldsymbol{H} \tag{5.23}$$

이것의 차원은 단위 시간 당, 단위 면적 당 에너지이며, 절대값은 빛의 **세기**(intensity)이다. 이 벡터의 방향은 등방성 매질에서는 $\boldsymbol{k}$와 나란함을 쉽게 알 수 있다. S의 시간평균값은, 그림 5.1과 같이 $\boldsymbol{E}$와 $\boldsymbol{H}$의 위상이 같고 서로 직교할 때는 다음과 같다:

$$\langle S \rangle = \langle E_0 \sin\omega t\, H_0 \sin\omega t \rangle = \frac{1}{2}E_0 H_0 = \frac{1}{2}E_0^2/Z \tag{5.24}$$

($\sin^2\omega t$을 $1/\omega$보다 훨씬 긴 시간에 대해 평균한 값은 1/2이다.)

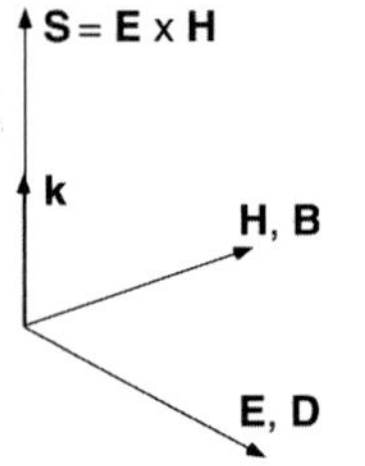

그림 5.1 등방성 매질 속에서 $\boldsymbol{k}$쪽으로 나아가는 전자기파의 전기장과 자기장 벡터의 배치.

5.3 빛

전하가 움직이면 빛이 생긴다. 광학에서는 직선을 따라 가속운동하는 전하와 진동하는 다중극이 특히 중요하므로 이것을 간단히 설명한다. 이에 관한 온전한 설명은 전자기 이론에 관한 교재를 보라.

5.3.1 가속 전하가 내는 빛

등속 직선운동을 하는 전하는 전류와 등가로서, 일정한 자기장을 만들지만 빛을 내지는 않는다. 그렇지만, 입자가 가속되면, 자기장이 시간적으로 변하므로 전기장도 생겨난다. 그러면 전기장과 자기장의 가위곱 $\boldsymbol{S}$가 생겨 빛이 나온다. 전하 q인 입자의 속도가 $\boldsymbol{v}(t)$, 가속도가 $\dot{\boldsymbol{v}}$이면, 반지름이 $\boldsymbol{r} \equiv \hat{\boldsymbol{n}} r$인 곳으로 나오는 빛의 전기장 벡터는 다음과 같다:

$$\boldsymbol{E} = \frac{q}{4\pi\epsilon_0 rc^2}\left[\hat{\boldsymbol{n}}\times(\hat{\boldsymbol{n}}\times\dot{\boldsymbol{v}})\right] \tag{5.25}$$

크기는 다음과 같다:

$$|E| = \frac{q}{4\pi\epsilon_0 rc^2}|\dot{\boldsymbol{v}}|\sin\theta \tag{5.26}$$

여기에서 θ는 $\dot{\boldsymbol{v}}$와 $\hat{\boldsymbol{n}}$의 사이각이다. 전기장 벡터의 방향은 그림 5.2(a)와 같이 이 두 벡터를 품는 평면과 나란하고, $\hat{\boldsymbol{n}}$과는 직교한다.

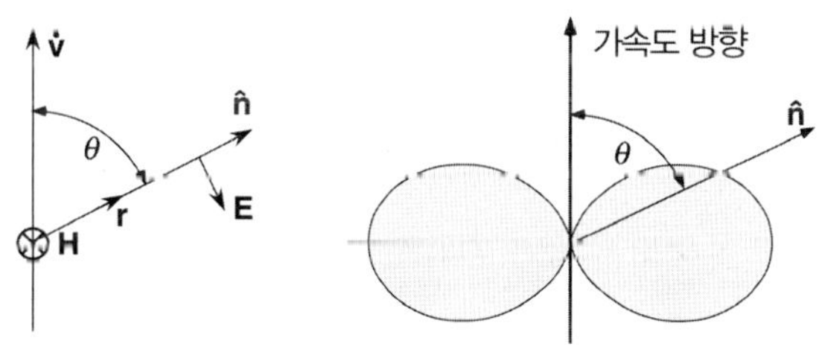

그림 5.2 가속 전하가 내는 빛: (a) 벡터의 방향, (b) 나가는 빛의 밝기의 각도분포. 3차원으로 보면 고리 모양이다.

자기장은 $\boldsymbol{H}=(\hat{\boldsymbol{n}}\times \boldsymbol{E})/Z_0$ 이므로 $\hat{\boldsymbol{n}}$과 직교하지만 $(\boldsymbol{v}, \hat{\boldsymbol{n}})$ 평면과도 직교한다. 전자기장은 **지연되므로** $\boldsymbol{E}$와 $\boldsymbol{H}$를 재는 시각보다 r/c만큼 더 이른 시각의 $\boldsymbol{v}$ 값을 써야한다. 두 벡터는 함께 전하의 가속도 방향에 거의 직각방향으로 빛을 내보낸다. 포인팅 벡터는 (5.26)에서 다음과 같다:

$$\boldsymbol{S} = \boldsymbol{E}\times \boldsymbol{H} = \hat{\boldsymbol{n}} \frac{q^2\dot{\boldsymbol{v}}^2}{16\pi^2\epsilon_0 c^3 r^2}\sin^2\theta \tag{5.27}$$

이것은 $\dot{\boldsymbol{v}}$에 직각인 쪽에서 값이 가장 크다. 빛을 내는 전하를 원점에 두고 $\boldsymbol{S}(\hat{\boldsymbol{n}})$ 의 크기를 극좌표로 나타낸 **방사 각분포 그림**(radiation polar diagram)은 그림 5.1(b)와 같다. 싱크로트론처럼 전하가 원운동을 할 때는, 궤도에 접하고, 순간 가속도 $\dot{\boldsymbol{v}}$에 직각인 평면에서 빛이 최대가 된다. 내보내는 빛의 총 일률은 (5.27)을 반지름 r인 구면에 대해 적분한 값이다:

$$P = \frac{q^2\dot{\boldsymbol{v}}^2}{6\pi\epsilon_0 c^3} \tag{5.28}$$

5.3.2 진동 쌍극자가 내는 빛

> 거리가 a 또는 그 보다 가까우면 **근접장**(near-field) 빛이 된다. **근접장 훑기식 광학 현미경**(near- field scanning optical microscope: NSOM)은 그 빛을 써서 상을 만든다 (§12.6.3).

흔히 보는 광원은 주기적으로 진동하는 쌍극자이다. 예를 들어, 산란 이론(§13.2)에서 원자나 분자 또는 더 큰 입자가 빛을 받으면, 그 입자들이 진동 쌍극자가 된다. 들어오는 빛의 전기장이 물체를 편극시켜 그 빛의 진동수로 진동하게 만든다.

방사된 빛은 §5.3.1에서 곧바로 끌어낼 수 있다. 점전하 q의 위치는 $z(t)=a\cos\omega t$로, 전기 쌍극자능은 $p=qz=qa\cos\omega t$이다. 가속도는 다음과 같다:

$$\dot{\boldsymbol{v}} = -a\omega^2\hat{\boldsymbol{z}}\cos\omega t \tag{5.29}$$

그러면 a 보다 훨씬 먼 곳에서는 $\boldsymbol{E}$와 $\boldsymbol{H}$가 $\hat{\boldsymbol{n}}$와 직교한다:

$$\boldsymbol{E} = -\frac{qa\omega^2}{4\pi\epsilon_0 c^2 r}[\hat{\boldsymbol{n}}\times(\hat{\boldsymbol{n}}\times\hat{\boldsymbol{z}})] \tag{5.30}$$

$$\boldsymbol{H} = (\hat{\boldsymbol{n}}\times \boldsymbol{E})/Z_0 \tag{5.31}$$

그러한 진동 쌍극자에서 나오는 빛의 포인팅 벡터 $\boldsymbol{S}=\boldsymbol{E}\times\boldsymbol{H}$는 (5.27)과 같이 $\sin^2\theta$에 비례하며, 그림 5.2(b)와 같다. 또 하나 중요한 것은 쌍극자의 축 $\hat{z}$쪽에서 보면 $\boldsymbol{S}$는 0으로서 빛이 수직파임을 강조해서 보여준다.

쌍극자가 내는 빛의 총 일률은 (5.28)에서 다음과 같다:

$$P = \frac{1}{6\pi\epsilon_0}\frac{p_0^2\omega^4}{c^3}\cos^2\omega t \tag{5.32}$$

백열등과 같은 뜨거운 물체가 빛을 내는 까닭은 전자와 원자가 계속 움직이기 때문이다. 이들은 쌍극자능을 마구 만들고, 이것이 온갖 파장의 빛을 낸다. 이 **흑체 방사(blackbody radiation)**는 §14.1에서 설명한다.

여기에서 $p_0=qa$는 진동 쌍극자의 진폭이다. $\cos^2x$의 평균값은 1/2이므로, 주기 $\gg\omega^{-1}$ 동안 내는 빛의 평균 일률은 다음과 같다:

$$\langle P\rangle = \frac{p_0^2\omega^4}{12\pi\epsilon_0c^3} \tag{5.33}$$

이 식의 두드러진 특징은ω에 대한 변화이다; 쌍극자 진동자가 내는 빛의 일률은 진동수의 네제곱에 비례한다. 이러한 변화의 한 가지 실제적인 결과는 하늘색이 파란 것이다 (§13.2.1); 또 하나는 유리와 광섬유의 투명도의 기본적 한계이다 (§10.2).

상자 5.1 방사광

싱크로트론(Synchrotron)은 고리 모양의 하전입자 가속기로서 전자 또는 다른 전하를 띤 입자를 전기장으로 가속하고, 그 궤적을 고른 자기장을 써서 구부려 반지름 수 백 m의 원 궤도에 가두어 둔다. 자세한 설명은 다음 책을 보라: Wille(1991). 처음에 약 10 MeV로 가속된 전자 펄스를 고리에 넣어 여러 바퀴 돌게 하면서 전자 펄스가 오는 시각에 맞추어 [따라서 그 이름에 '동기+관(synchro+tron)'이 붙었다] 가속 전기장을 걸어준다. 그러면 자기장 영역을 전자가 지나갈 때 가속되므로 엑스선을 낸다. 전자의 에너지가 커지면, 그에 맞추어 자기장을 변화시켜야 전자가 같은 궤도를 유지한다. 빛을 내면서 잃는 에너지도 빠르게 늘어나 약 10 GeV에서 평형을 이룬다. 이러한 방사광 장치는 전 세계에 여러 대 가동되고 있다.

§5.3.1에서는 전하의 운동이 비상대론적, 곧 $v\ll c$라고 가정했다. 그렇지만, $v\to c$이면, 빛을 내면서 잃는 일률이 엄청나게 커지는데, 그 까닭은 둘이다: 첫째, 일률이 $\dot{v}^2$에 비례하기

때문이고, 둘째, 그림 5.2를 실험실 기준틀로 바꾸면 나가는 빛이 v에 대해 점점 더 좁은 각도로 갇히기 때문이다. 나가는 빛의 일률의 각분포를 상대론적으로 셈한 결과가 그림 5.3으로, (a)와 (c)는 눈금이 500 정도 다르다.

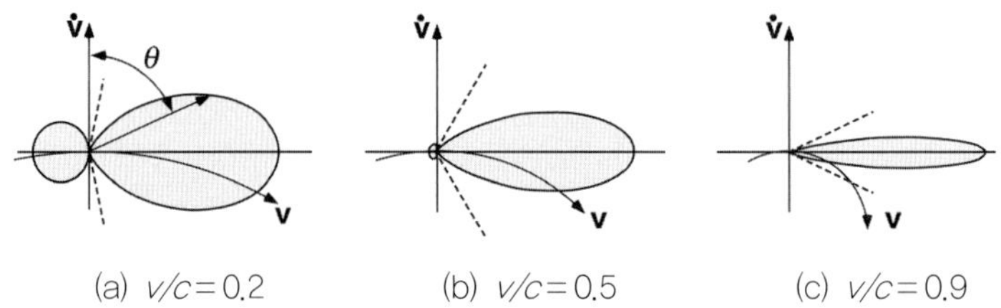

그림 5.3 방사광의 각분포. 입자의 속력이 v/c=0.2, 0.5, 0.9로 빨라지면서 실험실 기준틀에서 상대론적으로 변환했다. 파선은 일률이 0인 방향이며, 빛살은 그 안에 갇혀 나아간다. 그림의 눈금은 최대값을 같게 맞추었지만, $\dot{v}$가 같으면, $\boldsymbol{v}$쪽의 최대값의 비는 실제로는 2:8:10000이다.

방사광의 진동수 분포는 전자가 자기장 영역을 지나가면서 경로가 굽을 때 내보내는 짧은 펄스를 푸리에 분석하여 얻는다. 실제로는 이 빛에는 상당한 양의 X-선이 거의 나란한 빛살로 들어있다. 방사광 X-선의 중요한 쓰임새는 큰 분자의 X-선 회절(§8.6), 비주기적 구조의 위상 복원 방법(§8.8), 프레넬 고리판을 결상소자로 쓰는 X-선 현미경(§7.5) 등이 있다.

5.4 두 매질의 경계면에서의 반사와 굴절

두 매질의 경계에서는 양쪽의 전자기장 사이에 간단한 관계가 있다: $\boldsymbol{E}$와 $\boldsymbol{H}$의 접선성분이 연속이고, 마찬가지로 $\boldsymbol{D}$와 $\boldsymbol{B}$의 법선성분이 연속이다. 이 조건에 대한 온전한 증명은 전자기 교재에 나와 있다. 경계조건을 쓰면 빛의 반사 및 투과 계수를 셈할 수 있다.

5.4.1 프레넬 계수

굴절률이 n_1과 n_2인 두 등방성 매질의 평면 경계면에 파동벡터 $\boldsymbol{k}$, 전기장의 진폭 $\boldsymbol{E}_0$인 빛이 들어온다고 하자. 경계면에 대한 법선 $\hat{\boldsymbol{n}}$에 대해 파동벡터 $\boldsymbol{k}$가 이루는 각도를 $\hat{i}$라 하자. $\boldsymbol{k}$와

$\hat{n}$이 만드는 평면에 대해 들어오는 빛의 전기장 벡터 $\boldsymbol{E}$가 나란할 때를 평행(∥, TM, p 편광) 편광,직교할 때는 수직(⊥, TE, s) 편광으로 나타낸다. 아무 편광상태(§6.2)는 이 두 가지 상황이 겹친 것으로 볼 수 있다.

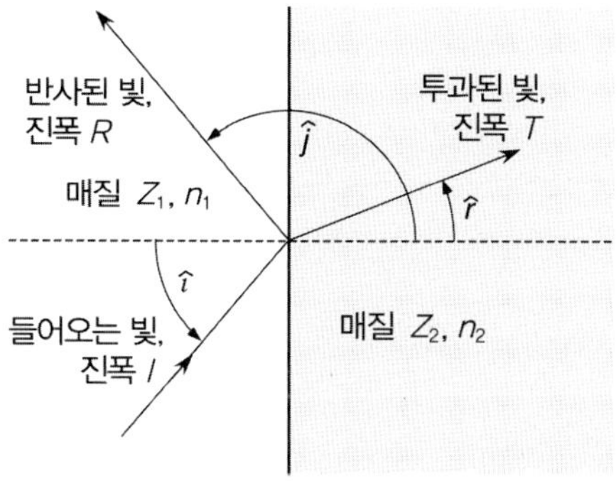

그림 5.4 들어오는 빛, 반사된 빛, 투과된 빛

그림 5.4는 이러한 상황을 보여준다. 반사 및 투과된 빛도 그렸다. 들어오는 빛의 파동벡터 $\boldsymbol{k}$, 반사 및 투과된 빛의 파동벡터와 $\hat{n}$이 $(x,\ z)$ 평면에 있고, $\hat{n}$은 z-쪽이다. 들어오는 빛, 반사된 빛, 투과된 빛의 진폭(전기장의 크기)을 각각 $I,\ R,\ T$로 나타낸다. 두 매질에서의 파동벡터의 크기는 k_1과 k_2는 진공에서의 파동벡터의 크기 k_0와 다음 관계가 있다: $k_1/n_1 = k_2/n_2 = k_0$.

수직(⊥, TE) 편광

$\boldsymbol{E} = (0,\ I,\ 0)$이다. $t=0$에 세 빛의 성분은 다음과 같다:

$$\begin{aligned}
&\text{들어오는 빛:} \quad E_y = E_{yI} = I\exp\left[-i\left(k_1 z\cos\hat{i} + k_1 x\sin\hat{i}\right)\right] \qquad (5.34)\\
&\text{반사된 빛:} \quad E_y = E_{yR} = R\exp\left[-i\left(k_1 z\cos\hat{j} + k_1 x\sin\hat{j}\right)\right]\\
&\text{투과된 빛:} \quad E_y = E_{yT} = T\exp\left[-i\left(k_2 z\cos\hat{r} + k_2 x\sin\hat{r}\right)\right]
\end{aligned}$$

반사 및 투과될 때 생길 수 있는 위상변화는 R과 T의 복소수값에 반영된다. 자기장의 방향은 $\boldsymbol{k}$ 및 $\boldsymbol{E}$에 내해 식삭이고, 크기는 다음과 같이 전기장의 크기를 임피던스로 나눈 값이다: $H = E/Z = nE/Z_0$. 반사된 빛은 $-z$쪽으로 가므로 $\hat{j}$의 값은 그에 맞추어 잡아야, 에너지 흐름인 포인팅 벡터가 올바른 쪽으로 간다. 전기장이 $\boldsymbol{E} = (0,\ E_y,\ 0)$이므로 자기장은 다음과 같다:

$$\begin{aligned} \text{들어오는 빛} \quad &: H_z = E_{yI} Z_0^{-1} n_1 \sin\hat{i} \\ &\quad H_x = -E_{yI} Z_0^{-1} n_1 \cos\hat{i} \\ \text{반사된 빛} \quad &: H_z = E_{yR} Z_0^{-1} n_1 \sin\hat{j} \\ &\quad H_x = -E_{yR} Z_0^{-1} n_1 \cos\hat{j} \\ \text{투과된 빛} \quad &: H_z = E_{yT} Z_0^{-1} n_2 \sin\hat{r} \\ &\quad H_x = -E_{yT} Z_0^{-1} n_2 \cos\hat{r} \end{aligned} \tag{5.35}$$

이제 경계조건을 적용하자. E_y는 경계면과 나란하므로 연속이고, 따라서 (5.34)에서 $x=0$, $z=0$에서 다음과 같다:

$$I + R = T \tag{5.36}$$

$z=0$인 평면 어디에서나 $E_{yI} + E_{yR} = E_{yT}$이므로, 진동함수는 똑같아야 한다:

$$k_1 \sin\hat{i} = k_1 \sin\hat{j} = k_2 \sin\hat{r} \tag{5.37}$$

따라서 $\hat{j} = \pi - \hat{i}$ 이고 스넬 법칙이 나온다:

$$\sin\hat{i} = \frac{k_2}{k_1}\sin\hat{r} = \frac{n_2}{n_1}\sin\hat{r} = n_r \sin\hat{r} \tag{5.38}$$

여기에서 n_r은 두 매질의 상대굴절률이다. 경계면에 대한 접선성분 H_x가 경계면에서 연속일 조건에서 다음 식을 얻는다:

$$I Z_1^{-1} \cos\hat{i} + R Z_1^{-1} \cos\hat{j} = T Z_2^{-1} \cos\hat{r} \tag{5.39}$$

반사 및 투과 계수를 다음과 같이 정의한다: $\mathcal{R} \equiv R/I, \mathcal{T} \equiv T/I$. 그러면 이 편광(아랫글자 $\perp$로 나타냄)에 대해서는 (5.36), (5.37), (5.21)에서 다음 결과를 얻는다:

$$\mathcal{R}_\perp = \frac{n_1 \cos\hat{i} - n_2 \cos\hat{r}}{n_1 \cos\hat{i} + n_2 \cos\hat{r}} = \frac{\cos\hat{i} - n_r \cos\hat{r}}{\cos\hat{i} + n_r \cos\hat{r}} \tag{5.40}$$

$$\mathcal{T}_\perp = \frac{2 n_1 \cos\hat{i}}{n_1 \cos\hat{i} + n_2 \cos\hat{r}} = \frac{2\cos\hat{i}}{\cos\hat{i} + n_r \cos\hat{r}} \tag{5.41}$$

편광방향이 경계면과 나란한 평행 편광성분(아랫글자 ∥로 나타냄)에 대한 계수도 마찬가지로 구할 수 있고, 그 결과는 다음과 같다:

$$\mathcal{R}_{\parallel} = \frac{n_1\cos\hat{r} - n_2\cos\hat{i}}{n_1\cos\hat{r} + n_2\cos\hat{i}} = \frac{\cos\hat{r} - n_r\cos\hat{i}}{\cos\hat{r} + n_r\cos\hat{i}} \tag{5.42}$$

$$\mathcal{T}_{\parallel} = \frac{2n_1\cos\hat{r}}{n_1\cos\hat{r} + n_2\cos\hat{i}} = \frac{2\cos\hat{r}}{\cos\hat{r} + n_r\cos\hat{i}} \tag{5.43}$$

이 함수들이 **프레넬 계수**(Fresnel coefficient)이고 그림 5.5와 같다.

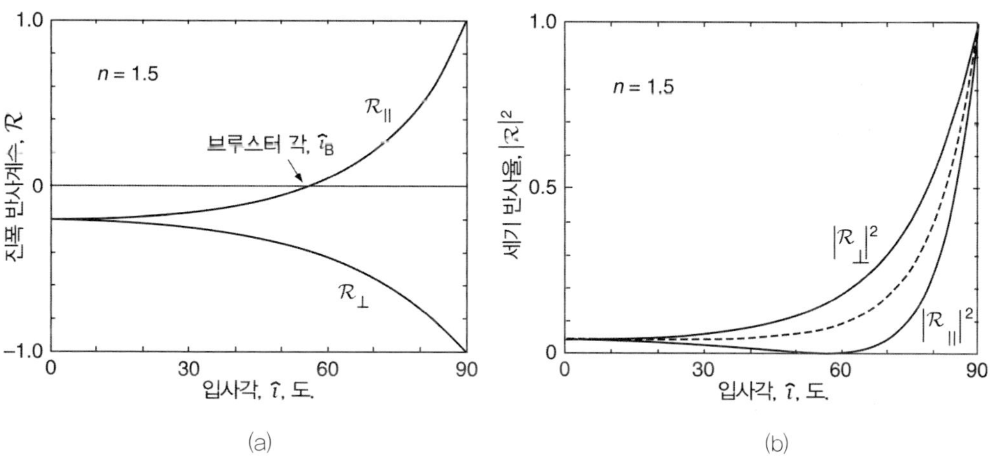

그림 5.5 (a) 진폭 반사계수 $\mathcal{R}(\hat{i})$: 상대굴절률 $n_r = 1.5$. (b) 세기 반사율 $|\mathcal{R}(\hat{i})|^2$. 점선은 평균값으로, 들어오는 빛이 비편광일 때 적용된다.

이들은 다음과 같이 간단한 기호를 써서 나타내기도 한다:

$$\mathcal{R} = \frac{u_1 - u_2}{u_1 + u_2} \tag{5.44}$$

$$\mathcal{T} = \frac{2u_1}{u_1 + u_2} \tag{5.45}$$

여기에서

$$\perp \text{ 편광: } u_1 \equiv n_1\cos\hat{i}\,,\ u_2 \equiv n_2\cos\hat{r} \tag{5.46}$$

$$\parallel \text{ 편광: } u_1 \equiv n_1\cos\hat{i}\,,\ u_2 \equiv n_2\cos\hat{r} \tag{5.47}$$

프레넬 계수는 n이나 u가 복소수일 때도 맞다. 이에 대한 예는 §5.5.2와 §5.6에서 설명한다.

이 식은 두 편광상태 모두, 그리고 모든 입사각에 대해 한 쌍의 공식만 쓰면 되므로 여러층의 유전체 박막에 대한 일반이론을 세울 때 아주 쓸모가 있다 (§10.4).

수직입사 때는 두 편광에 대한 반사 및 투과계수가 같고, 다음과 같다:

$$\mathcal{R} = \frac{n_1 - n_2}{n_1 + n_2} = \frac{1 - n_r}{1 + n_r} \tag{5.48}$$

$$\mathcal{T} = \frac{2n_1}{n_1 + n_2} = \frac{2}{1 + n_r} \tag{5.49}$$

예를 들어, 공기-유리 경계면에서는 $n_r = 1.5$이므로 (5.48)에서 진폭 반사계수는 $\mathcal{R} = -0.5/2.5 = -0.2$이고, 따라서 반사율은 $\mathcal{R}^2 = 4\%$이다 (그림 5.5). 이것은 아무것도 입히지 않은 유리면의 반사계수의 전형적인 값이다.

5.4.2 브루스터 각

편광방향이 입사면과 나란하면, 그림 5.5에서 반사계수가 0이 되는 입사각 $\hat{i}_B$가 있다. 이 조건은 분자가 0이므로 다음과 같다:

$$n_1 \cos\hat{r} - n_2 \cos\hat{i} = 0 \Rightarrow \frac{\cos\hat{r}}{\cos\hat{i}} = \frac{n_2}{n_1} = n_r = \frac{\sin\hat{i}}{\sin\hat{r}} \tag{5.50}$$

이로부터 다음 식을 얻는다 (스스로 해보라):

$$\tan\hat{i} = \cot\hat{r} = n_r \tag{5.51}$$

이 조건에 맞는 입사각 $\hat{i} = \hat{i}_B$가 **브루스터 각**(Brewster angle)으로, 빛이 전혀 반사되지 않는다. 그림 5.6은 브루스터 반사의 효과를 극적으로 보여주는 사진이다.

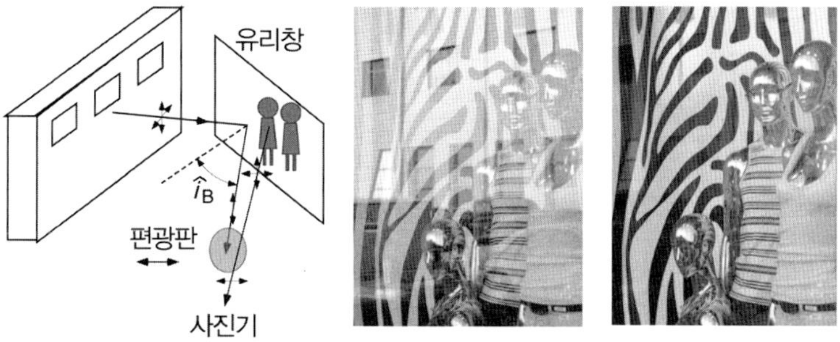

그림 5.6 진열창의 사진을 브루스터 각 방향에서 찍었다. 비편광을 쓰면, 유리창 표면에서 반사된 거리의 모습과 유리창 너머 진열된 상품이 겹쳐서 나타난다. 그렇지만 편광판을 붙여 || 편광 성분만 받으면 반사된 빛이 사라져 진열창 속이 깨끗하게 보인다.

5.5 굴절률이 더 큰 매질 속의 입사

$n_r < 1$이면, 굴절률이 더 큰 매질 쪽에서 빛이 들어오는 상황인데, 몇 가지 흥미있는 현상이 나타난다. 첫째, (5.49), (5.41) 또는 (5.43)에서 어떤 각도에서는 $\mathcal{T}$가 1 보다 더 커질 수 있는데, 그렇다고 에너지 보존 법칙에 어긋나지는 않는다. 에너지를 따지려면 늘 S를 셈해야 한다. (5.49)에서는 $S = E^2 Z^{-1} = E^2 n Z_0^{-1}$이므로, 투과된 에너지의 비율은 다음과 같다:

$$\left(\frac{2n_1}{n_2 + n_1}\right)^2 \frac{n_2}{n_1} = \frac{4n_1 n_1}{(n_1 + n_2)^2} = \frac{4n_r}{(1 + n_r)^2} \tag{5.52}$$

이것은 $n_r = 1$일 때 최대값 1이 된다. 수직입사가 아니면, 에너지 흐름을 셈할 때는 투과된 빛살과 반사된 빛살의 단면적의 비가 $\cos\hat{i} : \cos\hat{r}$인 것을 넣어야 한다.

5.5.1 내부 전반사

$n_r > 1$이면 굴절각 $\hat{r}$은 늘 실수이다. 그러나, $n_r < 1$이면, $\hat{i} < \sin^{-1} n_r \equiv \hat{i}_c$이면 스넬 법칙에 맞는 굴절각 $\hat{r}$이 실수가 아니다. 이 각도 $\hat{i}_c$가 **임계각**(critical angle)이며, 입사각이 그 보다 크면 $|\mathcal{R}_\perp| = |\mathcal{R}_\parallel| = 1$이다. 이 현상이 **내부 전반사**(total internal reflection)이다. $\hat{i} <$

$\hat{i}_c$이면 빛의 전기장을 어떻게 기술해야 할까? 그 각도에서는 굴절각이 스넬 법칙에 맞는 복소수라고 가정한다. 그러면 둘째 매질 속의 전기장은 다음에 설명하는 **소멸파**(evanescent wave)가 된다.

스넬법칙

$$\sin\hat{r} = \frac{1}{n_r}\sin\hat{i} \equiv (1+\beta^2)^{1/2} > 1 \tag{5.53}$$

에서 다음 결과를 얻는다:

$$\cos\hat{r} = (1+\sin^2\hat{r})^{1/2} = \pm i\beta \quad (\beta\text{는 실수, 양수}) \tag{5.54}$$

위에서 두 부호는 각각 $+z$와 $-z$쪽으로 가는 파동에 해당한다. 이것을 (5.40)–(5.43)의 $\mathcal{R}$과 $\mathcal{T}$에 넣으면 다음 식을 얻는다:

$$\mathcal{R}_\perp = \frac{\cos\hat{i} \mp in_r\cos\beta}{\cos\hat{i} \pm in_r\cos\beta} \tag{5.55}$$

$$\mathcal{T}_\perp = \frac{2\cos\hat{i}}{\cos\hat{i} \pm in_r\cos\beta} \tag{5.56}$$

편광방향이 경계면과 나란한 성분(아랫글자 ∥로 나타냄)에 대한 계수도 마찬가지로 구할 수 있고, 그 결과는 다음과 같다:

$$\mathcal{R}_\parallel = \frac{\pm i\beta - n_r\cos\hat{i}}{\pm i\beta + n_r\cos\hat{i}} \tag{5.57}$$

$$\mathcal{T}_\parallel = \frac{\pm 2i\beta}{\pm i\beta + n_r\cos\hat{i}} \tag{5.58}$$

$\hat{i}_c$ 근처에서는 반사계수가 아주 급하게 변하며, 이 효과를 써서 투명한 표본의 표면에 있는 결함을 볼 수 있다.

반사계수가 모두 다음과 같은 꼴이므로,

$$\mathcal{R} = \frac{p-iq}{p+iq} = \exp\left[-2i\tan^{-1}\left(\frac{p}{q}\right)\right] = \exp(-i\alpha) \tag{5.59}$$

빛이 모두 반사되지만($|\mathcal{R}|=1$), 위상변화 α가 있다:

$$\alpha_{\perp} = \pm 2\tan^{-1}\frac{n_r\beta}{\cos\hat{i}} \tag{5.60}$$

$$\alpha_{\parallel} = \mp 2\tan^{-1}\frac{n_r\cos\hat{i}}{\beta} \tag{5.61}$$

그림 5.7은 $n_r=1.5^{-1}$일 때의 반사계수를 입사각 $\hat{i}$가 0에서 $\pi/2$까지 보여준다.

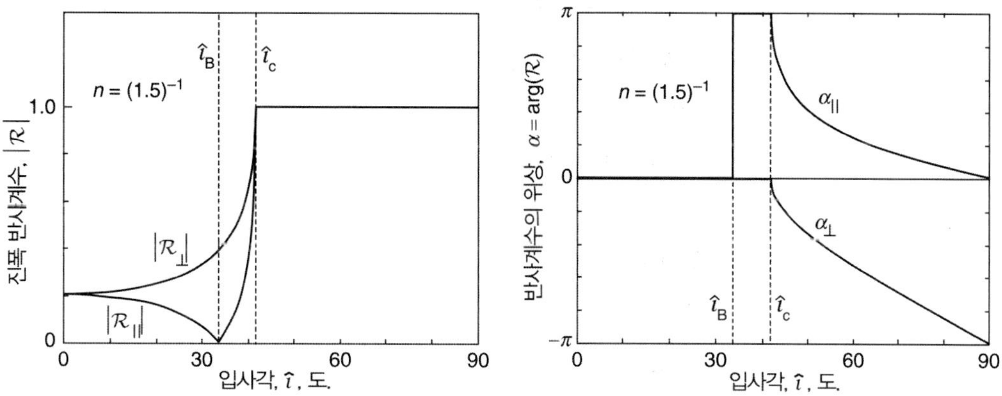

그림 5.7 $n_r=1/1.5$일 때의 반사계수 $\mathcal{R}=|\mathcal{R}|\exp(i\alpha)$의 크기와 위상. 브루스터 각 $\hat{i}_B$와 임계각 $\hat{i}_c$를 눈여겨 보라.

그렇지만, 투과계수는 어느 편광상태에서도 0이 아니며, 따라서 투과된 빛을 더 자세히 살펴보아야 한다. 투과된 빛을 온전히 쓰면 다음과 같다:

$$\begin{aligned} E &= E_0\exp[-i(kz\cos\hat{r} + kx\sin\hat{r})] \\ &= E_0\exp(\mp k\beta z)\exp[-ikx(1+\beta^2)^{1/2}] \end{aligned} \tag{5.62}$$

입사각이 임계각 보다 클 때, 굴절률이 낮은 매질 속으로 스며든 소멸파를 써서 표면 플라즈몬 공명 생체 감지기(bio-sensors)를 만드는데, 이것은 소멸파가 있는 층 속의 표면 물리화학적 자극에만 반응한다 (§13.7).

(5.54)-(5.62)의 부호 가운데 위쪽을 삼으면, 그 빛은 소멸파로서 $z\to\infty$일 때 지수함수꼴로 줄어들고, 그 감쇠 거리는 $(k\beta)^{-1}$이다. 예를 들어, $n=1.5$인 물질의 임계각은 41.8°이다. 그러면 입사각이 42.8°이면,

$$\beta = (2.25\sin^2 42.8° - 1)^{1/2} = 0.20$$

으로 감쇠거리는 $\lambda/2\pi\beta \approx 0.8\lambda$이다.

내부전반사 현상과 그 때 생기는 소멸파는 몇 가지 중요한 쓰임새가 있다. 광학기기에는 내부전반사를 쓰는 여러 가지 프리즘이 쓰인다; 흔한 쓰임새로는 쌍안경이 있다. 광도파로와 광섬유(§10.1과 §10.2)에서는 빛이 도파로의 벽이나 경계면에서 거듭 내부전반사되어 빛에너지가 거의 손실이 없이 광섬유를 따라 전달된다. 또한, 광섬유 바깥에 소멸파가 있기 때문에 광섬유를 역학적으로 건드리지 않고도 빛에너지를 뽑아낼 수 있다.

상자 5.2 프레넬 육면체: 전반사의 위상변화의 쓰임새

z-쪽으로 가는 두 편광의 위상변화 (5.60)과 (5.61)는 $\hat{i}_c$와 $\pi/2$ 사이에서 각도 $\hat{i}$에 따라 변화한다. 두 식에서 위쪽 부호를 잡으면, 각각의 값은 $\hat{i}=\hat{i}_c$에서는 0과 π, $\hat{i}=\pi/2$에서는 π와 0이다. 위상차 $\alpha_{\parallel}-\alpha_{\perp}+\pi$를 n_r에 대해 셈할 수 있고, $n_r=1/1.5$이면 그림 5.8과 같다. $\beta/\cos\hat{i}=1$이면, 위상차는 최대값이 된다; 이 때는 $\hat{i}=52°$에서 $45°-\pi$이다.

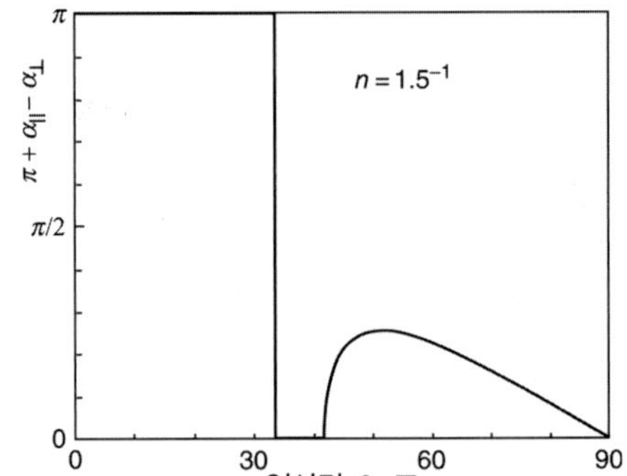

그림 5.8 위상차 $\pi+\alpha_{\parallel}-\alpha_{\perp}$의 입사각에 대한 변화 ($n_r=1/1.5$). 내부전반사 영역($\hat{i}>\hat{i}_c$)에서 위상차의 최대값은 $\hat{i}=52°$에서 약 $\pi/4$이다.

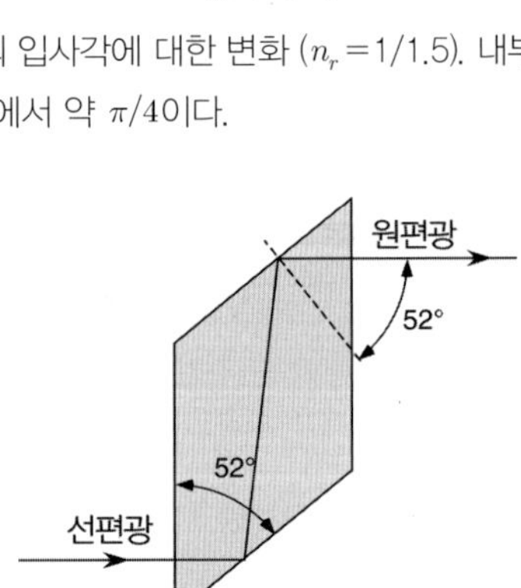

그림 5.9 프레넬 육면체

> 프레넬은 이 특성을 써서 원편광기를 만들었다. 원편광은 §6.1.2에서 설명할 것인데, 편광 방향이 직교하고, 위상차가 $\pm\pi/2$인 빛이 겹친 것이다. 이 위상차를 내부 전반사를 써서 만들 수 있는데, 그림에서 보듯이 보통의 유리에서는 한번 반사될 때 생기는 위상차의 최대값은 $\pi/4$를 조금 넘는다. 프레넬은 유리로 평행 육면체를 만들어, 그 속에서 빛을 두 번 전반사시켜 $\pi/2$의 위상차를 얻었다 (그림 5.9). 이것이 **프레넬 평행 육면체**(Fresnel rhomb)이다. 이 육면체로 원편광이나 타원편광을 만들면 좋은 까닭은 모든 파장의 빛에 대해서 그 기능이 거의 같고, 입사각의 범위가 제법 크기 때문이다.

5.5.2 광학 터널링, 또는 억제된 내부 전반사

빛이 경계면에 들어오는 각도가 임계각 보다 큰데, 소멸파가 스며든 영역 안에 다른 경계면이 있으면, 첫째 경계면에서 전반사가 되지 않고, **광학 터널링**(optical tunnelling) 또는 **억제된 내부 전반사**(frustrated internal total reflection)가 일어나, 기하광학에서는 금지된 영역으로 빛이 일부 투과된다. 이것은 양자역학에서 알파 입자나 전자의 터널링에 해당한다. 실험의 얼개는 그림 5.10과 같다. 이것의 쓰임새는 빛살 가르개와 광도파로 결합기 등 여러 가지이다.

'금지된 층'을 지나오는 빛을 셈하는 것은 어렵지 않다. 매질의 유효 굴절률을 (5.44)와 (5.45)의 u_1과 u_2로 나타내면, 공기층에서는 u_2의 값은 허수가 되는 것이 뻔하다. 여러 층의 박막에 대해 10.4에서 전개할 기법을 끌어다 쓰면, 투과계수는 다음과 같다:

$$\mathcal{T} = \left[\cosh k\beta d + \frac{1}{2}\sinh k\beta d\left(n\cos\hat{i}/\beta - \beta/n\cos\hat{i}\right)\right]^{-1}$$
$$\sim e^{k\beta d} \qquad (d\text{가 클 때}) \tag{5.63}$$

그림 5.11(a)와 같은 실험으로 터널링을 쉽게 보일 수 있다. 그림 5.10에서 둘째 프리즘을 곡률반지름이 큰(~ 1 m) 것으로 바꾸어 프리즘의 빗면에 살짝 올려놓아 d값이 곳곳마다 조금씩 다르게 한다. 반사된 빛을 살펴보면, 접촉점 근처에서 전반사가 억제된 것을 시사하는 어두운 부분이 보인다 — 그림 5.11(b). 프리즘 표면의 입사각을 임계각 보다 작게 하면 u_2가 실수가 되어 간섭무늬(뉴턴 고리)가 나타난다 — 그림 5.11(c). 이것을 쓰면 금지된 층의 두께분포를 잴 수 있고, 두께가 약 $\frac{3}{4}\lambda$가 될 때까지는 빛이 상당히 터널링되는 것을 확인할 수 있다.

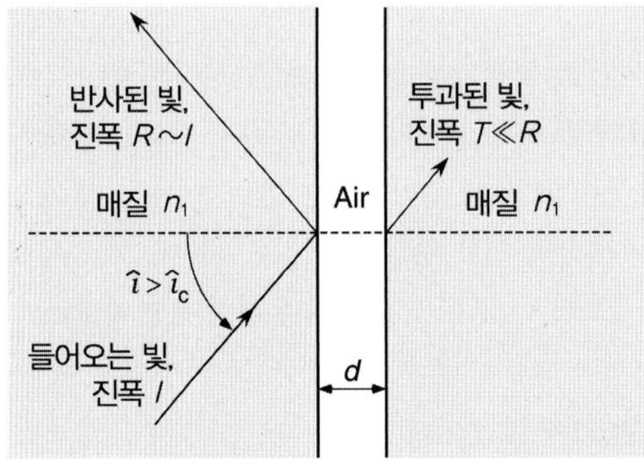

그림 5.10 빛이 두 매질 사이의 간격 $d \sim (k\beta)^{-1}$를 스며들어 넘어간다.

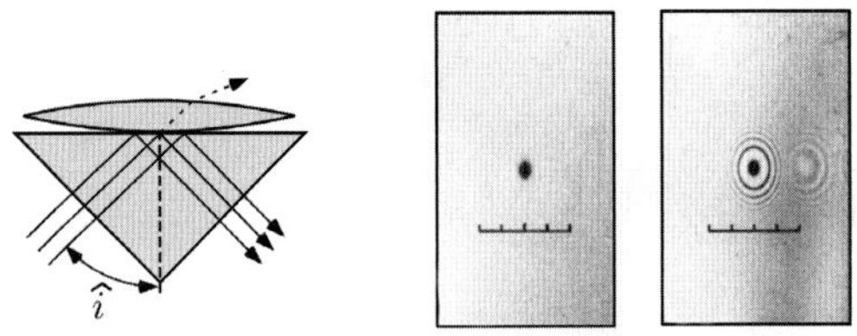

(a) (b) (c)

그림 5.11 (a) 광학적 터널링을 보여주는 실험. (b) $\hat{i} > \hat{i}_c$일 때. (c) $\hat{i} < \hat{i}_c$일 때.

5.5.3 소멸파에서의 에너지 흐름

소멸파의 진폭은 z가 커질수록 줄어들기 때문에, 경계면에서 그쪽으로는 에너지가 흘러가지 않는다. 그러나, 빛이 그 쪽에 있기는 하므로, 에너지 밀도도 있다. 따라서 그곳에서는 경계면을 따라 빛 에너지가 수송되는 것을 보여야 한다. 둘째 매질에서의 빛은, ⊥ 편광이라면, (5.62)를 (5.34)와 (5.35)에 넣으면 다음과 같다:

$$E_y = E_0 \exp(-k\beta z)\exp\{-\mathrm{i}[kx(1+\beta^2)^{1/2} - \omega t]\} \tag{5.64}$$

$$H_z = \frac{\sin\hat{r}}{Z_0}E_y = \frac{(1+\beta^2)^{1/2}}{Z_0}E_y \tag{5.65}$$

$$= \frac{(1+\beta^2)^{1/2}}{Z_0}E_0 \exp(-k\beta z)\exp\{-\mathrm{i}[kx(1+\beta^2)^{1/2} - \omega t]\}$$

$$H_x = \frac{\cos\hat{r}}{Z_0}E_y = \mathrm{i}\frac{\beta}{Z_0}E_y \tag{5.66}$$

$$= \frac{\beta}{Z_0}E_0\exp(-k\beta z)\exp\{-\mathrm{i}[kx(1+\beta^2)^{1/2}-\omega t]\}$$

따라서 포인팅 벡터의 성분은 다음과 같다:

$$S_x = E_yH_z \sim E_y^2(1+\beta^2)^{1/2} \tag{5.67}$$

$$S_z = -E_yH_x \sim \mathrm{i}\beta^2E_y^2 \tag{5.68}$$

S_z가 허수인 것은 경계면의 법선쪽으로는 에너지가 수송되지 않음을 뜻한다; (5.64)와 (5.66)에서 **E_y와 H_x는 위상이 $\pi/2$ 달라서 둘의 곱의 평균값은 0이다**. 그렇지만, E_y와 H_z는 위상이 같아서 $\langle S_x \rangle \neq 0$이므로, 에너지는 그 쪽으로 흘러간다.

5.6 빛이 도체에 들어올 때

지금까지 살펴본 매질은 절연체여서 (5.3)에서 전류항은 무시했다.

$$\nabla\times\boldsymbol{H} = \frac{\partial\boldsymbol{D}}{\partial t} + j \tag{5.69}$$

빛이 도체에 들어오면 어떻게 되는가를 알려면, 이 항은 살려야 한다. 그러면 전기장 $\boldsymbol{E}$ 때문에 전류밀도 j가 생겨날 것이다:

$$j = \sigma\boldsymbol{E} \tag{5.70}$$

(5.70)을 (5.69)에 넣고, $\boldsymbol{D}$를 $\epsilon\epsilon_0\boldsymbol{E}$로 바꾸면 다음 식이 된다:

$$\nabla\times\boldsymbol{H} = \epsilon\epsilon_0\frac{\partial\boldsymbol{E}}{\partial t} + \sigma\boldsymbol{E} \tag{5.71}$$

이제 빛이 진동수 ω로 진동하므로 미분연산자 $\partial/\partial t$를 $-\mathrm{i}\omega$로 바꾸면 다음 식을 얻는다:

$$\nabla\times\boldsymbol{H} = -\mathrm{i}\epsilon_0E\omega\left(\epsilon - \frac{\sigma}{\mathrm{i}\omega\epsilon_0}\right) \tag{5.72}$$

전도도 항을 유전상수에 넣어 다음과 같이 복소수로 만든다:

$$\tilde{\epsilon} = \epsilon - \frac{\sigma}{\mathrm{i}\omega\epsilon_0} \tag{5.73}$$

이것은 중요한 결과이다; 빛의 진행에서 도체는 유전상수가 복소수인 매질로 볼 수 있다. 그 까닭은 쉽게 알 수 있다. 절연체에서는 전기장 때문에 생기는 대체전류 $\partial \boldsymbol{D}/\partial t$가 전기장과 위상이 90도 어긋난다; 도체에서는 참 전류가 전기장과 위상이 같아서 알짜 효과는 총전류의 위상이 그 중간값이 되는 것으로 나타나고, 그것을 복소수 $\tilde{\epsilon}$으로 나타낸다.

수식이 5.1에서 얻는 유전체에 대한 식과 같으므로, 그 결과를 그대로 쓰되, 복소수 굴절률 $\tilde{n} = \tilde{\epsilon}^{1/2}$는 (5.73)에서 다음과 같다:

$$\tilde{n} = \left(\epsilon - \frac{\sigma}{\mathrm{i}\omega\epsilon_0}\right)^{1/2} \tag{5.74}$$

$\tilde{\epsilon}$의 크기가 얼추 1쯤 된다면, 금속 도체에 대한 σ와 빛에 대한 ω를 넣으면, 허수항이 실수항을 압도하므로, 다음과 같이 어림할 수 있다:

$$\tilde{n} \approx \left(\frac{\mathrm{i}\sigma}{\omega\epsilon_0}\right)^{1/2} = \left(\frac{\sigma}{\omega\epsilon_0}\right)^{1/2}(1+\mathrm{i}) \tag{5.75}$$

복소 굴절률에 관한 용어는 다소 헷갈리는 면이 있다: $\tilde{n} \equiv n + \mathrm{i}\tilde{k}$ 또는 $\tilde{n} \equiv n(1+\mathrm{i}\kappa)$.

이제 진동수 ω인 빛이 도체 표면 $z=0$이 들어오면,

$$\boldsymbol{E}(z) = \boldsymbol{E}_0 \exp[\mathrm{i}(kz - \omega t)] = \boldsymbol{E}_0 \exp[\mathrm{i}\omega(\tilde{n}z/c - t)] \tag{5.76}$$

도체 속 깊이 z인 곳의 빛은 (5.75)에서 다음과 같다:

$$\boldsymbol{E}(z) = \boldsymbol{E}_0 \exp\left[-\left(\frac{\sigma\omega}{2\epsilon_0 c^2}\right)^{1/2} z\right] \exp\left\{\mathrm{i}\left[\left(\frac{\sigma\omega}{2\epsilon_0 c^2}\right)^{1/2} z - \omega t\right]\right\} \tag{5.77}$$

이것은 감쇠되는 빛이며, 도체 속에서의 파장 λ_c와 **침투 깊이**(skin depth)라고 하는 감쇠 길이 ℓ은 다음과 같다:

$$\ell = \lambda_c/2\pi = \left(2\epsilon_0 c^2/\sigma\omega\right)^{1/2} \tag{5.78}$$

따라서 $\tilde{n} \equiv n+\mathrm{i}\tilde{k}$을 쓰면, $n=\tilde{k}=\lambda/\lambda_c \gg 1$이다. 한 파장만큼 들어갈 때의 감쇠율은 $\ell/\lambda_c=1/2\pi$로 진동수와 무관한데, 이것은 빛이 도체 속으로는 파장 이상 들어가지 못함을 뜻한다. 그렇지만, 금속의 전도도의 값을 (5.78)에 넣으면, ℓ의 값은 진공에서의 파장 보다 훨씬 짧으므로, n 및 $\tilde{k}$는 아주 크다. 예를 들어 1000 Hz에서 구리의 침투 깊이는 2.1 mm이고, 파장은 13 mm인데, 진공에서의 값은 $\lambda=3\times10^5$ m이다; 10^8 Hz에서는 침투 깊이가 6 μm이고 진공에서의 파장은 3 m이다.

전도도가 진동수와 무관하다면, n은 가시광에 대해서도 아주 크겠지만, 실제로는 그렇지 않다; 13장에서 설명할 원자 및 플라즈마 공명 때문에 상황이 완전히 달라진다. 파장 600 nm인 빛에 대한 전형적인 금속의 $\tilde{n}$은 다음과 같다: 구리, $\tilde{n}=0.2+\mathrm{i}3.5$; 은, $\tilde{n}=0.08+\mathrm{i}4.2$; 알루미늄, $\tilde{n}=1.02+\mathrm{i}6.5$. n값은 놀랍게도 1 보다 작거나 거의 같다.

5.6.1 금속 표면의 반사

빛이 금속 거울에 큰 각도로 들어오면, 반사되는 두 편광성분의 위상 변화가 다를 수 있음을 기억해야 한다.

금속 표면에서의 반사를 셈하려면, 원리적으로는 프레넬 공식 (5.40)과 (5.42)에 복소 굴절률 $\tilde{n}$을 넣으면 된다. 파장이 길면 $n=k \gg 1$이므로 ∥ 편광의 입사각이 $\hat{i}$이면 다음과 같다:

$$\mathcal{R}_{\parallel} = \frac{\cos\hat{r} - n(1-\mathrm{i})\cos\hat{i}}{\cos\hat{r} + n(1-\mathrm{i})\cos\hat{i}} \tag{5.79}$$

그런데, $n \gg 1$이므로 $\cos\hat{r} = 1$로 둘 수 있고, 따라서 다음과 같다:

$$\mathcal{R}_{\parallel} = \frac{1 - n(1-\mathrm{i})\cos\hat{i}}{1 + n(1-\mathrm{i})\cos\hat{i}} \tag{5.80}$$

입사각 $\hat{i}$가 작으면, $\mathcal{R}_{\parallel}$의 값은 $(1-n-\mathrm{i}n)/(1+n+\mathrm{i}n)$으로 거의 -1이다. 따라서 반사된 빛은 들어온 빛에 대해 위상이 π만큼 다르다. 입사각이 커지면, 반사된 빛의 위상은 연속적으로 변하여 $\hat{i}=\pi/2$가 되면 $\mathcal{R}_{\parallel}=+1$이 된다. 이 위상변화는 **준-브루스터 각** (quasi-Brewster angle)이라고 할 수 있는 다음 각도 근처에서 일어난다:

$$n\cos\hat{i} \approx 1 \tag{5.81}$$

이 각도에서는 $|\mathcal{R}|$의 값이 1 보다 작다.

그렇지만, 가시광에서는 n과 $\tilde{k}$의 값이 작다. 특히, $n<1$이면, 임계각 $\hat{i}_c=\sin^{-1}n$에서 **외부(external)** 전반사가 일어날 것으로 예상하기 쉬운데, 그렇지 않다. 사실 매질이 빛을 흡수하여 굴절률이 복소수 $\tilde{n}$인 상황에서는 빛의 진행을 다루는 것이 복잡하고, 특히 굴절각이 복소수일 때 스넬 법칙을 해석하는 일이 어렵다. 이러한 상황에서는 $\boldsymbol{k}$-벡터는 파면과 직교하지 않는 것으로 드러나는데, 그 까닭은 빛을 흡수하는 매질에 빛이 비스듬히 들어오면 빛에너지가 파면을 따라 흘러갈 수 있고, $\boldsymbol{k}$-벡터에 대해 스넬 법칙이 맞지 않기 때문이다. 본질적으로, 그 원인은 빛이 강하게 흡수될 때는, 에너지 흐름 $\boldsymbol{S}$가 경계면에 거의 직교하며, 그래서 $\boldsymbol{k}$-벡터도 그쪽으로 끌린다. 이에 관한 온전한 수학적 이론은 다음 책을 보라: Sokolov(1960), Born & Wolf (1999). 그 결과 임계각과 전반사는 나타나지 않으며, 금속의 반사율은, 크기는 해도 1 보다는 작다. 준-브루스터 각 현상은 금속의 보편적 특징이다. 그러나, n이 작아도, 복소 굴절률에서 손실인자 $\tilde{k}$ 때문에 반사율이 크다; 예를 들어 수직입사할 때는 $\tilde{k} \gg n$ 이면 다음과 같다:

$$|\mathcal{R}|^2 = \left|\frac{1-n-\mathrm{i}k}{1+n+\mathrm{i}k}\right|^2 = \frac{(1-n)^2+\tilde{k}^2}{(1+n)^2+\tilde{k}^2} \to 1 \tag{5.82}$$

그림 5.12는 은에 대해 파장이 길 때의 이론 (5.80)을 가시광에서 온전한 셈과 비교한다.

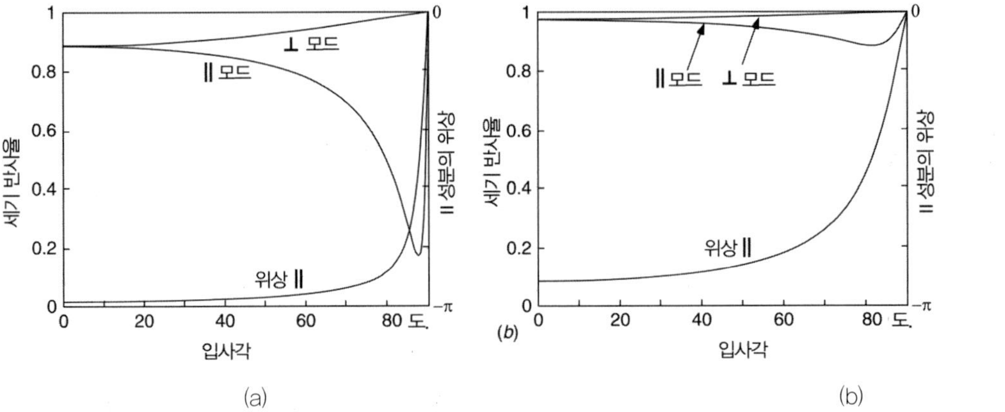

그림 5.12 금속의 반사율 $|\mathcal{R}_\parallel|^2$와 $|\mathcal{R}_\perp|^2$와 || 편광 성분의 위상의 입사각에 대한 변화: (a) 금속: 파장이 길어 $n=k\gg1$일 때. (b) 은: λ=600 nm, $\tilde{n}$=0.08+i4.2.

5.7 역진성과 시간 반전: 스토크스 관계식

이 절의 설명은 빛을 많이 흡수하는 매질에서는 맞지 않는데, 그 까닭은 (5.3)이 시간 반전에 대해 대칭이 아니기 때문이다.

반사계수 (5.44)를 잘 살펴보면 빛이 굴절률이 작은 쪽에서 들어올 때는 양수, 큰 쪽에서 들어올 때는 크기가 같은 음수가 된다. 빛의 경로를 뒤집으면 반사계수의 부호가 바뀌는 것은 투명한 매질의 특징이며, 아주 일반적인 현상이다. 그것은 매질이 빛을 흡수하지 않아 (5.3)의 전류밀도 j가 0일 때 맥스웰 방정식에 **시간 반전 대칭성**(time-reversal symmetry)이 있기 때문이다.

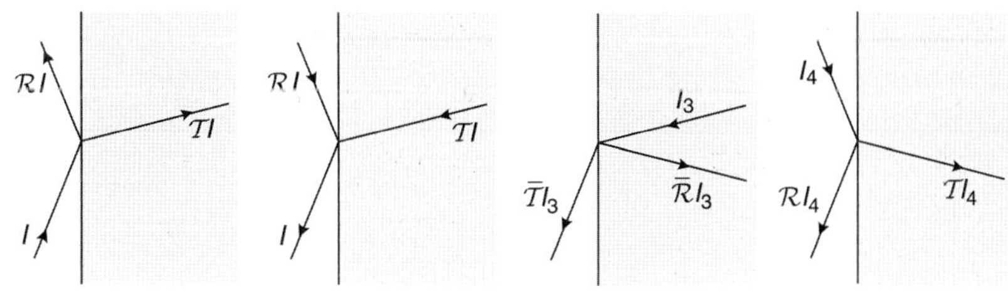

그림 5.13

(5.9)와 (5.10)에서 t를 $-t$로 바꾸어도 파동방정식 (5.12)는 바뀌지 않는다. 따라서 보통의 들어오는 빛, 반사된 빛과 투과된 빛의 묶음도 마찬가지로 시간 반전된 묶음이 대응된다. 그런데, t를 $-t$로 바꾼 효과는 진행방향을 바꿀 뿐 진폭은 그대로이므로, 그림 5.13(a)의 묶음을 시간 반전시키면 그림 5.13(b)가 된다. 이 반사체는 투명하다는 조건을 빼고는 무엇이든 상관없다; 그것은 경계면 하나일 수도 있고, 여러 층 또는 다른 무엇이어도 마찬가지다. 두 그림에서 입사, 반사 및 투과된 빛의 진폭 I, R, T는 반사계수와 투과계수로 다음과 같이 연결된다: $\mathcal{R} = R/I$, $\mathcal{T} = T/I$. 그림 5.13(b)에서 진폭은 바뀌지 않지만, 그것은 특이한 상황을 나타낸다; 들어오는 빛이 둘, 나가는 빛은 하나이다. 그것은 맥스웰 방정식의 틀 속에서 벌어질 뿐 자세한 과정은 중요하지 않다. 그렇지만, 그림 5.13(b)의 상황은 그림 5.13(c)와 그림 5.13(d)에 보인 상황을 겹치면 완벽하게 맞게 된다: 그림 5.13(c)는 빛이 반대쪽에서 들어온 것으로 반사 및 투과 계수는 각각 $\bar{\mathcal{R}}$과 $\bar{\mathcal{T}}$이다. 그림에서 진폭도 그에 따라 이름을 달았다. 그림 5.13(b)의 진폭을 뒤의 두 그림의 진폭의 합으로 나타내면 다음과 같다:

$$I = \overline{\mathcal{T}}I_3 + \overline{\mathcal{R}}I_4 \tag{5.83}$$

$$\mathcal{R}I = I_4 \tag{5.84}$$

$$0 = \overline{\mathcal{R}}I_3 + I_4 \tag{5.85}$$

$$I = I_3 \tag{5.86}$$

이들로부터 다음 해를 얻는다:

$$\overline{\mathcal{R}} = -\mathcal{R} \tag{5.87}$$

$$1 = \mathcal{T}\overline{\mathcal{T}} + \mathcal{R}^2 \tag{5.88}$$

(5.87)은 많은 간섭계에서 아주 중요하다. 예를 들어, 패브리-피로 간섭계(§9.5.1)에서 반사된 빛과 투과된 빛의 분광분포가 서로 보완적임을 보여준다.

(5.87)은 일반적인 결과로서, 예를 들면 유전체 표면을 들 수 있다: **투명한 두 매질의 경계면 양쪽의 반사계수는 크기는 같고, 부호는 반대이다.** 그리고 (5.88)은 이 상황에서의 에너지 보존법칙이다.

$\mathcal{R}$과 $\mathcal{T}$가 실수라는 가정은 빛이 반사되거나 투과될 때 위상이 바뀌지 않음을 뜻한다. 그러나 §5.5.2의 내부 전반사와 같이 위상이 바뀔 때도 많다. 이 논리를 $\mathcal{R}$과 $\mathcal{T}$가 복소수일 때로 확장하는 것은 쉽다. 출발점은 E에 대한 시간 반전 전기장은 E^*라는 것이다. 여기에서는 이 일반적인 관계를 증명하지 않겠으나[Altman & Suchy (1991)], 내부 전반사될 때 투과된 빛에는 에너지가 실려가지 않는 것에서 그 중요성을 알 수 있다: 그 때는 반사계수가 $\mathcal{R}=e^{\mathrm{i}\alpha}$인데, 들어오는 빛의 진폭이 I이면 반사된 빛의 진폭은 $I\mathcal{R}=Ie^{\mathrm{i}\alpha}$이다. 이제 시간 반전된 광학계에서는 들어오는 빛의 진폭이 $(Ie^{\mathrm{i}\alpha})^*$로서 I^*와 똑같은 반사계수로 반사된다. 이것은 시간 반전된 광학계에서는 켤레 복소수 파동을 쓰는 것이 일관성이 있음을 보여준다.

이제 그림 5.13(b)에서 I를 I^*로 바꾸어 (5.83)-(5.86)의 셈을 하면, 다음 두 식을 얻는다, 이것은 투명한 두 매질의 경계면에서 보편적으로 맞다:

$$\mathcal{T}^*\overline{\mathcal{T}} + \mathcal{R}^*\mathcal{R} = 1 \tag{5.89}$$

$$\mathcal{T}^*\overline{\mathcal{R}} + \mathcal{R}^*\mathcal{T} = 0 \tag{5.90}$$

반사 및 투과계수의 위상 관계도 끌어낼 수 있다. 예를 들어, $\mathcal{T}$가 실수인 반사면에서는 (5.90)은 다음과 같은 꼴의 **스토크스 관계식**(Stokes relations)이 된다:

$$\overline{\mathcal{R}} = -\mathcal{R}^* \tag{5.91}$$

$$\mathcal{T}\overline{\mathcal{T}} + \mathcal{R}^*\mathcal{R} = 1 \tag{5.92}$$

일반적으로 $\mathcal{T}$와 $\mathcal{R}$의 위상차 δ와 $\overline{\mathcal{T}}$와 $\overline{\mathcal{R}}$의 위상차 $\overline{\delta}$ 사이의 일반적 관계를 $A\exp(i\delta)$로 나타내고, (5.89)와 (5.90)에 넣으면, $\delta + \overline{\delta} = \pi$임을 알 수 있다 [Zeilinger (1981). 그러므로 대칭꼴 빛살 가르개에서는 $\delta = \overline{\delta} = \pi/2$이다.

위의 관계식은 투명한 매질에서만 맞다. 빛을 흡수하는 매질에서는 맞지 않다; 예를 들어 얇은 금속막 한쪽을 녹색으로 칠한 것을 생각해보라!

5.8 전자기파의 운동량: 빛압력

§5.2.1에서 전자기파에 에너지가 실려 있음을 보았는데, 운동량도 실려 있다. 그 효과는 아주 작아서 관찰하려면 아주 정교한 실험 장치나 아주 센 빛이 있어야 한다. 전기장의 진폭이 E_{0x}인 빛이 완벽한 도체 표면에 수직하게 들어와 완전히 반사되는 것을 생각하자. 그러면 들어오는 빛에 실려있던 운동량의 두배가 도체에 전달되고, 그 결과 도체는 **빛압력**(radiation pressure)을 받는다. 전도도가 한없이 크므로, 도체 표면의 전기장은 0이다; 곧, 들어오는 빛과 반사된 빛은 정상파를 만들고, 그 마디가 도체 표면에 생긴다. 그 결과 도체 표면에서 자기장은 더해져서 전체 자기장은 $H_y(z=0) = 2H_{0y}\cos\omega t$가 된다 (그림 5.14).

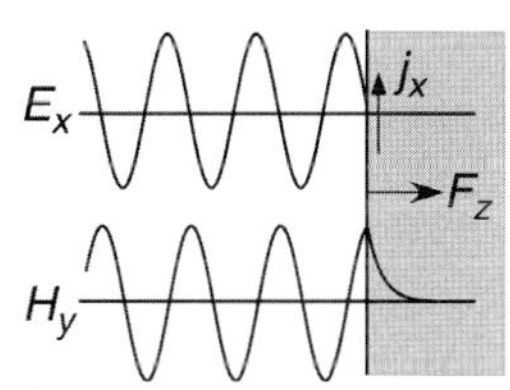

그림 5.14 이상적인 도체 표면에서의 빛의 전기장과 자기장

이제 표면의 이 자기장은 도체의 침투 깊이 안에서 빨리 줄어들면서 x-쪽으로 전류가 생겨난다. 이 전류를 자기장 H_y 속에서 z-쪽으로 로런츠 힘을 받는데, 이것이 바로 빛압력이다. 정량적으로는, $\boldsymbol{E}$, 따라서 $\boldsymbol{D}$가 0인 곳에서는 전류밀도는 앙페르 법칙에 따라 자기장과 관련된다:

$$j_x = \frac{\partial H_y}{\partial z} \tag{5.93}$$

그리고 로런츠 힘 $\mu_0 \boldsymbol{j} \times \boldsymbol{H}$를 반사체 전체(침투 깊이보다 훨씬 두껍다)에 대해 적분하면 전체가 받는 힘을 얻는다:

$$F_z = \mu_0 \int_{-\infty}^{0} dz\, j_x H_y = \mu_0 \int_{-\infty}^{0} dz\, \frac{\partial H_y}{\partial z} H_y = \frac{1}{2}\mu_0 H_y^2(z=0) \tag{5.94}$$

이제 이 힘을 들어오는 빛의 포인팅 벡터와 연결할 수 있다:

$$\boldsymbol{S} = \langle \boldsymbol{E} \times \boldsymbol{H} \rangle = E_{0x} H_{0y} \langle \cos^2 \omega t \rangle = \frac{1}{2} E_{0x} H_{0y} = \frac{1}{2} Z_0 H_{0y}^2 \tag{5.95}$$

$H_y(z=0)$ 의 값을 넣으면 다음 결과를 얻는다:

$$F_z \;=\; 2\mu_0 H_{0y}^2 \langle \cos^2 \omega t \rangle \;=\; \mu_0 H_{0y}^2 \;=\; 2S/c \tag{5.96}$$

들어오는 빛에 실린 운동량의 변화율은 이 값의 반이므로, S/c이다. 빛압력이 그렇게 작은 까닭은 c가 아주 크기 때문이다; 1 W의 레이저 빛살을 흡수하는 물체가 받는 빛압력도 겨우 $1/c \approx 3 \times 10^{-9}$ N이다!

상자 5.3 빛 집게

빛압력은 나날이 겪는 힘 보다 훨씬 약하지만, 아주 작은 입자들을 다루거나, 그것이 주위에서 받는 힘을 재는데 쓸 수 있다. 이 때 쓰는 장치를 **빛 집게(optical tweezer)**라고 한다 (Ashkin, 1970). 앞에서 본 것처럼 빛압력은 빛이 방향을 바꿀 때 받으며 (§5.8 반사), 그 크기는 빛의 에너지 밀도에 비례한다.

$\epsilon > 1$인 작은 유전체 입자를 고르지 않은 전기장 속에 놓자. 그러면 그 입자는 전기장에 나란히 편극되어 전기장이 가장 센 곳으로 끌리는데, 이것은 $\mu > 1$인 연철이 자석 주위의 자기장 속에서 자기장이 가장 센 곳으로 끌리는 것과 똑같다. 그러므로, 빛을 초점에 모으면, 작은 유전체 입자는 전기장이 가장 센 초점으로 끌린다. 거꾸로 유전체 유체 속의 작은 공기방울은 초점에서 밀려난다. 이 힘을 정량적으로 나타내려면 전기장 속의 쌍극자 $\boldsymbol{p}$의 위치에너지 $-\boldsymbol{p} \cdot \boldsymbol{E}$를 쓴다. 쌍극자가 전기장에 의해 유도된 것이면, 부피 v인 입자의 위치에너지 U와 힘 $-\nabla U$는 다음과 같다:

$$U = -\frac{1}{2} v \epsilon_0 (\epsilon - 1) E^2 \tag{5.97}$$

$$\boldsymbol{F} = \frac{1}{2} v \epsilon_0 (\epsilon - 1) \nabla (E^2) \tag{5.97}$$

이 힘은 입자를 전기장이 가장 센 곳으로 민다. 빛살의 초점 근처의 밝기 $\frac{1}{2}c\epsilon_0 E^2$의 분포를 그림 5.15(a) 또는 그림 7.9에서 살펴보면 E^2의 기울기는 늘 초점을 향함을 알 수 있다.

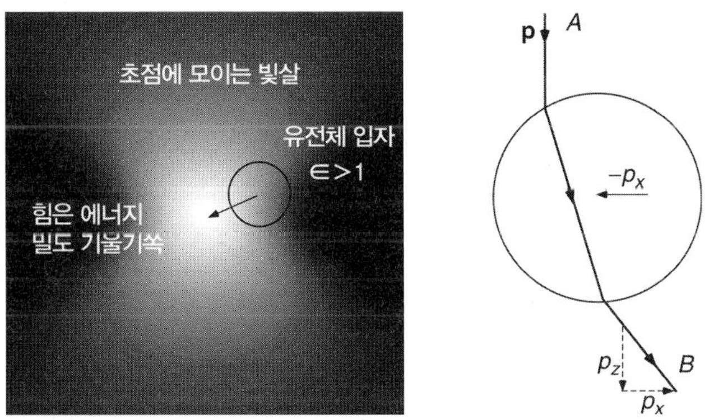

(a) (b)

그림 5.15 빛집게: (a) 유전체 입자가 빛살 속에서 빛 에너지 밀도의 기울기에 비례하는 힘을 받아 초점으로 끌린다. (b) 그 힘의 기하광학적 해석: 빛살이 굴절되면서 빛의 운동량에 수평방향 성분이 생기는데, 입자는 그만큼의 반작용력을 받는다.

모이는 빛살의 초점 근처에 유전체 공이 갇히는 것을 다루는 또 다른 '반 - 고전적'인 방법은 빛살 광학을 전자기파의 운동량과 묶어서 분석하는 것이다. 그림 5.15(b)의 A와 같은 빛살이 투명한 입자에서 굴절되면, 대부분은 방향이 A에서 B로 바뀐다; 아주 조금은 표면에서 반사되지만, 이것은 무시할 수 있다. 빛살은 방향이 바뀔 때 수직방향의 운동량을 얻는데, 그 때 입자는 그만큼 반대쪽으로 운동량을 얻으므로, 결국 힘을 받는다. 그 입자가 가장 밝은 곳에 대칭적으로 있을 때만 대칭축 양쪽으로 받는 힘이 지워져서 안정 평형상태에 있게 된다. 이 힘으로 입자를 다루고 역학적 측정을 할 수 있다.

5.9 고급 주제: 나선꼴 빛의 각운동량

나선꼴 위상판은 'STED(§12.6.4)에서 초분해능 결상 장치를 꾸밀 때 쓴다. 나선꼴 파동의 회절무늬는 먼 곳에서 한 가운데가 늘 어두운데, 분해능을 높이려면 이 특성이 꼭 필요하다.

원편광에는 각운동량이 실려 있고, 이 고전적 현상은 (맥스웰 방정식으로 직접 증명하기는 어렵지만) 간단한 양자역학적 등가물이 있다: 광자는 스핀이 $\pm\hbar$로서 부호는 편광벡터가 도는 방향에 따라 결정된다. 더 최근에 발견된 현상은 파면이 나선꼴인 빛에 실린 궤도 각운동량이다 (Padgett & Allen, 2000). 이 파면의 모양은 결정의 **나선꼴 전위(screw dislocation)**처럼 생겼고, 그 축에 특이점이 있다; 이와 등가인 광자가 지닌 각운동량은 정수 m에 대해 $m\hbar$이다. 이것도 맥스웰 방정식과 잘 맞다.

(x, y) 평면에서 전기장이 다음과 같은 단색 평면파를 생각하자:

$$E(\mathbf{r}, t) = E(r, \psi, z; t) = E_0(r)\exp[\mathrm{i}(\omega t - k_0 z - m\psi)] \tag{5.99}$$

$r=0$에서는 ψ가 어떤 값이든 같은 점을 나타내므로 $E_0(0)=0$이어야 한다. **이 빛의 파면은 나선꼴이다.** 어떤 순간 t에 $\phi=$상수인 파면은 $k_0 z + m\psi=$상수이므로, r을 고정시켜 한 바퀴 돌아 ψ를 0에서 2π까지 변화시키면, z는 $2\pi m/k_0 = m\lambda$만큼 앞으로 나아간다. 파면들은 λ만큼 떨어져 있으므로, 파면은 마치 m-겹 나사처럼 보이고, m의 부호에 따라 오른나사 또는 왼나사가 된다 [그림 5.16(c)]. 그러므로, 반지름 r에서는 파면이 (x, y) 평면에 대해 θ만큼 기울어진 꼴인데, 이 각도의 탄젠트는 피치 $m\lambda$를 고리의 둘레 $2\pi r$로 나눈 값과 같다: $\tan\theta = m\lambda/2\pi r$. 빛에 실린 운동량은 파면에 대해 직각 방향으로 나아가므로, 이 빛에는 각운동량이 생겨난다.

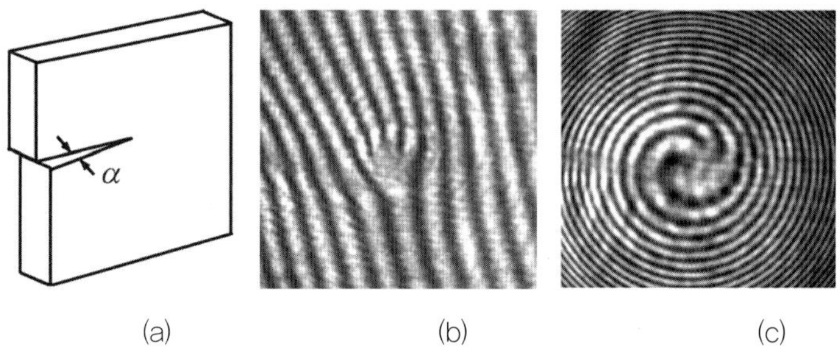

그림 5.16 금간 플라스틱 조각을 옆으로 비틀어 만든 나선꼴 파동. (a) 위상판 만들기. (b) 파면이 나선꼴인 빛과 평면꼴 빛의 간섭무늬. $m=3$인 전위에 해당한다. (c) 파면이 나선꼴인 빛과 구면파의 간섭무늬.

정량적으로는, 면조각 δA를 지나가는 빛의 일률 $S(x, y)\delta A$를 생각하자. 이것은 일률의 흐름의 축방향 성분으로, 일률의 흐름은 나선꼴로 나아가며 국소적으로는 파면에 대한 법선 방향으로서 각도 θ를 이룬다. 따라서 수직방향 성분은 $S\delta A \tan\theta$이다. 이것은 운동량의 방위각 쪽 성분 $\delta p = S\delta A \tan\theta / c$에 해당한다. $\tan\theta$ 값을 넣으면 각운동량 흐름률은 다음과 같다:

$$\delta L = r\delta p = \frac{rS\delta A}{c} \cdot \tan\theta = \frac{rS\delta A}{c} \cdot \frac{m\lambda}{r} = \frac{rS\delta A m\lambda}{2\pi c} \tag{5.100}$$

따라서 일률 $P = \int dA\, S(x, y)$인 빛살의 각운동량 전달률은 다음과 같다: $L = Pm\lambda/2\pi c = Pm/\omega$. 일률에 대한 적분에는 빛살이 유한한 영역에 퍼져 있는 것과 특이점에서는 밝기가 0인 것이 모두 반영된다. 이와 등가인 양자역학적 내용은 에너지가 $\hbar\omega$인 광자가 1초에 n개씩 나아가는 것이다. $P = n\hbar\omega$를 넣으면 $L = nm\hbar$이다. 곧, **광자의 각운동량은 $m\hbar$이다**.

나선꼴 빛을 만드는 방법은 여러가지로, 레이저 모드를 간섭시키는 방법(14.6.1)과 여러가지 위상판을 쓰는 방법이 있다. 특히 간단한 것은 금 간 플라스틱 판을 쓰는 것인데, 갈라진 두 쪽의 거리를 조절하면 m을 바꿀 수 있다 (그림 5.16). 나선꼴 빛을 써서 빛집게를 만들면, 잡힌 물체가 빛의 각운동량을 받아 돌아가며, 이것은 **빛 돌리개**(optical wrench)라고 한다.

5.10 고급 주제: 왼손 물질 또는 음성 굴절률 물질

굴절률이 음수인 물질의 특성을 처음 연구한 사람은 베젤라고(Veselago, 1968)지만, 펜드리(Pendry, 2000)가 되살릴 때까지는 실질적으로 잊혀졌었다. 그 뒤로는 여러 가지 광학적 특성을 지닌 새로운 물질이 나왔고, 그러한 물질의 광학적 특성에 대한 이론적 예측이 증명되었다. 이 절에서는 새 물리학과 옛 물리학의 차이를 설명하고, 지금까지 언은 중요한 실험 결과를 예로 든다.

(5.14)는 엄밀하게는 다음과 같이 써야 한다:

$$n = c/v = \pm(\epsilon\mu)^{1/2} \tag{5.101}$$

그렇지만, 파동벡터 $\boldsymbol{k}=n\boldsymbol{k}_0$는 빛이 나아가는 쪽을 나타내므로, n은 저절로 양수라고 가정했다. 이제, 새 물질의 괴상한 특성을 맛보려면, $\epsilon=-1$, $\mu=-1$인 상황을 생각하자. 맥스웰 방정식 (5.9)와 (5.10)으로 돌아가 다음과 같이 쓰자:

$$\nabla\times\boldsymbol{H} = \frac{\partial \boldsymbol{D}}{\partial t} = -\epsilon_0\frac{\partial \boldsymbol{E}}{\partial t} \tag{5.102}$$

$$\nabla\times\boldsymbol{E} = -\frac{\partial \boldsymbol{B}}{\partial t} = \mu_0\frac{\partial \boldsymbol{H}}{\partial t} \tag{5.103}$$

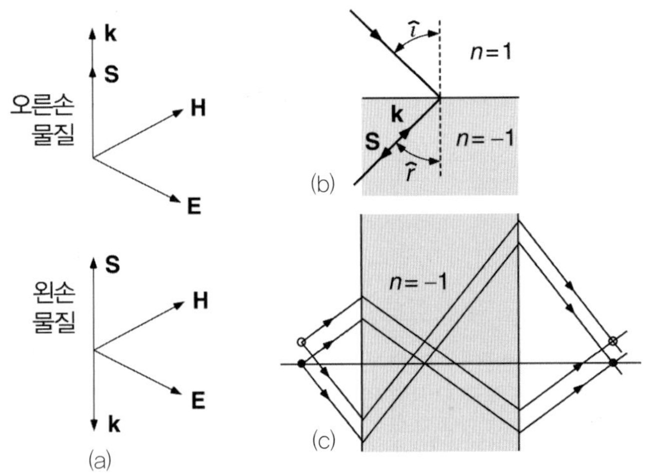

그림 5.17 (a) 오른손 물질과 왼손 물질에서의 전자기장과 파동벡터. (b) $n=1$인 물질과 $n=-1$인 물질의 경계면에서의 빛살의 굴절.
(c) $n=-1$인 물질로 된 평행평판이 공기중에 있을 때의 무수차 결상.

포인팅 벡터 $\boldsymbol{S}=\boldsymbol{E}\times\boldsymbol{H}$는 ϵ 및 μ와 무관하므로 바뀌지 않는다. 이제 그림 5.1을 다시 그린 그림 5.17(a)에서는 $\boldsymbol{k}$와 $\boldsymbol{S}$의 방향이 반대이다: 에너지가 흐르는 쪽은 파동벡터와 반대이다. 또한 직교하는 세 벡터 $[\boldsymbol{E}, \boldsymbol{H}, \boldsymbol{k}]$는 왼손계로 정상적인 물질의 오른손계가 아니다. 그래서 **왼손 물질**(left-handed materials)이라고 한다.

$\boldsymbol{k}$와 $\boldsymbol{S}$가 나란하지 않은 것은 6장에서 다루는 비등방성 물질의 공통적인 특성이지만, 여기에서는 등방성 물질을 다루는데 두 벡터가 반대쪽을 향하는 극단적인 상황이다. 이 상황에서는 또한 파동속도와 군속도가 반대쪽이다. 파동속도는 $v=\omega/k$이고 군속도는 $v_g=d\omega/dk$이므로, 왼손 물질은 분산이 아주 크다는 것도 명확하다.

5.10.1 구면수차가 없는 렌즈: 초렌즈

n이 복소수이면 (§5.6), 실수부만이 굴절특성을 결정한다.

먼저 z-축과 직교하는 평면을 경계면으로 한쪽은 진공으로 $n=1$, 반대쪽은 왼손 물질로 $n=-1$인 곳의 기하광학을 살펴보자. 스넬 법칙은 $\sin\hat{r}=-\sin\hat{\imath}$ 이다. 따라서, 어림법을 쓰지 않아도 $\hat{r}=-\hat{\imath}$ 또는 $\hat{r}=\pi+\hat{\imath}$ 이다. 이것은 참이지만, 내용이 아직 없다. 경계면의 양쪽에서 $\boldsymbol{E}_{x,y}$와 $\boldsymbol{H}_{x,y}$는 연속이고, (x, z) 평면에 들어있는 파동벡터 $\boldsymbol{k}$의 성분은 k_x는 경계면과 나란하고 k_z는 직교한다. 이제 §5.4.1에 따라 k_x는 경계면의 양쪽에서 똑같다. 하지만 그림 5.17(a)에서 k_z는 방향이 반대이다. 따라서 굴절각은 $\pi+\hat{\imath}$ 가 된다. 왼손 물질에서는 $\boldsymbol{k}$와 $\boldsymbol{S}$가 반대쪽이므로 $\boldsymbol{S}$는 $-\hat{\imath}$로 굴절된다.

이제 $n=-1$인 물질로 된 평행평판의 한쪽에 있는 섬광원에서 나오는 빛이 굴절되는 것을 생각하자. 빛살은 $\hat{r}=-\hat{\imath}$인 길을 따라 가므로, 빛살은 그림 5.17(c)과 같이 모여 오른쪽에 1:1 상을 만든다. 이것은 물거리와 상거리의 비에 따라 배율이 달라지는 재래식 결상이 아니다: 배율은 늘 1이고, 결상조건인 굴절법칙 $\hat{r}=-\hat{\imath}$은 어림식이 아니므로 고전적인 수차가 없다 (§3.7). 12장에서 설명할 물리광학의 결상이론을 따르면, 적어도 회절한계 결상이 될 것이다.

그렇지만 펜드리는 한 걸음 더 나아가 주장했다 (Pendry, 2000). 크기 a인 물점이 파장 λ인 빛을 내면, 그 에너지의 일부는 공간 주파수가 $2\pi/a$인 빛으로 나가는데, 그 빛은 §5.5.1에서 본 것처럼 소멸파로서 진행하므로 거리 a 정도만 가도 감쇠되어 아주 약해진다 (§2.3.2). 이 빛은 나아가면서 진폭이 아주 빨리 감쇠되므로 정상적인 결상계에서는 상을 만드는데 끼지 못한다. 공간 주파수가 $2\pi/a$인 빛은 (5.62)에 따라 $\exp(-k_0\beta z)$로 감쇠되고, $\beta=\sqrt{\lambda^2/n^2a^2-1}\approx\lambda/na$ 이다. 그렇지만, n이 음수이면, 이 빛은 같은 비율로 지수함수꼴로 증폭된다! 자세하게는, $n=1$인 매질과 $n=-1$인 매질의 경계면에 들어오는 소멸파의 경계조건을 정확하게 따져야 감쇠되는 빛이 증폭되는 빛으로 바뀜을 보일 수 있다. 이제, 그림 5.17(c)에서 관련된 거리를 보면, 물체에서 나와 상까지 가는 낱낱의 빛살의 경로는 $n=1$인 매질에서 꼭 반이고, $n=-1$인 매질에서 꼭 반이므로, 오른손 매질에서 지수함수꼴로 감쇠된 소멸파가 왼손 매질에서 정확히 지수함수꼴로 증폭되면서 감쇠를 정확히 보상한다. 이것을 바탕으로 이러한 렌즈를 써서 파장보다 작은 영상 정보의 상을 만들었고, 그래서 그것을 **초렌즈**(superlens)라고 한다.

5.10.2 메타 물질을 써서 음성 굴절률을 만드는 방법

> 구조가 파장보다 더 작은 메타 물질은 §10.5에서 설명할 **광자 결정**(photonic crystals)과는 다르다. 광자 결정은 크기가 파장 정도인 것을 배열한 것이고, 배열하는 모양이 중요하다.

베젤라고는(Veselago, 1968) 이온화된 기체 플라즈마의 밀도를 잘 맞추면 $\epsilon<0$이 될 수 있고 (§5.6),여기에 자기장을 걸면 μ도 음수가 될 수 있을 것이라고 지적했다. 그렇지만, 2000년에 다시 이 주제가 되살아날 때는 다른 방법을 썼다. 먼저, $\mathrm{Re}(\epsilon)=n^2-\tilde{k}^2$이 음수인 여러 금속(§5.6) 가운데에서 은을 주로 골라 썼는데, 그 까닭은 $\mathrm{Im}(\epsilon)$이 상대적으로 작기 때문이다. 이러한 물질을 만들려면 공진회로를 꾸미는데, 공명 진동수를 작동 진동수보다 작게 잡아야 한다. 이러한 종류의 물질을 처음 보여준 것은 스미스(Smith *et al.*, 2000)와 셸비(Shelby *et al.*, 2001)로, 진동수는 10.5 GHz($\lambda=3$ cm)였다. 구리 박막을 파내어 한 쪽이 갈라진 겹고리를 아주 많이 만들어 바둑판 꼴로 배열하는데, 그 주기를 파장보다 훨씬 작게 하여 마치 연속체처럼 느끼게 한다. 낱낱의 고리는 유도용량이 L인 유도소자이고, 두 고리가 가까이 있으므로 축전용량이 C인 축전기이다. 회로설계는 고리들이 이루는 회로의 공명 진동수 $\sqrt{LC}$는 빛이 진동수 보다 낮게 하여 걸어준 자기장과 유도된 자기장의 위상차가 π가 되게 하여 μ가 음수가 되게 한다. 나란한 도선을 덧붙여 실질적으로 유전체 매질이 되게 하고, 덩어리의 플라즈마 공명 진동수(§13.3.4)도 빛의 진동수보다 낮게 맞추어 ϵ도 음수가 되게 한다. 이 매질로 만든 프리즘은 극초단파 다발을 $n=-2.7$인 매질로 된 것처럼 꺾는 것이 실험으로 확인되었다 (그림 5.18). 이 장치를 써서 초렌즈(§5.10.1)에 의한 파장 이하의 분해능을 얻을 수 있음도 실험적으로 처음 보았다.

이러한 복합 물질이 **메타 물질**(meta-material)이며, 쓰려는 빛의 파장보다 작게 만든 요소를 배열하여 만들었지만 연속체와 같은 특징을 보여준다. 더 최근에는 적외선과 광학 영역에서 굴절이 음성인 메타 물질을 만들었다. 여기에서는 은이나 다른 금속 등 $\mathrm{Re}(\epsilon)$가 음수인 것을 쓰며 (§5.6), 여기에 나노미터 규모의 구조를 써서 μ를 음수로 만든다.

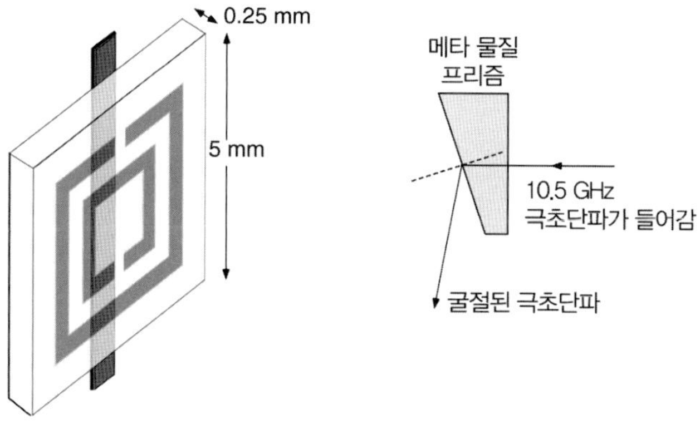

(a) (b)

그림 5.18 10.5 GHz에서 굴절률이 음수가 되게 설계한 메타 물질.
(a) 단위 요소. 이것을 주기 5 mm로 바둑판 꼴로 배열하였다.
(b) 메타 물질 ($n = -2.7$)로 만든 18.4° 프리즘에서의 굴절: −61°로 꺾인다.

요약

이 장에서는 아래의 내용을 배웠다:

- 맥스웰 방정식과 조화파동 해
- 평면파와 전기장 및 자기장의 관계
- 빛 에너지 흐름을 나타내는 포인팅 벡터
- 가속 전하가 내는 빛과 방사광
- 경계조건에서 스넬 법칙 끌어내기
- 경계면에서 평면파가 반사, 굴절될 때의 프레넬 계수
- 내부 전반사, 광학 터널링, 소멸파
- 광학적 특성을 나타내는 유전상수가 복소수인 도체의 속의 빛
- 투명한 매질의 경계면에서 반대쪽에서 오는 빛의 반사계수의 관계
- 빛의 운동량과 각운동량
- 빛압력을 써서 작은 입자를 붙잡는 빛집게
- 왼손물질 또는 음성 굴절률 물질 및 파장보다 작은 구조를 써서 그것을 만드는 방법

문제

5.1 크기가 같고 방향이 반대인 두 전기쌍극자 $\pm \boldsymbol{p}$가 거리 $\boldsymbol{\ell}$ 떨어져 있으면 사중극자가 된다. 두 가지가 있는데, 하나는 $\boldsymbol{\ell} \| \boldsymbol{p}$이고, 다른 하나는 $\boldsymbol{\ell} \perp \boldsymbol{p}$이다. $\ell \ll \lambda$이면, 진동 사중극자가 만드는 전기장 $\boldsymbol{E}_q(\boldsymbol{r})$은 쌍극자가 만드는 전기장 $\boldsymbol{E}_p(\boldsymbol{r})$와 다음 관계가 있음을 보여라:

$$\boldsymbol{E}_q(\boldsymbol{r}) = -ik_0\boldsymbol{E}_p\frac{(\boldsymbol{\ell}\cdot\boldsymbol{r})}{r}$$

낱낱의 종류가 내는 빛의 진동수에 대한 변화를 구하고 내보내는 빛의 일률의 각도 분포를 그려라.

5.2 반지름 R인 원둘레를 따라 속력 $v \approx c$로 도는 전자가 내는 방사광의 펄스 길이, 곧 봉우리 진동수를 어림하라. 전자가 내는 빛의 각폭은 시선방향을 중심으로 $\psi = 2/\gamma$ (그림 5.3)라는 사실을 써라.

5.3 그림 5.10과 같이 빛이 두 장의 프리즘 사이를 터널링한다. 터널링 영역에서의 빛의 속력은 얼마인가? 가우스 펄스가 터널링을 한다면, 신호가 c 보다 더 빨리 갈 수 있는가? (이 주제에 관한 설명은 §13.5를 보라.)

5.4 파장 0.5 μm인 빛에 대한 빛살 가르개를 굴절률 1.5인 유리 프리즘 두장 사이에 굴절률 1.3인 물질을 끼워 넣어 억제된 내부 전반사를 써서 설계하라.

5.5 구조가 완전히 대칭꼴인 거울이 있다고 하자 (곧, 두께가 사반파장인 얇은 판). $\mathcal{R}$은 얼마인가?

5.6 브루스터 각에서는 반사된 빛살과 투과된 빛살이 직교함을 보여라. 빛이 공기쪽에서 들어오면, 반사된 빛살은 경계면에 있는 표면 쌍극자가 내는 쌍극자 방사로 생각하고, $\|$ 모드의 반사계수가 그 각도에서 참으로 0이 됨을 보여라. 이 논리를 빛이 매질 쪽에서 경계면을 향해 오는 상황의 브루스터 각 반사에 대해서도 쓸 수 있는가?

5.7 유리판($n=1.5$)을 여러 장 겹쳐 빛을 브루스터 각도로 반사시켜 편광을 만든다. 들어오는 빛이 결맞지 않고, 비편광일 때, 투과된 빛의 편광도(⊥ - 성분에 대한 ∥ - 성분의 비)를 유리판의 수에 대한 함수로 나타내라.

5.8 불화 마그네슘(MgF_2)의 굴절률은 1.38이다. 이것으로 45°, 45°, 90° 프리즘을 만들어 빛살을 빗면에서 내부반사시켜 90° 꺾는다. 선편광과 원편광이 들어올 때 반사된 빛의 편광벡터를 구하라.

5.9 단순한 (자유 전자) 금속의 전도도가 σ이다. 이것을 유리판에 얇게 입혀 진동수 ω인 빛살을 같은 비율로 나누는 빛살 가르개를 만들 때, 금속층에서 흡수되는 비율은 얼마일까? 유리기판은 무시하라.

5.10 타원체 꼴 유전체 입자를 빛집게로 붙잡으면 광축에 대해 어떻게 정렬할까?

5.11 지름 1 μm, $n=1.5$인 플라스틱 공을 10 mW인 레이저 빛살을 지름 3 μm로 조인 빛집게로 잡았다. 이 공을 덫에서 끌어내는데 필요한 힘의 세기를 어림하라.

5.12 반사도가 큰 작은 금속 입자는 빛집게 속에서 끌리는가 밀리는가?

5.13 각운동량 지수가 $m=1$인 나선꼴 빛이 완벽한 거울에서 반사된다. 반사된 빛은 $m=1$인가 $m=-1$인가? 이 때 거울에 전달된 각운동량은 얼마인가?

5.14 굴절률이 −2인 물질로 아플라나틱 렌즈(§3.8)를 설계하는 것을 생각해 보라.

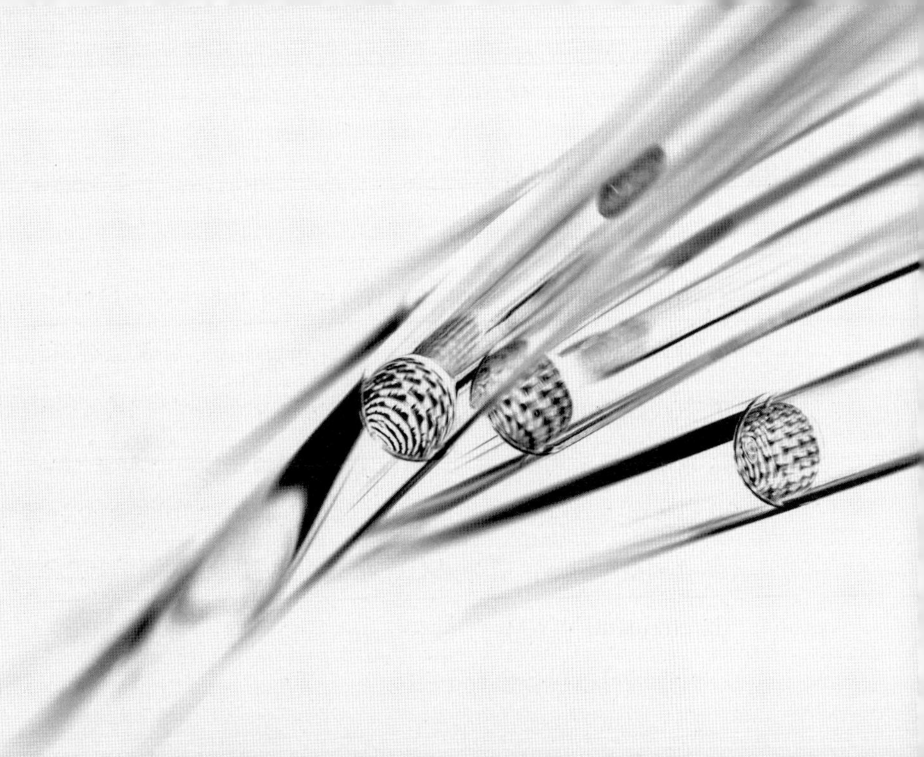

6 편광과 비등방성 매질

5장에서 본 것처럼 등방성 매질에서는 전자기파가 수직파이다: 전기장 벡터 $\boldsymbol{E}$와 자기장 벡터 $\boldsymbol{H}$가 진행방향 $\boldsymbol{k}$와 직교한다. $\boldsymbol{E}$의 방향 또는, 뒤에 보겠지만, 전기 변위 장 $\boldsymbol{D}$의 방향이 **편광**(polarization) 방향이며, 빛의 진행방향 $\boldsymbol{k}$가 정해지면, 편광벡터의 방향은 그와 직교하는 방향으로 둘이다. 그렇지만, 매질이 **비등방성**(anisotropic)으로 물리적 성질이 방향에 따라 다르면, 편광벡터의 방향은 매질의 결정축과 빛이 들어오는 방향에 따라 결정되며, 두 빛의 속력도 다를 수 있다. 그 결과 들어온 빛살을 두 가닥으로 갈라 굴절시키는 **복굴절성**(birefringent)이 있다.

이 장에서는 다음을 배운다:

- 평면파의 여러 가지 편광상태 — 선편광, 원편광, 타원편광 — 및 그 것을 만드는 방법
- 비등방성 광학 물질의 특성을 그 물질 속의 $\boldsymbol{E}$와 $\boldsymbol{D}$를 이어주는 유전텐서 $\overleftrightarrow{\epsilon}$로 기술하는 방법
- 비등방성 물질 속에서의 빛의 진행을 간단한 그림인 n-곡면으로 나타내어 쉽게 그려보는 방법
- 비등방성 물질에서의 맥스웰 방정식과 이로부터 편광방향이 직교하는 평면파 해가 나오는 것
- 평면파의 전기변위 $\boldsymbol{D}$와 자기장 $\boldsymbol{B}$는 늘 $\boldsymbol{k}$와 직교하지만, $\boldsymbol{E}$와 $\boldsymbol{H}$는 더 이상 $\boldsymbol{D}$와 $\boldsymbol{B}$와 나란하지 않다.
- 단축 및 쌍축 결정
- 분자구조가 나사꼴이어서 파동방정식의 고유해가 원편광인 광학 활성 물질
- 밖에서 전기장이나 자기장을 걸거나 변형력을 주면 비등방성이 생기는 물질
- 파장보다 작은 구조물로 만들어 광학적 특성을 조절할 수 있는 메타물질

빛의 편광은 여러 가지로 쓰인다: 현미경에서 시작하여 먼 은하계의 자기장 분포를 알아내는데도 쓰인다. 편광판은 $\boldsymbol{E}$의 방향이 어떤 정해진 쪽인 빛만 골라 투과시킨다. 이것을 눈에 대고 주위를 둘러보면 파란 하늘에서 오는 빛이나 자동차 유리창에서 반사되는 빛도 일부가 편광되어 있음을 알 수 있다. 광탄성 효과는 유리 속의 변형율 분포를 그림으로 보여준다. 그림 6.1은 알갱이로 된 물질의 역학적 특성을 편광효과를 써서 본 것이다.

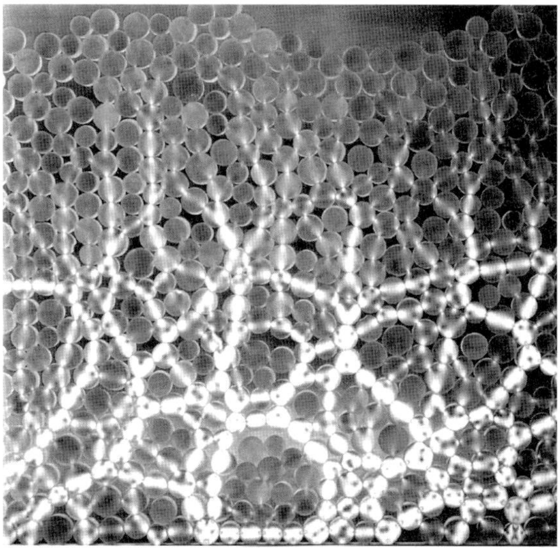

그림 6.1 두 편광판의 투과축을 직교시키고, 그 사이에 여러 지름의 플라스틱 원반을 채웠다. 사진은 투과된 빛을 찍은 것으로, 플라스틱의 광탄성(photo–elastic properties) 효과 (§6.9.2)를 써서 원반 사이의 힘의 사슬(force chains)을 보여준다: 원반의 무게를 맞닿은 다른 원반이 받치고 있다. 이 실험으로 모래기둥의 구조와 역학적 특성에 대한 모형을 확인할 수 있다.

6.1 등방성 매질 속에서의 편광

먼저 **등방성 매질**(isotropic medium)에서의 맥스웰 방정식의 두 가지 중요한 평면파 해를 살펴보고, 이들이 어떻게 생겨나는지 보자. 이 평면파 해는 **편광상태**(polarization)가 잘 정의된 빛이다.

6.1.1 선편광

맥스웰 방정식에 대한 기본해는 평면파로서 $\boldsymbol{E}$, $\boldsymbol{H}$, $\boldsymbol{k}$가 직교하는 **선편광**(linearly polarized: LP)이다: 그림 6.2(a)에서 $\boldsymbol{E}=E_y$, $\boldsymbol{H}=-H_x$, $\boldsymbol{k}=k_z$이다. 벡터 $\boldsymbol{E}$와 $\boldsymbol{k}$는 **편광면**(plane of polarization)을 정의한다.

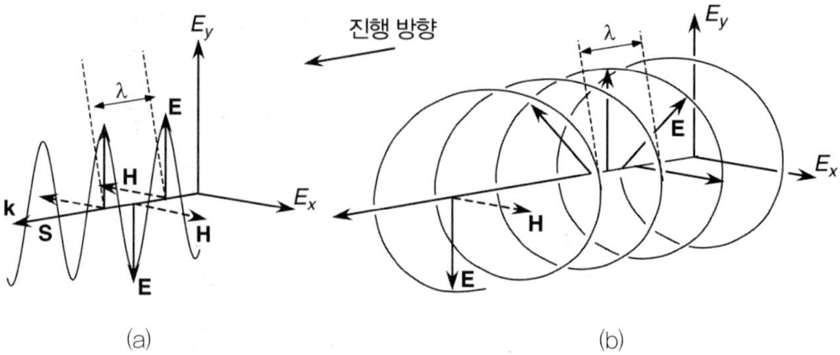

그림 6.2 시각 $t=0$의 전기장: (a) 선편광, (b) 원편광.

균일한 편광은 편광방향이 직교하는 두 선편광 또는 반대쪽으로 도는 두 원편광이 겹친 것으로 나타낼 수 있다. 이 기술방법은 나선꼴 빛(§5.9)과 같이 불균일한 빛에서는 쓸 수 없다.

$$\boldsymbol{E} = \boldsymbol{E}_0 \exp[i(\boldsymbol{k} \cdot \boldsymbol{r} - \omega t)] \tag{6.1}$$

$$\boldsymbol{H} = \boldsymbol{H}_0 \exp[i(\boldsymbol{k} \cdot \boldsymbol{r} - \omega t)] \tag{6.2}$$

에너지 흐름을 나타내는 포인팅 벡터 $\boldsymbol{S}=\boldsymbol{E}\times\boldsymbol{H}$는 $\boldsymbol{k}$와 나란하다. $\boldsymbol{k}$의 방향이 정해지면, 이 조건에 맞는, 서로 직교하는 방향이 둘 있다.

6.1.2 원편광

전기장과 자기장에 비례하여 반응하는(곧, B가 H에 비례하고, D가 E에 비례하는) 매질에서는, 위의 두 선편광이 겹친 것도 맥스웰 방정식의 해가 된다. 특히 중요한 것은 겹치는 두 빛의 위상차가 $\pm\pi/2$인 것이다. $\boldsymbol{k}$를 z-쪽으로 잡고, 두 선편광의 진폭이 같으면 다음과 같다:

$$\boldsymbol{E}_{01} = E_0\hat{\boldsymbol{x}}\,, \quad \boldsymbol{E}_{02} = E_0\hat{\boldsymbol{y}} \tag{6.3}$$

여기에서 $\hat{\boldsymbol{x}}$와 $\hat{\boldsymbol{y}}$는 각각 x- 및 y-쪽 단위벡터이다. 두 성분의 위상차가 $\pi/2$이므로 전기장 벡터는 다음과 같다:

$$\boldsymbol{E} = E_0\hat{\boldsymbol{x}} \exp[i(kz - \omega t)] + E_0\hat{\boldsymbol{y}} \exp[i(kz - \omega t + \pi/2)] \tag{6.4}$$

실제의 전기장은 이 복소수 벡터의 실수부이다:

$$\boldsymbol{E}^R = E_0\left[\hat{\boldsymbol{x}}\cos(kz - \omega t) + \hat{\boldsymbol{y}}\sin(kz - \omega t)\right] \tag{6.5}$$

한 점 z 에서 이 벡터는 오는 빛을 마주볼 때 길이가 E_0 이고 z-축을 중심으로 각속도 ω 로 시침방향으로 돈다: 이 빛이 **오른손 원편광**(right-handed circularly polarized light: RCP)이다.

또는 이 빛을 시각 $t=0$에 얼리면 벡터 $\boldsymbol{E}^R$은 다음과 같은 꼴이다:

$$\boldsymbol{E}^R = E_0\left(\hat{\boldsymbol{x}}\cos kz + \hat{\boldsymbol{y}}\sin kz\right) \tag{6.6}$$

이 벡터는 z의 함수로 그리면 오른손 나사 꼴이 된다 [그림 6.2(b)]. 자기장도 $\boldsymbol{H}\perp\boldsymbol{E}$의 관계를 유지하면서 비슷하게 나사선의 궤적을 그린다.

두 선편광 성분의 위상차가 $-\pi/2$ 이면, 전기장 벡터 $\boldsymbol{E}$는 시침과 반대쪽으로 돌며, 이 빛은 **왼손 원편광**(left-handed circularly polarized light: LCP)이다. 시각 t를 고정시키면 전기장 벡터는 왼손 나사 꼴이 된다.

6.1.3 타원편광

§6.1.2에서 설명한대로 겹치는 두 빛의 진폭이 다를 수도 있다. 두 직교 성분의 진폭이 각각 E_{0x} 와 E_{0y} 이면, 그림 6.2의 벡터는 단면이 타원인 나사 꼴이 된다. 마찬가지로 z를 고정시키면 벡터 $\boldsymbol{E}^R$도 타원 궤적을 그린다. 이러한 빛은 **타원편광**(elliptically polarized light)이며, 전기장 벡터가 도는 방향에 따라 왼손과 오른손으로 나뉜다.

6.1.4 편광상태의 중요성

선편광은 순수한 광자 상태가 아니고 스핀이 양수인 것과 음수인 것이 겹친 것이다.

14장에서 양자광학을 소개할 때, 빛의 양자통계는 보세-아인슈타인 통계를 따름을 보게 될 것이나. 빛의 양자가 **광자**이다. 통계적 특성이 그러한 입자는 스핀이 정수값이다. 더구나, 빛이 원자와 상호작용할 때 각운동량이 보존되려면, 각운동량의 변화는 $\hbar$를 단위로 ± 1이어야 한다. 그러므로 낱낱의 광자와 가장 가까운 것이 원편광이며, 오른손 원편광은 스핀 $+1$인 것, 왼손 원편광은 스핀 -1이다 (문제 6.17). 선편광은 반대쪽으로 도는 두 원편광이 겹친 것으로 보며, 편광방향은 두 원편광의 위상차에 따라 결정된다.

6.1.5 부분 편광과 비편광

방전관이나 필라멘트 등에서 나오는 빛은 일반적으로 편광이 아니다. 그 빛은 편광 방향과 위상이 저마다 다른 수많은 선편광이 겹친 것으로 기술한다. 또한 그 빛은 엄밀하게는 단색이 아니고 위상이 시시각각으로 바뀐다. 그러한 무질서한 빛을 모아두면 특별한 편광특성이 없으므로 **비편광**(unpolarized light)이다. 때로는, 그러한 빛이 비등방성 매질에 들어가면 통계적으로 어떤 편광면이 더 자주 나타나기도 하는데, 그러한 빛이 **부분편광**(partially polarized light)이다. 예를 들면 파란 하늘빛은 빛이 산란될 때 비등방성이 생겨난다 (§13.2.2).

빛의 편광도를 나타내야 할 때가 가끔 있는데, 그 방법은 여러 가지다 [Azzam & Bashara (1989)]. 기본적으로, 결맞지 않은 부분편광 (가장 일반적인 빛)은 비편광 성분과 편광 성분이 섞인 것으로 나타낼 수 있고, 편광 성분은 편광타원의 장축의 방향, 타원의 모양, 그리고 도는 방향으로 편광특성이 완전히 결정된다. 이러한 성질을 매개변수 네 개로 나타낼 수 있는데, 그것을 네-성분 벡터로 표시한 것이 **스토크스 벡터**(Stokes vector)이다. 빛의 편광상태를 바꾸는 편광소자를 4×4 행렬로 나타낸 것이 **뮐러 행렬**(Mueller matrix)이며, 들어오는 빛의 스토크스 벡터에 곱해주면 편광소자를 지나온 빛의 편광상태를 나타내는 스토크스 벡터가 된다. 빛이 결맞으면, 비편광 성분이 없으므로 매개변수는 세개가 된다. 하지만, 이 책에서는 그러한 표기법을 쓰지 않는다.

6.1.6 직교 편광상태

두 빛의 전기장 벡터 $\boldsymbol{E}_1$과 $\boldsymbol{E}_2$가 다음과 같으면, 두 빛의 편광상태는 **직교**(orhtogonal)한다:

$$\boldsymbol{E}_1 \cdot \boldsymbol{E}_2^* = 0 \tag{6.7}$$

여기에서 전기장 벡터는 진폭이 복소수[15)]이고, $\exp[i(\boldsymbol{k} \cdot \boldsymbol{r} - \omega t)]$ 를 곱해야 온전한 파동함수가 된다. 예를 들어, 직교하는 두 빛이 선편광이라면 두 빛의 전기장 벡터 $\boldsymbol{E}_1$과 $\boldsymbol{E}_2$는 다음 관계가 있다:

15) E 는 실제로는 실수이다. 수식에 쓰는 복소수 는 실수부분이 실제의 물리량이다. 실수 $\overline{\mathrm{E}}$ 와 복소수 E는 §4.5.1에서 설명한 힐버트 변환관계가 있다.

$$E_{1x}E_{2x} + E_{1y}E_{2y} = 0 \tag{6.8}$$

마찬가지로 반대쪽으로 도는 두 원편광도 직교한다. (6.4)에서 $\boldsymbol{E}_1 = E_0(\boldsymbol{x} + i\boldsymbol{y})$, $\boldsymbol{E}_2 = E_0(\boldsymbol{x} - i\boldsymbol{y})$ 이면, 다음과 같다:

$$\boldsymbol{E}_1 \cdot \boldsymbol{E}_2^* = E_0^2(\boldsymbol{x} \cdot \boldsymbol{x} + i^2 \boldsymbol{y} \cdot \boldsymbol{y}) = 0 \tag{6.9}$$

타원편광도 직교하는 짝이 있다: 두 빛이 타원도는 같지만, 장축이 직교하고, 반대쪽으로 돈다.

6.2 편광 만들기

> 비편광을 에너지나 기하학적 특성을 바꾸지 않고 고스란히 편광으로 만들 수는 없다.

편광을 만들려면 무엇이든 빛의 진행 특성이 편광상태에 따라 다른 것을 쓴다. 두 가지 잘 알려진 현상은 유전체 표면에서 빛이 반사되는 것(5.4)과 작은 입자가 빛을 산란하는 것(§13.2.2)이다. 또한 결정의 광학적 비등방성을 쓰기도 하는데 뒤에 더 자세히 설명한다 (§6.8.3과 §6.2.2).

편광을 만드는 것은 본질적으로 비편광을 받아 그로부터 편광(선편광, 원편광, 타원편광)된 빛살을 뽑아내는 것이다. 나머지 빛은 때로는 뽑아낸 빛과 직교하는 편광이 되는데, 버리거나 다른 데 쓰기도 한다. 비편광을 고스란히 편광으로 바꿀 수는 없다. 그러면 열역학 제2 법칙에 어긋난다! (문제 6.10).

6.2.1 반사에 의한 편광

빛을 편광으로 바꾸는 가장 쉬운 방법은 두 유전체의 평면 경계면에서 브루스터 각도로 반사시키는 것이다 (§5.4.2):

$$\hat{i}_B = \tan^{-1} n_r \tag{6.10}$$

여기에서 n_r은 상대굴절률이다. 이 각도에서는 ∥ 성분에 대한 반사계수가 0이다; 따라서 반사된 빛은 온전히 ⊥ 쪽으로 편광된다 (그림 6.3). 그렇지만, 이 성분도 반사계수가 작아서 (보통 5~6%), 이 방법은 효율이 아주 낮다. 또한 이 방법은 정해진 입사각에서만 쓸 수 있다. 유전체 판을 여러 장 겹치면 낱낱의 표면마다 ⊥ 성분을 반사하므로 투과된 ∥ 성분의 상대적 비율이 점점 커지고 입사각에 대한 감도도 낮아진다 (문제 5.7). 브루스터-각도 반사를 써서 편광을 만드는 방법은 실제로 중요한 특성이 있다; 기하학적 모양만이 편광면을 결정한다. 이것은 또한 표면의 품질에 아주 민감하므로 경계면의 특성을 살펴보는 **편광타원계측법(ellipsometry)**에 쓰인다 [Azzam & Bashara (1989), Thompkins (2006)].

결정으로 만든 편광소자는 내부 전반사를 써서 비편광에서 편광성분을 가려내며, 질 좋은 편광이 필요할 때 쓴다. 이에 관해서는 §6.8.3에서 자세히 설명한다.

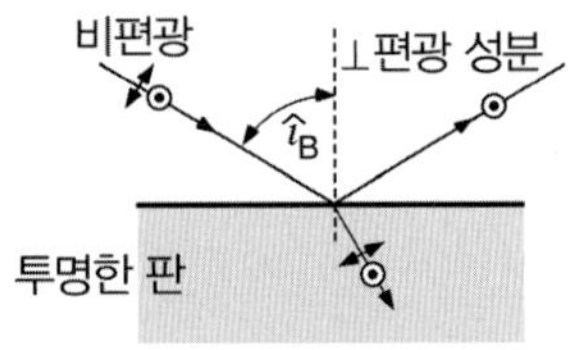

그림 6.3 브루스터-각도 반사를 써서 편광 만들기. $\mathcal{R}_\perp = 0$이므로 반사된 빛은 ∥-성분이다.

6.2.2 흡수에 의한 편광

어떤 물질은 빛의 편광상태에 따라 흡수도가 다른 **이색성**(dichroism)이 있다. 이것은 선편광을 만드는데 널리 쓰며, 때로는 원편광을 만드는데도 쓴다.

이색성을 써서 빛을 선편광으로 만드는 도구로 잘 알려진 것이 가느다란 도선을 나란히 빛의 파장보다 촘촘하게 늘어놓은 것이다. 이 장치는 전기장 벡터가 도선과 직교하는 빛은 거의 그대로 통과시킨다. 하지만 도선의 간격이 파장보다 좁으면 회절은 일어나지 않는다 (8.5.3). 빛의 전기장 벡터가 도선과 나란하면, 도선에 전류가 유도되면서 빛을 흡수한다. 따라서 비편광이 들어오면 편광방향이 도선과 직교하는 선편광만 투과된다.[16)]이러한 편광소자는 투명한 유전체 기판에 금이나 은으로된 가느다란 선을 나란히 배열한 것인데, 미세제작

16) 이것은 극초단파에서 많이 쓰며, 쉽게 보여줄 수 있다.

법이나 이온침투법(iom-implantation)으로 만든다. 가장 흔한 편광소자인 폴라로이드도 이러한 방식으로 만든다 (상자 6.1을 보라).

6.2.3 소광비

편광소자의 효율성의 척도를 재려면 똑같은 소자를 두개 겹치고 비편광을 비춘다. 두 소자의 투과축을 나란히 맞추면, 한 편광성분은 두 소자를 모두 지나오며, 그 빛의 밝기는 I_1 이다. 이제 두 소자의 투과축을 직교시키면, 이상적으로는 빛이 전혀 투과하지 못하지만, 실제로는 아주 조금 지나오며, 그 빛의 밝기는 I_2 이다. 편광소자의 방향을 잘 맞추면 이 값을 최소로 줄일 수 있다.

두 빛의 밝기의 비 I_1/I_2가 **소광비**(extinction ration)이다. 좋은 결정 편광소자에서는 이 값이 10^7에 이르고, 깨끗한 유리면에 브루스터 각을 정확히 맞추어도 그 정도가 나온다. 폴라로이드는 보통 10^3이다.

상자 6.1 이색성 편광소자: 폴라로이드 필름

폴라로이드 필름[17]은 1932년 랜드(Edwin Land)가 발명한 것으로 가느다란 도선을 나란히 배열한 것과 같은 원리로 작동한다. 만드는 방법은 두 가지다: 애초의 방법은 황화 요드키니네(iodoquinine sulphate)의 아주 작은 바늘꼴 결정을 투명한 질산셀룰로즈 막에 바른 다음 막을 양쪽으로 당겨 늘여 결정을 정렬시킨다. 그는 1938년에 이 과정을 개선하여 지금은 폴리비닐 알코홀을 요드로 물들여 만든다. 정렬된 전도성 폴리머 사슬은 나란한 가는 도선과 같은 구실을 한다. 이 것은 싸게, 얼마든지 크게 그리고 얇게 만들 수 있다.

17) 편광필름을 흔히 폴라로이드라고 불러 순간 사진을 찍는데 쓰는 폴라로이드 사진 필름과 헷갈리기 쉽다.

6.3 비등방성 매질 속에서의 빛의 진행: 일반 이론

다음 두 절에서는 5장에서 배운 빛의 진행 이론을 매질의 비등방성을 넣어 확장하는 방법을 설명하는데, 순전히 현상학적 수준에서만 한다; 비등방성을 일으키는 원자 또는 분자 수준의 설명은 이 책의 범위를 벗어난다.

6.3.1 하위헌스 구성법

먼저 파동의 진행과 비등방성의 일반적 관계를 설명한다. 이것은 1650년 하위헌스가 처음으로 했는데, 그는 그림 6.4[그림 2.6(b)도 보라]와 같이 범위가 한정된 파면 AB 위의 점에서 잔파동이 퍼져가는 것을 생각했다. 파면의 진행속력이 진행방향마다 다르다면, 잔파동은 구면파가 아니다; 이들은 실제로는 타원체꼴이 된다는 것을 보게 될 것이다. 그러면 새 파면 A_1B_1은 그림과 같이 잔파동에 대한 공통의 접선이 된다. 그러나, 파면 A_1B_1은 옆으로 움직이므로, 빛살은 파동벡터의 방향에서 옆으로 조금 벗어난다. 이것은 결정 속에서 빛이 진행할 때 흔히 나타나는 특징이다: **빛살의 방향 AA_1으로 나타낸 포인팅 벡터 S는 k와 일반적으로 나란하지 않다.**

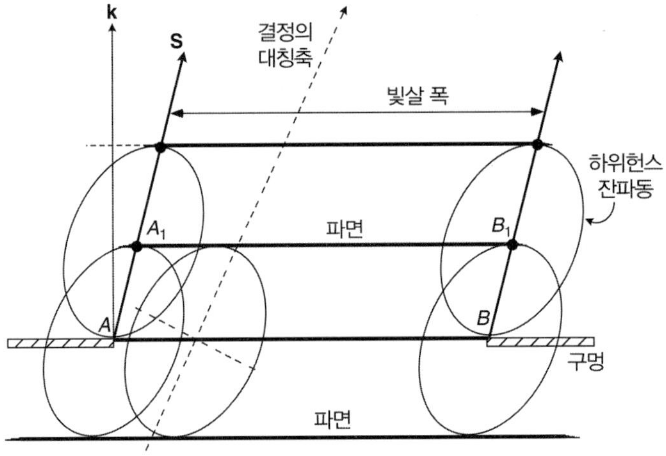

그림 6.4 하위헌스 원리를 비등방성 매질에서의 빛살의 진행에 적용한 모양. 점은 파면이 잔파동과 접하는 곳을 강조한다; 이 점들이 꼭 타원체의 대칭축 위에 있지는 않다.

6.3.2 굴절률 곡면, 또는 n-곡면

> 광학의 n-곡면은 고체 물리학에서 금속의 페르미 곡면과 비슷하다. 다른 파동의 진행에서도 같은 개념을 쓸 수 있다.

속도 비등방성과 $\boldsymbol{S}$의 정확한 관계는 그림을 그리면 알기 쉬운데, 수학을 조금 해야 한다. 진동수 ω_0인 단색빛에 대한 굴절률이 빛이 진행 방향의 함수이므로 다음과 같이 벡터로 나타낼 수 있다:

$$\boldsymbol{n} = \frac{c}{\omega_0}\boldsymbol{k} \tag{6.11}$$

여기에서 $\boldsymbol{k}$는 매질 속에서 파면이 나아가는 쪽의 파동벡터이며, 벡터 $\boldsymbol{n}$도 같은 쪽이다. 이제 위상속력은 $v=\omega/k$이다. 군속도 $\boldsymbol{v}_g$의 성분은 §2.4를 확장하면 다음과 같다:

$$v_{gx} = \frac{\partial\omega}{\partial k_x}, \qquad v_{gy} = \frac{\partial\omega}{\partial k_y}, \qquad v_{gz} = \frac{\partial\omega}{\partial k_z} \tag{6.12}$$

이것을 벡터 꼴로 쓰면 다음과 같다:

$$\begin{aligned} \boldsymbol{v}_g &= \nabla_{\boldsymbol{k}}\omega = \left(\frac{\partial\omega}{\partial k_x}, \frac{\partial\omega}{\partial k_y}, \frac{\partial\omega}{\partial k_z}\right) \\ &= \frac{c}{\omega_0}\left(\frac{\partial\omega}{\partial n_x}, \frac{\partial\omega}{\partial n_y}, \frac{\partial\omega}{\partial n_z}\right) = \frac{c}{\omega_0}\nabla_{\boldsymbol{n}}\omega \end{aligned} \tag{6.13}$$

이제, 매질 속의 빛의 진행특성을 벡터 $\boldsymbol{n}$으로 나타내자. 특히 어떤 진동수 $\omega=\omega_0$에서는 진행방향마다 그 값이 정해져 있으므로 닫힌 곡면으로 나타낼 수 있다.[18] 낱낱의 방향마다 원점에서 곡면의 표면까지의 반지름 벡터는 그 길이가 그 방향이 굴절률 n과 같다. 그래서 이 곡면을 **굴절률 곡면**(refractive- index surface) 또는 **n-곡면**(n-surface)이라고 한다. 다른 책, 예를 들어 보른-울프의 책[Born & Wolf (1999)]에서는 그것을 **파면법선의 역곡면**(inverse surface of wave-normals)이라고 했다. (6.14)는 잘 알려진 정전기 관계식 $\boldsymbol{E}=\nabla V$와 비슷한데, 이 식은 전기장선은 등전위면(V=상수)와 직교함을 보여주므로, 마찬가지로 군속도 벡터 $\boldsymbol{v}_g$는 ω가 일정한 곡면, 다시 말해 **n-곡면과 직교한다**. 군속도 $\boldsymbol{v}_g$와 포인팅 벡터 $\boldsymbol{S}$ 모두 에너지 전달을 나타내므로 방향이 같다 (§5.2.1).

---

18) 빛살이 어떤 쪽으로는 갈 수 없으면, 그 쪽에는 면이 없고, 따라서 곡면이 닫히지 않는다. 예를 들어 소멸파가 생기면 그러한 일이 벌어진다. §6.10을 보라.

일반적으로 어떤 진동수 ω_0에서 물질의 n-곡면을 알면, 그 물질 속에서의 빛을 진행을 그림을 그려 살펴볼 수 있다. 파동벡터 $\boldsymbol{k}$가 정해지면(그림 6.5), n-곡면에서 $\boldsymbol{k}$ 방향의 반지름을 구하고, $\boldsymbol{S}$의 방향은 그 점에서의 법선방향이다. 분명히, 등방성 매질에서는 n-곡면이 구면이고 $\boldsymbol{S}\|\boldsymbol{k}$이다.

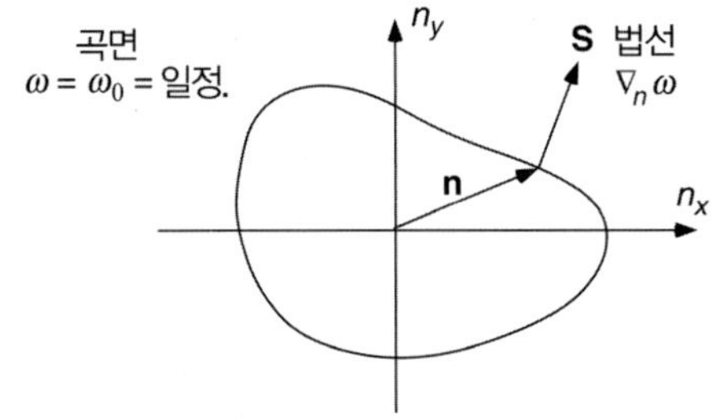

그림 6.5 n–곡면 그리기: n의 값을 진행방향 $\hat{\boldsymbol{k}}$의 함수로 극좌표를 써서 그린다. 포인팅 벡터 $\boldsymbol{S}$는 곡면에 대한 법선방향이다; $\boldsymbol{n}$의 방향은 전파벡터 $\boldsymbol{k}$와 나란하게 정의한다.

6.4 비등방성 매질 속에서의 전자기파

이제 비등방성 유전체에서의 맥스웰 방정식을 풀자. 5장에서 했듯이, 자기 편극성은 없다고 ($\mu=1$) 가정한다. 가시광 영역에서 투명한 매질은 보통 그렇다. 다음과 같은 조화 평면파를 생각한다:

$$E = E_0 \exp[i(\boldsymbol{k}\cdot\boldsymbol{r} - \omega t)] \tag{6.14}$$

다시 또, §5.1에서 했던 것처럼 연산자를 바꿔친다 (§2.2):

$$\frac{\partial}{\partial t} = -i\omega, \quad \nabla = i\boldsymbol{k} \tag{6.15}$$

전기적으로 중성인 유전체에서는 맥스웰 방정식이 다음과 같은 꼴이다:

$$\nabla\cdot\boldsymbol{B} = 0 \Rightarrow i\boldsymbol{k}\cdot\boldsymbol{B} = 0 \tag{6.16}$$

$$\nabla\cdot\boldsymbol{D} = 0 \Rightarrow i\boldsymbol{k}\cdot\boldsymbol{D} = 0 \tag{6.17}$$

$$\nabla\times\boldsymbol{H} = \frac{\partial\boldsymbol{D}}{\partial t} \Rightarrow i\boldsymbol{k}\times\boldsymbol{H} = -i\omega\boldsymbol{D} \tag{6.18}$$

$$\nabla \times \boldsymbol{E} = -\frac{\partial \boldsymbol{B}}{\partial t} \Rightarrow i\boldsymbol{k} \times \boldsymbol{E} = i\omega \boldsymbol{B} \tag{6.19}$$

이 식을 (5.16)-(5.19)와 비교하라. $\boldsymbol{D}$와 $\boldsymbol{B}$는 $\boldsymbol{k}$와 직교함을 눈여겨 보라. (6.19)에서 $\boldsymbol{B}$를 $\mu_0 \boldsymbol{H}$로 바꾸고(비자성 물질), $\boldsymbol{k}\times$ 연산을 하면 다음 식을 얻는다:

$$\boldsymbol{k} \times (\boldsymbol{k} \times \boldsymbol{E}) = \mu_0 \omega \, \boldsymbol{k} \times \boldsymbol{H} = -\mu_0 \omega^2 \boldsymbol{D} \tag{6.20}$$

비등방성 매질에서는 전기장이 꼭 $\boldsymbol{k}$와 직교하지는 않지만, $\boldsymbol{D}$는 늘 직교한다.

이 식은 벡터 $\boldsymbol{k}$, $\boldsymbol{E}$, $\boldsymbol{D}$의 관계를 보여준다. 등방성 매질에서는 $\boldsymbol{D} = \epsilon_0 \epsilon \boldsymbol{E}$이므로 $\boldsymbol{k} \times (\boldsymbol{k} \times \boldsymbol{E}) = -k^2 \boldsymbol{E} = -\mu_0 \omega^2 \epsilon_0 \epsilon \boldsymbol{E}$이 되는데, 이것은 (5.13)이 된다.

먼저 (6.20)에서 벡터의 배치를 살펴보자. 벡터 $\boldsymbol{k} \times (\boldsymbol{k} \times \boldsymbol{E})$는 $\boldsymbol{k}$와 $\boldsymbol{E}$가 정의하는 평면에 놓이고, $\boldsymbol{k}$와 직교한다. 그러므로, 이 방정식에 해가 있으려면, $\boldsymbol{D}$도 $\boldsymbol{k}$와 $\boldsymbol{E}$가 정의하는 평면에 놓여야 한다. (6.17)에서 $\boldsymbol{D}$가 $\boldsymbol{k}$와 직교한다 (그림 6.6). 이 조건을 써서 그 물질 속에서 편광상태가 변하지 않고 진행하는 **특성파**(characteristic wave)를 정의할 수 있다. 그러한 빛은 $\boldsymbol{E}$와 $\boldsymbol{D}$의 사이각이 θ이면 다음과 같다:

$$|\boldsymbol{k} \times (\boldsymbol{k} \times \boldsymbol{E})| = k^2 E \cos\theta = \mu_0 \omega^2 D \tag{6.21}$$

따라서 빛의 속력은 다음과 같다:

$$v^2 = \frac{\omega^2}{k^2} = \frac{E\cos\theta}{\mu_0 D} \tag{6.22}$$

끝으로 (6.16)-(6.18)에서 자기장 $\boldsymbol{B}$와 $\boldsymbol{H}$는 $\boldsymbol{k}$ 및 $\boldsymbol{D}$와 직교하므로, 벡터 $\boldsymbol{D}$, $\boldsymbol{E}$, $\boldsymbol{k}$, $\boldsymbol{H}$ 및 포인팅 벡터 $\boldsymbol{S}$의 방향은 그림 6.6(b)와 같다.

어떤 매질에서 문제를 풀려면 파동벡터 $\boldsymbol{k}$를 잡은 뒤에, 특성파를 구해야 하는데, 이것은 $\boldsymbol{D}$, $\boldsymbol{E}$, $\boldsymbol{k}$가 한 평면에 놓이는 $\boldsymbol{D}$의 방향을 찾는 것이다. 그러면 빛의 속력과 굴절률은 (6.22)를 써서 구할 수 있다. 낱낱의 $\boldsymbol{k}$ 방향에 대해 일반적으로 두 가지 해가 나온다 (어떤 때는 두 해가 겹칠 수도 있다). 두 특성파의 편광방향은 직교한다 (§6.1.6). 따라서 n-곡면(§6.3.2)을 그릴 때, n값이 둘이면(곧, 낱낱의 방향의 $\boldsymbol{k}$가 n-곡면과 만나는 점이 둘이면), 여러가지 재미있고, 중요한 특성이 나타난다. 그래서 비등방성 광학 결정은 **복굴절성**(birefringent)이다.

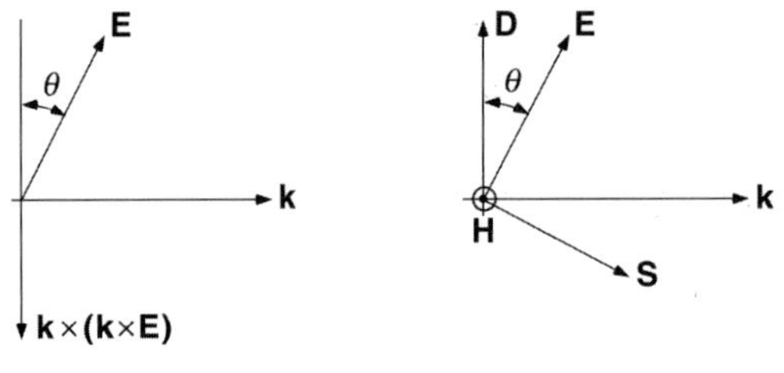

그림 6.6 (a) 벡터 $\boldsymbol{k}$, $\boldsymbol{E}$, $\boldsymbol{k}\times(\boldsymbol{k}\times\boldsymbol{E})$ 의 방향; (b) 벡터 $\boldsymbol{k}$, $\boldsymbol{E}$, $\boldsymbol{D}$, $\boldsymbol{S}$, $\boldsymbol{H}$의 방향.

6.5 결정 광학

$\boldsymbol{D}$와 $\boldsymbol{E}$의 관계를 기술하려면 유전상수가 세 개 필요하다; 일반적으로 셋 모두 값이 다르다.

이 절에서는 먼저 비등방성 물질의 유전특성을 텐서(또는 행렬)로 나타내는 방법과 타원체로 나타내는 방법을 설명한다. 그 다음에는 타원체 기하학을 써서 비등방성 물질의 특성파동과 속력을 구한다. 이에 따라 n-곡면의 모양이 정해지고, 광학적 성질이 모두 나온다.

6.5.1 유전텐서

결정의 비등방성은 미시적 구조에서 온다. 원자간 거리는 빛의 파장의 수백분의 1이므로 우리는 비등방성을 연속 현상으로 본다. 비등방성 선형 유전체에서는 벡터 $\boldsymbol{D}$와 $\boldsymbol{E}$가 크기는 비례하지만 방향이 늘 같지는 않으므로 다음과 같이 텐서 식으로 나타낸다:

$$\boldsymbol{D} = \epsilon_0 \boldsymbol{\epsilon} \boldsymbol{E} \tag{6.23}$$

(6.23)에서 유전 텐서 $\boldsymbol{\epsilon}$은 행렬로 나타낼 수 있다:

$$\boldsymbol{\epsilon} = \begin{pmatrix} \epsilon_{11} & \epsilon_{12} & \epsilon_{13} \\ \epsilon_{21} & \epsilon_{22} & \epsilon_{23} \\ \epsilon_{31} & \epsilon_{32} & \epsilon_{33} \end{pmatrix} \tag{6.24}$$

여기에 담긴 뜻은 뻔하다. 전기장 $\boldsymbol{E}=(E_1, E_2, E_3)$를 걸면, 생겨나는 $\boldsymbol{D}$의 성분 (D_1, D_2, D_3)는 다음과 같다:

$$D_i = \epsilon_0 \left[\epsilon_{i1} E_1 + \epsilon_{i2} E_2 + \epsilon_{i3} E_3 \right] \tag{6.25}$$

선형 대수 이론에 따르면 $\boldsymbol{D}_i$와 $\boldsymbol{E}_i$가 나란한 **주축**(principal axis)이 반드시 세 개 있다 ($i=$ 1, 2, 3). 따라서 **주요 유전 상수**(principal dielectric constant) ϵ_i를 다음과 같이 정의한다:

$$\frac{D_{1i}}{E_{1i}} = \frac{D_{2i}}{E_{2i}} = \frac{D_{3i}}{E_{3i}} = \epsilon_0 \epsilon_i \tag{6.26}$$

세 주축은 직교하며, 투명한 결정에서는 ϵ_i가 실수이다. 이 세 주축을 x, y, z축으로 잡으면 (6.24)의 텐서는 간단한 대각행렬이 되는데, 앞으로는 될 수 있으면 이것을 쓴다:

$$\boldsymbol{\epsilon} = \begin{pmatrix} \epsilon_1 & 0 & 0 \\ 0 & \epsilon_2 & 0 \\ 0 & 0 & \epsilon_3 \end{pmatrix} \tag{6.27}$$

투명한 매질에서는, ϵ_1, ϵ_2, ϵ_3가 실수이다; 이것은 (6.24)에서 $\epsilon_{ij} = \epsilon_{ji}^*$와 등가이며, 에르미트 텐서의 정의이기도 하다. 텐서를 돌려 (x, y, z)가 주축이 되게 하는 과정을 **텐서 대각화**(diagonalizing tensor)라고 하며 그 방법은 모든 선형대수 책에 나와 있다. 가장 일반적인 결정은 **쌍축 결정**(biaxial crystal)으로, 세 ϵ_i의 값이 모두 다르다. 그 보다 대칭성이 큰 결정이 **단축 결정**(uniaxial crystal)으로, 두 주요텐서가 같다 ($\epsilon_1 = \epsilon_2$). 셋 모두 같으면 그 물질은 등방성이다.

6.5.2 굴절률 타원체

결정광학을 기하학적으로 나타내려면 텐서를 타원체로 나타내야 한다. 일반적으로 축이 a, b, c인 타원체의 식은 다음과 같다:

$$\frac{x^2}{a^2} + \frac{y^2}{b^2} + \frac{z^2}{c^2} = 1 \tag{6.28}$$

이것을 행렬식으로 쓰면 다음과 같다:

$$(x,\ y,\ z) \begin{pmatrix} \epsilon_1 & 0 & 0 \\ 0 & \epsilon_2 & 0 \\ 0 & 0 & \epsilon_3 \end{pmatrix} \begin{pmatrix} x \\ y \\ z \end{pmatrix} = 1 \tag{6.29}$$

(6.23)을 뒤집으면 다음과 같다:

$$\boldsymbol{E} = \epsilon_0^{-1}\boldsymbol{\epsilon}^{-1} \cdot \boldsymbol{D} \tag{6.30}$$

유전텐서의 역텐서는 대각행렬로 나타내면 다음과 같다:

$$\boldsymbol{\epsilon}^{-1} = \begin{pmatrix} \epsilon_1^{-1} & 0 & 0 \\ 0 & \epsilon_2^{-1} & 0 \\ 0 & 0 & \epsilon_3^{-1} \end{pmatrix} \tag{6.31}$$

이제 $\epsilon_0 \boldsymbol{E} \cdot \boldsymbol{D} = 1$의 기하학적 내용을 살펴보자. 이 식은 (6.30)을 쓰면 다음과 같다:

$$\boldsymbol{D} \cdot \boldsymbol{\epsilon}^{-1} \cdot \boldsymbol{D} = 1 \tag{6.32}$$

이것은 (6.29)에서 (x, y, z)를 $\boldsymbol{D}$로, $a^2 = \epsilon_1$, $b^2 = \epsilon_2$, $c^2 = \epsilon_3$으로 바꾸면 다음 식이 된다:

$$\frac{D_x^2}{\epsilon_1} + \frac{D_y^2}{\epsilon_2} + \frac{D_z^2}{\epsilon_3} + 1 \tag{6.33}$$

빛의 편광벡터가 속도를 결정한다.

따라서 그림 6.7의 타원체는 반축이 $\sqrt{\epsilon_1}$, $\sqrt{\epsilon_2}$, $\sqrt{\epsilon_3}$로 굴절률 n의 세 주요값이 됨을 보게될 것이다 (등방성 매질에서는 $n = \sqrt{\epsilon}$ 임을 상기하라: §5.1.2). 타원체에 담긴 내용을 이해하려면, $\boldsymbol{D}$가 $\boldsymbol{D} \cdot \boldsymbol{E} = 1$의 식에 맞추어 방향에 따라 달라지는 것을 상상하자. 그러면 벡터 $\boldsymbol{D}$의 끝은 타원체의 표면에 있게 되고, 벡터 $\boldsymbol{E}$는 $\boldsymbol{D}$의 끝에서 타원체 표면과 직교한다 (그림 6.7).[19]

타원체 표면 어디에서나 $\epsilon_0 ED\cos\theta = \epsilon_0 \boldsymbol{E} \cdot \boldsymbol{D} = 1$이고, $\epsilon_0\mu_0 = 1/c^2$이므로 편광벡터가 $\boldsymbol{D}$인 빛의 굴절률 n은 다음과 같다:

$$n^2 = \frac{c^2}{v^2} = \frac{c^2\mu_0 D}{E\cos\theta} = \frac{\epsilon_0 c^2 \mu_0 D^2}{\epsilon_0 ED\cos\theta} = D^2 \tag{6.35}$$

19) 타원체 (6.28)과 (x_1, y_1, z_1)에서 접하는 평면은 다음과 같다:

$$\frac{xx_1}{a^2} + \frac{yy_1}{b^2} + \frac{zz_1}{c^2} = 1 \tag{6.34}$$

이 평면에 대한 법선벡터는 $(x_1/a^2, y_1/b^2, z_1/c^2)$이다. (x_1, y_1, z_1)을 $\boldsymbol{D}$로, a^2을 ϵ_1 등으로 바꾸면 이 법선벡터가 $\boldsymbol{E}$의 방향임을 알 수 있다.

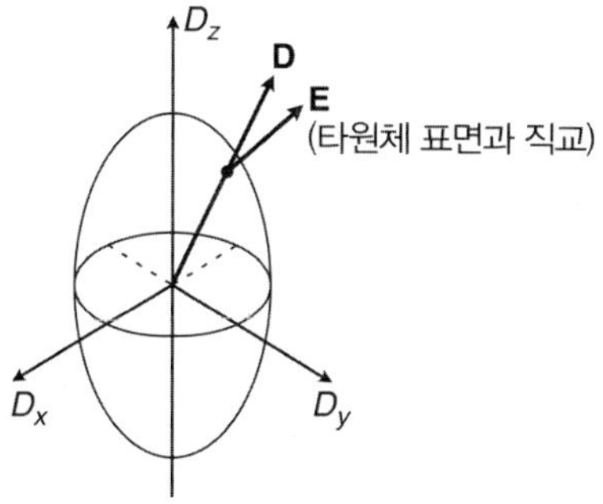

그림 6.7 굴절률 타원체와 $\boldsymbol{D}$와 $\boldsymbol{E}$의 관계. $\boldsymbol{E}$는 굴절률 타원체의 표면에서 법선쪽이다.

따라서 $n=|D|$ 이다. 다시 말해, **타원체에서 어느 쪽의 반지름 벡터의 길이는 편광벡터 D가 그 쪽인 빛의 굴절률과 같다.** 이 타원체가 **굴절률 타원체**(index ellipsoid, optical indicatrix)이다. 그런데 굴절률 값은 주축 방향의 길이다. 예를 들어, 타원체의 반축이 $\sqrt{\epsilon_1}$ 이면, 그것은 그쪽으로 편광된 빛의 굴절률이다. 꼭 알아야 할 것은, **빛의 굴절률을 결정하는 것은 진행방향이 아니라 편광방향이라는 것이다.**

빛이 다른 쪽으로 가도 편광방향이 같으면 진행속도도 같다.

6.5.3 특성파

이제 전파벡터가 $\boldsymbol{k}$인 특성파의 편광방향과 속도를 결정하자. §6.4에서 보았듯이 특성파는 $\boldsymbol{D}$, $\boldsymbol{E}$, $\boldsymbol{k}$가 한 평면 위에 있는데, 이제 $\boldsymbol{k}$가 정해진 상태에서 $\boldsymbol{D}$, $\boldsymbol{E}$를 찾아야 한다:

1. $\boldsymbol{D}$를 찾는다. 이것은 늘 $\boldsymbol{k}$와 직교하므로[(6.17)], $\boldsymbol{k}$와 직교하는 평면 위에 있다.
2. $\boldsymbol{D}$에 대해 굴절률 타원체를 써서 $\boldsymbol{E}$를 찾는다. $\boldsymbol{E}$는 $\boldsymbol{D}$의 끝에서 굴절률 타원체에 대한 법선쪽임을 상기하자 (§6.5.2).
3. $\boldsymbol{D}$, $\boldsymbol{E}$, $\boldsymbol{k}$가 한 평면 위에 있는지 확인한다.

그림 6.8은 그 과정을 보여준다. 1 단계에서는 원점을 지나고 $\boldsymbol{k}$와 직교하는 평면을 그린다. 2 단계에서는 타원체의 단면을 이루는 타원의 낱낱의 점에서 타원체에 대한 법선쪽으로 $\boldsymbol{E}$를 그린다. 3 단계에서는 대칭성을 써서 $\boldsymbol{E}$가 ($\boldsymbol{k}$, $\boldsymbol{D}$) 평면에 놓이는 장축 및 단축 쪽을 고른다. 따라서 어떤 $\boldsymbol{k}$쪽으로 가는 빛에 대해서 특성파가 늘 둘이다: 그림에서 OP와 OQ가

그 편광벡터를 나타내며, 이 둘은 굴절률은 길이 OP와 OQ이고, 직교해야 한다. 그림 6.9의 사진은 굴절률과 편광상태가 다른 두 빛이 있음을 보여준다.

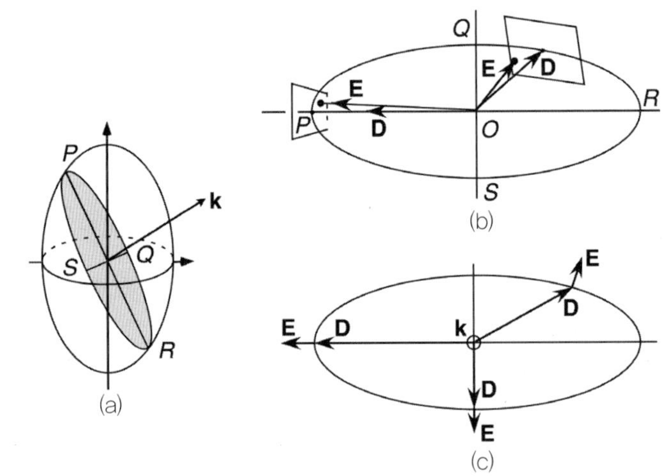

그림 6.8 (a) 굴절률 타원체에서 $\boldsymbol{k}$와 직교하는 단면 $PQRS$. (b) $PQRS$의 두 점에서의 접평면. 예를 들어 P에서는 $\boldsymbol{D}$, $\boldsymbol{E}$, $\boldsymbol{k}$가 같은 평면 위에 있지만 다른 곳에서는 그렇지 않다. (c) $\boldsymbol{E}$를 타원면에 투영해 보면 극점(꼭지점)에서만 $\boldsymbol{D}$, $\boldsymbol{E}$, $\boldsymbol{k}$가 같은 평면 위에 있음을 알 수 있다.

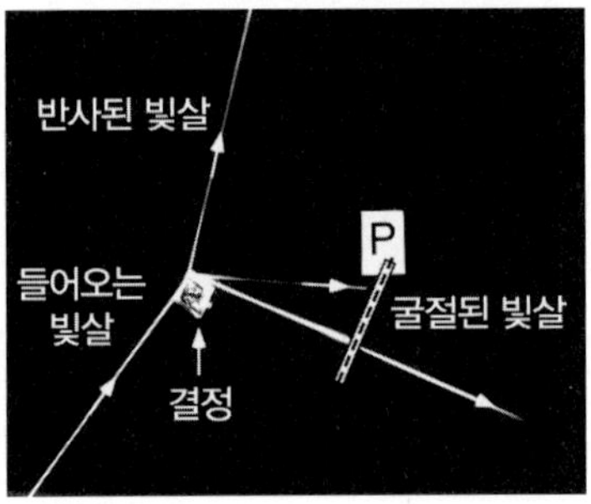

그림 6.9 비편광 레이저 빛살이 질산나트륨($NaNO_3$) 결정에서 굴절되는 모양. 반사된 빛살과 두 가닥의 굴절된 빛살이 보이므로, 굴절률이 두 가지임을 알 수 있다. 굴절된 두 빛살 가운데 하나는 편광판 P에서 막힌다.

6.5.4 결정의 n-곡면

> n-곡면은 직교하는 두 편광상태에 대한 굴절률 곡면 두 장으로 되어 있다.

n-곡면의 3차원 모양을 알려면 (x, y), (y, z), (z, x) 평면에서의 단면을 살펴보아야 한다. 굴절률 타원체의 주축을 직교좌표축으로 잡고, 각각의 주요값을 n_1, n_2, n_3로 잡는다.

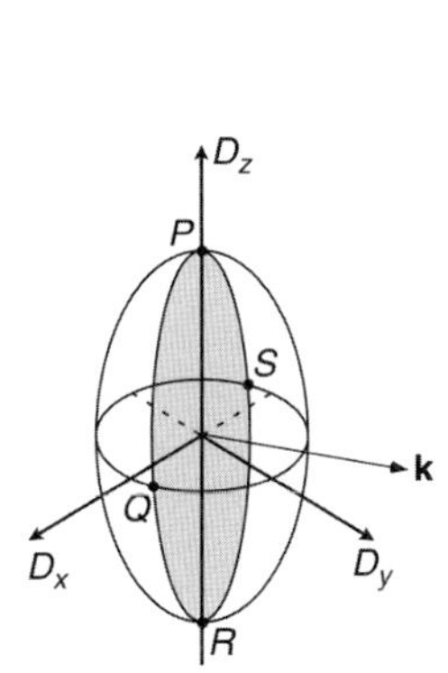

그림 6.10 $\mathbf{k}$가 (x, y) 평면에 있을 때의 굴절률 타원체의 단면

$\mathbf{k}$가 x쪽인 것부터 시작하여 그림 6.10과 같이 (x, y)에서 돌아갈 때 어떻게 되는가 보자. $\mathbf{k}$가 x쪽과 나란하면, 그림 6.8의 타원체 $PQRS$의 장축과 단축은 $OZ=n_3$, $OY=n_2$이다. $\mathbf{k}$가 z축에 대해 돌면, OZ는 여전히 장축이지만, 단축은 천천히 OY에서 돌아가 $\mathbf{k}$가 y쪽이 되면 $OX=n_1$으로 바뀐다. k의 방향에 대한 두 n값을 극좌표를 써서 그리면 n 곡면의 (x, y) 단면이 된다. 그림 6.11(a)는 그 결과이다. z쪽 편광에 대한 굴절률을 나타내는, 반지름이 n_3인 원과 편광방향이 z축 및 $\mathbf{k}$와 직교하는 편광에 대한 굴절률을 나타내는, 타원 (n_2, n_1)[20]이 겹쳐져 있다.

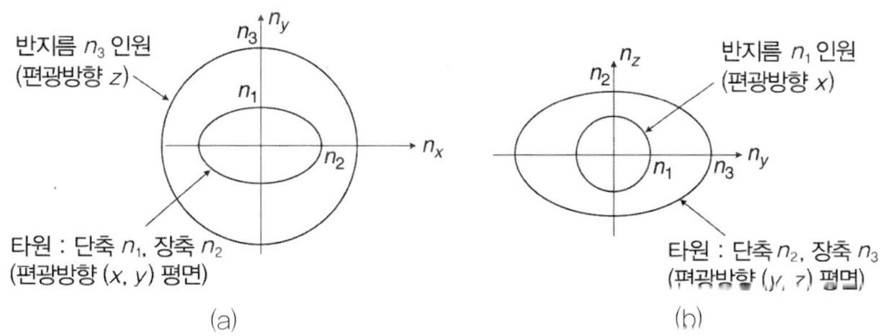

그림 6.11 n–곡면의 단면. (a) (x, y) 평면, (b) (y, z) 평면.

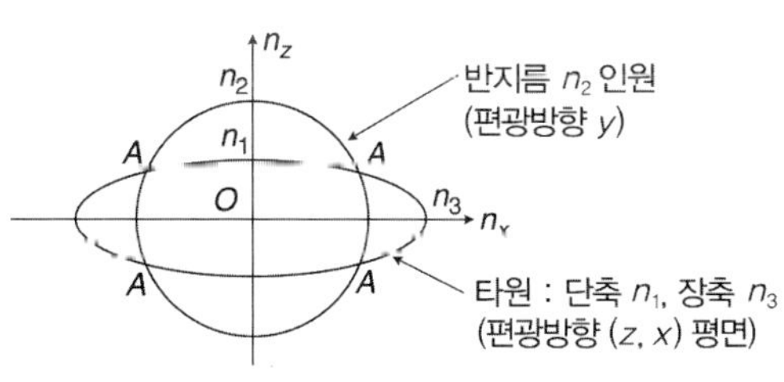

그림 6.12 (z, x) 평면에 있는 n–곡면의 단면. 두 방향 OA는 광축을 이룬다.

---

20) 장축이 n_2, 단축이 n_1인 타원을 뜻한다.

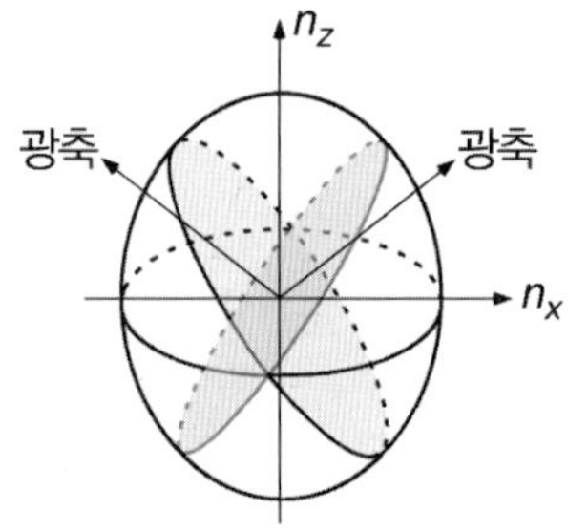

그림 6.13 굴절률 타원체의 두 원형 단면.

같은 방법으로 (y, z) 평면에 대한 단면[그림 6.11(b)]과 (z, x) 평면에 대한 단면(그림 6.12)을 그린다. 후자는 반지름 n_2인 원이 타원 (n_3, n_1)과 네 점 A에서 만나는데, 이것은 굴절률 타원체의 두 원형 단면(그림 6.13)에 해당하며, OA에 대응되는 $\boldsymbol{k}$ 방향을 **광축**(optic axis)이다. 빛이 이 쪽으로 가면 두 특성파이 겹쳐진다 (따라서 어느 두 직교하는 편광도 특성파이 될 수 있다). 그러한 방향 OA가 둘 이므로, 일반적인 결정($n_3 \neq n_2 \neq n_1$)을 **쌍축**(biaxial)이다. 더 이상의 원형단면은 없으므로, 광축도 더 이상 없다.

이제 n-곡면을 온전하게 그리려면, 이어 붙이면 되며, 그것으로 결정광학의 물리적 내용을 이해하는데는 충분하다. 그림 6.14는 n-곡면의 1/8 조각을 보여주는데, 곡면이 둘 인 것이 명확히 드러나며, 그것을 바깥쪽 및 안쪽 곡면이다. 이들은 광축에서 만나며, 빛이 그 쪽으로 갈 때는 두 특성파의 굴절률이 같다. 다른 팔분구에서는 좌표 평면에 대해 반사시켜 그릴 수 있다.

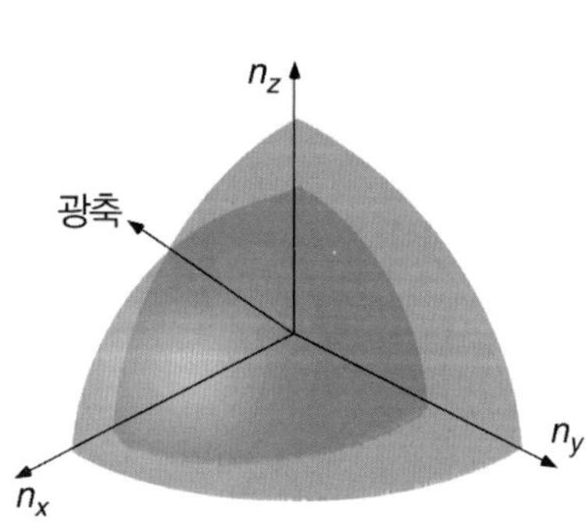

그림 6.14 쌍축 결정의 n-곡면의 8분구. 안쪽 및 바깥쪽 곡면을 볼 수 있다.

6.5.5 보통빛살과 이상빛살

n-곡면을 그린 뒤에는, 특성파의 편광 및 포인팅 벡터 $\boldsymbol{S}$를 결정하는 것은 쉽다 (그림 6.15). 낱낱의 방향 $\boldsymbol{k}$와 고유 편광에 대해 $\boldsymbol{S}$쪽으로 가는 빛살을 연관시킨다. 그 빛살은 빛이 실제로 결정 속을 지나갈 때 보이는 것이고 (그림 6.16), 어떤 방향 $\boldsymbol{k}$에 대해 두 빛살이 있기 때문에 잘 알려진 복굴절에 의해 상이 겹쳐 보이는 현상이 나타난다 (그림 6.13). 두 빛살을 다음과 같이 정의한다:

- **보통빛살**(ordinary ray) : $\boldsymbol{S}$와 $\boldsymbol{k}$가 나란한 빛살
- **이상빛살**(extraordinary ray) : $\boldsymbol{S}$와 $\boldsymbol{k}$가 나란하지 않은 빛살

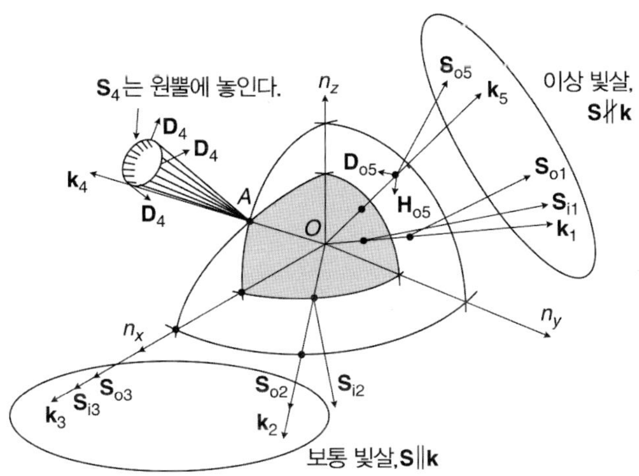

그림 6.15 쌍축 결정의 n–곡면. 아래글자 i는 어둡게 표시한 안쪽 곡면, o는 바깥쪽 곡면을 나타낸다. $\boldsymbol{k}_1$은 가장 일반적인 방향으로 이상빛살이 두 가닥 있다. $\boldsymbol{k}_2$는 대칭면에 있으며, 보통빛살과 이상빛살이 한 가닥씩 있다. $\boldsymbol{k}_3$는 대칭축과 나란하며 보통빛살이 두 가닥 있다. $\boldsymbol{k}_4$는 광축 OA와 나란하고 $\boldsymbol{S}$는 원뿔을 이루는데, 그 방향은 변위벡터 $\boldsymbol{D}$가 결정한다. $\boldsymbol{k}_5$는, $\boldsymbol{k}$와 $\boldsymbol{S}$ 모두에 직교하는 벡터 $\boldsymbol{H}$를 그리고, $\boldsymbol{k}$와 $\boldsymbol{H}$에 모두 직교하는 벡터 $\boldsymbol{D}$를 그리는 것을 보여준다.

스넬 법칙은 $\boldsymbol{k}$의 방향에 대한 것이므로, 보통빛살에 대해서만 $\boldsymbol{S}$에도 적용된다. 대개 일반적인 경우가 하나, 특별한 경우가 둘인데, 그림 6.16에 보였다:

1. 어느 쪽 $\boldsymbol{k}_1$에서 두 곡면 모두 이상빛살을 만들어낸다. $\boldsymbol{S}$와 $\boldsymbol{k}$를 알면, 자기장 벡터 $\boldsymbol{H}$는 두 벡터 모두에 직교하는 쪽이고, 변위 벡터 $\boldsymbol{D}$는 $\boldsymbol{k}$와 $\boldsymbol{H}$에 직교하는 쪽이다.
2. $\boldsymbol{k}_2$가 대칭면 $(x,\ y)$, $(y,\ z)$ 또는 $(z,\ x)$에 있으면, 보통빛살과 이상빛살이 한 가닥씩 있다.

3. $\boldsymbol{k}_3$가 x, y, z-축 어느 것과 나란하면, 두 빛살 모두 보통빛살이다.

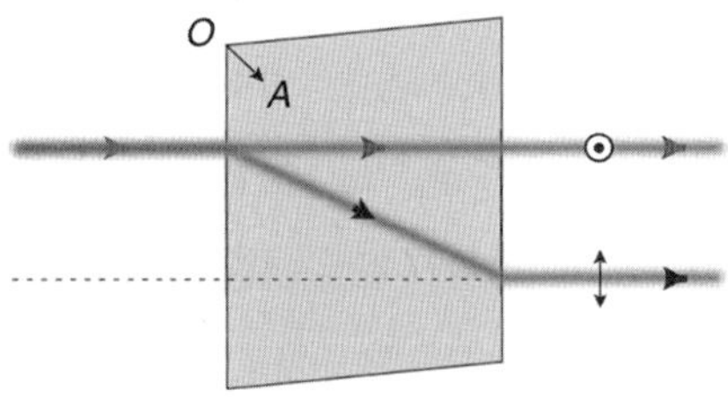

그림 6.16 비편광 빛살이 결정판을 지나면서 두 가닥으로 갈라진다; 그래서 **복굴절(birefringent)**이다. 이상빛살과 경계면은 스넬법칙에 맞지 않다. 광축은 OA쪽이다.

6.5.6 원뿔 굴절

$\boldsymbol{k}$가 광축과 나란하면 특이한 꼴로 빛이 나아간다 (그림 6.15에서 $\boldsymbol{k}_4$). 두 빛살의 n이 같으므로, **어떤 편광상태도 될 수 있지만(§6.5.4), 편광상태마다 S의 방향이 다르다.** 이들은 광축과 접하는 원뿔을 그린다. 쌍축 결정 판에 비편광 빛살을 비추어 굴절된 빛살이 결정 속에서 광축을 따라 가게 하면, 빛살은 원뿔꼴로 퍼져 결정판을 빠져나올 때는 고리모양이 된다. 이 현상이 **외부 원뿔 굴절**(external conical refraction)이다. 원뿔 굴절은 **광결정**(photonic crystal)에서도 나타난다 (§10.5)

6.6 단축 결정

많은 결정의 유전 텐서는 주요값이 두 개여서 (6.27)은 다음과 같은 꼴이다:

$$\epsilon = \begin{pmatrix} \epsilon_1 & 0 & 0 \\ 0 & \epsilon_1 & 0 \\ 0 & 0 & \epsilon_3 \end{pmatrix} \tag{6.36}$$

그러면 굴절률 타원체가 회전타원체가 되어 장축의 반지름은 n_3이고 둥근 단면의 반지름은 n_1이 된다. 단면의 모양을 통해 n-곡면의 모양을 그려보면 가지가 둘인 곡면이 된다. 가지 하나는 반지름 n_1인 구면이다; 다른 가지는 회전타원체로 반축이 n_1과 n_3이다. 두 가지는 n_z-축에서 만나며, 그것이 유일한 광축이 된다 [그림 6.17(a)]. 그 결정이 **단축 결정**(uniaxial crystal)이다. n_1이 **보통**(ordinary) 굴절률(n_o), n_3가 **이상**(extraordinary) 굴절률(n_e)이다; $n_e > n_o$이면, **양성 단축**(positive uniaxial), $n_e < n_o$이면, **음성 단축**(negative uniaxial) 결정이다. 표 6.1은 몇 가지 예를 보여준다.

표 6.1 흔히 보는 쌍축 및 단축 결정의 굴절률 (λ = 589 nm)

결정	주요 굴절률		
	n_1 (n_o)	n_2	n_3 (n_e)
운모 [$(KF)_2(Al_2O_3)_3(SiO_2)_6(H_2O)$]	1.582	1.587	1.552
산화 리튬 붕소 [LiB_3O_5]	1.578	1.601	1.621
산화 리튬 니오븀 [$LiNbO_3$]	2.30		2.21
방해석 [$CaCO_3$]	1.66		1.49
인산 2수소 칼륨, KDP [KH_2PO_4]	1.51		1.47
수정 [SiO_2]	1.54		1.55
사파이어 [Al_2O_3]	1.768		1.760
질산나트륨 [$NaNO_3$]	1.59		1.34
칼로멜 [Hg_2Cl_2]	1.97		2.66
얼음 [H_2O]	1.309		1.311

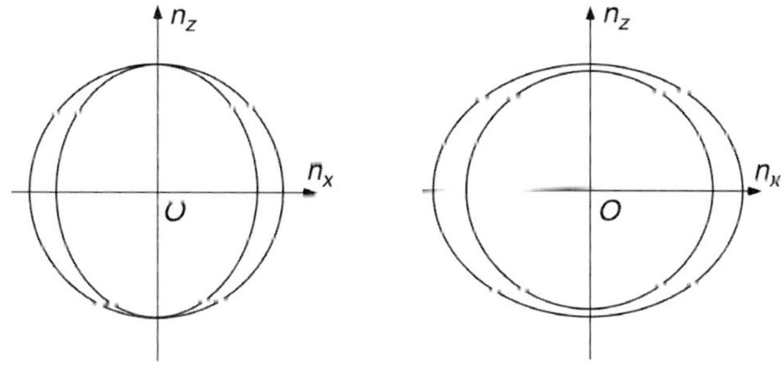

그림 6.17 단축 결정의 n-곡면의 광축 단면: (a) 방해석, (b) 수정. 이것은 광학 활성이 있다.

6.6.1 단축 결정에서의 빛의 진행

n-곡면의 모양에서 다음을 바로 알 수 있다:

1. 일반적인 $\boldsymbol{k}$에서는 보통빛살과 이상빛살이 한 가닥씩 있다.
2. $\boldsymbol{k}$가 광축을 따라가면, 두 빛살이 겹쳐 보통빛살이 된다.
3. $\boldsymbol{k}$가 광축과 직교하면, 두 빛살의 굴절률이 하나는 n_o, 다른 것은 n_e로 간다. 편광방향은 앞의 것은 광축(z)과 나란하고, 뒤의 것은 $(x,\ y)$ 평면과 직교한다.
4. 원뿔 굴절은 생기지 않는다.

6.6.2 광학 활성

선편광이 수정에 광축과 나란히 들어오면, 빛이 1 mm 나아갈 때마다 편광방향이 22°씩 돌아간다.

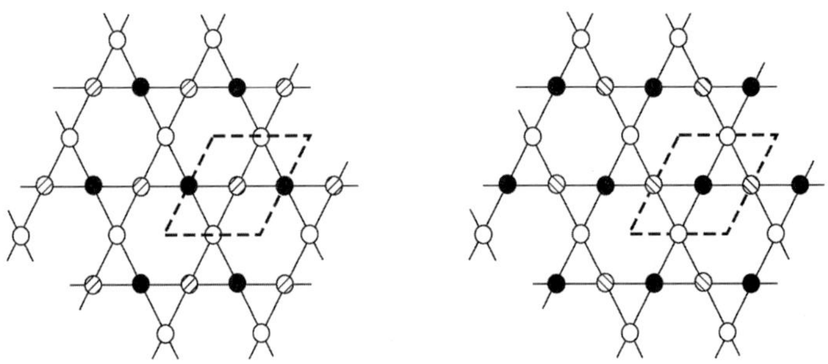

그림 6.18 오른손 및 왼손 수정 속의 규소 원자의 위치를 광축과 직교하는 평면에 투영한 것. 점선은 단위세포로 세포 높이의 0, 1/3, 2/3에 원자가 있는데, 각각 빈 원, 빗금친 원, 채운 원으로 나타냈다. 두 그림에서 이들은 반대쪽으로 도는 나선구조로 배열된다.

수정은 단축 결정이므로, 이 현상은 지금까지 설명한 것과 맞지 않다. 선편광이 나아갈 때 편광면이 도는 것이 **광학활성**(optical activity)이며, 나선구조가 있는 물질 — 결정질 또는 비정질 — 에서 나타난다. 수정은 오른손 결정과 왼손 결정이 있다 (그림 6.18). 가장 잘 알려진 비정질 광학활성 물질은 설탕물이다; 우선 포도당(dextrose)은 편광면을 오른쪽으로 돌리고, 좌선 포도당(levulose)은 그 반대쪽으로 돌린다.

빛이 나아가면서 편광면이 도는 현상인 광학활성은 액체와 같은 등방성 매질에서 나타나는 유일한 복굴절 현상이다.

광학활성 단축 결정의 유전특성을 현상학적으로 기술하려면 유전텐서에 순허수 비대각 성분을 넣는다:[21]

$$\epsilon = \begin{pmatrix} \epsilon_1 & ia & 0 \\ -ia & \epsilon_1 & 0 \\ 0 & 0 & \epsilon_3 \end{pmatrix} \tag{6.37}$$

이 텐서는 $\epsilon_{ij}=\epsilon_{ji}^*$, 곧 에르미트이고, 대각화하면 주요값이 ϵ_1+a, ϵ_1-a, ϵ_3가 된다. 주요 편광은 각각 $\boldsymbol{D}_1=(1, \mathrm{i}, 0)$, $\boldsymbol{D}_2=(1, -\mathrm{i}, 0)$, $\boldsymbol{D}_3=(0, 0, 1)$이다. 처음 두 벡터는 x-및 y-성분의 진동이 $\pi/2$의 위상차가 있으므로 z-축을 따라 가는 원편광을 나타낸다.

그러한 매질 속에서 빛이 z-축을 따라 갈 때 편광면이 도는 까닭을 이제는 알 수 있다. 선편광은 반대쪽으로 도는 두 원편광을 겹쳐 만들 수 있다:

$$\boldsymbol{D}_r = D_0(1, i, 0)\exp[i(n_r k_0 z - \omega t)] \tag{6.38}$$

$$\boldsymbol{D}_\ell = D_0(1, -i, 0)\exp[i(n_\ell k_0 z - \omega t)] \tag{6.39}$$

여기에서 굴절률 n_r과 n_ℓ은 각각 $(\epsilon_1 \pm a)^{1/2}$ 이다. 이들의 평균값을 $\bar{n}$, 차이를 δn으로 나타내고, 이 둘을 묶으면 다음과 같다:

$$\boldsymbol{D} = \boldsymbol{D}_r + \boldsymbol{D}_\ell = 2D_0\left(\hat{\boldsymbol{x}}\cos\frac{1}{2}\delta n k_0 z + \hat{\boldsymbol{y}}\sin\frac{1}{2}\delta n k_0 z\right) \exp[i(\bar{n}k_0 z - \omega t)] \tag{6.40}$$

광학 활성은 싸고 쉽게 구할 수 있는 옥수수 시럽에서 잘 볼 수 있다.

편광면의 회전각은 $\tan^{-1}(D_x/D_y)=\frac{1}{2}\delta n k_0 z$으로 z와 함께 전점 커진다. 22°/mm의 회전율은 녹색빛의 경우, $\delta n \approx 7\times10^{-5}$이다. 이 값이 아주 작아서 수정은 빛이 광축과 거의 나란히 나아갈 때를 빼고는 광학적 특성이 보통의 단축결정과 비슷하다. 수정의 n-곡면은 그림 6.17(b)와 같다.

설탕물과 같은 등방성 광학 활성 물질은 n-곡면이 두 개의 동심구로 기술되며, 반지름은 각각 n_r 과 n_ℓ이다.

21)§13.3.5에서 자기광학 매질에 대해 이러한 텐서를 끌어낸다.

6.7 간섭무늬 모양: 결정의 비등방성 특성을 그려보기

결정의 비등방성을 재는 좋은 방법은 빛의 입사각을 바꾸어가며 두 특성파의 간섭무늬를 보는 것이다. 이것을 원뿔 간섭무늬라고 하며, n-곡면의 대칭성을 띠므로 n_x, n_y, n_z의 차이에 대한 정량적인 정보를 얻을 수 있다. 흰빛을 비추면 아름다운 무늬가 보인다. 간섭무늬 모양을 보려면, 투과축이 직교하는 두 편광판 사이에 양면이 나란한 결정판을 끼운다. 결정판이 충분히 크면, 큰 광원을 멀리 두고 이것을 대고 광원 쪽을 본다. 그러면 상의 낱낱의 점은 결정판을 다른 각도로 지나온 나란한 빛살이 모인 것에 해당한다. 결정판이 작으면, 집광렌즈를 맞추어 결정판 아래쪽 면에 광원의 상이 생기게 하고, 현미경 대물렌즈의 뒤 초평면에 생기는 먼 거리 상을 본다. 그림 6.19는 이 두 방법을 보여준다. 때로는 집광렌즈 다음에 사반파장판을 끼우기도 한다.

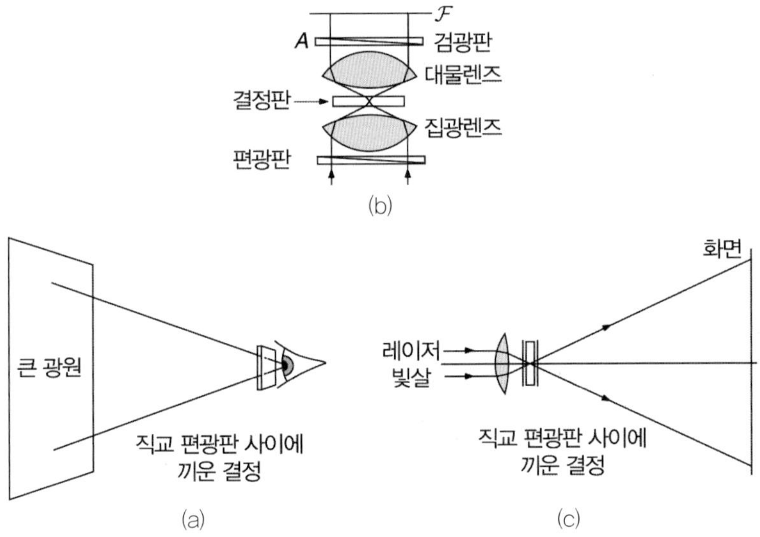

그림 6.19 결정의 간섭무늬 모양을 보는 방법 세 가지. 편광판과 검광판의 투과축을 직교시키고, 그 사이에 결정판을 끼운 뒤, 그것을 지나온 빛이 만드는 간섭무늬를 본다: (a) 큰 광원을 멀리 두고, 편광판 - 결정판 - 검광판을 통해 광원을 본다. 광원의 낱낱의 점이 결정판에 보내는 빛의 방향이 다르다. (b) 현미경 집광렌즈를 맞추어 선편광을 결정판 아래 표면에 모아준다. 투과된 빛은 대물렌즈의 뒤 초평면에서 본다. (c) 편광판 - 결정판 - 검광판에 레이저 빛살을 모아 비추어 투과된 빛을 화면에 비춘다.

간섭무늬 모양을 결정하는 기본 원리는 결정을 지나오는 두 특성파의 광로차가 방향에 따라 달라지는 것이며, 먼 곳에서 뚜렷한 무늬를 볼 수 있다 (§9.3.3). 간섭무늬의 모양은 아주 복잡한데, 그 까닭은 결정 속에서 두 특성파의 굴절각이 달라서 나란히 오지 않기 때문이다. 하지만 정성적으로 이해할 때는 그것을 무시해도 된다. 온전한 이론적 분석은 다음 책을 보라: Born & Wolf (1999). Derochette (2008)의 웹사이트에 실용적인 설명이 있다.

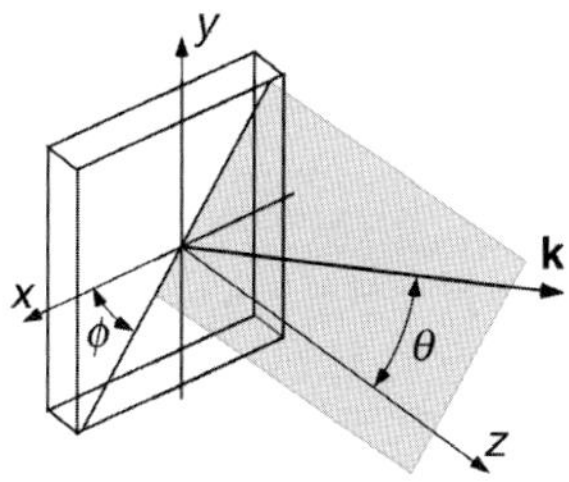

그림 6.20 원뿔관찰에 대한 좌표계

편광판과 검광판의 투과축을 직교시키고 그 사이에 두께 h인 결정판을 끼운 것을 살펴보자 (그림 6.20). 판이 등방성이면 시야 전체가 어두울 것이다. 결정을 지나오는 빛의 진행방향은 결정판의 법선에 대한 극각 θ와 방위각 ϕ로 나타낸다. ϕ축은 편광판과 검광판의 투과축의 방위각이 각각 $\phi=0$, $\phi=\pi/2$가 되게 잡는다. 이제 앞에서 말했듯이, 두 특성파가 결정 속에서 같은 각도 θ로 간다고 가정한다 (그러면 결정 밖에서의 각도 $\theta_{밖}$은 스넬 법칙에 따라 달라진다. 그러나 정성적인 관찰에는 문제가 되지 않는다). 방향 (θ, ϕ)쪽으로 가는 두 특성파의 굴절률은 $n_1(\theta, \phi)$과 $n_2(\theta, \phi)$이고, 편광벡터의 방위각은 $\psi(\theta, \phi)$와 $\psi(\theta, \phi)+\pi/2$이다. 그러므로 결정 속에서는 이들의 광로는 $hn_1\cos\theta$와 $hn_2\cos\theta$이고, 진폭은 각각 $\cos\psi$와 $\sin\psi$에 비례한다. 이 두 빛이 결정판을 빠져나와 검광판을 지나 간섭을 할 때는, 진폭에 $\sin\psi$와 $-\cos\psi$를 각각 곱해주어야 하므로, 밝기분포는 다음과 같다:

$$I(\theta, \phi) = I_0 \cos^2\psi \sin^2\psi \sin^2[(n_1 - n_2)hk_0\cos\theta] \tag{6.41}$$

이 무늬를 먼 곳에서 보므로, 이 간섭무늬는 θ의 함수로 나타난다.

6.7.1 단축 결정 속의 간섭무늬 모양

단축결정(§6.6)에서는 n-곡면이 반지름 n_o인 구면과 극쪽 반지름이 n_o, 적도쪽 반지름이 n_e인 회전타원면으로 되어 있다. 따라서 광축을 $\theta=0$으로 잡으면 $n_1=n_o$, $n_2=n_o+$

$(n_e - n_o)\sin^2\theta$ 이다. 특성파의 편광벡터는 각각 원둘레 쪽과 반지름 쪽이다. 결정판의 면이 광축과 직교하면, 간섭무늬의 밝기분포는 다음과 같다:

$$I(\theta, \phi) = I_0 \cos^2\phi \sin^2\phi \cos^2\left[hk_0(n_e - n_o) \sin^2\theta \cos\theta \right] \tag{6.42}$$

그림 6.21은 그 모양이다: 밖으로 갈수록 더 빽빽해지는 동심원꼴 줄무늬에 $\phi=0$과 $\phi=\pi/2$쪽으로 어두운 반지름쪽 줄무늬가 겹쳐 있다. 둥근 줄무늬가 어둡게 되는 조건은 (6.44)가 0이 되는 것으로 다음과 같다: $hk_0(n_e - n_o)\ \sin^2\theta\ \cos\theta = m\pi$. θ가 작으면 다음과 같다: $\theta^2 \approx [\lambda/2h(n_e - n_o)] \cdot m$. 따라서 둥근 줄무늬 간격은 밖으로 갈수록 점점 좁아진다 — 이것은 n-곡면의 구면과 회전타원면의 간격에서 생기는 뉴턴 고리에 해당한다. 광축이 결정판의 면과 나란하면, 간섭무늬 모양이 달라진다. 이것도 같은 방법으로 살펴볼 수 있고, 연습문제로 남겨둔다 (문제 6.11).

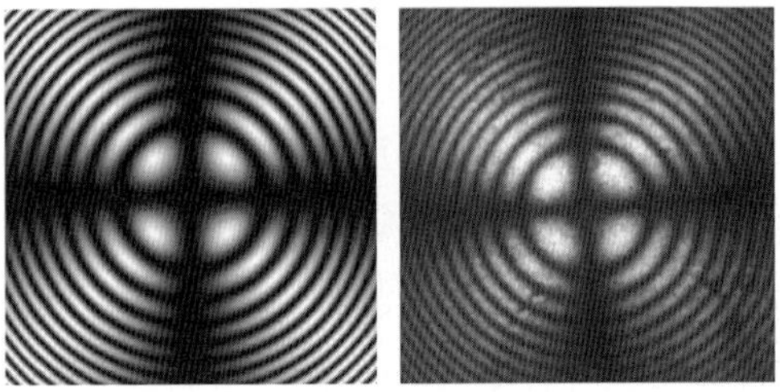

(a) (b)

그림 6.21 단축 결정의 간섭무늬 모양: (a) 이론적 결과 (6.44); (b) $LiNbO_3$ 결정을 써서 $\lambda=633$ nm로 본 결과.

6.7.2 쌍축 결정 속의 간섭무늬 모양

§6.5.4에서 쌍축 결정에 대한 n-곡면의 식을 구하지 않았으므로, 쌍축 결정판에 대해서는 이론적 분석을 하지 않겠다. 온전한 분석은 Berry *et al.*이 했다 (1999). 그렇지만, 일반 원리는 명확하다. 결정판이 그림 6.22(a)의 굴절률 타원체의 대칭축 가운데 어느 하나와 직교하면, 광축은 법선축에 대해 대칭인 두 방향으로 벌어진다: $\pm(\theta_a, \phi_a)$. 광축 근처에서는 n-곡면의 안쪽 및 바깥쪽 곡면이 원뿔꼴로서 두 꼭지점이 광축에서 만나므로 $n_1 - n_2$는 광축을 중심으로 선형적으로 0을 지난다. 그러므로 광축을 따라서는 검은 점이 나타나고, 간격이 고른

거의 동심원꼴 줄무늬가 나타난다 [그림 6.22(b)]. 이제 $\boldsymbol{k}$를 광축에서 조금 벗어나게 잡아, 광축을 중심으로 한 바퀴 돌리면서 특성파의 편광벡터의 각도 ψ의 변화를 살펴보면, 그림 6.15 ($\boldsymbol{k}_4$)에서 ψ는 반바퀴(π)만 돌아간다. 따라서 쌍축결정에서는 각각의 $\pm(\theta_a,\ \phi_a)$를 지나는 어두운 줄무늬가 하나씩만 나타난다. 이것은 두 개가 나타나는 단축결정과 다르다. 사실 단축 결정은 쌍축 결정의 두 광축이 붙은 것에 해당하고, 반지름쪽 어두운 띠는 서로 직교한다.

이제 간섭무늬 모양에서 중심점 $\theta=0$을 살펴보자. 여기에서는 두 주요 굴절률이 n_i와 n_j라면 위상차가 $hk_0(n_i-n_j)$ 이다. 이 위상차는 위상차가 0이 되는 광축까지의 줄무늬 수를 세어 결정할 수 있다.

간섭무늬 모양을 간단히 보는 방법은 투명한 플라스틱 막을 당겨 뽑아 쌍축 결정판으로 쓰는 것이다. 그 막을 교차 편광판 사이에 끼운 것을 겪은 샌드위치라고 한다. 막은 광탄성 효과(§6.9.2) 때문에 쌍축 결정과 같은 구실을 한다; 두께 방향으로는 압축되었고 막의 한쪽으로는 당겨졌으며, 다른 쪽으로는 변형력을 받지 않았다. 이것은 크게 만들 수 있으므로, 현미경으로 볼 필요가 없이 그림 6.19(a)와 같이 꾸며 보면 되지만, 두 광축의 사이각이 상당히 커서 두 축을 모두 동시에 보기는 어렵다 (그림 6.22).

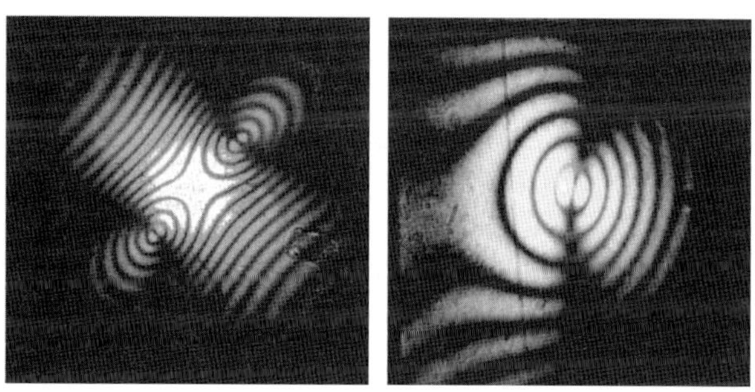

(a) (b)

그림 6.22 투영기용 투명 필름 쌍축 결정판을 두 직교 편광판에 끼워 넣어 본 간섭무늬 모양. 관찰 방법은 그림 6.19(c)와 같은데, z-축과 광축의 사이각이 39° 이다: (a) 시야의 중심에 z 축을 둔 모양; (b) 시야의 중심에 광축을 둔 모양.

6.8 비등방성 매질 속의 빛의 진행

$\boldsymbol{k}$와 편광상태가 정해진 빛이 비등방성 매질 속을 진행하는 것을 따라가려면 먼저 그 빛의 $\boldsymbol{D}$ 벡터를 $\boldsymbol{k}$가 같은 두 특성파의 $\boldsymbol{D}$ 벡터의 중첩으로 나타내야 한다. 그 다음에는 낱낱의 빛의 진행을 그 굴절률에 맞추어 따라가서, 나중에 두 빛을 재결합시킨다. 중간에 다른 매질과의 경계면이 있으면, 전자기장의 연속조건을 맞추어야 하며, 그 때 두 특성파에 대해 스넬 법칙을 따로 써야 한다 (§6.8.2).

6.8.1 사반파장판과 반파장판

두께 ℓ인 결정판에 선편광 평면파가 수직하게(z-쪽) 들어올 때, 들어오는 빛의 편광방향이, 결정판 속에서 의 진행방향이 들어오는 빛과 같은 두 특성파의 편광방향의 이등분선 방향이라면, 이들의 $\boldsymbol{D}$ 벡터를 x- 및 y-축으로 잡을 수 있다. 두 특성파의 굴절률은 n_1과 n_2, 평균은 $\bar{n}$, 차이는 δn으로 나타낸다. 그러면 다음과 같다:

$$\boldsymbol{D} = D_0\left\{\hat{\boldsymbol{x}}\exp\left[i(n_1k_0z - \omega t)\right] + \hat{\boldsymbol{y}}\exp\left[i(n_2k_0z - \omega t)\right]\right\} \tag{6.43}$$

$z=0$에서는, 들어오는 빛과 같다: $\boldsymbol{D}=D_0(1,1,0)\exp(-i\omega t)$. $z \neq 0$이면 (6.43)은 다음과 같이 쓸 수 있다:

$$\boldsymbol{D}= D_0\left[\hat{\boldsymbol{x}}\exp\left(-\frac{1}{2}i\delta nk_0z\right)+\hat{\boldsymbol{y}}\exp\left(\frac{1}{2}i\delta nk_0z\right)\right]\exp\left[i(\bar{n}k_0z-\omega t)\right] \tag{6.44}$$

이제 몇 가지 특별한 경우가 매우 중요하다:

$\frac{1}{2}\delta nk_0z=\pi/4$일 때. $\hat{\boldsymbol{x}}$- 및 $\hat{\boldsymbol{y}}$-성분의 위상차가 $\pi/2$가 된다. 선편광이 결정판을 지나면 원편광이 된다. 두께를 이 조건에 맞추어 $\ell=\lambda/(4\delta n)$로 만든 결정판이 **사반파장판**(quarter-wave plate)이다. 들어오는 빛의 편광방향이 $\hat{\boldsymbol{x}}$- 및 $\hat{\boldsymbol{y}}$-축의 둘째 이등분 방향이면, 나오는 빛은 반대쪽으로 도는 원편광이 되며, 편광방향이 이등분 방향에서 벗어나면 나오는 빛은 타원편광이 된다. 거꾸로, 원편광이 사반파장판을 지나오면 선편광이 된다. §6.5.5에서 나온 값으로 셈해보면, λ

$=590$ nm인 빛에 대한 운모로 된 사반파장판의 두께는 약 0.025 mm이다.

같은 물질로 두께가 위의 두 배인 것을 만들면 편광방향을 (x, z) 및 (y, z) 평면에 대해 반대쪽으로 돌릴 수 있고, 따라서 원편광이나 타원편광의 도는 방향을 뒤집을 수 있다. 이것이 **반파장판**(half-wave plate)이다.

6.8.2 푀벌라인 구성법

n-곡면을 그리면 결정의 경계면에서의 굴절문제를 그림으로 쉽게 풀 수 있다. 스넬 법칙은 경계면에서 E와 H의 접선성분이 연속일 조건에서 나왔는데, $\boldsymbol{k}$ 벡터의 방향에 대해서도 늘 참이다. 이제 빛이 굴절률 n_1인 등방성 물질에서 결정 속으로 들어가는 문제를 생각하자. 그림 6.23은 입사평면에서의 n-곡면의 단면인데, 들어오는 빛과 굴절된 빛의 $\boldsymbol{k}$ 벡터와 경계면에 대한 법선도 그렸다. 그림의 구성법에 따르면 파동벡터를 경계면에 투영한 값이 같아야 한다 (들어오는 빛은 OA, 굴절된 두 빛은 OB): $k\sin\theta = k_0 n(\theta)\sin\theta$. 이것이 **푀벌라인 구성법**(Poverlein construction)이며, 다른 복굴절 물질의 경계면에서의 굴절 문제를 풀 때도 쓸 수 있다.

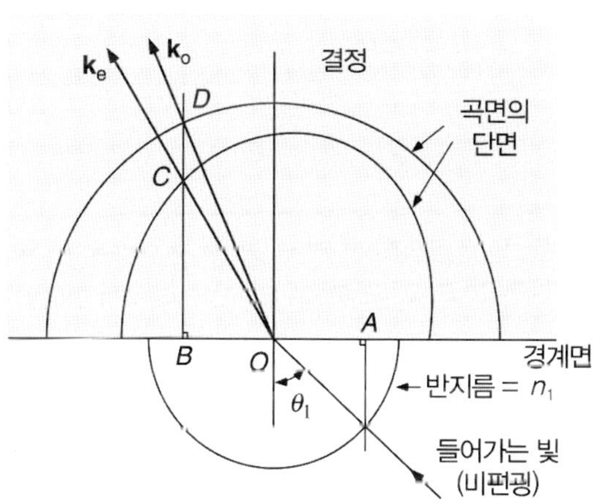

그림 6.23 푀벌라인 구성법. OB는 $\boldsymbol{k}_o$와 $\boldsymbol{k}_e$를 경계면에 투영한 것으로, 들어오는 빛의 $\boldsymbol{k}$ 벡터를 경계면에 투영한 OA와 길이가 같다.

6.8.3 결정 편광소자

결정 편광소자는 임계각이 굴절률의 함수, 곧 편광상태의 함수인 것을 써서 직교하는 편광성분을 갈라낸다. 예를 들어 **글랜**(Glan) 프리즘은 그림 6.24와 같고 대개 방해석으로 만든다. 양쪽 프리즘 모두 광축이 종이면에 대한 법선쪽이다. 명백히, 공기층에서의 입사각이 임계각 $\sin^{-1} n_o$와 $\sin^{-1} n_e$ 사이에 있으면, 이상빛살만 투과된다. 반사된 빛은 주로 보통빛살이지만, 이상빛살도 조금 섞여 있다. 결정을 자르는 각도는 프리즘에 수직하게 들어온 빛살이 경계면에 들어오는 각도가 두 임계각의 중간값이 되게 잡는다.

두 프리즘 조각을 굴절률 n_B가 n_o와 n_e의 사이값인 접착제로 붙이면, **글랜-톰슨 프리즘**(Glan-Thompson) 및 **니콜**(Nicol) 프리즘이 된다. 이 때는 보통빛살에 대해서만 임계각이 있다. 니콜 프리즘은 방해석의 벽개각에 맞추어 만든다.

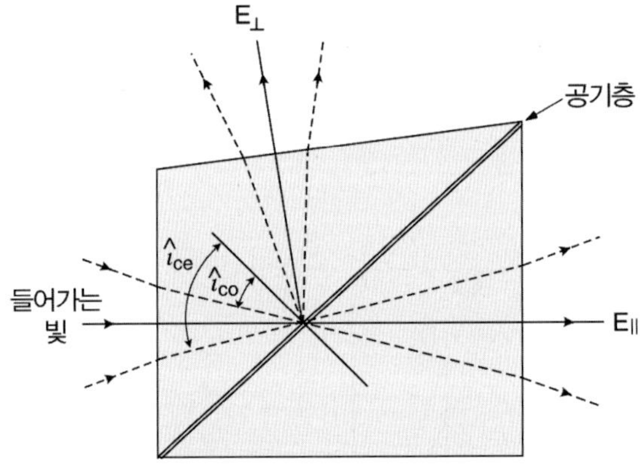

그림 6.24 글랜 공기 편광 프리즘. 주빛살은 실선이고 드나드는 면과 직교한다. 점선은 편광상태가 완전한 빛살의 한계를 나타낸다. 공기층을 굴절률이 작은 접착제로 채우면 구조는 더 안정되지만 시야는 좁아진다.

6.9 유도된 비등방성

지금까지는 결정의 비등방성이 그 구조에서 생겨났다고 가정했다. 그렇지만, 많은 경우 등방성 물질(액체, 폴리머 또는 육방정계 결정)도 힘을 받으면 비등방성으로 바뀐다; 또한 많등방성 물질에 힘을 주면 비등방성이 생기는데, 그 효과가 선형적인 것도 있고 비선형적인 것도 있다.

은 비등방성 물질은 힘을 받으면 광학적 특성이 바뀐다. 이제 그러한 예를 몇 가지 설명하겠다. 유도된 유전특성의 다른 측면은 13장에서 설명한다. 더 자세한 설명은 다음 책을 보라: Yariv (1989).

6.9.1 전기광학 효과

물질에 전기장을 걸면 비등방성이 생길 수 있으며, 두 가지 효과가 흔히 나타난다. 첫째, 유리와 액체와 같은 등방성 물질은 전기장 방향으로 광축이 생기는 단축 비등방성이 생긴다. 등방성 물질은 방향성이 없으므로 그 효과가 전기장 E_0의 제곱(또는 차수가 짝수인 다항식)에 비례한다:

$$n_e - n_o \propto E_0^2 \tag{6.45}$$

이것이 **컬 효과**(Kerr effect)이다.

한편 단위 세포 속의 원자 배열에 중심 대칭성이 없는 결정은 전기장의 방향이 바뀌는 것을 구별할 수 있으므로 전기광학 효과는 전기장에 비례하는 선형 효과가 나타날 수 있다. 그 크기는 전기장의 방향에 따라 다를 수 있으므로 전기광학 효과를 온전히 기술하는 이론은 현상론조차도 아주 복잡하다. 전기광학 효과를 기술할 때는 대개 다음의 굴절률 타원체의 변형과 직접 관련된 매개변수를 쓴다.

$$\frac{D_x^2}{n_1^2} + \frac{D_y^2}{n_1^2} + \frac{D_z^2}{n_3^2} = 1 \tag{6.46}$$

여기에서는 단축 결정의 **포켈스 효과**(Pockels effect)만 살펴본다: 이것은 전기장 E_0를 광축과 나란히 걸면 그것과 직각 방향의 두 편광성분에 대한 굴절률 n_1이 똑같은 크기로 하나는 줄고 다른 하나는 는다. 변형된 굴절률 타원체는 다음과 같은 꼴이 된다:

$$D_x^2\left(\frac{1}{n_1^2} + rE_0\right) + D_y^2\left(\frac{1}{n_1^2} - rE_0\right) + \frac{D_z^2}{n_3^2} = 1 \tag{6.47}$$

여기에서 n의 변화는 아주 작다고 가정했다. 그러면 실제의 타원체의 x- 및 y-축의 변화

는 다음과 같다: $\pm\delta n_1 \approx \mp rE_0 n_1^3/2$. 이 결정은 이제 쌍축이 된다. 따라서, 예를 들어 z축을 따라 가는 빛은 §6.8.1에서 설명한 것처럼 타원편광이 되고, z-쪽으로 두께 ℓ인 결정판은 다음 조건이 맞으면 사반파장판이 된다:

$$\ell E_0 = \lambda/4rn_1^3 \tag{6.48}$$

ℓE_0는 사반파장 전압으로 판의 두께와는 무관하며, 전형적인 값은 500 V이다. 컬 효과 및 포켈스 효과가 있는 시료나 결정을 직교 편광판 사이에 끼우면 빛을 보내고 막는 것을 전기 신호로 조절할 수 있다.

6.9.2 광탄성 효과

이 효과는 맥스웰이 처음 연구했다. 그는 아교를 써서 연구했고, 19살인 1850년에 이에 관한 논문을 썼다.

유리, 아크릴 수지 또는 에폭시 수지와 같은 등방성 매질의 굴절률 타원체는 변형률의 영향을 받는다. 매질을 잡아 늘이면 굴절률 타원체가 변형된다고 상상할 수 있는데, 이것이 광탄성 효과의 뿌리이다. 변형된 광탄성 물질은 광축이 변형률과 나란한 단축 비등방성을 보이며, 복굴절 $n_o - n_e$는 광축 및 그에 수직방향의 변형률 성분의 차이에 비례한다. 이 효과를 보려면, 시료를 직교하는 편광판과 검광판 사이에 끼워 넣되, 변형률의 축을 두 투과축에 대해 45° 방향으로 둔다. 복잡한 모양의 2차원 물체가 힘을 받을 때 광탄성 물질로 똑같은 모양을 만들어 보면 그 속의 변형률, 분포가 그림으로 드러나므로 아주 중요하게 쓰인다 (그림 6.1과 6.25).

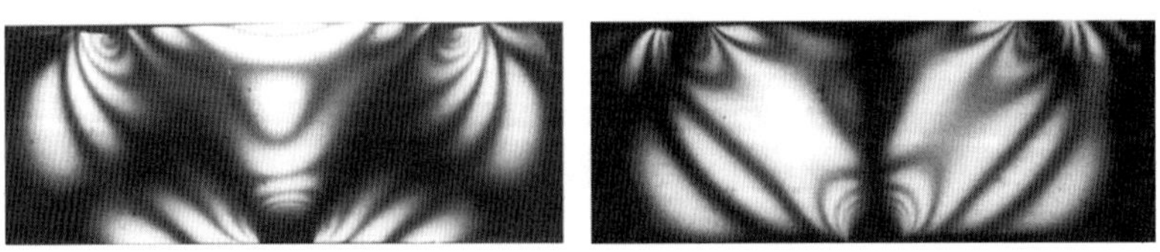

(a) (b)

그림 6.25 광탄성 효과의 예: 투과축이 직교하는 편광판과 검광판 사이에 변형된 아크릴 모형을 끼우고 단색빛을 비춘다. (a) 투과축 방향이 수평축과 ±45°를 이룰 때; (b) 0°와 90°를 이룰 때.

6.9.3 자기광학 효과

유리와 물을 포함한 많은 등방성 반자성 물질은 자기장을 걸어주면 광학활성을 띠며, 유도된 광축은 걸어준 자기장 $\boldsymbol{B}_0$와 나란하다. 그 상황에서 빛이 그 쪽으로 나아가면 ($\boldsymbol{k} \parallel \boldsymbol{B}_0$), 편광면이 돌아가는데, $\boldsymbol{k}$가 $\boldsymbol{B}_0$와 같은 쪽일 때 도는 방향과 반대쪽일 때 도는 방향이 반대이다. 이 효과는 자기장을 재어 그 분포를 눈으로 보는데 쓸 수 있다.

이것을 (6.37)과 똑같은 방식으로 설명한다: 매개변수 a는 B_0에 비례한다: $a = r_B B_0$. 전자 플라즈마에서 이러한 효과를 보여주는 미시모형은 §13.3.5에서 설명한다. (6.39)에서 왼손 원편광과 오른손 원편광에 대한 두 굴절률은 다음 식을 따른다: $\delta n = n_\ell - n_r = n^3 r_B B_0$ ($r_B B_0 \ll n^{-2}$). 빛이 단위 길이를 나아갈 때 편광면이 도는 각도는 다음과 같다: $\frac{1}{2}k_0 \delta n = \frac{1}{2}k_0 n^3 r_B B_0$. 상수 $V = \frac{1}{2}k_0 n^3 r_B B_0$는 **베르데 상수**(Verdets constant)로서, 거의 λ^{-2}에 비례한다. $\lambda = 546$ nm에서는 물의 경우 $V = 20\,°/(\mathrm{Tm})$이고 흔히 쓰는 자기광학 표시물질인 셀렌화 유로퓸(EuSe: europium selenide)은 7 K이하의 온도에서 $V = 10^8\,°/(\mathrm{Tm})$이다.

결정의 광학 활성과 자기광학 효과는 중요한 차이가 있는데, 그것은 자기장의 준벡터 특성을 강조한다.[22] 빛이 광학 활성 결정을 지나가서 거울에서 수직반사되어 결정을 다시 지나 제자리에 오면, 편광면의 알짜 회전각은 0이 된다. 왜냐하면 거울에서 반사될 때 왼손 및 오른손 편광 성분이 맞바뀌고, 따라서 처음 결정을 지날 때 돌아간 각도가 되돌아오면서 지워지기 때문이다. 그렇지만, 같은 실험을 자기광학 물질을 써서 빛을 $\boldsymbol{B}_0$와 나란히 가게 하면, 반사된 빛은 원편광의 회전방향이 바뀔 뿐 아니라, 진행방향 $\boldsymbol{k}$도 $\boldsymbol{B}_0$와 반대쪽이 되므로 자기광학 효과의 부호도 바뀐다. 그 결과 갔다가 오면서 받는 효과는 한 번 지나간 효과의 누배이다. 전기광학 효과에서는 그러한 구별이 생기지 않는다. 자기광학 효과의 이 특성을 쓰면 빛이 한쪽으로만 지나갈 수 있는 **격리기**(isolator)를 만들 수 있다. 자기장 속에서 편광면을 $\pi/4$만큼 놀리는 자기광학 판이 있다면, 그것의 투과축을 $\pi/4$만큼 어긋나게 돌려놓은 두 편광판 사이에 끼운다. 그러면, 빛이 한쪽으로 갈 때는 편광판을 지나 검광판도 빠져나갈 수

22)나사는 어느쪽에서 보든 왼손-또는 오른손-나사인 것이 바뀌지 않는다. 그러나 자기장 속에서 전자가 그리는 나선꼴은 자기장의 방향을 뒤집으면 도는 방향도 반대가 된다.

있다. 하지만 그 반대쪽에서는 빠져나올 때는 편광방향이 편광판이 투과축과 $\pi/2$를 이루어 가로막혀 흡수된다. 이러한 소자는 극초단파 기기에서 널리 쓰인다.

상자 6.2 자기광학 효과의 쓰임새: 초전도체의 자기장선의 소용돌이 보기

제2종 초전도체에 자기장을 걸면, 속으로 고르게 스며들지 않고 곳곳에 $\pm\hbar/2e$씩 들어간다. 여기에서 $\hbar$는 플랑크 상수, e는 전자의 전하량이다. 침투영역은 정상적인 도체로서 크기는 초전도체의 결맞음 길이이다. 이러한 자기장선 다발의 소용돌이를 직접 보기는 매우 어렵다. 왜냐하면 자기장이 겨우 10^{-4} T이기 때문이다. 하지만 자기광학효과를 쓰면 그것을 볼 수 있다(그림 6.26). 초전도체 위에 셀렌화 유로퓸(EuSe)과 알루미늄 반사막을 얇게 입히고 액체 헬륨 온도로 식혀 자기장을 건다. 투과축이 직교하는 두 편광판 사이에 시료를 끼우고 반사된 빛을 현미경으로 본다. 약한 자기장을 걸면 자기선속 소용돌이가 보인다. 소용돌이 간격이 수 μm를 넘게 하려면 아주 약한 자기장을 걸어야지, 그렇지 않으면 간격이 너무 촘촘하여 현미경으로 낱낱의 소용돌이를 구별할 수 없다.

그림 6.26 4 K에서 니오븀 속의 양자화된 자기선속을 셀렌화 유로퓸의 자기광학 효과를 써서 본 모양. 평균 자기장은 겨우 4×10^{-4} T이다.

6.10 고급 주제: 메타 물질 속에서의 쌍곡선 진행

이 장에서는 유전텐서의 고유값이 양수이고, 따라서 고유값의 제곱근인 굴절률 타원체의 주축의 길이가 실수라고 가정했다. 꼭 그래야 할까? 고유값이 음수 또는 복소수인 물질이 있어 빛의 진행방식이 다를 수 있을까? 그렇다. 1960년대까지 자기장이 걸린 플라즈마 속을 방송파가 가는 것을 많이 연구했다. 특히 지구 전리층에서의 진행을 집중적으로 연구했다 [Budden (1966)]. 13장에서 그러한 매질의 유전텐서를 간단히 설명했는데, 이로부터 어떤 진동수 영역(플라스마 진동수 및 싸이클로트론 진동수에 따라 결정됨)에서는 ϵ의 고유값이 음수가 됨을 쉽게 알 수 있다. 따라서 전자기파의 진행방향과 편광방향에 따라서 굴절률이 허수가 되어 소멸파가 될 수 있다 (§2.3.2).

최근에는 복합물질의 광학적 특성에 관한 관심이 많아졌다. 그러한 물질은 광학적 특성이 다른 여러 성분을 섞어 만든다. 이미 §5.10.2에서 그러한 메타물질의 예를 설명했는데, 파장보다 작은 구조의 공명 특성을 써서 ϵ과 μ 모두 음수로 만들면 굴절률이 음수가 되는 것을 확인했다. 또 다른 예는, §10.5에서 설명할 광결정으로 복합물질의 구조를 격자 간격이 파장의 배수가 되도록 주기적으로 만든다. 그러면 물질 속에서 반사된 빛들이 간섭하여 광학적 특성이 크게 바뀐다. 이 절에서는 어떤 편광에 대해서는 ϵ이 음수가 되는 비등방성을 지닌 간단한 복합물질의 특성을 끌어낸다.

§5.6에서 금속의 광학적 특성을 설명했고, 몇 가지 귀금속은 유전상수가 복소수로서 실수부가 음수임을 지적했다. 은이 좋은 예인데, 그 까닭은 ϵ의 허수부가 비교적 작기 때문이다. 그러한 금속과 투명한 유전체를 번갈아 얇은 층으로 겹쳐 비등방성 복합물질을 만들 수 있다. 물론 그 물질은 $\mathrm{Im}(\epsilon)$ 때문에 짧은 거리에서만 투명하지만, 다음 설명에서는 그것을 무시한다. 초보적인 정전기학을 쓰면 유전상수가 $\epsilon_{1,2}$인 두 가지 유전체를 두께 $d_{1,2}$로 번갈아 겹친 구조의 유효 유전상수를 셈할 수 있다. 전기장을 그 층에 나란히 걸면, $E_{\parallel}$은 경계면에서 연속이고 평균장 $\overline{D}$는 두 층에서의 값 $D=\epsilon E$의 가중평균값이 된다:

$$\epsilon_{\parallel} = \frac{\overline{D}}{E} = \frac{d_1\epsilon_1 + d_2\epsilon_2}{d_1 + d_2} \tag{6.49}$$

한편, $\boldsymbol{E}$가 층구조와 직교하면, $D_{\perp}$는 경계면에서 연속이고, 평균 전기장 $\overline{E}$는 $E=D/\epsilon$의

가중평균값이 된다. 따라서 다음과 같다:

$$\epsilon_{\perp} = \frac{D}{E} = \frac{d_1 + d_2}{d_1/\epsilon_1 + d_2/\epsilon_2} \tag{6.50}$$

이제, 두 ϵ의 부호가 반대라면 $\epsilon_1 + \epsilon_2$의 부호는 $\epsilon_1^{-1} + \epsilon_2^{-1}$과는 반대가 된다. d_1/d_2의 값의 범위를 $|\epsilon_1/\epsilon_2|$ 와 $|\epsilon_2/\epsilon_1|$ 사이에 잡으면 $\epsilon_{\|}$와 $\epsilon_{\perp}$은 늘 부호가 반대가 된다.

특성이 위와 같은 물질은, 그림 6.27(a)과 같이 단축 물질처럼 거동한다. 왜냐하면 나란한 방향이 둘(x와 y)이고 수직인 방향이 하나(z)이기 때문이다. 그러나, 이제 ϵ의 주요값의 부호가 반대이므로, 굴절률 곡면체는 §6.6의 회전타원체가 아닌 회전쌍곡면체가 된다.

$$\frac{D_x^2}{\epsilon_{\|}} + \frac{D_y^2}{\epsilon_{\|}} + \frac{D_z^2}{\epsilon_{\perp}} = 1 \tag{6.51}$$

이것은 $\epsilon_{\|} > 0$이고 $\epsilon_{\perp} < 0$이면 쌍곡면 한 장의 회전체, $\epsilon_{\|} < 0$이고 $\epsilon_{\perp} > 0$이면 쌍곡면 두 장의 회전체이다.

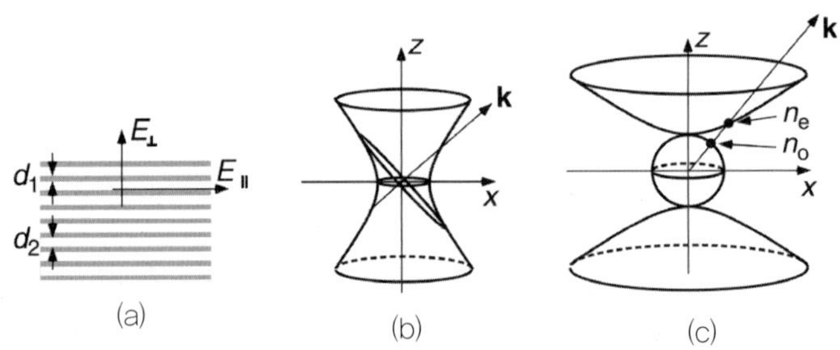

그림 6.27

실제의 예에서는 은($\epsilon = -2.4 + i0.25$)과 산화알루미늄(Al_2O_3) ($\epsilon = +3.2$)을 같은 두께로 번갈아 쌓았다. 그러면 $\epsilon_{\|} = +0.4$, $\epsilon_{\perp} = -9.6$이 되어 축대칭 회전 쌍곡면체가 되어 주축의 굴절률은 $n_1 = n_2 = 0.63$, $n_3 = i3.1$이 된다 [그림 6.27(b)]. 굴절률 곡면을 그려보면, 보통빛살에 대해서는 구면, 이상빛살에 대해서는 면이 둘인 쌍곡면을 얻는다; 두 면은 광축(z축)에서 맞닿는다 [그림 6.27(c)]; 그림 6.17(a)와 비교하라. 눈여겨 볼 것은 이상빛살에 대한 굴절률은 회전쌍곡면의 점근선을 따라 발산하는 것인데, 그 물질로 잠김 렌즈를 만들어 극단적으로 높은 공간 분해능을 얻고자 했다. 그러한 렌즈가 **극초렌즈(hyperlens)**이다 [Jacob *et al.* (2006), Lee *et al.* (2007)].

요약

이 장에서는 편광의 특성과 결정과 같은 비등방성 물질의 편광 투과 특성을 배웠다:

- 등방성 매질에서는 평면파를 편광방향이 직교하는 두 특성파가 겹친 것으로 나타낼 수 있으며, 두 특성파의 다른 성질은 똑같다.
- 비등방성 매질에서는 두 특성파의 성질이 다를 수 있으며, 편광방향과 진행 속력은 매질의 특성에 따라 결정된다. 특성파는 선편광일 수도 있고 원편광일 수도 있다.
- 결정의 유전특성은 유전 텐서로 나타낼 수 있고 기하학적으로는 굴절률 타원체 나타낼 수 있다.
- 매질의 굴절 및 편광 특성은 굴절률 곡면(n-곡면)으로 나타낼 수 있는데, 이것은 굴절률 n을 파동벡터의 방향 $\hat{\boldsymbol{k}}$의 함수로 나타낸 것이다. 굴절률 곡면은 비등방성 매질에서는 두 곡면이 포개진 것이다; 특성파의 편광방향과 포인팅 벡터는 굴절률 곡면의 모양에 따라 결정된다.
- 물질의 비등방성을 눈으로 보는 좋은 방법이 간섭무늬를 보는 것이다.
- 비편광을 편광으로 바꾸는 방법은 여러 가지다: 브루스터 반사에서 비등방성 결정으로 만든 광학소자를 쓰는 방법 등이 있다.
- 등방성 매질에 밖에서 힘을 주면 비등방성 특성이 생길 수 있다. 중요한 힘은 전기력, 자기력, 변형력 등이다.
- 광학적 특성이 다른 등방성 유전체를 파장보다 작은 구소로 만들어 섞으면 인공적인 비등방성 물질을 만들 수 있다. 이들은 보통의 물질에서는 볼 수 없는, 설계한 특성을 지닌다.

문제

6.1 한 가닥의 빛살이 부분 원편광이다. 그 특성을 확인하는 방법을 설명하라.

6.2 타원편광의 전기장벡터가 도는 방향을 알아내는 방법으로 비교법이 아닌 절대적인 방법을 고안하라.

6.3 수정판의 두께가 d이고 광축은 표면에 대해 45°를 이룬다. 비편광 빛살이 면에 수직하게 들어가 두 가닥의 편광 빛살으로 갈라져 나간다. $n_o = 1.544$, $n_e = 1.533$일 때, 나가는 두 빛살의 간격을 구하라.

6.4 (쌍축 결정인) 운모의 굴절률은 벽개면에 대해 수직방향으로 갈 때의 굴절률이 1.587과1.582, 제 3의 값은 1.552이다. 벽개한 운모판을 투과축을 직교시킨 두 편광판 사이에 끼워 보았더니 보라색으로 보였다. 다시 말해 빨간빛과 파란빛을 투과시키고 초록빛은 막았다. 운모판의 두께를 어림하라. 다음 상황에서 색깔이 어떻게 바뀌는가? (a) 운모판을 평면 내에서 돌린다. (b) 편광판 하나를 평면 내에서 돌린다. 광축과 운모판에 대한 법선의 사이각은 얼마인가?

6.5 나트륨 등에서 나오는 빛살($\lambda = 598.3$ nm와 598.6 nm인 겹분광선)이 투과축이 나란한 두 편광판 사이에 방해석 판을 끼운 것을 지나온다. 방해석의 광축은 표면과 나란하고, 편광판의 투과축과 45°를 이룬다. 겹분광선 가운데 하나는 이것을 지나오고 다른 것은 흡수된다. 위의 겹분광선에 대한 방해석의 굴절률이 아래와 같을 때, 판의 두께를 구하라.

$$n_e = 1.486, \qquad dn_e/d\lambda = -3.53\times10^{-1}\ \text{nm}^{-1}$$

$$n_o = 1.658, \qquad dn_o/d\lambda = -5.88\times10^{-1}\ \text{nm}^{-1}$$

6.6 글랜 편광프리즘을 설계하라. 이것은 두 장의 방해석 프리즘을 아주 조금 떼어 놓은 것이다. 두 프리즘의 다음 특성을 구하라: 최적 꼭지각, 광축에 대한 방향, 그리

고 투과된 빛이 순수 편광이되는 각도의 범위, 중심파장의 빛의 반사될 때의 소광비. 두 프리즘을 굴절률이 n_e와 n_o 가운데 작은 것과 같은 접착제로 붙인 접착 프리즘의 설계에 대해 같은 셈을 해보라.

6.7 회벌라인 구성법으로 결정의 표면에서의 반사를 설명하라. 양면이 나란한 결정판에 비편광이 비스듬히 들어온다. 결정판의 광축 방향은 모른다. 빛살이 양면 사이에서 N번 거듭 반사되면 빛살이 몇가닥으로 갈라지는가?

6.8 옥수수 시럽은 등방성 광학활성 매질의 좋은 예이다. 선편광 흰빛을 길이 10 cm인 시료에 넣고, 편광판을 돌리면 온전한 색채 스펙트럼을 볼 수 있다. 두 굴절률의 평균값이 1.50일 때 굴절률 차이 $n_\ell - n_r$을 어림하라.

6.9 투명한 평행판에 선편광 빛살이 수직하게 들어온다. 투과된 빛은 금속 평거울에서 반사되어 애초에 빛이 왔던 쪽으로 반사된다. 평행판이 다음과 같을 때 처음과 마지막 편광상태를 비교하여라:

(a) 복굴절판. 광축방향은 아무렇게나 잡아도 좋다.

(b) 포켈스 효과가 있는 판, 전기장을 빛살이 가는 쪽으로 걸었다.

(c) 광학활성판, 광축은 빛살이 가는 쪽이다.

(d) 자기광학판, 자기장을 빛살이 가는 쪽으로 걸었다.

6.10 비편광 광원에서 나오는 빛을 완전 편광으로 만드는 방법을 생각하자. 예를 들어, 편광 프리즘은 편광방향이 직교하는 빛살 두 가닥으로 갈라내는데, 한 가닥의 편광방향을 90도 돌린 다음 두 빛살을 겹친다. 나오는 빛살의 휘도는 들어오는 빛살의 휘도를 결코 넘지 못함을 보이고, 따라서 열역학 제 2 법칙이 맞음을 보여라. (휘도는 단위 파장 대역의 어떤 편광이 단위면적에서, 단위 입체각으로 나오는 일률이다.)

6.11 단축 결정판에서 광축이 표면과 나란하면 간섭무늬가 어떤 꼴이 되는가?

6.12 유리판($n=1.5$)을 N 장 겹친 것에 결맞지 않은 빛이 브루스터 각으로 들어온다. 투과 빛살의 편광도는 얼마인가?

6.13 그림 6.22에서 폴리머 막의 두께가 0.10 mm, 평균 굴절률이 1.49일 때 세 굴절률을 어림하라.

6.14 (설탕물과 같은) 등방성 광학활성 물질을 평행 평판 꼴로 만들면 간섭무늬는 어떤 꼴인가?

6.15 광탄성 실험에서, 편광판과 시료 사이에 가끔 사반파장판을 끼워 넣는다. 어떤 효과가 있을까?

6.16 등방성 물질의 광탄성 효과에서 복굴절도 $n_o - n_e$ 는 주축 방향의 변형력의 차이 $p_x - p_y$ 에 비례한다. 투명 플라스틱으로 단면이 고른 외팔보를 만들어 수평하게 두고 한쪽 끝은 고정시키고, 다른 쪽 끝에는 추를 달아 광탄성 무늬를 볼 때 나타나는 줄무늬를 설명하라. 그 효과를 가장 분명하게 보려면 편광판의 방향을 어떻게 두어야 하는가?

6.17 파장 λ인 오른손 원편광이 반파장판으로 들어온다. 반파장판은 (x- 및 y-편광에 대한) 주요 굴절률이 n_1과 n_2인 결정으로 만들었다.

(a) 판의 두께는 얼마인가?

(b) 빛이 반파장판을 빠져나갈 때는 왼손 원편광으로 바뀜을 보여라.

(c) 전기장 $\boldsymbol{E}$가 전기 쌍극자 $\boldsymbol{p}$에 주는 회전력이 $\boldsymbol{p}\times\boldsymbol{E}$ 임을 써서 반파장판이 원편광의 회전방향을 바꾸면서 받는 회전력을 구하라.

(d) 이 결과는 오른손 - 및 왼손 - 원편광 광자의 각운동량이 각각 $\pm\hbar$라는 양자역학적 해석과 맞음을 보여라.

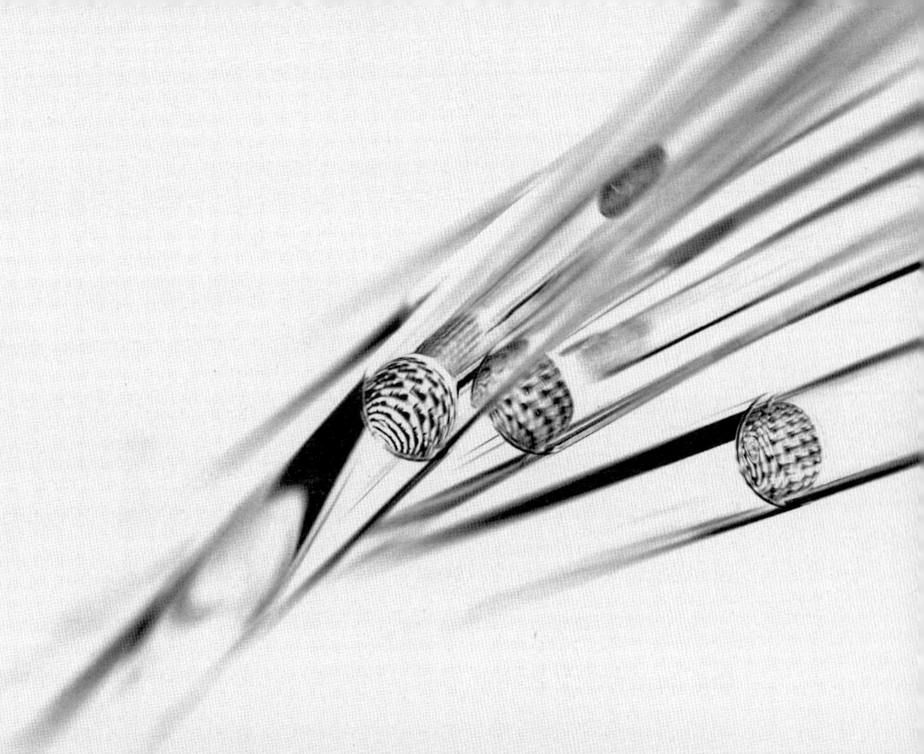

7 스칼라 회절 이론

빛의 파동론은 하위헌스가 1660년경 처음 제시했는데, 사람들이 그것을 받아들인 것은 영과 프레넬이 1803~1812년에 결정적인 실험으로 그것을 뒷받침한 뒤이다. 왜 그렇게 오래 걸렸을까? 돌이켜보면, 하위헌스가 파장을 고려하지 않았기 때문인지도 모른다. 그래서 간섭현상, 특히 소멸간섭이 빠져 있었다. 영과 프레넬이 하위헌스의 파면 구성법을 자세히 분석한 뒤에야 간섭 줄무늬를 비롯한 파장에 따라 변하는 특징이 드러났고, 그것이 실험으로 확인되자 비로소 파동론을 받아들였다. 영이 잰 파장은 흔히 보는 물체보다 훨씬 작아서 파동의 효과를 보려면 특별한 실험을 고안해야했다. 이것이 이 장의 주제인 **회절**(diffraction)과 **간섭**(interference) 실험이다. 그래도 주변의 물체, 차창에 맺히는 물방울이나 우산 천의 틈새는 빛의 파장과 견줄만 하여 멀리 있는 가로등 불빛을 회절시키는 것을 맨눈으로 뚜렷이 볼 수 있다 (그림 7.1).

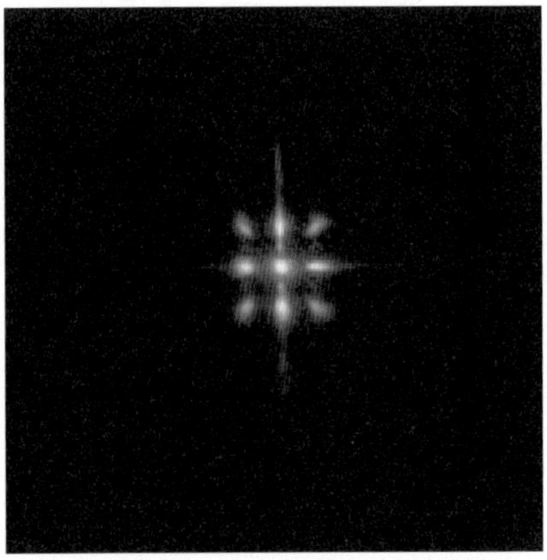

그림 7.1 비단 손수건을 통해 멀리 있는 가로등을 볼 때 생기는 회절무늬. 원래는 빛의 파장분포가 색번짐으로 나타나지만, 이 그림은 흑백이므로 그것을 볼 수 없다. 비단 손수건은 사진기 렌즈 앞에 걸쳐 두었다.

회절과 간섭의 구별은 조금 애매하다. **회절**은 파동과 물체의 모든 상호작용을 일컫는 말이고 **간섭**은 파동 몇 가닥이 겹칠 때 생기는 현상을 일컫는다. 그러나, 늘 이렇게 구별되는 것은 아니다. 예를 들어 '회절격자'는 굳어진 말이어서 바꾸기 어렵다. 그러나 용어를 이렇게 정하면 간섭은 회절의 특별한 경우가 된다. 이는 마치 푸리에 급수는 푸리에 변환의 특수한 경우인 것과 같다. 그래서 더 일반적인 회절을 먼저 살펴본다.

이 장에서는 다음을 배운다:

- 회절현상을 스칼라 파동이론을 써서 설명하는 방법과 그 이론의 한계
- 하위헌스 원리를 스칼라 파동으로 나타내는 방법
- 프레넬(가까운 곳)과 프라운호퍼(먼 곳) 회절의 차이
- 프레넬 회절을 보는데 필요한 실험 조건
- 둥근 물체를 쓰는 프레넬 회절 실험
- 프레넬 고리판이 빛을 모으는 원리
- 가우스 빔의 진행. 이것은 뒤에 레이저 빔에 쓴다.
- 빛이 초점을 지날 때 생기는 **구이(Gouy) 위상 이동**
- 실틈과 테두리의 프레넬 회절
- 방사광을 쓰는 엑스선 현미경에서 프레넬 고리판을 쓰는 방법

7.1 스칼라 회절 이론

회절문제를 정식화할 때는 거침없이 들어오던 빛이 장애물이나 마스크에서 막혀 국소적으로 빛의 진폭 및/또는 위상이 바뀌어 화면에 오는 것을 생각한다. 화면에 오는 빛은 들어오던 빛 가운데 장애물의 영향을 받지 않은 부분과 장애물의 표면에서 맥스웰 방정식의 경계조건에 따라 생겨난 다른 빛이 겹친 것이다. 이러한 방식으로 푼 문제의 예를 들면, 완벽한 도체공에 의한 평면파의 산란이 있다. 이것이 **미(G. Mie) 산란**인데 자세한 내용은 다음 책을 보라: Born & Wolf (1999), Bohren & Huffman (1983), van de Hulst (1984).

불행히도, 정확한 해를 구할 수 있는 문제는 너무 적어서, 하위헌스 원리(§2.6.1)에 바탕을 둔 상당히 간소한 방법이 개발되었다. 이 방법은 완전히 정량적이지는 않지만 대부분의 회절 현상을 잘 기술한다. 이 방법은 빛의 편광 효과는 무시하여, '**빛의 진폭과 위상은 스칼라 함수로 기술할 수 있다**'고 보는 **스칼라 파동 어림법**(scalar-wave approximation)이다. 이 책에서는 이 방법을 직관적으로 전개한다. 수학적 근거는 이 장의 부록에 있다.

7.1.1 스칼라 파동 어림법의 한계

스칼라 회절 이론은 이러한 제한이 있는데도 어림법이 맞지 않음직한 조건에서도 놀랄 만큼 잘 맞는다!

원리적으로는 벡터 파동의 성분마다 스칼라 파동 셈을 해야 하지만, 실제로는 거의 그럴 필요가 없다. 한편, 편광방향이 중요할 수도 있는 조건을 보여주는 간단한 예를 들겠다. 완벽한 도체 판에 있는 실틈에서 빛이 회절되는 것을 생각하자. 도체 판의 점마다 빛을 낼 수 있음을 생각하면, 다음을 알 수 있다:

1. 도체 판에서는 빛이 전혀 나오지 않는다. 왜냐하면 완벽한 도체 안에서는 전기장 $\boldsymbol{E}=0$이기 때문이다.
2. 실틈 속, 테두리에서 먼 곳은 빛을 어느 편광이든 똑같이 낼 수 있다.
3. 실틈 속, 테두리에 가까운 곳은 $\boldsymbol{E}$가 테두리와 나란할 때 보다 직교할 때가 빛을 더 잘 낸다. 그 까닭은 $\boldsymbol{E}_{\parallel}$은 연속이므로 도체 속의 값 0에서 실틈 속의 0이 아닌 값으로 테두리에서 천천히 변하는데, $\boldsymbol{E}_{\perp}$ 은 연속이 아니므로 테두리에서 급격하게 변하기 때문이다 (§5.4).

따라서 실틈의 길이와 나란히 편광된 빛이 들어와 만드는 회절무늬는 실틈의 폭이 실제보다 더 작은 것처럼 나타난다. 그러한 효과는 장애물의 테두리에서 파장 정도의 영역에 한정되므로, 크기가 파장의 수배 정도로 아주 섬세한 물체에서만 잘 드러난다. 예를 들어, 금속을 입힌 회절격자의 효율(§9.2.5)은 거의 언제나 편광 효과가 있고, 가는 철사를 간격 2 μm 정도로 촘촘히 배열한 그물은 적외선에 대해 효과적인 편광판이다. 가장 흔히 쓰는 편광판[폴라로이드, §6.2.2]은 이 효과를 쓴다.

편광 효과를 무시할 수 있는 조건을 말했으니, 이제는 빛이 벡터 파동으로서 편광성분이 둘이라는 것은 잠시 잊고, 하나의 복소 스칼라 함수 ψ가 각진동수 ω로 진동하면서, 크기가 ω/c인 파동벡터 $\boldsymbol{k}_0$의 방향으로 나아가는 것을 생각하자. ψ는 복소 스칼라 장을 나타내므로 진폭과 위상이 있다. 시간조화인자 $\exp(-i\omega t)$는 모든 셈에서 그대로 남아 있으므로 전혀 중요하지 않으니, 이 장에서는 앞으로는 뺀다.

7.1.2 하위헌스 구성법

되새김: 하위헌스는 파면의 점마다 새 구면파인 잔파동 (wavelet)을 내고, 시간이 조금 지난 뒤 이 잔파동들이 겹쳐 만드는 싸개가 새 파면이 된다고 생각했다.

차원을 따져보면 b는 '역 산란 길이'이다.

하위헌스 원리에 바탕을 둔 회절이론을 직관적으로 세우자. 더 엄밀한 스칼라 이론은 키르히호프(Gustav Kirchhoff)가 끌어냈는데, 이 장의 부록에 있다. 그러나 수식의 대부분은 직관적으로 쓸 수 있으므로, 여기에서는 먼저 그 방식으로 끌어낸다.

점광원 Q에서 나와 평면 마스크 $\mathcal{R}$에서 산란되어 점 P에 오는 빛의 진폭을 생각하자 (그림 7.2). $\mathcal{R}$ 위의 S에 있는, 넓이 dS인 조각에 빛 ψ_1이 오면, 그 점에서는 진폭이 다음과 같은 결맞는 빛을 낸다: $bf_S\psi_1 dS$. 여기에서 f_S는 $\mathcal{R}$의 S에서의 **투과함수**(transmission function)이다. 인자 b는 난위밝기의 빛이 들어올 때 다시 내는 빛의 세기로, 그 값은 앞으로 셈할 것이다. 가장 간단한 예를 들면 f_S의 값은 마스크가 불투명한 곳에서는 0, 투명한 곳에서는 1이지만, 들어오는 빛의 위상을 바꾸어 낼 때는 f_S가 복소수가 될 수도 있다. 다시 내는 빛의 결맞음성도 중요하다: 내는 빛의 위상은 들어오는 빛의 진폭 ψ_1에 따라 정확히 정해져야 한다. 그렇지 않으면 회절효과가 시간에 따라 변할 것이다.

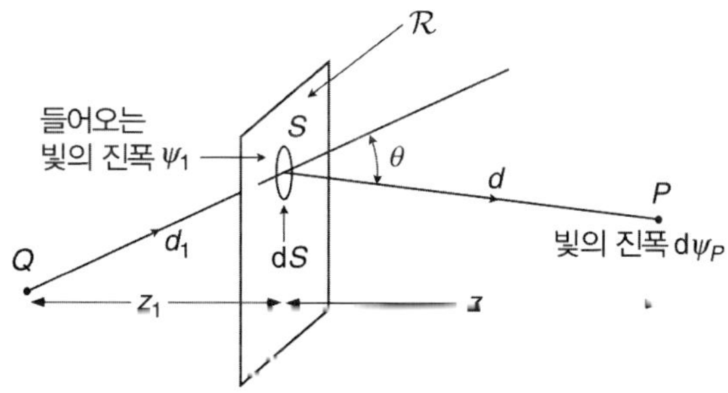

그림 7.2 회절적분에 나오는 양과 기호의 정의. P에 오는 빛은 Q에서 나와 마스크 $\mathcal{R}$에서 회절된 것이다.

점광원 Q에서 세기 a_Q로 나가는 스칼라 파동은 파수 $k_0 = 2\pi/\lambda$인 구면파이다 (§2.5.3):

$$\psi_1 = a_Q \frac{e^{ik_0 d_1}}{d_1} \tag{7.1}$$

따라서 dS는 세기 $ba_S = bf_S\psi_1 dS$인 2차 광원 구실을 하므로 P에 오는 빛의 진폭 ψ가 기여하는 바는 다음과 같다:

$$d\psi_P = bf_S\psi_1 \frac{e^{ik_0d}}{d}dS = bf_S a_Q \frac{e^{ik_0(d+d_1)}}{dd_1}dS \tag{7.2}$$

하위헌스는 뒤로 가는 빛까지 넣으면 전파 문제의 해가 유일하지 않다는 터무니없는 상황이 됨을 알고, 기울기 인자가 뒤쪽에서는 0이 된다고 가정하여 이 문제를 풀었다.

그러므로 P에 오는 빛의 총 진폭은 이것을 $\mathcal{R}$에 대해 적분한 값이다:

$$\psi_P = ba_Q\iint_R dS f_S \frac{e^{ik_0(d+d_1)}}{dd_1} \tag{7.3}$$

f_S, d, d_1은 모두 위치 S의 함수이다. 인자 b에는 기울기 인자 $g(\theta)$도 들어있어야 하며, 그것은 부록에서 보였다. 곧, 2차 광원의 세기는 그림 7.2와 같이 들어오는 빛과 나가는 빛의 진행방향의 사이각 θ에 따라 달라진다. §2.6.1과 그림 7.20처럼 하위헌스는 직관적으로 이 인자가 앞 쪽으로는 1이고 뒤 쪽으로는 0이라고 생각했고, 그것이 틀리지 않았다! 그렇지만, 잠시 이 인자는 무시하는데, 그 까닭은 산란각이 작은 근축 어림법을 쓸 것이기 때문이다.

7.1.3 스칼라 회절에 대한 근축 어림법

회절무늬를 셈하려면 실제의 실험에 맞는 여러 조건에서 (7.3)[또는 더 엄밀한 (7.73)]을 적분해야 한다. 이러한 원리가 더 분명히 드러나게 회절무늬를 다음과 같이 분류할 것이다. 먼저 평면파를 비추는 것만 생각하는데, 이것은 광원 Q를 아주 멀리 두고 아주 밝게 만들면 된다. 곧, d_1과 a_Q를 아주 크게 잡되, 그 비율은 일정하게 유지한다:

$$a_Q/d_1 = A \tag{7.4}$$

이제 들어오는 빛의 파면과 $\mathcal{R}$이 일치하는 상황을 생각한다. 좌표계의 축은 $\mathcal{R}$과 직교하고 원점 O를 지나게 잡는다. S의 위치를 평면 $\mathcal{R}$ 위의 벡터 $\boldsymbol{r}$로 나타내면, f_S는 $f(\boldsymbol{r})$로 바뀌고, (7.3)은 다음과 같아진다:

$$\psi = Ab\exp(ik_0z_1)\iint_R d^2\boldsymbol{r}\,\frac{f(\boldsymbol{r})}{d}\exp(ik_0d) \tag{7.5}$$

여기에서 z_1은 Q에서 $\mathcal{R}$까지의 수직거리이다. 인자 $\exp(ik_0z_1)$은 평면 $\mathcal{R}$에서는 상수이므로 앞으로는 A에 흡수시킨다. P에서의 빛의 세기는 다음과 같다:

$$I = |\psi|^2 = \psi\psi^* \tag{7.6}$$

회절효과는 (7.5)를 마스크 $\mathcal{R}$에 대해 적분할 때 위상인자 $\exp(ik_0 d)$가 어떻게 변하는가에 따라 다음 두 가지로 나눈다:

1) **프레넬**(Fresnel) 또는 **가까운 곳**(near-field)
2) **프라운호퍼**(Fraunhofer) 또는 **먼 곳**(far-field)

이것은 광원 S에서 관찰점까지의 거리 d, $\mathcal{R}$에서 $f(\boldsymbol{r})$이 0이 아닌 영역(곧, 마스크에서 빛을 투과하는 영역)의 크기, 그리고 빛의 파장 $\lambda = 2\pi/k_0$의 상대적 값에 따라 결정된다. $k_0 d$가 $\boldsymbol{r}$에 비례하면, 그 회절은 **프라운호퍼 회절**이다; 그러한 변화에 비선형 항이 들어있고 그 크기가 $\pi/2$를 넘으면 그 회절은 **프레넬 회질**이다. 이 문장을 정량적으로 바꾸려면 $\mathcal{R}$에서 빛을 투과시키는 영역을 겨우 둘러싸는 원을 그려 그 반지름을 ρ라고 하자 (그림 7.3).

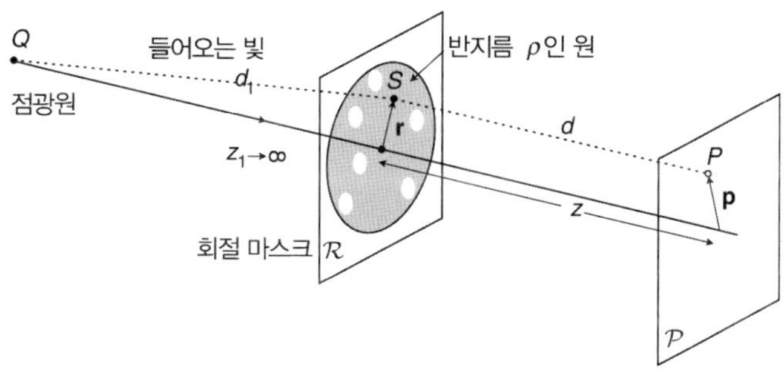

그림 7.3 프레넬 어림법에서 회절무늬를 셈할 때 필요한 요소들.

이제 마스크에서 수직거리 z인 관찰면 $\mathcal{P}$에서 회절무늬를 살펴보자. 관찰면 위의 점 P에서 축까지의 거리가 $\boldsymbol{p}$라면, $\boldsymbol{r}$에서 온 빛의 위상 $k_0 d$는 다음과 같다:

$$\begin{aligned} k_0 d &= k_0\left(z^2 + |\boldsymbol{r} - \boldsymbol{p}|^2\right)^{1/2} \\ &\cong k_0 z + \frac{1}{2} k_0 z^{-1}\left(r^2 - 2\boldsymbol{r}\cdot\boldsymbol{p} + p^2\right) + \cdots \end{aligned} \tag{7.7}$$

여기에서 r과 p는 z보다 작다고 가정했다. 이 식에는 다음 항들이 들어 있다:

- 상수항 : $k_0\left(z + \dfrac{1}{2}\dfrac{p^2}{z}\right)$

- r에 비례하는 항 : $k_0 \dfrac{\boldsymbol{r} \cdot \boldsymbol{p}}{z}$
- 2차항 : $\dfrac{1}{2} k_0 \dfrac{r^2}{z}$

r의 최대값은 ρ이므로, 2차항의 최대값은 $\dfrac{1}{2} k_0 \dfrac{\rho^2}{z}$ 이다. 따라서 프레넬 또는 프라운호퍼 조건은 $\dfrac{1}{2} k_0 \dfrac{\rho^2}{z}$ 이 $\pi/2$ 보다 아주 큰가, 아니면 작은가에 따라 정해진다. 이것을 파장 λ를 기준으로 나타내면 다음과 같다:

이 조건은 '가까운 곳'과 '먼 곳'이라고 하는 까닭을 일러준다.

- 프레넬, 또는 가까운 곳 회절: $\rho^2 \geqq \lambda z$ (7.8)
- 프라운호퍼, 또는 먼 곳 회절: $\rho^2 \ll \lambda z$ (7.9)

예를 들어, 지름 2 mm인 구멍에 파장 500 nm인 빛을 비추면, 프레넬 회절무늬를 볼 수 있는 곳은 거리 z가 2 m이하인 곳이고, 프라운호퍼 회절무늬를 볼 수 있는 곳은 그보다 훨씬 먼 곳이다. 회절무늬를 셈해보면 거리가 멀어짐에 따라 한 가지 회절무늬가 천천히 다른 회절무늬로 바뀐다.

이제 그림 7.3과 같이 거리 z_1에 있는 점광원에서 나온 빛으로 마스크를 비출 때는, (7.7)을 쉽게 고칠 수 있다.[23] P에 오는 빛의 위상은 다음과 같다:

$$\begin{aligned} k_0(d_1 + d) &= k_0\left[\left(z_1^2 + r^2\right)^{1/2} + \left(z^2 + |\boldsymbol{r} - \boldsymbol{p}|^2\right)^{1/2}\right] \\ &\cong k_0(z + z_1) + \frac{1}{2}k_0 r^2\left(\frac{1}{z} + \frac{1}{z_1}\right) \\ &\quad + \frac{1}{2}k_0\frac{p^2}{z} - k_0\frac{\boldsymbol{r}\cdot\boldsymbol{p}}{z} + \cdots \end{aligned} \tag{7.10}$$

(7.8)과 (7.9)에서 z를 $1/(z^{-1} + z_1^{-1})$로 바꾸면 프레넬과 프라운호퍼 회절의 분류와 등가인 분류를 할 수 있다:

---

23) 물체가 실틈과 같은 1차원 꼴이면 점광원 Q를 선광원으로 바꿀 수 있다. 선광원의 낱낱의 점에서 나온 빛이 물체의 회절무늬를 만드는데, 이들은 모두 같으므로 서로 겹쳐서 결국은 점광원에서 나온 회절무늬와 똑같지만, 더 밝은 무늬를 만든다. 이렇게 되려면 선광원과 실틈이 나란해야 하지만, 물리적 개념은 새로울 게 없다.

$$\text{프레넬, 또는 가까운 곳 회절:} \quad \rho^2 \geqq \lambda/(z^{-1} + z_1^{-1}) \tag{7.11}$$

$$\text{프라운호퍼, 또는 먼 곳 회절:} \quad \rho^2 \ll \lambda/(z^{-1} + z_1^{-1}) \tag{7.12}$$

§7.2의 모든 결과에서 z^{-1}을 $z^{-1} + z_1^{-1}$로 바꿀 수 있다.

7.1.4 회절무늬 관찰

11장에서 천체물리학자들은 실질적으로 회절무늬의 명암대비도(contrast)를 재어 천체의 크기를 잰다는 것을 배운다.

단색 점광원 또는 결맞는 레이저 빛을 쓰면 두 가지 회절무늬를 쉽게 볼 수 있다. 방전관이나 백열등과 같은 재래식 광원을 쓸 때는, 참된 구면파를 만들려면 빛이 나오는 구멍을 아주 작게 만들어야 한다. 다시 말해, 크기 D인 광원의 여러 곳에서 나오는 구면파가 R의 반지름 ρ인 구멍에 와서 겹칠 때, 파면이 $\lambda/4$이내로 정확히 맞아야하고, 그 조건은 다음과 같다:

$$\frac{D\rho}{z_1} < \frac{\lambda}{4} \tag{7.13}$$

11장에서 보겠지만, 이 조건은 나오는 빛이 마스크의 구멍을 지나올 때 전체적으로 **결맞는**(coherent) 것에 해당한다. 지름 2 mm인 둥근 구멍에 거리 $z_1 = 1$ m인 광원에서 나오는 빛이라면 $D < 0.1$ mm이어야 한다; 거리가 1 km라면 지름 10 cm인 가로등도 위의 조건에 맞다.

프레넬 회절무늬를 보려면, 화면을 두는 거리 z를 조건에 맞추면 된다. 그림 7.4는 점광원에서 나온 빛으로 종이 집게를 비출 때 생기는 '그림자'인데, 전형적인 프레넬 회절무늬이다.

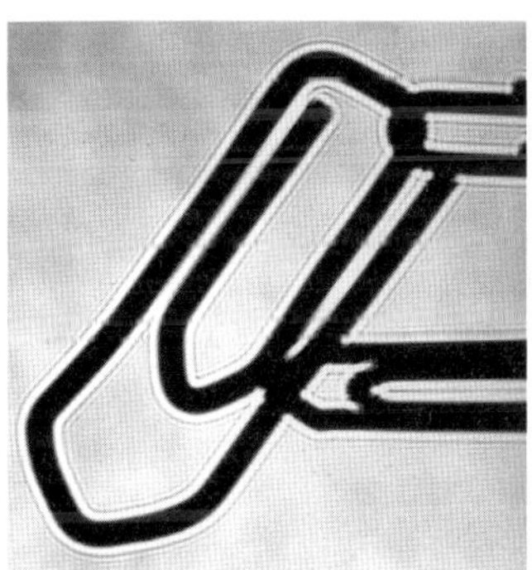

그림 7.4 종이 집게의 그림자 주변에 생긴 프레넬 회절무늬

프라운호퍼 회절무늬를 보려면, r에 대한 2차항이 충분히 작아 (7.9)나 (7.12)의 조건이 맞아야 한다. 그 조건은 z와 z_1이 아주 클 때이다; 더 편리한 방법은 렌즈를 써서 $z=-z_1$이 되게 하여 관찰면을 광원의 상평면에 두는 것이다. 예를 들어, 광원을 직접 들여다보아, 눈의 망막이 광원의 켤레 평면이 되게 하고, 물체를 시선의 아무 곳에든 두면 (가장 좋은 곳은 동공에 가장 가까운 곳이다), 프라운호퍼 회절무늬가 보인다. 눈의 초점을 바꾸면 보이는 것이 프레넬 회절무늬로 바뀐다. 정량적인 일을 하려면 점광원과 렌즈를 써서 빛살을 나란히 만들거나, 가지런한 레이저 빔을 굵게 만들면 되는데, 그것은 z_1을 한없이 키우는 것과 같다. 그러면 z가 충분히 큰 화면 또는 볼록렌즈의 초평면에서 프라운호퍼 회절무늬를 볼 수 있다. 유의할 것은 볼록렌즈의 초평면은 한없이 먼 z에 대한 켤레 평면이라는 것이다. 이 책에 실은 많은 사진은 그림 8.2(b)와 같은 광학 회절장치를 써서 얻은 것인데, 이 장치는 위의 원리를 바탕으로 꾸민 것이다.

7.2 프레넬 회절

> 회절 광학 소자는 회절 원리를 바탕으로 설계한 것으로 굴절 광학 소자보다 설계 유연성이 더 크지만, 분산특성도 더 큰 것이 문제이다.

이 절에서는 몇 가지 간단한 광학계에서 프레넬 회절을 예로 들겠다. 프라운호퍼 회절 및 그 쓰임새는 따로 8장과 9장에서 설명하는데, 그 까닭은 분석용 장비에서 훨씬 더 중요하기 때문이다. 그러나 더 일반적인 프레넬 회절도 홀로그래피(§12.5), 회절광학소자의 설계, 굴절 광학소자를 쓸 수 없는 파장대역의 결상(§7.5)에 쓰며, 역사적으로도 빛의 파동론이 맞음을 보이는데 결정적으로 중요한 구실을 했다 (§7.2.4, §1.1.3).

기본 적분은 (7.5)이다:

$$\psi = Ab \iint_R d^2r\, f(\boldsymbol{r}) \frac{e^{ik_0 d}}{d} \tag{7.14}$$

수치셈을 하면 어떤 상황에서든 이 적분값을 구할 수는 있지만, 물리적 직관을 얻을 수는 없다. 따라서 그것은 마지막 수단으로 남겨두고, 정확한 값이 필요할 때만 쓴다. 여기에서 다룰 첫째 유형의 문제는 광축 회전대칭성이 있는 것인데, 적분을 해석적으로 할 수 있는 몇 가지 사례를 든다. 그 다음에는 진폭-위상 그림을 쓰는 방법을 설명하는데, 그것은 회절원리를 기하학적으로 보여준다.

7.2.1 프레넬 어림법 및 하위헌스 산란 세기 구하기

프레넬은 1810년 경에 구멍의 지름이 화면까지의 거리 z보다 매우 작으면($\rho \ll z$), (7.14)의 지수를 이항정리를 써서 펼칠 수 있고, §7.1.3에서 했던 것처럼 3차항 이상은 무시할 수 있음을 깨달았다. 그러면 축상의 진폭은 (7.14)의 적분을 써서 다음과 같이 쓸 수 있다:[24)]

$$\begin{aligned}\psi &= Ab\iint_R d^2r\,\frac{f(\mathbf{r})}{\sqrt{z^2+r^2}}\exp\left[ik_0\left(z+\frac{r^2}{2z}\right)\right] \qquad (7.15)\\ &= Ab\exp(ik_0z)\iint_R d^2r\,\frac{f(\mathbf{r})}{\sqrt{z^2+r^2}}\exp\left(ik_0\frac{r^2}{2z}\right)\end{aligned}$$

이제 구멍 R이 축대칭이면 부분적분을 할 수 있다. 변수 $s \equiv r^2$를 쓰면 $d^2r = 2\pi r dr = \pi ds$ 이므로 인자를 $h(s) \equiv f(r)/\sqrt{z^2+r^2}$ 로 나타내면 적분은 다음과 같다:

$$\begin{aligned}\psi &= Ab\exp(ik_0z)\iint_R \pi ds\, h(s)\exp\left(ik_0\frac{s}{2z}\right)\\ &= \pi Ab\exp(ik_0z)\frac{2z}{ik_0}\left\{\left[h(R^2)\exp\left(ik_0\frac{R^2}{2z}\right)-h(0)\right]\right.\\ &\quad\left.-\int_0^{R^2}ds\,\frac{dh}{ds}\exp\left(ik_0\frac{s}{2z}\right)\right\} \qquad (7.16)\end{aligned}$$

b값을 구하려면 아주 큰 구멍을 생각하여 $f(r)=1$로 두면 들어오는 평면파는 거의 영향을 받지 않는다. 그러면 두 가지 가정을 해도 된다: 첫째, R이 아주 커서 $h(R^2)$은 $h(0)$과 비교할 때 무시할 수 있다. 둘째, (7.16)의 둘째 줄의 적분을 무시할 수 있다. 왜냐하면 피적분함수는 $dh/ds \sim z^{-3}$로 작은 함수에 빨리 진동하는 함수를 곱한 것이기 때문이다. 그러면

24) θ를 $\mathbf{r}$과 z로 나타낼 수 있으므로, 기울기 인자 $g(\theta)$를 여기에서 넣을 수 있다. 하지만, 그 값은 하위헌스에 따르면 1, 키르히호프에 따르면 1과 1/2 사이에 있다 (부록). 여기에서는 뺀 까닭은 결과가 크게 다르지 않기 때문이다.

역 산란 길이 b를 구할 때는 구멍이 아주 크면 광축을 따라가는 빛은 구멍의 영향을 거의 받지 않는다는 사실을 쓴다.

$h(0) = f(0)/z = 1/z$ 이므로 (7.16)은 다음과 같이 간단해진다:

$$\psi = -\exp(ik_0 z)\frac{2\pi A b z}{ik_0}h(0) = -Ab\exp(ik_0 z)\frac{2\pi}{ik_0} \quad (7.17)$$

그러나 아주 구멍이 아주 크면 그 결과가 구멍이 전혀 없을 때의 결과인 $A\exp(ik_0 z)$와 같아야 하므로 다음 조건이 나온다:

$$b = \frac{-ik_0}{2\pi} = -\frac{i}{\lambda} \quad (7.18)$$

이것은 부록에서 더 엄밀하게 끌어낸 결과와도 같다.

7.2.2 축대칭 구멍에 의한 프레넬 회절

'프레넬 영역'의 개념은 축을 벗어난 회절무늬를 정성적으로 이해하는데 도움이 되지만, 오늘날은 적분값을 수치셈으로 쉽게 구할 수 있어 이 개념을 많이 쓰지 않는다.

축대칭 광학계에서는 광축 $p=0$에서의 ψ의 값은 (7.15)를 바로 적분하여 얻는다 (분모의 $\sqrt{z^2+r^2} \approx z$로 어림했다):

$$\psi = \frac{ik_0 A}{2z}\int_0^\infty ds\, f(s)\exp\left(ik_0\frac{s}{2z}\right) \quad (7.19)$$

이 적분은 확실히 푸리에 변환 꼴인데, 다만 적분 하한이 $-\infty$가 아니라 0이다. 하지만, 많은 물리적 상황에서는 별 차이가 없다. $p \neq 0$으로 축에서 벗어난 점에서는 적분을 보통 수치셈으로 해야 하지만, 한 가지 중요한 예외가 있는데 그것은 §7.3에서 설명한다.

여기에서는 4가지 중요한 예를 살펴본다:

1. 둥근 구멍으로 반지름 $R \ll 2z/k_0$인 것. 이 때는 다음과 같다:

$$f(s) = \begin{cases} 1 & s < R^2 \\ 0 & s \geq R^2 \end{cases}$$

2. 반지름 R인 원반. 이 때는 다음과 같다:

$$f(s) = \begin{cases} 0 & s < R^2 \\ 1 & s \geq R^2 \end{cases}$$

3. 고리판으로 $f(s)$가 주기적인 것. 이것은 렌즈 구실을 한다.

4. 진폭이 가우스 함수꼴인 빔. 이 때는 다음과 같다:

   $f(s) \sim \exp(-\alpha s)$ (α는 실수 또는 복소수)

   α가 복소수이면, α의 허수부의 부호에 따라 파면이 모이거나 퍼져간다.

7.2.3 둥근 구멍

조건 (1)에서는 적분이 다음과 같다:

$$\psi = \frac{ik_0 A}{2z}\int_0^{R^2} ds\, \exp\left(ik_0 \frac{s}{2z}\right) = A\left[\exp\left(ik_0\frac{R^2}{2z}\right) - 1\right] \tag{7.20}$$

따라서 밝기분포는 다음과 같다:

$$|\psi|^2 = 2A^2\left[1 - \cos\left(k_0\frac{R^2}{2z}\right)\right] \tag{7.21}$$

광축을 따라가며 밝기 변화를 살펴보면, 회절무늬의 중심의 밝기가 0과 $4A^2$ 사이에서 z^{-1}의 주기함수로 변한다 (그림 7.5).

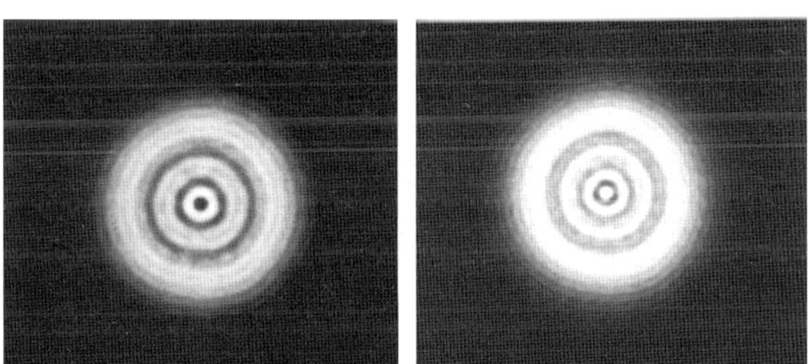

(a) (b)

그림 7.5 둥근 구멍의 프레넬 회절 무늬: (a) $kR^2/2z = \pi \cdot 2n$일 때; (b) $kR^2/2z = \pi \cdot (2n+1)$ 일 때.

7.2.4 원반

조건 (2)에서는 (7.16)을 하한 $s = R^2$에서 큰 값까지 적분해서 구해야 한다. 부분적분을 하면 다음 결과를 얻는다.

$$\psi = Az\exp(ik_0 z)\,h(R) = A\exp(ik_0 z)\frac{z}{\sqrt{z^2 + R^2}} \tag{7.22}$$

지금은 레이저 광원을 써서 프레넬-아라고 실험을 아주 쉽게 재현할 수 있지만 (부록 B), 1818년에는 당연히 레이저가 없었다!

따라서, $z \gg R$ 이면, **광축 어디에서나** 밝기가 다음과 같다:

$$|\psi|^2 \approx A^2 \tag{7.23}$$

이것은 원반의 회절무늬(그림자)의 중심에 늘 밝은 점이 있다는 놀라운 결과이다 (그림 1.3). 이것은 프레넬과 아라고가 실험적으로 확인하여 빛의 파동론 반대자들을 승복시킨 바 있다 (§1.1.3). 프레넬 회절은 이와 같이 광학의 발전에 결정적으로 중요한 구실을 했다.

7.2.5 고리판

고리판은 그림 7.6과 같이 투명한 고리와 불투명한 고리를 번갈아 배열한 것으로, 고리의 반지름은 투과된 빛 모두가 광축의 어느 한 곳에서 위상이 같아지게 정한다. 고리판은 오랫동안 프레넬 회절을 보여주는 흥미있는 장난감일 뿐이었다. 최근에는, 홀로그램을 이해하는 간단한 모형을 제공했고 (§12.5), 또 엑스선 현미경(§7.5)과 **회절광학**이라는 새로운 기술에 쓰이면서 그 중요성이 커졌다. 고리판은 빛 흡수막으로 그림 7.6을 축소한 꼴을 광리소그라피를 써서 만드는데, 이 모양은 $g(s)$가 s의 주기함수로서 주기는 $2R_0^2$이다 (그림 7.7).

가장 간단한 꼴은 다음과 같이 값이 늘 양수인 사인함수꼴이다:

$$g(s) = \frac{1}{2}\left[1 + \cos\left(\frac{\pi s}{R_0^2}\right)\right] \tag{7.24}$$

그림 7.6 고리판의 모양. $(1/2)\left[1-\cos(\pi r^2/R_0^2)\right]$을 반올림하여 0과 1로 잘라내어 그림 7.7과 같은 네모꼴 파동을 만든다.

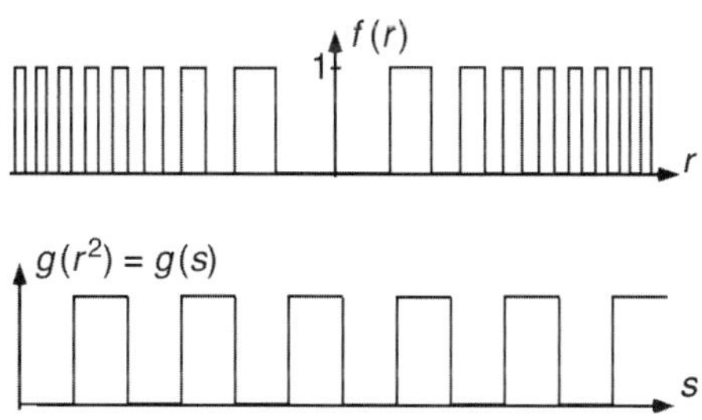

그림 7.7 고리판에 대한 함수 $f(r)$과 $g(s)$ $(s=r^2)$.

그러나, 빛 흡수막을 광리소그라피로 떠내는 방법이 비선형 과정이어서 $g(s)=0$ 또는 1 만 정확하게 만들 수 있기 때문에 위와 같은 연속분포를 정확히 만들기는 아주 어렵다. 그러므로 다음과 같이 네모꼴 파동 모양으로 만든다:

$$g(s) = \begin{cases} 1 & 2nR_0^2 < s < (2n+1)R_0^2 \\ 0 & (2n+1)R_0^2 < s < (2n+2)R_0^2 \end{cases} \tag{7.25}$$

이 함수의 푸리에 급수(§4.2.1)는 δ-함수꼴로서 진폭은 차수 m이 홀수일 때는 $G_m = -i/m\pi$, 짝수일 때는 $G_m=0$ 이다 (단, $G_0=1/2$). 그러므로, (7.19)에서 고리판은 들어오는 평면파를 광축 위의 다음 점에 모은다:

$$z_m = \frac{R_0^2}{\lambda} \cdot \frac{1}{m} \tag{7.26}$$

회절광학 분야는 고리판이 렌즈 구실을 한다는 사실에 바탕을 두고 있지만, 수차를 쉽게 지울 수 있다. 고리판의 색수차는 유리 렌즈와 부호가 반대이다. 몇몇 렌즈 제조 회사에서는 회절광학 소자와 굴절광학 소자를 붙인 렌즈를 만든다.

홀수 차수 m에서의 진폭은 $ik_0 G_m/2z_m$이다. z_m과 G_m 모두 $1/m$에 비례하므로, m이 홀수인 모든 초점은 진폭이 같다. 이것은 대칭 네모꼴 파동에서만 맞는 수학적 특이성이지만, 일반적으로 고차 초점을 무시할 수 없음을 뜻한다 (§7.5를 보라). $m=0$에 해당하는 빛은 아주 먼 곳에 모이므로, 이것은 들어오는 평면파가 계속 나아가는 것을 뜻한다. 다른 초점은 모두 거리가 양수와 음수이므로 볼록렌즈와 오목렌즈에 해당한다. 실제 쓰임새에서는 원하지 않는 차수로 회절되는 빛은 막아야 한다. §9.2.4에서 보겠지만, 1차 초점에 오는 빛의 일률은 들어오는 빛의 일률의 10%가 못되는데, 이 비율이 **회절 효율**(diffraction efficiency)이다.

고리판의 특성은 렌즈와 비슷하다. 어느 한 초점을 살펴보자: 예를 들어 $m=+1$에서는, §7.1.3에서 점광원이 거리 z_1에 있으면, 상의 위치는 다음 식에 따라 결정된다:

$$\frac{1}{z_1}+\frac{1}{z} = \frac{\lambda}{R_0^2} \tag{7.27}$$

따라서 고리판은 초점거리가 R_0^2/λ인 렌즈와 등가이다. 이것은 색수차가 매우 크다(**문제 7.4**를 보라). 그러한 '렌즈'는 엑스선 현미경을 꾸미는데 쓰이고(§7.5) 회절광학계의 바탕이 된다.

회절광학계에서는 굴절 렌즈 대신 고리판 렌즈를 쓴다. 이 때는 초점이 하나만 생기게 하여 효율을 높이는 것이 중요한데, 그것은 푸리에 변환이 δ-함수인, 다음과 같은 꼴의 위상 마스크를 쓰면 된다: $g(s)=\exp\left(i\pi s/R_0^2\right)$. 이것은 투명 재료에 광리소그라피 기법으로 만드는데 (문제 7.6), §9.2.5에서 설명할 블레이즈 회절격자와 비슷하다.

7.3 가우스 빔의 진행

가우스 빔의 진행은 레이저 물리학에서 아주 중요하다. 그것은 보통 헬름홀츠 방정식 (7.60)의 해로서 다룬다.

프레넬 회절 문제 가운데 해석적 해를 구할 수 있는 것에 축대칭 가우스 빔의 회절도 있다 (문제 7.13은 베셀 빔을 다룬다). 이것의 해석적 해를 구할 수 있는 까닭은 프레넬 진행 인자 $\exp\left[ik_0(\boldsymbol{r}-\boldsymbol{p})^2/2z\right]$ 도 가우스 함수이기 때문이다. 이 문제는 특히 중요한데, 그 까닭은 진폭분포가 가우스 함수꼴인 레이저 빔(§9.5.4)이 어떻게 진행하는가를 명확히 보여주기 때문이다. 여기에서는 레이저 빔이 초점을 지날 때의 모양 변화를 가우스 빔 모형을 써서 살펴본다. 가우스 빔의 진행에 관해서는 레이저 물리학이나 광자공학을 다루는 교재에서 자세하고 철저한 설명을 볼 수 있다: Siegman (1986), Saleh & Teich (2007).

먼저, 파면이 곡률 반지름 R인 구면인 빛이 $z=R$인 점에 모이는 것을 생각하자. $z=0$인 평면에서 이 빛의 진폭은 프레넬(근축) 어림법을 써서 다음과 같이 쓸 수 있다:

$$\psi(x,\, y,\, 0) \;=\; \exp\!\left(-ik_0 r^2/2R\right) \tag{7.28}$$

이제 (7.5)에서 점 $(x_0,\, y_0,\, z)$에서의 진폭은 다음과 같이 쓴다:

$$\psi(x_0,\, y_0,\, z) = \exp(ik_0 z)\,\frac{ik_0}{2\pi z}\iint_0^\infty d^2r\,\exp\!\left(-ik_0 r^2/2R\right) \exp\!\left[ik_0\frac{(\boldsymbol{r}-\boldsymbol{p})^2}{2z}\right] \tag{7.29}$$

이 적분은 두 가우스 함수의 콘볼루션이므로 다음과 같은 꼴로 쓸 수 있다:

$$\begin{aligned}\psi(x_0,\, y_0,\, z) &= \exp(ik_0 z)\,\frac{ik_0}{2\pi z}\left\{\exp\!\left(-ik_0 r^2/2R\right)\otimes\exp\!\left(ik_0 r^2/2z\right)\right\}\\ &\equiv \exp(ik_0 z)\,\frac{ik_0}{2\pi z}\,q(r)\end{aligned} \tag{7.30}$$

$q(r)$의 푸리에 변환 $Q(k)$은 두 가우스 함수의 곱이므로 결국 또 다른 가우스 함수가 되는데, 그것을 다시 r 공간으로 역변환하면 콘볼루션 $q(r)$이 된다. 변환과정에서 앞의 인자를 지켜야 한다. 셈을 마치면 다음 결과를 얻는다:

$$\psi(x_0,\, y_0,\, z) \;=\; \exp(ik_0 z)\,\frac{R}{z-R}\exp\!\left[ik_0\frac{(x_0^2+y_0^2)}{2(z-R)}\right] \tag{7.31}$$

예상과 같이, 그 값은 초점 $z=R$에서 발산하므로, 그곳의 위상은 부정이다. 세기는 $(z-R)^{-2}$에 비례하여 떨어지는데, 이것은 역제곱 법칙이다. 눈여겨 볼 것은 초점을 지나면서 ψ의 부호가 바뀌어 위상이 π 만큼 뛰는 것이다. 이것이 **구이(Gouy) 위상 이동**이며, 뒤에 더 자세히 살펴보겠다. 그림 7.8은 파면의 모양을 보여준다.

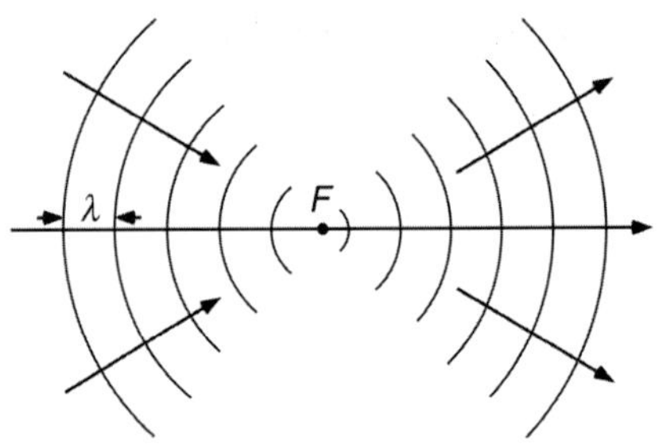

그림 7.8 초점에 모였다가 퍼져가는 구면파의 파면. 파면이 초점을 지나면서 위상이 π만큼 뜀을 눈여겨 보라.

위의 셈에서는 들어오는 빛의 진폭이 한없이 먼 곳까지 똑같다고 하고서 근축 어림법을 쓴 것은 물리적으로 맞지 않다. 이제 들어오는 빛의 에너지가 축 근처의 작은 영역에 모여 있도록 파면의 곡률 $1/R$을 복소수로 다음과 같이 바꾸자.

$$\frac{1}{R} = \frac{1}{R_0} + \frac{1}{ik_0\sigma^2} \tag{7.32}$$

이것은 파면의 곡률 반지름은 R_0이고 가우스 분산이 σ임을 뜻한다 (§4.4.3). 그러면 $z=0$인 평면에서는 진폭이 다음과 같다:

$$\psi(x, y, 0) = \exp(-r^2/2\sigma^2)\exp(-ik_0r^2/2R_0) \tag{7.33}$$

$$|\psi| = \exp(-r^2/2\sigma^2) \tag{7.34}$$

근축 어림법은 다음 조건이 맞으면 쓸 수 있다: $\lambda \ll \sigma \ll R_0$. 이제 (7.34)의 복소 곡률 반지름 R을 (7.31)에 넣으면 다음과 같다:

$$\frac{1}{z-R} = \frac{R_0^2 + k_0^2\sigma^4}{z(R_0^2 + k_0^2\sigma^4) - R_0k_0^2\sigma^4 - iR_0^2k_0\sigma^2} \tag{7.35}$$

이 식은 복잡해 보이지만 다음과 같은 꼴이다: $A/[B(z) + iC]$. 이것의 최대값은 $B(z)=0$일 때, 곧, 다음 조건에 맞는 곳 $z=z_w$이다:

$$z_w = \frac{R_0k_0^2\sigma^4}{R_0^2 + k_0^2\sigma^4} \tag{7.36}$$

이곳에서는 빛의 진폭이 다음과 같다:

$$\psi(x_0, y_0, z_w) = \exp(ik_0 z_w)\frac{R}{z-R}\exp\left[-\frac{(x_0^2+y_0^2)}{2w^2}\right] \tag{7.37}$$

여기에서 **허리 반지름(waist radius)** w는 다음과 같이 정의된다:

$$w^2 = \frac{R_0^2\sigma^2}{R_0^2 + k_0^2\sigma^4} \tag{7.38}$$

'세기 수송 방정식'은 광축을 따라가는 빛의 세기의 변화율을 파면의 곡률과 이어 준다(문제 2.8). 따라서, 세기가 최대이면, 파면은 곡률이 0, 곧 평면이 되어야 한다

$z = z_w$에서 빔이 가장 가늘고(그래서 '허리'이다) 또 에너지 밀도가 가장 높다. 이곳은 초점 $z = R_0$ 보다 가깝다. 하지만 σ가 커지면 초점 쪽으로 이동한다. 한편 $\sigma \to 0$이면, 허리는 입사면 $z = 0$에 가까워진다. 또 다른 중요한 점은 허리 평면에서는 파면이 평면이라는 것이다. 이것은 (7.37)에서 지수에 있는 $(x_0^2 + y_0^2)$의 계수가 실수인 것에서 뻔하다. (7.31)의 값을 모든 곳에서 구해보면, 파면이 처음에는 초점에 대한 공심 구면이었던 것이, 허리에 가까워지면서 점점 펴진다. 이것은 파면 간격이 더 이상 똑같이 λ가 아님을 뜻하며 (공심 구면이나 동축 원통면만 이 조건에 맞다), 그러므로 그 영역에는 구이 위상이동과 비슷한 위상의 변이가 더 있어야 한다. 그림 7.9(a)는 가우스 빔이 허리를 지나면서 가늘어지고, 파면도 그에 따라 바뀌는 것을 보여준다.

이제 (7.31)의 지수 앞에 붙은 인자에 (7.36)의 z_w를 넣으면 다음과 같다:

$$\frac{R}{z-R} = \left[\frac{z}{R} - 1\right]^{-1} = \left[\frac{z}{R_0} - 1 + ik_0\frac{z}{\sigma^2}\right]^{-1} = -1 + ik_0\frac{\sigma^2}{R_0} \tag{7.39}$$

(7.37)의 절대치 제곱을 적분하여 빔에 실린 총 일률을 셈하면 $2\pi\sigma^2$으로 거리에 무관하므로 에너지가 보존됨을 확인할 수 있다.

이제 w를 초평면 $z = R_0$에서의 밝은 점의 반지름과 비교하자. 식 (7.37)로부터

$$\psi(x_0, y_0, R_0) = \exp(ik_0 R_0)\frac{ik_0\sigma^2}{R_0}$$
$$\exp\left[-k_0^2\frac{(x_0^2+y_0^2)\sigma^2}{2R_0^2} + ik_0^2\frac{(x_0^2+y_0^2)}{2R_0}\right] \tag{7.40}$$

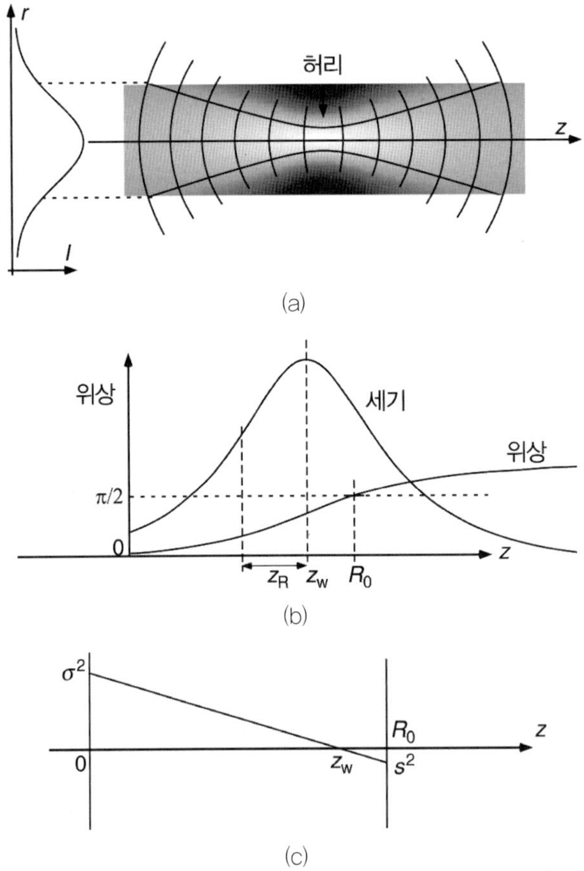

그림 7.9 (a) 가우스 빔이 초점에 모였다가 다시 퍼져갈 때의 파면. '허리'의 모양은 각 평면에서 진폭이 중심의 $1/e$가 되는 곳의 궤적으로 보였다. (b) 광축에서의 세기와 위상의 변화. 허리에서 가장 세다. 위상은 허리에서 구이 위상 이동이 생겨 기울기가 가장 크다. (c) 입사면 $z=0$에서의 가우스 분산 σ와 초평면 $z=R_0$에서의 분산 s를 써서 간단한 그림으로 허리의 위치를 찾는 방법.

이 초평면에서의 진폭은 가우스 함수꼴 $\exp(-r_0^2/2s^2)$로서 $s=R_0/k_0\sigma$이다. 이것은 8장에서 다룰 가우스 마스크의 프라운호퍼 회절무늬이다. 허리의 위치는 가우스 매개변수 σ와 s를 써서 그림 7.9(c)와 같은 간단한 그림으로 셈할 수 있다. 허리의 반지름 (7.38)도 σ와 s를 쓰면 간단한 식이 된다:

$$w^{-2} = \sigma^{-2} + s^{-2} \tag{7.41}$$

이 식에서 w는 σ와 s 보다 작고, 더 굵은 빔은 σ가 더 크므로, 허리가 더 가늘게 조여진다 (§4.4.3).

이제 가우스 빔의 밝기와 위상이 허리를 지나면서 어떻게 달라지는가 더 자세히 살펴보자. (7.32)를 (7.31)에 넣으면, 광축 $(0,0,z)$에서는 다음과 같다:

$$\psi(0,\,0\,,\,z) \;=\; \frac{1}{(z/R_0-1)-ik/k_0\sigma^2}\exp(ik_0z) \tag{7.42}$$

따라서 광축에서의 세기분포는 다음과 같다:

$$I(z) \;=\; \left[\left(\frac{z}{R_0}-1\right)^2+\frac{z^2}{k_0^2\sigma^4}\right]^{-1} \tag{7.43}$$

이것은 뒤집은 종모양 곡선으로 봉우리는 $z=z_w$에 있고, $z_w \pm z_R$에서는 높이가 봉우리의 반이 된다. 여기에서 $z_R \approx z_w^2/k_0\sigma^2=k_0w^2$이다. 이 거리가 **레일리 길이(Raylcigh length)**이다. **초점 심도(depth of focus)**는 빔의 난변의 넓이가 허리의 두 배가 되는 두 곳의 거리로, $2z_R$이다.

구이 위상 이동은 광 간섭계측기에서 무색 위상 이동을 얻는데 써 왔다.

빛의 위상은 허리를 지날 때 연속적으로 변한다. 연속적인 평면파 $\exp(ik_0z)$에 대해, (7.45)의 위상은 다음과 같다:

$$\phi(z) \;=\; \arctan\left[\frac{zR_0}{k_0\sigma^2(z-R_0)}\right] \tag{7.44}$$

이것은 0에서 π까지 연속적으로 변하며, 허리에서 기울기가 가장 크고, 초점에서 값이 $\pi/2$가 된다. 이것이 **구이(Gouy) 위상**이다. 그림 7.9(b)는 세기와 위상의 변화를, 그림 7.10은 간섭 실험에서 구이 위상 변화를 보여준다.

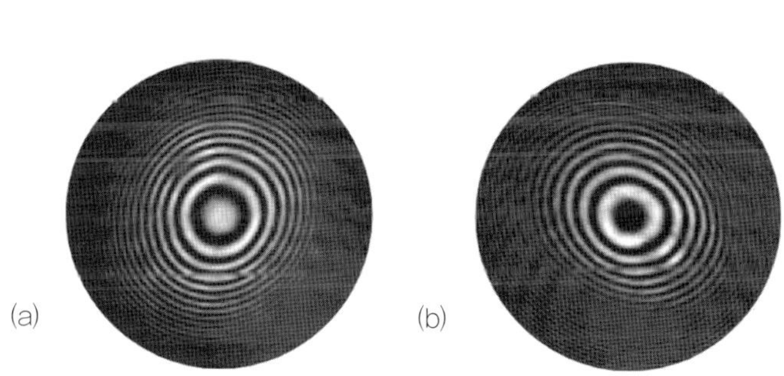

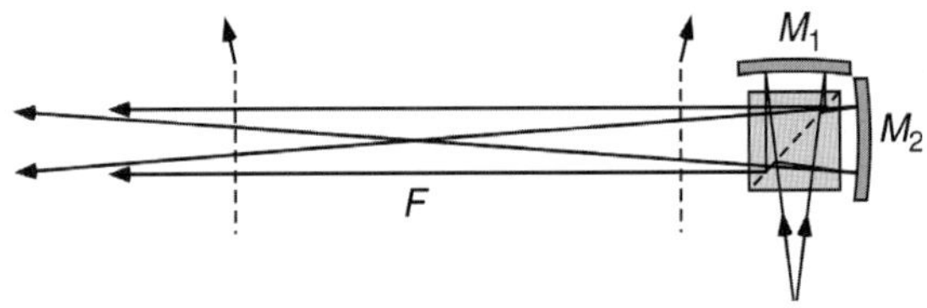

그림 7.10 구이 효과. 사진은 평면파와 세기분포가 가우스 함수꼴인 구면파의 간섭무늬이다. (a) 초점 F 뒤, (b) 그 앞. 그 아래 그림은 실험장치 얼개이다; 두 거울 M_1과 M_2는 초점거리가 다르다. 한 가운데가 (a)에서는 밝고, (b)에서는 어두우므로 위상차의 변화 π가 생긴 것이 확실하다.

7.4 선형계에서의 프레넬 회절

회전대칭성이 없는 광학계에서 (7.15)의 프레넬 적분을 간단히 셈하는 해석적 방법은 없으므로, 수치셈을 하거나 그림을 그려 구한다. 그림을 그리면 멋진 프레넬 회절무늬를 물리적으로 통찰할 수 있다. 직각좌표계에서는 (7.15)가 다음과 같은 꼴이 된다:

$$\psi = \frac{ik_0}{2\pi}\frac{A}{z}\iint_R dxdy\, f(x, y)\exp\left[ik_0\frac{(x^2+y^2)}{2z}\right] \tag{7.45}$$

그림을 그려 구하는 방법의 예로서, $f(x, y)$를 두 함수의 곱으로 인수분해할 수 있는 광학계를 생각하자: $f(x, y) = g(x)h(y)$. 그러면 (7.48)은 다음과 같은 꼴이 된다:

$$\psi = \frac{ik_0}{2\pi}\frac{A}{z}\int_{-\infty}^{\infty} dx\, g(x)\exp\left(ik_0\frac{x^2}{2z}\right)\int_{-\infty}^{\infty} dy\, h(y) \exp\left(ik_0\frac{y^2}{2z}\right) \tag{7.46}$$

그러면 두 적분을 따로 셈할 수 있다.

7.4.1 진폭-위상 그림으로 적분하기

다음과 같은 꼴의 적분은 ψ의 실수부와 허수부를 복소평면에 나타내어 구할 수 있다.

진폭 - 위상 그림은 회절무늬의 정성적 특성을 알 수 있으므로 회절적분을 해석적으로 구할 수 있는 문제에서도 많이 썼다.

$$\psi = \int_{x_1}^{x_2} dx\, f(x) \exp[\, i\phi(x)\,] \tag{7.47}$$

ψ의 증분을 다음과 같이 나타낸다:

$$d\psi = dx\, f(x) \exp[\, i\phi(x)\,] \tag{7.48}$$

이것은 길이 $f(x)dx$, 실수축에 대한 각도 $\phi(x)$인 벡터에 해당한다. 그러면 ψ의 값은 x_1에서 시작하여 x_2에서 끝나는 곡선을 따라 이 증분의 벡터합을 한 것이다. 이것이 **진폭-위상 그림**(amplitude-phase diagram)으로, 물리적인 내용은 그림 7.11로 나타낸, 이렇게 얻는 곡선의 모양에 들어있다. 이 곡선의 기하학적 특성은 곡률 κ를 위치(곡선을 따라 잰 길이) σ의 함수로 나타낼 때 가장 잘 드러난다. 그러면 그림 7.11에서, $\kappa = d\phi/d\sigma$이고 $d\sigma = f(x)dx$이므로 다음과 같다:

$$\kappa = \frac{1}{f(x)} \frac{d\phi}{dx} \tag{7.49}$$

복소 프레넬 적분의 값을 셈할 때 옛날에는 진폭-위상 그림을 썼지만, 오늘날에는 물론 수치셈을 주로 한다. 그렇지만, 적분에 대해 진폭-위상 그림을 그려보면 그 결과를 직관적으로 알 수 있고 물리적인 내용을 더 쉽게 알 수 있다. 예를 들어, $f(x) \to 0$ 또는 $d\phi/dx$가 클 때는, 곡률이 아주 커서 곡선이 스스로 돌돌 말려 극한점에 접근하여 적분은 거의 0이 된다. 그 결과 복소 적분의 값을 결정하는 중요한 부분은 $f(x)$가 크고 $d\phi/dx=0$인 위상의 극점 근처이다. 이러한 점들만 따져 적분값을 셈하는 방법이 **정상위상법**(method of stationary phase)이다. 아래에서는 선형 광학계의 프레넬 회절적분을 이 방법으로 셈하는 방법을 간단히 설명한다.

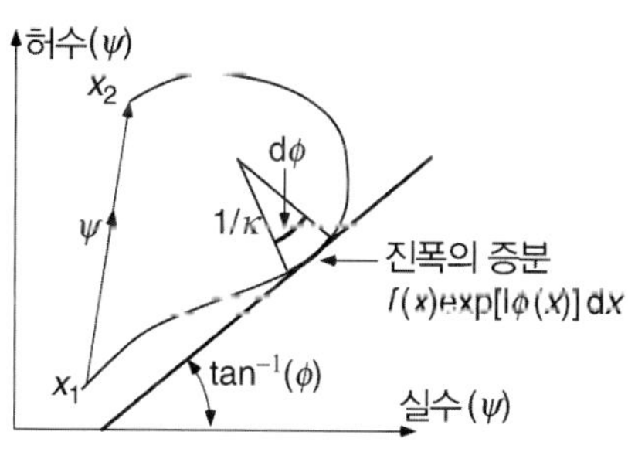

그림 7.11 적분 $\psi = \int_{x_1}^{x_2} dx\, f(x) \exp[\, i\phi(x)\,]$을 복소 평면에 나타낸 그림

7.4.2 실틈에 의한 회절

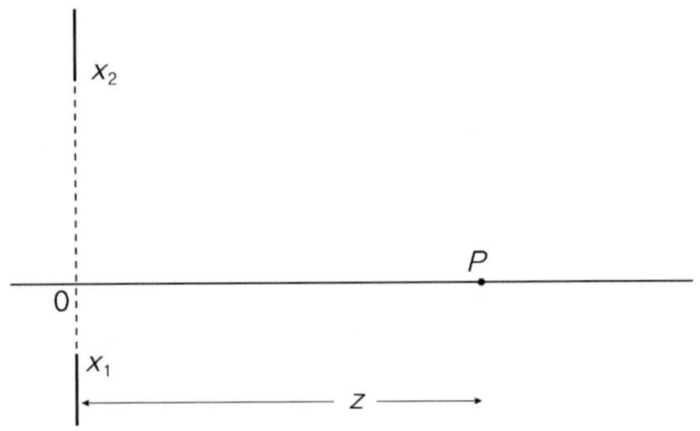

그림 7.12 실틈에 의한 회절무늬를 셈하는 좌표계 및 매개변수.

그림 7.12와 같이 평면 $\mathcal{R}$에 있는 x_1에서 x_2까지 열린 실틈에 의한 회절문제를 살펴보자. 이 때는 $h(y)=1$이고, 실틈 안에서는 $g(x)=1$, 밖에서는 $g(x)=0$이다. (7.46)의 ψ에 대한 적분을 셈하면 축 위의 점 $(0, 0, z)$에 있는 점 P에서의 진폭과 위상을 알 수 있다:

$$\psi = \frac{ik_0}{2\pi}\frac{A}{z}\int_{x_1}^{x_2}\exp\left(ik_0\frac{x^2}{2z}\right)\int_{-\infty}^{\infty}dy\,\exp\left(ik_0\frac{y^2}{2z}\right) \tag{7.50}$$

(7.50)에서 둘째 적분은 해석적으로 셈할 수 있고 그 결과는 다음과 같다 (§7.3을 보라): $\sqrt{2\pi z/k_0 i}$. 첫째 적분은 다음과 같은 무차원 변수에 대한 적분으로 바꾼다: $t=x\sqrt{k_0/z} \equiv \beta x$:

$$\mathcal{I} = \frac{1}{\beta}\frac{A}{z}\int_{\beta x_1}^{\beta x_2}dt\,\exp\left(i\frac{t^2}{2}\right) \tag{7.51}$$

이 적분에 대한 진폭-위상 그림의 특성은 (7.49)에서 곡률이 곡선을 따라 잰 원점까지의 거리와 같다는 것이다. 이 곡선이 **코뉴 나선(Cornu spiral)**이며 그림 7.13과 같은 꼴이다. 사실 x- 및 y-축은 각각 **프레넬 적분** $\int_0^t dt'\cos(t'^2/2)$와 $\int_0^t dt'\sin(t'^2/2)$이다.

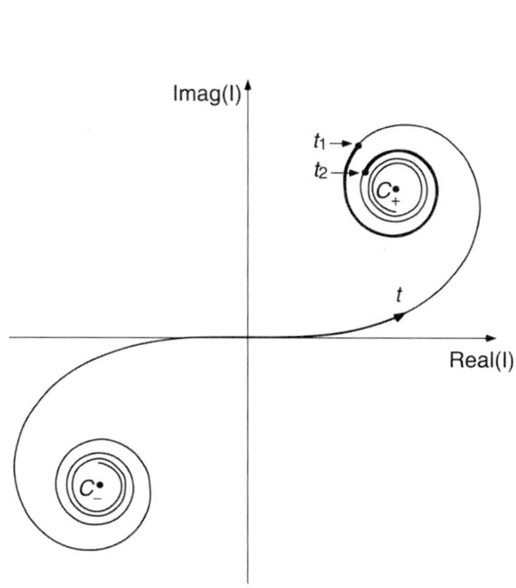

그림 7.13 코뉴 나선. $t = t_1$에서 t_2까지의 구간을 굵게 그려 강조했고, 관찰되는 회절무늬의 복소진폭은 이 두 점을 잇는 벡터로 결정된다. 세기는 이 벡터의 절대값의 제곱이다.

실틈에 의한 회절무늬를 셈하려면 실틈의 양쪽 끝 x_1과 x_2에 맞추어 t_1과 t_2를 잡는다. 그러면 실틈 폭은 $(t_1 - t_2)/\beta$가 된다. 코뉴 나선 위의 두 점 t_1과 t_2를 잇는 벡터를 구하면, 이것이 P에서의 ψ의 진폭과 위상을 결정한다. 온전한 회절무늬를 얻으려면 관찰점 P의 위치를 위아래로 바꾸면서, 그에 대한 실틈의 양쪽 끝의 위치를 정해주는 t_1과 t_2가 바뀜에 따라 셈을 다시 한다. t_1과 t_2가 모두 나선의 '말린' 곳에 있으면 — 곧 $(t_1 - t_2)$가 대충 10을 넘으면 회절무늬가 아주 복잡해진다. 그림 7.14는 $(t_1 - t_2) = 8.5$일 때의 회절무늬를 셈한 결과와 관찰한 결과를 보여준다. (7.51)에 파장 0.6 μm을 넣어 셈하면 이것은 $(x_1 - x_2)^2/z \cong$ 7 μm으로, 예를 들어 폭 2.7 mm인 실틈에 대해 $z = 1$ mm에 해당한다.

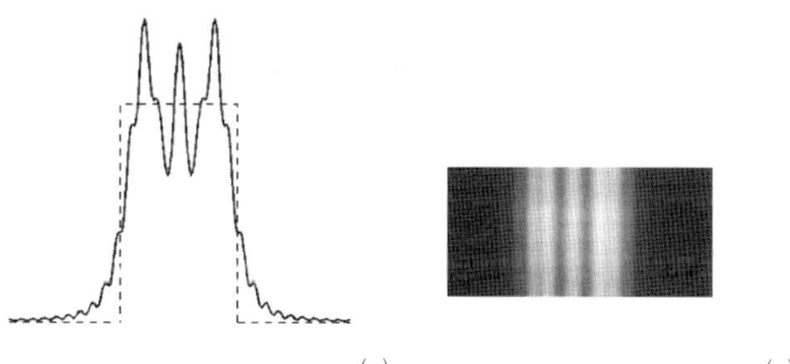

그림 7.14 (a) 실틈 폭 0.9 mm, $z = 20$ cm, $z_1 = 28$ cm, $\lambda = 0.6$ μm일 때의 프레넬 회절무늬의 진폭. 파선은 기하학적 그림자. (b) 같은 조건에서 본 회절무늬의 사진

상자 7.1 곧은 날에 의한 회절: 테두리 빛

흔히 볼 수 있는 곧은 날에 의한 회절무늬는 코뉴 나선의 기하학적 특성에서 나온 것임을 쉽게 알아볼 수 있다. 곧은 날은 실틈의 한쪽 끝이 한없이 멀리 있는 셈이므로, 코뉴 나선에서 t는 어떤 유한한 값에서 무한대까지 가는 것에 해당하여 그림 7.15와 같다. 이러한 회절무늬의 줄무늬는 테두리가 깨끗이 잘린 물체의 그림자 끝에서 흔히 볼 수 있고, 현미경에서는 물체의 상이 잘 맺혔는가를 판단하는 지표로 쓴다. $\psi(t)$를 나타내는 벡터는 점 t와 C_+를 잇는 것이다. t가 양수여서 $t=0$이 기하광학적 그림자 속에 있으면, 벡터는 C_+를 중심으로 돌아, 점점 더 길이가 짧아지며 $t \to\infty$ 에 따라 위상이 천천히 가속된다 (그림 7.16). 이것은 실모양의 광원에서 나오는 빛의 위상변이와 거의 같다. 그 결과 테두리는 밝은 선으로 보인다; 이것이 **테두리 빛** (edge wave)이며, 그림자 영역에서 보면 날카로운 테두리가 유난히 밝게 보이는 까닭이 바로 이것 때문이다. 빛을 받는 부분에 줄무늬가 생기는 까닭은 테두리 빛과 투과된 빛이 겹쳐 간섭무늬를 만들기 때문이다.

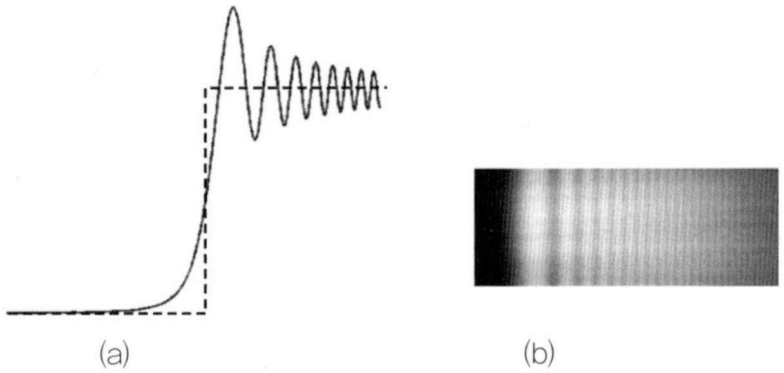

그림 7.15 반평면의 가장자리의 프레넬 회절무늬: (a) (7.51)을 써서 셈한 결과. 파선은 기하학적 그림자를 나타낸다. (b) 회절무늬의 사진. 그림 7.4의 종이집게의 그림자의 테두리에서도 같은 모양이 나타난다.

그림 7.16 그림자 영역에 나타나는 테두리 빛에 대한 코뉴 나선 작도법. t 값이 커지면, 벡터는 선 광원에서 나온 빛처럼 돌아가므로, '테두리 빛'이라고 한다.

7.5 고급 주제: 엑스선 현미경

엑스선에 대한 물질의 굴절률은 1 보다 조금 작다: $n-1 \sim -10^{-6}$(§13.3.3). 따라서 엑스선에 대해서는 쓸만한 렌즈를 만들 수 없다. 입사각을 아주 크게 한 스침각 거울을 써서 외부 전반사를 시키면 엑스선 결상을 할 수 있지만, 거울의 타원곡면을 엑스선의 파장에 맞게 아주 정확하게 깎기 어렵다. 엑스선 천문학에서는 그러한 방법을 쓰지만, 현미경은 분해능이 충분히 높은 것을 아직 만들지 못했다. 그렇지만, 엑스선에 대해 투명하고 불투명한 고리를 번갈아 놓은 프레넬 고리판을 만들면 엑스선을 모을 수 있다. 초미세가공 기술의 발전으로 투명한 기판 위에 금을 입혀 그러한 고리판을 만들어 엑스선 현미경에 쓸 수 있다 [Unger 등 (1987)]. 그림 7.17은 방사광을 쓰는 엑스선 현미경의 전형적인 얼개이다.

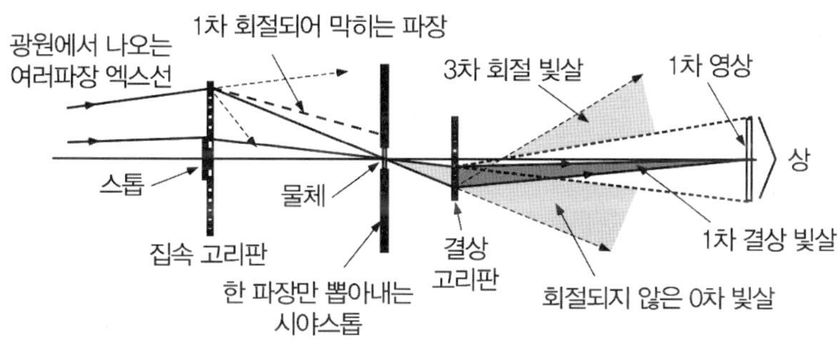

그림 7.17 BESSY에 있는 방사광을 쓰는 엑스선 현미경의 얼개 그림. 빛살은 광축의 한쪽에만 그렸다. 이것은 프레넬 고리판을 두 장 쓰는데, 첫째는 집광, 둘째는 결상을 한다.

파장 5 nm인 엑스선을 초점거리 1 mm에 모으려면, 고리의 지름은 (7.27)에서 다음과 같다:

$$R_0 = \sqrt{f\lambda} = 2.7\ \mu m \tag{7.52}$$

고리판의 가로방향 분해능은 가장 얇은 (맨 바깥) 고리가 결정한다.

n번째 고리의 반지름은 $R_0\sqrt{n}$, 두께는 일추 $R_0/\sqrt{n}$ 이므로, 고리 수백 개를 만들려면 반지름쪽 분해능이 50 nm 정도는 되어야 한다. 광리지스트 박막에 전자살로 고리 무늬를 그리고, 식각과 도금 과정을 몇 번하여 두께 150 nm인 금 고리판을 만들면, 그 파장의 엑스선에 맞는 고리판이 된다. 이 고리판은 두께 120 nm인, 엑스선에 대해 투명한 질화 실리콘 기판 위에 올린다.

그러한 '렌즈'의 분해능 한계는 §12.2에서 설명할 방법으로 셈할 수 있다. 먼저, 수직방향의 분해능 한계는 고리판의 바깥지름 D와 같은 지름의 렌즈와 같다. 그것에 고리가 N개 들어있다면, (7.25)에서 $s_{최대}=D^4/4=2NR_0^2$이다. 그러면 분해능 한계 $\delta x_{최소}$는, 초점거리가 f일 때에 대한 (7.27)에서 다음과 같다:

$$\begin{aligned}\delta x_{최소} &= f\theta_{최소} = 1.22\frac{\lambda}{D}\cdot f = 1.22\frac{\lambda}{2\sqrt{2N}R_0}\cdot f \\ &= 1.22\frac{R_0}{2\sqrt{2N}} \end{aligned} \tag{7.53}$$

이것은 다음과 같은 맨 바깥 고리의 두께와 비슷하다: $\sqrt{2N}R_0 - \sqrt{2N-1}R_0 \cong R_0/\sqrt{2N}$ (N이 클 때). 다시 말해 수직방향의 분해능 한계는 가장 가느다란 고리의 두께(약 50 nm)와 비슷하며, 그것은 고리를 만드는 기법이 결정한다. 광축 방향의 분해능은 파장이 결정한다. 상의 위치는 (7.26)에 따라 $n=1$일 때의 1차상만이 중요하고 (다른 상은 차단시킨다), $N\to\infty$일 때는 이상적으로 선명하다. 그렇지 않으면, 푸리에 이론에서 N개의 성분이 들어있을 때는 상의 선폭은 다음과 같다(§8.5.3):

$$\frac{\delta L}{L} = \frac{1}{N} \tag{7.54}$$

$$\delta L = \frac{1}{N}\frac{R_0^2 k_0}{2\pi} = \frac{1}{N}\frac{R_0^2}{\lambda} = \frac{D^2}{8N^2\lambda} \tag{7.55}$$

결상계에서 늘 그렇듯이, 수직 분해능과 평행 분해능은 다음 관계가 있다:

$$\frac{\delta L}{\lambda} \cong \left(\frac{\delta x_{최소}}{\lambda}\right)^2 \tag{7.56}$$

곧, 평행 분해능을 파장 단위로 잰 값은 수직분해능을 파장 단위로 잰 값의 제곱과 비슷하다. 수직분해능 한계는 약 4λ이고, 평행분해능 한계는 약 16λ이다. 그림 7.17은 깊이 구별이 잘 안 되는 것을 시사하는데, 이것은 단점일 수도 있지만, 물체를 여러 방향에서 본 영상을 모아 3차원 영상을 합성하여 단층영상을 셈할 때는 장점도 된다.

그림 7.18은 그렇게 얻은 영상의 예이다. 이것과는 달리 위상 복원기법을 써서 엑스선 회절 무늬를 역변환하는 기법은 §8.8에서 설명한다. 고리판으로 엑스선 영상을 얻을 때의 문제

는 효율이 나쁜 것(< 10 %)이다. 영상을 얻으려면 물체에 엑스선을 많이 쬐어주어야 하므로 방사광 장치 같은 강한 엑스선 샘이 필요하다; 강한 엑스선은 생체 시료에서는 문제가 된다. 해결책은 위상변조 고리판을 쓰는 것이고, 특히 단면의 모양을 다듬으면 더욱 좋다(§9.2.5).

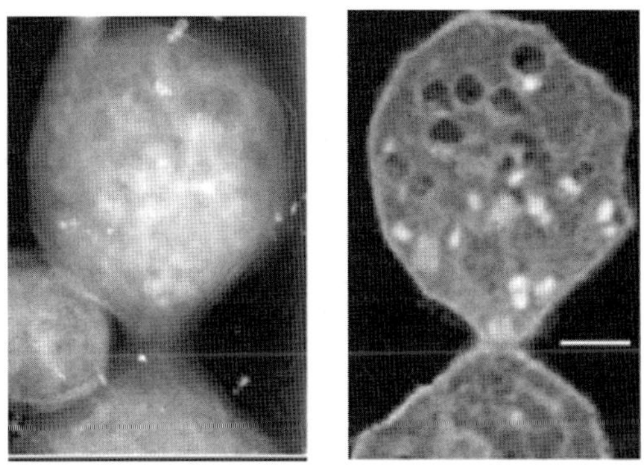

(a) (b)

그림 7.18 $\lambda = 2.4$ nm인 엑스선으로 얻은, 싹을 내고 있는 누룩의 영상: (a) 투영상, (b) 여러 방향에서 얻은 투영상을 모아 재생해낸 단층 영상. 가로막대는 0.5 μm.

요약

이 장에서는 빛의 회절을 설명했고, 특히 가까운 곳(프레넬)의 회절을 다루어 다음을 알았다:

- 맥스웰 방정식을 풀어 파동의 진행을 온전하게 알아내는 것은 대개는 너무 어렵다. 따라서 셈하기 훨씬 쉽고 그림으로 해석하기도 쉬운 스칼라 파동 회절이론을 쓴다.
- 스칼라 파동이론은 쓰임새가 제한된다.
- 스칼라 파동이 물체에 의해 회절되는 것을 하위헌스 잔파동 모형을 써서 분석할 수 있다.
- 회절문제는 **가까운 곳**(프레넬) 회절과 **먼 곳**(프라운호퍼) 회절로 나눌 수 있다; 먼 곳 회절은 다음 장에서 설명한다.
- 축대칭성이 있는 물체에 의한 가까운 곳 회절 문제에 대한 적분은 해석적으로 구할 수 있다.
- 프레넬 고리판은 볼록렌즈와 같은 구실을 하며, 이것이 '회절 광학'이라는 새로운 산업

의 원천이다.

- 가우스 빔의 진행은 프레넬 회절 문제로 다룰 수 있다.
- 파동이 초점을 지날 때 위상이 π만큼 뛰는 **구이 위상 이동**이 생긴다.
- 회절 문제는 **진폭-위상 그림**을 써서 수식을 셈하지 않고도 풀 수 있다.
- 프레넬 고리판은 오늘날 렌즈를 쓸 수 없는 연 엑스선으로 결상을 하는데 쓴다.

부록: 하위헌스-키르히호프 회절 적분

§7.1.2에서 직관적으로 끌어낸 스칼라 파동의 회절문제를 키르히호프는 경계값 문제로서 엄밀하게 다시 정립시켰다. 다음 두 절에서는 (7.3)을 다시 끌어내고, 기울기 인자 $g(\theta)$의 함수꼴을 보여준다.

어떤 영역 속의 전자기장은 그것을 둘러싼 경계에서의 조건에 따라 유일하게 결정된다. 키르히호프는 이 방법이 구멍을 지나는 파면의 곳곳마다 빛을 낸다는 생각과 일관성 있게 맞음을 보였다. 시간변화가 조화함수꼴 $\exp(-i\omega t)$인 빛을 생각하면, 파동방정식 (2.49)는 다음과 같아진다:

$$\nabla^2\psi = -\frac{\omega^2}{c^2}\psi = -k_0^2\psi \tag{7.57}$$

여기에서 파동함수 ψ는 전기장 또는 자기장의 어떤 성분도 될 수 있다. 이것이 **헬름홀츠 방정식**(Helmholtz eguation)이다. 한정된 영역 속의 한 점에서의 장 $\psi(0)$는 그 영역의 경계면에서의 ψ와 그것의 도함수로 나타낼 수 있음을 알게 될 것이다. 점광원에서 나오는 빛을 받을 때는 경계면에서의 값이 간단해지며, 그 결과는 앞에서 직관적으로 보았던 것과 비슷하다.

정확한 회절적분 식

경계면이 있는 문제에서는 해 하나만을 살펴보는 것 보다는 두 해의 차이를 살펴보는 것이 더 쉬울 때가 많다. 왜냐하면 그 때는 경계조건이 간단해지기 때문이다. 회절적분도 그러한 예인데, (7.57)의 해 $\psi(\boldsymbol{r})$을 다음 (2.48)의 원점에서 퍼져가는 구면파 해와 비교하자:

$$\psi_t = a_t \frac{e^{ik_0 r}}{r} \tag{7.58}$$

이 빛은 $\boldsymbol{r}=0$을 빼고는 어디에서나 (7.57)의 해이다. 이 원점을 관찰점 P로 정의하면, 그곳에서는 ψ의 값이 $\psi(0)$이다. 구해야 할 ψ와 구면파 ψ_t는 $\boldsymbol{r}=0$을 뺀 모든 곳에서 다음 관계가 있다:

$$\psi\nabla^2\psi_t - \psi_t\nabla^2\psi = \psi k_0^2\psi_t - \psi_t k_0^2\psi = 0 \tag{7.59}$$

그 까닭은 둘 다 (7.57)의 해이기 때문이다. 이제 (7.62)을 표면 S에 둘러싸인 부피 V에 대해 적분하자. 부피적분은 그린 정리를 쓰면 표면 적분으로 바꿀 수 있다:

$$\iiint_V dV\left(\psi\nabla^2\psi_t - \psi_t\nabla^2\psi\right) = \iint_S dS\,\boldsymbol{n}\cdot\left(\psi\nabla\psi_t - \psi_t\nabla\psi\right) \tag{7.60}$$

여기에서 $\boldsymbol{n}$은 표면 S 위의 낱낱의 점에서 바깥쪽 법선이다. 피적분함수가 (7.59)에 따라 0이므로, (7.60)의 적분도 V에서 $\boldsymbol{r}=0$을 빼면 0이다. 그러므로 표면 S는 그림 7.19와 같이 두 부분으로 선택한다: 바깥쪽 표면 S_1과 원점에 중심을 둔, 반지름 δr(파장보다 훨씬 작다)인 작은 구면 S_0이다. 부피 V는 이 두 표면으로 둘러싸인 곳이고, $\boldsymbol{n}$은 V에 대해 바깥쪽 법선이므로, S_1에서는 바깥쪽이고 S_0에서는 안쪽이다.

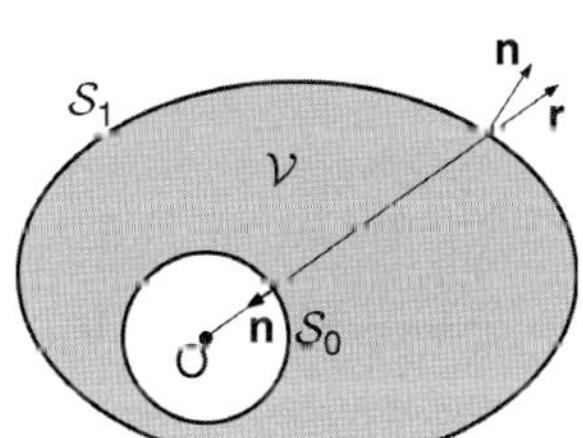

그림 7.19 적분면의 2차원 단면. V는 S_0와 S_1 사이에 있다. S_0는 V 속에 있는 원점 O에 중심을 둔 공 표면이므로, 그에 대한 바깥쪽 법선벡터 $\boldsymbol{n}$은 $\boldsymbol{r}$과는 반대쪽이다.

(7.60)은 이 두 곡면에 대한 적분으로 나타내면 다음과 같다:

$$\left[\iint_{S_0} + \iint_{S_1}\right] dS\,\boldsymbol{n}\cdot\left(\psi\nabla\psi_t - \psi_t\nabla\psi\right) = 0 \tag{7.61}$$

ψ_t에 대한 기울기는, (7.58)에서 다음과 같다:

$$\nabla\psi_t = a_t\left(\frac{\boldsymbol{r}}{r^2}ik_0e^{ik_0r} - \frac{\boldsymbol{r}}{r^3}e^{ik_0r}\right) = \hat{\boldsymbol{r}}\,a_t\left(ik_0 - \frac{1}{r}\right)\frac{e^{ik_0r}}{r} \tag{7.62}$$

이것을 (7.61)에 넣으면 다음 결과를 얻는다:

$$\iint_{S_0+S_1} dS\,\boldsymbol{n}\cdot\left\{a_t\frac{e^{ik_0r}}{r}\left[\psi\left(ik_0 - \frac{1}{r}\right)\hat{\boldsymbol{r}} + \nabla\psi\right]\right\} = 0 \tag{7.63}$$

S_0에 대한 적분값은 바로 셈할 수 있다: 반지름 δr인 작은 구면에서는 $\psi \approx \psi(0)$로 놓을 수 있다. 또한 $\boldsymbol{n}$은 $-\boldsymbol{r}$이므로, $\boldsymbol{n}\cdot\boldsymbol{r} = -r$이고 $dS = r^2 d\Omega$이다. 따라서

$$\iint_{S_0} dS\,\boldsymbol{n}\cdot\left\{a_t\frac{e^{ik_0r}}{r}\left[\psi(0)\left(ik_0 - \frac{1}{r}\right)\hat{\boldsymbol{r}} + \nabla\psi(0)\right]\right\} \tag{7.64}$$

$$\approx -\iint_{r=\delta r} d\Omega\left\{a_te^{ik_0r}\left[\psi(0)(ik_0r - 1) - r\frac{d\psi(0)}{dr}\right]\right\}$$

$\delta r \to 0$의 극한값은, $k_0\delta r \ll 1$이므로, 다음과 같다:

$$-\iint_{r=\delta r} d\Omega\left\{a_te^{ik_0r}\left[\psi(0)(ik_0r - 1) - r\frac{d\psi(0)}{dr}\right]\right\}$$

$$\to +4\pi a_t\,\psi(0) \tag{7.65}$$

그러므로, (7.63)은 a_t를 지우면 다음과 같다:

$$\psi(0) = \frac{1}{4\pi}\iint_{S_1} dS\,\boldsymbol{n}\cdot\left\{\frac{e^{ik_0r}}{r}\left[\psi\left(ik_0 - \frac{1}{r}\right)\hat{\boldsymbol{r}} + \nabla\psi\right]\right\} \tag{7.66}$$

이 식은 파동방정식 (7.57)의 해석적 결과이다. 요약하면, 어느 곳의 스칼라 파동 ψ의 값을 그 곳을 둘러싼 어떤 닫힌 곡면 S_1에서의 파동과 그 기울기를 써서 셈할 수 있다.

점광원으로 비출 때

점광원 Q에서 나오는 빛이 S_1에 들어온다고 하자. 그림 7.20과 같이 S_1 위의 점 S의 위치벡터가 $\boldsymbol{r} = \boldsymbol{d}$이고, Q에서의 거리가 $\boldsymbol{d}_1$이라고 하자.

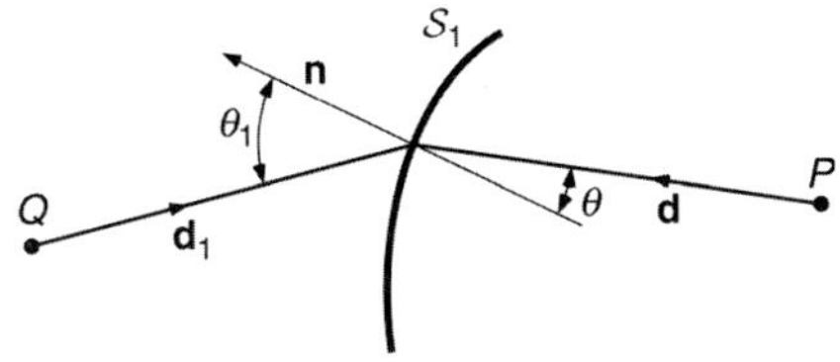

그림 7.20 표면 S_1의 일부와 법선벡터, 위치벡터, 그리고 각도.

S_1에 들어오는 빛의 진폭은 $a_Q\left(e^{ik_0 d_1}/d_1\right)$이고, 이곳의 투과함수가 f_S이면, 이 곳에서 나가는 빛의 진폭 $\psi(\boldsymbol{d})$와 기울기는 (7.62)에서 다음과 같다:

$$\psi(\boldsymbol{d}) = f_S a_Q \frac{e^{ik_0 d_1}}{d_1} \tag{7.67}$$

$$\nabla\psi(\boldsymbol{d}) = f_S a_Q \frac{e^{ik_0 d_1}}{d_1}\left(ik_0 - \frac{1}{d_1}\right)\hat{\boldsymbol{d}}_1 \tag{7.68}$$

이 값을 (7.66)에 넣으면 다음 결과를 얻는다:

$$\psi(0) = -\frac{a_Q}{4\pi}\iint_{S_1} dS f_S \frac{e^{ik_0(d+d_1)}}{dd_1} \left[\left(ik_0 - \frac{1}{d}\right)\boldsymbol{n}\cdot\hat{\boldsymbol{d}} - \left(ik_0 - \frac{1}{d_1}\right)\boldsymbol{n}\cdot\hat{\boldsymbol{d}}_1\right] \tag{7.69}$$

점곱은 그림에서 $\boldsymbol{n}\cdot\boldsymbol{d} = d\cos\theta$, $\boldsymbol{n}\cdot\boldsymbol{d}_1 = -d_1\cos\theta_1$이다. d와 d_1이 모두 파장보다 훨씬 크므로 $1/d$와 $1/d_1$은 k_0 보다 훨씬 작아 무시할 수 있다. 각도 θ와 θ_1을 그림 7.20과 같이 정의하면 위 식은 다음과 같다:

$$\psi(0) = -\frac{i}{\lambda}a_Q\iint_{S_1} dS f_S \frac{e^{ik_0(d+d_1)}}{dd_1}\left(\frac{\cos\theta + \cos\theta_1}{2}\right) \tag{7.70}$$

이것이 앞에서 회절 효과를 셈할 때 쓴 (7.3)의 이론적 바탕이다. 이 식에는 두 가지 정보가 들어있다. 첫째, 기울기 인자 $g(\theta)$의 명확한 식 $\frac{1}{2}(\cos\theta + \cos\theta_1)$이며, 그림 7.21은 이 값의 변화를 하위헌스 추측값과 비교했다(§2.6.1). 근축 조건에서는 $g(\theta) = \cos\theta = \cos\theta_1 \cong 1$로 (7.3)에서 가정한 바와 같다. 뒤쪽에서는 $\cos\theta = -1$이므로 $g(\theta) = 0$이다. 둘째, 산란세기 $b = -i/\lambda$가 (7.18)에서 얻은 결과와 같다.

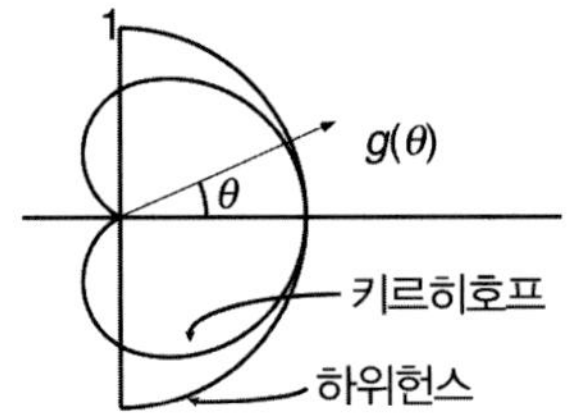

그림 7.21 극좌표로 나타낸 $\theta_1 = 0$일 때의 기울기 인자 $g(\theta)$의 값. 키르히호프와 하위헌스 결과의 비교.

문제

7.1 지름 1 mm인 구멍이 뚫린 마스크에 평면파가 수직하게 들어온다. 회절무늬 한 가운데가 완전히 어둡게 나타나는 곳에서 마스크까지의 거리로 가장 먼 값은 얼마인가?

7.2 지름 5 mm인 원반을 써서 그림자의 중심에 밝은 점이 생기는 것을 보여주는 고전적인 프레넬 회절 실험을 한다. 화면은 원반에서 거리 1 m인 곳에 있다. 원반 테두리가 울퉁불퉁한 것을 얼마까지 허용하는가? 화면에서 밝은 점의 지름을 어림하라.

7.3 곧은 날에 나란한 빛살을 비추어 1 m 떨어진 화면에 생기는 회절무늬를 볼 때, 기하학적 그림자에서 밝고 어두운 줄무늬까지의 거리를 구하라.

7.4 프레넬 고리판을 렌즈로 볼 때 분산능(§3.7.3)은 얼마인가? 고리판과 유리렌즈를 써서 무색겹렌즈를 설계하라.

7.5 안쪽과 바깥쪽 반지름이 R_1과 R_2인 고리모양의 구멍에 나란한 빛살을 비출 때, 광축에서의 세기 변화를 구하라.

7.6 고리판의 모든 고리가 투명하고, 위상이 다음 순서로 돌아가며 바뀔 때 회절효율을 구하라: (a) 0과 π; (b) 0, $\pi/2$, π, $3\pi/2$. (b)는 블레이즈 회절격자(§9.2.5)와 어떤 관계가 있는가?

7.7 바늘구멍 사진기로 먼 물체의 상을 바늘구멍에서 거리 d에 있는 화면에 만든다. 상이 가장 또렷할 때의 바늘구멍의 지름은 얼마인가? (회절과 바늘구멍의 지름과 상의 콘볼루션을 모두 생각하라.)

7.8 폭 1 mm인 실틈에서 거리 1 m인 화면에 생기는 프레넬 회절무늬를 코뉴 나선을 써서 셈하라. 이 결과를 실틈 바로 뒤에 초점거리 1 m인 렌즈를 두어 얻는 프라운호퍼 회절무늬와 비교하라.

7.9 프라운호퍼 회절무늬를 진폭-위상 그림을 써서 구하는 방법을 고안하고, 그것을 써서 가느다란 실틈 6개를 나란히 같은 간격으로 배열할 때 생기는 회절무늬를 구하라.

7.10 코뉴 나선을 써서 선형 고리판을 설계하라: 실틈을 지나온 파동마다 회절적분이 ψ에 같은 부호로 더해지도록 실틈의 폭과 위치를 정하라.

7.11 그림 7.16의 엑스선 현미경 얼개를 살펴보아 고리판 가운데를 막아야 하므로 넓은 시야와 결상 효율을 함께 얻을 수 없음을 확인하라. 이 둘은 어떤 관계가 있는가?

7.12 프레넬 회절 무늬를 셈하는 일은 다음과 같이 하면 더 쉬움을 보여라: 물체 함수에 이차 위상함수 $\exp(-\alpha r^2)$를 곱한 것을 2차 푸리에 변환하여 셈한다. 이 때 α를 실험 조건과 어떻게 맞추는가? 예를 들어 설명하라.

7.13 고리모양 마스크의 투과함수가 다음과 같다: $f(r, \theta)=\delta(r-R_0)g(\theta)$. 곧, 마스크는 반지름 R_0인 고리에서만 투명한데, 복소 투과함수가 $g(\theta)$이다. 프레넬 어림법을 써서 회절무늬 $I(\mathbf{p})$는 크기는 z에 비례하지만 모양은 z와는 무관하게 똑같음을 보여라. $g(\theta)=1$이면, 회절무늬가 베셀 함수임을 보여라 (부록 A). 그래서 고리모양의 구멍을 지나온 빔을 **베셀 빔**(Bessel beam) 또는 **회절되지 않는 빔**(non-diffracting beam)이라고 한다.

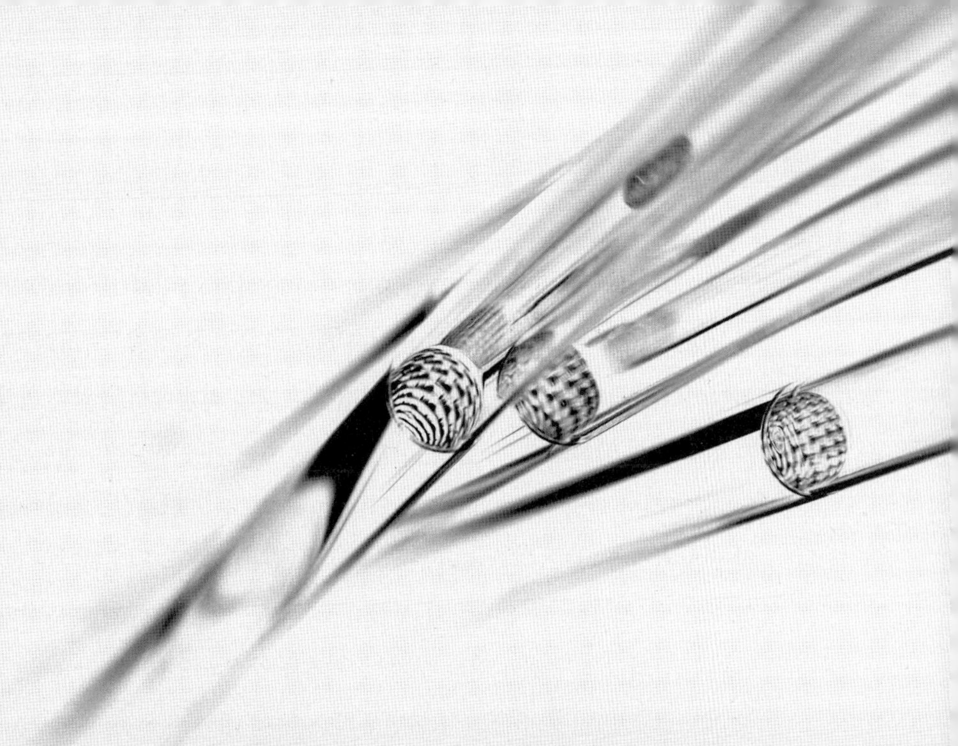

8 프라운호퍼 회절과 간섭

7장에서 프레넬 회절과 프라운호퍼 회절의 차이를 설명했다: 빛이 물체에서 회절될 때 그 위상 변화가 광축에 대한 거리에 **비례하면** 프라운호퍼 회절, 거리의 제곱에 비례하면 프레넬 회절이다. 기본적으로 **프라운호퍼 회절은 프레넬 회절에서 광원과 관찰자가 물체에서 아주 멀리 있을 때의 극한**이다. 파장이 아주 짧고 물체가 아주 작으면, 실험실에서 그 조건을 맞출 수 있다. 그래서 파장이 0.1 nm 이하인 파동인 엑스선, 전자살, 중성자살 등에서는 프라운호퍼 회절이 저절로 나타난다. 프라운호퍼 회절에 관한 연구가 더 활발해진 까닭은 특히 결정에 의한 엑스선, 전자살, 중성자살의 회절을 이해하는데 필요했기 때문이다. 그 결과 오늘날 여러 가지 물질의 결정구조와 많은 분자의 구조를 알게 되었다. 그림 8.1은 1958년 쯤에 얻은 유명한 헤모글로빈 결정의 엑스선 회절무늬로 이에 대한 해석은 생체 거대분자의 구조를 생생하게 그려보고 이해하게 된 이정표이다. 이러한 그림을 해석하는 기법을 뒤에서 설명한다.

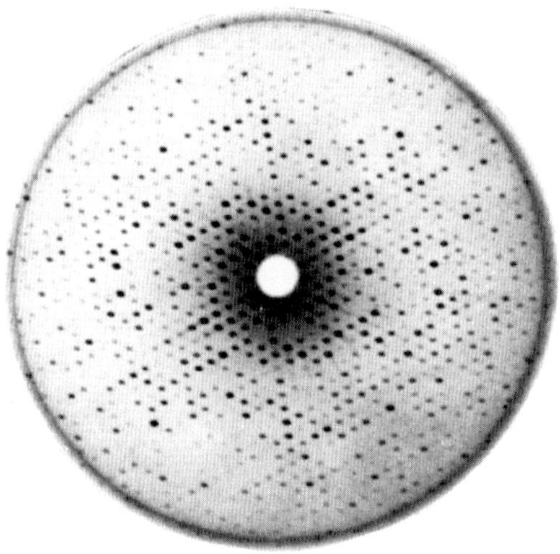

그림 8.1 헤모글로빈의 엑스선 회절사진. 결정에 의한 엑스선 회절은 프라운호퍼 회절의 중요한 쓰임새이다.

실험실에서 가시광의 프라운호퍼 회절을 보려면 미세한 물체에 빛살을 나란히 비춘다. 빛살을 나란히 만들고, 회절무늬를 관찰할 때 모두 렌즈를 쓴다.

이 장에서는 다음을 배운다:

- 프라운호퍼 회절무늬를 보는 방법
- 프라운호퍼 회절과 푸리에 변환의 관계
- 회절무늬를 기록할 때 위상정보를 잃는 까닭

- 회절무늬의 몇 가지 예
- 프라운호퍼 회절의 일반 원리
- 모양이 같은 구멍 여러 개의 간섭
- 3차원 프라운호퍼 회절과 결정학에서의 중요성
- 잃어버린 위상을 되찾는 방법
- 현대 결정학과 허블 우주 망원경에서 위상복원을 써서 상을 개선하는 방법

8.1 프라운호퍼 회절

8.1.1 프라운호퍼 회절무늬의 관찰

실험실이나 거리에서 프라운호퍼 회절 무늬를 보는 방법

(7.10)에서 축 위의 점 z_1에 있는 점광원 Q에서 마스크 평면 $\mathcal{R}$ 속의 한 점 S를 지나 z에 있는 관찰면 위의 한 점 P까지의 거리를 다음과 같이 셈했다 (그림 7.3):

$$\overline{QSP} \cong z + z_1 + \frac{1}{2}\left(z^{-1} + z_1^{-1}\right)r^2 + \frac{1}{2}z^{-1}\left(p^2 - 2\mathbf{r} \cdot \mathbf{p}\right) + \cdots \tag{8.1}$$

여기에서 S는 $\mathbf{r} \equiv (x, y)$에, P는 $\mathbf{p} \equiv (p_x, p_y)$에 있고, 원점은 광축 위에 있다. 이제 마스크의 원점에서 P까지 그은 선 OP의 방향 코사인을 $(\tilde{\ell}, \tilde{m}, \tilde{n})$이라 하면, $p \ll z$ 이면 $\mathbf{p} = (z\tilde{\ell}, z\tilde{m})$으로 쓸 수 있으므로 다음과 같다:

$$\begin{aligned}\overline{QSP} &\cong z + z_1 + \frac{1}{2}\left(z^{-1} + z_1^{-1}\right)r^2 \\ &\quad + \frac{1}{2}z\left(\tilde{\ell}^2 + \tilde{m}^2\right) - x\tilde{\ell} - y\tilde{m} + \cdots \\ &\cong z + z_1 - x\tilde{\ell} - y\tilde{m} + \cdots\end{aligned} \tag{8.2}$$

위의 마지막 줄에서 2차 이상의 항은 무시했다. 프라운호퍼 회절이 중요한 까닭은 광로가 이렇게 x와 y에 비례하기 때문이다. §7.1.4에서 지적했듯이, 간단한 실험장치를 꾸며 $\boldsymbol{r}$이 아주 커도 2차항이 0이 되게 할 수 있다. 늘 볼 수 있는 상황은 $z_1 = -z$ 이다 (점광원 Q의 켤레 점을 화면에 만드는 것에 해당한다); 이것은 회절 마스크를 눈 바로 앞에 대고 단색 가로등(나트륨 방전등)과 같은 멀리 있는 점광원을 볼 때에 해당한다.

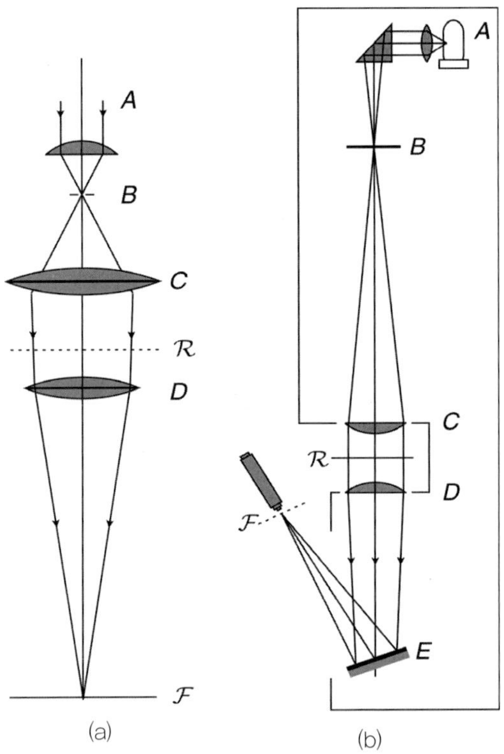

그림 8.2 프라운호퍼 회절을 보는 장치: (a) 레이저를 광원으로 쓸 때; (b) 광학 회절계. 광원 A는 수은등, B는 바늘구멍으로 빛의 공간 결맞음을 좋게 만든다; C와 D는 렌즈, E는 평거울이다. $\mathcal{R}$에 있는 마스크의 회절무늬는 평면 $\mathcal{F}$에 나타난다.

실험실에서는 그림 8.2(a)와 같이 렌즈나 복합렌즈를 쓰면 정량적 실험을 할 수 있다. 점광원은 레이저 빔을 모아 바늘구멍을 비춘 것으로, 첫째 렌즈 C의 초점 B에 두어 마스크 $\mathcal{R}$이 평면파를 받게 하면 $z_1 \to \infty$가 된다. 마스크를 지난 빛은 둘째 렌즈 D를 지나고, 이 렌즈의 초평면에서 관찰하면 $z \to \infty$가 된다. 이 평면의 점마다 벡터 $(z\tilde{\ell},\ z\widetilde{m})$에 대응된다. 두 렌즈의 거리가 얼마이든 관찰면은 점광원과 켤레가 된다.

이 책에 실은 조금 오래된 사진은 그림 8.2(b)와 같은 **광학 회절계**(optical diffractometer)로 찍은 것으로, 이러한 실험을 정확하게 하려고 만든 것이다 (Taylor, Lipson, 1964). 그것은 §8.6에서 설명할 결정에 의한 엑스선 회절문제를 풀고자 1950년대에 개발한 아날로그 컴퓨터이다. 오늘날은 이 기기가 고물로 보이겠지만, 레이저를 쓴 최근의 사진에서는 레이저 반점과 쓸데없는 간섭줄무늬가 나타나 그것을 없애는 데 애를 먹는다. 그러나 재래식 방전등을 쓰면 그러한 골칫거리가 생기지 않는다.

8.2 프라운호퍼 회절과 푸리에 변환

프라운호퍼 회절은 푸리에 변환을 배우는 좋은 방법이다.

이제 그림 8.3과 같이 광축과 나란하게 평면파가 들어오고, 둘째 렌즈의 초평면에 생기는 회절무늬를 관찰하는 상황에서 §8.1.1의 논리를 살펴보자.

평면파는 z-축을 따라 와 $z=0$에 있는, 진폭 투과 함수가 $f(x, y)$인 마스크에 들어온다. 회절된 빛은 $z=U$에 있는, 초점거리 F인 렌즈가 모은다 (그림 8.3).

마스크를 지나 어느 쪽으로 나란히 가는 빛살은 렌즈를 지나 초평면의 한 점에 모인다. 그림에서 XB, OA, YC는 모두 나란하므로 P에 모인다. 그러므로, P에서 빛의 진폭은 X, O, Y 등에서의 빛의 진폭의 합이고, 그 진폭마다 $\exp(ik_0\overline{XBP})$와 같은 위상이 붙는다. 여기에서 $\overline{XBP}$는 X에서 B를 지나 P에 이르는 광경로로서 렌즈를 지나오는 광경로도 들어 있다.

평면 $z=0$ 위의 한 점 $X(x, y)$에서의 진폭은 들어오는 빛의 진폭(1로 가정한다)에 투과함수 $f(x, y)$를 곱한 값이다. 광경로 $\overline{XBP}$를 셈하려면, 페르마 원리(§2.6.4)에 따라 다음을 상기하자: 한 파면 어느 점에서나 초점까지의 광경로는 모두 같다. 방향 XB, OA, $\cdots$는 방향코사인 $(\tilde{\ell}, \tilde{m}, \tilde{n})$으로 나타낸다. 그러면 그것과 직교하는 파면은 다음과 같은 평면으로 O를 지나고 P에 모인다:

$$\tilde{\ell}x + \tilde{m}y + \tilde{n}z = 0 \tag{8.3}$$

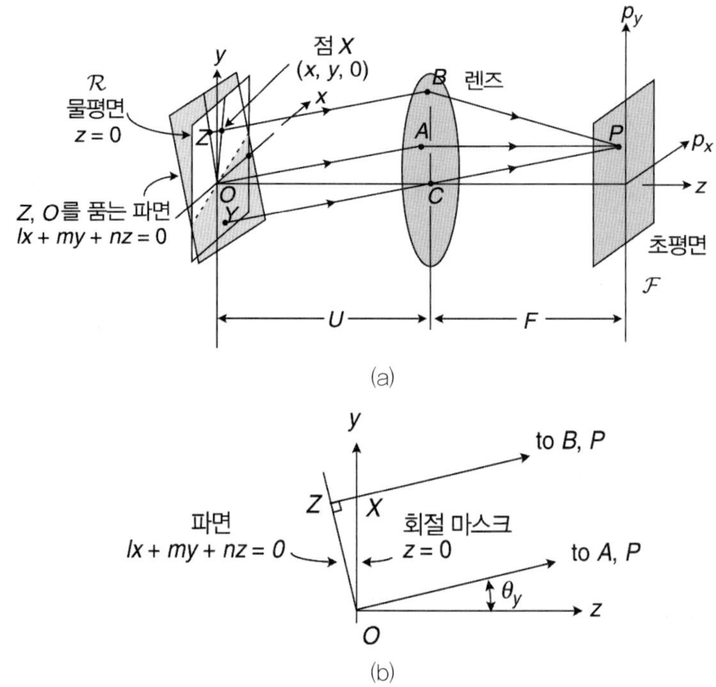

그림 8.3 (a) 2차원 물체에 의한 프라운호퍼 회절을 보여 주는 그림. (b) 영역 OZX를 부풀려 본 것

이 파면에서 P까지의 광경로, 곧 $\overline{OAP}$와 $\overline{ZBP}$는 같다. 이제 ZX는 OX를 빛살 XB에 투영한 것이며, 이것은 벡터 $(x, y, 0)$의 $(\tilde{\ell}, \tilde{m}, \tilde{n})$ 방향 성분이다:

$$ZX = \tilde{\ell}x + \tilde{m}y \tag{8.4}$$

따라서 다음과 같다:

$$\overline{XBP} = \overline{OAP} - \tilde{\ell}x - \tilde{m}y \tag{8.5}$$

P에서의 빛의 진폭은 $f(x, y)\exp(ik_0\overline{XBP})$를 마스크 평면에 대해 적분한 값이다. (7.20)에서, 앞의 인자 $i/\lambda_0 z$를 무시하면 다음과 같다:

$$\psi_P = \exp\left(ik_0\overline{OAP}\right)\iint dxdy\, f(x, y)\exp\left[-ik_0(\tilde{\ell}x + \tilde{m}y)\right] \tag{8.6}$$

P의 위치를 다음과 같이 정의하자:

$$u \equiv \tilde{\ell}k_0, \quad v \equiv \tilde{m}k_0 \tag{8.7}$$

그러면 다음과 같다:

$$\psi(u, v) = \exp\left(ik_0\overline{OAP}\right)\iint dxdy\, f(x, y)\exp[-i(ux + vy)] \tag{8.8}$$

프라운호퍼 회절무늬는 마스크를 지나온 빛을 온갖 방향으로 가는 평면파가 겹친 꼴로 나타낸 것이다. 이것이 푸리에 변환이다.

그러므로 **프라운호퍼 회절무늬의 진폭은 마스크의 투과함수 $f(x, y)$의 2차원 푸리에 변환이다.**

좌표 (u, v)는 벡터 $(\tilde{\ell}, \tilde{m}, \tilde{n})$와 광축을 품는 수직면 및 수평면과의 회절각 θ_x 및 θ_y과 다음 관계가 있다: $\tilde{\ell} = \sin\theta_x$, $\tilde{m} = \sin\theta_y$. 따라서, 다음과 같다:

$$u = k_0\sin\theta_x, \quad v = k_0\sin\theta_y \tag{8.9}$$

P의 좌표 (p_x, p_y)와 (u, v)를 정확히 정하려면 렌즈에 관해 사세히 알아야 한다. 근축 빛살이면 방향 코사인 $\tilde{n} \approx 1$이고, 다음과 같다:

$$p_x = F\tilde{\ell}/\tilde{n} \approx uF/k_0, \quad p_y = F\tilde{m}/\tilde{n} \approx vF/k_0 \tag{8.10}$$

여기에서 F는 렌즈의 유효 초점거리이다. 이 1차 어림법을 큰 각도에 대해서도 쓸 수 있으면 편리하므로 그러한 렌즈를 설계하여 쓴다. 그렇지만, 일반적으로는 (p_x, p_y)와 (u, v)가 비례하게 만들려면 각도를 작게 유지해야 한다.

회절무늬를 관찰하거나 사진을 찍을 때는, 빛의 세기 $|\psi(u, v)|^2$을 재므로, $\overline{OAP}$의 정확한 값은 문제가 되지 않는다. 그러면 (8.8)에서 다음과 같다:

$$|\psi(u, v)|^2 = \left|\iint dxdy\, f(x, y)\exp[-i(ux + vy)]\right|^2 \tag{8.11}$$

8.2.1 프라운호퍼 회절무늬의 위상

회절무늬의 밝기는 마스크와 렌즈의 거리의 정확한 값과는 무관하다. 그 까닭은 이 거리가 위상인자 $\exp(ik_0\overline{OAP})$에만 영향을 주기 때문이다. 하지만 회절무늬의 위상도 알아야할 때가 있다. 예를 들어, 모양 인식이나 홀로그래피(§12.5) 등에서는 회절된 빛을 다른 결맞는 빛과 간섭시킨다.

회절무늬를 사진 찍으면 위상에 관한 정보를 잃지만, 그것을 복원하거나 기록할 수 있다. §8.8과 §12.5의 설명을 보라.

위상인자 $\exp(ik_0\overline{OAP})$는 광학계의 모양이 결정하므로 $f(x, y)$와는 무관하다. 특히 $f(x, y)=\delta(x)\delta(y)$이면, 마스크의 원점 O에 바늘구멍이 있는 것이므로, 위상인자를 셈하는 것은 아주 쉽다. 회절무늬는 (8.8)에서 다음과 같다:

$$\begin{aligned}\psi(u, v) &= \exp\left(ik_0\overline{OAP}\right)\int dx\, \delta(x)\exp(-iux)\\ &\quad\times\int dy\delta(y)\exp(-ivy)\\ &= \exp\left(ik_0\overline{OAP}\right)\end{aligned} \tag{8.12}$$

그렇지만, 렌즈의 기능은 퍼지는 빛살을 한 점에 모으는 것이다. 특히 중요한 것은 마스크가 앞 초평면에 있을 때이다 ($OC=F$). 그러면 렌즈를 지나온 빛은 평면파로서 파면은 z-축과 직교한다:

$$\psi(u, v) = \exp\left(ik_0\overline{OAP}\right) = \text{일정} \tag{8.13}$$

그러므로, **물체가 렌즈의 앞 초평면에 있으면, 프라운호퍼 회절무늬는 $f(x, y)$의 참된 복소 푸리에 변환을 나타낸다**. 물체가 다른 곳에 있으면, 회절무늬의 세기분포는 푸리에 변환의 세기분포와 같지만, 위상은 푸리에 변환의 위상이 아니다.

8.2.2 비스듬히 들어오는 빛의 프라운호퍼 회절무늬

회절격자의 분해능을 높이고자 보통 빛을 비스듬히 비춘다(§9.2.2).

그림 8.3에서 마스크에 비추는 평면파가 z-축을 따라가지 않을 때는, 앞의 설명을 조금만 바꾸면 된다. 구체적으로, 들어오는 빛의 파동벡터의 방향 코사인이 $(\tilde{\ell}_0, \widetilde{m}_0, \tilde{n}_0)$이면, 마스크 위의 점 (x, y)에 들어오는 빛의 위상은 원점 보다 $k_0(\tilde{\ell}_0x + \widetilde{m}_0y)$ 만큼 앞선다. 따라서 (x, y)에서 나오는 빛은 $(0, 0)$에서 나오는 빛 보다 위상이 다음 값만큼 앞선다: $k_0\left[\left(\tilde{\ell} - \tilde{\ell}_0\right)x + \left(\widetilde{m} - \widetilde{m}_0\right)y_0\right]$. 이제 적분 (8.6)은 다음과 같다:

$$\begin{aligned}\psi_P = \ & \exp\left(ik_0\overline{OAP}\right)\iint dxdy\, f(x,\, y) \\ & \times \exp\left\{-ik_0\left[\left(\tilde{\ell}-\tilde{\ell}_0\right)x+\left(\widetilde{m}-\widetilde{m_0}\right)y_0\right]\right\}\end{aligned} \tag{8.14}$$

이것도 (8.8)과 같은 꼴로 쓸 수 있다:

$$\psi(u,\, v) = \exp\left(ik_0\overline{OAP}\right)\iint dxdy\, f(x,\, y)\exp\left[-i(ux+vy)\right] \tag{8.15}$$

다만 u와 v는 다음과 같이 정의해야 한다:

$$u = k_0\left(\tilde{\ell}-\tilde{\ell}_0\right), \quad v = k_0\left(\widetilde{m}-\widetilde{m}_0\right) \tag{8.16}$$

이제 $(\tilde{\ell},\, \widetilde{m})$은 각도 $(\theta_x,\, \theta_y)$의 사인값으로 정의된 것을 상기하면, u와 v는 다음과 같이 쓸 수 있다:

$$u = k_0\left(\sin\theta_x - \sin\theta_{x0}\right), \quad v = k_0\left(\sin\theta_y - \sin\theta_{y0}\right) \tag{8.17}$$

이 공식은 회절격자(§9.2.2)와 결맞지 않은 결상(§12.2.5)의 분해능 한계를 살펴볼 때 중요하다.

8.3 프라운호퍼 회절의 예: 1차원 및 2차원 구멍

이 절에서는 위에서 전개한 이론을 구체적인 사례에 써 보고, 이론이 실제로 아주 잘 맞음을 실험 결과로 얻은 사진으로 증명하겠다.

8.3.1 투과함수가 네모꼴 함수인 실틈의 회절무늬

폭 a인 실틈을 다음 함수로 나타내자:

$$f(x,\, y) = \mathrm{rect}(x/a) = \begin{cases} 1 & |x| \leq a/2 \\ 0 & |x| > a/2 \end{cases} \tag{8.18}$$

이 실틈은 y-쪽으로는 한없이 길다고 본다. 이것의 프라운호퍼 회절무늬의 진폭은 §4.3.2에서 다음과 같다:

$$\psi(u,v) = \int_{-a/2}^{a/2} dx \exp(-iux) \int_{-\infty}^{\infty} dy \exp(-ivy) \tag{8.19}$$

$$= \frac{2\sin(au/2)}{u}\delta(v) = a\,\mathrm{sinc}(au/2)\delta(v)$$

$v=0$인 축에서의 프라운호퍼 회절무늬의 밝기는 다음과 같다:

$$|\psi(u,0)|^2 = a^2 \mathrm{sinc}^2(au/2) \tag{8.20}$$

그림 8.4(a)의 함수 sinc(x)는 회절이론에서 자주 나온다.

여기에서 도입한 함수 $\mathrm{sinc}(x) \equiv \sin(x)/x$는 그림 8.4(a)와 같고, §4.3.2에서 설명했지만, 중요하므로 되풀이한다: 최대값은 1로 $x=0$에 있고, x가 π의 0이 아닌 정수배일 때 값이 0이다. 그림 8.4(b)는 회절무늬의 세기분포를 보여준다. 잔 봉우리의 밝기는 얼추 $(m+1/2)$의 제곱에 반비례하며, 세기가 0인 곳은 다음 조건에 맞는 각도이다:

$$k_0 a \sin\theta = 2\pi \cdot m, \quad \text{또는 } a\sin\theta = \lambda \cdot m \tag{8.21}$$

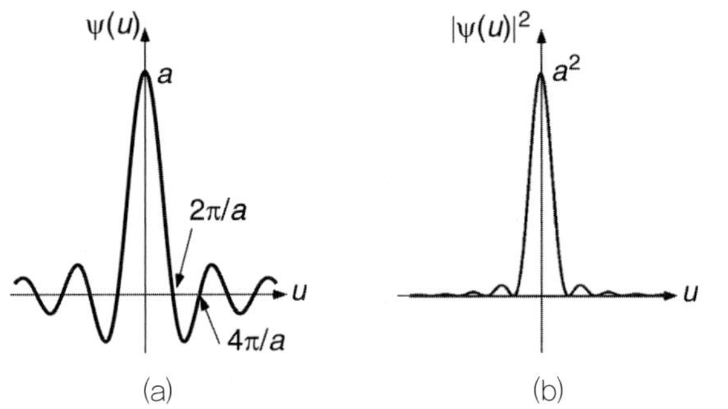

그림 8.4 (a) sinc(x)의 함수꼴. (b) 폭 a인 실틈의 회절무늬의 세기분포 $a^2\mathrm{sinc}^2\left(\frac{1}{2}au\right)$

8.3.2 투과함수가 세모꼴 함수인 실틈의 회절무늬

이제 실틈이 폭 a는 앞서와 같지만 테두리가 희미하게 번져 투과함수가 x에 비례한다고 하자. 이것은 테두리의 투과도 변화를 부드럽게 만들면 회절무늬에서 옆에 생기는 봉우리를 구멍의 테두리에서 투과도가 갑자기 바뀌면 회절무늬의 가운데 봉우리 옆에 잔 봉우리가 생긴다; 투과도변화를 부드럽게 바꾸면 잔 봉우리가 잦아든다.

줄이는 효과가 있음을 보여준다. 투과도는 다음과 같다:

$$f(x, y) = \begin{cases} 1 - |x|/a & |x| \leq a \\ 0 & |x| > a \end{cases}$$

이 실틈의 유효 폭($\int dx\, f(x)/f_{최대}$로 정의한다; §8.3.5를 보라)은 a로 앞서의 실틈(§8.3.1)과 같다. 그러면, 회절적분은 다음과 같다:

$$\begin{aligned}\psi(u, v) &= \frac{1}{a}\left[\int_{-a}^{0} dx\,(a+x)\exp(-iux)\right. \\ &\quad \left. + \int_{0}^{a} dx\,(a-x)\exp(-iux)\right]\int_{-\infty}^{\infty} dy \exp(-ivy) \\ &= a\,\mathrm{sinc}^2(au/2)\delta(v) \end{aligned} \tag{8.22}$$

$\psi(u, 0)$의 꼴은 그림 8.4(b)와 같다: 어디에서나 양수이고, 다음과 같은 u에서 0이다.

$$au/2 = \pi \cdot m \quad 또는 \quad a\sin\theta = \lambda \cdot m \tag{8.23}$$

값이 0인 곳의 위치는 투과도가 고른 실틈과 똑같다; 유효 폭이 같으니까 이 결과에 놀랄 것도 없다. 그러나 옆에 있는 잔 봉우리의 밝기는 $(2m+1)$ 의 네제곱에 반비례한다. 실틈의 테두리를 더 매끄럽게 하면 잔 봉우리가 더 낮아진다. 아주 매끄러운 함수는 §4.4.3과 §8.3.6에서 설명한 가우스함수로, 그 변환에서는 잔봉우리가 전혀 없다. 회절무늬의 세기분포는 테두리가 선명한 실틈과 희미한 실틈 모두 $f(x, y)$가 실수이므로 $(u, v)=(0, 0)$에 대해 중심 대칭이다.

8.3.3 네모꼴 구멍의 회절무늬

네모꼴 구멍의 회절무늬는 2차원 sinc 함수로 그 폭은 구멍의 폭에 반비례한다.

이제 두 변이 x- 및 y-축 방향으로 a와 b인 네모꼴 구멍을 생각하자:

$$f(x, y) = \mathrm{rect}(x/a)\mathrm{rect}(y/b) \tag{8.24}$$

이 함수는 x-함수와 y-함수의 곱이므로 (8.8)도 두 적분의 곱이 된다:

$$\psi(u, v) = \int_{-a/2}^{a/2} dx \exp(-iux) \int_{-b/2}^{b/2} dy \exp(-ivy) \tag{8.25}$$

원점이 구멍의 가운데에 있고, 함수가 대칭이므로, 푸리에 변환은 실수가 된다:

$$\psi(u, v) = ab \operatorname{sinc}\left(\frac{1}{2}au\right)\operatorname{sinc}\left(\frac{1}{2}bv\right) \tag{8.26}$$

낱낱의 함수는 투과도가 고른 실틈에 대해 끌어낸 (8.19)와 비슷하다. 회절무늬는 au와 bv의 절대값이 2π의 자연수배일 때 값이 0이 된다. 따라서 다음 식에 맞는, 가로 및 세로방향의 나란한 어두운 선이 나타난다:

$$u = \frac{2\pi}{a} \cdot m_1, \quad v = \frac{2\pi}{b} \cdot m_2 \tag{8.27}$$

예를 들어, 가운데 봉우리는 $m_1 = \pm 1$인 선과 $m_2 = \pm 1$인 선으로 둘러싸인 네모꼴인데, 그 폭은 네모꼴 구멍의 변의 길이에 반비례한다 (그림 8.5). u-축과 v-축을 벗어난 잔 봉우리는 아주 낮아서 사진에는 거의 나타나지 않는다.

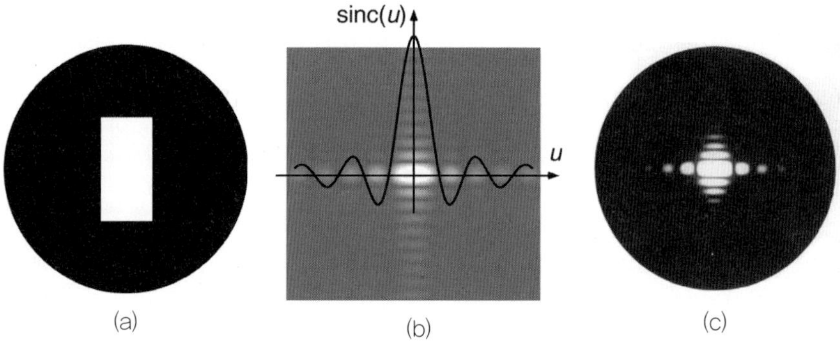

그림 8.5 (a) 네모꼴 구멍. 가로폭 대한 세로폭의 비는 $b/a \approx 2$. (b) 회절무늬 진폭의 절대값 $|\operatorname{sinc}(au/2)\operatorname{sinc}(bv/2)|$에 회절무늬의 x축의 진폭 $\operatorname{sinc}(au/2)$을 겹친 것. (c) 회절무늬의 세기분포. 가로폭에 대한 세로폭의 비가 $(1/a)/(1/b) \approx 1/2$이다.

8.3.4 축대칭 구멍의 회절무늬

가장 중요한 것은 둥근 구멍의 회절무늬인데, 그 까닭은 거의 모든 광학계는 광축에 대해 회전대칭이어서 광학소자의 테두리가 둥글기 때문이다. 그런데, 적분 (8.11)의 적분구간이 독

구멍이 축대칭이면 회절무늬는 베셀함수로 기술된다 (부록 A).

립이 아니므로 셈이 더 복잡하다. 이제는 구멍과 회절무늬의 좌표로 극좌표를 써야 한다. 구멍에 있는 점의 극 좌표가 (r, θ)라면 직각좌표와는 다음 관계가 있다:

$$x = r\cos\theta, \quad y = r\sin\theta \tag{8.28}$$

회절무늬에 있는 점의 극좌표가 (ζ, ϕ)라면 직각좌표와는 다음 관계가 있다:

$$u \equiv \zeta\cos\phi, \quad v \equiv \zeta\sin\phi \tag{8.29}$$

따라서 (8.8)은 다음과 같다:

$$\psi(\zeta, \phi) = \int_0^{2\pi} d\theta \int_0^{\infty} r dr\, f(r) \exp[-ir\zeta\cos(\theta - \phi)] \tag{8.30}$$

이 장의 회절무늬 사진은 주로 그림 8.2(b)의 회절계로 찍은 것이다.

적분은 베셀 함수를 써서 해야 한다 (부록 A). 먼저, θ에 대한 적분을 하면, 그것은 가느다란 고리모양의 실틈의 회절무늬이다. 그 고리가 반지름이 r이고, 폭이 $\delta r \ll r$이라고 하자. 대칭성에 따라 그 결과는 ϕ와는 무관하므로 $\phi = 0$으로 잡아도 되고, 그러면 (A.4)에서 다음과 같다:

$$\begin{aligned}\psi(\zeta, \phi)_a = \psi(\zeta, 0)_a &= \int_0^{2\pi} d\theta \exp(-ir\zeta\cos\theta)\, r\delta r \\ &= 2\pi r\delta r J_0(r\zeta)\end{aligned} \tag{8.31}$$

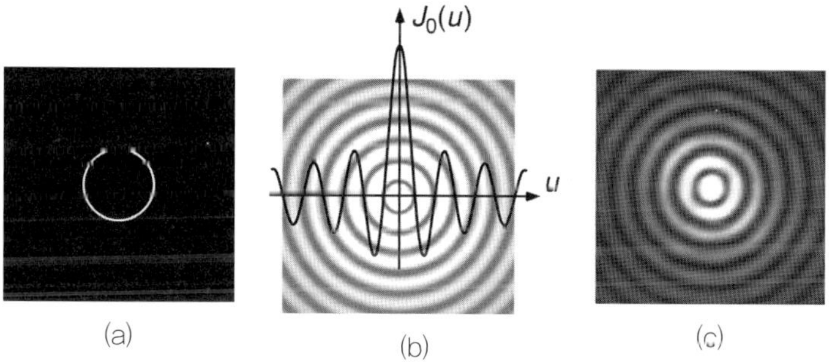

그림 8.6 (a) 고리꼴 구멍. (b) 고리꼴 구멍의 회절무늬의 반지름쪽 진폭분포 함수 $J_0(u)$를 2차원 진폭분포의 절대값 $|J_0(\zeta)|$과 겹친 것. (c) 고리꼴 구멍의 프라운호퍼 회절무늬.

그림 8.6은 (8.31)을 실험적으로 관찰한 무늬와 비교한 것이다. 0차 베셀 함수는 가운데 봉우리를 여러 고리가 둘러싸고 있는데, 사진에서도 확실히 볼 수 있다 (이것은 반지름이 r 이

하이고 투과도가 양수인 갖가지 구멍의 회절무늬가 만드는 봉우리 가운데 가장 뾰족하다).

둥근 구멍의 회절무늬는 (8.31)을 0에서 R까지 적분하면 얻는다. 적분을 (A.2)의 급수를 써서 하면 다음과 같은 **에어리 원반**(Airy disk) **함수**가 나온다:

$$\psi(\zeta, \phi) = \frac{2\pi R J_1(\zeta R)}{\zeta} = \pi R^2 \left[\frac{J_1(\zeta R)}{\zeta R} \right] \tag{8.32}$$

(8.32)의 모양은 재미있고, 또 아주 중요하다. $J_1(x)$는 x가 작을 때는 $x/2$와 같고, 따라서 $2J_1(x)/x$는 $x=0$에서는 sinc(x)처럼 값이 1이다. 그 다음에는 그림 8.7(b)와 같이 값이 줄어 0이 된 다음 음수가 되고 진동을 하는데 진폭이 점점 작아지면서 주기가 일정해진다.

회절무늬는 그림 8.7(c)와 같다. 가운데 봉우리가 **에어리 원반**이며, 처음으로 0이 되는 곳은 $x \simeq 3.83$ 또는 각도로는 $\zeta/k_0 \simeq 0.61\lambda/R$이다. 푸리에 변환의 특성에서 예상할 수 있듯이, 에어리 원반의 반지름은 구멍의 반지름에 반비례한다.

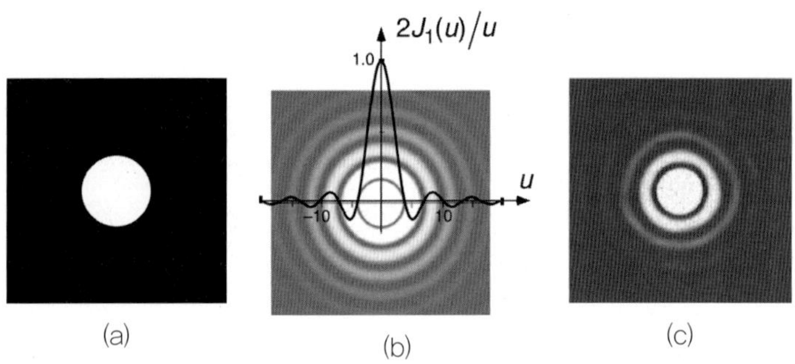

그림 8.7 (a) 둥근 구멍. (b) $2J_1(u)/u$의 둥근 구멍의 회절무늬의 반지름쪽 진폭분포 함수 $2J_1(u)/u$를 2차원 진폭분포의 절대값 $|J_1(\zeta)/\zeta|$과 겹친 것. (c) 둥근 구멍의 회절무늬의 사진.

(8.26)과 (8.32)에서 회절무늬의 중심에서의 진폭은 구멍의 넓이에 비례하며, 따라서 그곳의 밝기는 넓이의 제곱에 비례한다. 이 결과는 회절무늬의 반지름이 구멍의 반지름에 반비례하므로 사리에 맞다. 회절무늬에 오는 빛에너지의 총량은 구멍의 넓이에 비례하며, 그것이 주로 넓이에 반비례하는 에어리 원반에 집중된다.

8.3.5 회절무늬의 원점을 지나는 단면: 유효 폭

회절무늬의 모양이 베셀함수인 것을 끌어내는 과정은 물리적 내용을 이해하는 데는 별 도움이 되지 않는다. 다른 물리 문제에서 베셀함수가 나오지 않는다면 그 함수의 특성을 연구하지 않았을 것이고 (8.32)를 끌어냈을 때 풀이를 얻기 어려웠을 것이다. 그렇지만, §8.3.1과 §8.3.2에서 설명한 개념을 써서 풀이의 특성을 대충 알 수는 있다.

투과도 함수 $f(x, y)$의 회절무늬가 $\psi(u, v)$라고 하자. $v=0$인 축에서의 값 $\psi(u, 0)$은 다음과 같다:

유효 폭은 회절무늬의 크기를 추정하는 데 쓸모 있는 도구이다.

$$\begin{aligned}\psi(u, 0) &= \iint dxdy\, f(x, y)\exp(-iux)\\ &= \int_{-\infty}^{\infty} dx\left[\int_{-\infty}^{\infty} dy\right]\exp(-iux)\end{aligned} \tag{8.33}$$

이것은 적분 $f_0(x)=\int dy\, f(x, y)$의 푸리에 변환이다. 이로써 2차원 푸리에 변환이 1차원 푸리에 변환으로 바뀌어 그 특성을 직관적으로 더 쉽게 알 수 있다. 많은 함수에서 '유효 폭'을 다음과 같이 정의한다: $w_{유효}=\int dx\, f_0(x)/\text{최대}(f_0)$. 그러면 그 축방향의 회절무늬의 고유한 폭은 $2\pi/w_{유효}$가 된다.

예를 들어, 둥근 구멍에 이것을 써 보자. 반원 함수를 적분하면 유효 폭은 $\pi R/2$이다 (그림 8.8). 폭이 $w_{유효}$인 실틈의 u-축 방향의 회절무늬는 다음과 같다:

$$\psi(u, 0) = w_{유효}\,\text{sinc}(\pi uR/4) \tag{8.34}$$

이것의 값이 처음으로 0이 되는 조건은 $uR=4$인데, 이것은 베셀 함수의 정확한 값 $uR=3.83$과 아주 잘 맞는다.

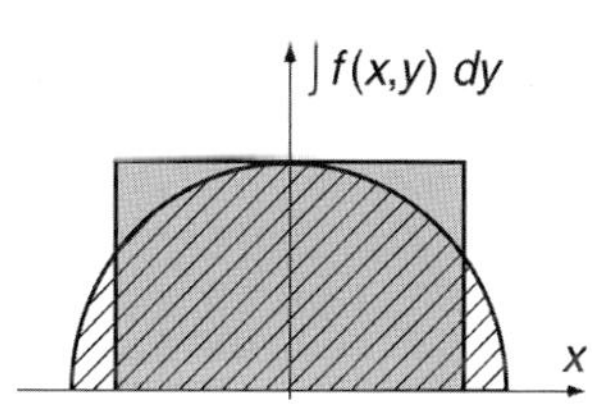

그림 8.8 둥근 구멍의 '유효 폭'. 회색 네모꼴과 빗금친 반원은 넓이가 같다.

8.3.6 가우스 마스크의 회절무늬

지금까지 살펴본 구멍의 회절무늬에는 가운데 봉우리를 둘러싼 고리가 보이는데, 이것은 구멍의 테두리가 선명하게 잘렸기 때문에 생긴다. §8.3.2에서 테두리를 흐릿하게 만들면 고리를 줄일 수 있음을 보였다. 테두리를 흐릿하게 만드는 것은 구멍을 '번짐 함수'와 콘볼루션하는 것에 해당하고, 그러면 회절무늬에 그 함수의 푸리에 변환이 곱해져서 고리가 생기는 바깥부분의 세기가 줄어든다. 번짐 함수가 아주 매끄러우면 고리가 완전히 사라진다. 이것은 아래의 가우스 함수꼴 투과함수를 써서 보일 수 있다:

$$f(x, y) = \exp[-(x^2 + y^2)/2\sigma^2] \tag{8.35}$$

이것은 회절계에서 평면 $\mathcal{R}$에 가우스 빔이 들어오는 것을 나타내며, 같은 문제를 §7.3에서 다루었다. 이 함수는 축대칭성이 있지만 x와 y에 대한 가우스 함수의 곱으로도 쓸 수 있으므로, 푸리에 변환은 (4.45)에서 다음과 같다:

$$\psi(u, v) = 2\pi\sigma^2 \exp\left(-\frac{u^2\sigma^2}{2} - \frac{v^2\sigma^2}{2}\right) = 2\pi\sigma^2 \exp\left(-\frac{\zeta^2\sigma^2}{2}\right) \tag{8.36}$$

이 결과도 가우스 함수로써 가장 잘 알려진 '자체 푸리에 함수'이다 (§4.10). 거리 $F = R_0$인 회절평면에서는, 근축꼴 변수 $\zeta = k_0 r/F$를 쓰면 가우스 함수는 다음과 같다: $\psi(r) = 2\pi\sigma^2 \exp(-k_0^2 r^2 \sigma^2/2R_0^2)$. 이것은 프레넬 회절에서 얻은 결과 (7.40)과 같다.

8.4 몇 가지 회절의 일반 원리

> 마스크가 빛을 흡수만 하면 회절무늬는 중심 대칭이지만, 위상도 바꾸면 회절무늬는 중심 대칭이 아닐 수 있다.

구체적인 예를 몇 가지 살펴보았으니, 이제 프라운호퍼 회절을 직관적으로 이해하는데 아주 중요한 일반 원리를 설명하자.

8.4.1 위상 물체에 의한 회절

투명한 물체는 빛을 흡수하지 않고 위상만 변화시킨다. 예를 들어 유리창은 투명하지만 두께가 고르지 않으므로 지나오는 빛은 곳에 따라 위상지연이 다르다. 유리의 굴절률이 n이면, 두께가 t_1과 t_2인 곳을 지나오는 두 빛살의 광로차는 다음과 같다:

$$(n-1)(t_1-t_2) \tag{8.37}$$

따라서 평면파가 들어오면, 유리판에서 나올 때는 파면이 더 이상 평면이 아니다 (그림 8.9). 진폭은 같지만 위상이 다른 빛을 나타내는 복소진폭의 크기는 같으므로, 이러한 상황을 나타내는 복소 투과함수 $f(x, y)$는 크기가 일정하다. 투명한 물체를 **위상 물체(phase object)**라고 하며, 그 물체의 진폭 투과함수 $f(x, y)$는 복소함수이므로 프라운호퍼 회절무늬를 셈해 보면 **중심대칭이 아닐 수도 있다** (§4.2.1).

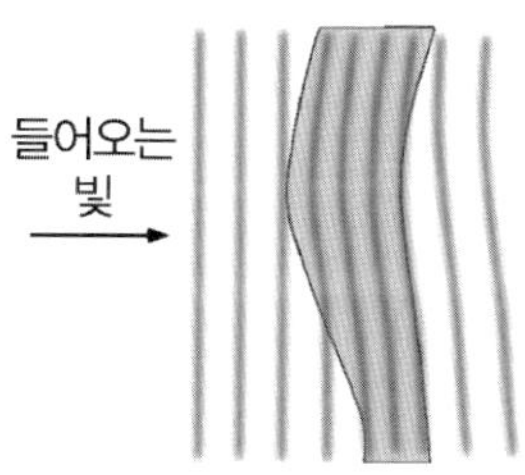

그림 8.9 두께가 고르지 않은 유리판을 지나오는 평면파의 파면 변형

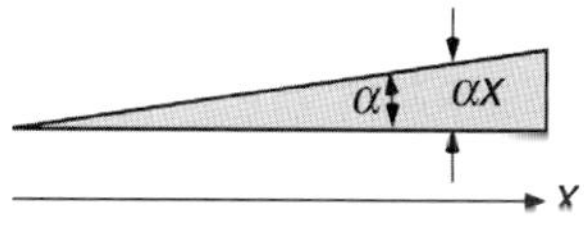

그림 8.10 꼭지각이 α인 얇은 프리즘

예를 들어 꼭지각이 $\alpha \ll 1$인 얇은 프리즘의 굴절률이 n이라면, 위치 x에서 프리즘의 두께는 αx이고 (그림 8.10) 투과함수는 다음과 같다:

$$f(x, y) = \exp\left[ik_0(n-1)t\right] = \exp\left[ik_0(n-1)\alpha x\right] \tag{8.38}$$

프리즘이 x- 및 y-쪽으로 한없이 뻗어있다면, $f(x, y)$에 대응되는 회절무늬는 다음과 같다:

$$\psi(u, v) = \int_{-\infty}^{\infty} dx \exp[ik_0(n-1)\alpha x]$$
$$\times \exp(-iux) \int_{-\infty}^{\infty} dy \exp(-ivy)$$
$$= \delta[u-(n-1)k_0\alpha]\,\delta(v) \tag{8.39}$$

따라서 회절된 빛의 진행방향은 다음과 같다:

$$u = k_0(n-1)\alpha\ , \quad v = 0 \tag{8.40}$$

u에 이 값을 넣으면, 각도 θ가 작을 때는 $\theta \approx (n-1)\alpha$ 이다. 따라서 빛은 진행방향이 조금 바뀐 평면파이고, 진행방향은 기하광학의 법칙을 써서 찾을 수 있다. (8.39)에는 중심이 원점이 아닌 델타함수가 들어있으므로 중심대칭이 아님을 눈여겨보라.

8.4.2 회절무늬의 덧셈

회절무늬의 진폭은 대수적으로 더할 수 있다.

회절은 선형과정이므로, 회절무늬의 진폭은 대수적으로 더해진다. 그래서 모양이 비교적 복잡한 물체도 그 투과함수를 모양이 단순한 함수의 합으로 나타낼 수 있으면 회절무늬를 구할 수 있다. 물론 낱낱의 물체 성분의 투과함수는 같은 좌표계를 써서 나타내야 하며, 온전한 변환은 낱낱의 성분의 푸리에 변환의 복소진폭을 모두 더한 것이다. 예를 들어, 세 실틈의 회절무늬를 구하려면, 가운데 실틈의 푸리에 변환에 바깥에 있는 두 실틈의 푸리에 변환을 더하여 구하고, 네모꼴 테의 푸리에 변환은 바깥 네모꼴의 푸리에 변환에서 안쪽 네모꼴의 푸리에 변환을 빼서 구한다. 어느 방법을 쓰든 푸리에 변환 앞에 붙은 인자를 빠뜨리면 안된다. 이러한 예 몇 가지가 연습문제에 있다.

8.4.3 상보 마스크: 바비네 정리

바비네(Babinet) 정리는 두 상보 마스크의 회절무늬의 관계이다. 불투명한 재료에 구멍을 뚫은 마스크 두 장이 **상보적(complementary)**이라면, 두 마스크에서 대응되는 곳이 한쪽 마스크는 구멍이고 다른 쪽 마스크는 막힌 곳임을 뜻한다. 즉, 두 마스크의 진폭 투과함수를 더하면 1이 된다. 그러면 두 상보 마스크의 회절무늬는 원점 근처의 작은 영역을 빼고는 정확히 같다. 예를 들어, 검은 원반을 여러 개 배열한 마스크의 회절무늬는 원점을 빼고는 상보 마스크의 회절무늬와 같다. 그림 8.11에 보인 마스크와 회절무늬는 이 정리의 실증이다.

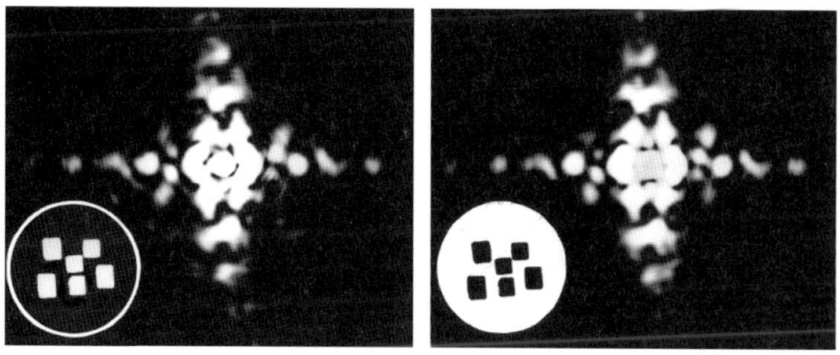

(a) (b)

그림 8.11 바비네 정리: 두 상보 마스크(속 그림)에 가우스 빔을 비출 때의 회절무늬. (a) 양성(+) 마스크: 알루미늄 박에 구멍을 뚫은 것. (b) 음성(−) 마스크: 유리판에 (a)의 구멍과 똑같이 알루미늄 박 조각을 붙인 것.

이 정리는 스칼라 회절이론을 써서 일반적으로 증명할 수 있다. 두 상보 마스크에 어떤 빛을 비출 때의 회절무늬의 진폭을 각각 ψ_1과 ψ_2라 하자. 이제, 두 마스크의 구멍을 겹친 것의 회절무늬의 진폭은 낱낱의 마스크의 회절무늬의 진폭을 더한 것과 같다. ψ_1과 ψ_2를 더하면 아무 것에도 막히지 않는 빔의 회절무늬가 되어야 한다. 이 빔의 폭이 넓으면, ψ_1과 ψ_2의 합은 중심 근처의 작은 영역에 갇히고, 그 밖의 영역으로는 빛이 가지 않는다. 그러므로 ψ_1과 ψ_2의 합은 중심 영역의 좁은 곳을 뺀 그 밖의 곳은 0이므로 ψ_1과 ψ_2은 크기는 같고 부호가 반대(위상차가 π)여야 한다. 따라서 ψ_1과 ψ_2의 세기분포는 같다.

상자 8.1 바비네 정리 확인

바비네 정리를 실험으로 확인하는 일은 흥미로운데, 그것은 주로 밝은 중심 봉우리 때문이다. 들어오는 빔이 매우 크고, 두 마스크 중 하나가 대부분 투명하다면, 그 마스크의 회절무늬에는 중심에 아주 밝은 점이 생겨 주변의 다른 회절무늬를 압도한다. 하지만 다른 쪽 마스크에서는 그렇지 않다. 따라서 실험할 때 다음 규칙을 지켜야 한다.

1. 들어오는 빔의 진폭이 테두리에서 천천히 줄어들게 해야 한다. 그러면 변환의 바깥쪽이 약해진다. 사실 가우스 빔을 쓰면 빛이 중심 봉우리에 모이고 밖으로 가면서 빨리 줄어든다.
2. 두 상보 마스크 모두 평균 투과율이 50% 정도 되어야 둘 다 뚜렷한 회절무늬가 생긴다.
3. 중심 봉우리에서 먼 곳에도 뚜렷한 무늬가 있는 회절무늬를 얻으려면 마스크에 미세한 모양이 있어야 한다.

8.5 간섭

간섭과 회절의 관계는 푸리에 급수와 푸리에 변환의 관계와 비슷하다.

지금까지는 파면 하나가 바뀌는 효과만 살펴보았다; 이제는 둘 이상의 파면이 상호작용하는 효과를 살펴보는데, 이것이 **간섭**이다. 이 절에서는 똑같은 마스크에서 나오는 파면을 주로 살펴본다.

똑같은 구멍 여러 개에 대해서는 콘볼루션 원리(§4.7)를 쓴다. 예를 들어, 모양이 같은 구멍 둘이 나란히 있으면 구멍 하나와 두 구멍의 중심에 있는 델타함수 한 쌍의 **콘볼루션**으로 볼 수 있다 (§4.4.1). 그러므로, 그러한 간섭문제는 두 부분 — 구멍 하나의 푸리에 변환을 구하는 것과 한 무리의 델타함수의 푸리에 변환을 구하는 것 — 으로 나눌 수 있다. 구멍 하나의 푸리에 변환이 **회절함수**, 델타함수 무리의 푸리에 변환이 **간섭함수**이다; 온전한 회절무늬는 이 두 함수의 곱이다. 그림 8.12는 둥근 구멍 두 개의 회절무늬이다.

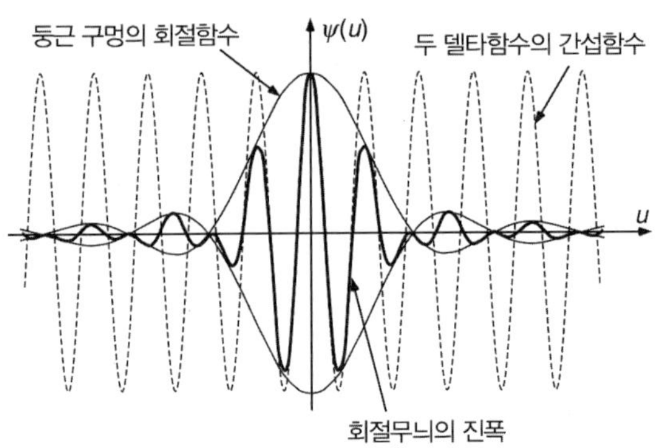

그림 8.12 두 둥근 구멍의 회절무늬는 회절함수에 간섭함수를 곱한 꼴이다. 회절함수는 에어리 원반무늬(§ 8.3.4)이고 간섭함수는 코사인 함수이다.

8.5.1 두 둥근 구멍의 간섭무늬

간격 a인 두 둥근 구멍은 둥근 구멍 하나와 두 델타함수의 콘볼루션으로 볼 수 있다. §4.4.1에서 두 델타함수의 푸리에 변환은 다음과 같다:

$$\psi(u, v) = 2\cos(ua/2) \tag{8.41}$$

따라서 두 구멍의 회절무늬는 구멍 하나의 회절무늬에 구멍이 늘어선 방향으로 변하는 코사인 함수를 곱한 꼴이다 (그림 8.13).

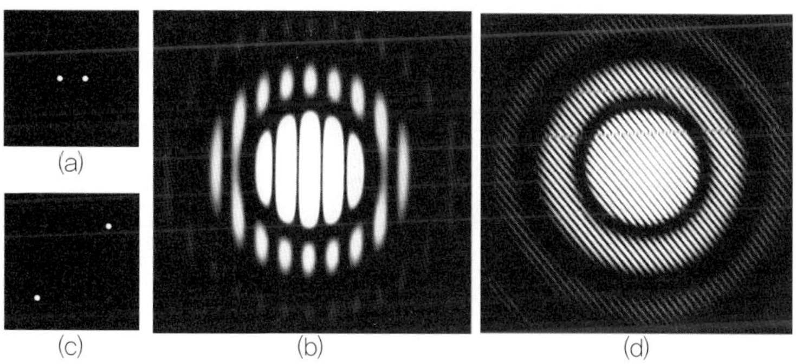

그림 8.13 한 쌍의 둥근 구멍과 회절무늬 사진: (a, b) 간격이 지름의 5배일 때; (c,d) 지름의 18배일 때. 줄무늬의 방향은 두 구멍을 잇는 직선과 직교한다.

(8.41)에서 값이 0이되는 조건은 θ가 다음과 같을 때이다:

$$ua/2 = \pi \cdot \left(m + \frac{1}{2}\right) \tag{8.42}$$

여기에서 m은 성수이다. $u = k\sin\theta = 2\pi\sin\theta/\lambda$이므로, 이 식은 다음과 같다:

$$a\sin\theta = \lambda \cdot \left(m + \frac{1}{2}\right) \tag{8.43}$$

이 결과는 결국 영의 간섭 줄무늬에 관한 식을 빙빙 돌아 얻은 것이다. 그렇지만, 이 방법을 쓰는 까닭이 몇 가지 있다: 첫째, 줄무늬의 간격만이 아니라 세기분포도 들어가는 온전한 식을 얻었다; 둘째, 간단한 예를 통해 콘볼루션 방법을 쓰는 방법을 보였다; 셋째, 더 복잡한 상황을 다룰 수 있는 바탕을 마련했는데, 다음 절에서 보자.

8.5.2 구멍 한 쌍의 간섭무늬

콘볼루션을 쓰면 복잡한 구조를 더 간단한 것으로 쪼갤 수 있다.

모양이 같은 구멍 둘이 나란히 있는 것을 구멍 하나와 델타함수 두개의 콘볼루션으로 볼 수 있다 (그림 8.14). 그러므로, 회절무늬는 구멍 하나의 회절함수와 사인함수꼴 간섭함수의 곱이며, 그림 8.15는 이것을 보여준다. 이 논리는 모든 모양의 구멍에 적용된다.

그림 8.14 모양이 복잡한 구멍 한 쌍

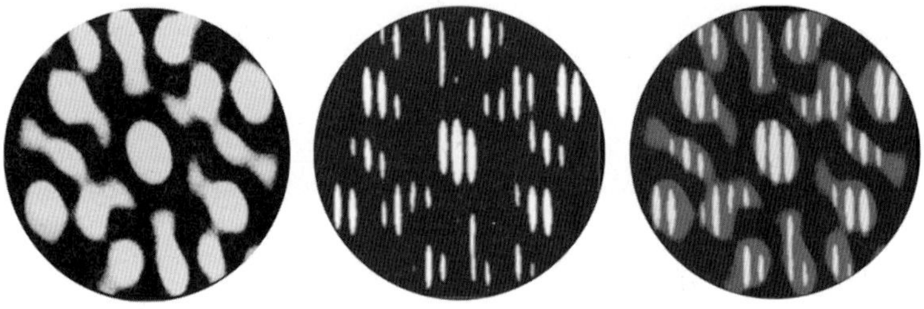

(a) (b) (c)

그림 8.15 (a) 그림 8.14의 구멍 하나의 회절무늬. (b) 그림 8.14의 구멍 전체의 회절무늬. (c) (a)와 (b)를 겹친 것: (b)는 (a)에 코사인 함수를 곱한 것임을 알 수 있다.

8.5.3 규칙적으로 배열한 똑같은 구멍의 간섭무늬

모양이 같은 구멍 여러 개를 배열한 것은 구멍 하나와 델타함수 여러 개의 콘볼루션으로 볼 수 있다. §4.4.2에서 델타함수가 간격 d인 1차원 격자를 이루면, 그것의 푸리에 변환은 다음과 같음을 알았다:

$$\psi(u, v) = \sum_{n=0}^{N-1} \exp(-iund) \tag{8.44}$$

여기에서 N은 구멍의 수이다. $N \to \infty$이면, 이 합은 다음과 같다 (§4.4.2):

$$\psi(u, v) = \sum_{m=-\infty}^{\infty} \delta(u - 2\pi m/d) \tag{8.45}$$

지수 m은 **회절차수(order of diffraction)**이다. N이 유한하면, 기하급수 (8.45)의 합은 다음과 같다:

$$\psi(u, v) = \frac{1 - \exp(-iuNd)}{1 - \exp(-iud)} \tag{8.46}$$

세기분포는 다음과 같다:

$$I(u, v) = |\psi(u, v)|^2 = \frac{\sin^2(uNd/2)}{\sin^2(ud/2)} \tag{8.47}$$

$N=6$이면 이 식은 그림 8.16과 같은데, 몇 가지 재미있는 특성이 있다. 이것은 분자가 0이면 값이 0이지만, 분모도 같이 0이면 값이 N^2이 된다. 실틈의 수를 늘리면 값이 0인 곳이 많아지면서 무늬가 더 세밀해진다. 그림 8.17은 두 가지 예를 보여준다. 밝기 N^2인 봉우리 — **주 봉우리(principal maxima)** — 에 비해 잔 봉우리는 훨씬 낮고, 주 봉우리 사이에 $N-2$개씩 있다. 사실 이 주 봉우리는 (8.46)의 델타함수 $\delta[u - (2\pi/d) \cdot m]$와 비슷하다.

주 봉우리가 생기는 조건은 다음과 같다: $u = (2\pi/d) \cdot m$. 실틈 평면에 빛살이 수직하게 들어오면 $u = (2\pi/\lambda)\sin\theta$이므로, 위의 조건은 다음과 같은데, 이것은 회절격자에서 잘 알려진 식이다:

$$d\sin\theta = m \cdot \lambda \tag{8.48}$$

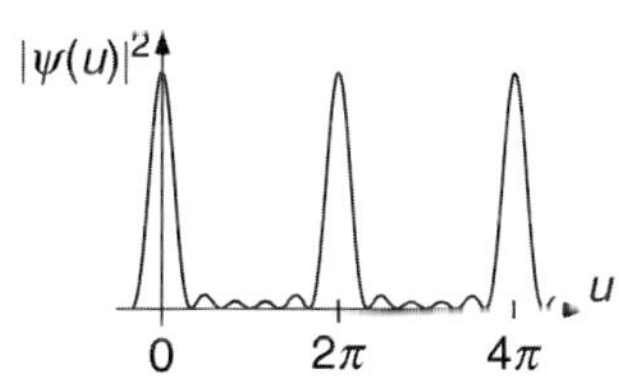

그림 8.16 나란한 실틈 6개에 의한 회절. 함수 꼴: $[\sin(uNd/2)/\sin(ud/2)]^2$, $N=6$.

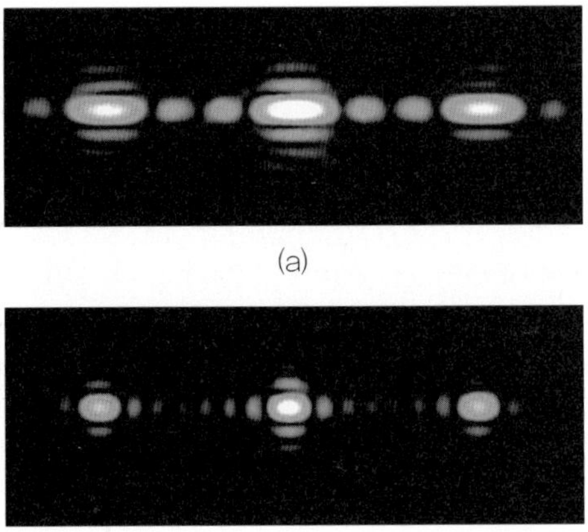

(a)

(b)

그림 8.17 나란한 실틈 N개의 회절무늬: $-2\pi/d < u < 2\pi/d$.(a) N=4. (b) N=8. 실틈 전체를 둥근 구멍으로 막아, 그것의 변환과 (8.48)의 콘볼루션이 사진에 보이는 회절무늬이다.

8.5.4 회절격자

회절격자는 모양이 같은 구멍이나 실틈을 주기적으로 한 줄로 늘어놓은 것이다. 빛을 투과시킬 때는 구멍이 실틈이 되고, 반사시킬 때는 가느다란 거울이 된다. 회절격자는 간섭계측 장치에서 중요한 소자이므로 §9.2에서 더 자세히 설명한다. 여기에서는 기본 격자에 대한 프라운호퍼 회절이론을 설명한다. 이것을 이해하면 홀로그램과 결상 등 다른 광학계를 더 잘 알 수 있다.

실틈 하나의 투과함수가 $b(x)$, 간격이 d라면, 전체 투과함수는 다음과 같다:

$$f(x) = b(x) \otimes \sum_{n=-N/2}^{N/2} \delta(x - nd) \tag{8.49}$$

여기에서 N은 실틈의 총 수이다. $N \to \infty$이면, $\sum$의 변환은 (8.46)과 같으므로 다음과 같다:

$$\psi(u) = B(u) \sum_{n=-\infty}^{\infty} \delta[u - (2\pi/d) \cdot m] \tag{8.50}$$

이제 u의 일반적 정의 (8.16)을 상기하자: 빛이 광축에 대해 각도 θ_0로 들어와 θ로 회절되면, 다음과 같다:

$$u = \frac{2\pi}{\lambda}(\sin\theta - \sin\theta_0) \tag{8.51}$$

$\sin\theta$와 $\sin\theta_0$는 값이 -1과 +1 사이에 있으므로, u의 최대값은 $4\pi/\lambda$이다. 따라서 (8.51)이 모든 m에 대해 정의되었지만, 회절조건은 일반적으로 다음과 같다:

$$d(\sin\theta - \sin\theta_0) = \lambda \cdot m \tag{8.52}$$

여러 차수의 회절무늬의 진폭은 낱낱의 구멍의 푸리에 변환 $B(u)$가 결정한다. 흔히 보는 예는 실틈이 네모 파동(그림 4.2) 꼴인 롱키 격자로서 $b(x) = \mathrm{rect}(2x/d)$이다. 그림 4.3에서 회절차수가 짝수인 것은 없고, 홀수인 것은 세기가 점점 줄어드는 것을 볼 수 있다. 그림 4.3에는 0차 회절무늬가 없지만, 여기에서는 넣어야 하는데, 그 까닭은 $b(x)$의 값은 늘 0 이상이고, $\psi(0)$는 그것의 적분이므로(§8.3.5를 보라) 값이 0 이상이기 때문이다. 값이 0 이상인 함수의 0차 회절무늬에는 높은 봉우리가 생긴다는 것은 중요한 결과이며, §9.2.4와 §12.5에서 설명한다.

회절격자의 구멍(실틈)의 수가 유한하면 (물론 실제로 그렇다), (8.50)을 유한한 값 N에 대해 더한다. 이것은 무한 합에 길이 Nd인 '창문 함수'를 곱하여 N개의 델타함수만 투과시키면 된다. 그러면 회절격자는 다음과 같이 나타낼 수 있다:

$$f(x) = b(x) \otimes \left[\sum_{n=-\infty}^{\infty} \delta(x - nd) \cdot \mathrm{rect}\left(\frac{x}{Nd}\right) \right] \tag{8.53}$$

연산의 순서(꺾은 괄호로 묶은 부분)를 눈여겨보라. 곱을 먼저 하고, 콘볼루션은 그 다음에 해야 실틈의 수가 유한한 값이 된다. 순서를 바꾸면 양 끝의 실틈은 불완전한 꼴이 된다. 여기에서는 그 차이가 사소하지만, 연산의 순서가 중요한 예는 쉽게 들 수 있다. 콘볼루션과 곱셈 연산은 순서를 바꾸면 안된다.

(8.53)의 회절무늬는 다음과 같다:

$$\psi(u) = B(u) \cdot \left[\sum_{n=-\infty}^{\infty} \delta\left(u - \frac{2\pi}{d} \cdot m\right) \otimes \mathrm{sinc}\left(\frac{Nd}{2}u\right) \right] \tag{8.54}$$

이것의 특징은 다음과 같다: (8.52)에서 정의한 차수(N이 클 때)의 회절무늬가 있지만, 낱낱의 무늬의 세기분포의 함수는 $\mathrm{sinc}(uNd/2)$이다. 이것의 폭(봉우리에서 첫째 0이 되는 곳까지의 거리)은 $\Delta u = 2\pi/Nd$로 이웃 차수 회절무늬의 간격의 $1/N$이다.

상자 8.2 2차원 회절무늬의 여러 원리를 보여주는 예

그림 8.18(a)와 같은 얼굴 모양의 마스크의 회절무늬를 구해보자. 마스크는 2차원 진폭 물체로써 위상은 어디나 0, 투과도는 0 또는 1이다.

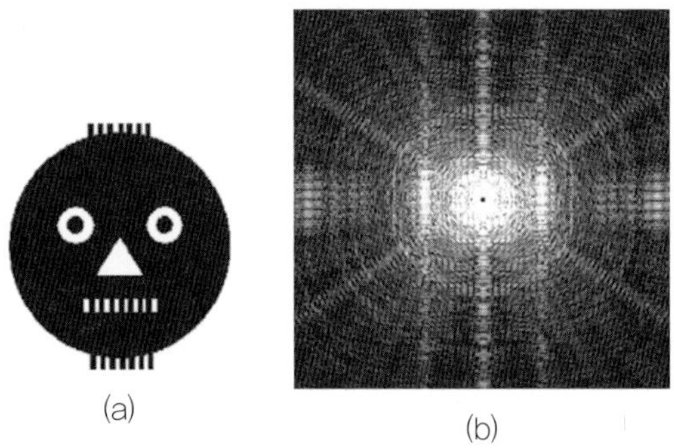

(a) (b)

그림 8.18 (a) 얼굴 모양의 마스크. (b) 회절무늬. 명암대비를 키웠고, 세밀한 모양이 잘 드러나게 원점에 있는 델타함수를 막았다.

먼저 바비네 정리를 써서 함수를 검은 바탕에 흰 얼굴인 상보 마스크와 연결시키면 모든 정보는 제한된 영역 안에 들어간다. 이 제한된 영역의 반지름 r이 회절 무늬에서 가장 미세한 모양의 공간 주파수 u_0를 결정한다: $u_0 \equiv 2\pi/r$. 그 결과는 원점에 있는 델타함수이다. 그 다음에는 두 눈을 살펴보자. 이들은 지름이 약 $r/4$인 고리이므로, 원점에 중심을 둔 함수 J_0이 되며, 고리의 반지름은 얼추 $4u_0$의 정수배이다. 눈이 두개 이므로, 이 고리는 간격 $2u_0$인 세로줄 간섭무늬로 덮인다. 코는 세모꼴이다. 이것의 변환은 3겹 대칭성이 있지만, 실함수이므로, 회절무늬는 중심 대칭성이 있다; 그러므로 회절무늬는 6겹 대칭성이 있게 된다. 세모꼴의 특징은 세 변으로, 이것은 수직방향으로 줄무늬를 만들어 6방향으로 뾰족한 별모양이 된다. 이빨, 턱수염 그리고 머리카락은 수평방향으로 긴 네모꼴 안에 갇힌 주기함수이다. 이 함수의 변환은 주기적인 델타함수로서 간격은 약 $24u_0$이고, (네모꼴 구멍의 변환인) 수직방향으로 벌어진 sinc×sinc 함수와 콘볼루션한 꼴이다. 그러한 배열이 3개 겹쳐 있는데, 하나는 다른 두 개와 위상이 π 만큼 다르므로, 이 모양은 수평방향으로 복잡한, 간격이 약 u_0인 간섭무늬로 덮인다. 자세한 모양을 알았으니, 이제는 그림 8.18(b)의 얼굴 모양 마스크의 회절무늬와 비교해보라.

8.5.5 바늘구멍 격자의 간섭무늬

2차원 배열의 회절무늬에는 물체의 각도에 대한 정보가 들어 있다.

이제 위에서 얻은 결과를 확장하여 구멍을 x와 y쪽으로 주기적으로 배열한 2차원 격자를 살펴보자. 이것은 그림 8.19(a)와 같이 $\pm(x_1, y_1)$, $\pm(x_2, y_2)$의 네 구멍을 살펴보면 알 수 있다. 회절무늬는 다음과 같다;

$$\begin{aligned}\psi(u, v) &= \sum \exp[-i(ux + vy)] \\ &= 2[\cos(ux_1 + vy_1) + \cos(ux_2 + vy_2)] \\ &= 4\cos\left(u\frac{x_1 + x_2}{2} + v\frac{y_1 + y_2}{2}\right) \\ &\times \cos\left(u\frac{x_1 - x_2}{2} + v\frac{y_1 - y_2}{2}\right)\end{aligned} \tag{8.55}$$

§8.5.1에서와 같이 이 함수는 다음 조건에 맞는 u와 v에서 값이 최대가 된다:

$$\begin{aligned}u(x_1 + x_2) + v(y_1 + y_2) &= 2\pi \cdot m_1 \\ u(x_1 - x_2) + v(y_1 - y_2) &= 2\pi \cdot m_2\end{aligned} \tag{8.56}$$

여기에서 m_1과 m_2는 정수이다. 그러므로 간섭무늬는 두 무리의 줄무늬의 곱인데, 낱낱의 줄무늬는 한 쌍의 구멍에 대해 직교하는 쪽이다 (그림 8.13). 그림 8.19(b)는 그러한 **교차 줄무늬**(crossed fringes)를 보여준다.

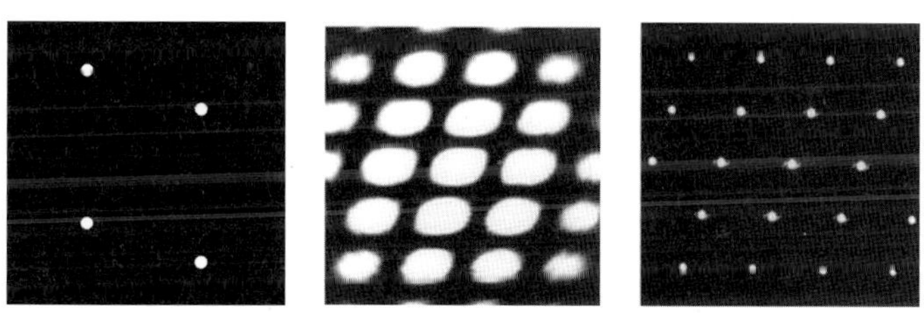

(a) (b) (c)

그림 8.19 (a) 두 쌍의 구멍. (b) (a)의 회절무늬인 교차 줄무늬. (c) 역격자 – (a)가 단위인 격자의 회절무늬.

§8.5.3과 비슷하게 추론하면, 네 점을 단위로 하여 바늘구멍 격자를 꾸미면, 보강간섭 조건이 더 정확하게 정의되고, 그 극한에서는 간섭무늬도 격자꼴로 배열된다 [그림 8.19(c)]. 이것

을 애초의 **직접격자**(direct lattice)의 **역격자**(reciprocal lattice)라고 하는데, 그 까닭은 u와 v가 그림 8.19(a)의 구멍의 간격에 반비례하기 때문이다. 이 개념은 4장에서 주기적으로 배열된 델타함수의 푸리에 변환을 수학적으로 다룰 때 설명했고, 결정 회절의 바탕이 된다 (§8.6.3).

상자 8.3 회절무늬의 대칭성

2차원 함수의 푸리에 변환은 애초의 함수와 똑같은 축대칭성이 있다. 왜냐하면 물체를 어떤 각도로 돌리면 변환도 같은 각도로 돌기 때문이다. 게다가, 함수가 실함수이면 변환의 세기는 중심 대칭성이 있어야 한다. 함수에 짝수겹 축대칭성이 있으면, 중심 대칭성은 저절로 생기지만, 홀수겹 축대칭성이 있으면 중심 대칭성은 저절로 생기지 않는다. 그 결과 홀수겹 및 짝수겹 축대칭 마스크의 회절무늬는 두드러지게 다르다. 그림 8.20은 구멍을 정6각형 꼴로 배열한 것과 정5각형 꼴로 배열한 것의 회절무늬로 각각 6겹 및 10겹 축대칭성이 있다. 이 두 무늬에는 중요한 질적 차이가 있다. 6각형은 연속 실수함수를 제곱한 것이므로 값이 0인 곳이 분명하고 연속이다. 그렇지만 5각형은 복소함수의 절대값을 제곱한 것이므로, 값이 0을 지나지 않고서도 음수가 될 수 있다. 따라서 값이 0인 곳은 연속이 아니어도 된다. 그림에서 이 차이를 볼 수 있다.

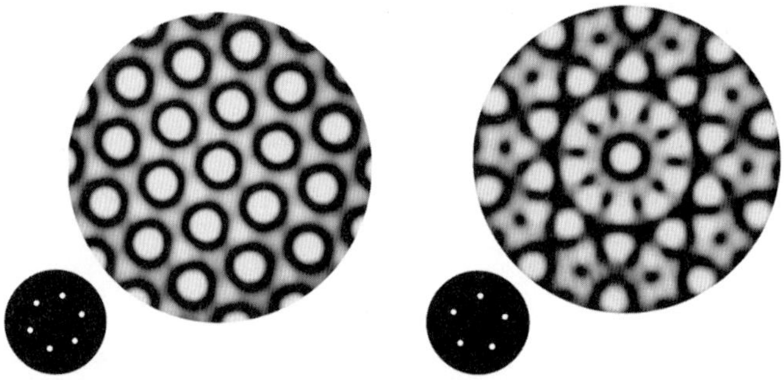

그림 8.20 (a) 두 쌍의 구멍. (b) 정6각형과 정5각형으로 배열한 구멍의 회절무늬. 5각형은 아주 정확히 배열해야 10겹 대칭성이 생기고, 오차가 조금만 있어도 2겹 대칭성이 뚜렷이 생긴다.

8.5.6 나란한 구멍 격자의 간섭무늬

그림 8.21(a)와 같이 비슷한 구멍을 나란히 배열한 것은 구멍 하나를 주기가 $\vec{a}$와 $\vec{b}$인 격자와 콘볼루션한 것으로 볼 수 있다. 그러면 그림 8.21(b)의 회절무늬는 격자가 만드는 간섭함수

와 구멍의 회절함수의 곱이 된다. 다시 말해, 역격자 무늬와 구멍 하나의 회절무늬를 곱한 것이다. 구멍의 모양이 간단하면 회절함수의 영향이 뚜렷하게 드러나지만, 모양이 복잡하면 쉽게 알아보기 어렵다. $\vec{a}$와 $\vec{b}$는 여러 가지로 잡을 수 있지만 결과는 똑같다 (그림 8.22).

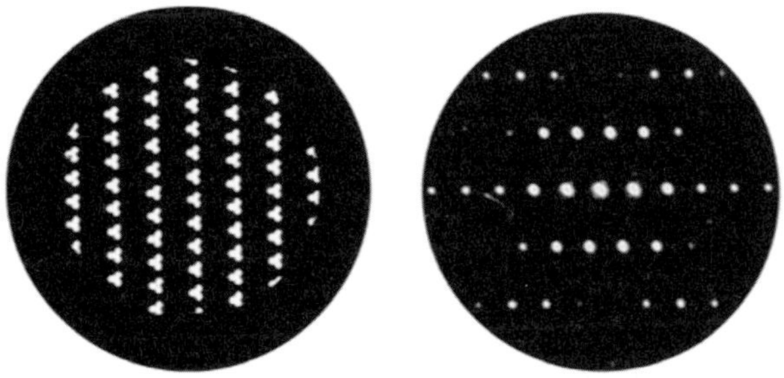

(a) (b)

그림 8.21 (a) 구멍을 나란히 배열한 격자. (b) (a)의 회절무늬

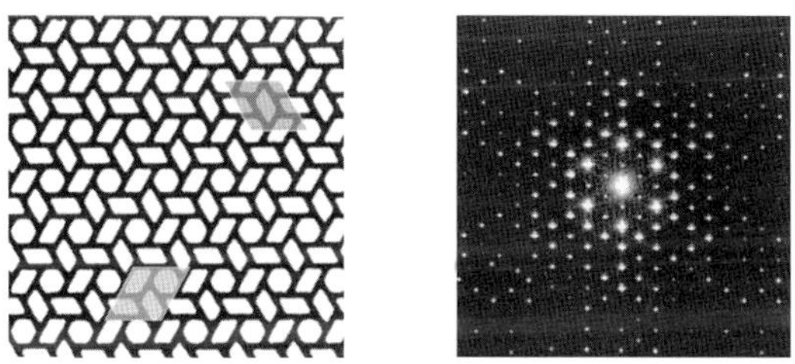

(a) (b)

그림 8.22 (a) 개체가 정확히 되풀이되면, 단위를 늘 정의할 수 있는데, 그것이 유일하지는 않다. 회색 평행사변형은 달리 잡은 단위이다. (b) (a)의 회절무늬

그림 8.23은 분자 격자를 나타내는 (a) 구멍과 (b) 회절무늬를 보여준다. (c)는 회절함수와의 관계를 보여준다.

같은 꼴이 반복되는 회절무늬를 다른 시각으로 볼 수도 있다. 그림 8.23(a)의 단위 모양에 대한 회절무늬가 있다; 그것을 격자에 얹으면 회절무늬가 더 밝아지고, 그것을 역격자 점에서만 볼 수 있게 된다. 이 과정이 **표본뽑기**(sampling)이며 결정의 회절을 다룰 때 중요하고, 영상처리와 통신이론에서 많이 쓰인다.

구멍 무리를 2차원 회절격자로 보면, 역격자는 그것의 차수의 무리로 볼 수 있다. 역격자 점 마다 회절차수에 대응되며 (§8.5.3), 이제는 정수가 하나가 아니라 두 개 $\tilde{h}^*$와 $\tilde{k}^*$로 정해진다. 3차원(§8.6)에서는 회절차수를 정하려면 세 개의 정수가 필요하다.

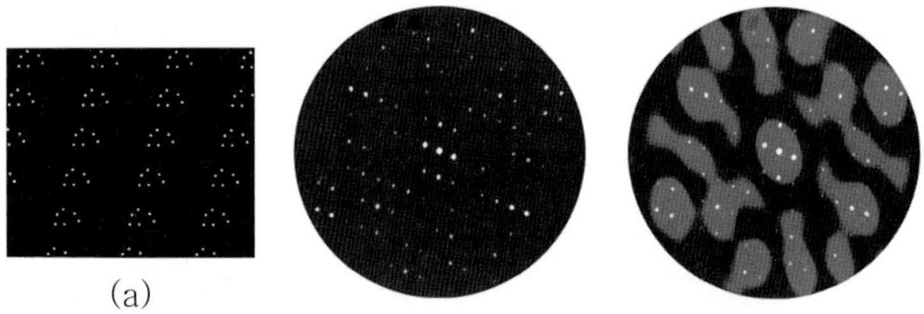

(a) (b) (c)

그림 8.23 (a) 분자로 된 격자를 나타내는 구멍의 무리. (b) (a)의 회절무늬. (c) (a)의 단위의 회절무늬를 (b)에 겹쳐 놓은 것.

8.5.7 마구 흐트러진 구멍의 회절

> 지구 대기의 효과는 천체 망원경 앞에 마구 흐트러진 마스크를 걸어 둔 것과 비슷하다. §12.7에서 프라운호퍼 회절을 써서 이 문제를 푸는 방법을 배운다.

구멍이 같은 방향을 유지하면서 마구 흐트러진 것을 생각하면, 이것은 구멍 하나와 구멍의 위치마다 둔 델타함수의 콘볼루션으로 볼 수 있다.

그러므로, 마구 흐트러진 N개의 델타함수의 회절무늬를 구해야 하는데, 이것을 나타내는 수식은 다음과 같다:

$$\psi(u, v) = \iint dxdy \sum_{n=1}^{N} \delta(x - x_n)\delta(y - y_n)\exp[-i(ux + vy)]$$
$$= \sum \exp[-i(ux_n + vy_n)] \tag{8.57}$$

여기에서 (x_n, y_n)은 n번째 구멍의 원점이다 (그림 8.24). 이 덧셈은 일반적으로 구할 수 없다. 그러나 이 변환의 세기는 다음과 같다:

$$I(u, v) = |\psi(u, v)|^2 = \left|\sum_{n=1}^{N} \exp[-i(ux_n + vy_n)]\right|^2 \tag{8.58}$$
$$= \sum_{n=1}^{N}\sum_{m=1}^{N} \exp\{-i[u(x_n - x_m) + v(y_n - y_m)]\}$$

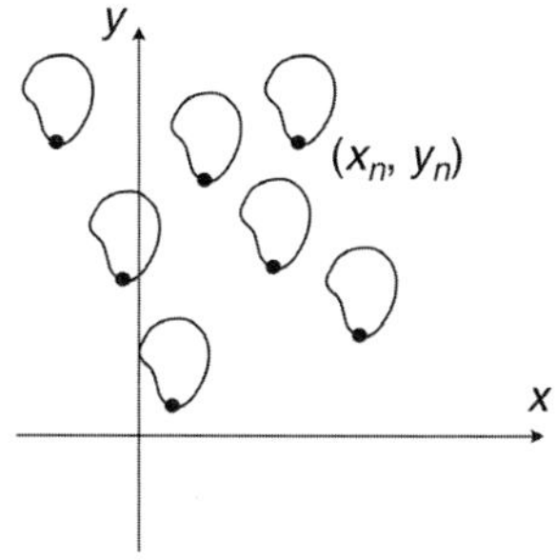

그림 8.24 마구 흐트러진 비슷한 구멍. (x_n, y_n)은 낱낱의 구멍의 원점이다.

x_n과 x_m이 마구변수이므로, $(x_n - x_m)$도 마구변수이고, 따라서 덧셈의 여러 항은 양수와 음수가 마구 번갈아 나타난다. 하지만 두 가지 예외가 있다: 첫째, $n = m$이면 항의 값은 1이 되고, 그러한 항의 갯수는 N개이므로 (8.58)의 기대값은 N이다; 둘째 $u = v = 0$이면 모든 항의 값이 1이 되므로 (8.58)의 기대값은 N^2이다. 따라서 통계적 기대값은 다음과 같이 쓸 수 있다:

$$I(u, v) = N + N^2\bar{\delta}(u, v) \qquad (8.59)$$

반점무늬는 위상이 마구 흐트러진 파동을 유한한 수 겹칠 때 생기는 간섭무늬이다.

여기에서 $\bar{\delta}(u, v)$의 값은 $(u, v) = (0, 0)$일 때는 1이고, 다른 곳에서는 0이다. (8.59)는 원점에서는 밝기가 N^2이고 배경은 밝기가 N인 무늬를 나타낸다.

물론 실제로는 참된 마구변수를 볼 수 없고, 따라서 위의 설명을 조금 고쳐야 한다. 먼저 N개의 점이 유한한 영역(예를 들어 한 변이 D인 네모꼴) 속에 있다면, u와 v가 원점에 대해 거리 $\pi/2D$ 안에 있으면 (8.58)의 모든 항은 값이 양수이다. 따라서 원점의 밝은 점은 폭이 그 정도가 된다. 둘째, 구멍이 이웃 구멍과 겹치지 않으려면 흩어지는 영역이 제한되고, 그 결과 배경에 희미한 구조가 나타난다. 셋째, N이 유한하므로, (8.58)의 진동 항이 정확히 지워지지 않아서 배경의 세기분포에 흔들림이 생기는데 이것이 **반점**(speckle)이다.

이제 물체를 구멍 하나와 마구 흐트러진 델타함수의 콘볼루션으로 나타냈음을 상기하자. 따라서 회절무늬는 구멍의 회절무늬와 함수 (8.59)의 곱이 된다. 회절무늬의 세기는 원점에서는 구멍 하나의 세기의 N^2배이고, 원점과 그 바로 옆을 뺀 모든 곳에서는 N배가 된다. 그림 8.25는 이 결과를 보여준다. 구멍이 아주 많으면, 밝은 점만 보인다. 그렇지만, 구멍의 위치뿐 아니라 위상도 마구 바뀌면, 가운데 밝은 점이 완전히 사라질 수도 있다. §12.7에서 설명할 천체 관측에서 쓰는 **반점 간섭계측법**(speckle interferometry)은 이러한 분석을 바탕으로 한 것이다.

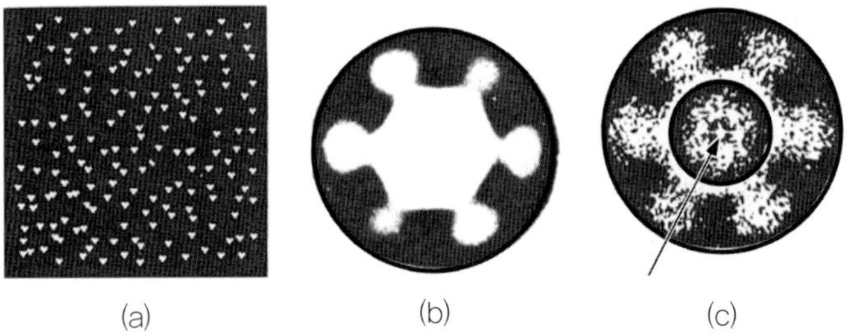

그림 8.25 (a) 마구 흩어져 있는 구멍. (b) (a)의 구멍 하나의 회절무늬. (c) (a)의 구멍 전체의 회절무늬. 가운데 끼운 그림은 화살표 끝에는 아주 밝은 점이 생기기 때문에 빛을 줄여 찍은 사진. 가운데 밝은 점을 둘러싼 영역은 어두우며, 이것은 구멍들이 겹치지 않으려면 구멍의 중심이 어느 정도 떨어져 있어야 하므로 위치에 상관관계가 있음을 시사한다.

8.6 3차원 간섭

3차원 물체에 의한 프라운호퍼 회절은 물질의 구조를 원자 크기 수준까지 들여다 볼 수 있게 하여 현대 과학의 발전에 아주 큰 공헌을 했다. 가장 중요한 쓰임새는 결정에 의한 엑스선 회절이다. 3차원 물체의 회절은 1차원이나 2차원 물체의 회절을 그냥 확장한 것이 아니다. 지금까지 전개한 이론에서는 회절무늬를 경계값 문제의 풀이로서 설명했다: 구멍에 들어온 빛이 하위헌스 원리에 따라 퍼져가고, 이것을 수식으로 정리한 것이 키르히호프-하위헌스 회절이론이다. 빛을 산란시키는 물체가 3차원적이면, 경계조건이 너무 많이 정의되어 그에 맞는 회절무늬는 없다. 사실, 푸리에 변환만으로는 회절무늬를 기술할 수 없고, **에발트 공**(Ewald sphere)을 그리는 조건이 더 필요하며, 이 조건은 푸리에 변환의 어떤 부분이 회절무늬를 만드는가를 설명해준다.

8.6.1 결정과 콘볼루션

프라운호퍼 회절 연구의 주된 동기는 결정학에서 비롯되었다. 이 장에서 설명하는 원리를 쓰면 많은 결정구조가 직관적으로 드러난다.

결정은 3차원 격자로서 중성자, 전자, 원자 및 엑스선 등 그 파장이 격자 주기에 맞는 파동을 회절시킨다. 이 모든 파동에 대해 회절의 일반 원리는 같고, 다만 매개변수를 파동의 특성에 맞게 써야 한다. 여기에서는 주로 엑스선 회절에 맞추어 설명한다. 이 이론은 라우에(Max von Laue)가 발전시킨 것으로서 **약한 산란**(weak scattering)에 쓸 수 있다. 약한 산란이란 파동이 결정 속에서 두 번 이상 산란될 확률은 거의 없음을 뜻한다.

결정은 원자가 규칙적으로 배열된 것이다. 엑스선은 전자에 의해서만 산란되므로 엑스선 회절의 관점에서 보면 결정은 주기적으로 배열된 델타함수와 반복적으로 배열된 원자 무리의 전자빌도 함수를 콘볼루션한 것으로 볼 수 있다.[25] 주기적으로 배열된 델타함수가 **결정 격자**(crystal lattice)이고 낱낱의 델타함수와 관련된, 반복되는 공간이 **단위 낱칸**(unit cell)이다. 단위 낱칸 마다 그 속에 든 원자 무리의 위치와 방향은 똑같다. 그러므로, 결정은 단위 낱칸과 결정격자를 콘볼루션한 것으로 볼 수 있다. 그림 8.26은 이러한 개념을 보여주는 2차원 그림으로, 한없이 퍼진 결정에 해당한다. 따라서 결정에 바깥 경계를 나타내는 **모양함수**(shape function)를 곱하여 크기를 제한한다.

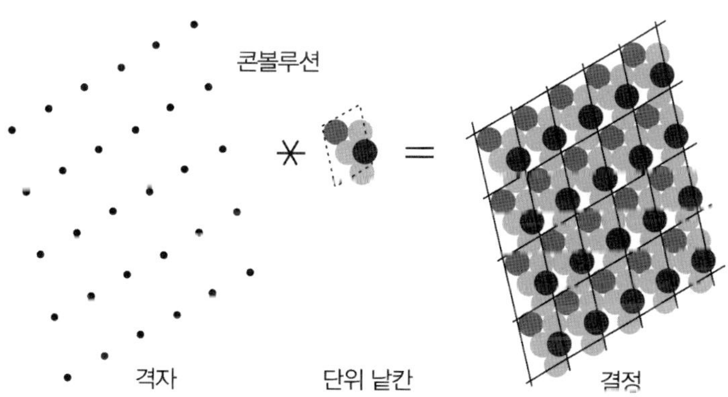

그림 8.26 2차원 결정구조를 격자와 단위 낱칸이 콘볼루션으로 나타낸 것

25) 중성자는 원자핵에 의해 산란되므로 핵물질의 분포를 살펴보려면 중성자 회절 실험을 한다.

그러므로 콘볼루션 정리에서 **결정의 전자밀도의 푸리에 변환은 격자의 변환과 모양 함수의 변환의 콘볼루션에 단위 낱칸의 내용의 변환을 곱한 것**이다. 이것이 엑스선 회절 이론의 핵심이고, 나머지는 가지치기일 뿐이다! 다음 절에서는 결정격자에 의한 회절을 설명하고, §8.8.2에서는 단위 낱칸 속의 원자의 위치를 결정하는 문제를 다룬다.

상자 8.4 예: DNA 사슬에 의한 엑스선 회절

아마도 가장 유명한 비정질 물질의 엑스선 회절무늬는 1952년 프랭클린(Rosalind Franklin)이 사진 찍은 나트륨 - 디엔에이(Na-DNA) 사슬의 회절무늬일 것이다. 왓슨(J. D. Watson)은 "이중나선(*The Double Helix*)"에서 다음과 같이 썼다: '사진을 보자마자 입이 딱 벌어졌고 심장이 뛰기 시작했다. 그 무늬는 앞서 얻은 것('A'꼴) 보다 믿을 수 없을 만큼 단순했다. 더구나, 사진에 선명한 검은 곱표 무늬는 나선구조에서만 나올 수 있는 것이었다.'

이 사진도 지금까지 배운 것을 바탕으로 이해할 수 있다. 먼저 시료는 방향이 같은 사슬이 마구 흩어 진 것이므로, 회절무늬는 0차 무늬만 빼고는 사슬 한 가닥의 회절무늬와 같다. 그런데 0차 무늬는 가렸다. 그 다음 브래그(W.L.Bragg, 1975)가 지적했던 것처럼, 그림 8.27(a)의 회절무늬는 나선을 따라 규칙적으로 배열된 무거운 인(P) 원자가 산란시킨 엑스선이 주로 만드는데, 인 원자의 간격은 z-축 방향으로 d이다. 나선을 옆에서 보면 각도 $\pm\alpha$로 기울어진 실틈

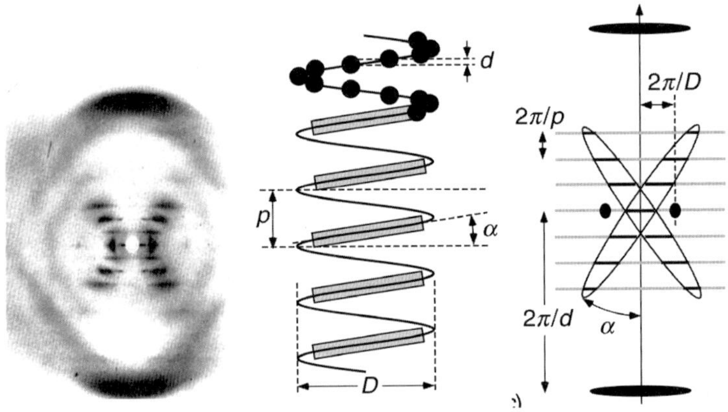

그림 8.27 나트륨–디엔에이 사슬의 엑스선 회절무늬의 해석. (a) 회절무늬. (b) 해석에 쓴 나선의 기본 구조. 기울어진 두 나선중 하나만 보였고, 검은 점은 인(P) 원자를 나타낸다. (c) 회절무늬의 분석.

이 주기적으로 배열된 것처럼 보이며[그림 8.27(b)], 간격은 피치 길이 p이다. 그래서 k_z에 대해 직각방향으로 간격 $2\pi/p$로 주기적으로 나타나는 선에 k_z에 대해 각도 $\pm\alpha$로 기울어진 sinc함수를 곱한 꼴이 나타난다. 또한, z-축을 따라 배열된 염기쌍 속의 인 원자의 규칙적 간격 때문에 $k_z = \pm 2\pi/d$에서 강하게 반사된다. 그림 8.27(c)는 그러한 특징을 보여준다. 그림에서 p/d는 약 10이므로 나사 한 바퀴를 도는 사슬 토막 속에 인 원자가 10개 들어있음을 알 수 있는데, 실제로 그렇다. k_z-축을 따라 밝은 점이 있는 것은 사슬의 가장자리를 따라 늘어선 인 원자가 옆으로 투영되어 $x = \pm D/2$에 원자가 한 줄로 늘어선 것처럼 보이기 때문이다.

8.6.2 3차원 격자에 의한 회절

델타함수의 3차원 격자가 만드는 회절무늬를 살펴보자. 들어오는 빛의 파동벡터는 $\boldsymbol{k}_0$, 회절된 빛의 파동벡터는 $\boldsymbol{k}$라고 하자. 에너지가 보존되려면 두 빛의 진동수가 같아야 하고, 진동수와 파동벡터의 크기는 다음 관계가 있다:

$$\omega_0 = ck \tag{8.60}$$

따라서 $\boldsymbol{k}_0$와 $\boldsymbol{k}$의 크기가 같아야 한다:

$$|\boldsymbol{k}_0| = |\boldsymbol{k}| \tag{8.61}$$

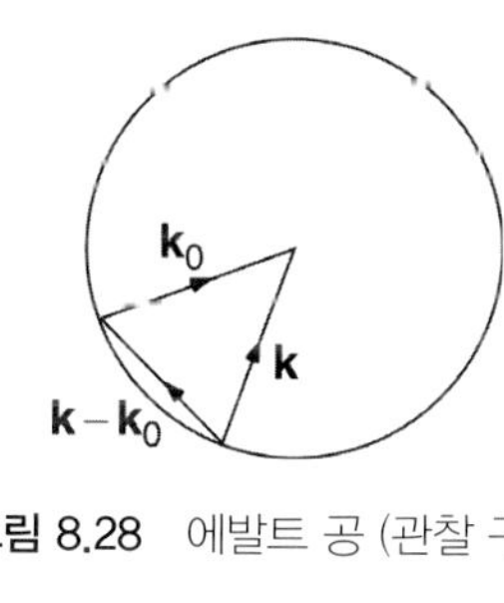

그림 8.28 에발트 공 (관찰 구면).

또는, 빛이 서 있는 격자에서 회절되면 진동수가 바뀌지 않으므로 두 빛의 시간인자 $\exp(-i\omega_0 t)$가 같아야 한다. 이것이 **탄성 산란**(elastic scattering)이다. (8.61)의 조건을 그림으로 나타내면 $\boldsymbol{k}_0$와 $\boldsymbol{k}$를 반지름 벡터로 하는 공을 그릴 수 있는데, 이것이 **에발트 공** 또는 **관찰**

구면(sphere of observation)이다 (그림 8.28). 이 조건에 맞는 회절차수를 브래그 반사라고 하는데, 격자 평면에서 엑스선이 반사된다는 개념은 1912년 브래그(W. L. Bragg)가 도입했다.

탄성 산란: 산란될 때 (광자) 에너지가 변하지 않는다. 비탄성 산란: 산란될 때 포논 등의 들뜸으로 (광자) 에너지를 잃거나 얻는다.

이제 델타함수꼴 점 물체 격자가 산란시킨 빛 전체를 셈하자. 점 $\delta(\boldsymbol{r}-\boldsymbol{r}')$가 산란시키는 빛의 복소진폭은 그곳에 들어오는 빛의 복소진폭에 비례한다: $b_S \exp(i\boldsymbol{k}_0 \cdot \boldsymbol{r}')$. 여기에서 b_S는 산란 세기[26]이다. 이 빛의 $\boldsymbol{k}$쪽 진폭은 다음과 같다:

$$\begin{aligned}\psi &= b_S \exp(i\boldsymbol{k}_0 \cdot \boldsymbol{r}') \exp[i\boldsymbol{k} \cdot (\boldsymbol{r}-\boldsymbol{r}')] \\ &= b_S \exp[i(\boldsymbol{k}_0-\boldsymbol{k}) \cdot \boldsymbol{r}'] \exp(i\boldsymbol{k} \cdot \boldsymbol{r})\end{aligned} \tag{8.62}$$

그러므로, 회절된 빛으로 파동벡터가 $\boldsymbol{k}$인 성분 전체는 (8.62)를 단위 낱칸 벡터가 $\boldsymbol{a}, \boldsymbol{b}, \boldsymbol{c}$인 델타함수 격자의 모든 점 $\boldsymbol{r}'$에 대해 더한 값이다. §4.8에 따라 다음과 같다:

$$f(\boldsymbol{r}') = b_S \sum_{\tilde{h},\tilde{k},\tilde{\ell}=-\infty}^{\infty} \delta(\boldsymbol{r}'-\tilde{h}\boldsymbol{a}-\tilde{k}\boldsymbol{b}-\tilde{\ell}\boldsymbol{c}) \quad (\tilde{h}, \tilde{k}, \tilde{\ell}: \text{정수}) \tag{8.63}$$

$$\begin{aligned}\Psi(\boldsymbol{k}) = b_S \exp(i\boldsymbol{k} \cdot \boldsymbol{r}) &\sum_{\tilde{h},\tilde{k},\tilde{\ell}=-\infty}^{\infty} \\ &\exp[-i(\boldsymbol{k}-\boldsymbol{k}_0) \cdot (\tilde{h}\boldsymbol{a}+\tilde{k}\boldsymbol{b}+\tilde{\ell}\boldsymbol{c})]\end{aligned} \tag{8.64}$$

§4.12에서 본 것처럼, 덧셈의 모든 항의 위상이 2π가 아니면 합은 0이다:

$$(\boldsymbol{k}-\boldsymbol{k}_0) \cdot (\tilde{h}\boldsymbol{a}+\tilde{k}\boldsymbol{b}+\tilde{\ell}\boldsymbol{c}) = 2\pi \cdot s \quad (s: \text{정수}) \tag{8.65}$$

이 식에 대해서는 다음의 시시한 풀이도 있지만, 다른 풀이도 많다:

$$\boldsymbol{k} = \boldsymbol{k}_0 \quad (s=0) \tag{8.66}$$

---

26) b_S가 매우 작으면 다중 산란은 b_S^2에 비례하므로 무시할 수 있다. 엑스선과 중성자 산란에서는 이것이 맞지만 전자산란에서는 그렇지 않다. 다음 책을 보라: Cowley (1995).

8.6.3 3차원 역격자

역격자 벡터는 결정 속 원자 평면 사이의 벡터 거리를 나타낸다.

(8.65)의 다른 풀이는 역격자를 써서 구할 수 있다 (§8.5.5). 역격자점 사이의 벡터 $\boldsymbol{k}-\boldsymbol{k}_0$ 는 (8.65)의 풀이이다. 3차원에서는 역격자 벡터 $\boldsymbol{a}^*$, $\boldsymbol{b}^*$, $\boldsymbol{c}^*$는 4장 부록에서 실공간의 격자 벡터를 써서 다음과 같이 정의했다:

$$\boldsymbol{a}^* = \frac{2\pi}{V}\boldsymbol{b}\times\boldsymbol{c}, \qquad \boldsymbol{b}^* = \frac{2\pi}{V}\boldsymbol{c}\times\boldsymbol{a}, \qquad \boldsymbol{c}^* = \frac{2\pi}{V}\boldsymbol{a}\times\boldsymbol{b} \tag{8.67}$$

여기에서 $V=\boldsymbol{a}\cdot\boldsymbol{b}\times\boldsymbol{c}$는 실공간에서 단위 낱칸의 부피이다.

$\boldsymbol{k}-\boldsymbol{k}_0$ 를 아래와 같이 $\boldsymbol{a}^*$, $\boldsymbol{b}^*$, $\boldsymbol{c}^*$의 정수배의 합으로 나타낼 수 있으면 (8.66)의 합은 발산하고, 그렇지 않으면 0이 된다:

$$\boldsymbol{k}-\boldsymbol{k}_0 = \tilde{h}^*\boldsymbol{a}^* + \tilde{k}^*\boldsymbol{b}^* + \tilde{\ell}^*\boldsymbol{c}^* \quad (\tilde{h}^*, \tilde{k}^*, \tilde{\ell}^*: \text{정수}) \tag{8.68}$$

3차원 역격자는 (8.70)의 점에 배열된 델타함수로 정의된다 (그림 8.29).

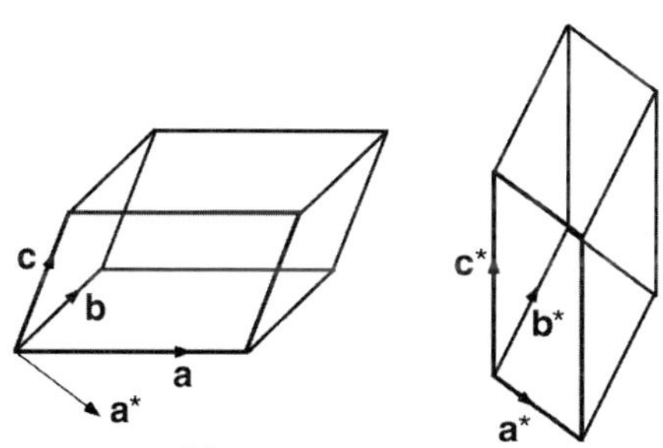

그림 8.29 (a) 결성 격자의 단위 낱칸. (b) 역격자의 단위 낱칸. (a)에서 벡터 $\boldsymbol{a}^*$는 $\boldsymbol{b}$ 및 $\boldsymbol{c}$와 직교한다.

엑스선이 간격 a인 격자평면 무리에서 각도 2θ로 반사되면, (8.61)에서 $k-k_0=(4\pi/\lambda)\sin\theta$이므로 (8.68)은 아래와 같이 잘 알려진 **브래그 회절 법칙**(Bragg law of diffraction)이 된다:

$$2a\sin\theta = \lambda\cdot n \tag{8.69}$$

여기에서 $\tilde{h}^*$를 전통적으로 쓰는 n으로 바꾸었다.

엑스선 회절무늬는 (8.61)과 (8.68)을 둘 다 만족하는 엑스선 빔이 만들며, 이 두 조건을 각각 그림으로 나타낸 것이 에발트 공과 역격자이다. 그러므로, 에발트 공과 역격자를 겹쳐 그리고 둘이 만나는 곳을 찾으면 된다 (그림 8.30). 에발트 공은 역공간의 원점($\boldsymbol{k}-\boldsymbol{k}_0=0$)을 지나고, 그 중심은 $\boldsymbol{k}_0$의 방향이 결정한다. 수학적으로 공과 격자 점이 정확하게 겹칠 확률은 거의 없다; 그렇지만 엑스선 빔은 완벽하게 나란하지도 않고 순수한 단색도 아니므로 공의 두께는 유한하고, 따라서 결정에 의한 회절이 실제로 일어난다 [중요한 점은 시시한 풀이인 (8.66)이 '회절된' — 실제로는 회절되지 않은 — 엑스선 빔이 적어도 하나는 있어 들어온 엑스선 에너지를 실어 나가는 것을 보장한다는 것이다.]

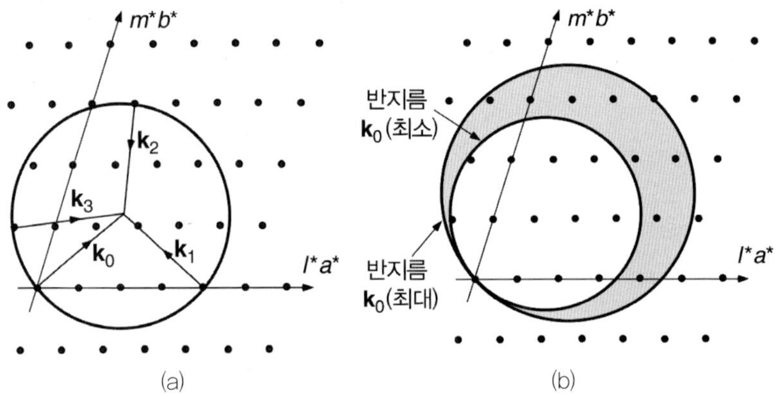

그림 8.30 (a) 에발트 공과 역격자가 만나는 것을 2차원에 그린 것. $\boldsymbol{k}_0$는 들어오는 빛, $\boldsymbol{k}_1$, $\boldsymbol{k}_2$, $\boldsymbol{k}_3$는 회절된 빛의 파동벡터. (b) 빛의 파장대역이 넓으면 $\boldsymbol{k}_0$의 최대값과 최소값에 대한 에발트 공 사이의 회색 영역 속에 있는 역격자점에서 회절된다; 이 때 얻는 회절무늬인 '라우에 사진'을 써서 결정의 구조와 방향을 결정한다 (그림 8.31).

> 그림 8.21에서 단위 낱칸이 복잡한 결정의 회절무늬를 보았다.

여러 파장성분이 든 '흰' 엑스선을 쓰면 회절된 엑스선 빔이 아주 많아서 라우에 사진을 얻는데, 그것은 정량적 해석이 어려워서 주로 정성 분석에 쓴다 (그림 8.31). 들어오는 엑스선의 방향 $\boldsymbol{k}_0$를 조절하고, 결정과 화면의 위치를 맞추면 $\tilde{h}^*$, $\tilde{k}^*$, $\tilde{\ell}^*$ 가운데 하나가 일정한 역격자 단면을 얻을 수 있다. 그림 8.1은 그러한 사진이다.

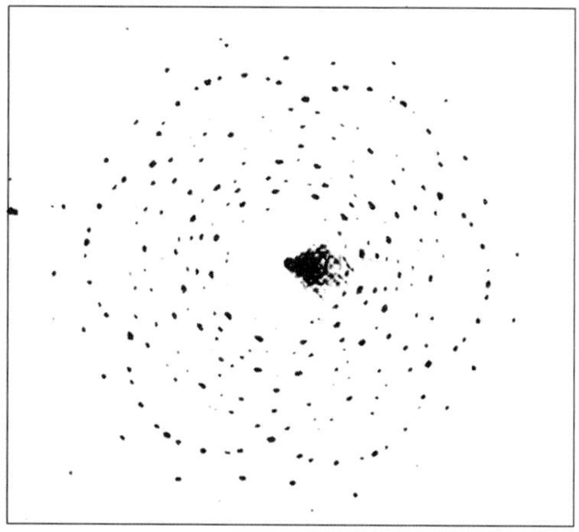

그림 8.31 녹주석(Beryl)의 라우에 사진. 이것은 파장대역이 넓은 '흰' 엑스선을 써서 얻은 회절무늬이다.

8.6.4 결정 전체의 회절

그림 8.1과 그림 8.22를 보면 회절무늬의 세기는 어떤 것은 아주 밝고 어떤 것은 희미하여 차수에 따라 불규칙하게 달라진다. 이러한 변이는 그림 8.21에서 그랬듯이 역격자(간섭함수)에 회절함수 곧 단위 낱칸 속의 원자의 위치의 푸리에 변환을 곱해서 생긴다. 결정학의 주요 작업은 이러한 변이를 해석하는 것이다 (§8.8.2). 엑스선과 중성자 회절에서는 산란이 약하므로 한번만 산란되어 나온다고 보아 셈하면 된다. 전자산란은 이와 다르며, 여러 차례 산란된 파동에 대한 보정을 해야 하는데, 그 결과가 너무 복잡하므로 여기에서는 다루지 않지만 (Cowley, 1995), 회절무늬의 세기가 차수 마다 달라진다. 그림 8.1에서 점의 크기가 유한함을 볼 수 있다. 이것은 장치의 모양 — 엑스선 초점의 크기, 엑스선 빔의 각퍼짐 등 — 때문에 생긴다. 그렇지만 이러한 인자를 셈에 넣어 줄여도, 밝은 점의 크기는 여전히 0이 아닌데, 그 까닭은 결정의 모양 함수 때문이다 (§8.6.1). 이 효과를 보려면 시료가 적어도 한 방향으로 아주 작아야 한다(예: 나노 결정 또는 표면).

8.7 비탄성 산란: 음향광학 효과

음향광학 소자는 레이저 빛살을 훑거나 변조하는데도 쓴다.

약한 산란 한계에서 다룰 수 있는 또 다른 3차원 회절은 **음향광학 효과**(acousto-optic effect)로, 이것은 기본적으로 애초에 밀도가 고른 매질에 음파나 초음파를 주어 굴절률을 사인함수꼴로 변조시킬 때 생긴다. 음향광학 통은 빠른 광학 스위치나 셔터로 많이 쓴다: 소리신호를 통 속의 매질에 넣어 들어오는 빛을 원하는 쪽으로 회절시켜 보낸다. 또한, 회절된 빛의 진동수가 소리의 진동수만큼 이동하므로, 음향광학 소자는 레이저빛의 진동수를 소리의 대역폭 안에서 마음대로 바꿀 수 있다. 소리가 사인함수꼴이 아니면 음향광학 소자는 스펙트럼 분석기로 쓸 수 있다.

특히 간단한 상황은 초음파 평면파가 물과 같이 고른 압축성 매질 속을 진행하는 것이다.[27] 물은 압축성이 유한하므로, 국소 밀도가 초음파의 압력진동에 비례하고, 따라서 굴절률도 다음 식과 같이 진폭 A인, 진행하는 사인파동꼴로 변조된다:

$$n(\boldsymbol{r}) = n_{물} + A\cos(\boldsymbol{q}\cdot\boldsymbol{r} - \Omega t) \tag{8.70}$$

여기에서 $n_{물}$은 대기압에서 물의 굴절률, Ω와 $\boldsymbol{q}$는 각각 초음파의 진동수와 파동벡터이다. 물 속에서 음속은 $v_{소리} \approx 1200$ m/s이므로, 진동수 $\Omega = 2\pi\times 10$ MHz이면 파장 $2\pi/q$는 약 0.1 mm $\gg \lambda_{빛}$이다. 물은 이러한 주기를 가진 3차원 매질이고, $v_{소리} \ll c$이므로, 빛이 보기에 물은 서있는 매질이다.

이러한 매질 속에서 빛이 회절되는 것은 잘 정의된 문제이지만, 정확한 풀이는 구하기 어렵다. 왜냐하면, 들어온 빛은 굴절될 뿐 아니라 회절도 되기 때문이다. 여기에서는 이 문제의 물리적 내용을 보여주는 아주 기본적인 어림법만 설명한다. 더 자세한 설명은 다음 책을 보라: Born & Wolf (1999), Korpel (1997), Yariv (1991).

빛이 3차원 약한 사인함수꼴 격자에서 회절되는 것은 엑스선이 결정에서 회절되는 것과 같은 기법을 써서 다룰 수 있다.[28] 회절격자는 3차원 산란함수 $f(\boldsymbol{r})$로 나타낸다. 물질의 $n-$

---

27) 물은 이러한 효과를 보여주기에 아주 좋다. 고체소자는 $PbGeO_4$와 같은 결정으로 만든다.

28) 빛의 파장은 결정의 원자 간격보다 훨씬 길기 때문에(10^5 배 정도), 결정의 역격자 간격은 여기에서 설명하는 역격자 공간의 영역을 크게 벗어난다.

1은 그것의 밀도에 비례하고(§13.3.1에서 배운다), 산란된 빛의 진폭도 밀도에 비례하므로, 다음과 같이 쓸 수 있다: $f(\boldsymbol{r})=\eta[n(\boldsymbol{r})-1]$. 여기에서 η는 물질의 특성을 나타내는 상수이다.

(8.70)의 변조 진폭은 아주 작아 $A \ll 1$(보통 10^{-6})이므로, 산란함수 $f(\boldsymbol{r})$은 다음과 같이 쓸 수 있다:

$$\begin{aligned} f(\boldsymbol{r}) &= \eta\left[n_{물}-1+A\cos(\boldsymbol{q}\cdot\boldsymbol{r}-\Omega t)\right] \\ &= \eta(n_{물}-1)+\frac{1}{2}\eta A\exp[i(\boldsymbol{q}\cdot\boldsymbol{r}-\Omega t)] \\ &\quad+\frac{1}{2}\eta A\exp[-i(\boldsymbol{q}\cdot\boldsymbol{r}-\Omega t)] \end{aligned} \tag{8.71}$$

이 함수의 푸리에 변환을 역공간 $\boldsymbol{u}$의 함수로 나타내면 다음과 같다:

$$\begin{aligned} F(\boldsymbol{u}) &= (n_{물}-1)\delta(\boldsymbol{u})+\frac{1}{2}iA\,e^{-i\Omega t}\,\delta(\boldsymbol{u}-\boldsymbol{q}) \\ &\quad+\frac{1}{2}iA\,e^{i\Omega t}\,\delta(\boldsymbol{u}+\boldsymbol{q}) \end{aligned} \tag{8.72}$$

이것은 세 개의 델타함수로서, 원점에 강한 것이 있고, 약한 것이 하나씩 $\pm\boldsymbol{q}$에서 진동수 $\pm\Omega$로 진동한다. 들어오는 빛의 시간변화가 $\exp(-i\omega t)$임을 상기하면, 이것은 회절된 빛은 진동수가 각각 ω와 $\omega\pm\Omega$임을 뜻한다.

이 회절문제는 에발트 공을 푸리에 변환 공간에 겹쳐 나타낼 수 있다 (그림 8.32). 먼저 그림 8.32(a)에서는 빛이 $\boldsymbol{q}$에 수직하게 들어오는 것을 보여준다. 이 때는 빛이 옆으로 회절되지 않는다. 빛이 회절되는 입사각은 난 물로서 $\pm\alpha$인데, 그림 8.32(b)는 $+\alpha$를 보여준다. 각도 α는 다음 식에 따라 정해진다:

$$q = \pm 2k_0\sin\alpha \tag{8.73}$$

$q=2\pi/\Lambda$, $k_0=2\pi/\lambda$로 누면 윗식은 다음과 같다:

$$\lambda = 2\Lambda\sin\alpha \tag{8.74}$$

이것은 간격이 Λ인 격자평면[그림 8.32(c)]에 대한 브래그 회절 공식 (8.69)이다.

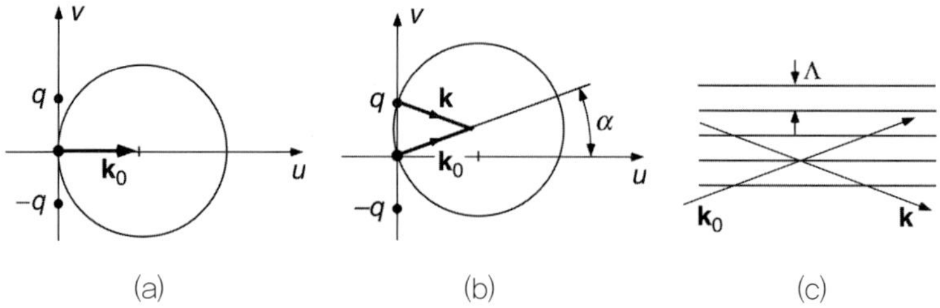

그림 8.32 파동벡터 $\boldsymbol{k}_0$인 빛이 들어와 파동벡터 $\boldsymbol{q}$인 초음파에 의해 회절되는 것에 대한 역공간 그림. (a) 수직입사. (b) 브래그 조건에 맞는 입사각 α. (c) 브래그 법칙으로 해석한 회절

일반적으로 음향광학 실험에서 쓰는 시료 또는 결정의 크기는 소리의 파장보다 훨씬 크지 않을 수도 있다. 그 때는 투과함수에 모양함수(§8.6)를 곱해주어야 하는데, 그 값은 시료 속에서는 1, 밖에서는 0이다. 그때는 푸리에 변환이 세 델타 함수를 모양함수의 푸리에 변환과 콘볼루션한 것이 되어 폭이 유한하게 된다. 그 결과 (8.74)의 브래그 조건이 딱 맞지 않아도 된다.

시료가 $\boldsymbol{q}$에 수직한 쪽으로는 얇은 극단적인 상황에서는 푸리에 변환이 그림 8.33과 같이 그 쪽으로 아주 길어진다. 그러면 빛은 어느 쪽으로나 회절 된다. 이러한 각도는 빛이 비스듬히 들어올 때의 2차원 회절 공식 (8.32)에 맞음을 쉽게 알 수 있다. 이것을 **라만-나쓰**(Raman-Nath) 산란 한계라고 한다. 이 한계에서는 시료를 얇은 위상격자로 보아 회절무늬를 셈할 수 있다. 시료의 두께가 d이면, $\boldsymbol{q}$가 x-쪽이라면 광학두께는 $d[n_{물} + A\cos(qx - \Omega t)]$이므로 시료는 위상분포가 다음과 같은 격자 구실을 한다:

$$f(x) = \exp\{ik_0 d\,[\,n_{물} + A\cos(qx - \Omega t)\,]\,\} \tag{8.75}$$

위상 변화의 진폭이 $k_0 dA \ll 1$이면 테일러 급수 전개식과 푸리에 변환은 다음과 같다:

$$f(x) = \exp(ik_0 d n_{물})\,[1 + ik_0 dA\cos(qx - \Omega t)] \tag{8.76}$$

$$F(u) = \exp(ik_0 d n_{물})\left[1 + \frac{1}{2}ik_0 d\,A\,e^{-i\Omega t}\,\delta(u - q) + \frac{1}{2}ik_0\,A\,e^{i\Omega t}\,\delta(u + q)\right] \tag{8.77}$$

따라서 회절되지 않은 0차 빛살 양쪽에 1차 회절된 약한 빛살이 생긴다. $k_0 dA$가 크면, 푸리에 변환을 해 보면 베셀함수가 나타나며(부록 A) 차수 m으로 회절된 빛살의 진폭은 $J_m(k_0 dA)$이다. 실험을 해 보면 고차 회절된 빛이 세게 나타나는 조건을 맞추기는 쉽다.

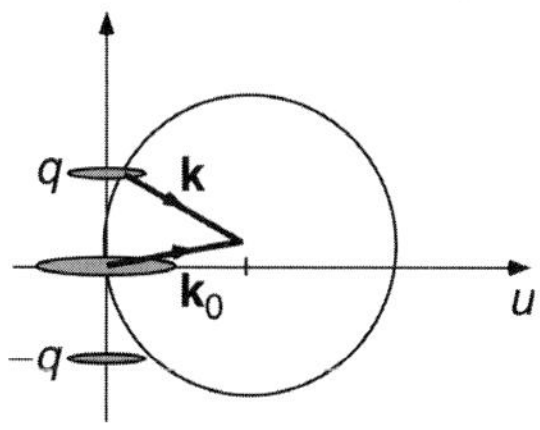

그림 8.33 얇은 시료에서 초음파에 의한 빛을 회절을 나타내는 역공간 그림.

빛은 소리보다 훨씬 빠르므로, 빛이 보기에는 소리가 만드는 회절격자는 실질적으로 서 있다. 그렇지만, 델타함수의 진폭이 $Ak_0de^{\pm i\Omega t}$로 시간의 함수인 것이 실제로 효과를 낸다. 양쪽으로 회절된 빛의 진동수가 $\pm\Omega$만큼 바뀌므로, 예를 들어 간섭을 시키면 줄무늬가 움직인다. 이 진동수 이동은 움직이는 격자에서 빛이 반사될 때 생기는 도플러 효과로 해석할 수도 있고 (문제 8.13), 아니면 포논이 광자에 흡수되거나 나오는 것에 따라 에너지가 보존되는 것으로 해석할 수도 있다.

8.8 고급 주제: 결정학의 위상 복원

위상 복원은 위상 문제에 대한 중요한 해결책이다 (§8.2.1).

회절무늬를 사진이나 다른 에너지 검지기로 기록하면 빛의 위상정보는 사라진다. 회절은 물질의 구조를 살펴보는데 위력적인 방법이므로, 회절무늬를 푸리에 역변환하여 물체의 구조를 곧바로 복원하는 방법을 찾는 것은 아주 바람직하다. 그렇지만, 역변환을 하려면 회절무늬의 복소진폭을 알아야 하는데, 위상정보는 잃어버려 없으므로 역변환을 할 수 없다. 이것이 **위상 문제**(phase problem)로서 그 풀이를 찾는 것이 **위상 복원**(phase retrieval)이며 결정학 및 광학 결상 문제에서 아주 중요하다

원리적으로는 위상 문제에는 일반풀이가 없지만 (회절무늬가 똑같은 함수는 한없이 많다), 실제로는 합리적인 구속조건을 덧붙이면 유일한 풀이가 나오며, 그러한 풀이를 찾는 기법이 개발되었다. 결정학에서 위상복원 문제에 대한 창의적 업적으로 하웁트만(H. A. Hauptman)과 카를(J. Karle)은 1985년에 노벨 화학상을 받았다. 그 결과 오늘날에는 대부분

의 결정의 엑스선 회절무늬 해석은 거의 기술적인 일이 되었고, 다만 아주 복잡한 결정에 대해서는 아직도 보조적인 기법을 써야 한다 (§12.1.5). 가장 어려운 부분은 흔히 결정을 만드는 일이다! 이 절에서는 결정학에서 결정의 회절무늬를 역공간에서만 뽑아내어 위상을 복원해내는 방법에 깔린 착상을 설명한다. §8.9에서는 비슷한 방법을 써서 영상자료로부터 광학계의 위상 오차를 결정한다. 이 방법은 허블 우주 망원경에 적용한 것으로 유명하다.

8.8.1 선험적 정보와 구속조건

위에서 지적했듯이, 풀이를 유일하게 만들려면 구속조건이 필요하다. 결정학에서는 물체 함수는 결정의 전자밀도로서 그 값이 양수이다. 광학계에서 결정해야 할 물체는 조리개 안의 위상분포로서, 진폭분포는 고르다고 가정한다. 둘째 선험적 정보는 물체의 크기에 대한 추정값으로, 결정학에서는 결정의 단위 낱칸의 크기(역격자 점에서 알 수 있다)와 그 속에 든 원자의 수이다; 광학계에서는 조리개의 크기와 모양이다.

8.8.2 결정학의 직접 방법

엑스선 회절무늬의 세기분포에서 결정구조를 구하는 것을 **직접 방법**(direct method)이라고 하며, §12.1.5에서 개요를 설명하는 **중원자 방법**(heavy-atom method)과 같이 정보가 더 필요한 다른 기법과는 구별해야 한다. 이들이 처음 제시된 것은 1950년쯤이지만, 아주 많은 셈을 해야 하므로 고성능 컴퓨터가 나온 1970년대부터 개발되었다. 이 절에서는 직접 방법의 배경이 되는 착상을 간단한 예를 들어 설명한다. 이 분야에 대한 총설 논문이 두 편 있다: Woolfson (1971), Hauptman (1991).

§8.6에서 결정은 분자(또는 기하학적으로 잘 정의된 분자무리)의 전자밀도와 결정격자의 콘볼루션으로 기술할 수 있음을 보았다. 분자의 전자밀도의 회절무늬는 역격자 점에서 뽑는다. 회절점의 간격과 방향을 따져보면 역격자, 따라서 실격자는 쉽게 결정할 수 있다.

(8.68)에 따라 다음과 같은 역격자점 $\boldsymbol{h}$

$$\boldsymbol{h} = \tilde{h}^* \boldsymbol{a}^* + \tilde{k}^* \boldsymbol{b}^* + \tilde{\ell}^* \boldsymbol{c}^* \tag{8.78}$$

에서의 회절무늬의 진폭은 단위 낱칸 속의 $\rho(\boldsymbol{r})$의 3차원 푸리에 변환이다:

$$F(\boldsymbol{h}) = \frac{1}{V}\iiint d^3\boldsymbol{r}\,\rho(\boldsymbol{r})\exp(-i\boldsymbol{h}\cdot\boldsymbol{r}) \tag{8.79}$$

세포 속에 원자가 N개 들어있고, 원자마다 핵 주위의 전자밀도가 $Zs(\boldsymbol{r})$이라고 하자. 여기에서 $s(\boldsymbol{r})$은 '전형적인' 원자의 모양을 나타낸다.[29] 원자의 차이는 여기에서는 원자번호 Z가 결정한다. 그러면 전자밀도 ρ는 $s(\boldsymbol{r})$과 원자의 위치 $\boldsymbol{r}_j$에 있는 N개의 델타함수의 콘볼루션이다. 여기에서 j-번째 델타함수의 크기는 Z_j이다. 그러면 (8.79)는 다음과 같이 쓸 수 있다:

$$F(\boldsymbol{h}) = S(\boldsymbol{h})\sum_{j=i}^{N} Z_j\exp(-i\boldsymbol{h}\cdot\boldsymbol{r}_j) \tag{8.80}$$

여기에서 $S(\boldsymbol{h})$는 $s(\boldsymbol{r})$의 푸리에 변환이며, 매끄럽고 잘 알려진 함수이다. 끝으로, 역격자점 $\boldsymbol{h}$에서의 회절무늬의 세기분포는 $|F(\boldsymbol{h})|^2$ 이다:

$$|F(\boldsymbol{h})|^2 = |S(\boldsymbol{h})|^2\left|\sum_{j=i}^{N} Z_j\exp(-i\boldsymbol{h}\cdot\boldsymbol{r}_j)\right|^2 \tag{8.81}$$

$$= |S(\boldsymbol{h})|^2\sum_{j=i}^{N}\sum_{k=i}^{N} Z_jZ_k\exp[-i\boldsymbol{h}\cdot(\boldsymbol{r}_j-\boldsymbol{r}_k)]$$

(8.81)에서 낱낱의 위치 j에서 미지수가 넷이다: Z_j와 $\boldsymbol{r}_j$의 세 성분. 그리고 j의 값은 N개이다. 따라서 미지수는 총 $4N$개이다. 그러므로, $4N$개의 $\boldsymbol{h}$에서 $|F(\boldsymbol{h})|^2$ 을 재면, 원리적으로는 모든 변수의 값을 결정할 수 있는 정보를 가진 셈이다. 이러한 수의 값은 잴 수 있고, 더 많이 잴 수도 있다. 따라서 이 문제는 풀 수 있을 뿐 아니라, 과다 결정된 문제일 수도 있다. 따라서 문제는 풀이를 어떻게 찾는가이다.

앞으로 할 설명은 착상을 분명히 이해할 수 있게 복잡한 수학을 쓰지 않고 요점 몇 가지에 집중한다. 그래서 분자는 N개의 똑같은 원자로 되어 있고, 낱낱의 원자는 점으로 나타낸다. 따라서 Z_j는 모두 똑같고, 원자는 델타함수로 나타내므로, $S(\boldsymbol{h})=1$이다. 이제 다음과 같은 두 함수 $\rho(\boldsymbol{r})$과 $\rho^2(\boldsymbol{r})$을 살펴보자:

---

29) '전형적인' 원자의 '모양'은 여기에서는 편의상 도입했을 뿐 꼭 필요한 개념은 아니다.

$$\rho(\boldsymbol{r}) = \sum_{j=i}^{N} \delta(\boldsymbol{r} - \boldsymbol{r}_j) \tag{8.82}$$

$$\rho^2(\boldsymbol{r}) = \beta \sum_{j=i}^{N} \delta(\boldsymbol{r} - \boldsymbol{r}_j) \tag{8.83}$$

첫째 함수는 값을 양수로 정하고(§8.8.1), 둘째 함수는 값이 당연히 양수이다.[30] (8.82)의 푸리에 변환은 $F(\boldsymbol{h})$이고, (8.83)의 푸리에 변환은 그것의 자체상관이다:

$$F(\boldsymbol{h}) \otimes F^*(-\boldsymbol{h}) = \sum_{\boldsymbol{k}} F(\boldsymbol{k}) F^*(\boldsymbol{k} - \boldsymbol{h}) \tag{8.84}$$

또한 (8.82)와 (8.83)에서 $\rho^2(\boldsymbol{r}) = \beta\rho(\boldsymbol{r})$이므로, (8.84)는 다음과 같다:

$$\beta F(\boldsymbol{h}) = \sum_{\boldsymbol{k}} F(\boldsymbol{k}) F^*(\boldsymbol{k} - \boldsymbol{h}) \tag{8.85}$$

이것은 점 원자의 **세이어 방정식(Sayre's equation)**이다. 이제 낱낱의 $F(\boldsymbol{h})$를 진폭과 위상의 곱으로 인수분해하자: $F(\boldsymbol{h}) = E(\boldsymbol{h}) \exp[i\phi(\boldsymbol{h})]$. 그리고서 (8.85)의 양쪽에 $F^*(\boldsymbol{h})$를 곱하면 다음 식을 얻는다:

$$\begin{aligned} \beta E^2(\boldsymbol{h}) &= \sum_{\boldsymbol{k}} E(\boldsymbol{h}) E(\boldsymbol{k}) E(\boldsymbol{k} - \boldsymbol{h}) \\ &\quad \times \exp\{i[-\phi(\boldsymbol{h}) + \phi(\boldsymbol{k}) - \phi(\boldsymbol{k} - \boldsymbol{h})]\} \end{aligned} \tag{8.86}$$

이 풀이에 대한 좋은 어림값을 얻는 실제적인 방법은 $\beta E^2(\boldsymbol{h})$의 값이 양수임을 쓰는 것이다.

회절무늬를 재면 여러 $\boldsymbol{h}$에서 $E(\boldsymbol{h})$의 값을 얻는다. ρ가 실수이면 $F(\boldsymbol{h}) = F^*(-\boldsymbol{h})$임을 상기하자 (§4.2.1). 따라서 $E(\boldsymbol{h}) = E(-\boldsymbol{h})$, $\phi(\boldsymbol{h}) = -\phi(-\boldsymbol{h})$이다. 위상을 결정하는 방법은 다음과 같고, 그림 8.34의 예를 써서 할 수 있다. 먼저, 위상 ϕ의 실제의 값은 단위 낱칸의 원점에서 결정되며, 그것은 분자의 대칭성을 따지면 더 좋은 곳이 있지만, 원리적으로는 어디든 잡을 수 있다. 그러므로, 3차원 공간에서는 한 줄에 늘어서지 않은 (보통은 가장 밝은) 세 회절점 $\boldsymbol{h}_1, \boldsymbol{h}_2, \boldsymbol{h}_3$을 골라 위상을 0으로 잡는다. 또한, 분자가 중심 대칭꼴이면, 대칭성의 중심을 원점으로 잡으면 모든 위상은 0 또는 π가 된다. 이제 그림 8.34(b)처럼 측정한 모든 $\boldsymbol{h}$와

30) 인자 β는 $\delta(x)$와 그것의 제곱 — 무엇인지 모르지만 값은 분명히 양수이다 — 의 관계를 나타낸다. 그 값은 여기에서 중요하지 않다. 델타함수는 실제 원자를 나타내는 수학적 기호임을 기억하자.

$\boldsymbol{k}$에 대해 $E(\boldsymbol{h})E(\boldsymbol{k})E(\boldsymbol{k} \pm \boldsymbol{h})$ 의 표를 만들고, 이들 중 값이 가장 큰 것을 고른다. (8.86)의 값이 양수가 되려면, 가장 큰 항이 덧셈 값에 양수로 더해져야 한다. 그러면 위상의 합은 0이 된다:

$$\phi(\boldsymbol{h}) \pm \phi(\boldsymbol{k}) \doteq \phi(\boldsymbol{h} \pm \boldsymbol{k}) \tag{8.87}$$

여기에서 기호 $\doteq$ 는 '같을 것으로 기대함'의 뜻이다. 이 식에 들어있는 세 벡터 가운데 하나 이상의 위상이 0일 가능성이 크다. 이 과정을 표에서 아래로 내려가면서 되풀이하면 위상 사이의 관계가 나오는데, 그 신뢰성은 세겹곱 $E(\boldsymbol{h})E(\boldsymbol{k})E(\boldsymbol{k} - \boldsymbol{h})$ 의 값에 따라 결정된다. 이로부터 모든 위상을 위상이 0인 것으로 고른 것과 몇 개의 두드러지게 밝은 점의 위상 a, b, c, $\cdots$ 으로 결정된다.

그 다음에는 알고 있는 진폭과 추정한 위상을 써서 물체를 복원한다. 이 가운데 일부는 마음대로 기호를 정했기 때문에 그 기호를 여러 가지로 바꾸며 복원을 여러 차례 해보아야 한다. 복원된 물체에서 음수인 부분이 가장 적고 선험적으로 기대하는 물체의 구조(원자의 수, 결합의 길이 등)에 가장 가까운 것이 나오는 위상값 집합이 대략 맞다고 가정한다. 이 대략 맞는 구조에서 전자밀도가 음수인 곳을 모두 0으로 바꾸어 다시 푸리에 변환하면 위상값이 개선된다. 이렇게 셈한 위상을 다시 측정한 진폭과 함께 써서 더 나은 구조를 찾아낸다. 이 과정을 원하는 정확도를 얻을 때까지 되풀이한다. 이 과정은 1차원 보다는 2차원이나 3차원에서 더 효율적인데, 그 까닭은 차원이 높아지면 구속조건이 더 많아지기 때문이다.

8.8.3 직접 방법의 예: 중심-대칭 결정

위에서 설명한 방법은 현대 결정학에서 아주 중요하므로, 그림 8.34과 같은 간단한 1차원 예를 들어 보여주겠다.

이 예에서는 똑같은 점 원자 6개가 x의 영역 (1, 16) 안에 $x=8$을 중심으로 좌표가 정수인 곳에 대칭꼴로 있다. 이것이 측정한 회절진폭에 덧붙은 선험적 정보이다 [그림 8.34(a)]. 중심대칭성에 따라 위상은 0 또는 π(곧, 부호가 + 또는 −)이다 . 1차원에서는 (원점을 빼고) $h=7$에 있는 가장 밝은 회절무늬에 마음대로 + 부호를 붙인다; 다른 세 개의 밝은 점의 위상은 $h=11$에는 a, $h=9$에는 b, $h=8$에는 c로 잡는다. 그림 8.34(b)는 세겹곱 $E(\boldsymbol{h})E(\boldsymbol{k})E(\boldsymbol{h} - \boldsymbol{k})$ 를 그림으로 보여주는데, 값이 가장 큰 것이 가장 밝은 화소이다. (8.87)을 써서 최대한 많은 밝은 점($h=4, 5, 7, 8, 9, 11, 12$)의 위상을 a, b, c로 나타낸다. a, b, c 각각에 +또는 −를 붙여 위상을 정하고, 알고 있는 $E(h)$의 값과 함께 변환하면 애초의 함수에 대한 8가지 다른 복원상이 나온다. 그림 8.34(c)는 복원한 모습과 애초의 함수를 보여준다. 애초의 함수를 몰라도, $a=-$, $b=+$, $c=-$로 잡는 것이 어두운 배경에 가장 선명한 점을 만드는 것을 알 수 있다. 이것을 출발점으로 삼아 반복법을 쓰면 나머지 회절점의 위상을 결정할 수 있다.

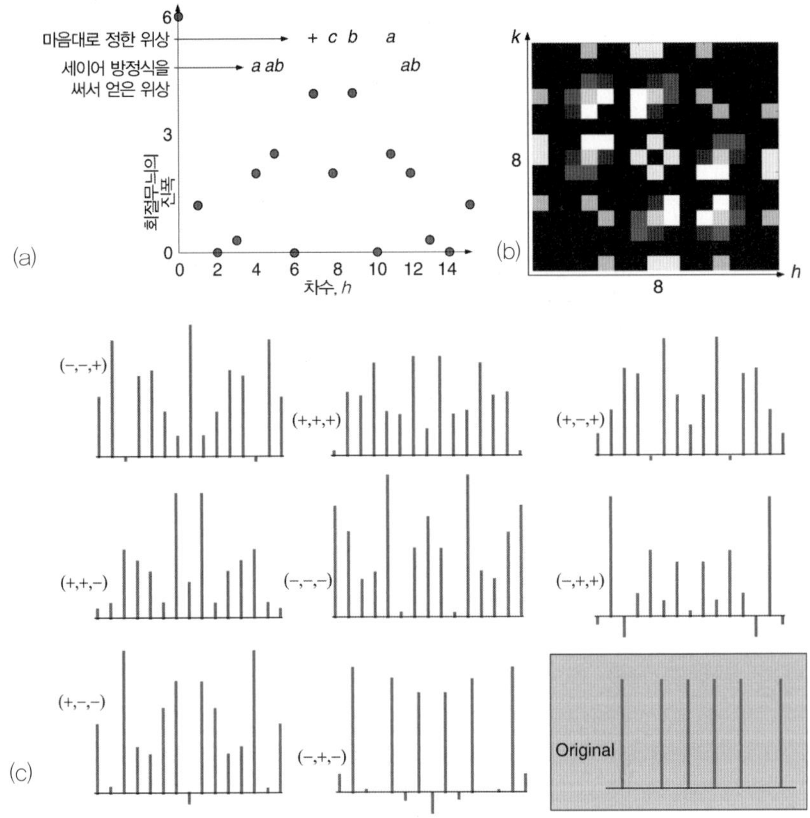

그림 8.34 결정학의 직접 방법으로 구조를 구하는 예: 6개의 원자가 중심대칭꼴로 배열된 결정. (a) 회절무늬의 진폭 $E(h)$을 16개의 역격자점에서 관찰한 것. (b) 세겹곱 $E(h)E(k)E(h-k)$를 그림으로 나타낸 것. 흰 곳의 값이 가장 크다. 세 점의 위상은 마음대로 a, b, c로 정하고, 다른 점의 위상은 (8.87)을 써서 결정한다. (c) 애초의 물체 및 회절무늬를 써서 복원한 물체. a, b, c의 값을 ±1로 잡아 8가지 경우에 대한 결과. (−,+,−)가 선험적 조건과 가장 잘 맞는다: 똑같은 원자가 6개 있고, 값이 모두 양수이다.

8.9 고급 주제: 광학계의 위상 복원: 허블 우주 망원경과 코스타

1990년 허블 우주 망원경을 쏘아 올린 뒤, 지름 2.4 m인 주거울의 수차가 예상보다 커서 상이 번짐을 발견했다. 그래서 점 모양인 별의 상이 번진 것을 분석하여 수차의 정확한 꼴을 알 수 있는가가 문제가 되었는데 (그림 8.35), 수차를 알면 수차 보정기를 만들어 달 수 있다. 번진 상은 본질적으로 조리개를 위상 마스크로 본 회절무늬로, 그 위상값이 수차를 나타낸다. 이 절에서는 위상복원법으로 수차를 구하는 방법을 설명한다.

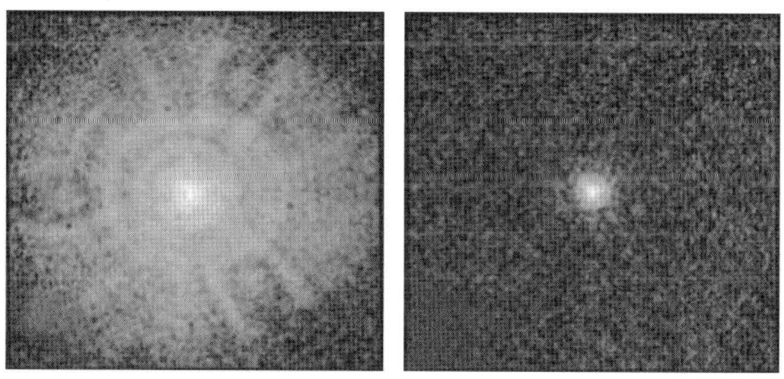

(a) (b)

그림 8.35 허블 우주 망원경으로 잡은 외톨이별의 단색 상. (a) 코스타 (COSTAR)로 수차를 지우기 전. (b) 수차를 지운 뒤.

1990년 허블 우주 망원경의 수차 보정기를 설계할 때 위상 복원을 썼다.

첫 영상을 얻은 뒤, 수차가 실린 별의 상의 사진을 근축 초점 근처의 여러 평면에서 찍어 여러 연구진에 보내어 저마다 다른 방법으로 수차를 구하게 했다. 연구진 가운데 하나는 위상복원법을 썼다[Fienup 등 (1993)]. 여러 연구진이 얻은 결과가 제법 잘 맞아서 확신을 가지고 수차 보정기 코스타(COSTAR)[31]를 설계했고, 1994년 쏘아 올린 우주왕복선에 실어 설치하여, 망원경이 회질한계 성능을 내게 하는데 성공했다. 확실히 이 망원경은 지금까지 만든 것 가운데 가장 비싸다! 수차함수를 구하는데 쓴 여러 가지 분석법에 관한 자세한 내용은 Applied Optics 32, 1993의 특별호에 실린 논문에 있다.

위상을 찾는 기본 알고리즘은 거쉬버그(Gershberg)와 색스턴(Saxton)이 개발한 것으로 마스크의 경계와 회절무늬의 세기분포에서 마스크의 투과함수를 끌어낸다 (Gershberg &

31) 허블 우주 망원경 보정기(Corrective Optics Space Telescope Axial Replacement).

Saxton, 1972). 이것을 애초에 개발한 목적은 초점이 어긋난 전자현미경 영상에서 위상차 영상을 얻고자 한 것으로서 푸리에 변환이 아니라 프레넬 변환을 쓰며 (Misell, 1973), 그 뒤의 발전에 관해서는 다음 논문을 보라: Fienup (1982).

허블 우주 망원경의 문제에서는, 구멍의 위상수차를 모르므로, 파장 λ인 빛이 투과함수가 다음과 같은 마스크에서 프라운호퍼 회절되는 것을 살펴본다:

$$f(x, y) = a_0(x, y)\exp[\,i\phi(x, y)\,] \tag{8.88}$$

$a_0(x, y)$의 값은 조리개 구멍 안쪽에서는 1, 밖에서는 0이며, $\exp[\,i\phi(x, y)\,]$는 수차를 나타낸다.[32] 점 퍼짐 함수(§12.2.1)는 마스크의 투과 함수의 푸리에 변환의 세기 $|F_0(u, v)|^2$ 로 기술되며, 먼 외톨이 별의 상의 사진을 찍어 얻는다. 망원경의 초점을 어긋나게 하면, 상평면이 초평면 $z=L$에서 축방향으로 Δ 만큼 움직여 위상이 나타나는데, (근축 한계 안에서) 상평면 좌표의 2차항에 비례한다 : $\exp\left[\frac{1}{2}ik_0(x^2+y^2)\left(\frac{1}{L+\Delta}-\frac{1}{L}\right)\right]$.

그림 8.35(a)는 수차가 있는 상의 예이다. 문제는 Δ에 대한 밝기 $|F|^2$의 변화를 알고, $|F_0(u, v)|^2$와 $a_0(x, y)$에서 $\phi(x, y)$를 끌어내는 것이다.

그 방법은 반복 알고리즘으로서 a_0와 $|F_0|$ 를 구속조건으로 삼아 마스크와 상의 변환을 되풀이한다: 먼저 위상함수 ϕ_1을 적당히 잡는데, 대칭성이 없도록 주의한다 (그렇지 않으면 풀이에 대칭성이 실린다):

$$f_1(x, y) = a_0(x, y)\exp[\,i\phi_1(x, y)\,] \tag{8.89}$$

이 함수의 푸리에 변환 $F_1(u, v)=|F_1(u, v)|\exp[i\Phi_1(u, v)]$을 셈하여, 크기 $|F_1(u, v)|$를 알고 있는 값 $|F_0(u, v)|$(상의 세기분포의 제곱근)으로 바꾼다. 새 함수 $F_1'(u, v)=|F_0(u, v)|\exp[i\Phi_1(u, v)]$를 역변환하여 구멍함수에 대한 새로운 추정함수를 얻는다: $f_2'(x, y)=a_2(x, y)\exp[\,i\phi_2(x, y)\,]$. 크기 a_2를 다시 a_0로 바꾼 새 함수 $f_2(x, y)=a_0(x, y)\exp[\,i\phi_2(x, y)\,]$를 (8.89)의 f_1에 바꾸어 넣는다. 이 과정을 안정된 풀이를 얻을 때까지 되풀이한다 (그림 8.36). 이렇게 얻은 풀이가 옳다는 것을 판단하는 기준은 알려진 상을

---

32) 허블 우주 망원경의 조리개는 가운데가 막혀 있고 광축에서 조금 벗어나 있다.

잡음 한계 안에서 재생하는 것이다. 그렇지만, 옳은 풀이가 아직 나오지 않았는데도, 프로그램은 어떤 어림 풀이에서 계속 머물러 셈을 되풀이해도 나아지지 않을 수 있다. 이 문제는 초점에서 벗어난 상($\Delta \neq 0$)을 써서 해결한다. 이 상의 자료 $F(u, v)$는 (u, v) 평면에서 더 넓은 영역에 퍼져 있으므로, 그 결과는 더 믿을 수 있다.[33] 정해준 만큼 초점에서 벗어나 생긴 2차 위상분포는 나중에 해석적으로 지울 수 있다. 가장 믿음직한 결과를 얻는 방법은 사실 하나의 알고리즘에서 여러 Δ값에 대한 자료를 써서 반복할 때 Δ값을 주기적으로 바꾸는 것이다. ϕ_n이 $|F_0(u, v)|^2$ 를 잡음 수준 안에서 재생하며 안정되면, 수차의 모양은 결정된 셈이고, 다른 방법으로 구한 결과와 비교할 수 있다 [Barrett & Sandler (1993)].

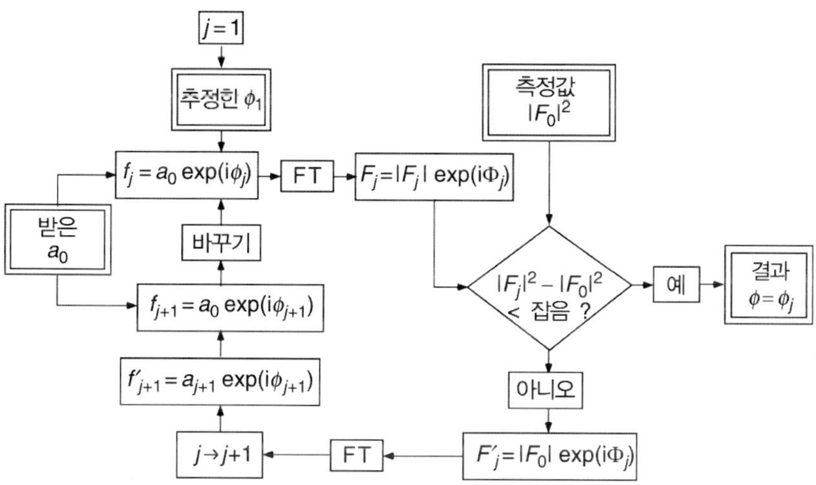

그림 8.36 위상 복원 알고리즘.

그림 8.37은 알고리즘의 성능을 보여주는데, 사진기의 수차에 대한 점 퍼짐 함수를 먼저 셈하고, 그것을 써서 위의 알고리즘에 넣어 조리개의 위상오차를 복원했다. 코스타에서 수차를 지우는데 쓴 광학계에 관해서는 자세히 설명하지 않았지만, 수차를 지운 뒤에 얻은 멋진 상(그림 8.38)은 이 기법의 위력을 증명해준다.

---

33) 천체물리학자들은 같은 이유로 망원경을 정렬할 때 흔히 초점에서 벗어난 외톨이별의 상을 이용한다.

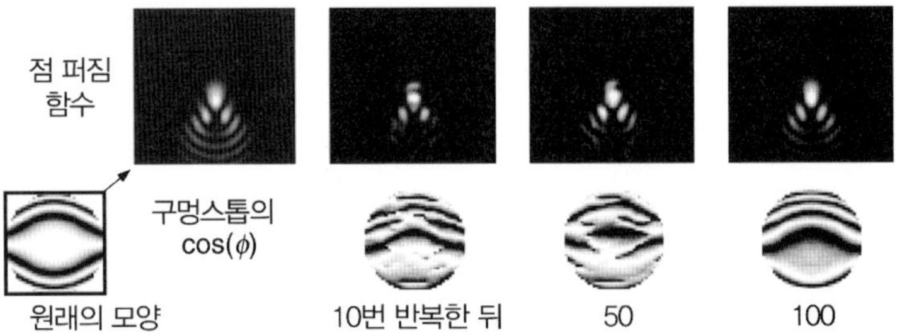

그림 8.37 둥근 구멍의 위상복원을 보여주는 전산시늉의 예: 원래의 구멍에는 3차 코마가 있고, 점 퍼짐 함수를 잰 것은 사진과 같다. 알고리즘은 마구 추정한 위상분포에서 시작하여, 반복법으로 위상 함수를 찾아낸다. 오른쪽은 복원한 함수와 원래의 구멍의 차이로서 상수이므로 점 퍼짐 함수에는 영향이 없다.

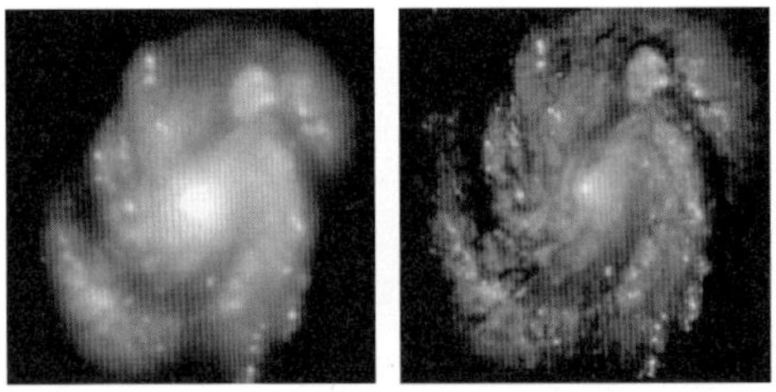

그림 8.38 허블 우주 망원경으로 얻은 M100 은하계 중심의 두 영상 비교: 보정기를 달기 전(a)과 단 뒤(b).

상자 8.5 엑스선 현미경에서 쓴 위상 복원

최근 위상복원에 성공한 또 다른 분야는 엑스선 현미경으로 주기성이 없는 작은 생체 조직의 엑스선 산란 무늬에서 직접 상을 만든다. 생체조직은 결정이 아니므로 §8.9의 방법을 써야 한다 (Shapiro 등, 2005). 이 때 쓴 개체는 흡수 및 위상구조를 모두 가지고 있으며, 따라서 회절무늬는 중심 대칭꼴이 아니다. 물체의 경계가 (복원 과정에서 적절히 맞추어) 명확히 정해지고, 무늬의 세기분포를 충분히 촘촘히 뽑아내면 위상복원을 통해 흡수와 위상을 모두 결정할 수 있다. 그러려면 비추는 엑스선 빔의 지름을 시료보다 상당히 크게 잡아야 하는데, 필요한 공간 주파수 분해능보다 회절에 의한 퍼짐을 작게 만들어야 하기 때문다. 이 방법을 쓰려면 산란된 엑스선 자료의 신호 대 잡음비가 아주 커야 하고 동적 범위도 넓어야 하는데, 이것은 엑스선 노출량을 바꾸어가며 사진을 여러 장 찍어 평균값을 내서 쓴다. 그림 8.39는 이 방법을 써서 얻은 효모 세포의 상인데, 그 결과를 고리판(§7.2.5)을 써서 모은 엑스선 빔을 훑어 얻은 흡수상과 비교했다. 분해능을 더 높이고자 엑스선 훑기와 위상복원의 두 기법을 함께 써서 일련의 작은 영역에 대한 회절무늬를 분석하기도 했다 (Thibault 등, 2008).

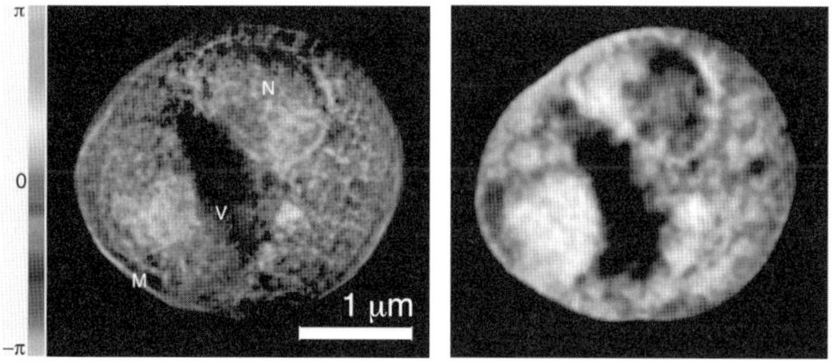

(a) (b)

그림 8.39 (a) 효모 세포의 위상 영상. 750 eV 엑스선 영상을 위상 복원하여 얻은 것으로 분해능은 30 nm이다. (b) 엑스선을 훑어 얻은 흡수도를 보여주는 영상. 애초의 색채 영상 (a)는 흡수와 위상 자료가 모두 나오지만, 이 회색 사진에는 주로 위상자료만 나온다.

요약

이 장에서는 2차원 및 3차원 물체에 의한 프라운호퍼 회절의 원리를 설명했다:

- 프라운호퍼 회절 무늬를 수학적으로 기술하면 푸리에 변환이다.
- 변환의 세기분포만 관찰하면, 위상정보는 모두 잃는다. 그래서 회절무늬를 해석할 때 중요한 잃어버린 위상을 복원해야 하는 '위상문제'가 생긴다.
- 몇 가지 진폭 마스크에 의한 회절을 예로 들어 셈했고, 물체함수가 실수이면 이들은 모두 중심 대칭성이 있다.
- 위상 마스크에 의한 회절의 예를 몇 가지 보았는데, 이들은 중심 대칭성이 없다.
- 간섭무늬를 기본요소의 회절무늬와 간섭함수의 콘볼루션으로 설명하는 방법을 배웠다.
- 3차원 회절에서는, 회절무늬가 3차원 푸리에 변환을 에발트 공으로 뽑아내는 것으로 나타나는데, 이것은 광자 에너지가 보존되는 조건 속에서 생기는 모든 회절조건을 나타낸다.
- 3차원 푸리에 변환은 엑스선 및 중성자 결정학의 바탕이다.
- 음향광학 효과를 3차원 회절로 나타낼 수 있었다. 빛이 소리와 에너지를 주고받을 수 있으므로 이 때는 광자 에너지가 보존되지 않는다.

• 위상 복원의 예를 배웠다. 이것은 회절무늬의 세기분포와 물체에 대한 선험적 정보를 바탕으로 위상문제를 알고리즘을 써서 푼다. 이 방법을 써서 풀어낸 문제 두 가지를 예로써 배웠다: 하나는 엑스선 회절무늬의 해석이고, 다른 하나는 허블 우주 망원경의 수차 보정기 설계이다.

문제

이 문제의 회절무늬는 모두 프라운호퍼 회절무늬이고, 값을 셈할 때는 $\lambda = 0.5\ \mu$m으로 잡아라.

8.1 간격이 고른 네 실틈의 회절무늬를 다음 사항을 고려하여 구하라:
(a) 실틈 한 쌍의 쌍
(b) 겹 실틈을 가운데 두고, 간격이 세 배인 겹실틈이 겹쳐진 것.
두 방법 모두 같은 답이 나옴을 보여라.

8.2 네모꼴 고리의 회절무늬를 큰 네모꼴의 회절무늬에서 작은 네모꼴의 회절무늬를 빼어 구하라.

8.3 다음과 같이 배열된 바늘구멍 네 개의 회절무늬를 역격자 개념을 써서 구하라: $(x, y) = (a, 0), (-a, 0), (b, a), (-b, -a)$.

8.4 5×3개 배열된 작은 둥근 구멍의 회절무늬를 구하라. 이제 구멍을 가로, 세로로 하나씩 건너 투과함수의 위상이 π인 투명판으로 덮으면 회절무늬는 어떻게 되는가?

8.5 장축과 단축의 길이가 $2a$와 $2b$인 타원 구멍의 회절무늬를 구하라.

8.6 프라운호퍼 회절무늬를 보는 그림 8.2의 장치에서 마스크 평면 R에 폭 1 mm인 실틈을 두면 초평면 F에 생기는 회절무늬의 폭이 1 mm이다. 렌즈 D의 유효초점거리는 얼마인가? 렌즈 두 장으로 초점거리가 이와 같은 망원사진렌즈를 꾸미는 방법을 설명하라.

8.7 그림 8.40의 20개의 구멍에 대한 회절무늬가 그림 8.41이다. 모든 사진의 눈금은 같지만, 노출시간은 다르다. 구멍에 맞는 회절무늬를 짝지우고, 정확한 방향을 구하라.

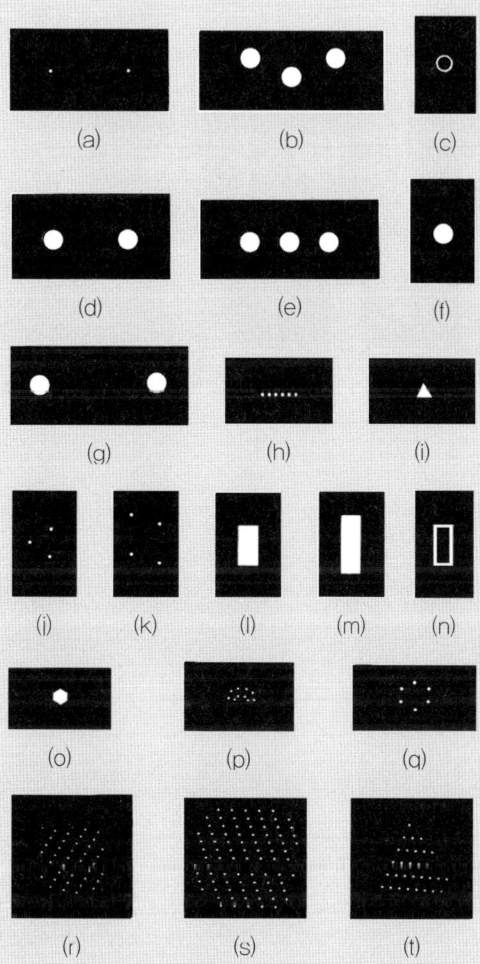

그림 8.40 문제 8.7의 마스크

그림 8.41 문제 8.7의 회절무늬.

8.8 중심대칭 마스크의 회절무늬의 세기분포를 쟀다. 이로부터 마스크의 투과함수가 실수인가를 알아낼 수 있는가?

8.9 그림 8.42는 5개의 회절무늬와 세모꼴 구멍 한쌍으로 된 4개의 마스크를 보여준다. 회절무늬와 마스크를 짝지워라. 5번째 세모꼴 구멍 쌍은 그림에 없는데, 어떤 모양일까? 대칭성이 있는 풀이는 둘이다.

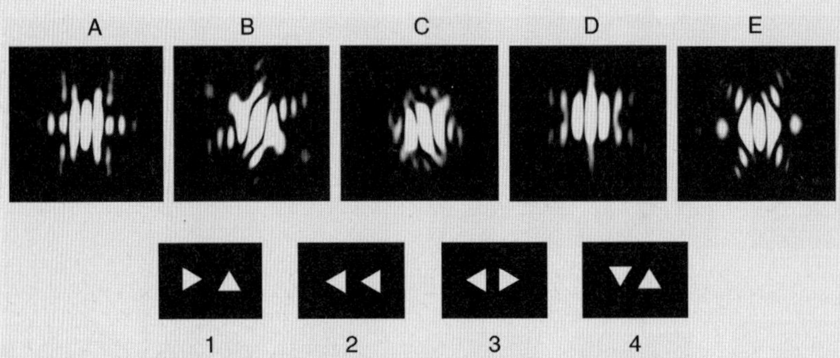

그림 8.42 4개의 마스크 와 5개의 회절무늬.

8.10 투명하고, 어두운 칸이 번갈아 있는 바둑판 무늬 마스크의 프라운호퍼 회절무늬를 구하라.

8.11 네모꼴 구멍의 반을 위상지연이 $\pi/2$인 투명필름으로 덮으면 회절무늬는 어떤 꼴이 되는가?

8.12 정6각형의 꼭지점 마다 구멍이 난 마스크의 회절무늬를 셈하라. 이제 중심에 구멍을 더해 셈을 다시 해라. 두 회절무늬를 비교하면 점마다 위상을 구할 수 있음을 보여라. 이 방법으로 결정학에서 쓰는 무거운 원자 방법을 설명하라.

8.13 회절격자가 실틈에 대해 수직방향으로, 격자평면과 나란히 속도 $v \ll c$로 움직일 때 파장 λ_0인 평면파가 수직하게 들어온다. 회절되는 빛의 차수에 따른 진동수 변화를 구하라.

8.14 마스크에 많은 구멍이 여러 가로줄을 따라 나있다. 가로줄의 간격은 고르고, 가로줄마다 구멍 간격도 고르다. 그렇지만 위아래 줄의 구멍의 위치를 비교하면 마구 변한다 (그림 8.43). 이 마스크의 회절무늬는 어떤 꼴인가? 실마리: 자체 상관함수를 써라.

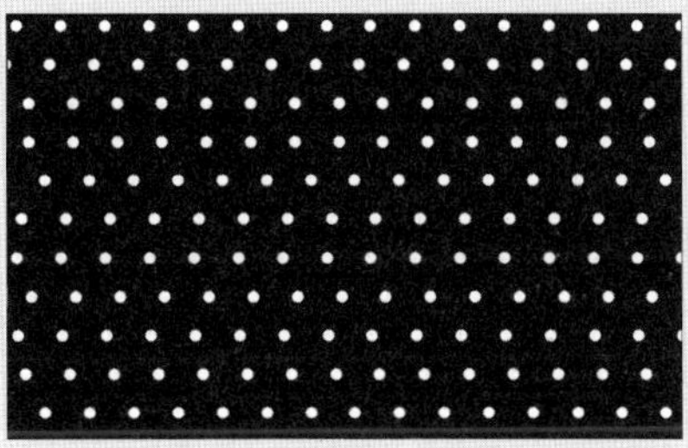

그림 8.43 문제 8.14의 마스크

8.15 결정 속의 원자는 간격 a인 격자점에 규칙적으로 있지만, 열에너지가 있어 평형점을 중심으로 마구 진동한다. 진폭의 제평균값은 $b \ll a$이다. 회절무늬는 여전히 뾰족하지만, 역격자의 원점에서 멀수록 약해지고, 연속적인 배경은 멀어질수록 밝아짐을 보여라. 이것이 **디바이-발러 효과**(Debye-Waller effect)이다.

8.16 검은 판에 세모꼴 구멍이 난 마스크의 회절무늬를 구하라. 실마리: 이 마스크의 미분의 회절무늬를 셈하는 것이 더 쉽다.

8.17 그림 8.44는 검은 판에 어떤 구멍이 난 마스크의 회절무늬이다. 마스크의 모양을 최대한 자세히 설명하라.

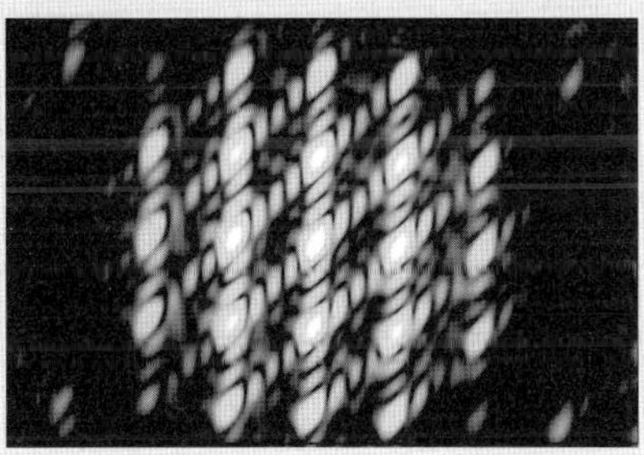

그림 8.44 문제 8.17의 회절무늬

8.18 전파천문학에서는 안테나를 남북 경도선을 따라 고른 간격으로 배열하여 쓴다. 역진성에 따라 이 안테나 배열이 신호를 검출하는 모양은 안테나에서 같은 파장의 전자기파를 내보내는 모양과 같다. 안테나 간격은 파장보다 짧다. 이 배열은 남북 평면의 어떤 쪽에서 오는 전파만 받을 수 있고, 이웃 안테나 사이에 위상지연을 똑같이 주면 그 방향을 고를 수 있음을 보여라. 이것이 **위상 배열**(phased array) 안테나이다.

8.19 전파천문학에서 쓰는 **밀스 십자**(Mills cross) 안테나는 N개의 기다란 안테나 막대를 고른 간격으로 벌려놓은 선형 위상 배열 두개를 직교시킨 것으로, 두 배열이 만나는 곳에 공통 안테나가 있다. 이 안테나로 받은 신호 두 가지를 기록한다: 하나는 두 배열의 반응을 더한 것, 다른 하나는 뺀 것이다. 두 신호의 세기의 차는 $N\times N$ 행렬 안테나 신호와 등가임을 보여라.

8.20 그림 8.45는 망사천의 회절무늬이다. 이 무늬의 특징을 최대한 많이 설명하라. 특히 밝은 점 사이의 (그중 하나에 화살표를 붙인) 희미한 점도 설명하라.

그림 8.45 망사천의 회절무늬

8.21 완벽한 결정에 파장이 원자 간격의 몇 배인 포논 하나가 들떠 있다. 이 결정의 역격자를 그려라. 에발트 공을 그려 파장이 격자 간격의 1/10인 엑스선의 회절무늬를 그려라. 이것이 느린 중성자를 결정에 쏘아 실험하는 포논 분광학의 바탕이다 (Squires, 1996).

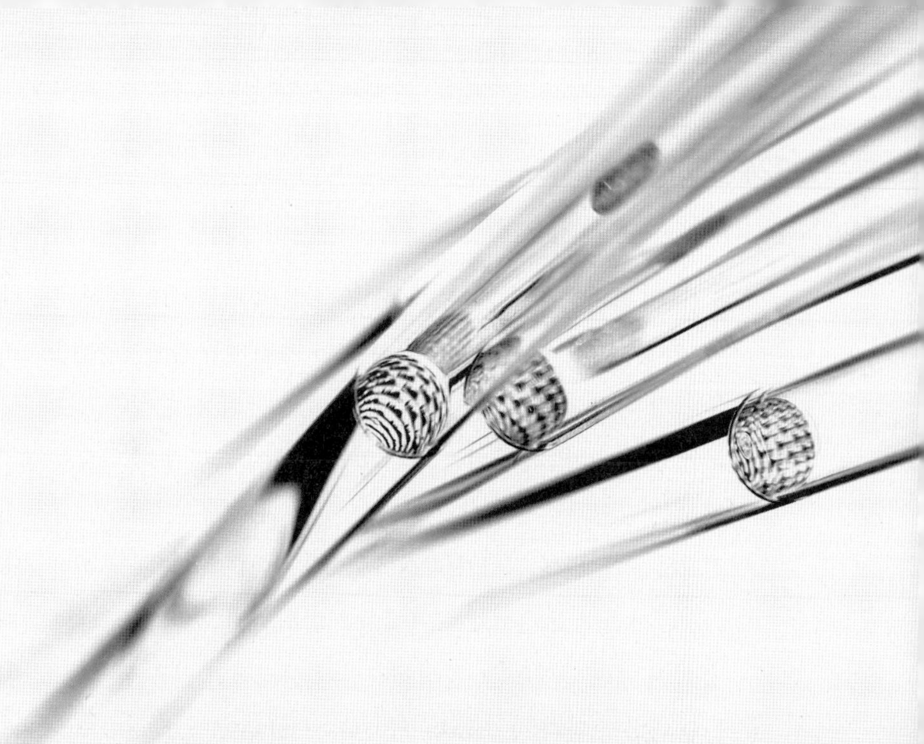

9 간섭계측법

8장에서 프라운호퍼 회절 및 간섭 이론을 설명했는데, 특히 푸리에 변환의 관련성을 강조했다. 이 장에서는 간섭현상을 써서 길이 등을 재는 **간섭계측법**(interferometry)을 다룬다. 크기를 가장 정밀하게 잴 때는 온갖 파동 – 빛, 물질파, 중성자, 음파 등 – 의 간섭현상을 쓴다. 최근 광간섭계측법의 백미는 멀리 있는 우주가 격변할 때 나오는 중력파를 검출하고자 개발하고 있는 간섭계로서 길이 변화를 10^{-19} m 까지 잴 수 있다. 그림 9.1은 그 간섭계의 사진인데, 직교하는 두 팔의 길이가 각각 4 km에 이른다. §9.7에서 이에 관해 자세히 설명한다.

지금까지 온갖 간섭계측 기법이 개발되었지만, 이 장에서는 현저히 다른 원리를 대표하는 몇 가지 예만 설명한다. 간섭계측법의 실제적인 면을 상세히 설명한 전문서적은 많고, 예를 들면 다음과 같다: Tolansky (1973), Steel (1983), Hariharan (2003), Hariharan (2007).

이 장에서는 다음을 배운다:

- 영의 두-실틈 간섭계와 그 성능
- 얇은 반사막에서의 간섭
- 회절격자: 작동 원리, 제작법, 분해능과 효율
- 여러 가지 두-빔 간섭계
- 마이컬슨 간섭계와 주요 쓰임새
- 삭냑 효과와 광 자이로스코프(회전의)
- 여러 빔 간섭계측법
- 패브리-페로 에탈롱: 구조와 분해능
- 레이저 공진기와 그 속에 생기는 모드
- 간섭계측법에서 베리의 기하학적 위상
- 중력파 검출기

그림 9.1 미국 워싱턴 주 핸포드에 있는 리고(중력파 검출 레이저 간섭계). 두 팔의 길이는 4 km이고 북서 및 남서쪽을 향한다. 이 간섭계의 얼개는 그림 9.35에 있다.

9.1 결맞는 파동의 간섭

간섭무늬는 겹치는 빛의 위상차가 일정할 때만 나타나며, 그러한 빛이 '결맞는' 빛이다.

영은 간섭현상(§1.1.3)을 발견하고 이를 써서 빛의 파장을 처음으로 쟀다. §9.1.1에서 보겠지만 점광원이 내는 빛을 두 실틈에 비추는 아주 간단한 장치로도 놀랄 만큼 정확한 값을 얻었다.

두 실틈을 점광원 하나에서 나오는 빛으로 비추어야 간섭하는 빛이 결맞게 된다. 일반적으로 두 빛의 상호 결맞음도가 0이 아니면 간섭무늬는 생기지만 (§11.3), 이 장에서는 겹치는 빛이 완전히 **결 맞는**(coherent) 경우(간섭무늬가 생긴다)와 **결 어긋난**(incoherent) 경우(간섭무늬가 생기지 않는다)만 다룬다. 두 빛이 완전히 결 맞다는 것은 위상차가 일정하게 유지 되어 간섭효과가 시간에 대해 일정함을 뜻한다; 따라서 눈이나 사진기와 같이 반응이 느린 기기로도 간섭현상을 관찰하고 기록할 수 있다. 결맞는 빛을 겹치면 이들의 복소진폭이 더해지며, 따라서 세기는 그 합의 절대값의 제곱을 셈하여 알 수 있다. 결 어긋난 빛을 겹치면 각각의 세기를 먼저 구하고 이들을 더하므로 간섭효과가 생기지 않는다. 간섭하는 빛이 결 맞으려면 들어오는 빛이 일반적으로 같은 광원에서 나와야 한다; 들어오는 빛을 두 가닥 이상으로 나누고, 그 빛을 물리적 특성을 잴 물체의 영향을 받게 한 다음 다시 모아 겹치게 하여 간섭시키는 방식에 따라 온갖 간섭계가 나온다.

9.1.1 영의 줄무늬

1801년에 영이 한 간섭실험은 초보적인 간섭계로로서 기본 특성을 간단히 살펴볼 가치가 있다. 하위헌스 원리에 따르면, 실틈마다 결 맞는 빛을 내는 광원 구실을 하며, 2차원적으로 투영한 그림 9.2에서는 파면이 동심원꼴이 된다. 간섭무늬에서 가장 밝고 어두운 점은 각각 빛이 (진폭을 더하는) **보강간섭**(constructive interference) 또는 (진폭을 빼는) **소멸간섭**(destructive interference)을 하는 곳이다. 가장 간단한 경우, 두 실틈에서 위상이 같은 빛이 나와, 화면까지의 광로차가 파장의 정수배이면 보강간섭을, 파장의 정수 더하기 반배이면 소멸간섭을 한다. 그러한 점의 궤적은 두 실틈에 초점을 둔 쌍곡선 무리를 이룬다. 3차원 공간에서는 실틈 대신 바늘구멍을 두고, 그러면 간섭줄무늬의 궤적은 두 바늘구멍을 초점으로 하는 회전쌍곡면 무리가 된다. 멀리 있는 화면이 회전쌍곡면 무리와 만나는 선은 거의 직선꼴인 줄무늬가 된다.

영의 무늬는 먼 곳에서는 두 실틈의 중간선을 지나는 평면 위에 있다.

두 개의 결맞는 광원을 만드는 간단한 방법은 점광원 하나를 평거울에서 반사시키는 것이다; 이것이 그림 9.3과 같은 **로이드 거울**(Lloyd's mirror) 실험이다. 광원이 거울면에 아주 가까우면, 광원과 상의 간격이 아주 좁아져서 간섭줄무늬 간격이 넓어지므로 잘 보인다. 그렇지만, 0차 줄무늬 – 두 광원에서 같은 거리에 있는 점의 궤적 – 은 거울면 자체에 있다; 그러나 그곳은 가장 밝지 않고 가장 어둡다. 그러므로, 광원과 그 상은 비대칭적이다; 이것은 빛이 굴절률이 더 높은 매질(§5.4)이나 도체(§5.6.1)에서 반사될 때 위상이 π만큼 바뀌기 때문이다.

파장을 정밀하게 재는 데는 영의 간섭줄무늬를 쓰지 않지만, 그것으로 얼마까지 정확하게 잴 수 있는지 살펴보자. 두 실틈을 간격 a인 두 델타함수로 나타내면(§8.5.1), 화면의 회절무늬의 진폭은 다음과 같다:

$$\psi(u) = 2\cos\left(\frac{ua}{2}\right) \tag{9.1}$$

이것을 각도 변수 $\sin\theta$로 나타내면, $u = k_0 \sin\theta$이므로, 다음과 같다:

$$\psi(\sin\theta) = 2\cos\left(\frac{1}{2}k_0 a\sin\theta\right) \tag{9.2}$$

$$I = |\psi(\sin\theta)|^2 = 4\cos^2\left(\frac{1}{2}k_0 a\sin\theta\right) \tag{9.3}$$

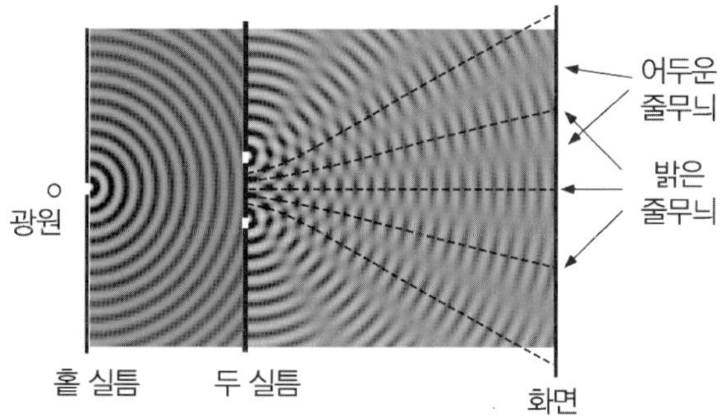

그림 9.2 영의 간섭 실험의 얼개. 광원에서 나온 빛이 홑 실틈을 비추고, 그것을 지난 빛이 그 뒤에 있는 두 실틈을 비춘다. 영의 원래 실험(그림 1.2)은 조금 다르다.

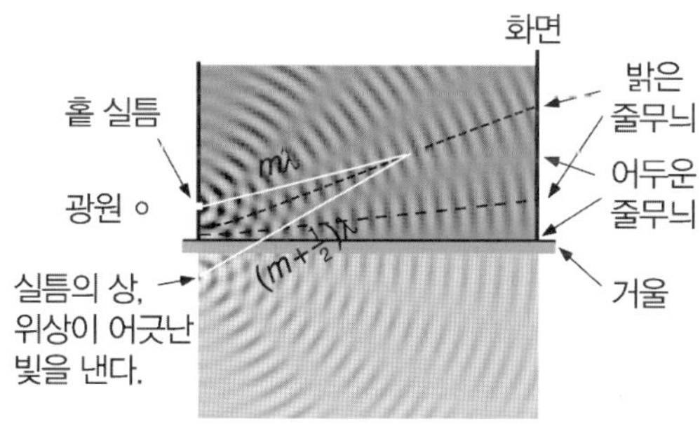

그림 9.3 로이드 거울을 쓴 간섭 실험 얼개. 빛이 거울면에서 반사될 때 위상이 뒤집혀, 0차 무늬는 어둡다. 그림의 아래쪽 반은 거울을 통해 보이는 간섭 줄무늬이다.

광원에서 파수가 k_1과 k_2인 빛을 낸다면, 간섭무늬의 전체 세기는 낱낱의 파수의 빛이 만드는 간섭무늬의 세기를 더한 값이 된다. 따라서 두 빛의 세기가 같다면 다음과 같은 식이 된다:

$$I = 4\left[\cos^2\!\left(\frac{1}{2}k_1 a\sin\theta\right) + \cos^2\!\left(\frac{1}{2}k_2 a\sin\theta\right)\right] \tag{9.4}$$

위의 두 $\cos^2$ 줄무늬는 다음 조건이 맞으면 밝고 어두운 곳이 어긋나므로 세기분포가 고르게 된다:

$$(k_1 - k_2)a\sin\theta = \pi\cdot(2m+1), \qquad m = \text{정수} \tag{9.5}$$

파장 분해능을 직관적으로 위의 조건이 $\theta < 90^\circ$에서 적어도 한번 맞는 것으로 잡으면 다음과 같다: $\delta k \equiv k_1 - k_2 > \pi/a$. 파수의 차이가 평균값 보다 훨씬 작다면, $|\delta k| \ll \bar{k} \equiv (k_1 + k_2)/2$이므로 다음 조건이 맞다:

간격 1 mm인 두 실틈만으로도 정확도 1/40 %인 분광기를 만들 수 있지만, 편리하거나 효율적이지 않다.

$$\frac{\delta k}{\bar{k}} = (-)\frac{\delta\lambda}{\bar{\lambda}} > \frac{\bar{\lambda}}{2a} \tag{9.6}$$

이것이 **분해한계**(limit of resolution)이고, 이것의 역수 $\bar{\lambda}/\delta\lambda$가 **분해능**(resolving power)이다. 예를 들어, $a \sim 1$ mm, $\lambda \sim 500$ nm이면, 분해능은 얼추 4000인데, 장치의 단순함을 생각하면 아주 좋은 셈이다. 사실, 광원이 밝으면, 간섭줄무늬의 세기분포를 정확하게 알 수 있고, 그것을 (9.4)에 맞추면 정확도가 크게 높아진다. 광원에서 나오는 빛에 파장성분이 그림 9.4와 같이 둘 이상 들어있으면 푸리에 변환 분광법(§11.5)과 같은 더 복잡한 기법을 써야 하지만, 여기에서 영의 실험은 두-빔 간섭계측법의 물리를 모두 보여준다!

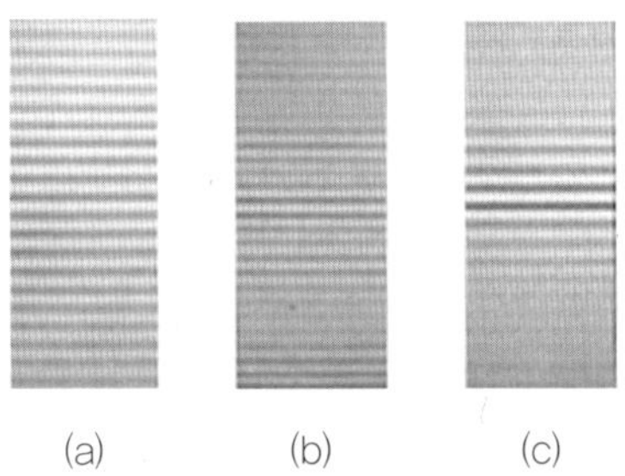

그림 9.4 간섭무늬: (a) 단색 광원에서 나온 빛, (b) 여러 색 광원(수은등) 에서 나온 빛, (c) 파장대역이 연속인 광원에서 나온 빛.

9.1.2 뉴턴 고리무늬

1장에서 뉴턴은 평면과 곡면이 접한 곳에 빛을 보내어 두 면에서 반사된 빛이 만드는 고리꼴 간섭무늬를 관찰했음을 설명했다 [그림 9.5(a)]. 그렇지만, 그는 그 현상에 담긴 물리적 중요성을 놓쳐 빛의 파동성을 발견하지 못했다! 이 효과의 근원은 (이제) 쉽게 알 수 있다. $r=0$에서 평면과 접한 곡면은 보통 초점거리가 긴 렌즈의 곡면인데, 그 곡률 반지름이 R이라 하자. 그러면 평면과 곡면의 간격 $d(r)$은 다음과 같다 [그림 9.5(b)]: $r^2 = d(2R - d) \approx 2Rd$. 단색빛을 비추면 접점을 중심으로 반지름 r인 곳에서 반사된 빛의 위상차는 다음과 같다: $\delta\phi(r) = 2k_0 d(r) + \pi$. 맨 뒤에 붙인 π는 평면에서 반사될 때 위상이 뒤집히는 것을 반영한 것이다 (§5.7). 어두운 고리는 다음 조건에서 소멸간섭하여 생긴다:

$$\delta\phi = \pi \cdot (\text{홀수}) \quad \Rightarrow \quad 2k_0 r^2/2R = 2\pi \cdot m$$
$$\Rightarrow \quad r = \sqrt{R\lambda \cdot m} \tag{9.7}$$

따라서 반지름이 자연수의 제곱근에 비례하고, 비례상수는 $\sqrt{R\lambda}$ 인 동심 고리무늬를 볼 수 있다. 이것은 구면파와 평면파가 간섭하거나 파면의 곡률반지름이 다른 두 구면파가 간섭할 때 흔히 나타나는 간섭무늬이다 [예를 들어, 그림 9.5(b)를 보라]. 빛이 단색이 아니면, 낱낱의 파장마다 $\sqrt{\lambda}$ 의 눈금으로 동심 고리무늬를 만들기 때문에 처음 몇 개의 고리만 보이고 그 다음에는 흐려진다. 영이 여러 색깔의 빛의 파장을 구할 때는 두-실틈 실험이 아니라 뉴턴 고리무늬를 썼다.

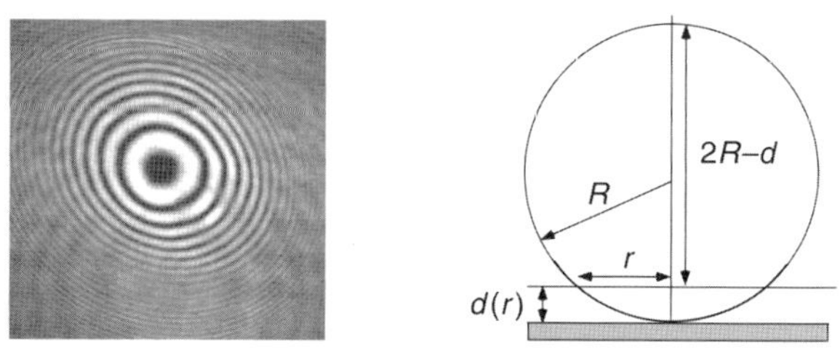

(a) (b)

그림 9.5 (a) 유리 평판과 접한 렌즈에서 반사된 빛이 만드는 뉴턴 고리 무늬. (b) $d(r)$에 관한 식을 끌어내고자 그린 그림.

상자 9.1 기름 막과 비눗방울에서의 간섭

주위에서 쉽게 볼 수 있는 간섭무늬는 비눗방울이나 길에 고인 물에 뜬 얇은 기름 막에서 나타난다. 이 때 간섭하는 빛은 흔히 하늘에서 오는데, 막의 앞쪽과 뒤쪽 면에서 반사되어 겹치지면서 간섭한다. 하늘에서 오는 빛 자체는 결 맞지 않지만, 막이 얇아서 앞면에서 빛살의 일부가 반사되고 일부가 투과되어 뒷면에서 반사되어 두 가닥의 빛살은 결 맞게 되므로 간섭무늬가 나타난다. 이러한 상황에서는 막이 너무 얇아서 간섭무늬를 써서 빛의 파장을 재는 것은 좋지 않으나, 막의 두께를 재는 데는 문제가 없다. 광원에서 흰빛이 나올 때 생기는 화려한 색깔의 간섭무늬는 간섭 차수를 가려낼 때 큰 도움이 된다. 비누막이 아주 얇아지면, 검게 보인다. 그 까닭은 앞면과 뒷면의 반사계수의 부호가 반대이기 때문이다 (§5.7). 따라서 반사된 두 가닥의 빛살의 광로차가 파장보다 훨씬 작으면 소멸간섭이 일어난다. 물 위에 뜬 기름막에서는 기름의 굴절률이 물 보다 작아 그 반대 현상이 나타난다. 앞면과 뒷면의 반사계수의 부호가 같아서, 아주 얇은 막에서 반사된 두 가닥의 빛살은 보강간섭을 한다.

9.2 회절격자

회절격자(Diffraction grating)는 두 - 실틈 장치를 크게 개선하여 실제로 쓸 수 있게 한 것으로, 모양이 같은 구멍을 1차원적으로 주기적으로 배열한 것인데, 그 구멍은 흔히 좁은 실틈 또는 반사면이다. 그러면 간섭 줄무늬가 코사인함수 (9.3)보다 훨씬 뾰족해진다. §8.5.3에서 그러한 배열의 회절무늬는 다음과 같이 델타함수꼴 봉우리를 주기적으로 배열한 꼴이 됨을 보았다: $\sum F_m \delta(u - u_m)$. 델타함수의 크기 F_m은 구멍의 모양과 크기에 따라 결정되고, 위치 u_m은 (8.52)에 따라 배열의 주기가 결정한다:

$$u = k_0(\sin\theta - \sin\theta_0) = u_m = (2\pi/d) \cdot m \tag{9.8}$$

여기에서 m이 **회절 차수**(order of diffraction)이다. u의 정의에 k_0가 들어가므로, 회절각 θ는 파장에 따라 달라지고, 그래서 회절격자가 분광학에서 아주 중요한 도구가 된다. 이에 관한 설명을 제대로 하려면 §7.1에서 지적했듯이 벡터 형식을 써야 하지만, 여기에서는 스칼라 어림법의 틀 안에서 진행한다 [Hutley (1982)].

9.2.1 회절격자 만들기

회절격자 제작 방법은 광학면에 금을 하나씩 새기던 방법에서 원판 격자를 복제하는 방법을 거쳐, 홀로그래피와 광리소그래피로 만드는 방법으로 바뀌었다.

앞으로 설명할 이론을 제대로 알려면, 회절격자를 만드는 방법을 조금 알아야 한다. 제대로 된 첫 회절격자는 금강석 바늘 끝으로 유리나 금속판에 가는 금을 잇달아 그어 만들었다. 로울랜드(Rowland)는 눈금이 정확한 나사를 만들어 금강석 바늘을 이동시킴으로써 금의 아주 작은 간격을 고르게 유지했다. 말할 필요도 없이 이 문장에는 아주 많은 사연이 녹아있다: 금을 긋는 금강석 바늘과, 금을 새기는 평판은 아주 주의 깊게 골랐다; 나사와 평판은 정확하게 맞추었고, 금강석 바늘 끝은 금을 긋는 동안 모양이 변해서는 안되었다. 그리고 장치 전체의 온도를 일정하게 유지하여 열팽창이나 수축을 막았다. 따라서 회절격자를 만드는 기계장치인 **금긋는 기관**(ruling engine)은 아주 복잡하고 비쌌다.

오늘날, 질좋은 회절격자는 대부분 **홀로그램 회절격자**(holographic diffraction grating)이다. 홀로그램은 §12.5에서 설명할 것인데, 본질적으로 복잡한 것이지만, 단순한 회절격자도 만들 수 있다. 반도체 소자 제조 공정에 맞추어 개발된 고해상도 광리지스트를 쓰면 두 평면파로 아주 가는 간섭무늬를 만들어 기록할 수 있다. 이 방법으로 눈금이 수천개가 든 회절격자를 한 번에 만들 수 있다. 예를 들어, 레이저에서 나오는, 파장 500 nm인 빛을 두 가닥의 평면파로 갈라 각도 $2\alpha = 60^\circ$로 교차시키면 간격이 $\lambda/2\sin\alpha =$ 500 nm인 간섭무늬가 생긴다. 레이저에서 나오는 빛은 실질적으로 단색빛이므로, 엄청나게 많은 간섭줄무늬가 생겨, 길이가 수 cm에 이르는 회절격자를 사진을 한 번 찍어 만들 수 있다. 이 기법은 금강석 바늘로 금을 그을 때 골칫거리였던 금 간격의 오차 문제를 완전히 풀어 버렸다.

홀로그램 격자의 또 다른 장점은 금 간격을 고르지 않게 조절하여 다른 광학계에서 생긴 수차를 지우거나 광학소자의 수를 줄일 수 있는 점이다. 예를 들어, 두 구면파의 간섭무늬를 기록하여 만든 회절격자는 빛살을 회절시켜 한 점에 모을 수 있다.

가장 실용적인 회절격자는 반사격자로서, 광학적으로 평평한 반사면에 금을 새기거나, 그 면에 광리지스트를 바르고 홀로그래피 기법으로 격자 눈금을 기록하여 현상한 다음 식각하여 만든다. 반사격자를 선호하는 까닭은 이들이 대개 **위상격자**(phase grating)로서 그 회절효율이 이론과 실험에서 모두 투과형 격자보다 훨씬 높기 때문이다 (§9.2.4). 회절격자를 원통면 또는 구면에 만들면 수차를 지우는 기능을 덧붙일 수 있다.

회절격자는 주로 분광분석에 쓰며, 품질의 지표는 단색 분광선의 선폭과 허깨비 선이 생기는가이다 (§9.2.3).

9.2.2 분해능

회절격자의 가장 중요한 기능은 분광선의 파장 측정이다; 회절격자의 금 간격을 알고 있으므로, (9.8)을 쓰면 파장의 절대값을 잴 수 있다. 회절격자에 대한 첫째 물음은 다음과 같다: 파장이 얼마나 비슷한 빛까지 구별해낼 수 있는가? 이것이 **분해한계**를 정의한다. 회절격자의 유한한 길이가 이 한계를 제한함을 곧 배울 것이다.

이 문제는 §8.5.3을 써서 살펴볼 수 있다. 간격이 고르게 벌려 놓은 유한개의 구멍의 회절무늬에는 주 봉우리와 잔 봉우리가 있다. 실틈이 N개이면, 두 주 봉우리 사이에는 세기가 0인 곳이 $N-1$개 있다. 파장이 다른 두 빛이 격자에 들어오면, 두 빛의 회절무늬의 세기분포가 겹치는데, 이 때 두 빛의 주 봉우리를 확실히 구별할 수 있는 조건을 알아야 한다. 그러므로 간섭함수의 정확한 꼴을 자세히 살펴보아야 한다.

(8.47)에서 $u=0$에서 봉우리의 값이 1이 되게 맞춘 세기함수는 다음과 같다:

$$I(u) = \frac{\sin^2(Ndu/2)}{N^2\sin^2(du/2)} \tag{9.9}$$

이것의 주 봉우리가 있는 곳은 $u=(2\pi/d)\cdot m$이고, 높이는 $I(u)=1$이다. 값이 0인 곳은 다음 조건에 맞는 곳에 있다:

$$u = \frac{2\pi}{d}\cdot\left(m+\frac{p}{N}\right) \tag{9.10}$$

여기에서 p는 다음 조건에 맞는 정수이다: $1 \le p \le N-1$. 값이 0인 곳 사이에는 잔 봉우리가 있다. 들어오는 두 파장의 빛의 세기가 같으면, 회절무늬가 겹쳐진 것의 세기는 (9.9)와 같은 함수를 더한 꼴이 되며, 이 때 변수는 회절각 θ이다. 분해능에 관한 합리적인 기준은 레일리(Rayleigh)가 제시했다: 그는 한 파장성분의 회절무늬의 주 봉우리가 다른 성분의 회절무늬의 첫째 0($p=1$)과 겹칠 때부터 두 파장의 주 봉우리를 구분할 수 있다 [그림 9.6(a)]. 이 기준은 조심스럽지만 쓸모가 있고, §9.5.2와 §12.2.1에서 결상 문제를 다룰 때 더 설명한다. 레일리 기준을 쓰면 (9.10)에서 주 봉우리가 있는 곳과 첫째 0의 거리는 다음과 같다: $\delta u=(2\pi/d)\cdot(1/N)$. 이제 (9.8)의 u에 대한 정의식에서 회절각 θ에 대해 다음 식을 얻는다:

$$\frac{\delta u}{u} = \frac{\delta k}{k} = -\frac{\delta\lambda}{\lambda} \tag{9.11}$$

분해능은 다음과 같이 정의한다: $\lambda/\delta\lambda_{\text{최소}}$. 따라서 차수가 m이면 $u=(2\pi/d)\cdot m$이므로,

$$\frac{\lambda}{\delta\lambda_{\text{최소}}} = u\frac{d}{2\pi}\cdot N = m\cdot N \tag{9.12}$$

이 결과는 분해능이 눈금의 간격만으로 결정되지는 않음을 보여준다; 눈금이 성긴 격자를 써도 차수가 큰 회절무늬를 쓰면 분해능이 눈금이 촘촘한 격자를 쓴 만큼 좋아진다. 격자의 전체 길이가 L이라면, $d=L/N$이므로 분해능은 다음과 같다:

$$\frac{\lambda}{\delta\lambda_{최소}} = m \cdot N = \frac{d}{\lambda}(\sin\theta - \sin\theta_0) \cdot N$$

$$= \frac{L}{\lambda}(\sin\theta - \sin\theta_0) \tag{9.13}$$

따라서, **입사각이 θ_0이고 회절각이 θ이면 분해능은 회절격자의 전체 길이가 결정한다.** 가장 큰 분해능은 $\theta_0 \to -\pi/2$이고 $\theta \to \pi/2$일 때 나오며 다음과 같다:

$$\frac{\lambda}{\delta\lambda_{최소}} \to 2 \cdot \frac{L}{\lambda} \tag{9.14}$$

그러므로, 회절격자는 최대한 길게 만드는 것이 좋다. 사실, 단 두개의 실틈을 거리 L만큼 떼어 두어도 되지만, 그러면 투과되는 빛이 적어 효율이 아주 나쁘다. 이 상황은 바로 영의 두-실틈 실험이고, §9.1.1에서 설명했다. 예를 들어, (9.14)에서 $\lambda = 0.5\ \mu$m이면, 길이가 5 cm인 회절격자의 분해능은 2×10^5에 가깝다. 하지만 θ와 θ_0를 90°에 가깝게 유지하기는 어렵다. 스패로우(Sparrow)가 제시한 또 다른 중요한 분해능 기준은 §9.5.2에서 설명한다.

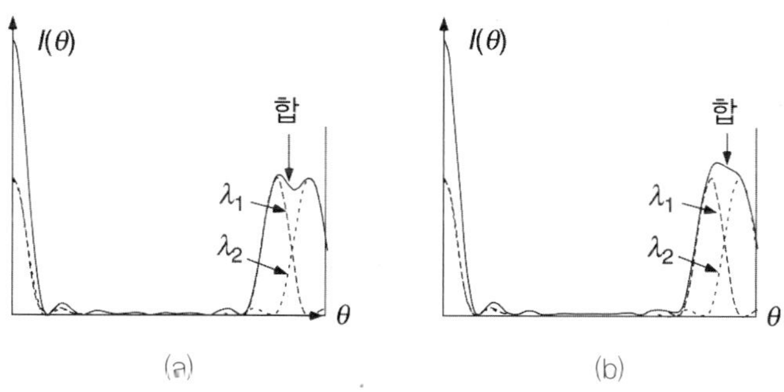

그림 9.6 겨우 분해할 수 있는 두 파장 λ_1과 λ_2의 회절격자 함수를 더한 모양과 분해능. (a) 레일리 기준. (b) 스페로우 기준 (§ 9.5.2)

9.2.3 주기적 오차의 효과: 허깨비와 옆 봉우리

금을 그어 만든 회절격자에 흔히 생기는 오차로서 분해능에는 영향을 주지 않지만 다른 이유로 좋지 않는 것이 있는데, 그것은 금 간격이 고르지 않은 것이다. 이것은 금을 긋는 금강석 바늘 끝을 이동시키는 나사가 불량하거나 그 나사와 회절격자 이동 탁자의 결합이 잘못 되어 허깨비는 주 봉우리 근처에 생기는 새끼 봉우리로서 자칫 분광선의 미세구조로 오해하기 쉽다.

생기는데 (§9.2.1), 잔 봉우리의 일부를 더 키우는 효과가 있다.

예를 들어, q번째 눈금마다 위치에 오차가 생기는 상황을 살펴보자; 참된 간격은 qd이고, q 배의 봉우리가 생길 것이다. 이들은 대부분 아주 약하지만, 일부는 주 봉우리와 비슷해질 수 있다. 이 문제를 해석적으로 다룰 수 있게 눈금의 위치 x_p에 최대크기 $\epsilon \ll d$인 사인함수 꼴 오차가 조금 들어있다고 하자:

$$x_p = pd + \epsilon \sin\left(2\pi \frac{p}{q}\right) \tag{9.15}$$

그러면 격자는 다음과 같은 델타함수 무리로 나타낼 수 있다:

$$f(x) = \sum_p \delta\left[x - pd - \epsilon \sin\left(2\pi \frac{p}{q}\right)\right] \tag{9.16}$$

이것의 푸리에 변환은 다음과 같다:

$$\begin{aligned} F(u) &= \sum_p \exp\left\{-iu\left[pd + \epsilon \sin\left(2\pi \frac{p}{q}\right)\right]\right\} \\ &\approx \sum_p \exp(-iupd)\left[1 - iu\epsilon \sin\left(2\pi \frac{p}{q}\right)\right] \end{aligned} \tag{9.17}$$

위에서 $\epsilon \ll d$이므로 어림셈을 했다. 사인함수를 복소 지수함수로 바꾸면 다음과 같다:

$$\begin{aligned} F(u) = &\sum_m \delta\left(u - \frac{2\pi}{d} \cdot m\right) - \frac{u\epsilon}{2} \sum_m \delta\left[u - \frac{2\pi}{d} \cdot \left(m + \frac{1}{q}\right)\right] \\ &+ \frac{u\epsilon}{2} \sum_m \delta\left[u - \frac{2\pi}{d} \cdot \left(m - \frac{1}{q}\right)\right] \end{aligned} \tag{9.18}$$

여기에서 m은 회절 차수이다. 윗 식의 세 항은 차수 m인 주 봉우리와 그 양쪽으로 $m \pm 1/q$의 두 차수에 있는 새끼 봉우리이다. 새끼 봉우리는 높이가 $u^2\epsilon^2$ (곧 $\epsilon^2 \sin^2\theta$)이고, 거리는 주 봉우리 간격의 $1/q$이다 (그림 9.7). 이것이 **허깨비(ghost)**이며, 0차 봉우리 주변에는 생기지 않는다.

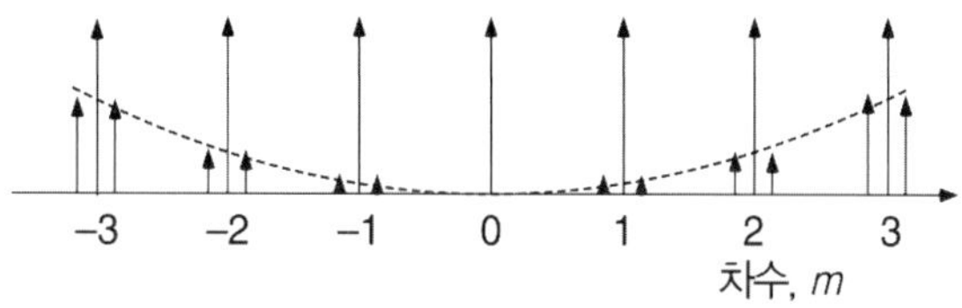

그림 9.7 눈금에 주기적인 오차가 있는 회절격자의 주요 차수와 허깨비 차수. 파선은 허깨비 봉우리의 세기가 m^2에 비례함을 나타낸다.

규칙적인 격자점에서 주기적으로 벗어나면 회절무늬에 허깨비가 생긴다는 개념은 물리학의 여러 분야에 쓰이며, 세 가지 예를 들면 다음과 같다:

1. 결정에서 원자의 열운동은 원자가 주기적인 격자 위치에서 사인함수꼴로 벗어나는 것으로 해석할 수 있고, 그것을 **포논**(phonon)이라고 한다. 포논마다 허깨비를 만들고, 이것 때문에 결정의 엑스선 회절무늬에 생기는 밝은 점이 옆으로 퍼진다. 그것이 **디바이-발러 효과**이다.
2. 합금 연구에서 기본 격자구조 속에서 낱낱의 성분이 공간적 규칙성을 띠고 배열되면 **초격자**(super lattice)가 생기는데, 때로는 아주 복잡하게 배열된다 (예: Cu−Zn). 초격자는 반도체에서 원자를 미리 정한 바대로 쌓아서도 만들 수 있다. 초격자가 있음은 엑스선 회절무늬에서 주 봉우리 사이에 허깨비가 생기는 것에서 확인할 수 있다. 특히 중요한 예는 MnF_2와 같은 반자성 물질에서 나타나는데, 원자 스핀이 정렬되어 만드는 격자의 주기가 결정격자의 주기와 다르다. 중성자의 스핀은 원자 스핀과 상호작용하므로 이 경우 느린 중성자 회절무늬에는 허깨비 차수가 뚜렷이 나타난다. 하지만 스핀과 상호작용하지 않는 엑스선의 회절무늬에는 허깨비가 보이지 않는다.
3. 이 절에서 쓴 1차원 분석법은 **주파수변조**(FM) 라디오파의 주파수 분석과 대등하다. 변조 신호의 진폭과 진동수에 관한 정보가 들어 있는 허깨비 차수를 통신공학에서는 **옆띠**(side-band)라고 한다.

9.2.4 회절효율: 실틈 모양의 영향

지금까지 회절격자에 관한 설명은 **간섭함수**에만 집중했는데, 이것은 여러 구멍의 위치를 나타내는 델타함수 무리의 푸리에 변환이다. 이 변환에 이제 구멍 하나의 푸리에 변환인 **회절**

함수를 곱해야 한다.

먼저 구멍이 단순한 실틈인 진폭 투과 격자를 살펴보자. 실틈의 폭은 b (이것은 당연히 간격 d 보다 훨씬 작다)이다. 그러면 회절함수는 그 실틈의 푸리에 변환이다 (§8.3.1):

$$\psi(u) = b\,\mathrm{sinc}\left(\frac{bu}{2}\right) \tag{9.19}$$

차수 m 에서는 $u_m = (2\pi/d)\cdot m$ 이다. 1차 주 봉우리인 $\psi(u_1)$의 최대값은 다음 조건이 맞을 때 생긴다: $b = d/2$. 따라서 실틈 폭의 최적값은 실틈 간격의 반이다. 그러나, 이 값에서도 회절격자의 효율은 너무 작다. 차수 m 인 주 봉우리에 오는 빛의 일률 P_m 은 $|\psi(u_m)|^2$ 에 비례한다:

$$\begin{aligned} &P_0 \propto d^2/4, \quad P_{\pm 1} \propto d^2/\pi^2, \\ &P_{\pm 2} \propto 0, \quad P_{\pm 3} \propto d^2/9\pi^2, \text{ 등등} \end{aligned} \tag{9.20}$$

$b = d/2$ 이면 이 격자는 들어오는 빛의 꼭 반을 투과하고, 따라서 1차 봉우리로 회절된 빛의 세기는 다음과 같다:

$$\eta = \frac{1}{2}\frac{P_1}{\sum_{m=m(\text{최소})}^{m=m(\text{최대})} P_m} \approx 10\,\% \tag{9.21}$$

이 인자 η가 **회절효율**(diffraction efficiency)이고, 일반적으로 (0차를 뺀) 가장 높은 주봉우리의 세기를 들어오는 빛의 세기로 나눈 값으로 정의한다. 투과함수가 양수인 회절격자로는 회절효율을 10 % 이상으로 높일 수 없다. 효율을 더 높이려면 **위상격자**를 써야 한다.

9.2.4 블레이즈 격자

블레이즈 격자는 회절된 빛을 한 차수에 모아 회절 효율을 높여준다. 이것은 제한된 파장 범위에서만 유지된다.

앞 절에서 진폭 투과격자가 매우 비효율적임을 보았다. 굴절 또는 반사를 간섭과 결합시켜 위상격자를 만들어 빛에너지를 어느 한 차수의 회절 봉우리에 모을 생각은 레일리가 처음 했다. 그림 9.8은 그 원리를 보여준다. 그림 9.8(a)는 투과 격자의 낱낱의 요소를 프리즘 꼴로 만들어, 편향각을 회절되는 방향 어느 한쪽에 맞춘다; 그림 9.8(b)는 그에 대응되는 반사 격자로서 낱낱의 요소는 작은 거울이다.

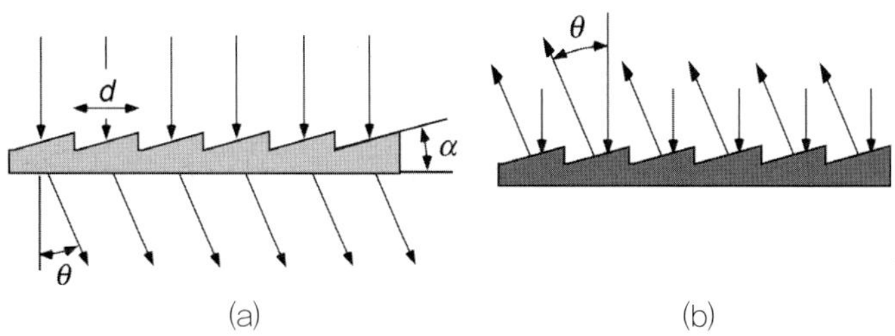

그림 9.8 (a) 투과 블레이즈 격자. θ는 다음 두 조건에 맞아야 한다: $d\sin\theta = \lambda \cdot m$, $\theta \approx (n-1)\alpha$. (b) 반사 블레이즈 격자. θ는 다음 두 조건에 맞아야 한다: $d\sin\theta = \lambda \cdot m$, $\theta = 2\alpha$.

이러한 격자는 실제로 널리 쓰인다. 격자에 금을 그을 때, 금강석 바늘의 모양을 잘 골라, 광학적으로 평탄한 면을 미리 정한 각도로 깎아낸다. 이렇게 만든 격자가 **블레이즈 격자 (blazed grating)**이다. 이 회절격자는 어느 한 차수와 파장에 대해서만 회절효율이 높아지고, 그것도 제한된 파장범위에서만 유지된다.

블레이즈 격자에 대한 스칼라 파동이론은 콘볼루션 정리를 멋지게 쓴 예이다. 격자에 수직하게 들어온 평면파가 낱낱의 조각에서 각도 β로 반사 또는 투과된다고 하자. 반사 격자라면 기하광학에 따라 $\beta = 2\alpha$가 되어야 한다. 투과격자라면 편향각이 파장에 따라 다를 수 있다. 여기에서는 반사격자만 살펴보자. §8.4.1의 분석을 따라서 낱낱의 격자 조각을 다음과 같은 위상 비탈면으로 나타내자: $\exp(ik_0 x \sin\beta)$. 낱낱의 조각의 폭이 b라면 투과함수는 다음과 같다: $g(x) = \mathrm{rect}(x/b) \cdot \exp(ik_0 x \sin\beta)$. 그러므로 격자 전체의 투과함수는 다음과 같다:

$$\begin{aligned} f(x) &= g(x) \otimes \sum \delta(x - nd) \\ &= [\mathrm{rect}(x/b) \cdot \exp(ik_0 x \sin\beta)] \otimes \sum \delta(x - nd) \end{aligned} \tag{9.22}$$

(9.22)의 푸리에 변환은 다음과 같다:

$$\begin{aligned} F(u) &= [\mathrm{sinc}(ub/2) \otimes \delta(u - k_0 \sin\beta)] \cdot \sum \delta[u - (2\pi/d) \cdot m] \\ &= \mathrm{sinc}[b(u - k_0 \sin\beta)/2] \cdot \sum \delta[u - (2\pi/d) \cdot m] \end{aligned} \tag{9.23}$$

그림 9.9(a)에서 싸개함수(sinc)의 봉우리, 곧 가장 높은 주 봉우리가 원점에서 $k_0 \sin\beta$로 옮겨간 것을 볼 수 있다. $k_0 \sin\beta = (2\pi/d) \cdot m_0$이면, 이 봉우리는 차수 m_0인 주 봉우리와 겹친다 (m_0는 0이 아닌 어떤 정수도 될 수 있다). 이렇게 해서 파수 k_0에 맞추어, 원하는 차수

의 주 봉우리에 가장 많은 빛이 모이게 할 수 있다. 그에 대응되는 파장이 **블레이즈 파장**(blazing wavelength)이다.

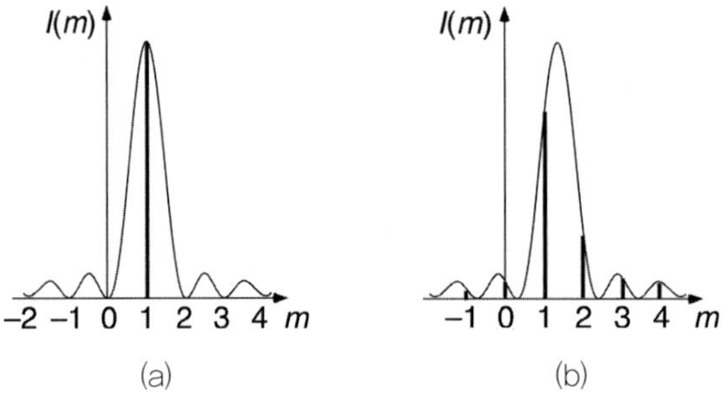

그림 9.9 블레이즈 격자의 회절 봉우리의 세기; (a) 블레이즈 파장의 빛 (+1차에 맞춤). (b) 파장이 조금 다른 빛 (+1차 봉우리가 높기는 하지만 다른 봉우리도 나타남).

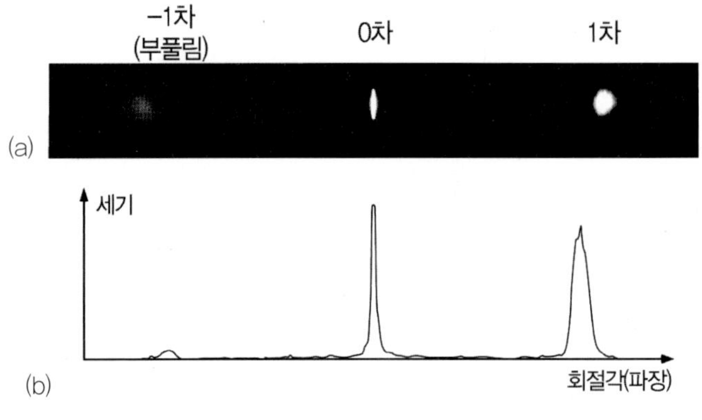

그림 9.10 1차에 맞춘 블레이즈 반사격자에 파장대역이 좁은 빛을 보내어 얻는 때 0차 및 1차 회절 봉우리. (a) 스펙트럼 사진 (−1차는 부풀림). (b) 세기분포.

이제 회절효율을 셈하자. 블레이즈 파장에서는 차수가 m인 봉우리의 세기는 다음과 같다: $|F[(2\pi/d)\cdot m]|^2$:

$$I_m = \operatorname{sinc}^2\left[\frac{\pi b}{d}(m - m_0)\right] \tag{9.24}$$

$b=d$인 이상적인 상황(완전한 투과 또는 반사)에서는 $m=m_0$일 때를 빼고는 모든 차수에서 $I_m=0$이다. 그러므로 m_0차 봉우리의 회절효율은 100 %이다! 실제로는 $b=d$인 격자를 만들기는 어렵다; 조각의 가장자리에는 막히는 곳이 있게 마련이다. 따라서 $b<d$이고, $m \neq m_0$인 차수의 봉우리도 세기가 0은 아니므로, 회절효율이 조금 낮아진다 (그림 9.10).

들어오는 빛의 파수가 $k_1 \neq k_0$이면 위상인자는 $\exp(ik_1 x \sin\beta)$이고, 주 봉우리의 세기는 다음과 같다:

$$F(u) = \text{sinc}[b(u - k_1 \sin\beta)/2] \cdot \sum \delta[u - (2\pi/d) \cdot m] \tag{9.25}$$

$$I_m = \text{sinc}^2\left[\frac{\pi b}{d}\left(m - m_0 \frac{k_1}{k_0}\right)\right] \tag{9.26}$$

여기에서 블레이즈 조건을 써서 $\sin\beta$를 k_0로 나타냈다. 이것은 그림 9.9(b)에 보였다; 회절효율이 이제는 100%가 아니지만, $k_1 \approx k_0$이면 여전히 높다. 입사각이 0이 아닐 때로 바꾸는 것은 간단하다 (문제 9.5). 입사각을 바꾸면 블레이즈 파장을 조금 바꿀 수 있다.

회절격자의 간격이 파장과 비슷해지면, 회절에 관한 스칼라 이론은 잘 맞지 않으며, 특히 편광 효과가 두드러지게 나타난다. 더 자세한 설명은 다음 책을 보라: Hutley (1982).

9.3 두-빛살 간섭계측법

리고는 변형률 감도 $\delta\ell/\ell$가 10^{-22}에 이르러 간섭계측법이 이제는 물리학에서 가장 민감한 측정법이 되었다.

간섭현상은 빛의 본성에 관한 근본적인 물음에 대한 답을 주었을 뿐 아니라 아주 정확한 측정의 엄청난 가능성을 열었다. 앞에서 보았듯이, 영의 간섭 실험으로도 빛의 파장을 상당히 정확하게 잴 수 있었고, 더 주의 깊게 장치를 꾸미자 광간섭계측법은 물리학에서 가장 정확한 측정 기법이 되었다. 이 절에서는 두 가닥의 빛살의 간섭에 바탕을 둔 간섭계 몇 가지를 설명하고, 그 쓰임새의 예를 든다. 오늘날에는 간섭계의 광원으로는 대개 레이저를 쓰는데, (§12.4.5의 간섭 현미경과 같이) 결상을 해야 할 때는 레이저 반점이 생기는 것을 피하고자 준-단색광원을 쓴다.

9.3.1 자맹 및 마흐-젠더 간섭계

간섭계는 빛살을 부분 반사시키는 빛살 가르개를 써서 두 가닥의 결맞는 빛살을 만들고, 이것을 다시 빛살 가르개를 써서 결합시킨다. 유의할 것은 두 경우 모두 들어간 빛살이 두 가닥으로 갈라져서 나온다는 것이다. 겹치는 두 가닥의 빛살의 광로 길이를 비교하여 작은 차이를 검지할 수 있다. 자맹(Jamin) 간섭계는 역학적 흔들림에 대해 아주 안정적이지만, 두 빛살이 가까이 있어 융통성이 적다 (그림 9.11). 마흐-젠더(Mach-Zehnder) 간섭계에서는 두 빛살을 더 멀리 떼어 놓을 수 있다 (그림 9.12). 두 간섭계 모두 흰빛 광원을 써서 정해진 조건에서 두 빛살의 광로를 똑같게 맞출 수 있다. 두 간섭계의 전형적인 쓰임새는 기체의 굴절률 측정이다. 그림 9.11에서 두 빛살이 길이 L인 양끝이 막힌 유리관을 지나는데, 관 하나는 진공이고 다른 하나는 압력이 정해진 기체가 들어있다. 그러면 광로차 $\overline{\delta\ell}$를 재어 기체의 굴절률을 구할 수 있다:

$$\overline{\delta\ell} = (n-1)L \tag{9.27}$$

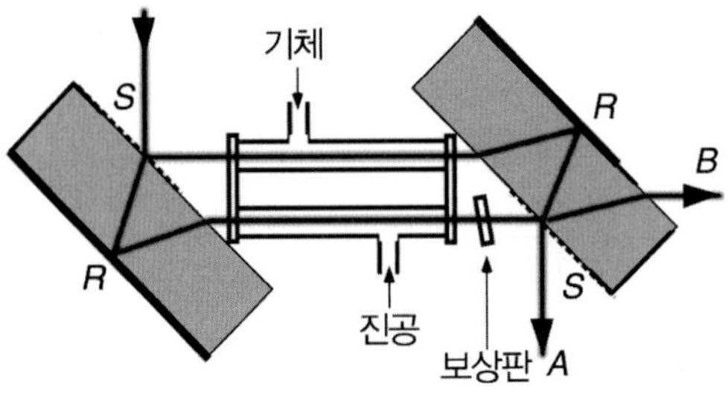

그림 9.11 기체의 굴절률을 재도록 꾸민 자맹 간섭계. R은 완전 반사면, S는 약 50% 반사면이다. A와 B 모두 간섭무늬가 나타난다.

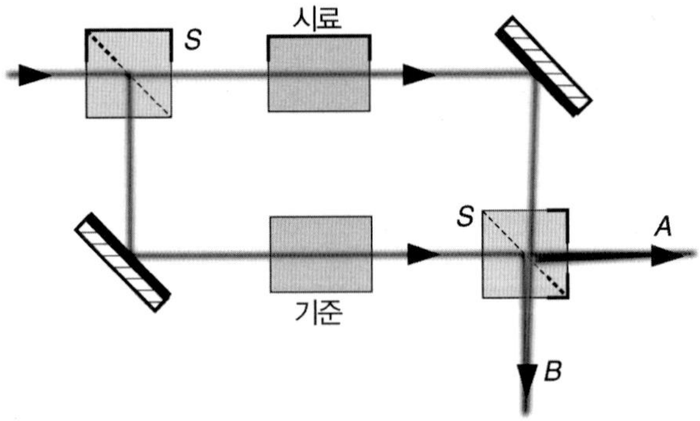

그림 9.12 마흐-젠더 간섭계. 여기에서는 육면체 빛살 가르개 S는 반사도가 약 50%이다. A와 B 모두 간섭무늬가 나타난다.

이러한 측정에서는 간섭 줄무늬의 이동을 실제로 재는 대신 보상기를 끼워넣어 줄무늬를 (광로차가 없는) 애초의 위치로 되돌린다. 보상기는 두께와 굴절률을 아는 평행 유리판으로서, 빛살이 가는 길에 끼우고 돌려 각도를 변화시킨다. 그러면, 예를 들어, 전자 검출기를 쓰면 영점의 위치를 줄무늬 간격의 10^{-3}까지 맞출 수 있다. (9.28)에서, $L=20$ cm, $\lambda=0.5$ μm 이면, 얻을 수 있는 측정의 정확도는 다음과 같다: $\delta n=\pm10^{-3}\lambda/L=\pm2.5\times10^{-9}$.

9.3.2 마이컬슨 간섭계

마이컬슨 간섭계는 다른 쪽으로 가는 두 빛살을 비교하므로 푸리에 변환 분광기(§11.5)와 트와이만-그린 간섭계(상자 9.2)와 같은 여러 변형이 있고, 갖가지 측정에 쓰인다.

마이컬슨(Michelson) 간섭계는 빛살 가르개 하나로 빛살을 두 가닥으로 갈라 직각 방향으로 보낸다. 그래서 쓰기 편하므로 가장 잘 알려져 있다. §11.8.1에서 설명할 마이컬슨 별 간섭계와 헷갈리지 않게 주의하자.

작동 원리의 핵심은 그림 9.13을 보면 알 수 있다. 빛이 위쪽에서 들어와 빛살 가르개 S에서 일부는 반사되고 나머지는 투과된다. S의 진폭 반사계수와 투과계수를 각각 $\mathcal{R}$과 $\mathcal{T}$라고 하자. 두 빛살은 거울 M_1과 M_2에서 반사되어 다시 빛살가르개 S로 되돌아온다. S에서 다시 반사 및 투과되어 A 또는 B쪽에서 겹친 빛살은 간섭무늬를 만든다. A에서 간섭하는 두 빛살의 진폭은 $\mathcal{R}\overline{\mathcal{T}}$와 $\overline{\mathcal{R}}\mathcal{T}$이다. §5.7의 설명에 따르면, 빛살 가르개가 빛을 흡수하지 않고 이상적이면 이들의 크기는 같지만 부호가 반대이다. 따라서 S에서 M_1및 M_2까지의 광로가 같다면, 완전한 소멸간섭을 한다; 0차 간섭줄무늬는 어두워진다![34] 이론적으로는 완전한 소멸간섭 무늬가 생기는 A를 **대칭**(symmetric) 출구라고 한다. 한편 B에서는 겹치는 두 빛살의 진폭이 $\mathcal{R}^2$과 $\mathcal{T}\overline{\mathcal{T}}$로, 둘 다 부호는 같지만 크기는 다를 수 있으므로, 0차 줄무늬는 밝지만, 완전한 소멸간섭무늬는 생기기 어렵다. 이것은 **비대칭**(asymmetric) 출구라고 한다. M_2에서 반사된 빛살은 빛살가르개 S를 세번 지나지만, M_1에서 반사된 빛살은 한번만 지나므로, 마이컬슨은 P에 보상판을 끼워 넣어 두 광로를 맞추었다. 이 판이 필요한 까닭은 유리의 분산 때문이다. 모든 파장의 빛에 대해 광로를 맞추려면 간섭계의 양쪽 팔에 똑같은 유리판이 들어 있어야 하므로 이 유리판은 S와 두께 및 각도가 같아야 한다. 오늘날은 흔히 육면체 빛살 가르개를 쓰므로 보상판이 필요없다.

34) 실제의 빛살 가르개에서는 다를 수도 있다.

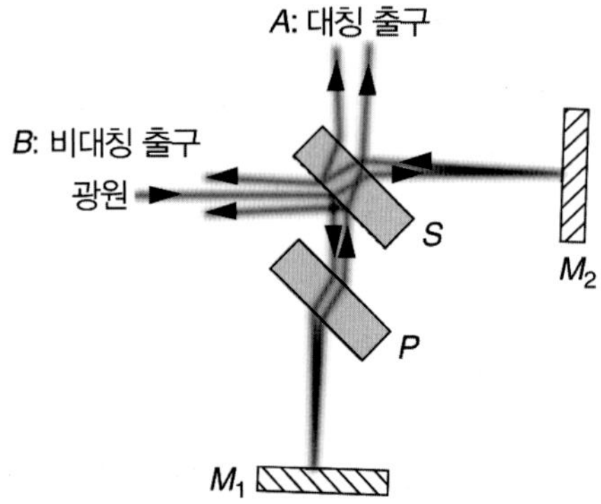

그림 9.13 마이컬슨 간섭계. 빛살 가르개 S는 윗면에 반사막을 입혀 약 50%의 빛을 반사하고, P는 보상판이다. 간섭무늬는 A나 B 어디에서나 볼 수 있다.

마이컬슨 간섭계에서는 거울의 위치와 방향을 바꾸면 간섭무늬의 모양이 달라진다.

마이컬슨 간섭계를 쓰면 온갖 줄무늬 – 직선꼴, 곡선꼴, 또는 완전히 동그란 꼴; 흰빛 또는 단색빛 – 를 얻을 수 있다. 이들 줄무늬는 하나의 이론으로 설명할 수 있는데, 3차원적으로 생긴 간섭무늬를 보는 방향에 따라 다른 모양으로 나타나는 것이다.

큰 광원을 쓸 수도 있는데, 그 때는 간섭무늬를 해석하려면 광원의 한 점에서 나오는 빛살 한 가닥만 따져보면 된다. 그 다음에는 A 또는 B로 오는 두 가닥의 빛살에 대한 두 개의 허상점이 만드는 간섭무늬를 살펴본다. 광학소자의 두께는 간섭무늬에 영향을 주지 않으므로 무시하면, 그림 9.14에서 S와 M_2가 각각 만드는 O의 상은 O_S와 O_2이다. M_1이 만드는 O_S의 상은 O_{S1}이고, S가 각각 만드는 O_2의 상은 O_{2S}이다. 상 O_{S1}과 O_{2S}는 결 맞는 거짓 광원으로서 간섭하여 무늬를 만든다.

O_{S1}과 O_{2S}는 얼마든지 가까이 둘 수 있다. M_1과 M_2의 위치와 방향을 맞추면 O_{S1}과 O_{2S}의 상대적 위치가 바뀌고, 그에 따라 간섭줄무늬의 모양이 갖가지로 달라지며, 줄무늬의 간격은 두 거짓 광원의 거리에 따라 결정된다.

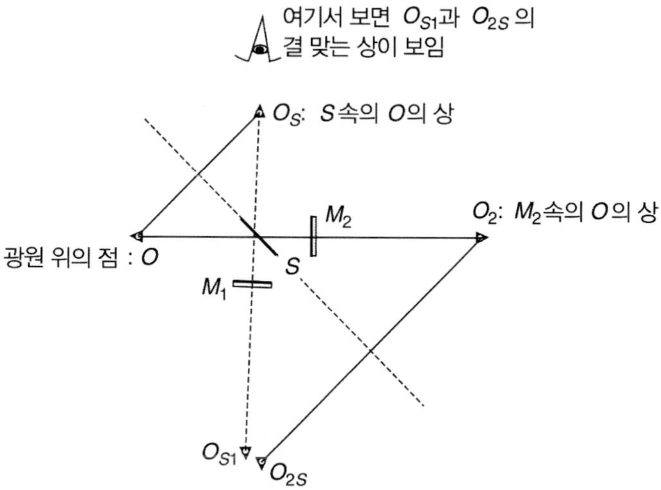

그림 9.14 마이컬슨 간섭계에서 결 어긋난 큰 광원을 쓸 때 간섭무늬가 생기는 원리. 관찰사가 보는 빛은 광원 위의 점 O에서 나와 빛살 가르개와 두 거울에서 반사된 빛으로서, 거짓 광원 O_{S1}과 O_{2S}에서 오는 빛과 같다. 이 두 거짓 광원은 결 맞으므로 간섭무늬를 만든다. 간단히 빛살 가르개의 두께는 무시하여, 보상판은 생략했다. M_1은 수평면에 대해 조금 기울었음을 눈여겨보라.

A에서 간섭무늬를 본다면, 두 거짓 광원에서 오는 빛은 위상이 어긋나 있다. B에서 보면 두 거짓 광원에서 오는 빛은 위상이 같다. O_{S1}과 O_{2S}가 옆에 있으면, 상황은 영의 실험과 같고, 간섭무늬는 나란한 직선으로 벡터 $O_{S1}O_{2S}$와 직교한다. 그 줄무늬는 실제로는 그림 9.17(b)와 같은 쌍곡선이지만, 대부분의 상황에서는 직선과 구분하기 어렵다 (§9.1.1). 두 광원이 가까울수록 줄무늬 간격은 더 넓어진다. 또 다른 상황은 O_{S1}의 앞이나 뒤에 O_{2S}가 있는 것이다. 그러면 보강 및 소멸 간섭은 직선 $O_{S1}O_{2S}$를 중심으로 한 원뿔꼴이 된다. 그림 9.15(a)에서 거리 $L(\gg O_{S1}O_{2S} \equiv s)$에 있는 화면 위의, 각도 θ 인 점 P에서의 빛의 진폭은 다음과 같다.

$$\begin{aligned}\psi_P &= \mathcal{RT}\left[\exp\left(ik_0\overline{O_{2S}P}\right) - \exp\left(ik_0\overline{O_{S1}P}\right)\right] \\ &= 2\mathcal{RT}\exp\left[\frac{1}{2}ik_0\left(\overline{O_{2S}P} + \overline{O_{S1}P}\right)\right]\cdot\sin\left[\frac{1}{2}k_0\left(\overline{O_{2S}P} - \overline{O_{S1}P}\right)\right]\end{aligned} \tag{9.28}$$

L이 두 빛살의 광로차보다 훨씬 크므로, $\frac{1}{2}\left(\overline{O_{2S}P} - \overline{O_{S1}P}\right) \simeq \frac{1}{2}s\cos\theta$이고, 따라서 간섭 줄무늬의 세기분포는 다음과 같다:

$$|\psi_P|^2 = 4(\mathcal{R},\mathcal{T})^2 \sin^2\left(\frac{1}{2}k_0 s\cos\theta\right)$$
$$= 2(\mathcal{R},\mathcal{T})^2\left[1 - \cos\left(k_0 s\cos\theta\right)\right] \qquad (9.29)$$

$(\mathcal{R}\mathcal{T})^2$의 값은 늘 $\frac{1}{4}$ 보다는 작다. 왜냐하면 $\mathcal{R}^2 + \mathcal{T}^2 \le 1$이기 때문이다. 이 식은 화면에 생기는 간섭무늬가 동심원(θ가 일정한 점의 궤적)꼴임을 말해주며, s의 값은 동심원의 중심($\theta=0$)의 세기와 고리무늬의 간격을 결정한다. 가장 안쪽의 어두운 고리의 차수가 m_0라면, $0 \le \delta < 1$에 대해 $k_0 s = 2\pi\cdot(m_0+\delta)$이다. 그 다음 어두운 고리는 차수가 하나씩 낮아진다: $m=m_0-1, m_0-2$, 등등. θ가 작으면, 차수 m인 어두운 고리의 각반지름 θ_m은 다음 조건에 따라 결정된다:

$$\cos\left(k_0 s\cos\theta\right) \approx \cos\left[k_0 s\left(1-\frac{1}{2}\theta^2\right)\right]$$
$$= \cos\left[2\pi\cdot(m_0+\delta)\left(1-\frac{1}{2}\theta^2\right)\right] = \cos 2\pi\cdot m = 1 \qquad (9.30)$$

따라서 다음과 같다:

$$\theta = \sqrt{2\cdot\left(1-\frac{m}{m_0+\delta}\right)}.$$

각반지름이 차수의 제곱근에 비례함을 눈여겨 보자 [그림 9.15(b)]. 이것은 고리판(§7.2.5)을 닮았다.

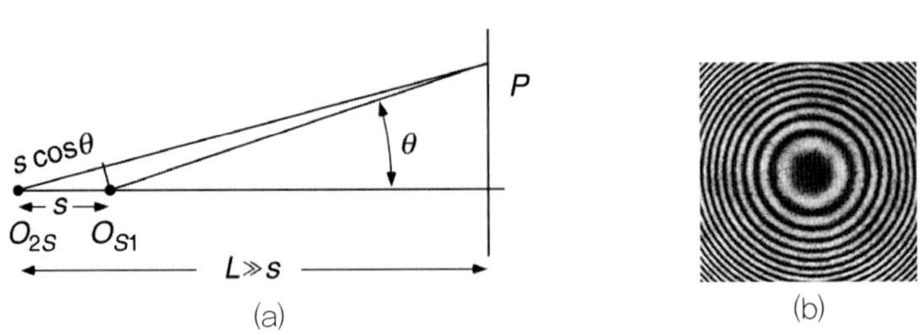

그림 9.15 (a) O_{2S}가 O_{S1} 뒤에 있을 때 두 거짓 광원에서 나와 광축에 대한 각도 θ로 점 P에 모이는 빛살의 광로차. (b) 마이컬슨 간섭계에 나타나는 동심원꼴 줄무늬.

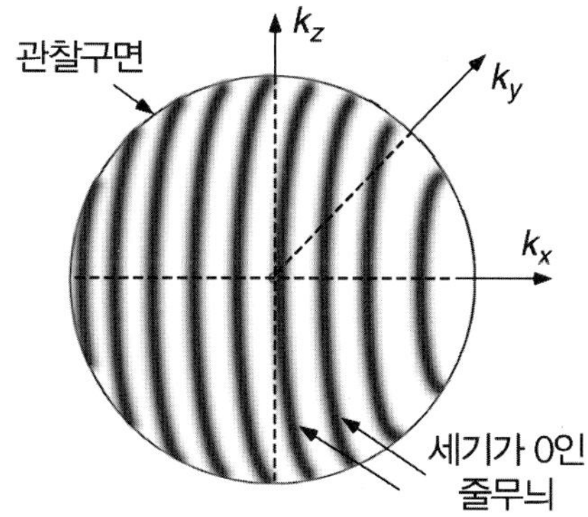

그림 9.16 두 점의 푸리에 변환 – 사인 함수꼴 평면 줄무늬 – 가 관찰 구면을 자른다.

§8.6.2에서 설명한 결정학의 방법을 써서, 이러한 간섭계의 문제를 푸리에 변환을 써서 분석할 수도 있다. 두 점의 3차원 푸리에 변환은 그림 9.16에 보인 것처럼 평면 사인함수꼴 간섭줄무늬이다. 이 푸리에 변환은 보는 방향에 따라서 줄무늬 모양이 달라진다.

이 말을 이해하려면, 관찰구면의 개념을 다시 쓴다 (§8.6.2). 그렇지만, 이제는 산란체가 아닌 결맞는 광원을 다루므로, 이들의 위상차는 늘 0으로, 들어오는 빛의 파동벡터 $\boldsymbol{k}_0$와 무관하다. 따라서 (8.64)의 인자 $\exp(i\boldsymbol{k}_0 \cdot \boldsymbol{r}')$를 1로 바꾸어야 한다; 이것은 $\boldsymbol{k}_0=0$으로 두면 되고, 그 결과는 역격자 공간의 원점에 중심을 둔, 반지름 $2\pi/\lambda$인 관찰 구면을 둔 것과 같다. 그러므로 관찰 구면은 푸리에 변환을 뚫고 들어가며, 중심에서 최대값이 된다 (그림 9.16).

O_{S1}과 O_{2S}가 가까워지면 줄무늬 간격 $2\pi/O_{S1}O_{2S}$은 더 커지고, 점광원의 위치를 바꾸면 푸리에 변환이 다른 방향으로 돌아간다. 그림 9.17은 교차면을 관찰 화면에 비추면 갖가지 모양의 줄무늬가 나타나는 것을 보여준다. 흰빛을 쓰면, 관찰 구면은 두께가 유한해져, 0차 줄무늬만이 선명하고 차수가 커지면 색깔을 띠다가 곧 뒤섞여 흐려진다. 0차 간섭을 확인하는 가장 좋은 방법은 그러한 채색 줄무늬를 찾는 것이다.

마이컬슨 간섭계에서 채색 줄무늬는 중요한 쓰임새가 있다. 그 세기분포를 자세히 살펴보면 광원의 파장성분을 알 수 있다. 이 방법이 **푸리에 분광학**(Fourier spectroscopy)이며 §11.5에서 자세히 설명한다.

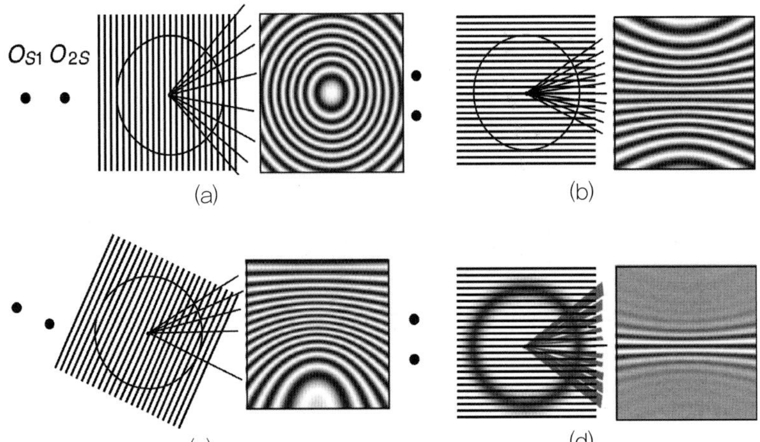

그림 9.17 마이컬슨 간섭계에 나타나는 여러 가지 간섭무늬. (a)와 (b)는 동심원꼴 및 나란한 '직선' 줄무늬가 O_{S1}과 O_{2S}의 상대적 위치에 따라 생김을 보여준다. (c) 중간꼴의 줄무늬. (d) 광원에서 흰빛과 같이 여러 파장의 빛이 나오면 줄무늬가 퍼져서 결국은 흐려진다.

9.3.3 간섭무늬 국재화

> 광원이 공간적으로 결어긋나면 간섭무늬가 생기는 공간이 제한된다. 이 개념은 간섭 현미경에서 특히 중요한데, 그 까닭은 결 어긋난 빛을 써야 더 좋은 영상이 생기기 때문이다.

지금까지는 점광원 O에서 나온 빛의 간섭무늬를 살펴보았다. 광원이 결맞으면, 빛살 가르개에서 갈라진 두 빛살은 서로 결맞으므로 두 빛살이 겹치는 곳이면 어디나 간섭무늬가 생겨 간섭무늬가 **비국재화된다**(delocalized). 이것은 레이저를 광원으로 쓸 때이다. 한편, 하늘처럼 광원이 크고 결 어긋나면, 낱낱의 점에서 나온 빛은 갈라졌다가 다시 겹쳐지면 간섭무늬를 만들겠지만, 일반적으로 점마다 만드는 간섭무늬의 방향과 간격이 다르므로 그것을 모두 겹치면 간섭무늬가 사라진다. 그렇지만, 크고 결 어긋난 광원을 써도 모든 줄무늬가 똑같은 영역이 있을 수 있고, 그러면 줄무늬는 그 영역에 **국재화된다**(localized). 예를 들어, 마이컬슨 간섭계에서는 관찰자가 보기에 두 거울 M_1과 M_2가 겹치는 것처럼 보이는 곳에 간섭무늬가 국재화된다.

그림 9.14를 다시 보면, M_1을 S에 대한 상 M_1'으로 바꾸고, M_1'과 M_2에 대한 O의 상을 둔다 (그림 9.18). 관찰자는 이 두 상을 (B에서) 직접 또는 (A에서) 빛살 가르개를 통해 본다. 빛살 가르개에서 M_1과 M_2까지의 거리가 같지만, 두 거울의 기울기가 조금 다르면, M_2

와 M_1'는 P에서 만난다. 그러면 O_1과 O_2는 P에 중심을 둔 활꼴 위에 있고, 따라서 O_1과 O_2에서 같은 거리에 있는 0차 간섭무늬가 그 교차선을 지난다. 이것은 Q와 같은 광원 위의 모든 점에 대해 참이다. 그러므로, 0차 간섭무늬는 교차선을 따라서 생긴다. 이 논리를 확장하면 고차 간섭무늬도 거울면에 국재화된다고 어림할 수 있다. 얇은 막이 만드는 간섭무늬에 대해서도 같은 논리를 쓸 수 있고, 따라서 간섭무늬는 얇은 막의 두 표면이 만나는 선을 품는 면에 국재화되는데, 그 면은 거의 얇은 막의 표면 근처에 있다. 다른 종류의 간섭계에서 결 어긋난 빛이 만드는 간섭무늬의 국재화도 같은 방식으로 살펴볼 수 있다.

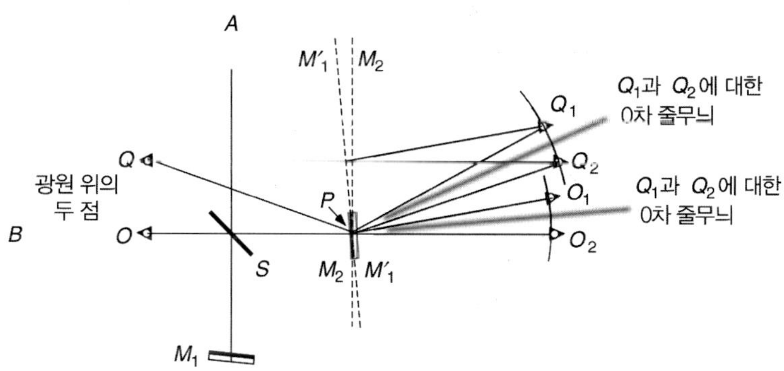

그림 9.18 결 어긋난 큰 광원을 쓰는 마이컬슨 간섭계에서 광로차 0인 간섭무늬의 국재화 (그림 9.14에서 따옴). A나 B에서 보면 두 거울이 겹쳐져 P에서 만나고, 광원 위의 점 O는 허상점 O_1과 O_2에 있는 것처럼 보인다. 그러므로 이 상은 P에서 같은 거리에 있고, 따라서 O_1O_2를 수직 2등분하는 0차 간섭무늬는 P를 지난다. 광원 위의 다른 점 Q도 마찬가지다. 그러므로 0차 간섭무늬는 거울 위의 점 P에 국재화된다.

상자 9.2 광학 검사: 트와이만-그린 간섭계

광학소자 검사에는 마이컬슨 간섭계를 쓴다. 가장 간단한 모양의 줄무늬는 단색 평면파가 들어올 때 생기는 나란한 직선 꼴이다. 거울의 방향을 잘 맞추면 A 또는 B로 나오는 빛의 세기 분포를 고르게 만들 수도 있다. 그렇지만, 간섭계는 빛살이 지나는 광학소자의 광학적(위상) 결함에 아주 민감하므로 그러한 상태로 만들기는 아주 어렵다. 하지만 그렇게 할 수 있다고 가정하자. **트와이만-그린(Twyman-Green) 간섭계**는 마이컬슨 간섭계와 같은 꼴로 이러한 민감성을 써서 광학소자를 검사하는 기구이다. 그림 9.19는 렌즈를 검사하는 방법을 보여준다. 렌즈가 이상적인 모양이면 들어오는 평면파가 나가는 평면파로 바뀌도록 장치를 꾸미면, 렌즈에 결함이 있을 때는 나가는 파면이 변형된다. 다른 광학소자를 검사할 때도 같은 원리를 쓴다.

그림과 같이 장치를 꾸미려면 곡률 반지름이 렌즈의 초점거리보다 더 짧은, 질 좋은 구면거울이 필요하다. 광학 소자 제작실은 이러한 광학소자를 갖추어야 한다.

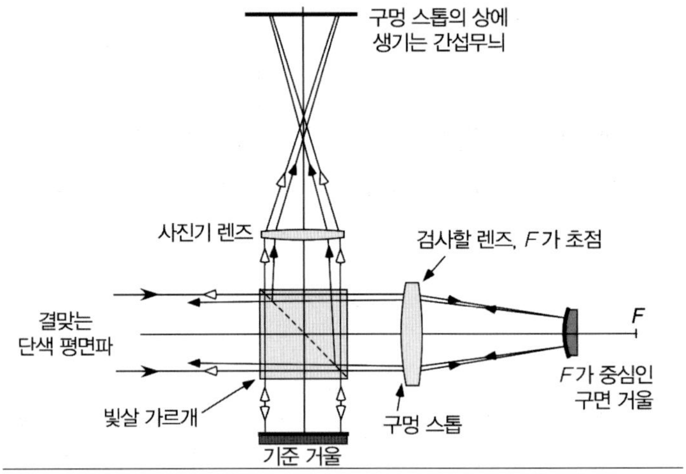

그림 9.19 트와이만-그린 간섭계로 렌즈의 품질을 검사하는 모양. 기준거울을 위아래로 움직이며 여러 장의 간섭무늬를 얻고, 이로부터 위상 오차를 구할 수 있다.

간섭계 출구에 사진기를 두고, 초점을 렌즈의 조리개에 맞추면, 렌즈에서 결함이 있는 곳에는 직선꼴 간섭무늬가 변형되어 나타나므로 결함의 위치와 크기를 바로 알 수 있고, 따라서 렌즈의 어디를 얼마나 갈아내야 할지를 알 수 있다.

다른 간섭계도 비슷한 방식으로 쓸 수 있지만, 마이컬슨 간섭계는 두 팔이 멀리 떨어져 있으므로 쓰기 편하다. 또 다른 장점은 기준거울을 옮기면 줄무늬가 수직방향으로 이동하는데, 이것을 비교하면 위상 오차의 크기를 정확하게 구할 수 있다. 이것이 **위상 - 걸음 기법(phase-stepping technique)**으로 기준거울을 $\lambda/8$씩 옮기며 얻은 네 장의 간섭무늬에서 위상을 셈하는 공식을 구하는 것이 문제 (9.9)이다.

9.3.4 마이컬슨-몰리 실험

현대 물리학을 연 가장 중요한 실험의 하나가 마이컬슨과 몰리가 1887년 무렵에 한 실험인데, 마이컬슨은 자기가 고안한 간섭계를 천재적으로 써서 엄청난 정확도로 실험했다. 그는 프레넬이 광행차 - 지구의 공전 운동 때문에 별의 위치가 관측하는 때에 따라 바뀌는 것처럼 보이는 현상 - 를 설명하고자 천체가 움직여도 그 주위를 채우고 있는 에테르(전자기파를 전달하는 마이컬슨과 몰리는 에테르(aether)에 대한 지구의 상대속도를 재고자 실험을 했으나 실패했다. 이에 대한 설명은 물론 특수 상대성 이론이다.

매질로 가정한 것)는 서 있어야 한다고 가정한 것에 관심을 기울였다. 그러므로, 그는 에테르에 대한 지구의 속도를 재려고 마음먹었다.

그는 에테르에 대한 지구의 상대속도의 크기가 공전 속도와 거의 같다고 가정하고, 그가 꾸민 간섭계가 그 값을 충분히 정확하게 잴 수 있음을 보였다. 문제는 재려는 양이 2차항이라는 것이었다. 빛의 속도는 빛이 어느 곳으로 갔다가 제자리로 돌아오는데 걸린 시간을 재어 결정할 수 있고, 지구 공전운동의 방향과 같은쪽과 반대쪽으로 오가는데 걸린 시간과 수직방향으로 갔다가 오는데 걸린 시간의 차는 다음 식에서 보듯이 작은 매개변수의 2차항에 비례한다.

고전 물리학에서는 길이 L인 경로를 갔다 오는데 걸리는 시간 t_1은 다음과 같다:

$$t_1 = \frac{L}{c+v} + \frac{L}{c-v} \tag{9.31}$$

여기에서 v는 지구의 속력이다. 빛이 공전궤도와 직교하는 경로를 따라 갔다가 올 때는 실효길이는 다음과 같다: $L' = 2L[1 + (v^2/c^2)]^{1/2}$. 따라서 걸리는 시간은 $t_2 = L'/c$이다. v/c에 대해 2차항까지 급수전개를 하면 다음과 같다:

$$t_1 \approx \frac{2L}{c}\left(1 + \frac{v^2}{c^2}\right); \quad t_2 \approx \frac{2L}{c}\left(1 + \frac{1}{2}\frac{v^2}{c^2}\right) \tag{9.32}$$

시간차 $t_1 - t_2 = (L/c)(v^2/c^2)$는 광로차 $L \cdot (v^2/c^2)$에 해당한다. v가 c 보다 훨씬 작으면, 이 양을 잴 수 없을 것이다.

그런데, 이 값이 너무 작은가? 지구의 공전 속력은 빛의 속력의 약 10^{-4} 정도이다. L이 1 m이면 광로차는 10^{-8} 정도, 또는 약 $\lambda/50$이다; 이 값은 눈으로 보아 재기에는 너무 작았지만, 실험을 잘 고안하면 잴 수는 있을 것으로 예상했다.

광로차를 잴 수 있을 정도로 키우려면 경로 L을 늘려야 한다; 마이컬슨은 대각선이 약 2 m인 돌판을 수은통에 띄우고 그 위에 간섭계를 얹고, 빛이 대각선을 따라 여러 번 오가게 반사시켜 전체 길이 L이 약 11 m가 되게 했다 (그림 9.20). 지구의 공전운동이 우주 속에서 어느 쪽을 향하는지 알지 못하므로, 장치 전체를 수은 위에서 돌려 최대 광로차가 앞에서 셈한 값의 22배가 되게 했다 – 그러면 겨우 간섭무늬 간격의 반이 된다. 마이컬슨과 몰리는 이 값을 약 5 %의 정확도로 잴 수 있을 것으로 확신했다.

이 실험을 자세히 설명한 까닭은 이것이 광학에서 가장 중요한 실험의 하나이기 때문이다. 이것은 아주 작은 양을 재려면 실험 기법을 개발하는 것이 중요함을 보여주며, 마이컬슨은 이 실험에 대한 공로로 1907년 노벨상을 받았다. 그가 쓴 논문은 실험에 방해가 되는 여러 효과를 피하고자 신경을 쓴 내용이 완전하게 설명되어 있으므로 찬찬이 읽어볼 가치가 있다 (Michelson, 1927). 실험 결과는 가장 놀랍고도 실망스러웠다. 간섭무늬 이동은 있다고 해도 0.01λ 이하였다 (그림 9.21). 그림 9.21의 파선은 지구의 공전속력을 바탕으로 예상한 변위의 $\frac{1}{8}$을 나타낸다. 이 결과에 따르면 지구의 속도는 0이다!

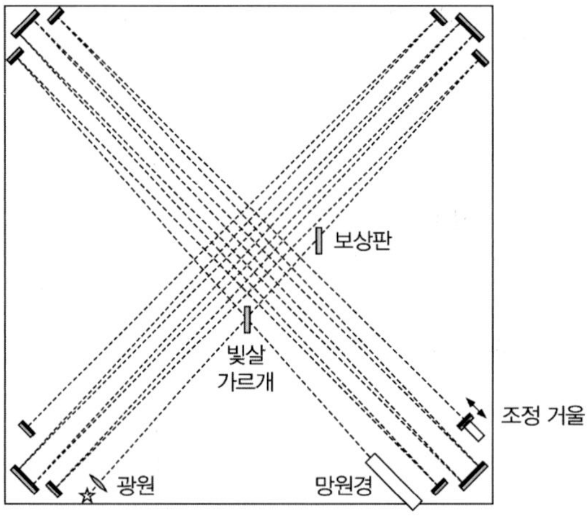

그림 9.20 마이컬슨–몰리 실험에 쓴 간섭계. 간섭무늬는 망원경으로 관찰했다 (Michelson, 1927 논문).

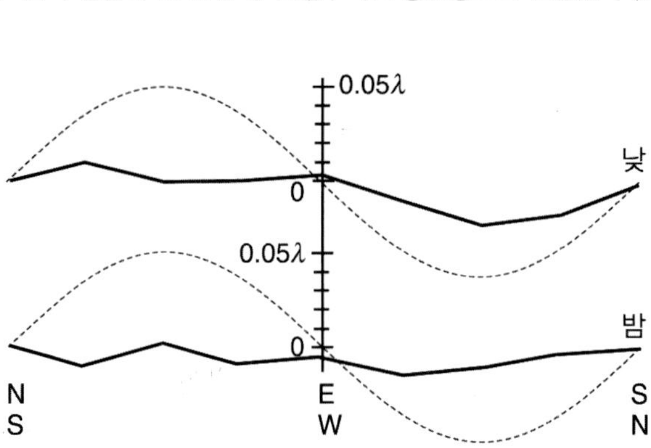

그림 9.21 전형적인 낮과 밤의 간섭무늬 이동. 파선은 지구의 공전속력을 바탕으로 기대한 이동량의 1/8이다 (Michelson, 1927 논문).

마이컬슨과 몰리 실험 결과는 상대성 이론 보다 먼저 나왔지만, 아인슈타인은 몰랐던 것 같다.

실험을 하던 때에 우연히도 지구의 공전속도가 태양계의 이동속력과 상쇄될 수도 있었다. 이것은 늘 벌어지는 일이 아니므로 몇 달을 두고 같은 실험을 몇 차례 되풀이했다. 그 결과는 늘 0이었다. 이 결과는 19세기 물리학의 수수께끼 가운데 하나였다. 마이컬슨과 몰리로서는 솜씨와 참을성을 완전히 낭비한 것 같아 황당하고 실망스러웠다. 그러나 1905년 아인슈타인은 새로운 물리학 원리인 상대성 이론을 내 놓았는데, 주요 가정이 빛의 속력이 관찰자의 속도와 무관하다는 것이었다. 그 가정은 실험결과와 완전히 맞았다. 따라서 겉보기에 실패한 것처럼 보이는 실험에서 새로운 물리학 원리가 확증을 얻고 새로운 가지가 뻗기 시작했다.

9.4 공통경로 간섭계

공통 경로 간섭계에서는 간섭하는 두 가닥의 빛살이 같은 길을 따라가므로 선폭이 넓은 빛을 쓸 수 있다.

공통 경로 간섭계는 피조가 1851년 처음 썼는데, 간섭하는 두 가닥의 빛살이 거의 같은 길을 반대쪽으로 따라간다. 그래서, 흰빛을 써도 간섭무늬를 얻는데 아무런 문제가 없다. 경로가 똑같은 조건을 살짝 깨주면 위상차가 생긴다. 그림 9.22는 가장 간단한 꼴 두 가지를 보여주는데, 거울을 더 많이 써서 더 복잡하게 만들 수도 있다. 여느 간섭계처럼 빛이 나오는 쪽은 둘이다; A에서는 좀 더 쉽게 볼 수 있고, B쪽은 빛살이 광원쪽으로 되돌아간다. 간섭하는 두 빛살이 빛살 가르개를 지나는 횟수가 같으므로 마이컬슨 간섭계와 같은 보상판은 필요 없다. 빛살 가르개의 진폭 반사계수가 $\mathcal{R}$, 투과계수가 $\mathcal{T}$이면, A에 오는 빛살 가운데 하나의 진폭은 $\mathcal{T}^2$, 다른 하나는 $\mathcal{R}.\overline{\mathcal{R}}$이다. 그러므로, 두 빛살의 광로차가 0이면 소멸간섭을 하며, 완전한 소멸간섭을 하려면 다음 조건이 맞아야 한다: $\mathcal{T}^2=\mathcal{R}^2$. 빛살 가르개를 잘 골라야 이 조건을 맞출 수 있다. B에서는 두 빛살의 진폭이 똑같이 $\mathcal{T}.\overline{\mathcal{R}}$이므로 광로차가 0이면 보강간섭을 하며, $\mathcal{T}$와 $\mathcal{R}$어떤 값이든 명암비가 1로 간섭무늬가 선명하게 나타난다.

그림 9.22(a)와 같이 빛살이 간섭계를 비스듬히 지나면, 겹치는 두 가닥의 빛살의 경로가

똑같지 않으므로 광로차가 생긴다. 하지만 나오는 두 빛살은 늘 나란하므로, 결 어긋난 큰 광원을 쓰면 §9.3.3에서와 같이 간섭무늬는 **아주 먼 곳에 국재화된다**. 그림 9.22(b)와 같이 빛살 가르개 하나와 홀수개의 거울로 꾸민 간섭계에서는 두 빛살의 길이를 맞춘 채 적당히 분리할 수 있어 B에서 간섭무늬를 더 쉽게 볼 수 있다.

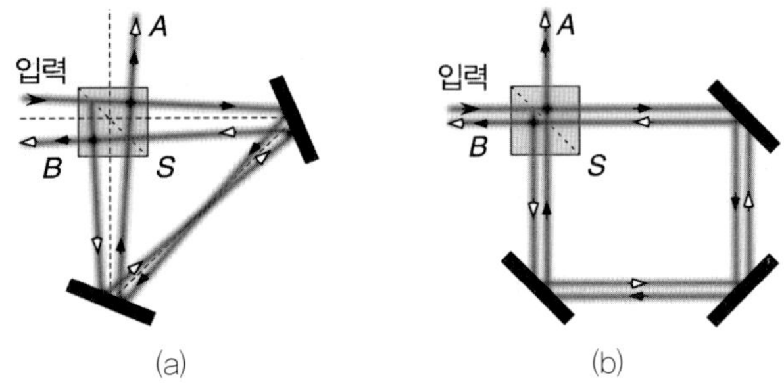

그림 9.22 공통–경로 간섭계 두 가지: (a) 빛살 가르개 하나와 거울 두 장으로 꾸민 것 (세모꼴 간섭계). (b) 빛살 가르개 하나와 거울 세 장으로 꾸민 것. S는 빛살 가르개. (a)는 층밀림 간섭계(그림 11.15)로 쓸 수 있는데, 두꺼운 유리판을 끼워 넣고 수직축에 대해 돌려 두 빛살이 조금 비끼게 한다. (b)는 쓰임새가 더 많은데, 특히 삭낙 효과를 잴 때 좋다.

9.4.1 움직이는 매질 속의 빛의 속력

> 피조가 흐르는 물속의 빛의 속력을 잰 값은 예상 값과 55%가 달랐는데, 그 차이를 고전물리학으로는 설명할 수 없었다.

공통–경로 간섭계가 중요한 까닭은 둘이다. 첫째는 역사적인 것으로, 빛의 진행에 대한 상대론적 효과를 처음 재는데 쓰였다. 1851년 피조는 이러한 간섭계를 꾸며 흐르는 물속의 빛의 속력을 쟀다 (그림 9.23). 물을 그림과 같이 흘리면서 빛살 한 가닥은 물 흐름과 나란히, 다른 가닥은 반대쪽으로 가게 했다. 그래서 두 빛살의 속력차를 잴 수 있게 했다. 물론 고전역학에 따르면 두 가닥의 빛살의 속력은 $c_+ = c/n + v$와 $c_- = c/n - v$인데, 이 이론으로는 실험결과를 설명할 수 없었다. 그래서 피조는 그것을 설명하고자 에테르 끌림(aether drag) 계수 $(1 - n^{-2})$을 도입해야 했다 (이것은 그에 앞서 프레넬이 지구의 공전운동 때문에 생기는 광행차를 설명하고자 도입했다, §9.3.4). 아인슈타인의 상대성 이론에 따르면 c_+와 c_-는 다음과 같으므로 실험결과를 정확히 설명한다:

$$c_{\pm} = \frac{c/n \pm v}{1 \pm v/nc} \tag{9.33}$$

이 실험에 나타나는 상대론적 보정값은 마이컬슨-몰리 실험과는 달리 v에 비례하므로 느린 속력에서도 쉽게 잴 수 있었다.

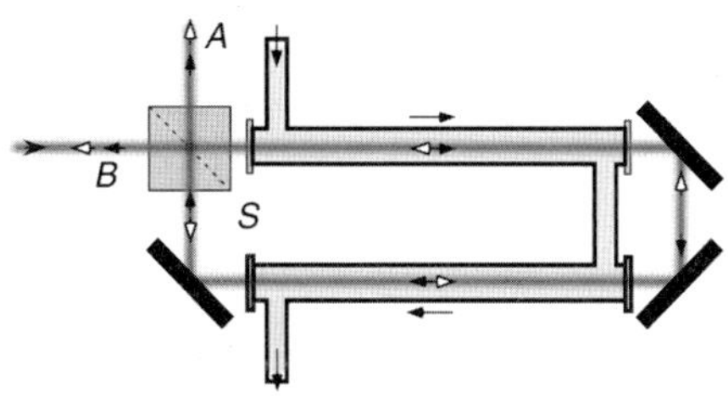

그림 9.23 흐르는 물속의 빛의 속력을 재는 피조 실험 장치의 얼개. 물관의 길이는 수 m인 유리관으로 꾸며 충분히 큰 효과가 생기게 했다

9.4.2 삭냑 효과와 광 자이로스코프

삭냑(Sagnac)이 1913년 공통-경로 간섭계로 만든 **광 자이로스코프**(optical gyroscope)는 현대에 중요한 쓰임새가 있다. 간섭계 전체가 그 평면에서 각속도 Ω로 돈다고 하자. 그러면 반대쪽으로 도는 두 가닥의 빛살에는 위상차가 생기는데, 이것을 **삭냑 효과**(Sagnac effect)라고 한다. 이 간섭계는 (회전하는) 비관성계이므로 제대로 다루려면 일반 상대성 이론을 써야 한다 (Chow 등, 1985). 그렇지만, 중력장이 들어가지는 않으므로 특수 상대성 이론을 써도 결과는 같다.[35]

삭냑 효과를 재는데 쓰는 간섭계는 흔히 광섬유를 돌돌 감아 꾸미고, 빛은 광섬유를 따라 가므로, 간단히 빛살이 반지름 R인 원을 따라 가는 간섭계를 생각하고, 빛살 가르개를 지나

---

35) 진공에서는 빛이 고리를 도는데 걸리는 시간은 $\Delta t = L/c$이고, 그 동안 빛살 가르개가 움직이는 거리는 $\Delta t R\Omega = LR\Omega/c$이므로 한쪽으로 도는 빛살에 대해서는 그만큼 길어지고, 반대쪽으로 도는 빛살에 대해서는 그만큼 짧아진다. 그러므로 두 빛살에 생기는 위상차는 $\Delta\phi_0 = 2k_0 LR\Omega/c$이다. 이 결과는 진공에서는 맞지만, 매질 속에서는 k_0를 nk_0로, Δt는 $n\Delta t$로 바꾸면 결과는 $n^2\Delta\phi_0$가 되는데, 이것은 옳지 않다. 따라서 삭냑 효과가 n과 무관함은 특수 상대성이 옳음을 확인해준다.

간섭계를 한 바퀴 돌아오는 거리를 L이라고 하자. 한 바퀴 돌아오면 $L=2\pi R$이지만, 광섬유를 여러 겹 감아서 여러 바퀴를 돌 수도 있다. 광섬유가 원을 따라 도는 접선방향의 속력은 $v=R\Omega$이고, 광섬유의 굴절률은 n이다. 빛이 간섭계와 같은 쪽(시계방향)으로 돌 때의 속력을 c_+, 반대 쪽(반시계방향)으로 돌 때의 속력을 c_-로 나타내자. 이 값은 실험실 기준틀에서 잰 빛의 속력이다. 시계방향으로 도는 빛이 간섭계를 한 바퀴 도는데 걸리는 시간 t_+ 동안, 빛살 가르개가 원을 따라 움직이는 거리는 $R\Omega t_+$ 이므로, $c_+t_+=L+R\Omega t_+$ 이다. 마찬가지로, 반시계 방향에서는 $c_-t_-=L-R\Omega t_-$ 이다. 이 결과를 묶으면 다음과 같다:

$$\Delta t = t_+ - t_- = L\cdot\left(\frac{1}{c_+ - R\Omega} - \frac{1}{c_- + R\Omega}\right) \tag{9.34}$$

c_+와 c_-에 대해 (9.35)를 써서 윗 식에 넣으면 다음 결과를 얻는다:

$$\Delta t = 2\cdot\frac{LR\Omega}{c^2 - R^2\Omega^2} \cong 2\frac{LR\Omega}{c^2} \tag{9.35}$$

이 식에는 n이 들어있지 않다. 광섬유를 N번 감아 간섭계를 꾸미면 $L=2\pi R$이고, 광섬유로 둘러싸인 원 넓이는 $A=\pi R^2$이므로 위의 결과는 다음과 같다: $4N\cdot A\Omega/c^2$. 빛살이 간섭계를 도는 모양이 그림 9.22와 같은 다각형이어도 위의 식은 맞다. 이에 대한 증명은 연습문제 9.11로 남겨둔다

이 시간차는 검출 방법에 따라 위상차 또는 진동수차로 바꿀 수 있다. 간섭계측법을 쓰는 광 자이로스코프에서는 각진동수 ω인 빛을 간섭계에 넣어 위상차 $\omega\Delta t$를 잰다. 이 효과는 아주 작으므로 광섬유를 여러 겹 감아 L을 아주 길게 늘린다. (9.37)에 굴절률 n이 들어있지 않으므로 광섬유가 유리로 된 것이 문제가 되지 않는다. R은 최대한 키우면 된다. 예를 들어, $L=100$ m, $R=0.1$ m, $\Omega=1$ rad · s^{-1}, $\lambda=0.5$ μm이면 위상차는 다음과 같다:

$$\Delta\phi = \omega\Delta t = 2\pi\frac{c}{\lambda}\cdot 2\cdot\frac{LR\Omega}{c^2} \cong 0.8\,\text{rad}. \tag{9.36}$$

이 정도의 위상차는 잴 수 있지만, 자이로스코프가 쓸모가 있으려면 지구 자전속도 15° hr^{-1}의 10^{-3} 정도까지 정확하게 재야하므로 10^{-7} rad까지 재야한다. 광섬유에서 빛이 감쇠되므로 L은 실제로는 수 km 이하이다.

광섬유의 굴절률이 빛의 세기에 따라 달라지고, 두 가닥으로 나뉜 빛살이 세기가 다르면 위상차가 생기는데, 그것을 삭냑 효과와 구별해야 한다.

광섬유 자이로스코프에서 감도를 높이고자 개발한 갖가지 기법이나 이러한 효과를 성공적인 기술로 개발하면서 풀어낸 문제에 대해서는 깊이 들어가지 않겠다. 많은 문제는 광섬유 물질의 비역진성 또는 비선형성(§13.6.2)과 관련이 있다. 그러한 효과가 간섭계에서 반대쪽으로 도는 두 가닥의 빛살에 대해 달라서 삭냑 효과와 비슷하게 나타난다.

상자 9.3 고리 레이저 자이로스코프

고리 레이저 자이로스코프(그림 9.24)도 삭냑 효과를 쓴 장치이다. 거울 세 장을 써서 길이가 L인 닫힌 고리 공진기를 꾸미고, 그 사이를 채운 증폭매질의 굴절률을 n이라고 하자. 레이저가 작동할 때 공진기의 모드의 진동수는 다음 조건을 맞춘다: $L=(\lambda/n)\cdot m$. 여기에서 m은 자연수이다. 공진기가 돌아가면, 시계방향으로 도는 빛은 다음 조건에 맞다:

$$L+tR\Omega = L\cdot\left(1+\frac{n}{c}R\Omega\right) = (\lambda_{+}/n)\cdot m \tag{9.37}$$

반계방향으로 도는 빛은 다음 조건에 맞다:

$$L-tR\Omega = L\cdot\left(1-\frac{n}{c}R\Omega\right) = (\lambda_{-}/n)\cdot m \tag{9.38}$$

두 빛이 같은 모드라면 이 작은 파장차이는 다음과 같다:

$$\Delta\lambda = \lambda_{+}-\lambda_{-} = 2\cdot\frac{LR\Omega n^2}{c\cdot m} \tag{9.39}$$

이 $\Delta\lambda$를 진동수 차이로 바꾸면, $\lambda=nL/m$이므로, (9.37)과 (9.38)에서 다음과 같다:

$$\Delta f = \Delta\frac{\lambda}{\lambda^2}\cdot\frac{c}{n} = 2\cdot\frac{LR\Omega n}{\lambda^2\cdot m} = 2\frac{R\Omega}{\lambda} \tag{9.40}$$

Δf를 재면 Ω를 결정할 수 있다. 물론 이 식은 빛살의 경로가 원일 때에 대한 것이지만 어림값은 잘 맞는다. 구체적인 값을 어림하면, $R=0.1$ m, $\Omega=1$ rad $\cdot$ s^{-1}, $\lambda=0.5$ μm이면 $\Delta f=$ 0.4 MHz이다. 원리적으로는 그러한 진동수를 재는 것은 어렵지 않지만, 초기에 고리 레이저 자이로스코프를 개발 할 때는 **진동수 잠김**(frequency locking) 현상에 발목을 잡혔다; $\Delta f\rightarrow 0$이면 소자에서 산란된 빛 때문에 반대쪽으로 가는 두 모드가 섞여 같은 진동수의 빛을 유도방출한다. 이에 관한 자세한 내용은 다음 책을 보라: Lefevre (1993).

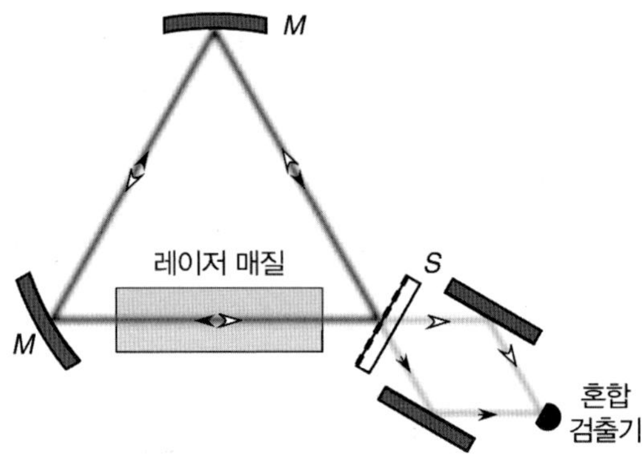

그림 9.24 삭냑 간섭계

9.5 다중 반사에 의한 간섭

빛살을 N 번 반사시키면 최대 위상차가 N-1배 늘어나므로 간섭계의 분해능이 더 좋아진다.

두-빛살 간섭은 빛의 파동이론을 처음 확인해주었고, 단색빛의 파장을 재는 방법을 제공했다. §9.1.1에서 보였듯이, 두-빛살 간섭무늬의 세기분포는 사인함수꼴이므로, 봉우리와 골짜기가 아주 넓다. 여러-빛살 간섭에서는 (9.12)에서 m와 N값을 키워 최대로 만든다. 빛살 N가닥이 모두 보강간섭을 할 조건은 두 가닥이 보강간섭을 할 조건보다 $N/2$배 더 정밀하고, 따라서 봉우리가 아주 뾰족해진다.

여러-빛살 간섭계측법은 회절격자에서 이미 한 번 설명했다. 회절격자에서는 실틈을 정확하게 주기적으로 배열하여 낱낱의 실틈을 지난 빛의 위상이 규칙적으로 커지게 한다. 또 다른 방법은 투명한 평행 유리판 또는 나란한 거울 두 장에서 여러 번 반사된 빛살을 쓰는 것이다. 빛살이 반사되어 앞뒤로 오가며 한 바퀴 돌 때마다 위상이 일정하게 늘어나므로, 반사될 때마다 빛살을 조금씩 뽑아내어 더해주면, 위상이 일정한 값씩 늘어나는 빛살의 무리를 얻는다. 그러므로, 진폭 반사계수가 $\mathcal{R}$, 투과계수가 $\mathcal{T}$인 광학면 둘이 나란히 있을 때의 다중 반사 문제를 살펴본다. 빛이 흡수되지 않는다면, (5.91)에 따라 다음 조건이 맞다:

$$\mathcal{R}^2 + \mathcal{T}\overline{\mathcal{T}} = 1 \tag{9.41}$$

먼저, 빛살이 공진기를 한 바퀴 돌 때 생기는 위상차를 셈하자. 두께 d, 굴절률 n인 판 속에서 법선에 대해 각도 θ인 방향으로 가는 빛살을 살펴보자 (그림 9.25). 광로 길이 $\overline{AE}$와 $\overline{DC}$는 같다. 그러므로, X와 Y로 가는 두 빛살의 광로차는 $\overline{ABD}=n(AB+BD)$이다. 아랫면에 대한 A의 거울상 A'를 그리면, 다음 식이 맞다:

$$AB+BD = A'D = 2d\cos\theta \tag{9.42}$$

따라서 간섭하는 두 빛살 X와 Y의 위상차는 다음과 같다:

$$2\pi\cdot(\overline{ABD}/\lambda) = k_0\cdot\overline{ABD} = 2k_0nd\cos\theta \equiv g \tag{9.43}$$

꼭 알아야 할 중요한 점은 위상차가 유리의 두께를 투영한 값 AB의 두 배가 아니라는 것이다. 더구나, g는 입사각 θ가 커질수록 $\cos\theta$에 비례하여 더 작아진다. 이 두 가지는 직관에 반한다.

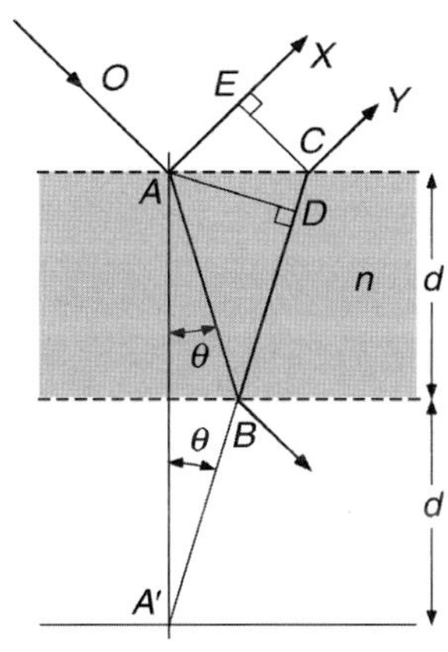

그림 9.25 평판 위, 아래 면에서 반사된 두 빛살의 광로차

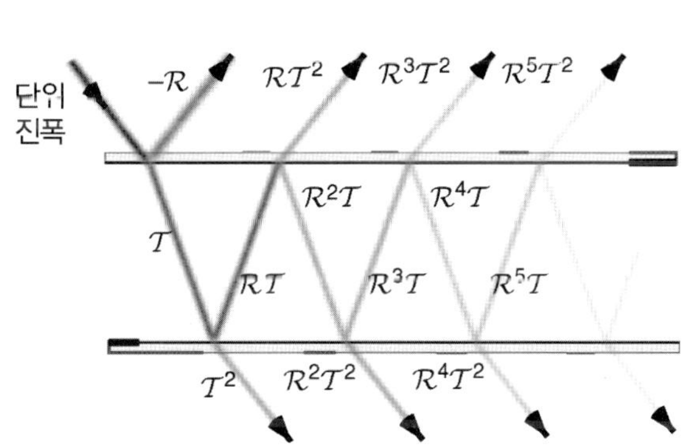

그림 9.26 투명 평판 속에서 여러 번 반사된 빛살의 진폭. $\mathcal{R}$과 $\mathcal{T}$는 각각 진폭 반사계수 및 투과계수이다.

이제 여러 번 반사된 빛살의 진폭을 살펴보자 (그림 9.26). $\mathcal{R}$은 낱낱의 표면의 한 쪽에서 정의된 반사계수임을 상기하자 – 그것을 안쪽으로 잡으면 바깥쪽의 반사계수는 $\overline{\mathcal{R}} = -\mathcal{R}$이다. 여러 번 반사된 빛살의 진폭은 그림에 보인 바와 같다. 나오는 빛살은, 반사된 것이건 투과된 것이건, 이 빛살들이 한번 더 돌고올 때마다 위상이 g만큼 늘어난다. 이러한 상황은 회절격자의 이웃 실틈에서 나오는 빛살의 위상차와 같은데, 다만 그 때와는 달리 빛살의 진폭이 계속 줄어든다.

투과된 빛살이 겹친 것의 진폭은 다음과 같다:

$$\psi(g) = \mathcal{T}\overline{\mathcal{T}} \sum_{p=0}^{\infty} R^{2p} \exp(ipg) \tag{9.46}$$

이 함수의 값을 셈하는 방법은 두 가지다:

- 공비가 $\mathcal{R}^2 \exp(ig)$인 기하급수로 보고 셈한다
- 계수가 $a_p = \mathcal{R}^{2p}$인 푸리에 급수로 보고 셈한다

먼저, 보통 하듯이 (9.44)를 기하급수로서 셈하면 다음과 같다:

$$\psi(g) = \mathcal{T}\overline{\mathcal{T}} \sum_{p=0}^{\infty} \left[R^2 \exp(ig) \right]^p = \mathcal{T}\overline{\mathcal{T}} \cdot \frac{1}{1 - R^2 \exp(ig)} \tag{9.45}$$

세기분포는 다음과 같다:

$$\begin{aligned} I(g) = |\psi(g)|^2 &= \mathcal{T}\overline{\mathcal{T}} \cdot \frac{1}{1 + R^4 - 2R^2 \cos g} \\ &= \left(\frac{\mathcal{T}\overline{\mathcal{T}}}{1 - \mathcal{R}^2} \right)^2 \cdot \frac{1}{1 + F \sin^2(g/2)} \end{aligned} \tag{9.46}$$

여기에서 $F \equiv 4\mathcal{R}^2/(1-\mathcal{R}^2)^2$이고, $\mathcal{F} = (\pi/2)F^{1/2}$를 **피네스(finesse)**라고 한다.

(9.46)은 흥미로운 특징이 있다: 높이 $[\mathcal{T}\overline{\mathcal{T}}/(1 - \mathcal{R}^2)]^2$인 봉우리가 $g = 2\pi \cdot m$ 마다 주기적으로 생긴다. 빛을 흡수하지 않는다면 $[\mathcal{T}\overline{\mathcal{T}}/(1 - \mathcal{R}^2)]^2 = 1$이므로, 겉보기에 역설적인 결론을 얻는다: **투과계수 $\mathcal{T}$가 거의 0에 가까워도**, $g = 2\pi \cdot m$이면 모든 빛이 투과된다! 물론, 이것은 실제로는 역설이 아니다. 온전히 투과된 빛은 여러 번 반사된 약한 빛살이 아주 많이

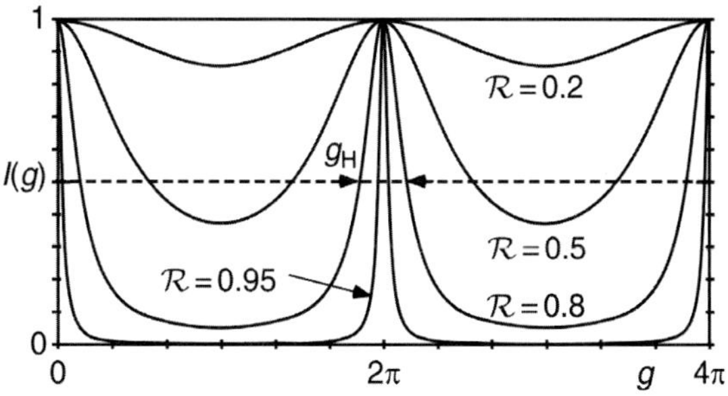

그림 9.27 (9.46)의 $I(g)$의 $\mathcal{R}$에 대한 변화. 반사계수가 클수록 선폭이 좁아진다.

보강간섭을 하여 더해진 것이다. F가 아주 크면($\mathcal{R} \cong 1$), 이 봉우리는 아주 뾰족하여 폭이 좁다. 봉우리 사이에서는 이 함수의 값은 $1/F \ll 1$이다 (그림 9.27). 간섭무늬의 명암비 즉, 가시도는 §11.3.2에서 정의하는데, $F/(2+F)$로서 F가 아주 크면 1에 가까워진다.

(9.46)을 써서 봉우리의 반치폭을 셈할 수 있다. 봉우리 값의 반이 되는 조건은 다음과 같다: $F\sin^2(g/2)=1$. 따라서 다음 결과를 얻는다:

$$g_H = 2\sin^{-1}\left(\frac{1}{\sqrt{F}}\right) \approx \frac{2}{\sqrt{F}} \tag{9.47}$$

$\mathcal{R} \rightarrow 1$이면 폭은 $w=2g_H \cong 4(1-\mathcal{R})$이다. 표 9.1은 봉우리의 간격에 대한 폭의 비 $2g_H/2\pi$을 $\mathcal{R}$의 함수로 정리한 값이다. 영의 간섭무늬에서는 그 값이 0.5이므로 간섭무늬가 다중반사로 더 뾰족해지려면 반사계수가 다음과 같아야 한다: $\mathcal{R}>0.6$.

[표 9-1] 여러 $\mathcal{R}$ 값에 대한 봉우리 반치폭 값과 피네스

$\mathcal{R}$	0.5	0.6	0.7	0.8	0.9	0.95	0.98
2gH/2π	0.54	0.36	0.24	0.15	0.07	0.03	0.01
피네스 $\mathcal{F}$	1.9	2.8	4.2	6.7	14	33	100

(9.46)을 푸리에 급수로 구하면 콘볼루션꼴이 된다.

덧셈 (9.44)를 다루는 둘째 방법은 그것을 계수가 $\mathcal{R}^{4p}$인 푸리에 급수로 보는 것이다. 그 결과는 주기 $\Delta g=2\pi$인 주기함수이며, 파형은 계수 $\mathcal{R}^{2p}$의 푸리에 변환이고, 이 때 p는 연속변수로 본다. 이 함수는 지수함수이므로 푸리에 변환은 쉽게 구할 수 있고, 그 결과는 **로런츠 함수**(Lorentzian function)이다. 이 방법은 연습문제 9.12로 남겨둔다.

반사된 빛의 거동은 투과된 빛과 반대이다. 그래서 $g=2\pi \cdot m$에서 폭이 좁은 어두운 띠가 생기는 것을 빼고는 모든 g값에 대해 거의 완전히 반전된 꼴이 된다. 이렇게 반전되는 까닭은 첫 반사는 외부반사로서 진폭이 $-\mathcal{R}$이므로 그 뒤에 반사되는 모든 빛살과 위상이 어긋나기 때문이다.

다중반사 간섭의 효과는 (9.43)의 $g=2k_0nd\cos\theta$의 어느 매개변수, 곧 k_0(또는 λ), n, d, θ 그 어느 것이 변해도 나타난다. 그림 9.28(a)는 평행 유리판에 반사막을 입혀 $\mathcal{R}\to 1$이 되게 한 뒤, 모이는 빛살을 비출 때, $g=2\pi \cdot m$의 조건이 맞으면 생기는 선명한 고리 무늬를 보여준다. 이 무늬는 n, d, k_0가 고정된 상태에서 먼 곳에 있는 평면에 나타나는 세기분포가 θ의 함수인 것을 보여준다. 그림 9.28(b)는 운모판을 두고 얻은 간섭무늬로서 표면에서 분자 단위의 단층이 있어 d가 갑자기 변하는 곳을 보여준다. 또한 줄무늬가 겹인 까닭은 운모가 복굴절 물질로 n값이 둘이기 때문이다.

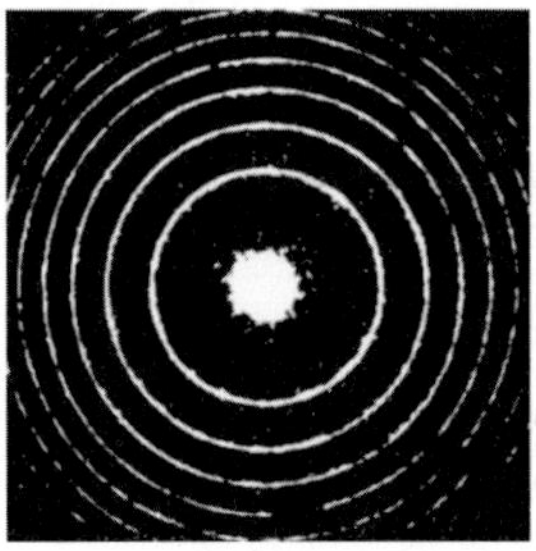
(a)

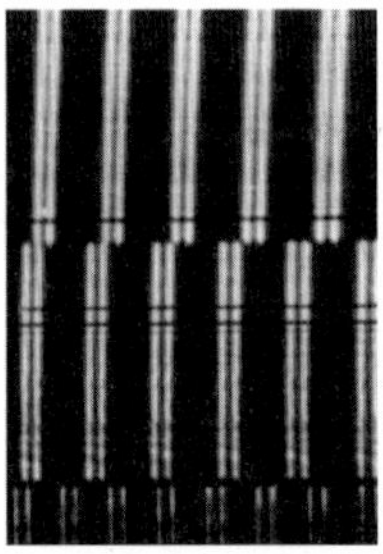
(b)

그림 9.28 (a) 두께 3 mm인 평행 유리판 양면에 Al을 입혀 $R^2 \approx 80$ %이 되게 하고, 헬륨-네온 레이저를 비추어 얻은 줄무늬. (b) 복굴절성이 있는 운모판을 써서 얻은 다중반사 줄무늬.

9.5.1 패브리-페로 간섭계 또는 에탈롱

> 거울 간격을 정밀하게 맞출 수 있는 패브리-페로 에탈롱은 광-기계공학의 걸작으로, 빛살이 여러 번 반사되어 간섭무늬를 만들어야하므로 유리면을 아주 잘 갈아야 한다.

다중반사 간섭을 실제로 쓰는 중요한 장치는 **패브리 - 페로**(Fabry-Perot) **간섭계**이다. 기본 구조는 아주 간단하다: 평평한 유리판 두 장을 마주보는 면이 나란하게 두어 고정시킨다. 마주보는 안쪽 면은 반사막을 입혀 반사계수를 키우되, 빛의 일부는 투과되게 한다 (그림 9.29). 이 간단한 설명은 비싼 장치인 패브리-페로 간섭계의 중요한 특질을 간과한 것이다. 첫째, 두 반사면은 $\lambda/50$ 이하로 아주 평평해야 한다. 둘째, 두 반사면이 정확하게 나란해야 한다. 셋째, 두 반사면의 간격 d는 아주 큰 값이 될 수 있는데 (실험실 기기는 수 cm, 리고는 수 km– §9.7), 온도나 다른 환경조건이 흔들려도 변하지 않아야 한다. 하지만 바깥쪽 면은 광학적으로 평평해야 하지만, 간섭무늬를 분석할 때는 전혀 중요하지 않다. 바깥쪽 면에서 반사된 빛이 간섭무늬를 만들어 참된 간섭무늬와 헷갈리지 않도록, 안쪽 면과 나란하지 않게 만들고, 무반사막을 입히는 것이 좋다.

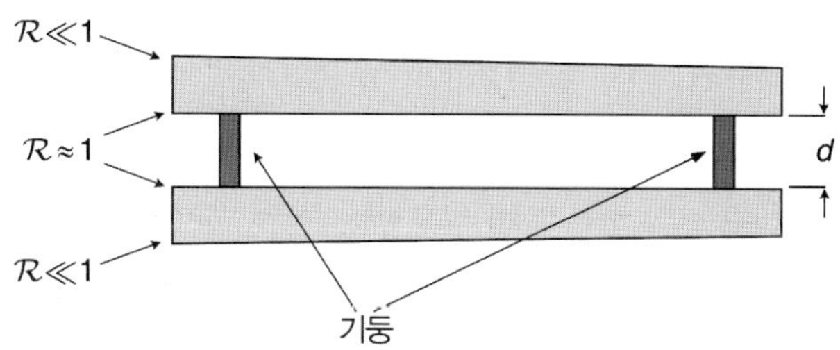

그림 9.29 (a) 패브리–페로 에탈롱의 얼개 그림. 바깥쪽 면은 안쪽 면과 나란하지 않다.

9.5.2 패브리–페로 에탈롱의 분해능

> 패브리–페로 에탈롱의 피네스 $\mathcal{F}$는 분해능이 두-빛살 간섭계 보다 얼마나 더 좋은가를 말해준다.

큰 단색광원을 간섭계로 보면 다음 조건에 맞는 각도 θ 방향에서 선명하고 밝은 고리가 보인다: $2k_0nd\cos\theta = 2\pi\cdot m$ 또는 $nd\cos\theta = (\lambda/2)\cdot m$. 여기에서 n은 유리판 사이에 있는 공기(또는 다른 매질)의 굴절률이다. 마이컬슨 간섭계에 생기는 줄무늬처럼 이 고리의 반지름은 자연수의 제곱근에 비례한다 [(9.32)를 보라].

그렇지만, 이제는 고리가 아주 가늘어서 높은 분해능을 얻을 수 있다. (9.49)의 $I(y)$는 값이 0인 곳이 없으므로 신폭을 구하는데 레일리 기준을 쓸 수 없다. 그 대신 **스패로우 기준**(Sparrow criterion)을 쓰는데, 실제로는 눈으로 보거나 사진으로 분석할 때 이것이 레일리 기준 보다 더 잘 맞는다. 이 기준은 파장이 비슷하고 세기가 같은 두 빛의 간섭무늬가 겹쳐 있을 때 분해능의 한계를 정하며, 양쪽 봉우리의 사이에 골짜기가 패여 있으면 두 봉우리를 구분할 수 있다고 본다 [그림 9.6(b)]. 수학적으로는, 이 조건은 사이에서 $d^2I/dg^2=0$인 것이다. 도함수를 구해 보면 이 조건에서 다음 식을 얻는다: $G=2\pi\cdot m \pm 2g_H = 2\pi\cdot m \pm 2/\sqrt{F}$. 따라서 두 파장의 봉우리가 $2g_H$ 보다 멀리 있어야 구분할 수 있다. 그러므로 분해능은 다음과 같다:

$$g/2g_H = (2\pi \cdot m)/(4/\sqrt{F}) = (\pi\sqrt{F}/2) \cdot m = m\mathcal{F} \quad (9.48)$$

이것을 (9.12)의 회절격자의 분해능 $g/\delta g = N \cdot m$과 비교하면, 피네스 $\mathcal{F}$가 이상적인 회절격자의 실틈의 수 N과 같은 구실을 함을 알 수 있다. 패브리-페로 간섭계의 가장 큰 장점은 $\mathcal{F}$와 m 모두 아주 큰 값을 쓸 수 있다는 것이다.

분해능 (9.48)은 어느 것을 재는가에 따라서 $\lambda/\delta\lambda$, $d/\delta d$, 또는 $n/\delta n$ 그 어느 것이든 될 수 있다. 예를 들어, 실험실에서 쓰는 패브리-페로 간섭계의 반사율이 $\mathcal{R}^2 = 0.95$, 거울 간격이 $d = 2.5$ cm, $\lambda = 0.5$ μm이면, 고리꼴 간섭무늬의 중심에서 $m = 2d/\lambda = 10^5$이고 $F = 1500$이므로 $\mathcal{F} = 61$이다. 그러면 $g/\delta g = 1.2 \times 10^7$으로 지금까지 살펴본 어떤 간섭계보다 더 좋다. 그렇지만, 그러한 분해능을 얻으려면 $2\mathcal{F}$번 반사된 뒤의 위상이 $\lambda/4$ 보다 정확해야 하므로, 유리판은 평평하고 또 쓰이는 면적 전체에 걸쳐 $\lambda/8\mathcal{F}$ 이하로 나란해야 하는데, 이 사례에서는 $\lambda/500 \approx 1$ nm에 해당한다! §9.7에서는 $d = 4$ km인 더 극단적인 상황을 살펴본다.

패브리-페로 간섭계는 분광선의 미세구조를 연구할 때 널리 쓰인다. 광원에서 여러 파장의 빛이 나오면, 여러 고리가 겹쳐져서 헷갈리므로, 프리즘 분광기나 회절격자 분광기와 같이 분해능이 조금 낮은 분광기를 써서 살펴보려는 분광선만 골라낸다 (그림 9.30). 이 분광기에서 골라내는 파장대역은 한 무리로 나타나는 고리무늬의 차수 m이 모두 같아야 한다. 다시 말해 다음과 같은 패브리-페로 간섭계의 **자유 분광 범위**(free spectral range) 보다 좁아야 한다: $\delta\lambda = \lambda/2m$.

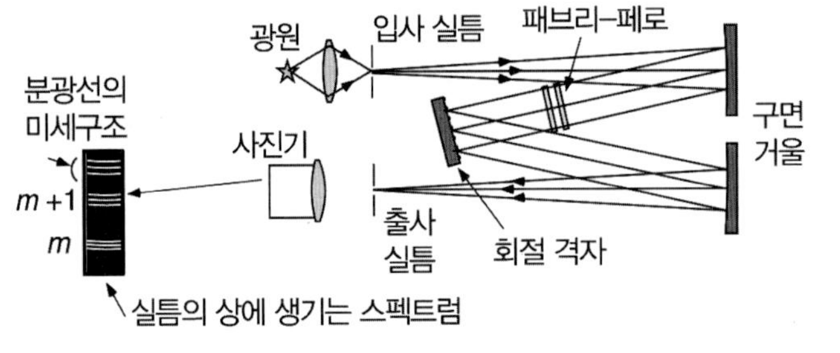

그림 9.30 패브리-페로 에탈롱으로 꾸민 고 분해능 분광 분석 장치. 에탈롱은 왼쪽 그림과 같이 고리무늬가 실틈의 상과 겹치게 꾸미고, 낱낱의 차수 m에서 그 파장의 빛 주변에 미세구조의 분광선이 나타나게 한다.

9.5.3 증폭 매질에서의 다중 반사

레이저가 나오자 증폭매질이 다중 반사 간섭계에 미치는 효과가 아주 중요한 주제가 되었다. 왜냐하면 이것이 레이저 공진기의 바탕이기 때문이다 (§3.9와 §14.6.1). 빛살이 공진기를 한 바퀴 돌아올 때 레이저 매질에서 G배로 증폭된다고 하자. 그러면 (9.44)에 따라 다음과 같다:

$$\psi(g) = \mathcal{T}\overline{\mathcal{T}} \sum_{p=0}^{\infty} (\mathcal{R}^2 G)^p \exp(ipg) \tag{9.49}$$

$\mathcal{R}^2 G$가 1 보다 작으면 결과는 (9.46)과 비슷할 것이다. G가 커서 그 값이 1이 되면, 윗식은 다음과 같아진다:

$$\psi(g) = \mathcal{T}\overline{\mathcal{T}} \sum_{p=0}^{\infty} \exp(ipg) = \mathcal{T}\overline{\mathcal{T}} \sum_{q=0}^{\infty} \delta(g - 2\pi q) \tag{9.50}$$

이 것은 아주 뾰족한 이상적인 봉우리가 고른 간격으로 늘어선 꼴이고, $g_H = 0$이다. 그래서 레이저 빛은 선폭이 아주 좁다. $\mathcal{R}^2 G > 1$이면 어떻게 될까? 그러면 급수가 발산하므로 물리적으로 맞는 결과가 아니다. 실제로는 빛을 계속 내는 레이저에서는 빛이 점점 밝아지면 증폭률 G가 점점 줄어들어 $\mathcal{R}^{-2}$가 되어 그 상태에서 안정된다. 빛을 펄스로 내는 레이저에서는 펄스가 나오기 시작할 때는 증폭율이 크지만, 밀도반전이 줄어들면서 점점 작아진다. 급수에서 $\mathcal{R}^2 G > 1$인 항의 수는 유한하다; 펄스의 꼬리에 가까워지면 G는 1 보다 작아져서 급수가 끝난다. 그래서 (9.53)을 유한한 값 p까지만 더해야 하고, 따라서 선폭 $\delta g \sim 1/p_{최대}$이 작기는 해도 0은 아니다.

위의 논리에 따르면, 빛을 계속 내는 레이저에서 나오는 분광선(평행 모드)은 [(9.50)에서] 간격이 $\delta k = \pi/nd$로서 파장 간격은 $\delta\lambda = \lambda^2/2nd$이다. §14.7에서 설명하겠지만, 이 분광선은 잡음(자발 방출)과 열적 흔들림 때문에 선폭이 유한하다; 또한 분광선의 수도 G의 봉우리를 중심으로 그 주변에 있는 몇 개(때로는 단 하나)로 한정된다.

9.5.4 공초점 공진기: 수직 모드

공초점 공진기의 모드는 자체-푸리에 함수 무리로서, 가우스 함수가 가장 잘 알려져 있다.

§3.9에서 설명한 주기적 광학계의 사례로 널리 쓰이는 것이 공초점 공진기로 다음과 같다: $L=R_1=R_2$ (그림 9.31). 이것은 (이름과 같이) 두 거울의 초점이 일치하며 겨우 안정적이다. 그 속에 증폭 매질이 들어있으면, 앞 절에서 설명한 광학계와 아주 비슷하게 되며, 기하광학적으로는 거울의 지름이 유한해도 빛이 새지 않는다. 이 공진기의 특성을 자세히 다루지는 않겠고, 이것을 써서 **수직 모드(transverse mode)**의 개념을 설명하고 보여주겠다.

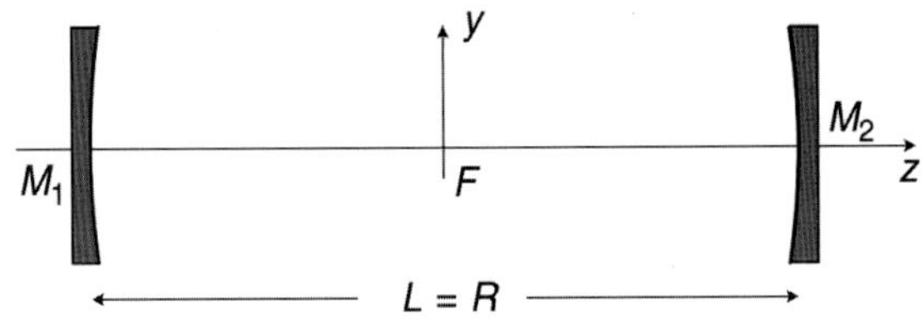

그림 9.31 공초점 공진기

공통 초점에서 오른쪽으로 가는 빛의 진폭 $a(x, y)$를 생각하자 (그림 9.31). 이것은 M_1의 초평면에서의 진폭이므로, 다른 거울 M_2의 초평면(M_1의 초평면과 겹친다)에서의 진폭은 그것의 푸리에 변환 $A(u, v)$이어야 하는데, 그것은 왼쪽으로 간다 (§8.2). 그런데, 이 광학계는 초평면에 대해 대칭꼴이므로 빛의 진행방향은 중요하지 않으며, 애초의 함수 $a(x, y)$와 프라운호퍼 회절무늬의 진폭과 위상이 어디에서나 똑같으면 안정적인 모드가 된다.

§4.10에서 함수와 그것의 푸리에 변환이 똑같은 '자체-푸리에 함수'를 설명했다. 근축영역을 주로 보는 공진기에 맞는 그러한 함수는 가우스 함수와, 양자역학에서 조화 진동자의 파동함수로 잘 알려진, 다음과 같은 **가우스-에르미트(Gauss-Hermite) 다항식**이다:[36]

$$a_n(x) = H_n(x/\sigma)\exp(-x^2/2\sigma^2) \tag{9.51}$$

여기에서 함수 $H_n(x)$는 회귀식을 따른다:

36) p-공간의 파동함수는 q-공간의 파동함수의 푸리에 변환이고, 조화 진동자의 해밀턴 연산자 $\mathcal{H}=\frac{1}{2}(p^2+q^2)$은 p와 q를 맞바꾸어도 불변이다.

$$2xH_n = H_{n+1} + 2nH_{n-1}, \quad H_0 = 1 \tag{9.52}$$

이로부터 다음 식을 얻는다: $H_1 = 2x$, $H_2 = 4x^2 - 2$, 등등. 그림 9.32(a)는 이들 함수의 두 가지 예를 보여준다.

2차원에서는 다음과 같은 꼴이 된다:

$$a_{\ell m}(x, y) = H_\ell(x/\sigma) H_m(y/\sigma) \exp[-(x^2 + y^2)/2\sigma^2] \tag{9.53}$$

레이저에서 거울을 조금 틀어 조건을 맞추면 빔의 수직방향 세기분포가 이렇게 되는 것을 볼 수 있다. 그림 9.32(b)는 두 가지 예를 보여준다. 이들 여러 함수를 수직 모드라고 하며, 정수 쌍 (ℓ, m)으로 나타낸다. 광섬유에서도 비슷한 모드(§10.2)를 볼 수 있는데, 모드가 생기는 근원은 레이저 공진기와 다르다.

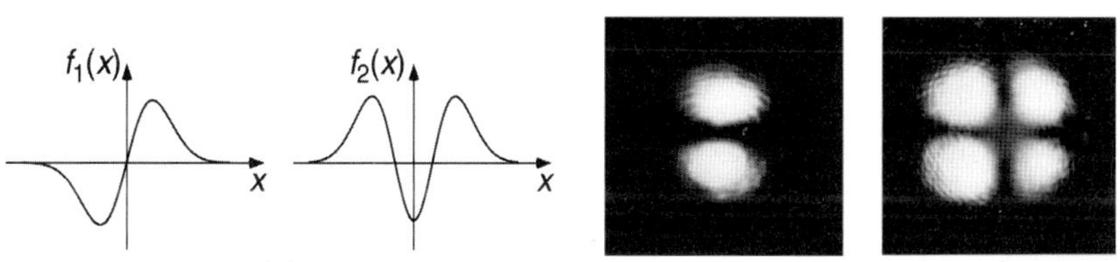

(a) (b)

그림 9.32 (a) 가우스–에르미트 함수의 예; (b) (01) 및 (11) 수직 레이저 모드의 사진

기본 가우스 모드에서는, 공진기 속의 빔은 허리가 중심에 있는 가우스 빔이다(§7.3). 따라서 $R_1 = R_2 \equiv R_0$인 대칭꼴 공진기에서는, §3.9에 따르면 다음과 같다:

$$\sigma^2 = s^2 = k_0 R_0/\sigma^2, \quad \sigma = \sqrt{R_0/k_0} = \sqrt{R_0 \cdot \lambda/2\pi} \tag{9.54}$$

허리의 가우스 매개변수 w는, (7.38)에서 다음과 같다:

$$w^2 = \frac{R_0^2 \sigma^2}{R_0^2 + k_0^2 \sigma^4} = \frac{\sigma^2}{2} \tag{9.55}$$

이것이 단면의 진폭분포가 가우스 함수꼴인 빔을 내는 홑-모드 레이저의 바탕이다.

9.6 고급주제: 간섭계측법에서 베리의 기하학적 위상

두 빛살의 편광방향이 직교하면 간섭하지 않으므로, 간섭무늬를 만들려면 간섭계에 들어올 때의 편광상태를 유지하거나 복원시키는 것이 중요하다. 실제로는 간섭계 속에서 빛살이 거울이나 빛살 가르개에 비스듬히 들어가 반사될 때 편광상태가 바뀌며, 또한 빛살의 경로가 한 평면에 있지 않을 때도 그렇다. 반사될 때 위상이 변하므로 간섭이 일어나더라도, 그 위상차가 단순한 예상과 다를 수 있다.

빛살의 경로가 평면 위에 있지 않으면, 오른손 나사를 따라 도는가 왼손 나사를 따라 도는가에 따라 위상이 달라질 수 있다. 그러한 위상을 **기하학적 위상**(Geometrical phase) 또는 **베리 위상**(Berry phase)이라고 한다 (Berry, 1984, 1987). 간단한 예를 들어 이 현상을 설명하겠다.

편광 유지 거울과 빛살 가르개를 써서 꾸민 간섭계를 생각하자. 이들은 실험실에서 흔히 보는 광학소자가 아니다; 일반적으로 원편광이 거울에서 반사되면 도는 방향이 바뀌는데, 유리-공기의 내부반사에서 입사각이 브루스터 각과 임계각 사이에 있으면 반사되면서 생기는 위상변화 때문에 원편광이 도는 방향이 유지된다. 입사각이 45°여야 하므로 그림 9.33(c)와 같이 불화마그네슘(MgF_2, $n < \sqrt{2}$) 등으로 만든 프리즘을 써야 한다. 위의 거울은 설명을 간단히 하고자 도입했을 뿐 베리 위상의 값과는 무관함을 강조한다.

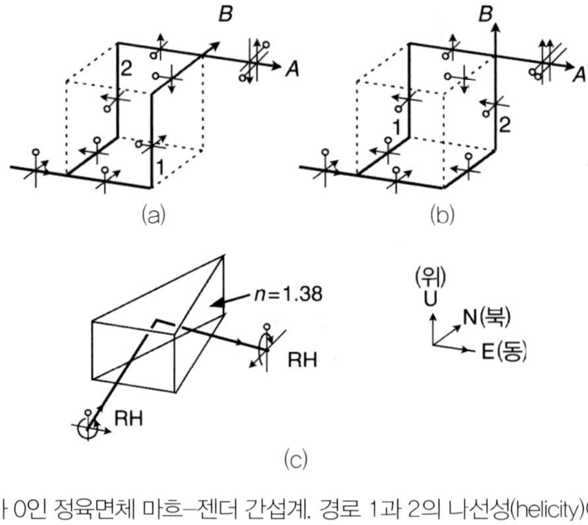

그림 9.33 (a) 광로차가 0인 정육면체 마흐-젠더 간섭계. 경로 1과 2의 나선성(helicity)이 (a)에서는 각각 왼손과 오른손, (b)에서는 모두 오른손이다. (c)는 이 예에서 쓴 특수한 거울에서 빛이 반사될 때 전기장 벡터의 방향을 보여준다.

그러한 편광-유지 거울을 쓰면 빛살이 정육면체의 테두리를 따라 가는 3차원 간섭계를 꾸밀 수 있다. 정육면체의 테두리는 길이가 똑같으므로 A에서는 보강간섭을, B에서는 소멸간섭을 할 것으로 기대할 수 있다. 빛살이 따라 가는 테두리를 고르는 방식에 따라 그림 9.33과 같이 두 가지가 생긴다. 낱낱의 간섭계에서 빛살이 차례로 반사될 때 $\boldsymbol{E}$ 벡터가 바뀌는 것을 추적한다. 이것은 처음에 ∥(↑)와 ⊥(↟)에 대해 한다. 그림 9.33의 A에서 (a)의 경우에는 소멸간섭이, (b)의 경우에는 보강간섭이 일어난다.

그 차이는 빛살이 도는 방향에서 생긴다. 세 방향을 북쪽(N), 동쪽(E), 위쪽(U)으로 잡으면 (a)에서는 빛살 1은 EUNE, 빛살 2는 ENUE이다. 첫째가 왼손을 따라 돌고, 둘째는 오른손을 따라 돈다. (b)에서는 두 빛살 모두 ENUE로 오른손을 따라 돈다. 이 두 경우에 위상차 π가 생기는 까닭은 빛살이 유한한 각도로 도는 방향이 다르기 때문이다. 이 위상변화는 그 근원이 위상기하학에 있고, 광학계의 모양이 결정한다. 이것은 고전 물리학과 양자 물리학에서 광범위하게 나타나는 위상변화의 예로서, Berry(1984)가 처음 끌어냈다. 이 위상은 2차원 간섭계에서는 모두 0이다.

3차원 간섭계에서 기하학적 위상을 알아내려면 빛살이 간섭계의 두 팔을 지나올 때의 전파벡터 $\boldsymbol{k}$의 꼭지의 궤적을 그림 9.34(a)와 같이 공의 표면에 그린다. $\boldsymbol{k}$-벡터의 꼭지점은 첫째 빛살 가르개에 들어가기 전과 둘째 빛살 가르개에서 나올 때는 같으므로, 두 궤적은 양쪽 끝점이 같다. $\boldsymbol{k}$-벡터의 두 궤적으로 둘러싸인 공조각의 입체각이 Ω라면, 두 빛살의 위상기하학적 위상차는 $\pi - \Omega/2$이다. 이 방법을 쓰면 어떤 간섭계에서나 기하학적 위상을 쉽게 셀할 수 있다 (문제 9.16). 평면 간섭계에서는 $\Omega=0$임은 뻔하다.

> 베리 위상을 쓰면 두 빛의 위상차를 마음대로, 모든 색깔에 대해 똑같이 줄 수 있다. 이것을 모든 색깔에 대해 위상차 π가 생기는 구이 효과(§7.3)와 비교하라.

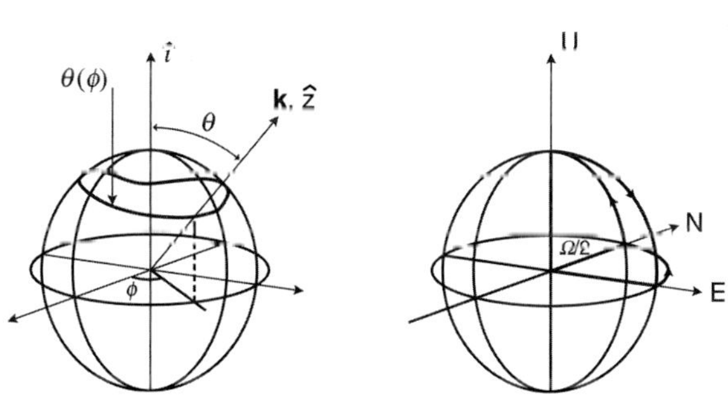

그림 9.34 (a) 공의 표면에 그린 일반적인 $\boldsymbol{k}$-궤적. (b) 그림 9.33(a)의 육면체 간섭계에 맞는 ENUE의 궤적. $\pi/2$는 세 축에 둘러싸인 부분(8분구)의 입체각이다.

이 방법은 빛의 경우에는 다음과 같이 끌어낼 수 있다 (Lipson, 1990). 거울을 쓴 그림 9.33의 예에서는 $\boldsymbol{k}$가 불연속적으로 바뀌지만 아래 설명에서는 $\boldsymbol{k}$가 연속적으로 바뀐다고 하자. 그러면 구면 위의 $\boldsymbol{k}$의 꼭지의 궤적이 유일하게 정의된다. 관찰자가 빛살의 경로를 따라가면서 좌표계의 z축을 $\boldsymbol{k}$-벡터와 나란히 유지한 채 자신의 기준틀에서 전기장 벡터를 잰다고 하자. 이 상황을 유지하려면, 관찰자는 자신의 기준틀을 계속 돌려야 하는데, 실험실 기준틀에 대한 관찰자 기준틀의 각속도를 $\boldsymbol{\alpha}(t)$라 하자.

각속도 $\boldsymbol{\alpha}(t)$로 도는 기준틀과 관성 기준틀에서의 일반 벡터 $\boldsymbol{V}$의 시간 도함수는 다음 관계가 있다:

$$\left(\frac{\partial \boldsymbol{V}}{\partial t}\right)_{\text{회전 기준틀}} = \left(\frac{\partial \boldsymbol{V}}{\partial t}\right)_{\text{관성 기준틀}} - \boldsymbol{\alpha} \times \boldsymbol{V} \tag{9.56}$$

관찰자 기준틀에서의 맥스웰 방정식은 (9.56)을 맥스웰 방정식 (5.9)와 (5.10)에 넣어 얻는다:

$$\nabla \times \boldsymbol{H} = \epsilon_0 \left(\frac{\partial \boldsymbol{E}}{\partial t} - \boldsymbol{\alpha} \times \boldsymbol{E} \right) \tag{9.57}$$

$$\nabla \times \boldsymbol{E} = -n_0 \left(\frac{\partial \boldsymbol{H}}{\partial t} - \boldsymbol{\alpha} \times \boldsymbol{H} \right) \tag{9.58}$$

다른 두 맥스웰 방정식은 바뀌지 않는다. 파동 방정식 (5.12)는 이제 다음과 같이 바뀐다:

$$\frac{\partial^2 \boldsymbol{E}}{\partial^2 t} + \boldsymbol{\alpha} \times \frac{\partial \boldsymbol{E}}{\partial t} = c^2 \nabla^2 \boldsymbol{E} \tag{9.59}$$

이 식은 자전하는 지구 위의 푸코 흔들이에 대한 고전역학적 운동방정식과 비슷한데, 둘째 항은 코리올리 힘의 효과에 해당한다.

보통의 파동 방정식 (5.12)와는 달리 선편광은 (9.59)의 해가 아니지만, 좌원편광 및 우원편광은 해이다. 다음과 같은 빛을 넣으면,

$$\boldsymbol{E}_{\pm} = E_0 (1, \pm i, 0) \exp[i(\omega t - kz)] \tag{9.60}$$

다음 분산식을 얻는다 ($\alpha \ll \omega$):

$$c^2 k^2 = \omega^2 \pm \alpha_z \omega \quad \Rightarrow \quad \omega_{\pm} \approx ck \pm \alpha_z / 2 \tag{9.61}$$

이제 두 경로의 나선성이 반대이므로 α_z의 부호가 한 쪽에서는 양, 다른 쪽에서는 음이 되어 빛살의 속력이 아주 조금 달라지고, 그 때문에 두 빛살에 위상차가 생긴다.

빛살이 둘로 갈라질 때부터 다시 만날 때까지의 위상차는 다음과 같다:

$$\int_0^{z,t}(kdz-\omega dt)\pm\frac{1}{2}\int_0^t dt\alpha_z = \Delta\Phi_0\pm\frac{1}{2}\int_0^t dt\alpha_z = \Delta\Phi_0\pm\gamma \tag{9.62}$$

$\Delta\Phi_0$는 두 팔의 광로차 때문에 생기는 보통의 (운동학적) 위상차이고, 덧붙은 항 γ는 $\boldsymbol{k}$-벡터 구면에 꼭지점이 그리는 궤적의 위상기하학적 위상차이다. 그림 9.34(a)에서 $\boldsymbol{k}$-벡터의 방향은 $(\theta,\ \phi)$이다. 따라서 곡선 $\theta(\phi)$와 $\boldsymbol{\alpha}$의 궤적은 다음 두 직교성분의 합이다:

$$\boldsymbol{\alpha}(t) = \frac{d\phi}{dt}\hat{\boldsymbol{i}}+\frac{d\theta}{dt}\hat{\boldsymbol{j}} \tag{9.63}$$

여기에서 $\hat{\boldsymbol{i}}$는 극을 향한 단위벡터, $\hat{\boldsymbol{j}}$는 $\hat{\boldsymbol{i}}$와 $\boldsymbol{k}$ 모두와 직교하는 단위벡터이다. 따라서 $\boldsymbol{\alpha}$를 돌아가는 좌표계의 z-축에 투영한 성분은 다음과 같다:

$$\alpha_z = \frac{d\phi}{dt}(\hat{\boldsymbol{i}}\cdot\hat{\boldsymbol{z}}) = \frac{d\phi}{dt}\cos\theta \tag{9.64}$$

이것을 경로를 따라 적분하면 다음과 같다:

$$\gamma = \frac{1}{2}\int_0^t dt\alpha_z = \frac{1}{2}\int_0^t dt\frac{d\phi}{dt}\cos\theta = \frac{1}{2}\int_0^t d\phi\cos\theta(\phi) \tag{9.65}$$

공의 중심에서 본 닫힌 고리의 입체각은 다음과 같다: $\Omega=\oint d\phi\,[1-\cos\theta(\phi)]=2(\pi-\gamma)$. 따라서 간섭계의 두 팔을 따라가는 빛의 $\boldsymbol{k}$-벡터의 꼭지점의 궤적을 $\boldsymbol{k}$-구면에 그리면, $\gamma=\pi-\Omega/2$이다. 여기에서 Ω는 닫힌 고리의 입체각이다. 이 γ는 원편광 성분 하나에 대한 값이고, 반대쪽으로 도는 원편광 성분에 대한 값은 $-\gamma$ 임을 상기하자. (9.62)에 있는 $\Delta\Phi_0$는 두 빛살의 위상차를 셈할 때는 맞지워지므로 두 성분의 위상차 2γ가 실제로 직접 재는 양이다. Chiao 등(1988)은 육면체 간섭계를 바꾸어 실험을 하였고, Tomita와 Chiao(1986)는 나사꼴로 감은 광섬유를 써서 그 결과를 확인했다. 그림 9.33에 보인 정육면체 간섭계에서는 $\gamma=\pi/2$이므로 $2\gamma=\pi$로 소멸간섭이 일어난다 [그림 9.33(b)].

9.7 고급주제: 중력파 검출기 리고

중력파 검출 레이저 간섭계(Laser Interferometer Gravitational-wave Observatory: LIGO)는 간섭계 세 대로 되어 있는데, 이들은 지금까지 꾸민 장치 가운데 분해능이 가장 좋다 (Smith, 2009; Abbot 등, 2009). 이 장치는 이 장 및 다른 장에서 설명한 여러 개념을 쓰고 있으므로, 이 간섭계의 광학적 부분을 간단히 설명하겠다. 이들은 블랙홀이나 중성자별의 충돌, 초신성 폭발 등 천체물리학의 극적인 사건에서 나오는 중력파를 검출하고자 꾸몄다. 그러한 중력파가 지구를 지날 때는, 진행방향과 직교하는 방향으로 떨어져 있는 두 물체가 아주 조금 상대적으로 움직이게 된다.

그러한 상대적 움직임을 검지하여, 중력파 샘의 방향을 알아내려면 두 쌍의 물체를 한 쌍은 x쪽, 다른 한 쌍은 y-쪽으로 벌려 허공에 매달고 낱낱의 쌍의 간격 변화를 비교한다. 변화의 부호, 곧 간격이 더 벌어지는가 아니면 가까워지는가는 중력파의 편극방향에 따라 달라진다. 그런데 중력파는 전자기파와 같은 쌍극자 장이 아니라 4중극자 장이다. 운 좋게도 중력파의 편극이 간섭계의 한쪽 팔과 나란하면, 그와 직교하는 두 방향으로는 크기가 같고 방향이 반대인 효과가 나타난다. 중력파의 편극 방향이 간섭계 축과 45°를 이루면, 아무런 효과도 생기지 않는다. 천체에서 생기는 중력파의 진동수 봉우리는 40~2000 Hz 사이에 있을 것으로 예상되므로, 감도를 충분히 높이려면 허공에 매단 두 추의 간격이 수 km가 되어야 한다. 중력파는 광속으로 퍼져가므로 이 길이조차도 중력파의 파장에 비하면 형편없이 작다. 그 결과 신호의 진폭은 겨우 10^{-9} nm 정도로 예상한다. 사람이 만든 기기와 지진에서 생기는 잡음을 제거하고자, 간섭계 세 대를 꾸몄다. 두 대는 미국 워싱턴 주와 루이지애나 주에 거리 3000 km를 두고 있고, 나머지 한 대는 이태리 북부에 있다. 세 대에 동시에 기록된 사건만 참된 신호로 본다.

낱낱의 리고 간섭계는 마이컬슨 간섭계로, 낱낱의 팔에 간격 4 km인 구면거울 패브리-페로 공진기를 끼워 넣었다. 마이컬슨 간섭계는 두 팔의 광로차를 재는 신호를 낸다. 공진기의 거울은 안정영역(§3.9)의 한 가운데에 있도록 다음 조건에 맞춘 것이다: $(1 - L/R_1)(1 - L/R_2) = 0.33$ 또는 0.67. 광원은 10 W Nd-YAG 레이저로써 홀 모드로 발진시키고, 세기를 안정시켜 쓰며, 간섭무늬 신호는 (대칭꼴) 출구 A에서 잡고, B로 나오는 빛은 '재활용 거울'을 써서 간섭계로 되돌려 보낸다. 이 간섭계로 얻을 수 있는 최고 분해능은 §9.5.2에서 다음과 같다: $2m\mathcal{F}=4(L/\lambda)\mathcal{F}$. 그 까닭은 피네스 $\mathcal{F}$에 마이컬슨 간섭계에서 두 팔의 광로에 유효하게 반사되는 횟수를 곱해주어야 하기 때문이다. 실험에서는 $L=4$ km, $\mathcal{F}=20$, $\lambda=1.0$ μm이므로 예상 분해능은 다음과 같다: 3×10^{11}. 그렇지만, 이 공식은 스패로우 기준에 따른 것이고, 이미 알고 있는 간섭무늬의 모양에 실험결과를 맞추는 고급 기법을 쓰면 이 보다 훨씬 더 좋은 분해능을 얻을 수 있다. 기술적인 자세한 내용은 피하고, 광자가 1초에 p개씩 들어오고, 신호를 T초 동안 모으면, 분해능은 $\sqrt{pT}$를 곱한 값만큼 더 좋아진다. 10 W 레이저를 쓰고, $T=1$초로 잡으면 예상되는 분해능은 10^{22}이다. 현재는 분해능이 진동수에 따라 다르지만 100 Hz ~ 3 kHz 의 범위 안에서는 분해능의 봉우리를 잰 값이 10^{21}에 이르렀다. 두 개의 시험용 질량을 4 km 벌려둔다면, 이 값은 위치감도 4×10^{-9} nm에 해당하며, 10^7파섹 떨어진 곳에서 일어나는 천체물리학적 사건을 충분히 검출할 수 있다고 본다.

빛 검출기의 동적 범위가 유한하고, 광자 한계의 감도에서 재려면, 간섭계의 A출구에서 거의 소멸간섭이 되는 조건에서 간섭계를 써야 아주 작은 신호까지 잡을 수 있다. 그러므로 대부분의 빛은 B 출구로 나오고, 그곳에 재활용 거울을 두어 두 팔에 있는 패브리-페로 공진기과 위상이 맞는 새 공진기를 이루게 하여 반사된 빛에너지를 다시 활용한다. 그림 9.35는 리고의 광학소자 배치의 얼개그림이고 그림 9.1은 워싱턴주의 핸포드에 있는 리고의 항공사진이다. 이 장치는 광학적으로 최적상태에서 돌아가지만, 앞으로 빛을 더 세게 만드는 것을 포함한 여러 가지 개선을 할 계획이다.

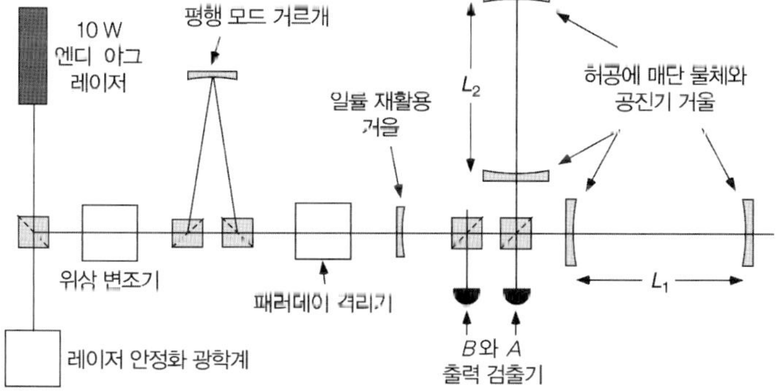

그림 9.35 리고에 쓰는 마이컬슨–패브리–페로 간섭계의 광학적 얼개. 광원은 10 W 근적외선 레이저이고, 마이컬슨 간섭계의 두 팔 속에 거울간격 4 km인 패브리–페로 에탈롱이 들어 있다. 간섭무늬는 A 쪽에서 보고, B로 간 빛은 재활용 거울에서 반사되어 되돌아온다. 평행 모드 고르개는 레이저에서 평행 모드 하나만 골라낸다.

요약

이 장에서는 빛의 간섭을 써서 물리량을 정확하게 잴 수 있음을 배웠다:

- 영의 두 실틈이나 얇은 비눗물 막처럼 간단한 장치로도 빛의 파장을 잴 수 있다.
- 영의 두 실틈을 확장한 회절격자를 쓰면 분해능을 높일 수 있다; 블레이즈 격자를 쓰면 분해능과 함께 회절효율도 최적화할 수 있다.
- 마이컬슨 간섭계를 비롯한 갖가지 두-빛살 간섭계의 작동 원리와 쓰임새.
- 회전 기준틀에서의 삭냑 효과와, 그것을 쓴 광 자이로스코프.
- 패브리-페로 간섭계는 다중반사를 써서 분해능이 아주 높아 원자 분광학에 쓸모가 있다.
- 레이저 공진기의 물리 광학적 특성.
- 꼬임이 있는 광학계에 생기는 베리의 기하학적 위상.
- 아주 먼 천체가 격변할 때 생기는 중력파를 검출하는 레이저 간섭계인 리고의 구조와 원리.

문제

9.1 회절격자의 진폭투과함수가 다음과 같다: $f(x)=\frac{1}{2}(1+\cos Kx)$. 회절 차수 m에서의 회절효율 $\eta(m)$을 구하라.

9.2 진폭 회절격자의 투과함수 $f(x)$ $(\in 0<x<d)$가 양수이다. 1차 회절 효율이 최대가 되는 함수꼴을 구하라.

9.3 폭 b, 높이 h인 반사면 N개가 계단꼴로 배열된 에셜롱 격자가 있다 (그림 9.36). 이것의 프라운호퍼 회절무늬와 분해능을 구하라.

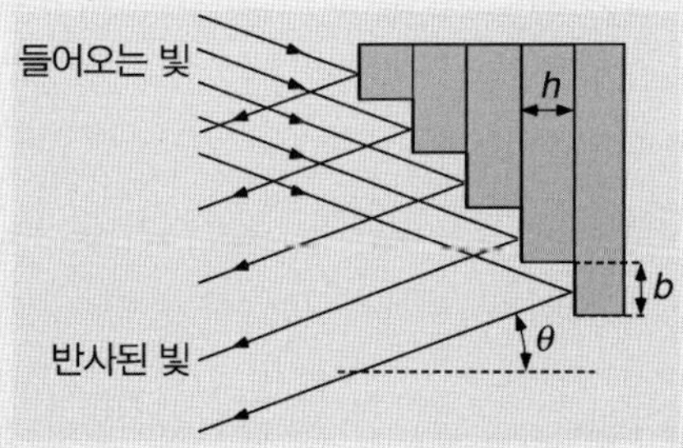

그림 9.36 에셜롱 격자

9.4 살펴볼 두 파장의 빛의 세기가 같을 때 회절격자의 분해능을 스패로우 기준에 따라 구하라.

9.5 $\lambda = 700$ nm에 대해 1차 회절이 환하게 나오게 블레이즈 반사 격자를 맞추었다. 0차 회절된 빛의 세기는 1차 회절된 빛의 0.09배였다. 이 격자를 평거울로 만들 때, 다른 차수로 회절된 빛의 세기의 비를 구하라. 같은 셈을 $\lambda = 500$ nm에 대해 해보라.

9.6 파장 λ_0인 빛이 수직하게 들어올 때 1차 회절된 빛살이 가장 밝아지게 만든 반사형 블레이즈 회절격자가 있다. 입사각이 바뀌면 블레이즈 파장이 어떻게 바뀌는가?

9.7 비눗물 막의 두께가 0에 가까워지면 반사된 빛이 왜 어두워지는가? 막에서 반사된 빛이 파장 666 nm, 545 nm, 462 nm에서 밝게 보인다. 두께가 얼마인가? 빛은 막에 수직하게 들어오고, 비눗물의 굴절률은 1.4이다.

9.8 마이컬슨 간섭계에 완벽하게 나란한 단색 빛살이 들어온다. 두 광로 SM_1과 SM_2의 차이가 정확히 $\lambda/2$이므로, 나오는 빛살의 세기는 0이다. 간섭계에 들어간 빛 에너지는 어디로 갔는가?

9.9 상품화된 간섭계는 다음과 같은 위상 – 걸음법을 쓴다: 트와이만 – 그린 간섭계가 만드는 간섭무늬의 세기분포가 $I_0(x, y)$이다. 기준 거울을 $\lambda/8$만큼 옮겨 간섭하는 두 빛살의 위상차를 $\pi/2$만큼 바꾸면 간섭무늬의 세기분포가 $I_1(x, y)$로 바뀐다. 같은 일을 두 번 더하면 세기분포가 $I_2(x, y)$와 $I_3(x, y)$가 된다. 간섭무늬의 어느

두 곳의 위상차를 구하는 공식을 끌어내라. 예를 들어, I_0에서 어느 곳의 세기가 국소적으로 최소이고, 다른 곳의 세기가 국소적으로 최대라면, 이 두 점 사이의 위상차는 $m\pi+\pi/2$일 것이다 (위의 $\lambda/8$처럼, 빛이 왕복하므로 1/2 배.) 그러나 이것은 가장 간단한 경우이다. 어떤 경우에도 유도한 공식으로 위상을 계산할 때 m 값도 알 수 있어야 한다.

9.10 빛이 넓은 광원에서 나올 때, 다음 상황에서 생기는 줄무늬가 국재화되는 곳을 설명하라: (a) 얇은 막에서 반사된 빛, (b) 마흐-젠더 간섭계. 여러 번 반사된 빛이 만드는 줄무늬도 국재화되는가? 그렇다면 그 조건은 무엇인가?

9.11 삭냑 간섭계가 §9.4.2에서 어림한 것처럼 원이 아니라 다각형 꼴이어도 결과는 똑같이 다음과 같음을 보여라: $\Delta t=4NA\,\Omega/c^2$.

9.12 거울 간격이 d인 패브리-페로 간섭계에서 낱낱의 반사된 빛살의 진폭은 그 전의 것에 비해 $\mathcal{R}^2$을 곱한 만큼 줄어든다. 점광원(델타 함수)에서 나온 빛살이 나란한 두 장의 거울에서 여러 번 반사되어 만든 상을 생각하자. 이렇게 생긴 점광원의 상의 배열의 회절무늬는 눈금 간격이 d이고 투과함수의 싸개선이 지수함수꼴인 회절격자의 회절무늬와 같음을 보여라. 이것을 써서 낱낱의 차수로 회절된 빛의 세기분포와 간섭계의 분해능을 구하여라. 이것을 (9.50)과 비교하여라.

9.13 패브리-페로 간섭계의 두 거울면이 완벽하게 나란하지는 않고, 거울면의 반사계수가 거의 1이고, 평균 간격이 d일 때, 분해능을 두 거울의 쐐기각 θ의 함수로 구하여라. 앞 문제에서 설명한 방법을 쓰면 편리하다.

9.14 그림 9.37의 유리판은 **루머-게르케(Lummer-Gehrcke) 판**이다. 이것은 두께 d, 길이 L, 굴절률 n인 평행판 속에서 빛살의 내부 입사각을 임계각 보다 작게 하여 여러 번 반사되면서 투과된 빛살 여러 가닥이 나란히 나오게 한다. 이들 빛살의 위상차를 나오는 각도 θ의 함수로 구하라. 분해능은 얼마인가?

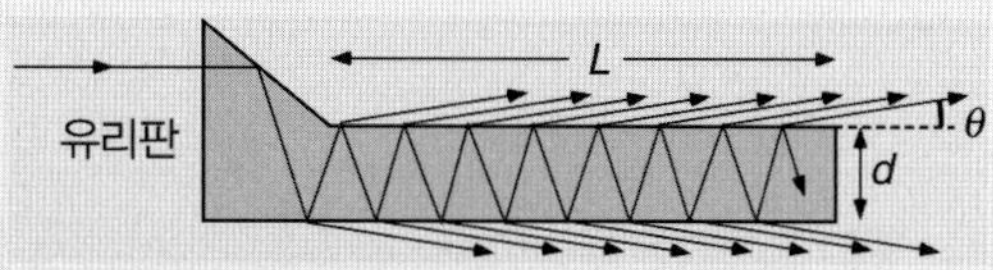

그림 9.37 루머-게르케 판

9.15 가우스 빔이 $R_1 \neq R_2$인 안정된 공진기 속에서 오간다. 이 빔의 허리와 두 거울에서 빔의 반지름을 구하라.

9.16 그림 9.38은 Chiao 등(1988)이 베리 위상을 연구하고자 꾸민 간섭계이다. $\boldsymbol{k}$-구면 위에 두 빛살의 파동벡터의 궤적을 그리고, 좌원편광 및 우원편광이 간섭계를 지나오며 만드는 간섭무늬의 위상차를 θ의 함수로 구하라.

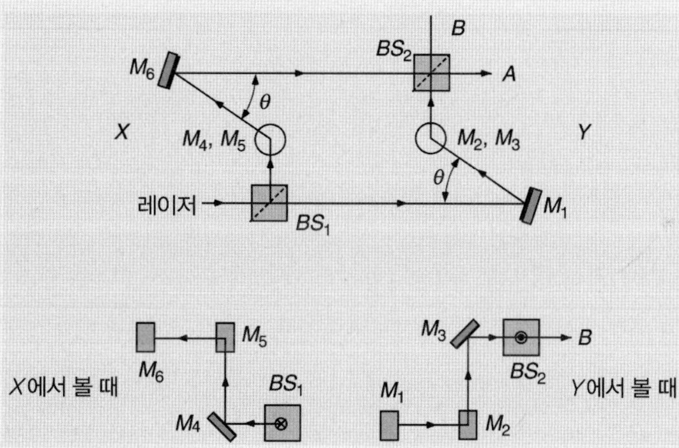

그림 9.38 베리 위상 간섭계. 오른쪽 그림은 3차원적 구조를 더 잘 보여주는 X 및 Y쪽에서 간섭계를 본 모습이다.

9.17 $(1 - L/R_1)(1 - L/R_2) = 0.33$ 혹은 0.67인 리고 공진기 속의 빛살을 추적하라.

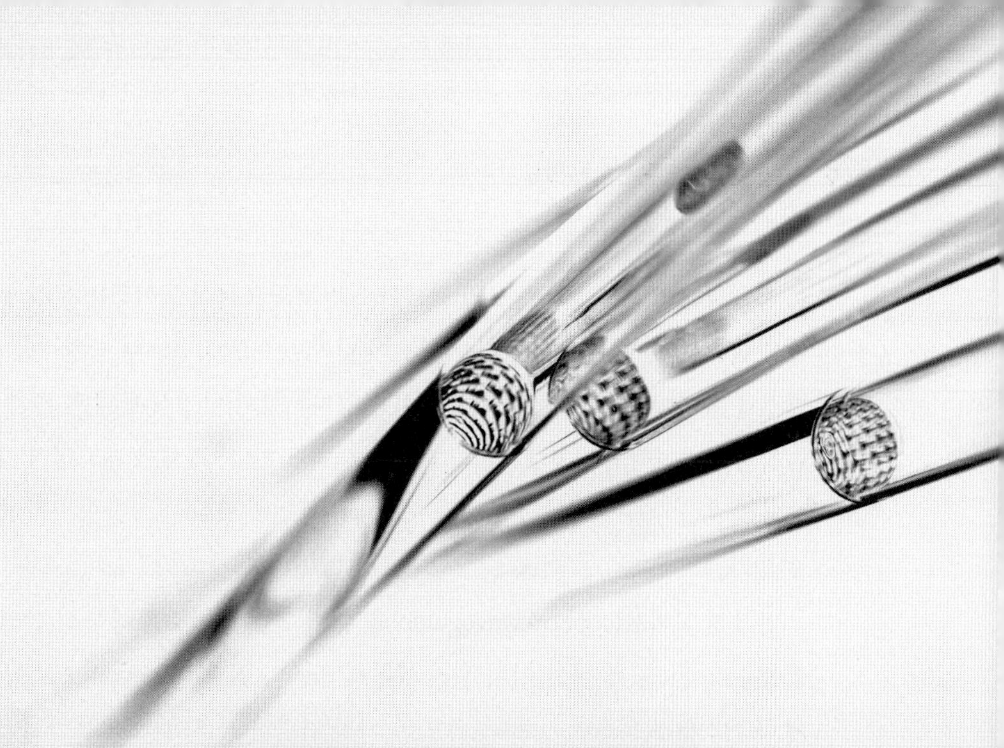

10 광도파로 및 변조된 매질

이 장에서는 크기가 파장 정도인 섬세한 유전체 구조물이 들어있는 광학계 속에서 빛이 가는 것을 살펴본다. 이 때는 스칼라 어림법이 맞지 않으므로 맥스웰 방정식을 직접 풀어야 한다. 맥스웰 방정식을 이 상황에 맞게 고치면 양자역학의 방정식과 닮은 꼴이 된다: 유전상수가 슈뢰딩거 방정식의 위치에너지와 비슷한 역할을 한다. 그래서 슈뢰딩거 방정식의 해를 구하고자 개발한 갖가지 해석적 방법과 수치계산 방법을 모두 맥스웰 방정식의 해를 구하는데 쓸 수 있다.

먼저 **광 도파로**(coptical waveguide)를 설명하는데, 이것은 광통신 산업의 혁명을 가져온 광섬유로서 곳곳에 깔려 이미 우리 생활에 들어와 있다 (Agrawal, 2002). 둘째 주제는 **유전체 다층박막**(dielectric multilayer)으로, 가장 간단한 꼴(사반파장 무반사 막)은 백년 이상 우리 생활에 들어와 있었고, 오늘날은 갖가지로 복잡한 광학필터를 만드는데 쓰인다 (MacLeod, 2001).

이러한 예에 이어 **광결정**을 간단히 설명한다. 이것은 굴절률 분포가 주기적인 구조물로서 '광학적 띠틈'이 생기는데, 이것의 특성은 양자역학과 비교하면 쉽게 이해할 수 있다 (Joanopoulos 등, 2008). 광결정은 옛날부터 있었다. 첫째, 여러 가지 곤충, 나비, 그리고 새의 깃털의 화려한 색은 미세한 주기적 구조에서 빛이 회절되어 나타나는 것이다 (그림 10.1). 이것은 보는 방향에 따라서 색깔이 달라지는 것에서 알 수 있다. 이에 반해 일반적인 꽃의 색깔은 빛의 파장성분을 골라서 흡수하거나 반사하기 때문에 나타난다 (Zi 등, 2003; Biro 등, 2007). 둘째, 오팔은 아주 작은 이산화규소 공이 주기적으로 배열된 덩어리가 뭉친 것인데, 그 색깔은 그 주기성에서 나온다. 최근에는 광결정을 만드는 방법을 열심히 연구하여 광결정 광섬유와 같은 상품도 나오고 있다.

이 장에서는 다음을 배운다:

- 굴절률 n인 평판이 굴절률이 더 낮은 매질로 둘러싸인 평판 광 도파로에서 빛의 진행
- 이 평판 도파로에서 맥스웰 방정식의 해; 이것은 슈뢰딩거 방정식에서 전자가 위치에너지 우물 속에 갇힌 상태와 비슷하다.
- 광도파로 및 광섬유에서 빛의 진행
- 굴절률 n이 다른 여러 층으로 이루어진 매질에서 맥스웰 방정식의 해
- 박막을 주기적으로 입힌 거울

- 주기적 구조에 결함을 두어 만드는 필터
- 3차원 구조가 주기적인 광결정에서 빛의 진행; 이것은 주기적 격자 속의 전자 운동에 관한 슈뢰딩거 방정식과 비슷하다.
- 광결정 광섬유

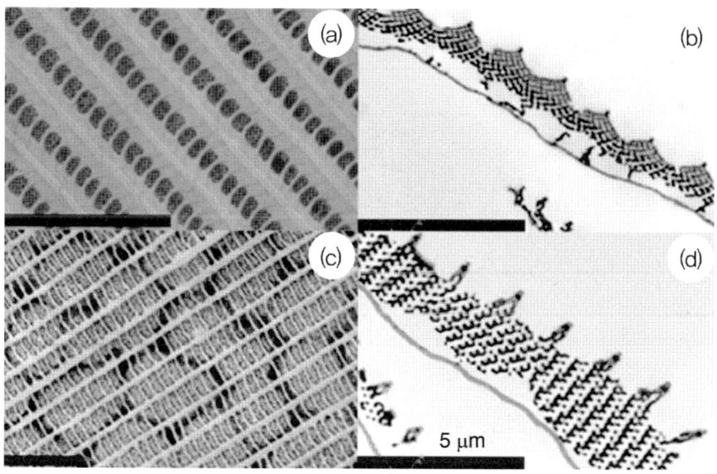

그림 10.1 나비(C. remus) 날개의 전자 현미경 사진. (a)와 (c)는 각각 등쪽 및 배쪽 비늘의 주사 전자 현미경 사진, (b)와 (d)는 각각 투과 전자 현미경 사진이다. 모든 눈금 막대는 5 μm에 해당한다.

10.1 광도파로

광섬유를 실제로 쓰기 전에도 사람들은 투명한 재료로 된 막대의 벽에서 빛이 내부 전반사를 되풀이 하며 막대를 따라 나아가는 것을 수없이 보아왔다. 이 절에서는 이 현상을 기하광학과 물리광학으로 설명하고, 평판 및 원통꼴 광 도파로에 대한 기본적인 결과를 끌어낸다. 원통꼴 광 도파로는 광섬유의 기본 모형이다. 광섬유의 여러 쓰임새 가운데, 두 가지를 이 절 끝에서 간단히 설명한다: 첫째는 영상을 렌즈를 쓰지 않고서도 그대로 또는 다른 부호로 바꾸어 보내는 것이다; 둘째는 광통신이다. 주기적인 다층 박막의 쓰임새는 §10.4에서 설명한다.

10.1.1 광 도파에 관한 기하광학 이론

광섬유의 원리는 그림 10.2와 같은 2차원 모형을 써서 설명할 수 있는데, 이것은 광섬유라기보다는 폭이 넓은 띠에 해당한다.

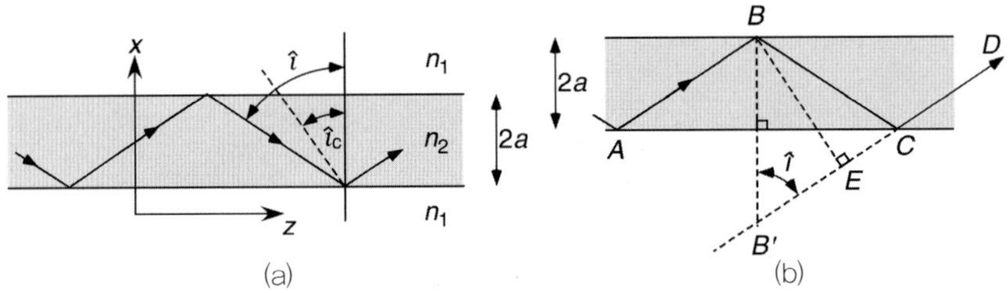

그림 10.2 (a) 1차원 광섬유를 따라가는 빛에 대한 기하광학적 분석. (b) BE는 빛살 AB와 CD의 공통 파면이다.

> 기하광학적 모형은 간단하지만 반사될 때의 위상변화를 고려하지 않으므로 결과가 정확하지 않다.

이 띠는 두께가 $2a$, 굴절률은 n_2인데 n_2는 주변 매질의 굴절률 n_1보다 더 크다. 띠 속에서 평면파의 x-축에 대한 입사각 $\hat{\imath}$가 내부 전반사 임계각 $\hat{\imath}_c = \sin^{-1}(n_1/n_2)$ 보다 크면 벽면에서 완전히 반사된다 (§5.5.1). 띠의 양쪽 벽면이 나란하므로, 빛은 같은 각도로 거듭 반사되어 이상적인 상황에서는 전혀 흡수되지 않은 채 계속 앞으로 나아간다 [그림 10.2(a)]. 기하광학에서는 입사각이 $\hat{\imath} > \hat{\imath}_c$인 빛살은 이렇게 나아간다. 그렇지만, 물리광학에서는 같은 쪽으로 가는 모든 빛이 겹쳐지면서 보강간섭을 해야 앞으로 나아간다. 이것을 고려하여 나란히 가는 두 빛살의 위상차를 셈해보면 다음과 같다 [그림 10.2(b)]:

$$\Delta\phi = k_0(\overline{BC} - \overline{EC}) = n_2 k_0 B'E = 4n_2 k_0 a \cos\hat{\imath} \tag{10.1}$$

여기에서 k_0는 진공에서의 전파상수이다. 보강간섭의 조건은 다음과 같다:

$$\Delta\phi = 4n_2 k_0 a \cos\hat{\imath} = 2\pi \cdot m \tag{10.2}$$

낱낱의 정수 m마다 진행 모드가 된다. 방정식 (10.2)에는 다음과 같은 해가 적어도 하나는 있다: $m=0$, $\hat{\imath}=\pi/2$. $\hat{\imath} > \hat{\imath}_c$인 해의 수는 그림 10.3(a)에서 보듯이 다음 식의 정수부에 해당한다:

$$\frac{1}{\pi} \cdot 2n_2 k_0 a \cos\hat{\imath} = \frac{1}{\pi} \cdot 2n_2 k_0 a \left(1 - \frac{n_1^2}{n_2^2}\right)^{1/2} \tag{10.3}$$

불행히도 이 셈은 그렇게 간단하지 않다. 왜냐하면 빛살이 전반사될 때 얻는 위상변화 $\alpha(\hat{i})$를 넣지 않았기 때문이다 (§5.5.2). 따라서 (10.2) 대신 다음과 같이 써야한다:

$$\Delta\phi = 4n_2 k_0 a \cos\hat{i} + 2\alpha(\hat{i}) = 2\pi \cdot m \tag{10.4}$$

이제 $m=1$, $\hat{i}=\pi/2$이면 $\alpha(\pi/2)=\pi$가 되므로 첫째 해가 된다. 그렇지만, $\alpha(\hat{i}_c)=0$이므로, (10.3)이 시사하는 것 보다 모드가 하나 적으며, 이것은 그림 10.3의 곡선 b에서 볼 수 있다. $\alpha_{\parallel}$와 $\alpha_{\perp}$가 다르므로 두 주요 편광 성분의 모드가 다르다.

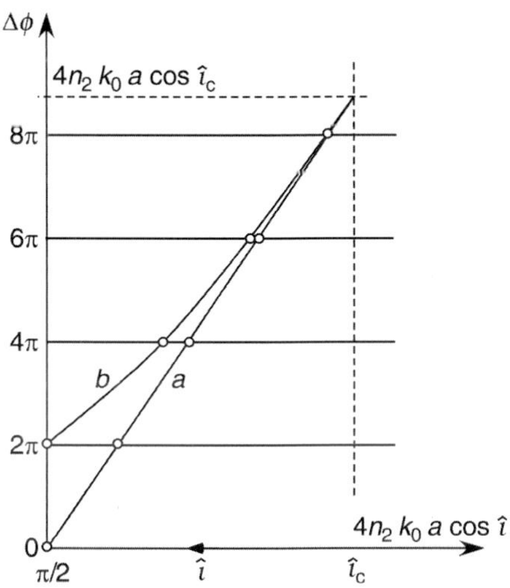

그림 10.3 판을 따라가는 모드의 수를 그림으로 구하는 방법. a는 (10.2), b는 (10.4)의 그래프이다.

위에서 설명한 $\hat{i} > \hat{i}_c$인 모드는 이론적으로는 손실이 없으므로 이상적인 광섬유에서는 매질의 손실계수가 허용하는 만큼 멀리 갈 수 있다. 덧붙여 $\hat{i} < \hat{i}_c$인, 손실이 있는 모드도 있는데, 이것은 몇 번 반사된 뒤에는 감쇠되어 사라지므로 아주 짧은 광섬유에서만 중요하다.

위의 기하광학적 분석법을 쓰면 판 모양의 도파로를 따라가는 모드의 전파 특성과 ∥ 및 ⊥ 편광 모드의 차이 등을 제법 완전히 알 수 있다. 또한, 판(광섬유)에 들어오는 빛은 광축에 대한 각이 충분히 작아야 들어온 다음 벽면에서 전반사되므로, 판으로 들어올 때 입사각이 제한된다는 것은 쉽게 알 수 있다. 그림 10.4에서 판의 경계면에서 전반사되는 빛살에 대응되는 입사 원뿔의 꼭지각의 반은 다음과 같다: $\sin^{-1}\sqrt{n_2^2 - n_1^2}$. 이 조건은 결맞지 않은 빛을 도파로에 넣을 때의 효율에 큰 영향을 주며, $n_2 - n_1 \ll n_1$일 때 특히 그렇다. 이 각도의 사인값, 곧 $\sqrt{n_2^2 - n_1^2}$ 이 판의 **수치구경**(NA)인데, 이것은 현미경에 쓰는 말과 비슷하다 (§12.2.5). 그렇지만, 단순한 모형에 쓰는 이 방법은 더 복잡한 구조에는 쓰기 어렵다.

아주 중요한 상황이 두 가지 있다. 첫째는 단면이 둥근 광섬유에서 어떤 모드는 광축 둘레를 나선꼴로 돌면서 나아가는데, 그에 해당하는 **비꼼 빛살**(skew ray)의 궤적은 평면에 머물지 않는다. 둘째, 도파로 속의 굴절률이 연속적으로 변할 수 있고, 그 때는 전반사가 일어나는 평면을 정의할 수 없지만, §2.6에서 설명한 신기루가 보이는 상황처럼 각도 $\hat{i}$는 z축을 따라가면서 계속 변한다. 이것이 **점진 굴절률**(GRIN) 광학 소자로, 실제로 아주 중요하다.

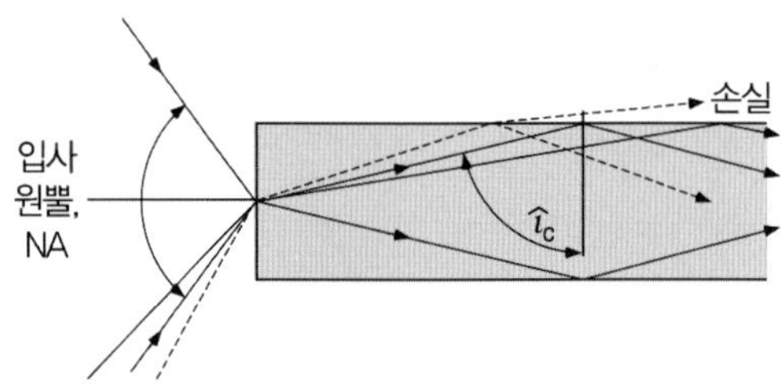

그림 10.4 빛이 광섬유로 들어가 진행 모드가 되는 원뿔의 꼭지각

> 빛을 모으는 광학계에서는 NA가 커야 효율이 높지만, 광통신 광학계에서는 NA가 작아야 분산이 작다.

이러한 문제는 맥스웰방정식을 직접 풀어 조건에 맞는 해를 구해야 한다. 이 방법은 성과가 훨씬 더 많고, 빛과 물질파에 대한 슈뢰딩거 방정식의 해의 유사성을 더 잘 드러내는 뛰어난 장점이 있다. 양자역학(Cohen-Tannoudji 등, 1977)을 배워 슈뢰딩거 방정식의 해를 잘 알면 광학의 특정 문제를 쉽게 풀 수 있고 쓸만한 도파로의 모양을 쉽게 그려볼 수 있다. 사실 터널링 및 고체의 띠 이론과 같은 양자역학적 개념은 광도파로에서도 비슷한 상황에서 곧바로 쓸 수 있다.

10.1.2 평판 도파로에 대한 맥스웰 파동 방정식의 해

> 판 모양 도파로에 대한 맥스웰 방정식의 해는 기하광학적 해 보다 훨씬 많다.

2차원 평판 도파로의 분석을 계속하여 그림 10.2와 같은 광학계에 대한 파동방정식을 풀자. 구체적으로, 빛은 z쪽으로 가고, 굴절률 $n(x)$는 x쪽으로 변화한다. 이 모형에서 y쪽으로는 변화가 없지만, ⊥ 편광(TE 편광이라고도 한다, $E = E_y$만 있다) 또는 ∥ 편광[TM 편광이라고도 한다, E는 (x, z) 평면에 있다]의 두 가지 가능성이 있다 (§5.4를 보라).

파동방정식 (5.11)에서 시작하자:

$$-\frac{\epsilon}{c^2}\frac{\partial^2 \boldsymbol{E}}{\partial t^2} = \nabla\times(\nabla\times\boldsymbol{E}) = \nabla\cdot(\nabla\cdot\boldsymbol{E}) - \nabla^2\boldsymbol{E} \tag{10.5}$$

6장에서 보았듯이, 가우스 법칙 $\nabla\cdot\boldsymbol{D}=0$이 곧 $\nabla\cdot\boldsymbol{E}=0$이 되려면 ϵ이 (공간적으로) 고른 스칼라여야 하는데, 이 상황에서는 그렇지 않다. $\epsilon(x)=n^2(x)$이므로 다음과 같다:

$$\begin{aligned} 0 = \nabla\cdot\boldsymbol{D} = \epsilon_0\nabla\cdot(\epsilon\boldsymbol{E}) &= \epsilon_0(\epsilon\nabla\cdot\boldsymbol{E} + \nabla\epsilon\cdot\boldsymbol{E}) \\ &= \epsilon_0\epsilon\nabla\cdot\boldsymbol{E} + \epsilon_0 E_x\frac{\partial\epsilon}{\partial x} \end{aligned} \tag{10.6}$$

이제 (10.5)는 다음과 같다:

$$\frac{\epsilon}{c^2}\frac{\partial^2\boldsymbol{E}}{\partial t^2} = \nabla^2\boldsymbol{E} - \nabla\cdot(\nabla\cdot\boldsymbol{E}) = \nabla^2\boldsymbol{E} + \nabla\left(E_x\frac{1}{\epsilon}\frac{\partial\epsilon}{\partial x}\right) \tag{10.7}$$

이것은 항 $\nabla^2\boldsymbol{E}$에 비해 맨 끝의 항

$$\nabla\left(E_x\frac{1}{\epsilon}\frac{\partial\epsilon}{\partial x}\right) \tag{10.8}$$

광섬유는 3차원 광학계로서 양자역학의 네모꼴 위치에너지 우물과 비슷하다.

이 아주 작아 무시할 수 있을 때 보통의 맥스웰 파동 방정식 (5.12)와 같아진다. $\perp$ 모드에서는 $E_x=0$이므로 (10.8)은 0이다. 그러나 $\parallel$ 모드에서는 $E_x\neq 0$이고, 많은 상황에서 몇몇 불연속점에서는 $\partial\epsilon/\partial x \neq 0$이다. 앞으로는 (10.8)을 무시할 수 있다고 가정하며, 그러면 $\perp$ 모드와 $\parallel$ 모드에 대해 방정식은 같다 (하지만 경계조건은 다르다); 이러한 방법이 **약한 도파 어림법**(weak guide approximation)이다.

z쪽으로 가는 빛 $E=E(x)\exp[i(k_z z-\omega t)]$에 대해서는, (10.7)에 다음과 같이 바꿔 넣을 수 있다: $\partial/\partial z \to ik_z$, $\partial/\partial t \to -i\omega$, $\partial/\partial y = 0$. 그러면 다음 결과를 얻는다:

$$\begin{aligned} \frac{\partial^2 E}{\partial x^2} - k_z^2 E = -\frac{1}{\epsilon}\omega^2 E = -\frac{n^2(x)}{c^2}\omega^2 E \Rightarrow \\ \frac{\partial^2 E}{\partial x^2} = \left[k_z^2 - n^2(x)k_0^2\right]E \end{aligned} \tag{10.9}$$

슈뢰딩거 방정식과의 비슷함을 볼 수 있게, 아래에 시간불변 파동방정식을 썼다:

$$\frac{\partial^2 \psi}{\partial x^2} = \frac{2m}{\hbar^2}[-\mathcal{E} + V(x)]\psi \tag{10.10}$$

두 식을 비교하면, 바로 굴절률 분포 $-n^2(x)$와 위치에너지 우물 $V(x)$가 같으면 두 방정식의 해가 대응됨을 알 수 있다. 그러면 $-k_z^2$은 에너지 고유값 $\mathcal{E}$ 에 해당한다. 또한 k_z가 실수인 진행 모드는 양자역학에서는 $\mathcal{E} < V(\infty)$인 결합 상태에 해당한다.

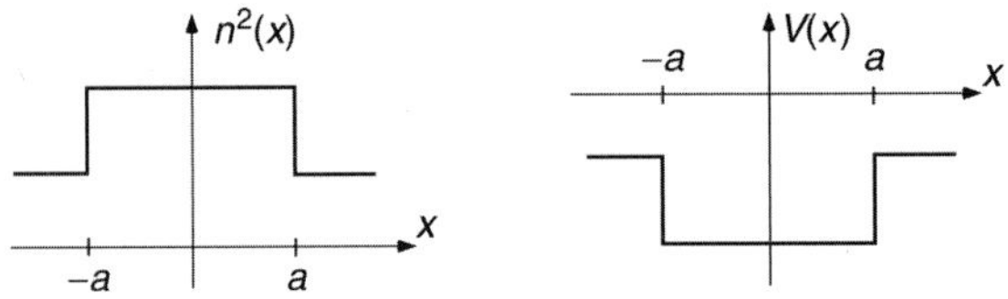

그림 10.5 도파로 판의 굴절률 분포 $n(x)$ 및 이와 등가인 슈뢰딩거 방정식의 위치에너지 우물

그림 10.5와 같은 광도파로를 나타내는 $n(x)$의 구체적인 꼴은 다음과 같다:

$$n(x) = \begin{cases} n_2 & |x| < a, \quad \text{심지} \\ n_1 < n_2 & |x| \geq a, \quad \text{싸개} \end{cases} \tag{10.11}$$

이것은 네모꼴 위치에너지 우물과 등가이다. 그러므로, 이 광도파로 문제의 해의 전파상수는 다음 영역 속에 있다: $n_1^2k_0^2 < k_z^2 < n_2^2k_0^2$. 이제 다음과 같이 정의하자:

$$n_2^2k_0^2 - k_z^2 \equiv \alpha^2, \qquad k_z^2 - n_1^2k_0^2 \equiv \beta^2,$$
$$\alpha^2 + \beta^2 = \left(n_2^2 - n_1^2\right)k_0^2 \equiv V^2 \tag{10.12}$$

그러면, $|x| < a$인 영역에서는 해가 다음과 같다:

$$\frac{\partial^2 E}{\partial x^2} = -\alpha^2 E$$
$$\Rightarrow \quad E = E_{2s}\cos\alpha x + E_{2a}\sin\alpha x \tag{10.13}$$

여기에서 아래글자 's'와 'a'는 각각 **대칭**과 **반대칭** 모드를 나타낸다. $|x| > a$인 싸개 영역에서는 해가 다음과 같다:

$$\frac{\partial^2 E}{\partial x^2} = \beta^2 E$$

$$\Rightarrow \quad E = E_{1\ell} e^{\beta x} + E_{1r} e^{-\beta x} \quad (\beta \geq 0) \tag{10.14}$$

여기에서 아래글자 'ℓ'와 'r'은 각각 왼쪽과 오른쪽을 나타낸다. 판의 심지 속에서는 함수가 파동처럼 진동하고, 싸개에서는 소멸파가 되어 $|x|$가 큰 곳에서는 $\exp(-\beta|x|)$로 감쇠된다. 심지의 해와 싸개의 해는 경계에서 매끄럽게 이어지는데, 자세한 내용은 곧 설명한다. 그러므로 완전한 해는 심지에 '갇혀있다'. 이것이 도파 모드의 핵심 특성이다.[37] 평면 $x=0$에 대한 광학계의 대칭성에서 (10.13)의 해가 대칭 또는 반대칭 꼴이 될 것을 알 수 있다. $x>0$인 영역($x<0$인 영역은 대칭성 또는 반대칭성에서 저절로 나온다)을 살펴보면, (10.14)의 해에서는 $E_{1\ell}=0$이어야 한다. $x=a$에서는 경계면과 나란한 전자기장 성분 E_y, E_z, H_y, H_z가 연속이어야 한다 (§5.4.1). ⊥ 모드에서는 $E_z=0$이므로 E_y의 연속성에서 다음 조건이 나온다:

$$E_{2s} \cos\alpha a = E_{1r} e^{-\beta a} \tag{10.15}$$

자기장 H_z는 맥스웰 방정식 (5.4)에서 셈할 수 있으며, ⊥ 모드에서는 $\boldsymbol{E}=(0, E_y, 0)$이므로,

$$-\frac{\partial \boldsymbol{B}}{\partial t} = i\frac{\omega}{c^2\epsilon_0}\boldsymbol{H} = \nabla\times\boldsymbol{E} = \left(\frac{\partial E_y}{\partial z}, 0, -\frac{\partial E_y}{\partial x}\right) \tag{10.16}$$

따라서 H_z의 연속성은 $\partial E_y/\partial x$의 연속성을 뜻한다. 이로써 슈뢰딩거 방정식과의 유사성이 완전해진다. (10.13)의 코사인 함수 해에 대해서는 이 연속성에서 다음 조건이 나온다:

$$\alpha E_{2s} \sin\alpha a = \beta E_{1r} e^{-\beta a} \tag{10.17}$$

(10.17)을 (10.15)로 나누면 다음 식을 얻는다:

$$\alpha a \tan\alpha a = \beta a \tag{10.18}$$

마찬가지로, (10.13)의 사인 함수 해에 대해서는 다음 식을 얻는다:

$$-\alpha a \cot\alpha a = \beta a \tag{10.19}$$

---

37) β가 허수, k_z가 복소수도 될 수 있게 하여 유사성을 확장할 수 있다. 그러면 손실이 있는 모드를 얻는다. 이것은 연습문제로 남겨둔다.

이것은 ∥ 편광에 대해서도 되풀이할 수 있는데, 이 경우 $\boldsymbol{H}=(0,\ H_y,\ 0)$이다. (10-15)-(10.17)까지의 논리를 그대로 따르면 (10.18) 및 (10.19)에 해당하는 다음 식을 얻는다:

$$\frac{1}{n_1^2}\alpha a \tan\alpha a = \frac{1}{n_2^2}\beta a \quad (10.20)$$

$$-\frac{1}{n_1^2}\alpha a \cot\alpha a = \frac{1}{n_2^2}\beta a \quad (10.21)$$

대칭꼴 판이 아무리 얇아도 진행 모드가 반드시 하나는 있다.

실제로는 n_1과 n_2의 차이는 아주 작아서 두 해의 차이는 무시할 수 있다. 우리는 ⊥ 모드만 살펴보는데, 고유값 방정식 (10.18) 및 (10.19)의 해가 α와 β의 값을 결정하며, 이들은 (10.12)에 따라 다음 조건에 맞아야 한다: $\alpha^2+\beta^2=V^2$(상수). 따라서 조건에 맞는 k_z의 값은 드문드문 있고, 이들은 도파로 판에서의 **진행 모드(propagating mode)**에 해당한다. 이 방정식을 해석적으로는 풀 수 없지만, (10.18) 및 (10.19)에 맞추어 βa를 αa의 함수로 그래프를 그리고 (10.12)를 나타내는 원과 만나는 점을 찾아 풀 수 있다 (그림 10.6).

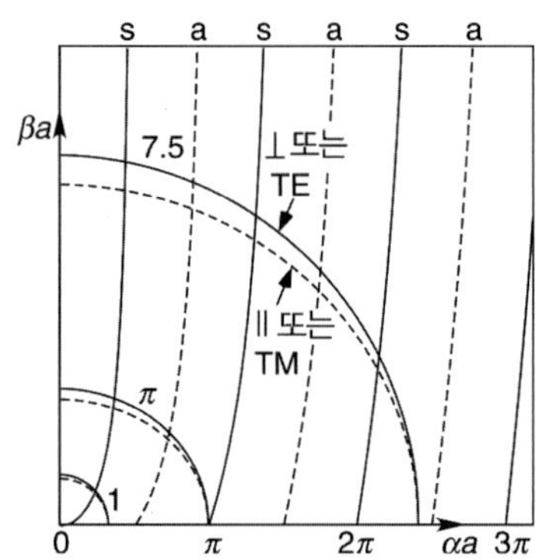

그림 10.6 판 모양의 광 도파로에 대해 (10.18)과 (10.19)에 맞는 ⊥ 모드 해를 그래프로 구하는 방법. 곡선 's' 와 'a' 는 각각 대칭 및 반대칭 모드에 대한 $\beta a(\alpha a)$를 나타낸다. 반지름 aV인 원(실선)은 (10.12)를 나타내고, 몇 가지 a값에 대해 그렸다. 원과 곡선이 만나는 점이 모드에 해당한다. 타원(점선)은 ∥ 모드에 대한 그래프인데, 실제로는 타원과 원의 차이가 아주 작다. ⊥와 ∥ 모드의 차단조건은 똑같이 $\beta=0$이다.

원의 반지름은 Va로서, a가 커지면 원과 곡선이 만나는 점이 점점 더 많아진다. $\alpha, \beta>0$인 사분원에서만 따지면 되는데, 그 까닭은 β는 양수로 정의했고, 그림이 β-축에 대해 대칭이기 때문이다. ∥ 모드의 해는 β를 다음과 같은 β'로 바꾸기만 하면 된다: $\beta'=\beta\left(n_1^1/n_2^2\right)$.

그러면 원 $\alpha^2 + \beta^2 = V^2$는 다음과 같은 타원이 된다: $\alpha^2 + \beta'^2(n_2/n_1)^2 = V^2$. 이것은 그림 10.6에 점선으로 그렸다. 그림 10.6에서 중요한 점은 진행 모드의 수가 유한한 것이다. 모드가 ($V \to 0$이어도) 늘 하나는 있다. 일반적으로 $2aV/\pi$의 정수부를 p라 할 때, 모드의 수는 $p+1$개이다 (§10.1.1).

그림 10.7은 $E(x)$의 전형적인 꼴이다. 해는 대칭꼴[(10.13)에서 $E_{2a}=0$인 코사인 해]과 반대칭꼴[(10.13)에서 $E_{2s}=0$인 사인 해]가 번갈아 나타난다. 차수가 가장 낮은($m=0$) 모드는 판의 가운데에 봉우리가 단 하나 있다; 차수가 높아지면 봉우리가 더 많아진다.

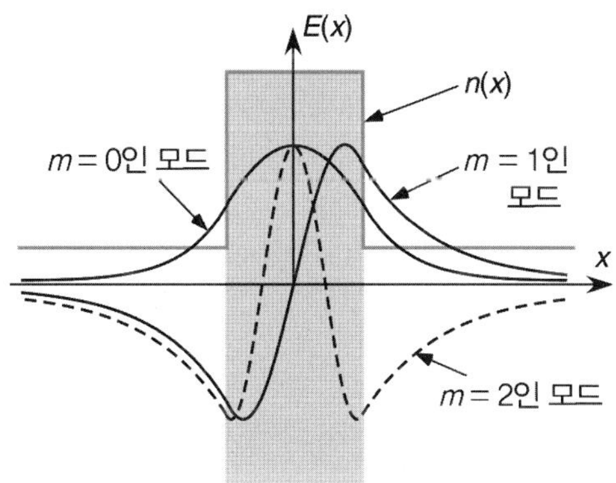

그림 10.7 판 도파로에서 $m=0$, 1, 2인 모드의 $E(x)$. 최대값을 같게 맞추었다. m이 커지면, 전기장이 판 바깥으로 더 멀리 퍼진다.

10.1.3 분산

모드의 진행에서 또 다른 중요한 특성은 **모드 분산**(intra-mode dispersion relation)으로, 모드의 위상 속도가 빛의 진동수에 따라 달라지는 것이다. 일반적으로 이 분산식은 모드마다 다르며, 흔히 다음과 같이 정의하는 **유효 굴절률**(effective index)로 기술한다: $n_{유효} = k_z(\omega)/k_0$. 정보 전송과 관련하여 분산이 중요성에 관해서는 §2.4와 §2.7에서 설명했다. 지금까지는 진동수 $\omega = k_0 c$를 상수로 보았다. 분산곡선을 그리려면 k_0가 k_z(도파로 속 전파 상수)에 따라 어떻게 달라지는가 살펴보아야 한다. 가장 쉬운 방법은 그림 10.6에서 교차점의 α와 β를 k_0에 비례하는 V의 함수로 읽어내는 것이다. 그러면 (10.12)에서 다음 식을 얻는다:

$$k_z = \sqrt{\beta^2 + n_1^2 k_0^2} \tag{10.22}$$

그림 10.8은 이 결과를 보여준다. 모드 m은 다음 특성이 있다:

1 진행은 $\beta=0$, 곧 $k_0 = m \cdot \pi/2a\sqrt{n_2^2 - n_1^2}$ 에서 시작된다.

2 β가 작으면, $k_z \approx n_1 k_0$이다. 빛이 마치 싸개 속을 진행하는 것과 같다.(즉 $n_{유효} = n_1$)

3 k_0가 커지면, $\beta \to V$이고, 따라서 $k_z \to \sqrt{V^2 + n_1^2 k_0^2} = n_2 k_0$이다; 그러면 빛은 주로 심지를 통해 나아간다, 곧 $n_{유효} \to n_2$이다.

4 모드 군속도는 전체적으로 점근값 c/n_2 보다 작다.

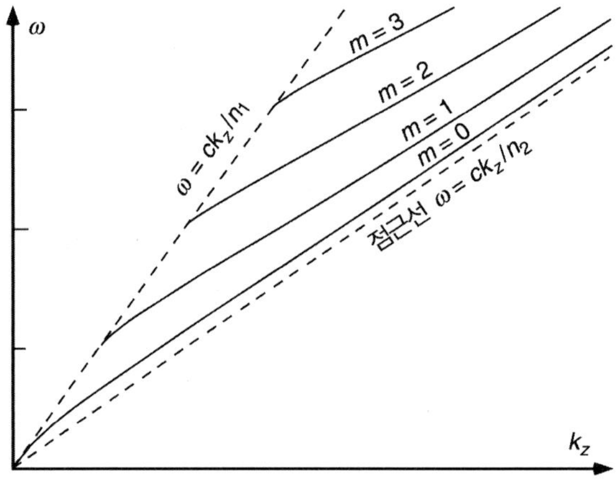

그림 10.8 $n_2=2$, $n_1=1$인 판 도파로에 대해 차수 m이 여러 가지인 모드의 분산 곡선. 그래프는 진동수 ω와 전파상수 k_z의 관계를 보여준다. 유효 굴절률 $n_{유효} = k_z/k_0 = ck_z/\omega$ 이고 펄스의 군속도는 $d\omega/dk_z$이다.

10.1.4 홑-모드 도파로

통신에서는 특히 중요한 것은 진행 모드가 단 하나인($m=0$) **홑-모드(single-mode) 도파로**이다. 이것이 중요한 까닭은 그림 10.8에서 알 수 있듯이 여러 모드 도파로에서 위상속도 ck_0/k_z와 군속도 $c(dk_0/dk_z)$가 모드마다 다르므로, 여러 모드가 겹쳐 파동뭉치를 이루어 한꺼번에 갈 때는 실어 보내는 정보가 뒤엉키기 때문이다. 홑-모드 도파로를 쓰면 그러한 문제가 없지만, $k_z(k_0)$가 비선형이므로 펄스가 가면서 점점 퍼지는 것은 피할 수 없다.

홀-모드 도파로를 만들려면 조건 $Va < \pi/2$에 맞춰야 하며 이것은 다음을 뜻한다:

$$a < \frac{1}{4}\frac{\lambda}{\sqrt{n_2^2 - n_1^2}} \tag{10.23}$$

여기에서 λ는 진공에서의 파장이다. 대칭 도파로에는 모드가 적어도 하나는 있지만, 비대칭 도파로는 아주 얇으면 모드가 없을 수도 있다 (문제 10.4).

10.2 광섬유

장거리 통신에 광섬유를 쓰는 것을 생각해 낸 카오(C. K. Kao)는 2009년 노벨상을 받았다.

지금까지의 설명은 주로 1차원 도파로에 관한 것이었다. 이 모양도 쓰임새는 많지만, 가장 많이 쓰는 광 도파로는 **광섬유**이다. 기본 모양은 굴절률 n_2인 유리로 된 원통꼴 심지를 굴절률 n_1인 유리로 된 싸개가 둘러싸고 있는 꼴이다. 이상적인 싸개는 한없이 두껍지만 실제로는 심지와 동축 원통으로서 그 반지름은 소멸파 (10.14)의 감쇠거리 β^{-1}의 몇 배이다.

도파로 판에 대해 했던 셈을 원통꼴 도파로에서 되풀이하지는 않겠고, 새로운 특징이 나타날 때만 하겠다. 풀어야 할 방정식은 (10.7)로서 $\epsilon \equiv n^2(r)$이고, 약한 도파 어림법을 쓴다. 두 매질의 경계면이 광축에 대해 회전대칭이므로, 스칼라 E에 대한 방정식에는 원통좌표 (r, θ, z)를 쓰는 것이 편리하다:

$$\frac{\partial^2 E}{\partial x^2} + \frac{\partial^2 E}{\partial y^2} - \left[k_z^2 - n^2(x, y)k_0^2\right]E = 0 \tag{10.24}$$

이 식은 다음과 같다:

$$\frac{\partial^2 E}{\partial r^2} + \frac{1}{r}\frac{\partial E}{\partial r} + \frac{1}{r^2}\frac{\partial^2 E}{\partial \theta^2} - \left[k_z^2 - n^2(r)k_0^2\right]E = 0 \tag{10.25}$$

축대칭성 때문에 $E(r, \theta)$를 다음과 같이 두 함수의 곱으로 쓸 수 있다: $E(r, \theta) =$

$R(r)\Theta(\theta)$. 그러면 (10.25)는 다음과 같은 꼴이 된다:

$$\Theta\frac{d^2R}{dr^2} + \frac{\Theta}{r}\frac{dE}{dr} + \frac{R}{r^2}\frac{d^2\Theta}{d\theta^2} - \left[k_z^2 - n^2(r)k_0^2\right]R\Theta = 0 \tag{10.26}$$

이 식을 $R\Theta$로 나누고 r^2을 곱하면 다음과 같다:

$$\frac{r^2}{R}\frac{d^2R}{dr^2} + \frac{r}{R}\frac{dE}{dr} + \frac{1}{\Theta}\frac{d^2\Theta}{d\theta^2} - r^2\left[k_z^2 - n^2(r)k_0^2\right] = 0 \tag{10.27}$$

이 식의 낱낱의 항은 r 또는 θ 어느 하나만의 함수이다. 따라서 이 식을 r의 함수와 θ의 함수, 두 부분으로 나눌 수 있고, 각 부분은 서로 독립적이므로 상수가 되어야 한다. 그 값을 ℓ^2으로 나타내면 다음 두 식을 얻는다:

$$\frac{1}{\Theta}\frac{d^2\Theta}{d\theta^2} = \text{상수} = -\ell^2 \tag{10.28}$$

$$\frac{r^2}{R}\frac{d^2R}{dr^2} + \frac{r}{R}\frac{dR}{dr} - r^2\left[k_z^2 - n^2(r)k_0^2\right] = \ell^2 \tag{10.29}$$

이 두 식을 더한 것이 (10.27)이다. (10.28)에서는 평판 도파로에는 없던 새로운 특징이 나타나고, 이것은 §10.1.1의 비낌 빛살과 관련된다. 이 방정식의 해는 다음 주기 조건에 맞아야 한다: $\Theta(2\pi)=\Theta(0)$, 곧

$$\Theta(\theta) = A\cos\ell\theta + B\sin\ell\theta \tag{10.30}$$

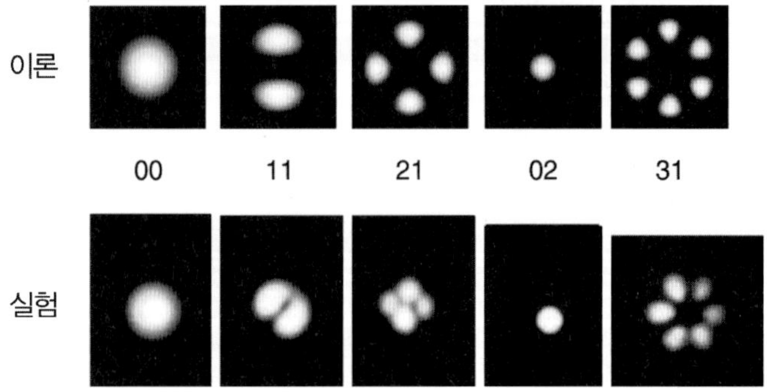

그림 10.9 단면이 둥근 광섬유의 몇 가지 모드의 밝기분포 사진과 이론값 비교. 파장 1550 nm에 대한 홑-모드 광섬유에 파장 630 nm인 빛을 넣었다. 모드 지수의 첫째 값은 방위각, 둘째는 반지름에 대한 것이다.

방위각 모드는 평판 도파로에서는 볼 수 없는, 광섬유의 특징이지만 쓸모는 별로 없다.

여기에서 ℓ은 자연수이고, A와 B는 아무 상수이다. 해의 이 부분만 보면, 빛의 밝기 E^2은 원통 둘레를 따라 돌면서 보면 짝수 번 밝아졌다 어두워져 짝수개의 봉우리를 볼 수 있다. 이것이 **방위각 모드**이다 (그림 10.9). 이미 §9.5.4의 공초점 공명통에서 그러한 모드를 보았다.

10.2.1 계단-굴절률 광섬유

반지름 방정식 (10.31)을 풀기는 (10.10) 보다 쉽지 않고, 해는 심지에서는 진동하고, 싸개에서는 지수함수꼴로 감쇠한다. ℓ^2이 들어간 항은 마치 유전상수가 $-\ell^2/k_0^2r^2$ 만큼 덧붙은 것과 같다. 그런데 r^{-2}은 $r=0$에서 발산하므로, $\ell \neq 0$인 모드의 전기장은 그곳에서는 0이 되어야 한다. 가장 간단한 상황은, 굴절률 분포가 다음과 같이 계단꼴인 **계단-굴절률 광섬유** (step-index)이다:

$$n(r) = \begin{cases} n_2 & r < a \\ n_1 & r > a \end{cases}$$

이 도파로의 모드 분석은 평판 도파로와 비슷한데, 코사인 및 사인 함수 대신 베셀함수 J_0와 J_1을 쓴다 (부록 A). 그림 10.9는 전형적인 모드 구조를 보여준다. $a<0.383\lambda/\sqrt{n_2^2-n_1^2}$이면 단 하나의 모드만 진행할 수 있고[(10.23)을 보라], 이러한 특성을 가진 **홑-모드 광섬유**는 분산이 작으므로 광통신에서 아주 중요하다. n_2와 n_1이 아주 비슷하면, 홑-모드 광섬유 심지의 최대지름은 λ 보다 훨씬 클 수 있다. 예를 들어, $n_2=1.535$이고 $n_1=1.530$이면 $2a<6.2\lambda$인 광섬유에서도 모드는 하나 뿐이다.

10.2.2 점진-굴절률 광섬유

이제 §2.7에서 분산이 비선형이면 파동뭉치가 나아가면서 폭이 점점 벌어진다는 것을 상기하자. 그래서 결국 여러 파동뭉치를 잇달아 보낼 때 점점 벌어져 서로 붙는 것을 피하려면 반복률을 제한해야 한다. 계단-굴절률 광섬유는 홑-모드로 만들어도 파장 분산이 있기 때문에 장거리 통신에 쓰려면 분산이 더 작은 광섬유를 개발해야 한다. 그래서 개발된 것이 굴절

분산을 없애는 또 다른 방법은 분산이 양성인 광섬유와 음성인 광섬유를 번갈아 쓰는 것이다.

률 분포 $n(r)$이 연속함수로서 언덕 모양인 **점진-굴절률 광섬유**이다. $n^2(r)$은 대개 포물선꼴로 만든다. 이것의 분산이 최소라는 증명은 없지만, 계단-굴절률 광섬유보다는 더 작다. 실제로 굴절률 분포함수의 지수를 2 보다 조금 줄이면 분산 특성이 더 좋아진다. 그렇지만, 포물선꼴 함수 $n^2(r) = A - b^2r^2$은 양자역학에서 조화함수 진동자의 위치에너지 함수를 상기시킨다. 이 모형에서는 슈뢰딩거 방정식의 해가 단순하므로 이것을 간단히 설명한다. 실제의 광섬유는 굴절률 분포가 포물선 꼴이어도 싸개로 둘러싸여 있으므로 그림 10.10(a)와 같이 중심 영역에서만 포물선꼴이고, 곧 굴절률이 고른 싸개가 이어진다. 이 광섬유의 매개변수는 잘 맞추면 분산이 최소이면서도 홑-모드가 되게 할 수 있다. 자세한 설명은 다음 책을 보라: Ghatak, Thayagarajan (1980).

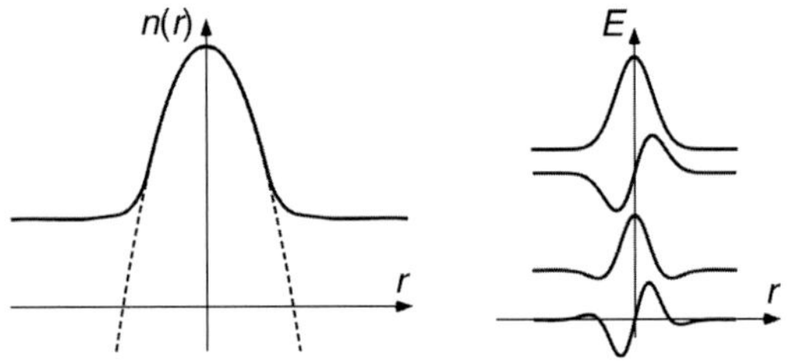

그림 10.10 (a) 점진-굴절률 광섬유의 포물선 꼴 굴절률 분포(실선)와 수학적 모형(파선). (b) 모드 지수가 작은 네 모드의 진폭분포.

(10.27)을 출발점으로 잡아 $n^2(r) = n_2^2 - b^2r^2$을 넣는다. 이 때에도 앞에서 설명한 방위각 모드는 그대로 적용된다. (10.29)의 반지름 방정식은 다음과 같다:

$$\frac{d^2R}{dr^2} + \frac{1}{r}\frac{dR}{dr} + R\left(U - \alpha^2r^2 - \frac{\ell^2}{r^2}\right) = 0 \tag{10.31}$$

여기에서 $U = n_2^2k_0^2 - k_z^2$이고 $\alpha = k_0b$이다. 이것은 양자역학의 2차원 조화 진동자 방정식과 비슷한 꼴이고, U는 총에너지, α^2r^2는 위치에너지에 해당한다. 따라서 해는 다음과 같은 꼴이 된다:

$$R = e^{-\alpha^2r^2/2}f(r) \tag{10.32}$$

여기에서 $f(r)=\sum_{j=p_0}^{p} a_j r^j$는 다항식이다. 이것은 양자역학적 조화 진동자 방정식의 좀머펠트 해이다.

(10.32)를 (10.31)에 넣고 r^p의 계수를 비교하면, p가 유한한 정수라는 조건(곧, $k>p$이면 $a_k=0$)에서 다음 결론이 나온다:

1 ℓ마다 독립적인 해가 있다. 그것이 홀수이면 반대칭, 짝수이면 대칭이다. $\ell \neq 0$이면 $R(0)=0$이다.

2 $p_0=\ell$이다. 따라서 반지름 함수는 봉우리가 최대 $p-\ell+1$개 있는데, 그 까닭은 가우스 함수에 이 숫자의 항이 있는 다항식을 곱한 것이기 때문이다. 전형적인 모드 모양은 그림 10.10(b)와 같다.

3 허용된 U값은 다음과 같다: $U=n_2^2k_0^2-k_z^2=2\alpha(p+1)$. 값 2α는 양자 조화진동자의 에너지 $h\nu$와 비슷하다. 이것은 2차원 계이므로 '바닥상태($p=0$) 에너지'는 $\frac{1}{2}h\nu$가 아니라 $h\nu$이다.

따라서 지수가 가장 낮은 모드의 분산식은 다음과 같다 ($k_0=\omega/c$, $\alpha=k_0b$):

$$n_2^2k_0^2 - 2bk_0 = k_z^2 \tag{10.33}$$

이 모드에서는 $\ell=p=0$이므로 전기장의 진폭은 다음과 같다:

$$E(r) = R(r) = e^{-k_0br^2/2} \tag{10.34}$$

이것은 단순한 가우스 함수이다. 반지름 $r=1/\sqrt{k_0b}$은 이 진폭분포의 변곡점이므로, $1/\sqrt{k_0b}$은 반지름이라고 볼 수 있다 [그림 10.10(b)와 그림 10.7을 비교하라]. 그렇지만 이 결과를 글자 그대로 받아들이면 안 된다. 이것은 굴절률 분포가 완전한 포물선꼴인데, 실제의 광심유는 싸개가 둘러싸고 있어서 n이 1.5 아래로 내려가지 않는다.

그림 10.11을 살펴보면 점진-굴절률 광섬유의 분산이 더 작은 까닭을 정성적으로 이해할 수 있다. 그림에서, 경로 길이가 짧은 모드는 $n(r)$이 가장 큰 영역에 갇히지만, 긴 모드는 굴절률이 작은 영역까지 들어간다. 두 매개변수 – 굴절률과 경로 길이 – 가 서로 보상하므로 계

가우스 빔이 진공 속을 가는 것은 §7.3에서 설명한다.

단-굴절률 광섬유보다 분산이 더 작다. 유리 자체의 분산도 셈에 넣어야 한다; 정상분산 영역(§13.3.2)에서는 유리의 $\partial^2\omega/\partial k^2$이 운 좋게도 광섬유의 분산과 부호가 반대여서 보상이 더 많이 된다.

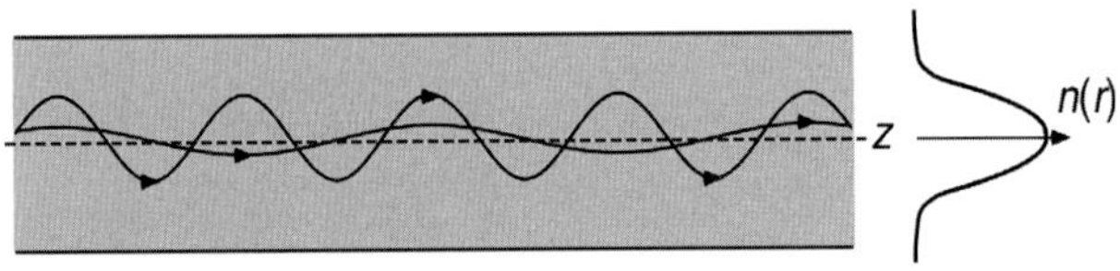

그림 10.11 굴절률 분포가 포물선꼴인 광섬유 속의 두 모드를 빛살로 나타낸 그림

10.2.3 광섬유 생산

둥글게 굽은 평판 도파로 문제는 풀어 해를 구할 수 있고, 그 특성은 양자역학적 물체 – 터널 다이오드 – 와 비슷하다!

위의 설명을 순수한 이론 영역에서 현실로 끌어오려면 광섬유를 뽑는 방법을 조금 설명해야 한다. 광섬유는 아주 투명한, 특수 유리를 써서 길이 수 km로 뽑아낸다. 먼저 지름이 수 cm인 원통꼴 유리막대인 **모재**(preform)를 준비하는데, 굴절률이 가운데는 크고 바깥쪽은 작다. 이것을 가열하여 지름이 광섬유의 지름만큼 작은 구멍을 통해 뽑아낸다 (그림 10.22를 보라). 그러면 유리막대가 가늘어지는 것에 비례하여 안쪽의 구조도 축소된 광섬유가 뽑혀 나온다. 그림 10.12는 전형적인 광섬유 유리의 흡수 스펙트럼이다. 세로축의 단위는 dB/km로, dB는 투과된 빛의 밝기가 $10^{0.1}$를 곱한 만큼 줄어드는 손실을 나타낸다 [B는 '벨(Bel)'로 1/10의 손실을 나타낸다; 3dB=$10^{0.3}\approx 0.5$].

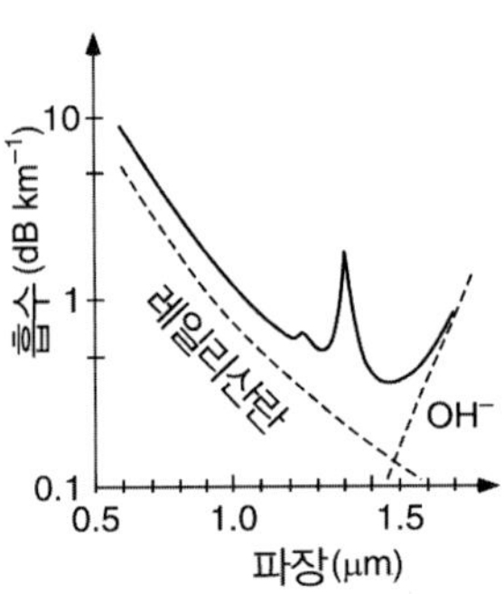

그림 10.12 광섬유의 전형적인 흡수계수의 파장에 대한 변화. 점선은 레일리 산란의 한계와 원적외선 OH 흡수띠이다.

점진-굴절률 광섬유도 비슷한 방법으로 만든다. 이때는 성분이 다른 유리 재료를 기체 상태로 만들어 겹겹이 쌓아 층층이 굴절률이 다른 유리 모재를 만든다.

광섬유에서 빛이 사그라지는 원인은 갖가지다. 위에서 말한 유리가 흡수하는 것도 한 가지이며, 이것을 줄이고자 열심히 노력한 결과 어떤 파장에서는 수백 km를 나아가도 흡수를 무시할 수 있게끔 되었다. 짧은 파장에서는 레일리 산란(§13.2)이 중요하며, 이것은 유리가 결정질이 아니므로 밀도가 통계적으로 흔들리는 것을 피할 수 없어서 생긴다. 계단-굴절률 광섬유에서 내부 전반사가 불완전하여 생기는 손실은 n_2와 n_1 사이의 경계면을 싸개로 잘 싸서 상하거나 먼지가 묻지 않게 하면 효과적으로 피할 수 있다. 언덕-굴절률 광섬유에는 경계면이 따로 없다. 실제의 광섬유를 충분히 굵게 만들면 싸개에서의 소멸파의 손실도 무시할 수 있지만, 광섬유가 굽으면 그곳에서 빛이 새나오는 것을 눈으로 볼 수 있다.

10.2.4 광섬유 통신

> 광통신에 쓰는 홑-모드 광섬유의 심지 지름은 보통 8 μm이다.

광섬유는 이제 전화 및 자료 통신의 표준 매체가 되었다. 전형적인 장치는 발광 다이오드나 반도체 레이저에서 시작하는데, 이 발광소자가 내는 빛의 파장은 광섬유의 흡수와 분산이 가장 작은 파장대역(1.3~1.5 μm, 그림 10.12를 보라) 속에 있고, 신호는 빛의 밝기나 위상을 변조하여 실어 보낸다. 그 빛을 모아 광섬유 심지 속에 넣는다. 그 빛이 광섬유의 다른 쪽 끝으로 나오면, 광검출기로 받아 전기신호로 바꾼다. 최대 전송 거리는 위에서 설명한 광섬유의 손실이 제한한다. 그러므로, 빛신호를 아주 멀리 보낼 때는 중간에 신호를 가끔 증폭해주어야 한다. 이 때 광섬유 끝에 광검출기를 달아 전기신호를 증폭한 다음, 잡음을 지운 뒤 다시 빛신호로 바꾸어 광섬유에 넣는 방식을 쓴다. 1980년 말에 **얼븀 광섬유 증폭기(EDFA)**가 나오자 빛신호를 전기신호로 바꾸지 않고 그대로 증폭할 수 있게 되어 이 분야에 혁명이 일어났다 (§14.5.3): 이제는 신호를 증폭하려고 빛을 전류로 바꿀 필요가 없고, 광섬유 속에서 빛을 그대로 아주 고르게 더 밝게 만든다. 더구나, 빛의 변조율은 엄청나게 높아져서 100 Gbit/s(10^{11} s^{-1})를 넘어가는데, 이러한 변조율을 전자회로는 잘 따라가지 못하므로 통신체계가 '**전광(all optical)**' 체계로 바뀌고 있다. EDFA의 발명으로 통신산업은 광섬유에서 분산이 없는 1.5 μm쪽으로 옮겨 갔는데, 그 까닭은 다른 파장대역에서는 그렇게 효율적인 통신체계를 꾸밀 수 없기 때문이다.

광섬유의 가장 큰 매력은 엄청난 자료 전송 능력이다. 재래식 구리 전화선 한 가닥으로 보낼 수 있는 '전화 신호'는 겨우 24 회선이지만 광섬유는 한 가닥으로 엄청나게 많은 자료를 보낼 수 있다. 광섬유를 통해 신호를 실어 보내는 빛의 진동수가 f이고, 전화신호 한 회선에 진동수 폭 f_1이 필요하다면, 여러 전화신호를 진동수가 다른 빛에 실어 보낸다면, 원리적으로는 f/f_1개의 전화신호를 한꺼번에 보낼 수 있다. 광통신에서는 $f \approx 10^{15}\ \mathrm{s}^{-1}$이다. 실제의 통신체계는 광섬유의 비선형성, 분산(§2.7과 §10.1.3) 그리고 전자회로의 속력제한 때문에 $f_1 > 10$ Gbit/s($10^{10}\ \mathrm{s}^{-1}$)로 제한된다. 분산효과는 보통 분산이 양성과 음성인 광섬유 토막을 번갈아 붙여 지우지만, 비선형 효과는 피하기 어려워서 변조율을 높이는데 장애로 남아 있다 (Agrawal, 2007). 따라서 $f/f_1 \approx 10^5$ 이다. 기술은 아직 이 엄청난 잠재성을 따라가지 못하고 있지만, 매력은 여전하다. 여러 자료 전송로를 파장 영역에서 갈라놓는 방식이 **파장분할 다중화(WDM)**이며, 이 방식을 쓴 상품이 1996년 나왔다. 시간영역에서도 전송로를 다중화할 수 있는데, 그것이 **광시분할다중화(OTDM)**이다. 2001년에 WDM 통신체계는 273개 통신로를 보내 기록을 깼는데, 낱낱의 통신로는 $f_1 = 40$ Gbit/s로 117 km를 보냈다.

10.2.5 영상 전송

> 광섬유를 써서 영상을 보내는 또 다른 방법은 '위상 켤레 거울'을 쓰는 것이다 (§13.6.3).

영상을 보낼 때는, 광섬유 속의 빛의 분포는 중요하지 않고, 한쪽 끝에서 다른 쪽 끝으로 빛이 가는 것만이 중요하다. 광섬유 여러 가닥을 잘 배열하여 묶은 다발을 만들고 끝을 깨끗하게 자른다. 다른 쪽 끝도 같은 모양으로 배열한다. 광섬유가 중간에 어떻게 꼬여도 상관없다. 광섬유 다발 한쪽 끝에 영상을 비추면, 다른 쪽 끝에서 그대로 나타난다. 이러한 장치는 직접 들여다볼 수 없는 곳의 영상을 보는데 아주 중요하다. 한 가지 중요한 의학적 쓰임새는 환자의 몸속을 들여다볼 때 쓰는 **내시경**(endoscope)이다. 영상의 분해능은 낱낱의 광섬유 가닥의 지름이 결정하며, 보통 20~50 μm이다. 광섬유 배열의 순서를 바꾸면 영상신호가 뒤섞인다: 예를 들어 둥근 시야가 실틈처럼 납작한 시야가 된다. 또는 간단한 회전으로 순서를 다시 맞출 수도 있다; 영상복원을 광섬유 다발로 하면 더 싸고, 렌즈를 쓰는 것 보다 광학계가 더 아담해지고 수차도 더 작지만 분해능은 제한된다 (그림 10.13).

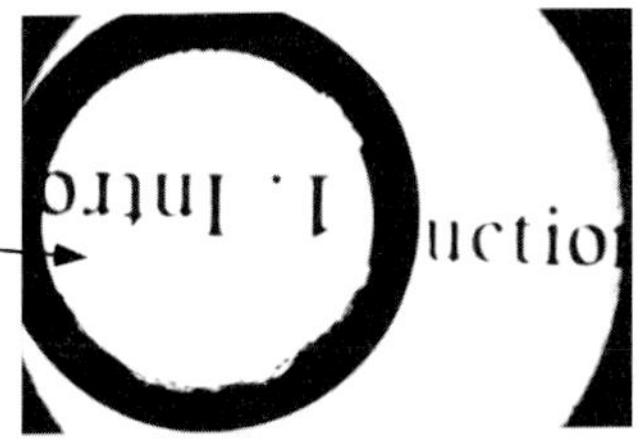

그림 10.13 결맞는 광섬유 다발을 써서 영상을 뒤집은 것. 이 장치는 야시(night vision) 영상 증폭기의 일부이다.

광섬유 광학을 온갖 수준에서 종합적으로 다룬 평론과 책이 많으며 다음 책은 여러 실제적인 내용과 실험을 자세히 설명했다: Gloge(1979), Saleh와 Teich (2007), Agrawal(2002). Al-Azzawi(2007).

10.3 변조된 매질 속에서의 빛의 진행

실제로 중요한 빛의 진행 문제 또 하나는 굴절률이 주기적으로 변조된 매질 속의 진행이다 (MacLeod, 2001). 양자역학에서 푼 문제와 비교하면, 결정 속의 주기적인 위치에너지 속에서 움직이는 전자의 거동에서 실마리를 찾을 수 있다. 이 문제의 해는 실제로 잘 알려진 블로흐 파동과 많이 닮아서, 결정의 전자구조와 완전히 비슷한 띠틈이 나타난다 (Kittel, 2005). 여기에서는 주로 1차원 문제만을 다루겠지만, 3차원 주기적인 매질로 확장할 수 있다 (Yablonovitch, 1993). §10.5에서는 여기에서 얻은 결과를 조금 확장하여 3차원 문제를 다룰 것이다. 이러한 문제들이 양자역학 문제와 비슷하다는 점을 기억하자.

10.3.1 여러 층을 다루는 일반적 방법

여기에서 살펴볼 **유전체 다층 박막**은 기판 위에 굴절률이 저마다 다른 투명 매질을 차곡차곡 쌓은 것이다. 이것에 빛이 입사각 $\hat{\imath}$로 들어올 때, 반사되고 투과되는 것을 셈한다. 이 절에서는 그러한 문제를 푸는 일반적인 틀을 만든 다음, 주기적으로 층층이 쌓인 특별한 상황을 살펴본다. 그 쓰임새로 투과 파장 대역이 좁은 간섭필터를 들 수 있다.

여기에서 설명하는 이론체계에서는 다층박막의 낱낱의 층을 행렬로 나타내고, 선형대수를 써서 일반해를 얻는다. 수치 셈을 할 때는 이 방식이 매우 좋다.

먼저 빛이 수직하게 들어갈 때를 살펴보자. 빛은 다층박막에 x-축을 따라 들어가(그림 10.14), 경계면을 만날 때마다 조금씩 반사된다. 층마다 빛살이 두 가닥이다: 하나는 $+x$쪽, 다른 하나는 -x쪽으로 간다. E는 y쪽으로 편광된 것으로 가정하고, 빛의 오른쪽 경계면에서의 복소진폭을 E_m^+와 E_m^-로 나타내자. 이 층에서의 각파수가 $k_m = k_0 n_m$이라면, 양쪽 경계면에서 두 빛의 위상차는 $g_m = k_m d$이고, k_m은 매질 속의 파수로 $k_m = k_0 n_m$이다. 따라서 층의 왼쪽에서 복소진폭은 다음과 같다:

$$E_{m\ell}^+ = E_m^+ e^{+ig_m} \tag{10.35}$$

$$E_{m\ell}^- = E_m^- e^{-ig_m} \tag{10.36}$$

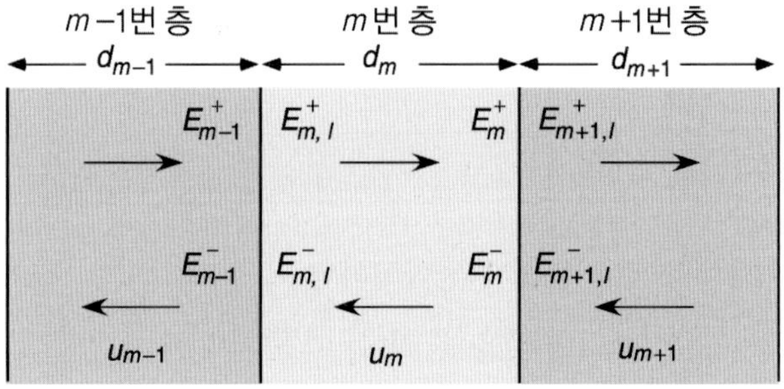

그림 10.14 다층박막 특성을 셈할 때 쓰는 매개변수

이제 전체 전기장은 경계면에서 연속이므로 다음 식이 맞다:

$$E_{m\ell}^+ + E_{m\ell}^- = E_{m-1}^+ + E_{m-1}^- \tag{10.37}$$

위의 식을 모으면 다음 식을 얻는다:

$$E_m^+ e^{+ig_m} + E_m^- e^{-ig_m} = E_{m-1}^+ + E_{m-1}^- \tag{10.38}$$

마찬가지로 z쪽 자기장 성분도 다룰 수 있다. 빛의 자기장의 복소진폭은 $+x$쪽으로 가는 것이 $H^+ = nZ_0^{-1}E^+$, $-x$쪽으로 가는 것이 $H^- = -nZ_0^{-1}E^-$이다. 따라서 (10.38)처럼, 다음 식을 얻는다:

$$H_m^+ e^{+ig_m} + H_m^- H^{-ig_m} = H_{m-1}^+ + H_{m-1}^- \tag{10.39}$$

(10.38)과 (10.39)을 전체 장으로 나타내자:

$$E_m = E_m^+ + E_m^- \tag{10.40}$$

$$Z_0 H_m = u_m \left(E_m^+ - E_m^- \right) \equiv n_m \left(E_m^+ - E_m^- \right) \tag{10.41}$$

여기에서 u_m을 n_m으로 바꾸었다; 이 기호바꿈은 §5.4.1에 해당하고, §10.3.2에서 더 설명한다.[38] 두 가지 새 식을 얻는다:

$$E_{m-1} = E_m \cos g_m + i \frac{Z_0}{u_m} H_m \sin g_m \tag{10.42}$$

$$Z_0 H_{m-1} = i\, u_m E_m \sin g_m + Z_0 H_m \cos g_m \tag{10.43}$$

이것을 행렬꼴로 쓰면 다음과 같다:

$$\begin{pmatrix} E_{m-1} \\ Z_0 H_{m-1} \end{pmatrix} = \begin{pmatrix} \cos g_m & i u_m^{-1} \sin g_m \\ i u_m^{-1} \sin g_m & \cos g_m \end{pmatrix} \begin{pmatrix} E_m \\ Z_0 H_m \end{pmatrix} \equiv \boldsymbol{M}_m \begin{pmatrix} E_m \\ Z_0 H_m \end{pmatrix} \tag{10.44}$$

층 마다 매개변수 $(g_m,\ u_m)$를 완전히 정의하면, 완전한 박막계의 특성은 행렬 곱셈을 계속하여 알 수 있다. 그 결과는 들어가는 빛과 반사되는 빛이 모두 들어있는 $(E_0,\ Z_0 H_0)$와 투과된 빛이 들어있는 $(E_N,\ Z_N H_N)$의 관계식으로 정리된다:

$$\left(E_0,\ Z_0 H_0 \right) - \prod_{m-1}^{N} \boldsymbol{M}_m \cdot \left(E_N,\ Z_N H_N \right) \tag{10.45}$$

이제 반사 및 투과계수 $\mathcal{R}$과 $\mathcal{T}$를 얻을 수 있다. $E_0^- = \mathcal{R} E_0^+$, $Z_0 H_0^+ = u_0 E_0^+$ 이고 $Z_0 H_0^- = u_0 E_0^-$ 이므로, 다음과 같다:

$$\left(E_0,\ Z_0 H_0 \right) = \left[(1+\mathcal{R}),\ u_0 (1-\mathcal{R}) \right] \tag{10.46}$$

여기에서 들어오는 빛의 전기장의 진폭을 1로 잡았다. 마지막 층에서는 -x쪽으로 가는 빛

38) 많은 책에서는 이 단계에서 Z_0=1로 두는데, 그 까닭은 이것이 나중에 지워져 사라지기 때문이다.

여기에서 쓴 방법은 굴절률이 복소수(§13.3)일 때도 쓸 수 있다; 예를 들어 표면 플라즈몬 공명(§13.7)을 보라. n이 복소수이면, 계수행렬의 판별식이 1이 아니다: $\det\{\boldsymbol{M}\} \neq 1$.

이 없으므로 $E_N^{-1}=0$이고, 따라서 다음과 같다:

$$\left(E_N,\ Z_0 H_N\right) = \left(\mathcal{T},\ u_N \mathcal{T}\right) \tag{10.47}$$

이로써 얻는 행렬식은 다음과 같은 꼴이다:

$$\left[(1+\mathcal{R}),\ u_0(1-\mathcal{R})\right] = \prod_{m=1}^{N} \boldsymbol{M}_m \cdot \left(\mathcal{T},\ u_N \mathcal{T}\right) \tag{10.48}$$

이 식은 쉽게 풀 수 있다. 참고로, 계수행렬의 판별식은 1이며 이것은 에너지 보존법칙을 뜻한다: $\left|\prod_{m=1}^{N} \boldsymbol{M}\right| = 1$.

10.3.2 빛이 비스듬히 들어올 때

빛이 법선에 대해 비스듬히 들어올 때도 쉽게 다룰 수 있으며, 그것에 대비해서 u를 도입했다. 공기층에서 x-축에 대해 각도 $\hat{i}$로 들어오는 것을 생각하자. 그러면 m-번째 층에서의 각도 $\hat{r}_m$은 스넬 법칙에 따라 다음과 같다:

$$\sin\hat{i} = n_m \sin\hat{r}_m \tag{10.49}$$

위상차 g_m도 이제는 그 매질 속에서의 $\boldsymbol{k}$의 x-성분 $k_0 n_m \cos\hat{r}_m$이 들어간다:[39)]

$$g_m = k_0 n_m d_m \cos\hat{r}_m \tag{10.50}$$

§5.4.1에서 본 것처럼, ∥ 및 ⊥ 편광성분에 대한 경계조건을 나타내려면 빛이 수직 입사할 때의 프레넬 계수 (5.43)과 (5.44)의 굴절률에 아래와 같은 유효 굴절률을 쓴다:

$$u_m = n_m \sec\hat{r}_m \quad (\parallel \text{ 편광}) \tag{10.51}$$

$$u_m = n_m \cos\hat{r}_m \quad (\perp \text{ 편광}) \tag{10.52}$$

39) 흔히 빛살이 비스듬히 들어가면 박막이 '더 두껍게 느껴진다'고 생각하여 $g=k_0 nd/\cos\hat{r}$로 쓰는데, 그것은 옳지 않다. §9.5.1의 패브리-피로 간섭계에 관한 설명을 보라.

10.3.3 한-층 무반사막: 밝은 렌즈 만들기

공기와 투명매질의 경계면의 반사율은 §5.4.1에서 셈한 것처럼 얼추 4% 정도로 작아 보이지만, 복합렌즈 및 광학 면이 많은 광학기기에서는 심각한 손실이 될 수 있다. 경계면에 굴절률이 다른 투명한 물질을 한층 또는 여러 층 입히면 반사율을 크게 줄일 수 있다. 유전체 다층막의 가장 많은 쓰임새가 바로 그러한 **무반사막**(anti-reflection coating)이다. 그 기본 착상을 한-층 무반사막으로 보여주겠는데, 잘 설계하면 반사율이 한 파장의 빛에 대해서는 0이고, 그 옆의 파장에 대해서도 아주 작아진다.

공기(u_0)와 기판(u_S) 사이에 입히는 한 층의 매개변수 $(g,\ u)$는 (10.44)와 (10.48)에서 다음과 같다:

$$\begin{pmatrix} 1+\mathcal{R} \\ u_0(1-\mathcal{R}) \end{pmatrix} = \begin{pmatrix} c & iu^{-1}s \\ ius & c \end{pmatrix} \begin{pmatrix} \mathcal{T} \\ u_s\mathcal{T} \end{pmatrix} \tag{10.53}$$

여기에서 $c \equiv \cos g,\ s \equiv \sin g$이다. 굴절률 n 대신 u를 쓰는 까닭은 이 결과를 어느 입사각과 어느 편광에 대해서도 쓸 수 있게 만들려는 것이다. 이제 $\mathcal{R}=0$이 될 조건은, (10.53)에서 다음과 같다:

$$1 = (c + isu_S/u)\mathcal{T} \tag{10.54}$$

$$u_0 = (ius + cu_S)\mathcal{T} \tag{10.55}$$

이 두 식에서 $\mathcal{T}$를 지우면 다음 식을 얻는다:

$$u_0 = \left[u_S + ics\left(u - u_S^2/u\right)\right]/\left(c^2 + s^2u_S^2/u^2\right) \tag{10.56}$$

확실히, 허수부는 0이 되어야 한다. $u \neq u_S$이므로 (그렇지 않으면 무반사막이 기판의 일부가 된다), c 또는 s가 0이 되어야 한다. $s=0$이면, $c=\pm1$인데, 그러면 $u_0 \neq u_S$이므로 식이 맞지 않게 된다. 그러므로 $c=0,\ s=\pm1$이고, 다음과 같다:

$$u_0u_S = u^2 \tag{10.57}$$

조건 $s=\pm1$은 다음 조건을 뜻한다: $g=(\pi/2)\cdot$(홀수). 박막의 광학적 두께는 (파장/4)

의 홀수배이다. 보통은 (파장/4)이 되게 잡는다. 예를 들어, 공기($u_0 = 1$)에서 들어가는 쪽에 입히는 무반사막의 굴절률은 기판의 굴절률의 제곱근이어야 한다. 유리라면 $u_S = n_S \cong 1.6$ 이므로, 가장 많이 쓰는 물질은 굴절률이 1.38인 불화마그네슘(MgF_2)이다. 그림 10.15는 이 물질을 (파장/4) 입혔을 때의 반사율로, 맨 유리보다 매우 작다.

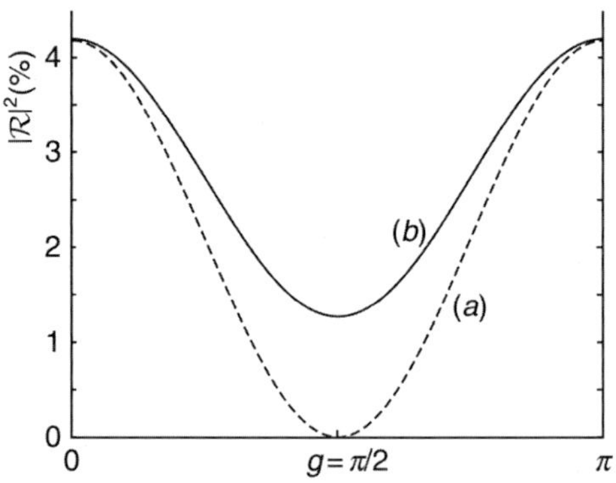

그림 10.15 $n = 1.52$인 유리에 사반파장 무반사막을 입혔을 때, 수직 입사하는 빛의 반사율: (a) 이상적인 상황, $u = \sqrt{1.52}$. (b) 불화마그네슘, $u = 1.38$.

녹색 빛에 대해 두께 $\lambda/4$로 한 층만 입힌 무반사막은 옅은 보라색으로 보이는데, 그 까닭은 빨간 빛 보다는 파란 빛을 더 많이 반사하기 때문이다.

막을 여러 층 입히면 반사율이 더 넓은 파장대역에서, 더 많이 줄어들지만 여기에서는 더 설명하지 않는다 (다음 책을 보라: MacLeod, 2001).

한-층 무반사막의 물리적 근거는 쉽게 알 수 있다. 굴절률 u가 공기와 기판의 굴절률 u_S의 기하평균인 물질을 고르면 그 막의 양쪽 경계면의 반사계수 [(5.34)의 R]가 같다. 두 경계면의 광학적 두께를 $\lambda/4$로 잡으면 양쪽에서 반사된 빛이 만날 때는 위상이 어긋나므로 소멸간섭을 한다.

10.3.4 주기적 다층막: 선택적 거울

다층박막 문제 하나만 자세히 풀어 설명한다. 하지만 어떤 다층박막의 특성도 (g_m, u_m)의 값을 알면 (10.45)와 작은 컴퓨터를 써서 셈할 수 있다.

반사율이 큰 다층박막을 만들려면, 무반사막과는 반대로 부분 반사된 빛이 보강 간섭을 하게 만들어야 한다. 이것은 경계면의 반사계수가 번갈아 양수와 음수가 되게 하고, 간격은 그 반대인 다음 문제가 더 중요하고, 또 훨씬 더 어렵다: 어떤 광학적 특성을 지닌 다층 박막이 필요할 때, 그 특성에 맞는 (g_m, u_m)의 값을 구하라.

광로차가 반파장이 되게(곧, 두께가 사반파장이 되게) 한다 (그림 10.16). 이 착상을 자세히 살펴보자.

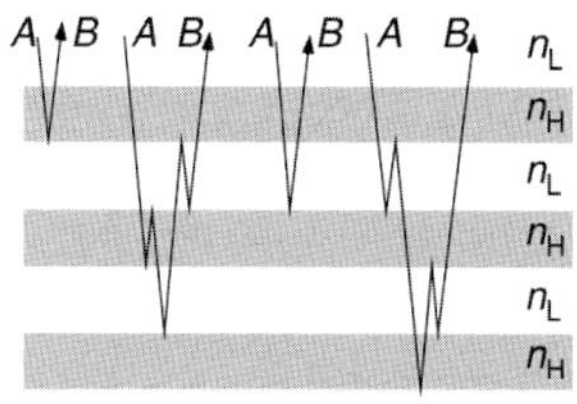

그림 10.16 다층막 속에서 여러 번 반사된 빛살. 층 마다 광학적 두께가 $\lambda/4$이면 A에서 들어간 빛이 어떻게든 반사될 때의 위상변화까지 넣어 따져보면 나올 때는 모두 B와 위상이 같다 (2π의 정수배 만큼 다르다).

굴절률이 '큰(H)' 것과 '작은(L)' 것, 두 가지 물질을 번갈아 쌓아 주기적인 구조를 만든다. 이들의 유효 굴절률은 각각 u_H와 u_L이고, 이들의 광학적 두께는 같게 한다: $g_H = g_L = g$. 굴절률이 u_S인 기판 위에 이 다층박막을 q쌍 쌓는다. 그러면 (10.47)은 다음과 같아진다 ($c \equiv \cos g$, $s \equiv \sin g$):

$$\begin{pmatrix} E_0 \\ Z_0 H_0 \end{pmatrix} = \left[\begin{pmatrix} c & iu_L^{-1}s \\ iu_L s & c \end{pmatrix}\begin{pmatrix} c & iu_H^{-1}s \\ iu_H s & c \end{pmatrix}\right]^q \begin{pmatrix} E_N \\ Z_0 H_N \end{pmatrix}$$

$$= \begin{pmatrix} c^2 - u_H u_L^{-1} s^2 & ics\left(u_L^{-1} + u_H^{-1}\right) \\ ics\left(u_L + u_H\right) & c^2 - u_L u_H^{-1} s^2 \end{pmatrix}^q \begin{pmatrix} E_N \\ Z_0 H_N \end{pmatrix}$$

$$= (\boldsymbol{M}_p)^q \begin{pmatrix} E_N \\ Z_0 H_N \end{pmatrix} \tag{10.58}$$

먼저 벡터 $(E, Z_0 H)$를 돌려 대각화한 다음 $(\boldsymbol{M}_p)^q$를 대수적으로 셈하는 것이 가장 쉽다:

$$\boldsymbol{M} = \begin{pmatrix} \lambda_1 & 0 \\ 0 & \lambda_2 \end{pmatrix} \quad \Rightarrow \quad \boldsymbol{M}^q = \begin{pmatrix} \lambda_1^q & 0 \\ 0 & \lambda_2^q \end{pmatrix} \tag{10.59}$$

λ의 값은 다음 방정식에 따라 결정된다:

$$\det\{\boldsymbol{M}_p - \lambda \boldsymbol{I}\} = 0 \quad \Rightarrow \quad \lambda^2 - \lambda\,\mathrm{trace}\{\mathrm{M_p}\} + 1 = 0 \tag{10.60}$$

$\xi \equiv \mathrm{trace}\{\boldsymbol{M}_p\}$로 두면, λ의 값은 다음과 같다:

$$\lambda = \xi \pm \sqrt{\xi^2 - 1} \tag{10.61}$$

ξ의 값은 다음과 같다:

$$\xi = c^2 - \frac{1}{2}\left(\frac{u_H}{u_L} + \frac{u_L}{u_H}\right)s^2 \tag{10.62}$$

어떤 u_H와 u_L에 대해서도 $(u_H/u_L + u_L/u_H) \geq 2$이다. 따라서 ξ는 다음 특성이 있다 ($c^2 + s^2 = 1$이다):

- 최대값은 1이고, 조건은 $c = \pm 1$, $s = 0$이다.
- 최소값은 $-\frac{1}{2}(u_H/u_L + u_L/u_H) \leq -1$이고, 조건은 $c = 0$, $s = \pm 1$이다.

그러므로, c와 s의 값의 영역에서 λ가 실수인 곳($g = 0, \pi, \cdots$ 근처)과 복소수인 곳($g = \pi/2, 3\pi/2, \cdots$ 근처)이 있다 (그림 10.17). 일반적으로 다음 관계가 있다:

$$\lambda_1 \lambda_2 = 1 \tag{10.63}$$

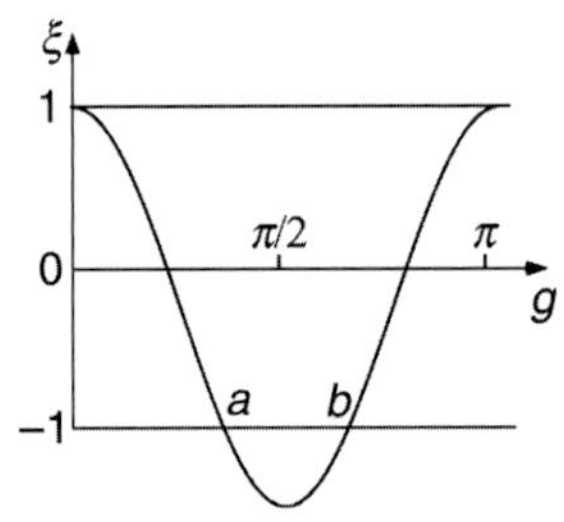

그림 10.17 주기적 다층박막에 대한 행렬의 고유값

특히 다루기 쉬운 때는 $g = (\pi/2) \cdot$ (홀수)일 때로, 행렬 $\boldsymbol{M}_p$가 이미 대각행렬이므로 $(E_m, Z_0 H_m)$이 고유벡터가 된다. 그 때는 $\lambda_1 = u_H/u_L$, $\lambda_2 = u_L/u_H$이고 낱낱의 층의 광학적 두께는 다음과 같다:

$$ud = g/k_0 = \frac{\pi}{2} \cdot (\text{홀수}) \times \frac{\lambda}{2\pi} = \frac{\lambda}{4} \cdot (\text{홀수}) \tag{10.64}$$

그러면 (10.50)은 다음과 같은 꼴이 된다:

$$\begin{pmatrix} 1+R \\ u_0(1-R) \end{pmatrix} = \begin{pmatrix} \lambda_1^q & 0 \\ 0 & \lambda_2^q \end{pmatrix} \begin{pmatrix} T \\ u_s T \end{pmatrix} \tag{10.65}$$

이것을 풀어 $\mathcal{R}$을 구하면 다음과 같다:

$$\mathcal{R} = \frac{u_0\lambda_1^q - u_S\lambda_2^q}{u_0\lambda_1^q + u_S\lambda_2^q} \tag{10.66}$$

(10.66)에서 $|\lambda_1|, |\lambda_2|$ 둘 가운데 하나는 >1이므로, $q \to \infty$이면 $|\mathcal{R}| \to 1$이다. 다시 말해, λ가 실수인 영역에서는 $g=(\pi/2)$ · (홀수) 의 조건이 대충 맞는 다층박막이 거울 구실을 한다. 사실, 아주 좋은 거울을 만들기는 아주 쉽다. 수직입사에서 $u_H/u_L=2$이면(흔히 쓰는 황하아연-불화마그네슘의 굴설률 비가 대충 이 값이다), $g=(\pi/2)$이고, (10.64)에서 $\xi=-\frac{5}{4}$, $\lambda_1=-\frac{1}{2}$, $\lambda_2=-2$가 된다. 따라서 다섯 쌍을 쌓으면, 그리고 $u_S/u_0=1.5$이면, 반사계수는 다음과 같다:

$$\mathcal{R} = \frac{\left(-\frac{1}{2}\right)^5 - (1.5)(-2)^5}{\left(-\frac{1}{2}\right)^5 + (1.5)(-2)^5} = -0.9987 \tag{10.67}$$

그러면 반사율(밝기의 반사계수)은 $\mathcal{R}^2=0.9974$이다. 이 방법으로 반사율이 아주 높은 거울을 만들려면, 빛의 파장 λ에 맞추어 낱낱의 층의 광학적 두께가 $\lambda/4$의 홀수배(보통은 1배)가 되도록 하여 번갈아서 겹겹이 쌓는다. 이렇게 만든 거울은 금속 거울보다 빛의 흡수가 훨씬 적으므로 레이저 공진기 거울도 이렇게 만든다. λ_1과 λ_2가 실수인 영역은 $g=(\pi/2)$ · (홀수)으로 확장된다. 그 경계는 $\lambda_1=\lambda_2=1$로, 그 곳에서는 $\xi=1$이고, 그러면 (10.62)에서

$$1 = c^2 - \frac{1}{2}\left(\frac{u_H}{u_L} + \frac{u_L}{u_H}\right)s^2 \tag{10.68}$$

따라서 다음과 같이 간단해진다:

$$\cos g = \pm\left(\frac{u_H - u_L}{u_H + u_L}\right) \tag{10.69}$$

이 두 해는 그림 10.18에서 두 점 a와 b에 해당한다. $g=(\pi/2)\cdot$(홀수) 근처의 반사율이 높은 영역의 폭은 다음과 같다:

$$\Delta g = 2\sin^{-1}\left(\frac{u_H - u_L}{u_H + u_L}\right) = 2\sin^{-1}\mathcal{R}_{HL} \tag{10.70}$$

여기에서 $\mathcal{R}_{HL}$은 경계면에서의 프레넬 반사계수(§5.4.1)이다. 눈여겨 볼 것은 쌓은 층의 수 q가 반사영역의 파장대역의 폭과는 무관하지만, 그 파장대역 속에서 $\mathcal{R}$을 평평하게 만든다는 것이다.

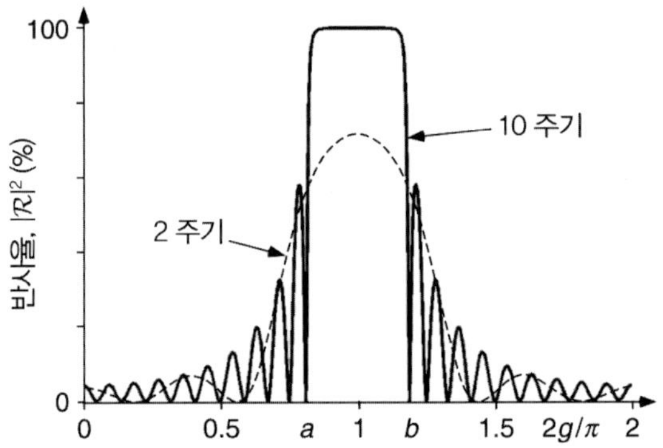

그림 10.18 다층박막의 반사율의 주기에 대한 변화: 2주기와 10주기.

> 반사율 곡선의 모양에 대한 영향은 푸리에 급수에서 항의 수를 늘릴 때와 같다 (그림 4.1).

λ_1과 λ_2가 복소수인 영역에서는, 다음과 같은 꼴이 된다: $\lambda=\exp(\pm i\phi)$. 여기에서 $\xi=\cos\phi$이다. 예를 들어, $g=(\pi/2)\cdot$(짝수)인 조건을 생각하면, 이 때는 행렬 $\boldsymbol{M}_p$가 이미 대각행렬이다. 그러면 $\phi=0$이고 $\mathcal{R}=(u_0 - u_S)/(u_0 + u_S)$이다. 이것은 다층박막이 없을 때의 반사계수와 같다; 낱낱의 층의 광학적 두께가 반파장의 정수배이면 다층박막은 아무 효과가 없다.

g가 $(\pi/2)$의 정수배가 아닐 때 $\mathcal{R}$을 셈하는 일은 지겨우므로, (10.58)을 써서 곧바로 수치셈을 하는 것이 좋다. 위에서 말한 예에서 $u_H/u_L=2$, $q=10$, $u_S/u_0=1.5$이면 그림 10.18과 같은 결과가 나온다. 일반적 특징은 반사도가 $g=(\pi/2)\cdot$(홀수) 근처에서는 크고, $g=(\pi/2)\cdot$(짝수) 근처에서는 작으며, $\cos g=\pm\mathcal{R}_{HL}$ 근처에서 그것이 바뀐다는 것이다.

끝으로, 결정 속의 전자의 운동에 관한 띠 이론과의 유사성을 강조한다. 결정의 주기가 전자파동의 파장의 반이면, 띠틈 한 가운데에 있게 된다. 그러면 띠틈은 다층박막에서 반사도가 큰(투과도가 0인) 영역과 등가이다.

10.3.5 간섭필터

라만 분광 실험처럼 일률이 높은 빛을 쓸 때, 원하지 않는 빛을 흡수시키면 광학소자가 망가지므로 반사시켜야 하며, 이 때 간섭필터가 꼭 필요하다.

유전체 다층박막의 중요한 쓰임새는 간섭필터이다. 앞 절에서 굴절률이 다른 두 유전체 매질을 광학적 두께가 $\lambda/4$가 되게 번갈아 쌓으면, 빛을 흡수하지 않고 그 파장의 빛을 골라 높은 반사율로 반사하는 거울을 만들 수 있음을 보였다. 이 착상을 확장하면 빛의 투과 특성을 필요에 맞춘 필터를 설계할 수 있다. 굴절률이 n_H와 n_L인, 광학적 두께가 $\lambda/4$인 층을 각각 H와 L로 나타내기로 한다.

가장 많이 쓰는 필터는 패브리-피로 에탈롱(§9.5.1)의 특성에 바탕을 둔, 투과대역이 좁은 간섭필터이다. 굴절률이 높고, 낮은 사반파장 층을 번갈아 쌓은 반사면(HLHL···)을 한 쌍 만들어 둘 사이를 띄워 1차(또는 m차) 패브리-피로 간섭무늬를 만든다고 하자. 간단히 기판은 무시하면, q쌍을 쌓은 것에 수직 입사한 빛의 진폭 반사 계수는 다음과 같다:

$$R \cong \frac{n_H^{2q} - n_L^{2q}}{n_H^{2q} + n_L^{2q}} \tag{10.71}$$

차수가 $m=1$이 되려면 간격의 두께는 $t=\lambda/2n$으로 반파장에 해당한다. 그러면 이 다층박막계는 다음과 같은 기호로 나타낼 수 있다: $(HL)^qH^2(LH)^{2q}$. 여기에서 H를 잇달아 쓴 것은 두께가 반파장인 층에 해당한다. 이것의 투과 파장대역은 (9.56)에 따라 다음과 같다:

$$\frac{\delta\lambda}{\lambda} = \frac{\delta g}{g} = \frac{F^{-1/2}}{2\pi m} = \frac{1-R^2}{4\pi R} = \frac{1}{\pi}\cdot\frac{n_H^{2q}n_L^{2q}}{n_H^{4q}+n_L^{4q}} \tag{10.72}$$

패브리-페로 에탈롱 꼴의 필터는 투과곡선이 로런츠 함수꼴로서 이상적인 네모꼴은 아니다. 문제 10.8을 보라.

그러한 필터를 만들려면 수십층의 박막을 두께를 아주 정확하게 맞추면서 쌓아야 하는데, 이미 그러한 기법이 개발되었다. 예를 들어, 황화아연($n_H=2.32$)와 불화마그네슘($n_L=1.38$)을 써서 만든 $q=5$(21층)인 필터의 분해능은 다음과 같다:

$$\frac{\delta\lambda}{\lambda} = 1.7\times 10^{-3}$$

$\lambda=500$ nm이면 $\delta\lambda=0.9$ nm이다. 이 필터는 투과파장을 중심으로 양쪽 약 100 nm인 파장대역에서는 완전히 반사한다. 이것은 다층박막 필터의 전형적인 특성이다 (그림 10.19).

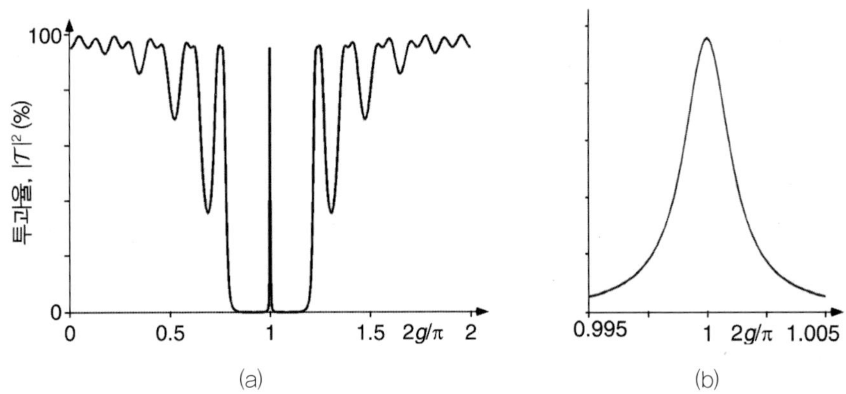

그림 10.19 (a) 유리기판에 만든 간섭필터 (HL)H(LH)의 투과곡선을 $2g/\pi$의 함수로 그린 것. (b) $0.995 < 2g/\pi < 1.005$ 사이의 투과곡선 모양.

이 책은 물리적 원리를 설명할 뿐 기술적인 내용은 자세히 설명하지 않으므로, 고급 필터 설계에 관한 설명은 하지 않는다. 물질을 두 가지 이상 쓸 수 있고, 막의 두께를 꼭 $\lambda/4n$의 정수배로만 할 필요도 없다는 것은 뻔하다. $\mathcal{R}(g)$와 $\mathcal{T}(g)$를 셈하는 간단한 컴퓨터 프로그램을 써서 여러 가지 착상을 확인하는 것이 연습문제에 있다.

상자 10.1 박막 태양 전지

첫 태양 전지는 19세기 말에 프릿츠(Charles Fritts)가 셀레늄을 감광물질로 써서 만들었다. 그 뒤로 반도체가 발명되자 1950년대에 p-n 접합을 쓰는 태양전지에 관한 연구를 많이 했다. p-i-n 접합의 고유 영역 'i'에서는 광자를 흡수하여 전자-양공 짝을 만들고, 내부 전기장은 이것을 분리한다. 이것은 §14.5.5에서 발광 다이오드와 레이저 다이오드를 설명하는 기구를 거꾸로 이용한 것이다. 그렇지만, 재생 에너지 원으로서 햇빛의 중요성 때문에 이 연구에 관심이 커져서 중요한 새로운 발전이 이루어졌다. 이러한 접합을 만드는 여러 방법 가운데, 박막 태양전지는 빛을 잡아 전기를 만드는데 다층박막의 광학적 특성과 반도체 물질의 특성을 묶어 쓰는 기법이다. 박막 기술의 주된 장점은 생산비가 싸고, 광전 변환 효율이 제법 높은 소자를 대면적으로 만들 수 있는 것이다. 구리-인듐-갈륨-셀레나이드 전지는 효율이 20% 이상인데, 이 책을 쓰는 지금은 아직 널리 쓰이지는 않고 있다.

그림 10.20은 실리콘 박막 태양 전지를 두 층 겹처 놓은 것의 단면이다. 유리판 한쪽에 다층 무반사막을 입혀 흡수할 수 있는 햇빛이 모두 투과되게 한다. 유리판의 반대쪽에 투명한 전도층(도우핑한 산화아연 또는 인듐 산화 주석)을 입히고, 그 위에 α-Si p-i-n 태양전지 접합을 입

힌다. 산화막 층은 한쪽 전기 접점이고 투명하면서도 전도성이 좋아야 하며, 최근에는 그 층에 구조를 만들어 파장이 짧은 빛은 옆으로 산란되어 α-Si 층으로 퍼져가고, 파장이 긴 빛은 계속 곧바로 나아가게 한다. 그 다음에는 중간 다층반사막을 두어 파장이 짧은 빛은 반사시켜 접합층으로 돌려보내고, 파장이 긴 빛은 계속 나아가게 한다. 이렇게 하면 효율이 극적으로 높아진다. 왜냐하면 파장이 너무 길어 첫째 p-i-n 접합에서 흡수되지 않는 빛은 반사막을 지나 그 뒤에 있는 띠틈이 더 좁은 미소-결정 실리콘 p-i-n 접합층에서 흡수되기 때문이다. 끝으로, 금속층이 뒷 면 전극이자, 파장이 긴 빛을 반사하여 둘째 흡수층으로 다시 보내는 거울 구실을 함께 한다. 두 접합층이 겹쳐 있으므로 그곳에서 나오는 전류를 맞추어야 하는데, 그것이 시시한 문제가 아니다! 지금은 투명한 전도층에 회절구조를 만들어 광학적 특성뿐만 아니라 미소-결정 실리콘 층의 성장에도 영향을 주는 연구가 활발하다.

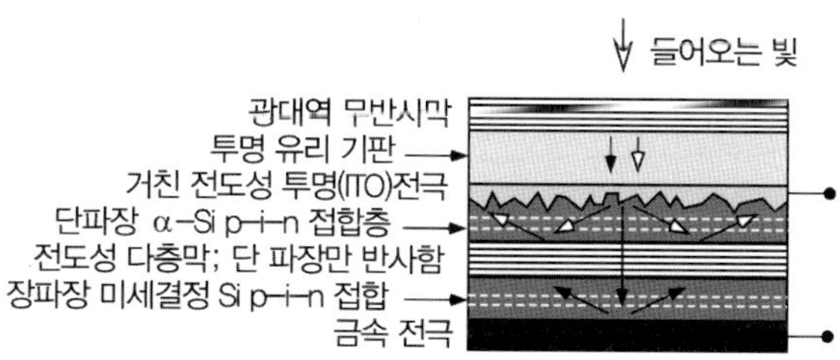

그림 10.20 2단 직렬 태양전지의 단면 모양. 띠틈이 다른 두 가지 실리콘으로 p–i–n 접합을 두 층으로 만든다. 화살표 머리가 검은 것은 파장이 긴 빛, 흰 것은 파장이 짧은 빛의 진행을 나타낸다.

10.4 고급주제: 모든 방향 거울

위에서 한 1차원 주기 매체에서의 빛의 진행에 관한 설명은 파장에 대한 변화를 주로 했다. 핑크(Fink)등은 재미있는 물음을 던졌다 (Fink 등, 1998): 모든 입사각에서 모든 편광의 빛을 효율적으로 반사하는 다층박막 구조가 있는가? 이 물음의 배경은 레이저 수술을 할 때 레이저 빛을 효율적으로 몸 속으로 보낼 수 있는 속이 빈 둥근 도파로가 필요한 것이었다. 이 도파로 안쪽 벽이 상하지 않으려면 모든 각도에서 반사도가 아주 커야 했다. 물론, 참으로 모든 입사각에서 반사도가 높아야 한다면, 대답은 '아니오'이다. 왜냐하면 브루스터 각도에서는 p-편광의 반사계수는 0이기 때문이다. 그렇지만, 빛이 공기에서 도파로 속으로 들어가면, 매질 속에서는 입사각이 임계각보다 작아야 도파로를 따라갈 수 있으므로, 이 조건에서는 물질만 잘 고르면 대답은 '예'이다. 굴절률이 n_L과 n_H인 두 가지 물질을 번갈아 쌓은 다층박막에 빛이 공기쪽에서 들어오면, 두 물질의 경계면에서 입사각이 브루스터 각보다 작을 조건은 다음과 같다:

$$\sin^{-1}(1/n_L) < \tan^{-1}(n_H/n_L).$$

$n_L > \sqrt{2}$ 이면 이 조건은 늘 맞으므로 쉽게 맞출 수 있다. 그렇지만, 같은 파장의 빛이 입사각이 0도에서 임계각까지 들어올 때 완전히 반사되게 하려면 굴절률을 더 조정해야 한다. 굴절률을 어떻게 잡는가에 따라 셈이 달라지는데, 반사율이 가장 커지도록 박막의 두께를 맞춘다. $\mathcal{R}=1$인 띠의 테두리인 (10.72)를 그림에서 각도의 함수로 나타내면 편리한데, '양성' 각도는 ||-편광을, '음성' 각도는 ⊥-편광을 나타낸다. 그림 10.21은 이것을 보여주는데, 하나는 $n_L < \sqrt{2}$ 로서 브루스터 각도에서 띠틈이 없고, 다른 하나는 굴절률이 충분히 커서 두 편광 모두에 대해 공통의 띠틈이 생긴다. 그림에서 가로축 nd/λ는 파장을 나타내고, nd는 두 가지 박막 모두 같다고 보았다. 그러면 띠틈의 중심은 수직입사할 때 0.25로 사반파장의 조건이다.

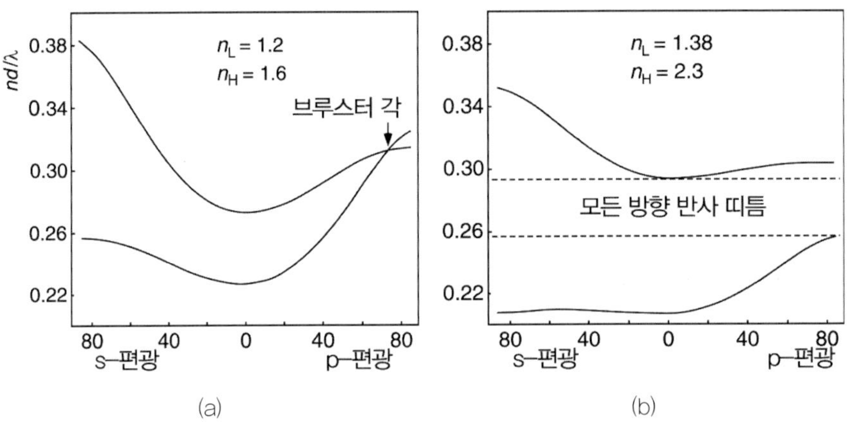

그림 10.21 다층박막의 반사 띠틈을 s-와 p-편광에 대한 공기쪽 입사각의 함수로 나타낸 그림: (a) $n_L < \sqrt{2}$ 일 때. p-편광의 띠틈은 브루스터 각에 가깝다. (b) 굴절률이 더 클 때. 모든 입사각에서 완전히 반사되는 파장대역이 있다. 두 그림에서 두 곡선은 반사 띠 테두리에서 $g/2\pi$의 값을 공기 쪽 입사각의 함수로 보여준다.

이 기법을 써서 만든 속이 빈 광섬유를 써서 파장 10 μm인 이산화탄소 레이저에서 나오는 일률이 큰 빔을 전송하는데 성공했다. 다층박막은 폴리스티렌 막(n_L=1.6)에 셀렌화 비소

(As_2Se_3) $(n_H = 2.7)$ 막을 최적의 두께 비로 맞추어 입혔다. 이렇게 만든 막을 둘둘 감아 여러 층으로 된 원통을 만든 다음, 광섬유로 뽑아 층의 두께가 파장 10 μm인 빛에 대해 모든 방향에서 띠틈이 생기게 맞추었다. 그림 10.22는 둘둘 말아 만든 모재와 그것으로 뽑아낸 광섬유 사진이다.

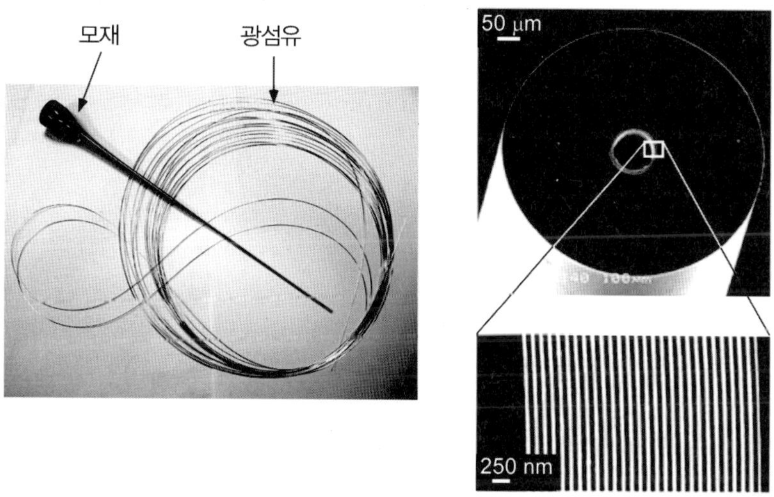

그림 10.22 폴리스티렌–As_2Se_3 막을 말아 만든 모재와 그것으로 뽑아낸 광섬유. 오른쪽은 광섬유 단면의 전자현미경(SEM) 영상으로 가운데 빈 구멍을 둘러싼 다층구조를 보여준다.

10.5 고급주제: 광결정

이 장에서는 맥스웰 방정식으로 기술하는 빛과 슈뢰딩거 방정식으로 기술하는 물질파의 유사성을 강조했다. 특히, 금속 및 반도체 결정의 규칙성에서 전자 파동이 진행할 수 없는 띠틈이 생기는 것처럼 주기적 다층막의 광학적 특성도 비슷하게 나타날 것이므로, 2차원 및 3차원 광결정을 설계하여 특성이 재미있고 쓸모 있는 재료를 만들 수 있는데, 이러한 물질이 **광결정**이다. 실제로 빛의 파장 정도 크기에서 구조가 주기적으로 변하는 것이 자연에 있다. 마이컬슨(Studies in Optics, 15장)은 오팔과 공작 깃털의 색조변화는 미시적으로 주기성이 있는 구조를 바탕으로 설명할 수 있을 것이라고 지적했으며, 최근에는 그것에 대한 정량적인 연구 결과도 있다 (Zi 등, 2003).

광결정에 대한 연구의 출발점은 발진 문턱이 없는 레이저를 만들려는 생각에서 비롯되었는데, 그 문턱은 유도방출이 자발방출을 압도하는 조건이다 (14장). 자발방출은, 앞으로 §14.4.2에서 보겠지만, 레이저 공진기 속의 전자기장의 영점 흔들림에서 비롯된다. 주변에 레이저 발진을 하는 파장의 빛이 진행하지 못하는 통을 만들면 문턱을 없앨 수 있다. 금강석과 같은 유전체 결정은 원자의 주기적 배열 때문에 어떤 전자 에너지(페르미 에너지)에서 모든 방향으로 띠틈이 생기는 것과 같은 원리로, 광결정도 빛에 대해 비슷한 특성이 나타나게 만들고 그 속을 깎아내어 레이저 공진기를 만들면 그것은 실질적으로 광결정 속의 결함이 된다. 그러면 공진기 속의 레이저 빛은 광결정 장벽을 터널링으로 빠져나와 또 다른 결함이 만드는 저손실 도파로를 따라 밖으로 나간다. 이 방향의 연구는 최근에야 2차원 광결정을 써서 발전이 있었다.

기본 착상과 실험실에서 간단한 공구와 재료를 써서 극초단파에 맞는 주기적 구조를 처음으로 만든 것에 관해서는 야블로노비치(Yablonovitch, 1993)가 극적인 설명을 했다. 모든 방향의 띠틈이 완전히 겹치는 광결정 또는 **광 절연체** 구조로는 체심입방격자 또는 금강석 격자가 가장 유망함이 바로 분명해졌다. 이러한 착상을 2차원 또는 3차원 구조로 발전시키는 데 필요한 셈은 전자 띠 구조를 셈하는 것만큼이나 아주 복잡하며, 일반적으로 아주 정교한 컴퓨터 프로그램을 짜야 한다. 모든 편광에 대해 완전히 겹치는 띠틈을 만들려면 굴절률의 최대값과 최소값의 비가 금강석 및 그것의 파생구조에서 2를 넘어야 하는데, 단순입방격자에서는 3을 넘어야 한다.

기본 착상을 설명하자면, 고체 물리학에서 띠구조를 끌어낼 때 쓰는 **준 자유전자 모형**과 비슷하게 단순한 어림 모형을 쓴다 (Kittel, 2005). 고체 물리학 모형을 쓰면 위치에너지 함수에 사인함수꼴이 조금 들어있는 물질의 전자특성을 해석적으로 셈할 수 있다: $V(\mathbf{r}) = V_0 + 2V_1 \cos(\mathbf{g} \cdot \mathbf{r})$. 여기에서 $V_1 \ll V_0$이다. 이것은 스칼라 파동 방정식인 슈뢰딩거 방정식에 바탕을 두고 있으므로 빛의 편광특성은 완전히 무시한다. 여기에서는 이와 등가인 광학적 문제로서 유전율을 다음과 같이 둔다: $\epsilon(\mathbf{r}) = \epsilon_b + 2\epsilon_1 \cos(\mathbf{g} \cdot \mathbf{r})$. 여기에서 $\epsilon_1 \ll 1$이다. 사실 지금까지 나온 많은 광결정은 조건 $\epsilon_1 \ll 1$에 맞지 않지만, 비선형 광학(§13.6.2)을 써서 매질에 '기록한' 광결정으로 흥미있는 실험을 했고, 그 물질에서는 $\epsilon_1 \approx 10^{-3}$으로 이 모형의 조건에 맞는다. 자세한 설명은 상자 10.2를 보라.

(10.5)에서 다음과 같다:

$$-\frac{\epsilon}{c^2}\frac{\partial^2 \boldsymbol{E}}{\partial t^2} = \nabla\times(\nabla\times\boldsymbol{E}) = \nabla(\nabla\cdot\boldsymbol{E}) - \nabla^2\boldsymbol{E}$$

$$= -\nabla^2\boldsymbol{E} \tag{10.73}$$

ϵ 값의 변화는 작다고 가정했으므로 $\nabla\cdot\boldsymbol{E}=0$으로 둘 수 있다.[40] 이제 진동수 ω인 조화파동에 대해서는 (10.73)이 다음과 같다:

$$\nabla^2\boldsymbol{E} + \frac{\epsilon\omega}{c^2}\boldsymbol{E} = \nabla^2\boldsymbol{E} + k_0^2\left[\epsilon_b + \epsilon_1\exp(i\boldsymbol{g}\cdot\boldsymbol{r}) + \epsilon_1\exp(-i\boldsymbol{g}\cdot\boldsymbol{r})\right]\boldsymbol{E} = 0 \tag{10.74}$$

위치에너지가 주기적이면 슈뢰딩거 방정식의 일반해는 고체물리학의 블로흐 정리에 따라 다음과 같은 꼴의 변조된 평면파이다: $u_g(\boldsymbol{r})\exp(i\boldsymbol{k}\cdot\boldsymbol{r})$. 여기에서 $u_g(\boldsymbol{r})$은 위치에너지 파동벡터 $\boldsymbol{g}$의 함수이다. 이 방정식의 해로써 주기적으로 변조된 가장 간단한 함수로 파동벡터가 $\boldsymbol{k}$와 $\boldsymbol{k}-\boldsymbol{q}$인 두 평면파가 겹친 것을 살펴보자:

$$\boldsymbol{E} = a\exp(i\boldsymbol{k}\cdot\boldsymbol{r}) + b\exp[i(\boldsymbol{k}-\boldsymbol{q})\cdot\boldsymbol{r}] \tag{10.75}$$

이것을 (10.73)에 넣으면 다음 식을 얻는다:

$$a\left(-k^2+\epsilon_b k_0^2\right)\exp(i\boldsymbol{k}\cdot\boldsymbol{r}) + b\left(-|\boldsymbol{k}-\boldsymbol{q}|^2+\epsilon_b k_0^2\right)\exp[i(\boldsymbol{k}-\boldsymbol{q})\cdot\boldsymbol{r}]$$
$$+\epsilon_1 k_0^2 a\{\exp[i(\boldsymbol{k}+\boldsymbol{g})\cdot\boldsymbol{r}] + \exp[i(\boldsymbol{k}-\boldsymbol{g})\cdot\boldsymbol{r}]\}$$
$$+\epsilon_1 k_0^2 b\{\exp[i(\boldsymbol{k}+\boldsymbol{g}-\boldsymbol{q})\cdot\boldsymbol{r}] + \exp[i(\boldsymbol{k}-\boldsymbol{g}-\boldsymbol{q})\cdot\boldsymbol{r}]\} = 0 \tag{10.76}$$

4장에서 푸리에 계수를 끌어낸 방법과 비슷하게, 이 방정식에 $e^{-i\boldsymbol{k}\cdot\boldsymbol{r}}$을 곱하고 $-\infty$에서 $+\infty$까지 적분하고, 그 다음에는 $e^{-i(\boldsymbol{k}-\boldsymbol{q})\cdot\boldsymbol{r}}$에 대해 마찬가지 일을 하면 다음 두 방정식을 얻는다:

$$\left(k_0^2\epsilon_b - k^2\right)a - \epsilon_1 k_0^2 b\{\delta[(\boldsymbol{g}-\boldsymbol{q})\cdot\boldsymbol{r}] + \delta[(\boldsymbol{g}+\boldsymbol{q})\cdot\boldsymbol{r}]\} = 0 \tag{10.77}$$

$$\left(k_0^2\epsilon_b - |\boldsymbol{k}-\boldsymbol{q}|^2\right)b - \epsilon_1 k_0^2 a\{\delta[(\boldsymbol{g}-\boldsymbol{q})\cdot\boldsymbol{r}] + \delta[(\boldsymbol{g}+\boldsymbol{q})\cdot\boldsymbol{r}]\} = 0 \tag{10.78}$$

여기에서 δ는 디락 델타함수이다. 따라서 $\boldsymbol{g}=\pm\boldsymbol{q}$이고, 이것은 블로흐 정리이다. $\boldsymbol{g}=+\boldsymbol{q}$

---

40) $\nabla\cdot\boldsymbol{D}=\nabla\cdot(\epsilon\boldsymbol{E})=\epsilon\nabla\cdot\boldsymbol{E}+\nabla\epsilon\cdot\boldsymbol{E}$이다. ϵ의 변화가 작으면 마지막 항은 무시할 수 있다.

일 때를 써서 물리적인 내용을 살펴보자:

$$a\left(\epsilon_b k_0^2 - k^2\right) + b\epsilon_1 k_0^2 = 0 \tag{10.79}$$

$$a\epsilon_1 k_0^2 + b\left(\epsilon_b k_0^2 - |\boldsymbol{k} - \boldsymbol{g}|^2\right) = 0 \tag{10.80}$$

이 방정식의 해는 다음 영년 판별식에서 결정된다:

$$\begin{vmatrix} \epsilon_b k_0^2 - k^2 & \epsilon_1 k_0^2 \\ \epsilon_1 k_0^2 & \epsilon_b k_0^2 - |\boldsymbol{k} - \boldsymbol{g}|^2 \end{vmatrix} = 0 \tag{10.81}$$

이 2차 방정식에서 낱낱의 k에 대해 k_0^2에 관한 해가 두 개 나온다. 그것을 k_0^2에 대해 풀면 $ck_0 = \omega$이므로 분산식 $\omega(k)$를 얻는다:

$$\left(\epsilon_b k_0^2 - k^2\right)\left(\epsilon_b k_0^2 - |\boldsymbol{k} - \boldsymbol{g}|^2\right) - \epsilon_1^2 k_0^4 = 0 \tag{10.82}$$

$$k_0^2 = \frac{\epsilon_b\left(k^2 + |\boldsymbol{k} - \boldsymbol{g}|^2\right) \pm \sqrt{\epsilon_b\left(k^2 - |\boldsymbol{k} - \boldsymbol{g}|^2\right)^2 + \epsilon_1^2 k^2 |\boldsymbol{k} - \boldsymbol{g}|^2}}{2\left(\epsilon_b^2 - \epsilon_1^2\right)} \tag{10.83}$$

특히 $|\boldsymbol{k} - \boldsymbol{g}|^2 = k^2$일 때, 곧 $\boldsymbol{k}$를 $\boldsymbol{g}$에 투영한 값이 $g/2$이면, 두 값은 $\omega^2 = c^2 k^2 \epsilon_b^{-1}(1 \pm \epsilon_1/\epsilon_b)$이다. 그림 10.23은 $\boldsymbol{k} \| \boldsymbol{g}$인 축을 따라 $\omega(k)$의 두 해를 그린 것이다. 중요한 것은 띠에 틈이 있고, 그 폭이 ϵ_1에 비례하는데, 진동수가 그 틈 안쪽에 해당하는 빛은 그 매질 속을 가지 못한다. 그러한 빛은 §10.3.4에서 보았듯이, 소멸파이다 (§5.5.2). 사실 모든 $\boldsymbol{k}$에 대한 완전한 해를 $|\boldsymbol{k} \cdot \boldsymbol{g}| < g^2/2$인 영역 속에 나타낼 수 있고, 그것이 **브릴루앙 영역(Brillouin zone)**이며, 벡터 $\boldsymbol{k} = \pm \boldsymbol{g}/2$와 직교하는 두 평면 사이에 있다. 그것은 주기적 구조의 역격자에서 단위낱칸에 해당한다 (§4.8). 위쪽 가지에서는 보통 b가 크고 a는 작으며, 아래쪽 가지에서는 그 반대이다. 그러나 $\boldsymbol{k} \cdot \hat{\boldsymbol{g}} = \pm g/2$인, 영역의 경계에서는 두 해가 $a = \pm b$이다. 따라서 두 가지가 갈라지는 것에 대한 물리적 설명은 명확하다: 두 해는 정상파로서, 하나는 ϵ이 큰 영역에 봉우리가 있어 진동수가 낮고, 다른 것은 ϵ이 작은 영역에 봉우리가 있어 진동수가 높다 (그림 10.24).

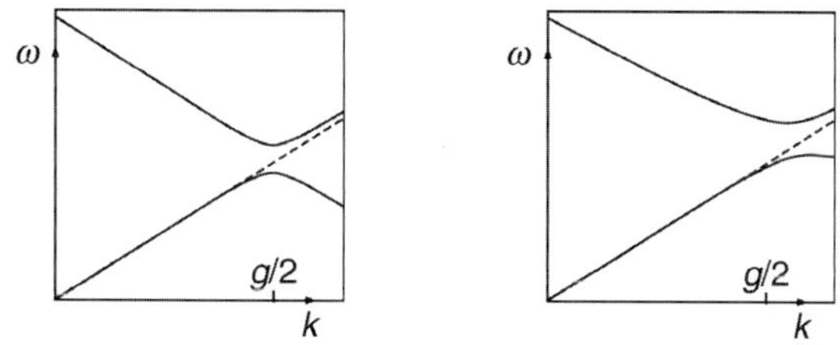

그림 10.23 격자벡터가 g인 약한 광결정에서 (10.86)을 써서 셈한 분산식 $\omega(k)=ck_0$를 k의 함수로 보인 그림. (a) $k \parallel g$인 축을 따라 그린 것. (b) g에 대해 30° 방향을 그린 것. 파선은 변조되지 않은 매질의 분산식 $\omega=kc/\sqrt{\epsilon_b}$.

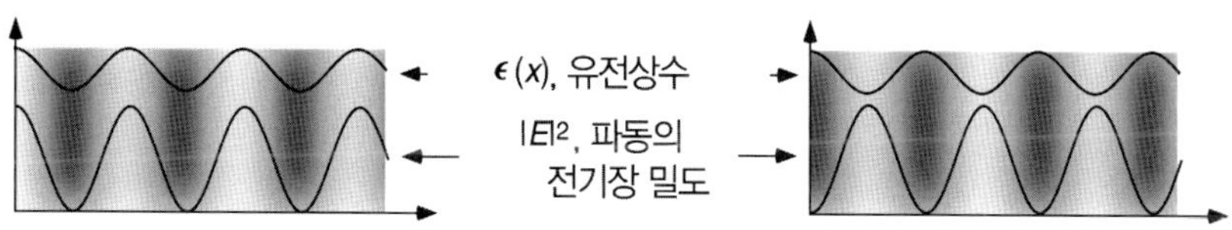

그림 10.24 k가 영역의 테두리에 있을 때, 두 정상파의 에너지 밀도 $|E|^2$과 유전상수의 변화의 관계. 왼쪽 빛은 ϵ이 큰 영역에 봉우리가 있어 진동수가 낮고, 오른쪽 빛은 ϵ이 작은 영역에 봉우리가 있어 진동수가 높다.

지금까지 배운 것에는 새로울 게 없지만, 다층박막 문제에 대해 해석적 풀이를 시도했다. 이 해는 어림해일 뿐이다. 해라고 가정한 (10.78)은 정확한 해가 아니고, $\epsilon_1 \ll \epsilon_b$일 때에 잘 맞는 어림해이다.[41)]

셈을 이렇게 하는 까닭은 진공의 파동벡터 k와 격자벡터 g를 알면 그림을 그려 해를 구할 수 있기 때문이다. 이제 더 복잡한 물질의 특성을 알 수 있다. 유전상수가 2차원 또는 3차원의 주기적인 구조로서 파동벡터가 g_m, 진폭이 ϵ_m인 주기함수가 여러 개 겹쳐진 것으로 나타낼 수 있다고 해보자. 그렇다면 이 문제의 기본 해의 파동벡터는 $k \pm g_m$이고 $\pm g_m/2$와 직교하는 브릴루앙 영역의 경계면에 띠틈이 열린다. 예를 들어, 2차원에서 유전상수가 x와 y 모두에 대해 주기적인 $\epsilon(x, y)=\epsilon_b + 2\epsilon_1[\cos(gx)+\cos(gy)]$일 때의 분산식 $\omega(k)$를 끌어낼 수 있다. 그러면 문제는 3×3 영년 판별식 (10.84)로 환원되고 $\omega(k)$를 나타내는 표면은 그림 10.25와 같은 꼴이 된다. 흥미 있는 것은 브릴루앙 영역의 꼭지에서는 띠틈이 열리지 않는 것이다; 그곳에 띠틈이 있다면 $\cos[g(x+y)]$와 같은 꼴의 주기적 위치에너지가 더 있음을 시사한다.

41) 정확한 해는 급수 $\sum a_m \exp(ik_1 + mg)$이다. 다음 책을 보라: Kittel (2005).

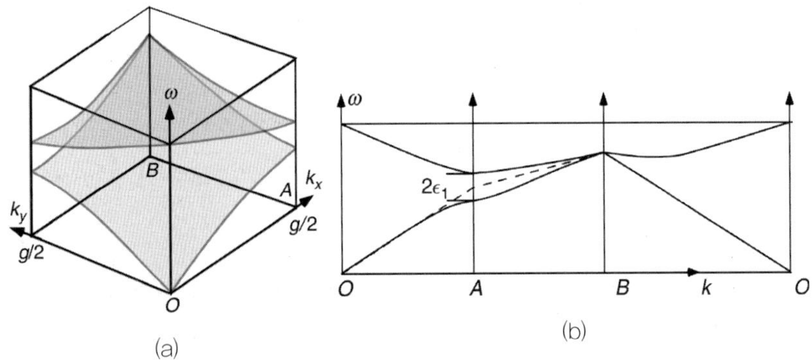

그림 10.25 (a) 유전상수가 $\epsilon(x, y) = \epsilon_b + 2\epsilon_1 [\cos(gx) + \cos(gy)]$로 2차원 주기를 갖는 때의 $\omega(\boldsymbol{k})$의 그림. (b) (a)의 세 단면을 따라가며 본 $\omega(\boldsymbol{k})$의 값의 변화. 파선은 고른 매질에서의 값이고, $\omega = c|k|/\sqrt{\epsilon_b}$ 이다. 대각선의 꼭지 B에서는 띠틈이 0임을 눈여겨보라.

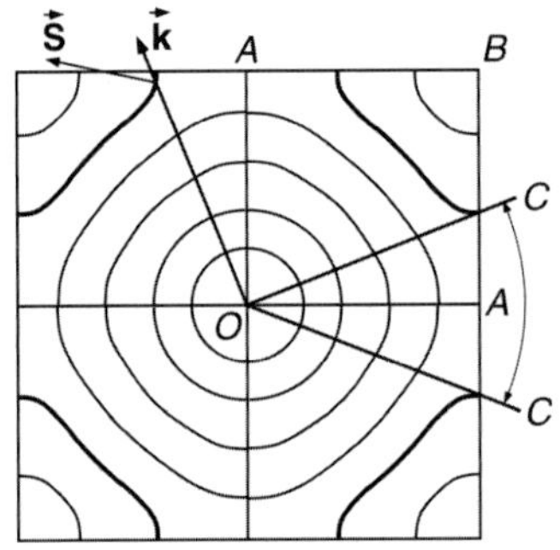

그림 10.26 그림 10.25의 아래쪽 가지에 해당하는 ω가 일정한 등고선. 이 등고선은 3차원 광결정에서 6장의 굴절률 곡면에 대당한다. 굵은 등고선의 진동수에서는, 영역의 테두리 근처에서는, 파동벡터 $\boldsymbol{k}$와 포인팅 벡터 $\boldsymbol{S}$의 방향이 다르다; 또한 그 진동수에서는, 예를 들어 단면 CC쪽으로는 빛이 가지 못한다.

이 결과를 해석하는 또 다른 방법은 빛의 진동수 $\omega = ck_0$가 일정할 때 k값이 방향에 따라 변하는 것을 나타내는 곡면을 그리는 것인데, $k = n\omega/c$이므로 그 곡면은 곧 굴절률 곡면이다 (6장).[42] 2차원 결정에서는 그 곡면이 곡선이 되는데, 그림 10.25(a)에 대응되는 등고선은 그림 10.26과 같다. 이러한 그림을 보면 광결정 속에서 빛이 어떻게 가는지 알 수 있다. 광결정에서 굴절률 곡면의 대칭성은 유전텐서의 대칭성 보다는 역격자의 대칭성에서 나온다(문제 10.9). 분명히, §6.3.2에서 설명한 방법을 따르면, 영역의 경계면에서, 곧 결정 속에서 빛의 파장이 격자간격의 반쯤 될 때, 빛살벡터 $\boldsymbol{S}$는 파동벡터 $\boldsymbol{k}$와 다를 수 있고, 어떤 쪽으로는 빛이 전혀 갈 수 없다. 또한, 이러한 개념을 그림 10.25의 위쪽 가지에 적용하면, $\boldsymbol{S}$의 방향

42) 이것은 금속의 페르미 곡면과 비슷하다.

은 $\boldsymbol{k}$와는 반대쪽이 되는데, 이것은 결정이 음성 굴절률 물질(§5.10)임을 뜻한다.

상자 10.2 비선형 매질에 기록된 광결정

이 책의 여러 장에서 설명한 내용을 한데 모아 쓴, 멋지고 근본적인 연구는 광굴절 결정(§13.6.2)에 빛을 비추어 세기분포를 주기적으로 꾸며 광결정을 만드는 것이다. 그러한 결정에서는, 비선형 특성 때문에 빛의 세기분포를 써서 굴절률 변화를 맞출 수 있다. 파장이 보다 긴, 약한 탐지 빛살을 비추면 광결정을 건드리지 않으면서 그 광학적 특성을 알아낼 수 있다. 실험에 사용된 결정은 '스트론튬-바륨-산화니오븀(SBN: $Sr_{0.75}Ba_{0.25}Nb_2O_6$)'으로 $\epsilon_b=5.5$이고 유전상수의 변화는 $\epsilon_1/\epsilon_b \approx 10^{-3}$이다 (Peleg 등, 2007).

이 실험에서 빛살 세 가닥을 120° 씩 벌려 비추어 벌집 모양의 간섭무늬가 생기게 하여 6겹 대칭성이 있는 2차원 광결정을 만들었다 [그림 10.27(a)]. 이 (그래핀) 구조의 금지띠는 §10.5에서 설명한 광결정 모형과 특성이 같은데, 다만 이번에는 6면체 구조이고 6곳에서 띠틈이 0인 점이 다르다. 이 방향 근처에서의 결정의 광학적 특성은 쌍축결정(§6.5)에서 굴절률 곡면의 안쪽 면과 바깥쪽 면이 만나는 특이점이 있는 광축 주변과 비슷하다. §6.5.6에서 이러한 특이점 때문에 **원뿔 굴절** 현상이 나타남을 보았다. 이 실험에서는 실제로 광결정을 '켜면', 광축과 나란히 들어간 빛살이 결정에서 나올 때는 원뿔꼴로 퍼진다 [그림 10.27(b)와 (c)].

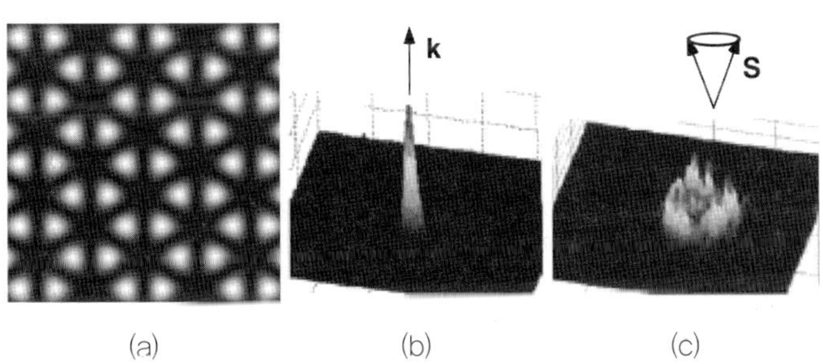

그림 10.27 광굴절 결정 속에 생긴 벌집꼴의 광결정에 의한 원뿔 굴절. (a) 빛살 세 가닥을 120° 씩 벌려 결정에 비추어 만든 간섭무늬의 밝기분포. (b) 결정에 넣어준 빛살 (스위치를 껐을 때). (c) 벌집꼴 격자에서 나오는 빛살이 만드는 원뿔꼴 회절 고리

요약

이 장에서는 유전상수 또는 굴절률이 실수이지만 위치에 따라 변하는 물질 속에서 빛의 진행을 설명했다. 그 문제를 맥스웰 방정식을 써서 정리하면 양자역학의 문제와 비슷하며, 굴절률의 음수값은 슈뢰딩거 방정식에서 위치에너지 함수와 같은 구실을 함을 보였다. 빛의 진행은 구체적인 모드로 정의되며, 그것은 양자역학에서 정상상태와 비슷하다.

- 도파로 속에서 빛은 굴절률이 국소적으로 큰 곳을 따라 z쪽으로 진행한다. 이것의 대표적 쓰임새가 광섬유이다. 여러 가지 진행 모드가 있는데, 그것은 굴절률 분포의 구체적인 꼴이 결정한다. 중요한 사례는 '홀-모드' 도파로로서, 광통신에서 많이 쓰인다.
- 유전체 다층박막에서의 빛의 진행에 관한 일반 이론을 전개했는데, 그것은 여러 가지 문제에 적용할 수 있고, 몇 가지 사례를 자세히 설명했다. 양자역학의 문제에 대한 해와 비슷한 것에 더해, 슈뢰딩거 방정식에는 없는 새로운 특징이 있는데, 그것은 편광 특성이다; 이것을 쓰면 편광에 민감한 구조를 만들 수 있다.
- 굴절률 변화가 주기적이면, 결정 속의 전자 파동과 비슷한 해가 나오는데, 이것은 띠틈이 열릴 수 있음을 시사한다. 유전체 다층박막으로 만든 1차원 주기적 구조는 어떤 파장의 빛에 대해서는 완벽한 거울이 되어 빛이 나아가지 못하게 막는다. 그러한 주기적 구조 속에 대칭성을 깨는 층을 하나 더 입혀 결함을 만들면 원하는 특성을 가진 필터를 만들 수 있다.
- 위의 설명을 2차원 및 3차원 주기적 구조로 확장할 수 있다. 띠-구조 이론에서 절연체와 비슷한 개념인 들어오는 모든 빛을 반사하는 다층박막 거울의 개념을 전개했고, 이것을 써서 효율적인 광섬유를 설계했다.
- 금속에 대한 띠 이론인 '준 자유전자' 모형을 바탕으로 어림법을 개발하고, 이것을 써서 여러 차원 광결정의 기본 특성 몇 가지를 이해했다.

문제

10.1 심지와 싸개의 굴절률이 각각 n_2와 n_1인 여러 - 모드 광섬유의 한쪽 단면에 결맞지 않는 빛을 모아 비추었다. 빛을 모으는 광학계의 수치구경은 얼마가 적당한가? 광섬유 단면의 모양을 둥글게 만들면 이 값을 키울 수 있는가?

10.2 광섬유 끝을 깔때기모양으로 만들어 더 굵게 해도 들어오는 빛의 세기(문제 6.10)는 늘릴 수 없음을 보여라.

10.3 널빤지 꼴의 도파로에서 $\perp$ 와 $\parallel$ 편광 모드의 수는 같음을 보여라. 싸개의 손실이 심지보다 크면, 어떤 모드가 더 멀리 가는가?

10.4 굴절률 n_0인 기판 위에 두께 a, 굴절률 n_2인 비대칭 띠 모양의 도파로를 만들고, 굴절률 n_1인 싸개로 덮었다. $n_2 - n_1 \ll n_2 - n_0$라면, 이것이 홑 - 모드 도파로가 되기 위한 a/λ의 최소값은 얼마인가?

10.5 간섭필터에 빛이 수직하게 들어올 때의 투과파장이 λ, 대역폭이 $\delta\lambda$이다. 필터를 조금 기울이면 λ와 $\delta\lambda$가 어떻게 바뀌는가? 편광효과를 넣어서 생각하라.

10.6 비스듬히 들어오는 빛살을 받아 한쪽 편광 성분은 완전히 투과시키고, 다른 성분은 99% 반사시키는 육면체 빛살가르개를 설계하라.

10.7 다층박막 거울 '유리$(HL)^qH$공기'가 '유리$(HL)^{q+1}$공기' 보다 한 층이 적은데도 반사계수는 오히려 더 큰 까닭을 물리적 개념만 써서 설명하라. 필터를 설계할 때는 **사반파장 쌓기**로 대칭꼴 배열인 $(HL)^qH$을 많이 쓴다.

10.8 기판에 두 물질 H와 L을 번갈아 쌓는 다층박막계를 분석하는 프로그램을 짜라. 그것을 써서 $\mathcal{R}(g)$와 $\mathcal{T}(g)$를 $0 < g < 2\pi$에 대해 셈하라. 그것을 써서 다음 착상을 분석하여라:

(a) 결합된 위치에너지 우물 - '유리$(HL)^qH(HL)^pH(HL)^q$공기'의 개념을 써서 대역폭이 넓고, 끝이 잘린 듯이 떨어지는 필터를 설계하라. p는 작은 자연수이다.

(b) 막의 두께가 단조롭게 변하는 다층박막계를 써서 장파장-및 단파장-투과 필터를 설계하라.

10.9 규칙적인 결정의 굴절률 곡면(그림 6.14)은 결정의 대칭성과는 무관하게 유전텐서의 대칭성과 같은 사방정계여야 한다. 그런데 왜 광결정의 대칭성은 다른가?

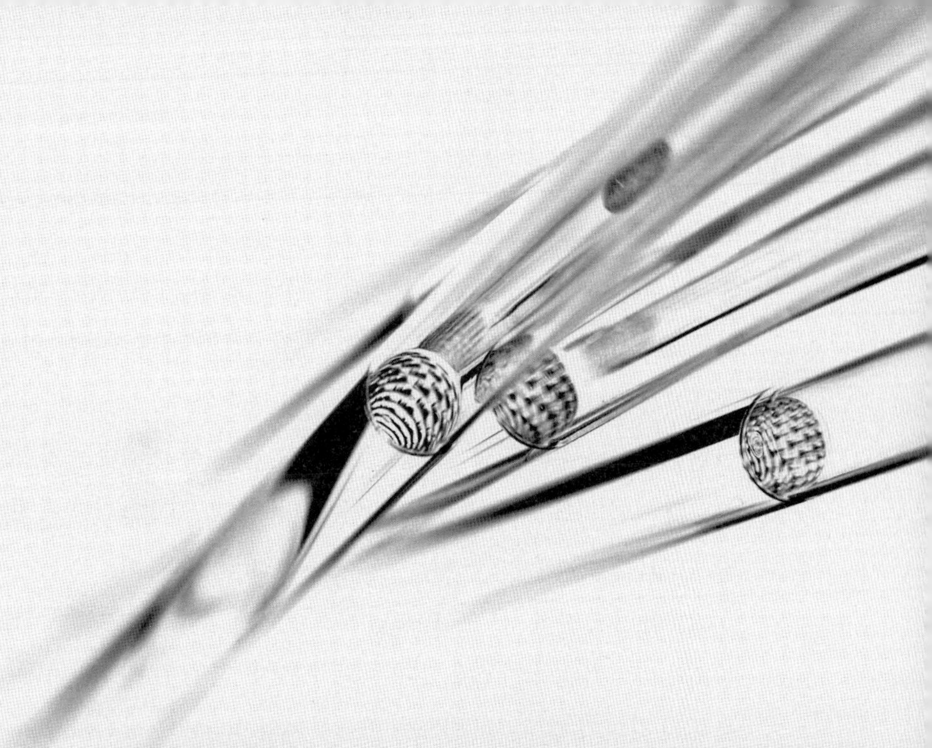

11 결맞음

빛의 결맞음은 순수한 싸인파동으로 나타낼 수 있는 정확도를 말한다. 지금까지는 광학 효과를 설명할 때 파동벡터 $\boldsymbol{k}$와 진동수 ω를 정확히 아는 **결맞는** 빛을 썼다. 이 장에서는 $\boldsymbol{k}$와 ω의 불확정성과 작은 흔들림이 광학 실험 결과에 주는 영향을 살펴본다. 제한된 공간과 제한된 시간에만 순수한 싸인파동으로 보이는 빛을 **부분 결맞는** 빛이라고 하는데, 그러한 빛과 순수한 싸인 파동꼴 빛의 차이를 재는 방법을 배우고, 그러한 측정 결과로부터 광원에 관해 알 수 있는 것을 배운다.

결맞음의 고전적 척도는 1938년 쩨르니케가 정립했지만 그 뿌리는 훨씬 앞서 19세기 말에 피조와 마이컬슨의 연구에 있다. 이 두 사람은 한 광원에서 나온 두 가닥의 빛살이 다른 경로를 따라 갔다가 겹쳐져서 만드는 간섭무늬의 명암비가 광원의 크기, 모양 그리고 파장분포에 따라 달라짐을 알았다. 피조가 제안하고 마이컬슨이 한 실험[43]에서. 별을 광원으로 써서 간섭무늬의 명암비의 변화를 재어 별의 각지름을 실제로 잴 수 있었다 (§11.8.1). 마이컬슨은 또한 간섭을 써서 광원의 파장분포를 쟀다 (§11.5). 그는 이 두 가지 실험은 Studies in Optics (Michelson, 1927)에 설명해 놓았다. 그러나 이 연구를 할 때는 이론적 바탕이 없었고, 나중에 고전적인 광원에 대한 이론은 1938년 쩨르니케가 정립했고, 그것을 양자계로 확장한 것은 1963년에 글로버(Glauber)가 했다. 일단 결맞음 이론을 이해하고 검증하자, 그것을 써서 광원을 정밀하게 잴 수 있게 되었다. 그 일은 라일(Ryle)이 전파천문학에서 처음으로 했는데, 1958년에 그는 전파를 내는 별의 분포를 그려내는 방법인 '구멍 합성'을 개발했고 (§11.8), 최근에는 같은 방법을 광천문학에서도 실현하여 이제는 별의 각지름뿐만 아니라 별의 표면의 실제 모습도 알 수 있게 되었다. 그림 11.1은 구멍 합성법을 쓰는 현대의 광학 천문대 배열의 사진이다. 이 천문대가 만들어내는 별 영상의 분해능은 구멍이 배열 전체의 거리인 약 450 m인 망원경과 같다.

이 장에서는 다음을 배운다:

- 실제 빛의 진폭과 위상 흔들림
- 결맞음의 개념 및 그것을 복소 결맞음 함수를 써서 정량적으로 나타내는 방법
- 결맞음 함수를 재는 방법
- 시간 결맞음, 비이너-킨친 정리에 의해 광원에서 나오는 빛의 파장분포와 시간 결맞음

43)마이컬슨은 책에서 피조의 일을 언급하지 않았는데, 아마도 혼자서 생각해낸 것 같다.

의 관련성

- 시간 결맞음 측정의 실제적인 쓰임새인 푸리에 변환 분광법
- 공간 결맞음, 반 시털트-쩨르니케 정리에 의해 광원의 모양과 공간 결맞음의 관련성
- 많은 망원경 배열을 써서 공간 결맞음을 재어 먼 별의 상세한 영상을 얻는 방법

그림 11.1 미국 아리조나 주 플랙스의 로웰 천문대에 있는 미 해군 광학 간섭계(Navy Prototype Optical Interferometer: NPOI)

11.1 빛의 시공간 결맞음

빛의 결맞음은 일반적으로 시간과 공간의 함수이다. 그렇지만, 개념을 명확히 하려면 그것을 시간함수과 공간함수로 따로 나누어 생각한다. 그림 11.2는 시간적으로 완전히 결맞는 빛과 부분 결맞는 빛[**결맞음 시간**(coherence time) τ_c 동안만 완벽한 사인함수꼴이다] 그리고 공간적으로 부분 결맞는 빛[**결맞음 거리**(coherence distance) x_c 안에서만 완벽한 사인함수꼴이다]을 보여준다. 그림 11.3은 부분 결맞는 빛을 시간 및 공간 영역에서 시늉낸 것으로, 이로부터 3차원 공간에서 **결맞음 영역**(coherence region)의 개념이 나옴을 알 수 있다. 그 영역 안에서는 완벽한 평면파인 빛과 부분 결맞는 빛을 구별할 수 없다. 이 시늉내기는 §11.1.1에서 설명한 방법으로 했다.

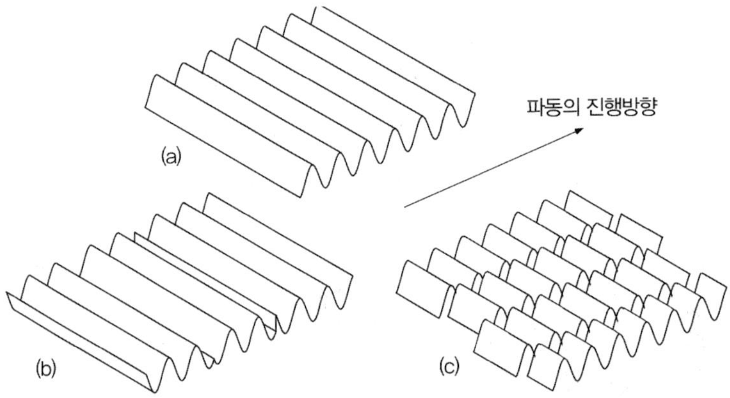

그림 11.2 부분 결맞는 빛의 얼개 그림: (a) 완벽하게 결맞는 빛; (b) 공간 결맞음만 있는 빛; (c) 시간 결맞음만 있는 빛.

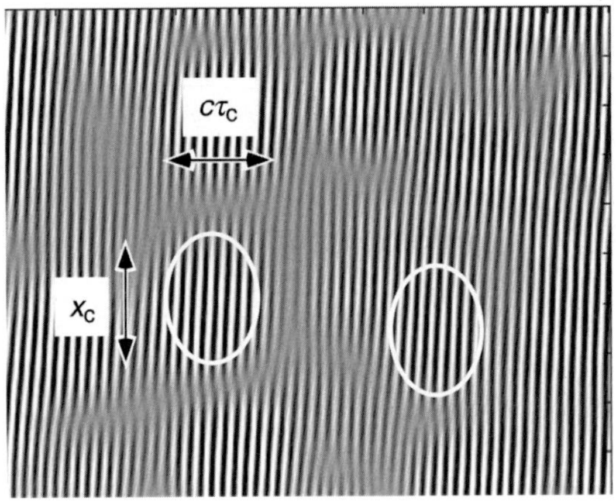

그림 11.3 시공간적으로 부분 결맞는 평면파의 시늉내기: x_c는 결맞음 거리, τ_c는 결맞음 시간. 타원 영역은 빛이 평면파처럼 보이는 결맞음 영역이다.

이 장에서는 실제 빛의 위상과 세기의 흔들림을 고전물리학 수준에서 살펴본다. 그렇지만, 현대 광학의 가장 재미있는 분야는 결맞음 이론을 양자계와 레이저에 적용하여 생겨났으며, 14장에서 그로부터 새로운 결과가 나왔고, 그 가운데 몇 가지는 고전적인 설명과 맞지 않음을 배울 것이다.

11.1.1 실제 빛의 특성

비고전적 광원인 레이저에서는 여러 원자가 내는 빛이 강하게 연관되므로 이 절에서 설명한 내용과 맞지 않다.

고전적 단색 광원에서 나오는 실제 빛에 관해 우리가 아는 것을 명확하게 기술해 보자. 우리가 보는 빛은 순간마다 아주 많은 원자에서 나오며, 모든 원자가 똑같은 한 쌍의 에너지 준위에서 전이를 하지만, 원자마다 멋대로 빛을 낸다. 사실, 빛의 파장 분포를 잘 살펴보면 말 그대로 단색은 아니다: 빛에는 여러 파장 성분이 어떤 범위 안에서 섞여 있는데, 그것을 **선폭**(linewidth)이라고 한다. 전형적인 선폭을 파장으로 나눈 값은 대략 10^{-6}이고, 빛의 선폭이 평균 파장 보다 훨씬 작으면 **준단색**(guasi-monochromatic)이라고 한다. 선폭이 0이 되지 않는 물리적 이유는 §11.2에서 자세히 설명하겠지만, 유한한 온도에서는 빛을 내는 물질(예: 기체) 속의 모든 원자가 사방으로 마구 움직이므로, 원자마다 내는 빛의 도플러 이동이 다르다.

실제의 광원에서 나오는 빛은 세기와 위상이 흔들리며, 그 시간척도는 ns~ps 정도이다.

그렇다면 그러한 빛파동의 정확한 모양은 무엇일까? 그 물음에 대한 대답을 하려면 앞 문단의 설명을 바탕으로 푸리에 합성을 하면 된다. 빛의 선폭에 맞는 파장범위 안에서 마구 고른 여러 진동수의 싸인파동을 더한다. 그림 11.4는 그렇게 얻은 결과로, 정해진 파장범위 안에서 진동수 20개를 마구 골라 사인함수를 만들어 더한 사례 세 가지다. 이 그림에서 복잡한 맥놀이 현상을 볼 수 있다; 빛의 진폭이 일정하지 않고 마구 흔들린다. 맥놀이의 평균 길이는 그 속에 든 파장성분의 범위와 관련이 있다. 여러 파장 성분 사이에 아무 관계가 없으면, 파동의 모양은 결코 되풀이 되지 않아 **혼돈 빛**(chaotic light)이 된다(§14.2.3). 그림에서는 중간 진동수의 결맞는 빛에 대한 상대적 위상을 함께 보였다. 낱낱의 파동뭉치 속에서는 위상이 다소 일정하지만, 다른 파동뭉치로 건너가면 갑자기 변하며, 특히 진폭이 작을 때 더 그렇다.

그림 11.4의 파동줄을 달리 볼 수도 있다. 낱낱의 맥놀이를 독립적인 파동뭉치로 볼 수 있다. 그러면 온전한 파동줄은 그러한 파동뭉치가 마구 이어지는 것이나. 어떤 상황에서는 이러한 설명도 좋다. 그렇지만, 낱낱의 파동뭉치를 빛에너지의 양자 단위인 광자로 해석해서는 안됨을 강조한다. 이 모형은 완전한 고전물리학적 사고방식으로 만들었다. 따라서 양자화된 입자를 만들어낼 수 없다. 또한, 파동뭉치의 방출률은 선폭이 완전히 결정한다. 파동뭉치가 광자라면, 평균 방출률은 선폭에 반비례하는 것이 아니라 빛의 세기에 비례해야 한다.

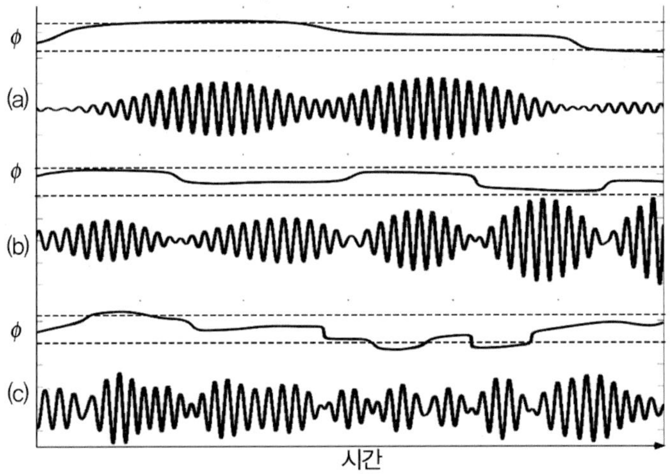

그림 11.4 여러 진동수의 싸인파동을 겹쳐 만든 세 가지 파동뭉치의 진폭과 위상 흔들림. 이 파동뭉치는 진동수 ω_0를 중심으로 $\pm\frac{1}{2}\epsilon$의 범위 안에서 마구 뽑은 20개의 싸인파동을 더한 것이다. 위상 흔들림은 진동수 ω_0인 완벽한 싸인파동에 대한 상대적인 값이고, 2π의 정수배는 뺐다. 두 수평 파선의 간격은 2π이다. 낱낱의 파동뭉치 속에서는 위상이 거의 일정하지만, 다른 파동뭉치로 건너갈 때 갑자기, 마구 바뀐다; 위상변화는 진폭이 작을 때 일어난다. ω_0/ϵ의 값은 다음과 같다: (a) 24, (b) 12, (c) 6.

11.1.2 준단색 빛의 진폭과 위상

앞 절에서 설명한 내용을 간단한 모형을 써서 좀 더 살펴보자. 시각 $-T/2$에서 $T/2$까지의 시간 T 동안 함수 $g(t)$를 평균한 값의 정의를 상기하자.

$$\langle g \rangle_T = \frac{1}{T}\int_{-T/2}^{T/2} dt\, g(t) \tag{11.1}$$

모든 빛살은 진폭이 같다고 가정한다. 그러면 물리적 내용은 달라지지 않지만 수식을 다루기 쉽다.

수식을 다루기 편하게 앞으로 복소수 파동을 쓰겠다: $f = f^R + \mathrm{i}f^I$. 그렇지만, 측정하는 물리량은 실수로서 f^R이다. 광학에서 재는 양은 세기 $I(t) \equiv |f(t)|^2$이므로, 순수한 싸인파동이면 복소함수 $f(t) = a\exp(i\omega t)$로 기술하므로 세기는 상수이다.

이제 어느 곳의 준단색 빔이 진폭이 똑같이 a인 빛살 N가닥을 겹친 것이라고 하자. 낱낱의 빛살의 위상 ϕ_n은 마구 퍼져 있고 진동수 ω_n은 $\omega_0 \pm \epsilon/2$ $(\epsilon \ll \omega_0)$

속에서 마구 고른 것이다 (그림 11.4). 이것을 모두 모은 빛의 진폭과 세기는 다음과 같다:

$$f(t) = a\sum_{n=1}^{N} \exp[i(\omega_n t + \phi_n)] \tag{11.2}$$

$$I(t) = |f(t)|^2 = a^2\left|\sum_{n=1}^{N} \exp[i(\omega_n t + \phi_n)]\right|^2 \tag{11.3}$$

이것은 다음과 같은 겹덧셈으로 쓸 수 있다:

$$I(t) = a^2\sum_{n=1}^{N}\sum_{m=1}^{N} \exp\{i[(\omega_n - \omega_m)t + (\phi_n - \phi_m)]\} \tag{11.4}$$

(11.2)를 시늉낸 그림 11.4에서 눈에 띄는 특징은 시간 $2\pi/\epsilon$ 정도에서 세기 (11.4)의 흔들림이 있는 것이다. 그렇지만, 시늉내기에서는 유한한 갯수 N 가닥의 빛살을 썼으므로, N을 아주 크게 잡아도 흔들림이 사라지지 않음을 확인해야 한다. 이것은 세기의 **분산**(variance)을 셈하면 된다. 분산은 변수 x를 통계적으로 뽑은 값이 평균에서 얼마나 멀리 퍼져 있는가를 나타낸다. 분산은 편차의 제곱의 평균으로 정의된다: $\Delta x^2 \equiv \langle (x - \langle x \rangle)^2 \rangle$. 이것은 다음과 같음을 쉽게 보일 수 있다[44]: $\langle x^2 \rangle - \langle x \rangle^2$. 분산의 제곱근은 x가 평균값을 중심으로 변화하는 범위이다. 이것을 (11.4)의 세기에 적용한다.

먼저, (11.4)를 다음과 같이 긴 시간에 대해 평균한 값이 평균세기 $\langle I \rangle$이다:

$$\langle I(t) \rangle_T = \frac{a^2}{T}\int_{-T/2}^{T/2} dt \sum_n^N \sum_m^N \exp\{i[(\omega_n - \omega_m)t + (\phi_n - \phi_m)]\} \tag{11.5}$$

여기에서 T는 아주 큰 값으로, 그 동안에 항 $\exp[i(\omega_n - \omega_m)t]$가 여러 번 진동하여 평균값이 0이 된다. 그런데, $n=m$이면, 이 지수가 $e^{i0}=1$이 되어 적분값은 T가 된다. 따라서 $n=m$인 N개의 항만 평균세기에 들어간다:

$$\langle I(t) \rangle_T = \frac{a^2}{T}\int_{-T/2}^{T/2} dt \sum_{n=1}^{N} 1 = a^2 N \tag{11.6}$$

이로써 다음의 직관적 예측이 확인된다: **결 어긋난 빛살이 여러 가닥 겹치면 총 세기는 낱낱**

44)통계에 관한 초급 교재를 보라.

의 빛살의 세기의 합이다. $\langle I^2 \rangle$도 마찬가지로 셈할 수 있다. 이제는 덧셈이 네 겹이지만 방법은 비슷하다:

$$\langle I^2 \rangle_T = \frac{a^4}{T}\int_{-T/2}^{T/2} dt \sum_{n,m,p,q} \exp\{i\ [(\omega_n - \omega_m + \omega_p - \omega_q)t + (\phi_n - \phi_m + \phi_p - \phi_q)]\} \tag{11.7}$$

이번에는 평균하여 0이 되지 않는 항은 $n=m$이고 $p=q$인 N^2개와 $n=q$이고 $p=m$인 N^2개가 있으므로 다음과 같다:

$$\langle I^2 \rangle_T = 2a^4N^2 \tag{11.8}$$

이로부터 분산은 다음과 같다:

$$\Delta I^2 \equiv \langle I^2 \rangle_T - \langle I \rangle_T^2 = a^4N^2 \tag{11.9}$$

이 중요한 결과의 내용은 다음과 같다: 준단색 빛 세기의 흔들림 ΔI의 크기는 평균세기와 같다. 이 흔들림은 거시적인 양으로서 $2\pi/\epsilon$ 정도로 짧은 시간에 재면 0과 평균세기의 두배 사이에서 흔들리며, 이것은 시늉내기에서 이미 본 바이다.

준단색빛의 다른 통계적 특성도 이 모형을 써서 셈할 수 있다. 특히, 시늉내기에서 보였듯이, $2\pi/\epsilon$ 보다 긴 간격으로 잰 위상은 상관성이 없으며, 그 시간이 빛의 **결맞음 시간**이다.

11.1.3 파동뭉치의 스펙트럼

그림 11.4의 맥놀이 무늬는 지속시간 $2\pi/\epsilon$ 정도인 파동뭉치가 마구 이어진 무리로 볼 수 있다고 했다. 그러한 무리는 실제로 분광특성이 비슷하다. 예를 들어, §4.4.3의 가우스 함수로 정의한 파동뭉치를 생각하자:

$$f(t) = A\exp(-i\omega_0 t)\exp(-t^2/2\sigma^2) \tag{11.10}$$

이것의 푸리에 변환은 다음과 같다:

$$F(\omega) = 2\pi A\sqrt{2\pi\sigma^2}\exp\left[-\frac{(\omega-\omega_0)^2\sigma^2}{2}\right] \tag{11.11}$$

그러한 파동뭉치가 마구 잇달아 들어오는 것은 다음과 같이 나타낼 수 있다:

$$f_r(t) = \sum_{n=1}^{N} f(t - t_n) \tag{11.12}$$

여기에서 t_n은 n번째 파동뭉치 중심점의 시간이다. (11.12)의 푸리에 변환은 다음과 같다:

$$F_r(\omega) = F(\omega)\sum_n \exp(-i\omega t_n) \tag{11.13}$$

$$|F_r(\omega)|^2 = |F(\omega)|^2 \sum_{n,m=1}^{N} \exp[-i\omega(t_m - t_n)] = |F(\omega)|^2 \cdot N \tag{11.14}$$

(11.14)는 (11.6)을 끌어낸 것과 같은 방식으로 추론한 것이다. $|F_r(\omega)|^2 \equiv J(\omega)$를 **일률 스펙트럼**(power spectrum) 또는 **스펙트럼 세기**(spectral intensity)라고 한다. $F_r(\omega)$의 위상은 부정이므로, 일률 스펙트럼은 하나의 파동뭉치 (11.10)과 같지만 위상은 마구 변한다고 결론지을 수 있다. 일련의 파동뭉치는 그림 11.4의 스펙트럼을 정확하게 재생해내므로, 그러한 빛살에 대한 좋은 물리적 표현이다. 이 결과를 §8.5.7에서 마구 퍼진 구멍의 프라운호퍼 회절무늬에 대해 얻은 결과와 비교하라.

11.2 선폭의 물리적 근원

지금까지는 분광선의 선폭 또는 파동의 지속시간을 앞으로 생각할 매개변수로 도입했다. 이제 원자나 분자가 거의 자유로운 기체상태에서 내는 빛의 선폭이 퍼지는 원인을 물리적으로 따져 보겠다. 이 설명에서 분자는 원자로 바꾸어도 된다.

11.2.1 자연 선폭

분광선의 근원은 분자가 에너지가 E_A와 E_B인 두 준위 A에서 B로 양자전이하면서 내는 진동수 $\omega_0 = (E_A - E_B)/\hbar$인 빛이다 (§14.4.2). 그렇지만, 분자 주위의 전자기장이 흔들리기 때문에 바닥상태를 뺀 모든 에너지 준위의 정상상태가 흔들리고, 따라서 수명이 유한하다.

흰빛은 극단적인 경우이다. 선폭이 아주 넓으면 파동뭉치는 델타함수가 되며, 흰빛은 그러한 델타함수가 마구 잇달아 나오는 것으로 볼 수 있다.

그 결과, 준위 A에 있는 분자는 평균시간 T_A 뒤에는 더 낮은 준위로 떨어진다. 불확정성 원리에 따르면, E_A의 값은 불확정성이 $\delta E \approx h/T_A$이다. 여기에서 h는 플랑크 상수이다. 나오는 빛은 이에 대응되는 진동수 폭으로 퍼진다: $\delta\omega = 2\pi\left(T_A^{-1} + T_B^{-1}\right)$. 이것이 **자연선폭(natural linewidth)**이다; 이것은 다음에 설명할 도플러 선폭이나 충돌 선폭 보다는 일반적으로 작지만 주위 환경을 잘 제어하면 실험적으로 얻을 수 있다 (Haroche, Kleppner, 1989; Foot, 1991).

11.2.2 도플러 퍼짐

온도 T인 기체 속에서 외톨이 분자가 내는 빛을 생각하자. 분자의 질량이 m, 전이를 하는 동안 시선방향의 속력이 v_x라면 스펙트럼 선은 도플러 효과에 의하여 이동해 나타난다. 이상기체에서 어떤 축(x) 방향의 속도 분포는 가우스 함수꼴이다:

$$f(v_x)dv_x = C\exp\left(-\frac{mv_x^2}{2k_BT}\right)dv_x \tag{11.15}$$

그리고 도플러 이동은 다음과 같다:

$$\omega - \omega_0 = \omega_0\frac{v_x}{c} \tag{11.16}$$

따라서 진동수 분포는 다음과 같다:

$$F(\omega) = C\exp\left[-\frac{m(\omega-\omega_0)^2c^2}{2\omega_0^2k_BT}\right] \tag{11.17}$$

이 효과는 이상적인 뾰족한 분광선을 가우스 함수꼴로 넓혀주며 (§4.4.3을 보라), 분산은 다음과 같다:

$$\sigma = \omega_0\sqrt{\frac{k_BT}{mc^2}} \tag{11.18}$$

분광선폭은 보통 **반폭(half-width)**을 써서 나타내는데 (§4.4.3), 가우스 함수에서는 2.36σ

이다. 진동수 대신 파장을 쓰면 반폭은 다음과 같다: $2.36\lambda_0\sqrt{\frac{k_BT}{mc^2}}$.

예를 들어, Kr^{84} 분광선은 $\lambda_0 = 560$ nm, $m = 1.4\times10^{-22}$ g인데, $T = 80$ K에서는 (11.18)의 반폭은 1.6×10^{-11} m = 16 pm로 실험값 30 pm과 대충 맞는다.

11.2.3 압력 또는 충돌 퍼짐

외톨이 분자만 살펴보아서는 전체적인 모양을 알 수 없다. 실제의 기체에서는 분자끼리 계속 충돌한다. 기체 운동학 이론에 따르면[예를 들어, (Jeans, 1982)를 보라], 분자가 충돌 사이에 자유로운 시간은 평균적으로 다음과 같다:

$$\tau_1 \propto \frac{\sqrt{T}}{P} \tag{11.19}$$

여기에서 T와 P는 각각 기체의 절대온도와 압력이다.

이제 분자가 빛을 내다가 충돌을 하면 어떻게 되는가 살펴보자. 분자가 충돌하여 충격을 받으면 내는 빛의 위상이 충돌 전후로 흐트러질 것을 상상할 수 있다. 그러므로 기체 속의 모든 분자가 내는 빛은 평균 지속시간이 τ_1인 빛이 마구 뒤섞인 것처럼 보일 것이다. §11.1.3의 모형에서, τ_1은 결맞음 시간의 구실을 한다. 실제의 지속시간은 평균값이 τ_1인 푸아송 분포를 한다고 가정할 수 있고, 그러면 스펙트럼 세기 $J(\omega)$는 로런츠 곡선꼴이 된다:

$$J(\omega) = \frac{1}{1 + (\omega - \omega_0)^2\tau_1^2} \tag{11.20}$$

이 함수는 이미 다중반사 간섭줄무늬(§9.5)에서 보았다. 그림 11.5에서 이 함수는 가우스 함수와 비슷하지만, 날개가 훨씬 천천히 잦아듦을 볼 수 있다.

실제로는 기체의 온도와 압력 모두 도플러 퍼짐과 충돌 퍼짐을 만들어내며, 관측된 분광선이 꼭 가우스 함수꼴이거나 로런츠 함수꼴일 때는 드물다. 더구나, 많은 분광선은 속에 복잡한 미세구조가 들어있어 겹쳐있지만, 광학적 결맞음 이론의 관점에서 보면 §8.3.5에서 정의한 **유효 선폭**(effective width)과 같은 실험적 선폭 하나만 있는 것으로 볼 수 있다. 응집물질에서는 이웃 분자와 상호작용도 하므로 선폭이 더 복잡하다.

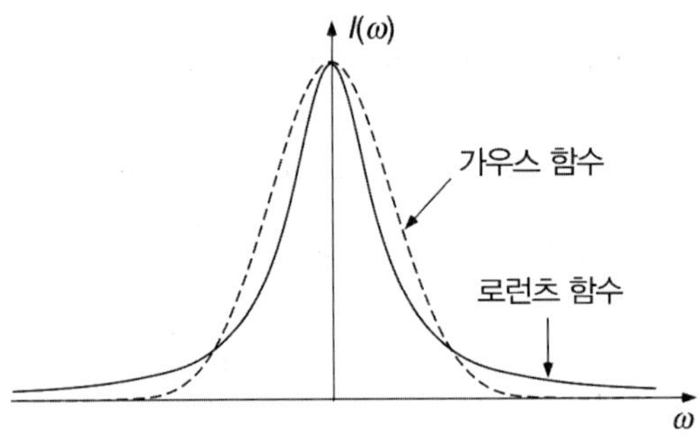

그림 11.5 로런츠와 가우스 함수의 비교. 로런츠 함수의 날개가 가우스 함수보다 훨씬 천천히 잦아든다.

11.3 결맞음의 정량화

앞 절에서는 실제 빛파동의 특성을 몇가지 설명했다. 이들이 광학 실험에 어떤 영향을 주는가를 알려면 그러한 특징을 통계적으로 서술하는 정량적인 이론을 만들어야 한다. 이 절에서 정의할 결맞음 함수 γ는 시공간의 두 곳의 빛 $f(\boldsymbol{r}_1, t_1)$과 $f(\boldsymbol{r}_2, t_2)$의 결맞음의 척도이다. 결맞음은, $f(\boldsymbol{r}_1, t_1)$을 알 때 $f(\boldsymbol{r}_2, t_2)$의 진폭과 위상을 어림할 수 있는 처방이 있음을 뜻한다. 이 처방이 평균적으로 잘 들을수록, 결맞음도 더 좋고, 함수 γ의 값도 1에 가까워진다. 평면파에 적용되는 처방의 예를 들자면 다음과 같다: 복소진폭에 $\exp\{i[\omega(t_2 - t_1) - \boldsymbol{k}\cdot(\boldsymbol{r}_2 - \boldsymbol{r}_1)]\}$을 곱하여 빛을 진행시켜라. 서론에서 설명한 두 가지 극한 상황에 관해 말하는 것이 가장 단순함을 알게 된다.

- **시간 결맞음**
  이것은 $f(\boldsymbol{r}, t_1)$과 $f(\boldsymbol{r}, t_2)$, 곧 같은 곳 $\boldsymbol{r}$에 다른 시각에 들어오는 빛의 결맞음이다. 시간 결맞음을 알면 **결맞음 시간** τ_c를 알 수 있는데, 이것은 처방이 잘 듣는 $t_2 - t_1$의 최대값이다. §11.1.2에서 본 것처럼, τ_c는 준단색 빛살의 대역폭과 밀접한 관계가 있고, '시간 결맞음도'는 스펙트럼과 관련이 있다.

- **공간 결맞음**
  이것은 $f(\boldsymbol{r}_1, t)$과 $f(\boldsymbol{r}_2, t)$, 곧 같은 때 t에, 다른 곳에 들어오는 빛의 결맞음이다. τ_c와

비슷하게 r_1 주위에 처방이 잘 듣는 **결맞음 영역**을 정의할 수 있는데, 이 영역이 꼭 원형일 필요는 없다.

11.3.1 상호 결맞음 함수

이제 §4.9에서 도입한 상관의 개념을 써서 상호 결맞음 함수를 정의하고 정량적으로 살펴보자. $t_1 = t$, $t_2 = t + \tau$로 쓰고, 결맞음도가 오직 시간차 $\tau = t_2 - t_1$만의 함수로서 한결 같다고 하자 [이것이 정상성(stationarity) 가정이다]. **복소 상호 결맞음도**(complex degree of mutual coherence) 또는 간단히 **결맞음 함수**(coherence function)는 규격화된 상관함수로서 다음과 같이 정의한다:

$$\gamma(\boldsymbol{r}_1, \boldsymbol{r}_2, \tau) = \frac{\langle f(\boldsymbol{r}_1, t) f^*(\boldsymbol{r}_2, t+\tau) \rangle}{\sqrt{I_1 I_2}} \tag{11.21}$$

여기에서 I_j는 $\boldsymbol{r}_1$과 $\boldsymbol{r}_2$에서의 평균세기이다:

$$I_j \equiv \langle f(\boldsymbol{r}_j, t) f^*(\boldsymbol{r}_j, t) \rangle_t \tag{11.22}$$

정상성 가정에 비추어 보면 γ는 t와는 무관하다; 마찬가지로 시간만이 아니라 위치에 대해서도 정상성을 가정하면 γ는 두 곳의 거리 $\boldsymbol{r} = \boldsymbol{r}_2 - \boldsymbol{r}_1$만의 함수이다. $\boldsymbol{r} = 0$, $\tau = 0$을 넣으면 $\gamma(0, 0) = 1$로서 γ는 참으로 규격화되어 있음을 알 수 있다. 위에서 정의한 시간 및 공간 결맞음만 살펴보아 물리적인 내용을 명확히 드러내자.

11.3.2 간섭 줄무늬의 가시도와 간섭계측법으로 결맞음 함수를 재는 방법

그림 11.6은 결맞음의 개념을 명확히 드러내는 사고실험 장치로서, 결맞음 함수를 재는 방법을 보여준다. 그것은 손실이 없는[45] 홑-모드 광섬유 두 가닥 A_1B_1과 A_2B_2를 길이를 정확히 맞춰 꾸미고, 그 끝 B_1과 B_2를 파장의 몇 배 안으로 가깝게 둔다. 이것을 **빛 진단기**(optical

45) 손실이 있다면 두 가닥의 광섬유 모두 같은 정도로 빛을 감쇠시켜야 한다. 별에 대한 빛 진단기에 해당하는 별 간섭계측기에서는 특히 그렇다.

stethoscope)라고 할 수 있다. 뒤에 이것을 써서 만드는 두 가지 실험장치를 자세히 설명한다: 하나는 **푸리에 변환 분광계**(Fourier transform spectometer)로 마이컬슨 간섭계를 써서 시간 결맞음을 재는 장치이고 (§11.5), 다른 하나는 **마이컬슨 별 간섭계**(Michelson stellar interferometer)로(§11.8.1) 우주에서 오는 빛의 공간 결맞음을 재는 장치이다.

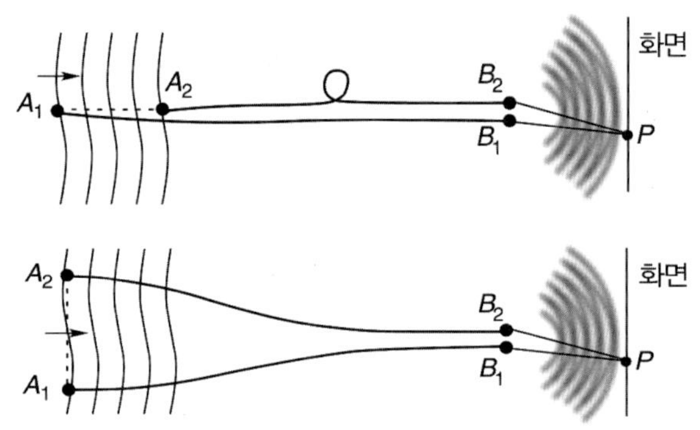

그림 11.6 빛 진단기의 개념. 이 장치는 (a) 시간 결맞음과 (b) 공간 결맞음을 재는데 쓴다.

광섬유 끝 A_1과 A_2는 결맞음 특성을 재야할 준단색 빛이 들어오는 곳에 두는데, 그 빛은 아주 멀리 있는, 각크기가 작은 광원에서 온 것이다. A_1과 A_2는 그것을 둔 곳에 오는 빛을 뽑아 보내는데, 광섬유의 손실이 없다고 했으므로, B_1과 B_2에서 나오는 빛의 진폭은 A_1과 A_2에 들어오는 빛의 진폭과 같고, 두 광섬유의 길이가 같으므로 시간이 지연된 값도 똑같다. B_1과 B_2는 점광원으로서 빛을 내며, 그것이 수 cm 떨어진 화면에서 겹쳐 만드는 간섭무늬를 관찰한다. B_1과 B_2에서 나오는 빛이 결맞으면, 간섭무늬가 선명하게 생기고, 결이 어긋나면 간섭무늬가 생기지 않는다. 간섭무늬가 흐릿하게 생길 수도 있는데, 이것은 B_1과 B_2가 **부분적으로 결맞을**(partially coherent) 때이다. 그림 11.6은 두 가지 기본 배치를 보여주는데, 뒤에 자세히 설명한다. (a)처럼 A_1과 A_2를 빛의 진행방향과 나란하게 앞뒤로 두면 이 둘은 실질적으로 같은 빛을 같은 곳에서 뽑는데 다만 시간이 $\tau = A_1A_2/c$만큼 다른 때에 뽑으며, 간섭줄무늬의 명암비는 시간 결맞음을 잰다. (b)처럼 A_1과 A_2가 나란히 옆에 있어 같은 파면에서 거리 r 만큼 떨어진 두 곳의 빛을 뽑으면, 간섭무늬의 명암비는 공간 결맞음을 잰다.

준단색빛이 만드는 간섭무늬의 명암비는 다음과 같이 정의하는 **가시도**(visibility) V를 써서 정량화한다:

$$V \equiv \frac{I_{최대} - I_{최소}}{I_{최대} + I_{최소}} \tag{11.23}$$

여기에서 I는 간섭무늬의 국소적 세기이다. 간섭무늬가 선명하면, 가장 어두운 곳의 세기는 거의 0에 가까우므로 $V \approx 1$이 된다. 이에 반해, 간섭무늬가 흐리면, 가장 밝은 곳과 가장 어두운 곳의 세기차가 크지 않아 $V \sim 0$이 된다. 화면의 어느 곳 P의 빛의 진폭이 g이면 그 곳의 세기는 $\langle |g| \rangle^2$이다. 이제 P에서 시각 t에 잰 g는 B_1과 B_2 각각에서 나온 빛의 진폭 g_1과 g_2를 더한 값이다. B_1P를 x_1, B_2P를 x_2라 하고, 그 평균값을 x라 하면 다음과 같다:

$$g_1(P, t) = \frac{1}{x} f\left(B_1, t - \frac{x_1}{c}\right) \tag{11.24}$$

$$g_2(P, t) = \frac{1}{x} f\left(B_2, t - \frac{x_2}{c}\right) \tag{11.25}$$

여기에서 $1/x$ 인자는 B_1과 B_2가 점광원이기 때문이며, 그 값이 실질적으로 상수이므로 나중에는 지워진다. P에서의 세기는 다음과 같다:

$$\begin{aligned} I(P) &= \langle (g_1 + g_2)(g_1^* + g_2^*) \rangle \\ &= \langle g_1 g_1^* \rangle + \langle g_1 g_2^* \rangle + \langle g_2 g_1^* \rangle + \langle g_2 g_2^* \rangle \end{aligned} \tag{11.26}$$

이제 다음 명제가 참임을 보이겠다: **세기 $\langle |f(B_1)| \rangle^2$과 $\langle |f(B_2)| \rangle^2$가 같으면, 가시도는 A_1과 A_2의 상호 결맞음도의 직접적인 지표이다.** 곧, 다음과 같다: $V = |\gamma_{A_1A_2}(0)|^4$.[46] 윗식의 첫항은 다음과 같다:

$$\begin{aligned} g_1 g_2^* &= \frac{1}{x^2} f\left(B_1, t - \frac{x_1}{c}\right) f^*\left(B_2, t - \frac{x_2}{c}\right) \\ &= \frac{1}{x^2} f\left(B_1, t - \frac{x_1}{c}\right) f^*\left(B_2, t - \frac{x_1}{c} - \tau_p\right) \end{aligned} \tag{11.27}$$

여기에서 $\tau_p = (x_2 - x_1)/c$이다. B_1과 B_2의 거리가 파장의 몇 배 정도이므로, τ_p는 기껏해야 주기의 몇 배로 결맞음 시간 τ_c 보다 훨씬 짧다. 이제 정상성의 가정과 τ_p시간동안 $f \sim$

---

46) 기호 $\gamma_{A_1A_2}(0)$는 $\gamma[\boldsymbol{r}(A_1), \boldsymbol{r}(A_2), 0]$을 줄인 것이다. 원리상 빛 진단기는 길이가 $c\tau$ 만큼 다른 광섬유를 써서 $\gamma_{A_1A_2}(\tau)$를 재도록 만들 수 있다.

$e^{i\omega_0 t}$ 이므로 다음과 같이 고쳐쓸 수 있다:

$$\langle g_1 g_2^* \rangle = \frac{1}{x^2} \langle f(B_1, t) f^*(B_2, t) \rangle \exp(-i\omega_0 \tau_p) \tag{11.28}$$

간단히 빛 진단기의 두 광섬유로 들어가는 빛의 세기를 I로 맞추면, (11.26)에서 다음과 같다:

$$I(P) = \frac{1}{x^2} \left[2I + \langle f(A_1) f^*(A_2) \rangle e^{-i\omega_0 \tau_p} + \langle f^*(A_1) f(A_2) \rangle e^{+i\omega_0 \tau_p} \right] \tag{11.29}$$

(11.21)에서 $\langle f(A_1) f^*(A_2) \rangle = I\gamma_{A_1 A_2}(0)$ 이고, 이것은 $I|\gamma_{A_1 A_2}(0)|e^{i\Delta}$ 꼴로 쓸 수 있으므로, (11.29)는 다음과 같이 고쳐쓸 수 있다:

$$\begin{aligned} x^2 I(P) &= 2I + 2I|\gamma_{A_1 A_2}(0)| \cos(\omega_0 \tau_p + \Delta) \\ &= 2I\left[1 + |\gamma_{A_1 A_2}(0)| \cos(\omega_0 \tau_p + \Delta)\right] \end{aligned} \tag{11.30}$$

가시도는, $I_1 = I_2$ 이면 정의식 (11.23)에서 다음 결과를 얻는다:

$$V = |\gamma_{A_1 A_2}(0)| \tag{11.31}$$

(11.30)에서 Δ의 값은 줄무늬가 대칭인 곳($\tau_p = 0$)에서 벗어난 거리에서 읽어낼 수 있고, A_1과 A_2에 오는 빛의 실제의 위상차의 평균값을 나타낸다. 따라서 빛 진단기를 쓰면 어느 두 곳 A_1과 A_2에 오는 빛의 결맞음도를 직접 잴 수 있다. 이제 이것을 써서 구체적으로 시간 및 공간 결맞음을 재는 방법을 설명하겠다.

11.4 시간 결맞음

11.4.1 시간 결맞음 함수

그림 11.6(a)의 상황으로 돌아가자. 광원이 멀리 있으므로, A_1과 A_2에 오는 빛의 파면은 거의 같은데, 다만 A_2에는 A_1 보다 시간 τ 만큼 늦게 온다. 따라서 빛 진단기가 재는 $\gamma(\tau)$에서

$\tau = A_1A_2/c$이다. 이 절에서는 $\gamma(\boldsymbol{r}, \tau)$에서 위치벡터 $\boldsymbol{r}$은 뺀다. 그러면 진단기에서의 줄무늬의 가시도 $V = |\gamma(\tau)|$는 다음과 같다:

$$\gamma(\tau) = \frac{\langle f(t)f^*(t+\tau)\rangle}{I} = \frac{\langle f(t)f^*(t+\tau)\rangle}{\langle f(t)f^*(t)\rangle} \tag{11.32}$$

순수한 싸인파동에 대해서는 $f(t) = a\exp(i\omega_0 t)$이므로, 다음과 같다:

$$\gamma(\tau) = \exp(-i\omega_0\tau) \tag{11.33}$$

여러 모드 레이저는 선폭 ϵ 안에서 진동수 ω_n의 간격이 일정한 빛을 낸다. 그 결과, 결맞음 함수가 단조 감소하지 않고 주기적이 된다.

그러므로 $\gamma(\tau)\exp(+i\omega_0\tau)$를 보통 **시간 결맞음 함수**라고 하며, 그 값이 1에서 벗어나는 정도는 빛이 순수한 사인함수에서 벗어나는 정도를 나타낸다. 준단색 광원에서 나오는 빛의 전형적인 $|\gamma(\tau)|$의 모양은 그림 11.7과 같다. 정의에 따라 $\gamma(0)=1$이고, τ가 커질수록 $|\gamma(\tau)|$는 계속 줄어 0에 가까워진다. $|\gamma(\tau)|$가 그러한 빛의 결맞음 시간 τ_c는 다음과 같이 정의할 수 있다: $|\gamma(\tau_c)| = 1/e$. 예를 들어 §11.1.3에서 설명한 가우스 함수꼴 파동뭉치가 마구 모인 것은 $\tau_c = \sqrt{2}\,\sigma$이다. 준단색빛에서는 τ_c가 ns 정도이다. 전형적인 레이저 빛의 결맞음 함수는 그림 11.7과는 사뭇 다르다 (§14.7.1).

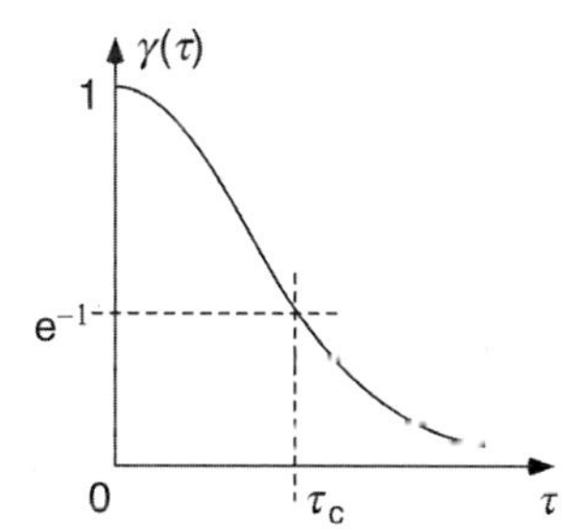

그림 11.7 전형적인 준단색 광원에서 나오는 빛의 결맞음 함수

11.4.2 시간 결맞음과 자체상관

(11.32)의 $\gamma(\tau)$의 꼴은 §4.9.1에서 설명한 자체상관 함수와 같은데, 이 때 평균값은 (11.1)의 적분을 셈한다. $f(t)$는 실수함수이고 평균은 긴 시간 T에 대한 적분이므로, **비너-킨친**

(Wiener-Khinchin) **정리**는 $f(t)$의 일률 스펙트럼과 $\gamma(\tau)$의 푸리에 변환을 이어준다:

$$|F(\omega)|^2 = I\int_{-\infty}^{\infty} d\tau\, \gamma(\tau)\, e^{-i\omega\tau} \tag{11.34}$$

$$|F(-\omega)|^2 = |F(\omega)|^2 \equiv J(\omega) \tag{11.35}$$

(11.34)는 $\gamma(\tau)$를 재면, **스펙트럼 세기** $J(\omega)$는 푸리에 변환하여 구할 수 있음을 보여준다. 이로부터 중요한 분광기법인 **푸리에 변환 분광법** 또는 **푸리에 변환 적외선 분광법**(FTIR)이 나온다. 둘째 이름이 붙은 까닭은 이 방법을 주로 적외선 분광에 쓰기 때문이다.

11.5 푸리에 변환 분광법

1898년 마이컬슨은 두-빔 간섭계로 분광분석을 할 수 있음을 보였다: 경로차를 늘려가며 간섭무늬를 기록하며 실질적으로 $\gamma(\tau)$를 재는 것이다. (결맞음 이론은 1930년대에야 나왔음을 상기하자.) 마이컬슨은 직관적인 방법을 써서 시작하였고, 스펙트럼을 재생하고자 아날로그 계산기도 꾸몄지만, 그 시대에는 측정 결과를 스펙트럼으로 바꾸는데 필요한 푸리에 변환 셈이 힘들어 그 착상을 실현하기 어려웠다. 물론 전자계산기의 출현으로 상황이 바뀌었다. 마이컬슨 간섭계는 기본적으로 꾸미기 쉽고 잡음대신호비(§11.5.2)가 좋아서, 푸리에 변환 분광법은 현대의 물리학과 화학에서 두루 쓰인다 [예를 들어, Bell(1972)를 보라]. 이 방법은 주로 적외선 분광분석에 쓰는데, 그 까닭은 가시광 영역에서는 간섭계를 필요한 만큼 역학적으로 안정시키기 힘들고, 적외선 영역에서 전형적인 배경 한계 검출기를 보다 잘 이용할 수 있기 때문이다. 따라서 이 분광분석법은 흔히 약자 FTIR로 나타낸다.

그림 11.8과 같이 들어오는 빛 $f(t)$를 진폭이 거의 같은 두 가닥으로 갈라, 다른 경로를 지나오게 한 뒤 검출기에서 다시 겹친다. 광로차가 d이면, 어느 순간 D에 같이 들어오는 두 가닥의 빛살이 광원에서 나올 때의 시간차는 다음과 같다: $\tau = d/c$. 이것은 본질적으로 그림 1.16(a)와 같은 상황이다. 간섭계를 맞추어 [그림 9.15(b)처럼] 동심원꼴 간섭무늬가 생기게 하고, 그 중심에 검출기 D를 둔다. 이상적으로는 검출기의 크기는 d가 최대값 $d_{최대}$일 때의 한 가운데 무늬만큼 크게 만들 수 있다. 그 것은 A에서 겹친 빛의 세기를 잰다 (§9.3.2):

$$\begin{aligned} I_M(t) &= \mathcal{RT}\langle |f(t) - f(t+\tau)|^2 \rangle \\ &= \mathcal{RT}\langle I(t) \rangle [2 - \gamma(\tau) - \gamma^*(\tau)] \end{aligned} \tag{11.36}$$

이 식의 푸리에 변환을 셈하면, 대칭꼴 일률 스펙트럼 $J(\omega) + J(-\omega)$를 얻는다. 확실히 신호 $I_M(t)$는 실수이고 대칭이므로 (11.35)의 $J(\omega)$도 마찬가지다. 그렇지만, $\omega < 0$인 부분은 물리적으로 뜻이 없다. τ를 d/c로 바꾸고 푸리에 변환을 구체적으로 쓰면 다음과 같다:

$$J(\omega) = \frac{1}{2}\int_{-d_{최대}}^{d_{최대}} \mathrm{d}d \left[I - \frac{I_M(d/c)}{2\mathcal{RT}} \right] \exp\left(-i\omega\frac{d}{c} \right) \tag{11.37}$$

I_M이 대칭이므로, 간섭무늬는 한 쪽 부호의 d값에 대해서만 기록해도 된다 ($d=0$인 곳은 반대쪽으로 조금 더 가보면 정확하게 알 수 있다). 그러면 위의 적분은 파수 $k=\omega/c$에 대해 쓸 수 있다:

$$J(ck) = \frac{1}{c}\int_{0}^{d_{최대}} \mathrm{d}d \left[I - \frac{I_M(d/c)}{2\mathcal{RT}} \right] \cos(kd) \tag{11.38}$$

이 식이 푸리에 변환 분광학의 기본 알고리즘이다. 재는 자료는 $I_M(d/c)$이고 나오는 스펙트럼은 $J(\omega)$이다.

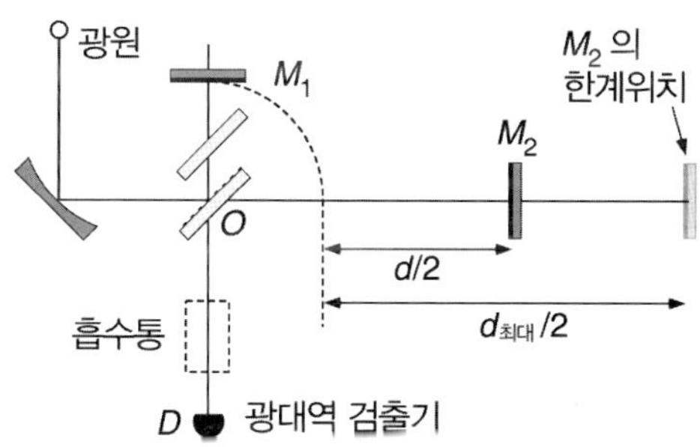

그림 11.8 그림 9.13의 마이컬슨 간섭계를 푸리에 변환 분광학에 쓰는 모양. 경로차는 $d=2(OM_2 - OM_1)$이다. 시료의 흡수 스펙트럼을 살펴보려면, 스펙트럼이 넓은 광원을 쓰고 시료를 파선으로 나타낸 곳에 두고 얻은 스펙트럼을 시료를 넣지 않고 얻은 스펙트럼과 비교한다.

(11.37)에서 푸리에 적분의 구간을 유한하게 잡았는데, 그 까닭은 $d > d_{최대}$이면 자료가 없고, 따라서 그 영역에서는 최선의 추정값은 $I_M - 2I\mathcal{RT}$이다. 이렇게 적분값이 갑자기 끊기면 스펙트럼의 분해능이 제한된다 (§11.5.2). 더구나, 그것은 §12.2.6에서 설명한 것과 같이 스펙트럼에 '허깨비'가 생기는데, 이러한 것을 줄여 스펙트럼의 모양을 개선하고자 수학적으로 **발자르기** 기법(문제 11.6)을 쓴다.

위의 이론은 간섭계의 한쪽 팔에 굴절률 $n(\omega)$를 모르는 물질을 끼워 넣는 상황으로 확장할 수 있다. 그러면 비대칭꼴의 $I_M(\tau)$와 $\gamma(\tau)$를 얻고, 그것을 푸리에 변환하면 허수부도 생긴다. 그러면 푸리에 변환의 허수부와 실수부의 비에서 $n(\omega)$을 셈할 수 있다. 이것이 **비대칭 푸리에 변환 분광법**이다 (Parker, 1990; 문제 11.5).

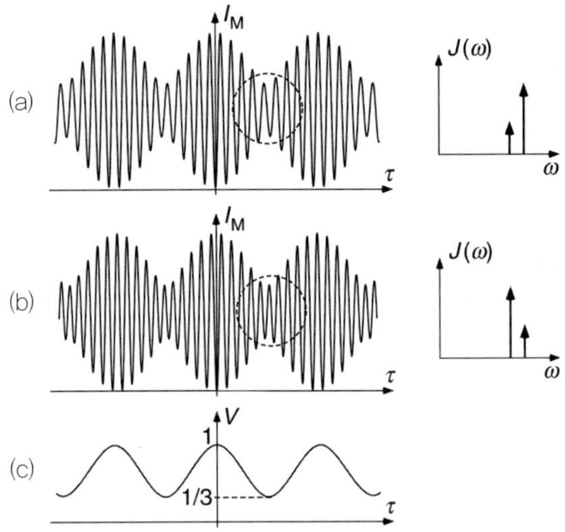

그림 11.9 광원에서 나오는 빛이 비대칭 겹 분광선일 때의 푸리에 간섭무늬 기록 $I_M(\tau)$. 간섭무늬에 비대칭이 어떻게 들어가는지 보여준다: (a)와 (b)는 두 분광선의 상대적 세기를 맞바꾸었다. 두 간섭무늬의 주된 차이는 둥글게 표시한 영역에 있다. 가시도는 (c)로 둘 다 같다.

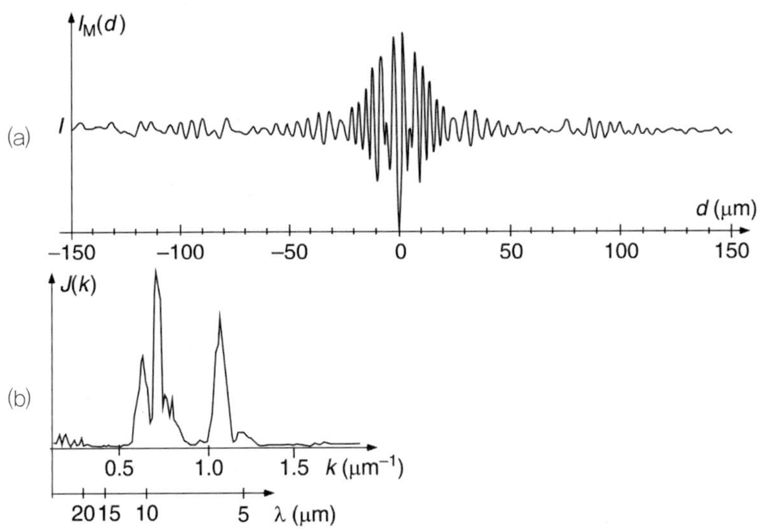

그림 11.10 (a) 파장대역이 넓은 적외선 광원을 써서 얻은 간섭무늬 기록. (b) 셈하여 얻은 스펙트럼.

11.5.1 푸리에 분광법의 두 가지 예

그림 11.9와 11.10은 푸리에 분광법의 두 가지 예를 보여준다. 첫째는 마이컬슨이 애초에 쓴 방식으로, 가시도 함수를 쓰는데, $V(\tau)$만 재면 스펙트럼을 유일하게 결정할 수 없는 까닭을 보여준다. 둘째는 전형적인 현대식 푸리에 분광기이다.

(a) 진동수 ω_0 근처에 미세구조가 있는 분광선을 살펴보는 방법을 생각하자. 스펙트럼 세기는 **미세 구조**(fine structure) 함수 $s(\omega)$와 델타함수 $\delta(\omega-\omega_0)$의 콘볼루션으로 나타낼 수 있는데, 미세 구조 함수는 그 이름이 시사하듯이 진동수 $\epsilon \ll \omega_0$인 영역에 들어있다. 함수 $J(\omega)$는 원점에 대해 대칭꼴인 스펙트럼으로서 다음과 같다:

$$J(\omega) = s(\omega)\otimes\delta(\omega-\omega_0) + s(-\omega)\otimes\delta(\omega+\omega_0) \tag{11.39}$$

간섭기록은 그것의 푸리에 변환이다:

$$\begin{aligned} I - I_M(\tau) &= \frac{1}{2}\left[S(\tau)\exp(-i\omega_0\tau) + S^*(\tau)\exp(i\omega_0\tau)\right] \\ &= \frac{1}{2}|S(\tau)|\cos\left[\omega_0\tau - \phi_S(\tau)\right] \end{aligned} \tag{11.40}$$

여기에서 $S(\tau)$를 크기와 위상으로 나누어 썼다: $|S(\tau)|\exp[i\phi_S(\tau)]$.

미세구조는 폭이 ϵ로 좁은 진동수 영역에 들어있으므로, S의 푸리에 변환은 시간 ϵ^{-1} 정도에서 변화하며, 따라서 (11.40)은 진동하는 함수(간섭무늬)가 천천히 변하는 싸개 속에 들어 있는 꼴이며, 그 싸개가 바로 가시도 $V=|S(\tau)|$이다. $s(\omega)$를 유일하게 결정하려면, 위상 $\phi_S(\tau)$도 재야하는데, 그것은 간섭무늬 (11.40)의 위상에 들어있다. 이 문제를 위상 복원 (§8.8, §8.9)으로는 풀 수 없을 때가 많은데, 그 까닭은 $|S(\tau)|$가 똑같은 함수가 $s(\omega)$와 $s(-\omega)$로 적어도 두 개가 있기 때문이며, 분광학에서는 이 둘의 차이가 중요할 수 있다. 그렇지만, 예비 지식이 있으면 그 둘을 구별할 수 있다. 이로부터 알 수 있는 것은 믿음직한 분광분포를 얻으려면, 모든 간섭무늬를 자세히 기록해야 하고, 온전하게 푸리에 변환을 해야 한다는 것인데, 마이컬슨의 시대에는 컴퓨터가 없어서 그렇게 하지 못했다.

이것을 보여주는 예가 그림 11.9이다. 광원에서 선폭이 좁은 분광선이 두 개 나오는데, 진동수가 $(\omega_0-\epsilon/2)$와 $(\omega_0+\epsilon/2)$에서 세기가 각각 a^2과 b^2이다. 그림에서 간섭무늬는 다르지만(§11.1.1에서와 같이 특히 진폭이 작은 영역에서) 가시도는 같다. 자세한 셈은 그렇게 어렵지 않으니 스스로 해보라.

(b) 둘째 예(그림 11.10)는 자동화된 푸리에 변환 분광기에서 얻은 것이다. 오늘날 상품화된 푸리에 변환 분광기는 사용자가 간섭무늬에 손을 댈 수 없고 장치가 스펙트럼을 직접 셈하여 그 결과를 내준다. 그림의 스펙트럼은 사용자가 직접 자료를 다룰 수 있는 구식 분광기로 얻은 것이다! 이 장치는 d를 $-d_1$에서 $d_{최대}$까지 훑으면서 $I_M(d)$를 기록하여 $\gamma^R(\tau)$를 잰다. 이 장치를 완벽하게 맞추면 $I_M(d)=I_M(-d)$이고, 따라서 경로차가 음수인 곳은 d의 영점을 정확히 맞추는데 필요한 만큼만 넣으면 된다. 이 그림은 간섭무늬 기록의 중심부와 그곳에서 (11.38)로 셈하여 끌어낸 스펙트럼이다.

11.5.2 분해능과 감도

푸리에 분광기의 분해 한계는 다음과 같이 어림할 수 있다. 파장 λ인 단색빛을 재는데, 경로차를 0에서 $d_{최대}$까지 바꾸며 훑어가니, 줄무늬 m개가 기록되고, m번째 줄무늬의 세기가 0차 줄무늬의 최소 세기와 같다고 하자. 이제 λ를 $\lambda_1=\lambda+\delta\lambda$로 바꾸자. 어떤 $\delta\lambda$에서는 0에서 $d_{최대}$ 사이에서 $m-\dfrac{1}{2}$개의 줄무늬가 기록되어 $d_{최대}$에서 이제는 간섭무늬의 세기가 최소가 아닌 최대가 된다. 확실히 이것은 분해할 수 있다. 두 파장의 빛이 같은 세기로 함께 들어오면 $d_{최대}$에서는 두 빛이 만드는 간섭무늬가 어긋나 지워지므로 확실히 보인다. 따라서 다음 조건이 맞으면 $\delta\lambda$를 분해할 수 있다:

$$\begin{aligned} d_{최대} &= \lambda\cdot m = (\lambda+\delta\lambda)\cdot\left(m-\frac{1}{2}\right) \\ &= \lambda\cdot m+\delta\lambda\cdot m-\frac{1}{2}\lambda-\frac{1}{2}\delta\lambda \end{aligned} \tag{11.41}$$

$\delta\lambda \ll \lambda$이므로 마지막 항은 무시하면, 분해능의 조건은 다음과 같다:

$$\delta\lambda\cdot m = \frac{1}{2}\lambda \quad\Rightarrow\quad \frac{\lambda}{\delta\lambda} = 2m \tag{11.42}$$

이것을 회절격자의 분해능 (9.12)와 비교하자: $\lambda/\delta\lambda=m\cdot N$. 여기에서 N은 실틈의 수,

곧 간섭하는 빛살의 수이다. 마이컬슨 간섭계에서는 $N=2$이다. 회절격자에서는 이 값이 또한 회절격자의 길이 L을 반파장으로 나눈 값 $2L/\lambda$이기도 하다. 현재의 상황에서는 L이 거울이 훑는 거리로서 $d_{최대}/2$이다. 둘의 차이는 회절격자에서는 그 값이 이론적 한계로서 회절격자를 만들 때 실틈을 완벽하게 그어야 그 한계값을 얻을 수 있지만, 푸리에 변환 분광기에서는 실제로 얻을 수 있는 점이 다르다.

검출기에 들어오는 배경 빛을 무시할 수 없으면, 푸리에 변환 분광기는 회절격자나 프리즘을 쓰는 재래식 분광기보다 장점이 있다. 분광기에서 나오는 빛을 검출기 하나로 받는다면, 스펙트럼을 어떻게든 훑어야하며, 검출기에 배경 빛은 계속 들어오지만 광원에서 나온 빛은 한 성분이 지나간 뒤 다른 성분이 올 때까지는 거의 들어오지 않는다. 한편 푸리에 변환 분광기에서는 평균적으로, 들어오는 빛의 반은 늘 A에 있는 검출기에 들어오고 나머지 반은 B로 빠져 나가는데, 원리적으로는 그곳에 둘째 검출기를 둘 수 있다. 그러면 푸리에 변환 분광기는 신호대잡음비에서 훨씬 좋다 [**펠젯(Fellgett) 이점**이라고 한다]. 이것이 배경빛 – 기기 자체가 내는 열선 – 을 피할 수 없는 적외선 영역에서 푸리에 변환 분광기가 성공적으로 쓰이는 이유이다.

천문학에서는 광자 하나하나가 아주 귀하므로 푸리에 변환 분광기에서 A와 B 모두에 검출기를 달고, 두 검출기에서 나오는 간섭신호의 차이를 쓴다 (Connes, Connes, 1966).

또 다른 장점인 **자퀴노(Jacquinot) 이점**은 빛의 양이 많다는 점이다. 재래식 분광기에서는 빛을 실틈으로 받으므로 제한되지만, 푸리에 분광기에서는 검지기(분광기의 출사동)를 $d_{최대}$에서의 간섭무늬의 가운데 부분만큼 키울 수 있고, 따라서 받을 수 있는 빛의 양은 10배가 넘는다. 이것은 가시광을 포함한 모든 파장영역에 적용된다.

11.6 공간 결맞음

시간 결맞음의 개념은 다음 물음에 대해 정량적인 답을 하려고 도입했음을 상기하자: 어느 때 어느 곳에 오는 빛의 위상을 잰다. 그 빛이 완벽한 사인함수꼴 평면파 $A\exp(-i\omega_0 t)$이면, 그 다음 어느 순간이든 그 위상을 알 수 있다. 그러나 실제 상황에서는 그렇게 추정한 값이 얼마나 오랜 시간 동안 맞을까? 위상에 관한 정보가 점점 사라지는 것은 ω_0의 정확한 값에 공간 결맞는 빛이 꼭 시간 결맞는 것은 아니다. 그러나 시간 결맞음이 좋은 빛은 위상이 서로 연관된 광원에서 나와야 하므로 공간 결맞음이 좋아진다.

대한 불확정성 때문임을 알았고, 그것은 그 빛의 선폭이 유한한 것과 정량적으로 연관된다.

결맞음에 관한 둘째 개념인 **공간 결맞음**은 빛의 진행방향과 직교하는 평면 위의 여러 곳에 같은 때에 오는 빛의 위상차에 관한 것이다. 그 빛이 완벽한 평면파이고 진행방향을 정확하게 알면, 그 평면은 파면이고, 그 위의 한 곳 P에서의 위상을 알면 다른 모든 곳의 위상도 알 수 있다.[47] 빛이 단색이 아니면 파장성분 마다 그렇게 하면 되므로, 단색빛이 아니어도 공간 결맞음이 좋을 수 있다. 실제로 다음과 같이 물을 수 있다: P에서의 위상을 알 때, P에서 얼마나 먼 곳까지 그 위상을 오차 $\pi/2$ 이하로 어림할 수 있는가?

시간 결 어긋남이 빛의 진동수 ω_0(따라서 파동벡터의 크기 $|k|$)의 불확정성과 관련되었음을 찾아낸 것과 비슷하게, **공간 결 어긋남은 파동벡터의 방향 $\hat{k}$의 불확정성과 관련됨**을 볼 것이다. $\boldsymbol{k}$의 방향의 불확정성이 생기는 까닭은 광원이 점광원이 아니라 크기가 있기 때문이다. 그러므로 광원의 크기가 중요하다.

11.6.1 공간 결맞음의 정성적 분석

§11.3.2에서 앞뒤에 있는 두 곳 A_1과 A_2에 있는 빛 진단기를 써서 빛을 뽑으면 거리 A_1A_2가 $c\tau_c$ 보다 짧을 때만 간섭무늬가 생긴다. 공간 결맞음도 같은 방식으로 접근할 수 있으며, 다음과 같은 간단한 1차원 실험을 하여 보일 수 있다.

크기 a인 광원에서 나오는 결 어긋난 준단색 빛이 마스크 P를 비추는데, 거기에는 두 바늘구멍 P_1과 P_2가 간격 x로 나 있다 (그림 11.11). 화면에 생기는 간섭무늬는 두 바늘구멍에서 나오는 빛의 결맞음을 나타낸다. 마스크에서 광원까지의 거리는 L, 화면까지의 거리는 H이다. 간단히 $L, H \gg a, x$이고 모든 각도는 작다고 하자.

47) 이 논리는 유한한 거리에 있는 광원에서 나오는 구면 파면에 대한 것으로 바꾸어 말할 수 있다.

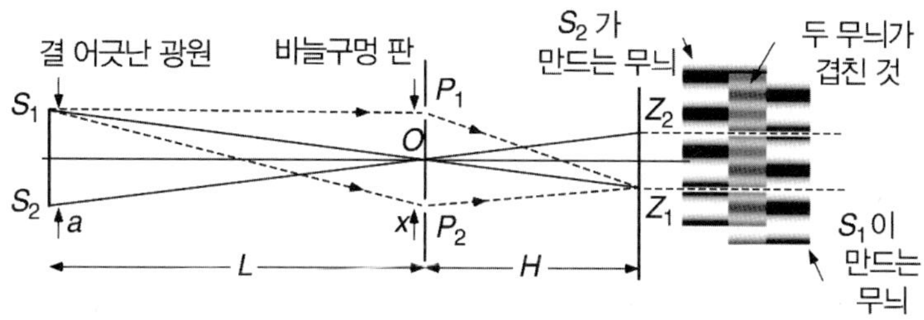

그림 11.11 (a) 공간 결맞음. 결 어긋난, 큰 광원의 두 점 S_1과 S_2에서 나오는 빛이 오른 쪽 화면에 만드는 간섭무늬가 겹쳐진다. 두 간섭무늬의 위상이 완전히 어긋나면 전체 빛의 결맞음은 0이다.

광원의 끝에 있는 점 S_1을 생각하자. 이 점에서 나간 빛이 두 바늘구멍을 비출 때는 결 맞으므로 화면에 간섭무늬를 만든다. 0차 줄무늬가 생기는 Z_1은 광로 $\overline{S_1P_1Z_1}$과 $\overline{S_1P_2Z_1}$가 같은 곳이다. Z_1은 두 바늘구멍의 중간점 O와 S_1을 잇는 S_1O 위에 있다. 간섭무늬의 주기는 다음과 같다: $(H/x)\cdot\lambda$. 이제 광원의 반대쪽 끝에 있는, S_1에서 거리 a인 곳에 있는 점 S_2을 생각하자. 이 점에서 나가는 빛도 화면에 같은 주기의 간섭무늬를 만드는데, 0차 무늬는 S_2O 위에 있는 Z_2이다. S_1과 S_2는 결 어긋나므로, 두 간섭무늬가 겹치면 세기를 더해주면 총 세기가 된다. Z_1Z_2가 간섭무늬 간격의 반이면, 두 간섭무늬가 공간적으로 위상이 어긋나므로 화면에서 간섭무늬가 보이지 않는다. 따라서 다음 조건에서는 두 바늘구멍에서 나오는 빛이 공간적으로 결 어긋난다고 한다:

$$\frac{1}{2}\frac{H}{x}\cdot\lambda = Z_1Z_2 = \frac{H}{L}\cdot a \tag{11.43}$$

$$x = \frac{1}{2}\frac{L}{a}\cdot\lambda \tag{11.44}$$

이 결과는 다음과 같이 말할 수 있다: 광원의 크기가 a, 또는 더 정확히 각크기가 $\alpha = a/L$이면, 그 빛을 받는 마스크 위의 두 점의 거리가 다음 보다 작아야 두 점의 빛이 결 맞다:

$$x_c = \frac{\lambda}{2\alpha} \tag{11.45}$$

결맞음 거리 x_c는 간섭무늬를 만드는 두 바늘구멍의 최대 거리이다.

이 최대거리 x_c가 바늘구멍 평면에서의 **결맞음 거리**이다. 특히 x_c와 α가 반비례함을 눈여겨보라.

이 설명에서 S_1과 S_2 사이에 있는 S_3와 같은 점은 모두 무시했으므로 약 2의 오차가 있다. 이것은 §11.6.3에서 더 완전히 분석하여 고칠 것이다.

이 논리를 2차원으로 확장하면, 각크기가 유한한 광원은 바늘구멍을 두 개 뚫어 간섭무늬를 만들 수 있는 2차원 영역을 정의한다. 이 영역이 **결맞음 면적**(coherence area) 또는 **결맞음 영역**이다.

§11.6.3에서 결맞음 면적 또는 엄밀하게 결맞음 함수와 광원의 크기의 관계는, 광원의 각지름 α가 작을 때는 푸리에 변환들 사이의 관계와 같음을 보일 것이다. 이 관계는 실제로 매우 쓸모 있고, §11.8에서 설명하는 구멍합성 기법의 바탕이 된다.

11.6.2 공간 결맞음 함수

준단색 빛을 탐지하는 빛 진단기의 착상으로 돌아가 A_1과 A_2가 같은 파면 위에 있다고 하자.[48] 구체적으로 τ_c가 A_1과 A_2에 파면이 오는 시간차 τ 보다 훨씬 길다고 하자. (11.31)이 여전히 맞지만, 이제는 $|\gamma_{A_1A_2}(\tau=0)|$는 A_1과 A_2 사이의 수직거리만의 함수이다. 왜냐하면 평행거리의 변화는 $\gamma_{A_1A_2}(0)$에 $e^{i\omega_0\tau}$를 곱한 것으로만 나타나기 때문이다. 그러므로 $\gamma_{A_1A_2}(0)$를 **복소 공간 결맞음 함수**라고 한다. 보통, 정상성이 적용되므로 γ는 A_1과 A_2를 잇는 벡터 $\boldsymbol{r}$만의 함수가 되고, 그러면 $\gamma(\boldsymbol{r})$로 쓸 수 있다.

위의 방식을 쓴 기기가 마이컬슨 별 간섭계(§11.8.1)로 $A_{1,2}$는 별빛을 받는 주거울이고, $B_{1,2}$는 부거울 쌍이다.

11.6.3 반 씨텔트-쩨르니케 정리

> f와 F를 잇은 푸리에 변환의 단위들이 변환 짝임을 눈여겨 보라: 푸리에 변환의 지수의 변수는 다음과 같은 곱이다: $ik_0(x\theta_x + y\theta_y)$.

이 정리는 비너-킨친 정리(§4.9.1)의 공간 대응물인 셈인데 반 씨텔트(van Cittert)와 쩨르니케가 독립적으로 증명했다. 이것은 $\gamma(\boldsymbol{r})$을 광원의 세기분포 $I(\theta_x, \theta_y)$의 푸리에 변환과 연결시킨다. 멀리 있는, 각크기가 α(그 밖에서는 빛이 나오지 않는다 - 그림 11.12)인 준단색

---

48) A_1과 A_2가 같은 파면 위에, 결맞음 길이 안에 있는 것이 중요함을 §11.8에서 구멍 합성을 설명할 때 강조할 것이다.

결 어긋난 광원에서 나오는 빛이 관찰면에 들어온다고 하자. 그림의 모든 각도는 작다고 가정한다.

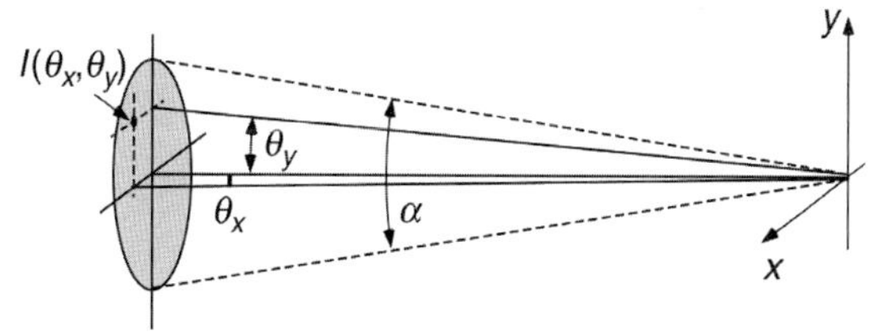

그림 11.12 반 씨텔트-쩨르니케 정리. $I(\theta_x, \theta_y)$는 광원(대개는 별)의 세기분포를 시야각의 함수로 나타낸 것. $\gamma(k_0x, k_0y)$는 관찰면에서 잰 값이다.

광원 위의 점 S에서의 진폭은 파수 k_0와 각좌표 (θ_x, θ_y)의 함수로서 $f(\theta_x, \theta_y)$이고, 세기는 다음과 같다: $|f|^2 = I(\theta_x, \theta_y)$. 그러면 $P(x=0)$에서 받는 빛의 진폭은 먼 곳의 회절무늬 $F(k_0x, k_0y)$이다. 이제 이 빛의 공간 결맞음 함수는 다음과 같이 콘볼루션으로 나타낼 수 있다:

$$
\begin{aligned}
\gamma(\boldsymbol{r}) &= \frac{F(k_0x', k_0y')F[k_0(x'-x),\, k_0(y'-y)]}{|F|^2} \\
&= \frac{F(k_0\boldsymbol{r}) \otimes F^*(k_0\boldsymbol{r})}{|F|^2}
\end{aligned} \tag{11.46}
$$

콘볼루션의 푸리에 변환은 $f(\theta_x, \theta_y)$와 이것의 켤레 복소함수의 곱이다:

$$
\frac{f(\theta_x, \theta_y) f^*(\theta_x, \theta_y)}{|F|^2} \sim I(\theta_x, \theta_y) \tag{11.47}
$$

따라서 $\gamma(k_0\boldsymbol{r})$과 $I(\boldsymbol{\theta})$는 푸리에 변환 짝을 이룬다 (규격화 상수만큼 다르다):

$$
\gamma(k_0\boldsymbol{r}) = \frac{\displaystyle\iint_{-\alpha/2}^{\alpha/2} d\theta_x\, d\theta_y\, I(\theta_x, \theta_y) \exp\left[ik_0(x\theta_x + y\theta_y)\right]}{\displaystyle\iint_{-\alpha/2}^{\alpha/2} d\theta_x\, d\theta_y\, I(\theta_x, \theta_y)} \tag{11.48}
$$

이 식이 **반 씨텔트 - 쩨르니케 정리**이다. 광원이 작다고 가정했지만, 그래야 θ를 벡터처럼 다룰 수 있기 때문에 그랬을 뿐이다. 사실, 프라운호퍼 회절이론에서 광원면에서의 참된 변수는 방향코사인 $(\ell, m) = (\sin\theta_x, \sin\theta_y)$이다.

예를 들어, 이 정리를 둥근 별에 써보자. 광원은 각지름 α 인 원 안에서는 세기가 1이고, 밖에서는 0이다: $I(\theta)=\mathrm{circ}\left(\theta\Big/\frac{1}{2}\alpha\right)$. 그러므로, 상관함수는 $I(\theta)$의 푸리에 변환으로 다음과 같다(§8.3.4):

$$\gamma(k_0 r) \;=\; \frac{2J_1(k_0\alpha r/2)}{k_0\alpha r/2} \tag{11.49}$$

이것은 $r=1.22\lambda/\alpha$ 일 때 처음으로 0이 된다.

예를 들어, 베텔지우스(Betelgeuse)의 각지름은 0.07 아크초=0.34 μrad이고 녹색빛의 결맞음 영역은 지름이 약 1.9 m인 원이다 (그림 11.13). 값이 처음으로 0이 되는 곳을 지나면, (11.49)에 따르면 다시 상관도가 음수와 양수가 되는 영역이 나타나는데, 이것은 별의 테두리에서 세기가 갑자기 0으로 떨어지기 때문이고, 그렇지 않고 세기가 서서히 잦아들면 그 영역이 생기지 않는다; 이 현상이 '테두리 어두워짐(limb darkening)'이다. 이러한 측정의 몇 가지 결과를 §11.8에서 설명한다.

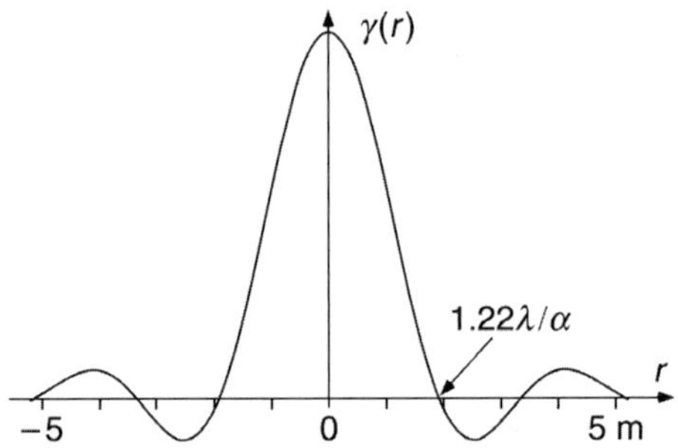

그림 11.13 각지름 α인 둥근 별의 결맞음 함수 $\gamma(r)$. 가로축에 각지름 0.07 아크초인 베텔지우스에서 나오는 파장 550 nm인 빛에 대한 실제의 거리를 함께 보였다.

11.6.4 큰 광원에서 나오는 빛의 부분 결맞음

θ가 작지 않은 특별한 예가 **현미경 조명**인데, 시료를 비추는 빛원뿔의 꼭지각 α가 π에 가깝다 (§12.2.7). (11.48)에서 계속하여 $u=k_0\sin\theta$, $du=k_0\cos\theta\, d\theta$를 쓰면 1차원 광원에 대해 다음 식을 얻는다:

$$\gamma(x) = \frac{\int_{-k_m}^{k_m} du\ [I(\theta)/\cos\theta]\exp(-iux)}{\int_{-k_m}^{k_m} du\ [I(\theta)/\cos\theta]} \qquad (11.50)$$

여기에서 $k_m = k_0 \sin(\alpha/2)$이다. 람베르트 광원(예를 들어 흑체, §14.1.2)이면 $I(\theta) \sim \cos\theta$이므로, (11.50)은 $\gamma(x) = \mathrm{sinc}(k_m x)$가 된다. 광원이 아주 큰 극한에서는 $\alpha = \pi$이고, $\gamma(x) = \mathrm{sinc}(k_0 x)$이다. 결맞음 거리 x_c는 $\gamma(x)$의 값이 처음으로 0이 되는 x, 곧 $x_c = \lambda/2$이다. x와 y쪽 양쪽으로 아주 큰 광원에 대해서는 둥근 광원에 대한 결과인 $\gamma(x) = 2J_1(k_0 r)/k_0 r$에서 $r_c = 0.61\lambda$이다.

11.6.5 공간 결맞음의 두 가지 실험실 시연

반 씨텔트-쩨르니케 정리는 §11.6.1의 실험으로 보여줄 수 있다: 결 어긋난 광원에서 나오는 빛을 간격 x인 두 바늘구멍 P_1과 P_2에 비춘다 (그림 11.11). 그 간섭무늬의 가시도(§11.3.2)를 재면 두 바늘구멍에서 나오는 빛의 결맞음을 알 수 있다. 간단한 1차원 실험에서는 광원은 폭 a인 실틈 S로서 P_1P_2와 직각방향으로 세워져 있다. 그러면 P_1과 P_2에서 나오는 빛의 결맞음을 기술하는 함수는 다음과 같다:

$$\gamma(x) = \mathrm{sinc}\left[k_0 x \sin\left(\frac{a}{2L}\right)\right] \approx \mathrm{sinc}\left(\frac{\pi a x}{\lambda L}\right) \qquad (11.51)$$

이 함수는 (11.50)의 푸리에 변환이다. a가 0에서 점점 커지면, P_1과 P_2에서 나오는 빛의 결맞음은 1에서 시작하여 $a = \lambda L/x$일 때 0이 된 다음, a가 더 커지면 진폭이 크게 줄어 진동한다. 그림 11.14는 몇 가지 a값에 대해 관찰한 간섭무늬인데, 가시도는 확실히 같은 꼴이다. γ가 음수가 되면 간섭무늬가 반주기($\phi = \pi$) 만큼 이동함을 눈여겨보라.

이 실험은 별처럼 가까이 갈 수 없는 광원의 각지름을 재는데 쓰는, 근본적으로 중요한 몇 가지 간섭계의 바탕이 된다. 이들은 §11.8에서 설명한다.

둘째 실험실 시연은 비낌 간섭계(§9.4)를 써서 결맞음 함수를 직접 잰다. 비낌 간섭계는 중심이 $\boldsymbol{r}=0$에 있는 빛과 $\boldsymbol{r}$에 있는 빛의 간섭무늬를 보여준다. 그러므로 간섭무늬의 명암비가 곧 $\gamma(\boldsymbol{r})$이다. §11.6.4의 설명에 따라 결 어긋난 네모꼴 광원을 쓰면 그림 11.15과 같은 결과를 얻는다.

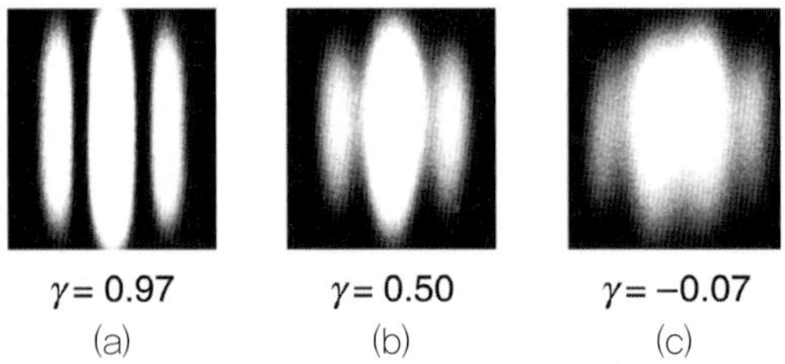

그림 11.14 공간 결맞음도가 다른 빛이 만드는 영의 간섭무늬: (a) γ=0.97; (b) γ=0.50; (c) γ= −0.07. 특히 (c)의 중앙에 있는 골짜기는 결맞음 함수의 값이 음수임을 나타낸다.

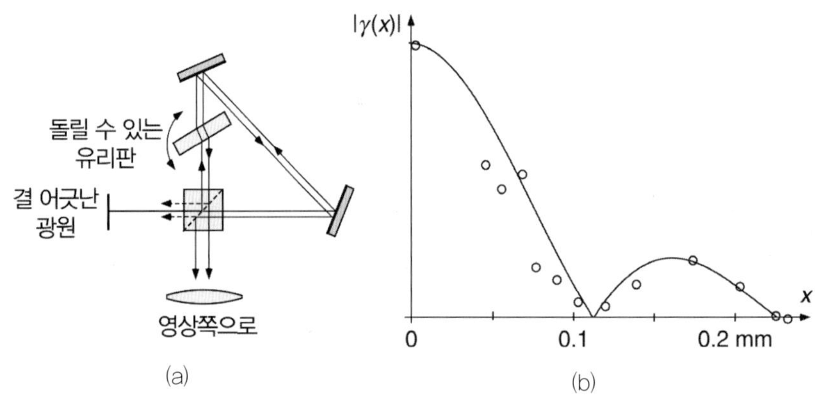

그림 11.15 (a) 결맞지 않는 네모꼴 광원의 결맞음 함수를 재는 비낌 간섭계, (b) 실험 결과와 (11.51)의 이론으로 셈한 결과의 비교.

11.7 빔의 흔들림, 고전적 광자 통계 및 결맞음과의 관계

§11.1.2에서 빔이 아무리 세도 반응시간이 아주 빠른 검출기로 재면 세기가 흔들리는 것을 보였다. 그 논리는 완전히 고전적이며, 레이저가 발명되자 이것을 다시 살펴볼 필요가 생겼다. 특히 레이저와 재래식 광원에서 나오는 빛의 통계적 특성의 기본적인 차이를 찾아내고자 했는데, 이 주제는 14장에서 다시 다룬다. 이 절에서는 고전적 이론을 아주 간단히 설명하는데, 그것도 중요한 쓰임새가 있다. 흔들림에 관한 양자이론은 14장에서 짧게 설명한다. 고전적 결과의 놀라운 특징은 사실 양자이론의 결과와 비슷하다는 점이다; 대략 1977년에야

둘 사이의 중대한 차이가 실험적으로 발견되었다 (§14.3.1).

빔 자체를 살펴보기 전에, 흔들림을 검출하려는 실험에서 재는 것이 정확히 무엇인가를 정리하자. 물론 그 답은 빛검출기에서 나오는 전류이다. 이 주제를 다룰 때는 실제로 보는 것이 광음극에서 튀어나오는 낱낱의 전자라는 사실을 고려해야 한다 (반도체 소자 등을 쓰는 것도 비슷하게 기술할 수 있다). 이 실험에서는 흔들림의 근원이 둘이다. 첫째는 전자를 알알이 내놓는 비율의 평균값이 들어오는 빛의 순간 세기에 비례하기 때문에 생긴다; 둘째는 빛의 순간 세기 자체가 긴시간 평균값을 중심으로 흔들리기 때문에 생긴다. §11.1.2에서 '순간 세기'라는 말은 $T_1 < \tau_c$ 동안의 평균값을 뜻함을 상기하자.

시간 $\delta t \ll \tau_c$ 동안의 튀어나온 전자 수의 평균값은 $\bar{n} \equiv \langle n \rangle = \langle I(t) \rangle \eta \delta t / \hbar\omega$이다. 여기에서 $\langle I(t) \rangle$는 시간 δt 동안의 평균 세기이고 η는 **양자효율**(guantum efficiency)로, 에너지 $\hbar\omega$인 광자가 음극에 들어갈 때 전자가 하나 튀어나올 확률이다. 그렇지만, 튀어나오는 전자의 정확한 수는 통계적이며, 위의 평균값을 중심으로 푸아송 분포를 한다. δt 동안 전자가 n개 튀어나올 확률은 다음과 같다:

$$p(n) = \frac{\bar{n}^n}{n!} \exp(-\bar{n}) \tag{11.52}$$

푸아송 분포의 분산 또는 흔들림의 제곱의 평균은 잘 알려져 있고, 평균값과 같다:

$$\langle (\Delta n)^2 \rangle_{T_1} \equiv \langle n^2 \rangle - \bar{n}^2 = \bar{n} \tag{11.53}$$

이것이 전류가 흔들리는 이유들 중의 하나이다. $\bar{n}$은 신호를 잡는 시간 동안의 평균 세기에 따라 결정되는데, 그 평균 세기 자체가 흔들리는 변수이므로, 아주 긴 시간 $T_0 \gg \tau_c$ 동안의 $\bar{n}$의 평균값을 다음과 같이 정의할 수 있다: $\bar{\bar{n}} = \langle I(t) \rangle_{T_0} \eta \delta t / h\omega$. 그러면 $\langle (\Delta n)^2 \rangle_{T_1}$의 기대값은 $\bar{\bar{n}}$이 된다.

둘째 흔들림의 근원은 $\langle I(t) \rangle$ 자체의 흔들림인데, 이미 §11.1.2에서 다루었다. 그 때, (11.9)에서 차이의 제곱의 평균값은 다음과 같다:

$$\left\langle \left(\langle I(t) \rangle_{T_1} - \langle I(t) \rangle_{T_0} \right)^2 \right\rangle_{T_0} = a^4 N^2 = \left[\langle I(t) \rangle_{T_0} \right]^2 \tag{11.54}$$

이것을 시간 δt 동안 튀어나온 전자의 수로 나타내면 다음과 같다:

$$\langle(\Delta\bar{n})^2\rangle_{T_0} \equiv \langle(\bar{n}-\bar{\bar{n}})^2\rangle_{T_0} = \bar{\bar{n}}^2 \tag{11.55}$$

$\Delta\bar{n}$과 Δn은 상관이 없으므로, 시간 T_1 동안의 광전자 계수의 전체 분산은 낱낱의 분산을 더한 것이다:

$$\langle(n-\bar{\bar{n}})^2\rangle_{T_0} = \langle(\Delta\bar{n})^2\rangle_{T_0} + \langle\langle(\Delta n)^2\rangle_{T_1}\rangle_{T_0} = \bar{\bar{n}}^2 + \bar{\bar{n}} \tag{11.56}$$

이 식에서 특기할 것은 어떤 상태에 있는 광자수의 분산은 확실히 양자적 기술인 질량이 없는 보제-아인슈타인 입자(Landau & Lifshitz, 1980을 보라)의 분산과 같다는 것이다. 14장에서 그것에 대한 설명의 실마리를 주겠다.

위의 논리는 완전히 고전적이며, 준단색빛을 빛검출기로 받으면 전자가 튀오나오는 과정은 푸아송 통계가 지배하는 순수한 마구과정이 아님을 보여준다. 그러므로 광전자 방출은 어떤 식으로든 상관이 되는데, 그것을 **광자 뭉침(photon bunching)**이라고 한다. 빛이 아주 세면 $\bar{\bar{n}} \ll \bar{\bar{n}}^2$이므로 n은 0과 $2\bar{\bar{n}}$ 사이에서 흔들린다.

$\bar{\bar{n}}^2$이 시사하는 광자 뭉침의 개념은 빛 진단기를 통해 이해할 수 있다. 이제 간섭무늬를 보는 대신 출구 B_1과 B_2에 두 검출기를 두고, 그것에서 나오는 전류 i_1과 i_2를 전자회로를 써서 상관시키자. 앞에서 지적했듯이, 이 전류는 평균 세기 $\langle I_1(t)\rangle_{T_1}$과 $\langle I_2(t)\rangle_{T_1}$에 비례한다. §11.1.2의 모형을 쓰면 이 세기의 상관도를 셈할 수 있다. 기본 빛 j가 A_1에 들어올 때는 위상이 ϕ_j이고, A_2에 들어올 때는 시각이 다르므로 위상이 ψ_j로 진행방향에 따라 결정된다. (11.3)에서

$$\begin{aligned}\langle I_1(t)I_1(t)\rangle &= a^4\Big\langle \sum_{j=1}^{N}\exp[i(\omega_j t+\phi_j)]\sum_{j=1}^{N}\exp[-i(\omega_j t+\phi_j)] \\ &\quad\times\sum_{j=1}^{N}\exp[i(\omega_j t+\psi_j)]\sum_{j=1}^{N}\exp[-i(\omega_j t+\psi_j)]\Big\rangle \\ &= a^4\Big\langle\sum_{j,k,\ell,m=1}^{N}\exp\{i[(\omega_j-\omega_k+\omega_\ell-\omega_m)t+(\phi_j-\phi_k+\psi_\ell-\psi_m)]\}\Big\rangle\end{aligned} \tag{11.57}$$

시간평균을 긴 시간 $T_0 \gg 1/\epsilon$에 대해 하면, 0이 아닌 항은 $j=k$와 $\ell=m$일 때 뿐이므로, $\langle I_1(t)I_1(t)\rangle_{T_0}=a^4N^2$이다. 그렇지만, $|\phi_j-\psi_m|_{최대}$와 $|\phi_k-\psi_\ell|_{최대}$이 $\ll \pi/2$이면, $j=m$

와 $k=\ell$인 항에서 $a^4N(N-1) \approx a^4N^2$인 값이 더 나온다. 이 조건은 A_1과 A_2의 상대적 위치의 함수이다.

예를 들어, A_1과 A_2가 앞뒤에 있어 위상차가 지연시간 τ 때문에 생긴다면 $\phi_j=\omega_j\tau$이고 (11.57)의 평균 값에 둘째 조건의 항을 넣어야 할 때는 $\tau \ll \pi/\left[2|\omega_\ell-\omega_m|_{최대}\right]=\pi/\epsilon \approx \tau_c$로 결맞음 시간 보다 훨씬 짧을 때 뿐이다. 그러면 $I_1 \equiv I(t)$, $I_2 \equiv I(t+\tau)$이고 **세기** 또는 **2차 결맞음 함수**를 다음과 같이 정의할 수 있다:

$$\gamma^{(2)}(\tau) = \frac{\langle I(t)I(t+\tau)\rangle_{T_0}}{\langle I(t)\rangle^2_{T_0}} \tag{11.58}$$

함수 $\gamma^{(2)}(\tau)$의 전형적인 꼴은 그림 11.16과 같고, $\gamma^{(2)}(0)=2$이고 $t\to\infty$이면 $\gamma^{(2)}\to 1$이다. 광자 뭉침은 $\tau<\tau_c$일 때 강하게 상관되는 것으로 나타난다. 광전자 계수를 써서 풀이하자면, 이것은 광전자가 마구 튀어나오는 과정과 비교하면, 이 과정에서는 광전자가 하나 튀어나올 때, τ_c안에 광전자가 하나 더 튀어나올 확률이 더 높다는 것이다 [그림 14.7(c, d)를 보라]. 이 것은 14장에서 양자 현상을 다룰 때 다시 설명한다.

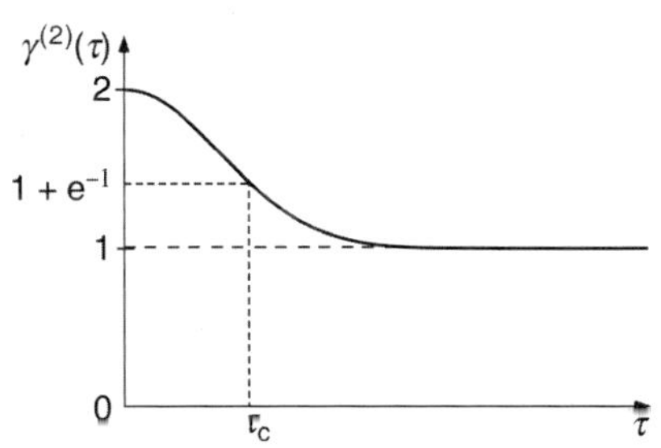

그림 11.16 세기의 시간 결맞음 함수 $\gamma^{(2)}(\tau)$. $\tau<\tau_c$일 때 상관이 커진다.

> 광자 뭉침은 일방통행로의 교통상태와 비슷하나. 자는 통계적으로 오기 보다는 편균-보다-느린 차 뒤에 뭉쳐서 오는 경향이 있다.

공간 결맞음에 대해서도 비슷한 셈을 할 수 있다. 이 때는 $\phi_j-\psi_j$는 광원의 한 점에서 나와 A_1과 A_2에 올 때의 위상차를 나다내며, 따라서 A_1과 A_2가 결맞음 영역 속에 들어있으면 상관도가 커진다. 이 모형을 써서 γ를 위상차의 함수로 나타내면, 다음의 관계식이 나온다 (문제 11.11):

$$\gamma^{(2)}(\boldsymbol{r},\tau) = 1+|\gamma^{(2)}(\boldsymbol{r},\tau)|^2 \tag{11.59}$$

따라서 시간 결맞음도와 공간 결맞음도는 각각 $\gamma^{(2)}(\tau)$와 $\gamma^{(2)}(\boldsymbol{r})$를 살펴보아 잴 수 있다.

브라운(Brown)과 트위스(Twiss)는 1955~7년에 이러한 착상을 발전시켜 실험적으로 확인했다. 꼭 알아야 할 것은 흔들림의 진동수 분포는 0에서 $1/\tau_c$까지는 실질적으로 평평하며, 따라서 대역폭이 δf인 실험장치로 잰 흔들림은 $\delta f \tau_c$를 곱한 것 만큼 줄어든다. 파장대역이 넓은(흰) 빛에서는 이 인자가 너무 작은데, 1950년대의 전자 검출기의 대역폭은 아마도 $\delta f \approx$ 50 MHz였을 것이다. 그러므로 브라운과 트위스는 1956년에 한 그들의 연구실 실험에서는 대역폭이 좁은 단색빛을 써서 τ_c를 상대적으로 길게하여 흔들림의 진폭을 최대로 키웠다. 그들은 두 개의 광전지에서 나오는 전기신호를 기록했고 (그림 11.17), 그것은 이론과 맞아 **세기 간섭계측법(intensity interferometry)**이라는 관측천문학 기법에 이르는 길을 닦았다 (§11.8.3).

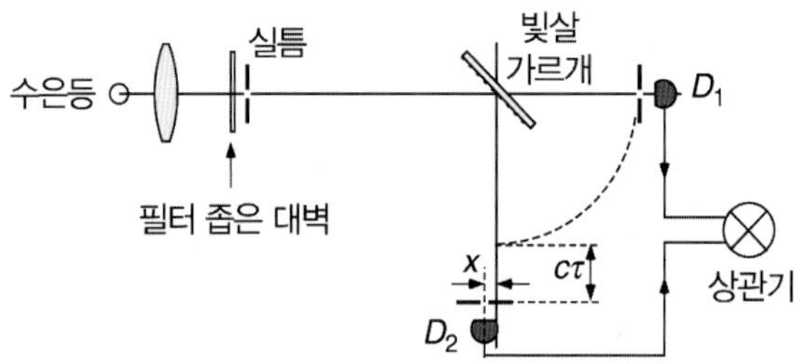

그림 11.17 세기의 흔들림의 상관함수를 재어 시간 및 공간 결맞음을 재는 방법 [Brown, Twiss, (1956)].

(11.60)에서 고전적인 빛은 모두 $\gamma^{(2)}(\tau) \geq 1$임이 확실하다. 14장에서는 $\gamma^{(2)}(0) < 1$로 **고전적 대응이 없는 양자적인 빛이 있다**는 것을 보이겠다.

11.8 천문학에서의 결맞음 이론의 쓰임새: 구멍 합성

결맞음성 연구는 천문학에 크게 기여했는데, 그것은 공간 결맞음 함수를 재면 멀리 있는 광원의 세기분포를 알 수 있기 때문이다. 위에 소개한 시나리오에서는 광원의 각크기가 아주 작고, 주변은 아주 어두운데, 이것은 물론 천문학에 딱 맞는 조건이지만, 전형적인 결맞음 거리가 수 m이므로 장치가 아주 커야한다.

착상은 결맞음 이론이 정립되기 훨씬 전에 제시되었고, 사진기 렌즈 앞에 간격 $d \approx 1.5$ mm인 두 실틈을 대고 찍은 여러 고립된 광원의 사진을 써서 대충 보일 수 있다 (그림 11.18). 낱낱의 광원의 상은 영의 간섭무늬를 만들며, 명암비는 공간 결맞음 함수 $\gamma(d)$를 통해 광원의 크기에 따라 달라진다. 그림의 사진에는 나트륨 방전등($\lambda = 600$ nm)을 쓰는 가로등 여러 개가 여기저기(사진 오른쪽에 대충 나타냈다)에 퍼져 있다. 광원 자체의 크기는 약 20 cm이므로, 이들의 각지름은 얼추 (20 cm/거리)이다. 가장 먼(약 2.5 km 떨어진) 가로등의 상이 만드는 간섭무늬의 명암비가 가장 큰 것을 쉽게 알 수 있다. 그 가로등이 약 450 m 떨어져 있으면 결맞음 거리는 약 1.5 mm이다. 별 간섭계측법의 핵심은 그러한 관측을 정량적으로 하는 것이다. 베텔지우스는 맨 눈으로 볼 수 있는 별 가운데 가장 큰데, $\lambda = 500$ nm인 빛에 대해 결맞음 거리가 약 2 m이고, 따라서 그러한 측정을 하는 천문대는 적어도 그 정도로 커야 한다. 그러나 더 먼 별은 각지름이 훨씬 작으므로 천문대의 크기가 수십 또는 수백 m가 되어야 한다 (그림 11.1을 보라).

그림 11.18 나트륨 가로등이 여기저기 피져 있는 도시 야경 사진. 사진기 앞에 간격 약 1.5 mm인 두 실틈을 두어 찍었다. 멀수록 간섭무늬 가시도가 좋아진다.

11.8.1 마이컬슨 별 간섭계

별의 지름을 처음으로 성공적으로 잰 사람은 마이컬슨으로, 그는 1890년에 별 간섭계를 꾸며 몇몇 큰 별의 지름을 쟀다. 그 장치는 §11.6.1에서 설명한 빛 진단기를 실제로 꾸민 것인 셈이다. 그 간섭계(그림 11.19)는 출구 M_2와 M_3의 크기가 거리 M_2M_3 정도이므로, 간섭무

대기의 흔들림 때문에 어떤 천체망원경도 레일리 분해능 한계(§12.2.1)을 내지 못한다. 대기 흔들림은 간섭무늬를 이리저리 옮길 뿐 가시도에는 영향을 주지 않는다. 대기 흔들림은 §12.7에서 더 자세히 설명한다.

늬는 몇 개만 생기고 (11.29)의 시간차 τ_p는 작다. 그래서 받는 빛의 대역폭을 줄이지 않아도 된다. §11.6.5에 서술한 실험에서 간섭무늬의 가시도를 바늘구멍 간격 $x = M_1M_4$의 함수로 재면 광원의 크기와 관련된다는 것을 보았다; 반-씨텔트 쩨르니케 정리(§11.6.3)에 따르면 간섭무늬의 가시도와 관계가 있는 $\gamma(x)$를 푸리에 변환하면 P_1P_2 쪽의 별빛의 세기분포가 나온다. 그러나 실제로는 간섭무늬 가시도에서 $|\gamma(x)|$만을 재고 위상은 알지 못하므로, 푸리에 변환을 완전하게 얻지 못한다. 그렇지만, 마이컬슨은 별은 대칭중심이 있다고 가정하여 문제를 풀었다. 이 점은 §12.7.1에서 다른 것과 관련하여 설명한다.

마이컬슨이 만든 첫 '개념 증명' 별 간섭계는 망원경 대물거울을 차단막으로 덮고, 구멍을 두 개 뚫어 그 간격을 조절할 수 있게 했다. 그 장치를 써서 목성의 달 가운데 하나의 지름을 쟀다. 망원경의 점퍼짐 함수는 구멍난 차단막 때문에 에어리 원반에 간섭무늬가 겹친 꼴이 된다 (그림 11.19에 끼운 그림과 비슷하다). 광원의 각지름이 α이면, 간섭무늬의 가시도는 두 바늘구멍을 지나온 빛의 결맞음에 따라 달라진다. 바늘구멍 간격이 커지면, 간섭무늬가 점점 흐려져 그 간격이 $1.22\lambda/\alpha$이면 완전히 사라진다. 마이컬슨은 이 특성을 써서 지름을 쟀다.

별의 각지름 α가 작으면, 두 구멍의 간격을 크게 늘려야 간섭무늬가 완전히 사라진다. 앞에서 베텔지우스의 각지름을 잴 때 두 구멍을 적어도 2 m는 떼어 놓아야 함을 보았다. 마이컬슨은 이 문제를 거울을 써서 멋지게 풀었다. 그림 11.19는 캘리포니아주 파세데나의 윌슨산에 있는 망원경에 올려 놓았던 (빛 진단기와 비슷한) 거울 장치이다. 이것은 거울 M_1과 M_4에 들어오는 빛의 결맞음을 재는데, 이 두 거울은 간격을 맞출 수 있게 미끄럼대에 위에 올렸다. 관찰하는 간섭무늬는 두 구멍 M_2와 M_3에서 오는 빛이 만들며, 따라서 두 구멍을 가까이 두어 간섭무늬 간격을 보기 편하게 키울 수 있다. 별빛은 단색이 아니므로, 별에서 상평면까지의 광로 길이를 파장 정도까지 같게 맞춰야지 그렇지 않으면 가시도 측정의 정확도가 떨어진다. 이것은 먼저 망원경을 별에 맞춘 다음 (그러면 페르마 원리에 따라 경로가 같아진다), 남아있는 작은 경로차는 두 빛살의 경로에 끼운 유리판을 기울여가며 지운다. 그러고도 남는 대기의 경로차로 생기는 흔들림은 실험가의 기량으로 극복해야 한다.

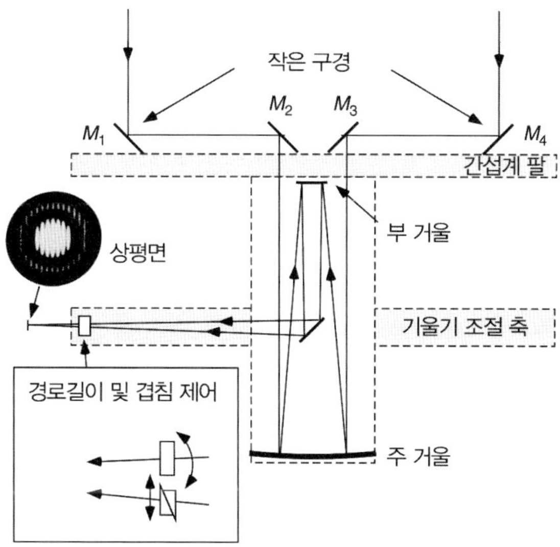

그림 11.19 마이컬슨 별 간섭계의 얼개. 간섭무늬를 보면서 한 쌍의 미끄럼 프리즘을 써서 경로차를 지울 수 있고, 보상판을 돌려 두 영상을 겹친다. 간섭무늬 그림은 시늉내기로 얻은 것이다.

간섭계 팔의 길이는 베텔지우스의 지름에 대해 에딩턴(Eddington)이 이론적으로 추정한 값을 확인할 수 있게 충분히 길게 잡았다. 글상자 11.2를 보라.

가장 성공적인 별 간섭계는 지름 2.5 m인 윌슨산 망원경에 길이 6 m인 미끄럼대를 올려 꾸민 것이다 (Michelson, 1927). 별빛을 받는 두 거울 M_1과 M_4의 지름은 약 10 cm였다. 불행히도, 이 장치는 빛을 효율적으로 쓰지 못했고, 대기 흔들림으로 간섭무늬가 춤을 추어 아주 밝은 별만 잴 수 있었다. 마이컬슨과 동료들은 20여개의 별을 쟀다. 그렇지만, 이 연구는 간섭무늬의 결맞음을 재면 대기 흔들림의 방해를 극복하여 분해능을 얻을 수 있음을 증명했고, 이것이 나중에 싹틀 여러 방법의 씨앗이 되었다.

글상자 11.1 위상 닫힘과 구멍 가리기로 얻은 별의 상

$\gamma(\boldsymbol{r})=|\gamma(\boldsymbol{r})|\exp[i\phi(\boldsymbol{r})]$을 잰 값을 써서 별의 상을 만들려면, $|\gamma(\boldsymbol{r})|$는 물론 $\phi(\boldsymbol{r})$도 알아야 한다. 대기 흔들림이 없어 간섭무늬가 흔들리지 않으면 원리적으로는 광축에 대한 간섭무늬의 중심의 위치를 찾아 위상도 결정할 수 있지만, 실제로는 그렇게 할 수 없다. 그렇지만, 여러 간섭무늬를 동시에 재면 똑같은 대기 흔들림의 영향을 받으므로 위상을 비교할 수는 있다. 마이컬슨의 '개념 증명' 실험에서 구멍 A_1, A_2, A_3 세 개를 써서 빛을 받는다고 하자. 그러면 세 무리의 간섭무늬가 동시에 생기고, 벡터거리 A_1A_2, A_2A_3, A_3A_1이 모두 다르면 이 간섭무늬는 주기

와 방향이 다르므로 구별할 수 있다. 이제 A_i에 오는 빛이 대기를 지나면서 생긴 위상이동이 ψ_i ($i=1, 2, 3$)라면, A_iA_j 때문에 생긴 간섭무늬는 제 위치에서 $\psi_i - \psi_j$ 만큼 이동한다. 그러므로, 측정된 간섭무늬의 위상은 $\phi(A_iA_j)+\psi_i-\psi_j$이다. 이제 세 간섭무늬를 동시에 재어, 간섭무늬의 위상을 모두 더한 값은 다음과 같다:

$$\begin{aligned}\Phi_{ijk} &= [\phi(A_iA_j)+\psi_i-\psi_j] + [\phi(A_jA_k)+\psi_j-\psi_k] \\ &\quad + [\phi(A_kA_i)+\psi_k-\psi_i] \\ &= \phi(A_iA_j)+\phi(A_jA_k)+\phi(A_kA_i) \end{aligned} \tag{11.60}$$

이것은 **대기 위상과는 무관하다** (또는, 망원경 구성이나 다른 국소 위상 오차와도 무관하다). 이 **위상 닫힘**(phase closure) 공식을 쓰면, 구멍 A_i를 셋 이상 내어 간섭무늬를 동시에 재면 위상 γ를 결정할 수 있고, 따라서 별의 참된 상을 그려낼 수 있다. 이것은 엑스-선 회절무늬에서 위상을 결정하는 직접 방법(§8.8)을 떠올리게 한다.

11.8.2 전파 천문학의 구멍 합성

> 마이컬슨의 '구멍 가리기'실험은 구멍 여러 개를 겹치지 않게, 간격이 다르게 뚫은 '겹치지 않는 배열'과 위상 닫힘 공식을 씀으로써 되살아났다. 이로써 큰 별의 멋진 상을 많이 얻었다(Tuthill 등, 2000). 편의상, 가리개는 카세그레인 망원경의 주거울이 아니라 부거울 앞에 둔다.

마이컬슨이 광학 망원경을 써서 한 개척자적인 실험 뒤에도 간섭계측 천문학은 1932년 얀스키(Jansky)가 1932년 별에서 전파가 나오는 것을 발견하여 그 발견으로 **전파 천문학**(radio astronomy) 분야가 생길 때까지 잠잠히 있었다. 전파 검출과 빛 검출의 가장 큰 차이는 전파 대역에서는 천체에서 오는 신호의 전기장(진폭과 위상)을 직접 잴 수 있다는 것이다. 이것은 안테나에서 오는 전류를 아주 안정된 국소 발진기에서 뽑아낸, 주파수가 비슷한 전류와 섞어(heterodyning) 두 신호의 맥놀이 신호를 만들어 기록한다. 맥놀이 신호의 대역폭은 신호처리 회로의 주파수 반응이 결정한다. 다른 안테나에서 얻은 맥놀이 신호를 실시간으로 간섭시킬 수도 있고, 기록한 신호를 가지고 나중에 간섭시킬 수도 있다. 이 방식은 멀리 떨어진 안테나를 써서 간섭계측을 할 수 있으므로, 안테나 여러 대를 아주 큰 규모로 배열하여 아주 큰 전파 망원경의 흉내를 냄으로써 전파 대역에서 천체 전파원의 상을 높은 분해능으로 얻을 수 있다.

라일(M. Ryle)이 마이컬슨이 별의 상을 잴 때 두 구멍의 간격 $\boldsymbol{r}$을 조절했던 방법을 전파 망원경의 안테나에도 쓸 수 있다는 것을 깨달아 전파 천문학을 혁신시켰다: 여러 안테나에서 얻은 신호를 나중에 둘씩 짝 지어 상관시켜 $\gamma(\boldsymbol{r})$을 만들어 낸다. 이 기법은 반 씨텔트-쩨르니케 정리(§11.6.3)를 곧바로 쓰는 것으로 **구멍 합성**(aperture synthesis)이라고 한다. 이 이름이 붙은 까닭은 구멍이 큰 망원경을 쓰는 대신, 그 구멍에 해당하는 영역 속의 최대한 많은 곳 $\boldsymbol{r}$에서 빛을 받아 신호를 뽑아내 실질적으로 같은 효과를 내기 때문이다. 낱낱의 망원경의 위치를 잡을 때는 합성된 구멍에서 신호가 고르게 뽑히게 하며, 맨 나중에 얻는 상의 분해능은 가장 먼 두 안테나의 간격이 결정한다. 라일은 구멍 합성을 실현한 업적으로 1974년 노벨 물리학상을 받았다.

두 전파신호를 섞어 맥놀이 신호를 얻으려면 전파신호가 준단색이어야 한다. 왜냐하면 맥놀이 신호의 대역폭은 국소 발진회로의 주파수보다 훨씬 낮기 때문이다. 예를 들어, 고른 파장이 10 cm, 대역폭이 100 MHz라면, 주파수에 대한 선폭의 비율 ϵ/ω_0는 0.03이다 (그림 11.4를 보라). 전파 천문학에서 구멍 합성 기법에 관해 자세한 설명은 다음 책을 보라: Rohlfs (1996), Thompson (2001). 최근에는 기법을 적외선 영역까지 확장했는데, 이 때는 국소 발진기로 주파수 안정 레이저를 쓴다 (Hale 등, 2000).

구멍 합성 기법의 바탕은 다음과 같다. 마이컬슨 별 간섭계를 써서 두 구멍으로 들어오는 빛의 간섭무늬를 관찰한다고 하자. 전파를 쓸 때는 감도가 좋은 점 수신기[49] 두 대를 $\boldsymbol{r}_0$와 $\boldsymbol{r}_0+\boldsymbol{r}$에 두고, 간격 $\boldsymbol{r}$을 필요한대로 바꾼다. 두 수신기에서 나오는 신호 $E(\boldsymbol{r}_0, t)$와 $E(\boldsymbol{r}_0+\boldsymbol{r}, t)$를 일정시간 기록하여 (11.62)를 써서 $\gamma(\boldsymbol{r})$을 셈한다.

합성구멍의 크기와 신호 뽑기를 할 때는 두 가지 보양을 따진다:

- 지구가 자전하므로 벡터 $\boldsymbol{r}$은 하루 동안에 관성계에 대해 원뿔을 그린다 (그림 11.20). 이 궤적을 별을 향한 시선방향 $\hat{\boldsymbol{s}}$와 직교하는 (x, y)평면에 투영하면, 하루 동안 안테나의 기선이 그리는 유효 구멍을 얻는다. 그림에는 남북 기선과 동서 기선의 일주 운동 궤적을 보였다.

49) 전파 망원경의 안테나는 보통 포물면을 써서 천체에서 오는 전파를 모으므로, 천체를 보는 쪽을 향할 때 가장 민감해진다. 이 착상은 §9.2.5의 블레이즈 회절격자를 쓰는 것과 비슷하다.

• §11.6.2에서 공간 결맞음 함수 $\gamma_{A_1A_2}(\tau=0)$을 소개할 때 이것의 푸리에 변환이 광원의 상임을 보였는데, 이 때 A_1과 A_2가 같은 파면 위에, 결맞음 길이 안에 있어야 한다고 가정했다. 하지만 구멍 합성을 할 때는 두 안테나가 모두 지면에 있어야 하므로 그 조건을 꼭 맞출 수는 없다. 그렇지만, A_2에 오는 신호를 A_1에 오는 신호에 지연 시간 $\mathbf{r}\cdot\hat{\mathbf{s}}/c$를 넣어 상관시킬 수 있다 [그림 11.20(b)]. 그러면 결맞음 함수는 다음과 같다:

$$\gamma(\mathbf{r}) = \frac{\langle E(\mathbf{r}_0,t)E^*(\mathbf{r}_0+\mathbf{r},t-\mathbf{r}\cdot\hat{\mathbf{s}}/c)\rangle}{\sqrt{\langle|E(\mathbf{r}_0,t)|^2\rangle\langle|E(\mathbf{r}_0+\mathbf{r},t)|^2\rangle}} \tag{11.61}$$

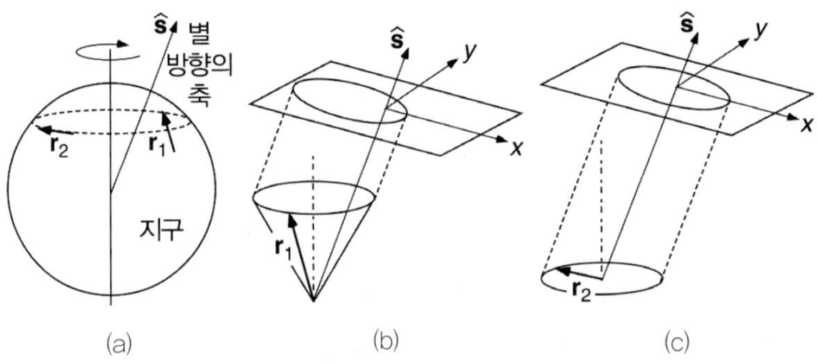

그림 11.20 전파 천문학의 구멍 합성: (a) 두 기선 벡터 $\mathbf{r}_1$(남북)과 $\mathbf{r}_2$(동서); (b)와 (c) $\mathbf{r}_1$과 $\mathbf{r}_2$의 일주운동 궤적과, 그것을 시선과 직교하는 (x, y)평면에 투영한 모양.

> 구멍 합성으로 조사할 수 있는 것은 실험하는 동안 내는 빛이 크게 변하지 않는 별뿐이다.

여기에서 복소 켤레 E^*는 E를 힐버트 변환하여 얻는다. $\gamma(\mathbf{r})$이 실함수인 광원 세기의 푸리에 변환이므로 $\gamma(\mathbf{r})=\gamma^*(-\mathbf{r})$이고, 어떤 $|\mathbf{r}|$에서 자료를 뽑는 것은 12시간이면 된다. 하루 시간의 일부는 지구에 가려지거나 하여 자료를 뽑지 못할 수도 있는데, 다음 반나절마다 안테나 간격을 조금씩 바꾸어 (수 km에 이르는) 천문대 기선의 길이와 관측자의 인내심이 허용하는 최대값까지 할 수 있다. 확실히, 구멍 합성의 바깥 크기는 가장 긴 기선이 결정하지만, 그 보다 작은 모든 $\mathbf{r}$에 대해 $\gamma(\mathbf{r})$을 재지는 않는다. $\gamma(\mathbf{r})$을 잰 다음에는 반 씨텔트-쩨르니케 정리를 써서 신호로 잡은 파장에서 안정된 전파를 내는 우주의 세기분포를 그려낸다. 합성 망원경의 점퍼짐 함수는 $\gamma(\mathbf{r})$을 잰 $\mathbf{r}$에 구멍이 숭숭 난 '구멍 가리개'의 회절무늬이며, 최상의 그림을 얻으려면 이렇게 얻은 상을 디콘볼루션 처리해야 한다.

분해능은 망원경 배열의 최대 크기가 결정한다. 예를 들어, 그 길이가 4 km이면, 파장 2 cm

인 전파에 대해 각분해능은 5×10^{-6} rad으로 얼추 1 아크초인데, 이것은 광학 망원경으로 볼 때와 거의 같다. 실제의 구멍 합성 천문대에서는 동시에 두 대 이상의 안테나를 쓰지만 원리는 같다.

이것을 극단적으로 밀면 전세계의 전파 망원경을 묶어 아주 정확한 원자시계로 시간을 맞추면서 같은 별을 동시에 잴 수 있다. 그 결과는 중심 연구실에서 처리할 수 있을 것이다. 이것이 **아주 긴 기선 간섭계(very long vaseline interferometry: VLBI)**이다 (Kellerman, Thompson, 1988). 구멍 합성을 쓰면 여러 대륙에 걸친 기선이 결정하는 분해능으로 전파 우주를 살펴볼 수 있다. 물론 이 때는 두 망원경으로 같은 별을 동시에 보아야 하므로 가리개에 구멍을 아주 성기게 뚫어야 한다.

11.8.3 브라운과 트위스의 세기 간섭계

광학 별 간섭계에서 그 다음 주요 발전은 브라운과 트위스가 1956~1972년에 한 연구이다. 그들은 세기 흔들림(§11.7)의 상관을 써서 $|\gamma(\boldsymbol{r})|$을 잴 수 있고, 이 때 관찰신호의 진동수 대역 δf를 잘 고르면 전형적인 대기 흔들림으로 생기는 낮은진동수(< 200 Hz) 잡음을 피할 수 있음을 깨달았다. 또한 간섭계를 실제로 꾸미지 않으므로, 경로차 안정성이 중요하지 않다. 브라운은 이것의 개발에 관한 이야기를 재미있게 풀어 놓았다: Brown (1974). 브라운과 트위스의 '개념 증명' 장치는 탐조등 거울 두 장의 초점에 광전지를 달고, 거울 간격 $\boldsymbol{r}$을 조절할 수 있게 꾸몄다. 두 거울을 시리우스(Sirius)에 맞추고, 광전류의 흔들림의 상관을 $\boldsymbol{r}$의 함수로 쟀다. 자료에서 (11.60)의 $\gamma^{(2)}(r)$, 결맞음 영역의 크기, 그리고 별의 크기를 끌어냈다. $\delta f\,\tau_c$ 인자를 개선하려면 광학필터를 끼워 τ_c를 최대한 늘려야 한다. 그러면 많은 빛을 버리지만 대신 큰 거울을 써도 광전지 신호가 포화되지 않는다.[50)]

첫 실험의 성공에 이어, 별빛의 세기 흔들림의 상관을 전문적으로 재는 **세기 간섭계측법**만을 위한 전체관측소를 오스트레일리아의 나라브리(Narrabri)에 세웠다 (그림 11.21). 여기에서는 지름 6.5 m인 거울을 쓰고, 기선의 길이는 최대 188 m에 이른다. 그러면 파장 0.4 μm인 빛을 쓸 때 분해능이 5×10^{-4} 아크초가 된다. 이 장치를 써서 중요한 측정을 많이 했고, 약 200 개의 별을 조사했는데, 이 값은 실질적으로 이 방법을 쓸 수 있는 충분히 밝은 별의 수이

50) τ_c는 신호의 잡신비(signal-to-noise ratio: SNR)를 셈할 때 지워져 사라진다.

다 (Brown 등, 1974). 1972년 관측소를 닫았고, 그 일은 새로 개발된 기법인 진폭 간섭계측법으로 넘어갔다. 그 방법은 기선의 안정성을 높이고, 대기 흔들림을 극복하면 감도가 수백 배 좋아짐이 실험적으로 증명되었다 (Davis, Tango, 1986).

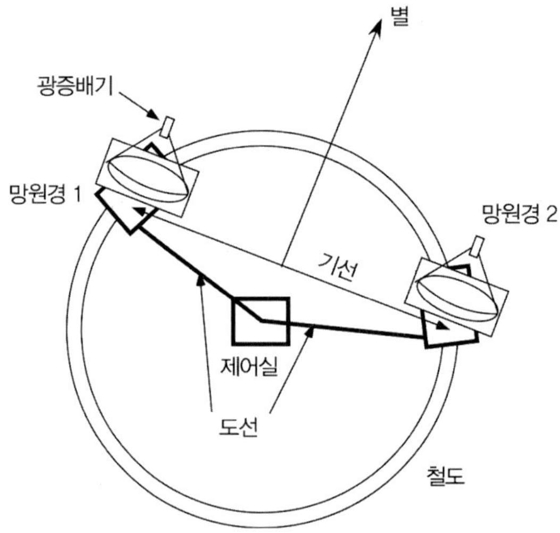

그림 11.21 오스트레일리아의 나라브리에 있던 세기 간섭계측 천체관측소의 얼개. 둥근 궤도를 따라 망원경을 옮길 수 있어 별에서 두 망원경까지의 광로차를 0으로 맞추면서 기선의 길이를 궤도의 지름까지 늘릴 수 있음을 눈여겨보라.

11.8.4 현대 별 간섭계측법

1970년대부터 마이컬슨 장치에 바탕을 둔 광학적 별 간섭계가 천체 관측 장치로서 되살아났다. 12대 이상 구축된 현대식 장치는 망원경을 두 대 이상 쓰는데, 거울 지름은 10 m를 넘기도 하고, 망원경 간격은 600 m에 이른다 (Laberyie 등, 2006). 이들은 9등급 별까지 조사할 수 있다. 망원경을 세대 이상 써서 간섭계를 꾸미면 위상 닫힘을 써서 별의 상을 만들 수 있다 (글상자 11.1). 그림 11.22는 대부분의 중요한 부품을 보여주는 광학 얼개이며, 그림 11.1은 간섭계측 천체관측소의 항공사진이다.

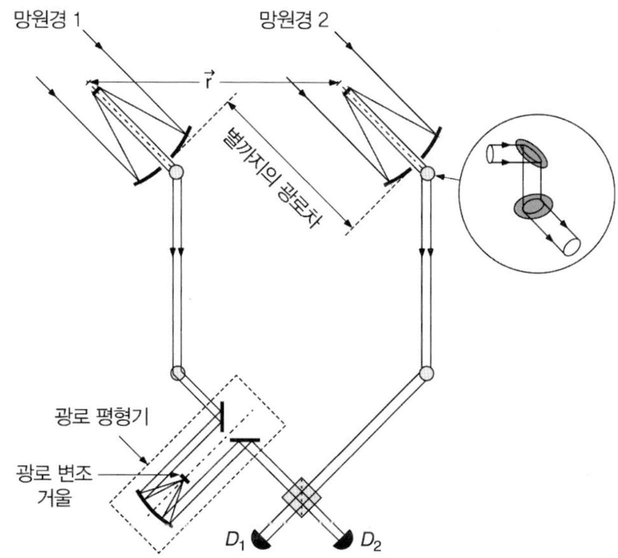

그림 11.22 광학 별 간섭계측 천체관측소의 얼개 그림

현재 쓰는 별 간섭계측장치 가운데 파장이 5 μm 이하인 빛을 쓰는 것은 다음 특징이 있다:[51]

- 입사동 지름이 14 cm에서 10 m에 이르는 망원경을 여러 대 쓰며, 모두를 하나의 별에 맞춘다. 작은 망원경은 흔히 위치를 옮길 수 있어, 날마다 기선을 바꿀 수 있다. 가장 긴 기선은 640 m이다.
- 낱낱의 망원경으로 들어온 빛은 반응시간이 약 1 ms인, 기울기를 바꿀 수 있는 거울을 지나게 하여, 대기 흔들림 속에서도 별의 망원경 상이 초점에 정확하게 오게 한다.
- 큰 망원경은 적응 광학계를 써서 대기 흔들림으로 생기는 구멍 위상을 지운다 (Hardy, 1998).
- 망원경은 무초점계(§3.5.2)로 꾸며 별빛이 나란한 빛살로 빛살 결합 장치에 들어오게 한다. 보통 이러한 긴 광로는 지면 가까이에서 생기는 강한 대기 흔들림의 영향을 받지 않게 진공을 뺀 관으로 둘러싼다. 광로 방향을 바꿀 때는 편광상태가 유지되도록 거울 여러 짝으로 된 뭉치를 쓴다.
- 마이컬슨 별 간섭계에서는 간섭계 전체가 별을 향하고, 간섭하는 두 빛살의 경로차는 늘 거의 0이지만, 현대의 간섭계에 쓰는 망원경은 땅에 고정되어 있어 광로차가 크고 시간

51) 간섭계 ISI는 파장 11 μm인 빛을 쓰고, CO_2 레이저 빛과 섞으므로 전파 간섭계와 더 비슷하다; 글상자 11.2를 보라.

에 따라 변한다. 이것을 보상하는 **광로 보정기**는 긴 광학벤치에 올린 되반사 거울을 써서 낱낱의 망원경으로 들어온 빛살에 광로를 필요한 만큼 더해주어 별에서 간섭계까지의 총 광로가 모두 똑같게 만든다. 이 광로 보정기의 길이는 가장 긴 기선과 비슷해야 한다 (그림 11.23을 보라).

- 망원경에서 나온 빛살 마다 서로 간섭할 수 있게 꾸민다. 이것은 광학탁자 위에서 재래식 빛살 가르개와 거울을 써서 꾸미거나 집적광학소자를 써서 칩에 올릴 수도 있다 (그림 11.24). 간섭무늬는 감도가 좋은 점 검출기나 결상 CCD를 써서 잰다. 광학계에는 광섬유를 쓸 수도 있고, 분산소자를 써서 대역폭을 줄여 간섭무늬의 명암비를 높이거나 여러 파장 대역에서 한꺼번에 잴 수도 있다. 망원경을 세 대 이상 동시에 쓸 때는 위상 닫힘 조건을 써서 γ의 위상도 잴 수 있다.
- 광로마다 되먹임 회로를 통해 간섭무늬의 위상을 안정시키는 길이-변조 거울을 끼워 넣어, 간섭무늬가 오랫동안 안정되므로 명암비와 위상을 정확하게 잴 수 있다. 변조기는 흔히 광로 보정기에 들어있는 광로 되반사 거울의 부품으로 들어있다. 간섭무늬를 점 검출기로 잴 때는 변조 거울을 써서 광로를 파장의 몇 배 정도 훑어 간섭줄무늬의 세기변화를 잰다.
- 멀리 있는 별의 다음 특성을 고분해능 별 간섭계측법으로 정확하게 잴 수 있었다: 크기, 표면의 상, 대기, 그리고 연성과 삼중성의 동역학. 앞으로는 태양계 바깥의 행성계를 보려고 한다.

그림 11.23 CHARA(Georgia Institute of Technology)에 쓰는 광로 평형기 사진.

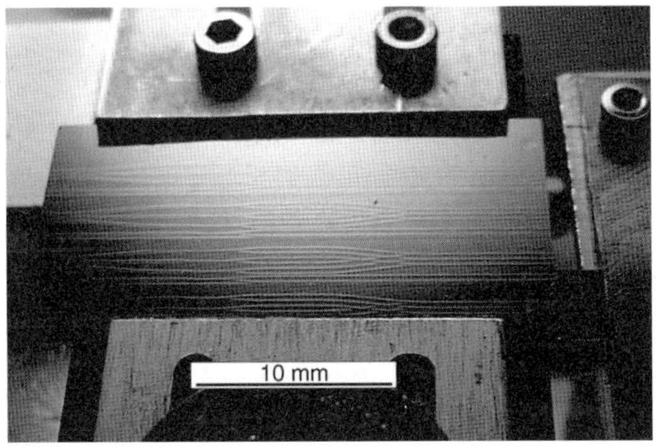

그림 11.24 세 망원경에서 나오는 빛살을 결합시키는 집적광학 빛살 결합기(IONIC). 이 소자와 광로 평형기의 크기를 비교해 보라!

글상자 11.2 베텔지우스의 지름과 표면

베텔지우스(알파-오리온)는 초거대 별로서 오리온 자리의 왼쪽 어깨에 있는 가장 밝은 빨간 별이다. 이 별은 별 간섭계측법의 시범 사례로서 여러 파장의 빛을 써서 쟀다. 여기에서는 관측 결과의 천체물리학적 내용이 아니라 광학과 관련된 것만 설명한다. 이 별은 제법 가까워서 시차효과를 써서 거리를 재면 430 광년이고, 각좌표를 바로 별 표면의 직선 좌표로 바꿀 수 있다. 1921년 마이컬슨은 파장 550 nm인 빛을 써서 이 별의 지름을 재어 0.047 아크초를 얻어, 에딩턴이 이론적으로 추정한 값 0.051 아크초를 확인했다. 그 뒤로 많은 장치를 써서 파장 범위 7 mm에서 370 nm인 빛으로 별의 크기와 상을 얻었다. 측정은 5가지 간섭계와 달의 엄폐(별이 달에 가려 보이지 않는 것) 그리고 구멍 가리기(글상자 11.1) 등을 써서한다. 또한 별 표면의 상을 얻었는데, 뜨거운 곳이 여러 곳에 있어 겉보기 지름이 줄어드는 것도 알게 되었다 (그림 11.25).

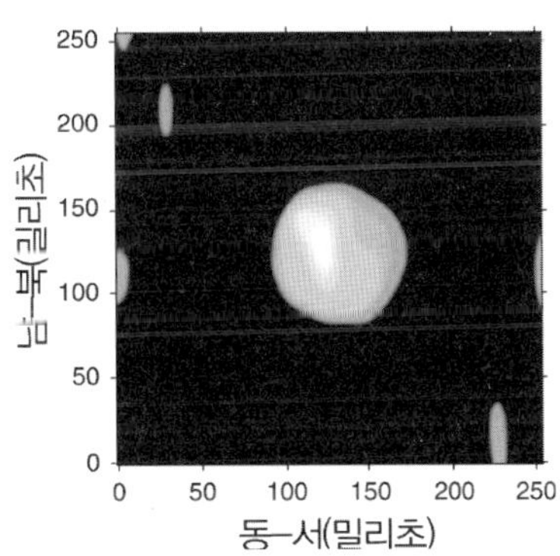

그림 11.25 케임브리지 광학 구멍 합성 망원경(COAST)으로 파장 782 nm인 빛을 써서 얻은 베텔지우스의 상 (Haniff 등, 2004).

별의 지름의 측정값은 잴 때 쓴 빛의 파장에 따라 매끄럽게 변하는데, 대기가 있는 별에서는 예상되는 현상으로, 원자 또는 분자마다 내는 빛의 파장이 다르기 때문이다. 더 놀라운 것은 일정한 파장의 적외선을 써서 잰 지름이 최근 15년 동안 계속 15%나 줄어든 것이다. 버클리 적외선 공간 간섭계(ISI)로 이것을 자세히 쟀다. 이 장치는 지름 1.65 m인 망원경 세 대를 위치를 바꿔가며 빛을 받아, 파장을 11.15 *P*m에 안정시킨 이산화탄소 레이저 빛과 섞어 신호를 얻는다. 측정 결과는 1993년에 11.15 μm인 빛에 대해 0.0560±0.0010 아크초였던 것이 2000년에는 0.0530±0.0003 아크초, 2009년에는 0.0480±0.0008 아크초가 되었다 (Townes 등, 2009).

요약

이 장에서는 결맞음에 관한 고전이론을 설명했고, 그것을 분광학 및 천문학에 응용한 사례를 보았다. 주요 내용은 다음과 같다:

- 점광원에서 나오는 이상적인 단색빛과 실제 빛의 차이점
- 준단색 광원이 내는 빛의 위상과 세기의 흔들림과 그 빛의 선폭의 관계
- 광원의 각크기가 파면의 위상과 세기 흔들림에 주는 영향
- 흔들림을 두 시공간 점의 빛의 복소 결맞음 함수로 나타내는 방법
- 간섭계측법을 써서 결맞음 함수를 재는 방법
- 광원의 스펙트럼이 시간 결맞음 함수의 푸리에 변환이라는 것(비이너-킨친 정리)과 그로부터 나오는 푸리에 변환 분광학
- 광원 표면의 세기분포는 공간 결맞음 함수의 푸리에 변환이라는 것(반 씨텔트-쩨르니케 정리)
- 반 씨텔트-쩨르니케 정리를 써서 구멍 합성을 하여 천체의 고분해능 영상을 얻는 방법

문제

11.1 300 K, 대기압에서 HO 분자가 내는 파장 $\lambda = 0.5\ \mu$m인 빛의 도플러 및 충돌 선폭을 어림하라. 충돌 단면적은 분자의 기하학적 크기와 같다고 가정하라.

11.2 300 K에서 입자 10^{-16} g이 든 통에서 단색빛이 90° 산란된다. 산란된 빛의 결맞음 시간과 선폭을 구하라.

11.3 레이저 빔을 렌즈로 모아 바늘구멍을 지나게 하여 파면에서의 세기분포를 매끄럽게 만든다 (공간 여과기). 그 빔의 세기분포는 $\sigma = 1$ mm인 가우스 함수꼴이고 초점거리 5 mm인 현미경 대물렌즈로 모은다. 바늘구멍의 크기는 얼마로 하는 것이 좋은가? 바늘구멍을 지나온 빛을 지름 10 mm인 빔으로 만들려면 초점거리 얼마인 렌즈를 써야 하는가? 바늘구멍이 너무 크거나 너무 작으면 어떻게 되는가?

11.4 푸리에 변환 분광기에서 간섭무늬신호가 나오는데, 그림 11.26은 양성(+)쪽 반이다. 광원의 스펙트럼에 관해 무엇을 알 수 있겠는가?

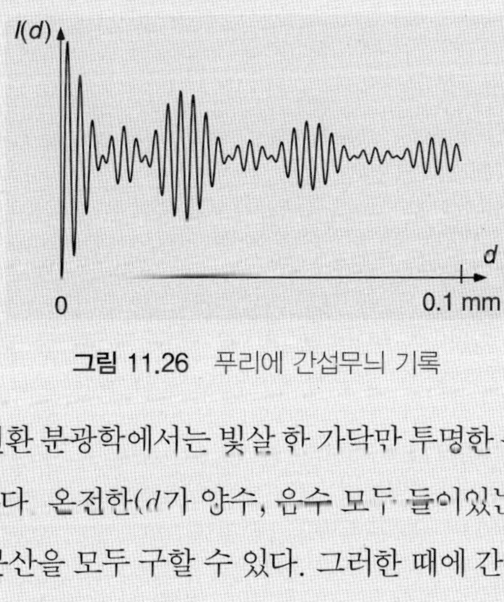

그림 11.26 푸리에 간섭무늬 기록

11.5 비대칭 푸리에 변환 분광학에서는 빛살 한 가닥만 투명한 분산 매질을 지나 빛살 가르개로 되돌아온다. 온전한(d가 양수, 음수 모두 들어있는) 간섭무늬 기록에서 흡수 스펙트럼과 분산을 모두 구할 수 있다. 그러한 때에 간섭무늬 기록에 관한 일반 공식을 써라. 다음 예를 생각하여, 간섭무늬 기록을 끌어내고 그 특성이 시료의 특성과 어떻게 관련되는가 보여라. 빛은 중심 파수가 k_0인 준단색빛이라고 가정하라.

(a) 두께 D, 굴절률 $n(k)=n_0+\beta(k-k_0)$인 투명한 판.

(b) 두께는 같고, 굴절률이 $n(k)=n_0+\gamma(k-k_0)^2$인 투명한 판.

11.6 광원의 스펙트럼이 $J(\omega)=\delta(\omega-\omega_1)+\delta(\omega-\omega_2)$이다. 푸리에 변환 분광기에서 나오는 스펙트럼을 $d_{최대}$의 함수로 설명하고, 관측한 간섭무늬 기록 $I-I_M(d/c)$에 $\cos\left(\frac{\pi}{2}\frac{d}{d_{최대}}\right)$의 꼴의 '발자르기 함수(apodization function)'를 곱하여 푸리에 변환을 하면 개선되는 점이 무엇인가 설명하라. 발자르기가 분해능 한계에 어떤 영향을 주는가?

11.7 세기가 같은 두 빛살이 간섭하면 간섭무늬의 가시도는 결맞음도 (11.31)과 같다. 세기가 I_1과 I_2로 다른 두 빛살이 간섭할 때 이와 등가인 관계식을 끌어내라.

11.8 높이 10 m에 있는 표준적인 형광등에서 나오는 단색빛을 받는 탁자면에서의 공간 결맞음 함수를 구하라.

11.9 파장이 같은 빛을 내는 결 어긋난 두 점광원 A와 B가 금속 평거울 M의 표면 위 높이 h_1과 h_2에 있다 (그림 11.27). 거리 L에 있는 화면에서 간섭무늬를 볼 때 모양은 어떤가? 이 모형을 써서 각크기가 α인 큰 광원 AB에서 나오는 빛의 결맞음 넓이의 개념을 설명하라. (각도는 모두 작다고 가정하라.)

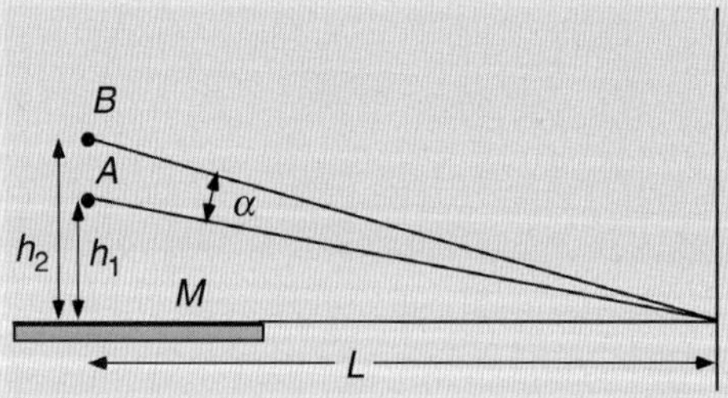

그림 11.27 결 어긋난 두 광원과 로이드 거울.

11.10 결맞음 시간이 수 초인 레이저 빛을 내는 괴상한 별이 있다. 이 별의 지름을 브라운-트위스 간섭계로는 잴 수 없지만, 마이컬슨 간섭계로는 잴 수 있는 까닭은 무엇인가?

11.11 (11.59)를 증명하고, §11.1.2의 모형을 써서 $\gamma(\tau)$를 구하여 세기 상관 계수 $c(\tau)=1+|\gamma(\tau)|^2$를 구하라. (평균을 셈할 때 주의하라!)

11.12 진동수 ω_0인, 실수 준단색 전기장 $E(t)$는, γ를 셈할 때는, 다음과 같은 복소수 전기장으로 나타낼 수 있음을 보여라:
$E(t)+iE(t-\pi/2\omega_0)$.

11.13 구멍 합성 망원경 배열을 망원경 세 대로 꾸미는데, 두 대를 남북으로 간격 40 m로 벌리고, 나머지 한대는 동서로 간격 30 m로 벌려 직각삼각형을 이루게 한다. 빛의 파장은 1 μm이다. 위치는 위도 60°이고 지축에 대해 30° 쪽에 있는 별을 본다. 이 장치의 점 퍼짐 함수를 구하라. 관측은 날마다 24시간 할 수 있다고 가정하라

11.14 각지름이 α와 β인 두 별이 각도 θ만큼 떨어진 연성이 있다. 두 별은 온도가 같다. 두 별을 품는 평면에서 축을 따라 $\gamma(k_0x)$를 구하라. 연성의 방향 곧, 어떤 별의 x가 더 큰가를 결정하려면, 어떤 정보를 어떻게 얻어야 하는가?

11.15 구멍 합성 광학계의 시야는 배열에서 가장 짧은 기선이 결정함을 보여라. 답을 내려면 두 점광원에서 오는 빛을 받는 것을 생각하여 각 거리가 커지면 어떻게 되는가를 보라. (그래서 큰 광원에 대해서는 구멍 합성이 효과적이 아니다.)

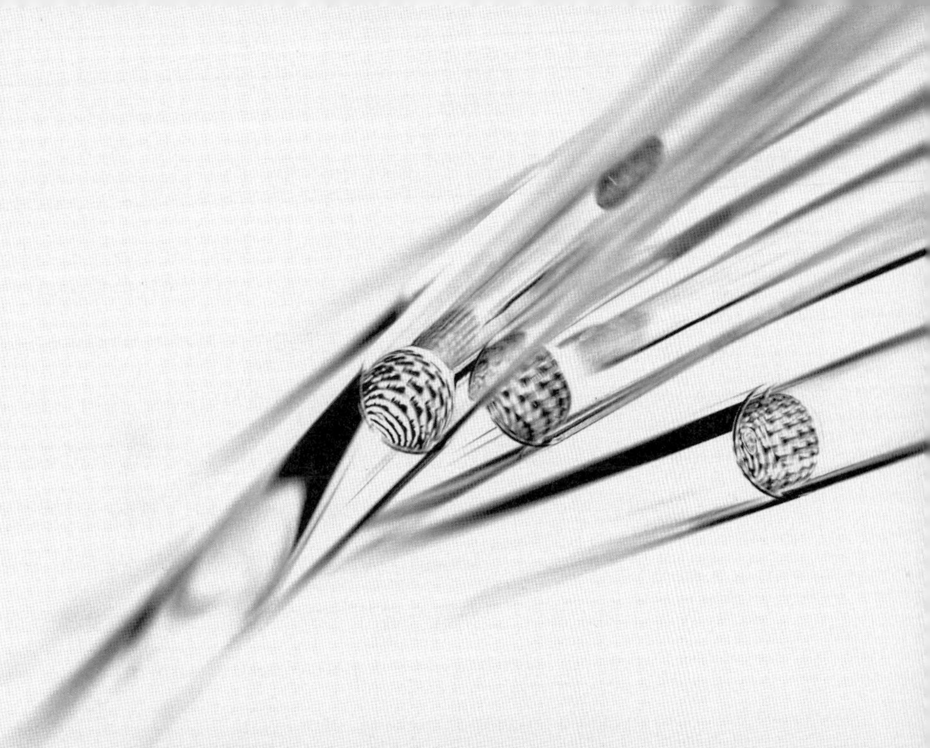

12 결상

광학계는 대개 결상에 쓴다: 예를 들면, 눈, 사진기, 현미경, 망원경이 그렇다. 이 결상기기는 렌즈나 거울을 쓰는데, 이 소자의 특성은 이미 3장에서 기하광학을 써서 살펴보았다. 그러나 기하광학은 그러한 기기의 성능한계에 관해서 아무런 실마리를 주지 않는다. 실제로 아베(Ernst Abbe)가 1873년에 연구결과를 발표할 때까지는, 현미경을 쓰는 사람들은 렌즈를 만드는 솜씨가 공간 분해능을 제한한다고 생각했다. 아베는 기본적인 척도가 빛의 파장 정도임을 보였는데, 지금은 당연해 보인다. 기하광학과 물리광학의 관계는 고전역학과 양자역학의 관계와 비슷하다; 고전역학에서는 측정 정확도의 근본한계에 관해 아무런 제한이 없지만 양자역학에서는 하이젠베르그 불확정성 원리가 제한한다.

이 장에서는 물리광학을 써서 홑 렌즈(그리고 그것을 확장하여 광학계)의 결상을 설명한다. 이론은 프라운호퍼 회절(8장)과 결맞음(11장)에 바탕을 두며, 결국 영상의 품질의 한계와 그것을 확장하는 방법을 저절로 알 수 있다. 우리는 다음을 배운다:

- 아베가 광학 결상을 빛의 간섭으로 설명한 방법
- 결상은 회절이 두 단계로 진행되는 것으로 정식화할 수 있다는 것
- 공간 분해능의 근본 한계
- 현미경에서 이 한계 분해능을 얻는 방법
- 결상계의 분해능 특성을 정량적으로 기술하는 방법
- 현미경에서 위상변화와 같이 보통은 볼 수 없는 정보를 볼 수 있게 바꾸는 방법
- 결상계에서 진행되는 두 단계 회절과정을 시간적으로 분리하여 삼차원 영상을 저장하고 재생하는 홀로그래피
- 오늘날, 아베의 분해능 한계를 넘어서는 방법과 그러한 초분해능을 얻을 때 치르는 댓가
- 천체 망원경에서 지구 대기가 부과하는 분해능 한계를 회절 현상을 써서 넘어서는 방법

형광을 내지 않은 물체에 대해서는 분해능을 한없이 높일 수 없다.

이 요약에서 이 장에는 두 가지 주요 방향이 있음을 눈치 챘을 텐데, 간단히 설명한다. 첫째는 **분해한계**(resolution)이다; 현미경이나 망원경으로 볼 수 있는 가장 작은 단위는 무엇인가? 이 물음에 대해 명확한 답은 결상에 관한 회절이론에서 나온다: 현미경에서는 빛 파장의 반 – 약 200 nm – 가 한계이다. 따라서 자연스럽게 그것을 넘어서려는 도전을 하게 된다. 결상에 관한 물리광학을 이해하게 되면서 새로운 착상이 생겨 최근에는 분해능을 파장 보다 훨씬 작게 한 결상법이 몇 가

지 제시되었다. 오늘날에는 **빛이 충분히 밝으면, 공간 분해 한계가 거의 없는 형광물체의 상을 얻을 수 있다.** 그림 12.1은 최근에 얻은 예이다.

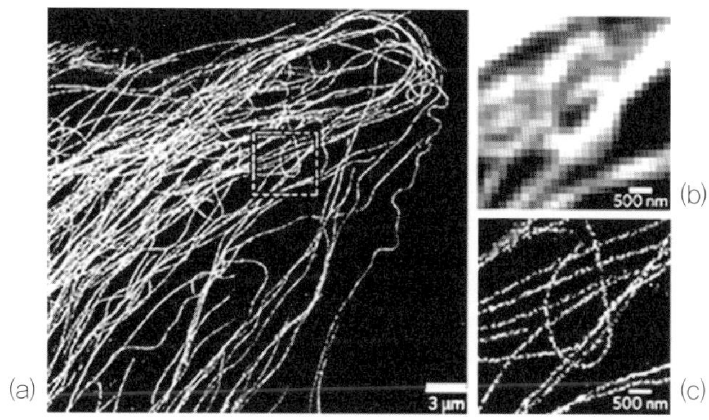

그림 12.1 미세관(§12.6.5)의 STORM 영상: (a) 온 시야 (눈금 막대는 3 μm), (b) (a)에서 네모꼴로 둘러 싼 곳의 밝은 영상, (c) 같은 곳의 STORM 영상. 눈금 막대는 500 nm.

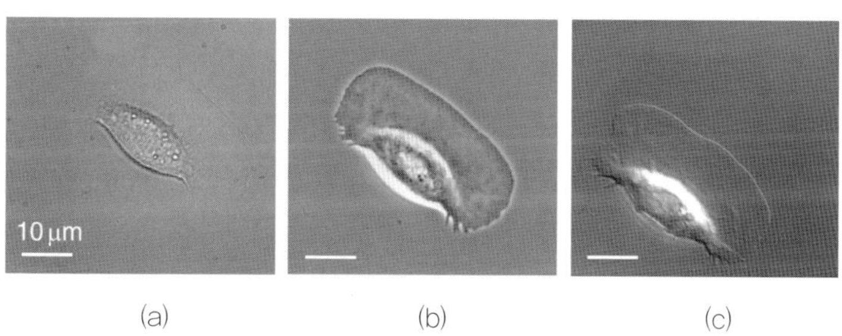

그림 12.2 살아 있는 세포의 상의 비교: (a) 밝은 시야, (b) 쩨르니케 위상대비 영상, (c) 노말스키 미분간섭명암비(DIC) 영상.

이 상에서 나오는 둘째 물음은 빛의 흡수 보다는 위상지연이 주로 일어나는 투명한 물체의 영상을 보는 방법에 관한 것이다. 이에 대해서도 멋진 답이 몇 가지 나왔는데, 낱낱이 위상구소의 다른 측면을 강조한 것이며, 그림 12.2는 두 가지 예이다.

12.1 결상의 회절 이론

1873년 아베는 주기적 물체의 영상을 기술하는 다소 직관적인 방법을 제시했는데, 그것은 분해능에 한계가 있고 그것이 파장과 관련됨을 명확히 드러냈다. 먼저 그의 직관적인 방법을 물리적으로 설명하고, 그 다음에 겹 푸리에 변환을 써서 정식화하겠다.

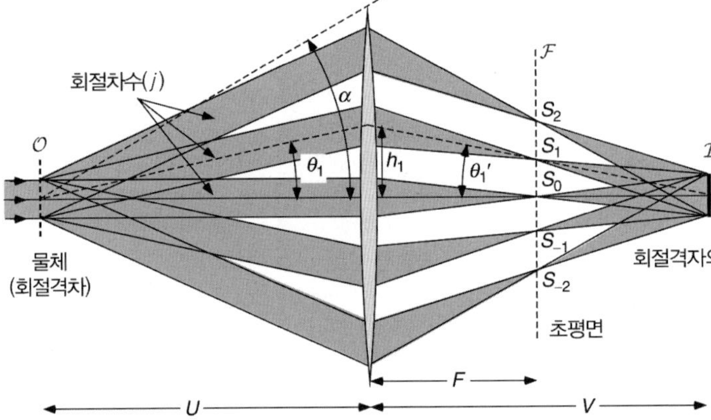

그림 12.3 회절격자의 상의 형성. 그림에 보인 다섯 가닥의 회절된 빛살은 초평면 $\mathcal{F}$에 다섯 개의 초점 S_j를 만든다. 렌즈의 각 반지름은 α이다.

12.1.1 아베 이론: 한없이 큰 주기적인 물체의 상

이 이론에 따라 상을 개선하는 방법을 여러 가지 생각할 수 있다. 특히, 눈에 보이지 않는 위상변화를 밝기변화로 바꾸는 방법을 생각할 수 있다.

결상 과정은 프라운호퍼 회절이 두 번 거듭 일어나는 것으로 볼 수 있다.

그림 12.5는 결상이 겹 회절 과정임을 아주 명쾌하게 보여준다.

§8.5.4에서 회절격자에 나란한 빛살을 수직하게 비추면, 빛살이 여러 차수로 회절됨을 보았다 (그림 12.3). 평면 $\mathcal{O}$에 회절격자를 두고 회절된 빛을 써서 그 상을 만들자. 낱낱의 차수 m으로 회절된 빛은 평면파이고, 그 평면파들을 렌즈로 모으면 렌즈의 초평면 $\mathcal{F}$에 한 무리의 점 S_j에 모인 다음 계속 나아가 평면 $\mathcal{I}$에서 다시 모두 겹친다. 여기에서는 복잡한 간섭무늬가 만들어지는데, 이 무늬가 상이다.

회절격자를 물체로 쓰면 결상 과정이 두 단계로 이루어짐을 쉽게 알 수 있어서 좋다. 먼저, $\mathcal{O}$와 $\mathcal{F}$ 사이에 한 단계가 있다. 초평면에는 물체의 프라운호퍼 회절무늬가 생긴다. 둘째, $\mathcal{F}$와 $\mathcal{I}$ 사이에 또 한 단계가 있다. 회절된 빛살이 모인 점 $S_2, S_1, \cdots, S_{-2}$는 마치 등간격의 점광원 무리와 같은 구실을 하며 상은 이들의 간섭무늬이다. 따라서 결상 과정은 회절이 두 단계에 걸쳐 차례로 진행되는 것처럼 보인다.

이 예에서 둘째 회절과정을 살펴보는 것도 어렵지 않다. 양쪽으로 짝을 지어 회절된 빛살 S_j와 S_{-j}는 평면 $\mathcal{I}$에서 영의 줄무늬를 만든다. 물평면에 있는 회절격자의 눈금 간격이 d이면, 빛살 S_j의 회절각 θ_j는, 작을 때는 다음과 같다:

$$\theta_j \approx \sin\theta_j = \frac{\lambda}{d} \cdot j \tag{12.1}$$

작은 각도 어림법은 불필요함을 §12.1.2에서 알게 된다. 그림 12.3에서 따져 보면 다음을 알 수 있다:

$$\theta_j \approx \tan\theta_j = \frac{h_j}{U} \tag{12.2}$$

$$\theta_j' \approx \tan\theta_j' = \frac{h_j}{V} \tag{12.3}$$

또한

$$\theta_j' \approx \frac{U}{V} \cdot \theta_j \tag{12.4}$$

1차 회절된 빛살 S_1과 S_{-1}이 상에 모이는 각도는 $\pm\theta_1'$이므로, 이들이 만드는 주기적인 줄무늬 간격은 다음과 같다:

$$d' = \frac{\lambda}{\sin\theta_1'} \approx \frac{V}{U} \cdot \theta_1 \cdot \lambda = \frac{V}{U} \cdot d \tag{12.5}$$

> 결상 렌즈가 프라운호퍼 회절된 빛살을 더 많이 모을수록 분해능은 더 좋아진다. 그러려면 각구경을 최대로 키워야 한다.

따라서 확대된 상이 생긴다; 배율은 $M = V/U$이다. 차수가 더 높은 빛살이 만드는 줄무늬의 간격은 d'/j로 이 줄무늬의 고차 조화함수이며, 상에 더 섬세한 구조를 만든다. **상에서 가장 섬세한 모양은 렌즈를 지나온 빛살 가운데 회절차수가 가장 높은 빛살이 결정한다.**

그러나, 1차 회절된 빛살조차 렌즈의 수광각 α를 벗어나면, 곧 $\theta_1 > \alpha$이면, 0차 회절된 빛살만이 상을 만들기 때문에 줄무늬의 주기성이 사라진다. 따라서 $\sin\theta_1 = \lambda/d > \sin\alpha$이면 간격 d는 식별할 수 없다. 또는 분해능의 조건은 다음과 같다:

$$d_{\text{최소}} = \frac{\lambda}{\sin\alpha} \tag{12.6}$$

0차 회절된 빛은 진폭이 일정한 배경을 만든다. 이 0차 항은 아주 중요하다. 그것이 없으면, 1차 회절된 빛살의 쌍이 만드는 간섭무늬는 주기가 반으로 줄어든다. 그 까닭은 우리 눈은 진폭이 아니라 밝기를 보기 때문이다; 함수 $\sin^2 x$의 주기는 $\sin x$의 주기의 반이다 [그림 12.6(f)를 보라]. 그렇지만, 상수항을 더해주면 간섭무늬의 세기분포의 주기가 정확한 값을 되찾는다. 왜냐하면 $(c+\sin x)^2 = c^2 + 2c\sin x + \sin^2 x$의 주기는 $\sin x$와 같기 때문이다.

아베의 논리는 한없이 큰 주기적 물체에 적용되며, 크기가 유한하면 정확한 식이 아니다. §12.6.7을 보라.

물론 한없이 큰 회절격자를 물체로 보아 문제가 너무 단순해졌다. 크기가 유한한 회절격자를 썼다면, 버금차수(§8.5.3)로 회절된 빛도 생기고, 이들도 정보를 실어 나른다. 그러므로 물체가 더 복잡해지면, 위에서 얻은 단순한 결과를 조금 고쳐야 하지만, 분해능에 관한 핵심적인 내용은 같다.

12.1.2 아베 사인 조건

앞 절의 내용은 마치 충실한 상을 얻으려면 회절각을 작게 유지해야 한다는 말처럼 들리겠지만, 아베는 모든 각도 θ에 대해 $\tan\theta/\tan\theta'$가 아니라 $\sin\theta/\sin\theta'$의 비율만 같게 유지하면 큰 각도도 쓸 수 있음을 깨달았다. (12.4) 대신 다음 식이 맞다고 하자:

$$\frac{\sin\theta_j}{\sin\theta_j'} = M \tag{12.7}$$

그러면 상에 생기는 줄무늬의 주기는 다음과 같다:

$$d_j' = \frac{\lambda}{\sin\theta_j'} = M\cdot\frac{\lambda}{\sin\theta_j} = M\cdot d_j \tag{12.8}$$

대칭꼴 얇은 렌즈에서는 사인이 아니라 탄젠트의 비가 일정하므로 아베 사인 조건이 맞지 않는다.

그러면 조화함수들은 기본 조화함수의 주기 d_1'에 딱 맞고, 따라서 상은 완벽해진다. (12.7)에 맞는 중요한 아플라나틱 렌즈는 §3.8에서 설명했고, 고배율 현미경 대물렌즈 설계의 바탕이 된다.[52] 아베 사인 조건은 어떤 결상계에서 $\sin\theta/\sin\theta'$가 상수라고 말하는 것이 아니

52) $\sin\theta/\sin\theta'$ =상수의 조건은 구면수차와 코마가 없을 조건에서 기하광학적으로 끌어낼 수 있지만 (Kinglake, 1978), 위의 논리가 물리적으로 더 직관적이고, 또 그 중요성이 더 강조된다.

라, 그 조건에 맞추어야 각도 θ와 θ'가 커질 때 수차가 생기지 않는다는 것이다.

12.1.3 결상을 겹 회절 과정으로 기술하기

§12.1.1에서 결상 과정을 회절이 두 차례 거듭되는 것으로 볼 수 있음을 정성적으로 설명했고, §12.1.2에서는 정확한 결상을 하려면 아베의 사인 조건이 맞아야 함을 보았다. 이 절에서는 수학을 써서 그 내용을 1차원 물체에 대해 정식화한다. 이것을 2차원으로 확장하는 것도 어렵지 않다.

분석은 회절에 관한 스칼라 파동이론에 바탕을 두며, 결맞는 평면파를 물체에 고르게 비춘다고 가정한다. 물체에서 나오는 빛은 복소함수 $f(x)$로 나타낸다 (물론 $e^{-i\omega t}$를 곱해주어야 하는데, 모든 식에 그대로 붙어다니므로 무시한다). 그 물체의 상은 렌즈를 써서 만드는데, 물거리와 상거리가 각각 U와 V이다. 물체의 크기는 U에 비해 작다 (그림 12.4).

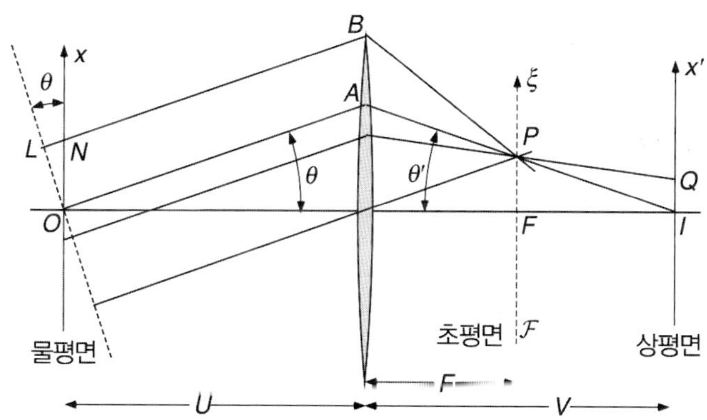

그림 12.4 상–물체 관계를 보여주는 빛살 그림. 좌표 $\xi = uF/k_0$이다.

렌즈의 초평면 $\mathcal{F}$에 있는 점 P에 오는 빛의 진폭은, §8.2의 이론과 기호를 쓰면, 1차원에서는 $f(x)$의 푸리에 변환이고 경로 $\overline{OAP}$만큼 위상지연이 생긴다:

$$\begin{aligned}\psi(u) &= \exp\left(ik_0\overline{OAP}\right)F(u)\\ &= \exp\left(ik_0\overline{OAP}\right)\int_{-\infty}^{\infty} dx\, f(x)\exp(-iux)\end{aligned} \tag{12.9}$$

여기에서 $k_0 = 2\pi/\lambda$이고 u는 P에 대응된다:

$$u = k_0 \sin\theta \tag{12.10}$$

이제 상평면 위의 점 Q에서의 진폭 $b(x')$을 평면 $\mathcal{F}2$에 대해 하위헌스 원리를 써서 셈할 수 있다.[53] P에서 Q까지의 광학적 거리는, $x' \ll PI$이면 다음과 같다:

$$\begin{aligned} \overline{PQ} = PQ &= \sqrt{PI^2 + x'^2 - 2x'PI\sin\theta'} \\ &\approx PI - x'\sin\theta' \end{aligned} \tag{12.11}$$

아베 사인 조건 (12.7)이 맞으면, 배율이 M이라면 다음 식이 맞다:

$$\sin\theta = M\sin\theta' \tag{12.12}$$

그러므로, (12.10)에서 다음과 같이 쓸 수 있다:

$$PQ = PI - x'u/Mk_0 \tag{12.13}$$

따라서 Q에서의 진폭은 다음과 같다:

$$\begin{aligned} b(x') &= \int_{-\infty}^{\infty} du\psi(u)\exp(ik_0 PQ) \\ &= \int_{-\infty}^{\infty} du \exp(ik_0 \Pi)\psi(u)\exp(-ix'u/M) \end{aligned} \tag{12.14}$$

이것이 문제의 두 번째 푸리에 변환이다. (12.9)를 (12.14)에 넣으면 물체 $f(x)$와 상 $b(x')$의 관계는 다음과 같다:

$$\begin{aligned} b(x') = &\int_{-\infty}^{\infty} du \left\{\exp\left[ik_0(\overline{OAP} + PI)\right] \int_{-\infty}^{\infty} dx\, f(x)\exp(-iux)\right\} \\ &\times \exp(-iux'/M) \end{aligned} \tag{12.15}$$

위상인자를 묶은 $\exp\left[ik_0(\overline{OAP} + PI)\right]$은 언뜻 P의 함수처럼 보이며, 따라서 u의 함수이다. 평면 O와 I를 아무렇게나 잡으면 그게 맞지만, 둘이 **켤레**(conjugate) 평면이면 **페르마 원**

53) 이 셈에서는 구면파가 간섭하므로 진폭에 $1/r$의 인자가 들어가야 하지만 물리적 내용에는 영향이 없다.

리(§2.6.3)에 따라 O에서 I까지의 **광로는 P와는 무관하고,** 위상인자는 상수이므로 다음과 같이 쓰고 $\exp\left(ik_0\overline{OI}\right)$, 적분기호 밖으로 꺼낼 수 있다. 그러면 다음 적분이 남는다:

결상이 푸리에 역변환을 적용한 것이라는 증명은 홑렌즈에 대해 했지만, 모든 결상계에서 참이다.

$$b(x') = \exp\left(ik_0\overline{OI}\right)\int_{-\infty}^{\infty} du\ \exp(-iux'/M) \times\left[\int_{-\infty}^{\infty} dx\, f(x)\exp(-iux)\right] \tag{12.16}$$

이 적분은 푸리에 역변환 정리에 나오는 것과 같다. 따라서, §4.6에서 다음과 같다:

$$b(x') = \exp\left(ik_0\overline{OI}\right)f(-x'/M) \tag{12.17}$$

이 식은 상은 물체를 거꾸로 세워 M배 부풀린 꼴이라는 잘 알려진 사실을 나타낸다. 위의 결과는, 쩨르니케가 처음 증명했는데, 내용은 다음과 같이 단순하다: 광학 상은 물체의 푸리에 변환의 푸리에 변환으로 나타낼 수 있다. 그것은 렌즈의 수차를 잘 지웠을 때, 곧 아베 사인 규칙이 맞고 광로 $\overline{OPI}$가 P와 전혀 무관할 때만 정확하게 성립한다.

아베 사인 규칙에 맞는 광학계는, §3.7의 결과에 따르면, 구면수차와 코마가 없다.

12.1.4 회절이론을 결상에 쓰는 예

물체에 결맞는 빛을 비추면 결상과정은 겹 푸리에 변환으로 볼 수 있음을 앞 절에서 이론적으로 보였다. 이제 포터(Porter)가 1906년에 이 결과를 확인했던 실험 몇 가지를 서술하겠다. 그 실험은 그림 12.5와 같은 결상계에서 했는데, 이 장치는 평면 F에 생기는 중간 변환과 마지막 상을 비교할 수 있다 (부록 B를 보라). 투명한 마스크 물체에 결맞는 나란한 빛살을 비추고, 볼록렌즈 한 쌍으로 상을 만든다. 초평면에 오는 빛은 물체의 프라운호퍼 회절무늬임을 볼 수 있고, 이것을 푸리에 평면이라고 한다. 상은 회절무늬의 푸리에 변환이다. 첫 단계는, 프라운호퍼 회절무늬를 만드는 것으로, 8장에서 충분히 설명했다. 둘째 단계도 푸리에 변환임을 확인하려면, 초평면에 마스크나 장애물을 두어 변환을 바꾸고, 그러면 상이 어떻게 달라지는가 살펴본다. 그러한 과정이 **공간 여과**(spatial filtering)인데, 이것은 전자회로로 시간신호를 처리하는 것에 비유한 것이다. 공간 여과는 중요한 쓰임새가 많으며, 뒷 절에서 자세히 설명한다.

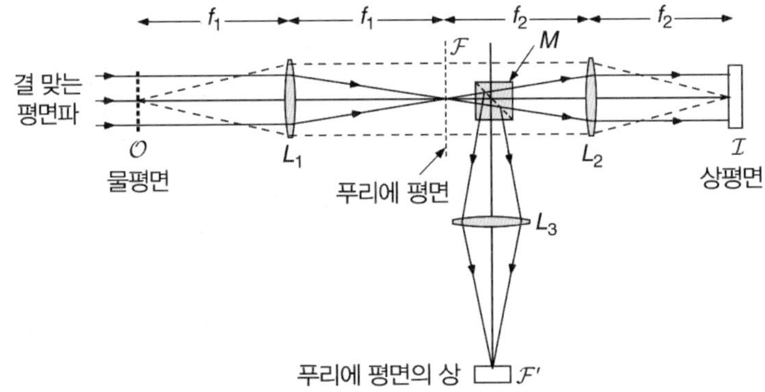

그림 12.5 아베 결상 이론을 보여주는 광학 결상계. 나란한 레이저 빛살을 물체 $\mathcal{O}$에 비추고, 렌즈 L_1과 L_2로 멀리 있는 화면 $\mathcal{I}$에 상을 만든다. 빛살 가르개 M과 렌즈 L_3는 $\mathcal{F}'$에 푸리에 평면 $\mathcal{F}$의 상을 따로 만든다. 여러 가지 공간 여과 마스크를 평면 $\mathcal{F}$에 끼우고 $\mathcal{F}'$와 $\mathcal{I}$에서 상을 동시에 본다 (그림 12.6).

그림 12.6은 성긴 헝겊을 물체로 쓴 실험을 보여준다. 그것은 2차원, 주기적인 물체로 정확한 주기에서 조금 벗어나기도 하고, 막힌 구멍과 같은 결함도 있다. 그것을 그림 12.5의 장치로 상을 만든다. 푸리에 평면의 회절무늬가 그림 12.6(a)이다. 그것에 보이는 선명한 점은 헝겊의 주기적 성분에 해당하고, 그 주위에 퍼진 빛은 비주기적 성분을 나타낸다. 헝겊의 온전한 상은 그림 12.6(b)이다.

초평면 $\mathcal{F}$에 여러 가지 마스크를 끼워 회절무늬의 일부를 막는다. 예를 들어, 마스크가 수평축에 있는 회절무늬만 통과시키면 (c), 상은 수직선만 나타난다 (d); 이것이 회절무늬가 (c)인 물체이다. 마찬가지로 차수가 $(0, \pm 1)$, $(\pm 1, 0)$인 회절무늬만 통과시키면 (e), 상은 다른 헝겊 모양이 된다 (f). 그러나 불규칙한 모양은 똑같이 남는데, 그 까닭은 그것이 만드는 회절무늬는 사방에 퍼져 있기 때문이다. 0차 회절점과 그 주변만 통과시켜 만든 상 (g)에는 헝겊의 모양이 보이지 않고 결함 – 특히 막힌 구멍 – 만 보인다. 끝으로 중심에서 멀리 있는 영역으로 회절된 빛을 모아 만든 상은 정확한 주기성에서 벗어난 다른 특성을 강조해서 보여준다 (j).

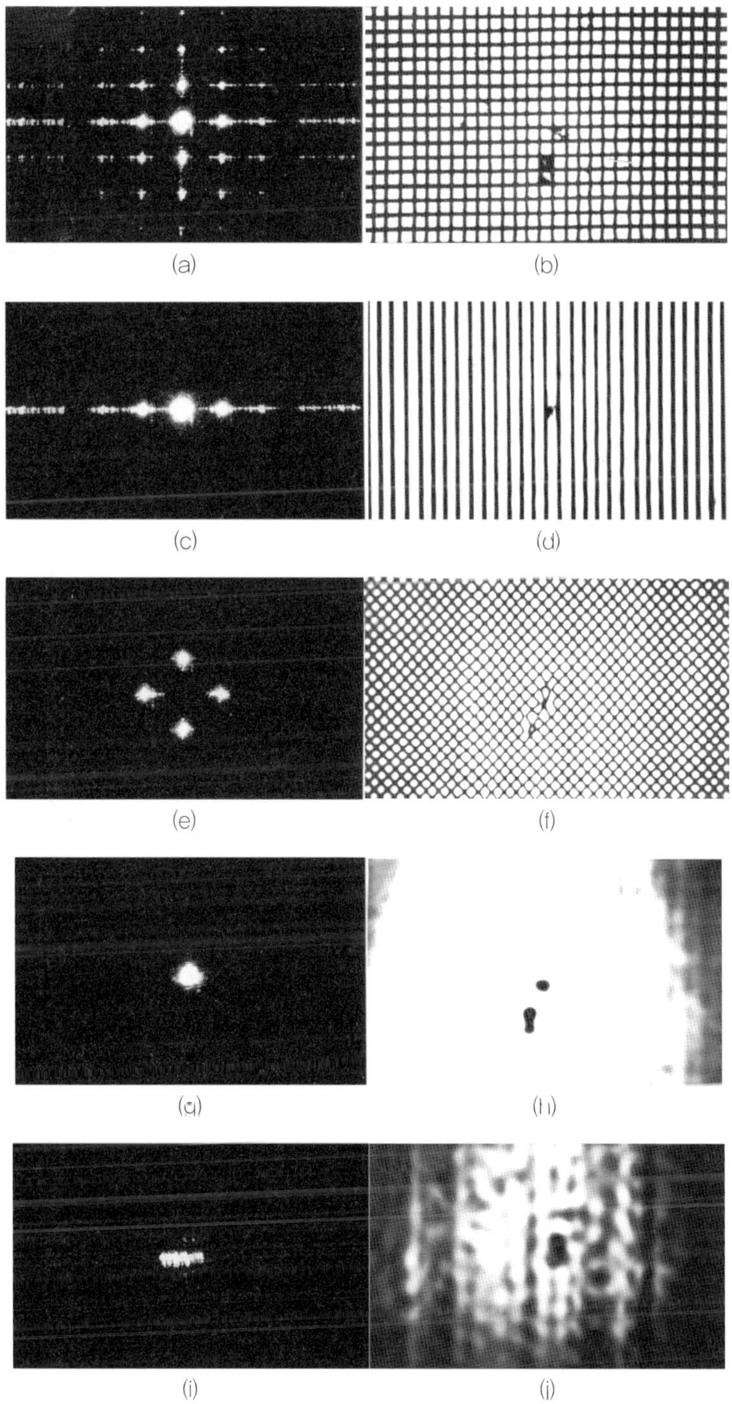

그림 12.6 그림 12.5의 장치를 써서 아베 결상 이론을 확인하는 그림. 왼쪽은 헝겊조각의 회절무늬에서 골라낸 부분이고 오른쪽은 그에 대응되는 상.

12.1.5 위상문제

물체의 특성을 나타내는 데는 변환의 위상도 진폭만큼 중요하지만 기록하기 어렵다.

이 단계에서 늘 나오는 물음은 결상의 두 단계를 분리할 수 있는가이다. 초평면에 생기는 회절무늬를 사진필름에 기록한 뒤, 다음 실험에서는 그 사진필름에 결맞는 빛을 비추어 그것의 회절무늬를 본다. 회절무늬의 회절무늬는 상을 재생하는가? 이 논리의 결점은 **회절무늬의 위상**이다. 회절무늬 $\psi(u)$는 진폭과 위상이 모두 있는 복소수 양이다. 사진필름에는 밝기 $|\psi(u)|^2$이 기록되므로 위상은 사라진다. 위에서 제시한 둘째 회절과정은 위상을 모르는 채 진행되므로 옳은 답이 나오지 않는다. 사실 둘째 과정에서는 위상이 모두 0이라고 가정한 셈이며, 실제로 그렇다면 옳은 상을 얻는다.

위의 문단은 엑스선, 중성자 또는 전자 회절로 물질의 결정구조를 분석할 때 생기는 상황에 대한 서술이다. 회절무늬의 세기분포는 기록할 수 있지만, 물체의 상을 재생하려면 회절된 빛의 위상을 알아야 한다. 이 문제가 **위상문제**(phase problem)이다. 이에 대한 해법이 몇 가지 있다. 하나는 물체에 대해 이미 아는 것을 바탕으로 다른 회절무늬에 들어있는 정보에서 위상을 꾀바르게 뽑아내는 것이다. 또 다른 방법인 **위상 복원**(phase retrieval)(§8.8)은 구속 조건이 잘 정의 된 물체의 회절무늬에서 진폭과 위상 사이의 해석적 관계를 써서 위상을 구하는 것으로 오늘날 결정분석법의 바탕이다.

셋째 방법은 회절된 빛에 결맞는 센 빛을 더해주는 것이다. 그 결과는 회절무늬에서 모든 위상이 센 빛의 위상과 같거나 아주 비슷하게 된다; 그 다음에는 회절무늬를 다시 변환하여 물체의 상을 복원한다. 그 방법은 갖가지이다. 광학에서는 빛살 가르개를 써서 빛을 더하는 **홀로그래피**(holography)(§12.5)를 쓰는데 이것을 발명한 가보르(Gabor)는 그 업적으로 1971년 노벨 물리학상을 받았다. 결정분석법에서는 결정의 단위낱칸 마다 정해진 곳에 강하게 산란시키는 원자를 더해주어 (또는 저절로 들어있다) 그 정보를 써서 결정구조를 알아낸다. 이 **중원자 방법**(heavy-atom method)을 써서 많은 단백질 구조를 알아냈는데, 헤모글로빈과 미오글로빈의 구조를 알아낸 페루츠(Perutz)와 켄드류(Kendrew)는 1962년 그 업적으로 노벨 화학상을 받았고 호지킨(Hodgkin)은 1964년 노벨 화학상을 받았다.

12.2 광학기기의 분해 한계

광학계에서는 조리개가 상을 만드는 빛의 각도 범위를 제한한다 (§3.3.2). 이 절에서는 아베 결상 이론을 써서 조리개의 크기와 빛의 결맞음성이 상의 특성을 어떻게 결정하는가, 특히 분해능을 어떻게 제한하는가를 살펴본다. 결맞음성이 아주 좋거나 아주 나쁜 빛은 매우 명쾌하게 다룰 수 있다; 결맞음성이 어중간한 빛은 복잡하여 그 결과도 다소 일반적인 용어로 서술할 수밖에 없다.

12.2.1 결 어긋난 물체에 대한 레일리의 분해 기준

레일리 기준은 이웃 물점의 상대적 밝기와는 무관하다.

가장 간단하고 잘 알려진 분해 기준은 레일리가 정한 것으로 스스로 빛을 내거나 결 어긋난 빛을 받는 물체에 쓸 수 있다; 그것은 보통 천체 망원경에 쓰는데, 그 까닭은 별은 확실히 스스로 빛을 내고, 그 빛이 결맞지 않기 때문이다. 그러나 그것은 예를 들어 형광을 내는 물체를 현미경으로 관찰할 때도 똑같이 적용된다 (§12.2.4).

물점이 멀면, §7.1.4에서 상평면에는 조리개의 프라운호퍼 회절무늬가 생기며, 그 크기는 상거리에 비례한다. 이 회절무늬가 점퍼짐 함수이다. 큰 물체는 그러한 물점이 모인 것으로 볼 수 있고, 물점마다 비슷하게 생긴 **점퍼짐 함수**(point spread function)를 상평면에 만든다; 광원이 결맞지 않으므로 최종 상은 여러 무늬의 밝기를 더하여 얻는다. 그러므로, **상은 물체의 세기분포와 점퍼짐 함수의 콘볼루션이다.**

분해의 레일리 기준(Rayleigh resolution criterion)은 가까운 두 점의 상을 살펴본 것이다. 구멍의 지름이 D이면, 회절무늬의 규격화된 세기분포는, 각도 θ의 함수로 다음과 같다 ($u = k_0 \sin\theta$):

$$I(\theta) = \left[2J_1\left(\frac{1}{2}k_0 D\sin\theta\right)\Big/\left(\frac{1}{2}k_0 D\sin\theta\right)\right]^2 \tag{12.18}$$

레일리는 두 점의 상을 구별하려면 한쪽 상의 봉우리가 다른 쪽 상의 골짜기에 있어야 한다고 보았다. (12.18)의 값이 처음으로 0이 되는 조건은 $J_1(x)$의 첫째 0이고, $x = 3.83$일 때이다. 따라서, 다음과 같다:

$$\frac{1}{2}k_0 D\sin\theta_1 = \pi\frac{D}{\lambda}\sin\theta_1 = 3.83 \quad (12.19)$$

각도 θ_1은 결 어긋난 점광원의 최소 분리각이다. $\theta_1 \ll 1$이므로, 분해 한계는 다음과 같다:

$$\theta_{최소} = \theta_1 = 3.83\pi\frac{\lambda}{D} = 1.22\frac{\lambda}{D}\,(\text{레일리}) \quad (12.20)$$

이 식에 점광원의 분리각만 들어감을 눈여겨보라.[54] 이 각도로 분리된 두 점을 광학계가 식별할 수 있으면, **회절한계**(diffraction-limited) 성능을 낸다고 한다.

12.2.2 스패로우 분해 기준

분해능에 관한 스패로우 기준은 점퍼짐 함수에 근이 없거나, 물점의 밝기가 달라도 쓸 수 있다. 문제 12.20을 보라.

레일리의 분해능 기준이 가장 잘 알려져 있지만, 회절무늬에 골짜기가 선명하게 나타나지 않거나, 가운데 봉우리에서 멀리 있으면 쓸 수 없다. 우리 눈은 밝기 차이를 아주 민감하게 알아내는데, 이 특성에 잘 맞는 또 다른 분해능 기준이 **스패로우 기준**(sparrow criterion)이다. 이것은 §9.5.2에서 분광 분해능을 다룰 때 이미 보았다. 이것은 두 물점의 상의 결합 세기 함수에서 두 봉우리 사이에 골짜기가 생기면 두 물점을 식별할 수 있다고 본다. 두 물점의 세기가 같으면, 스패로우 기준에서 $\theta_{최소}$는 다음과 같이 결정된다:

$$\left(\frac{d^2 I}{d\theta^2}\right)_{\theta_{최소}} = 0 \quad (12.21)$$

베셀함수의 도함수까지 구하지는 않겠고, 결과만 쓰면 다음과 같다:

$$\theta_{최소} = 0.95\frac{\lambda}{D}\ (\text{스패로우 기준}) \quad (12.22)$$

54) 밝기가 같은 두 물점이 이 각도만큼 떨어져 있으면, 골짜기의 밝기는 봉우리 밝기의 $8/\pi^2=0.81$배이다. 레일리 기준은 보통 두 봉우리 사이에 낀 골짜기의 높이가 이 값인 것으로 해석하기도 한다. 여기에서는 그러한 해석을 따르는 대신 스패로우 조건을 쓴다.

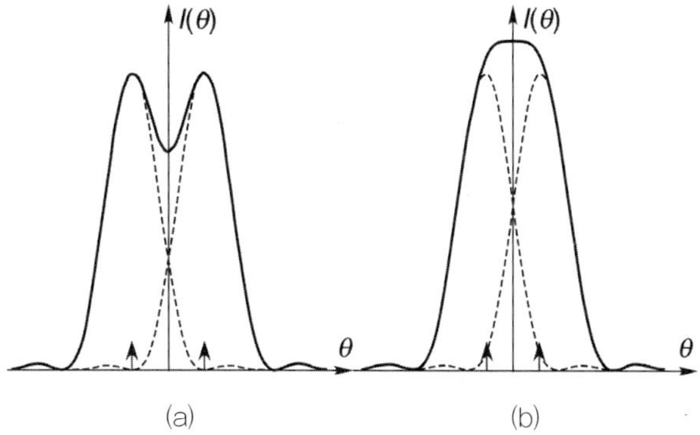

그림 12.7 두 물점이 결 어긋난 빛을 낼 때의 상. 점선: 낱낱의 상의 세기분포; 실선: 이들을 더한 것. 화살표: 기하광학적 상의 위치: (a) 레일리 기준, (b) 스패로우 기준.

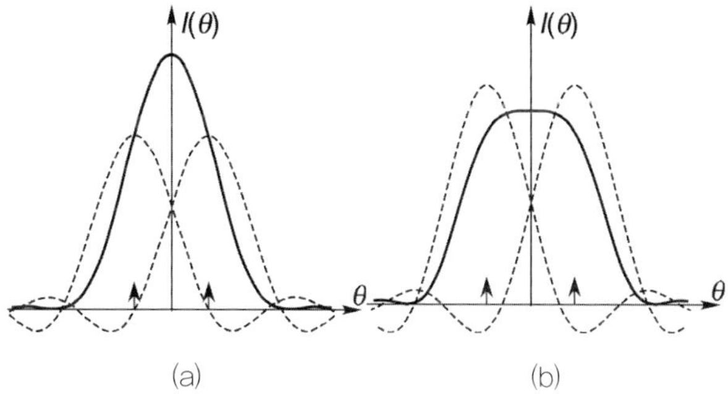

그림 12.8 두 물점이 결맞고 위상이 같은 빛을 낼 때의 상. 점선: 진폭 곡선, 실선: 세기 곡선, 화살표: 기하광학적 상의 위치; (a) 레일리 기준, (b) 스패로우 기준.

12.2.3 결맞는 빛을 받는 물체의 분해

이제 결맞는 빛을 내는 두 물점의 상의 분해 문제를 생각하자. 두 물점에서 나오는 빛의 위상이 같으면, 이들의 점퍼짐 함수의 진폭을 더해야 한다:

$$A(\theta) = J_1\left(\frac{1}{2}k_0 D\sin\theta\right)\Big/\left(\frac{1}{2}k_0 D\sin\theta\right) \tag{12.23}$$

레일리 기준은 (12.20)과 같은 결과를 내는데, 그 까닭은 점퍼짐 함수의 근이 같기 때문이다. 하지만 두 점을 식별할 수 없다. 한편, 스패로우 기준으로는 $\theta_{최소}=1.46\,\lambda/D$이다. 스패로우 기준에서 $\theta_{최소}$가 더 커지는 까닭은 그림 12.7과 12.8을 보면 알 수 있다. 먼저 결 어긋난 빛을 내는 두 물점의 상의 봉우리를 잇는 선 위의 위치의 함수로서 세기분포를 $\theta=0$에서 $\theta=\theta_{최소}$까지 (12.20)과 (12.20)에 대해 그렸다. 그림의 함수는 $I(\theta)+I(\theta-\theta_{최소})$이다. 레일리 기준은 확실히 지나치다. 두 물점이 결맞는 빛을 내는 상황을 살펴보았다. 먼저 진폭을 더한 다음 제곱하여 밝기를 구했다: $[A(\theta)+A(\theta-\theta_{최소})]^2$. 그림 12.8은 두 가지 기준을 보여준다. 분명히 레일리 기준은 좋지 않다.

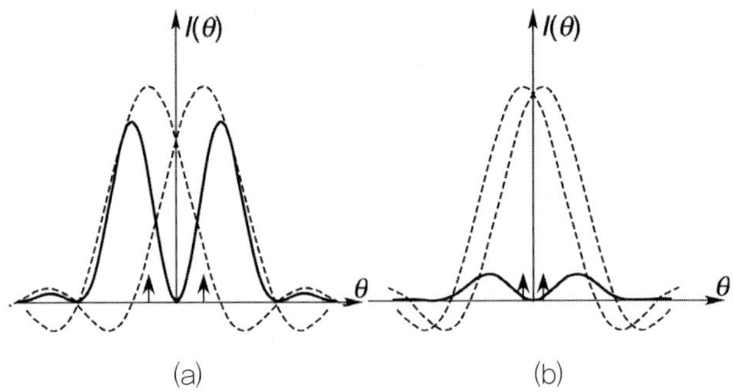

그림 12.9 두 바늘 구멍에 결맞는 빛을 비추어 얻은 상. 점선은 진폭, 실선은 진폭의 차의 제곱으로 전체 상의 세기 분포에 해당한다. 화살표는 기하광학적 상의 위치이다. (a)와 (b)는 두 구멍의 간격이 다른 것인데, 둘 다 상을 식별할 수 있지만, 봉우리의 위치는 상의 화살표로 보인 기하광학적 위치와 별 관계가 없다.

12.2.4 결상 분해와 결맞음

> 물체에 결맞는 빛을 비추면 상에 허깨비가 심하게 생긴다. 대개는 반점이 덮인 상이 생기는데, 그 까닭은 이웃하는 부분과 간섭을 하기 때문이다.

앞 절의 논리는 결 어긋난 빛을 비추면 분해능이 더 좋아짐을 시사한다. 그러나 늘 그것이 참은 아니다; 두 물점에서 나오는 빛의 위상이 같다고 가정했다. 위상이 π만큼 다르면, 결합 세기는 다음과 같다: $[A(\theta)-A(\theta-\theta_{최소})]^2$. 이것은 두 물점이 아무리 가까이 있어도 그림 1.29와 같이 세기분포 곡선의 가운데에 골짜기가 있다. 특히 이 그림에서 눈여겨 볼 것은 위상이 어긋나는 두 상점의 결합 상의 거리가 참된 거리와는 전혀 다른 것인데, 실제로는 구경의 지름이 결정한다! 문제 12.6을 보라. 더구나, 광원이 더 가까워지면, 두 상이 소멸간섭을 하므로 점점 더 어두워진다. 위상 어긋남 결상은 실제로 반도체 소자를 만들 때 선폭을 줄여 소자밀도를 높이고자 광리소그라피에서 쓰는 **위상이동 마스크**(phase-shift mask)에서 쓴다. 이것은 다른 마스크에서 투명한 막을 덮어 위상 π가 더 생기게 하여 이웃한 두 도선의 상 사이에 어두운 선이 나타나게 한다 (Levenson, 1993). 그렇지만, 일반적으로 결 어긋난 빛을 쓰면 분해능이 더 좋다. 그림 12.10은 가까이 있는 한 쌍의 바늘구멍에 비추는 빛의 결맞음성을 갖가지로 바꾸면서 얻은 상으로 위의 논리를 뒷받침한다.

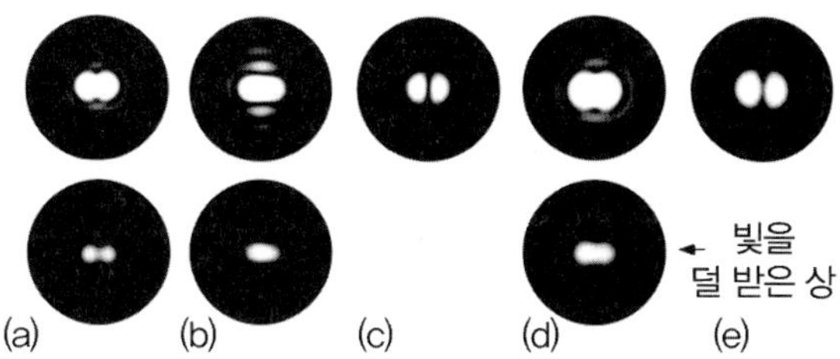

그림 12.10 빛의 결맞음성에 따른 상의 변화. (a)–(c)는 레일리 한계에 해당할 때: (a)는 결 어긋난 빛, (b)는 위상이 같은 결맞는 빛, (c)는 위상이 어긋난 결맞는 빛을 비출 때의 상. (d)와 (e)는 스패로우 한계에 해당할 때: (d)는 결 어긋난 빛, (e)는 위상이 어긋난 결맞는 빛을 비출 때의 상. 아랫줄은 윗줄보다 빛을 조금 덜 받을 때의 상.

결 어긋난 빛으로 만드는 상의 중요한 예는 **형광 현미경**(fluorescence microscopy)이다. 이 현미경에서는 레이저 등의 선폭이 좁은 빛을 비추어 물체의 원자를 들뜬상태로 올리면, 그 원자가 먼저 준안정 상태로 내려간 다음, 그곳에서 바닥상태로 내려가면서 들뜬상태로 올라가며 흡수했던 빛 보다 파장이 더 긴 빛을 내보낸다. 형광 현미경은 분석적 생물 결상에서 아주 중요한데, 그 까닭은 형광을 내는 물질(표식자)을 복잡한 몸체 중에서 정해진 곳을 골라 화학적으로 붙일 수 있고, 따라서 기능성을 보여주는 상을 얻을 수 있기 때문이다. 2008년 노벨 화학상은 이들 표식자 가운데 가장 중요한 녹색 형광 단백질(GFP)을 개발하고 이해하는 데 기여한 공로로 시모무라(Shimomura), 찰피(Chalfie), 찌엔(Tsien)이 같이 받았다. 형광을 내는 기구는 §14.8에서 더 자세히 설명하지만, 여기에서 강조하는 바는 결상 기구는 전혀 결맞지 않다는 것이다. 앞에서 말했듯이, 이때는 광학계의 결상 특성을 이해하려면 점퍼짐 함수의 개념을 쓰는 것이 더 좋다. 이 방법은 §12.3에서 설명한다. 또한, 결 어긋난 빛이 나오는 것을 모아 상을 만들면 분해능 한계를 크게 높일 수 있다 (§12.6).

12.2.5 결맞는 분해한계에 관한 아베 이론

대개의 투과 또는 반사 현미경은 부분 결맞는 빛을 쓴다. 그 까닭은 보려는 물체가 아주 작아서, 참으로 공간적으로 결 어긋난 빛을 만들기가 어렵기 때문이다 (§12.2.7). §12.1.1에서 설명한 아베 이론은 결맞는 빛을 비출 때 쓰는 것이고, 따라서 재래식 현미경의 분해능을 설명할 때 써도 맞다.

그러므로, 투과 또는 반사 현미경으로 돌아가 주기적 구조를 가진 물체에 결맞는 빛을 비춘 것을 살펴보자. 결상계로 얻을 수 있는 분해능은 §12.1.1에서 설명했듯이 렌즈가 받을 수 있는 회절점의 최고 차수가 제한한다. 물체의 주기가 d이면 1차 회절각 θ_1은 다음과 같다:

$$\sin\theta_1 = \lambda/d \tag{12.24}$$

이러한 주기를 가진 물체의 상을 만들려면 결상렌즈의 각반지름 α가 θ_1보다 커야 한다. 따라서 상에 나타날 수 있는 가장 좁은 주기는 (12.6)에 따라 결정된다:

$$d_{최소} = \lambda/\sin\alpha \tag{12.25}$$

이제 §3.8에서 배운 것을 떠올려 보라. 굴절률 n인 매질에 물체를 담그면, 그 매질 속에서는 파장이 λ/n이므로 $d_{최소}$를 **수치구경**; $\mathrm{NA} \equiv n\sin\alpha$로 나타내면 다음과 같다:

$$d_{최소} = \lambda/n\sin\alpha = \lambda/\mathrm{NA} \tag{12.26}$$

이것이 이 때의 결맞는 결상의 분해능이다.[55]

위의 설명에서 조명이 광축과 나란하다고 가정했는데, 그러면 주기가 맞는 상을 얻고자 할 경우 0차 및 ±1차 회절된 빛을 받아야한다. 사실 0차 및 1차 회절된 빛 하나만 받아도 주기가 맞는 상을 얻을 수 있다. 따라서 광축에 대해 각도 α를 이루는 비스듬히 들어오는 빛으로 물체를 비추어 0차 회절된 빛이 가까스로 렌즈에 들어오게 하면 분해능을 더 높일 수 있다; 그러면 한쪽으로 1차 회절된 빛도 함께 받을 수 있는 조건은 다음과 같다:

---

55) 현미경 대물렌즈에는 대개 숫자가 둘 새겨져 있다: 하나는 표준 상거리 250 mm에서의 배율이고, 둘째는 NA이다. 배율이 큰 대물렌즈에서는 덮개 유리의 두께 때문에 생기는 수차도 지운다.

$$d_{최소} = \lambda/2n\sin\alpha = \lambda/2\mathrm{NA} \tag{12.27}$$

여기에서 §8.2.2에서 설명한, 빛이 비스듬히 들어올 때의 프라운호퍼 회절에 관한 결과를 썼다. 이 결과가 **아베 분해능 한계이며, 렌즈로 얻을 수 있는 최고 분해능, 곧 재래식 현미경으로 낼 수 있는 최고 분해능을 나타낸다.** 이것을 실제로 쓰려면 그림 12.11과 같이 결 어긋난 빛살을 각반지름 α인 원뿔꼴로 모으고 그 원뿔 꼭지에 물체를 두어야 한다. 그러면 **여러 각도로 기울어진 결 어긋난 평면파가 겹쳐져 물체를 비추어** 모든 방향에서 (12.27)의 한계가 얻어진다.

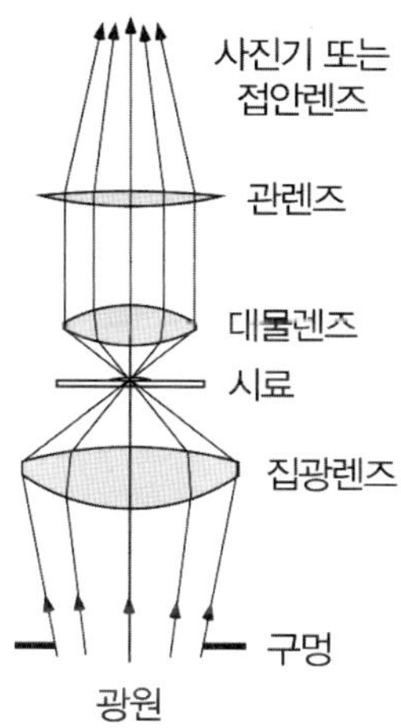

그림 12.11 현미경에서 원뿔꼴 빛을 비추어 최고 분해능을 얻는 방법

12.2.6 결맞는 분해능의 실험적 실증

이 이론은 그림 12.5의 장치를 써서 실증할 수 있다. 이것으로 광학 변환이 제한되거나 바뀌면 상이 어떻게 달라지는가 살펴볼 수 있다. 예를 들어, 그림 12.12(b)와 같은 물체가 있으면, 그 변환은 (a)와 같다. 변환평면에 점점 더 작은 구멍을 두면서 상의 변화를 보면 그 영향을 알 수 있다.

구멍의 크기가 분해능을 제한한다는 것은 콘볼루션 정리(§4.7)를 써서도 이해할 수 있다. 결맞는 광학계에서는 광학적 변환을 구멍의 크기가 제한하면 상평면의 점퍼짐 함수의 (§12.2.1의 밝기가 아닌) 진폭과 물체의 진폭을 콘볼루션한 것이 상의 진폭이 된다. 그 결과는 다시 상의 번짐으로 나타난다; 그렇지만 밝기가 아닌 진폭이 퍼지므로 옆에 있는 다른 것의 상과 겹치면 간섭을 한다. 그 결과 결 어긋난 광학계 보다 상의 모양이 더 복잡하고, 물체에는 없던 모양이 나타나기도 한다.

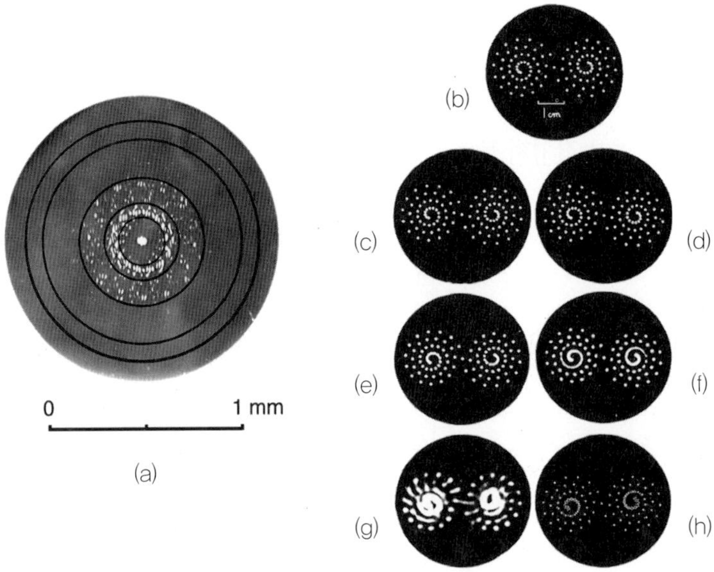

그림 12.12 아베의 분해능 이론. (a) (b)와 같은 구멍이 뚫린 판의 회절무늬. (c)–(g) 푸리에 평면에 크기가 다른 구멍을 두었을 때 얻는 상. (h) 둘째와 셋째 원 사이로 회절된 빛이 만든 상. 상이 물체보다 더 세밀하지만 물체에는 없던 것의 상도 생긴다.

12.2.7 집광렌즈와 조명기의 중요성

기하광학에 관한 한 현미경에서 집광렌즈는 단지 시료에 센 빛을 비추어줄 뿐이다. 그렇지만 파동광학에서는 들어오는 빛의 결맞음성이 중요하며, 따라서 집광렌즈는 광학계의 다른 부분만큼 중요하다. 그 까닭은 결맞음성을 써야 제대로 설명할 수 있다. 이상적으로는, 아래에 보이겠지만, 완전히 결 어긋난 빛으로 물체를 비추어야 하는데, 그것은 하늘처럼 아주 큰 광원을 써야 얻을 수 있다. 그러나 그러면 빛이 너무 약하므로 렌즈를 써서 빛살을 모아 물체에 비춘다. 그렇지만, 상은 완벽하지 않은데, 그 까닭은 광원의 낱낱의 점이 물체에서는 유한한 크기가 되기 때문이다. 다시 말해, 물체는 부분 결맞는 빛을 받는다. 집광기의 질이 나쁠수록 허깨비 상이 더 많이 생긴다.

광계측 장치와 같은 정량적 결상계에서는 결 어긋난 빛을 고르게 비추는 것이 가장 중요한데, 그것은 쾰러 조명의 전형적인 특징이다.

실제로 널리 쓰는 조명계는 두 가지다. 첫째는 **임계 조명**(critical illumination)으로 그림 12.13(a)와 같이 집광계로 광원의 상을 물체에 만든다. 그렇지만 이 장치는 광원의 불균일성이 그대로 상에 나타나는 결점이 있다. 이러한 결점이 없는 장치가 그림 12.13(b)와 같은 **쾰러 조명**(Köhler illumination)이다. 큰 광원을 쓰며, 광원의 낱낱의 점에서 나온 빛살을 나란한 빛살로 바꾸어 물체에 비춘다. 물체 위의 점마다 광원의 모든 점에서 나오는 빛을 받으므로 거의 결 어긋난 빛이 되는 셈이다 (§11.6.4). 그 까닭은 물점마다 내는 결맞는 평면파가 저마다 위상이 다르고 진행방향도 달라서 물체에서 겹칠 때에는 상대적 위상이 마구 달라지기 때문이다. 집광기가 만드는 보조렌즈의 상에 물체를 둔다. 광원의 세기분포가 고르지 않아도 보조렌즈가 너무 가까이 있지 않으면 빛을 고르게 받는다. 그렇지만 똑같은 광원을 쓸 때 임계 조명 보다는 쾰러 조명이 훨씬 어두운데, 그것은 빛이 더 넓은 영역에 퍼지기 때문에 당연하다.

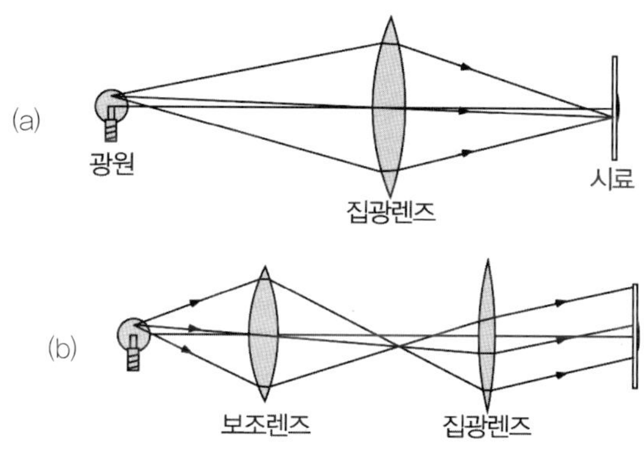

그림 12.13 결 어긋난 조명 방식: (a) 임계 조명, (b) 쾰러 조명.

위의 어떤 집광계를 쓰든 조명계의 공간 결맞음 거리는 다음과 같다 (§11.6.4): $r_c = 0.61\lambda/\mathrm{NA}_c$. 여기에서 NA_c는 집광계의 수치구경이다. 집광계에 수차가 있으면 r_c는 위의 값보다 더 커진다.

NA_c가 대물렌즈의 수치구경보다 더 크고, 광학적 품질이 좋으면 r_c는 분해능 한계보다 더 작아서, 이웃하는 식별되는 두 점의 위상은 별 상관이 없게 된다. 그 결과 레일리 또는 스패로우 기준에 따르는 분해능 한계 및 허깨비상을 피할 수 있다. NA_c를 줄이면 흔히 상의 명암비가 좋아지지만, 허깨비상이 많아진다.

글상자 12.1 허깨비상

결맞는 빛을 비추면 허깨비(artifact 또는 false detail)가 생길 수 있다. 많은 경우, 이것은 분해능 한계보다 더 가느다란 모양일 때도 있다 [예: 그림 12.12(h)를 잘 살펴보라]. 광학기기를 분해능 한계 가까운 조건에서 쓰면 늘 이러한 효과가 생기기 쉽다. 아베 이론을 처음 발표했을 때, 많은 현미경 학자들은 이론을 받아들일 수 없는 증거로 그러한 효과를 들었다 (§1.5.3). 이 이론을 온전히 받아들인 오늘날에도, 예를 들어 전자현미경으로 얻은 상을 다루면서 때로 그것을 잊어버린다.

허깨비가 생기는 것은 그림 12.6의 장치를 써서 쉽게 보여줄 수 있다. 장치의 초평면 스톱이 가운데 5 회절차수만으로 변환을 제한한다고 하자 [그림 12.14(a)]. 그러면 상은 그림 12.14(b)가 된다. 헝겊의 날실과 씨실이 만나는 곳에 밝은 점이 생기는 것을 눈여겨 보라. 헝겊의 1차원 모형인 0차 및 1차만을 써서 네모꼴 파동을 재생해보면 이 점이 생기는 원인을 쉽게 알 수 있다. 푸리에 급수를 이런 식으로 잘라내면 섬세한 모양의 진동이 생기는데, 그것은 급수를 잘라내지 않았다면 다음 차수의 항이 지웠을 부분이다 (그림 4.1).

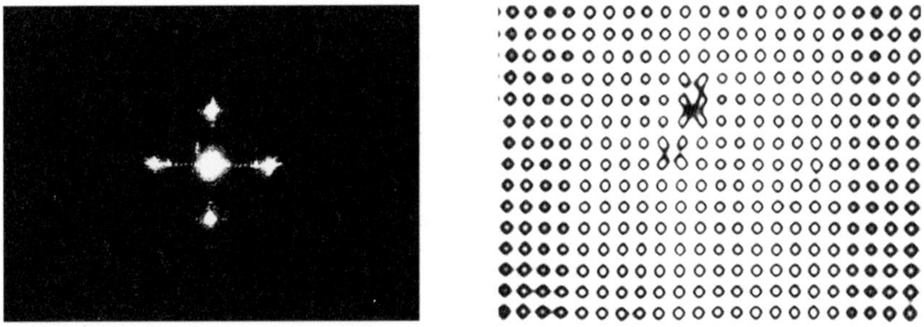

(a) (b)

그림 12.14 회절무늬의 일부만으로 상을 만들 때 생기는 허깨비.

12.3 광학 전달 함수: 결상계 품질의 정량적 척도

결상계의 품질을 정량적으로 나타내는 데는 **광학 전달 함수**(OTF: optical transfer function)와 그것의 절대값인 **변조 전달 함수**(MTF: modulation transfer function)를 쓴다. 이미 (12.26)에서 분해능은 파장과 수치구경으로 정의됨을 알고 있다: $\lambda/2\mathrm{NA}$. 그러나, 이 식은 상을 식별할 수 있다고 해도 세밀한 모양을 얼마나 잘 식별할 수 있는가는 말해주지 않는다. 광학계의 품질을 기술하는 핵심 매개변수는 명암비이다. 왜냐하면 명암비가 커야 두 점을 더 쉽게 식별할 수 있기 때문이다. 두 광학계가 수치구경이 같아서 분해능 한계가 비슷해도, 하나가 다른 것보다 수차가 작으면 명암비가 더 커서 더 좋은 상을 만들 수 있다. 이것이 홑-렌즈와 여러-렌즈로 된 대물렌즈의 근본적 차이이다. 후자를 쓰면 분해능 한계 근처에서 작고 세밀한 것을 더 잘 식별할 수 있다. MTF 곡선은 낱낱의 공간진동수 성분의 명암비 수준을 0에서 1 사이의 값으로 나타낸다. 영상 속의 공간진동수 성분은 곡선에 따라 줄어든다: 잘 분리된 모양에서는 값이 크고, 점점 떨어져 분해능 한계에서는 0이 되는데, 꼭 단조감소를 하지는 않는다. 더 빨리 줄어들수록 광학계의 성능은 더 나쁘다 (그림 12.15). 명암비가 5%를 넘으면 눈으로 보아 무늬를 식별할 수 있다.

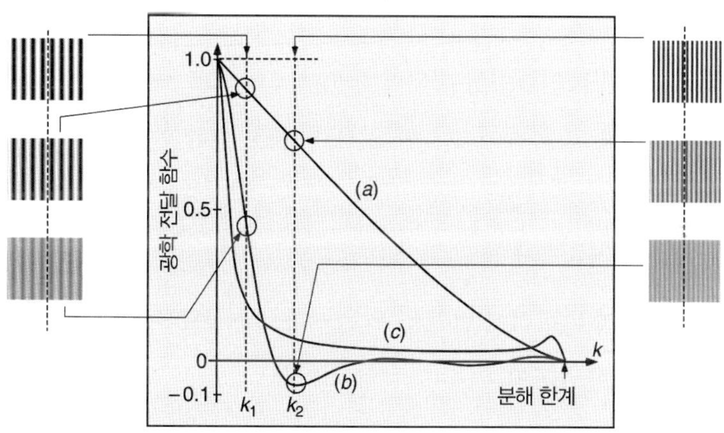

그림 12.15 광 전달 함수(OTF): (a) 이상적인 회절 한계 렌즈의 기하광학적 상평면; (b) 같은 렌즈인데, 상평면에서 초점심도(§ 2.6.4)의 두 배 벗어난 평면; (c) 렌즈를 고리모양의 구멍이 난 마스크로 가린 것. 옆의 상은 공간진동수가 k_1과 k_2인 사인함수꼴 물체의 상의 명암비 변화를 보여줌. OTF< 0이면 상의 위상이 뒤집힘을 눈여겨보라.

광학계 평가에 일반적으로 쓰는 점퍼짐 함수(PSF)는 조리개의 프라운호퍼 회절무늬가 상평면에 생긴 것이다. 구경을 키우면 PSF의 범위가 줄어들며, 이상적인 렌즈에서는 에어리 원반 무늬가 된다 (§8.3.4). 물체는 한 점과 물체무늬의 콘볼루션으로 볼 수 있고, 따라서 상은 PSF와 물체무늬의 콘볼루션이고, 눈금은 광학계의 배율이 결정한다. 이 선형 관계는 PSF가 시야 속 어디에서나 같을 때만 적용되며, 지금은 그것을 가정하지만, 정확하게 참일 때는 드물다. 콘볼루션은 푸리에 영역에서는 곱셈이 되므로, 상의 푸리에 변환은 물체의 푸리에 변환에 PSF의 푸리에 변환을 곱한 것이다. PSF의 푸리에 변환이 **광학 전달 함수**이다. 물체에서 결 어긋난 빛이 나올 때는 위의 식을 낱낱의 점에서 나오는 빛의 세기에 대해 쓰며, 세기 PSF는 조리개의 푸리에 변환의 절대값의 제곱이다. 이것은 다시, 구멍의 공간 자체상관함수의 푸리에 변환이다 (§4.9.1)[56].

OTF와 결상계의 특성의 관계를 살펴보려면 1차원 물체가 공간진동수 $k_1 = 2\pi/\Lambda$인 사인함수꼴 결 어긋난 빛을 내는 것을 생각하자.[57] 광학계의 배율은 물거리 U에 반비례하고, 그 값을 바꿀 수 있으므로 주요면 H_2에서 거리 V인 곳에 있는 상평면에서 k_1을 정의하는 것이 편리하다. 이 값에 배율 V/U를 곱하면 물평면의 공간 진동수가 된다. 결 어긋난 빛을 내는, 주기 $2\pi/k_1$이고 명암비가 1인 사인함수꼴 물체의 세기분포 $s(x)$는 다음과 같다:

$$s_0(x) = \frac{1}{2}(1 + \cos k_1 x) \tag{12.28}$$

여기에서 1은 $s_0(x)$의 값이 0 이상이 되게 해준다. 그러므로, 물체의 푸리에 변환 $S(k)$는 $k=0$에 있는 델타함수와 그 양쪽에 $\pm k_1$에 있는 두 개의 델타함수이다:

$$S_0(k) = \frac{1}{2}\delta(k) + \frac{1}{4}\delta(k - k_1) + \frac{1}{4}\delta(k + k_1) \tag{12.29}$$

PSF는 $p(x)$이고, 이것의 푸리에 변환은 $P(k)$이다. 그러므로 상평면에서 세기분포의 푸리에 변환은 위의 세 델타함수에 $P(k)$를 곱한 것이다:

$$\begin{aligned} S(k) = {} & \frac{1}{2}\delta(k)P(0) + \frac{1}{4}\delta(k - k_1)P(k_1) \\ & + \frac{1}{4}\delta(k + k_1)P(-k_1) \end{aligned} \tag{12.30}$$

(12.30)을 다시 상평면의 좌표 x로 역변환하면 다음과 같다:

$$s(x) = \frac{1}{2}P(0) + \frac{1}{4}P(k_1)\exp(ik_1 x)$$

---

56) 결맞는 결상을 분석할 때는 PSF의 진폭을 쓰므로 결과가 조금 다르며, 쓰임새가 드물다.

57) k의 단위는 rad/m이다. 더 자주쓰는 양은 $k/2\pi = 1/\Lambda$이며 단위는 선쌍/mm이다. 여기서 '선쌍'은 폭 Λ인 사인 함수꼴의 한 주기를 말한다.

$$+ \frac{1}{4}P(-k_1)\exp(-ik_1x) \tag{12.31}$$

$P(k)$는 실수(세기)함수의 푸리에 변환이므로, $P(-k)=P^*(k)$이고, 따라서 (12.31)은 다음과 같이 쓸 수 있다:

$$s(x) = \frac{1}{2}P(0) + \frac{1}{2}|P(k_1)|\cos[k_1x + \Delta(k_1)] \tag{12.32}$$

여기에서 Δ는 P의 위상이다. 이것의 가시도, 명암비 또는 변조 M은 §11.3.2에서 정의한 바와 같다:

$$M(k_1) \equiv \frac{s_{최대} - s_{최소}}{s_{최대} + s_{최소}} = \frac{|P(k_1)|}{P(0)} \tag{12.33}$$

$P(0)=1$로 규격화하면 $M(k_1)=|P(k_1)|$이다. $s_{최소}$는 늘 0보다 크므로 다음 부등식이 맞다: $P(k_1) \leq P(0)$. 콘볼루션은 상을 번지게 할 뿐 더 선명하게 하지는 못한다. $M(k)$가 **변조 전달 함수**인데, 명암비가 1인 물체의 상의 명암비는 $|P(k)|$이기 때문이다 (그림 12.15). 복소 광 전달 함수 $P(k)=|P(k)|\exp[i\Delta(k)]$에도 위상정보가 들어있고, 주기적 물체의 상은 위상이 Δ만큼 이동함을 (12.32)에서 볼 수 있다. 예를 들어, 그림 12.15에서 곡선(b)는 k_2에서 $\Delta=\pi$이다. 이제 어떤 물체든 사인함수와 코사인함수의 중첩으로 나타낼 수 있고, PSF가 시야에서 불변이라면 OTF를 알면 결상을 완전히 시늉낼 수 있다.

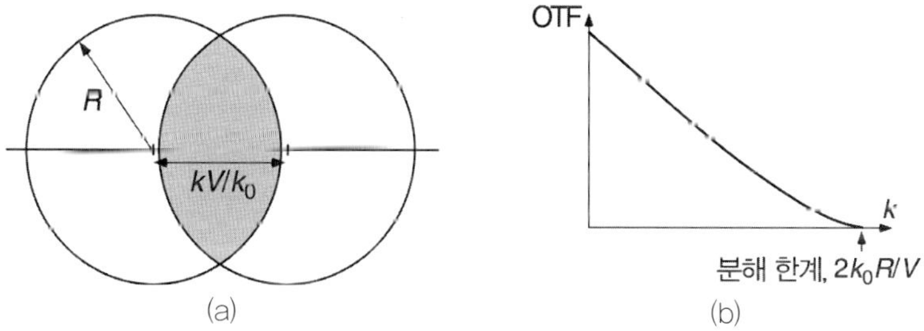

그림 12.16 광 전달 함수 (a) 둥근 구경의 자체 상관 함수를 셈하는 그림. (b) OTF 곡선은 (a)에서 어둡게 칠한 부분의 넓이를 kV/k_0의 함수로 그린 것이다.

$P(k)$는 어떻게 셈할까? 여기에서는 1차원에서 해 보이겠고, 그것을 2차원으로 확장하는 것은 쉽다: X에 조리개에서의 위치를, x에 상평면에서의 위치를 넣으면 된다. $p(x)$는 조리

개의 프라운호퍼 회절무늬임을 알고 있는데, 조리개의 복소 투과함수는 $a(X)$라고 하자. 그것의 푸리에 변환은 $A(u)=A(k_0\sin\theta)$이고, 각도가 작으면 $A(k_0\theta)$으로 어림할 수 있다. 상평면에서의 x-좌표는 $V\theta$이다. 그러므로, $p(x)=|A(k_0x/V)|^2$이고, $P(k)$는 이것의 푸리에 변환이다:

$$
\begin{aligned}
P(k) &= \int_{-\infty}^{\infty} dx \exp(ikx)p(x) \\
&= \int_{-\infty}^{\infty} dx \exp(ikx)\left|A\left(\frac{k_0x}{V}\right)\right|^2
\end{aligned}
\tag{12.34}
$$

자체 상관함수의 역푸리에 변환을 다음과 같이 쓸 수 있으므로(§4.9.1),

$$
C(k)\otimes C^*(-k) = \int_{-\infty}^{\infty} dx \exp(ikx)|c(x)|^2 \tag{12.35}
$$

(12.34)에서 다음 식을 얻는다:

$$
P(k) = a\left(\frac{kV}{k_0}\right)\otimes a^*\left(-\frac{kV}{k_0}\right) \tag{12.36}
$$

이것이 조리개의 투과함수 $a(X)$를 알 때, 그로부터 $M(k)$를 셈하는 방법이다. $a(X)$는 렌즈에서 나오는 실제의 파면을 이상적인 구형파면과 비교한 위상오차(수차)와 조리개의 모양으로 기술한다.

위의 수식은 1차원에서 얻었지만, 2차원으로 확장하는 것은 쉽다. 기본적인 예를 살펴보자 [그림 12.16(a)]: 구경의 반지름이 R인 이상적인 둥근 렌즈라면 구경의 투과함수는 다음과 같다:

$$
a(X, Y) = \begin{cases} 1 & X^2+Y^2 \leqq R^2 \\ 0 & X^2+Y^2 > R^2 \end{cases}
$$

그러면 (12.36)을 쓰면 OTF $P(k)$는 $a(X, Y)$의 자체 상관함수로서, 반지름이 R인 두 원의 중심이 kV/k_0 만큼 떨어져 있을 때 겹친 곳의 넓이이다. 분해능 한계에서는 상의 명암비가 0이고, 따라서 OTF의 값도 0이 된다. 왜 그렇게 되는가를 (12.36)을 써서 알아보자. 그림에서 $kV/k_0=2R$이면 겹치는 곳이 사라진다. $k=2\pi/\Lambda$이므로, 이 한계에 이를 때는 $\Lambda=\lambda V/2R$일 때이다. 이것은 파장에 에프수(f/#)를 곱한 것이므로, 렌즈의 각구경이 분해능을 결정하는 중요한 변수임을 강조해서 보여준다. 겹치는 곳의 넓이[그림 12.16(b)]를 두 원의 중심 간격의 함수로 구하면 수차가 없는[곧, $a(X, Y)$가 실수이고 구멍 스톱 안에서는 값이 1인] 렌즈에 대한 **회절한계** OTF가 된다.

여러 광학계를 붙여 전체 광학계를 꾸밀 때 전체의 OTF는 부분의 OTF의 곱이 아니다. 그 까닭은 한 부분의 수차를 다른 부분이 지울 수 있기 때문이다. 예를 들어 무색 겹렌즈(§3.7.2)에서는 낱낱의 홑렌즈의 수차가 전체의 수차 보다 크다. 그렇지만, 대물렌즈 뒤에 검출기를 붙인 것처럼 광학계의 요소들이 서로 결맞지 않을 때는 낱낱의 요소의 MTF를 곱하면 전체의 MTF가 된다.

실제 광학계에서는 수차와 가림 때문에 $a(X, Y)$는 복소함수로서 절대값이 1이하이다. 그 때는 MTF가 k_x와 k_y만이 아니라 시야 속의 위치 x와 y에 따라서도 달라지며, 따라서 두 벡터 (x, y)와 $\boldsymbol{k}$ 사이의 관계에 따라서 달라진다. 예를 들어, 비점수차(§3.7.1)가 있으면, a의 위상이 $X^2 - Y^2$에 비례하며, (x, y)에 나란한 벡터 $\boldsymbol{k}$ (화살선)에 대한 MTF는 자오면에 대한 값[(x, y)와 직교하는 벡터 $\boldsymbol{k}$에 대한 값]과 다르다. MTF를 재는데 쓰는 MTF 표적에는 이러한 차이를 생각하여 만든 무늬가 들어있다.

12.4 아베 이론의 쓰임새: 공간 여과

광학기기는 기본적인 작동 원리만 알고도 쓸 수 있지만, 그 내용을 잘 알면 성능의 한계도 잘 알 수 있고, 가장 잘 쓸 수 있는 조건을 찾을 수 있고, 더 중요한 것은 그 쓰임새를 넓혀 전통적인 방법으로는 풀 수 없는 문제를 풀 수도 있다. 이 절에서 설명하는 기법은 **공간 여과**로, 렌즈의 뒤 초평면 F_2에 마스크를 두어 그곳을 지나는 빛의 진폭과 위상을 바꾸는 것이다. F_2에는 물체가 내는 결맞는 빛의 푸리에 변환이 생기므로, 이렇게 되면 결국 상의 푸리에 변환 또는 공간 진동수 성분이 바뀌기 때문에 공간 여과라고 했다. 이 이름은 전자회로에서 여과(필터) 회로를 써서 신호의 진동수 성분을 걸러내는 것에 비유하여 지었다. 물체가 결 어긋난 빛을 낼 때는, 물론 F_2에는 푸리에 변환이 생기지 않지만 위에서 설명한 원리는 마찬가지로 적용된다. 공간 여과에 쓰는 방법은 대개 근사적일 뿐이다.

아래에서 다음 공간 여과 기법을 설명하는데, 이들을 시늉내기와 실험으로 보여준다:

1. **밝은 시야**(bright-field) **결상**: 보통의 결상으로 투과된 빛을 그대로 모아 상을 만든다; 상의 모든 곳에서 상대적 세기분포를 보여주고, 위상과는 무관하다.
2. **어두운 시야 결상**(dark-field): 명암비가 나쁜 상의 가시도를 높여주며, 테두리와 위상의 미세한 변화를 드러낸다.
3. **쩨르니케 위상대비**(phase-cotrast) **결상**: 결 어긋난 위상 영상으로 밝기-대비 영상을 바꾸어준다.
4. **그림자**(schlieren) **결상**: 결맞는 빛을 써서 위상 기울기를 드러내준다.
5. **회절 대비**(Diffraction contrast) **결상**: 전자현미경에서 결정 물질의 불균일성을 강조해 드러내는데 쓴다.
6. **노말스키 미분 간섭 대비**(differential interference contrast): 현미경 영상에서 위상이나 진폭의 기울기를 드러내준다.

12.4.1 어두운 시야 결상

어두운 시야 결상법은 주로 테두리와 같이 불연속인 곳을 뚜렷하게 보여준다.

빛을 내지 않는, 아주 작은 물체를 보려한다. 밝은 시야 결상을 하면 물체에서 산란되는 빛이 너무 약해 곧바로 지나오는 빛살에 가려 물체가 보이지 않을 것이다. 이 어려움을 피하려면 빛을 비스듬히 비추어 산란된 빛만 대물렌즈 안으로 들어오게 하면 된다; 이 방법은 애초에 브라운 운동을 관찰할 때 썼고, '초현미경(ultramicroscope)'이라고 했다. 산란체의 위치를 아는 것으로 충분하다면 이 방법도 좋지만, 물체의 속성에 관한 정보는 많이 얻을 수 없다. 물체의 상을 어느 정도 만들려면 푸리에 변환의 성분을 최대한 써야 하고, 그것은 그림 12.17과 같이 곧바로 투과된 빛살(a)이나 반사된 빛살(b)을 완전히 막고 나머지는 그대로 보내면 된다. 그렇지만, 물체의 일부는 평균보다 밝고 일부는 어둡다면 모두 다 보려면 0차 성분을 완전히 막지 말고 적당히 줄여야한다 (그림 12.17). 어두운 시야 결상은 또한 빛을 거의 흡수하지 않는 위상물체를 보는데도 쓸 수 있다 [그림 12.18(d)와 §8.4.1].

$\phi(x) \ll 1$로 가정하고 간단한 해석 모형을 쓰면 어두운 시야 결상이 어떻게 해서 0차 회절 성분을 막아 위상변화를 밝기변화로 바꾸어주는가 알 수 있다. 물체의 투과함수가 $f(x)=$

$\exp[i\phi(x)]$, 곧 들어오는 빛의 위상만 바꾸고 진폭은 그대로 둔다고 하자. 진폭이 A_0인 빛이 들어오면, 투과된 빛은 다음과 같다:

$$A(x) = A_0 \exp[i\phi(x)] \approx A_0[1 + i\phi(x)]$$
$$= A_0 + iA_0\phi(x) \tag{12.37}$$

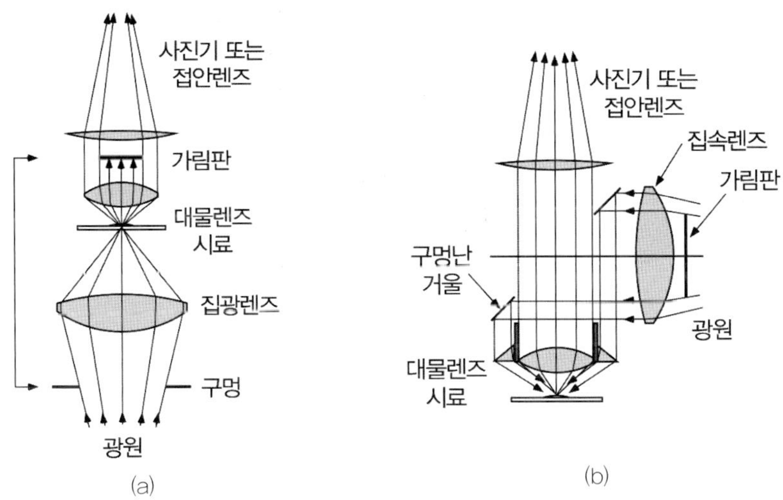

그림 12.17 어두운 시야 결상계의 예: (a) 투과형에서는 물체에서 곧바로 투과된 빛은 대물렌즈 뒤에 판을 두어 막는다; (b) 반사형에서는 빛을 대물렌즈를 둘러싼, 속이 빈 원뿔꼴로 비춘다.

A_0항은 x에 무관하므로 0차 회절된 빛이다. 그것을 없애면 남는 빛의 진폭과 밝기는 다음과 같다:

$$A_{DF}(x) = iA_0\phi(x) \tag{12.38}$$

$$I_{DF}(x) = |A_{DF}(x)|^2 = A_0^2\phi^2(x) \tag{12.39}$$

따라서 위상변화를 볼 수 있지만 부호는 알 수 없다.

이 방법의 원리는 그림 12.5의 장치에서 푸리에 변환 평면의 중심에 작은 검은 점을 두어 그곳에 생기는 봉우리를 막는 것이다. 물체는 투명한 얇은 막에 구멍이 마구 난 것인데, 그 회절무늬는 그림 12.18(a)와 같다. 막이 광학적으로 고르지 않으므로 푸리에 변환은 다소 퍼져 있다. (여과를 하지 않은) 밝은 시야 상은 (b)이다. 이제 (c)와 같이 얇은 유리판에 작은 검은 점을 찍어 가운데 두면 (d)와 같은 상이 생긴다. 여과하지 않은 상에서도 구멍의 테두리는 보이지만, 명암비는 어두운 시야 상에서 훨씬 좋다.

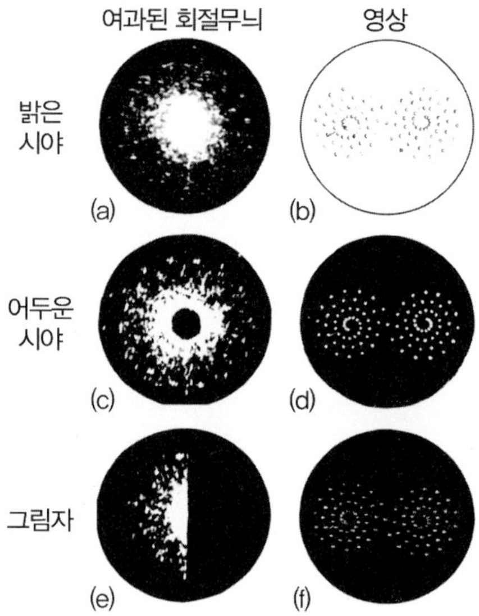

그림 12.18 위상 물체의 어두운 시야 상 및 그림자 상을 비교한 것. 둘 다 회절무늬의 일부를 가리고 상을 만든다. (a) 구멍이 마구 난 투명막의 회절무늬. (b) 밝은 시야 상; (c) 회절무늬 중심에 작은 검은 점을 둔 것; (d) (c)로 만든 어두운 시야 상; (e) 회절무늬의 반을 칼날로 가린 것; (f) (e)로 만든 그림자 상.

12.4.2 쩨르니케 위상대비 현미경법

> 위상대비는 위상 변화가 아주 작을 때 특히 쓸모가 있다.

위상대비 현미경은 또 다른 공간 여과법을 써서 위상물체에서 명암대비를 만들어내는 것으로 쩨르니케가 1930년 발명했으며, 이로써 염료로 물들이지 않아 살아있는 생물 세포를 현미경으로 볼 수 있게 되었다. 쩨르니케는 그 업적으로 1953년 노벨상을 받았다. 그림 12.2(b)는 예를 보여준다. 테두리는 위상 기울기가 커서 빛살이 굴절되므로 그림 12.18(b)와 같이 대개 밝은 시야에서도 보인다. 그러나 쩨르니케 현미경법은 위상변화의 부호에 대해서도 밝기가 민감하게 변화하는데, 그것을 어두운 시야 영상법과 비교하여 다음과 같이 설명할 수 있다.

물체를 지나온 빛의 진폭을 복소평면의 벡터로 나타내자. 위상물체(§8.4.1)의 이곳 저곳을 지나온 빛의 복소진폭은 크기는 모두 같지만 위상은 저마다 다르다. 그림 12.19(a)에서 OA_1, OA_2, OA_3은 전형적인 벡터이다. 완벽한 결상계에서는 모든 상점의 복소진폭은 절대값이 같고, 따라서 세기도 같아 명암비가 0이다. 벡터 OA를 평균한 것을 OP라 하자. 낱낱의 벡터 OA를 상수벡터 OP와 나머지 PA를 더한 꼴로 나타내면 모든 PA를 더한 값은 0이 된다. 이제 PA는 저마다 길이와 방향이 다르다. OP**는 상수 벡터이므로, 0차 회절된 빛에 해당한다.** 어두운 시야 기법에서는 0차 회절된 빛을 막으므로 낱낱의 벡터 OA에서 OP를 뺀 셈이다. 나머지 벡터 PA는 저마다 길이와 방향이 다르므로 그림 12.19(b)와 같은 밝기변화가 나타난다. **쩨르니케 위상대비** 기법은 벡터 OP의 위상을 $\pi/2$만큼 바꾸어 벡터 PP'로 만든다. 새 상점벡터 $P'A$는 (c)와 마찬가지로 길이가 달라진다. 이 방법은 장점이 둘이다: 물체를 지나온 빛을 모두 상을 만드는데 쓴다; 위상변화가 작을 때는 밝기가 위상에 비례한다 [그림 12.19(f)]. 이것은 (12.41)에서 해석적으로 보이겠다. 또한 0차 회절된 빛의 위상이동은 정확하지 않아도 되므로 흰 빛도 쓸 수 있다.

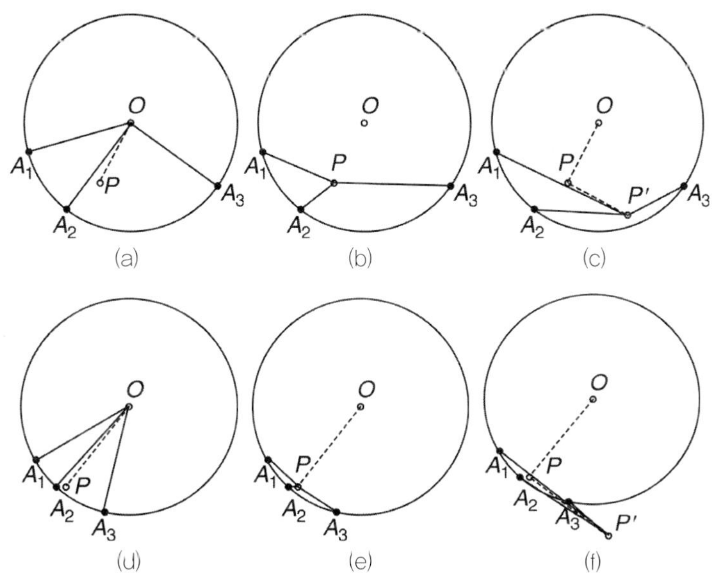

그림 12.19 위상물체의 벡터 그림: (a) 밝은 시야 상; (b) 어두운 시야 상; (c) 위상대비 상; (d)–(f)는 약한 위상물체에 대한 같은 상. OP는 벡터 OA의 평균값이고, 0차 회절된 빛을 나타낸다. 위상대비 기법은 평균에 대한 위상변화의 부호에 민감하지만 어두운 시야 기법은 그렇지 않음을 알 수 있다.

$\phi(x) \ll 1$이면 어두운 시야 기법처럼 위상대비 기법도 해석적으로 설명할 수 있다. (12.37)에서 0차 회절된 빛을 없애는 대신 위상을 $\pi/2$만큼 바꾸면 상의 진폭과 밝기는 다음과 같아진다:

$$f_{PC}(x) = i[A_0 + A_0\phi(x)] \approx iA_0\phi(x) \tag{12.40}$$

$$I_{PC}(x) = |f_{PC}(x)|^2$$
$$= A_0^2 \exp[2\phi(x)] \approx A_0^2[1 + 2\phi(x)] \quad (12.41)$$

이 식은 밝기변화가 ϕ에 비례함을 보여준다 [그림 12.19(f)]. 어두운 시야 현미경상은 밝기가 ϕ의 제곱에 비례하여 변하므로 위상변화의 부호를 알 수 없지만, 위상대비 상은 ϕ에 비례하므로 위상변화의 부호를 구별할 수 있고, ϕ의 작은 변화에 대한 감도가 훨씬 더 좋다. 그림 12.20은 그림 12.5의 장치를 써서 얻은 상으로서 그림 12.18(d)와 비교하면 위상 변화에 대한 감도가 더 좋은 것이 잘 드러난다.

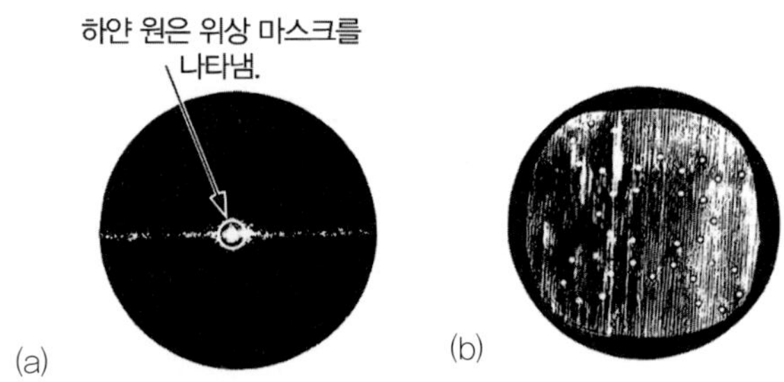

그림 12.20 쩨르니케 위상대비 상. (a) 그림 12.18(a)와 비슷한 위상 마스크의 프라운호퍼 회절무늬. 푸리에 변환 평면에 공간 여과기를 두는데, 가운데 그림의 하얀 원으로 나타낸 작은 구멍이 뚫려있다. (b) 공간 여과로 얻은 상. 밝기가 위상변화에 비례하므로 작은 위상변화에 대한 밝기 변화가 어두운 시야 상보다 더 민감하며, 구멍과 함께 마스크 두께가 고르지 않은 것도 잘 보인다. 이 기법을 생물학에 쓴 예로는 그림 12.2를 보라.

실제로는 결 어긋난 빛을 속이 빈 원뿔꼴로 만들어 물체에 비추는 것이 간단하지 않다. 그 까닭은 0차 회절무늬를 확인할 수 있는 정밀한 푸리에 변환이 없기 때문이다. 따라서 타협안으로 다음과 같이 한다 (그림 12.21). 집광기의 초평면에 고리꼴 구멍이 난 판을 두어 빔을 제한하고, 이 고리의 실상이 대물렌즈의 뒤 초평면 F_2에 생기게 한다. 위상판은 F_2에 끼우는데, 그 고리모양의 상에 광학적 두께가 $\lambda/4$인 투명막을 입힌다. 물체를 곧바로 지나온 빛살은 이 고리를 지나므로, 물체의 상은 물체를 곧바로 지나 위상판을 지난 빛살과 물체에서 꺾여 위상판을 비껴 지난 빛살이 간섭하여 만든다. 이상적인 조건은 어림하여 맞으므로, 꺾인 빛살도 일부 위상판을 지나 위상이 계단꼴로 변한 곳 주변은 빛이 뿌옇게 퍼진다. 위상판은 유리판에 빙정석(Na_3AlF_6)과 같은 유전체를 진공증착하여 만든다.

ϕ가 작으면 0차 회절된 빛이 아주 쎄서 그것의 위상을 바꾸면 상이 너무 달라진다. 그러므

로 위상판은 흔히 투과도를 10~20%로 줄여 환한 배경에서 보면 작고 검은 고리처럼 생겼는데, 어두운 시야 기법과 위상대비 기법을 절충한 셈이다.

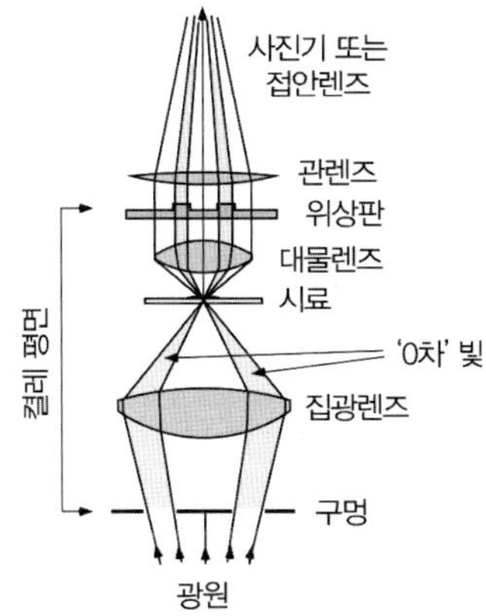

그림 12.21 위상대비 현미경의 광학계. 위상판은 집광렌즈–대물렌즈계가 만드는 고리판의 상에 겹쳐둔다.

12.4.3 그림자 기법

위상물체에 대해 명암비를 만드는 또 다른 방법은 푸리에 변환의 반을 칼날로 차단하는 것이다. 실제로는 결맞는 나란한 빔으로 살펴볼 물체를 비추고, 투과 또는 반사된 빛살을 구면수차가 없는 렌즈로 모은다. 렌즈의 초평면에 칼날을 두어 초점에 맞춘다. 그러면 물체의 상을 선명하게 볼 수 있다 [그림 12.18(f)]. 그러나 회절무늬의 반을 막기 때문에 결함이 생기는데, 이에 관해서는 뒤에 설명한다. 더구나, 결맞는 빛을 비추어야 하므로 현미경에는 맞지 않고, 주로 거시적인 위상 물체를 보는데 쓴다.

그림자 기법의 중요한 쓰임새는 둘이다. 첫째는 유체역학이다. 물체를 둔 풍동 속의 공기 밀도(따라서 굴절률)는 고르기 때문에 지나오는 빛의 위상과 진폭 그 어느 것도 변하지 않는다. 풍동 속에 바람이나 다른 흔들림이 있으면 밀도와 굴절률이 고르지 않게 되어 위상물체가 된다. 그림자 기법을 쓰면 그 위상 변화를 밝기변화로 드러낸 상을 볼 수 있다 [그림 12.22(a)와 12.23].

둘째, 렌즈 품질을 엄격하게 검사할 때 쓴다. 렌즈에 수차가 있으면 초점이 작고 선명하게 생기지 않아 칼날을 두어도 모든 곳의 빛의 반이 막히지 않는다. 따라서 칼날로 초평면을 훑어가며 렌즈 구경의 상을 보면 세기분포가 달라진다 [그림 12.22(b)]. 이것이 **푸코 칼날 검사**이다; 질 좋은 렌즈에서는 이 방법으로 초점의 위치를 아주 정확하게 찾을 수 있다.

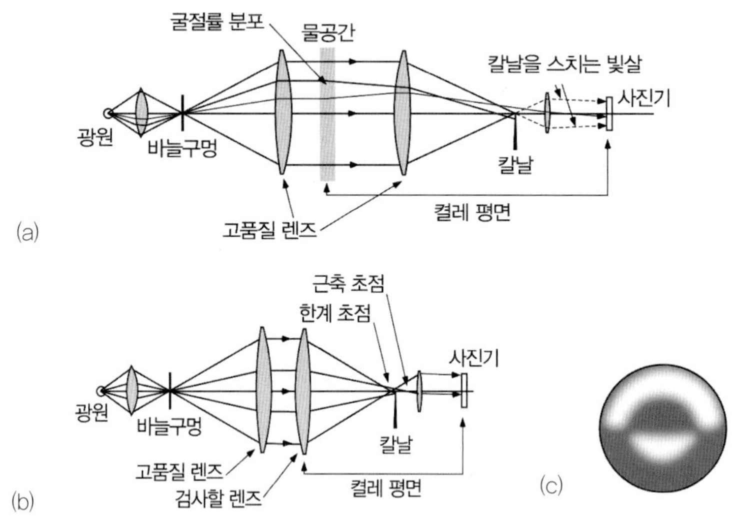

그림 12.22 (a) 굴절률 분포를 살펴볼 때 쓰는 그림자 광학계. (b) 푸코 칼날 검사는 그림자 기법을 써서 광학소자의 품질을 검사한다. (c) 구면수차가 있는 렌즈의 근축 초평면과 한계 초평면 사이에 칼날을 둘 때의 영상. 이 효과는 기하광학을 쓰면 쉽게 이해할 수 있다.

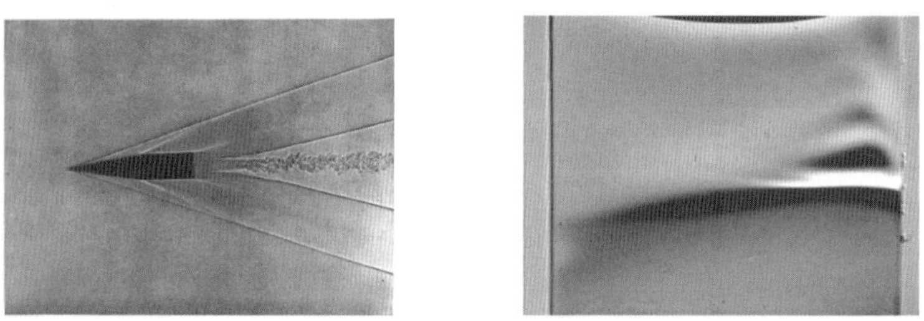

(a) (b)

그림 12.23 (a) 총알이 음속의 3.62배로 날아갈 때의 그림자 상 (Binder, 1985). (b) 빛을 조금 흡수하는 유체에 레이저 빛살을 오른쪽에서 왼쪽으로 비출 때의 온도분포를 보여주는 그림자 상. 레이저 빛살 위쪽에 대류가 생긴 것이 오른쪽에 보인다.

위상대비 기법과 그림자 기법의 중요한 차이는 전자는 등방성이고 위상변화가 밝기변화로 나타나지만, 후자는 위상 기울기가 밝기변화로 나타나고, 그 방향은 칼날과 직교한다. 그림자 광학계에서는 흔히 0차 회절된 빛을 완전히 막기 보다는 감쇠시키며, 그렇게 하면 감도가 상당히 좋아진다.

상자 12.2 전자 현미경의 회절 대비

공간 여과 기법은 광학 현미경에서만 아니라 전자 현미경에서도 많이 쓴다. 전자 현미경은 전자 렌즈의 수차를 온전히 지우기 어려워서 수치구경이 0.04 이하로 아주 작다. 전자 현미경으로 결정성 시료를 볼 때는, 푸리에 변환에서 회절 차수 하나와 그 주변의 아주 좁은 영역만 써서 상을 만들 수도 있다. 그림 12.6(h)와 (j)에서 보았듯이, 그렇게 해도 규모가 단위낱칸 보다 큰 구조는 볼 수 있다. 이 기법이 **회절 대비** 결상이며, 차수가 0이 아닌 회절상 주변의 영역만 걸러내는 공간 여과기를 쓴다. 예를 들어, 다결정 시료에 대해 중심에서 비껴난 구멍을 지나온 전자살을 모아 상을 만들면, 그 구멍쪽으로 전자살을 회절시키는 작은 결정만 밝은 상을 만들고, 나머지 부분은 어둡다. 이것은 그림 12.24에서 볼 수 있다. 시료의 주기성(원자 구조)을 보려면 여러 차수의 회절무늬를 골라내는 구멍을 써야 한다. 이렇게 만든 상은 **격자 영상**(lattice image)이나; 자수를 잘못 고르면 구조를 오해할 위험도 있다.

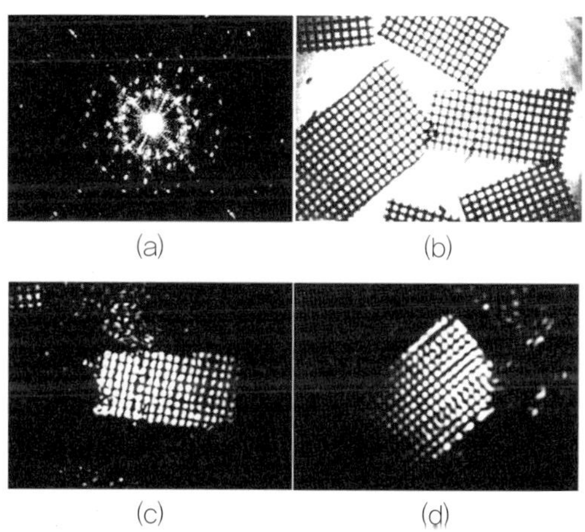

그림 12.24 결맞는 빛을 써서 보여주는 회절 대비 결상법. (a) 다결정을 나타내는 마스크의 회절무늬; (b) 회절무늬 전체를 써서 얻은 상; (c)와 (d) 회절무늬의 일부만으로 만든 상.

12.4.4 어두운 시야, 그림자 및 제르니케 위상대비 광학계의 해석적 예

이 절에서는 간단한 1차원 위상 물체에 §12.4.1~§12.4.3에서 설명한 필터를 쓸 때 얻는 상의 세기분포를 셈한다. 이 예는 현미경 결상법을 정량적으로 다루지만, 이 쓰임새는 주로 정성적인 것 – 물체의 위상 변화를 밝기변화로 바꾸어 보는 것일 뿐 그것을 정량적 분석에 쓰지는 않음을 강조한다. 또한 그림 12.27과 12.28은 전산시늉한 것이다.

물체는 위상 띠로 투명한 것에 위상값이 주변과는 다른 가느다란 띠가 있는 것이다. 1차원에서는 띠와 직교하는 쪽의 좌표를 x라 하면 물체의 투과함수는 다음과 같이 기술할 수 있다:

$$f(x) = \exp[i\phi(x)] \tag{12.42}$$

여기에서 위상분포 $\phi(x)$는 다음과 같다:

$$\phi(x) = \begin{cases} \beta & |x| \leqq a \\ 0 & |x| > a \end{cases}$$

물체의 투과함수는 굴절률이 고른 바탕에 위상이 다른 띠를 더한 꼴이다:

$$f(x) = 1 + (e^{i\beta} - 1)\,\mathrm{rect}(x/a) \tag{12.43}$$

여기에서 $\mathrm{rect}(x/a)$는 폭이 $2a$인 띠를 나타낸다. 이 함수의 푸리에 변환은 다음과 같다:

$$F(u) = \delta(u) + 2a(e^{i\beta} - 1)\,\mathrm{sinc}(au) \tag{12.44}$$

먼저, 어두운 시야 조명의 효과를 살펴보자(§12.4.1). 이 기법에서는 0차 회절된 빛을 막는데, 그 성분이 $\delta(u)$으로 sinc 함수의 중심에 폭이 아주 좁은 영역이다. 그것을 막으면 푸리에 변환은 다음과 같이 어림할 수 있다:

$$F_1(u) = 0 + 2a(e^{i\beta} - 1)\,\mathrm{sinc}(au) \tag{12.45}$$

이것으로 만드는 상은, $F_1(u)$의 푸리에 역변환이고 다음과 같다:

$$f_1(x) = 1(e^{i\beta} - 1)\,\mathrm{rect}(x/a) \tag{12.46}$$

따라서 어두운 배경 속에서 띠가 밝게 나타난다. 사실 세기분포는 위상 β의 함수이다:

$$I_1(x) = |f_1(x)|^2 = 2(1 - \cos\beta)\,\mathrm{rect}(x/a) \tag{12.47}$$

같은 예를 써서 §12.4.3의 그림자 기법도 보여줄 수 있다. 이 때는 필터가 $\delta(u)$와 $u<0$인 모든 푸리에 변환 성분을 막으므로 다음 성분만 투과시킨다:

$$F_2(u) = 2a(e^{i\beta} - 1)\,\mathrm{sinc}(au)\,D(u) \tag{12.48}$$

여기에서 $D(u)$는 다음과 같은 계단함수이다:

$$D(u) = \begin{cases} 1 & u > 0 \\ 0 & u \leqq 0 \end{cases}$$

콘볼루션 정리를 쓰면, (12.48)의 역푸리에 변환은 다음과 같다:

$$f_2(x) = (e^{i\beta} - 1)\,\mathrm{rect}(x/a) \otimes d(x) \tag{12.49}$$

여기에서

$$d(x) = \int_{-\infty}^{\infty} du\, D(u) e^{-iux} = \frac{1}{ix} \tag{12.50}$$

는 계단함수의 푸리에 변환이다.[58] (12.49)의 콘볼루션을 셈하면 다음과 같다:

$$\begin{aligned} \mathrm{rect}(x/a) \otimes d(x) &= -i\int_{-\infty}^{\infty} dx'\, \mathrm{rect}\left(\frac{x - x'}{a}\right) \cdot \frac{1}{x'} \\ &= -i\int_{x-a}^{x+1} dx' \frac{1}{x'} = -i\ln\left|\frac{x + a}{x - a}\right| \end{aligned} \tag{12.51}$$

상의 세기분포는 다음과 같고, 그림 12.25에 보였다:

$$I_2(x) = |f_2(x)|^2 = 2(1 - \cos\beta)\left[\ln\left|\frac{x + a}{x - a}\right|\right]^2 \tag{12.52}$$

이 예에서, 그림자 기법은 확실히 띠의 데두리에서 위상이 갑자기 바뀌는 것을 강조한다. 일반적으로, 칼날은 날과 직교하는 쪽의 위상 기울기를 강조하여 보여준다. 이 효과의 예는 그림 12.18(f)과 그림 12.28의 전산시늉에서 볼 수 있다.

58) 이 변환은 §13.4.2에서 자세히 설명한다.

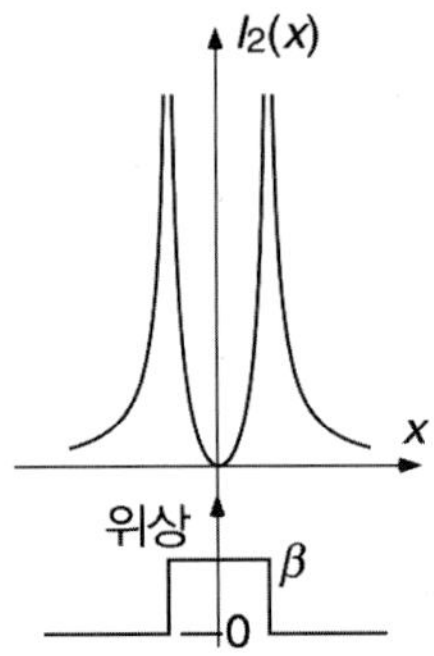

그림 12.25 위상 띠의 그림자 상. 테두리의 상이 선명하지 않음을 눈여겨보라.

끝으로, 이 모형을 써서 위상대비 기법(§12.4.2)을 보여줄 수 있다. (12.44)의 푸리에 변환

$$F(u) = \delta(u) + 2a(e^{i\beta} - 1)\operatorname{sinc}(au) \tag{12.53}$$

을 위상판으로 걸러내면 $u=0$에 있는 성분의 위상이 $\pi/2$만큼 바뀐다 (i를 곱해준다):

$$F_3(u) = i\delta(u) + 2a(e^{i\beta} - 1)\operatorname{sinc}(au) \tag{12.54}$$

상평면의 진폭은 이것의 푸리에 역변환이므로 다음과 같다:

$$f_3(x) = i + (e^{i\beta} - 1)\operatorname{rect}(x/a) \tag{12.55}$$

이것의 값은 띠 밖($|x| > a$)에서는 값이 i이고, 띠 안에서는 다음과 같다:

$$i + (e^{i\beta} - 1) = (\cos\beta - 1) + i(\sin\beta + 1) \tag{12.56}$$

밝기의 명암비가 가장 클 때는 $\beta = 3\pi/4$이다.

12.4.5 간섭 현미경

위상물체를 정량적으로 분석하려면 **간섭 현미경**(interference microscope)을 쓴다. 이 현미경은 두-빛살 간섭계로 꾸미는데, 결 어긋난 빛을 쓴다면 간섭무늬는 물체의 상에 국한될 수밖에 없다 (§9.3.3). 온갖 간섭계를 쓸 수 있지만, 예는 딱 하나만 든다. 다른 것은 9장과 간섭계측법에 관한 전문 서적을 보라. 간섭 현미경 기법은 공간-여과 기법이 아니지만, 이 절에 넣은 까닭은 §12.4.1~§12.4.2에서 설명한 기법과 보완이 되기 때문이다.

여기에서 설명하는 간섭 현미경은 §9.4의 **층밀림 간섭계**(shearing interferometer)를 쓴다. 이것은 영상과 그것을 옆으로 조금 민 것을 겹쳐 간섭무늬를 만들기 때문에 영상이 두 겹으로 나타나지만, 이동 거리가 아주 작아서 상이 흐려지지는 않는다. 또한 두 영상의 위상차가 π이면, 소멸간섭을 하므로 위상변화가 없으면 전체 영상이 어두워진다. 이동벡터의 거리 안에서 위상차가 있으면 어두운 배경에서 밝게 나타나며, 이 기법을 **미분 간섭 대비**(DIC)라고 한다. 이것의 쓰임새는 초미세전자공학의 기판 검사에서 생물학까지 아주 많다 [그림 12.2(c)].

노말스키(Nomarski)가 개발한 DIC 현미경에서는 복굴절 결정을 써서 직교하는 두 편광성분이 옆으로 조금 밀리게 만든다. 이것을 투과형 현미경으로서 설명하겠지만 반사형에도 쓸 수 있다. 물체 위의 두 점에 비추는 빛은 집광계의 입사동에서는 다른 방향으로 가는 두 평면파에 해당한다. 이들은 선편광을 얇은 복굴절 결정으로 된 **울라스톤**(Wollaston) **프리즘**을 지나게 하여 얻는다. 이 프리즘은 그림 12.26(a)와 같이 단축 결정의 광축 OA가 직교하는, 쐐기꼴 두 쪽을 붙여 만든다. 들어오는 평면파가 광축과 45도를 이루게 하면, 상빛살과 이상빛살의 진폭이 같아진다. 쐐기꼴의 꼭지각 α가 작으면, 평면파의 편향각은 $(n-1)\alpha$이 된다. 두 쐐기가 서로 반대로 붙어 있으므로 직교하는 두 편광성분이 벌어지는 각도는 $2(n_e-n_o)\alpha$이고, 집광렌즈의 초점거리가 F이면, 물체표면에서는 $2F(n_e-n_o)\alpha$만큼 벌어진 두 점에 모인다.

두 편광성분이 물체와 대물렌즈를 지난 뒤에는 둘째 울라스톤 프리즘을 지나면서 다시 겹친다. 이 두 성분은 (광원의 한 평면파 성분에서 갈라져 나왔으므로) 서로 결맞아서 편광판에 대해 투과축이 직교하는 검광판을 지나면서 두 성분의 위상차가 파상에 상관없이 π가 되고, 간섭무늬를 만든다 [그림 12.26(b)]. 시료를 지날 때 두 성분에 위상차가 생기지 않으면, 재결합된 빛은 선편광으로 검광판의 투과축과 직교하고, 따라서 그 곳은 어둡게 나타난다. 위상차가 생기면, 재결합된 빛은 타원편광이 된다; 마찬가지로 밝기 차가 생겨도 편광면이 돌아간다. 둘 다 빛의 일부가 검광판을 지나오게 된다.

상에는 무엇이 나타날까? 물체의 투과함수가 $f(x, y)$이고, 편광과는 무관하다면, 간섭 상의 밝기는 다음과 같다:

$$I(x, y) = |f(x, y) - f(x+\delta x, y)|^2 \otimes p(x, y) \tag{12.57}$$

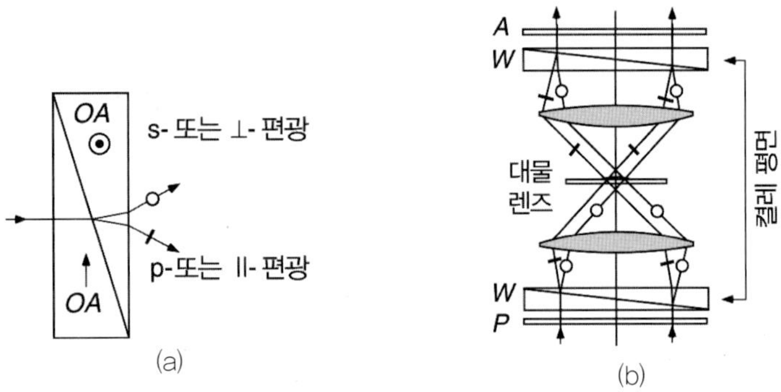

그림 12.26 노말스키 미분 간섭 대비 현미경. (a) 광축이 OA인 울라스톤 프리즘; (b) 완전한 현미경에서의 빛살 경로의 얼개 그림. W는 울라스톤 프리즘, P는 편광판, A는 검광판.

여기에서 δx는 두 상점의 변위벡터이고 $f(x, y)$는 현미경 대물렌즈의 점퍼짐 함수 (§12.2.1)이다. 여기에서 결 어긋난 빛을 물체에 비춘다고 가정했다. (12.57)을 δx에 대해 펼치면 다음과 같다:

$$f(x+\delta x, y) \approx f(x, y) + \delta x \frac{\partial f}{\partial x} \tag{12.58}$$

$$I(x, y) = \delta x^2 \left| \frac{\partial f}{\partial x} \right|^2 \otimes p(x, y) \tag{12.59}$$

위상 물체라면 $f = |f_0| \exp[i\phi(x)]$ 이고 f_0는 상수이다. 그러면,

$$\frac{\partial f}{\partial x} = if \frac{\partial \phi}{\partial x} \tag{12.60}$$

$$I(x, y) = |f_0|^2 \delta x^2 \left| \frac{\partial \phi}{\partial x} \right|^2 \otimes p(x, y) \tag{12.61}$$

그러므로 상은 변위벡터 쪽의 진폭 또는 위상의 기울기를 강조해서 보여준다. 그러므로 §12.4.4의 위상 띠는 δx가 그것과 나란하지 않으면 띠의 테두리를 따라 밝은 선이 나타난다. 띠가 아주 좁으면, 두 선이 붙어 보일 수 있는데, 이 상의 밝기가 두 선의 밝기를 더한 값이 될 것으로 생각하기 쉽지만, 분해능 한계에 가까우면 빛이 공간적으로 결맞게 될 수 있다. §12.4.3에서 본 것처럼 그림자 광학계도 위상 기울기를 강조해 보여준다. 그렇지만, 이 현미경 기법은 결 어긋난 빛을 쓰고, 따라서 고분해능 상을 얻는데 더 맞다.

(이 장 첫머리의) 그림 12.2는 위에서 설명한 세 가지 기법 – 밝은 시야, 쩨르니케 위상대비,

노말스키 미분간섭 대비를 써서 얻은 살아있는 세포의 상을 비교했다. 현대의 현미경에서는 똑같은 대물렌즈를 쓰면서 필터만 바꾸면 영상 기법을 한 가지에서 다른 것으로 바꿀 수 있다.

글상자 12.3 공간 여과 시늉내기

영상의 공간여과를 시늉내려면 먼저 푸리에 변환을 셈한 다음, 그것에 적절한 여과 함수를 곱하고, 마지막으로 역변환을 하면 된다. 이제 이 절에서 설명한 방법을 시늉내기로 비교해 보자. 그림 12.27에서 물체는 진폭 대비 ±0.05인 크고 작은 모양이 들어있다. 어두운 시야 상에서는 부호가 다른 것이 구별되지 않지만 감쇠된 어두운 시야 상에서는 구별된다. 노말스키 DIC는 영상이 어긋난 쪽으로 변조된 영역의 테두리가 드러난다. 그림 12.28에서는 변조된 영역은 위상이 ±0.1 라디안인데, 쩨르니케 위상대비 기법만이 위상변화의 부호를 보여준다. (12.51)의 콘볼루션 때문에 상이 번지는데 이것은 그림 12.18(e)에서도 볼 수 있다.

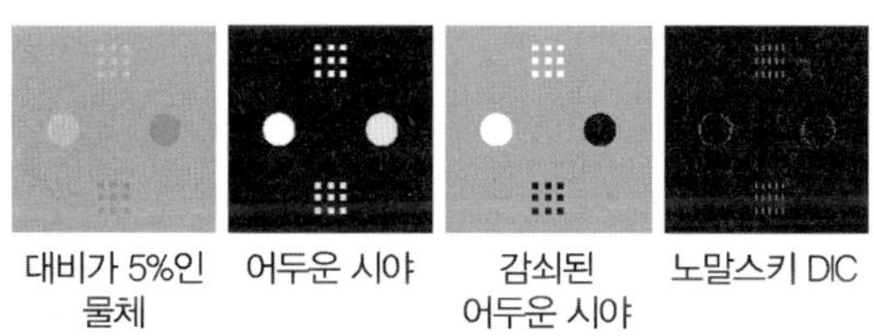

그림 12.27 배경에 대한 명암비가 ±5%인 물체의 상의 명암비를 공간 여과로 높이는 것을 시늉낸 것. 0차 회절을 모두 막은 어두운 시야 상은 명암비는 높지만 부호는 구별할 수 없다. 0차 회절을 조금 줄인 감쇠된 어두운 시야 상에서는 부호가 구별된다. 노말스키 DIC는 상을 옮긴 쪽의 기울기가 부호에 상관없이 드러난다.

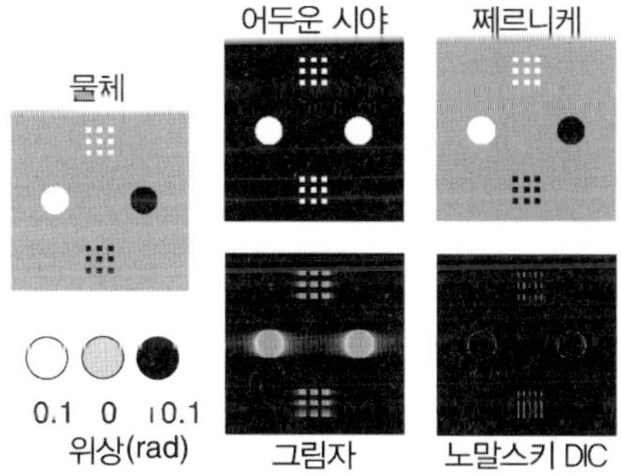

그림 12.28 위상 물체를 밝기변화로 바꾸어 보여주는 방법의 시늉내기. 물체에는 배경에 대해 ±0.1 라디안의 위상 변화가 있다. 쩨르니케 위상대비 기법만이 위상변화에 대해 민감한 상을 만든다. 그림자 및 DIC 상은 위상의 기울기에 대한 상을 만든다. 그림자 상은 분해능도 나쁘다.

12.5 홀로그래피

물체의 상에 관한 모든 정보가 회절무늬에 들어있으므로, 그 정보를 사진필름에 기록하고, 그것을 써서 상을 재생하는 방법을 찾는 것은 당연하다. 다시 말해, 위상문제(§12.1.5)에 대한 실험적 해결책이 있는가? 그것을 가보르(D. Gabor)가 1948년 제시했는데, 그 때는 제한적으로만 성공 했다. 그러나 그 뒤 레이저의 발명으로 그러한 일을 완전히 성공적으로 할 수 있게 되어, 가보르는 그 업적으로 1971년 노벨 물리학상을 받았다.

12.5.1 가보르의 방법

가보르가 이 어려움을 이겨내는 방법을 궁리한 까닭은 전자 현미경의 결상에서 생기는 수차 문제를 풀고자 해서였다. 전자 현미경의 분해능을 제한한 것은 전자살의 파장(~0.01 nm)이 아니라 전자 렌즈의 수차였다. 가보르는 전자 회절무늬의 진폭을 기록하고, 그 상을 광학적으로 만들면 더 좋은 상을 얻을 수 있다고 생각했다. 그 착상을 보이고자 그는 해결방법의 두 단계를 모두 광학을 써서 보였다. 물체는 커다란 투명 물체 위에 놓인 작고 검은 모양이었다; 배경은 아주 쎈 0차 회절 빛을 만들고 회절무늬의 위상변화는 밝기변화로 기록될 것이었다. 회절무늬의 위상이 배경과 같은 곳은 가장 밝으며 위상이 π 어긋나는 곳은 가장 어두울 것이었다. 그 착상은 훨씬 뒤에 전자현미경 영상에 쓰이지만 (Tonomura, 1999), 1960년대에 레이저 빛을 쓰게 되자 바로 발전하여 광학 결상에 성공적으로 썼다.

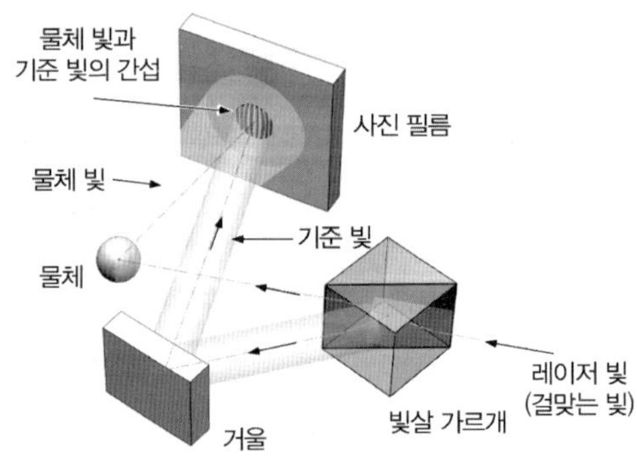

그림 12.29 간단한 홀로그래피 기록 장치. 빛살 가르개에서 사진필름까지의 거리는 물체를 거칠 때나 거울을 거칠 때가 거의 같고, 물체빛과 기준빛의 교차각은 상당히 작다.

12.5.2 레이저의 쓰임새

홀로그램은 들어오는 빛의 진폭과 위상을 간섭무늬의 명암비와 위상으로서 기록한다.

홀로그램(Hologram)의 착상은 처음에 레이트(Leith)와 유팻니엑스(Upatnieks)가 1960년에 레이저를 써서 성공적으로 실현했다.[59] 실험장치는 아주 단순하다 (그림 12.29). 공간 결맞음이 좋은 레이저 빛살을 두 가닥으로 갈라 하나는 **기준빛**(reference wave)으로서 사진필름에 바로 비추고 다른 하나는 **물체빛**(object wave)으로서 물체에 비추어 산란된 빛이 사진필름에 오게 한다. 사진필름에 기록을 하는 동안에는 여러 소자를 고정시켜 움직임이 파장보다 훨씬 작게 해야 사진필름에 간섭무늬가 제대로 기록된다. 상을 재생하려면 현상한 사진필름에 애초의 기준빛과 같은 조건으로 빛을 비추어준다. 보통 두 개의 상이 나타난다. 먼저 기록 및 재생 과정을 정성적으로 해석한 다음, 보다 정량적으로 살펴보겠다.

홀로그램을 회절격자(§8.5.3과 §9.2)에 비유하여 생각하면 일반적인 말로 설명할 수 있다. 점 산란체 - 그림 12.30(a)의 홀로그램을 사진필름에 기록한다고 하자. 그 점은 구면파인 물체빛을 만들어내고, 이것이 평면파인 기준빛과 간섭한다. 그 결과 곡선 줄무늬 무리가 기록되는데(b), 그 모양은 고리판(§7.2.5) 무늬의 중심에서 벗어난 부분처럼 보이고, 밝기 변화는 사인함수꼴이다. 그 홀로그램을 사진필름에 기록하여 현상한다. 상을 재생하려면 사진필름에 애초의 기준빛과 똑같이 평면파를 비춘다 (그림 12.31). 홀로그램의 낱낱의 부분을 회절격자의 일부로서 저마다 눈금 간격이 다른 것으로 볼 수 있다. 평면파를 기준빛으로 비추면 0차와 두 개의 1차 회절된 빛이 각도 θ_1과 θ_{-1}로 나오는데, 그 각도는 간섭무늬의 간격에 따라 달라진다. -1차 회절된 빛은 점 산란체의 실상을 만들고, $+1$차 회절된 빛은 허상을 만든다는 것을 쉽게 보일 수 있다. 상은 3차원 공간의 어느 영역에 생기는데, 그 까닭은 여러 다른 방향에서 오는 빛이 만나서 만들기 때문이다.

이 모형에는 두 가지 중요한 점이 있다. 첫째, 홀로그램이 더 커서 상을 재생하는 빛살이 더 큰 각도로 만나면 재생된 상점의 위치가 더 정확하게 정해진다; 그러므로 분해능은 홀로그램의 크기의 함수이다. 둘째, 간섭무늬는 사인함수꼴인데, 그 까닭은 두 빛살이 간섭하여 만들기 때문이다. 사진필름이 충실히 기능하면 재생될 때 0차와 1차 빛살만 생겨나서 위의

59) 사실 그들도 처음에는 준단색 광원에서 나온 빛을 공간 여과하여 썼지만, 레이저가 나오자 일이 훨씬 수월해졌다.

두 가지 상만 생긴다. 이 방법은 또한 상을 재생할 때 쓰는 기준빛의 입사각, 파장, 그리고 수렴도를 바꿀 때 생기는 효과를 이해하는데도 쓸모가 있다 (문제 12.13).

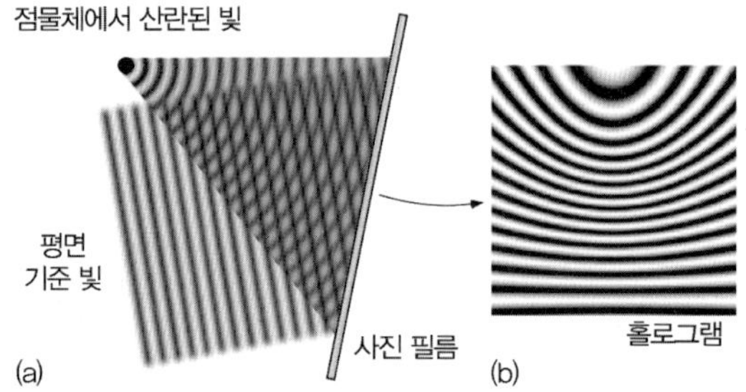

그림 12.30 점 물체의 홀로그램 기록과 재생: (a) 물체에서 나온 구면파가 기준빛인 평면파와 간섭한다; (b) 사진필름에 기록된 간섭무늬.

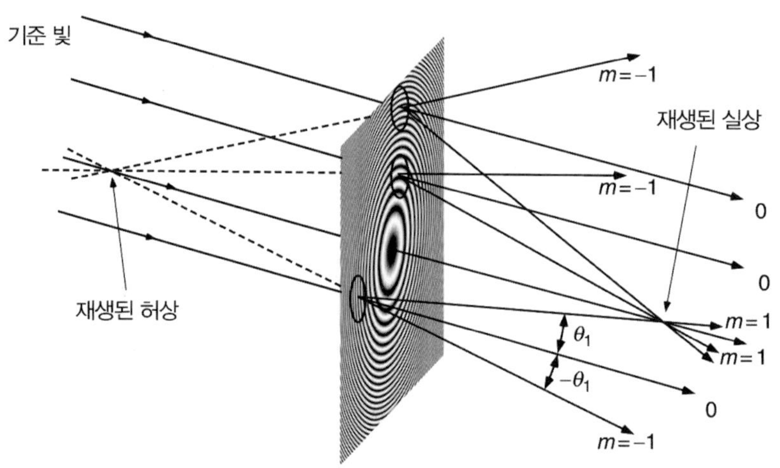

그림 12.31 점 물체 홀로그램의 재생: 홀로그램의 여러 곳에서 1차 회절된 빛살이 만나서 재생된 실상을 만들고, −1차 회절된 빛살은 재생된 허상에서 퍼져 나오는 것처럼 보인다.

12.5.3 홀로그래피에 관한 해석적 모형

이제 해석적 모형을 세워 산란된 빛의 진폭과 위상이 홀로그램에 어떻게 기록되는가 그리고 재생과정이 어떻게 이루어지는가를 살펴보자. 사진필름의 어느 곳 (x, y)에 오는 빛의 진폭이 $a(x, y)$, 위상이 $\phi(x, y)$라고 하자. 또한, 기준빛은 꼭 평면파가 아니어도 되지만, 진폭은

A, 위상은 $\phi_0(x, y)$라고 하자. 그러면 (x, y)에서의 전체 진폭과 밝기는 다음과 같다:

$$\psi(x, y) = A\exp[i\phi_0(x, y)] + a\exp[i\phi(x, y)] \tag{12.62}$$

$$\begin{aligned} I(x, y) &= |\psi(x, y)|^2 \\ &= A^2 + a^2 + 2Aa\cos[\phi(x, y) - \phi_0(x, y)] \end{aligned} \tag{12.63}$$

홀로그래피 과정이 선형과정이 되게 하려면 a가 A 보다 훨씬 작다고 가정하여 a^2 항을 무시할 수 있게 한다. 그러면 세기는 다음과 같다:

$$I(x, y) \approx A^2 + 2Aa\cos[\phi(x, y) - \phi_0(x, y)] \tag{12.64}$$

이 것을 사진필름에 기록한 것이 홀로그램이며, 세기분포가 사인함수꼴이고 위상이 $\phi - \phi_0$인 간섭무늬이다. 줄무늬의 기시도는 $2a/A$이다. A는 상수이고, ϕ_0는 알고 있으므로, **물체 빛의 진폭 $a(x, y)$와 위상 $\phi(x, y)$가 모두 홀로그램에 기록된다.** 이제 홀로그램을 기록하려면 결맞는 빛이 필요한 까닭이 뻔하다: 위상차 $\phi - \phi_0$을 간섭무늬에 기록해야 하기 때문이다.

재생된 모양을 끌어내려면, 간섭무늬 (12.64)를 기록한 사진필름의 진폭 투과도 $T(x, y)$가 세기 $I(x, y)$에 비례한다고 가정한다:[60)]

$$T(x, y) = 1 - \alpha I(x, y) \tag{12.65}$$

홀로그램에 애초에 쓴 기준빛 $A\exp[i\phi_0(x, y)]$을 비추면 투과된 빛의 진폭은 다음과 같다:

$$\begin{aligned} A\exp[i\phi_0(x, y)]\,T(x, y) &= [1 - \alpha I(x, y)] \cdot A\exp[i\phi_0(x, y)] && (12.66) \\ &= A(1 - \alpha A^2)\exp[i\phi_0(x, y)] && (a) \\ &\quad - \alpha A^2 a(x, y)\exp[i\phi(x, y)] && (b) \\ &\quad \alpha A^2 a(x, y)\exp\{i[\phi_0(x, y) - \phi(x, y)]\} && (c) \end{aligned}$$

윗 식의 세 항은 다음과 같이 해석할 수 있다:

---

60) 이것이 참인 세기 범위를 늘 정할 수 있다. $a^2 \ll A^2$으로 만드는 또 다른 이유는 I가 너무 크지 않게 하는 것이다.

홀로그램에는 들어오는 빛의 진폭과 위상이 모두 기록되어 있으므로 3차원 영상을 볼 수 있다.

(a) 0차 회절된 빛은 기준빛이 감쇠되어 빠져나오는 것이다.

(b) 1차 회절된 빛은 **허상**이다. 상수 인자 αA^2를 빼면, 재생된 빛은 물체빛과 똑같아서 마치 빛이 완벽하게 재생된 거짓물체에서 나오는 것 같다. 복소진폭 $a(x, y)$가 완전히 재생되었으므로, 재생된 물체는 어느 쪽에서 보아도 물체와 똑같고, 따라서 3차원적으로 보인다.

(c) -1차 회절된 빛은 **위상-켤레 상**(phase-conjugate image)이다. ϕ_0가 상수이면 이 빛은 물체빛의 복소 켤레이고, 따라서 물체의 (거짓이 아닌) 참 거울상이다. 그렇지 않으면 그것은 왜곡된 상이 된다. 켤레 상의 쓰임새는 §13.6.3에서 설명한다.

홀로그램을 실제로 만드는 방법에 관한 자세한 설명은 다음 책을 보라: Collier 등 (1971), Hariharan (1989). 여기에서는 위의 설명에서 곧바로 나오는 몇 가지 문제점만 언급한다.

물체빛과 기준빛의 밝기의 비 a^2/A^2은 작아야 한다. 보통 1:5 정도면 충분한데, 때로는 1:2도 허용된다. 완벽한 재생을 하려면 사진필름에 기록되는 것이 세기변화에 비례해야한다. 그렇지만, 이 조건은 많은 경우에 꽤 느슨해질 수 있다. 그 까닭은 사진필름의 비선형성의 주된 효과는 2차 및 고차 재생빛이 생기는 것이고, 이것은 주된 상과는 다른 쪽, 다른 곳에 생기기 때문이다. 기준빛과 물체빛의 교차각이 θ라면, 홀로그램에 기록되는 간섭무늬의 간격은 얼추 $\lambda/\sin\theta$이다. 예를 들어, 헬륨-네온 레이저를 써서 홀로그램을 만들 때, $\theta = 30°$이면 이 주기는 약 1 μm이다. 이 정도의 간섭무늬를 기록하려면 사진필름은 적어도 0.5 μm의 해상력이 있어야 하므로 분해능이 좋은 사진필름을 써야 한다. 이러한 사진필름은 일반적으로 감도가 낮다.

12.5.4 위상, 부피, 색 홀로그램

§9.2.4의 회절격자에 관한 설명에서 진폭 격자의 회절 효율이 매우 낮았던 것을 기억할 것이다. 그것은 본질적으로 홀로그램이고, §9.2.4의 사인함수꼴 회절격자에 대한 논리를 되풀이하면 회절효율은 $\eta \approx a^2/12A^2$으로 아주 작다. 예를 들어, $a^2/A^2 = 1/5$이면 $\eta \approx 2\%$이다. 그 해결책은 회절격자와 마찬가지로 **위상 홀로그램**을 만드는 것이다. 진폭 투과함수 $T(x, y)$를 그에 비례하는 굴절률 분포 $n(x, y)$로 바꾸는 방법은 몇 가지가 있다. 여기에는 흡수 홀로그램을 표백 - 빛을 흡수하는 금속 은을 염화은과 같은 투명한 화합물로 바꾸어 그

곳의 굴절률 변화로 바꾸는 것 - 하는 것, 젤이나 폴리머를 써서 받는 빛의 양에 비례하여 교차결합이 일어나게 하는 것 등이 들어간다.

금속판이나 금속을 입힌 플라스틱 판의 표면을 올록볼록하게 만든 반사 홀로그램은 오늘날 신용카드 등을 위조하기 어렵게 만드는데 널리 쓴다. 표면 높낮이 분포가 반사된 빛의 위상을 변화시키므로, 이것은 회절효율이 매우 높다. 그러한 홀로그램은 보통 실제 물체의 상을 홀로그램 판에 투영시키고 기준빛을 함께 비추어 만든다 (그림 12.32). 그러한 **상평면 홀로그램**은 흰빛을 비추면 여러 파장의 상이 많이 겹치므로 제법 뚜렷하게 재생된다.

일단 빛을 흡수하지 않는 홀로그램을 만드는 기법이 있으면, **부피 홀로그램**도 만들 수 있다. 이것은 보통 폴리머나 결정을 써서 들어오는 빛의 3차원 세기분포를 굴절률 분포로 바꾼 다음 (예를 들어 §13.6.2), 그 굴절률 분포를 고정시킨다 (빛을 받아도 더 이상 반응하여 성질이 변하지 않게 만든다). 부피 홀로그램을 만드는 매체를 그림 12.30의 홀로그래피 사진필름 자리에 두고 간섭무늬의 3차원 분포를 기록하면 3차원 회절격자가 된다.

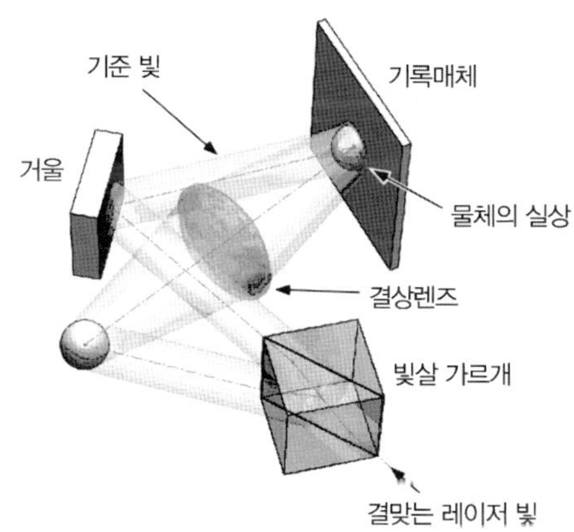

그림 12.32 상–평면 홀로그램 기록 장치 얼개.

상을 재생하려면 부피 홀로그램에 평면파를 비추어준다. 여기에서도 음향–광학 효과(§8.7)를 다룰 때 생겼던 것과 똑같은 문제가 생기는데, 이제는 격자가 서 있고, 따라서 음향 진동수 Ω는 0이다. 부피격자는 그림 8.27과 같이 브라그 회절 법칙에 딱 맞는 쪽으로만 빛을 회절시킨다. 간단히 기준빛과 만나는 각도가 2β인 평면파를 써서 홀로그램을 만든다고 하자. 그러면 부피 홀로그램에 기록된 간섭무늬는 평면을 이루고 간격은 $\Lambda = \lambda/2\sin\beta$이다. 브라그 법칙에 따르면 기준빛살이 각도 β로 들어올 때, 곧 홀로그램을 기록할 때와 같은 쪽에서 들어올 때 회절이 일어난다. 그렇지 않으면 홀로그램이 투명하게 되어 빛을 그대로 지나보내므로 상이 전혀 재생되지 않는다. 이와는 대조적으로 2차원 홀로그램에서는 재생빛이 기준빛과 다르면 왜곡된 상이 생긴다.

재생빛이 애초의 기준빛과 다르면 상이 전혀 재생되지 않으므로, 같은 매체에 기준빛을 바꾸어가며 여러 홀로그램을 겹쳐 기록할 수 있고, 재생빛을 골라 비추면 낱낱의 상을 따로 볼 수 있다. 이것이 **홀로그래피 기억장치**(holographic memory)의 기본 착상으로 결정 한 덩어리에 엄청나게 많은 정보를 (3차원 영상으로) 저장하고, 적절한 기준빛으로 빨리 읽어낼 수 있다. 부피 홀로그래피의 또 다른 쓰임새는 색 홀로그램을 기록하는 것이다. 어떤 물체에 대해 색깔이 다른 레이저 빛을 써서 기준빛의 방향은 똑같이 하여 세 가지 색 홀로그램을 기록한다. 현상한 홀로그램에 기준빛의 방향으로 흰 빛을 보내면 기록할 때와 같은 파장의 상만 재생되므로 참된 천연색상을 볼 수 있다.

12.5.5 홀로그래피 간섭계측법

컴퓨터로 만든 모형과 실제로 만든 물체를 홀로그래피 간섭계측법으로 비교하여 정확도를 검사하기도 한다.

홀로그래피 재생은 보통의 사진법에 비해 장점이 둘이다: 3차원적이고, 위상 정보를 담고 있다 (§12.4.2). 홀로그램에 위상 정보를 기록할 수 있어 **홀로그래피 간섭계측법**(holographic intergerometry)이 나왔는데, 이것은 물체의 상을 홀로그램에 기록해 두고, 나중에 그 상을 재생하여 현재의 상과 겹치게 하여 비교한다. 홀로그램이 기록된 뒤에 물체의 모양이나 상태에 어떤 변화 – 예를 들어 크기, 모양, 밀도 등 – 가 생기면 그 차이는 간섭무늬로 나타난다. 방법은 여러 가지인데, 기본적으로 첫째 홀로그램을 기록하고, 그것의 허상이 물체와 겹치게 하여 두 상의 차이가 간섭무늬로 나타나게 한다. 특히 변화가 없는 곳은 어둡게 만들어 마지막 상에서는 변화된 모습만 보이게 한다. 예를 들어, 그림 12.33과 같이 투명한 결정이 든 통 속의 광학 밀도 변화를 기록하면 결정이 자라는 것을 쉽게 볼 수 있다. 결정이 자라기 전에 홀로그램을 기록하여 간섭무늬에는 결정이 자라면서 생기는 변화만 나타나므로 자료를 해석하는데 통의 모양과 같은 것은 문제가 되지 않는다. 홀로그래피간섭계측법의 또 다른 쓰임새는 진동 분석과 항공역학 실험 등이 있다. 홀로그래피에 관한 참고서적과 다음 책을 보라: Jones & Wykes (1989).

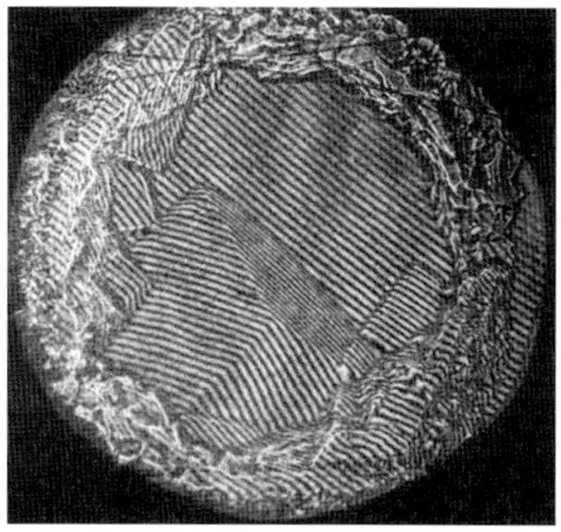

그림 12.33 0.5 K에서 헬륨 결정의 성장을 보여주는 홀로그래피 간섭계측 사진.

12.5.6 컴퓨터-생성 홀로그램

물체를 3차원 자료 점의 무리로 정의하면, 기준빛을 정해서 홀로그램에서의 간섭무늬를 셈할 수 있다. 그것을 인쇄하여 사진필름에 옮기면 홀로그램이 되고, 상을 재생할 수 있다. 최근에는 이런데 쓸 수 있는, 공간 분해능이 좋고 여러 번 기록할 수 있는 매체가 나와서 컴퓨터로 홀로그램을 직접 만들 수 있다. 특히 백만 화소의 액정 공간광변조기도 나와 있다. 이 소자들은 전기광학 액정으로 된 낱낱의 화소에 전기장을 걸면 복굴절 특성이 달라져 지나온 빛의 편광상태를 정해준 대로 바꿀 수 있고, 이 모든 것을 컴퓨터로 조절할 수 있다. 다른 무엇보다 물체의 위상 홀로그램을 기록하여 높은 회절효율로 상을 재생할 수 있다. 홀로그램을 공간광변조기에 쓴 뒤 기준빛을 비추면 물체의 상이 재생된다. 이것으로는 상을 계속 바꿀 수 있으며, 세 색깔의 상을 겹치면 천연색 상도 만들 수 있다.

12.6 고급주제: 아베 분해능 한계 넘어서기 - 초분해능

§12.4에서 서술한 공간 여과법으로는 아베의 공간 분해능 한계 $\lambda/2NA$를 넘을 수 없다. 사실 푸리에 변환 평면의 일부 영역을 어떻게든 제한하면 상의 분해능이 나빠진다 (예: 그림자 기법). 그러므로 다음과 같이 물을 수 있다: 분해능 한계 $\lambda/2NA$는 근본적인가? 결 어긋난 결상

에서는 그렇지 않으며, 최근 10년 동안의 기술발전에 힘입어 이제는 광학 분해능을 제한하는 것은 빛의 양 뿐임을 보이겠다.

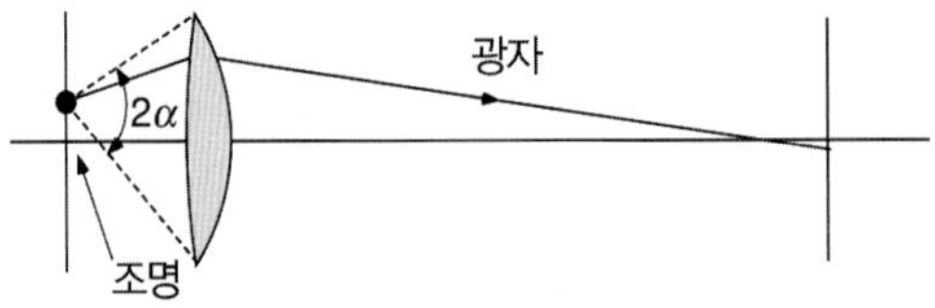

그림 12.34 생각 실험의 감마선 현미경. 물체에서 흩어진 광자가 현미경 속으로 들어오려면 각도 2α 안으로 들어와야 한다.

그렇지만 아베 한계는 실제로 근본적 한계라는 권위가 있다. 하이젠베르그는 유명한 '감마선 현미경' 생각 실험을 통해 양자역학적 불확정성 원리를 보였다. 망원경의 시야 안에 있는 어떤 입자의 위치를 최대한 정확하게 알려 한다. 그러려면 먼저 NA가 큰 현미경과 파장이 가장 짧은 빛(감마선)을 골라야 한다. 그 다음에는 물체에서 적어도 광자가 하나는 흩어지게 하여 그것을 현미경 렌즈로 받아야 한다. 그런데, 들어온 광자가 어느 쪽으로 왔는가는 알 수 없다; 아는 것은 들어온 광자가 렌즈의 NA가 결정하는 빛원뿔의 꼭지각의 반 α 안에 있다는 것이다 (그림 13.34). 그 광자의 파수가 k_0라면, 그것이 산란된 뒤의 x-성분은 다음 범위 안에 있다: $-k_0\sin\alpha \leqq k_x \leqq k_0\sin\alpha$. 따라서 불확정성은 다음과 같다: $\delta k_x = 2k_0\sin\alpha$. 이제 현미경의 분해능에 관한 이론 (12.27)에서 상의 위치의 불확정성(점 퍼짐 함수)은 다음과 같다: $\delta x = \lambda/2\mathrm{NA} = \lambda/2\sin\alpha$. 따라서 다음 관계가 맞다:

$$\delta x\, \delta k_x = 2\pi \tag{12.67}$$

이것은 $p = h/\lambda = hk/2\pi$의 관계를 쓰면 다음과 같다:

$$\delta x\, \delta p_x = h \tag{12.68}$$

위의 분석에서 δp_x를 최대로 키우면 δx가 최소가 되어 분해능이 가장 좋아진다. δp_x는 렌즈 구멍 전체에 대한 평균이므로, 렌즈의 테두리만 쓰면 δp_x가 평균값 대신 최대값이 되게 할 수 있다. 이것은 렌즈에 마스크를 씌워 최대 반지름의 고리만 열어두면 에어리 원반 (§8.3.4)이 더 작아질 것을 시사한다. 불행히도 이 때의 점퍼짐 함수는 렌즈 구경 전체를 쓸 대의 점퍼짐 함수 보다 바깥에 있는 회절 고리가 더 밝아지며, 다른 수차가 최대가 되어, 때로

상에 허깨비가 나타나므로 실용적이 아니다. 그림 12.12(h)는 그 한 가지 예이다.

이제 불확정성 원리를 피해 현미경의 분해능을 높이는 길을 찾아보자. 한 가지 뻔한 방법은 많은 광자를 쓰는 것이다. 모든 광자는 렌즈로 들어와야 하므로 δk_x는 바뀌지 않는다. 그러나 그러한 광자가 N개라면 전체 불확정성은 얼추 $2\sqrt{N}\,k_0\sin\alpha$가 되므로 위치 불확정성은 다음과 같아진다:

$$\delta x \approx \frac{\lambda}{2\sqrt{N}\,\mathrm{NA}} \tag{12.69}$$

이것은 낱낱의 물점이 겹치지 않거나 파장이 달라서 쉽게 구별할 수 있는 드문드문한 상은 N을 아주 키우면, 분해능을 크게 높일 수 있음을 보여준다. 이 착상은 특별한 빛 – 들뜸 형광 지표를 쓰는 초고분해능 영상법의 배경이며, §12.6.5에서 설명한다.

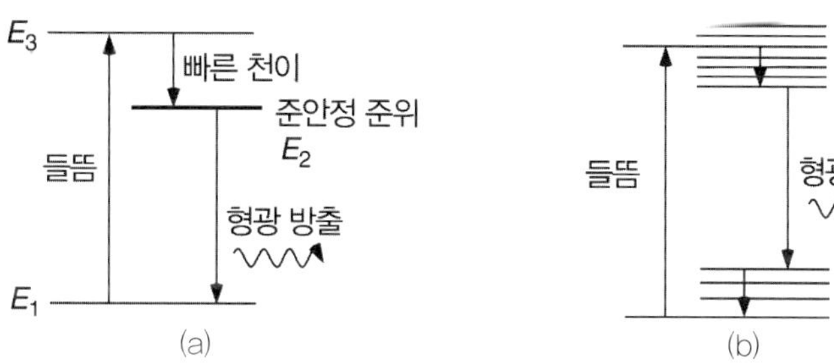

그림 12.35 형광 방출과 관련된 에너지 준위 그림: (a) 세 준위가 관련된 기본 얼개; (b) 흔히 볼 수 있는 두 개의 여러겹 준위.

지난 20년 동안 몇 가지 결 어긋난 결상법을 쓰는 새로운 초분해능 현미경이 발전해왔는데, 생물 현미경학에서의 중요성 때문에 **형광 물체**(fluorescent object)에 중점을 두었다(§12.2.4). 그렇지만, 물체 스스로가 형광을 내지 않는다면, 형광 표식자를 붙이면 생물학적 단위의 기능이 바뀔 수 있음을 늘 기억해야 한다. 이것은 재래식 현미경에서 세포를 물들이는 것과 비슷하며, 제르니케가 위상대비 기법(§12.4.2)을 써서 처음으로 극복하였다. 형광은 양자역학적 현상으로서 §14.8에서 자세히 설명한다. 이 절에서는 형광은 원자 또는 분자(형광 표식자)가 먼저 바닥상태에서 들뜨거나 또는 수명이 긴 준안정상태 E_1에서 떨어져 들뜬 상태 E_3로 간다. 그 상태에서 E_1으로 적어도 두 단계로 계속 붕괴하면서 그 가운데 어느 하나에서 형광을 낸다. 이 과정에서 그림 12.35(a)와 같이 중간 상태 E_2를 거친다. 분명히 들뜬 상태로 올리는 빛의 파장은 형광의 파장 보다 더 짧고, 따라서 두 빛은 아무 위상관계가 없으므로, **형광은 완전히 결 어긋난 빛**으로 보아도 된다. 그림 12.35(b)는 네 준위가 관련된 더 흔한 방식이지만 원리는 같다.

초분해능 분야에서 또 다른 중요한 개념은 **훑기 현미경**(scanning microscope)인데, 이것은 작고 밝은 점으로 물체를 **차례로 훑어가며**(raster scan) 신호를 얻는다. 투과 또는 반사된 빛의 밝기를 시간의 함수로 기록한 다음, 영상을 만들어 화면에서 본다. 훑기 현미경은 사실상 결 어긋난 현미경이다; 한 번에 한 점씩 재고, 훑는 속력이 아주 느려서 이웃 점에서 받는 신호가 간섭할 기회가 없다. 그러면 분해능 한계에 관한 물음은 훑는 장치의 점 퍼짐 함수(§12.2.1)를 결정하는 것으로 귀착된다; 한 순간에 재는 '점'의 크기는 얼마인가? 그리고 그것을 더 작게 하는 방법은 무엇인가?

이 절에서는 초분해능을 위한 다섯 가지 실제적인 기법을 설명하는데, 이 가운데 1-3은 훑기 방식을 쓴다. 기법 1, 2, 5는 형광 표식자를 쓸 수 있지만, 꼭 써야 하는 것은 아니다.

1. **공초점 훑기 현미경**(CSM: confocal scanning microscope)의 분해능은 3차원에서 회절한계 보다 조금 더 좋으며, 점퍼짐 함수가 두 광학계의 점퍼짐 함수를 곱한 꼴이다 (§12.6.2).
2. **근접장 훑기 현미경**(NSOM: near-field scanning optical microscope): 빛 탐침을 시료에 아주 가깝게 대어 표면의 영상을 얻는다 (§12.6.3).
3. **유도 방출 고갈**(STED: Stimulated emission depletion microscope) **현미경**: 훑기식 현미경인데, 형광 기구 자체를 써서 훑어내는 점을 아주 작게 만든다 (§12.6.4).
4. **통계적 광학 재생 현미경**(STORM: stochastic optical reconstruction microscope): 광학적으로 껐다 켜는 형광표식자를 써서 아주 높은 분해능을 얻는다 (§12.6.5).
5. **구조 조명 현미경**(SIM: structured illumination microscope): 이 방법은 상의 곱셈을 써서 푸리에 공간에서 정보를 얻는 영역을 더 넓힌다 (§12.6.6).

12.6.1 결 어긋난 결상에서는 초분해능의 한계가 없음의 증명

1952년에 프란치아(Toraldo di Francia)는 적어도 이론적으로는 **결 어긋난 결상에서는 빛만 충분히 밝으면 레일리 기준을 넘어 분해능을 얼마든지 높일 수 있음**을 주장했다. 그는 구경에 동심 고리모양의 비주기적인 위상판을 대어 위상을 번갈아 0과 π가 되게 하면 축대칭 점 퍼짐 함수에서 첫째 근이 원점에 얼마든지 가까워짐을 보였다.

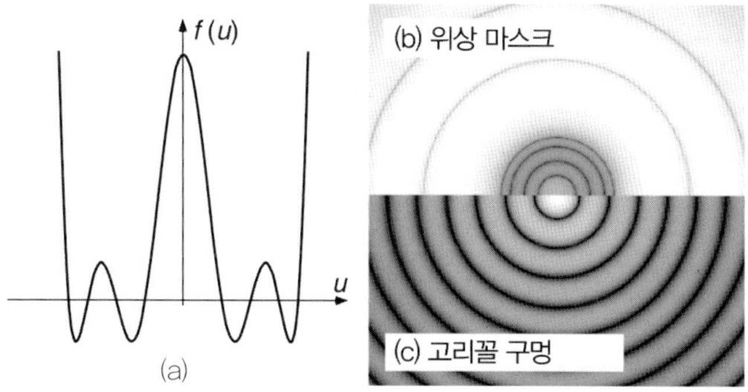

그림 12.36 위상이 번갈아 뒤집히는 고리 다섯 개로 초분해능을 얻는 방법. (a) 점 퍼짐 함수(PSF) $f(u)$의 진폭을 푸리에 평면의 반지름 u의 함수로 나타낸 것. (b) PSF의 세기분포. 가운데 봉우리는 어둡고, 주변 고리는 아주 밝다. (c) 맨 바깥 고리만 있을 때 PSF의 세기분포 $J_0^2(uR_1)$. 첫째 근의 위치는 (b)가 (c) 보다 원점에 더 가깝다.

그 착상은 다음과 같다. 반지름 R_1인 결상 렌즈에 넓이 a_1, 최대 반지름 R_1, 위상 0인 고리를 댔다고 하자. 그러면 점퍼짐 함수(§12.2.1)의 진폭은 $a_1 J_0(uR_1)$이 되는데, 첫째 근은 $u = 2.38/R_1$이다 (부록 A). 여기에 위상 π, 넓이 a_2, 반지름 $R_2 < R_1$인 고리를 덧붙이면 점퍼짐 함수는 다음과 같은 꼴이 된다: $f(u) = a_1 J_0(uR_1) - a_2 J_0(uR_2)$. 이것은 가운데 봉우리의 진폭이 $a_1 - a_2$이고, a_2는 어떤 값 $u = u_1 < 2.38/R_1$에서 이 함수의 값이 0이 되게 잡으면 **원래 구멍의 레일리 한계를 넘어선다.** 하지만 가운데 밝은 점의 밝기는 $(a_1 - a_2)^2$에 비례하므로 처음보다 어두워지고, 셈을 해보면 첫째 근 밖에서는 두 고리의 회절무늬가 더해져서 밝은 고리의 진폭은 $a_1 + a_2$가 된다. 이제 이 과정을 반지름이 R_2 보다 작은 R_3와 R_4, 넓이가 a_3와 a_4로서 첫째 근이 u_1인, 위상이 서로 어긋나는 한 쌍의 고리를 두어 밝은 고리가 앞서와 같은 곳에 생기지만 진폭의 부호는 반대가 되게 하여 첫째 밝은 고리를 지운다. 그 결과는 똑같은 레일리 한계이지만 가운데 밝은 점은 더 약하고 주변의 첫째 고리는 어둡고 u가 더 큰 그 바깥의 고리는 밝은 쌀이 된다. 그림 12.36(a,b)는 셈한 결과의 전형적인 모양이다. 고리 모양의 구경보다 좋아진 점은 그리 크지 않지만, 밝은 고리는 두드러지게 어두워졌다. 이 연습문제는 분해능이 레일리 한계 보다 더 좋아질 수 있음을 처음으로 보였지만, 조명이 아주 밝아야 하고, 시야는 가운데 봉우리를 둘러싼 어두운 고리 영역으로 제한되어 그곳에 다른 결 어긋난 물점이 있어야 한다는 것이 문제이다. 원리적으로는 고리를 더 붙여 이 과정을 되풀이하면 가운데 밝은 점은 아주 약해지지만 그 주변은 실질적으로 어두운 영역이 되므로

u_1을 잘 고르면 가운데 봉우리를 얼마든지 뾰족하게 만들 수 있다.

이 방식은 빛의 이용-효율이 너무 낮아 최근에야 실현되었는데, **광자가 아주 많다면, 아베 기준을 넘어설 수 있다**는 사실을 보여주었다.

12.6.2 공초점 훑기 현미경

널리 쓰이는 공초점 훑기 현미경(Wilson, Sheppard, 1984)은 재래식 현미경에 바탕을 둔 것으로 그 얼개는 그림 12.37(a)와 같다. 이것은 투과형(반사형도 꾸밀 수 있다) 결상계로 물체를 점광원의 회절한계 상으로 비춘다. 물체를 지나온 빛은 둘째 렌즈로 받아 작은 구멍 또는 바늘구멍 H에 모으고, 그 구멍을 지나온 빛을 검출기로 받아 일률을 잰다. 그 다음에는 물체를 이리저리 옮겨가며 신호를 모으고, 그것을 모아 상을 만들어 본다.

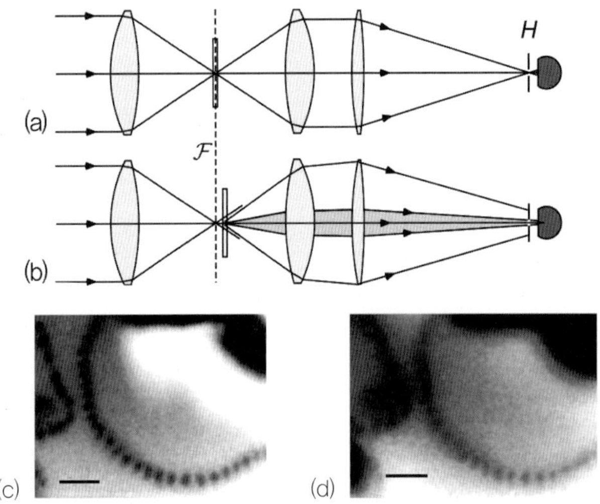

그림 12.37 (a) 공초점 훑기식 현미경의 광학계 얼개. 물체는 평면 F에 있다. (b) 공초점 영상이 초평면 F 밖에서 산란된 빛의 영향을 거의 받지 않은 까닭을 보여 준다; 초점 밖에 있는 것 가운데 어둡게 칠한 부분에 들어있는 것에서 나온 빛만 바늘구멍 H를 지날 수 있다. Dawsonia superba 포자의 현미경 상: (c) 공초점 현미경 상, (d) 재래식 현미경 상. 눈금 막대는 1 μm.

분해능을 이해하는 방법은 영상에 나타나는 대로 점퍼짐 함수를 셈하는 것이다. 그러므로 투과함수가 $\delta(x)\delta(y)$인 물점의 상을 그린다. 조명계는 진폭 점 퍼짐 함수 $s_1(x)$를 물평면에 비추고, 광축에서 거리 x인 곳의 진폭은 다음과 같다:

$$A(x) = A_0 s_1(x) \tag{12.70}$$

물점이 이것을 훑으면, 그 자체가 x에 있는 진폭 $A_0 s_1(x)$인 점광원 구실을 한다. 이것을 대물렌즈가 받아 H에 배율 M인 상을 만드니까 중심은 $x' = -Mx$에 있다. 대물렌즈의 진폭 점 퍼짐함수는 바늘구멍 평면에서는 $s_2(x'/M)$이다. 그러므로, 이 평면에서의 진폭은 $A_0 s_1(x) \cdot s_2[(x' - Mx)/M]$이고, H 평면의 $x'=0$에서는 $A_0 s_1(x) \cdot s_2(-x)$이다. 두 렌즈가 똑같다면 $s_1 = s_2 \equiv s$이고 진폭 점 퍼짐함수는 $s^2(x)$, 밝기 퍼짐함수는 $s^4(x)$가 된다. 수치구경이 NA인 회절한계 렌즈라면 $s(x) = 2J_1(k_0 x \mathrm{NA})/(k_0 x \mathrm{NA})$이므로, 가장 좋은 재래식 현미경으로 얻을 수 있는 것 보다 더 작은 상을 얻게 된다; 이것은 레일리 기준으로는 보일 수 없는데, 그 까닭은 근의 위치는 바뀌지 않기 때문이다 (§12.2.1을 보라). 그러나 스패로우 기준을 쓰면, $[J_1(x)/x]^4$의 2계 도함수의 근이 $x = 1.08$에 있으므로, 나음과 같다:

$$d_{최소} = \frac{\lambda}{3.1\,\mathrm{NA}} \tag{12.71}$$

그림 12.37(c)와 (d)는 공초점 현미경의 분해능이 재래식 현미경 보다 조금 좋아지는 것을 보여준다. 구멍 H는 물체를 지나온 빛의 일부만을 통과시키므로 분해능이 더 좋은 대신 빛 효율은 더 나쁘다.

공초점 현미경은 분해능이 수평방향으로도 좋지만 수직방향으로 아주 좋으며, 사실은 그것이 더 중요하다. 물체가 위아래로 움직여 '홑치'의 초평면에서 벗어나면 [그림 12.37(b)], 빛을 받는 곳은 이제 점이 아니라 넓은 영역이 되고, 둘째 결상계에 있는 검출기와의 켤레관계가 깨진다. 그래서 물체에서 나와 검출기에 들어오는 빛살은 그림에 어둡게 칠한 부분으로 줄어 바늘구멍의 지름 H로 제한된다. 그 결과 물체가 초평면에 아주 가까이 있지 않으면 검출기에 들어오는 빛이 아주 적어진다. 그래서 축방향의 분해능이 아주 높고, 물체를 3차원적으로 훑어가며 신호를 얻으면 3차원 영상을 만들 수 있다.

12.6.3 근접장 훑기 광학 현미경

근접장 현미경은 아주 작은 탐침을 시료 표면에 아주 가까이 두어 훑어가면서 신호를 받아 상을 만든다. 빛은 탐침에서 내보내거나 물체에서 나오는 것을 받는다. 여기에서는 앞의 경우를 살펴보는데, 탐침은 광섬유를 가늘게 뽑아 끝이 빛의 파장보다 훨씬 작게 다듬고, 그 위에 알루미늄을 입혀 만든다 [그림 12.38(a)].

지름 a가 아주 작은 광원을 생각하자: $a \ll \lambda$. 이 광원이 내는 빛은 어떻게 보일까? 그것을 평면파 $\psi = \psi_0 \exp[i(\omega t - k_x x - k_y y - k_z z)]$가 겹친 것으로 나타낸다면, $|x|, |y| < a/2$인 영역에서만 진폭이 0이 아닌 광원을 나타내려면 지수 k_x와 k_y는 적어도 π/a 만큼은 커야한다. 그러한 빛에서는 전파상수의 성분이 다음 식을 따른다:

$$k_0^2 = k_x^2 + k_y^2 + k_z^2 = 2\pi^2/a^2 + k_z^2 \tag{12.72}$$

그런데, $a \ll \lambda$이므로 k_z는 허수가 된다:

$$k_z = i2\pi\sqrt{\frac{1}{2a^2} - \frac{1}{\lambda^2}} \approx i\frac{\sqrt{2}\,\pi}{a} \tag{12.73}$$

파동벡터의 k_z가 허수이면, §2.3.2에서 빛이 z-쪽으로는 소멸파가 되어 진폭이 지수함수꼴로 줄어든다: $\exp(-|k_z|z)$. 그래서 탐침은 시료 표면에 아주 가까이 있어 거리가 a를 크게 벗어나면 안된다.

소멸파를 써서 고분해능 영상을 얻을 수 있음은 극초단파를 써서 처음으로 보였지만, 곧 Lewis 등(1984)과 Pohl 등(1984)은 빛으로도 할 수 있음을 보였다. 그림 12.38(b)는 물체와 탐침의 거리에 따라 분해능이 달라짐을 보여준다. 근접장 현미경의 갖가지 작동 방식을 포함한 깊은 설명은 다음 책을 보라: Paesler & Moyer (1996).

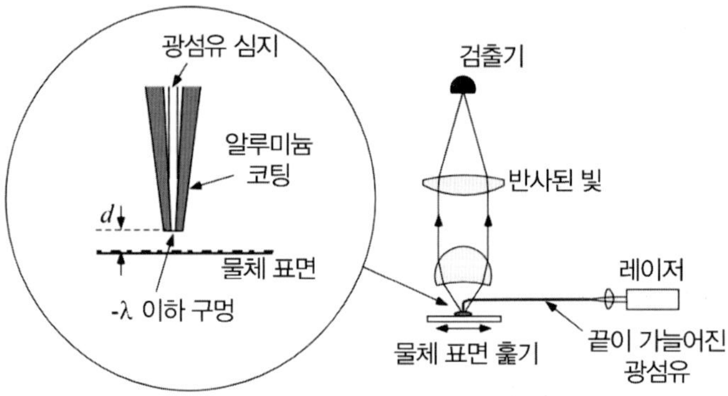

(a)

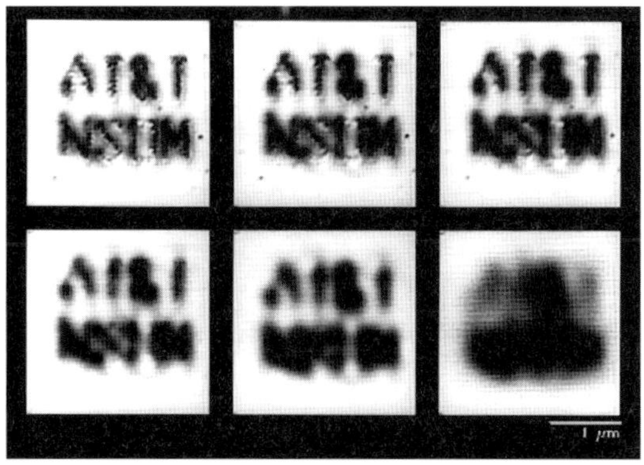

(b)

그림 12.38 (a) 근접장 현미경의 광학계 얼개 그림. 끼운 그림은 가늘게 뽑은 광섬유의 단면; (b) 탐침-물체 간격 d의 변화에 따른 상의 변화: $d<0.005$, $d=0.005$, 0.010, 0.025, 0.10, 0.40 μm.

12.6.4 유도 방출 고갈 현미경

형광 현미경에서 분해능 한계를 개선하는 또 다른 방법인 **유도 방출 고갈**(STED) 기법은 형광 방출 기구 자체를 써서 초분해능 훑는 점을 만드는데, 점퍼짐 함수(PSF)의 폭이 회절한계인 $\lambda/2\text{NA}$ 보다 작다 (Hell & Wichmann, 1994). 첫 단계에서는 PSF가 회절한계인 레이저 펄스로 형광 원자를 들뜨워 형광 준위로 올린다. 이제 둘째 레이저 펄스의 파장을 형광에 맞추고 파면을 위상변조하여 PSF는 가운데가 어두운 고리모양이 되게 함으로써 고리 영역에 있는 들뜬 원자를 유도방출(§14.4.2)시켜 바닥상태로 떨어뜨린다. 그러면 고리의 가운데 영역은 회절한계보다 작은데, 그곳에 남은 들뜬 원자는 형광으로 검출할 수 있다. 두 레이저 펄스를 비춘 뒤에 들뜬 원자가 남아있는 영역의 실제 크기는 두 펄스의 상대적 밝기에 따라 달라지며, 광학계의 방향과 초점의 위치를 아주 정확하게 맞추어야한다. 고리모양을 만드는 한 가지 방법은 §5.9에서 설명한 나사꼴 위상판을 쓰는 것이다; 고갈 펄스의 PSF는 $J_1^2(k_0\theta R)$과 비슷한데, $\theta=0$에서 값이 0이다 (부록 A). PSF의 고리모양에서 유도방출을 하기에는 빛이 너무 약한 영역의 크기를 결정하는 것은 (12.69)의 $\sqrt{N}$ 인자이다 (문제 12.19). 그림 12.39는 공초점 현미경과 STED로 얻은 상을 비교한 것이다 (Schmidt 등, 2009).

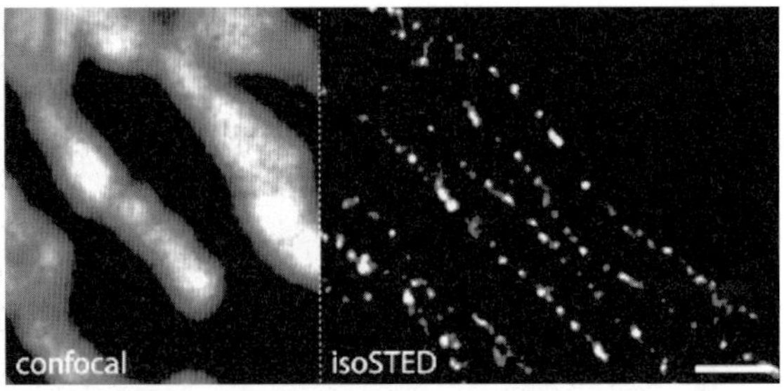

(a) (b)

그림 12.39 미토콘드리아에 붙인 형광 표식자의 상. (a) 공초점 현미경 상 (b) STED 상. 눈금 막대는 500 nm.

12.6.5 통계적 광학 재생 현미경

§12.6에서 물점에서 나온 광자 N개를 쓰면 그 위치를 회절한계 (12.69) 보다 $\sqrt{N}$배 더 정확하게 결정할 수 있다고 했다. 여러 물점이 서로 파장 보다 더 멀리 떨어져서 저마다 형광을 마구 낼 때 이 착상을 곧바로 써서 상을 얻을 수 있다. 낱낱의 물점의 상의 중심은 셈을 하여 정확하게 알 수 있다. **켜고 끌 수 있는 형광 표식자**(switchable fluorescent tag)를 써서 이 방법을 크고 빽빽한 물체에도 쓸 수 있게 되었다. 그것은 드문드문 퍼져 있는 표식자를 차례로 번갈아 켜고 꺼서 통계적으로 상을 얻는다. 그 다음에는 낱낱의 표식자의 위치를 정확하게 정한 다음, 그 자료로 얻은 상을 묶는다. 이것이 **통계적 광학 재생 현미경**이다 (Rust 등, 2006).

그림 12.40(a)는 켜고 끌 수 있는 형광분자의 기본 개념을 보여준다. 바닥상태 E_0에서는 형광을 내지 않고, 수명이 긴 준안정 형광 상태 E_1로 올리려면 진동수가 $\omega_p=(E_1-E_0)/\hbar$인 레이저로 '펌핑'을 해야 한다. E_1에서 형광을 내지 않고 E_0로 오게 하려면 진동수가 다른 빛을 써서 다른 길을 따라오게 한다. 이러한 특성이 있는 형광 표식자가 몇 가지 개발되어 있다.

형광 현미경에서는 진동수 ω_p인 펌프 빛으로 물체를 비추어 드문드문 퍼져 있는 지표를 준안정 상태로 올려준다. 이 지표들은 진동수 ω_e인 들뜨움 레이저 펄스 N개를 차례로 비추어 N개의 형광 상을 낱낱이 기록한다 [그림 12.40(b)]. 그 다음에는 준위 E_1을 끄고, 같은 과정을 되풀이하여 새로운 지표를 들뜨운 다음, N개의 형광 상을 낱낱이 기록한다. 낱낱의 N개의 형광 상을 처리하여 낱낱의 지표의 위치를 정확도 $\lambda/(2\mathrm{NA}\sqrt{N})$으로 정하고, 의심스러운 자료는 빼버린다 [예를 들어, 그림 12.40(c)에서 가까이 있는 두 지표는 동시에 들떠서 광자 상이 괴상한 꼴이 된다]. 낱낱의 들뜨움 펄스를 써서 얻은 상을 묶어 물체 전체의 완전한 상을 만든다. 이 장의 첫머리에 있는 그림 12.1은 그 예이다. 분해능은 N의 값이 결정하며, 수천에 이를 수 있지만, 결국은 형광 표식자 자체의 크기가 제한한다.

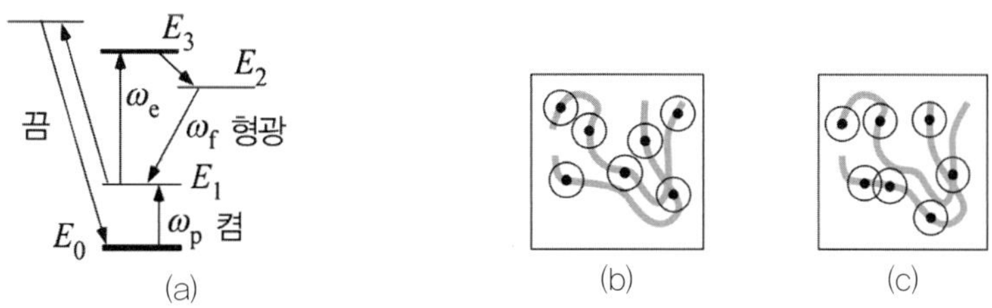

그림 12.40 STORM: (a) 형광을 켜고 끌 수 있는 에너지 준위. (b, c) 빽빽한 물체에서 통계적으로 들뜬 형광 지표. 원은 상의 점퍼짐 함수, 점은 그 중심. (c)에서 겹친 두 원 속의 광자는 어느 한쪽 지표로 가를 수 없으므로 자료처리 할 때 버린다. 그림 12.1은 STORM으로 얻은 상이다.

12.6.6 구조 조명 현미경

구조 조명 현미경은 푸리에 공간에서 조작하여 넓은 시야에서 초분해능을 얻는다. 그래서 이 장의 다른 주제와 가까우므로 더 자세히 설명한다. 기본 착상은 물체를 비추는 빛의 세기 분포를 고르지 않게 만들어 상의 정보와 곱하여 줌으로써 푸리에 평면에서는 콘볼루션이 되어 공간진동수가 높은 성분이 낮은 성분쪽으로 오게 만드는 것이다. 상을 만드는데 쓰는 가장 높은 공간 진동수 성분이 $2\mathrm{NA}\,k_0$이므로, 이 방법을 쓰면 더 높은 성분을 볼 수 있다. 이 착상은 류코스(Lukosz)가 처음 제시했지만(Lukosz, 1966), 초분해능 생물 결상에 실제로 쓸 수 있게 개발한 것은 구스타프슨(Gustafsson)이다 (Gustafsson, 2000).

이 방법에서는 형광을 내는 시료에 비추는 들뜨움 레이저 빛살의 세기분포를 사인함수꼴로 만든다. 그 결과 시료의 형광 방출 상은 값이 늘 양수인 사인함수꼴 $\frac{1}{2}\left[1+\cos(k_p x)\right]$을 곱한 것이 된다. 이 결 어긋난 상을 기록하여 푸리에 변환을 셈한다. 이것은 필요한 상의 변환을 비추어준 빛의 푸리에 변환인 $-k_p, 0, k_p$에 있는 델타함수와 콘볼루션한 것이다. 콘볼루션의 결과는 상의 변환에 그것을 $\pm k_p$ 만큼 옮긴 것을 겹친 것이다. 이제 아베 이론에 따르면, 결 어긋난 상은 진동수가 $\pm 2\mathrm{NA}\,k_p = \pm k_m$까지인 푸리에 성분으로 되어 있다. 이 때는 콘볼루션 때문에 상에 들어있는 공간진동수는 $\pm(k_m + k_p)$까지 들어간다. 그림 12.41은 $k_p = 2k_0$일 때에 대한 그림이다.

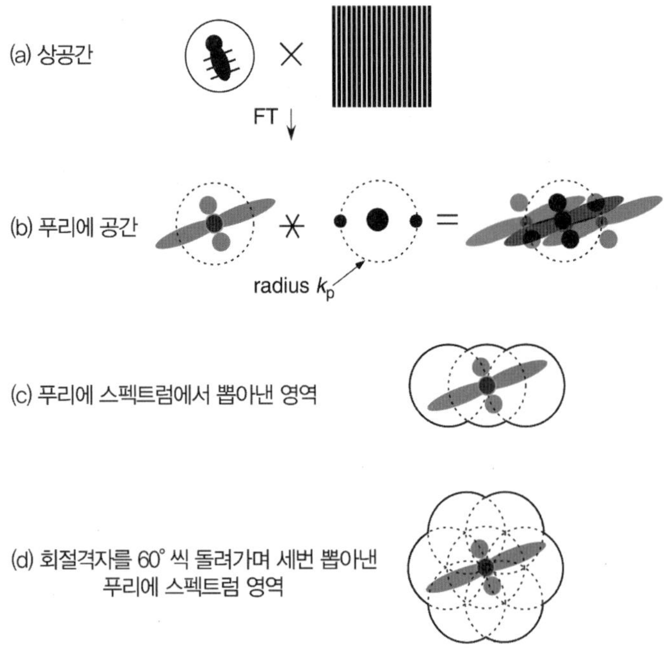

그림 12.41 (a) 상과 사인함수꼴 조명의 세기분포를 곱한 것. (b) 그 결과 생기는 푸리에 스펙트럼. (c) 결상 원속에 기록되는 물체의 스펙트럼 영역. (d) 회절격자 방향을 0, ±60° 에 맞추어 쓸 때 기록된 스펙트럼.

위의 일은 음향학의 맥놀이에 해당하는 **무와레 무늬**(moire pattern)로 잘 알려져 있다 [그림 12.42(a)]. 간격이 비슷한 회절격자 두 장을 겹치면, 두 격자의 공간 진동수 벡터의 차이에 해당하는 성긴 간섭무늬가 나타난다. 어떤 격자의 진동수가 더 높은가를 결정하려면, 두 격자를 상대적으로 이동시킬 때 간섭무늬와 같은 쪽으로 가는 것이 진동수가 더 낮은 격자이다. 그러면 그림 12.42(b)와 같이 두 격자의 진동수가 분해능 한계를 벗어나도, 한 격자의 진동수를 알면 다른 격자의 진동수도 알 수 있다. 병진운동은 또 다른 이유로 필요하다. 비추는 빛의 밝기가 0인 곳은 상의 정보를 얻을 수 없으므로, 온전한 정보를 얻으려면 적어도 조명의 위치를 세 가지로 바꾸어가며 상을 얻어야 한다.

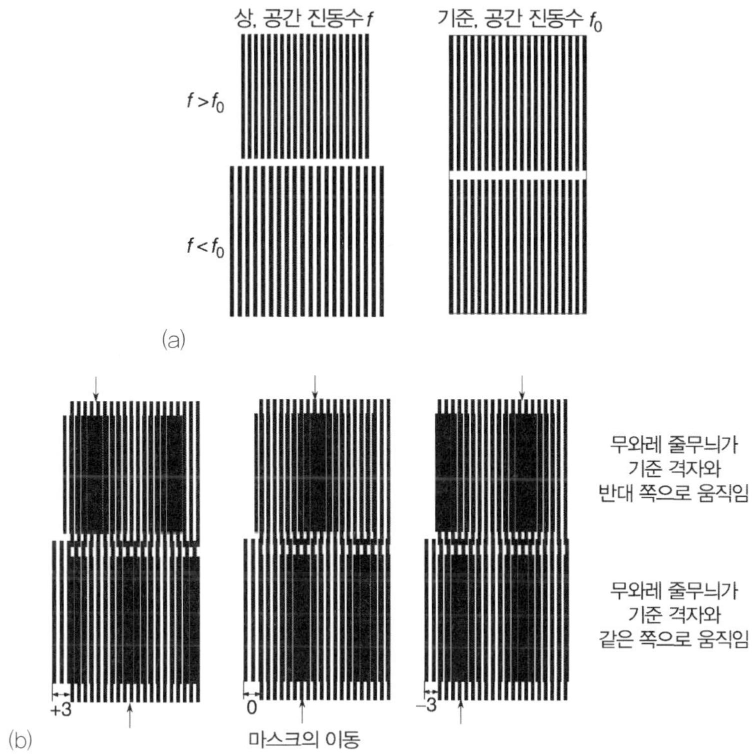

그림 12.42 (a) 공간 진동수가 다른 두 격자를 공간 진동수가 그 중간값 f_0인 기준 격자와 곱한다. 무와레 진동수는 격자의 진동수와 기준 진동수의 차이다. (b) 기준 격자를 옮기면, 무와레 무늬도 진동수가 낮은 격자와 같은 쪽으로 움직인다.

이제는 고분해능 상을 재구성하는 방법이 명확하다. 무늬를 만든 빛을 물체에 비추고 상을 기록한다. 무늬를 조금씩 이동하면서 같은 일을 되풀이한다. 온전한 2차원 상을 얻으려면 무늬의 이동방향을 바꾸기도 해야 한다. 모든 상을 푸리에 변환한 다음, 그림 12.41(d)와 같이 푸리에 평면에서 포본뽑기를 한다.

얻을 수 있는 분해능은 k_p의 값이 결정하므로, 최대한 크기를 키워야 한다. 조명은 회절격자에서 ±1차 회절된 빛을 모아 물체에서 겹치게 하면 된다 (그림 12.43). 격자 눈금의 간격과 집광렌즈는 1차 회절된 빛이 대물렌즈의 각구경에 맞도록 고르며, 그러면 공간진동수는 (12.26)에 따라 $\mathrm{NA}_c k_{0e}$ 이다. 여기에서 NA_c는 집광렌즈의 수치구경, k_{0e}는 들뜨우는 레이저 빛의 전파상수이다. 0차 회절된 빛은 막아서 물체에 비추는 빛 무늬의 공간진동수가 $k_p = 2\mathrm{NA}_c k_{0e}$가 되게 한다 (§12.1.1). 격자를 옆으로 움직이면 빛 무늬의 위상 ϕ가 바뀐다. 실제로는 $k_p \approx k_m$이다.

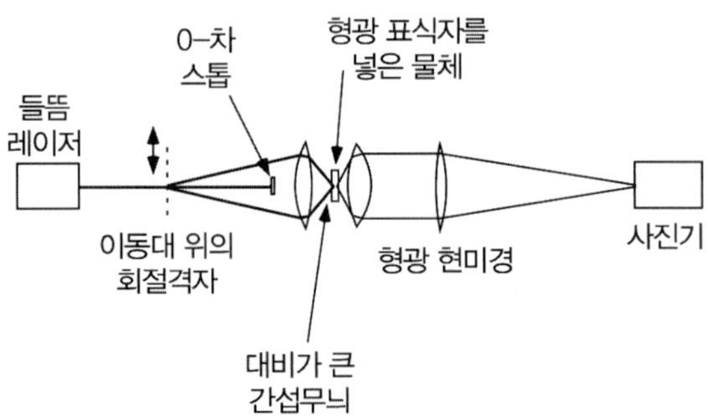

그림 12.43 구조 조명 현미경의 광학계

문제가 하나 있다: 콘볼루션으로 겹친 공간 진동수 성분을 어떻게 분리해낼까? 이것은 빛 무늬의 위상 ϕ가 다를 때 상의 푸리에 변환을 비교하여 해낸다. 1차원에서는 빛 무늬는 다음과 같은 꼴이다: $s(x) = \frac{1}{2}\left[1 + \cos(k_p x + \phi)\right]$. 물체의 형광 강도를 $f(x)$라 하면 물체가 내는 빛의 세기분포 $s \times f$의 푸리에 변환은 다음과 같다:

$$
\begin{aligned}
F^{(s)}(k) &= F(k) \otimes \frac{1}{2}\left[\frac{1}{2}e^{-i\phi}\delta(k-k_p) + \delta(k) + \frac{1}{2}e^{i\phi}\delta(k+k_p)\right] \\
&= \frac{1}{4}e^{-i\phi}F(k-k_p) + \frac{1}{2}F(k) + \frac{1}{4}e^{i\phi}F(k+k_p)
\end{aligned}
\tag{12.74}
$$

(12.74)에 들어있는 진동수 범위 $|k| \leqq 4k_0 N$인 정보를 이용하려면 낱낱의 항을 떼어내야 한다. (12.74)의 오른쪽에는 미지수가 셋이므로 세 개의 독립적인 방정식이 있어야 풀 수 있다. 이 방정식을 만들려면 그림 12.43의 회절격자를 옆으로 밀어 ϕ 값을 바꾼다. 그러면 방정식을 풀어 파수 범위 $|k| \leqq 4k_0 N$ 전체에 대한 $F(k)$를 구할 수 있다.[61] $j = 1, 2, 3$에 대해 다음과 같다:

$$
F^{(s)}(\phi_j, k) = \frac{1}{2}e^{-i\phi_j}F(k-k_p) + F(k) + \frac{1}{2}e^{i\phi_j}F(k+k_p) \tag{12.75}
$$

이 방법을 2차원 상에 실제로 쓰려면 적어도 세 방향의 회절격자를 써야 하고, 낱낱의 격자에 대해 ϕ값을 세 가지로 하여 상을 기록해야 한다. 그림 12.41(c)는 $\boldsymbol{k}$-공간에서 더 큰 영역

61) 상을 실제로 셈할 때는 $F(k)$에 결상 렌즈의 OTF(k)를 곱해야 하지만, 분석을 간단히 하고자 그것을 생략했다.

의 표본뽑기를 보여준다. 그림 12.44(c)는 이 방법으로 재구성한 상을 밝은 시야 형광 현미경과 공초점 현미경으로 얻은 상과 비교한 것이다.

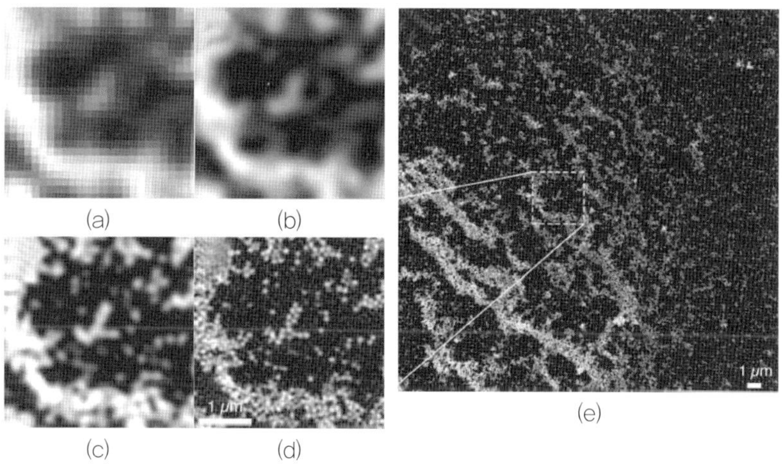

그림 12.44 구조 조명 현미경으로 재구성한 상과 다른 현미경 상의 비교. (a) 재래식 밝은 시야 현미경, (b) 공초점 현미경, (c) 선형 구조 조명, (d) 비선형 구조 조명; 이 모든 것은 다음 현미경 상의 일부이다: (e) 100 nm 형광 유리 구슬을 뿌려 놓은 2차원 상.

최근에는 비선형 형광 반응을 써서 구조 조명 현미경의 분해능을 세배로 높였다 (Gustafsson, 2005). 아주 밝은 빛을 비추면 사인함수꼴의 봉우리에서 형광이 포화되어 $s(x)$가 네모꼴 파동 비슷하게 되는데, 그것의 푸리에 변환에는 $\pm 3k_p$, $\pm 5k_p$ 등의 성분이 들어있다. 이러한 상황에서는 분해능이 $\lambda/12\mathrm{NA}$ 까지 올라가는 것을 보였다 [그림 12.44(d)].

12.6.7 초분해능이 아베 이론과 양립하는가? 댓가는 무엇인가?

이제 회절한계를 여러 배 넘는 고분해능 결상법 몇 가지를 보았는데, 아베 이론의 한계를 이해할 수 있는가? 그 답은 무한 주기 물체(§12.1.1)라는 가정에 있다. 그러면, 조명의 결맞는 성분이 회절차수가 정확하게 정의되므로 결상렌즈에 들어오는지 아닌지를 결정할 수 있다. 그 회절차수가 렌즈에 들어오면, 상을 만들고, 그렇지 않으면 상을 만들지 못한다. 광 전달함수(OTF, §12.3)는 사실 결맞는 조명 성분이 얼마의 비율로 들어와 상을 만드는가를 말해준다.

그러나 SIM(§12.6.6)과 같이 순간 시야를 변조시키면, 회절차수에는 옆-띠가 있다. 마찬가지로 복소 위상 마스크(§12.6.1)를 쓰거나 모든 훑기식 현미경과 같이 공간 진동수를 제한하면 회절차수가 옆으로 번진다. 그러면 1차 회절된 빛의 중심이 결상렌즈 구경을 벗어나 밖에 있어도, 옆-띠 또는 옆으로 번진 성분의 일부가 구경 속으로 들어올 수 있고, 그러면 그 부분의 정보는 상을 재구성하는데 쓸 수 있다.

당연히 그러한 때에도 회절된 빛의 일부만 상을 만드는데 쓰이고, 나머지는 구경을 벗어나므로 빛을 쓰는 효율이 낮다. 사실 물체에서 회절된 빛이 온전히 렌즈의 구경으로 들어와야 빛을 최대로 활용한다. 효율 문제를 보는 일반적인 방법은 **정보 엔트로피(information entropy)** 이론을 써서 정리할 수 있다 (Mendlovic 등, 2001). 초분해능 과정을 켜면 상의 정보의 양이 늘어나므로 정보 엔트로피는 줄어든다. 그렇지만, 열역학에서 배운 바는 닫힌계에서는 어떤 과정을 거쳐도 전체 엔트로피는 늘어나기만 하며, 어느 곳의 엔트로피가 줄어들면 반드시 다른 어디에선가는 늘어난다. 그것은 소멸간섭 또는 반사 또는 다른 과정을 통해 광자가 광학계에서 마구 빠져나가기 때문에 벌어지는 일이다. 이러한 분석법은 회절한계이하의 미세한 상변화도, 물체의 모양에 관한 정보를 미리 알고 있다면 영상 처리를 하여 찾아낼 수 있는 까닭을 설명해준다: 그것은 처음 엔트로피가 아주 작기 때문이다.

12.7 고급주제: 천문학의 반점 간섭계측법에 의한 결상

망원경의 이론적 분해능 한계인 $\theta_{최소} = 1.22\ \lambda/D$ (§12.2.1)는 지상 망원경으로는 얻을 수 없다. 그 까닭은 대기 흔들림 때문이다. 대기의 압력과 온도가 곳곳마다 달라서 대기는 광학적 품질이 나쁘고 또 기상, 시간, 방향 등에 따라 크게 변한다. 이와 관련된 매개변수의 특성에 대한 감각을 키우고자, 대기 전체의 광학적 두께의 평균값에 대한 전형적인 벗어남을 몇 가지 들겠다. 진폭 흔들림의 제평근(root mean square: rms) 값은 가시광의 두세 파장 정도인데, 얼추 10 m 정도의 시간에 마구 변한다. 흔들림의 공간적 상관거리는 수평방향으로 0.1 m정도이며, 그래서 작은 별이 반짝거리는 것처럼 보인다. 대기 흔들림 때문에 별의 상이 번지는 효과를 천문학자들은 **보기(seeing)**라고 하는데, 날씨가 나쁜 밤에는 3 아크초, 아주 좋은 조용한 밤에는 0.05 아크초이다. 그러므로 망원경은 작은 독립적인 망원경을 여러 개 모아놓은 것과 같이 작동하며, 그 낱낱의 망원경의 지름이 얼추 0.1 m로 보기는 $\theta_{최소}=0.2$ 아크초가 된다. 이것은 예를 들어, 지름 2 m인 망원경의 레일리 분해능 한계인 0.005 아크초에 비해 아주 크다. 그러므로, 아주 큰 천체 망원경으로 얻을 수 있는 분해능은 지름 10 cm인 망원경 보다 별로 낫지 않다; 다만 상이 훨씬 더 밝다.

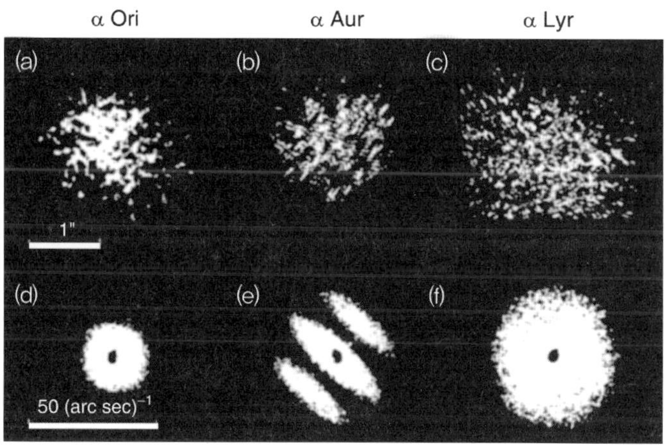

그림 12.45 반점 상(위쪽)과 (12.80)으로 셈한 그것의 일률 스펙트럼(아래쪽). 왼쪽부터: (a–d) 베텔규스, 원반을 식별할 수 있다; (b,e) 카펠라, 쌍둥이 별을 식별할 수 있다; (c, f) 분해되지 않은 기준별.

대기의 분해능 제한을 벗어나고자 망원경을 여러 대 쓰는 방법 두 가지가 고안되었다: 첫째는 마이컬슨 별 간섭계(§11.8.1)이고 둘째는 브라운-트위스 간섭계(§11.8.3)이다. 최근에는 대기 흔들림으로 망원경의 상이 흔들리는 것을 이겨내려는 새로운 기법이 둘 나왔다: 하나는 반점 간섭계측법으로 아래에서 설명할 것이고, 다른 하나는 적응 광학계로 거울면을 구부려 파면을 펴주는 것인데 자세한 설명은 다음 논문을 보라: Hardy (1998); Tyson (1998).

12.7.1 반점 간섭계측법

반점 간섭계측법의 착상은 별의 상의 '순간' 사진을 주의깊게 관찰한 결과에서 나왔다 (Labeyrie, 1976; Labeyrie 등, 2006). 영상-증폭관이 나오자 대기 흔들림이 안정되는 기준 시간인 10 ms 보다 짧은 시간에 대역폭이 좁은 필터를 써서 고배율 사진을 찍을 수 있게 되었다. 그 사진은 대기 운동으로 흐려지지 않아서 대기의 순간적인 흔들림이 들어간 레일리 분해 한계 영상의 자세한 모양을 충분히 자세히 볼 수 있었다. 그러한 상에는 대체적인 크기가 '보기' 정도인 세밀한 모양이 많이 담겨 있었다. 그림 12.45는 '순간' 사진의 세 가지 예이다. 이들의 세밀한 구조는 뚜렷하게 다르고, 그 차이는 물체가 실제로 다름을 나타낸다. 반점 간섭계측법은 사진을 여러 장 찍어, 그 때마다 대기는 흔들리지만 별은 달라지지 않는 것을 이용하여 영상에서 대기의 효과와 물체의 효과를 분리해 낸다.

먼저, 망원경으로 시각 t에 이상적인 점 별을 관찰한다고 하자. 대기를 지나온 빛을 받아 찍은 사진에서의 세기분포 $p(\boldsymbol{r}, t)$는 망원경의 점퍼짐 함수가 그 순간 대기의 흔들림으로 퍼진 것이다. 그림 12.45(c)는 이것을 실제로 보여준다. 그것은 마치 작은 점을 마구 흩어놓은 것처럼 보인다. 대기가 고르다면, 큰 별의 이상적인 상의 세기분포 $o(\boldsymbol{r})$의 분해능은 망원경의 유한한 구경만이 제한할 것이다. 실제의 대기에서는 상이 $o(\boldsymbol{r})$과 점퍼짐 함수 $p(\boldsymbol{r}, t)$의 콘볼루션이 된다:

$$i(\boldsymbol{r}, t) = o(\boldsymbol{r}) \otimes p(\boldsymbol{r}, t) \tag{12.76}$$

기본 기법은 이 상을 시각 t_j에 사진필름에 기록하여 그것의 진폭 투과함수가 노광량에 비례하게 만든다 (홀로그램도 그렇게 기록한다, §12.5). 그 다음에는 현상한 사진필름을 회절분석기에서 마스크로 쓴다 (§8.1.1). 낱낱의 t_j에 대한 $i(\boldsymbol{r}, t_j)$의 푸리에 변환인 프라운호퍼 회절무늬의 세기분포를 다른 사진필름에 기록한 다음 그것을 모두 겹쳐 다른 필름에 기록한다. 오늘날은 사진필름에 기록하는 대신 디지털 기술을 써서 영상 기록하고 분석하지만 결과는 같다.

이제 $i(\boldsymbol{r}, t_j)$의 푸리에 변환 (12.76)은 다음과 같다:

$$I(\boldsymbol{u}, t_j) = O(\boldsymbol{u}) P(\boldsymbol{u}, t_j) \tag{12.77}$$

여기에서 $\boldsymbol{u}$는 벡터 (u, v)이고, 그 밝기는 다음과 같다:

$$|I(\boldsymbol{u}, t_j)|^2 = |O(\boldsymbol{u})|^2 |P(\boldsymbol{u}, t_j)|^2 \tag{12.78}$$

이것을 모든 t_j에 대해 더하면 다음과 같다:

$$\sum_j |I(\boldsymbol{u}, t_j)|^2 = |O(\boldsymbol{u})|^2 \sum_j |P(\boldsymbol{u}, t_j)|^2 \tag{12.79}$$

$|P(\boldsymbol{u}, t_j)|^2$는 $\boldsymbol{u}$의 마구함수로서 t_j 마다 다르므로 더 많은 항을 더할수록 더 매끄러워진다 (§8.5.7). 결국 충분히 많은 항을 더하면 다음과 같은 꼴이 된다:

$$\sum_j |I(\boldsymbol{u}, t_j)|^2 = |O(\boldsymbol{u})|^2 \times (\text{매끄러운 함수}) \tag{12.80}$$

매끄러운 함수는 점 별을 관측하여 결정할 수 있다. 이렇게 하여 푸리에 변환의 밝기 $|O(\boldsymbol{u})|^2$를 구할 수 있다. 이 함수를 역변환하면 별의 상의 공간 자체-상관 함수를 얻는데, 그것이 간단한 구조적 특징(별의 지름이나 연성의 간격 등)을 드러낸다; 그러나 참된 별의 상은 얻을 수 없다.

그림 12.45는 이 기법을 써서 얻은 반점 변환의 세 가지 예이다. 윗줄은 수백개의 반점 무늬가운데 하나씩의 반점무늬의 예이며, 아랫줄은 반점의 공간변환을 (12.80)에 따라 더한 것이다. 매끄러운 함수는 (f)로, 망원경의 레일리 한계인 각지름 0.02 아크초 보다 각지름이 더 작아서 분해되지 않는 점 별의 것이다. 다른 예는 분해되는 별이다: 변환 (e)에는 특히 영의 간섭무늬가 보이는데, 이것은 그 별이 쌍둥이 별이기 때문이다.

반점 간섭계측법의 기본 기법은 위상문제의 영향을 받지만, 위상정보 상실은 반점상을 기록한 뒤에 일어나므로 복원할 수 있다. 그 목적으로 몇 가지 기법이 고안되었고, 오늘날은 고도로 발전했다. 눈에 띄는 상을 만들어내는 기법 한 가지를 간단히 설명한다.

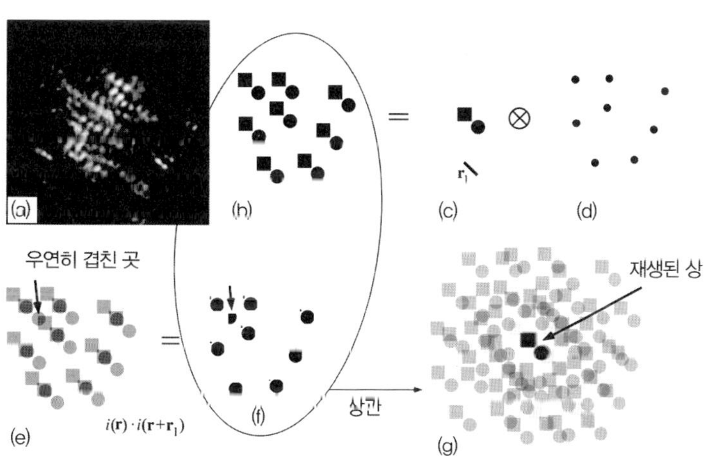

그림 12.46 반점 가리기의 원리. (a) 카펠라[그림 12.45(b)]의 반점 상 하나. (b) (a)의 얼개 그림. (c) 별의 애초의 상. (d) 대기의 반점 무늬. (e,f) 반점무늬 $i(\boldsymbol{r})$을 벡터 $\boldsymbol{r}_1$만큼 옮겨 자신과 곱하면 대기 반점무늬 (d)가 생겨남을 보여준다. (g) (f)와 반점상 (b)의 상관은 (c)가 원점에 있는 상과 그 주변에 있는 잡음으로 나타나며, 그것을 평균하면 배경이 매끄러워진다.

12.7.2 반점 가리기

반점 가리기는 일련의 반점 무늬로부터 상을 만들어내는 기법이다 (Weigelt, 1991). 첫째로, 시야 안에 분해되지 않는 별이 따로 있다면, 공간 자체-상관 함수의 한 부분은 (분해되지 않는, 그래서 실질적으로 델타함수인 별과 콘볼루션 한) 애초의 별의 상이 될 것이다. 반점 가리기는 그러한 '기준별'을 그림 12.46에 보인 과정을 통해 인위적으로 만든다.

예를 들어, 물체 $o(\boldsymbol{r})$이 쌍둥이 별로 (a) 간격 $\boldsymbol{r}_1$은 반점 간섭계측법으로 결정했다고 하자 [그림 12.46(b)-(d)]. 그러면 곱 $i(\boldsymbol{r}) \cdot i(\boldsymbol{r}+\boldsymbol{r}_1)$에는 낱낱의 반점에 겹치는 점이 들어있고 따라서 $p(\boldsymbol{r})$에 해당한다 [그림 12.46(e),(f)]. 복잡한 반점 상에서는 우연히 반점이 겹친 것도 생기는데, 그러면 오차가 생기지만 통계적으로 고칠 수 있다. 이것은 기법을 더 개발하여 다루는데, 이 설명에서는 무시한다. 이제 통계적으로는 점퍼짐 함수 (f)와 그것의 반점상 (b)의 상관이 대상 함수임을 알 수 있다; 그 한 가지 예가 (g)이다. (12.76)을 쓰면 이것을 $c_3(\boldsymbol{r})$로 쓸 수 있다:

$$
\begin{aligned}
c_3(\boldsymbol{r}, t_j) &= i(\boldsymbol{r}, t_j) \otimes P(-\boldsymbol{r}, t_j) = [o(\boldsymbol{r}) \otimes p(\boldsymbol{r}, t_j)] \otimes p(-\boldsymbol{r}, t_j) \\
&= o(\boldsymbol{r}) \otimes [p(\boldsymbol{r}, t_j)] \otimes p(-\boldsymbol{r}, t_j)
\end{aligned}
\tag{12.81}
$$

네모꼴 괄호 속의 항(p의 자체-상관함수)을 여러 시각 t_j에 대해 평균하면 원점에 뾰족한 봉우리가 생겨나는데 [§8.5.7과 그림 8.25(c)를 보라], 이것은 실질적인 델타함수이다. 따라서 다음과 같다:

$$
\sum_j c_3(\boldsymbol{r}, t_j) = C o(\boldsymbol{r}) \tag{12.82}
$$

여기에서 C는 상수이다. 따라서 반점 가리기를 하면 상이 되살아난다. 이 기법의 미묘한 점은 쌍둥이 별 보다 더 복잡한 물체를 다룰 때 $\boldsymbol{r}_1$을 잘 잡아 p에 대한 가장 좋은 어림값을 구하는 것이다. 흔히 몇 가지 값으로 얻은 결과를 평균한다. 이 방법으로 최근에 얻은 결과와 다른 기법에 관해서는 다음 책을 보라: Labeyrie 등 (2006). 그림 12.47은 한 가지 예이다.

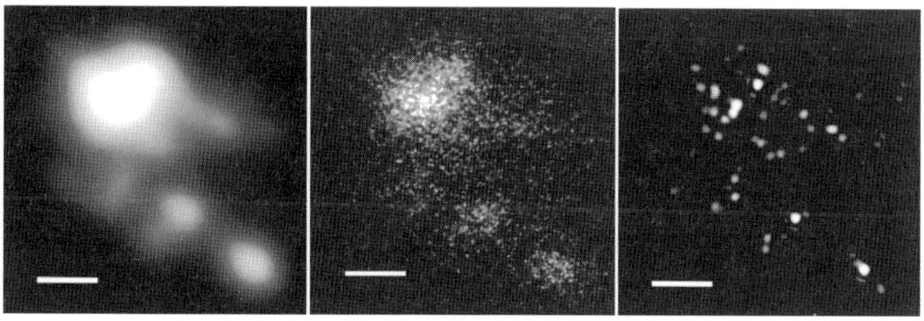

(a) (b) (c)

그림 12.47 반점 가리기로 복원한 회절한계 영상의 예:(a) 30 Doradus 성운의 R136을 오래 찍은 사진; (b) 한 차례 찍은 반점 상; (c) 고분해능 재생상. 눈금 막대는 1 아크초.

요약

이 장에서는 결상 과정을 물리광학을 써서 기술하는 방법을 설명했고, 그로부터 결상계의 한계와 기능을 이해했다. 다음을 배웠다:

- 결맞는 빛을 받는 물체의 상은 그것의 회절무늬의 회절무늬이다.
- 그것은 푸리에 변환을 거듭 하는 것과 같으며, 그래서 상이 기본적으로 물체와 닮지만 위아래와 좌우가 뒤바뀐다.
- 분해능이 제한되는 까닭은 결상과정의 푸리에 적분이 파장에 의해 제한되기 때문이며, 그 결과 아베 분해능 한계가 생긴다.
- 결상기기의 분해능 한계에 대한 레일리와 스패로우 이론
- 공간 여과기를 써서 둘째 푸리에 변환을 바꾸어 상의 특징을 강조하는 기법: 어두운 시야, 위상대비, 그림자 및 미분간섭명암비 결상법
- 광학계의 결상 특성을 푸리에 공간에서 기술하는 광 전달 함수
- 홀로그래피와 홀로그래피 간섭계측법
- 결 어긋난 결상의 공간 분해능을 아베 한계 이상으로 올리는 초분해능 기법
- 대기 흔들림 속에서 지상 망원경으로 얻는 천체 영상을 푸리에 영상 처리를 하여 회절한계 영상을 얻는 방법

문제

12.1 회절한계 천체망원경과 사진기를 써서 고배율 상을 얻는다. 영상 감지기의 화소는 한변이 25 μm이다. 주거울의 지름이 1 m, 초점거리가 12 m이면 사진기 광학계는 배율이 얼마가 되어야하는가?

12.2 물체는 검은 배경에 있는 흰 점 두개로 간격은 3 λ이다. 이것을 다음 조명 조건에서 현미경으로 볼 때의 상을 설명하여라 (1차원 문제로 보아라):
(a) 축상 결맞는 조명, 대물렌즈는 NA=0.5
(b) 축상 결맞는 조명, 대물렌즈는 NA=0.2
(c) 결 어긋난 조명, 대물렌즈는 NA=0.2

12.3 망원경의 구경이 바로 세운 네모꼴로 한 변이 $2a$이다. 정성적으로 볼 때 분해능은 수직/수평 방향과 대각선 방향 어느 쪽이 더 좋을까?
이 두 방향에 대해 레일리 및 스패로우 분해능을 셈하고 예상이 맞는가 확인하라.
끝으로 이 두 방향에 대해 광 전달 함수를 셈하고, 그 결과를 설명하라.

12.4 나무 막대를 고른 간격으로 세운 담장 뒤에 원숭이가 있는 사진이 있다. 공간 여과 기법을 써서 사진에서 담장을 빼고 원숭이 모습만 남겨두는 방법을 설명하라.

12.5 어떤 회색조 물체(위상구조는 없다)의 어두운 시야 영상이 정상적인 영상에 대한 음화가 되는 조건은 무엇인가?

12.6 가까이 있는 두 물점에 결 맞는 빛을 위상이 어긋나게 비추어, 둘이 아무리 가까워도 현미경으로 식별할 수 있게 한다. 두 상점의 거리가 아베 한계 이하일 때, 겉보기 거리를 현미경의 수치구경의 함수로 구하라.

12.7 두 물점의 스패로우 한계는 상대적 밝기에 따라 달라지지만, 레일리 한계는 그렇지 않다. 두 한계가 같아질 때의 밝기의 비를 구하라. (이 문제를 풀 때 구멍이 네모꼴이라고 가정하라.)

12.8 똑같은 작고 투명한 원반 여러 개로 된 위상 물체에 빛을 고르게 비춘다. 원반은 겹치지 않고 마구 흩어져 있고, 시야의 반을 덮고 있다. 빛이 원반을 지날 때 위상이 ϕ만큼 변한다. 원반의 상과 배경의 명암비를 최대로 키우려면 어떤 공간 여과기를 써야 하는가?

12.9 흑백 슬라이드에서 흰 곳의 투과도는 1, 검은 곳의 투과도는 0이다. 흰 영역의 테두리가 방향에 상관없이 선명하고 밝은 선으로 드러나게 하려면 어떤 공간 여과기를 써야 할까?

12.10 노말스키 미분간섭명암비 현미경에 쓸 방해석 월라스톤 프리즘의 크기를 셈하라. 대물렌즈의 초점거리는 5 mm, NA=0.6이다. 이것은 상이 겹친 것을 알아채지 못하게 설계해야 한다. 방해석의 복굴절 특성은 §6.6에 있다.

12.11 흔히 쓰는 위상대비 결상법은 현미경을 조금 초점에서 벗어나게 하는 것이다. 이것을 복소 공간 여과기로 기술하고, §12.4.4의 위상 실틈에 적용해 보라.

12.12 망원경 렌즈의 구경을 '발자르기'하여 점퍼짐 함수의 회절고리의 밝기를 줄이려 한다. 대물렌즈의 반지름이 R이고, 진폭 투과도가 가우스 함수꼴로 매개변수 σ인 마스크를 렌즈 앞에 덮어 투과도를 줄이려 한다. 첫째 회절 고리의 밝기를 애초의 값의 1 %로 줄이는 σ의 값을 구하라. 레일리와 스패로우 기준에 따르면 분해능은 어떻게 바뀌는가?

12.13 어떤 물체의 홀로그램을 파장 λ_1인 빛을 써서 만들고, 상 재생에는 파장 λ_2인 빛을 쓴다. 재생된 상이 어떻게 왜곡되고 어디에서 보아야하는가? (모든 각도는 아주 작다고 가정한다.)

12.14 홀로그래피 상 재생에서 시선에 수직 및 평행 방향의 분해능을 빛의 파장, 홀로그램에 빛을 비추는 영역의 크기, 그리고 상의 위치의 함수로 고하라. (페르마 원리를 써라.)

12.15 진폭 홀로그램과 그것의 음화로 재생한 상은 어떤 관계가 있는가?

12.16 (12.36)을 써서 수차가 있는, 구경이 둥근 광학계의 광 전달 함수를 셈하는 컴퓨터 프로그램을 짜라. 구면수차, 코마 및 비점수차의 크기에 따라 광 전달 함수가 어떻게 달라지는가 살펴보라 (위상오차의 모양은 §3.7에 나와있다.) 이론적으로는 분해능 한계는 수차의 영향을 받지 않음을 보여라. 그렇지만, MTF < 5%인 공간 진동수 성분이 만드는 자세한 모양을 볼 수 없다고 가정하여, 이 세 가지 수차에 대해 분해능과 수차의 크기(조리개의 테두리에서, 파장 단위의 값)의 관계를 구하라.

12.17 공초점 현미경의 두 렌즈를, 렌즈와 바깥 반지름이 같은 고리모양의 구경으로 덮을 때의 분해능 한계를 셈하라.

12.18 구경의 크기가 파장보다 작은 정사각형 구멍을 지나오는 2차원 단색빛을 파수가 복소수인 평면파가 겹친 것으로 나타내어, 이것을 기술하는 컴퓨터 프로그램을 짜라. 이 프로그램을 써서 근접장 훑기식 현미경의 분해능이 구경과 시료의 거리에 따라 달라짐을 보여라.

12.19 점퍼짐 함수가 가우스 함수 $I_e = I_{최대}\exp(-r^2/2\sigma^2)$인 STED 현미경으로 형광 지표를 들뜨게 할 때, $\sigma \approx \lambda/2$일 때의 모형을 세워라. 고갈 빛살의 세기분포 모형은 다음과 같다: $I_{고갈} = I_0(r^2/\sigma^2)\exp(-r^2/2\sigma^2)$. 형광 들뜸을 $\exp(-I_{고갈}/I_{최대})$의 인자로 식힌다면, 고갈시킨 뒤의 점퍼짐함수의 제평근 폭을 σ와 $I_0/I_{최대}$의 함수로 구하고, 따라서 분해능이 얼마나 좋아졌는가를 구하라.

12.20 구조 조명 현미경에서 거리 π/k_m 떨어진 두 물점을 관찰한다. 구조 조명을 하지 않으면 어떤 상이 보이는가? 주기 $2\pi/k_m$인 구조 조명을 비추고 상을 기록한다. 조명의 줄무늬의 위상은 $\phi_1 = -\pi/2$로 오른쪽 점이 어두운 띠에 가려지고, $\phi_2 = 0$, $\phi_3 = +\pi/2$로 왼쪽 점이 가려진다. 낱낱의 조건에서 기록된 상을 설명하고, 그것을 처리하여 두 점을 식별할 수 있는 상을 만드는 과정을 설명하라.

13 고전적 분산이론

13.1 고전 분산 이론

13.2 레일리 산란

13.3 결맞는 산란 및 분산

13.4 분산 관계

13.5 분산성 매질에서의 군속도: 초광속도 및 느린 빛

13.6 고급주제: 비선형 광학

13.7 고급주제: 표면 플라즈몬

빛과 물질의 상호작용의 여러 측면은 고전물리학 이론으로 아주 정확하게 서술할 수 있다. 그 이론에서 매질을 이루는 원자는 양전하와 음전하를 띤 입자로 되어 있으며, 두 입자는 서로 끌어당겨 거리의 제곱에 비례하는 복원력으로 붙어 있다. 관련된 매개변수의 값을 제1원리로부터 셈하려면 양자이론이 필요하지만, 이 장에서는 많은 광학 효과는 이 모형에 고전역학을 써서 물리적으로 해석할 수 있음을 설명한다. 분산의 배후에 있는 양자역학적 개념은 뒤에 14장에서 설명하지만, 대부분은 이 책의 범위 밖에 있다.

이 장에서는 다음을 배운다:

- 진동하는 전자기장에 대한 고전적 쌍극자 원자의 반응
- 레일리 산란과 하늘에서 오는 빛이 파란색이고 편광된 까닭
- 굴절률, 흡수, 산란의 관계
- 굴절률이 빛의 파장에 따라 달라지는 분산과 원자의 공명의 관계
- 굴절률과 흡수의 해석적 관계
- 플라스마 흡수와 자기광학 효과
- 비정상 분산 영역에서는 신호가 빛의 속력보다 더 빨리 갈 수 있는가 하는 문제
- 빛이 아주 셀 때 나타나는 비선형 광학 특성
- 고차 조화파 발생, 광굴절 효과, 솔리톤 진행
- 재래식 유전체와 감수율이 음성인 물질의 경계에서의 광학
- 표면 플라즈몬 공명

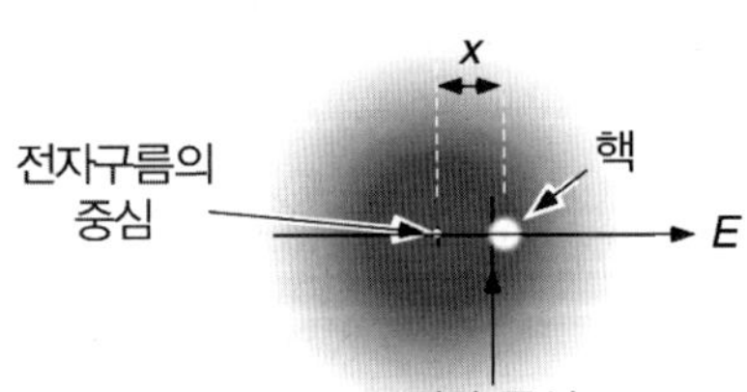

그림 13.1 고전적 원자 모형

13.1 고전 분산 이론

분산(Dispersion)은 유전 반응(유전상수, 굴절률과 흡수)이 파동의 진동수에 따라 달라짐을 뜻한다. 이것이 이 절의 주제이다. 고전적 원자 모형을 가정하여, 그것이 들어오는 빛에 어떻게 반응하고 5장에서 배운 그대로 쌍극자로서 빛을 내는가 살펴보면 많은 분산효과가 놀라울 정도로 정확하게 잘 설명된다. 그 다음에는 많은 원자를 한데 두어 물질의 광학적 특성을 알아낸다.

13.1.1 고전적 원자

> 원자를 질량이 크고 양전하를 띤 핵 주위를 전자구름이 둘러싸고 진동하는 것으로 기술한 모형이 많은 광학현상을 이해하는 출발점이다.

원자에 대한 고전적 그림은 질량이 크고 양전하를 띤 핵 주위를 같은 양의 음전하를 띤, 구대칭의 가벼운 전자구름이 둘러싼 꼴이다. 두 전하가 그림 13.1처럼 묶여 있다고 상상하여, 평형상태에서는 질량중심과 전하중심이 일치한다고 본다. 정적인 원자는 쌍극자 모멘트가 없다. 그것을 건드리면, 전자구름이 질량중심에 대해 진동하는데, 그 진동수는 원자의 질량 m과 용수철 상수 $m\eta^2$이 결정한다.

이 모형을 낱낱의 원자와 간단한 분자에 대해 쓸 수 있다; 더 복잡한 분자는 내부 운동도 하고 정적인 쌍극자 모멘트도 가질 수 있지만, 이 모형을 써서 물리적인 내용을 제법 많이 알 수 있다. 또한 이것은 아주 작은 입자에 대해서도 쓸 수 있다. 실제의 원자는 불연속적인 여러 진동수의 빛에 공명 반응을 하지만 이 모형은 한 개의 공명 진동수 빛에 대한 특성만 예측할 수 있다. 이러한 사실은 보통 §13.3.2에서와 같이 현상학적으로 도입된다. 그렇지만, 알고 싶은 것은 원자와 진동수 ω인 빛의 상호작용이며, 그 상호작용은 $\omega \approx \eta$일 때만 상하나; 따라서 원자는 보통 한 진동수의 빛과 공명하고 다른 진동수의 빛은 무시한다.

이제 원자는 진동 쌍극자처럼 거동하여 빛을 내보내면서 에너지를 잃음을 보이겠다. 이 장에서는 원자의 운동방정식에 감쇠상수 $m\kappa$를 써서 에너지 손실을 나타내는 항을 현상학적으로 넣는다. 이 상수도 미시적 근원을 양자이론으로 설명해야 하는 매개변수의 하나이다.

모든 설명을 마쳤으니, 양전하를 띤 핵의 질량중심에 대한 전자의 변위 x에 대한 운동방정식을 쓰자. 밖에서 전자에 힘 F를 준다면 운동방정식은 다음과 같다:

$$m\frac{d^2x}{dt^2} + m\kappa\frac{dx}{dt} + m\eta^2 x = F \tag{13.1}$$

$F = qE$가 일정한 전기장이 주는 힘이라면 (13.1)의 해는 다음과 같다: $x = E/m\eta^2$. x가 양전하와 음전하의 거리이므로 이것은 다음과 같은 유도쌍극자에 해당한다:

$$p = qx = q^2E/m\eta^2 \tag{13.2}$$

따라서 일정한 전기장 속에 있는 원자의 전기 편극성은 다음과 같다:

$$\alpha(0) = \frac{p}{\epsilon_0 E} = \frac{q^2}{\epsilon_0 m\eta^2} \tag{13.3}$$

마찬가지로, 진동 전기장 $E = E_0\exp(-i\omega t)$의 효과를 셈할 수 있는데, $d/dt \equiv -i\omega$를 쓰면 다음과 같다:

$$\alpha(\omega) = \frac{q^2}{\epsilon_0 m} \cdot \frac{1}{(\eta^2 - \omega^2 - i\kappa\omega)} \tag{13.4}$$

α가 복소수임을 눈여겨보라. 이것은 걸어준 진동 전기장과 유도된 진동 쌍극자 모멘트 사이에 위상차가 있음을 뜻하며, 진동수가 η를 중심으로 폭이 2κ인 진동수 구간 속에 있을 때 특히 두드러진다.

이제 이 모형의 몇 가지 쓰임새를 살펴보자. 먼저 입자들이 멀리 흩어져 있어 낱낱의 입자가 흩뜨리는 빛이 서로 간섭하지 않는 상황에서 시작하고 (§13.2), 그 다음에는 입자가 빽빽하게 모여 있어 간섭효과가 중요한 상황을 살펴본다 (§13.3).

13.2 레일리 산란

외톨이 입자가 빛을 받으면, 그것을 흡수하거나 흩뜨린다. 빛의 진동수 ω가 어느 공명 진동수 η와도 많이 다르면, 빛을 거의 흡수하지 않으므로 흩어지는 빛만 따지면 된다. **레일리 산란(Rayleigh scattering)**은 입자가 파장보다 훨씬 작을 때 일어나는 것으로, 입자에 오는 빛의 전기장이 입자 속 어디에서나 거의 같다. 그 결과가 특히 쓸모가 있을 때는 외톨이 원자나 분자가 빛을 흩뜨리는 것을 다룰 때이지만, 아주 미세한 입자나 밀도 흔들림에도 쓸 수 있다. (13.2)의 순간 쌍극자 모멘트를 다음과 같이 쓴다:

$$p(t) = \alpha\epsilon_0 E(t) \tag{13.5}$$

$E(t)=E_0\exp(-i\omega t)$이면, $p(t)$는 진동 쌍극자와 같은 거동을 한다. 이것은 에너지를 빛에 실어 방사하며, 그 손실률은 (5.33)과 같다:

$$W = \frac{\omega^4 p_0^2}{12\pi\epsilon_0 c^3} = \frac{\omega^4 E_0^2 \alpha^2 \epsilon_0}{12\pi c^3} \tag{13.6}$$

단위부피의 육면체 속에 산란 입자가 N개 들어있다면, 빛으로 방사되는 총 일률은 (13.6)에 N을 곱한 값이다. 이제 육면체의 앞면으로 들어오는 빛의 일률은 포인팅 벡터 $\boldsymbol{S}$로 (§5.2.1) 그 평균값의 크기는 $\frac{1}{2}\epsilon_0 E_0^2 c$이다. 그러므로, 빛이 단위 거리를 갈 때 입는 일률의 손실은 다음과 같다:

$$\frac{dS}{dz} = -NW = -N\frac{\omega^4\alpha^2}{6\pi c^4}S \tag{13.7}$$

이 방정식의 해는 다음과 같다:

$$S = S_0 \exp\left(-N\frac{\omega^4\alpha^2}{6\pi c^4}z\right) = \pi_0 \exp(-z/z_0) \tag{13.8}$$

여기에서 $z_0=6\pi c^4/N\omega^4\alpha^2$는 감쇠 거리로서, 빛이 산란 영역 속에서 거리 z_0만큼 가면 세기가 처음 값의 e^{-1}로 줄어든다는 것을 말해준다. N과 α를 알고 있는 기체와 같은 매질에서의 z_0의 크기를 어림하기에 앞서, 다음을 상기하자: 이 결과를 얻는 셈을 할 때 입자마다 빛을 독립적으로 흩뜨린다고 가정했고, 그래서 입자들이 흩뜨린 빛이 결맞지 않으므로 흩어진 빛의 세기를 셈할 때는 낱낱의 입자가 흩뜨린 빛의 밝기를 그냥 더했다. 이 가정은 흔히 옳지 않으며, 이에 관해서는 §13.2.3에서 더 자세히 살펴본다.

13.2.1 산란된 빛의 파장에 대한 변화

공기 분자와 먼지 입자가 흩뜨리는 빛은 파장에 따라 크게 다르며 파란 하늘빛과 붉은 노을빛과 같이 많은 대기현상을 지배한다.

(13.8)에서 가장 중요한 특징은 진동수의 네제곱에 비례하는 것이다. 파란빛은 빨간빛보다 10배 더 많이 산란된다. 그래서 (날씨 좋은 날) 낮에 하늘을 쳐다보면 파랗게 보이지만, 새벽이나 저녁 무렵에 해 쪽을 곧바로 보면 붉게 보인다. 하늘이 파란 까닭은 대기의 온갖 층에 있는 공기분자가 흩뜨린 햇빛을 보는데 그 파장분포가 짧은 쪽으로 치우쳐 있기 때문이다. 노을이 붉은 까닭은 새벽이나 저녁 때는 햇빛과 수평선 근처의 구름이 반사한 빛이 수평선을 따라 대기를 지나오는데, 그 동안 빨간빛보다는 파란빛이 더 많이 산란되어 사라지기 때문이다. 레일리 산란은 우유를 묽게 섞은 물과 담배연기 그리고 공기오염으로 생기는 멋진 황혼과 같이 나날의 현상을 지배한다.

그림 13.2 대기에서 산란된 햇빛의 편광상태

13.2.2 산란된 빛의 편광상태

원자 속에 생긴 쌍극자 모멘트는 들어오는 빛의 전기장과 나란하므로, §5.3.2에 보인 극좌표 그림과 같이 빛을 방사한다 [그림 5.2(b)]. 쌍극자의 축방향으로는 빛을 내지 않는다. 그러므로, 들어오는 빛의 편광방향에 직각인 방향으로 산란되는 빛은 산란평면(빛이 들어오는 쪽과 산란된 쪽이 이루는 평면)에 대한 법선방향의 선편광이다. 다른 방향으로 산란되는 빛은 부분편광으로 보인다. 햇살이 드는 날 편광판 한 장을 마련하여(§6.2.2) 밖에 나가서 보면 이러한 결론을 쉽게 확인할 수 있다 (그림 13.2). 하지만 다중산란된 빛 때문에 편광이 완전하지는 않다. 이 효과는 사진을 찍을 때 배경이 뿌옇게 나오는 것을 줄이는데 많이 쓴다 (문제 13.1).

13.2.3 결 어긋난 산란과 결 맞는 산란

결 어긋난 산란은 대기 밀도의 흔들림 때문에 생긴다.

이제 (13.8)을 써서 대기압에서 깨끗한 공기의 감쇠 거리를 셈하는데, 먼저 분자마다 따로 산란한다는 가정이 맞는지 확인해야 한다. 대기압에서 공기 분자의 평균 거리는 빛의 파장의 수백분의 일 정도이므로, 거의 완전한 **결맞는** 산란을 기대할 수 있다. 매질의 밀도가 고르면, §13.3에서 알짜 산란이 전혀 일어나지 않음을 알게 될 것이다. **밀도가 고른 값에서 벗어난 것이 빛을 산란시킨다**. 밀도 흔들림에 의한 산란이라는 주제는 열역학을 써서 온전히 다룰 수 있지만(Landau & Lifshitz, 1980), 그 결과에 깔린 개념은 간단한 논리로 이해할 수 있다. 흩어져 있는 물체 '덩어리'의 낱낱의 크기가 λ 정도로서 부피가 $V \approx \lambda^3$이면 결 어긋난 레일리 산란을 기대할 수 있다. 더 큰 덩어리는 파장에 비하면 작지 않으며, 더 작은 덩어리에 의한 산란은 결맞는 산란이 될 것이다. 이제 그러한 부피에 든 분자의 수는 평균 NV개이다. 이상기체에서는 분자가 상호작용을 하지 않으며 부피 V속의 분자의 수는 푸아송 통계를 따른다 (§11.7). 그러한 통계에서는 그 값의 제평근은 $\sqrt{NV}$이고, 이 흔들림이 바로 빛을 산란시키는 '입자'이다. 그러므로 레일리 산란을 일으키는 것은 분자 $\sqrt{NV}$를 품고있는 입자'이며, 그것의 편극율은 $\alpha\sqrt{NV}$이고, 수밀도는 $1/V$이다. (13.8)을 이 값으로 나타내면 다음과 같다:

$$z_0 = \frac{6\pi c^4}{V^{-1}\omega^4\left[\alpha\sqrt{NV}\right]^2} = \frac{6\pi c^4}{N\omega^4\alpha^2} \tag{13.9}$$

이것은 결 어긋난 산란에 대해 얻은 결과 (13.8)과 똑같다! 따라서 이상기체의 밀도 흔들림에 의한 빛의 산란은 **모든 분자가 결맞지 않게 산란하는 것과 똑같다**.

맑은 날 대기의 z_0 값을 어림하려면 원자 편극율 α를 기체의 유전상수 ϵ, 곧 굴절률과 연관시켜야 한다 (§5.1.2):

$$n = \sqrt{\epsilon} = \sqrt{1 + N\alpha} \approx 1 + N\alpha/2 \tag{13.10}$$

따라서 z_0는 파장 $\lambda = 2\pi c/\omega$를 (13.8)에 넣으면 다음과 같다:

$$z_0 = \frac{3\lambda^4}{32\pi^3(n-1)^2} \cdot N \tag{13.11}$$

대기압에서 $n-1=3\times10^{-4}$이고 $N=3\times10^{25}\,\mathrm{m}^{-3}$이므로 녹색 빛에 대해서는 $z_0 \approx 65\,\mathrm{km}$이다. 언뜻 보기에는 이 값이 너무 작은 것 같다. 특히 분자 산란만이 대기의 가시도를 제한하는 것은 아니므로 더욱 그렇다. 실제로 기상학적 가시도가 100 km를 넘을 때도 자주 있고 심지어는 200 km에 이를 때도 있다. 그렇지만, 기억할 것은 z_0는 $e^{-1}=0.37$로 감쇠되는 인자이므로 $e^{-2}=0.17(2z_0)$ 또는 심지어 $e^{-3}=0.05(3z_0)$에서도 멀리 있는 눈 덮인 산봉우리가 파란 하늘을 배경으로 희미하게 떠오르는 것을 볼 수 있다.

어떤 조건에서 산란될 때 결맞게 될까? 푸아송 통계가 흔들림을 제대로 기술하지 못하는 상황을 찾아보자. 매질이 액체처럼 비압축성이면 입자가 서로를 피하므로 운동이 서로 관련된다. 그러면 밀도 흔들림이 억제되고 따라서 산란이 결 어긋날 때보다 덜 일어나 밀도가 고른 극한에서는 0에 가까워진다 (§13.3). 한편, 예를 들어 액체의 임계점 근처에서는 압축성이 발산하며 국소적 응집이 일어나는 경향이 있어 밀도 흔들림이 커진다. 그러면 산란이 아주 많이 일어나는데, 그것이 **임계유탁**(critical opalescence) 현상이다 (그림 13.3).

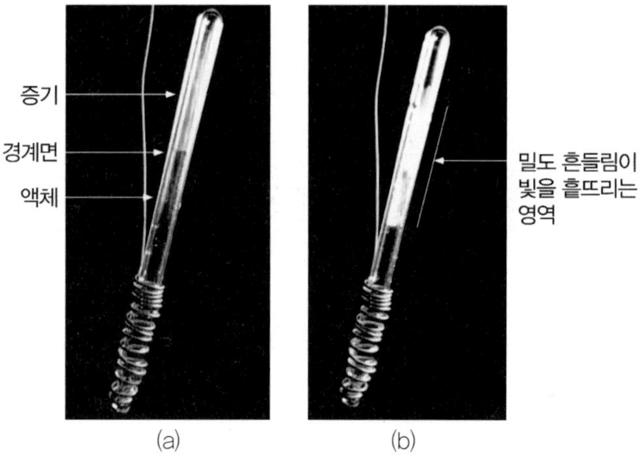

그림 13.3 액체–기체 임계점 근처에 있는 이산화탄소의 임계유탁. (a) $T<T_c$; (b) $T\approx T_c$.

13.3 결맞는 산란 및 분산

이제 밀도가 고른 비압축성 매질에 의한 산란을 살펴보자. 이 매질에서는 분자들이 빛의 파장보다 훨씬 가까이 있어 산란된 빛의 위상이 상관된다. 이때는 산란된 빛의 **진폭**을 더해야 분자 산란과 굴절률은 밀접하게 관련된다.

한다. **편극률 α가 실수이면 그 어떤 알짜 산란도 일어나지 않는**' 것으로 드러났다. 물질은 들어오는 빛을 그냥 굴절시킬 뿐이다. 그러나 α가 허수이면 들어오는 빛이 흡수된다.

13.3.1 결맞는 산란 문제로서의 굴절

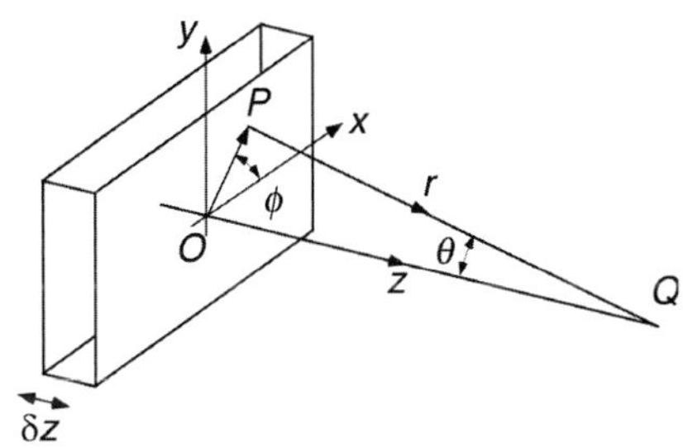

그림 13.4 빽빽한 매질에 의한 결맞는 산란

빛이 z축을 따라가다 평면 $z=0$에 있는 두께 $\delta z \ll \lambda$인 얇은 판에서 산란되는 것을 생각하자 (그림 13.4). 이 판에는 편극성이 α인 분자가 단위 부피 속에 N개 들어있다.

이제 평면파 $E = E_0 \exp[i(kz - \omega t)]$인 빛이 들어오면 판 속의 쌍극자는 모두 같은 위상으로 들떠 진동하여 빛을 내며, 어느 곳 $Q \equiv (0, 0, z)$에 오는 빛을 셈할 수 있다. 판 속의 점 $P(x, y, 0)$에 있는 분자는 들어오는 빛에 반응하여 다음과 같은 진동 쌍극자가 된다:

$$p(t) = \alpha\epsilon_0 E_0 \exp(-\omega t) \tag{13.12}$$

(5.30)에서 $Q(0, 0, z)$에서의 전자기파의 수식 전기장은 다음과 같다:

$$e(t) = \alpha\epsilon_0\omega^2 \frac{E_0 \exp[i(kz - \omega t)]\cos\theta}{4\pi\epsilon_0 c^2 r} \tag{13.13}$$

여기에서 $r^2 = x^2 + y^2 + z^2 \equiv \rho^2 + z^2$이고 θ는 z축과 위치벡터 $\boldsymbol{r}$ 사이의 각이다. 부피조각 $dxdy\delta z$ 속에 든 모든 분자가 내는 빛을 더한 값은 (13.13)에 $N \cdot dxdy\delta z$을 곱한 값이다. 그러므로, Q에 오는 산란된 빛 전체의 전기장 δE_Q는 (13.13)을 판 전체에 대해 적분한 값이다:

$$\delta E_Q = \frac{\alpha\omega^2}{4\pi c^2} E_0 \exp(-\omega t) \iint_{-\infty}^{\infty} \frac{z\exp(ikz)}{r^2} dxdy \cdot N\delta z \tag{13.14}$$

여기에서 cosθ를 z/r로 바꾸어 넣었다. 이 식을 ρ를 써서 정리하면 다음과 같다.

$$\delta E_Q = \frac{\alpha\omega^2}{4\pi c^2} E_0 \exp(-\omega t) \cdot 2\pi z \int_0^{\infty} \frac{\exp\left(ik\sqrt{\rho^2 + z^2}\right)}{\rho^2 + z^2} \rho d\rho \cdot N\delta z \quad (13.15)$$

(13.15)의 적분은 간단히 다음과 같은 꼴로 쓸 수 있다:

$$\int_z^{\infty} \frac{\exp(ikr)}{r} dr \quad (13.16)$$

이 적분의 값은 부분적분을 하거나 그림 13.5의 진폭 - 위상 그림을 써서 쉽게 구할 수 있고, 그 결과는 $-i/kz$이다 (§7.2.1에 비슷한 적분을 셈하는 자세한 방법이 나와 있다). 따라서 다음과 같다:

$$\delta E_Q = \frac{\alpha\omega^2}{2c^2 k} E_0 \exp[i(kz - \omega t + \pi/2)] \cdot N\delta z$$

$$= \frac{1}{2} ik\alpha \cdot N\delta z \cdot E_0 \exp[i(kz - \omega t)] \quad (13.17)$$

이 산란된 빛은 산란되지 않고 Q에 온 빛에 더해주어야 한다; δz가 작으므로, 산란되지 않은 빛은 들어오는 빛 $E_{Q0} = E_0 \exp[i(kz - \omega t)]$와 거의 같을 것이고, 따라서 다음과 같다:

$$\delta E_Q = \frac{1}{2} ik\alpha \cdot N\delta z \cdot E_{Q0} \quad (13.18)$$

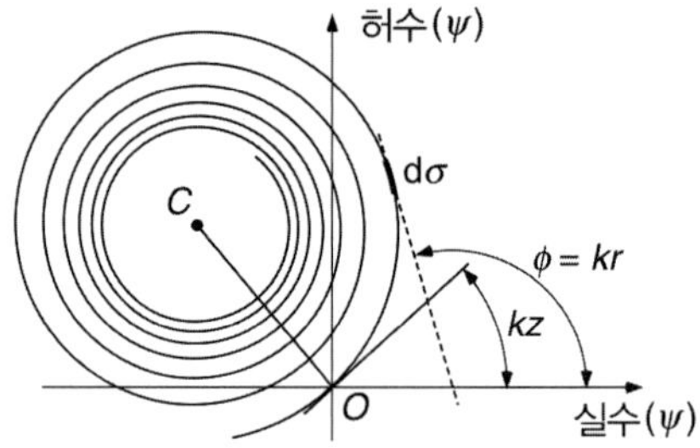

그림 13.5 적분 (13.16)에 대한 진폭–위상 그림.

α가 실수이면, 산란된 빛의 진폭은 곧바로 온 빛과 위상이 90도 어긋나고, 따라서 빛의 진폭은 바뀌지 않고 위상만 바뀐다. 다시 말해, 빛은 속력이 바뀔 뿐 감쇠는 되지 않는다 [그림 13.6(a)]. 그러면

$$
\begin{aligned}
E_Q &= E_{Q0} + \delta E_Q \\
&= \left(1 + \frac{1}{2} ik \cdot \alpha N \delta z\right) E_{Q0} \approx \exp\left(ik \cdot \frac{1}{2} \alpha N \delta z\right) E_{Q0}
\end{aligned}
\tag{13.19}
$$

그림 13.6 투과된 빛과 산란된 빛의 진폭 덧셈: (a) 두 빛의 위상이 90도 어긋나면 빛이 흡수되지 않는다; (b) 위상이 뒤쳐지면 빛이 흡수된다.

굴절률 n, 두께 δz인 투명판을 빛살이 가는 길목에 끼우면, 광로가 $(n-1)\delta z$만큼 늘어나, 빛 E_{Q0}는 다음과 같이 바뀔 것이다:

$$
E_Q = E_{Q0} \exp[ik\delta z(n-1)] \tag{13.20}
$$

따라서 판에서 결맞는 산란이 일어나면 유효 굴절률은 다음과 같다:

$$
n = 1 + \frac{1}{2} N\alpha \tag{13.21}
$$

이것이 바로 우리가 써온 굴절률이고, 예를 들면 (13.10)이 그렇다. 따라서 **결맞는 산란이 일어나면 빛살은 흡수되지 않고 굴절된다.** 전혀 새로울 것도 없다고 생각하기 쉽다. 이 셈의 중요성은 굴절과 산란을 이어주는 것에 있고, 중성자나 원자와 같이 산란 특성을 아는 다른 파동에 대한 유효 굴절률을 끌어내는데 쓸 수 있다는 것이다.

매질이 빽빽하여 n이 1과 많이 다르면, 분자를 편극시키는 전기장은 국소 전기장이지 밖에서 걸어준 전기장이 아니다. 그래서 셈이 더 복잡해지지만 빛이 흡수되지는 않는다.

13.3.2 공명과 비정상 분산

진동수가 공명 진동수 η와 가까우면, (13.4)에 따라 α는 복소수가 되고, 그 결과 산란된 빛이 곧바로 들어온 빛과 위상이 90도 어긋난다는 말은 맞지 않게 된다. 굴절률도 여전히 바뀌지만, 그림 13.6(b)에서 볼 수 있듯이 흡수도 일어난다. (13.4)에서 편극성은 $\alpha(\omega) = q^2/$

$[\epsilon_0 m(\eta^2 - \omega^2 - i\kappa\omega)]$ 이고, 따라서 굴절률 (13.21)의 어림식은, $N\alpha \ll 1$일 때, 다음과 같다:

$$n = 1 + \frac{1}{2}N\alpha = 1 + \frac{\Omega^2}{2}\frac{1}{\eta^2 - \omega^2 - i\kappa\omega} \tag{13.22}$$

$\Omega = \sqrt{Nq^2/\epsilon_0 m}$ 는 **플라즈마 진동수**(plasma frequency)이며, 그 중요성은 §13.7에서 설명한다. 그러면 n의 실수부와 허수부는 다음과 같다:

흡수선 근처의 곡선 $n_r(\omega)$의 전형적인 모양[그림 13.7(a)]은 투과곡선을 그릴 때는 뒤집힌다. 이것이 '느린 빛' 의 근원이다 (글상자 13.1).

$$n_r = 1 + \frac{\Omega^2}{2}\frac{(\eta^2 - \omega^2)}{(\eta^2 - \omega^2)^2 + \kappa^2\omega^2} \tag{13.23}$$

$$n_i = \frac{\Omega^2}{2}\frac{\kappa\omega}{(\eta^2 - \omega^2)^2 + \kappa^2\omega^2} \tag{13.24}$$

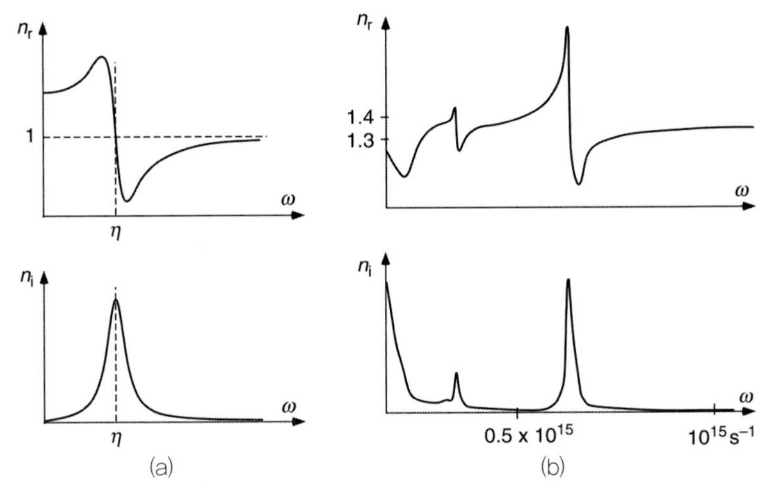

그림 13.7 공명선 근처의 비정상 분산. 굴절률의 실수부와 허수부를 진동수의 함수로 본 것: (a) 홑 공명선에 대한 이론 (13.23)과 (13.24); (b) 바닷물의 적외선 영역 실험 자료. 여러 개의 공명선이 보인다.

그림 13.7은 두 가지 양 $n_r(\omega)$와 $n_i(\omega)$의 얼개를 보여주는데, 두 곡선은 몇 가지 중요한 특징이 있다:

1. 진동수 영역 $\eta \pm \kappa$ 밖에서는 $dn_r/d\omega$는 양수이고 $n_i \ll 1$이다. 이것이 **정상 분산**(normal dispersion)이며 모든 투명 매질의 전형적인 특성이다.

2. 공명 진동수 바로 밑에서는 굴절률이 아주 커지고, 바로 위에서는 갑자기 줄어 1 보다 작아진다. 그렇게 갑자기 변하는 영역에서는 $dn_r/d\omega$는 음수이다. 이것이 **비정상 분산** (anomalous dispersion)이다.
3. 비정상 분산 영역에서는 n_i를 무시할 수 없고, 빛이 흡수된다. §13.4에서 아주 일반적인 면에서 그래야 함을 보이겠다. 이 흡수는 물론 원자의 발광선에 대응되며, 두 진동수는 같다.

실제의 원자나 분자는 분광선이 여러 파장(진동수)에 있고, 분광선 마다 비정상 분산이 나타난다. 여기에 보인 모형 원자에서는 공명선을 하나로 잡았다; 원자에 공명 상태가 여럿이고 j번째 상태의 공명 진동수가 η_j, 상대적 세기가 N_j라고 하면 실제에 가까운 모형을 만들 수 있다. 그러면 복소 유전 상수는 모든 공명상태의 효과를 겹친 것으로 나타낼 수 있다:

$$\epsilon = 1 + \frac{q^2}{\epsilon_0 m}\sum_j \frac{N_j}{\eta^2 - \omega^2 - i\kappa\omega} \tag{13.25}$$

N_j는 **진동자 세기**(oscillator strength)이며 양자역학적 이론에 나타나는 행렬요소와 관련된다 (§14.4). 그림 13.7(b)는 바닷물의 적외선 영역의 전형적인 굴절률 곡선으로 여러 개의 공명선이 있음을 알 수 있다.

13.3.3 흡수띠에서 먼 곳의 분산: 엑스선 굴절률

공명 진동수 η_j에서 먼 곳의 정상 분산 영역에서는 흡수를 무시할 수 있으므로 (13.23)은 다음과 같은 꼴이 된다:

$$n_r \approx 1 + \frac{\Omega^2}{2}\frac{1}{(\eta^2 - \omega^2)} \tag{13.26}$$

특히, ω가 (13.25)에서 가장 큰 공명 진동수보다 훨씬 높으면 다음과 같이 쓸 수 있다:

$$n_r \approx 1 - \frac{\Omega^2}{2}\frac{1}{\omega^2} \tag{13.27}$$

이것은 엑스선 영역에서는 굴절률이 1 보다 작음을 보여주지만, 단지 그럴 뿐이다. 전형적인 값은 다음과 같다: $n - 1 \approx -10^{-7}$. 그래서 엑스선을 다룰 때 **외부 전반사**(total external reflection)를 쓸 수 있다. $v = c/n$이 c 보다 크지만, 상대성 이론과 어긋나지는 않는다. 왜냐하면 정보와 에너지가 전달되는 속력은 위상 속도가 아니라 군속도이기 때문이다 (문제 2.3).

13.3.4 자유전자 기체의 플라즈마 흡수 가장자리

금속의 복소 굴절률의 적외선 영역의 특성은 자유 전자 기체 모형으로 얻은 어림식이 잘 맞는다.

전리층이나 금속 안의 전도 전자처럼 매질 속의 전자가 자유로우면, 분산식은 $\eta = 0$으로 두어 구할 수 있다. (13.22)에서 다음과 같다:

$$\epsilon = n^2 = 1 + N\alpha = 1 - \frac{\Omega^2}{i\kappa\omega + \omega^2} \tag{13.28}$$

전자가 자유롭다면 $\kappa \ll \omega$이므로 다음과 같다:

$$n \approx \sqrt{1 - \frac{\Omega^2}{\omega^2}} \tag{13.29}$$

이것은 $\omega < \Omega$이면 빛이 소멸파가 되어 매질이 불투명해짐을 뜻한다. 진동수 Ω는 투명한 상태로 바뀌는 기준값이다. 이것이 **플라즈마 흡수끝**(plasma absorption edge)이며 그림 13.8에 보였다. 알칼리 금속에서는 이 가장자리가 특히 가파르고 자외선 근처에 있다. 플라즈마 가장자리에서는 $n = 0$이고 파장은 한없이 길어진다; 플라즈마 전체가 결 맞게 진동하는 **집단 진동**(collective oscillation)을 한다.

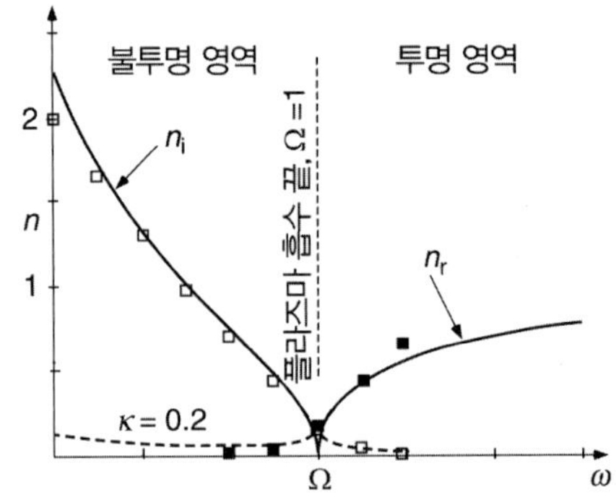

그림 13.8 금속의 플라즈마 가장자리 근처의 굴절률. 실선은 감쇠가 없는 자유 전자 기체 모형으로 얻은 복소 굴절률의 실수부 허수부. 나트륨의 실험값도 같이 보였다. 파선은 풀림 시간을 맞춰 주어 이론을 고친 것.

13.3.5 자기장 속의 자유전자 기체의 굴절률

자유 전자 기체에 자기장을 걸면 굴절률이 바뀌며, 그것이 패러데이 자기-광학 효과의 근원이다 (§6.9.3을 보라).

일정한 자기장 $\boldsymbol{B}_0$을 걸 때에 대해서도 위와 비슷한 셈을 할 수 있고, 그 결과는 §6.9.3에서 설명한 자기광학 효과의 근원을 보여준다. 기본 역학 방정식 (13.1)로 돌아와, 로런츠 힘을 나타내는 $q\boldsymbol{B}\times\boldsymbol{v}$를 더해주면 되는데, 이제는 3차원 문제로 다루어야 한다. $\boldsymbol{B}_0$와 들어오는 빛의 파동벡터를 나란히 z-쪽으로 잡으면, 전하의 변위 (x, y)에 대한 운동방정식은 다음과 같다:

$$m\frac{d^2(x, y)}{dt^2} + m\kappa\frac{d(x, y)}{dt} + m\eta^2(x, y) + qB_0\frac{d(y, -x)}{dt}$$
$$- \quad q\boldsymbol{E}_0 \exp(-i\omega t) \tag{13.30}$$

고주파 영역 $\omega \gg \kappa,\ \eta$에서의 효과만 설명한다. 정상상태의 해는 $(x, y)=(x_0, y_0)$ $\exp(-i\omega t)$인 것은 뻔하므로, d/dt를 $-i\omega$로 바꾸면 다음 식을 얻는다:

$$m\omega^2(x_0, y_0) - iq\omega B_0(y_0, -x_0) = q\boldsymbol{E}_0 \tag{13.31}$$

이 연립 방정식은 고전역학의 푸코 흔들이에 관한 식과 비슷하다. 빛이 원편광(§6.1.2)으로 $E_{0y}=\pm iE_{0x}$이면 결과가 아주 간단하다. y_0를 지우면 다음 결과를 얻는다:

$$-\left(\omega^2 m - \frac{q^2B_0^2}{m}\right)x_0 = qE_0\left(1 \pm \frac{qB_0}{m\omega}\right) \tag{13.32}$$

그러면

$$x_0 = \pm iy_0 = -\frac{q}{m}\frac{1}{\omega^2(1 \mp \omega_c/\omega)} \cdot E_0 \tag{13.33}$$

여기에서 $\omega_c = qB_0/m$은 **전자 싸이클로트론 진동수(electron cyclotron freguency)**이다. 전하의 변위로부터 매질의 편극밀도 $\boldsymbol{P}_0 = N \cdot q(x_0, y_0)$를 셈할 수 있고, 따라서 두 원편광에 대한 유전상수 $\epsilon = 1 + \boldsymbol{P}_0/\epsilon_0\boldsymbol{E}_0$를 셈하면 다음과 같다:.

$$\epsilon = n^2 = 1 - \frac{\Omega^2}{\omega^2(1 \mp \omega_c/\omega)} \tag{13.34}$$

여기에서 자기장의 효과는 ω_c에 들어있다. ω가 크면 굴절률은 실수가 되고 따라서 매질은 자기장이 유도한 광학 활성을 띠는데, 그것이 바로 패러데이 효과이다.

(13.30)은 행렬 방정식으로도 쓸 수 있는데, 그것은 6장에서 다룬 형식에 맞게 해준다. (13.31)에서, 위와 같은 식으로 유전 텐서 $\overleftrightarrow{\epsilon}$을 셈하면 다음과 같다:

$$\overleftrightarrow{\epsilon} = I - \frac{\Omega^2}{\omega^2 - \omega_c^2}\begin{pmatrix} 1 & i\omega_c/\omega & 0 \\ -i\omega_c/\omega & 1 & 0 \\ 0 & 0 & 1-\omega_c^2/\omega^2 \end{pmatrix} \tag{13.35}$$

여기에서 I는 단위 텐서이다. 이것을 단축 광학활성 매질에 관한 식(6.39)와 비교하면 주축의 값은 (13.34)임을 바로 알 수 있다.

13.4 분산 관계

이 절에서는 $\epsilon(\omega)$와 같은 반응함수의 실수부와 허수부 사이에 있는 아주 일반적인 관계를 설명하는데, 이 관계는 원인이 늘 결과에 앞선다는 **인과성(causality)**에서 생겨난다.

13.4.1 충격과 진동수 반응의 관계

충격 반응의 개념은 오래 되었다. 뉴턴은 지구 중력장 속에서 달이 움직이는 것을 분석하면서 그것을 썼다.

어떤 물체가 외부 장에 대해 보이는 동적 반응을 분석하는 편리한 방법은 그 장으로 충격을 줄 때의 효과를 살펴보는 것이다. 물체의 반응이 선형적이라면, 시간 변화하는 복잡한 장의 효과는 충격 반응이 겹쳐져서 나타난다.

유전체에 잠깐 dt 동안 전기장 E를 걸어주었다고 하자. 그러면 전기장 충격은 Edt이고, 그것 때문에 편극밀도 $EX(t)dt$가 생기는데, 시간이 가면서 점점 작아질 것이다. $X(t)$가 '충격반응'으로, $t=0$에 준 단위 충격에 대한 편극밀도 반응의 시간 변화이다. 인과율 때문에 $t<0$에서는 $X(t)=0$이다. 이제 전기장 $E(t)$ 때문에 생기는 편극밀도를 시각 t'에 준 펄스 $E(t')dt'$의 효과를 선형 중첩시켜서 셈하자:

$$P(t) = \int_{-\infty}^{t} dt'\, E(t')X(t-t') \tag{13.36}$$

$t<0$에서는 $X(t)=0$이므로, 적분의 상한을 ∞로 바꾸어도 된다. 특별히 전기장이 진동하여 $E=E_0\exp(i\omega t)$이면, (13.36)은 다음과 같은 꼴이 된다:

$$P(t) = \int_{-\infty}^{\infty} dt'\, E_0\exp(i\omega t')X(t-t') \tag{13.37}$$

$$= E_0\exp(i\omega t)\int_{-\infty}^{\infty} dt''\, \exp(-i\omega t'')X(t'') = E\chi(\omega) \tag{13.38}$$

여기에서 $\chi(\omega)$는 $X(t)$의 푸리에 변환이자, P와 E의 관계 때문에, 편극성$[\equiv N\cdot\alpha(\omega)]$이다. 그러면 ω에서의 유전상수는 다음과 같다:

$$\epsilon_0\epsilon(\omega)E = \epsilon_0 E + P \tag{13.39}$$

$$\text{따라서}\quad \epsilon_0[\epsilon(\omega)-1] = \chi(\omega) \tag{13.40}$$

이 관계는 **유전체의 진동수 반응은 충격 반응의 푸리에 변환**임을 보여준다.

13.4.2 크라머스-크로닉 관계식

굴절율은 진동수의 복소함수이고 그 실수부와 허수부는 복소함수 이론에 따라 관련된다. 그 관계는 복소평면에서 적분을 해서도 알 수 있다.

어떤 물체의 반응이 인과율을 따라야 한다는 조건을 달면 진동수 반응함수의 실수부와 허수부 사이의 관계를 끌어낼 수 있으며, (13.23)과 (13.24)는 그 예이다. 단위 계단 함수 $d(t)$를 다음과 같이 정의한다:

$$d(t) = \begin{cases} \lim\limits_{s\to 0}\exp(st)\ (\sim 1) & t<0 \\ 0 & t \geq 0 \end{cases} \tag{13.41}$$

§12.4.4에서 지적했듯이, $s=0$으로 두어 얻는 계단 함수는 참된 푸리에 변환이 없지만, s를 0이 아닌 아주 작은 값으로 두면 그러한 문제를 피할 수 있다. 그러면 푸리에 변환은 다음과 같다:

$$D(\omega) = \lim_{s\to 0}\frac{1}{s-i\omega} \tag{13.42}$$

$X(t)$는 $t=0$에서 시작하고, $d(t)$는 그 때 끝나므로, 다음과 같이 쓸 수 있다:[62)]

$$X(t)\,d(t) \;=\; 0 \tag{13.43}$$

이 식의 푸리에 변환을 구하면 다음과 같다:

$$\begin{aligned}0 = \chi(\omega)\otimes D(\omega) &= \lim_{s\to 0}\int_{-\infty}^{\infty} d\omega'\,\frac{\chi(\omega')}{s-i(\omega-\omega')} \\ &= \epsilon_0 \lim_{s\to 0}\int_{-\infty}^{\infty} d\omega'\,\frac{\epsilon(\omega')-1}{s-i(\omega-\omega')}\end{aligned} \tag{13.44}$$

$s \to 0$이면, $\omega'=\omega$에 특이점이 생긴다. 그러므로 적분을 두 부분으로 나눈다: 하나는 $\omega - s$에서 $\omega + s$까지 이고, 다른 하나는 그 나머지에 대한 적분이다. 첫째 적분은 s가 아주 작으므로 $\epsilon(\omega')$의 값이 적분 구간 안에서 거의 상수이므로 다음과 같다:

$$\begin{aligned}\lim_{s\to 0}\int_{\omega-s}^{\omega+s} d\omega'\,\frac{\epsilon(\omega')-1}{s-i(\omega-\omega')} &= [\epsilon(\omega)-1]\int_{\omega-s}^{\omega+s} d\omega'\,\frac{1}{s-i(\omega-\omega')} \\ &= [\epsilon(\omega)-1]\cdot\pi\end{aligned} \tag{13.45}$$

이 적분값은 s와 무관하다. 나머지 적분은 적분의 **주요값**(principal value)이며 $P\int$로 나타낸다:

$$\lim_{s\to 0}\left(\int_{-\infty}^{\omega-s} + \int_{\omega+s}^{\infty}\right) d\omega'\,\frac{\epsilon(\omega')-1}{s-i(\omega-\omega')} \;\equiv\; P\int_{-\infty}^{\infty} d\omega'\,\frac{\epsilon(\omega')-1}{-i(\omega-\omega')} \tag{13.46}$$

(13.44)는 (13.45)와 (13.46)을 더한 것이므로, 다음과 같다:

$$\epsilon(\omega) \;=\; 1 - \frac{i}{\pi}P\int_{-\infty}^{\infty} d\omega'\,\frac{\epsilon(\omega')-1}{(\omega-\omega')} \tag{13.47}$$

(13.47)의 실수부와 허수부를 따로 풀면 $\epsilon_r(\omega)$과 $\epsilon_i(\omega)$에 대한 두 개의 적분식을 얻는다:

$$\epsilon_r(\omega) \;=\; 1 + \frac{1}{\pi}P\int_{-\infty}^{\infty} d\omega'\,\frac{\epsilon_i(\omega')}{\omega-\omega'}$$

---

62) $X(t)$에 델타함수 반응은 없다고 본다. 그게 있으면 $d(t)$를 곱해도 $t>0$에서 값이 0이 안 될 수 있다.

$$\left[= 1 + \frac{2}{\pi} P \int_0^{\infty} d\omega' \, \frac{\omega' \epsilon_i(\omega')}{\omega^2 - \omega'^2}\right] \tag{13.48}$$

$$\epsilon_i(\omega) = -\frac{1}{\pi} P \int_{-\infty}^{\infty} d\omega' \, \frac{\epsilon_r(\omega') - 1}{\omega - \omega'}$$

$$\left[= -\frac{2}{\pi} P \int_0^{\infty} d\omega' \, \frac{\omega\left[\epsilon_r(\omega') - 1\right]}{\omega^2 - \omega'^2}\right] \tag{13.49}$$

(13.48)과 (13.49)에서 괄호 속의 식은 $\epsilon(\omega) = \epsilon^*(-\omega)$의 대칭성을 써서 고친 것인데, 이것은 걸어준 전기장에 대한 반응이 실수라는 특성에서 나온다. (13.48)과 (13.49)가 **크라머스-크로닉 관계식**(Kramers-Kronig relation)이다.

13.5 분산성 매질에서의 군속도: 초광속도 및 느린 빛

> 신호는 빛 보다 빨리 갈 수 없는 것 같다. 왜냐하면 군속도가 c 보다 빠를 때는 늘 빛이 흡수되기 때문이다.

상대성 이론에 따르면 정보 전송을 진공을 가는 빛보다 빨리 할 수 없지만, 이 장에서는 굴절률이 1 보다 작아서 속력이 c 보다 빠른 '초광속'을 뜻하는 상황을 몇 번 만났다. 이것이 실제로는 일어나지 않는다는 것을 보이겠다.

먼저, 위상 속도와 군속도의 차이를 다시 강조한다. 정보는 빛을 변조시켜, 예를 들어, 펄스 또는 펄스 무리로서 보낸다. §2.4에서 보았듯이, 이 상황에 맞는 속력은 펄스의 싸개가 나아가는 속력이며, 그것이 다음과 같은 **군속도**이다: $v_g = d\omega/dk$.

일반적으로, 중심 진동수가 ω_0인 펄스의 군속도를 굴절률의 함수로 나타내면 다음과 같다:

$$v_g = \left. \frac{c}{n + \omega \dfrac{dn}{d\omega}} \right|_{\omega_0} \tag{13.50}$$

한 가지 흥미있는 상황은 §13.7에서 보게 될텐데, $\omega > \Omega$에서는 플라즈마의 굴절률이 1 보다 작으므로 빛이 초광속으로 가는 것을 시사하는 것 같다; 그러나 이 때의 분산식 (13.24)는 다음과 같다:

$$n(\omega) = 1 - \frac{\Omega^2}{\omega^2} < 1 \tag{13.51}$$

그러면 군속도는 다음과 같음을 쉽게 알 수 있다: $c(1 - \Omega^2/\omega^2)$. 이 값은 그 진동수 영역에서 c 보다 작다. 그렇지만, $\omega < \Omega$에서는 이 결과에 따르면 $v_g > c$인데, 플라즈마 속에서 전자기파는 아주 잘 흡수되어 심하게 감쇠된다; 그리고 이것은 우연이 아닌 것으로 드러난다.

13.5.1 비정상 분산 영역에서의 초광속 전파?

확실히 초광속을 찾으려면 $dn/d\omega < 0$인 영역을 보아야 하는데, 이것은 비정상 분산 영역이다. 그렇지만, §13.3.2에서 본 것처럼 그곳에서 꼭 빛이 흡수되는 것은 비정상 분산의 해석적 이론의 결과이다. 아래에서 크기 정도를 셈해보면, 비정상 분산 영역에 있는 빛만으로 만든 펄스는 지속시간이 너무 길어, 펄스가 흡수되어 감쇠되는 거리 안에서 초광속의 효과가 뚜렷하게 나타나지 않는다. (13.23)과 (13.24)에서 공명 비정상 분산이 가장 가파른 진동수 $\omega = \eta$ 근처에서는 굴절률의 실수부와 허수부가 다음과 같다:

$$n_r = 1 + \frac{\Omega^2}{2}\frac{\eta^2 - \omega^2}{\kappa^2\eta^2} \tag{13.52}$$

$$n_i = \frac{\Omega^2}{2}\frac{1}{\kappa\eta} \tag{13.53}$$

이 식이 기술하는 비정상 분산 영역의 반폭은 다음과 같이 정의된다:

$$|\eta^2 - \omega^2| < \kappa\eta \quad \Rightarrow \quad |\eta - \omega| < \kappa/2 \tag{13.54}$$

(13.52)를 미분하면 $\omega = \eta$ 에서의 군속도는 다음과 같다:

$$v_g = c\left(1 - \frac{\Omega^2}{\kappa^2}\right)^{-1} \tag{13.55}$$

이제 진동수가 η 근처인 펄스가 거리 D를 가는데 걸리는 시간은 D/v_g이다. 이 펄스는 같은 거리를 진공에서 가는 펄스보다 다음 시간만큼 덜 걸린다:

$$\Delta t = D\left(\frac{1}{c} - \frac{1}{v_g}\right) = \frac{D}{c} \cdot \frac{\Omega^2}{\kappa^2} \tag{13.56}$$

이제 (13.53)의 n_i에 의해 빛이 흡수되므로 이 펄스는 거리 $D_0 = 1/(n_i k_0) = c/(n_i \eta)$를 가는 동안 진폭이 $1/e$배 감쇠되며, 그 거리를 가는 펄스가 진공에서 가는 펄스보다 앞서는 시간은 다음과 같다:

$$\Delta t = \frac{D_0}{c} \cdot \frac{\Omega^2}{\kappa^2} = \frac{1}{n_i \eta} \cdot \frac{\Omega^2}{\kappa^2} = \frac{2}{\kappa} \tag{13.57}$$

한편, (13.54)의 반폭 $\kappa/2$인 스펙트럼으로 만든 펄스의 지속시간은 적어도 $2/\kappa$이므로[63], 초광속 펄스가 앞서가는 거리는 결코 펄스 자체의 길이를 넘지 못한다!

브릴루앙은 이 어림법에 쓴 논리를 엄밀하게 다듬었다. 그는 1960년에 인과율의 개념만을 바탕으로 날이 가파른 펄스의 **신호 속력(signal speed)**은 결코 진동수가 한없이 큰 빛의 위상 속력, 곧 $c/\left[\lim_{\omega \to \infty} n(\omega)\right]$을 넘을 수 없음을 해석적 이론으로 보였다 (§13.4). 진동수가 한없이 큰 전자기파는 전하를 띤 입자의 운동에 영향을 줄 수 없으므로, $\lim_{\omega \to \infty} n(\omega) = 1$이고, 따라서 신호 속력은 늘 c와 같다.

13.5.2 공진 사반파장 더미에서의 초광속 전파?

> 실험이 보여준 바는 광자가 진공을 지나온 것보다 빨리 오기는 하지만, 시간차가 펄스의 지속시간 보다 짧지는 않다는 것이다.

실험적 검증을 받은 초광속 전파에 대한 또 다른 각본은 다층 반사막의 차단 대역 속의 빛의 진행이다 (§10.3.4). 이 때는 다층박막 속의 빛은 소멸파이다 (§2.3.2); 여기에서는 빛이 흡수되지 않지만 진폭이 지수함수꼴로 줄어들고 위상변화는 없다 (그림 2.5를 보라). 그러므로 위상 속도와 군속도 모두 한없이 빨라서, 신호가 다층박막의 한쪽으로 들어오면 바로 다른 쪽으로 빠져나간다! 이러한 거동의 증거로 동시에 나오는 얽힌 광자 쌍(§14.3.3)을 이 다른 경로를 지나올 때의 시간지연을 재어 확인했다: 하나는 다층박막을, 다른 하나는 그 밖을 지나오게 했다 (그림 13.9), (Chiao & Steinberg, 1997). 이 때도 정보 전달의 역설에 대한 해답은 차단 대역폭 속의 진동수 성분만으로 이루어진 펄스의 최소 지속시간에 있다.

63) 최소 지속시간은 스펙트럼이 가우스 함수꼴일 때이다. 그렇지 않으면 더 길다.

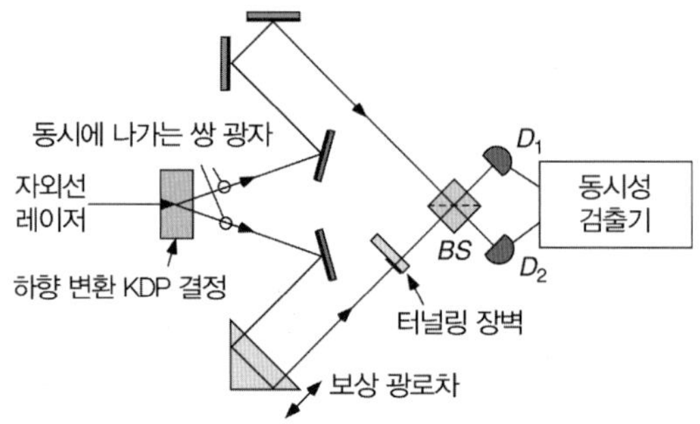

그림 13.9 얽힌 광자쌍을 써서 사반파장판 더미 속에서의 초광속 전파를 확인하는 실험장치 얼개. 광자가 BS에 함께 들어오면, 둘이 함께 D_1이나 D_2로 들어 가간다; 그렇지 않으면 두 검출기의 어느 하나로 마구 들어간다. 이 효과를 써서 두 광자가 BS에 들어오는 아주 작은 시간차를 잰다 (Chiao & Steinberg, 1997).

§10.3.4에서 유효 굴절률이 u_H와 u_L인 사반파장판을 번갈아 쌓은 더미의 차단 대역의 반폭은 다음과 같음을 알았다 (10.73): $\delta k = k_0 \sin^{-1}[(u-1)/(u+1)]$, 여기에서 $u \equiv u_{H}/u_L$이다. 한편, 차단 대역의 중심($g=\pi$)에서는 투과된 빛이 반파장을 갈 때마다 u^{-1}을 곱한 만큼 감쇠된다. 대역폭은 소멸파로만 이루어진 펄스 길이의 최소값을 결정하고 (펄스 길이 $\geq 2/\delta k$), 감쇠율은 감쇠길이가 파장의 $1/(2\ln u)$가 되도록 결정한다. 이제는, 이 두 거리가 거의 같다는 것이 놀랍지 않을 것이다! 다시 말해, 정보가 초광속으로 전파되는 것을 쓸 수 없는 까닭은 펄스가 지속시간보다 더 이르게 도착하기도 전에 감쇠되어버리기 때문이다.

글상자 13.1 느린 빛

다른 극단에서는 분산곡선이 정상이고 아주 가파르면, 군속도가 아주 느려진다. 최근에는 분산이 아주 커서 군속도가 m/s 정도가 되는 물질(§14.9를 보라)을 만들어 빛을 완전히 세운 것도 놀랍지 않을 것이다.

알칼리 금속의 D-분광선 처럼 아주 가까운 흡수선 쌍을 살펴보면 일반적인 착상을 이해할 수 있다. 나트륨의 겹 흡수선 589.0 nm와 589.6 nm는 잘 알려져 있다. 루비듐의 겹 흡수선은 더 가깝다: 780 nm 근처에 있는 두 D_2 초미세 공명선의 진동수 차는 3 GHz이다 (파장차 0.006 nm). 이 분광선의 도플러 퍼짐을 진동수 차 이하로 줄이면, 두 파장 사이의 투명한 파장대역에서는 분산이 정상이어서 기울기 $dn/d\omega$는 양수이고 값이 아주 커서 군속도는 아주 작다 [그림 13.10(a)]. 그렇지만, 이 '느린 빛 영역'은 저절로 생기는 현상으로 조절할 수 있는 요소가 없다.

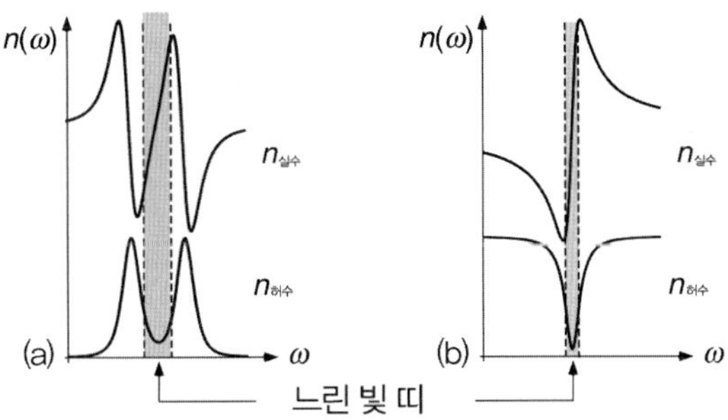

그림 13.10 느린 빛: (a) 아주 가까운 두 흡수선 사이의 분산을 (13.23)과 (13.24)로 셈한 것; (b) 흡수 띠 속에 있는 좁은 투과 대역 속의 분산.

빛 펄스에 대해 참으로 느린 군속도를 얻은 것은 스트론튬, 칼슘, 나트륨과 같은 원자 기체에서 **전자기 유도 투명성**(EIT: electromagetically induced transparency)을 써서 이루었다. EIT에 대한 착상은 §14.9에서 자세히 설명한다. 간단히 세-준위 원자(그림 14.23)에서, 중간 준위와 다소 넓은 위쪽 띠 속의 속준위(sub-level) 가운데 어느 하나가 아주 안정된 레이저로 결합되어 있는데, 바닥준위와 위쪽 띠를 이어주는 탐지 레이저가 똑같은 속준위와 맞으면 흡수가 억제된다. 그 결과는 투과곡선에 아주 가파른 골짜기가 생기는데 그 폭은 결합 레이저의 일률에 따라 결정된다. 이 상황은 흡수선과 반대이다: 흡수 영역에 폭이 좁은 투과대역이 있다 [그림 13.10(b)]. 그 결과 기울기 $dn/d\omega$는 양수이고 값이 아주 크며, $v_g = c/(n + \omega \cdot dn/d\omega)$는 아주 작다. 투과대역의 폭을 결합 레이저의 일률로 조절할 수 있으므로, 이 군속도는 바라는대로 얼마든지 줄일 수 있고, 20 m/s까지 나왔다 (Hau 등, 1999).

13.6 고급주제: 비선형 광학

지금까지는 물질의 편극밀도가 밖에서 걸어준 전자기장에 비례하는 선형 과정만 생각해왔다. 전자기장이 약할 때는 그것은 $P(E)$의 테일러 급수 전개식의 첫째 항으로 볼 수 있다:

$$P(E) = P(0) + E\left(\frac{dP}{dE}\right)_0 + \frac{1}{2}E^2\left(\frac{d^2P}{dE^2}\right)_0 + \frac{1}{6}E^3\left(\frac{d^3P}{dE^3}\right)_0 + \cdots \qquad (13.58)$$

극성 물질이 아니면 $P(0) = 0$이고, (13.58)은 다음과 같이 쓸 수 있다:

$$P(E) \approx \chi E + \chi_2 E^2 + \chi_3 E^3 + \cdots \tag{13.59}$$

여기에서 χ_n은 n차 비선형 감수율이다. 레이저가 나오자, 아주 센 빔을 쓸 수 있게 되어 (13.59)에서 고차항을 넣어야 해석할 수 있는 멋진 광학현상이 많이 나타났다. 다음 절에서는 이 가운데 두 가지를 간단히 설명한다: 하나는 조화파 발생으로 2차항의 효과이고, 다른 하나는 네 - 빛 섞임으로 3차항의 효과이다.

13.6.1 조화파 발생

전기장이 시간조화함수 $E = E_0 \cos\omega t$인 빛이 매질에 미치는 효과를 살펴보자.[64] (13.59)에서 2차항까지 전개하면 다음과 같다:

$$P(E) \approx \chi E_0 \cos\omega t + \frac{1}{2} E_0^2 \chi_2 (\cos 2\omega t + 1) \tag{13.60}$$

이 식에서 진동수가 2ω인 2차 조화 성분이 생기고, 그것이 진동 쌍극자로서 빛을 낼 것을 알 수 있다. 이것이 **2차 조화파 발생**(second harmonic generation: SHG)이다. 광자로 설명하자면, 진동수 ω인 광자 둘이 묶여 진동수 2ω인 광자 하나가 되는 것으로, 넓게 보아 **세 - 빛 섞임**(three-wave mixing)에 들어간다. 일반적으로 전개식의 고차항이 생기면, 진동수는 $n\omega$인 빛이 생기지만, 조화파 발생의 원리는 $n=2$인 경우만 살펴보아도 잘 알 수 있다.

조화파의 세기는 무엇이 결정하는가? 첫째, P에서 진동수가 2ω인 성분의 진폭은 E_0^2에 비례하므로 이 효과를 보려면 빛이 아주 세야 한다. 둘째, 물질의 분자구조가 중심대칭 꼴이면 §6.9.1에서 설명한 것과 같은 까닭으로 χ_2가 0이므로 결정구조의 대칭성이 낮은 매체를 골라 써야 한다.

E_0가 충분히 크고, χ_2가 0이 아니면, 유전체의 작은 영역에서 2차 조화파가 생긴다. 그러한 효과가 물질의 부피에 비례하게 만들려면, 여러 곳에서 생긴 조화파가 결맞게 더해지게 해야 한다. 이제 원점에서 진동수 2ω인 빛이 생겨나는데, 진동수 ω인 빛과 그 위상관계가 잘 정의된다고 하자. 보강간섭을 하려면 이러한 위상관계를 다른 곳에서도 유지해야 하는데, 그러

64) 앞으로 E의 제곱과 세제곱을 쓸 것이므로 여기에서는 복소지수함수 꼴을 쓰지 않는다.

려면 두 빛이 같은 쪽으로 같은 위상속력으로 가야한다: $v(\omega)=v(2\omega)$. 이것이 **위상맞춤**(phase matching)이며, 이 조건이 맞으면 조화파 발생을 쉽게 볼 수 있다. 많이 쓰는 녹색 빛을 내는 레이저-포인터는 보통 레이저 다이오드에서 나오는 적외선을 써서 조화파 발생을 한 것이다. 2차 조화파 발생에 쓰는 결정은 대개 비등방성이며, n의 비등방성(§6.5.4)을 써서 두 진동수의 빛의 굴절률이 같은 방향을 찾아낸다: $n_1(\omega)=n_2(2\omega)$. 그림 13.11은 단축 결정에서 그러한 방향을 보여준다. 같은 원리를 써서 진동수가 다른 빛을 섞을 수 있다 (문제 13.6).

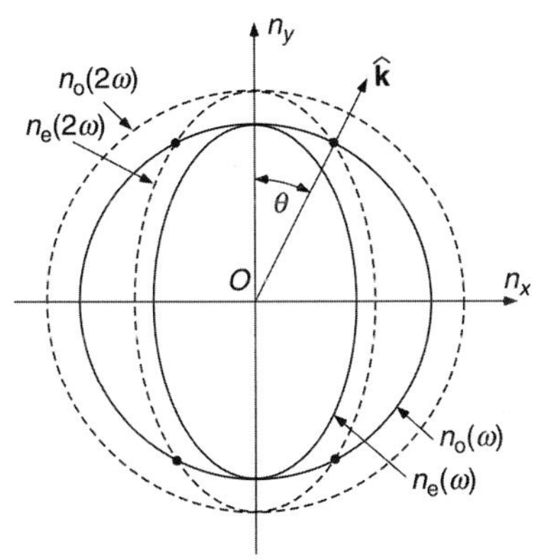

그림 13.11 단축결정 속에서 진동수 ω와 2ω인 빛의 굴절률을 맞추는 방법. 화살표 방향에서 진동수 ω인 빛에 대한 바깥쪽 가지가 진동수 2ω인 빛에 대한 안쪽 가지와 만나므로, 광축에 대해 각도 θ인 쪽에서 위상속도가 같다.

위상맞춤을 가장 잘 이해하는 방법은 위상속력이 같을 조건을 결정 속에서 두 광자가 붙어 광자 하나를 만들 때 에너지와 운동량이 보존된다는 조건으로 나타내는 것이다. $2\hbar\omega=\hbar\omega+\hbar\omega$이므로 에너지는 확실히 보존된다. 운동량이 보존되려면, 두 광자가 같은 쪽으로 갈 때는 다음 조건에 맞아야 한다: $k(2\omega)=2k(\omega)$. 이것은 두 진동수에서 굴절률이 같아야 함을 뜻한다. 진동수가 같고 가는 방향이 다른 두 빛이 상호작용하여 진동수가 두 배인 빛을 만들어, 그림 13.12(a)와 같이 파동벡터가 $\boldsymbol{k}_1(\omega)$와 $\boldsymbol{k}_2(\omega)$를 더한 값이 $k(2\omega)$가 되는 방법을 찾아볼까 생가할 수도 있다. 그렇지만, 이 조건은 투명 매질에서는 맞지 않은 것이 분산이 정상이므로 $n(2\omega)>n(\omega)$이고, 그래서 $k(2\omega)\geq 2k(\omega)$이기 때문이다. 한편, 고정된 벡터 $\boldsymbol{K}$를 더하는 방법을 찾아볼 수 있는데, 그것은 그림 13.12(a)와 같은 벡터 덧셈 조건을 맞출 수 있기 때문이다. 이것은 매질을 파동벡터 $K\equiv k(2\omega)-2k(\omega)$로 주기적으로 변조하면 되며, 이렇게 하여 위상맞춤을 하는 방법이 **준위상맞춤**(guasi-phase matching)이다 (Bloembergen, 1996).

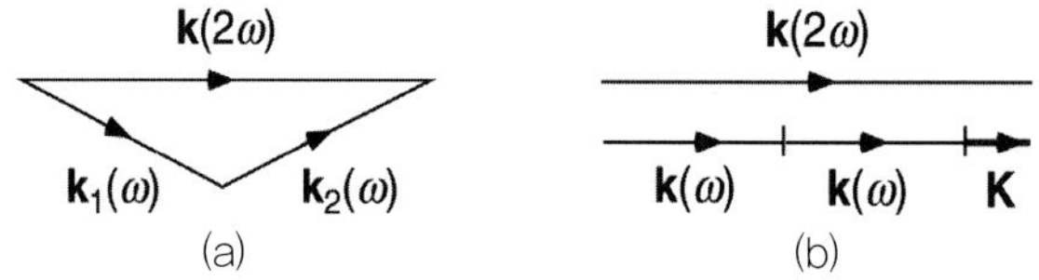

그림 13.12 2차 조화파 발생에서의 파동벡터 보존. (a) 비정상 분산 매질에 두 빛이 다른 방향으로 들어가는 가상 상황; (b) 굴절률이 파동벡터 $\boldsymbol{K}$로 변조된 매질에 두 빛이 나란히 들어갈 때.

13.6.2 광굴절효과

(13.59)의 3차 항의 한 가지 결과는 매질의 굴절률이 빛의 세기에 따라 달라진다는 것이다. 변위벡터의 크기 D를 전기장으로 나타내면 다음과 같다:

$$D = \epsilon_0 E + P = (\epsilon_0 + \chi)E + \epsilon_0 \chi_2 E^2 + \epsilon_0 \chi_3 E^3 + \cdots \tag{13.61}$$

그리고 순간 유전상수는 다음과 같다:

$$\tilde{\epsilon} = D/\epsilon_0 E = (1 + \chi/\epsilon_0 E) + \chi_2 E + \chi_3 E^2 + \cdots \tag{13.62}$$

빛이 실제로 느끼는 굴절률 n_{nl}은 이 순간 $\tilde{\epsilon}$을 여러 주기에 걸쳐 평균한 값의 제곱근이고, 따라서 E에 비례하는 항은 평균하면 0이므로 다음 결과를 얻는다:

$$n_{nl}^2 = \langle \tilde{\epsilon} \rangle = 1 + \chi/\epsilon_0 E + \chi_3 I \tag{13.63}$$

$$n_{nl} = n_0 + \alpha I \tag{13.64}$$

여기에서 $I = \langle E^2 \rangle$은 빛의 세기이다. α의 부호는 χ_3의 부호를 반영하며, 전형적인 크기는 10^{-2} $(\mathrm{W/cm^2})^{-1}$이다. 이것이 **광굴절효과**(photo-refractive effect)이다 (Pepper 등, 1990). 이제 아주 센 빛살을 써서 광굴절성 결정의 굴절률을 변조시켰다고 하자. 그 효과는 약한 **탐지 빛살**(probe beam)을 써서 잴 수 있지만, 이 때 재는 유전상수 $\epsilon_{\text{탐지}}$는 $\partial D/\partial E$이다. 그러면 굴절률 $n_{\text{탐지}}$가 $n_0 + 3\alpha I$임을 쉽게 볼 수 있다. 광굴절 효과를 써서 광결정을 만드는 실험은 글상자 10.2에서 설명한다.

13.6.3 네-빛 섞임과 위상-켤레 거울

비선형 물질에 한 쌍의 결맞는 빛을 다른 쪽에서 비추면, 두 빛이 간섭하여 물질 속에 위상격자를 만들고, 그 격자가 다시 다른 빛을 회절시켜 다른 빛(이것이 처음 두 빛과 결맞지 않을 수도 있다)을 만들어낸다. 이 과정이 **네 - 빛 섞임**(four-wave mixing)이며, 바륨 산화 타이타늄($BaTiO_3$)을 비롯한 몇 가지 결정에서 나타남을 확인했다. 이 효과는 광-굴절 효과를 써서 쉽게 알 수 있다.

두 가닥의 결맞는 **펌프 빛살**(pump beam) 이 비선형 결정에 들어오는 것을 생각하자. 두 빛살의 진폭은 $\frac{1}{2}E_0$, 파동벡터는 $\boldsymbol{k}_1$과 $\boldsymbol{k}_2$이다. 전체 전기장과 세기는 다음과 같다:

$$E = E_0 \exp[i(\omega t - \bar{\boldsymbol{k}} \cdot \boldsymbol{r})] \cdot \cos\left[\frac{1}{2}(\boldsymbol{k}_1 - \boldsymbol{k}_2) \cdot \boldsymbol{r}\right]$$

$$I = |E|^2 = E_0^2 \cdot \cos^2\left[\frac{1}{2}(\boldsymbol{k}_1 - \boldsymbol{k}_2) \cdot \boldsymbol{r}\right] = E_0^2 \cdot \frac{1 + \cos \boldsymbol{K} \cdot \boldsymbol{r}}{2}$$

여기에서 $\boldsymbol{K} \equiv \boldsymbol{k}_1 - \boldsymbol{k}_2$이다. 이 세기분포 때문에 물질의 굴절률이 사인함수꼴로 변조되는 광굴절 효과가 나타난다. 그러므로, 결정은 3차원 위상격자가 되며, 파동벡터는 $\pm\boldsymbol{K}$이다. 이 격자에 의한 브라그 반사의 기하학적 조건은 음향광학 효과(§8.7)와 똑같다: 이 물질에 파동벡터가 k_3인 약한 **탐지 빛살**을 비추면 브라그 각도로 반사된다. 이 효과를 쓰면 빛살을 다른 빛살로 변조시킬 수 있는데, 물질에 광굴절 효과가 생겨나려면 시간이 걸리므로 다른 변조방법 보다 반응이 느리다. 그 결과 반사된 빛의 파동벡터 $\boldsymbol{k}_4$가 다음 관계가 있음을 벡디 그림으로 확인할 수 있다: $\boldsymbol{k}_3 - \boldsymbol{k}_4 = \pm\boldsymbol{K} = \pm(\boldsymbol{k}_1 - \boldsymbol{k}_2)$ [그림 13.13(a)].

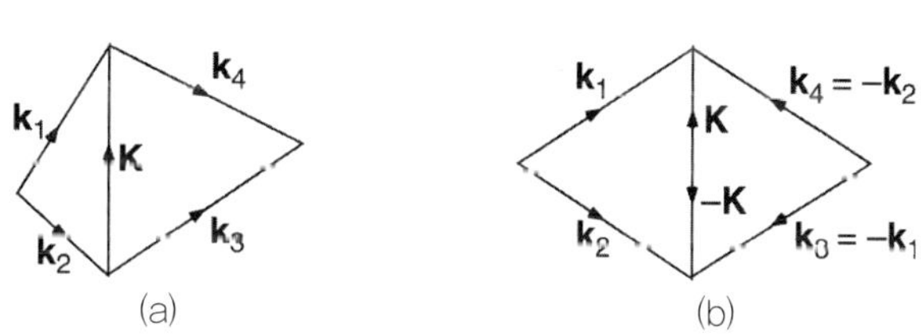

그림 13.13 네-빛 섞임에서 빛의 상호작용을 보여주는 벡터 그림: (a) 일반적인 상황; (b) 위상-켤레 거울의 상황.

더 흥미있는 상황은 $\boldsymbol{k}_3$가 $\boldsymbol{k}_1$ 및 $\boldsymbol{k}_2$와 결맞을 때이다. 그러면 다른 간섭항도 생겨나 결정 속에 격자를 만든다. 특히 **위상-켤레 거울**(phase-conjugate mirror)을 살펴보자. 이것은 $\boldsymbol{k}_1 = -\boldsymbol{k}_3$, 곧 두 펌프 빛살이 반대쪽에서 와 위상 켤레를 이루는 것이다 (두 펌프 빛살의 위상은 $\boldsymbol{k}_1 \cdot \boldsymbol{r}$과 $\boldsymbol{k}_3 \cdot \boldsymbol{r} = -\boldsymbol{k}_1 \cdot \boldsymbol{r}$이다). 이제 파동벡터가 $\boldsymbol{k}_2$인 '물체 빛살'의 파면에 위상과 진폭 정보 $a(x, y)$가 실려 있다면 그것의 파동함수는 다음과 같다: $a(x, y)\exp(i\boldsymbol{k}_2 \cdot \boldsymbol{r})$. 그러면 물체 빛살 $\boldsymbol{k}_2$와 펌프 빛살 $\boldsymbol{k}_1$이 겹쳐져서 물체 빛살의 3차원 홀로그램이 결정의 굴절률 변화로 기록된다 (§12.5.4).

이 홀로그램을 둘째 펌프 빛살 $\boldsymbol{k}_3$로 읽어내면 어떤 일이 벌어질까? §12.5.3에서 애초의 기준빛과 똑같은 빛으로 홀로그램을 읽어낼 때를 살펴보았는데, 그러면 물체빛과 똑같은 파면 $a(x, y)$가 재생된다. 이제 (12.66)의 $A\exp[i\phi_0(x, y)]$ 대신 그것의 켤레 복소수 $A\exp[-i\phi_0(x, y)]$로 바꾸면, 재생된 빛살 $\boldsymbol{k}_4$는 애초의 파면의 켤레, 곧 $a_4(x, y)\exp(i\boldsymbol{k}_4 \cdot \boldsymbol{r}) = a_2^*(x, y)\exp(-i\boldsymbol{k}_2 \cdot \boldsymbol{r})$가 된다. 이 **위상-켤레 빛**(phase-conjugate wave)은 탐지 빛살의 광원쪽으로 정확하게 되돌아간다 (Pepper, 1986). 예를 들어, 물체 빛살 $\boldsymbol{k}_2$가 퍼져가는 구면파이면, 이 장치에서 생겨난 빛은 광원으로 모이는 구면파이다. 보통의 거울에서 반사된 빛은 진행 방향만 바뀔 뿐 퍼지고 모이는 것은 전과 똑같은 것을 생각하면 이 거울은 특성이 전혀 다르다 (그림 13.14). 상을 왜곡시키는 매질을 지나온 빛에 대해서 위상-켤레 거울을 쓰면 그 왜곡을 지울 수 있다. 글상자 13.2는 한 가지 예를 보여준다.

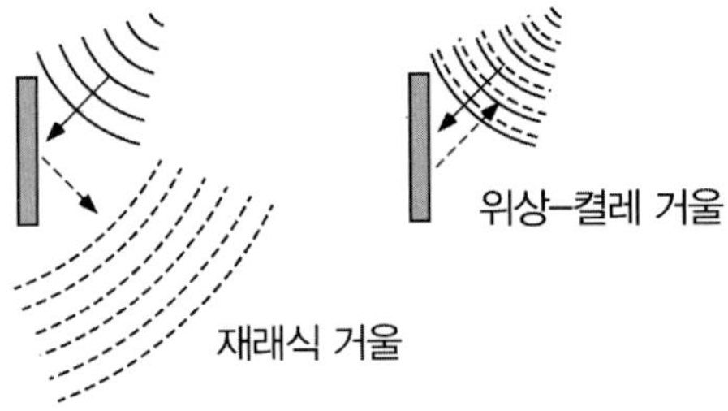

그림 13.14 위상–켤레 거울과 보통 거울의 비교. 두 그림에서 들어오는 빛의 파면은 실선, 반사된 빛의 파면은 파선으로 나타냈다.

글상자 13.2 위상-켤레 거울

1985년 피셔(Fischer)와 스턴클라(Sternklar)는 바륨 산화 티타늄을 써서 위상-켤레 거울을 만들어 한 가닥의 여러-모드 광섬유를 통해 온전한 영상을 보낼 수 있음을 보였다. 투명지에 그림을 그려 평면파를 비추고, 그 빛을 모아 길이 0.75 m인 광섬유의 한쪽 끝에 넣었다. 광섬유의 반대쪽 끝에 위상-켤레 거울 결정을 두어 반사된 빛이 다시 광섬유를 지나 애초의 끝으로 빠져나오게 하여 화면에 비추었다. 결정에는 공심 구면거울을 옆에 붙여 결정을 지나간 펌프 빛살이 구면거울에서 반사되어 다시 결정으로 들어가게 하여 위상-켤레 거울이 되게 했다. 구면거울과 결정 속에 생긴 브라그 격자는 광학 공진기를 이루어 서로 반대쪽으로 가는 모드가 펌프 빛살 $\boldsymbol{k}_1$과 $\boldsymbol{k}_2$ 구실을 한다. 시간이 지나면 애초의 투명그림과 같이 뚜렷한 그림이 화면에 나타난다[그림 13.15(b)]. 확실히, 빛이 광섬유를 지나면서 여러 모드로 나뉘어 저마다 다른 위상속도와 경로를 따라 가므로 파면에 있던 모든 공간 정보가 온통 뒤섞인다. 그렇지만, 위상-켤레 거울은 되돌아가는 빛의 파면을 정확하게 뒤집어 주어 그러한 왜곡이 완전히 지워지게 만든다.

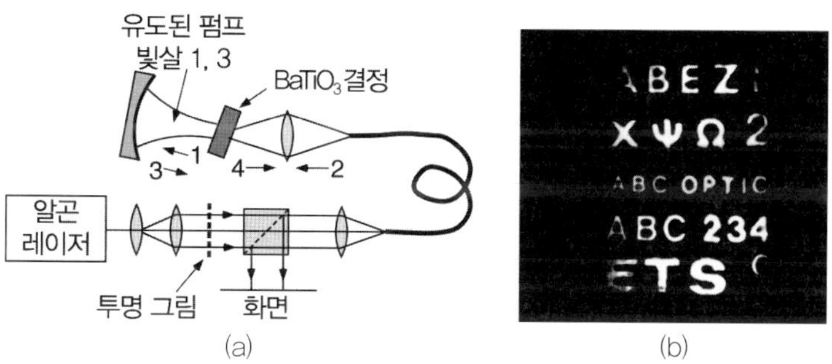

그림 13.15 (a) 위상–켤레 거울로 상의 왜곡을 지워 보인 실험. 투명 그림을 지난 빛을 모아 여러–모드 광섬유의 한쪽 끝에 넣었다. 광섬유의 반대 쪽 끝으로 나온 빛(2)을 모아 위상–켤레 거울에 넣어 반사된 것(4)은 다시 광섬유에 넣었다. 공심 거울은 결정과 공진기를 만들어 서로 반대 쪽으로 가는 두 빛살(1,3)의 에너지가 모이게 했다. (b) 화면에 나타난 상.

13.6.4 비선형 매질 속의 솔리톤

χ_3가 양수인 비선형 매질(커 매질)에 아주 센 빛살이 들어온다고 하자. 빛살의 한 가운데, 가장 밝은 곳에서는 매질의 굴절률이 조금 더 커진다. 앞에서 굴절률이 더 큰 영역은 그린 렌즈(글상자 3.4)나 도파로(§10.1)의 특성을 보여 빛을 모으거나 가둠을 앞에서 보았다. 따라서 빛살은 스스로 도파로를 만들고, 그 도파 모드가 되어 나아간다. 다시 말해 회절되어 퍼지지 않

는다 (그림 13.16). 그러한 빛이 **공간 솔리톤(spatial soliton)**이다 (Stegeman & Segev, 1999).

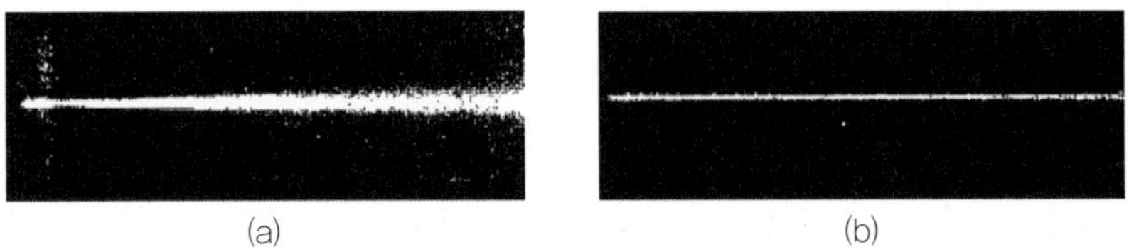

그림 13.16 공간 솔리톤. (a) 선형 매질을 지나가는 레이저 빛살; 가면서 회절되어 옆으로 퍼진다. (b) 커 매질에서 빛살의 진행. 빛살의 폭이 일정하게 유지되는데, 이것이 공간 솔리톤이다.

조금 더 자세히 살펴보면, 단면의 세기분포가 얼추 가우스 함수꼴인 빛살(§7.3)은 자가발생 극본을 만들 수 있음을 알 수 있다. 빛이 가장 센 가우스 함수의 봉우리에서의 진폭은 뒤집힌 포물선 꼴로 어림할 수 있다: $\exp\left(-r^2/2\sigma^2\right) \approx 1 - r^2/2\sigma^2 + \cdots$. 양성 커 비선형 매질에서는 이 빛이 지나가면서 굴절률 분포가 뒤집힌 포물선 꼴이 된다 [그림 13.17(a)]. 그러면 §10.2.2의 분석에서 그러한 도파로의 기본 진행 모드는 진폭 분포가 가우스 함수꼴이 된다. 따라서 굴절률 분포와 가우스 빛살의 매개변수가 맞는 조건만 찾으면 된다. 그런데 문제가 있다; 자세한 셈을 하지 않아도 그 해는 불안정함을 알 수 있다. 어떤 이유(흡수, 산란 등)로 빛살이 진행하면서 약해지면 굴절률 분포가 약해질 것이고 그러면 빛살이 도파로에 덜 갇히게 되어 옆으로 더 퍼지고, 따라서 더 약해진다. 그 반대로 예를 들어 빛살이 더 세게 모여 더 강해져도 마찬가지다. 그러면 도파로는 빛살을 더 좁은 곳에 가둘 것이고, 따라서 빛살은 더 세져 파국이 일어난다. 실제로는, 그러한 고차 비선형항 때문에 빛살이 더 세져도 굴절률이 더 이상 커지지 않고 포화되어 도파로는 더 좁아지지 않고, 따라서 빛살의 진행은 안정된다.

정량적으로, §10.2.2의 설명을 다음과 같이 계속할 수 있다. 축대칭 매질에서는 유전상수가 포물선꼴로 $\epsilon(r) = n^2 = A - \alpha^2 r^2$이면, 기본 모드의 전기장은 다음과 같음을 보았다:

$$E = E_0 \exp\left(-r^2/2\alpha^2\right), \qquad 1/\sigma^2 = k_0 \alpha \tag{13.65}$$

굴절률 변화 χE_0^2이 작으므로 다음과 같이 쓸 수 있다:

$$\epsilon(r) = n^2 = \left[n_0 + \chi_3 E_0^2\left(-r^2/\sigma^2\right)\right]^2 \approx n_0 + 2n_0\chi_3 E_0^2\left(-r^2/\sigma^2\right) \tag{13.66}$$

이로부터 $\epsilon(r)$에 관한 두 식의 r^2 항의 계수가 같을 조건은 다음과 같다: $\alpha^2 = 2n_0\chi_3 E_0^2 \sigma^2$. (13.65)에서 $\alpha^2 = 1/\left(k_0^2 \alpha^4\right)$이므로, 다음과 같다:

$$2n_0\chi_3 E_0^2\sigma^{-2}k_0^2 = \sigma^{-4} \quad (13.67)$$

$$\sigma^2 = \left[2n_0\chi_3 E_0^2 k_0^2\right]^{-1} \quad (13.68)$$

이것은 불안정 평형 조건으로, 빛살이 스스로를 가두는 도파로를 겨우 만들 수 있을 때의 세기이고, 빔의 폭 σ가 $\sqrt{\chi_2}\,E_0$에 반비례함을 확인해 준다. 그 다음에는, E_0^2이 커지면 χ_3가 작아지는 것으로 나타나는 비선형의 포화가 솔리톤의 세기와 폭을 안정시킨다.

이것이 기본 솔리톤이며, 가면서 퍼져가는 정상적인 가우스 빔(§7.3)과는 전혀 다르게 스스로 갇혀 나아간다. 솔리톤 상호작용도 아주 재미있다. 두 개의 다른 레이저 빛살들이 만들어낸 두 솔리톤의 위상차가 매질의 비선형 반응 시간 보다 더 빨리 흔들리는 것을 생각하자. 이 두 솔리톤이 충분히 가까워지면, 이들의 전기장이 겹쳐 만드는 굴절률 분포에 봉우리가 생기는데, 봉우리 간격은 두 빔의 중심 간격 보다 더 가깝다. 그래서 두 빔이 끌리게 되고, 둘이 어긋나 있으면(같은 평면에 있지 않으면), 나선꼴로 꼬이며 나아간다 [그림 13.17(b,d)]. 한편, 두 솔리톤이 결이 맞고 위상이 어긋나면, 두 빔 사이의 전기장이 소멸간섭을 하여 약해지므로 굴절률 분포의 두 봉우리 간격이 빛살의 중심 간격 보다 멀어지고, 따라서 서로를 밀어낸다 [그림 13.17(c)].

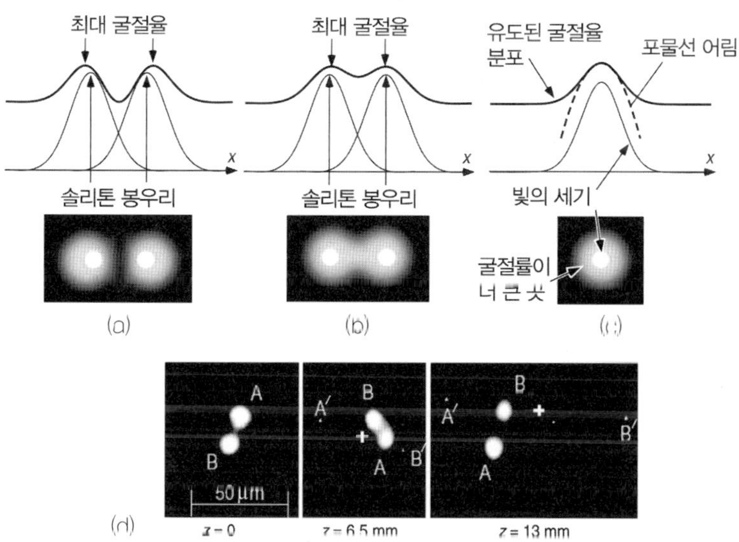

그림 13.17 솔리톤의 상호작용. (a) 빛의 세기분포 때문에 광굴절 효과로 굴절률 분포에 봉우리가 생기고, 그 봉우리는 도파로 구실을 하여 빛살을 가둔다. (b) 이웃한 두 결맞는 솔리톤의 전기장이 겹쳐서 솔리톤이 서로 끌려 가까워진다. (c) 두 결맞는 솔리톤의 위상이 어긋나면 둘 사이의 영역에서 전기장이 약해지므로 두 솔리톤이 서로를 밀어낸다. (d) 두 결맞지 않는 솔리톤 A와 B가 처음에 조금 어긋나 있다. 둘이 상호작용을 하지 않으면, z=6.5 mm와 13 mm에 보인 것처럼 A'와 B'로 퍼진다. 그렇지만 솔리톤은 서로를 끌어당겨 나사꼴로 얽히며 나아간다.

13.7 고급주제: 표면 플라즈몬

§10.1.2에서 굴절률이 낮은 물질 속에 굴절률이 높은 물질로 만든 평판 도파로에 대한 전자기 파동 방정식의 해를 보았다. 그 때, 빛은 굴절률이 높은 물질에 갇히고, 낮은 물질 속에서는 소멸파로 감쇠됨을 보았다. 두 매질의 경계면만으로 빛을 그렇게 가둘 수 있을까? 한 쪽 물질의 유전상수가 음수이면, 경계면의 양쪽에서 모두 소멸파가 되어 경계면에 갇히는 표면파로서 진행할 수 있는 것으로 드러났다. 그러한 빛이 **표면 플라즈몬 폴라리톤**(surface plasmon polariton) 또는 **표면 플라즈몬**(surface plasmon)이다. 이름은 양자 현상을 시사하지만, 사실은 그 근원이 순수하게 고전적임을 보게 될 것이다. 그러한 빛이 있다는 첫 증거는 우드(Wood)가 발견했지만 (Wood, 1902), 제대로 이해된 것은 반세기가 지나서였다 (Raether, 1988). 표면 플라즈몬의 진행특성에 영향을 주는 것은 소멸파 영역 안에서 물질의 특성 변화이고, 그 바깥의 변화는 거의 무관한 것이 당연하다. 따라서 이 현상의 쓰임새는 대개 표면 상호작용, 특히 생물학적 상호작용(글상자 13.3)에 대한 광학적 감지기이다. 표면 플라즈몬과 그 쓰임새에 관한 최근까지의 연구 결과에 관한 해설은 다음 문헌을 보라: Maier (2007).

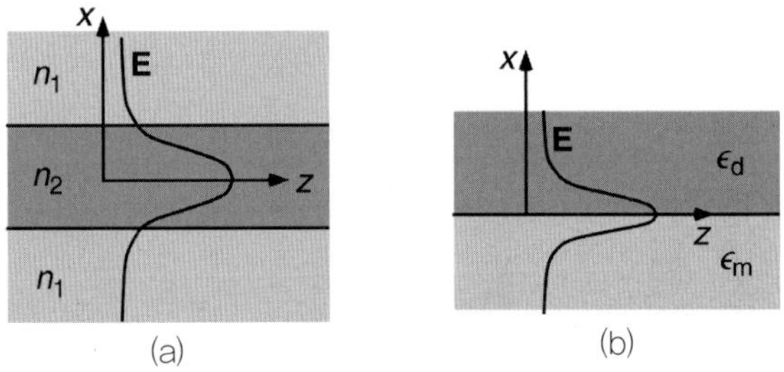

그림 13.18 (a) 굴절률 n_1인 물질 속에 $n_2(>n_1)$인 물질로 된 판 속에 빛이 갇혀 나아간다. (b) 유전상수가 ϵ_d와 ϵ_m인 두 판의 경계면에 갇혀 나아가는 빛.

그림 13.18에 잡은 좌표계에서 빛은 z쪽으로 가고, ϵ의 변화는 x-쪽이다. 왼쪽은 10장에서 설명한 도파로 구조로서 각각의 층에서 ϵ은 양수이고 n^2으로 나타냈다. 오른쪽은 두 층으로만 된 또 다른 구조로, 아래에 설명한다.

주 방정식은 (10.9)와 똑같은데, n^2을 ϵ으로 바꾼다:

$$\frac{\partial^2 E}{\partial x^2} = \left(k_z^2 - \epsilon k_0^2\right)E \tag{13.69}$$

두 층의 유전상수는 각각 ϵ_d와 ϵ_m이다. ϵ_d는 다른 흔한 유전체처럼 양수라고 하자. §10.1.2에서 설명한 경계조건(10.18)을 상기하면, E_y와 $\partial E/\partial x$가 연속이다. 마찬가지로 H_y와 $1/\epsilon \cdot \partial H/\partial x$도 연속이다.

유전체 층의 해는 도파로에서와 같다 (10.14):

$$\frac{\partial^2 \boldsymbol{E}}{\partial x^2} = k_{x1}^2 \boldsymbol{E} \quad \rightarrow \quad \boldsymbol{E} = \boldsymbol{E}_0 \exp(-k_{x1} x) \tag{13.70}$$

여기에서

$$k_{x1}^2 \equiv k_x^2 - \epsilon_d k_0^2 \tag{13.71}$$

이다. 자기장 $\boldsymbol{H}$에 대해서도 비슷한 식이 나온다. 두 가지를 생각하는데, TM-편광에서는 $\boldsymbol{H}=(0, H_y, 0)$이고, TE-편광에서는 $\boldsymbol{E}=(0, E_y, 0)$이다.

TM-편광에서 실제적인 해가 나오므로 그것을 먼저 살핀다. 첫째 유전체 매질에서는 (13.70)과 비슷하게 다음의 해가 나온다:

$$H_y = H_0 \exp(-k_{x1} x) \tag{13.72}$$

$$\frac{\partial H_y}{\partial x} = -k_{x1} H_0 \exp(-k_{x1} x) \tag{13.73}$$

둘째 매질($x<0$)에서는, (13.70)과 비슷하게 $k_{x2}^2 = k_x^2 - \epsilon_2 k_0^2$이고, 다음과 같다:

$$H_y = H_0 \exp(+k_{x2} x) \tag{13.74}$$

$$\frac{\partial H_y}{\partial x} = +k_{x2} H_0 \exp(+k_{x2} x) \tag{13.75}$$

여기에서 k_{x1}과 k_{x2}는 모두 양수이고, 두 식에서 부호를 강조했다. H_y에 대한 경계조건은 이미 포함되었는데, $x=0$에서 두 빛의 진폭이 똑같이 H_0가 되도록 맞추는 것이다. 이제 둘째 경계조건인 $x=0$에서 $1/\epsilon \cdot \partial H_y/\partial x$이 같을 조건은 경계면의 양쪽에서 다음이 만족됨을 의미한다:

$$\frac{1}{\epsilon_d}\frac{\partial H_y}{\partial x} = -\frac{k_{x1}}{\epsilon_d}H_0 \tag{13.76}$$

$$\frac{1}{\epsilon_m}\frac{\partial H_y}{\partial x} = +\frac{k_{x2}}{\epsilon_m}H_0 \tag{13.77}$$

이 둘이 같을 조건은, k_{x1}과 k_{x2} 모두 양수이므로 $\epsilon_m < 0$이다. 어떤 금속은 유전상수가 실수부가 음수인 복소수이므로(§5.6), 표면 플라즈몬은 금속－유전체 경계면에서 조건이 맞으면 진행할 수 있다.

같은 논리를 TE-편광에 대해 되풀이하면, 경계면의 양쪽에서 $\partial E_y/\partial x$를 비교하면 다음과 같다:

$$\frac{\partial E_y}{\partial x} = -k_{x1}E_0 \tag{13.78}$$

$$\frac{\partial E_y}{\partial x} = +k_{x2}E_0 \tag{13.79}$$

k_{x1}과 k_{x2} 모두 양수이므로 이 조건은 결코 맞출 수 없다. 그러므로, 표면 플라즈몬은 전기장이 입사 평면인 $(x,\ z)$평면과 나란하다.

표면 플라즈몬에 대한 분산식을 얻으려면, 세 방정식을 연립시켜 푼다:

$$\frac{k_{x1}}{\epsilon_d} = -\frac{k_{x2}}{\epsilon_m} \tag{13.80}$$

$$k_{x1}^2 = k_z^2 - k_0^2\epsilon_d \tag{13.81}$$

$$k_{x2}^2 = k_z^2 - k_0^2\epsilon_m \tag{13.82}$$

이로부터 다음 식을 얻는다:

$$k_z = k_0\sqrt{\frac{\epsilon_d\epsilon_m}{\epsilon_d + \epsilon_m}} \tag{13.83}$$

ϵ_d와 ϵ_m의 부호가 반대이므로, $\epsilon_m < -\epsilon_d$이면 k_z가 실수이다. ϵ_m이 음수라는 것은 경계면의 한쪽은 도체(§5.6)여야 한다는 것이고, 조건 $\epsilon_m < -\epsilon_d$은 실제로는 표면 플라즈몬이 진행할 수 있는 도체의 종류를 제한한다. 예를 들어, $\lambda = 633$ nm에서는 금(Au)의 유전상수는 $\epsilon_m = -8.9 + 1.2i$이지만, 몰리브덴(Mo)의 유전상수는 $\epsilon_m = 1.17 + 27i$이다. 또한 ϵ_d와 ϵ_m의 부호가

반대이므로 $k_z > k_0$이고, 따라서 표면 플라즈몬의 파장은 진공에서의 파장보다 더 짧다.

일반적으로 ϵ_m은 복소수이고, 따라서 k_z도 복소수이다. k_z의 허수부는 표면 플라즈몬이 소멸파임을 뜻한다. 이것이 놀랍지 않은 것이, 금속의 전도도가 유한하면, 에너지가 열로 바뀌어 흩어지기 때문이다 (§5.6). 실제의 예로서, $\lambda = 633$ nm에서 금과 물($\epsilon_d = 1.33^2 = 1.77$)의 경계면을 생각하자. $k_z = k_0(1.48 + 0.024i)$이다. 이것에 맞는 표면 플라즈몬은 파장이 426 nm, 감쇠거리는 26 μm이다.

13.7.1 표면 플라즈몬 만들기와 공명

이제 단순한 금속과 같이 굴절률이 음수이면 표면 플라즈몬이 생길 수 있다는 것을 알았으니, §13.3.4에서 설명한 자유-전자 기체 모형을 상기하면, 단순한 금속의 유전상수는 다음과 같다 (13.29):

$$\epsilon(\omega) = 1 - \frac{\Omega^2}{\omega^2} \qquad (13.84)$$

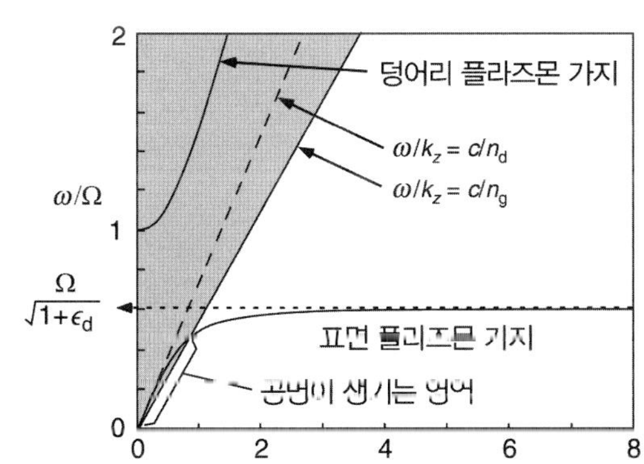

그림 13.19 유전체($\epsilon_d = n_d^2$)와 유전상수가 (13.29)와 같은 이상적인 금속의 경계면에서의 표면 플라즈몬의 분산. 빛의 분산 곡선인 $k_z = k_0/n_g$ 왼쪽의 회색 영역은 굴절률이 n_g인 유리에 입사각 $\theta = \sin^{-1}(k_z/k_0)$로 들어와 그 속을 진행하는 빛에 해당한다. 실선과 파선 사이에서는 이 빛이 유리-유전체 경계면에서 전반사된다. 이 영역에서는 유리에 들어오는 빛이 표면 플라즈몬 공명을 일으켜 표면 플라즈몬이 생길 수 있다.

여기에서 Ω는 §13.3.2에서 정의한 플라즈마 진동수이다.

이것을 (13.83)에 넣은 결과가 그림 13.19이다. ω가 0에 가까워지면, 곡선은 유전체의 빛의 '분산선' $\omega/k_z = c/n_d$의 접선에 가까워진다. 이것은 (13.83)의 ϵ_m에 (13.84)를 넣고 $\omega \to 0$일 때의 결과가 $k = k_0 n_d$가 되는 것으로 확인할 수 있다. 또한 표면 플라즈몬 영역과 덩어리 플라즈마 영역($\omega > \Omega$) 사이에 띠틈이 있다.

표면에 들어오는 빛의 k_z와 ω가 플라즈몬의 그것과 같으면 **표면 플라즈몬 공명**(SPR: surface plasmon resonance)이 일어난다. 이것은 빛을 그냥 비추기만 해서는 일어나지 않는다. 왜냐하면, 표면 플라즈몬의 파장은 늘 그 빛의 공기 중에서의 파장 보다 짧기 때문이다. 이것은 공기 중에서의 빛과 표면 플라즈몬의 분산 곡선이 만나지 않음을 뜻한다. 가장 많이 쓰는 크렛쉬만(Kretschmann) 방법에서는 $n_g > n_d$인 유리 프리즘을 써서 빛을 넣어 k_z 값을 충분히 키운다 [그림 13.20(a)]. 프리즘 표면에 금속막을 아주 얇게 입혀 지나갈 때 흡수가 거의 없게 한다. 표면 플라즈몬은 유전체 매질과 닿은 바닥면에 생긴다. k_z를 키우는 또 다른 방법은 소멸파(§2.3.2와 §5.5)를 쓰는 것이다; k_x를 허수로 만들면 $k_z = \sqrt{k_0^2 - k_x^2}$은 k_0 보다 더 커진다. 이 기법은 1958년 오토(Otto)가 발명했다 [그림 13.20(b)]. 셋째 방법은 주기 Λ인 회절격자를 쓰는 것인데, 회절에 의해 k_z에 $2\pi/\Lambda$를 더해주는데, 이것은 준 위상정합(§13.6.1)과 비슷하다.

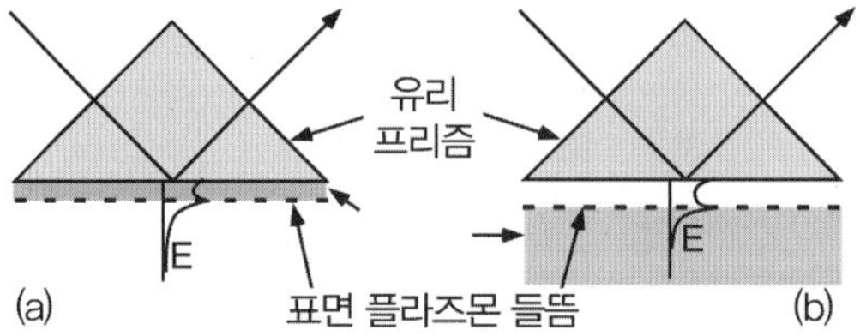

그림 13.20 유리 프리즘에 입사각이 임계각 보다 크게 하여 표면 플라즈몬을 들뜨우는 방법 두 가지: (a) 크렛쉬만 방법에서는 프리즘 밑면에 금속막을 얇게 입힌다; (b) 오토 방법에서는 프리즘의 밑면 밖, 소멸파의 감쇠 영역 안에 금속표면을 둔다. 프리즘 밑면 아래의 곡선은 소멸파의 진폭분포이다.

반사계수는 10장에서 설명한 얇은 막에 대한 기법을 써서 입사각 또는 파장의 함수로 셈할 수 있다. 크렛쉬만 방식을 살펴보는데, 유리-금속-유전체 구조에서 금속막의 굴절률은 복소수이다. 전형적인 결과를 입사각의 함수로 나타내면 그림 13.21과 같다.

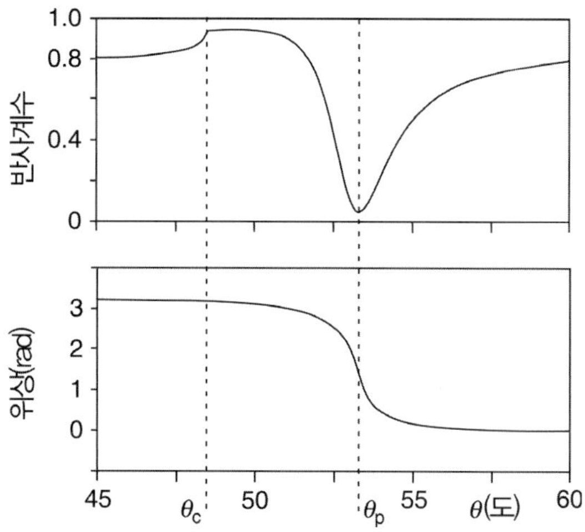

그림 13.21 크렛쉬만 소자에서 유리 프리즘–금(두께 45 nm)– 물의 반사계수의 (a) 크기와 (b) 위상의 입사각에 대한 변화. θ_c는 임계각이다. 반사계수에 생긴 골짜기는 공명 각 θ_p에 생기는데, 이것은 위상의 기울기가 가장 큰 곳과 일치한다.

글상자 13.3 표면 플라즈몬 공명으로 생체분자 검출하기

공명 진동수 θ_p는 유전체의 유전상수 $\epsilon_d = n_d^2$의 함수로서 두께 $\lambda/2$ 정도인 소멸파 영역에서 뽑아내는 빛의 양에 따라 민감하게 변한다. 이것을 바탕으로 금속 표면 위에 올린 유전체 박막의 n_d 또는 두께의 작은 변화를 아주 민감하게 검출하는 방법이 개발되었다. 굴절률 변화에 대한 감도가 10^{-6}까지 나왔는데, 이 때는 금속(금, 은)과 그 두께에 대해 공명 곡선[그림 13.21(a)]을 최적화해야 한다. 반사도 곡선의 골짜기는 은이 더 뾰족하지만, 금을 더 선호하는 까닭은 박막의 질이 더 좋고 화학적으로 안정하기 때문이다. 생체 검출에서는 유전체 매질은 보통 흡착분자가 든 수용액이다. 입사각을 훑어 공명 반사도 곡선을 그리는데, 금 표면에 흡착된 물질의 양에 따라 골짜기의 각도가 결정된다. 굴절률이 약 1.5인 전형적인 폴리머가 흡착되어 물(n=1.33)을 밀어내면 소멸파 층의 두께 $\lambda/2$ 속에서 n_d가 평균 10^{-5} 정도 바뀌는 것은 흡착층의 평균 두께 0.015 nm에 해당하는데, 이것은 홑 분자층의 두께보다 훨씬 얇다. 표면에 분자가 더 많이 흡착되면 공명 진동수가 달라지면서 측정되는 골짜기의 θ_p가 이동한다. 골짜기의 위치를 계속 살펴보면 생체분자의 상호작용을 철저히 알게 된다. 그림 13.22는 전형적인 실험결과로서 금속막에 흡착된 기판막에 분자가 붙었다 떨어지는 것을 보여준다.

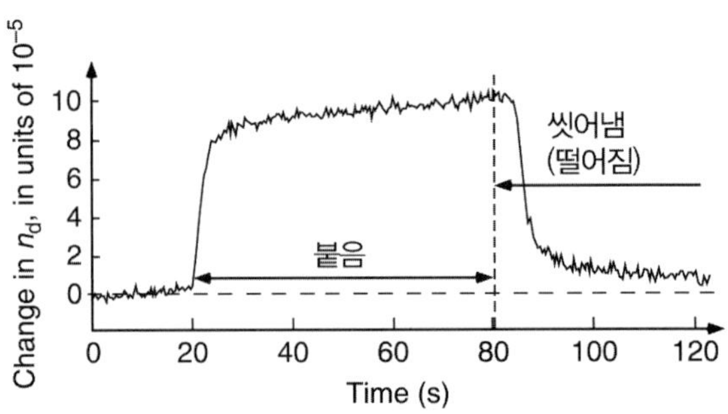

그림 13.22 전형적인 표면 플라즈몬 공명 생체감지 반응 곡선. 금 박막 위에 얹은 기판에 생화학적 층이 붙었다가 물에 씻으면 떨어지는 것을 보여준다. 수직축은 굴절률 변화를 10^{-5}단위로 나타낸다. 1분 뒤에 이른 평형 신호는 흡착분자가 한층도 채 안된 것에 해당한다.

요약

이 장에서는 빛의 굴절과 분산이 물질의 광학적 특성과 어떻게 연관되는가를 설명했고, 다음을 배웠다:

- 많은 굴절 및 분산 특성은 들어오는 빛의 진동 전기장에 유도된 고전적 원자 쌍극자의 반응으로 이해할 수 있다.
- 낱낱의 원자가 산란하는 빛은 편광상태를 보존하며 파장에 대해서는 λ^{-4}에 비례한다.
- 굴절은 여러 원자에 의한 결맞는 산란으로 기술할 수 있다.
- 원자가 빛을 흡수하는 공명 진동수 근처에서는 비정상 분산이 나타난다.
- 분산과 흡수는 인과율 때문에 해석적으로 연관이 있다.
- 빛의 비정상 분산과 소멸파 진행은 신호가 초광속으로 전파되는 각본을 시사하지만, 자세히 살펴보면 그렇지 않다.
- 빛의 전기장의 세기가 원자 속의 전기장과 비슷해지면 굴절이 비선형적이 되며, 몇 가지 비선형 광학의 쓰임새의 예를 배웠다.
- 물질의 유전상수가 음수가 되면, 표면 플라즈몬이 표면을 따라 나아갈 수 있다.

문제

13.1 대기 속의 먼지가 산란시키는 빛을 편광필터를 써서 가장 효과적으로 줄이려면 해에 대해 어느 쪽으로 사진을 찍어야 할까?

13.2 매체의 굴절률이 작은 구간 $\Delta\omega$ 안에서 진동수의 함수로서 n_1 에서 n_2로 부드럽게 단조 증가한다면, 빛의 흡수에 대해서는 어떤 정성적인 결론을 낼 수 있는가?

13.3 어떤 물질이 진동수 ω_0 인 빛을 흡수하는데, 그것을 세기 a_0 인 델타 함수로 나타낼 수 있다. 크라머스-크로닉 관계식을 써서 $n(\omega)$를 구하라.

13.4 어떤 단축 비선형 결정의 굴절률이 $n_o=1.40$, $n_e=1.45$이다. 두 편광 모두 분산은 $\lambda \cdot dn/d\lambda=-2.5\times10^{-2}$이다. 2차 조화파 발생을 보려면 광축에 대해 어떤 각도에서 위상 맞춤을 해야 하는가? 결정의 두께가 1 mm라면 들어오는 빛살을 얼마나 정확하게 맞추어야 2차 조화파 발생을 볼 수 있는가?

13.5 2차 조화파 발생에 다결정 비선형 결정을 쓸 수 있는 까닭을 설명하라. 그러한 다결정과 단결정을 최적 방향 맞춤을 했을 때의 효율을 비교하라. 다결정이 더 좋을 때는 언제인가?

13.6 진동수 ω_1과 ω_2인 빛을 섞어 $\omega_1+\omega_2$인 빛을 만드는데 필요한 위상맞춤 조건을 끌어내라.

13.7 마이컬슨 간섭계에서 한쪽 거울을 위상-켤레 거울로 바꾸면 어떤 간섭무늬가 생길까?

13.8 위상-켤레 거울을 들여다보면 무엇이 보일까?

13.9 밝은 배경에 검은 점이 들어있는 '어두운 솔리톤'의 진행을 유지하려면 물질의 특성이 어때야 하는가? 검은 점을 만들려면 $m=1$인 나선꼴 위상판(§5.9)을 써서 빛의 진폭이 원점에 대해 반대칭꼴[(x, y)에서 $(-x, -y)$으로 가면 물리량의 부호가 바뀐다]이 되게 한다.

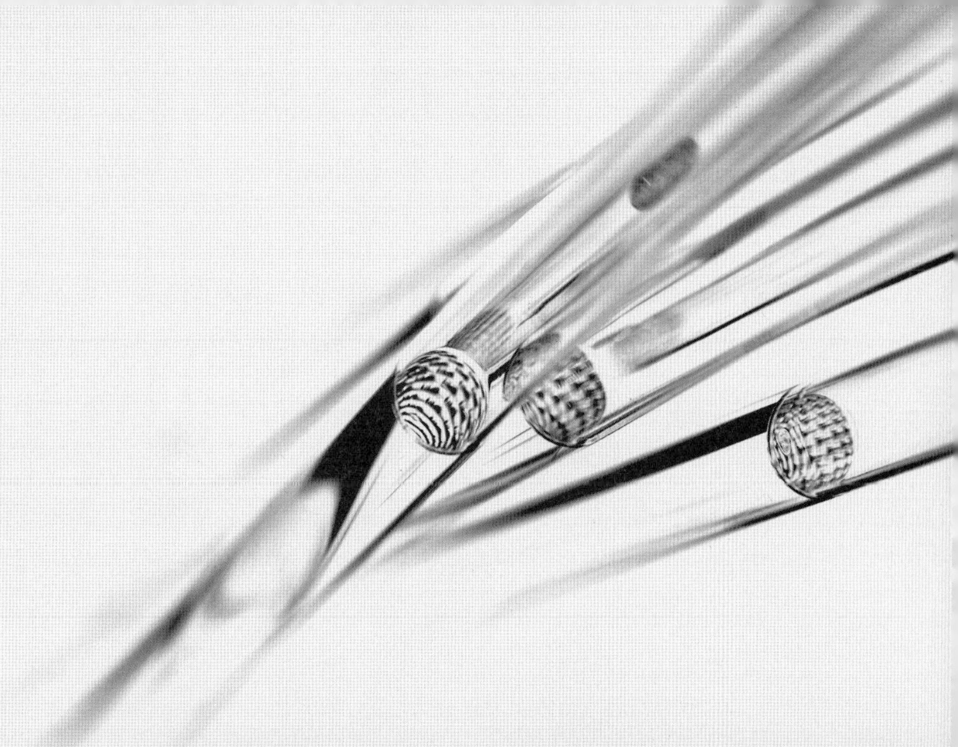

14 양자 광학과 레이저

이 책은 고전광학의 물리적 바탕을 설명하고 여러 파동현상과 쓰임새를 소개하고자 썼다. 19세기 말에 빛을 맥스웰의 고전적인 전자기파로 기술하는 것이 불완전하므로, 양자 개념을 넣어야 함을 알게 되었다. 그 뒤로, 파동광학의 발전과 함께 양자광학에 관한 연구가 폭발적으로 늘었고, 1950년대 말에 발명된 레이저는 타는 불에 기름을 부었다. 레이저가 나오자 또한 간섭과 결맞음 이론과 같은 고전 광학의 여러 주제를 다시 보게 되었다. 이 책에서 그러한 발전을 완전히 무시하는 것은 온당치 않다. 한편 양자광학은 아주 넓은 분야이므로 한 장으로는 제대로 다룰 수 없다. 그러므로, 여기에서는 양자광학이 고전광학과 다른 점을 소박하게 설명하고 레이저를 정성적으로 소개한 뒤, 최근에 개발되어 광학연구의 맨 앞에 놓인 새로운 현상 몇 가지를 맛보기로 소개한다.

이 장에서는 다음을 배운다:

- 전자기파와 단순 조화 진동자의 유사성을 바탕으로 전자기장을 양자화하는 방법
- 광자의 개념과 그 특성
- 전자기장의 불확정성 또는 흔들림과 그것에서 영점 장 에너지가 나오는 과정
- 비고전적 빛의 통계적 특성
- 빛과 물질의 상호작용, 빛의 유도방출과 자발방출
- 레이저의 작동 원리 및 물리적 원리가 다른 몇 가지 대표적인 예
- 고분해능 현미경 분석에 쓰이는 형광 방출과 그 특성
- 전자기 유도 투명성에 관한 최근 실험과 그 내용

14.1 전자기장의 양자화

19세기 말에 고전적인 개념으로는 모든 물리 현상을 설명할 수 없음이 분명해졌다 (§1.4). 가장 눈에 띄는 문제는 자외선 파탄과 광전효과였는데, 이에 대한 플랑크와 아인슈타인의 분석과 이해가 양자 이론의 바탕을 이룬다.

14.1.1 자외선 파탄

이상적인 통 속의 전자기파 스펙트럼을 고전 통계 역학을 써서 살펴보자. 통은 한 변이 L인 금속으로 된 육면체로 속이 비어있다 (통의 모양은 편의상 잡은 것일 뿐 중요하지 않다). 전자기파의 정준 모드는 통의 안쪽 면에서 경계조건 $\boldsymbol{E}_{\parallel} = 0$에 맞아야 한다. 그러한 정준 모드는 쉽게 구할 수 있다. 예를 들면 아래의 정상파가 $x = \pm L/2$, $z = \pm L/2$에서 경계조건에 맞으려면 $Lk_x = \pi \cdot \ell$, $Lk_z = \pi \cdot n$이면 된다 (ℓ, n은 홀수):

$$E_y = \cos k_x x \cos k_z z \, e^{-i\omega t} \tag{14.1}$$

사인함수꼴 해도 있는데, 이것은 ℓ, n이 짝수일 때 경계조건에 맞다. 이 전기장은 y-쪽 성분이 있으므로 $y = \pm L/2$인 평면과 나란한 성분은 늘 0이다. (14.1)은 다음과 같이 네 개의 평면파가 겹친 꼴로 쓸 수 있다:

$$\begin{aligned} E_y &= \frac{1}{2} e^{-i\omega t} \left[\cos(k_x x + k_z z) + \cos(k_x x - k_z z)\right] \\ &= \frac{1}{4} e^{-i\omega t} \left[e^{i(k_x x + k_z z)} + e^{-i(k_x x + k_z z)} + e^{i(k_x x - k_z z)} + e^{-i(k_x x - k_z z)}\right] \end{aligned} \tag{14.2}$$

이 항들은 모두 분산식이 다음과 같다:

$$\omega^2 = c^2\left(k_x^2 + k_z^2\right) = c^2 \cdot \frac{\pi^2}{L^2}\left(\ell^2 + n^2\right) \tag{14.3}$$

이 통속에 든 전자기파의 진동수는, 편광성분 E_x와 E_z까지 넣으면 다음과 같다:

$$\omega^2 = c^2 \cdot \frac{\pi^2}{L^2}\left(\ell^2 + m^2 + n^2\right) \tag{14.4}$$

여기에서 ℓ, m, n은 모두 0 또는 자연수로서 적어도 둘은 0이 아니어야 한다.[65] ℓ, m, n이 똑같고 편광방향이 직교하는 두 빛이 있다. ℓ, m, n에 상한은 없으므로 모드의 수는 한없이 많고, 모드 밀도 - 단위 진동수 구간에 든 모드의 수는 ω와 함께 커진다. 이제 볼츠만의 고전물리학적 등배 정리에 따르면 온도 T인 열평형 상태에서 정준 모드마다 에너지 $k_B T$를 가

65)음의 정수이면 새로운 상태가 아니고, 단지 (14.2)의 항의 순서를 바꾼 것일 뿐이다.

진다 (자유도 마다 $\frac{1}{2}k_BT$를 가지는데, 편광 모드가 2개씩 있으므로 k_BT이다; §14.2를 보라). 따라서 모드의 밀도는 진동수가 높은 자외선쪽으로 가면서 점점 더 커지고, 통 속의 총 에너지는 무한대가 된다. 이것은 터무니 없는 결론이므로 자외선 파탄이라고 한다. 레일리와 진스(Jeans)를 포함한 많은 사람들이 이 문제를 풀고자 애썼다. 흑체(속을 검게 칠한 빈 통에 낸 작은 구멍) 방사 스펙트럼의 실험자료(그림 14.1)를 보면 방사에너지 밀도가 진동수와 함께 커져 (14.4)를 써서 앞으로 끌어낼 식(14.6)과 같이 ω^2에 비례한다. 그러나 에너지 밀도는 어떤 진동수(빨갛게 달구어진 물체의 빨간빛)에서 봉우리가 된 뒤 진동수가 더 높아지면 빨리 줄어든다. 플랑크는 이에 대한 해를 처음에는 경험식을 통해, 방사 모드를 양자화하여 구했고, 그의 발견은 양자 이론의 시작을 알리는 신호였다. 그 뒤로 양자 이론은 원자 크기로부터 그 아래로 핵에 이르는 물질을 성공적으로 기술하는 이론으로 발전했다.

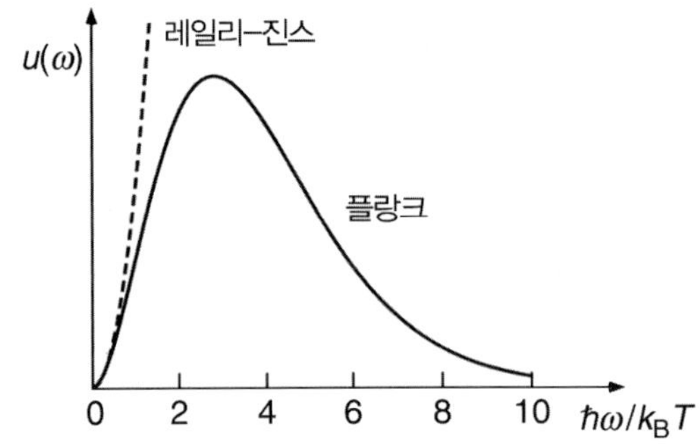

그림 14.1 흑체방사 스펙트럼과 고전적인 레일리–진스 어림식의 비교.

14.1.2 통 속의 전자기 모드의 양자화

플랑크가 고친 레일리-진스의 논리는 다음과 같다. 숫자 (ℓ, m, n)은 위상공간에서 ℓ은 x-쪽, m과 n은 y-와 z-쪽 좌표값이 정수인 점으로 나타낼 수 있다 (그림 14.2). (14.4)에서 (ℓ, m, n)에 대응되는 진동수 ω는 원점에서 (ℓ, m, n)까지의 거리에 $\pi c/L$을 곱한 값이다. 따라서 진동수가 ω와 $\omega + d\omega$ 사이에 있는 상태의 수는 제1팔분구 속에 있는, 반지름이 $\omega \cdot (L/\pi c)$, 두께가 $\Delta\omega \cdot (L/\pi c)$인 공껍질 속의 점의 수인데, 공껍질의 부피는 다음과 같다:

$$\frac{1}{8} \cdot 4\pi \left(\omega \frac{L}{c\pi}\right)^2 \cdot \Delta\omega \frac{L}{c\pi} \tag{14.5}$$

단위 부피에 모드가 하나씩 들어 있으므로, 이 껍질 속에 든 상태의 수는 평균적으로 부피와 같다. 이 값에 두 편광상태에 대한 2를 곱한 것이 진동수 구간 $\Delta\omega$에 든 **상태밀도(density of states)**이다:

$$D(\omega) = \frac{L^3}{c^3\pi^2} \cdot \omega^2 \tag{14.6}$$

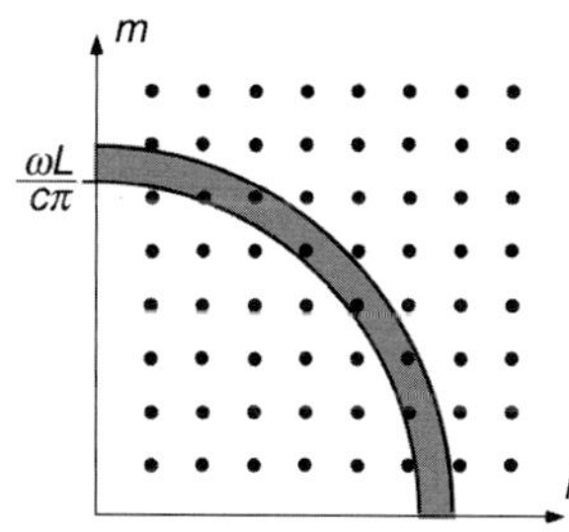

그림 14.2 육면체 통의 (ℓ, m) 평면 속의 모드 분포

플랑크는 전자기 에너지가 $\hbar\omega$를 단위로 **양자화(quantized)** 되어있다고 생각했다. 그러면 낱낱의 모드에 들어있는 에너지는 이 에너지 양자의 정수배이다. 그러한 양자 수의 평균값은 볼츠만 통계에 따라 결정되며, 온도 T에서는 다음과 같음을 플랑크가 보였다[66]:

$$\langle n \rangle = \left[\exp\left(\frac{\hbar\omega}{k_B T}\right) - 1\right]^{-1} \tag{14.7}$$

에너지 양자 $\hbar\omega$가 고전물리학으로 구한 낱낱의 모드의 평균 에너지 $k_B T$ 보다 작으면, 양자의 수가 많을 것이고, 따라서 고전적인 결과 $\langle n \rangle \approx \hbar\omega/k_B T$가 맞다. 그러나 $h\omega$가 $k_B T$ 보다 크면, 열평형 상태에 있는 통 속에서 낱낱의 모드에 양자가 단 하나 있을 확률조차 매우 작을 것이다. 이것이 (14.7)가 말해주는 내용이다. 예를 들어, 흑체방사 스펙트럼의 봉우리 영역은 $\hbar\omega \approx k_B T$인 곳이고, 그 곳에서는 낱낱의 모드에 들어 있는 양자 수는 $(e-1)^{-1} \approx 0.6$이다. 진동수가 $k_B T/\hbar$ 보다 훨씬 낮은 모드에서만 양자가 하나 이상 있을 확률이 제법 커진다. (14.7)에서 통 속에 든 빛 가운데 진동수가 ω와 $\omega + d\omega$ 사이에 있는 빛의 총 에너지 $u(\omega)d\omega$의 분광밀도$u(\omega)$는 다음과 같다:

---

66)자세한 내용은 어느 통계물리 교재에서나 볼 수 있다.

$$u(\omega) = \langle n \rangle \hbar\omega D(\omega) = \frac{1}{e^{\hbar\omega/k_BT} - 1} \cdot \hbar\omega \cdot \frac{L^3}{c^3\pi^2} \cdot \omega^2 \tag{14.8}$$

이것은 측정한 흑체방사 스펙트럼과 아주 잘 맞고(그림 14.1), 적분하면 온도 T인 통의 흑체방사 에너지 밀도가 된다 (스테판-볼츠만 법칙).

$$U(T) = \int_0^\infty u(\omega)d\omega = \frac{L^3\pi^2 k_B^4 T^4}{15\hbar^3 c^3} \tag{14.9}$$

빛의 양자는 광자라고 하고, 많은 면에서 입자로 볼 수 있다. 그 까닭은 (14.7)의 통계적 분포가 스핀이 0이고 화학 위치에너지가 없는 입자와 같기 때문이다. 그러나, 그것은 다소 위험한 생각이다. 왜냐하면 광자는 질량이 있는 입자와는 달리 위치를 정해줄 수 없기 때문이다. 이로부터 얻는 결론 중 일부는 §14.1.3 에서 설명한다.

광자와 통계적 특성이 똑같은 다른 진동자는 양자역학적 단순-조화 진동자이다. 이것과 전자기파가 비슷하므로 양자역학에서 곧바로 해를 얻어 여러 가지 결과를 가져다 쓸 수 있다. 특히 오늘날에는 전자기장 양자를 2차 양자화의 언어로 나타내어, 광자를 만들고 지우며, 그에 따라 파동함수를 고치는 연산자를 써서 나타낸다. 여기에서는 이에 관한 수학적 이론을 전개하지는 않겠다 [다음 교재를 보라: Loudon (2000), Mandel & Wolf (1995)]; 여기에서는 가장 새로운 착상 가운데 고전 전자기 이론을 바탕으로 설명하지 못하는 실험 결과에 대한 물리적 바탕만 설명하겠다. 먼저 가장 오래됐고 또 여전히 이해하기 어려운 광자 광학 현상으로 돌아가자.

14.1.3 아주 약한 빛의 간섭

빛이 아주 약하여 통계적으로 볼 때 간섭계 속에 들어있는 광자가 평균 하나이고 그 이상은 아주 드물어도 간섭무늬를 볼 수 있을까? 1909년 테일러(G. I. Taylor)가 한 실험은 그 때도 사진필름에 충분히 오래 빛을 받으면 간섭무늬가 기록됨을 보여주었다. 언뜻 생각하면, 광자 두 알이 동시에 간섭계에 들어와 저마다 다른 경로를 지나와 겹쳐서 간섭할 것 같다. 그러나 실험 결과는 광자 하나면 충분함을 보여주었다. 사실 광자는 어느 곳에 있는 입자가 아니며, 광자가 지나간 길을 알려고 하면 간섭무늬는 사라진다. 이렇게 겉보기에 역설적인 상황은 기본 양자 이론에 많은 것이 있음을 뜻하며, 이에 관해 온갖 논의가 있었지만 일반적으로 받아들일 수 있는 내용은 나오지는 않았다. 이 주제는 워낙 논쟁거리가 많아서 요약을 해도 한 가지를 답하면 두 가지의 새로운 물음이 튀어나온다!

일반적으로, 이 책에서 쓴 전자기파 이론을 쓰면 광자가 여러 개 일 때는 세기분포의 평균값이 맞게 나온다. 광자의 수가 작을 때는 평균값이 여전히 맞지만, 들어오는 광자의 통계적 특성, 검출기가 하나인가 사진필름처럼 여러 개를 배열한 것인가에 따라 실험 결과가 달라진다. 들어오는 광자의 상관관계가 없으면 통계는 푸아송 분포를 하지만, 아래에 설명할 여러 기법을 쓰면 바뀔 수 있다 (§14.3.1). 많은 경우 통계적 특성은 검출기 자체를 분석하여 기술할 수 있다 (예: §14.4.1). 마치 슈뢰딩거 파동장이 물질 입자에 대해 정확히 어떻게 되는가를 말해주지는 않지만 확률 밀도를 일러 주는 것처럼, 고전 전자기장은 낱낱의 광자를 안내해 주는 것 같다.

'어떤 길?' 실험에 대한 갖가지 방법을 수학을 쓰지 않고 설명한 책이 있다: Rae (1986).

간섭계를 지나오는 광자를 (마치 입자인 것처럼) 추적하려 들면 어떻게 되는가를 보려면, 다음과 같이 여러 가지로 변화를 줄 수 있는 생각 실험을 해보자. 실험 장치는 마이컬슨 간섭계(그림 14.3)이고, 광자 하나가 장치를 가로지르면서 어떤 거울에서 반사되었는가를 알려고 들면 간섭무늬가 지워지는 것을 보이겠다. 간섭계의 모든 소자의 질량은 거울 M_2를 빼고는 한없이 크다고 하자. 드 브로이 가설에 따르면, 파수 k_0인 광자의 운동량은 $p = \hbar k_0$이다. 이 광자가 거울에서 반사될 때, 그 거울은 운동량 $2\hbar k_0$를 반동으로 받는데, 그것은 반사된 뒤에 잴 수 있고, 따라서 그 측정은 간섭무늬에 영향을 주지 않는다. 그러나 그 반동을 재려면, 거울 M_2의 운동량을 재야하고 그 정확도 δp는 $\hbar k_0$보다 작아야 한다. 이제 하이젠베르크 불확정성 원리에 따르면 운동량과 위치의 불확정성은 다음 관계가 있다: $\delta p \delta x \geq \hbar$. 따라서 거울 M_2의 위치 불확정성은 적어도 $2\pi/k_0 = \lambda$이다. 거울의 위치 불확정성이 이렇게 크면 간섭무늬를 볼 수 없다!

이것은 예일 뿐이지만, 간섭계 안에서 광자의 경로를 결정하려는 어떠한 시도도 간섭무늬를 지우게 되어 있다. 따라서 광자는 두 길을 모두 지나와서 스스로 간섭을 해야 한다는 결론을 내릴 수밖에 없다. 특히, 생각할 거리로서, 개념적인 문제에 집중하는 실험 두 가지를 생각해 볼 것을 권한다: 하나는 두 레이저에서 나오는 광자의 간섭이다 (Pfleegor & Mandel, 1969); 다른 하나는 이미 §13.5.3에서 소개한 것으로, 광자 하나가 비선형 광학결정에 들어가 하향변환되어 두 개의 결맞는 광자로 바뀌어 나와 간섭하는 것이다 (Zou 등, 1991).

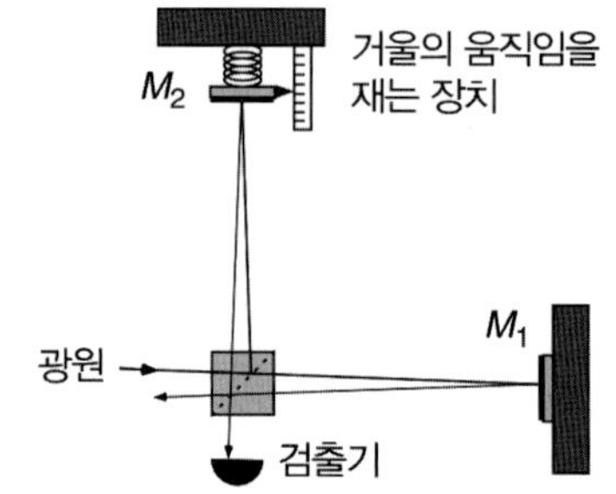

그림 14.3 마이컬슨 간섭계에서 어떤 거울이 광자를 반사시켰는가를 알아보는 생각 실험

14.2 긴 통의 평면파 모드

이제 광자와 단순-조화 진동자(§14.1.2)의 유사성을 다시 살펴보자. 길이 L인 1차원 통에서는 평면파의 전기장이 다음과 같다:

$$E = E_0 \cos(kx - \omega t - \phi) \tag{14.10}$$

여기에서 k와 ω의 값은 L이 결정한다. 자기장은 독립적이 아니라 임피던스를 통해 E와 관련된다. (편광을 포함하여) 모드를 하나 고르면 전기장 성분 하나만 살펴보면 되므로 이제는 k와 E 모두가 스칼라이다. 이제 E_0의 크기가 양자화됨을 보이겠다.

먼저 두 양을 새로 정의한다:

$$q(t) = \frac{E_0}{\omega} \cos(\omega t + \phi) \tag{14.11}$$

$$p(t) = -E_0 \sin(\omega t + \phi) \tag{14.12}$$

$dq(t)/dt = p(t)$임을 눈여겨보고, 전기장을 다음과 같이 쓰자:

$$\begin{aligned} E &= E_0 [\cos(\omega t + \phi) \cos kx + \sin(\omega t + \phi) \sin kx] \\ &= \omega q(t) \cos kx - p(t) \sin kx \end{aligned} \tag{14.13}$$

그러면, 통의 단위 단면적당의 (E 장과 B 장 모두 포함한) 총에너지는 다음과 같다:

$$U = \int_0^L dx\, \epsilon_0 E^2$$
$$= \int_0^L dx\, \epsilon_0 [\,\omega q(t)\cos kx - p(t)\sin kx\,]^2$$
$$= \frac{1}{2}\epsilon_0 L(\omega^2 q^2 + p^2) \tag{14.14}$$

새 변수를 다음과 같이 정의한다:

$$Q(t) \equiv \sqrt{\epsilon_0 L}\, q \tag{14.15}$$
$$P(t) \equiv \sqrt{\epsilon_0 L}\, p \tag{14.16}$$

그러면

$$U = \frac{1}{2}(\omega^2 Q^2 + P^2) \tag{14.17}$$

이것은 아래와 같은 역학적 단순-조화 진동자의 에너지와 같은 꼴이다:

$$U = \frac{1}{2}(Kx^2 + mv^2) \tag{14.18}$$

여기에서 K는 용수철의 탄성상수, m은 추의 질량이다. 이것은 (14.17)와 같은 꼴로 고칠 수 있고, 그 때는 $\omega = \sqrt{K/m}$ 은 고전적인 진동수, $\sqrt{m}\, x = Q$, $\sqrt{m}\, v = dQ/dt = P$이다.

14.2.1 에너지 양자화와 영점 에너지

양자역학적 단순 조화 진동자의 에너지는 잘 아는바와 같이 $U_n = \hbar\omega\left(n + \frac{1}{2}\right)$이고 n은 자연수이다. 따라서 전자기장의 어떤 모드의 에너지도 마찬가지로 양자화된다. 중요한 비-고전적 특징은 다음과 같은 영점 에너지가 있는 것이다:

$$U_0 = \frac{1}{2}\hbar\omega \tag{14.19}$$

이것은 그 모드에서 가장 낮은 에너지이다. 어떤 모드에서도 전자기장의 진동을 완전히 지울 수 없다. 진공 전자기장 - 모든 모드가 가장 낮은 에너지 상태에 있는 것 – 에도 모드마다 통 속에 든 모드의 수는 무한하므로 진공상태라도 모든 모드의 영점 에너지를 더하면 무한대가 된다. 그렇지만 진공상태는 에너지가 가장 낮으므로 그 에너지를 꺼내 쓸 수는 없다.

에너지가 이만큼 들어있다. 실제의 전기장에는 모든 모드의 영점 에너지에서 생기는 전기장을 더한 것이 꼭 들어간다. 이들의 위상은 정해지지 않으므로, 일단 마구 변한다고 보면, 모든 물리적 측정에는 배경 전자기장의 흔들림 때문에 생기는 잡음이 들어간다. 곧 이것을 자세히 살펴볼 것이다. 그렇지만, 최근 10년 동안에는 영점 흔들림의 위상을 맞추는 방법이 개발되어 잡음을 줄일 가능성이 열렸다. 이것을 **조인 빛**(squeezed light)이라고 하며 §14.3.1에서 자세히 설명한다.

14.2.2 불확정성 관계

불확정성 원리는 양자역학의 특징의 하나인데, 조화진동자와의 유사성을 통해 전자기장에도 곧바로 쓸 수 있다. §14.1.3에서 보았듯이, $\delta p \delta x \geqq \hbar$ 이다. 이제 위의 조화 진동자에서 켤레 변수는 $Q = \sqrt{m}\,x$, $P = \sqrt{m}\,v = p/\sqrt{m}$ 이므로 다음과 같다:

$$\delta P \delta Q \geqq \hbar \tag{14.20}$$

이것은 전자기장의 $\cos kx$와 $\sin kx$ 성분의 진폭의 정확도의 관계이다.

이 불확정성을 $(P, \omega Q)$그림으로 보면 알기 쉽다. 양자역학에서는 이것을 위그너 그림이라고 한다. 그림 14.4와 같이 P를 수평축으로, ωQ를 수직축으로 잡아 그린다. 그러면 (14.17)의 에너지는 원점에서 $(P, \omega Q)$까지의 반지름 벡터 A의 제곱에 비례한다. 또한 (14.11)과 (14.15)에서 $\cos kx$항의 순간 진폭은 $\omega Q/\sqrt{\epsilon_0 L}$, $\sin kx$ 항의 순간 진폭은 $P/\sqrt{\epsilon_0 L}$ 이다. 따라서 (14.13)의 위상 $(\omega t + \phi)$는 각도 θ이며, 진폭은 반지름 벡터가 된다. 그렇지만, 불확정성 원리 때문에 $(P, \omega Q)$을 정확하게 알 수 없다. 알 수 있는 것은 그 점의 평균 위치와 불확정도의 곱 $\delta P \delta Q$이다. 이제부터는 위상의 ωt는 무시하면 $(P, \omega Q)$그림은 각속도 $-\omega$로 도는 기준틀에서 그린 것처럼 서 있게 되고, 그러면 각도 θ는 바로 ϕ가 된다.

(14.17)에서 P와 ωQ가 대칭꼴로 나타나므로, δP와 $\omega \delta Q$의 값이 같을 것이고, 따라서 그림 14.4에서 빗금친 영역은 원이 된다. 이것이 보통 볼 수 있는 상황이고, 다른 상황에 있다가도 저절로 그렇게 바뀐다; 이러한 특성을 지닌 홀 모드 빛이 혼돈 빛인데 §14.2.3에서 더 설명한다. 그러나 양자이론이 제한하는 것은 불확정성 영역의 넓이이므로, 그 넓이는 유지한 채

모양을 바꾸는 실험은 이론적으로 허용된다. 몇 가지 예를 들어보자.

$(P, \omega Q)$ 평면에서 불확정성 영역을 정의하면, 그에 해당하는 빛 만들기는 매우 쉽다. 불확정성 영역 속에서 아무 점이나 몇 개 잡고, 그 점들이 나타내는 빛의 파동을 겹쳐 그린다. 낱낱의 파동은 진폭과 위상 (A, ϕ)은 그림 14.4와 같은 $(P, \omega Q)$의 극좌표와 다음 관계가 있다: $A^2 = P^2 + \omega^2 Q^2 = 2U$. 이렇게 겹쳐 그린 파동의 폭이 그 빛의 불확정성이다. 그림 14.5(a)는 평형상태의 꼴이 $\delta P = \omega \delta Q = \sqrt{\hbar\omega}$ 인 빛에서 마구 고른 파동 5개로부터 얻은 모양이다.

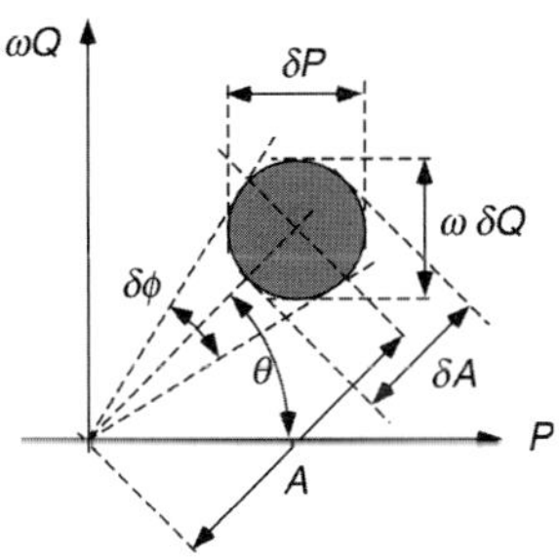

그림 14.4 불확정성이 최소인 빛(혼돈 빛)의 $(P, \omega Q)$를 보여주는 위그너 그림.

불확정성 영역의 모양을 바꾸는 여러 기법이 고안되었다 (§14.3.1). 예를 들어, 다이오드 레이저의 구동 전류를 아주 정밀하게 안정시키면 나오는 빛의 진폭을 조절할 수 있다 (§14.5.5). 그러면 δA가 아주 작아지고, 불확정성 영역의 모양은 그림 14.5(b)와 같아진다. 이 빛은 위상이 아주 불안정하여, 진동수 퍼짐이 크다. 사실 불확정성 원리를 다른 모양으로 바꿀 수 있다. 그림 14.5의 불확정성 영역은 다음과 같다:

$$\omega \delta P \delta Q = A \delta A \delta \phi = \frac{1}{2}\delta(A)^2 \delta\phi \geq \hbar\omega \tag{14.21}$$

그런데, $\frac{1}{2}\delta(A)^2$은 단위 면적당의 에너지(세기×시간)의 불확정성 $\delta U = \delta n \hbar\omega$로, n은 실험에서 잰 광자의 수이다. 따라서 다음 식을 얻는다:

$$\delta n \delta \phi \geq 1 \tag{14.22}$$

다음 예는 위와 반대이다. 빛의 위상을 안정시켜 $\delta\phi$를 아주 작게 만들면, 진폭은 크게 흔들린다 [그림 14.5(c)]. 이러한 조인 빛은 진폭이 0인 점이 아주 정확하게 정의되므로 정확한 간섭계측법에 쓰인다.

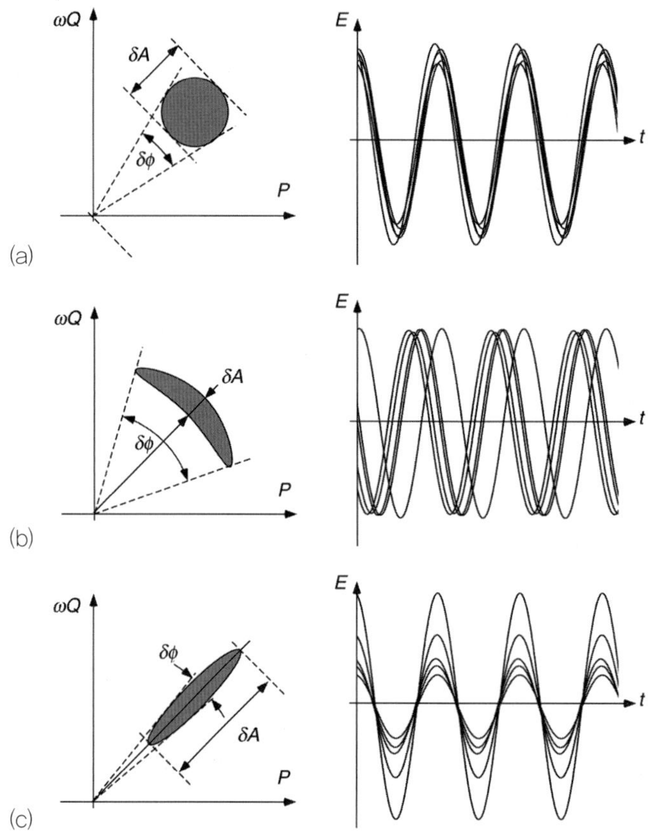

그림 14.5 갖가지 위그너 그림이 나타내는 빛. 각 경우마다 다섯 가닥의 빛이 겹친 것이고, 그 불확정성은 회색 영역으로 나타냈다: (a) 혼돈 빛; (b) 진폭 조인 빛; (c) 위상 조인 빛.

14.2.3 혼돈 빛의 흔들림

혼돈 빛은 평형상태의 모양이 다음과 같다: $\delta P = \omega\delta Q = \sqrt{\hbar\omega}$. 그러면 (14.17)에서 $\phi = 0$으로 두어 식을 간단히 하면 다음과 같다:

$$
\begin{aligned}
\delta U &= \omega^2 Q\delta Q + P\delta P \\
&= \sqrt{\epsilon_0 L}\left(\omega^2 \frac{E_0}{\omega}\cos\omega t\sqrt{\frac{\hbar}{\omega}} + E_0 \sin\omega t\sqrt{\hbar\omega}\right) \\
&= \sqrt{\epsilon_0 L\hbar\omega}\left(E_0 \cos\omega t\sqrt{\frac{\hbar}{\omega}} + E_0 \sin\omega t\right) \qquad (14.23)
\end{aligned}
$$

이것은 에너지 흔들림 δU에 들어가는 $\cos\omega t$와 $\sin\omega t$의 위상 흔들림이 몫이 같음을 보여준다. 낱낱의 위상 흔들림에 의한 제평근 흔들림 ΔU는 다음과 같다:

$$\Delta U = \langle \delta U^2 \rangle^{1/2} = \sqrt{\epsilon_0 L\hbar\omega}\, E_0 \langle \cos^2\omega t \rangle^{1/2} = E_0\sqrt{\frac{\epsilon_0 L\hbar\omega}{2}} \tag{14.24}$$

이 흔들림을 평균 세기와 비교하면 그 특성을 가장 잘 볼 수 있는데, 이 때 둘 다 단위 면적에 단위 시간동안 들어오는 광자의 수 n을 비교하는 것이 좋다.

$$\delta n = \frac{\Delta U}{\hbar\omega} = E_0\sqrt{\frac{\epsilon_0 L}{2\hbar\omega}} \tag{14.25}$$

$$\langle n \rangle = \frac{U}{\hbar\omega} \tag{14.26}$$

$$= \frac{1}{2}\langle \omega^2 Q^2 + P^2 \rangle \cdot \frac{1}{\hbar\omega} = \frac{1}{2}\left\langle \omega^2 \frac{E_0^2}{\omega^2}\cos^2\omega t + E_0^2 \sin^2\omega t \right\rangle \cdot \frac{\epsilon_0 L}{\hbar\omega}$$

$$= E_0^2 \frac{\epsilon_0 L}{2\hbar\omega}$$

따라서 낱낱의 위상에 대해서는 다음과 같다:

$$(\delta n)^2 = \langle n \rangle \tag{14.27}$$

§11.8에서 세기가 일정한 광원에서 나오는 빛을 잴 때 광전자의 검출 확률에서도 상관이 없는 사건에 대한 푸아송 통계로서 같은 결과를 얻었다; 그러므로 위의 결과는 다음을 시사한다: 혼돈 빛의 통계적 특성은 푸아송 분포이다. 그 설명에서 열 광원의 부분 결맞음 속성에서 생기는 고전적인 세기 흔들림을 더하면 광자 뭉침이 생김을 보였는데, 그것은 광자 검출 시각에 양의 상관관계가 있는 초-푸아송 통계를 따르는 것으로 서술했다. 그 흔들림은 결국 광학 측정의 정확도를 제한한다. 한편 $\sin\omega t$ 성분과 $\cos\omega t$ 성분에 광자를 고르지 않게 나누는 방법과, 그 가운데 더 조용한 성분을 측정에 쓰는 것도 실제 쓰임새가 있다. 이것이 **빛 조임(squeezing)**이며, 이 빛의 통계적 특성은 밑-푸아송이다.

'가장 캄캄한' 상태는, 모드마다 $\langle n \rangle = 0$으로 광자가 가작 적은 상태인 진공 장이다. 이것도 전자기장의 흔들림 때문에 에너지는 $\frac{1}{2}\hbar\omega$이다. 그 때는 그림 14.6(a,b)와 같이 위상이 완광학적 위상 감지 증폭기의 예: 비선형 광학 결정을 써서 패브리-페로 공진기의 광학적 길이를 기준빛과 때를 맞추어 진동시켜 주기마다 어느 순간에 길이가 $(\lambda/2)\cdot m$이 되게 한다.

전혀 흩어져 정해지지 않는다. 진공 장은 자발방출을 이해하는데 중요하다 (§14.4.2).

그렇지만, 진공 상태도 조일 수 있다. 곧, 위그너 그림에서 불확정성 영역의 모양을 그림 14.6(c,d)와 같이 바꿀 수 있다. 이것의 핵심은 불확정성을 한 성분에서 늘리는 대신 다른 성분에서 줄이는 것이다. 이것을 간섭계측법에 쓰면 측정할 때 신호-대-잡음비를 높일 수 있는데, 그 까닭은 간섭계측법으로 재는 양은 기준 빛의 위상에 대한 것이고, 그 위상은 흔들림이 밑-푸아송이 되게 만들 수 있다 [그림 14.6(d)에서 Q 위상]. 불확정성 영역의 모양을 바꾸려면 위상-감지 증폭기를 쓰는데, 그것은 기준신호와 위상이 맞는 신호만 증폭하고, 위상차가 $\pi/2$ 인 신호는 그만큼 감쇠시킨다.

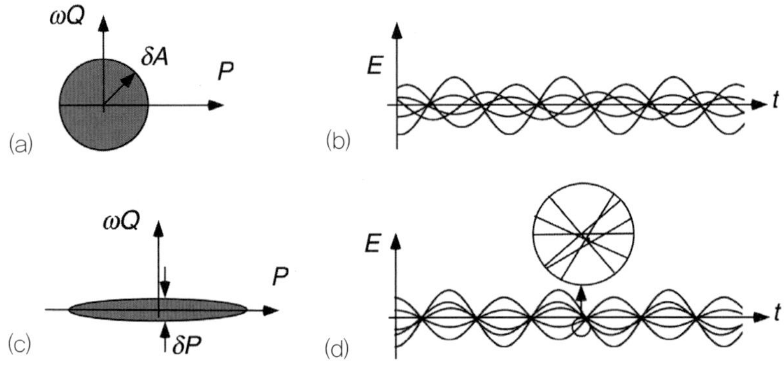

그림 14.6 진공 장의 표현. (a)와 (b): 자연적인 혼돈 진공 상태. 위상 흔들림이 P와 Q에 고르게 퍼져 있다: (a) P, Q 공간의 위그너 그림; (b) $E(t)$의 전형적인 예; (c)와 (d): 조인 진공상태로 흔들림은 대개 P 위상에서 일어난다. (d)에서 0을 지나는 영역을 부풀려 보면 모든 $E(t)$의 위상이 거의 같음을 알 수 있다.

14.3 광자는 실재하는가?

아인슈타인은 빛을 에너지 양자를 지닌 입자 같은 것으로 보아 광전효과를 간단하고 멋지게 설명하여 1921년 노벨 물리학상을 받았다. 하지만, 돌이켜보면 그 효과는 빛은 고전적인 전자기파로, 광음극은 양자화된 것으로 기술하여 둘의 상호작용을 설명하는 준고전적 이론으이 실험의 배경 이론은 보통 양자 연산자를 쓰지만, 이 책에서는 그것을 설명하지 않으므로, 그것을 쓰는 설명은 피한다. 결국 그것은 수학적인 도구일 뿐이다.

로도 잘 설명할 수 있다. 한편, 뒤에 나온 실험 결과들은 광자를 질량이 0, 에너지가 $\hbar\omega$, 스핀이 1, 진공에서의 속력이 c인, 공간에 퍼져있는 것으로 보지 않고는 설명할 수 없다. 이 절에서는 이러한 실험 몇 가지를 초보적인 수준에서 설명하여, 지난 수십년 동안 아주 활발히 연구된 광학분야를 맛보기로 보여주겠다.

14.3.1 밑-푸아송 빛

이미 빛의 세기의 흔들림을 두 가지 보았다. §14.2.3에서 결맞는 빛을 보았는데, 그것의 가장 좋은 예는 단색 레이저 빔이고, 푸아송 통계를 따른다. 이것은 세기의 분산이 세기의 평균에 비례한다. 또한, §11.8.3에서 브라운-트위스 실험(1956)을 통해 이웃한 진동수 성분의 맥놀이 때문에 준 단색 빛의 흔들림이 커짐을 알았다. 이것이 **초-푸아송**(super-Poisson) 흔들림이다. 두 현상 모두 고전적인 빛과 양자화된 빛-검출기의 상호작용의 통계를 쓰는 준고전적 이론으로 설명할 수 있다. 그 이론에서는 어떤 세기의 빛이 빛검출기에 들어가면 그 속의 전자를 흔들어 통계적으로 더 높은 상태로 올려 검출된다. 그렇지만, 그러한 준고전적 모형으로는 흔들림이 푸아송 통계 보다 작은 **밑-푸아송**(sub-Poisson) 흔들림은 설명하지 못한다. 사실 푸아송 통계를 §14.2.3에서 끌어낼 때 다음을 가정했다: $\delta P = \omega\delta Q$. 그림 14.5(b)는 불확정성 영역을 변형시켜 위상 흔들림을 키우는 대신 진폭 흔들림을 줄인 것을 보여준다. 이것을 이루려면 광자의 흐름을 고르게 조절하여 광음극이 방출하는 전자의 통계를 맞추어야한다.

이것을 해내는 방법으로 몇 가지 방법이 고안되었는데, 예를 들면 다음과 같다:

1. 빈도체 레이저나 발광 디이오드(§14.5.5)에 정전류(펌핑 에너지)를 공급하여 작동시키는 것 (Machida 등, 1987; Tasper 등, 1987). 전자는 페르미온이어서로 흩어지려 하므로 보다 안정되어 흐르는데, 접합에서 전자-양공 짝의 수명 T_2가 아주 짧으므로 나오는 광자도 안정된다.
2. 낱낱의 원자나 이온이 내는 공명 형광(§14.8)은 빛을 낸 다음 다시 들떠야 하는데, 이 과정에서 '대기 시간'이 생기므로, 광자는 앞서 나간 광자의 영향을 받아 광자 흐름이 매끄러워진다 (Kimble 등, 1977, Teich & Saleh, 1985).

이 방법은 빛이 광자 단위로 나와야만 쓸 수 있으므로 고전적으로는 설명할 수 없다. 그림 14.7은 푸아송, 밑-푸아송, 초-푸아송 빛을 시늉낸 것이다. (a)에서는 광자가 방출률 r로 상관관계가 없이 나온다. (b)에서는 (a)의 방출률을 $2r$로 높이고, 광자를 검출한 다음에는 검출기 대기 시간을 평균 $1/r$로 넣어, 그 동안에 생기는 사건은 지워 평균 방출률을 다시 r로 만들었다. 광자의 흐름이 더 안정적이 되어 밑-푸아송 통계를 따르고, 이것은 위의 방법 2에 해당한다. (c)에서는 §11.1에서 설명한 방법으로 [(d)에 보인] 고전적인 혼돈 빛을 만든 다음 푸아송 통계를 써서 초-푸아송 광자 방출을 만들었다.

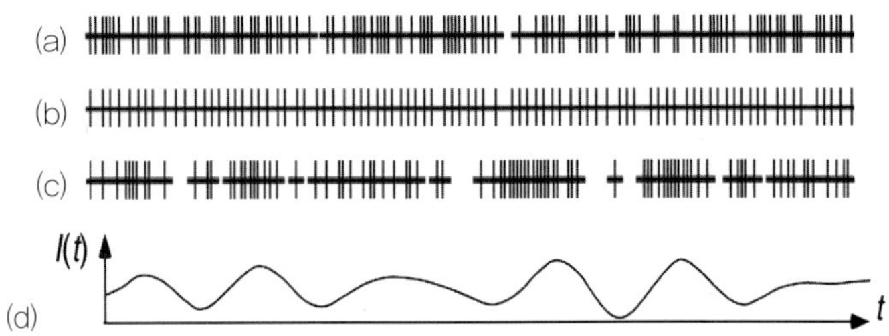

그림 14.7 전산시늉 (a) 푸아송, (b) 밑–푸아송, (c) 초–푸아송, (c)는 (d)에 보인 빛의 검출신호이다. (d)의 $I(t)$는 전형적인 결 어긋난 빛의 세기이다.

14.3.2 광자 반상관 관계

브라운-트위스 실험(1956)은 빛살 가르개로 준 단색 빛살을 두 가닥으로 갈라 이들의 세기 상관을 살펴본 것이다. §11.8.3에서 그 상관은 2차 결맞음 함수 $\gamma^{(2)}(\tau)$로 기술할 수 있음을 보았는데, 이 함수는 두 검출시각의 지연시간 τ의 함수이다; 고전 빛 모형에서는 $\gamma^{(2)}(\tau)$가 시간 결맞음 함수 $\gamma(\tau)$와 다음 관계가 있다:

$$\gamma^{(2)}(\tau) = 1 + |\gamma(\tau)|^2 \tag{14.28}$$

그러므로, **고전적으로는 $\gamma^{(2)}(\tau)$의 값은 1 보다 작을 수 없고, 실험에서 $\gamma^{(2)}(\tau) < 1$이 나오면 양자역학적으로 기술해야 한다.** 실험 기술이 발전하여 브라운-트위스 세기상관 방법이 광전자 동시 계수로 바뀌었다 [역사적으로 해석상의 논쟁이 많았다; (Brown, 1974)]. 여기에서는 검출기 D_2에서 시각 $t = 0$에 광전자를 하나 받은 다음, $t = \tau$와 $t = \tau+\delta\tau$ 사이에 광전자를 또

하나 받을 확률을 잰다. 이것을 규격화하면 $\gamma^{(2)}(\tau)$가 된다. 위에 늘어놓은 광원에서는 $\gamma^{(2)}(\tau)$ 〈 1이 나올 수 있는 것으로 밝혀졌다. 이것은 광자가 양자 입자로서 실재함을 실질적으로 입증한다 (그림 14.8).

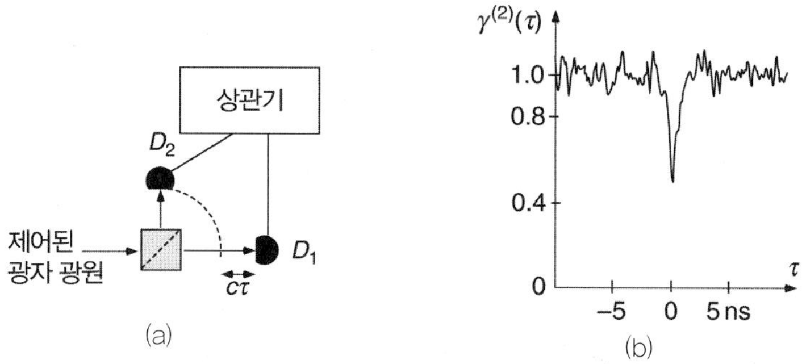

그림 14.8 (a) 밑 푸아송 광원에서 나와 두 검출기에 들어오는 광자의 상관관계를 재는 실험. (b) 두 검출기에 광자가 시간차 τ를 두고 들어오는 2차 결맞음 함수로 반-상관을 보여준다.

왜 그렇게 되는가를 아주 쉽게 알 수 있다. 먼저 푸아송 통계를 따르는 빛살을 생각하자 [그림 14.7(a)]. 그것은 시간 $\delta\tau$에 광자가 들어올 확률이 $p\delta\tau$이다. 그림 14.8(a)처럼 빛살을 두 가닥으로 나누면, 광자는 D_1과 D_2로 마구 나뉘어 가고, 낱낱의 검출기에 광자가 들어올 확률은 이제는 $p\delta\tau/2$이지만, D_1에 들어오는 사건은 D_2의 사건과 관련이 없다. 따라서 모든 τ에 대해 $\gamma^{(2)}(\tau) = 1$이다. 빛살이 고전적 초-푸아송 통계를 따르면 [그림 14.7(c)], 어떤 시간 창에 광자 하나가 D_1에 들어올 확률은 흔들림의 봉우리에 있을 때는 크고, 그러면 $\tau < \tau_c$이면 D_2에서 광자를 검출할 확률도 더 크다. 따라서 $\gamma^{(2)}(|\tau| < \tau_c) > 1$이다. 그렇지만, 광자가 밑-푸아송이어서 흐름이 더 일정하다면, D_1에 광자 하나가 들어왔다는 사실은 짧은 시간 안에 D_2에 광자가 하나 더 들어올 확률은 더 작음을 뜻한다. τ가 대기 시간 보다 작으면, 경우 (2)에서는 $\gamma^{(2)}(\tau) = 0$이다 [그림 14.7(b)].

1977년에 이러한 반상관(곧, $\gamma^{(2)}(\tau)$ 〈 1)을 실험적으로 보여 광자 개념은 확실히 자리 잡았다. 그 뒤로 원자 하나 또는 몇 개가 내는 공명 형광(§14.8)은 아주 명확한 결과를 보여주었고, 더 최근에는 양자 점[그림 14.8(b)]이 내는 빛도 같은 결과를 보여주었다. 양자점은 아주 작은 양자 샘으로서 에너지 준위가 설계한 대로 있는 원자인 셈이어서 '요구한 광자'를 내놓을 뿐 아니라 상관된 또는 '얽힌' 광자 무리도 내는데, 이것은 다음 절에서 설명한다.

14.3.3 얽힌 광자와 벨 부등식

1935년 아인슈타인, 포돌스키, 로젠 (EPR)은 결과가 직관에 어긋나게 나오는 생각실험을 발표했다. 이 논문은 측정량을 바탕으로 볼 때 양자역학의 이론체계가 불완전하다고 주장했다. 양자계에서는 어떤 매개변수를 실제로 잰다면 어떤 정해진 값만 나올 수 있다. 예를 들어, 테일러의 실험(§14.1.3)에서 약한 빛은 어떤 시간 동안 사진필름의 어느 곳엔가 기록되겠지만, 그곳이 어디인지 미리 알 수는 없다. EPR 실험에서는 어떤 광원이 자발방출로 광자를 두 개 낸다. 광자를 내기 전과 낸 뒤 질량중심이 서 있으므로 광자의 운동량과 위치의 합은 늘 0이다 ($p_2 = -p_1, x_2 = -x_1$). 그 결과 x_1과 p_2을 재면 x_2와 p_1도 결정할 수 있다. 따라서 두 입자의 위치와 운동량을 동시에 알 수 있다. 하이젠베르그 불확정성 원리는 그것을 허용하지 않는다! 또한, 두 입자가 아주 멀리 있어 두 입자가 서로 영향을 줄 수 없을 때 그 매개변수를 재므로 변수들은 서로 영향을 주지도 않는다. 이것이 **이피알 역설**(EPR paradox)이다.

이 문제에 대한 논의에서는 보통, 자발방출된 두 입자의 스핀이 서로 반대인 ±1/2이고, 스핀을 재는 축 방향 성분도 ±1/2인 모형을 쓴다. 그러나 그런 조건에 맞는 실험은 매우 어렵다.

광학 영역에서는 광자가 짝을 지어 나와 편광상태가 상관이 있는 것을 써서 그러한 실험을 하였다. 그들은 한 광자의 편광상태를 재면 실제로 아주 멀리 있는 다른 광자의 편광상태를 정확하게 예측할 수 있다는 놀라운 결과를 얻었다. 이에 대한 설명은 두 가지이다. 첫째는, '숨은 변수'를 뜻하는 것으로, 광자는 나올 때 편광상태가 정해져 있었지만 우리는 잴 때 비로소 알게 된다는 것이다. 둘째는, 한 광자의 편광상태가 측정할 때 결정되고, 둘째 광자의 편광상태는 상관관계에 따라 정해진다는 것이다. 하지만 문제는 첫째 광자의 측정결과를 멀리 있는 둘째 광자가 어떻게 알 수 있는가이다. 그러한 물음은 양자역학의 근본 문제를 연구할 때 많이 나왔고, 그에 함축된 내용은 다음 책 등에서 길게 논의하고 있다: Peres (1993). 첫째 설명에서는 숨은 변수가 있고, 그 것을 첫째 측정을 할 때까지는 모른다고 가정한다. 둘째 설명에서는 두 광자 공통의 파동함수가 독립된 두 파동함수로 인수분해가 되지 않으므로, 어느 한 광자를 재야 매개변수가 결정되어 두 입자 모두에 대해 적용된다는 것이다! 그러한 입자는 **얽혔다** (entangled)고 한다. 문제는 실험을 통해 두 가지 설명 중에 맞는 것을 가려낼 수 있는가이다.

이 이피알 역설을 이 책의 앞부분에서 설명한 광자의 편광을 직접 잰 실험을 바탕으로 분석하는데, 이것은 명쾌하고 결정적인 실험 결과가 있다 (Aspect 등, 1982). 이 실험(그림

14.9)에서는 ^{40}Ca 광원이 들뜬상태에서 떨어지면서 편광상태가 상관된 두 광자를 한꺼번에 내는데, 원자의 파동함수 때문에 두 광자의 편광상태가 나란하다고 가정한다.67) 두 광자($i = a, b$)는 반대쪽으로 나가 두 개의 편광계측기로 들어가는데 이들은 편광 빛살 가르개로서 수직(⊥)편광은 검출기 $D_{\perp}^{i}$ 로, 평행(∥)편광은 검출기 $D_{\parallel}^{i}$로 보낸다. 두 장치의 입사평면은 각각 수직면에 대해 각도 α와 β를 이룬다. 여기에서 검출기의 효율은 100%로 잡는다. 실험에서는 물론 실제의 값으로 고쳐야 한다.

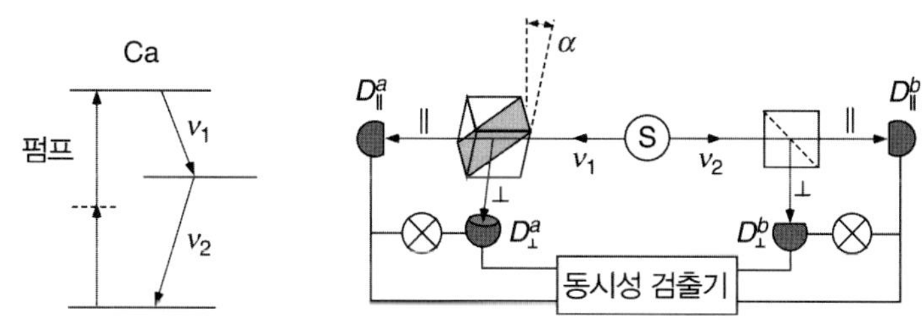

그림 14.9 얽힌 광자 짝의 편광 상관을 살펴보는 실험 장치. 왼쪽의 에너지 준위 그림은 두 광자가 편광상태가 상관되어 함께 나오는 것을 보여준다. 실험 장치에서는 상관을 α와 β의 함수로 기록한다; 그림은 $\beta = 0$일 때의 모양이다. 소자 ⊗는 여러 광자 사건을 막는다.

먼저 고전적인 '숨은 변수' 설명을 살펴보자. 먼저 $\alpha = \beta = 0$이고 광자의 편광방향은 수직면과 각도 θ를 이룬다고 하자. 그러면 네 검출기의 검출 확률은 다음과 같다:

$$P_{\perp}^{a} = P_{\perp}^{b} = \cos^2\theta , \quad P_{\parallel}^{a} = P_{\parallel}^{b} = \sin^2\theta \tag{14.29}$$

광자 하나가 $D_{\perp}^{a}$ 에서 검출되어도, 그것인 편광상태가 딱 ∥은 아님을 뜻할 뿐이고, 따라서 그 짝이 $D_{\parallel}^{b}$에서 검출될 확률은 0이 아니다. 곧, 두 광자는 양쪽의 직교 편광 검출기에서 동시에 잡힐 수 있다; 그리고 $\theta = 45°$일 때 확률이 가장 크다.

이제 같은 조건에서 양자역학적 설명을 살펴보자. 첫째 광자(a)가 검출기에 이르던 $D_{\perp}^{a}$에 나타날 수 있는데, 그러면 두 광자는 ⊥ 편광이다($\theta = 0$). 그러면 광자 b가 ∥ 편광일 확률은 0이고 따라서 $D_{\parallel}^{b}$에서 검출될 확률은 0이다. 한편, a가 $D_{\parallel}^{a}$에 잡히면, $D_{\perp}^{b} = 0$이다. 이 때는 다른쪽 검출기와의 상관관계가 훨씬 크다.

그러므로, 어떤 설명이 맞는가에 대한 실험적으로 가를 수 있는 근거가 있는 것처럼 보이

67)두 광자의 편광상태가 직교한다고 해도 논리는 같다.

지만, 실험을 정량적으로 분석해야 한다. 고전적인 모형에서는 일반적인 α, β에 대해 검출 확률은 다음과 같다:

$$P_{\perp}^{a} = \cos^2(\theta - \alpha), \quad P_{\parallel}^{a} = \sin^2(\theta - \alpha) \tag{14.30}$$

$$P_{\perp}^{b} = \cos^2(\theta - \beta), \quad P_{\parallel}^{b} = \sin^2(\theta - \beta) \tag{14.31}$$

이제 여러 검출기 사이의 상관관계를 살펴보고, 결합 확률을 구하자:

$$\begin{aligned} P_{\perp,\perp} &= \cos^2(\theta - \alpha)\cos^2(\theta - \beta) \\ &= \frac{1}{4}[\cos^2(\alpha + \beta - 2\theta) + \cos(\alpha - \beta)]^2 \end{aligned}$$

$$\begin{aligned} P_{\parallel,\parallel} &= \sin^2(\theta - \alpha)\sin^2(\theta - \beta) \\ &= \frac{1}{4}[\cos^2(\alpha + \beta - 2\theta) - \cos(\alpha - \beta)]^2 \end{aligned}$$

$$\begin{aligned} P_{\perp,\parallel} &= \cos^2(\theta - \alpha)\sin^2(\theta - \beta) \\ &= \frac{1}{4}[\cos^2(\alpha + \beta - 2\theta) - \sin(\alpha - \beta)]^2 \end{aligned}$$

$$\begin{aligned} P_{\parallel,\perp} &= \sin^2(\theta - \alpha)\cos^2(\theta - \beta) \\ &= \frac{1}{4}[\cos^2(\alpha + \beta - 2\theta) + \sin(\alpha - \beta)]^2 \end{aligned} \tag{14.32}$$

많은 실험을 하여 θ를 $(0, 2\pi)$ 속에 고르게 퍼뜨리면, 평균값은 다음과 같다:

$$\langle P_{\perp,\perp} \rangle = \frac{1}{4}\left[\frac{1}{2} + \cos^2(\alpha - \beta)\right] = \langle P_{\parallel,\parallel} \rangle \tag{14.33}$$

$$\langle P_{\perp,\parallel} \rangle = \frac{1}{4}\left[\frac{1}{2} + \sin^2(\alpha - \beta)\right] = \langle P_{\parallel,\perp} \rangle \tag{14.34}$$

끝으로, 전체 실험에 대한 규격화된 상관함수를 만들면, 값의 범위는 +1(완벽한 상관관계)에서 −1(완벽한 반상관관계) 사이에 있다:

$$\begin{aligned} E(\alpha, \beta) &\equiv \frac{P_{\perp,\perp} + P_{\parallel,\parallel} - P_{\perp,\parallel} - P_{\parallel,\perp}}{P_{\perp,\perp} + P_{\parallel,\parallel} + P_{\perp,\parallel} + P_{\parallel,\perp}} \\ &= \frac{1}{2}\cos[2(\alpha - \beta)] \end{aligned} \tag{14.35}$$

상관함수는 구조가 간섭무늬의 가시도 (§11.3.2)와 비슷하지만, 값이 음수도 될 수 있다.

이것의 절대값은 결코 1/2를 넘을 수 없으므로, **고전물리학에서는 결코 완벽하게 상관되지 않는다.**

양자 이론에서는, 셈이 훨씬 간단하다. 광자 a가 검출기 $D_{\perp}^{a}$ 에 들어오면, 광자 b도 같은 편광이다. 그러면 $D_{\perp}^{b}$ 의 검출확률은 $P_{\perp,\perp} = \cos^2(\alpha - \beta)$ 이고, $D_{\parallel}^{a}$는 $P_{\perp,\parallel} = \sin^2(\alpha - \beta)$ 이다. 마찬가지로, $P_{\parallel,\parallel} = \cos^2(\alpha - \beta)$, $P_{\parallel,\perp} = \sin^2(\alpha - \beta)$ 이다. 따라서 상관함수 $E(\alpha, \beta) = \cos[2(\alpha - \beta)]$ 이다. 이것은 **고전물리학의 값의 두배**이고, $\alpha = \beta$이면 완벽하게 상관된다.

벨 부등식은 숨은 변수가 있는 모든 계에 대해 일반적으로 적용된다. 실험결과가 벨 부등식에 어긋난다면 숨은 변수가 없음을 뜻하며, 따라서 두 입자는 공통의 파동함수가 있다.

그렇지만, 결정적인 실험을 하는 방법을 결정하기 전에, (14.33)과 (14.34)에서 θ가 마구변수로 고르게 퍼졌다고 가정했음을 생각해야 한다. θ의 분포를 고르지 않게 하여 양자역학적 상황을 흉내낼 수 있는가? 결정의 비등방성이나 국소 사기장이 광원에 영향을 준 결과일 수도 있다. 이러한 장애를 피하는 슬기롭고 멋진 방안을 벨(Bell)이 발명해냈다 (1966). 낱낱의 관찰을 이진수 q^i로 나타내는데, 광자를 $D_{\perp}^{i}$ 에서 받으면 $q^i = 1$이고, $D_{\parallel}^{i}$에서 받으면 $q^i = -1$이다. 어떤 사건에 대해 상관함수는 $E(\alpha, \beta) = q^a \cdot q^b$로서 값은 ± 1이다. 왜냐하면 낱낱의 채널의 어느 한 쪽에서는 광자를 받기 때문이다. 네 개의 측정각 $\alpha, \beta, \alpha', \beta'$를 생각하자. 두 α값 중의 하나, 두 β값 중의 하나씩을 고르면 네 가지 실험을 할 수 있고, 그 결과를 $q^{\alpha}, q^{\beta}, q^{\alpha'}, q^{\beta'}$라고 하자. 이 네가지 실험 결과를 다음과 같이 묶을 수 있다:

$$S = E(\alpha, \beta) + E(\alpha', \beta') - E(\alpha, \beta') + E(\alpha', \beta) \tag{14.36}$$

q의 값 +1과 −1에 대한 16가지 결합을 따져 보면 S의 값은 늘 2 또는 −2임을 확인할 수 있고, 따라서 **많은 실험을 하여 구한 S의 평균값은 −2와 2 사이에 있다.**[68] 그래서 다음을 **벨 부등식**(Bell's inequality)이라고 한다: $|S| \leq 2$.

그렇지만, 양자역학에서는 $E(\alpha, \beta) = \cos[2(\alpha - \beta)]$ 이다. $S > 2$가 되는 각도의 조합을

68) 이 과정을 수학적 기교로 음미한다면, (14.32)를 써서 직접 $E(\alpha,\beta) = \cos[2(\alpha-\theta)]\cos[2(\beta-\theta)]$임을 보일 수 있다. 그러면, 구간 $(0, 2\pi)$ 안의 임의의 α와 β에 대해서 (14.36)으로 정의된 S가 -2와 2 사이에 있음을 확인할 수 있다. 또한 이는 θ를 어떻게 통계적 가중치를 주어 결합해도 맞다.

Aspect 등(1982)은 광자쌍이 나온 뒤 전자장치를 써서 어느 한 광자의 편광상태를 마구 바꾸어도 그 결과가 달라지지 않는 것 까지 확인했다.

쉽게 찾을 수 있다; 예를 들어, $\alpha=0$, $\beta=22.5°$, $\alpha'=45°$, $\beta'=67.5°$이면 $S=2\sqrt{2}$ 이다. 준비와 완성에 6년 이상 걸린 일련의 실험을 통해 얻은 결과가 $S=2.70\pm0.05$로서 양자역학적 해석이 맞음을 확인했다 (Aspect 등, 1982). 이 결과는 **물리계의 매개변수의 값은 그것을 잴 때 비로소 정해짐**을 정당화한다.

14.4 빛과 물질의 상호작용

빛과 물질의 상호작용을 자세히 살피는 것은 이 책의 범위를 벗어나지만, 핵심적인 내용은 알아야 광학을 배우는 사람은 누구나 꼭 알아야 하는 레이저의 작동 원리를 제대로 이해할 수 있다. 이 주제에 관해 더 깊은 설명을 알려거든 다음 책을 보라: Loudon (2000).

여기에서는 가장 간단한 문제로서 에너지 준위가 L_1과 L_2인, 전자가 하나 있는 원자가 진동하는 전자기장 속에서 받는 영향만 살펴본다. 상태 $j(=1,2)$에 있는 원자는 다음과 같은 전자의 고유상태로 기술한다:

$$\psi_j(\boldsymbol{r}, t) = f_j(\boldsymbol{r})e^{-i\omega_j t} \tag{14.37}$$

여기에서 공간 파동함수 $f(\boldsymbol{r})$을 시간진동 인자와 분리했다. 이 함수는 값이 실수이고 모양은 그림 14.10(a) 및 (b)와 같다. 두 고유함수의 고유값은 $\hbar\omega_1$과 $\hbar\omega_2$ $(\omega_2 > \omega_1)$이며, ψ는 위치에너지가 $V(\boldsymbol{r})$인 원자에 대한 슈뢰딩거 방정식의 해이다. 낱낱의 파동함수는 슈뢰딩거 방정식의 정확한 해이며, 따라서 전자는 두 상태 가운데 어느 하나에 있으면 그 상태에 **영원히 머문다**. 시간 인자는 모두 $\exp(-i\omega t)$이다. 전자가 다른 파동함수로 나타내는 상태에 있다면, 그것은 늘 완전 집합인 고유 함수 $\psi_j(\boldsymbol{r}, t)$의 중첩으로 나타낼 수 있다.

이제 진동하는 전기장을 원자에 걸어준다고 하자. 그 진동 전기장의 위치에너지 함수가 $\Phi(\boldsymbol{r}, t)$라면, 전체 위치에너지는 $V(\boldsymbol{r})$에서 $V(\boldsymbol{r})+e\Phi(\boldsymbol{r}, t)$로 바뀐다. 새 위치에너지에 맞는 정상상태 파동함수 $\psi(\boldsymbol{r}, t)$는 애초의 고유함수 $\psi_j(\boldsymbol{r}, t)$가 아니지만, $\psi_j(\boldsymbol{r}, t)$의 선형중첩으로 다음과 같이 나타낼 수 있다:

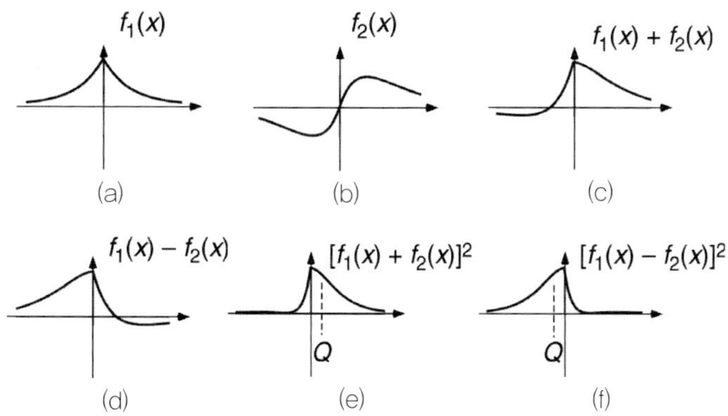

그림 14.10 원자의 전자밀도에 대한 대칭함수 $f_1(\boldsymbol{r})$과 반대칭함수 $f_2(\boldsymbol{r})$의 x−변화. 함수 $\psi_1 = f_1(\boldsymbol{r})+f_2(\boldsymbol{r})$와 $\psi_2 = f_1(\boldsymbol{r})-f_2(\boldsymbol{r})$는 시간 $\pi/(\omega_2-\omega_1)$을 두고 변한 파동함수의 모양이다. 이 두 상태의 전자밀도는 중심이 원점에서 벗어난 Q에 있으므로 원자에는 진동 쌍극자가 있다.

$$\psi(\boldsymbol{r}, t) = a\psi_1(\boldsymbol{r}, t) + b\psi_2(\boldsymbol{r}, t) \tag{14.38}$$

여기에서 $a^2+b^2=1$이다. $\psi_j(\boldsymbol{r}, t)$에는 $\exp(-i\omega_j t)$가 들어있음을 기억하자. 전자의 확률 밀도 $|\psi(\boldsymbol{r}, t)|^2$ 를 셈하면 진동수 $(\omega_2-\omega_1)$로 진동하는 (밑줄 친) 교차항이 생겨난다:

$$\begin{aligned}|\psi(\boldsymbol{r}, t)|^2 &= |a\psi_1(\boldsymbol{r}, t) + b\psi_2(\boldsymbol{r}, t)|^2 \\ &= a^2 f_1^2(\boldsymbol{r}) + \underline{2ab f_1(\boldsymbol{r}) f_2(\boldsymbol{r}) \cos[(\omega_2-\omega_1)t]} + b^2 f_2^2(\boldsymbol{r})\end{aligned} \tag{14.39}$$

그림 14-10(c)-(f)는 이러한 상황을 보여준다. 정수 m에 대해 $t=2m\cdot\pi/(\omega_2-\omega_1)$에는 $\psi=af_1+bf_2$이다. $a=b$일 때의 모습이 그림 14-10(c)이고, 이에 대응되는 전자 밀도 함수는 (e)로 원점에 대해 대칭이다: f_1과 f_2의 부호가 오른쪽에서는 같고 왼쪽에서는 반대이므로 전하밀도 $|\psi|^2$ 은 오른쪽이 왼쪽보다 크다. 이제 $t=(2m+1)\cdot\pi/(\omega_2-\omega_1)$에는 $\psi=af_1-bf_2$로 그 모양은 그림 14-10(d)이고, 전자 밀도 함수는 (f)로 왼쪽이 더 크다. 다시 말해, 전자는 $2\pi/(\omega_2-\omega_1)$를 주기로 양쪽을 오가므로 **진동 쌍극**자가 된다. 진동쌍극자는 빛을 잘 내놓거나 흡수하므로(§5.3.2), 원자는 진동수 $\omega=(\omega_2-\omega_1)$인 빛을 흡수하거나 내 놓는다; 일반적으로 **원자는 두 준위의 에너지 차이와 맞는 광자(빛)과 결합된다.**

(e)와 (f)로 나타낸 진동 쌍극자의 세기는 (14.39)에서 밑줄 친 항에 대응되며, 쌍극자 모멘트의 진폭은 다음과 같다:

$$2ab \iiint_{\text{모든 공간}} d^3r\, er f_1(\boldsymbol{r}) f_2(\boldsymbol{r}) \equiv 2abeM_{12} \tag{14.40}$$

M_{12}를 상호작용 **행렬요소**(matrix element) 또는 **진동자 세기**라고 하며, §13.3.2에서 실험적으로 도입했었다. 피적분함수에 반대칭 인자 $\boldsymbol{r}$이 있으므로, (a)와 (b)에 보인 함수는 대칭성이 반대가 되어야 M 값이 커진다; 이것은 양자역학의 선택률 $\Delta\ell=\pm1$에 해당한다 (ℓ은 §10.2에서와 같이 정의된다).

위의 설명을 보고 $\omega=(\omega_2-\omega_1)$가 정확히 맞아야 빛을 내거나 흡수할 것으로 생각할 수도 있는데, 그렇지 않다. 에너지가 전자기장에서 원자로 전달될 때 a와 b가 시간에 따라 변하므로, 상호작용은 a와 b가 모두 0이 아닌 어떤 시간 T 동안만 지속된다. 따라서 ω는 다음 값 사이에 있어야 한다: $(\omega_2-\omega_1)\pm\pi/T$. 여기에서 $2\pi/T$는 자연선폭이다 (§11.2.1). 행렬요소의 값과 Φ가 클수록 a와 b는 더 빨리 변하고, 진동수 범위는 더 넓어진다.

아주 간단한 모형을 썼고 수식을 자세히 다루지도 않았지만, 물리적 내용은 분명할 것이다. 이제 몇가지 중요한 점을 정리하자:

1. 두 준위 사이의 상황은 대칭적이다. 원자가 처음에 준위 1에 있었다면 $a=1$이고 $b=0$이며, 전자기장은 낮은 준위에 있던 원자를 높은 준위로 올려준다. 원자가 처음에 준위 2에 있었다면 $a=0$이고 $b=1$이며, 똑같은 전자기장이 높은 준위에 있던 원자를 낮은 준위로 내려준다.
2. 상호작용은 본질적으로 진동 쌍극자와 진동수가 같은 전자기장이 하므로, 에너지 전달 방향은 둘의 위상관계가 결정한다. 첫째 경우 (1)에서는 쌍극자가 같은 에너지는 결맞게 빛에 더해준다.
3. §14.2에서 전자기장은 결코 0이 되지 않음을 알았다. 진공에도 늘 흔들림이 있다. 따라서 원자는 위쪽 준위에 영원히 머물 수 없다. 원자가 낮을 준위에 있을 때도 같은 말을 하고 싶겠지만, 위쪽 준위로 올라가려면 에너지를 흡수해야 한다. 전자기장은 이미 에너지가 가장 낮은 상태이므로 그 에너지를 줄 수 없고, 따라서 원자를 위쪽 준위로 올려줄 수 없다.

14.4.1 광전효과

빛 에너지의 양자화는 아인슈타인이 광전효과를 해석하면서 보여주었는데, 거의 모든 고감도 빛검출기는 광전효과를 쓴다. 양자화된 광자를 쓰는 논리에는 익숙하겠지만, 여기에서는 전자기장을 고전적으로 보아 상호작용을 설명한다.

빛을 검출하려면 들어오는 빛이 감광소자인 광음극 속의 전자와 상호작용을 해야 하는데, 광음극 속에는 전자 상태가 많이 있다. 에너지가 가장 낮은 상태에서는 전자가 음극에 묶여 있다. 자유로운 상태에서는 전자가 운동에너지를 가지는데, 음극에 묶여 있는 전자 보다 에너지가 **일함수**(work function) ε_W만큼 더 높다. 에너지가 $\hbar\omega_1$인 바닥상태와 $\hbar\omega_2$인 위쪽 상태에 대해 빛의 진동수 ω가 조건 $\omega = \omega_2 - \omega_1$ 에 맞으면 (14.38)처럼 두 상태가 뒤섞인다. $\hbar\omega_2 < \varepsilon_W$이면 위쪽 상태가 음극에 묶여 있으므로 자유 전자를 볼 수 없지만, $\hbar\omega_2 > \varepsilon_W$이면 위쪽 상태는 운동에너지가 $\hbar\omega_2 - \varepsilon_W$인 자유전자이다. 자유전자가 튀어나오는 비율은 빛의 세기에 비례한다. 이것이 광전효과에 관한 설명의 핵심이다. 여기에서 양자화는 광음극의 전자 상태에 적용했고 빛은 고전적으로 다루었다. 사실 광전효과가 빛에너지의 양자화를 참으로 증명하지는 않는다!

14.4.2 자발방출 및 유도방출

앞서 §14.4의 설명에서 레이저와 관련된 가장 중요한 개념이 바로 나온다. 바닥상태의 원자가 진공 장 속에 있을 때를 빼고는, 원자는 빛이 있으면 전자의 파동함수가 온전히 정상상태가 될 수 없어 빛과 에너지를 주고받는다. 원자가 전이를 할 때는 진동 쌍극자 안테나와 같은 거동을 하며, 원자가 에너지를 흡수하는가 내놓는가를 결정하는 것은 이 쌍극자와 빛의 위상차임을 강조한다.

자발방출(spontaneous emission)은 원자가 위쪽 상태 L_2에 있으면서 진공 장의 영향을 받을 때 일어난다. §14.2.3에서 보았듯이, 이 진공장의 위상은 마구 변하므로 나오는 빛의 위상도 마구 변한다. 그렇지만, 원리적으로 마구 변하는 진공장의 흔들림도 질서를 잡을 수 있으며, 그림 14.6(c)와 (d)는 그럴 수 있음을 보여준다. 진공장이 있어야 자발방출이 일어남은 미세한 통 속의 원자가 빛을 내는 것을 조사한 실험으로 멋지게 입증되었다. 통의 크기를 줄여 첫 모드의 진동수가 L_2에서 바닥상태로 전이하는 진동수보다 크게 하면 그 진동수에 맞는 진공장이 없으므로 전이를 유도하지 못하여 L_2의 수명이 한없이 길어진다. 그 실험에 대한 자세한 설명은 다음 논문을 보라: Haroche & Raimond (1993).

유도방출(stimulated emission)은 원자가 위쪽 상태 L_2에 있지만 진공장 보다는 더 센 빛의 영향을 받을 때 일어난다. 원자는 진동수 ω인 빛의 힘을 받아 흔들려 상태 L_1으로 전이하며 빛을 내고, 그 빛의 위상은 진동 쌍극자의 위상과 같고, 그것은 다시 쌍극자를 흔드는 빛의 위상과 같다. 따라서 **원자를 건드린 빛과 결이 맞는** 빛이 나온다.

유도 흡수는 원자가 처음에 상태 L_1에 있을 때 일어난다. 위의 문단에 설명한 것과 똑같은 과정을 겪지만, 이번에는 위상이 반대가 되어 원자가 빛을 흡수한다.

14.4.3 자발 방출과 유도방출에 대한 아인슈타인의 A 계수와 B 계수

> 유도방출의 가능성을 예견한 아인슈타인의 논문은 1917년에 나왔지만, 실험으로 실현된 것은 40년 뒤이다.

아인슈타인은 간단한 논리를 써서 유도방출률과 자발방출률을 비교했다. 그는 온도 T인 흑체방사의 $u(\omega)$[(14.8)]와 많은 원자가 평형을 이루고 있는 것을 생각했다. 볼츠만 통계로부터 L_1과 L_2에 있는 원자의 수 n_1과 n_2의 평형 비율은 다음과 같다:

$$\frac{n_2}{n_1} = \exp\left[-\frac{\hbar(\omega_2 - \omega_1)}{k_B T}\right] \tag{14.41}$$

L_2에서 L_1으로 자발전이 시키는 진공장은 $u(\omega)$에 들어있지 않다. 유도 전이율은 $u(\omega)$에 비례한다. 따라서 L_2에서 L_1로 전이하는 비율은 다음과 같다:

$$r_{21} = An_2 + Bu(\omega)n_2 \tag{14.42}$$

여기에서 A와 B는 상수이다. L_1에서 L_2로의 전이율은 자발 전이는 하지 않으므로 다음과 같다:

$$r_{12} = Bu(\omega)n_1 \tag{14.43}$$

평형상태에서는 (14.42)와 (14.43)가 같다고 놓고, (14.8)의 $u(\omega)$를 넣으면 다음 결과를 얻는다:

$$\frac{A}{B} = \frac{\hbar\omega^3 L^3}{c^3\pi^2} \tag{14.44}$$

(14.42)에서 유도방출이 지배하는 조건은 다음과 같다:

$$Bu(\omega) \gg A \tag{14.45}$$

이것은 (14.44)를 A/B에 넣으면 다음과 같다:

$$u(\omega) \gg \frac{h}{\lambda^3}L^3 \tag{14.46}$$

가시광 영역의 레이저 문턱값을 넘는데 필요한 충분히 큰 에너지 밀도를 얻는 열쇠는 공진기를 써서 빛을 보아 아주 작은 입체각 속에 가두는 것이다.

(14.8)을 쓸 때는 진동수 ω인 모드의 광자의 평균 수가 1 보다 훨씬 큼을 뜻한다: $\langle n \rangle \gg 1$.

(14.46)의 문턱 에너지 밀도의 크기 정도를 알아보는 것도 좋겠는데, 세기와는 다음 관계가 있다: $I = cu(\omega)$. 극초단파에서는 $\omega = 10^{11}$ s^{-1}($\lambda = 2$cm)이고 문턱 에너지 밀도는 3×10^{-20} Jm^{-3}로 약 10^{-11} Wm^{-2}이다. 이것은 아주 약하므로 자방방출은 무시할 수 있다. 가시광에서는 $\omega = 3\times10^{15}$ s^{-1} ($\lambda = 0.5$ μm)이고 문턱 에너지 밀도는 7×10^{-7} Jm^{-3}로 약 20 Wm^{-2}이다. 이것은 매우 센 빛이어서, 레이저를 처음 작동시키는데 애를 먹었다 (§14.5.3). 엑스선 레이저를 개발하는 사람들은 훨씬 더 큰 어려움을 겪는다.

14.5 레이저

레이저(LASER)는 '**유도방출에 의한 빛의 증폭**(Light Amplification by Stimulated Emission of Radiation)'을 줄인 말이다. 오늘날은 그 말이 유도방출된 빛을 주로 내는 광원을 뜻하는데, 처음에는 자발방출로 빛을 낸다.

유도방출로 나온 빛과 자발방출로 나온 빛의 중요한 차이는 위상 결맞음성이다. 유도방출된 광자는 그것을 유도한 광자와 위상이 똑같아서 그 빛은 완전한 시간 결맞음을 유지하며 진폭이 점점 커진다. 어느 때의 위상을 알면, 원리적으로는 미래의 어느 때이건 위상을 알 수 있는데 그 까닭은 빛의 모든 성분의 위상이 똑같기 때문이다. 하지만 위상이 마구 바뀌는 진레이저가 작동하려면 점유도를 반전시켜야 하는데, 그러면 열역학적 온도는 음수가 된다.

공장의 흔들림 때문에 생기는 자발방출이 이것을 망가뜨린다. 그것은 배경잡음이 되어 완전했던 위상 결맞음을 흩뜨려 놓는다. 앞으로는 편의상 자발방출은 무시한다; 그 조건에 맞게 $u(\omega)$을 키우려면 진동수 ω에 맞춘 공진기 속에 레이저 물질을 넣어야한다 (§9.5.4).

(14.42)와 (14.43)으로 돌아가서, 자발방출 항이 없다면 유도방출률은 다음과 같다:

$$I_e = \hbar\omega r_{21} = Bn(\omega)n_2 \tag{14.47}$$

그리고 같은 빛에 대한 흡수율은 다음과 같다:

$$I_a = \hbar\omega r_{12} = Bn(\omega)n_1 \tag{14.48}$$

(14.47)이 (14.48) 보다 크려면, n_2가 n_1 보다 커야하는데, 원자 무리가 어떤 (양수의) 온도에서 열평형상태에 있으면 (14.41)에서 그렇게 될 수 없다. 그러므로 레이저는 비평형 상태로 들띄워 **아래쪽 준위 L_1 보다 위쪽 준위 L_2에 원자가 더 많이 있게 해야한다.** 이것을 **점유도 반전**(population inversion)이라고 한다. 이러한 상황을 유지하는 한 유도방출이 흡수보다 더 크다.

14.5.1 화학 레이저의 점유도 반전

개념적으로 가장 간단하게 점유도 반전을 이루는 방법은 아마도 화학 레이저일 것이다. 화학반응을 하면 많은 에너지가 나오므로, 반응으로 생긴 분자가 들뜬상태에 있게 되며, 이것은 분자 기호에 별(*)을 붙여 나타낸다. 그러면 분자가 생길 때는 모두가 들뜬상태에 있어 바닥상태에는 전혀 없으므로 점유도 반전이 이루어진다. 화학반응은 들뜬상태에서 바닥상태로 전이하는 진동수에 맞춘 공진기 속에서 일어난다. 예를 들어, 불소와 수소가 반응하여 다음과 같이 들뜬상태의 불화수소가 생긴다.

$$H_2 + F_2 \rightarrow 2HF^* \tag{14.49}$$

공진기 속에서 진동수 ω인 광자가 HF^*를 건드려 HF로 전이하면서 진동수와 위상이 똑같은 광자를 내게하는 것이 유도방출이다:

$$\hbar\omega + HF \rightarrow 2\hbar\omega + HF \tag{14.50}$$

레이저 작동은 H_2와 F_2가 타서 들뜬상태의 분자를 만들고, 바닥상태의 HF를 공진기에서 쓸어내는 동안 계속된다. 그렇지만, 이 레이저는 늘 쓰기에는 안전하지 않고 또 불편하다!

14.5.2 원자 형광에 바탕을 둔 점유도 반전

준위가 여럿인 원자가 짧은 빛펄스를 받아 그 빛을 흡수하면 원자가 바닥상태에서 들뜬상태로 전이한다. 그 원자가 그 뒤에 파장이 더 긴(진동수가 더 낮은) 빛을 낸다면, 빛을 낼 때 적어도 하나의 중간상태를 거쳐서 바닥상태로 가는 것이 분명하다. 그러한 **형광계**(fluorescent system)에서는 점유도 반전을 이룰 수 있다. 공명조건에서의 형광에 관한 자세한 설명은 뒤에 §14.8에서 한다.

중간준위가 딱 하나 있다고 하자. 그림 14.11(a)와 같이 바닥상태는 L_0, (빛펄스로 원자를 들띄워 올려 놓는) 가장 위쪽상태는 L_3, 중간상태는 L_2라 하자. 준위 L_i의 수명 T_i는 그 준위에 있는 원자가 자발방출을 하여 아래 준위로 내려갈 때까지 머무는 시간의 평균값이다 (T_0는 물론 한없이 길다). 원자가 위에서 설명한 것처럼 형광을 내면, L_2에 있는 원자의 일부는 L_1을 거쳐 L_0로 내려간다.

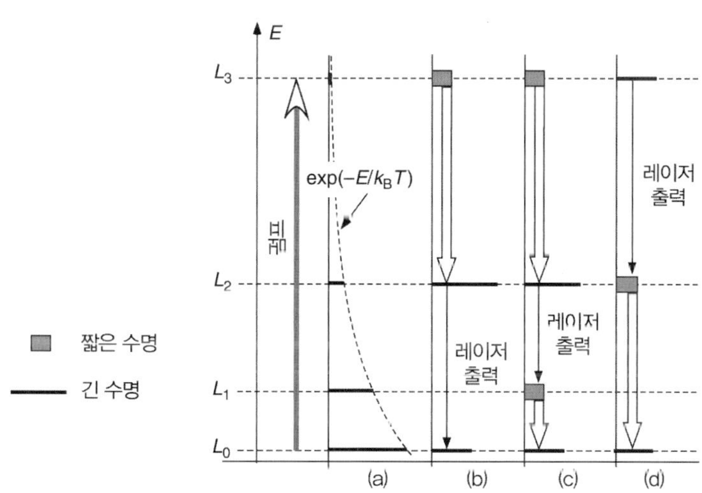

그림 14.11 전형적인 레이저 물질의 준위 얼개. (a) 열평형 상태에서의 점유도; (b)와 (d)는 세-준위 물질, (c)는 네-준위 물질이다. 왼쪽의 위쪽을 화살표는 광펌핑을 나타낸다. 준위의 수평선의 길이는 레이저 작동을 하는 동안의 상대적 점유도를, 굵기는 붕괴율 $1/T_j$를 나타낸다; 아래쪽을 향한 굵은 화살표는 빠른 전이를 나타낸다.

먼저 $T_3 < T_2$라고 하자. 수명 T_3가 짧은 것은 행렬요소 M_{03}가 큰 것을 나타내며, 원자가 펌프빛을 효율적으로 흡수함을 뜻한다. 그러면 L_0에 있던 원자가 많이 들떠 L_3로 올라가고, 거기에서 L_2로 빨리 내려간다. L_2에서는 좀더 오래 T_2 동안 머물러 있으므로, 그림 14.11(b)와 같이 L_0의 반 이상이 펌핑으로 올라가면 L_2와 L_0 사이에 점유도 반전이 생긴다. 루비 레이저와 얼븀-도우핑한 광섬유 레이저(§14.5.3)는 실질적으로 이 방식으로 작동한다.

물론 실제는 결코 그렇게 간단하지 않다. 보통 더 많은 준위가 끼어들지만, 몇몇 사례는 거의 이상적인 모양에 가깝다. 예를 들어, 그림 14.11(c)와 같이 넷째 준위 L_1을 쓰면 바닥상태에 원자가 거의 없으므로 점유도 반전을 유지하기가 훨씬 쉽다; 네오디뮴-야그 레이저가 중요한 예이다. 또한, 일단 유도방출이 시작되면 위쪽 레이저 준위의 수명이 짧아져서 균형이 깨질 수 있다. 그러면 레이저가 펄스 작동을 하게 된다.

또 다른 상황은 그림 14.11(d)와 같이 $T_3 > T_2$인 것인데, 그 때는 L_3가 채워지는 것 보다 더 빨리 L_2가 비므로 원자가 언제나 L_2 보다 L_3에 더 많이 있어 둘 사이에 점유도 반전이 유지된다. 그러면 원자를 L_0에서 L_3로 펌핑하는 동안에도 L_3와 L_2 사이에서 레이저 작동이 일어날 수 있다. 이 방식에서는 T_3가 길기 때문에 M_{03}는 작고, 광펌핑이 비효율적이다; 알곤이온 레이저, 이산화탄소 레이저, 헬륨-네온 레이저(§14.5.4)가 이러한 방식인데, 펌핑은 전기방전으로 한다.

14.5.3 빛 펌핑 루비 및 얼븀 레이저

루비는 빨간 보석으로 산화알루미늄(Al_2O_3) 결정에 Cr^{3+}이 불순물로 조금 들어있다. 루비 레이저는 가시광을 내는 첫 번째 레이저로서 1960년 메이먼(Maiman)이 처음 작동시켰는데 그림 14.12(a)와 같은 Cr^{3+}의 에너지 준위를 쓴다. 이것은 그림 14.11(b)와 같은 세-준위 레이저이다. 세-준위 방식에서는 바닥상태를 적어도 반은 비워야 점유도 반전이 생기므로, 이 레이저는 상대적으로 비효율적이어서 아주 센 펌핑이 필요하므로 제논 섬광관에서 나오는 빛을 모아 루비 결정에 비춘다.

파장 1.5 μm인 빛을 쓰는 광통신체계에서 많이 쓰는 얼븀을 넣은 이산화규소(SiO_2) 레이저 및 증폭기도 그림 14.12(b)와 같은 세-준위 레이저로서 광펌핑을 한다. 그것은 Er^{3+} 이온

농도가 35 ppm로 들어있는 실리카 섬유를 다이오드 레이저(§14.5.5)에서 나오는 파장 1.48 μm 또는 0.98 μm인 빛으로 펌핑한다. Er^{3+} 이온의 준위를 보면 펌핑을 두 가지로 할 수 있다. 레이저 빛의 파장이 길고, 광섬유는 펌핑 빛과 레이저 빛을 심지에 가두어 에너지 밀도를 높여주므로 점유도 반전을 크게 할 수 있고, 따라서 유도방출이 효율적으로 일어난다. 그 결과 공진기(§14.6.1)가 없으면 얼븀 광섬유는 **광증폭기**(optical amplifier)가 되고, 공진기를 달면 레이저가 된다.

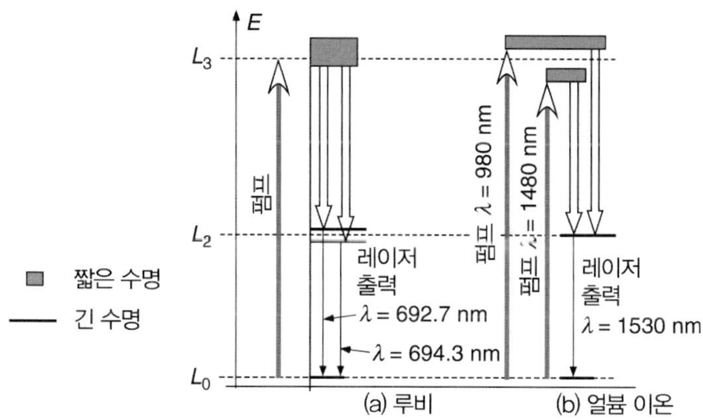

그림 14.12 루비와 얼븀 레이저 준위의 얼개 그림.

14.5.4 방전 펌핑 기체 레이저

이 레이저에서는 점유도 반전을 만들고자 기체를 섞는다. 헬륨-네온 레이저에서는 방전을 하면 헬륨이 들뜬상태로 올라가 He*가 된다. 들뜬 헬륨원자가 네온원자가 충돌하면 들뜸 에너지가 네온원자로 넘겨지는데, 그림 14.13은 두 원자의 에너지 준위의 일부를 보여준다. 따라서 L_3와 L_2 사이에 점유도 반전이 생긴다. 그림에는 네온 원자의 여러 전이선 가운데 하나인 파장 632.8 nm인 빛을 내는 것만 보였다.

이산화탄소 레이저도 마찬가지인데 헬륨 대신 질소를 들뜸 기체로 쓴다. 공진기를 조절하여 파장이 9.6 ~ 10.6 μm 사이에 있는 빛을 뽑아낸다.

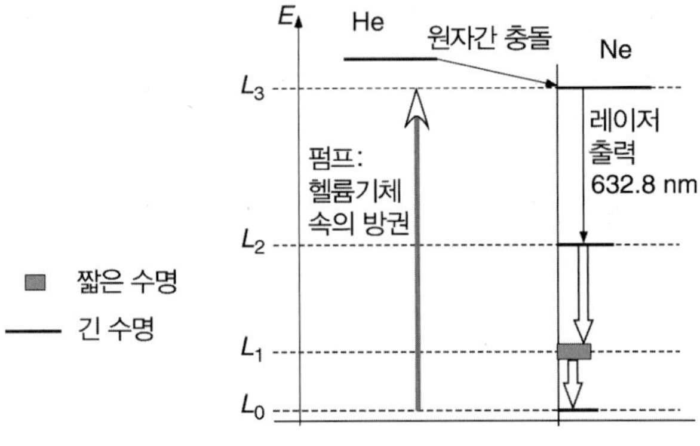

그림 14.13 헬륨–네온 레이저의 준위 얼개.

글상자 14.1 헬륨-네온 레이저의 구조

헬륨-네온 레이저는 실험실에서 가장 흔히 볼 수 있어 많은 사람이 그 구조를 잘 알고 있다. §14.5.4에서 몇 가지 방식을 설명했다. 방전관에 헬륨과 네온을 압력비 약 10:1로 섞어 넣고 밀봉한 다음 공초점 공진기 속에 넣는다 (§9.5.4). 공진기의 두 거울 중의 하나는 빛을 일부 투과시켜 내보낸다. 여러 레이저 전이선 가운데 하나를 고르려면 유전체 박막을 여러 층 입힌 거울의 반사도 봉우리를 원하는 파장에 맞춘다 (§10.3.4). 방전관을 밀봉하는 창에서는 빛의 반사손실을 최소로 줄여야 하므로 무반사막(§10.3.3)을 입히거나 그림 14.14와 같이 맨 유리판을 브루스터 각도(§5.4.2)에 맞추거나, 또는 공초점 공진기 거울을 직접 붙여준다. 이 장치는 레이저 증폭율이 낮으므로 손실을 최소로 줄이는 것이 중요하다. 브루스터 창을 쓰면 한쪽 편광성분의 반사손실이 다른 것보다 훨씬 작으므로 나오는 빛살은 선편광이다.

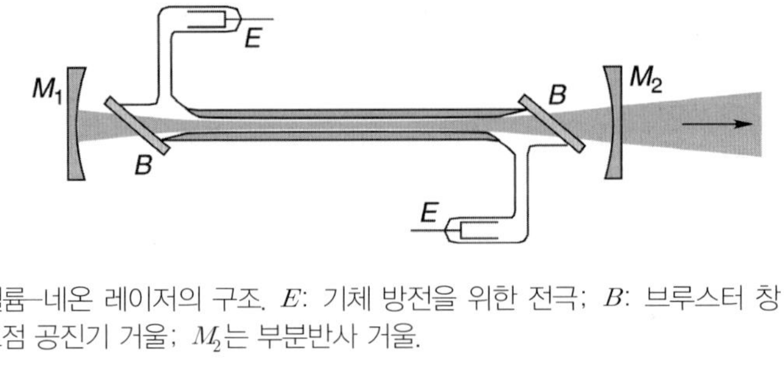

그림 14.14 헬륨–네온 레이저의 구조. E: 기체 방전을 위한 전극; B: 브루스터 창; M_1과 M_2: 공초점 공진기 거울; M_2는 부분반사 거울.

14.5.5 반도체 피-엔 접합의 점유도 반전

반도체 레이저는 피-엔 접합에 역전압을 걸어 쓰는 것으로 일상생활에 아주 중요하다 – 광통신, 바코드 판독기, 씨디 연주기 등 몇 가지 예로 충분할 것이다. 이와 관련된 것은 낱낱의 원자나 이온의 준위가 아니라 도우핑을 많이 한 반도체 결정 속의 자유 전자와 양공의 준위이다: 전도띠의 바닥에 있는 전자와 가전자띠의 봉우리에 있는 양공이다. 관련된 개념은 고체물리학 또는 반도체 물리학 교재에 자세히 나와 있다. 전자와 양공의 정확한 에너지 값은 접합의 구조(한쪽은 피–형, 다른 쪽은 엔-형) 때문에 접합 속에서의 위치에 따라 달라진다. 도우핑을 많이 해서 엔쪽에는 전도띠에 자유전자가 많고, 피쪽에는 가전자띠에 양공이 많다. 열평형 상태에서는 띠의 에너지가 그림 14.15(a)와 같다. 자유전자와 양공 둘 다 밀도가 높은 곳은 없다. 역전압 ΔV를 걸면, 띠가 그림 14.15(b)와 같이 바뀌어, 전자는 전위가 높은 쪽으로, 양공은 낮은 쪽으로 흘러가면서 접합영역에서 만나는데, 같은 곳에서 자유전자와 양공의 밀도가 제법 높아져 점유도 반전이 생긴다: 이 상태는 전자와 양공이 재결합하여 사라지는 것 보다 에너지가 높다. 이제 전자와 양공이 재결합하여 광자만 나오면 레이저 빛이 나올 수 있다. 그러한 과정은 **직접 틈 반도체(direct gap semiconductor)**인 갈륨비소(GaAs), 인듐인(InP), 인듐창연(InSb) 등의 3-5족 반도체에서는 일어나지만 실리콘이나 게르마늄같은 4족 반도체에서는 일어나지 않는다. 그러한 과정을 쓰는 형광소자가 발광 다이오드(LED)로서 원리는 같지만 유도방출이 아닌 자발방출로 빛을 낸다. 나오는 빛의 파장은 반도체의 띠 간격에 해당한다; GaAs에서는 약 870 nm, 4원 합금 반도체인 InGaAsP에서는 약 1.5 μm로 맞출 수 있는데, 이 파장은 유리 광선유에서 감쇠가 가장 작기 때문에 광통신에 쓰기에 가장 좋다 (§10.2.4).

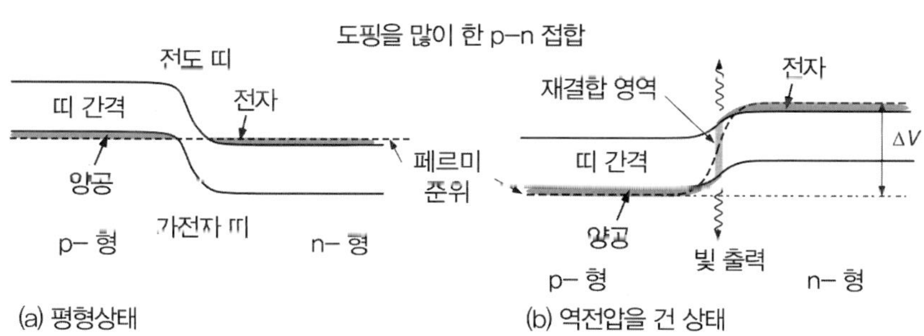

그림 14.15 반도체 다이오드 레이저. (a) 전압을 걸지 않은 평형상태. (b) 역전압 ΔV를 건 상태. 전자와 양공이 접합영역에서 재결합하면 빛이 나온다.

14.6 레이저 장치

레이저에 관해서 자세히 설명한 책은 아주 많다: Yariv & Yeh (2007), Saleh & Teich (2007), Svelto (2007). 남은 지면이 좁아서 1960년 처음 나온 뒤로 발전한 레이저 기술 모두를 제대로 다룰 수 없다. 이 절에서는 여러 가지 레이저 설계에 적용된 물리적 착상 가운데 이 책에서 다룬 몇 가지를 지적한다.

14.6.1 광 공진기

앞 절에서 설명한 점유도 반전 기구로 생긴 이득을 잘 다스려야 결맞는 빛을 뽑아낼 수 있다. 그러려면 양성 되먹임 증폭기를 꾸며야 하는데, 그 좋은 예는 그림 14.16(a)와 같은 음향 장치로서 마이크가 확성기에서 나오는 소리를 '들으면', 날카로운 소리를 계속 낸다. 이것은 잡음에서 시작하여 증폭기의 이득이 최대인 진동수 근처에서 결맞는 소리를 만들어낸다. 하지만, 정확한 진동수는 소리가 확성기에서 마이크까지 가는데 걸리는 지연시간(거리/음속)이 결정한다: 증폭기로 들어가는 소리의 위상이 마이크에서 나오는 소리의 위상과 $N \cdot 2\pi$ 만큼 달라 두 소리의 위상이 정확히 맞아야 한다. 증폭기의 이득이 충분히 커서 소리가 한바퀴 도는 동안 받는 손실을 보상하면 발진이 계속된다.

레이저도 비슷하게 꾸밀 수 있다 [그림 14.16(b)]. 레이저 매질은 증폭기로 광자가 들어오면 유도방출 과정을 통해 위상이 똑같은 새 광자를 만들어낸다. 그 대역폭은 나오는 빛의 선폭이 결정하는데, 그것은 레이저 준위의 수명과 도플러 선폭 확대와 같은 과정이 영향을 준다 (§11.2.2). 되먹임은 광학 공진기가 주는데, 그 유형은 §3.9에서 설명했다. 실제로 나오는 빛의 진동수는 공진기의 광학적 길이가 결정하며, 흔히 그러한 진동수가 전이선폭 속에 여러 개 들어있다. 이들을 레이저의 **모드(mode)**라고 한다. 반도체 또는 광섬유 레이저에서는 빛이 수직방향으로 도파로 모드로 갇히므로(§10.1.2), 에너지 밀도가 더 높아진다. 보통 m = 0인 기본 모드를 고르며, 장치를 꾸며 이 모드의 빛 에너지 밀도가 가장 큰 곳이 점유도 반전이 가장 큰 곳과 겹치게 만든다. 레이저가 판 모양이면 빛에너지는 한쪽에서만 갇힌다. 그러면 나오는 빛살은 타원꼴이 되는데, 그것은 렌즈로 한 점에 모으기가 어렵다.

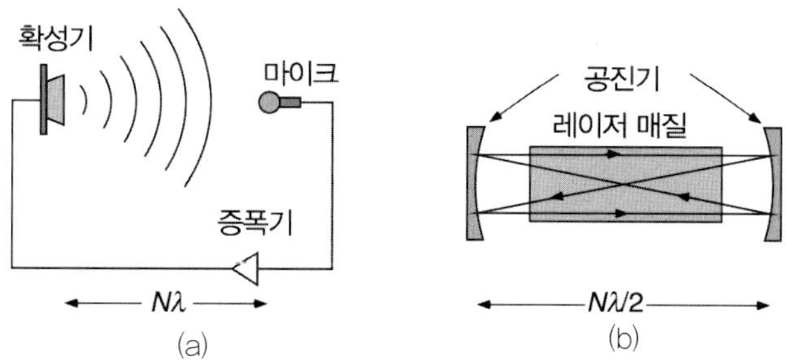

그림 14.16 양성 되먹임: (a) 음향 장치; (b) 레이저.

정량적으로는 레이저 이득은 펌프 빛의 일률과 원자의 매개변수가 결정한다. 그 이득은 공진기 속에서 생기는 반사손실을 보상하고 레이저 빛살로 나가는 에너지(그것도 레이저 자체로 보면 손실이다)를 공급해야 한다. 레이저 작동을 시작할 때는 자발방출이 필요하지만, 점유도 반전을 줄이고 위상이 맞지 않는 빛을 만들어내므로 바람직하지 않다.

평행 모드는 빛살이 공진기 속을 한바퀴 돌아 올 때의 광학적 길이 $\overline{L}$이 파장의 정수배가 되는 조건이다: $\overline{L} = 2\overline{n}\ell = N \cdot \lambda$. 여기에서 $\overline{n}$은 평균 굴절률(빛의 세기에 따라 달라질 수 있다)이다. 모드의 진동수는 간격 $2\pi c/\overline{L}$로 벌어져 있다. 길이 ℓ은 공진기 속을 오가는 빛살의 방향에 따라서도 달라지며, 때로는 광축에 대한 빛살의 방향이 달라서 똑같은 N에 대해 수직 모드가 여러 개 생길 수 있다. 이러한 면은 회절문제로 다루는 것이 가장 좋다 (§9.5.4).

전형적인 레이저에서 여러 평행 모드가 들떠 나오는 빛의 진동수 분석을 하면 그림 14.17과 같다.

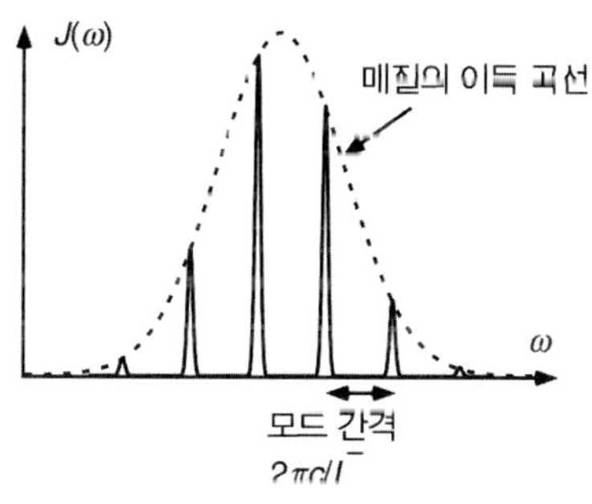

그림 14.17 레이저의 평행 모드의 진동수 분포.

많은 현대의 실험에서는 빛살의 진동수를 바꿀 수 있는 레이저가 필요하다. 그 변화의 범위가 작으면, 공진기의 특성을 맞추어 할 수 있다. 흔히 쓰는 방법은 한 쪽 거울을 반사형 블레이즈 회절격자(§9.2.5)로 바꾸는 것이다. 그림 14.18과 같이 격자의 방향을 맞추어 1차 회절된 빛이 입사방향으로 되돌아가게 한다. 이 조건을 반사형 회절격자에 빛이 비스듬히 들어올 때의 방정식으로 나타내면 다음과 같다:

$$m \cdot \lambda = d[\sin\theta - \sin(-\theta)] = 2d\sin\theta \qquad (m = 1) \tag{14.51}$$

물론 회절격자는 1차 회절효율이 가장 커지도록 θ에 맞추어 블레이즈된 것을 쓴다. 각도를 바꾸면, 정확하게 광축을 따라 오가는 빛살만이 증폭되므로 공진기의 봉우리가 생기는 파장이 (14.51)에 따라 바뀐다. 회절격자의 회전중심을 잘 맞추면 공진기의 정확한 길이도 같이 조절된다. 남은 일은 공진기에서 고른 파장에서 늘 레이저 이득의 봉우리가 생기게 하는 것이다. 그렇지 않으면, 발진 모드가 조건이 더 좋은 평행 모드(그림 14.17에서 가장 높은 봉우리)로 건너 뛰어갈 수도 있다. 이것은 다이오드 레이저(§14.4.4)에서 레이저 물질의 온도를 함께 맞추어서 할 수도 있다. 이렇게 진동수를 훑는 방법은 이산화탄소 레이저(§14.5.4) 등에서 나오는 빛의 파장을 연구하고자 개발하였는데, 최근에는 다이오드 레이저에 써서 전자기 유도 투명성(§14.9)이나 도플러 효과가 없는 포화 흡수 분광분석 등 고분해능 분광분석을 하고 있다.

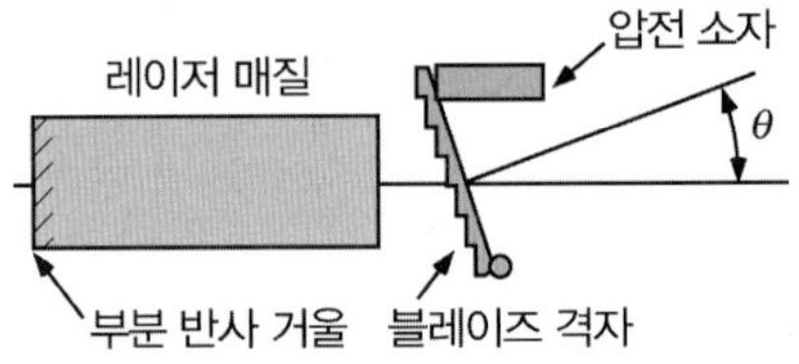

그림 14.18 거울 대신 회절격자를 달아 파장을 바꿀 수 있는 레이저 공진기

14.6.2 연속 레이저와 펄스 레이저

준위의 수명 T_j는 그것이 붕괴하는 방식에 따라 달라진다. 많은 레이저는 펌핑을 아주 세게 하면 유도방출이 일어나도 점유도 반전을 계속 유지할 수 있는데, 그러면 빛이 계속 나오므로 **연속 레이저**(continuous wave laser: CW laser)라고 한다. 한편, 들뜬 준위의 수명은 유도방출이 진행되면 일반적으로 자연수명 보다 짧아진다. 그러면 레이저 작동이 시작되면, 점

유도 반전의 조건[예를 들어, 그림 14.11(c)에서 $T_2 > T_3$]이 깨져서, 레이저 작동이 멈춘다. 그 결과 펄스 레이저가 된다. 어떤 레이저는 조건에 따라 두 가지 방식의 어느 하나로 작동할 수 있다.

펄스를 제어하여 나오는 시각을 정하려면 이득에 영향을 주는 요인들은 바꾸는데, 갖가지 방법이 있다. 한 가지 예는 글상자 14.2에 설명했다. 봉우리 일률이 아주 크고 지속시간이 아주 짧은 펄스를 규칙적으로 내는 방법으로 **모드 잠금**(mode-locking)이 있다. 레이저에서 §14.5.1에서 본 것처럼 여러 평행 모드가 떠 있으면, 나오는 빛은 이것이 겹친 것이다. 이들의 상대적 위상이 마구 변하면, 그 결과는 §11.1.1에 그린 것과 비슷한 꼴인데, 모드의 진동수 차가 $2\pi c/\overline{L}$의 정수배이므로, 같은 꼴이 $\overline{L}/c$마다 되풀이 된다. 그렇지만 모든 모드의 위상이 같으면, 이들이 겹친 모양은 규칙적이고 말쑥한 꼴의 펄스가 된다 (문제 14.8). 더 많은 모드가 들어갈수록 펄스 폭은 더 좁아지고, 봉우리는 더 높아진다. 이러한 상황을 만들려면 공진기 속에 감쇠 조절기를 넣어 $\overline{L}/c$마다 한번씩 투명해지게 만들면 된다.

14.7 레이저 빛

공진기 속에 평행 모드 하나만 뜬 레이저를 생각하자. 유도방출로 이 모드 속에는 아주 많은 $\langle n\rangle$개의 광자가 들어있다 (14.46). 레이저 빛은 이 점에서 열광원에서 나오는 빛과 다르다. §14.1.2에서 지적했듯이, 열광원에서 나오는 빛에는 낱낱의 모드에 든 광자가 평균적으로 하나가 채 안된다. 광자수의 흔들림 δn은 (14.27)과 같은데, 그 까닭은 레이저 빛도 불확정성 원리를 따르기 때문이다. 따라서 $\delta n = \sqrt{\langle n\rangle}$ 이고, (14.22)에 따라 $\delta\phi = 1/\sqrt{\langle n\rangle}$ 으로 아주 작다.

그러므로 레이저 빛의 특징은 위상이 잘 정의 되는 것이다. 빛이 밝다고 해서 모두 위상이 잘 정의되지는 않는다. 많은 광자가 한 모드에 모여 있어야한다. 또한 평행 모드 몇 개만 떠 있으면, 빛의 진행방향이 잘 정의되어 빛살의 퍼짐각은 마치 빛살이 단면과 같은 구멍을 지나온 빛처럼 회절이 제한한다 (§7.3). 이 세 가지 특성 – 위상 결맞음, 세기, 지향성 – 이 레이저 빛의 가장 중요한 특징이다.

글상자 14.2 광섬유 펄스 레이저

광펌핑 하는 얼븀-광섬유 레이저와 같은 레이저에서는 광섬유가 공진기이다 (§14.5.3). 이 레이저에서 펄스를 뽑으려면, 비선형 효과를 넣어 주어 빛이 아주 밝을 때만 광학 공진기가 공진하게 만든다. 그러면 빛에너지가 들뜬상태에 저장되어 있다가 공진기가 공진할 때 많은 에너지가 한꺼번에 아주 짧은 빛펄스에 실려 나온다. 그러한 공진기를 만드는 방법 하나는 내부의 변형률 때문에 광섬유 모드가 광섬유를 따라 진행하면서 그 편광상태가 바뀌는 것(§6.9)과 빛의 세기에 따라 달라지는 비선형 광굴절 효과(§13.6.2)를 쓴다.

광섬유 고리로 레이저를 꾸미는데(그림 14.19), 세 가지 광섬유를 이어 만든다; 하나는 Er^{3+} 이온을 넣은 레이저 광섬유이고 다른 둘은 재래식 광섬유인데, 분산의 부호가 반대여서 펄스 퍼짐을 막아준다 (§10.2.4). 광섬유 고리는 중간에 공기 틈이 있고, 그 틈에는 편광 빛살 가르개를 끼워 한쪽 편광 성분은 지나 보내고 다른 것은 옆으로 반사한다. 그 밖에 편광 회전을 제어하는 기구를 끼운다. 마구 생기는 잡음으로 생겨난 펄스는 손실이 최소일 때, 곧 빛살 가르개를 지나 고리를 한바퀴 돌아 왔을 때의 편광 회전각이 0 또는 2π의 정수배일 때 공진한다. 편광이 도는 기구를 써서 그러한 공진이 일어나는 일률의 수준을 제어한다. 한편, 일률이 낮고, 연속 발진하는 모드는 공진 조건을 맞추지 못하므로 광섬유 고리를 돌면서 증폭되지 않는다. 그래서 펄스의 지속시간이 점점 짧아진다 [Tamura 등 (1993)].

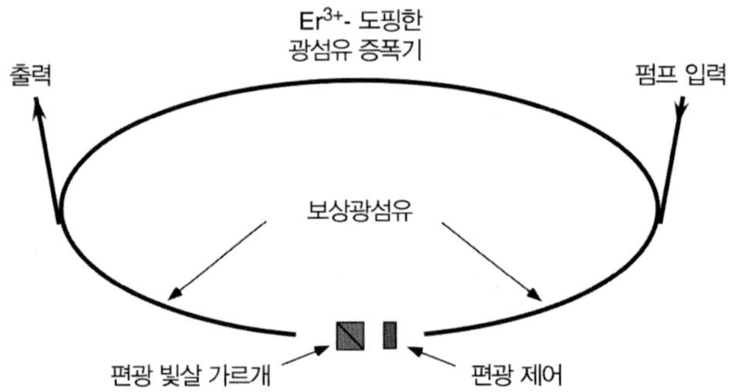

그림 14.19 얼븀 광섬유로 꾸민 펄스 레이저 얼개

14.7.1 결맞음 함수

§11.4.2에서 설명했듯이, 시간 결맞음 함수는 스펙트럼 세기의 푸리에 변환을 규격화한 것이다. 레이저에 평행 모드 하나만 떠 있으면, 파장분포는 이상적이라면 델타함수이겠지만,

실제로는 위상 흔들림이 있어 그렇게 되지 않는다. 이러한 흔들림의 시간척도는 적어도 레이저 전이의 수명 정도는 되므로, 결맞음 시간 τ_c는 적어도 그 수명과 같다 (예를 들어, 그림 14.13의 T_2는 0.1 μs). 이에 대응되는 결맞음 길이는 $c\tau_c$ (30 m)이다. 실제로는 빛이 공진기를 한 바퀴 도는 길이 $\overline{L}$이 역학적으로 흔들리므로 (온도 흔들림, 진동 등) 결맞음 시간은 더 짧아질 수 있다.

많은 레이저에서 평행 모드가 동시에 여러 개 뜬다 (그림 14.17). 여러 모드의 위상이 마구 변하면, 결맞음 함수는 진동수 간격 $\delta\omega = 2\pi c/\overline{L}$로 벌어진 모드 몇 개의 푸리에 변환으로서 그림 14.20과 같은 꼴이 되는데, 결맞음은 간격 $\overline{L}/c$마다 사라졌다 되살아난다. 결맞음 함수가 이러한 꼴이면 결맞음 길이를 간단히 정의할 수 없지만, 실제적인 목적에서는, 결맞음이 $\overline{L}/2c$에 처음으로 사라지므로, 유효 결맞음 길이를 $\overline{L}/2$, 곧 공진기의 광학적 길이로 정의한다. 레이저가 펄스 작동을 하면, §14.6.2, 결맞음 시간은 낱낱의 펄스의 지속시간과 같다

평행 모드가 하나인 것과 여러 개인 레이저의 결맞음 영역은 빔의 단면이다. 왜냐하면 빔의 단면에서의 빛의 분포는 바로 결맞는 모드 하나 아니면 여럿이 겹쳐 결정하기 때문이다.

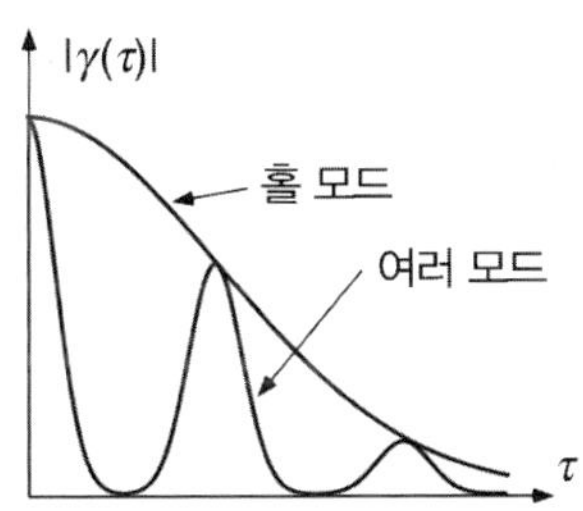

그림 14.20 평행 모드가 하나인 레이저와 여러 개인 레이저의 결맞음 함수

14.8 고급주제: 공명 형광 및 라비 진동

두-준위 원자와 빛의 상호작용을 더 살펴보자: 원자가 $t = 0$에 바닥상태에 있다가($a = 1$, $b = 0$) 빛을 흡수하여 들뜬상태($a = 0$, $b = 1$)가 되는데 걸리는 시간은 빛의 세기에 따라 달라진다. 그 다음에는 유도방출이 일어나 원자가 같은 시간에 바닥상태로 내려가고, 이러한 과정을 되풀이한다. 물론 빛이 정확히 단색이 아니면, 원자마다 겪는 과정이 조금씩 다를 것이고, 그러

면 앙상블 평균을 내면 두 상태에 원자의 반씩 있게 되는 평형값에 빨리 이를 것이다. 이것이 광펌핑 레이저에서 점유도 반전을 이룰 때 쓰는 방법이다 (§14.5.2). 그렇지만, 빛의 진동수와 위상이 아주 안정되어 있으면, 모든 원자가 똑같이 주기적으로 움직여 진동을 볼 수 있다.

이러한 진동은 라비(I. Rabi)가 1937년 고전적인 자기 공명에서 처음 발견했다. 그것은 가장 단순한 두-준위 양자역학계와 등가인데, 원자의 자기 쌍극자 모멘트 μ_a가 밖에서 걸어준 고른 자기장 $B_0\hat{z}$와 나란하거나 반대이다. 진동하는 자기장과 상호작용하는 두-준위 계에 대한 이론적 모형은 빛과 상호작용하는 두-준위 원자에도 그대로 쓸 수 있다. 자기 모형은 그림 14.21로 나타내면 쉽게 이해할 수 있으므로 여기에 설명하는데, 그 결과는 원자 모형에도 그대로 쓸 수 있다.

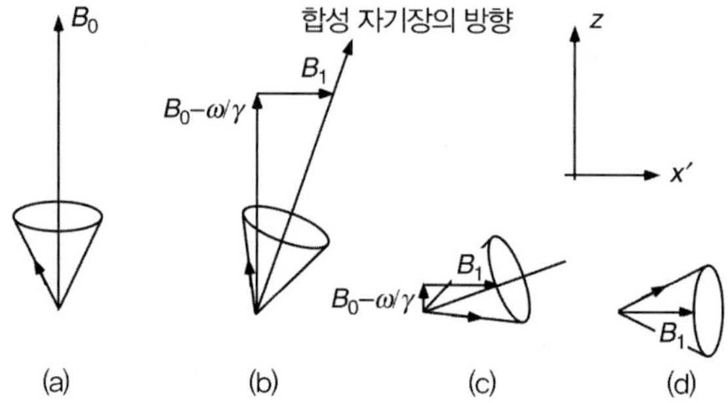

그림 14.21 스핀 자기 모멘트의 라비 진동을 설명하는 그림. (a) 걸어준 자기장 B_0를 중심으로 스핀이 싸이클로트론 진동수 ω_c로 세차운동을 한다. (b) 각진동수 ω인 회전자기장 B_1을 걸 때, 그와 함께 도는 기준틀에서 본 스핀. (c) ω가 ω_c와 거의 같을 때의 모습. (d) $\omega = \omega_c$일 때. 이 때는 스핀의 $\hat{z}$ 성분이 라비 진동수 $\Omega = \gamma B_1$으로 진동한다.

두 자기 준위의 에너지 차는 $2\mu_a B_0$이다. 고전적으로 보면 자기쌍극자는 자기장을 걸어주면, 그것을 중심으로 싸이클로트론 진동수 $\omega_c = \gamma B_0$로 세차운동을 한다. 여기에서 γ는 **자기회전비율**(gyromagnetic ratio)이다 [그림 14.21(a)]. 이제 각진동수 ω인 원편광 전자기파를 $\hat{z}$ 쪽으로 보내면, 그것의 자기장 $B_1(\ll B_0)$은 (x, y)평면에서 세차운동과 같은 방향으로 돌아간다. 이제 전자기파의 자기장과 같이 돌아가는 기준틀 (x', y', z)에서 물체를 보면, 쌍극자는 진동수 $\omega_c - \omega$로 세차운동을 하므로, B_0는 $B_0 - \omega/\gamma = (\omega_c - \omega)/\gamma$로 줄어든 것처럼 보인다. 그 기준틀에서 보면 B_1은 서 있고 방향은 $\hat{z}$와 직교하는데, 그것을 x'쪽이라고 하자. 이 기준틀에서는 합성 자기장은 크기가 $\sqrt{B'^2_0 + B^2_1}$ 이고 방향은 (x', z) 평면에서 z축과 각도 $\tan^{-1}(B_1/B'_0)$를 이루는 쪽에 고정되어 있다. 자기쌍극자는 이 합성 자기장에 대해 겉보기 싸이클로트론 진동수 $\gamma\sqrt{B'^2_0 + B^2_1}$ 로 세차운동을 한다 [그림 14.21(b)]. $\omega \to \omega_c$ 이면, $B'_0 \to 0$이고 합성 자기장은 x'-축 쪽으로 기울어진다. 그러면 세차운동의 진동수는 $\omega_c = \omega$일 때 최소값 $\Omega = \gamma B_1$가 된다. 이 x'축에 대한 세차운동으로 결국 자기쌍극자 모멘트의 z축 성분이 진동한다. 곧, 자기 쌍극자 모멘트가 밖에서 걸어준 자기장과 나란하거나 반대쪽인 두 에너지 상태를 오가며 진동한다. Ω가 **라비 진동수**(Rabi frequency)이며 빛-원자 상호작용의 세기의 지표이다. 끝으로, 실험실 기준틀로 돌아가자. z-축은 회전운동의 영향을 받지 않으므로, 두 상태 사이의 진동은 그대로 남지만, 세차운동하는 쌍극자 모멘트 성분은 평균값이 0이 된다.

광학에서는 빛을 받은 두-준위 원사의 시간변화 슈뢰딩거 방정식을 **광 블로호 방정식**(optical Bloch equation)이라고 한다 [다음을 보라: Mandel & Wolf (1995); Loudon (2000)]. 그 방정식은 위의 자기 모멘트 문제에 대한 운동방정식과 기본적으로 똑같으므로 해도 비슷하다 (문제 14.10).

공명 진동수의 단색빛이 들어오면, 두-준위 원자의 파동함수는 (14.38)에서 $a = \cos\Omega t$, $b = \sin\Omega t$가 되어 다음과 같다:

$$\psi(\mathbf{r}, t) = \cos\Omega t\,\psi_1(\mathbf{r}, t) + \sin\Omega t\,\psi_2(\mathbf{r}, t) \tag{14.52}$$

이 모형에서 점유도를 안전히 뒤집는 방법인 '단열 빠른 과정' 이 나온다: 진동수 ω를 공명진동수 밑에서 위로 계속 훑는데, 그것을 원자의 풀림시간 안에 끝낸다. 이 방법은 초기에 메이저에서 썼다.

이 함수를 푸리에 분석해보면 에너지 준위 E_1과 E_2가 이제는 각각 두 겹으로 갈라진다: $E_{1,2} \pm \hbar\Omega$. 이제 두 준위를 전이하면서 흡수하거나 내는 빛의 진동수는 ω_{12}와 $\omega_{12} \pm 2\Omega$가 되며, 이것은 초고분해능 분광실험으로 확인되었다 (그림 14.22, Grove 등, 1977).

자기모형은 또한 원자계에서 볼 수 있는 형광의 다른 측면도 잘 설명해준다. 빛의 진동수가 전이 진동수와 조금 다르면, 유효 자기장 B'_0는 B_1 보다 크고 진동은 더 빨라진다. 또한 $\hat{z}$쪽의 진폭은 더 작아진다. 이것은 공명이 약함을 뜻한다. 들뜨우는 빛이 준단색이고, 공명선 근처의 여러 진동수 성분이 들어있으면, 여러 진동수의 라비 진동이 겹쳐지므로 진동특성이 번져 점점 지워진다.

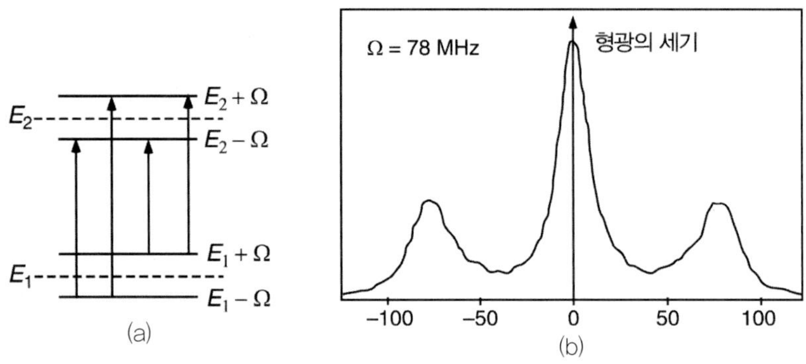

그림 14.22 Na의 공명 형광. (a) 에너지 준위 E_1과 E_2가 라비 진동수로 갈라진다; 네 가지 전이 모두 허용된다. (b) 고 분해능 분광법으로 얻은 형광 스펙트럼.

14.9 고급주제: 전자기 유도 투명성

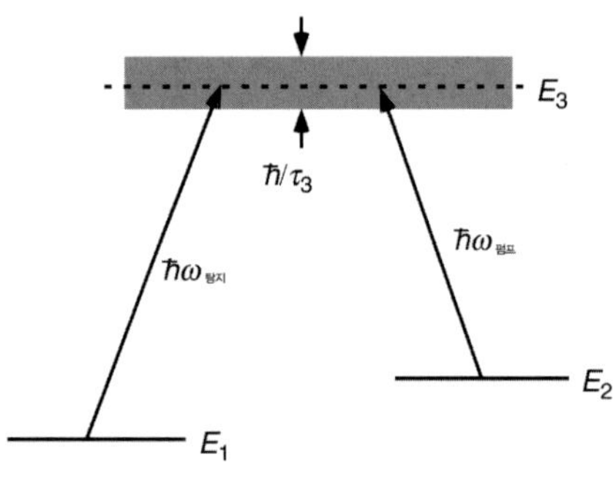

그림 14.23 전자기 유도 투명성이 생기는 원자 기체의 에너지 준위 구조.

유도방출 과정을 쓰면 원자 증기와 같은 물질의 분광특성을 인위적으로 조절할 수 있다. 그러한 과정의 하나를 볼러(Boller)가 발견했는데, 여러 가지 흥미 있는 쓰임새가 있다 [Boller 등 (1991)]. 가장 간단한 경우로 세-준위 원자계를 생각하자 (그림 14.23). 바닥에는 에너지가 E_1과 E_2인 두 상태 1과 2가 가까이 있고, 들뜬상태인 상태 3은 에너지가 E_3이고 선폭이 넓다. 평형상태에서는 에너지가 더 낮은 상태 1의 점유도가 상태 2의 점유도 보다 더 높고, 그 비율은 에너지 차와 온도가 결정한다. 상태 3의 선폭이 '넓다'는 것은 붕괴과정이 아주 많다는 것이므로 수명 τ_3이 아주 짧으며, 불확정성 원리에 따라 E_3는 잘 정의되지 않는다. 이 준위는 수많은 밑준위가 촘촘하게 붙어 있다고 볼 수 있다. 그 물질에서는 두 바닥상태는 직접 결합되지 않는데, 그 까닭은 파동함수의 중첩적분이 사중극 또는 그 이상의 고차 다중극 모멘트값을 가져 결합 행렬 요소(§14.4)가 $M_{12}=0$이기 때문이다. 그 결과 두 바닥준위의 에너지는 정확히 정의된다.

이제 이 물질에 진동수 $\omega_{탐지}$인 '탐지' 레이저 빛살을 비추고, 그 진동수를 $(E_3 - E_1)/\hbar$를 중심으로 $1/\tau_3$ 보다 넓게 변화시킨다고 하자. 이 빛살은 일반적으로 잘 흡수되어 원자를 E_1에서 E_3로 들뜨우며 넓은 흡수띠가 나타난다 [그림 14.24(a)]. §14.4에서 설명한 모형을 쓰면 탐지 빛살은 파동함수 $\psi_1\exp(iE_1t/\hbar)$와 $\psi_3\exp(iE_3t/\hbar)$의 맥놀이로 생겨난 진동 쌍극자 모멘트와 상호작용한다. 둘째 실험에서는 이제 진동수를 $(E_3 - E_2)/\hbar$를 중심으로 범위 $1/\tau_3$만큼 훑는 '결합' 빛살을 더해준다. 이것도 (E_2에 원자가 있다면) 잘 흡수되어 ψ_3와 ψ_2 사이에서 진동하는 중첩 쌍극자를 만든다. 실험을 해보면 두 빛의 진동수의 차이가 $(E_2 - E_1)/\hbar$와 같으면 탐지 빛살은 매질을 그대로 투과한다 [그림 14.24(b)].

$$\omega_{탐지} - \omega_{결합} = (E_2 - E_1)/\hbar \tag{14.53}$$

눈여겨 볼 것은 여기에는 E_1과 E_2만 들어가므로 투과대역이 아주 좁다. 이것이 '전자기 유도 투명성'이다.

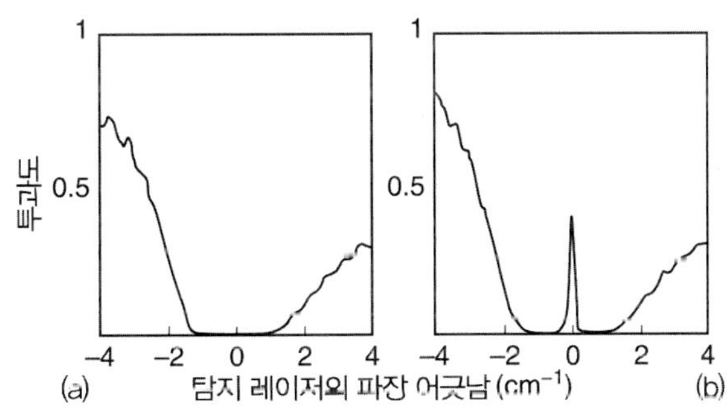

그림 14.24 스트론튬 증기의 흡수 스펙트럼. (a) 결합 레이저가 없을 때($\Omega_{23}=0$)의 탐지 레이저의 투과도. 이 그림에서 최소 투과도는 $\exp(-20)$이다. (b) 결합 레이저가 있을 때($\Omega_{23}=1.5$ cm−1)의 탐지 레이저의 투과도. 공명선에서의 투과도가 이제는 40%이다.

이 투명성에 대한 가장 간단한 설명은 라비 진동(§14.8)을 써서 할 수 있다. 진동수 $\omega_{결합}$인 결합 레이저로 원자를 준위 2에서 준위 3의 어떤 밑준위로 들뜨운다고 하자. 그 결과로 두 상태 사이의 라비 진동이 생기며, 그러면 낱낱의 준위가 갈라져 겹준위가 되고, 간격 $2\hbar\Omega$는 결합 레이저의 진폭에 비례한다. 특히 E_3에 있던 준위는 $E_3 \pm \hbar\Omega$로 갈라진다. 이제 결합 레이저가 없을 때는 약한 탐지 레이저가 원자를 E_1에서 E_3로 들띄우면서 잘 흡수되었지만, 결합 레이저가 있으면 E_3가 갈라졌으므로 진동수 ω_{13}에서 흡수되지 않아 투과도가 높아지고, 진동수를 Ω만큼 바꾸어야 흡수된다. 이것이 바로 실험에서 관찰된 모양이다; **투과도 봉우리의 폭은 결합 레이저 빛살의 세기에 비례하며,** 결합 레이저가 약할수록 좁아진다.

원자 쌍극자로 나타내면, 원자의 세 파동함수가 위상차가 일정하게 중첩되면, 진동수 $(E_2 - E_1)/\hbar$인 진동쌍극자 모멘트가 생긴다. 그 결과 이 진동 쌍극자는 결합 및 탐지 레이저 빛살의 맥놀이 진동수에서 에너지를 흡수하여 원자를 준위 1에서 준위 3을 거치지 않고 곧바로 준위 2로 옮긴다. 원자가 준위 1에서 준위 2로 옮기면, 준위 2가 처음에는 거의 비어 있었다가 두 레이저가 모두 있으면 점유도가 점점 높아져 평형상태에 이르러 그 상태를 유지한다. 이것은 두 바닥상태 1과 2가 가까이 있지 않아도 됨을 뜻한다.

EIT의 멋진 쓰임새는 투과도 선폭 속에 들어가는 펄스에 대해 군속도가 수 m/s 정도인 아주 느린 매질을 만드는 것인데, §13.5에서 설명했다. 결합 레이저의 세기를 거의 0으로 줄이면 펄스를 세울 수도 있는데, 이것은 결합 레이저의 세기를 줄임으로써 신호 또는 영상까지도 공간 변조된 펌프 빛살을 써서 그 매질에 오래 저장했다가, 나중에 결합 레이저의 세기를 늘리면 다시 풀려나게 할 수 있음을 뜻한다.

요약

이 장의 목적은 앞에서 배운 내용을 바탕을 양자 광학을 소개하는 것이며, 다음을 배웠다:

- 고전광학으로는 흑체방사와 아주 약한 빛의 간섭을 설명할 수 없는 까닭
- 빈 통 모드와 단순 조화 진동자의 유사성을 써서 전자기장을 양자화하는 방법과, 그 결과 전자기장의 영점 에너지와 진공 흔들림이 있음
- 흔들림을 더 줄이거나 더 늘릴 수 있는 조인 빛의 개념
- 두 검출기에 기록되는 사건의 반상관성을 바탕으로 한 광자의 실재성에 대한 증명
- 파동함수를 공유하는 얽힌 광자의 개념과 그것을 벨 부등식과 비교하여 확인하는 방법

- 빛과 물질의 상호작용에 깔린 기본 개념을 두-준위 원자 모형을 써서 이해하는 것
- 자발방출과 유도방출의 차이, 아인슈타인의 A 및 B 계수와의 관계
- 레이저의 작동원리, 몇 가지 레이저의 예를 들어 물리적 기구를 이해하는 것
- 레이저 빛의 몇 가지 성질
- 공명형광을 간단한 모형을 써서 기술하는 것과, 두 상태 사이의 라비 진동이 나타나는 것
- 세 준위 매질과 두 레이저 빛살의 상호작용으로 '전자기 유도 투명성'이 생기는 것과 느린 빛이 생기는 현상

문제

14.1 약한 광원에서 광자가 초당 N개 나온다. 빛이 이상적인 빛살 가르개로 들어가 반으로 갈라져 각각 빠르고, 이상적인(η = 1) 검출기로 들어간다. 두 검출기 신호의 상관관계를 기록하였다. 양성 상관은 두 검출기 모두 $T \ll N^{-1}$의 시간 안에 전자를 낸 것을 뜻한다. 이 실험을 광원의 푸아송 통계를 고려하여 고전적 관점(곧, 낱낱의 검출기가 들어오는 빛의 반을 본다)과 양자적 관점(들어온 광자는 이쪽 또는 저쪽 검출기로 간다)에서 분석하라. 두 결과가 같음을 보여라. 하지만 광원이 푸아송 통계가 아니면 다르다.

14.2 영의 실틈 실험을 낱낱의 광자를 써서 하는데, 두께 d이고 굴절률 n인 투명한 판을 실틈 앞에 붙여둔다. 판의 위치를 감시한다. 빛이 판을 지나올 때 운동량을 주고받는데, 그 운동량을 검출할 수 있다. 이 실험을 하여 광자가 어느 쪽 실틈을 지나왔는가를 결정하면 간섭무늬가 사라짐을 보여라.

14.3 원자핵을 반지름이 약 10^{-14} m 정도인 공에 전하가 거의 고르게 퍼져있다고 보자. 이것이 에너지 1 keV인 감마선을 내면서 전이한다. 이 전이에서 선택률 $\Delta\ell = \pm 1$을 따르지 않은 까닭을 설명하라.

14.4 반도체 레이저에서 나오는 광자 에너지는 얼추 반도체의 띠간격과 같다. 광자 에너지가 띠간격보다 조금 크겠는가 아니면 조금 작겠는가?

14.5 레이저의 출력 모드는 다음과 같은 파동함수로 나타낸다:

$$E_m = a\exp\{-i[(\omega_0 + m\omega_1)t + \phi_m]\} \tag{14.54}$$

여기에서 m은 -5와 +5 사이의 정수, ω_1은 모드-간격 진동수이다. 다음 두 상황에서 이들 모드가 겹친 빛의 전기장을 구하여 모드-잠금의 효과를 확인하라: (a) ϕ_m이 마구변수일 때, (b) $\phi_m \equiv 0$ 일때.

14.6 어떤 원자가 첫째 들뜬상태에서 바닥상태로 내려가면 파장 λ인 빛이 나온다. 그 원자가 한 변의 길이가 ℓ인 정육면체꼴 쇠 통 속에 있다. ℓ 값이 다음 범위 안에 있을 때 들뜬상태의 수명이 어떻게 될 것으로 예상하는가: $0<\ell<3\lambda/2$?

14.7 어떤 물질의 에너지 준위가 바닥상태 G 위로 A에서 F까지 여섯 개가 있고, 그 값은 다음과 같다: 2, 1.9, 1.7, 1.6, 1.1, 0.4 eV. 그림 14.25는 여러 가지 있음직한 전이의 시간상수를 ns 단위로 보여준다. 이 물질로 광펌핑 레이저를 만드는 방법을 제시하고, 펌핑 빛과 출력 빛의 파장을 구하라.

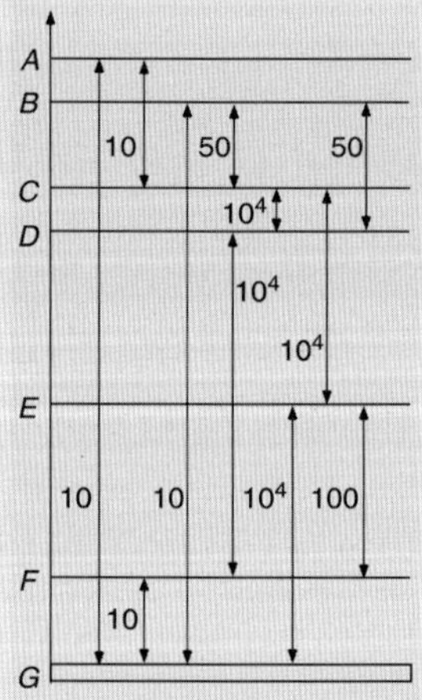

그림 14.25 레이저 매질의 에너지 준위 구조. 화살은 허용된 전이를 나타내고, 숫자는 붕괴시간으로 단위는 ns이다.

14.8 λ = 50 nm에서 작동하는 엑스선 레이저를 만들 때 마주치는 문제를 설명하라. 특히 공진기를 설계할 때 필요한 문턱 세기를 생각하라.

14.9 스펙트럼이 그림 14.17과 같은 레이저의 결맞음 함수는 무엇인가? 답을 그림 14.20과 비교하여라.

14.10 원자가 $\psi(t) = a_1(t)\exp(i\omega_1 t) + a_2(t)\exp(i\omega_2 t)$에 있는데 진동수 $\omega_1 - \omega_2$인 빛을 비출 때의 변화를 나타내는 슈뢰딩거 방정식을 써라. 이 방정식의 해는 세차운동하는 자기 스핀 벡터 (a_1, a_2)와 같은 꼴임을 보여라. [너무 수학적으로 복잡하게 다루지 말고 짧게 써라; 온전한 해는 다음 책을 보라: Loudon (2000); Mandel & Wolf (1995)].

14.11 EIT(§14.9)를 본 것에 대해 그럴듯한(하지만 틀린) 설명은 결합 레이저가 위쪽 띠의 밑준위에 원자를 채워 같은 준위로 전이하지 못하므로 탐지 레이저가 흡수되지 않는다는 것이다. 어떤 증거가 있으면 그 설명이 틀렸음을 알 수 있을까?

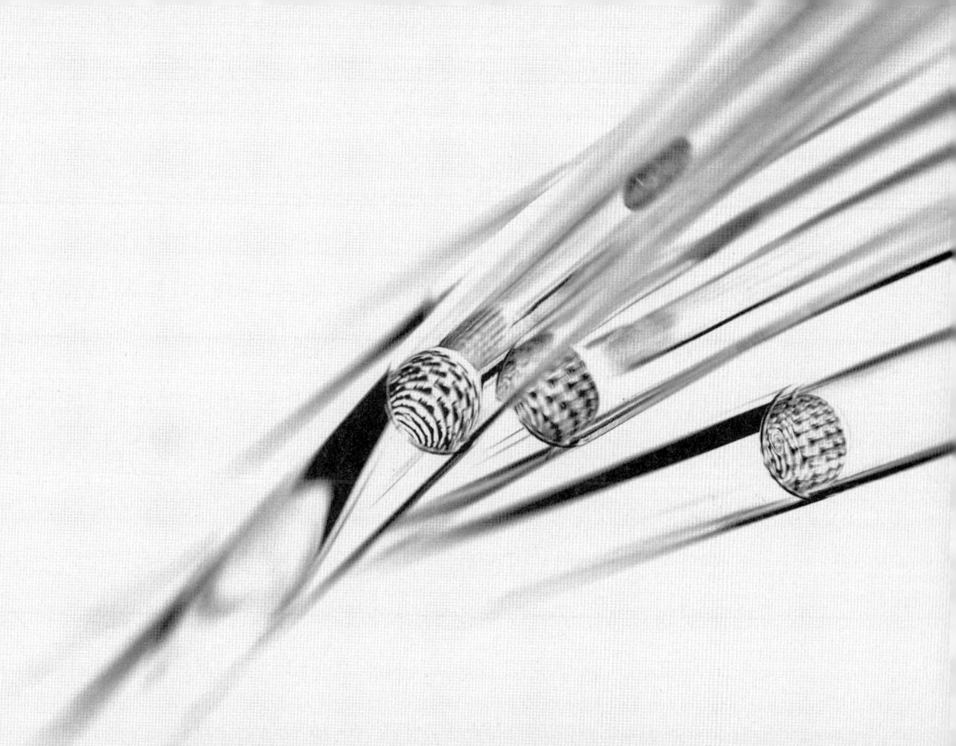

A 파동광학에서 쓰는 베셀 함수

베셀 함수가 파동광학에 나오는 까닭은 렌즈, 구멍, 거울 등의 많은 광학소자가 둥글기 때문이다. 베셀 함수가 여러 곳(예를 들어, §8.3.4, §8.7, §12.2, §12.6.4)에 나왔는데, (널려 있는 컴퓨터 때문에도 더) 그것을 잘 모를 것이므로 될 수 있으면 그것을 쓰지 않았다. 하지만 둥근 구멍의 프라운호퍼 회절무늬인 에어리 무늬에서 결국 만나는데, 이것은 수차가 없는 광학계의 회절한계 점 퍼짐 함수이다 (§12.2). 베셀 함수를 쓰는 또 다른 주제는 위상 함수의 푸리에 분석인데, 이때는 변환하는 함수의 지수에 위상이 들어있다. 그러한 상황은 음향광학 효과를 설명할 때, 사인함수꼴 압력파가 광학 투과 함수의 위상에 직접 영향을 준다.

여기에서는 초보적인 파동광학에 필요한 결과를 보여주겠다. 증명은 다음 책을 보라: G. N. Watson, *A Treatise on Bessel Functions* (1958).

A.1 베셀 함수의 공식

베셀 함수 $J_n(x)$에 대한 적분 형식에서 출발하는 것이 가장 좋다:

$$J_n(x) = \frac{1}{2\pi}\int_0^{2\pi} d\phi \exp[i(x\cos\phi + n\phi)] \tag{A.1}$$

이 함수의 모양은 그림 A.1과 같다. 전형적인 꼴은, $J_n(x)$은 $x = 0$에서 x^n처럼 시작하는데, $x > n\pi/2$가 되면 감쇠진동을 하여 다음 꼴이 된다: $\sim \frac{1}{\sqrt{x}}\cos\left[x - \left(n - \frac{1}{2}\right)\frac{\pi}{2}\right]$. 따라서 x가 아주 크면 번갈아서 코사인 및 사인 함수처럼 진동하는데, 위상이 $\pi/4$만큼 이동해 있다.

이 함수의 미분 및 적분 특성을 증명하려면, 급수 꼴로 나타내는 것이 좋다:

$$J_n(x) = \left(\frac{x}{2}\right)^n \sum_{j=0}^{\infty} \frac{(-1)^j}{j!(j+n)!}\left(\frac{x}{2}\right)^{2j} \tag{A.2}$$

이 식에서 $x \ll 1$이면 $\sim x^n$임을 쉽게 알 수 있다.

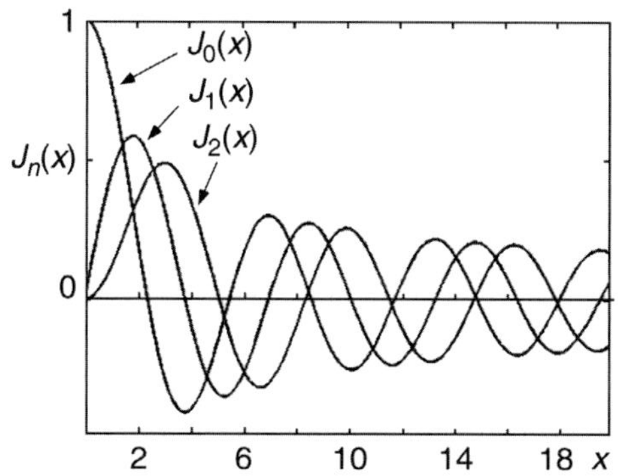

그림 A.1 $J_0(x)$, $J_1(x)$, $J_2(x)$

A.2 둥근 광학계의 프라운호퍼 회절

A.2.1 둥근 고리

0차 베셀 함수는 둥근 고리의 회절무늬이다. 고리의 안쪽 반지름은 a, 두께는 $\delta a \ll a$이다. 푸리에 변환은, (8.30)에 따라 다음과 같다:

$$F_0(\zeta, \phi) = \int_0^{2\pi} d\theta \int_a^{a+\delta a} \rho d\rho \exp[-i\zeta\rho\cos(\phi-\theta)] \quad (A.3)$$

대칭성에 의해 이것은 ϕ의 함수가 아니므로, $\phi = 0$으로 두면,

$$F_0(\zeta) = a\delta a \int_0^{2\pi} d\theta \exp(i\zeta\rho\cos\theta) = 2\pi a\delta a J_0(\zeta a) \quad (A.4)$$

이것은 문제 8.7(c)에서 얻게 될 회절무늬이고, 그림 A.2(b)의 가운데에서 볼 수 있다. 다음 문헌에서 아름다운 모습을 볼 수 있다: Harburn 등 (1975).

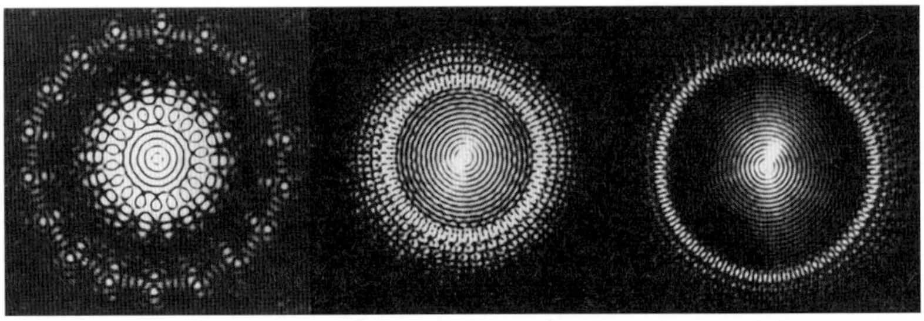

(a) (b) (c)

그림 A.2 둥근 구멍을 원둘레를 따라 등간격으로 늘어놓은 것의 프라운호퍼 회절무늬: (a) 18개, (b) 47개, (c) 72개. (b)와 (c)에서는 $J_0(\zeta a)$와 $J_m(\zeta a)$의 값이 뚜렷이 떨어져 있다.

A.2.2 둥근 구멍

둥근 구멍의 회절무늬는 (A.4)를 $a = 0$ 에서 $a = R$까지 적분하여 얻는다:

$$F_1(\zeta) = 2\pi \int_0^R ada\, J_0(\zeta a) = \frac{2\pi}{\zeta^2} \int_0^{R\zeta} \eta d\eta\, J_0(\eta) \tag{A.5}$$

(A.2)에서 다음을 쉽게 증명할 수 있다:

$$\int_0^\zeta dx\, x^{n+1} J_n(x) = \zeta^{n+1} J_{n+1}(\zeta) \tag{A.6}$$

이로부터 $n = 0$으로 두면 다음 결과를 얻는다:

$$F_1(\zeta) = 2\pi \frac{R}{\zeta} J_1(\zeta R) = 2\pi R^2 \frac{J_1(\zeta R)}{\zeta R} \tag{A.7}$$

선형 및 원형 광학계의 푸리에 변환은 비슷하다:

- 폭 $2R$인 실틈의 푸리에 변환은 $2R\dfrac{\sin(uR)}{uR}$
- 반지름 R인 둥근 구멍의 넓이는 $A = \pi R^2$이고, 푸리에 변환은 $2A\dfrac{J_1(\zeta R)}{\zeta R}$
- 폭이 w, 간격이 $2R$인 두 실틈의 푸리에 변환은 $2w\cos(uR)$

- 폭이 w, 반지름이 R인 둥근 고리의 푸리에 변환은 $2\pi w R\, J_0(\zeta R)$

따라서 대충 $J_1(x)$는 $\sin x$, $J_0(x)$는 $\cos x$를 대치함을 알 수 있다.

A.2.3 등간격으로 배열된 구멍

회절무늬의 아름다움 때문에 고차 베셀 함수를 보여주는 것도 가치가 있겠다. m개의 구멍을 둥글게 배열한 것은 얼추 다음 함수로 나타낼 수 있다:

$$f(\rho, \theta) = \left[1 + \cos\left(\frac{m\theta}{2\pi}\right)\right]\delta(\rho - a) \tag{A.8}$$

이것은 반지름 a인 원둘레를 따라 m개의 구멍이 등간격으로 늘어선 것이다. 이것의 푸리에 변환은 다음과 같다:

$$\begin{aligned} F_m(\zeta, \phi) &= \int_0^{2\pi} d\theta \left[1 + \frac{1}{2}\exp\left(i\frac{m\theta}{2\pi}\right) + \frac{1}{2}\exp\left(-i\frac{m\theta}{2\pi}\right)\right] \\ &\quad \times \exp[i\zeta a\cos(\phi - \theta)] \\ &= J_0(\zeta a) + \frac{1}{2}\int_0^{2\pi} d\theta \exp\left\{i\left[\zeta a\cos(\phi - \theta) + \frac{m\theta}{2\pi}\right]\right\} \\ &\quad + \frac{1}{2}\int_0^{2\pi} d\theta \exp\left\{i\left[-\zeta a\cos(\phi - \theta) - \frac{m\theta}{2\pi}\right]\right\} \\ &= J_0(\zeta a) + \cos\left(\frac{m\phi}{2\pi}\right)J_m(\zeta a) \end{aligned} \tag{A.9}$$

세기분포 $|F_m(\zeta, \phi)|^2$ 는 두 개의 항이 만드는데, m이 크면 거의 겹치지 않는다. 중심($\zeta a \sim 1$)에는 $\rho = a$에 있는 고리가 만드는 회절무늬 $J_0(\zeta a)$가 있다; ζ가 작은 곳에서는 낱낱의 구멍은 구별되지 않는다. 한편 $J_m^2(\zeta a)$은 $\zeta a < m\pi/2$이면 아주 약하지만 ζ가 커지면 진폭이 술면서 진동한다. 이 함수는 $\cos^2(m\phi/2\pi)$로 변조되는데, 이것은 원둘레를 따라가며 $2m$개의 봉우리를 만든다. 그림 A.2는 m = 18, 47, 72일 때의 회절무늬이다.

A.3 주기적 위상함수의 푸리에 변환

지금까지 설명한 예는 실수함수의 푸리에 변환으로, 축대칭 모양을 좌표변환하면서 베셀 함수가 나타났다. 이 절에서는 복소함수에서 위상이 주기적이어서 베셀 함수가 나타나는 예를 다룬다. 그러한 함수의 특징은 0차 베셀 함수가 작거나 때로는 0이 되는 것인데, 그 까닭은 위상이 다른 곳에 대한 적분이 서로를 지우기 때문이다. 이것은 음향광학 소자에서 소리가 만드는 사인함수꼴 위상격자(§8.7) 같은 것에서 나타난다 .

사인함수꼴 위상 함수 $f(x) = \exp[ia\cos(qx)]$ 의 푸리에 변환을 생각하자:

$$F(k) = \int_{-\infty}^{\infty} dx \exp[ia\cos(qx) - kx] \tag{A.10}$$

이것은 주기 $2\pi/q$인 주기함수이다. 따라서 이것의 변환은 $k = m \cdot q$ 마다 늘어선 델타함수 꼴이다. m차 회절점은 다음과 같다:

$$F(m) = \int_{-\infty}^{\infty} dx \exp[ia\cos(qx) - mqx] \tag{A.11}$$

피적분 함수가 주기 $2\pi/q$인 주기함수이므로, 적분구간을 한 주기만 잡아도 된다. 그러면 qx를 ϕ로 바꾸면 다음과 같다:

$$F(mq) = \frac{1}{q}\int_{0}^{2\pi} d\phi \exp[ia\cos(\phi) - m\phi] = \frac{1}{2\pi q} J_m(a) \tag{A.12}$$

그러므로 m차 회절적분의 진폭은 m차 베셀 함수에 비례하고, 위상의 진폭 a에서의 함수값이다. 예를 들어, 0차 회절이 0이 되게 위상의 진폭을 정하려면, $J_0(a) = 0$을 풀면 되고, 그 값은 표 A.1과 같다. 한편, 1차 회절이 최대가 되게 만들려면 위상의 진폭을 다음 방정식의 첫째 근으로 정하면 된다: $J'_1(a) = 0$.

[표 A.1] 처음 세 베셀함수 및 그것의 1계 도함수의 처음 세 근

차수 n	$J_n(x)$의 처음 세 근			$Jn'(x)$의 처음 세 근		
0	2.40	5.52	8.65	3.83	7.02	10.17
1	3.83	7.02	10.17	1.84	5.33	8.54
2	5.14	8.42	11.62	3.05	6.70	9.97

A.4 나선꼴 위상분포의 프라운호퍼 회절무늬

§5.9에서 파면이 나선 꼴인 빛을 소개했는데, 그 빛의 나선축이 $z = 0$을 따라가면, 각운동량을 실어 나른다. 다른 무엇보다, 그러한 빛의 세기분포는 고리모양으로서 축에서는 값이 0이 되는데, 이것은 어두운 솔리톤(§13.6.4)을 만들거나 STED 현미경(§12.6.4)에서 중심의 작은 점을 뺀 나머지 영역의 형광을 지우는데 쓴다. 파면 $f(r, \theta) = g(r)\exp(im\theta)$의 푸리에 변환 $F(\zeta, \phi)$는 (A.3)에 따라 베셀 함수를 써서 셈한다:

$$F(\zeta, \phi) = \int_0^{2\pi} d\theta \int_0^{\infty} rdr\, g(r)\exp(im\theta)\exp[i\zeta r\cos(\phi-\theta)] \qquad (A.13,14)$$

$$= \exp(im\phi)\int_0^{2\pi} d\theta \int_0^{\infty} rdr\, g(r)\exp[i\zeta r\cos(\phi-\theta) + im(\phi-\theta)]$$

$$= \exp(im\phi)\int_0^{\infty} rdr\, g(r) J_m(\zeta r)$$

원점 $x = 0$ 근처에서는 베셀 함수 $J_m(x)$를 급수전개하면 $(x/2)^m$ 꼴이되므로, $F(\zeta, \phi)$의 값은 위의 적분이 수렴할 때는 다음과 같다:

$$F(\zeta, \phi) \sim \exp(im\phi)\int_0^{\infty} rdr\, g(r)(\zeta r)^m \sim \zeta^m \qquad (A.15)$$

예를 들어, $g(r) = \exp(-ar)$ 또는 $g(r) = \exp(-ar^2)$이면 이 적분은 쉽게 구할 수 있다. STED 현미경에서는 가운데 구멍이 좁을수록 좋으므로 $m = 1$로 잡으면 세기분포가 포물선꼴이 된다: $F^2(\zeta) \sim \zeta^2$.

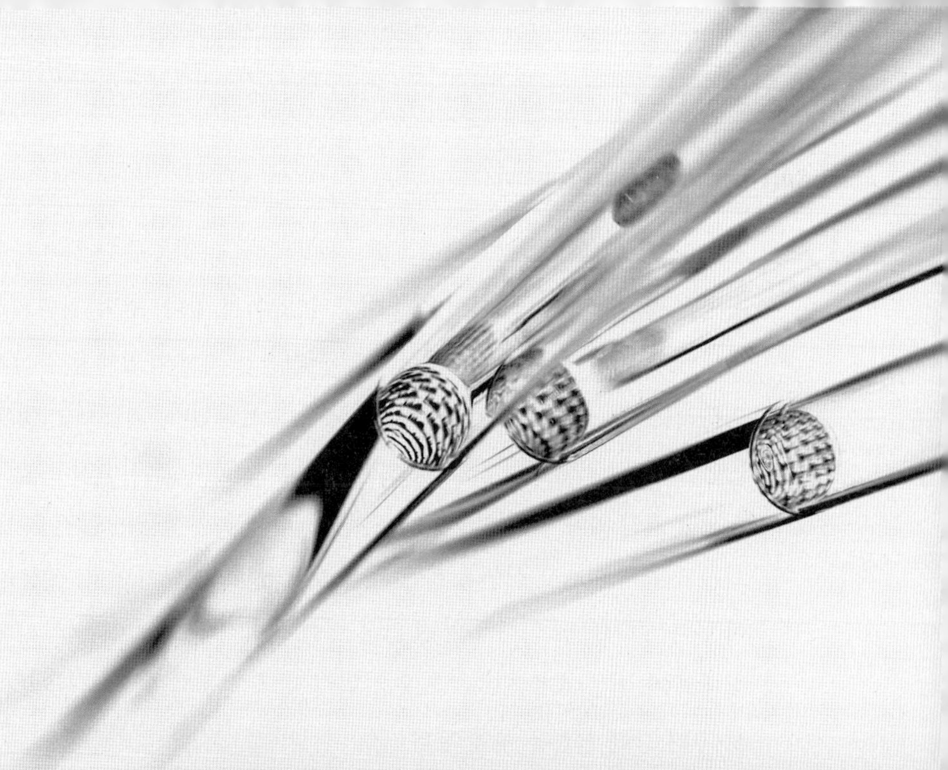

B 푸리에 광학 보여주기

광학은 강의할 때 여러 현상을 보여줄 수 있어서 좋다. 광학 실험의 여러 결과는 잘 보일 뿐 아니라 (오늘날에는 디지털 영상 기기와 기술을 써서 화면에 투영시켜 보여줄 수도 있다), 설명하려는 내용도 그림으로 보여주면 명확히 전달된다. 최근에는 몇몇 학교에서 이것을 써서 돈을 벌었고, 교수들이 가진 것보다 훨씬 좋은 장비를 써서 이상적인 조건에서 한 광학실험 영상을 팔고 있다. 그러한 영상도 쓸모는 있지만, 학생들이 훨씬 더 많이 배우려면 교수가 강의를 하면서 실제로 실험을 하는 것을 보고, 묻고 대답하면서, 실험의 어려움과 한계를 느껴야 한다. 그러한 느낌이 없다면 많은 실험이 시시해질 것이다. 심지어 교수가 실험을 하다가 실패하여, 청중에게 조언과 도움을 받아 결국 성공해도, 학생들의 기억에는 어떤 영상 상품보다 더 강한 인상을 주게 된다.

이 부록을 붙인 목적은 오랫동안 이 책에서 다룬 내용을 보여주면서 특히 가치 있다고 느낀 몇 가지 착상을 전달하려는 것이고, 싸고 쉽게 구할 수 있는 기기를 써서 준비할 수 있는 것으로 골랐다. 이 실험을 개발하고 보여주면서 우리도 즐거웠다는 말을 구태여 덧붙여야 할까?

B.1 바늘구멍 사진기로 하는 상관과 콘볼루션

기하광학에 따르면 델타함수꼴 바늘구멍이 뚫린 바늘구멍 사진기의 화면에는 물체와 똑같은 상이 생긴다. 바늘구멍이 델타함수가 아니고, 어떤 모양이면, 점퍼짐 함수는 그 모양을 투영한 꼴이 되며, 상은 그것과 정확한 상의 상관함수가 된다. 이 착상을 써서 상관과 콘볼루션을 보여준다.

그림 B.1은 이 착상을 1차원에서 기하학적으로 분석한 것이다. 그림 B.2의 장치는 이것을 강의실의 광학대에서 실현한 것으로 값이 양수인 두 실수함수 $f(x, y)$와 $g(x, y)$의 상관함수인 영상 $h(x, y)$가 나타나며, 이것을 써서 그림 4.11을 얻었다. 투영기에서 나오는 결맞지 않는 빛으로 A에 있는 반투명 판을 비추고, 그 곳에 마스크 $f(x, y)$를 붙여둔다. B에는 함수 $g(x, y)$를 나타내는 구멍난 판을 둔다. C는 거리 AB와 BC가 같게 잡아, 반투명 화면을 둔다. 평면 C에 생기는 빛의 세기분포 $h(x, y)$는 $f(x, y)$와 $g(x/2, y/2)$의 **상관함수** 또는

$f(x, y)$와 $g(-x/2, -y/2)$ 의 **콘볼루션**임을 보이겠다. 이것은 두 좌표축이 뒤집혀 나타나므로 사진기로 찍어 바르게 투영시키는 것이 더 좋다.

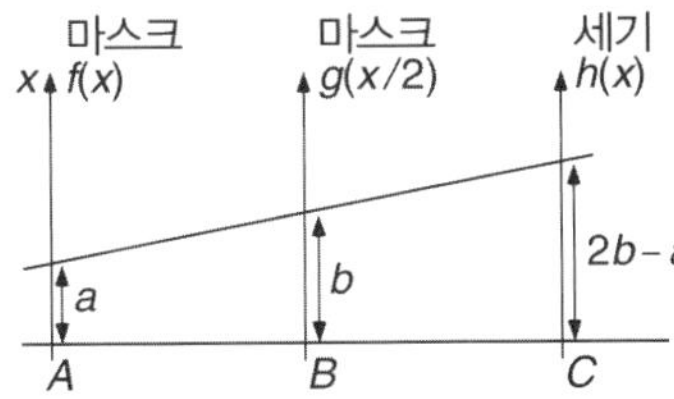

그림 B.1 상관장치의 기하학. $AB=BC$이다.

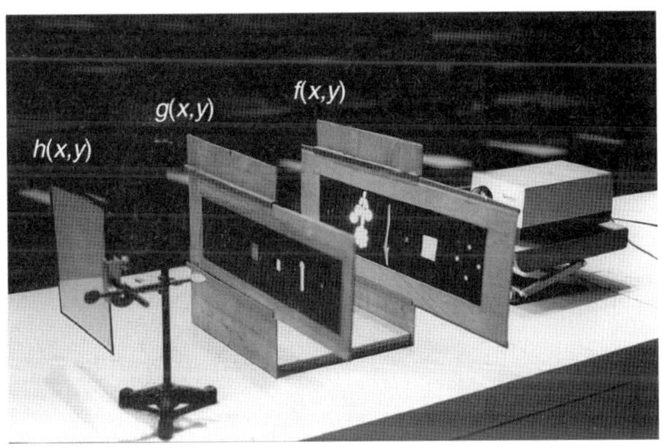

그림 B.2 상관장치

1차원에서는 그림에서 $f(x) = \delta(x - a)$이고 $g(x) = \delta(x - b)$이면 $h(x) = \delta(x + a - 2b)$이다. 또한, C에서의 점의 세기는 광원의 세기 f와 점 g의 투과도의 곱에 비례한다. 일반 함수는 델타함수의 합으로 나타낼 수 있고, 상관 연산은 결합법칙이 성립하므로, 다음 식은 일반적으로 맞다:

$$h(x) = \int dx' \, f(x' + x) g(x'/2) \tag{B.1}$$

그러므로 함수 $h(x)$는 $f(x)$와 $g_1(x) = g(x/2)$의 상관함수이다.

몇 가지 특별한 경우를 강조한다. 마스크 $f(x)$가 $g(x)$와 비슷하지만 크기가 반이면, 곧 $g(x/2) = f(x)$이면, $h(x)$는 $f(x)$의 **자체 상관함수**가 된다. 이것은 구멍을 몇 개 뚫어서 보여줄 수 있다 - 그림 4.11(f)에서 가운데 봉우리가 아주 밝음을 눈여겨보라 - 그리고 네모꼴 구멍과 같은 연속함수에 대해서도 보여줄 수 있다 - 그림 4.11(g). 둘째 경우에서 상이 점점 어두워지므로 (단면이 시옷자 모양이다) 비디오 사진기를 잘 맞추어야 한다. 둘째 함수를 원점에 대해 180도 돌려 $g(x, y)$의 좌표축이 이제 완전히 뒤집어지면, 두 함수의 콘볼루션을 얻는다. 중요한 시연은 1차원(회절격자)또는 2차원(결정) 주기적 격자를 이루는 작은 구멍(델타함수)과의 콘볼루션을 보여주는 것이다.

이 장치를 꾸밀 때 빛살이 퍼지는 각도가 크므로 빛을 사방으로 고르게 퍼뜨리는 반투명 화면을 쓰는 것이 중요하다. 그렇지 않으면 각도 효과 때문에 분석이 복잡해진다.

B.2 프라운호퍼 회절

프라운호퍼 회절을 보여주는 장치는 애초에 결정구조 분석(Taylor & Lipson, 1964)에서 시작되었고 그 때는 수은 아크등을 광원으로 썼다. 지금은 λ = 633 nm인 헬륨-네온 레이저를 쓸 수 있으므로 실험실에서 회절 및 공간 여과기 효과를 보여주는 것이 아주 쉬워졌고, 영상을 비디오 사진기나 디지털 사진기로 담아 액정 투영기로 비추어 모든 학생들에게 보여줄 수 있다.

B.2.1 광학 벤치

여기에서는 회절무늬를 보여주고자 개발한 그림 B.3과 같은 광학벤치를 설명한다. 광원으로는 일률이 낮은(1 mW) 레이저를 쓴다. 이 정도의 일률이면 눈에 곧바로 들어가도 아주 오래 보지 않으면 망막이 상하지 않으므로 교실에서 쓰기에 안전하다. 렌즈 $L_1(F \approx -50$ mm)와 $L_2(F \approx 250$ mm)를 써서 레이저 빔을 굵게 만들어 지름이 약 8 mm가 되게 한다. 그러면 어느 정도 괜찮은 회절 마스크를 쓸 수 있다. 강의실에서 보여줄 때는, 바늘구멍 필터를 써서 레이저 빔을 깨끗하게 만들어야 한다. 그러면 장치가 섬세해져서 자주 맞추어야 한다. 전형적인 마스크는 지름 0.5 mm인 둥근 구멍으로, 마스크-화면 거리를 5 m로 두면 에어리 원반의 첫째 고리의 반지름은 약 7 mm로 다소 작다. 그러므로 렌즈 L_3와 L_4 두장을 묶어 망원 사진기 렌즈(§3.6.4)로 만들어 세배쯤 키운 상을 보여준다. 이렇게 하면 유효 초점거리는 늘어나지만 장치의 전체 길이는 더 짧아진다. 광학계의 초점을 잘 맞추려면, 롱키(Ronchi) 격자(네모꼴 함수 격자) 같은 것을 마스크로 써서 회절점이 잘 생기는 곳을 초평면으로 잡는다.

비디오 사진기를 쓰면 강의실을 어둡게 하지 않고도 회절무늬를 학생들에게 잘 보여줄 수 있다. 회절무늬의 지름은 약 20 mm쯤 되는데, 조명들을 가린 반투명 화면에 투영하면 근접 렌즈를 단 비디오 사진기로 쉽게 찍을 수 있다. 이것은 또한 반점 효과도 줄여준다.

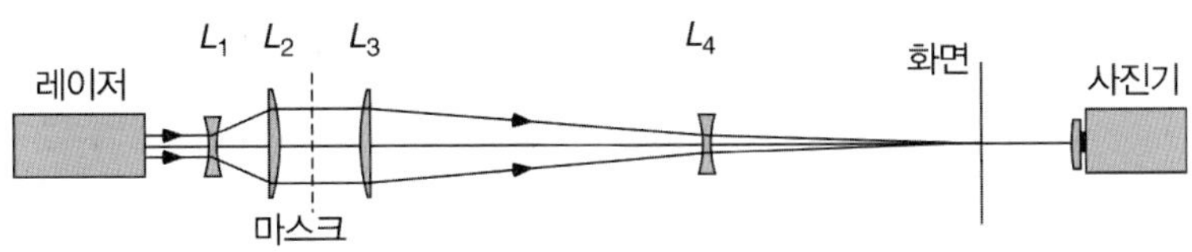

그림 B.3 망원렌즈를 단 회절무늬 시연 장치

B.2.2 프라운호퍼 회절무늬를 보여줄 물체

회절무늬를 볼 마스크는 지름이 약 8 mm가 되게 만들어야 한다. 가장 좋은 것은 쓰지 않은 사진필름(엑스선 필름이 더 두꺼워서 더 좋다), 두꺼운 검은 종이, 알미늄 포일(약 0.1 mm) 등이다. 축도기를 써서 마스크를 만드는 방법도 있다: Taylor & Lipson (1964). 컴퓨터 천공카드에 난 네모꼴 구멍은 구멍 하나 또는 여러 개의 회절무늬를 보는데 좋은 재료이다. 세모꼴, 네모꼴, 타원꼴 등의 모양도 만들 수 있다 [그림 B.4(a)]. 구멍을 여러 개 낸 마스크의 회절무늬도 멋진데, 대칭성이 있으면 특히 더 멋지다 – 예를 들어 바늘구멍을 둥글게 배열한 것이 그렇다 (그림 A.2). 특히 원둘레를 따라 배열한 구멍의 수가 홀수일 때와 짝수일 때를 살펴보라 [그림 8.20과 B.4(b)]. 그렇지만, 대칭성을 잘 맞추려면 구멍의 위치를 아주 정확하게 맞추어야 한다.

마스크를 움직이면서 보여주면 특히 인상적인데, 그림 B.4(c)-(h)는 그것의 예이다:

(c) 구멍의 간격이 회절무늬에 주는 효과는 간격이 변화하는 두 실틈을 써서 보여줄 수 있다. 이것은 가늘고 긴 실틈 두개를 나란하지 않게 만들고, 폭이 좁은 틈을 두 실틈과 거의 직교하게 세워 밀어 두 실틈의 일부만 드러나게 한다.

(d) 마찬가지로, 기다란 쐐기꼴 실틈 두개를 나란히 두어 간격은 일정하지만 실틈의 폭은 달라지게 하면서 회절무늬를 본다.

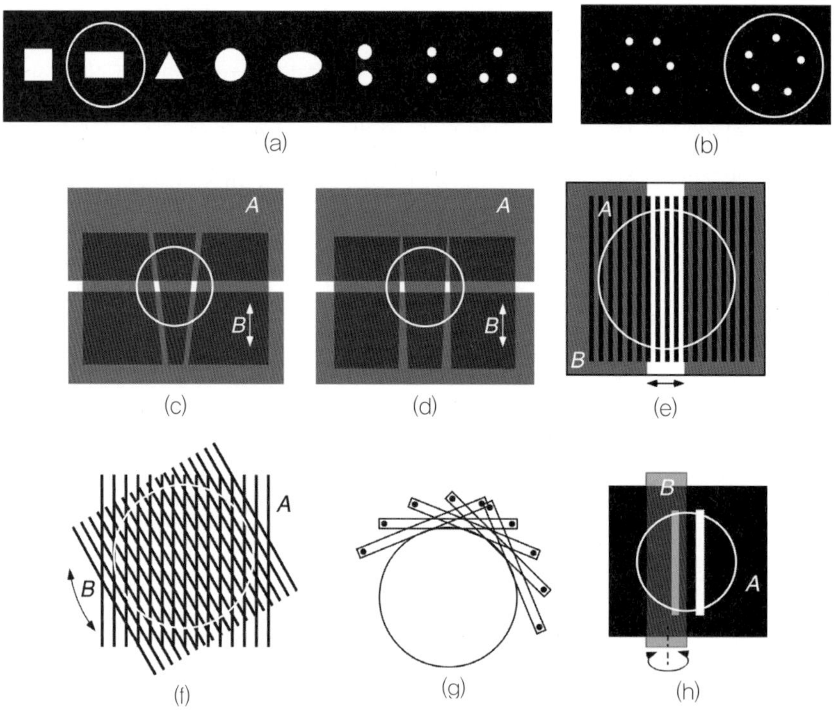

그림 B.4 망원회절 마스크. 원은 빔의 지름을 나타냄. (a) 갖가지 모양의 구멍. (b) 그림 8.20에서 홀수 및 짝수 축 대칭성을 보여주는 마스크. (c) B가 A 위로 미끄러지면 실틈 간격의 효과를 봄. (d) B가 A 위로 미끄러지면 실틈 폭의 효과를 봄. (e) 실틈 B의 폭이 바뀌면 그 속에 든 A의 실틈의 수가 달라짐. (f) 역격자: 두 격자의 교차각을 바꾸면 2차원 구멍 배열이 달라짐. (g) 조리개 판은 실제로는 다각형인데, 이것을 쓰면 실공간과 역 공간의 축척관계를 보여줄 수 있다. (h) 현미경용 덮개 유리로 두 실틈 가운데 하나를 덮어 위상변화의 효과를 보여준다.

(e) 롱키 격자 위에 폭을 바꿀 수 있는 틈을 덮으면 나란히 있는 실틈 1, 2, ⋯, n개의 회절무늬의 변화를 볼 수 있다 (그림 8.17). 이것은 특히 가치가 있는데, 두 마스크의 투과함수를 곱한 것의 회절무늬가 나타나고, 그 모양이 두 회절무늬의 콘볼루션임을 확실히 볼 수 있기 때문이다 (특히 폭을 바꿀 수 있는 틈이 롱키 격자와 나란하지 않을 때 더 잘 알 수 있다).

(f) 주기가 다른 롱키 격자 두 장을 겹치면 역격자를 보여줄 수 있다. 두 격자는 꼭 맞닿지 않아도 된다. 먼저 롱키 격자 한 장의 회절무늬를 보여준 다음, 둘째 격자를 그 위에 얹어 §4.8에서 설명한 콘볼루션을 보여준다. A와 B의 교차각을 바꾸면 생기는 격자의 간격이 바뀌므로 그 효과도 쉽게 보여줄 수 있다.

(g) 실공간과 역공간의 눈금이 반비례하는 것은 지름이 다른 구멍의 회절무늬를 비교하여 보여줄 수 있지만, 조리개를 쓰면 더 생생하다. 조리개는 실제로는 다각형으로 이루어지지

만 눈에 잘 띄지 않는다.

(h) 두 실틈의 위상차의 효과는 한쪽 실틈을 얇은 유리(현미경 덮개 유리)로 덮어 보여줄 수 있다. 유리판 면을 기울이면 위상차를 연속적으로 바꿀 수 있다.

바비네 원리는 두꺼운 도선(예: 지름 1.5 mm인 도선)과 폭이 같은 실틈을 써서 보여줄 수 있다. 그렇지만, 그림 8.11과 같은 보상 물체를 쓰는 것이 더 설득력이 있다.

위상 마스크를 만드는 방법은 여러 가지다. 물론 사진 필름으로 만들어 표백을 할 수도 있지만 시간이 걸린다. 더 간단한 방법은 얇게 떼어낸 운모조각과 덮개유리를 써서 만들 수 있고, 그것을 기울이면 위상차를 연속적으로 바꿀 수 있다. (예를 들어, 위상차 결상을 보여주는) 세밀한 모양이 있는 위상물체는 현미경 슬라이드 유리에 투명한 풀을 발라 만들 수 있다. 지문도 좋은 위상물체이다. 블레이즈 회절격자도 쉽게 구할 수 있다. 촛불 위의 뜨거운 공기는 변화하는 위상물체로서 그림자 결상을 보여주는데 아주 좋다.

B.2.3 공간 여과

위의 장치를 조금 고치면 아베 결상 이론과 푸리에 평면에서의 공간 여과 효과를 보여줄 수 있다 (그림 B.5). 레이저 빔을 L_1과 L_2를 써서 굵게 부풀려 슬라이드 유리 위의 물체에 비추고, 그것을 지나온 빛을 푸리에 평면 위의 점 P에 모은다. 푸리에 평면에는 회절무늬가 나타나고, 그곳에 필터를 끼운다. 빛살 가르개 BS는 P 바로 뒤에 두며, 걸러낸 푸리에 변환은 렌즈 L_5를 써서 화면에 상을 만든다. 이것은 망원사진 렌즈를 써서 꾸며야 눈으로 볼 수 있을 만큼 크게 나타난다. 실제로는 조건이 어긋나는데, 망원렌즈를 써야만 풀 수 있다. 한편으로는 큰 물체를 써야 상도 커진다. 하지만, 그러면 회절무늬가 작아져서 공간 여과 작업이 복잡해진다. 다른 한편, 물체가 작고 미세한 부분이 있으면 이 문제가 풀리지만, 재결상 렌즈는 P 뒤에만 놓을 수 있으므로 크게 확대된 상을 만들 수 없다. 망원렌즈를 써서 주요면 하나를 물체 마스크에 가깝게 두면 문제가 풀린다.

그림 12.6은 붕대천 조각의 상의 공간 여과법을 보여주는 포터(Porter)의 실험 장치인데, 이러한 장치를 썼다. 푸리에 평면에 끼운 공간 여과기에는 조리개를 두어 분해능을 보여주고, 도선, 실틈, 그리고 다른 구멍을 두어 회절점을 골라서 걸러낼 수 있게 한다. 이들을 회절무늬 위에 위치를 정확히 맞추어 두어야 하므로 필터를 표준 현미경 미끄럼대의 크기에 맞는

틀 속에 넣고, 현미경 시료대를 써서 x-y쪽 위치를 맞추는 것이 좋다.

위상차 기법도 같은 장치에서 위상 물체를 써서 보여줄 수 있다. 어두운-시야 결상법은 슬라이드 유리에 검은 점을 찍어 0차 회절점을 막으면 쉽게 보여줄 수 있고, 그림자 결상법은 면도날을 써서 푸리에 변환의 반을 가리면 된다. 원리적으로는 투명한 셀룰로이드 판에 작은 구멍을 뚫은 것을 필터로 쓰면 위상차 결상을 보여줄 수 있지만, 그 결과가 그렇게 좋지는 않다!

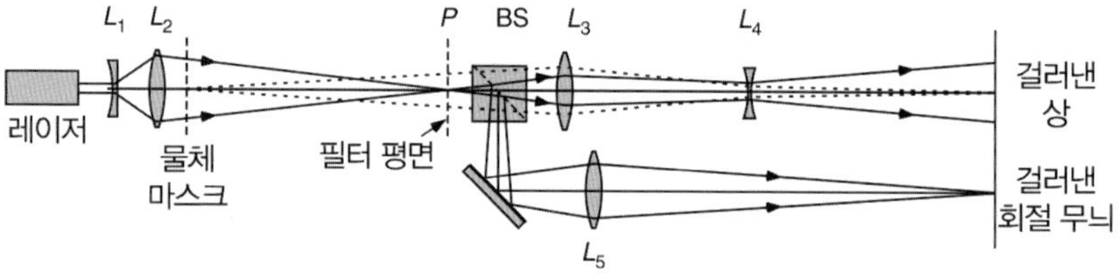

그림 B.5 공간 여과법을 보여주는 회절상 처리 장치

B.3 프레넬 회절

프레넬 회절 무늬는 프라운호퍼 장치를 초점을 맞추지 않으면 나타나지만(그림 B.3), 교육상 회절 렌즈 L_3와 L_4를 완전히 들어내는 것이 더 좋다. 그 다음에는 퍼져가는 레이저 빔 속에 회절물체를 두고 그 그림자를 화면에 투영한다. 들어오는 빛을 평면파($z_1 = \infty$)로 만들어야 물체를 광학 벤치를 따라 밀면 z만이 변하게 된다. 구멍 가장자리의 회절을 피하려면 마스크를 금속이 아닌 사진필름 등으로 만들고 검게 칠하는 것이 좋다.

회절 물체로는 둥근 구멍, 날카로운 날, 실틈, 검은 띠 등 여러 가지를 쓸 수 있다. 맨 끝에는 영의 실험을 재현하는데, 그 결과는 그림 1.2와 같다. 특히 인상적인 것은 검은 원반의 그림자의 중심에 프레넬-아라고 밝은 점이 생기는 것인데, 이것은 지름 약 5 mm인 원반을 써서 쉽게 보여줄 수 있다. 그것을 슬라이드 유리에 붙이거나 가는 도선에 매달아 두는데, 밝은 점에는 영향이 거의 없다 (그림 1.3). 이 때는 비디오 사진기를 쓰는 것이 중요한데, 사진기의 비선형 반응을 써서 아주 작은 밝은 점의 가운데를 포화시키면 테두리가 더 잘 보인다.

프레넬 고리판이 빛을 모으는 특성도 이 장치를 써서 보여줄 수 있다. 고리판은 그림 7.6과 같은 모양을 명암비가 큰 필름에 사진 찍는데, 초점거리가 약 20 cm쯤 되도록 배율을 맞춘다. 보통 1차에서 3차 초점까지 볼 수 있다.

B.4 간섭계측법

B.4.1 박막 간섭과 뉴턴 고리

박막 간섭 효과를 보는 간단한 투영 장치에서는 밝은 흰빛 광원(할로겐 등)에 집광렌즈를 달아 빛을 모아 물체에 비춘다. 물체에서 반사된 빛을 렌즈로 모아 화면에 비춘다 [그림 B.6(a)]. §3.3.3에 따르면 시야를 최대로 키우려면 집광렌즈는 광원의 상을 투영렌즈에 만들게 한다. 물체는 박막의 간섭무늬를 보려면 비눗물막을 쓰면 좋다. (결상 렌즈가 만드는 상은 뒤집히므로 비눗물이 위로 흐르는 것처럼 보인다!) 뉴턴 고리는 평유리와 초점거리가 긴 구면렌즈를 써서 같은 장치로 볼 수 있다. 여기에서 흰빛 광원이 중요한 까닭은 색깔이 선명하게 나타나기 때문이다.

B.4.2 마이컬슨 간섭계

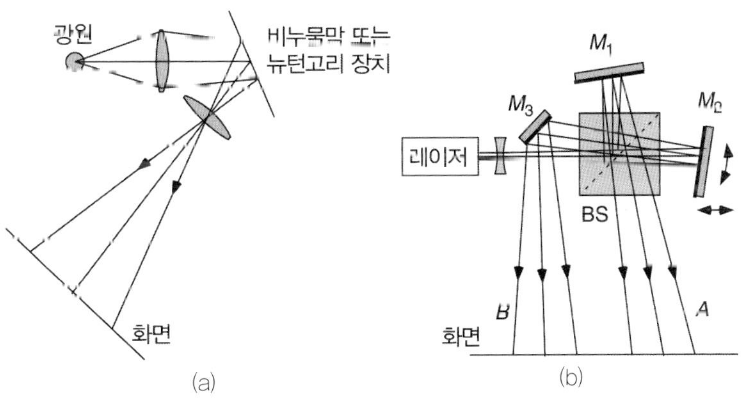

그림 B.6 간섭계측법: (a) 박막간섭 또는 뉴턴 고리를 보여주는 장치; (b) 마이컬슨 간섭계. A와 B에 생기는 간섭무늬가 서로 보완적임을 볼 수 있다.

간단한 마이컬슨 간섭계 [그림 B.6(a)]는 A와 B 쪽에 생기는 간섭무늬가 서로 보완적임을 쉽게 볼 수 있다. 우리는 사방 30 cm인 합판 위에 나사로 단단히 고정한 0.5 mW 헬륨-네온 레이저를 포함하여 일체를 만들었다. 레이저 바로 앞에 작은 오목렌즈를 두어 빔을 퍼뜨렸다. 이것은 간섭무늬가 잘 보일만큼 역학적 안정성이 좋다. 거울은 기울기를 조절할 수 있게 꾸며야 하고, 한쪽 거울은 앞뒤로 움직일 수 있어야 한다.

B.5 구멍 합성

구멍 합성을 보여주는 장치는 캐임브리지 대학의 윌슨(D. Wilson)과 볼드윈(J. Baldwin)이 개발했는데, 다음과 같이 작동한다 (Lawson 등, 2002). 결맞지 않는 광원(작은 백열등)에서 나오는 빛으로 작은 구멍이 두개 뚫린 물체 마스크를 비춘다. 두 구멍으로 나오는 빛은 쌍둥이 별을 나타낸다. 이것을 볼록렌즈로 받아 한없이 먼 곳에 투영한다 (그림 B.7). 그것을 렌즈와 CCD 사진기로 꾸민 망원경으로 보아 그 상을 화면장치로 본다.

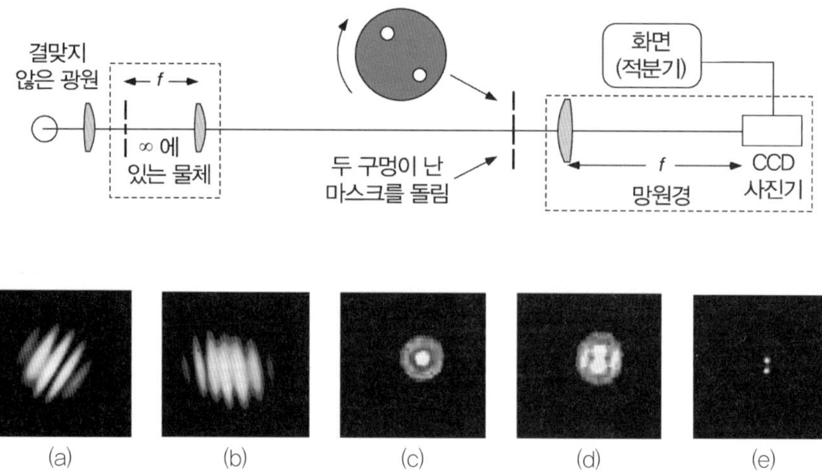

그림 B.7 구멍 합성법을 보여주는 장치. 위쪽 그림: 마스크는 출력을 결맞게 결합하는 한 쌍의 수신기를 시늉낸다. 그것의 회전은 지구 자전을 시늉내고, 관찰자의 눈이 상을 적분하게 빨리 돌려야 한다. 아래쪽 그림은 실험 결과이다. (a)와 (b) 외별과 쌍둥이 별이 만드는 간섭무늬. (c)와 (d) 외별과 쌍둥이 별의 합성 상. (e) 쌍둥이 별의 합성상의 콘볼루션을 벗긴 것.

이제 마스크를 망원경 렌즈 앞에 둔다. 마스크에는 구멍이 두개 나 있는데, 기선만큼 떨어진 두 개의 망원경에 해당한다. 낱낱의 별에서 오는 빛의 결맞음 반지름 r_c가 마스크에 있는 두 구멍의 거리보다 길면, 광원의 상인 영의 간섭무늬 두 개가 겹쳐진 간섭무늬가 된다 [그림 B.7(b)]. 이제 마스크를 그 평면 안에서 돌리면 그것은 지구가 자전하는 동안 자료를 모으는 것에 해당한다. 화면장치는 간섭무늬를 적분하여 쌍둥이 별의 상이 화면에 나타나는데, 그것은 얼추 푸리에 합성과 비슷하다.

이 시연을 처음 보았을 때는 렌즈가 없었는데, 그래도 좋은 결과가 나온 까닭은 가까운 곳인데도 두 광원의 간섭무늬가 영의 간섭무늬로 나타났기 때문이다. 그렇지만, 렌즈를 쓰지 않으면, 마스크의 회전축이 두 구멍의 중간점과 맞아야만 광원의 상이 나타난다. 그 까닭은 가까운 곳에서는 간섭무늬가 공간 불변이 아니기 때문이다. 렌즈를 쓰면 정렬을 조금 틀어져도 된다.

영상을 비디오 파일로 저장하면, 나중에 연구실에서 처리할 수 있다: 기선의 조건을 여러 가지로 바꾸면서 결과를 모으고, 간섭무늬의 배경을 지운 다음, 참된 구멍 합성을 보일 수 있고 (Labeyrie 등, 2006) 점광원의 상을 써서 콘볼루션을 벗겨낼 수도 있다 [그림 B.7(c)-(e)].

참고문헌

1장

Einstein, A., Podolsky, B. and Rosen, N. (1935), Can a quantum-mechanical description of physical reality be considered complete?, *Phys. Rev.* **47**, 777.

Ewald, P. P. (1962), *Fifty Years of X-ray Diffraction*, Utrecht: Oosthoek.

Magie, F. W. (1935), *A Source Book in Physics*, New York: McGraw-Hill.

Segre, E. (1984), *From Falling Bodies to Radio Waves: Classical Physicists and their Discoveries*, New York: Freeman.

2장

Beaulieu, J.-P., Bennett, D. P., Fouque, P. *et al.* (2006), Discovery of a cool planet of 5.5 Earth masses through gravitational microlensing, *Nature* **439**, 440.

Brillouin, L. (1960), *Wave Propagation and Group Velocity*, New York: Academic Press.

Huchra, J., Gorenstein, M., Kent, S. *et al.* (1985), *Astron. J.* **90**, 691.

King, L. J., Jackson, N., Blandford, R. D. *et al.* (1998), A complete infrared Einstein ring in the gravitational lensing system B1938+666, *M. Not. R. Astron. Soc.* **295**, L41-44.

Paczyń.ski, B. and Wambsganss, J. (1993), Gravitational microlensing, *Physics World* **6**(5), 26.

Singh, S. (2004), *The Big Bang*, New York: Harper Collins.

3장

Kingslake, R. (1983), *Optical System Design*, Orlando, FL: Academic Press.

Smith, W. J. (2008), *Modern Optical Engineering: The Design of Optical Systems*, 4th edn., New York: McGraw-Hill.

Welford, W. T. (1986), *Aberrations of Optical Systems*, Bristol: Adam Hilger.

Welford,W. T. andWinston, R. (1989), *High Collection Nonimaging Optics*, San Diego, CA: Academic Press.

4장

Bracewell, R. N. (1986), *The Hartley Transform*, Oxford: Oxford University Press.

Brigham, E. O. (1988), *The Fast Fourier Transform and its Applications*, Englewood Cliffs, NJ: Prentice-Hall International.

Caola, M. J. (1991), Self-Fourier functions, *J. Phys. A* **24**, 1143.

Collin, R. E. (1991), *Field Theory of Guided Waves*, 2nd edn., New York: IEEE.

Combes, J. M., Grossman, A. and Tchamitchian, Ph. (1990), *Time-frequency Methods and Phase Space*, Berlin: Springer.

Prestini, E. (2004), *The Evolution of Applied Harmonic Analysis: Models of the Real World*, Boston: Birkhauser.

Villasenor, J. and Bracewell, R. N. (1987), Optical phase obtained by analogue Hartley transformation, *Nature* **330**, 735.

Walker, J. S. (1988), *Fourier Analysis*, New York: Oxford University Press.

5장

Altman, C. and Suchy, K. (1991), *Reciprocity, Spatial Mapping and Time Reversal in Electromagnetics*, Dordrecht: Kluwer.

Ashkin, A. (1970), Acceleration and trapping of particles by radiation pressure, *Phys. Rev. Lett.* **24**, 156.

Born, M. and Wolf, E. (1999), *Principles of Optics*, Cambridge: Cambridge University Press.

Franklin, J. (2005), *Classical Electromagnetism*, San Francisco: Pearson/Addison- Wesley.

Grant, I. S. and Phillips, W. R. (1990), *Electromagnetism*, Chichester: Wiley.

Jackson, J. D. (1999), *Classical Electrodynamics*, New York: Wiley.

Padgett, M. and Allen, L. (2000), Light with a twist in its tail, *Contemp. Phys.* **41**, 275.

Pendry, J. B. (2000), Negative refraction makes a perfect lens, *Phys. Rev. Lett.* **85**, 3966.

Rotschild, C., Zommer, S., Moed, S., Hershcovitz, O. and Lipson, S. G. (2004), An adjustable spiral wave plate, *Appl. Opt.* **43**, 2397.

Shelby, R. A., Smith, D. R. and Schultz, S. (2001), Experimental verification of a negative index of refraction, *Science* **292**, 77.

Smith, D. R., Padilla, W. J., Vier, D. C., Nemat-Nasser, S. C. and Schultz, S. (2000), Composite medium with simultaneously negative permeability and permittivity, *Phys. Rev. Lett.* **84**, 4184.

Sokolov, A. V. (1960), *Optical Properties of Metals*, London: Blackie.

Veselago, V. G. (1968), The electrodynamics of substances with simultaneously negative values of *and μ*, *Sov. Phys. Uspekhi* **10**, 509.

Wille, K. (1991), Synchrotron radiation sources, *Rep. Prog. Phys.* **54**, 1005.

Zeilinger, A. (1981), General properties of lossless beamsplitters in interferometry, *Am. J. Phys.* **49**, 882.

6장

Azzam, R. M. A. and Bashara, N. M. (1989), *Ellipsometry and Polarized Light*, 2nd edn., North Holland: Amsterdam.

Berry,M.V., Bhandari, R. and Klein, S. (1999), Black plastic sandwiches demonstrating biaxial optical anisotropy, *Eur. J. Phys.* **20**, 1.

Born, M. and Wolf, E. (1999), *Principles of Optics*, 7th edn., Cambridge: Cambridge University Press.

Budden, K. G. (1966), *Radio Waves in the Ionosphere*, Cambridge: Cambridge University Press.

Derochette, J. M. (2008), http://jm-derochette.be/conoscopy.htm.

Golubchik, D., Polturak, E., Koren, G. and Lipson, S. G. (2009), A high resolution magneto-optical system for imaging of individual magnetic flux quanta, *Optics Express* **17**, 16160.

Jacob, Z., Alexseyev, L. V. and Narimanov, E. (2006), Optical hyperlens: far-field imaging beyond the diffraction limit, *Optics Express* **14**, 8247.

Lee, H., Liu, Z., Xiong, Y., Sun, C. and Zhang, X. (2007), Development of optical hyperlens for imaging below the diffraction limit, *Optics Express* **15**, 15886.

Tompkins, H. A. (2006), *A User's Guide to Ellipsometry*, New York: Dover.

Yariv, A. (1989), *Quantum Electronics*, New York: Wiley.

7장

Bohren, C. F. (1983), *Absorption and Scattering of Light by Small Particles*, NewYork:Wiley.

Born, M. and Wolf, E. (1999), *Principles of Optics*, 7th edn., Cambridge: Cambridge University Press.

Larabell, C. A. and Le Gros, M. A. (2004), X-ray tomography generates 3-D reconstructions of the yeast, *Saccharomyces cerevisiae*, at 60 nm resolution, *Mol. Biol. Cell* **15**, 957.

Niemann, B., Sarafis, V., Rudolph, D., Schmal, G., Meyer-Ilse, W. and Gutmann, P. (1986), X-ray microscopy with synchrotron radiation at the electron storage ring BESSY in Berlin, *Nucl. Instrum. Methods Phys. Res.* **A246**, 675.

Saleh, B. E. A. and Teich, M. C. (1991), *Fundamentals of Photonics*, New York:Wiley.

Siegman, A. E. (1986), *Lasers*, Sausalito, CA: University Science Books.

Unger, P., Bogli, V., Beneking, H., Niemann, B. and Guttmann, P. (1987), X-ray microscope images with Fresnel zone plates fabricated by electron beam nanolithography, *Microelectron. Eng.* **6**, 565.

van de Hulst, H. C. (1984), *Scattering of Light by Small Particles*, New York: Dover.

8장

Barrett, T. K. and Sandler, D. G. (1993), Artificial neural network for determination of Hubble Space Telescope aberration from stellar images, *Appl. Opt.* **32**, 1720.

Born, M. and Wolf, E. (1999), *Principles of Optics*, Cambridge: Cambridge University Press.

Bragg, W. L. (1975), *The Development of X-ray Analysis*, eds. D. C. Phillips and H. Lipson, London: Bell.

Cowley, J. M. (1995), *Diffraction Physics*, Amsterdam: North Holland.

Fienup, J. R. (1982), Phase retrieval algorithms: a comparison, *Appl. Opt.* **21**, 2758.

276 Fraunhofer diffraction and interference Fienup, J. R., Marron, C. J., Schultz, T. J. and Selden, J. H. (1993), Hubble Space Telescope characterization by using phase retrieval algorithms, *Appl. Opt.* **32**, 1747.

Gershberg, R.W. and Saxton,W. O. (1972), A practical algorithm for the determination of phase from image and diffraction plane pictures, *Optik*, 35, 237.

Hauptman, H. A. (1991), The phase problem of X-ray crystallography, *Rep. Prog. Phys.* **54**, 1427.

Korpel, A. (1997), *Acousto-Optics*, New York: Marcel Dekker.

Lipson, H. S. (1970), *Crystals and X-rays*, London: Wykeham Publications.

Misell, D. L. (1973), An examination of an iterative method for the solution of the phase problem in optics and electron optics: I, II, *J. Phys. D: Appl. Phys.* **6**, 2200 and 2217.

Shapiro, D. *et al.* (2005), Biological imaging by soft x-ray diffraction microscopy, *PNAS* **102**, 15343.

Squires, G. L. (1996), *Introduction to the Theory of Thermal Neutron Scattering*, New York: Dover.

Taylor, C. A. and Lipson, H. (1964), *Optical Transforms*, London: Bell.

Thibault, P., Dierolf, M., Menzel, A. *et al.* (2008), High-resolution scanning X-ray diffraction microscopy, *Science* **321**, 379.

Watson, J. D. (1968), *The Double Helix*, Harmondsworth: Penguin.

Woolfson, M. M. (1971), Direct methods in crystallography, *Rep. Prog. Phys.* **34**, 369.

Yariv, A. (1991), *Optical Electronics*, Philadelphia: Holt, Reinhart and Winston.

9장

Abbott, B. *et al.* (2009), The Laser Interferometer Gravitational Wave Observatory, *Rep. Prog. Phys.* **72**, 076901.

Berry, M. V. (1984), Quantal phase factors accompanying adiabatic changes, *Proc. R. Soc. London* A **392**, 45.

Berry, M. V. (1987), Interpreting the anholonomy of light, *Nature* **326**, 277.

Chiao, R. Y., Antaramian, A., Ganga, K. M., Jiao, H. and Wilkinson, S. R. (1988), Observation of a topological phase by means of a non-planar Mach–ehnder interferometer, *Phys. Rev. Lett.* **60**, 1214.

Chow, W. W., Gea-Banacloche, J., Pedrotti, L. M. *et al.* (1985), The ring laser gyro, *Rev. Mod. Phys.* **57**, 61.

Hariharan, P. (2003), *Optical Interferometry*, San Diego: Academic Press.

Hariharan, P. (2007), *Basics of Interferometry*, Amsterdam: Elsevier.

Hutley, M. C. (1982), *Diffraction Gratings*, London: Academic Press.

Lefèvre, H. (1993), *The Fiber-Optic Gyroscope*, Boston: Artech House.

Lipson, S. G. (1990), Berry's phase in optical interferometry: a simple interpretation, *Opt. Lett.* **15**, 154.

Michelson, A. A. (1927, 1995), *Studies in Optics*, University of Chicago Press, reprinted by Dover Publications, New York.

Smith, J. R. (2009), The path to enhanced and advanced LIGO gravitational-wave detectors, *Class. Quant. Gravity* **26**, 114013.

Steel, W. H. (1983), *Interferometry*, Cambridge: Cambridge University Press.

Tolansky, S. (1973), *An Introduction to Interferometry*, New York: Wiley.

Tomita, A. and Chiao, R. Y. (1986), Observation of Berry's topological phase using a coiled optical fiber, *Phys. Rev. Lett.* **57**, 937.

10장

Abouraddy, A. F., Bayinder, M., Benoit, G. *et al.* (2007), Towards multimaterial multifunctional fibres that see, hear, sense and communicate, *Nature Materials* **6**, 336.

Agrawal, G. P. (2002), *Fiber-optic Communication Systems*, 3rd edn., New York: Wiley-Interscience.

Agrawal, G. P. (2007), *Non-linear Fiber Optics*, 2nd edn., Amsterdam: Elsevier.

Al-Azzawi, A. (2007), *Fibre-optics: Principles and Practices*, Boca Raton, FL: CRC/Taylor and Francis.

Biro, L. P., Kertesz, K., Vertesy, Z. *et al.* (2007), Living photonic crystals: butterfly scales, nanostructure and optical properties, *Mater. Sci. Eng. C* **27**, 941.

Cohen-Tannoudji, C., Diu, B. and Laloe, F. (1977), *Quantum Mechanics*, New York: Wiley-Interscience.

Fink, Y., Winn, J. N., Fan, S. *et al.* (1998), A dielectric omnidirectional reflector, *Science* **282**, 1679.

Ghatak, A. and Thyagarajan, K. (1980), Graded index optical waveguides, in *Progress in Optics*, XVIII, 1, Amsterdam: North-Holland.

Gloge, D. (1979), The optical fibre as a transmission medium, *Rep. Prog. Phys.*, **42**, 1777.

Joannopoulos, J. D., Meade, R. D. and Winn, J. N. (2008), *Photonic Crystals: Molding the Flow of Light*, 2nd edn., Princeton: Princeton University Press.

Kittel, C. (2005), *Introduction to Solid State Physics*, 8th edn., Hoboken, NJ: Wiley.

Macleod, H. A. (2001), *Thin Film Optical Filters*, 3rd edn., Bristol: Institute of Physics Publishing.

Peleg, O., Bartal, G., Freedman, B. *et al.* (2007), Conical diffraction and gap solitons in honeycomb photonic lattices, *Phys. Rev. Lett.* **98**, 103901.

Saleh, B. E. A. and Teich, M. C. (1991). *Fundamentals of Photonics*, New York: Wiley-Interscience.

Yablonovitch, E. (1993), Photonic band-gap structures, *J. Opt. Soc. Am.* **B10**, 283.

Zi, J., Yu, X., Li, Y. *et al.* (2003), Coloration strategies in peacock feathers, *PNAS* **100**, 12576.

11장

Bell, R. J. (1972), *Introductory Fourier Transform Spectroscopy*, New York: Academic Press.

Brown, R. H. (1974), *The Intensity Interferometer*, London: Taylor and Francis.

Brown, R. H. and Twiss, J. Q. (1956), Correlations between photons in two beams of light, *Nature* **177**, 27.

Brown, R. H., Davis, J. and Allen, L. R. (1974), The angular diameters of 32 stars, *Mon. Not. R. Astron. Soc.* **167**, 121.

Connes, J. and Connes, P. (1966), Near-infrared planetary spectra by Fourier spectroscopy, *J. Opt. Soc. Am.* **56**, 896.

Davis, J. and Tango, W. (1986), New determination of the angular diameter of Sirius, *Nature* **323**, 234.

Foot, J. C. (1991), Laser cooling and trapping of atoms, *Contemp. Phys.* **32**, 369.

Hale, D. D. S., Bester, M., Danchi, W. C. *et al.* (2000), The Berkeley infra-red spatial interferometer, *Astrophys. J.* **537**, 998.

Haniff, C. A. *et al.* (2004), COAST: recent technology and developments, in *New Frontiers in Stellar Interferometry*, ed. W. A. Traub, Proc. SPIE **5491**, 511.

Hardy, J. W. (1998), *Adaptive Optics for Astronomical Telescopes*, New York: Oxford University Press.

Haroche, S. and Kleppner, D. (1989), Cavity quantum electrodynamics, *Physics Today* **42**, 24.

Jeans, J. H. (1982), *An Introduction to the Kinetic Theory of Gases*, Cambridge: Cambridge University Press.

Kellerman, K. I. and Thompson, A. R. (1988), Very Long Baseline Array, *Sci. Am.*, January, 44.

Labeyrie, A., Lipson, S. G. and Nisenson, P. (2006), *An Introduction to Optical Stellar Interferometry*, Cambridge: Cambridge University Press.

Landau, L. D. and Lifshitz, E. M. (1980), *Statistical Physics*, Oxford: Pergamon.

Michelson, A. A. (1927, 1995), *Studies in Optics*, University of Chicago Press, reprinted by Dover Publications, New York.

Parker, T. J. (1990), Dispersive Fourier transform spectroscopy, *Contemp. Phys.* **31**, 335.

Rohlfs, K. (1996), *Tools of Radio Astronomy*, 2nd edn., Berlin: Springer.

Thompson, A. R. (2001), *Interferometry and Synthesis in Radio Astronomy*, 2nd edn., New York: Wiley.

Townes, C. H., Wishnow, E. H., Hale, D. D. S. and Walp, B. (2009), A systematic change with time in the size of Betelgeuse, *Astrophys. J. Lett.* **697**, L127.

Tuthill, P. G., Monnier, J. D., Danchi, W. C. and Lopez, B. (2000), Smoke signals from IRC+10216, *Astrophys. J.* **543**, 284.

12장

Binder, R. C. (1973), Fluid Mechanics, 5th edn., Upper Saddle River, NJ: Prentice-Hall.

Collier, R. J., Burkhardt, C. B. and Lin, L. H. (1971), *Optical Holography*, New York: Academic Press.

Gustafsson, M. G. L. (2000), Surpassing the lateral resolution limit by a factor of two using structured illumination microscopy, *J. Microscopy* 198, 82.

Gustafsson, M. G. L. (2005), Non-linear structured illumination microscopy, *PNAS* **37**, 102.

Hardy, J. W. (1998), *Adaptive Optics for Astronomical Telescopes*, New York: Oxford University Press.

Hariharan, P. (1989), *Optical Holography* Cambridge: Cambridge University Press.

Hell, S. W. and Wichmann, J. (1994), Breaking the diffraction resolution limit by stimulated emission: stimulated-emission-depletion fluorescence microscopy, *Opt. Lett.* **19**, 780.

Jones, H. and Wykes, C. (1989), *Holographic and Speckle Interferometry*, Cambridge: Cambridge University Press.

Kingslake, R. (1978), *Lens Design Fundamentals*, New York: Academic Press.

Labeyrie, A. (1976), High resolution techniques in optical astronomy, in *Progress in Optics XIV*, p. 47, ed. E. Wolf, Amsterdam: North Holland.

Labeyrie, A., Lipson, S. G. and Nisenson, P. (2006), *An Introduction to Optical Stellar*

Interferometry, Cambridge: Cambridge University Press.

Levenson, M. D. (1993), Wavefront engineering for microelectronics, *Physics Today*, July, 26.

Lewis, A., Isaacson, M., Harootunian, A. and Murray, A. (1984), Development of a 500A resolution light microscope, *Ultramicroscopy* **13**, 227.

Lukosz, W. J. (1966), Optical systems with resolving powers exceeding the classical limit, *J. Opt. Soc. Am.* **56**, 1463.

Mendlovic, D., Zalevsky, Z. and Lipson, S. G. (2001), The optimal system for subwavelength point source localization, *Opt. Comm.* **198**, 311.

Paesler, M. and Moyer, P. (1996), *Near Field Optics*, New York: Wiley- Interscience.

Pehlemann, E., Hoffman, K.-H. and Weigelt, G. (1992), Photon-bias compensation in triple-correlation imaging, and observation of R136, *Astron. Astrophys.* **256**, 701.

Pohl, D.W., Denk, W. and Lanz, M. (1984), Optical stethoscopy: image recording with resolution $\lambda/20$, *Appl. Phys. Lett.* **44**, 651.

Rust, M. J., Bates, M. and Zhuang, X. (2006), Sub-diffraction-limit imaging by stochastic optical reconstruction microscopy (STORM), *Nature Methods* **3**, 793.

Schmidt, R., Wurm, C. A., Punge, A. *et al.* (2009), Mitochondrial cristae revealed with focused light, *Nano Lett.* **9**, 2508.

Tonomura, A. (1999), *Electron Holography*, 2nd edn., New York: Springer.

Toraldo di Francia, G. (1952), Super-gain antennae and optical resolving power, *Suppl. Nuovo Cimento* **9**, 426.

Tyson, R. K. (1998), *Principles of Adaptive Optics*, Boston: Academic Press.

Weigelt, K. (1991), Triple correlation imaging in optical astronomy, in *Progress in Optics XXIX*, p. 295, ed. E. Wolf, Amsterdam: North Holland.

Wilson, T. and Sheppard, C. J. R. (1984), *Theory and Practice of Scanning Optical Microscopy*, London: Academic Press.

Zhuang, X. (2009), Nano-imaging with STORM, *Nature Photonics* 3, 365.

13장

Bloembergen, N. (1996), *Non-Linear Optics*, Singapore: World Scientific.

Brillouin, L. (1960), *Wave Propagation and Group Velocity*, New York: Academic Press.

Chaio, R. Y. and Steinberg, A. M. (1997), Tunneling times and superluminality, in *Progress in Optics*, ed. E.Wolf, **37**, 347.

Fischer, B. and Sternklar, S. (1985), Image transmission and interferometry with multimode fibers using self-pumped optical phase conjugation, *Appl. Phys. Lett.* **46**, 113.

Hau, L. V., Harris, S. E., Dutton, Z. and Behroozi, C. H. (1999), Light speed reduction to 17m/s in an ultra-cold atomic gas, *Nature* **397**, 594.

Landau, L. D. and Lifshitz, E. M. (1980), *Statistical Physics*, Oxford: Pergamon.

Maier, S. (2007), *Plasmonics: Fundamentals and Applications*, New York: Springer.

Pepper, D. M. (1986), Applications of optical phase conjugation, *Sci. Am.*, January, 56.

Pepper, D. M., Feinberg, J. and Kukhtarev, N. V. (1990), The photorefractive effect, *Sci. Am.*, October, 34.

Raether, H. (1988), *Surface Plasmons on Smooth and Rough Surfaces and Gratings*, Berlin: Springer.

Ran, B. and Lipson, S. G. (2006), Comparison between sensitivities of phase and intensity detection in surface plasmon resonance, *Optics Express* **14**, 5641.

Stegeman, G. I. and Segev, M. (1999), Optical spatial solitons and their interactions: universality and diversity, *Science* 286, 1518.

Wood, R.W. (1902), On a remarkable case of uneven distribution of light in a diffraction grating spectrum, *Proc. Phys. Soc. (London)* **18**, 269.

Yariv, A. (1991), *Optical Electronics*, 4th edn., Philadelphia: Holt, Reinhard and Winston.

14장

Aspect, A., Grangier, P. and Roger, G. (1982), Experimental test of Bell's inequalities using time-varying analyzers, *Phys. Rev. Lett.* **47**, 91.

Bell, J. S. (1966), On the problem of hidden variables in quantum mechanics, *Rev. Mod. Phys.* **38**, 447.

Boller, K.-J., Imamoğu, A. andHarris, S. E. (1991), Observation of electromagnetically induced transparency, *Phys. Rev. Lett.* **66**, 2593.

Brown, R. H. and Twiss, R. Q. (1956), Correlation between photons in two coherent beams of light, *Nature* **177**, 27.

Brown, R. H. (1974), *The Intensity Interferometer*, London: Taylor and Francis.

Einstein, A., Podolsky, B. and Rosen, N. (1935), Can a quantum-mechanical description of physical reality be considered complete?, *Phys. Rev.* **47**, 777.

Grove, R. E., Yu, F.Y. and Ezekiel, S. (1977),Measurement of the spectrum of resonance fluorescence from a two-level atom in an intense monochromatic field, *Phys. Rev.* **A15**, 227.

Haroche, S. and Raimond, J. M. (1993), Cavity quantum electrodynamics, *Sci. Am.* April, 26.

Kimble, H. J., Dagenais,M. and Mandel, L. (1977), Photon anticorrelation in resonance fluorescence, *Phys. Rev. Lett.* **39**, 391.

Loudon, R. (2000), *The Quantum Theory of Light*, 3rd edn., Oxford: Oxford University Press.

Machida, S., Yamamoto, Y. and Itaya, Y. (1987), Observation of amplitude squeezing in a constant current driven semiconductor laser, *Phys. Rev. Lett.* 58, 1000.

Mandel, L. and Wolf, E. (1995), *Optical Coherence and Quantum Optics*, Cambridge: Cambridge University Press.

Peres, A. (1993), *Quantum Theory: Concepts and Methods*, Dordrecht: Kluwer.

Pfleegor, R. L. and Mandel, L. (1968), Further experiments on interference of independent photon beams at low light levels, *J. Opt. Soc. Am.* **58**, 946.

Rae, A. I. M. (1986), *Quantum Physics: Illusion or Reality?* Cambridge: Cambridge University Press.

Saleh, B. E. A. and Teich, M. C. (1991), *Fundamentals of Photonics*, New York:Wiley. Svelto, O. (1989), *Principles of Lasers*, 3rd edn., New York: Plenum.

Tamura, K., Ippen, E. P., Haus, H. A. and Nelson, L. E. (1993), 77 fs pulse generation from a stretched-pulse mode-locked all-fiber ring laser, *Opt. Lett.* **18**, 1080.

Tapster, P. R., Rarity, J. G. and Satchell, J. S. (1987), Generation of sub-Poissonian light by high-efficiency light-emitting diodes, *Europhys. Lett.* **4**, 293.

Teich, M. C. and Saleh, B. E. A. (1985), Observation of sub-Poisson antibunched light, *J. Opt. Soc. Am.* **B2**, 275.

Yariv, A. and Yeh, P. (2007), *Photonics*, 6th edn., New York: Oxford University Press.

Zou, X. Y.,Wang, I. andMandel, L. (1991), Induced coherence and indistinguishability in optical interference, *Phys. Rev. Lett.* **67**, 318.

부록 A

Harburn, G., Taylor, C. A. and Welberry, T. R. (1975), *Atlas of Optical Transforms,* London: G. Bell and Sons.

Watson, G. N. (1958), *A Treatise on the Theory of Bessel Functions,* 2nd edn., Cambridge: Cambridge University Press.

부록 B

Labeyrie, A., Lipson, S. G. and Nisenson, P. (2006), *An Introduction to Optical Stellar Interferometry,* Cambridge: Cambridge University Press.

Lawson, P. R., Baldwin, J. E. andWilson, D. (2002), Desktop interferometer for optical synthesis imaging, *Proc SPIE* **4838**, 404.

Taylor, C. A. and Lipson, H. (1964), Optical Transforms, London: Bell.

찾아보기

ㄱ

ㄴ

ㄷ

ㅅ

ㅇ

ㅌ

ㅍ

역자 소개

• 김기식
인하대학교 물리화학부 kisik@inha.ac.kr

• 김명훈
전북대학교 물리학과 mwkim@chonbuk.ac.kr

• 김진승
전북대학교 물리학과 jin@chonbuk.ac.kr

• 박병천
한국표준과학연구원 bcpark@kriss.re.kr

• 차명식
부산대학교 물리학과 mcha@pusan.ac.kr

빛 물리학

발 행 일 | 2014년 1월 10일

저 자 | A. LIPSON · S. G. LIPSON · H. LIPSON, FRS
역 자 | 김기식 · 김명훈 · 김진승 · 박병천 · 차명식
발 행 자 | 최봉조
발 행 처 | 진샘미디어
주 소 | 서울특별시 은평구 연서로5길 28
부호아파트 102동 상가 5호
전 화 | 02)353-4421
F A X | 02)353-4431
Home-page | www.jinsaem.co.kr

신고번호 | 제311-2005-000025호
I S B N | 978-11-85504-00-1 (93420)

정가 33,000원